Klausen | Hoscheid | Lieblang

# TECHNOLOGIE DER BAUSTOFFE

DIETMAR KLAUSEN | RUDOLF HOSCHEID
PETER LIEBLANG

# TECHNO-LOGIE DER BAUSTOFFE

Handbuch für Studium und Praxis

15., neu bearbeitete und erweiterte Auflage

VDE VERLAG GMBH

**Bibliografische Information der Deutschen Nationalbibliothek**
Die Deutsche Nationalbibliothek verzeichnet diese Publikation in der Deutschen Nationalbibliografie; detaillierte bibliografische Daten sind im Internet über http://dnb.dnb.de abrufbar.

ISBN 978-3-8007-3281-4



Coverabbildung: Collage aus vier Bildern, © dispicture (Nr.46157412 - 00495STN),
© Ramona Heim (629447 - t-träger), © iStock. (Nr. 22173586, Nr. 16237778)
Druck: Westermann Druck Zwickau GmbH, Zwickau
Printed in Germany 2013-11

# Vorwort

Dauerhaftigkeit und Wirtschaftlichkeit einer Bauweise sind von der Qualität der Konstruktion und Ausführung und von den spezifischen Eigenschaften der verwendeten Baustoffe abhängig. Die Kenntnis der Zusammenhänge zwischen Baustoffeigenschaften und Baustoffverhalten im Bauwerk ist damit unabdingbare Voraussetzung für werkstoffgerechtes Bauen. Das vorliegende Buch gibt eine allgemeinverständliche Übersicht über die Technologie der Baustoffe, das heißt über die stofflichen Zusammenhänge bei der Umwandlung der Rohstoffe in Fertigprodukte und die sich daraus ergebenden Erkenntnisse für die Anwendung. Die praxisbezogene Fassung mit klarer Gliederung, zahlreichen Tabellen und Diagrammen sowie kurz gefassten Erläuterungen und Hinweisen erleichtert den Zugriff auf die wichtigsten Daten. Für interessierte Leser bieten die am Ende eines jeden Kapitels gegebenen Hinweise auf weiterführende Literatur und anwendungsbezogenes Schrifttum die Möglichkeit, sich vertiefendes Wissen anzueignen.

Baunormen, bauaufsichtliche Zulassungen, Richtlinien und Merkblätter beinhalten Regeln für technisch einwandfreies Handeln. Die vorliegende 15. Auflage des Buches bindet die jeweils wichtigsten und in Deutschland unmittelbar relevanten Baunormen in die einzelnen Kapitel ein und vermerkt das jeweils aktuelle Ausgabedatum. Berücksichtigt wurde dabei der Stand des Normenwerks bis November 2013. Die raschen Weiterentwicklungen in den Bereichen Baustoffherstellung und -anwendung sowie Baustoffnormung haben es erforderlich gemacht, alle Kapitel des Buches umfassend zu überarbeiten und somit auf den aktuellsten Stand zu bringen.

Die Bearbeitung des Kapitels „Bitumen und bitumenhaltige Baustoffe" hat Herr Norbert Mertens, Mitarbeiter im Baustofflabor der Fachhochschule Köln, übernommen.

Das vorliegende Buch ist aufgrund seiner inhaltlichen Gestaltung nicht nur für Studierende der Architektur und des Bauingenieurwesens, sondern auch für den in der betrieblichen Praxis stehenden Fachmann konzipiert, der sein baustoffkundliches Wissen vertiefen und ergänzen möchte.

Autoren und Verlag sind sich bewusst, dass die rasche Entwicklung auf dem Gebiet der Baustoffe die Herausgabe dieses Buches zu einer gleichermaßen notwendigen wie schwierigen Aufgabe macht. Anregungen und kritische Hinweise werden daher dankbar entgegengenommen.

Die Autoren danken Frau Stefanie Käsler und Herrn Gerold Olbrich für die sachkundige verlagsinterne Betreuung und dem VDE Verlag für die Sorgfalt bei der Drucklegung und Gestaltung des Buches.

November 2013 — Die Autoren

# Inhaltsverzeichnis

# 1 Natursteine

*Rudolf Hoscheid*

## Normen

Für die unterschiedlichen Anwendungsbereiche von Natursteinen sind folgende Normen maßgebend:

| | |
|---|---|
| DIN EN 1469 | Natursteinprodukte – Bekleidungsplatten – Anforderungen; Ausgabe 2007-01 und 2012-01 *(Norm-Entwurf)* |
| DIN EN 771 | Festlegungen für Mauersteine; Teil 6: Natursteine; Ausgabe 2011-07 |
| DIN EN 1341 | Platten aus Naturstein für Außenbereiche, Anforderungen und Prüfverfahren; Ausgabe 2013-03 |
| DIN EN 1342 | Pflastersteine aus Naturstein für Außenbereiche, Anforderungen und Prüfverfahren; Ausgabe 2013-03 |
| DIN EN 12057 | Natursteinprodukte – Fliesen – Anforderungen; Ausgabe 2012-09 |
| DIN EN 12058 | Natursteinprodukte – Bodenplatten und Stufenbeläge – Anforderungen; Ausgabe 2005-01 und 2012-01 *(Norm-Entwurf)* |
| DIN EN 12059 | Natursteinprodukte – Steine für Massivarbeiten – Anforderungen; Ausgabe 2012-03 |
| DIN 18515-1 | Außenwandbekleidungen; Teil 1: Angemörtelte Fliesen oder Platten, Grundsätze für Planung und Ausführung; Ausgabe 1998-08 |
| DIN 18515-2 | Außenwandbekleidungen; Teil 2: Anmauerung auf Aufstandsflächen, Grundsätze für Planung und Ausführung; Ausgabe 2010-06 |
| DIN 18516-1 | Außenwandbekleidungen, hinterlüftet; Teil 1: Anforderungen, Prüfgrundsätze; Ausgabe 2010-06 |
| DIN 18516-3 | Außenwandbekleidungen, hinterlüftet; Teil 3: Naturwerkstein; Anforderungen, Bemessung; Ausgabe 2011-11 |

Die Prüfverfahren für die einzelnen Eigenschaften der Natursteine wurden für die meisten Anwendungsbereiche vereinheitlicht und sind in den folgenden Normen beschrieben:

| | |
|---|---|
| DIN EN 12407 | Prüfverfahren für Naturstein, Petrographische Prüfung; Ausgabe 2007-06 |
| DIN EN 12440 | Naturstein – Kriterien für die Bezeichnung; Ausgabe 2008-04 |
| DIN EN 1936 | Prüfverfahren für Naturstein – Bestimmung der Reindichte, der Rohdichte, der offenen Porosität und der Gesamtporosität; Ausgabe 2007-02 |
| DIN EN 13373 | Prüfverfahren für Naturstein – Bestimmung geometrischer Merkmale von Gesteinen; Ausgabe 2003-08 |
| DIN EN 13755 | Prüfverfahren für Naturstein – Bestimmung der Wasseraufnahme unter atmosphärischem Druck; Ausgabe 2008-08 |
| DIN EN 1925 | Prüfverfahren für Naturstein – Bestimmung des Wasseraufnahmekoeffizienten infolge Kapillarwirkung; Ausgabe 1999-05 |
| DIN EN 1926 | Prüfverfahren für Naturstein – Bestimmung der einachsigen Druckfestigkeit; Ausgabe 2007-03 |

| | |
|---|---|
| DIN EN 12372 | Prüfverfahren für Naturstein – Bestimmung der Biegefestigkeit unter Mittellinienlast; Ausgabe 2007-02 |
| DIN EN 13161 | Prüfverfahren für Naturstein – Bestimmung der Biegefestigkeit unter Drittellinienlast; Ausgabe 2008-08 |
| DIN EN 13364 | Prüfung von Naturstein – Bestimmung der Ausbruchlast am Ankerdornloch; Ausgabe 2002-03 |
| DIN EN 12371 | Prüfverfahren für Naturstein – Bestimmung des Frostwiderstandes; Ausgabe 2010-07 |
| DIN 52008 | Prüfverfahren für Naturstein – Beurteilung der Verwitterungsbeständigkeit; Ausgabe 2006-03 |
| DIN EN 772 | Prüfverfahren für Mauersteine; verschiedene Teile |
| DIN EN 14146 | Prüfverfahren für Naturstein – Bestimmung des dynamischen E-Moduls; Ausgabe 2004-06 |
| DIN EN 14157 | Prüfverfahren für Naturstein – Bestimmung des Widerstandes gegen Verschleiß; Ausgabe 2005-01 |
| DIN EN 14231 | Prüfverfahren für Naturstein – Bestimmung des Gleitwiderstandes mit Hilfe des Pendelprüfgerätes; Ausgabe 2003-07 |
| DIN EN 14066 | Prüfverfahren für Naturstein – Bestimmung des Widerstandes gegen Alterung durch Wärmeschock; Ausgabe 2013-06 |

Weitere Prüfnormen, die für die CE-Kennzeichnung von untergeordneter Bedeutung sind, werden hier nicht aufgeführt.

## 1.1 Einteilung der Gesteine nach ihrer Entstehung

Die Eigenschaften und Merkmale der Naturgesteine lassen sich zumeist aus deren geologischer Entstehung herleiten.

Es wird zwischen den aus dem Schmelzfluss (Magma) erstarrten **Erstarrungsgesteinen** (magmatische Gesteine)[1] und den aus deren Verwitterungsprodukten stammenden wiederverfestigten **Ablagerungsgesteinen** (Sedimentgesteine) unterschieden. Eine dritte Gruppe bilden die durch Einwirkung von Hitze, Druck oder durch chemische Einflüsse zu neuen Gesteinsarten umgebildeten **Umwandlungsgesteine** (metamorphe Gesteine).

## 1.2 Geologische Formationen

Alter und altersmäßige Einordnung der Gesteine können nach geologischen Formationen (stratigraphischer Zeitabschnitt) vorgenommen werden.

Das Alter der Erde wird heute auf etwa fünf Milliarden Jahre geschätzt. Die Feststellung des Alters der Schichten erfolgt durch „Leitfossilien", d. s. Versteinerungen von Pflanzen und

1 Auch Eruptivsteine genannt.

Tieren gleicher Zeit- und Entwicklungsstufe, ferner mithilfe des Verfallsgrades radioaktiver Stoffe („Halbwertszeiten") in den betreffenden Formationen.

**Tabelle 1.1:** Formationsgliederung

| Geologische Formation | Hauptabteilung | Pflanzen- und Tierwelt | Dauer in Millionen Jahren |
|---|---|---|---|
| Urzeit (Archaikum, Algonkium) | Urozeane und Urkratone (verfestigte Krustenteile) | wirbellose Lebewesen und erste Pflanzen (Algen) | > 3000 |
| Altertum (Paläozoikum) | Kambrium, Ordovizium, Silur, Devon, Karbon (Steinkohlebildung) Perm (Salzvorkommen) | Farne, Muscheln, Fische | 375 |
| Mittelalter (Mesozoikum) | Trias, Jura, Kreide | Nadelholz, Saurier, Reptilien | 155 |
| Neuzeit (Känozoikum) | Tertiär, Quartär | Säugetiere, gegenwärtige Pflanzenwelt | 70 |

Die Formationen werden weiter unterteilt in Abteilungen, z. B. die Trias in Buntsandstein, Muschelkalk und Keuper. Die Abteilungen werden weiter unterteilt in Stufen, z. B. Keuper in Rät, Gipskeuper und Lettenkeuper.

## 1.3 Stoffliche Zusammensetzung der Gesteine

Gesteine bestehen aus *Mineralien* (Mineralen) bzw. Mineralgemengen, die nach Art und Menge den Charakter der Gesteine bestimmen.

Die Einteilung der Minerale, die meist kristalliner, aber auch amorpher Art sind, erfolgt nach chemischen Gesichtspunkten:

Reine Elemente, Oxide, Hydroxide sowie Salze, z. B.: Silikate, Karbonate, Sulfate, Nitrate, Phosphate, Halogenide, Sulfide.

Die Bestimmung der Minerale erfolgt nach folgenden Kriterien: chemische Zusammensetzung, Glanz, Farbe, Strich, Härte, Tenazität, Kristallsystem, Klasse, Habitus, Spaltbarkeit, Bruch, Aggregate (Form, Gefüge, Bruch), Dichte und Hinweise auf Bildung (Genese), Vorkommen, Begleitminerale.

**Tabelle 1.2:** Härte der Minerale

| Mohs'sche Ritzhärte | Mineral | Vickers-Härte N/mm² | Relative Schleifhärte nach *Rosival* |
|---|---|---|---|
| 1 | Talk | 20 | 0,03 |
| 2 | Gips | 300 | 1 |
| 3 | Kalkspat | 1700 | 3,75 |
| 4 | Flussspat | 2430 | 4,17 |

| Mohs'sche Ritzhärte | Mineral | Vickers-Härte N/mm² | Relative Schleifhärte nach *Rosival* |
|---|---|---|---|
| 5 | Apatit | 5980 | 5,42 |
| 6 | Feldspat | 9120 | 31 |
| 7 | Quarz | 10 980 | 100 |
| 8 | Topas | 12 260 | 146 |
| 9 | Korund | 20 590 | 833 |
| 10 | Diamant | 98 070 | 117 000 |

(Härten 1-2 mit Fingernagel, bis Härte 6 mit Messer ritzbar.) Die Härtebestimmung eines Minerals erfolgt (mit den weichen Mineralien der Skala beginnend) mittels des nächst härteren Minerals, z. B. Kalk wird von Flussspat geritzt.

### Die hauptsächlichen Mineralien in Baugesteinen und Bauwesen

*Quarz* $SiO_2$ — Dichte 2,65 g/cm³

Erkennung: hohe Härte von 7, ritzt Fensterglas; glasglänzender und muscheliger Bruch; keine Spaltbarkeit; sehr wetterbeständig, daher überwiegend als Sand und Kiesel vorhanden

Farbe: am häufigsten farblos, durchsichtig grau, milchweiß, durch Beimengungen rosa, violett, schwarz, durchsichtige kristalline Form als „Bergkristall", Abarten Rosenquarz, Feuerstein (Flint), Achat, Opal, Amethyst, Onyx

Vorkommen: in sehr vielen magmatischen, metamorphen und sedimentären Gesteinen

*Feldspäte* — *Kalifeldspat* $K\,AlSi_3O_8$ *Orthoklas*

Erkennung: Härte 6, ritzt Fensterglas; vollkommene Spaltbarkeit; bei Verwitterung durch Übergang in Tonmineralien (Kaolin) auf der Oberfläche blind werdend (Erdrinde zu 60 % aus Feldspäten bestehend)

Farbe: meist weiß oder fleischfarben; durchsichtig (Sanidin, Adular und Mikroklin)

Vorkommen: Hauptgemengeteil in Tiefen- und Ergussgesteinen, Gneisen

*Plagioklas (Kalknatronfeldspat)*

stufenlose Mischung von $NaAlSi_3O_8$ (Albit) und $Ca\,Al_2Si_2O_8$ (Anorthit)

Erkennung: Härte 6-6,5; vollkommene Spaltbarkeit

Farbe: meist weiß, oft grünlich, bläulich-braun;

Vorkommen: sehr verbreitet in fast allen magmatischen Gesteinen, Metamorphiten

*Feldspatvertreter Leucit und Nephelin*

bei ähnlichen Eigenschaften wie Feldspat aus Magma entstanden, jedoch wegen $SiO_2$-Armut der Schmelze Ersatz durch $Al_2O_3$

Vorkommen: in kieselsäurearmer Lava und Alkaligesteinen

*Glimmer* *Biotitglimmer* $K (Fe,Mg,Mn)_3(OH,F)_2(Si,Al)_4O_{10}$

Erkennung: sehr vollkommene Spaltbarkeit in dünne, elastisch biegsame, im Idealfall 6-seitige Blättchen; Härte 2-3 (mit dem Messer ritzbar), Biotit kann zu „Bluten" (Rosten) des Gesteins führen, leicht zerstörbares und verwitterungsempfindliches Gefüge

Farbe: schwarz, dunkelbraun, undurchsichtig bis durchscheinend

Vorkommen: in fast allen magmatischen Gesteinen, in Gneisen, Glimmerschiefern

*Muskovitglimmer* $K Al_2(OH,F)_2AlSi_3O_{10}$

Erkennung: sehr vollkommene Spaltbarkeit in dünne, elastisch biegsame, im Idealfall 6-seitige Blättchen, Härte 2-3

Farbe: weißlich, grau, hellgelb, durchsichtig bis durchscheinend

Vorkommen: in Metamorphiten, in Sedimenten; nicht in Ergussgesteinen, besonders aber in Tiefengesteinen

Verwendung: von Muskovit („Moskauer Glas") für Ofentürverglasungen und als Blähglimmer zur Wärmedämmung (unter Hitze durch Verdampfen des Kristallwassers feinblättrig aufgeblähter Glimmer, Handelsname: Vermiculite)

*Hornblende (Amphibol) und Augit (Pyroxen)*

Erkennung: Augit achteckiger, Amphibol sechseckiger Querschnitt; Härte 5-6

Farbe: dunkelgrün bis schwarz, Amphibol bei Verwitterung in Asbest übergehend

Vorkommen: Augit in Erstarrungsgesteinen, besonders in Tuffen, Amphibol in Syenit, Diorit, Gneis, Amphibolit

*Olivin* $(Mg, Fe)_2SiO_4$ Dichte 3,30 g/cm$^3$

Erkennung: Härte 6,5-7; muscheliger Bruch; Glasglanz

Farbe: flaschengrün, gelbgrün, selten braun

Vorkommen: in Magmatiten wie Peridotit und Dunit, in Gabbro, Diabas, Basalt und basischen Tuffen; in Talk- und Serpentinschiefer, kommt nicht zusammen mit Quarz vor

*Tonminerale* *Kaolinit* $Al_4(OH)_8Si_4O_{10}$

Erkennung: Einzelkristalle fast stets submikroskopisch klein, sechseckige Blättchen, plastisches Verhalten, Verwendung in Keramik

Farbe: dichte Massen weiß, meist durch Beimengungen mit gelber, bräunlicher Tönung

Vorkommen: im Verwitterungsrückstand magmatischer und metamorpher Gesteine

*Montmorillonit $Al_2(OH)_2Si_4O_{10} \times nH_2O$*

| | |
|---|---|
| Erkennung: | je nach Kationenbeladung unterschiedlich stark quellfähig, thixotrop |
| Farbe: | wie Kaolinite |
| Vorkommen: | wie Kaolinite |
| Verwendung: | als Bentonite in Schlitzwandbauweise, als Dichtungskörper in Stauanlagen, als Kleber in Formsanden |

| | |
|---|---|
| *Kalkspat (Calcit) $CaCO_3$* | Dichte 2,72 $g/cm^3$ |
| Erkennung: | Härte 3; Aufbrausen mit kalter verdünnter Salzsäure, gute Spaltbarkeit |
| Farbe: | alle Färbungen möglich, am häufigsten milchweiß und bräunlich |
| Vorkommen: | gesteinsbildende Substanz wichtiger Sedimentgesteine in allen geologischen Systemen; in Klüften, aber auch in Ergussgesteinen, in anderer Kristallform als Aragonit |

*Dolomit $CaMg(CO_3)_2$*

| | |
|---|---|
| Erkennung: | Härte 3,5–4; kein Aufbrausen mit kalter verdünnter Salzsäure, nur langsame Bläschenbildung |
| Farbe: | weiß bis bräunlich, durch Verunreinigung rötlich oder grünlich; |
| Vorkommen: | in Dolomitstein, in Sedimenten wechsellagernd mit Kalkstein |

*Gips $CaSO_4 \times 2H_2O$, wasserfreie Form Anhydrit*

| | |
|---|---|
| Erkennung: | Härte 2; mit dem Fingernagel ritzbar, sehr gute Spaltbarkeit in einer Richtung; keine Reaktion mit Salzsäure; oft faserig; leicht wasserlöslich |
| Farbe: | weißlich bis grau |
| Vorkommen: | sedimentär in Seen und abgeschlossenen salzhaltigen Meeresbecken, Hydratisierung von Anhydrit unter Volumenzunahme bis 60 % |

*Sonstige Minerale*

| | |
|---|---|
| Steinsalz (Halit) $NaCl$ | Bleiglanz $PbS$ Dichte 7,2–7,6 $g/cm^3$ |
| Pyrit (Schwefelkies) $FeS_2$ | Hämatit $Fe_2O_3$ |
| Limonit $FeOOH$ | Siderit (Spateisenstein) $FeCO_3$ |
| Baryt $BaSO_4$ | |

Pyrit bei Verwitterung Umsetzung in Schwefelsäure und Eisen (Fleckenbildung im Gestein)

## 1.4 Arten und Eigenschaften der wichtigsten Gesteine in der Reihenfolge ihrer Entstehung

Die naturbezogenen wissenschaftlichen *Benennungen der Gesteine* werden vielfach auch von Handelsbezeichnungen, die sich z. B. auf Herkommen und Färbung beziehen, überlagert.

## 1.4.1 Erstarrungs- oder Eruptivgesteine (magmatische Gesteine)

Die Erstarrungsgesteine werden in *Tiefengesteine* und *Ergussgesteine* unterteilt. Eine Zwischenstufe bilden die *Ganggesteine* (Abb. 1.1).

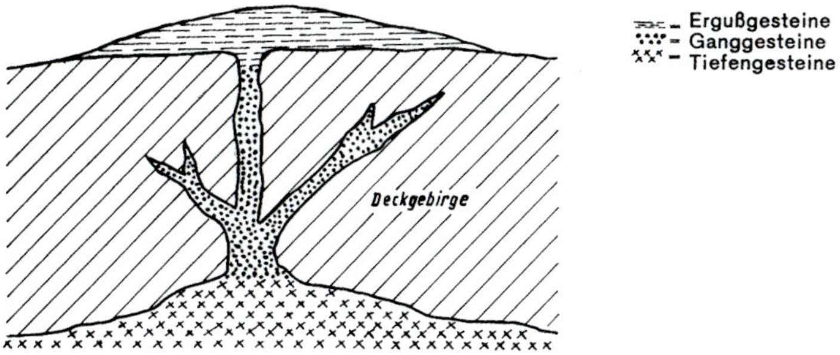


**Abb. 1.1:** Schnitt durch Erstarrungsformation

### 1.4.1.1 Tiefengesteine (Plutonite)

In der Tiefe langsam erstarrendes und daher dichtes grobkristallines Gestein mit gut polierbaren Eigenschaften.

#### Granit

*Hauptbestandteile:* Quarz, Feldspat, Glimmer, evtl. auch Hornblende und Augit. Farbe weißlich, gelblich oder rötlich mit schwarzen Einsprenglingen. (Helle Färbung des Gefüges wesentlich durch Feldspatgehalt bedingt.) Aus Übersee auch grünlicher und bläulicher Granit lieferbar.

Feinkörniger Granit („Pfeffer und Salz") ist i. Allg. widerstandsfähiger als dekorativerer grobkörniger Granit, da unterschiedliche Wärmedehnung der Kristalle Frostzerstörungen durch feuchtigkeitssaugende Haarrissbildungen bewirken kann. Glimmer in größeren Mengen ist nachteilig, besonders Biotit.

*Verwitterungsspuren*: matte Farbe durch Feldspatverwitterung (Kaolinisierung), rostige Färbung (Eisenverbindungen durch Biotit), durchgehende Gefügelockerung der Kristalle. Achtung bei Lieferungen aus dem Ausland: Häufig erfolgen Lieferungen aus unterschiedlichen Abbautiefen der einzelnen Steinbruchregionen und damit sehr stark unterschiedlichen Verwitterungszuständen. Dies wirkt sich nachhaltig v. a. auf die Frostbeständigkeit aus.

Druckfestigkeit[2] bis 240 N/mm². Rohdichte 2,6–2,65 kg/dm³.

*Anwendung*: Fassadenplatten, Bodenbelagsplatten, Pflaster, Bordsteine, Schotter, Schmuckgestein.

**Syenit.** Granitähnlich, jedoch quarzfrei und meist dunkler. Leichter als Granit zu bearbeiten. Druckfestigkeit und Rohdichte wie Granit.

**Diorit und Gabbro.** Granitische Struktur, jedoch zäher und schwerer zu bearbeiten. Diorit vorwiegend mit Hornblende, Gabbro mit Augit. Farbe grünlich unterschiedlicher Tönung bis schwarz.

2 S. Tabelle 1.13.

Druckfestigkeit[3] bis 300 N/mm², Rohdichte 2,8–3,0 kg/dm³.

Die Bezeichnung der Tiefengesteine erfolgt auch nach den Grundbestandteilen und dem beigemengten Mineral, z. B. Hornblendesyenit, Augitdiorit.

Im Handel oft fälschliche Bezeichnungen nach dem Herkommen, z. B. „Schwedischer Granit" ist ein Syenit, „Belgischer Granit" (schwarzes Gestein) ist ein bituminöser Kalkstein!

### 1.4.1.2 Ganggesteine

In Gängen und Spalten älterer Gesteine auftretende granitähnliche Ergussgesteine porphyrischer Struktur, das heißt mit einzelnen größeren, bereits bei höheren Temperaturen ausgeschiedenen Mineralkristallen. Benennung nach dem vorherrschenden Grundmagma, z. B. Granitporphyr, Syenitporphyr (s. Abb. 1.2).

Keine porphyrische Struktur zeigen die Aplite, die durch vorzeitigen Entzug der flüchtigen Phase feinkörnig sind.

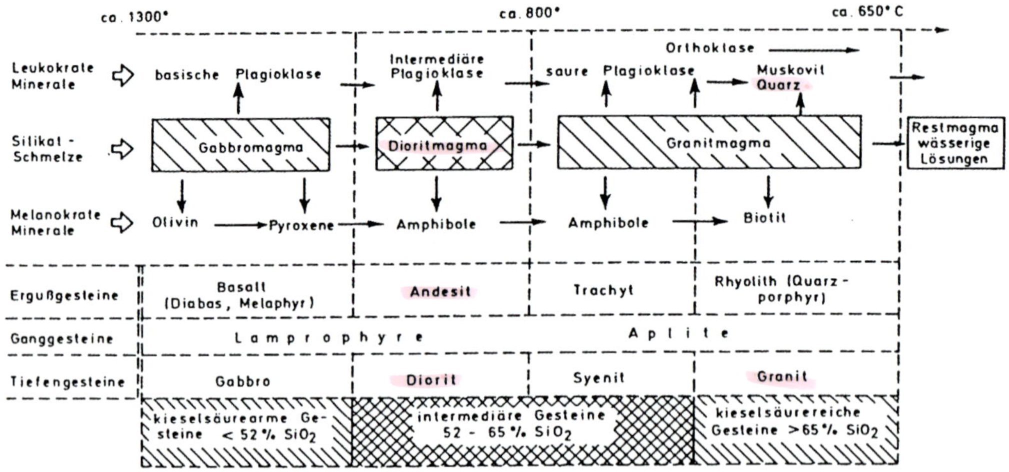


**Abb. 1.2:** Vereinfachtes Schema einer Magmen-Differentiation – Änderungen der Zusammensetzung von Gesteinsschmelzen und der daraus kristallisierenden Minerale mit abnehmender Temperatur (aus *Brinkmann*, 1980).

### 1.4.1.3 Ergussgesteine (Vulkanite)

Ältere, tiefer liegende Ergussgesteine haben porphyrische Struktur, die aus gleichmäßig verteilten Einsprenglingen in feiner Grundmasse besteht (Porphyre).

In der Nähe der Oberfläche unter geringem Druck mehr oder weniger schnell erstarrte junge Ergussgesteine haben meist gleichmäßig feinkristalline, mit dem bloßen Auge kaum erkennbare Struktur (Basalte).

3 S. Tabelle 1.13.

**Porphyr (neue Bezeichnung Rhyolit)**

Ergussgestein des Granit (Quarzporphyr) und des Syenit. Rötliches oder graugrünliches Aussehen. Vorwiegende Verwendung als Straßenbaugestein. Vorsicht bei Verwendung als Gesteinskörnung für Beton, da Gefahr der Alkali-Kieselsäure-Reaktion (AKR). Prüfung nach Alkali-Richtlinie, Teil 3, erforderlich (s. Abschn. 2.3.2.3).

**Dacit**

Junges Ergussgestein des Quarzdiorit mit Einsprenkelungen in feinkörniger, oft glasiger Grundmasse, hell- bis mittelgraue Farbe. Verwendung als Splitt und Schotter im Straßenbau und als Fassadenbekleidung.

Mittelfestes Gestein; feinporig, nicht polierbar. Als Baustein gut verwendbar (Kölner Dom), bei Gehalt an Sanidin-Einsprenglingen jedoch leicht verwitternd.

**Trachyt**

Jüngere Ergussform des Syenit. Hellgrau bis gelbliche Grundmasse mit kleinen länglichen dunklen Einsprenglingen.

**Basalt (Melaphyr, Diabas)**

Dunkelfarbige Ergussgesteine des Gabbro. Splitterig, muschelartiger Bruch, sehr hart und wetterbeständig. Basalt meist in säulenförmigen Vorkommen (durch Schwinden bei Abkühlung entstanden).

*Abarten*: Melaphyr, dem Basalt sehr ähnlich; Diabas grünlich gesprenkelt oder geflammt („Grünstein") als Schmuckgestein.

Druckfestigkeit von Basalt und Melaphyr bis 400 $N/mm^2$. Rohdichte etwa 3 $kg/dm^3$. Verwendung im Wasser- und Straßenbau (wegen Rutschgefahr nicht mehr als Kleinpflaster zugelassen), Diabas auch als Schmuckstein.

Mögliche *Fehler* des Basalts: „Sonnenbrenner" (helle sternförmige Flecken), durch Witterungseinflüsse in Grus zerfallend (chemische Prüfung vor Verwendung).

Der Zerfall ist auf Spannungserscheinungen zurückzuführen, die sich im Gestein durch Umbildung des Nephelins zu Analcin ergeben.

**Basaltlava**

Durch Gasabscheidung blasiger Oberflächenbasalt. Druckfestigkeit 80 $N/mm^2$ bis 150 $N/mm^2$. Frostbeständig, da keine zusammenhängenden Poren. Geeignet für Treppenstufen und Fußbodenplatten (oberflächenrau), in stark geblähter Form auch als Zuschlag für Leichtbeton. (Handelsname: Lavalit).

**Bims**

Glasig erstarrte, helle, durch Gase schaumig aufgeblähte, nicht an eine bestimmte Gesteinsart gebundene Auswurfmasse. Lose Ablagerungen im Vulkanbereich dicht unter der Erdoberfläche, z. B. im Neuwieder Becken (vor etwa 11 000 Jahren entstanden). Verwendung zu Leichtbetonbaustoffen.

### Vulkanische Tuffe

s. Abschn. 1.4.2 Ablagerungsgesteine.

## 1.4.2 Ablagerungsgesteine (Sedimentgesteine)

Hinsichtlich der Entstehung der aus Ablagerungsprodukten bestehenden Sedimente wird zwischen *Trümmergesteinen* und den aus gelösten Stoffen bestehenden *Ausscheidungsgesteinen* unterschieden.

### 1.4.2.1 Trümmergesteine (klastische Sedimente)

Aus mechanischen Zerstörungen von Gesteinen entstandene lose Massen oder unter dem Einfluss von Bindemitteln, Druck und Wärme verfestigte Trümmer sowie verfestigte Massen aus vulkanischem Auswurfgestein.

#### Lose Trümmer

*Ton.* Gemisch aus Kaolinit (Aluminiumsilikat) und feinen Quarz-, Feldspat-, Kalkspat- und Glimmerteilchen. Ferner Schluff (staubfeiner Sand).

*Lehm.* Durch Eisenverbindungen gelb bis braun gefärbter stark sandhaltiger Ton.

*Löß.* Durch Windtransport porös abgelagerter kalkhaltiger Sand bzw. Lehm.

*Sand, Kies, Geröll* (s. a. Abschn. 2.1.1).

Rundliche Gesteinskörner (feine Gesteinskörnung (Sand) bis 4 mm, grobe Gesteinskörnung (Kies) bis 63 mm, Geröll > 63 mm).

*Flusskiessand*: alluviale Vorkommen aus Strombetten und deren Seitenablagerungen. Meist oberflächenglatt und lehmfrei.

*Grubenkiessand*: diluviale Vorkommen aus eiszeitlichen Gletscherablagerungen (Moränen). Meist lehmhaltig, oberflächenraue und gedrungene Kornform. Ferner sog. feinkörniger Silbersand aus Meeresablagerungen.

#### Verfestigte Trümmer

*Tonschiefer*

Dunkelgrau bis schwarz, je nach Beimengungen auch dunkelrot und grün. Durch hohen Druck- und Wärmeeinfluss silikatisiert.

Verwendung als Dachschiefer (Prüfung nach DIN EN 12326-2+A1; Ausgabe 2004-11) auf Biegefestigkeit, Wasseraufnahme, Frostbeständigkeit, Fehlen treibender Bestandteile, Temperaturwechsel, Verhalten gegen schädliche Bestandteile der Atmosphäre).

*Mergel*

Kalk- und tonhaltiges Gestein. Bezeichnung je nach überwiegendem Kalk- oder Tongehalt als Kalkmergel bzw. Tonmergel. Nicht witterungsbeständig. Verwendung nur als Rohstoff in der Zement- und Kalkindustrie.

*Sandsteine*

Durch Ton, Kalk oder Kieselsäure ($SiO_2$) verkitteter Quarzsand, Festigkeit und Witterungsbeständigkeit je nach Bindemittelbestandteilen.

*Tonige Bindung:* leichte Bearbeitbarkeit, jedoch meist nicht feuchtigkeitsbeständig.

*Kalkige Bindung:* gegen chemische Angriffe (Rauchgas, Seewasser) sowie gegen Feuer empfindlich. (Kennzeichen: in Säure aufbrausend.)

*Kieselige Bindung:* durch silikatische Lösungen entstandenes, sehr widerstandsfähiges und wetterfestes Gestein, z. B. Karbonsandstein (Ruhrsandstein).

Ferner auch gemischte, z. B. tonig-kieselige sowie eisenhaltige Bindungen.

Farbe der Sandsteine aus mineralischen Beimengungen herrührend: roter, gelber sowie rotbraun gebänderter Sandstein aus Eisenverbindungen. Grüner Sandstein aus Glaukonit-Mineralen, dunkler Sandstein meist kohlehaltig.

*Grauwacke.* Sandsteinartiges, dichtes gemischtkörniges, dunkelgraues oder bräunlich-buntes Gestein mit Druckfestigkeiten bis 300 N/mm². Verwendung meist im Straßenbau (Kleinpflaster, Schotter, Splitt). Vorsicht bei Verwendung als Gesteinskörnung für Beton, da Gefahr der Alkali-Kieselsäure-Reaktion (AKR). Prüfung nach Alkali-Richtlinie, Teil 3 erforderlich (s. Abschn. 2.3.2.3).

*Konglomerate*

Betonartige Verkittung von Sand, Kies und Geröll mit kalk-, ton-, eisenhaltigen oder kieseligen Bindemitteln („Naturbeton"), mit entsprechender Festigkeit und Witterungsbeständigkeit.

Verfestigungen kantiger Gesteinstrümmer werden als „Brekzien" bezeichnet (z. B. Brekzienmarmor).

*Nagelfluh:* verkitteter alpiner Ablagerungsschutt (nagelartiges Aussehen der Kieseleinschlüsse). Verwendung zu Bruchsteinmauerwerk und geschliffen zu Wand- und Fassadenbekleidungen.

*Vulkanische Tuffgesteine*

Verfestigte Auswurfmassen verschiedener stofflicher Zusammensetzung: Porphyrtuff, Trachyttuff, Basalttuff.

Leicht zu bearbeitender, poröser, aber wetterfester, in der Struktur feinkörniger Werkstein, z. T. mit einzelnen größeren Einsprenglingen, Druckfestigkeit bis 30 N/mm². Verwendung auch als Fassadenbekleidung.

Trass ist gemahlener Trachyttuff bestimmter Lagerungsschichten mit hydraulischen Eigenschaften. Verwendung als Zusatzstoff zu Bindemitteln (z. B. Trasszement).

#### 1.4.2.2 Ausscheidungsgesteine

Durch Auskristallisieren von in Wasser gelösten Verwitterungsprodukten entstandenes Kalk-, Kiesel- und Salzgestein, einschließlich durch Organismen entstandener Ablagerungen.

**Kalkstein**

Entstehung durch Ablagerung aus kalkhaltigen Lösungen als dichter *Massenkalk*, auch mit tierischen und pflanzlichen Versteinerungen (Jurakalk) oder aus Rückständen kalkschalenaufbauender Lebewesen als *Muschelkalk* (je nach späterer Verdichtung durch Kalksubstanz von unterschiedlicher Dichte und Festigkeit).

*Kennzeichen* aller Kalkgesteine ($CaCO_3$): Aufbrausen in Salzsäure.

Kalkstein ist je nach Beimengungen (z. B. von Eisen, Magnesium, Kohle, Ton, Sand) hell- bis dunkelfarbig und zumeist wetterfest. Auch Übergänge zu Mergel- und Sandsteinen. Polierbarer Kalkstein wird in der Natursteinindustrie als „Marmor" bezeichnet. (Technischer Marmor)

Druckfestigkeit je nach Dichte 20 N/mm² bis 180 N/mm². Verwendung im Straßenbau (Schotter, Splitt) und im Hochbau (Fassadenplatten, Schmuckgestein, Bodenbeläge).

**Abarten**

*Kalksinter.* Ausscheidungen aus Quellwässern im Gebirge (Tropfsteinhöhlen).

*Travertin.* Gelbliches, meist wetterbeständiges Gestein gleicher Entstehung wie vor, mit unterschiedlich poriger, von Pflanzeneinschlüssen herrührender Struktur. Verwendung als Schmuckgestein.

Druckfestigkeit bis 60 N/mm². Weicheres, stark poröses Kalkgestein wird als *Kalktuff* bezeichnet.

*Solnhofer Platten (Jurakalk).* Tonhaltiger, heller Kalk, meist nicht wetterbeständig. Verwendung als Wand- und Fußbodenbelag. (Verlegung in Kalkmörtel zur Vermeidung von Verfärbungen durch Zement.)

Moosartige Gebilde auf den Spaltflächen (sog. „Dendriten") sind kristalline Ausscheidungen von manganhaltigen Lösungen.

*Oolithischer Kalk* („Rogenstein"). Aus Kügelchen zusammengesetzter Kalk. Verwendung als Baustein.

*Onyxmarmor* (Handelsname) ist weder ein Marmor noch ein Onyx, sondern die Bezeichnung für einen gebänderten Kalkstein aus den Mineralien Calzit und Aragonit.

*Kreide.* Ablagerung von Mikrofossilien. Verwendung als Pigment in Anstrichen.

### Dolomit

Gemenge aus Calcium- und Magnesiumkarbonat $CaCO_3 \cdot MgCO_3$ mit dichtem und wetterbeständigem Gefüge. In Aussehen und Anwendung ähnlich Kalkstein. In Salzsäure weniger, meist nur bei Erwärmung aufbrausend.

### Gipsstein $CaSO_4 \cdot 2\,H_2O$

Bei kristallwasserfreiem Vorkommen ($CaSO_4$) als Anhydrit bezeichnet. Gips ist wasserlöslich und daher nicht wetterbeständig.

Verwendung im Bauwesen nur als Rohstoff für Bindemittel (s. Abschn. 3.1.1).

**Sonstige Sedimente**

*Kieselgur* (Diatomeenerde) Leichte lose Erde, aus Kieselpanzern von Lebewesen und aus Kieselalgen entstanden. Verwendung für Filter- und Isolierzwecke (Vorkommen: Vogelsberg und Lüneburger Heide).

*Ablagerungen organischer Art*

*Kohle.* Unter Druck fortschreitende Zersetzung von Pflanzenresten („Inkohlung"): Torf, Braunkohle, Steinkohle, Anthrazit, Graphit (reiner Kohlenstoff).

*Asphalt.* Mit Bitumen (Mineralölrückstand) durchtränktes sedimentäres Gestein.

*Evaporite* (Eindampfungssedimente). Anhydrit, Gips, Steinsalz, Kali und Magnesiumsalze.

*Rückstandsgesteine* (Residuate) z. B. Kaolin, Bauxit.

## 1.4.3 Umwandlungsgesteine (metamorphe Gesteine)

Nachträgliche Umwandlung von Erstarrungs- oder Ablagerungsgesteinen unter Hitze von Magmaausbrüchen und Gebirgsdruck (kristalline Umbildungen) oder unter chemischer Einwirkung gelöster bzw. gasförmiger Stoffe.

### 1.4.3.1 Kristalline Umlagerungen

**Gneis**

Granitmagma und Fließstruktur (geschichtetes Aussehen). Durch seine Spaltbarkeit in seinen Eigenschaften begrenzt. Verwendung meist für Platten und Stufen. (Benennung nach Mineralbestand, z. B. Granitgneis, Dioritgneis, Hornblende- oder Augitgneis; allgemein auch unter der Handelsbezeichnung „Granit" laufend.)

**Kristalliner Schiefer**

Aus Tiefen- oder Sedimentgestein in schiefriger Anordnung der Mineralgemenge entstanden. *Glimmerschiefer* mit silbrig glänzender Bruchfläche. (Wachstum der gestreckten Minerallagen senkrecht zur Druckrichtung.) Wetterbeständig und hart. Verwendung zu Belagplatten, z. B. Alta-Quarzitschiefer (Nordnorwegen).

**Phyllit**

Ausgangsgestein toniges Sediment, gut geschiefert, seidenglänzend verwendet für Dachschieferplatten.

**Quarzite**

Feinkristalline, aus Sandstein hervorgegangene hellgraue, auch farbig getönte Quarzmasse, fast ohne Spaltbarkeit (z. B. Taunusquarzit).

**Marmor (kristalliner Marmor)**

Aus dichtem Kalkstein entstanden. Als „Weißer Marmor" (Bildhauermarmor), z. B. in Italien vorkommend (Carrara- und Laaser-Marmor). Verwendung als Boden- und Wandbelag. Vorsicht bei Anwendungen im Außenbereich. Frostbeständigkeit prüfen!

### 1.4.3.2 Chemische Umwandlung

**Serpentingestein (Serpentinite)**

Im Wesentlichen aus Serpentinmineral bestehend (Umwandlungsprodukt aus Olivingestein).

Schlangenhautartig grün-grau-marmoriert. Gut polierbar (Härte 3). Nicht wetterbeständig. Verwendung als Dekorationsgestein besonders in Innenräumen.

**Asbest**

Unbrennbare Mineralfaser aus umgewandelter Hornblende oder aus sekundär umgewandeltem Serpentinmineral: allmähliche Lockerung bzw. Lösung der Bindungen entlang der

„Molekülbänder" (s. Bandstruktur silikatischer Minerale in *Karsten*: Bauchemie, 11. Aufl., Ziff. 32.3) im Zuge von Verwitterungsvorgängen.

Früher Verwendung für Asbestzementerzeugnisse und Spritzmassen u. Ä. in der Dämmtechnik. Wegen karzinogener Wirkung nicht mehr zulässig. Vorsicht bei Rückbau von Altbeständen! Nur zugelassene Firmen beauftragen und gezielte Entsorgung vorsehen und kontrollieren! TRVGS beachten.

**Talk („Speckstein")**

Weißliches, durch feinschuppige Struktur sich fettig anfühlendes Gestein (Härte 1) ähnlicher Entstehung wie Serpentin. Verwendung als Schneiderkreide und Talkpuder (Talkum).

## 1.4.4 Erze

**Abb. 1.3:** Heimische Naturwerksteinvorkommen

Erze sind Mineralgemische, deren Metallgehalt mit wirtschaftlichem Nutzen verhüttet werden kann, z. B. Eisenerz mit > 20 % Fe-Gehalt, Kupfererz mit ≈ 1 % Cu-Gehalt.

Die Entstehung der Erze beruht auf magmatischen, sedimentären und metamorphen Vorgängen.

Für Bauzwecke sind Erze nur als Gesteinskörnung für Schwerbeton verwendbar (s. Abschn. 4.12.2).

# 1.5 Verarbeitung der Gesteine

## 1.5.1 Gewinnung im Steinbruch

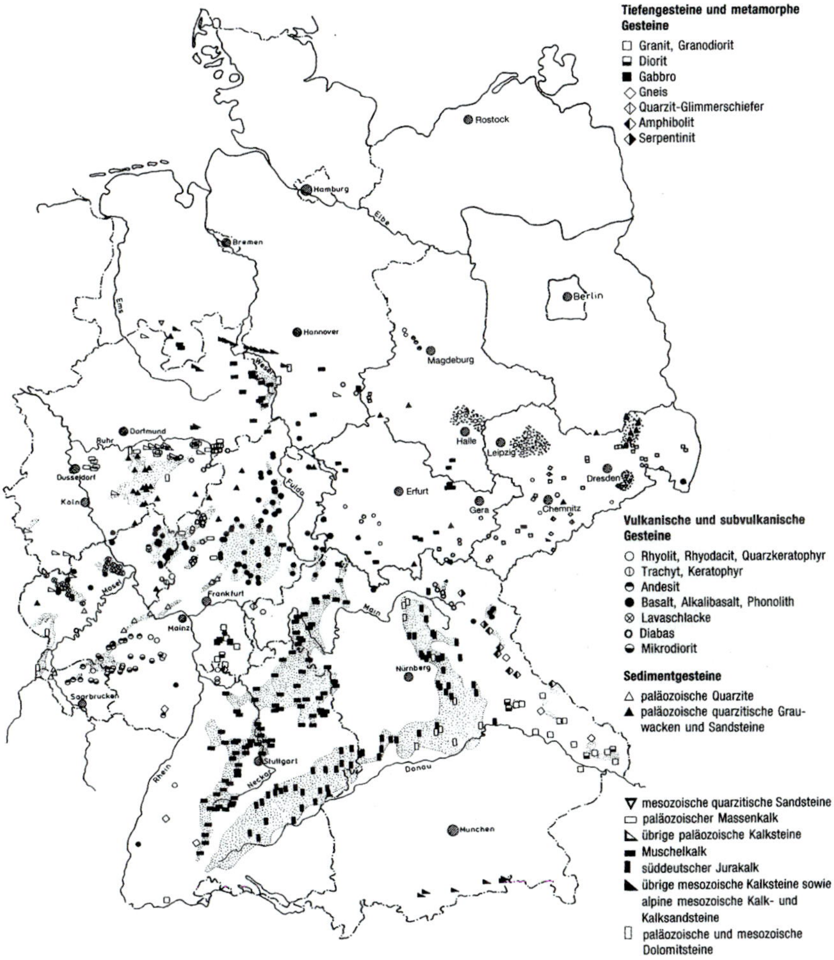


**Abb. 1.4:** Heimische Gewinnungsstätten güteüberwachter Festgesteine (Quelle: Bundesverband Naturstein-Industrie e. V.)

Die zerstörungsfreie Gewinnung größerer Blöcke erfolgt im stufenweisen Abbau durch Spalten, das heißt durch reihenweises Eintreiben von Stahlkeilen (Keilsprengen) in mechanisch vorgebohrte Löcher. Bei weicherem Gestein (Kalk- und Sandstein) auch Heraussägen der Blöcke mit umlaufendem endlosen Stahldraht unter Zugabe von Sand und Wasser. Neuere Verfahren sind Laser-Schneiden und Gefriersprengung.

## 1.5.2 Bearbeitung

### 1.5.2.1 Zerlegen der Gesteinsblöcke

Durch Aufspalten oder durch Auftrennen der Blöcke zu Platten im Sägegatter mit zahnlosen Stahlsägeblättern unter Zusatz von Stahlsand oder Quarzsand mit Wasser, auch diamantbesetzte Sägeblätter (Schnittgeschwindigkeit je nach Gesteinsart 3 cm/h bis 30 cm/h). Weiteres Zuschneiden der Werkstücke auf Kreissägen mit Diamant- oder Korundbelag.

Pflastersteine werden durch maschinelles Aufspalten größerer Gesteinsstücke gewonnen. Die Zerkleinerung von Schotter und Splitt erfolgt in Steinbrecheranlagen (z. B. Backenbrecher).

### 1.5.2.2 Flächenbearbeitung

Steine mit werkmäßig bearbeiteten Flächen werden als „Werksteine" bezeichnet (Naturwerksteine).

**Steinmetzmäßige Bearbeitung (Abb. 1.5)**

Die Weiterbearbeitung der bruchrauen Flächen („Bossen") der auf erforderliche Größe gespaltenen Blöcke erfolgt mit verschiedenen Schlagwerkzeugen je nach Gesteinsfestigkeit (Tabelle 1.3).

**Tabelle 1.3:** Steinmetzmäßige Bearbeitung von Natursteinen

| Granite, Syenite, Diorite, Diabase, Gabbros, Porphyre und ähnliche Hartgesteine | Basaltlava | Sandsteine, Tuffsteine | Travertine, Muschelkalke, Dolomite, Juramarmor, Handelsmarmore, kristalline Marmore, Serpentine und ähnliche |
|---|---|---|---|
| • Manuelle Bearbeitung (steinmetzmäßige Bearbeitung) | | | |
| bruchrau | bruchrau | bruchrau | bruchrau |
| bossiert | bossiert | bossiert | bossiert |
| gespitzt | gespitzt | gespitzt | gespitzt |
| fein gespitzt | grob gestockt | fein gespitzt | fein gespitzt |
| grob gestockt | gebeilt | gekrönelt | geflächt |
| mittel gestockt | grob scharriert | geflächt | gebeilt |
| fein gestockt | fein scharriert | gebeilt | gezahnt |

| Granite, Syenite, Diorite, Diabase, Gabbros, Porphyre und ähnliche Hartgesteine | Basaltlava | Sandsteine, Tuffsteine | Travertine, Muschelkalke, Dolomite, Juramarmor, Handelsmarmore, kristalline Marmore, Serpentine und ähnliche |
|---|---|---|---|
| | aufgeschlagen<br>abgerieben | gezahnt<br>grob scharriert<br>aufgeschlagen<br>abgerieben | grob scharriert<br>fein scharriert<br>aufgeschlagen<br>abgerieben |
| • Mechanische Bearbeitung (Bearbeitung mit Steinbearbeitungsmaschinen und -werkzeugen) | | | |
| stahlsandgesägt<br>diamantgesägt<br>grob geschurt<br>fein geschurt<br>gefräst<br>geschliffen<br>fein geschliffen<br>bis zur Politur geschliffen<br>poliert<br>geflammt | gesägt<br>gefräst<br>gesandelt<br>abgerieben<br>geschliffen | stahlsandgesägt<br>diamantgesägt<br>gefräst<br>gesandelt<br>abgerieben<br>geschliffen | quarzsandgesägt<br>diamantgesägt<br>gefräst<br>halbgeschliffen<br>gesandelt<br>abgerieben<br>geschliffen<br>fein geschliffen<br>anpoliert<br>poliert |

**Hartgesteine**

Als Ausgangsbearbeitung gilt die stahlsandgesägte Steinfläche:

*Grob geschurt:* Flächen mit Stahlsand Nr. 13 bearbeitet.

*Geschurt:* Flächen mit Stahlsand Nr. 16 bearbeitet, griffige Fläche.

*Fein geschurt:* Flächen mit Stahlsand Nr. 34 bearbeitet, noch griffige Fläche, jedoch gute Reinigungsmöglichkeit.

*Geschliffen*: Flächen mit losem Silicium Carbid Nr. 120 bearbeitet. Mäßig glatte Oberfläche mit kleinen Rillen.

*Fein geschliffen*: Flächen mit SiC Nr. 220 bearbeitet. Die Flächen sind glatt, ohne Glanz und frei von Kratzern.

*Bis zur Politur geschliffen:* Flächen, die bis einschließlich SiC Nr. 400 oder 500 (3F oder 5F) Schmirgel der Mikrokörnung 500 – oder Naxos-Schmirgel zum Polieren vorbereitet sind. Bezeichnung auch matt poliert oder seidenglanzpoliert. Flächen mit Mattglanz ohne Reflexe.

*Poliert:* Flächen auf Hoch- oder Spiegelglanz bearbeitet, materialeigene Naturpolitur mit scharfen Reflexen.

*Beflammt:* Abbrennen der gesägten Flächen mittels Brennstrahlverfahren. Die Fläche erhält ein leicht bruchraues Aussehen.

Kröndel

Bossierhammer

Scharriereisen

**Abb. 1.5:** Steinmetzwerkzeuge (Auswahl) (Quelle: Steinmetzwerkzeuge Paulus)

**Weichgesteine**

Als Ausgangsbearbeitung gilt die gesägte Fläche (diamantgesägt).

*Gefräst*: Schmale Flächen oder Steinkanten mit Diamantblatt geschnitten. Glatte Kante und Fläche mit geringem Glanz (matt).

*Gesandelt*: Gesägte Fläche mit scharfem Quarzsand abgeschliffen. Leicht raue Fläche mit leicht gebrochenem Naturkorn.

*Halb geschliffen*: Mit Schleifsegment Nr. 2 (Körnung 100 - 200) bearbeitet. Noch ganz leicht geraute Fläche.

*Geschliffen*: Mit Schleifsegment Nr. 3 (Körnung 220) bearbeitete Fläche. Fläche glatt und frei von Kratzern.

*Fein geschliffen*: Mit Schleifsegment Nr. 4 (Körnung 320 - 00) bearbeitete Fläche. Sehr glatte und dichte Oberfläche.

*Anpoliert*: Mit Schelllacksegment Nr. 5 oder mit Feinschleifscheiben bearbeitete Fläche. Glatte Fläche mit mattem Glanz.

*Poliert*: Gute Naturpolitur. Hochglänzende Fläche mit Spiegelreflexen.

## 1.6 Zerstörungsursachen und Schutz der Gesteine

### 1.6.1 Physikalische Einflüsse

#### Frostzerstörungen bei Feuchtigkeitsanreicherungen im Gestein

9 % Volumenausdehnung bei Eisbildung

Verhinderung durch Auswahl frostbeständigen Gesteins (s. Abschn. 1.8.2) bzw. Behinderung des Eindringens von Feuchtigkeit: Lagerhaftes Verarbeiten (s. Abschn. 1.7.1), Gesimsabschrägungen oder Gesimsabdeckungen mit Blechen, evtl. Abdichten der Fassadenoberfläche mit wasserabweisenden, jedoch atmungsaktiven, d. h. nicht porenstopfenden Mitteln (z. B. Silikone), die keinen Rückstau von Diffusionsfeuchtigkeit aus dem Gebäude zulassen.

### Rostzerstörungen durch Oxidation fest eingelassener Eisenteile

z. B. Geländer und Verankerungen, infolge des mehrfachen Volumens von Rost $Fe(OH)_3$ gegenüber Fe

Verhinderung von Rostsprengungen durch Verzinken von Eisenteilen sowie durch Vergießen oder Verstemmen der Einlassungen mit Blei bzw. Verwendung rostfreier Stähle.

Freiliegende oxidierende Stahlteile bedürfen vor der Montage, zur Vermeidung die Oberfläche verfärbender Rostabläufe, eines Voranstriches mit Rostschutzmitteln.

### Spannungsschäden an Fassadenbekleidungen und Bodenbelägen

*Temperatureinflüsse*

Verformungsschäden an der Oberfläche von Bauteilen durch starke Temperaturwechsel

Bei 100 K (Kelvin) Temperaturunterschied (von -20 °C bis +80 °C) kann insgesamt mit etwa 1 mm/m Dehnungsbewegung gerechnet werden. – Der Wärmeausdehnungskoeffizient ist bei dunkelfarbigen Belägen größer als bei hellfarbigen (s. Tabelle 1.13).

Bei nicht mit dem Untergrund vermörtelten (hinterlüfteten) Belägen ist zudem der Wärmerückstau zu berücksichtigen, insbesondere bei Hinterlegung mit Dämmstoffen.

*Feuchtigkeitseinflüsse*

Bei Tuffen und Bims sind durch Feuchtigkeitsveränderungen geringe Quell- und Schwindbewegungen zu berücksichtigen.

*Einflüsse durch Bewegung der Baukörper*

Bewegung der Baukörper sowie einzelner Bauteile gegeneinander (z. B. Wände, Decken, Gesimse) können wesentliche Spannungen in der Fassadenoberfläche verursachen, die durch entsprechende Fugenausbildung in der Bekleidung zu berücksichtigen sind (s. Abschn. 1.7.2). Dies gilt auch für Bodenbeläge. Hier sind die vorhandenen Bewegungsfugen der Unterkonstruktion unbedingt in den Natursteinbelag zu übernehmen.

## 1.6.2 Atmosphärische, chemische und biologische Einflüsse

*Verschmutzungen*: Beeinträchtigung des Aussehens der Fassade durch Staub, Ruß oder ölige Bestandteile, die sich in der porösen Oberfläche festsetzen und durch chemische Umwandlung verkrusten können. (Evtl. vorbeugende Behandlung mit tief eindringenden, wasserabweisenden Mitteln.)

*Säureeinwirkungen*: Je nach landschaftlichen und industriellen Gegebenheiten Einwirkung des Kohlendioxid($CO_2$)- und Schwefeldioxid($SO_2$)-Gehalts der Luft bzw. des Niederschlagwassers (Rauchgase):

$SO_2$ reagiert mit Feuchtigkeit zu schwefliger Säure oder nach Aufoxidation zu Schwefelsäure $H_2SO_4$.

Kalk- oder dolomithaltige Natursteine werden durch Säure aufgelöst. Bei der Reaktion von $CaCO_3 + H_2SO_4 + H_2O \rightarrow CaSO_4 \cdot 2\,H_2O + CO_2$ ist bei einer Auskristallisation als Gips eine 100 %ige Volumenvergrößerung verbunden, die durch Treibwirkung zur Steinzerstörung führt.

Bei einer entsprechenden Reaktion von $MgCO_3 + H_2SO_4 + 7\,H_2O \rightarrow MgSO_4 \cdot 7\,H_2O + H_2O + CO_2$ bei Dolomit ist die Volumenvergrößerung sogar 430 %.

Durch $CO_2$ werden vorwiegend poröse Kalksteine und Sandsteine mit kalkigem Bindemittel angegriffen mit folgender Schadensreaktion: $CaCO_3 + H_2O + CO_2 \rightarrow Ca(HCO_3)_2$. Es wird also das schwer wasserlösliche $CaCO_3$ in das leicht wasserlösliche Calciumhydrogencarbonat überführt.

Keine Verwendung säureempfindlicher (kalkhaltiger) Steine mit *polierter* Oberfläche im Freien.

*Biologische Einwirkungen*: Pflanzenwachstum (Moose) bewirkt Humussäurebildung, größere Pflanzen (z. B. Efeu) verursachen Gefügelockerungen durch Wurzeldruck.

**Abwendung der Zerstörungseinflüsse** durch zeitweise Reinigung verschmutzter Fassaden: Je nach Gesteinsart durch werkmäßige Überarbeitung der Oberfläche (Bearbeiten mit Stahlbürsten, Scharrieren, Stocken, Schleifen) oder durch Strahlen mit festen Strahlmitteln.[4] Meist jedoch Fassadenbehandlung mit chemischen Reinigungsmitteln, je nach Gesteinsart und Verkrustung auf säure- oder schmutzlösender Alkalibasis bzw. mit fettlösenden Emulsionen (Nachspülen mit Wasser oder im Dampfstrahlverfahren) durch Spezialfirmen.

Bei Sandsteinen auch Oberflächenverfestigung durch Kieselsäureverbindungen.

# 1.7 Verwendung der Natursteine im Bauwesen

## 1.7.1 Massivbauweise

### 1.7.1.1 Mauerwerk

Die *Verarbeitung* von tragendem Mauerwerk aus natürlichen Steinen erfolgt nach DIN 1053-1 Mauerwerk, Berechnung und Ausführung; Ausgabe 1996-11 [5]. Ferner VOB, DIN 18332 Naturwerksteinarbeiten; Ausgabe 2012-09. (Norm DIN 1053 zzt. zurückgezogen! Ersatz durch EC.)

Die Steine sind entsprechend ihrer natürlichen Schichtung „lagerhaft" zu verarbeiten, das heißt, sie sollen rechtwinklig zum Kraftangriff liegen und zum Schutz gegen eindringende Witterungsfeuchtigkeit und mögliche Frostabplatzungen nicht „auf Spalt" gestellt werden.

Der Verband muss im Sinne der in der DIN 1053, Ziff. 12, gegebenen Richtlinien „handwerksgerecht" erfolgen, z. B. Wechsel von Läufer- und Binderschichten, Auszwicken von Hohlräumen, Verfugen der Sichtflächen.

**Trockenmauerwerk** wird ohne Mörtel unter geringer Bearbeitung in richtigem Verband mit möglichst engen Fugen nur für Schwergewichtsmauern ausgeführt.

**Zyklopenmauerwerk** und **Bruchsteinmauerwerk** werden aus nur wenig bearbeiteten Bruchsteinen im Verband satt im Mörtel verlegt (s. Abb. 1.6a).

4 Strahlmittel: Statt silikosegefährdeten Quarzsandes (Staublunge) Verwendung von Strahlmitteln nach DIN EN ISO 1126-3:1997-10 oder -4:1998-04).

5 Achtung: vorgesehener Ersatz durch DIN 1053-11:2009-03, DIN 1053-14:2009-03, DIN V 18580:2007-03 und DIN EN 998-2:2003-09.

**Abb. 1.6a:** Bruchsteinmauerwerk

**Abb. 1.6b:** Unregelmäßiges Schichtenmauerwerk

**Hammerrechtes Schichtenmauerwerk** besteht aus mind. 120 mm tief bearbeiteten Lager-und Stoßfugen, die ungefähr rechtwinklig zueinander stehen, bei wechselnder Schichtdicke innerhalb einer Schicht und in den verschiedenen Schichten.

**Regelmäßiges Schichtenmauerwerk** wird wie vor, jedoch nicht mit wechselnden Schichthöhen innerhalb einer Schicht ausgeführt.

**Unregelmäßiges Schichtenmauerwerk** erfordert mind. 150 mm tief bearbeitete Lager- und Stoßfugen, die ungefähr rechtwinklig zueinander stehen, bei wechselnder Schichtdicke innerhalb einer Schicht und in den verschiedenen Schichten.

**Quadermauerwerk** weist nach angegebenen Maßen bearbeitete Steine auf. Die Lager- und Stoßfugen müssen in ganzer Tiefe bearbeitet sein.

**Mittragendes Verblendmauerwerk** (Mischmauerwerk) muss durch mindestens 30 % Bindersteine mit der Hintermauerung bzw. mit dem Beton verzahnt sein.

Um einen Naturstein als Mauerstein in den Handel bringen zu dürfen, ist grundsätzlich eine CE-Kennzeichnung des Materials erforderlich.

Die Anforderungen an die Mauersteine sind DIN EN 771 Festlegungen für Mauersteine; Teil 6: Natursteine; Ausgabe 2011-07 zu entnehmen.

Es werden folgende Anforderungen gestellt:

- Bezeichnung

  Die Bezeichnung muss DIN EN 12440, Ausgabe 2008-04 entsprechen (d. h. üblicher Name, petrologische Familie, charakteristische Farbe und Herkunft).

  Die petrographische Beschreibung muss nach DIN EN 12407, Ausgabe 2007-06 erfolgen.

- Maße und Grenzabmaße

  Die Maße eines Mauersteins aus Naturstein sind für Länge, Breite und Höhe in dieser Reihenfolge als Sollmaß in mm anzugeben.

  Die in Tabelle 1.4 angegebenen Grenzabmaße für Mauersteine aus Naturstein sind einzuhalten. Die Prüfungen erfolgen nach DIN EN 772 Prüfverfahren für Mauersteine, Teil 16: Bestimmung der Maße, Ausgabe 2011-07, und Teil 20: Bestimmung der Ebenheit von Mauersteinen, Ausgabe 2005-05. Die Rechtwinkligkeit wird nach DIN EN 13373 Prüfverfahren für Naturstein, Bestimmung der Maße und anderer geometrischer Merkmale von Gesteinen, Ausgabe 2003-08 geprüft.

**Tabelle 1.4:** Grenzabmaße für Mauersteine aus Naturstein (nach [8])

| Maße | Maßhaltige Steine<br>Gesägte Oberflächen<br>D1 | D2 | D3 | Quaderförmige Steine<br>Behauene Oberflächen | Bruchsteine |
|---|---|---|---|---|---|
| Länge | ±5 mm | ±2 mm | ±2 mm | ±15 mm | keine Anforderung |
| Breite* | ±5 mm | ±2 mm | ±2 mm | keine Anforderung | keine Anforderung |
| Höhe | ±5 mm | ±2 mm | ±1 mm | ±15 mm | keine Anforderung |
| Ebenheit | 0,5 % des Maßes der längsten Seite | 0,3 % des Maßes der längsten Seite | 0,3 % des Maßes der längsten Seite und nicht mehr als ±1 mm für die Lagerfläche | ±1,5 % des Maßes der längsten geraden Seite | keine Anforderung |
| Rechtwinkligkeit | 0,5 % des Maßes der längsten geraden Seite | 0,3 % des Maßes der längsten geraden Seite | 0,3 % des Maßes der längsten geraden Seite | ±1,5 % des Maßes der längsten geraden Seite | keine Anforderung |
| Planparallelität | | | ≤ -1 mm | | |

* gilt nicht für Überbreiten

- Geometrie, Form und Ausbildungen

  Alle Messungen sind nach DIN EN 772, Teil 16 durchzuführen. Außerdem muss eine Bemusterung erfolgen, die neben Farbtönung und Beschaffenheit auch Aufschluss über die vorgesehene Oberflächenbeschaffenheit geben muss.

- Rohdichte und offene Porosität

  Prüfung nach DIN EN 1936 Prüfverfahren für Naturstein, Bestimmung der Reindichte, der Rohdichte, der offenen Porosität und der Gesamtporosität, Ausgabe 2007-02.

- Druckfestigkeit

  Die Prüfung erfolgt nach DIN EN 772 Prüfverfahren für Mauersteine, Teil 1: Bestimmung der Druckfestigkeit, Ausgabe 2000-09.

  Wenn die Prüfung ganzer Steine nicht praktikabel ist, darf ersatzweise auch nach DIN 1926 Prüfverfahren für Naturstein, Bestimmung der einachsigen Druckfestigkeit mit Würfeln oder Zylinder, Ausgabe 2007-03 geprüft werden.

- Biegefestigkeit

  Die Prüfung erfolgt nach DIN EN 13372 Prüfverfahren für Naturstein, Bestimmung der Biegefestigkeit unter Mittellinienlast, Ausgabe 2007-02.

- Haftscherfestigkeit

  Kann auf Grundlage von Prüfungen nach DIN EN 1052 Prüfverfahren für Mauerwerk, Teil 3: Bestimmung der Anfangsscherfestigkeit (Haftscherfestigkeit), Ausgabe 2007-06 oder auf der Grundlage von festgelegten Werten nach DIN EN 998 Festlegungen für Mörtel im Mauerwerksbau, Teil 2: Mauermörtel, Ausgabe 2010-12 angegeben bzw. deklariert werden.

- Biegefestigkeit des Mauerwerks

  Prüfung nach DIN EN 1052 Prüfverfahren für Mauerwerk, Teil 2: Bestimmung der Biegezugfestigkeit, Ausgabe 1999-10.

- Kapillare Wasseraufnahme

  Prüfung nach DIN EN 772 Prüfverfahren für Mauersteine, Teil 11: Bestimmung der kapillaren Wasseraufnahme von Mauersteinen aus Beton, Betonwerksteinen und Natursteinen sowie der anfänglichen Wasseraufnahme von Mauerziegeln, Ausgabe 2011-07.

  Alternativ zu ganzen Mauersteinen dürfen auch Würfel mit Kantenlänge 70 ±5 mm oder Zylinder mit Ø 70 ±5 mm geprüft werden (s. DIN EN 772-6, Abschnitt 5.10).

- Dauerhaftigkeit

  Frostprüfung nach DIN EN 12371 Prüfverfahren für Naturstein, Bestimmung des Frostwiderstands, Ausgabe 2008-10.

- Wärmeschutztechnische Eigenschaften

  Angaben nach DIN EN 1745 Mauerwerk und Mauerwerksprodukte, Verfahren zur Ermittlung von Wärmeschutzrechenwerten, Ausgabe 2012-07.

- Brandverhalten

  Bei Massen- bzw. Volumenanteil an gleichmäßig verteilten organischen Stoffen ≤ 1 % kann ohne Prüfung in die Brandverhaltensklasse A1 eingestuft werden. Ansonsten Prüfung nach DIN EN 13501 Klassifizierung von Bauprodukten und Bauarten zu ihrem Brandverhalten, Teil 1: Klassifizierung mit den Ergebnissen aus Prüfungen, Ausgabe 2010-01.

- Wasserdampfdurchlässigkeit

  Ist auf Anfrage anzugeben entweder als tabellierter Wert nach DIN EN 12524 Baustoffe und -produkte – Wärme- und feuchteschutztechnische Eigenschaften – Tabellierte Bemessungswerte, Ausgabe 2000-11; (zurzeit Norm zurückgezogen) oder nach DIN EN ISO 12572 Wärme- und feuchtetechnisches Verhalten von Baustoffen und Bauprodukten, Bestimmung der Wasserdampfdurchlässigkeit, Ausgabe 2001-09 zu bestimmen.

All diese Eigenschaften sind vom Hersteller in der Erstprüfung zu ermitteln und im Rahmen der CE-Kennzeichnung ggf. abgemindert als zugesicherte Eigenschaft zu deklarieren. Die deklarierten Werte sind im Rahmen einer werkseigenen Produktionskontrolle (WPK) sicherzustellen.

Eine CE-Kennzeichnung des Materials muss nach dem Beispiel (Abb. 1.7) erfolgen.

| Angabe | Erläuterung |
|---|---|
| CE | *CE-Konformitätskennzeichnung, bestehend aus dem CE-Zeichen nach der Richtlinie 93/68/EWG* |
| 01234 | *Kennnummer der Zertifizierungsstelle* |
| **Firma XY, PSF 21, B-1050** | *Name oder Bildzeichen und eingetragene Anschrift des Herstellers* |
| 11 | *Die letzten beiden Ziffern des Jahres, in dem das Kennzeichen angebracht wurde* |
| 01234-BPR-00234 | *Zertifizierungsnummer (nur Bauteile der Kategorie I)* |
| EN 771-6:2011 | *Datierte Ausgabe der europäischen Norm* |
| Natursteine der Kategorie I | *Beschreibung des Produkts und* |
| **Maße:** Länge (mm), Breite (mm), Höhe (mm)<br>**Grenzabmaße:** Kategorie D2<br>**Form und Ausbildung:** siehe beigefügte Zeichnung und Beschreibung<br>**Rohdichte:** xx kg/m$^3$<br>**Mittlere Druckfestigkeit:** xx N/mm$^2$<br>**Biegezugfestigkeit:** NPD<br>**Haftscherfestigkeit:** xx (N/mm$^2$)<br>**Brandverhalten:** Euroklasse A1<br>**Offene Porosität:** xx %<br>**Wasseraufnahme:** xx g/m$^2$s$^{0,5}$<br>**Frost-/Tauwechselbeständigkeit:** xx Zyklen<br>**Wärmeleitfähigkeit:** xx W/mK ($\lambda_{10,dry}$, unit, S1) | *Angaben zu Eigenschaften, die gesetzlichen Bestimmungen unterliegen* |

**Abb. 1.7:** Beispiel für die Angaben der CE-Kennzeichnung von Mauersteinen aus Naturstein (nach [8])

### 1.7.1.2 Andere Massivarbeiten

Für andere Anwendungen als Mauersteine legt die DIN EN 12059 Natursteinprodukte – Steine für Massivarbeiten, Ausgabe 2012-03 Anforderungen fest.

Dabei wird der Anwendungsbereich dort wie folgt festgelegt:

a. Strukturelle feste Steinelemente
   - lastabtragende, üblicherweise den maßgeblichen Druckspannungen ausgesetzt wie feste Säulen, Bögen u. Ä.,
   - feste Steinelemente für Brüstungen, Handläufe, Balustraden, Mauerabdeckungen u. Ä., die zusätzlich zu den Eigenlasten auch horizontalen Nutzlasten widerstehen müssen.

b. Abschließende feste Steinelemente
   - gekrümmte Bekleidungsplatten für die Außenbekleidung von Wänden, Säulen oder Wandpfeilern,

DIN EN 12059 (2012-03)

- Steinelemente zur Rahmung einer oder mehrerer Seitenöffnungen in Gebäudewänden oder -decken wie Schwellen, aufrechte Rahmenteile, Sockel u. Ä.

Die Anforderungen sind ähnlich wie an Mauersteine festgelegt, jedoch mit zusätzlichen Anforderungen an die Dicke und die Ebenheit sowie an die Kantenausbildung und die Oberflächenbeschaffenheit der Produkte. Auch an den Vergleich von Referenzproben und Produktionsproben werden hier genauere Anforderungen gestellt.

Bei den physikalischen Eigenschaften wird zusätzlich die Wasseraufnahme bei atmosphärischem Druck nach DIN EN 13755, Ausgabe 2008-08 verlangt.

Bei der Frostbeständigkeit nach DIN EN 12371 wird unterschieden zwischen Steinen für hauptsächlich vertikale Oberflächen, die mit zwölf oder vierzehn Zyklen beansprucht werden, und solchen für hauptsächlich horizontale Oberflächen, die mit 56 Frost-Tau-Zyklen geprüft werden. Auf Anforderung muss auch der Widerstand gegen Wärmeschock nach dem in DIN EN 14066, Ausgabe 2013-06 beschriebenen Verfahren geprüft und angegeben werden.

## 1.7.2 Fassadenbekleidung

Fassadenbekleidungen werden mit Hinterlüftung (vom Untergrund abgesetzt) oder ohne Hinterlüftung (an den Untergrund angesetzt) ausgeführt.

Für die Bekleidung von Gebäuden aus Mauerwerk oder Beton mit Platten, Mosaiken, Riemchen oder Vormauerung gilt die DIN 18515 Außenwandbekleidungen mit Teil 1 Angemörtelte Fliesen oder Platten[6]; Grundsätze für Planung und Ausführung, Ausgabe 1998-08, sowie Teil 2 Anmauerung auf Aufstandsflächen; Grundsätze für Planung und Ausführung, Ausgabe 2010-06.

Für Fassadenbekleidungen mit Hinterlüftung gilt DIN 18516 Außenwandbekleidungen, hinterlüftet mit Teil 1: Anforderungen, Prüfgrundsätze, Ausgabe 2010-06, sowie Teil 3: Naturwerkstein, Anforderungen, Bemessung, Ausgabe 2011-11.

Grundsätzlich sind Platten größer als 0,12 m² (z. B. > 40 × 30 cm) zu verankern, Platten unter 0,12 m² werden in der Regel angemörtelt. Klausur

### 1.7.2.1 Verankerung der Platten > 0,12 m²

Jede Platte wird im Regelfall an vier, mind. jedoch an drei Punkten in den Vertikal- oder Horizontalfugen mit Trage- und Halteankern aus nicht rostendem Stahl, die mit Ankerdornen in die Dornlöcher der Platten eingreifen, befestigt. Die Belastung durch die Platten, einschließlich eventueller Hintermörtelung, muss von zwei der Anker (Trageanker) aufgenommen werden: Standsicherheitsnachweis erforderlich (Bemessung der Anker nach DIN 18516).

6 Siehe auch Abschn. 5.1.7.2 Grobkeramische gesinterte Erzeugnisse.

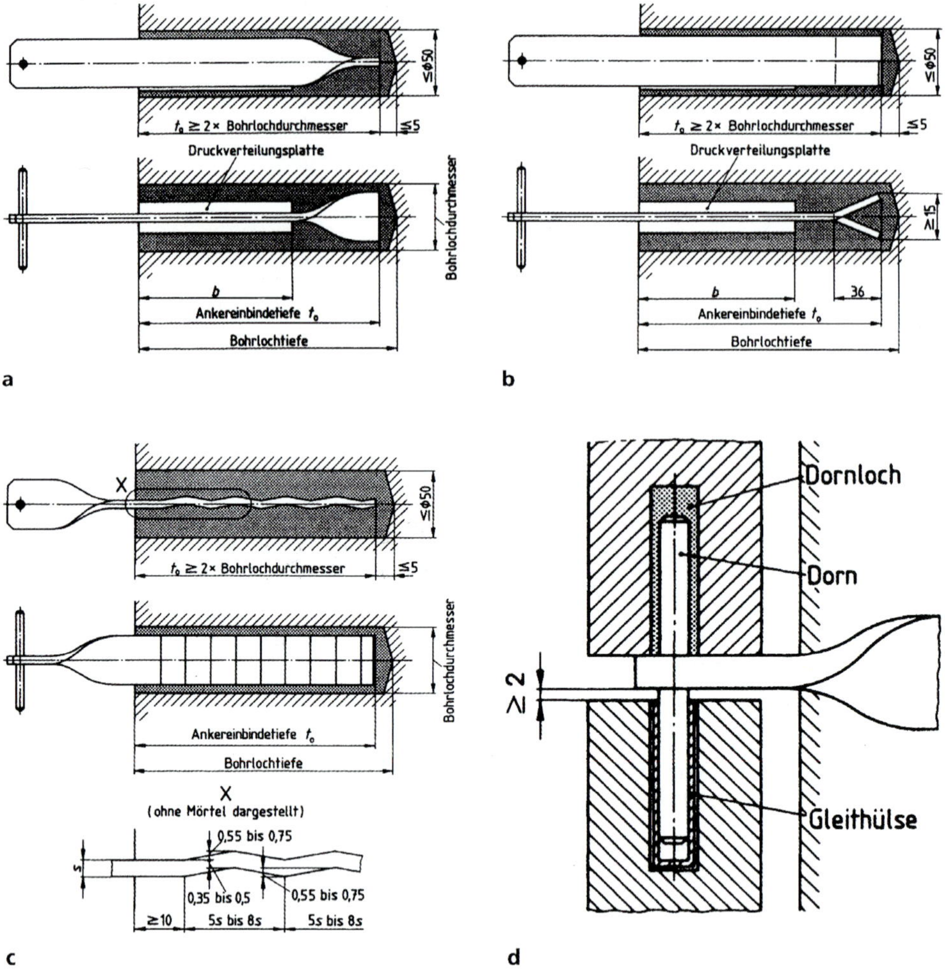


**Abb. 1.8a-d:** Verankerung von Fassadenbekleidungen mit nicht rostenden Stahlankern nach DIN 17440 Werkstoff-Nr. 1.4571 und 1.4401:X6CrNiMoTi 17 12 2 und X5 CrNiMo 17 12 1. (Weitere gebräuchliche Ankerformen siehe Anhang B, DIN 18516, Teil 3, Ausgabe 2011-11.)

*Halteanker* ohne Druckverteilungsplatte.

Befestigung der Anker im Untergrund mit Zementmörtel hoher Frühfestigkeit.

Die Ankerdorne werden in den Ankerdornlöchern mit feinsandigem Zementmörtel befestigt bzw. können einseitig in Kunststoffröhrchen beweglich eingelassen werden („Röhrchenanker").

Für die Verlegung der Platten sind Verlegepläne anzufertigen mit Angabe des Untergrundes, der Art und Abmessung der Platten, Anordnung der Befestigungsmittel sowie Fugenausbildung.

Weitere nach DIN 18516 zugelassene Befestigungsmittel sind der Steckdorn und der Schraubanker.

Mit europäischer technischer Zulassung (ETA), allgemeiner bauaufsichtlicher Zulassung oder Zustimmung im Einzelfall ist auch eine Befestigung der Platten mit rückseitigen Hinterschnittdübeln (System Fischer oder Keil) möglich.

Mindestdicke der Natursteinplatten bei einer Neigung der Platte gegen die Horizontale von größer als 60°: 30 mm bis 60°: 40 mm, im Übrigen gemäß statischem Nachweis.

a) System Fischer b) System Keil

**Abb. 1.9a, b:** Verankerung von Fassadenbekleidungen mit Hinterschnittankern

### Hinterlüftete Platten

Der Abstand der Platten vom Untergrund soll mindestens 20 mm betragen.

Entlüftungsschlitze sind am unteren und oberen Abschluss der Fassadenbekleidung vorzusehen. Stattdessen auch gleichmäßig verteilte horizontale und vertikale offene Plattenfugen.

Fugenausbildung des Plattenbelages s. Abschnitt 1.7.2.4.

### Mit Mörtel hinterfüllte verankerte Platten

Verankerte Naturstein- und Keramikplatten ≥ 0,12 m² (nicht Betonwerksteinplatten, wegen Schwindspannungen), die durch Stöße oder Erschütterungen gefährdet sind, z. B. bei Sockelgeschossen und Pfeilern, werden – unter Beachtung der Dehnungsfugen – mit einem porösen Kalkzementmörtel (Einkornmörtel) hinterfüllt:

Bei Keramikplatten mit Zementmörtel; bei Jura-Kalkstein-Platten (wegen Durchschlagen des Zementes) mit Kalk oder Trasskalkmörtel.

Insbesondere im unteren Bereich um Zerstörung d. Platten zu verhindern

## 1.7.2.2 Angemörtelte Platten mit Flächen < 0,12 m²

DIN 18515 Teil 1 legt den Anwendungsbereich für angemörtelte Platten wie folgt fest:

- Fläche ≤ 0,12 m²,
- Seitenlänge ≤ 0,40 m,
- Dicke ≤ 0,015 m (mit Riffelung ≤ 0,02 m).

Dickere Platten (max. ≤ 0,03 m) dürfen höchstens 1,5 kg/Stück wiegen und müssen eine Haftfläche von mindestens 100 cm² haben.

Die Verbindung der Platten, deren Rückseiten i. Allg. gerippt oder gerillt sind, mit dem Untergrund erfolgt ausschließlich durch die Haftung des Ansetzmörtels, der in geschlossenem Mörtelbett auf den Untergrund aufgebracht wird.

Ein **Unterputz** ist an den Wetterseiten zur Erhöhung der wasserabweisenden Wirkung der Bekleidung erforderlich, ebenfalls zum Ausgleichen etwaiger Unebenheiten beim Aufbringen der Platten im „Dünnbettverfahren".

Sofern der Untergrund aus unterschiedlichen oder oberflächenglatten Baustoffen oder aus Baustoffen geringerer Festigkeit (z. B. Gasbeton oder Wärmedämmschichten) besteht, ist vor dem Ansetzen der Bekleidung ein Unterputz mit einer *tragfähigen Bewehrung*, z. B. aus Baustahlmatten, aufzubringen, die mit dem Untergrund zur Aufnahme der Lasten aus Putz, Bekleidung und Wind mit nicht rostenden Drahtankern zu befestigen ist. Die Bewehrung ist auch bei Unterputzstärken von mehr als 25 mm erforderlich.

Der Ansetzmörtel muss eine Dicke von i. M. 15 mm haben. Im Dünnbettverfahren beträgt die Mörteldicke 3 mm bis 5 mm.

### 1.7.2.3 Bekleidung mit Riemchen

Natursteinriemchen haben bei unterschiedlicher Länge eine Höhe bis 60 mm und eine Dicke (Tiefe) bis 30 mm. – Keramische Riemchen s. Abschn. 5.1.7.2.

Der Verbund angemauerter Riemchenschalen aus Naturstein, Beton und Keramik mit dem Untergrund erfolgt durch schichtweises sattes Hinterfüllen der 15 mm bis 25 mm dicken Schalenfuge mit Zement- oder Kalkzementmörtel (nach DIN 18515, Teil 1, Tab. 1) und durch zusätzliche Verankerung in die Fugen einzuführender, im Untergrund verankerter nicht rostender Drahtanker.

Mindestens in jedem 2. Geschoss müssen mit dem Mauerwerk fest verbundene Aufstandsflächen (Konsolen) vorhanden sein.

Das Vermauern der Riemchen erfordert einen auf einem Spritzbewurf aufgebrachten 15 mm dicken Unterputz mit aufgerauter Oberfläche.

### 1.7.2.4 Fugenausbildung

#### Fugen bei verankerten Fassadenbekleidungen

*Mörtelfugen (harte Fugen)* kommen nur noch bei hintermörtelten Platten zur Ausführung (satte Fugenhinterfüllung).

**Mit Dichtmassen geschlossene Fugen** (elastische Fugen) **oder offene Fugen**

*Plattenfugen.* Mindestbreite je nach Plattendehnung und Dauerdehnfähigkeit der Dichtmasse 5 mm bis 10 mm. (Vorherige Unterfütterung der Fugen mit elastischen Füllstoffen.)

*Dehnungsfugen.* Bei Verwendung von Röhrchenankern können Dehnfugen entfallen. Bei hintermörtelten Platten sind bis zum Untergrund durchgehende Dehnfugen erforderlich, die mit Dichtmasse geschlossen werden.

*Anschlussfugen.* Stets erforderlich in mind. 10 mm Breite bei Anschlüssen der Platten an Holz, Metall, Glas, Beton bzw. an fest eingebaute Bauelemente (Gesimse, Fenster, Beleuchtungs- und Reklamekonstruktionen).

*Gebäudetrennfugen.* Im Bauwerk vorhandene Trennfugen müssen auch bei der Bekleidung in ausreichender Breite durchgeführt werden. Abdichtung mit Spezialprofilen aus Metallen oder Kunststoffen bzw. Dichtung wie Dehnfugen mit dauerelastischen Dichtmassen.

*Offene Fugen.* Mindestfugenbreite 4 mm. Verankerungsgrund soll wasserundurchlässig sein. Ablauf am Fuß der Bekleidung (über Pflasterhöhe) erforderlich.

Die Produkte für mit Dichtmassen geschlossene Fugen müssen den Anforderungen nach DIN 18540, Ausgabe 2006-12 und Entwurf 2013-06 entsprechen. Die Spannung bei 100 % Dehnung darf jedoch 0,20 $N/mm^2$ nicht überschreiten.

**Fugen bei kleinformatigen Platten und Riemchen**

*Plattenfugen.* Der Fugenmörtel (Zementmörtel 1:3–4 n. RT) wird nach Auskratzen des Mauermörtels in einer etwa der Fugenbreite entsprechenden Tiefe satt eingeschlämmt, in Sonderfällen mit dem Fugeisen verdichtet.

Fugenbreite je nach Plattenart 4 mm bis 6 mm. Bei Natursteinriemchen auch Versetzen mit Pressfugen ohne nachträgliche Verfugung.

*Dehnfugen.* Elastische Ausbildung der Dehnfugen sowie der Anschluss- und Gebäudetrennfugen wie bei verankerten Platten.

*Horizontale Dehnfugen* sind in jedem Geschoss, in der Regel in Höhe der Deckenunterkante bzw. unter den Aufsetzflächen der Riemchen erforderlich, sonst im Abstand bis zu 3 m.

*Vertikale Dehnfugen* je nach Gegebenheiten bis zu 6 m, ferner an Gebäudeinnen- und -außenecken sowie zwischen Pfeilern und Brüstungsbekleidungen.

#### 1.7.2.5 Anforderungen an das Plattenmaterial

**DIN EN 1469**

Wie bei den Mauersteinen ist auch für einen Naturwerkstein als Fassadenmaterial eine CE-Kennzeichnung erforderlich, um ihn in den Handel bringen zu dürfen. Die entsprechenden Anforderungen sind in DIN EN 1469 Natursteinprodukte – Bekleidungsplatten – Anforderungen, Ausgabe 2005-02 und Entwurf 2012-01 festgehalten.

Hier werden zunächst die Anforderungen an geometrische Merkmale dargestellt, die nicht Gegenstand der Erstprüfung sind.

- Maße

  Länge *l*, Breite *b* und Dicke *d* müssen in der genannten Reihenfolge in Millimeter ausgegeben werden. Dabei müssen für diese Nennmaße folgende Grenzabmaße eingehalten werden:

**Tabelle 1.5:** Grenzabmaße für die Nenndicke (nach [9])

| Nenndicke in mm | Grenzabmaße | |
|---|---|---|
| über 12 bis einschließlich 30 | ±10 % | Gelten nicht für naturrau gespaltene Oberflächen |
| über 30 bis einschließlich 80 | ±3 mm | |
| über 80 | ±5 mm | |

**Tabelle 1.6:** Grenzabmaße der Länge und Breite (nach [9])

| Nennmaß der Länge oder Breite in mm | < 600 | ≥ 600 | |
|---|---|---|---|
| Dicke der Schnittkanten ≤ 50 mm | ±1 mm | ±1,5 mm | Gelten auch für Winkel und Sonderformen |
| Dicke der Schnittkanten > 50 mm | ±2 mm | ±3 mm | |

Engere Grenzabmaße dürfen vom Hersteller angegeben werden.

Alle Messungen müssen nach DIN EN 13373, Ausgabe 2003-08 durchgeführt werden.

- Anforderungen an die Ebenheit.
- Außer bei naturrau gespaltenen Oberflächen darf die Ebenheitstoleranz 0,2 % der Plattenlänge und 3 mm nicht überschreiten. Bei naturrau gespaltenen Oberflächen muss die Ebenheitstoleranz vom Hersteller angegeben werden.
- Anforderungen an die Lage der Ankerdornlöcher.

Die festgelegte Lage, Tiefe und Durchmesser (Form) der Ankerdornlöcher müssen wie folgt sein:

- Lage, gemessen über die Länge oder Breite der Platte: ±2 mm;
- Lage, gemessen über die Dicke: ±1 mm (von der außen liegenden Fläche aus zu messen);
- Tiefe: +3/−1 mm;
- Durchmesser: +1/−0,5 mm.

Der Hersteller darf engere Fehlergrenzen angeben.

Bei anderen Befestigungssystemen (z. B. Nuten) müssen die Grenzabmaße vom Hersteller angegeben werden.

- Anforderungen an die Oberflächenbeschaffenheit

  Die Oberflächen müssen gleichmäßig bis an die Ränder der Platte bearbeitet sein.

  Bei Ausbesserungen und Füllstoffen für natürliche Löcher, Fehlstellen oder Risse müssen die Art der Behandlung wie auch der Typ und die Art der zusätzlichen Materialien angegeben werden.

Im Rahmen der Erstprüfung sind die Eigenschaften laut Tabelle 1.7 nachzuweisen.

**Tabelle 1.7:** Auflistung der Eigenschaften für die Erstprüfung von Bekleidungsplatten (nach [9])

| Eigenschaften/Merkmale | Prüfverfahren entsprechend |
|---|---|
| petrographische Beschreibung | EN 12407 |
| visuelles Aussehen | Sichtprüfung |
| Biegefestigkeit | EN 12372 (oder EN 13161) - entfällt nach Entwurf 2012-01 |
| Ausbruchlast am Ankerdornloch | EN 13364 |
| Wasseraufnahme bei atmosphärischem Druck | EN 13755 |
| Brandverhalten | EN 13501-1 |
| Wasseraufnahmen infolge Kapillarwirkung | EN 1925 |
| Rohdichte und offene Porosität | EN 1936 |
| Frostbeständigkeit | EN 12371 |
| Widerstand gegen Wärmeschock | EN 14066 |

| Eigenschaften/Merkmale | Prüfverfahren entsprechend |
|---|---|
| Wasserdampfdurchlässigkeit | EN 12524 und/oder EN ISO 12572 |
| Beständigkeit von Marmor gegen zyklische Belastung mit Wärme und Feuchtigkeit | prEN 16306 (zusätzliche Anforderung nach Entwurf 2012-01) |

Für die CE-Kennzeichnung sind dann die Werte nach dem Beispiel Abb. 1.10 zu deklarieren.

CE

Jahr: 2013

| | |
|---|---|
| Bezugsnorm: | **EN 1469** |
| Produkte: | **Platten für Wandbekleidungen aus Naturstein** |
| Benennung nach: | **EN 12440** |
| Endverwendungszwecke: | **Wand- und Deckenbekleidung im Außenbereich** |

Name und Adresse des Herstellers: xxx

| Eigenschaften | Angegebene Werte | Prüfverfahren |
|---|---|---|
| Brandverhalten | Klasse A1 | ohne Prüfung (siehe geänderte Entscheidung 96/603/EG) |
| Biegefestigkeit | unterer Erwartungswert, Mittelwert und Standard-abweichung, MPa | EN 12372 (oder EN 13161) |
| Beständigkeit gegen die Befestigung | unterer Erwartungswert, Mittelwert und Standard-abweichung, N | EN 13364 |
| Frostbeständigkeit | Änderung der mittleren Biegefestigkeit: nach 14 Wechseln .... angegeben in % <br> - Anzahl der Zyklen bis zum Bruch | EN 12371 |
| Wasserdampfdurchlässigkeit | KLF | EN ISO 12572 oder EN 12524 |
| Widerstand gegen Wärmeschock | nach 20 Zyklen: <br> - kein Massenverlust <br> - Verringerung des dynamischen Elastizitätsmoduls ≤ 6 % (= ...) | EN 14066 |
| Rohdichte | von ... kg/m³ bis ... kg/m³ | EN 1936 |

**Abb. 1.10:** Beispiel CE-Kennzeichnung und Deklaration für Bekleidungsplatten für Außenanwendung (nach [9])

Anmerkung: Nach dem Entwurf der DIN EN 1469 vom Januar 2012 sind die erforderlichen Angaben für die CE-Kennzeichnung erheblich reduziert worden!

Dabei ist zu beachten, dass die Werte einer Erstprüfung nicht zwangsläufig mit den zugesagten Eigenschaften identisch sein müssen. Erst die Kombination von Erstprüfung und einer kontinuierlichen werkseigenen Produktionskontrolle versetzt den Produktionsbetrieb in die Lage, die Festigkeitseigenschaften des Fassadenmaterials zielsicher deklarieren und garantieren zu können.

### DIN EN 18516

Während die CE-Kennzeichnung ein Zeichen für die freie Handelbarkeit des Produkts innerhalb der EU ist, nennen DIN 18515 und 18516 Vorgaben für die Anwendung der Natursteinplatten als Fassadenmaterial in Deutschland. Nach der bis 2011 noch gültigen DIN 18516 Teil 3 waren danach folgende Prüfungen als Nachweis für die Verwendbarkeit durchzuführen:

- Biegezugfestigkeit nach DIN EN 12372, Ausgabe 2007-02 oder DIN EN 13161
- Ausbruchlast am Ankerdornloch nach DIN EN 13364, Ausgabe 2002-03
- Dauerhaftigkeit nach DIN EN 12371, Ausgabe 2010-07

Die Norm beschränkt die Überprüfung der Dauerhaftigkeit auf den Widerstand gegen Frost-/Tauwechsel-Beanspruchung hinsichtlich Materialzerstörung. Eine festgestellte Abminderung von Eigenschaften und somit eine Alterung des Materials wurde nicht berücksichtigt.

Auf das Langzeitverhalten von Naturwerkstein haben jedoch viele Faktoren einen Einfluss. Mechanische und klimatische Vorbelastungen können die Festigkeitswerte deutlich beeinflussen (siehe Abb. 1.11).

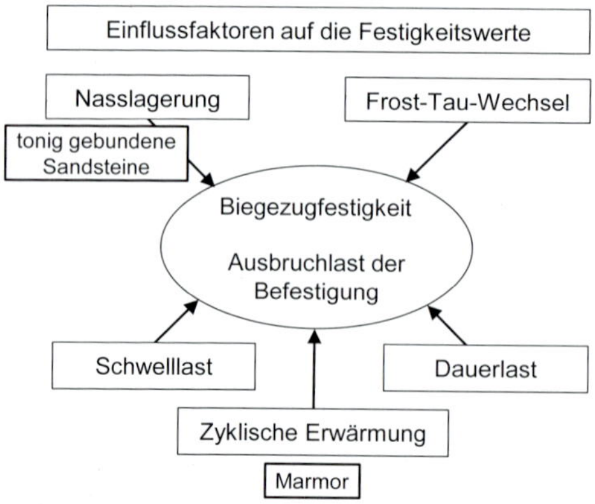


**Abb. 1.11:** Einflussfaktoren auf das Langzeitverhalten nach [7]

Daher sieht die Neufassung von DIN 18516, Teil 3, Ausgabe 2011-11 vor, zukünftig das Langzeitverhalten des Naturwerksteins bei der Beurteilung der Standsicherheit und der Bemessung durch einen Abminderungsfaktor $\sigma_{exp}$ zu berücksichtigen. Die Größe der Abminderung ist dabei abhängig von der Empfindlichkeit des Naturwerksteins bezüglich klimatischer Belastungen.

Diese klimatischen Belastungen werden weiterhin in der Regel durch Versuche zum Frostwiderstand entsprechend DIN EN 12371, Ausgabe 2010-07 simuliert und mit der Biegefestigkeit von getrockneten, nicht frostbeanspruchten Probekörpern aus der Erstprüfung nach DIN EN 1469 verglichen.

Nur für kritische Natursteine mit charakteristischen Biegefestigkeiten $\sigma_{u5\%}$ < 5 N/mm² ist zusätzlich der Einfluss von Durchfeuchtung durch Prüfungen im durchfeuchteten Zustand und einen sich daraus ergebenden Faktor $\sigma_{exp,2}$ zu berücksichtigen. Mit dieser Vorgehensweise will die neue DIN 18516 Teil 3 zukünftig für problematische Natursteine mit $\sigma_{u5\%}$ < 5 N/mm² eine wirklichkeitsnähere Klimabeanspruchung simulieren als die nach DIN EN 1469 vorgesehene Frostprüfung entsprechend DIN EN 12371 mit technologischer Prüfung an getrockneten Probekörpern.

Für die Festigkeitsminderung infolge von Frost-/Tauwechseln und Durchfeuchtung ergibt sich dann der Abminderungsfaktor $\sigma_{exp}$ wie folgt:

$$\sigma_{exp} = 1{,}25 \cdot \frac{\sigma_{Rum,exp}}{\sigma_{Rum,ref}} \leq 1{,}0$$

mit

$\sigma_{Rum,ref}$ = in der Erstprüfung bestimmter Mittelwert aus den Versuchen nach DIN EN 1469,

$\sigma_{Rum,exp}$ = in der Prüfung nach oben beschriebenem Verfahren bestimmter Mittelwert der gleichen Eigenschaften nach klimatischer Beanspruchung.

Damit ergeben sich folgende, für die Bemessung relevante Materialkennwerte:

Charakteristische Biegefestigkeit

$$\sigma_{Rk} = \sigma_{exp} \cdot \sigma_{u5\%}$$

mit

$\sigma_{u5\%}$ = unterer Erwartungswert nach DIN EN 1469 (5-%-Quantil, Vertrauensniveau 75 %, logarithmische Normalverteilung).

Anmerkung: Für die Beurteilung und den Vergleich von Biegefestigkeiten oder anderen Materialeigenschaften vor und nach klimatischer Beanspruchung sind die Prüfungen immer nach dem gleichen Prüfverfahren und mit gleichen Probekörpermessungen durchzuführen!

Charakteristische Ausbruchslast am Ankerdorn

$$F_{Rk} = \sigma_{exp} \cdot F_{u5\%}$$

$F_{u5\%}$ = unterer Erwartungswert nach DIN EN 1469 (5-%-Quantil, Vertrauensniveau 75 %, logarithmische Normalverteilung).

Sollen hinterlüftete Naturstein-Fassaden mit Konstruktionen ausgeführt werden, deren Versagenskriterien nicht bekannt sind, so legt DIN 18516, Teil 1, Ausgabe 2010-06 im Anhang A Folgendes fest:

**Bauteilprüfungen**

> *„Sind die Versagenskriterien nicht bekannt, müssen sie durch einen Bauteilversuch festgestellt werden. Anschließend ist die Tragfähigkeit der Verbindungen, Befestigungen und Verankerungen durch Einzelteilversuche zu ermitteln. Weisen Bauteilversuch und Einzelteilversuch unterschiedliche Versagenskriterien auf, sind weitere Versuche durchzuführen.*
>
> *Zur Festlegung der Versagensart und -last ist der Bauteilversuch mit der gleichen Befestigung und Verbindung wie bei der auszuführenden Bekleidung und Unterkonstruktion mit deren ungünstigster Abmessung und Befestigungsart unter Berücksichtigung der größtmöglichen Verformung durchzuführen.*
>
> *Zur Simulation der Winddruck und -sogbelastung ist die Bekleidung senkrecht zu ihrer Ebene mit einer konstanten Flächenlast zu beanspruchen, z. B. mithilfe eines Foliensackes.“*

Als Einzelteilversuche für die Prüfung der Befestigung sind festgelegt:

- mind. zehn Scherversuche,
- mind. zehn Zugversuche,
- evtl. Schrägzugversuche.

Alle Versuche sind statistisch auszuwerten.

### 1.7.3 Platten aus Naturstein für Außenbereiche

Für die Platten aus Naturstein in der Verwendung für Außenbereiche werden die Anforderungen und Prüfverfahren in der DIN EN 1341, Ausgabe 2013-03 geregelt. Es sind für folgende Eigenschaften Anforderungen und Prüfverfahren festgelegt:

- Maße

  Prüfverfahren nach Anhang A mit zulässigen Abweichungen nach Tabelle 1.5,
- petrographische Beschreibung nach DIN EN 12407,
- Aussehen und Oberflächenbeschaffenheit einschl. evtl. chemischer Oberflächenbehandlung,
- Biegefestigkeit nach DIN EN 13372,
- Wasseraufnahme unter atmosphärischem Druck nach DIN EN 13755,
- Rohdichte und offene Porosität nach DIN EN 1936,
- Widerstandsfähigkeit gegen Frost-/Tauwechsel nach DIN EN 12371 mit 56 Zyklen mit Einfluss auf die Biegefestigkeit (und Einteilung in zwei Klassen).

**Tabelle 1.8:** Widerstandsfähigkeit gegen Frost-/Tauwechsel, Klasseneinteilung nach alter DIN EN 1341, Ausgabe 2002-04

| | | |
|---|---|---|
| **Klasse** | Klasse 0 | Klasse 1 |
| **Kennzeichnung** | F0 | F1 |
| **Anforderung** | keine Anforderung an die Widerstandsfähigkeit gegen Frost-/Tauwechsel | widerstandsfähig (Änderung der Biegefestigkeit bis zu 20 %) |

Die neueste Ausgabe der DIN EN 1341 sieht diese Klasseneinteilung leider nicht mehr vor!

- Widerstandsfähigkeit gegen Frost-Tausalz-Beanspruchung kann erforderlichenfalls nach DIN 52008, Anhang E geprüft werden oder nach neuester Ausgabe 2013-03 von EN 1341 als Einfluss auf die Biegefestigkeit.
- Abriebbeständigkeit

  Die Abriebbeständigkeit ist mit dem Prüfverfahren nach EN 14157, Ausgabe 2005-01 zu bestimmen und der obere Erwartungswert $E_H$ ist anzugeben. Verfahren A: breite Schleifscheibe, Verfahren B: „Böhme"-Scheibe.

- Gleitwiderstand

  Der Gleitwiderstand ist mit dem Prüfverfahren unter feuchten Bedingungen nach EN 14231 zu bestimmen. Ein USRV-Wert (Pendelgerät) > 35 kann bei horizontalen Flächen ($\alpha$ < 6 %) als annehmbar angesehen werden.
- Rutschwiderstand

  Derzeit kein anerkanntes europäisches Prüfverfahren. Prüfung nach nationalen Bestimmungen (in Deutschland: schiefe Ebene).

Die CE-Kennzeichnung soll Angaben wie im Beispiel Abb. 1.12 enthalten.

| | | |
|---|---|---|
| CE | | *CE-Zeichen nach der Richtlinie 93/68/EWG* |
| AnyCo Ltd. | | *Name oder Kennzeichen des Herstellers (Anmerkung: Die eingetragene Anschrift des Herstellers kann ebenfalls angegeben werden)* |
| 12 | | *Die letzten beiden Ziffern des Jahres, in dem das Kennzeichen angebracht wurde* |
| **EN 1341:2012** | | *Nummer der Europäischen Norm und Jahr ihrer Veröffentlichung* |
| Platte aus Naturstein | | *Beschreibung und vorgesehene Verwendung des Produkts* |
| Gunnersbury Buff, Sandstein, Braun<br>Chiswick, England | | *Handelsname (herkömmliche Bezeichnung), petrographische Familie, typische Farbe und Herkunftsort* |
| Für Außenflächen mit Fußgänger- und/oder Fahrzeugverkehr | | |
| **Freisetzung von gefährlichen Stoffen** | NPD | *Leistungen der geregelten wesentlichen Eigenschaften, die für die zutreffende vorgesehene Verwendung anzugeben sind* |
| **Bruchfestigkeit**, als: | | |
| – Biegefestigkeit (EN 12372), als: (unterer Erwartungswert) | MPa | |
| **Gleitvermögen**, als: | | |
| – Gleitwiderstand nass (EN 14231): | | |
| **Rutschwiderstand**, als: | | |
| – Rutschwiderstand nach MS-Verfahren xx | | |
| **Dauerhaftigkeit**: | | |
| – der Biegefestigkeit gegenüber:<br>Frost-Tau-Wechsel<br>Frost-Tau-Wechsel mit Tausalz<br>-----------------<br>– des Gleitwiderstandes<br>– des Rutschwiderstandes | (x/y) MPa<br>(9.4) | |

**Abb. 1.12:** Beispiel für die CE-Kennzeichnung von Natursteinplatten für Außenbereiche (nach [10])

### 1.7.4 Pflastersteine aus Naturstein für Außenbereiche

Anforderungen und Prüfverfahren für Pflastersteine aus Naturstein im Außenbereich sind in DIN EN 1342, Ausgabe 2013-03 festgelegt.

Die Anforderungen sind weitgehend identisch mit den Anforderungen der DIN EN 1341 (s. Abschn. 1.7.3). Daher werden hier nur die Abweichungen dargestellt.

Gegenüber DIN EN 1341, Ausgabe 2013-03 zeigt DIN EN 1342, Ausgabe 2013-03 folgende Abweichungen:

Bestimmung der

- Druckfestigkeit nach DIN EN 1926, Ausgabe 2007-03 statt der Biegefestigkeit;
- Frost-/Tau-Wechselbeständigkeit nach DIN EN 12371, Ausgabe 2010-07 mit 56 Zyklen statt bisher 48 Zyklen oder als Anzahl der notwendigen Zyklen, bis ein Fehler (z. B. Riss) eintritt, mit Prüfung des Einflusses auf die Druckfestigkeit;
- Dauerhaftigkeit der Druckfestigkeit gegenüber der Beständigkeit gegen Frost-Tau-Wechsel in Gegenwart von Tausalzen.

Damit ergibt sich zusammengefasst eine Liste von Eigenschaften (s. Tabelle 1.9) für die Erstprüfung nach DIN EN 1342, Ausgabe 2013-03.

**Tabelle 1.9:** Liste der Eigenschaften von Pflastersteinen für die Erstprüfung und Typ-Prüfungen

| Merkmale/Eigenschaften | Prüfverfahren nach |
|---|---|
| Grenzabmaße (Fläche, Dicke, Hinterschnitt) | EN 13373 |
| Ebenheit der Oberfläche | EN 13373 |
| Frost-/Tau-Wechselbeständigkeit | EN 12371 |
| Druckfestigkeit | EN 1926 |
| Abriebbeständigkeit | EN 14157 |
| Gleitwiderstand | EN 14231 |
| Rutschwiderstand | nationale Regeln |
| Wasseraufnahme | EN 13755 |
| Rohdichte und offene Porosität | EN 1936 |
| petrographische Beschreibung | EN 12407 |
| Dauerhaftigkeit Gleitwiderstand | – |
| Dauerhaftigkeit Rutschwiderstand | – |

- Eine Frost-Tausalz-Prüfung nach DIN 52008, Anhang E kann im Bedarfsfall natürlich auch durchgeführt werden.

Danach ergibt sich für Pflastersteine aus Naturstein eine beispielhafte CE-Kennzeichnung wie in Abb. 1.13.

| | | |
|---|---|---|
| CE | | *CE-Zeichen nach der Richtlinie 93/68/EWG* |
| AnyCo Ltd. | | *Name oder Kennzeichen des Herstellers*<br>*(Anmerkung: Die eingetragene Anschrift des Herstellers kann ebenfalls angegeben werden)* |
| 12 | | *Die letzten beiden Ziffern des Jahres, in dem das Kennzeichen angebracht wurde* |
| **EN 1342:2012** | | *Nummer der Europäischen Norm und Jahr ihrer Veröffentlichung* |
| Pflastersteine aus Naturstein<br>Gunnersbury Buff, Sandstein, Braun<br>Chiswick, England<br><br>Für Außenflächen mit Fußgänger- und/oder Fahrzeugverkehr | | *Beschreibung und vorgesehene Verwendung des Produkts* |
| **Freisetzung von gefährlichen Stoffen** | NPD | |
| **Bruchfestigkeit**, als: | | *Leistungen der geregelten wesentlichen Eigenschaften, die für die zutreffende vorgesehene Verwendung anzugeben sind* |
| – Biegefestigkeit (EN 1926), als: (unterer Erwartungswert) | 97,2 MPa | |
| **Gleitvermögen**, als: | | |
| – Gleitwiderstand nass (EN 14231): | 45 | |
| **Rutschwiderstand**, als: | | |
| – Rutschwiderstand nach MS-Verfahren xx | 35 | |
| **Rutschwiderstand** | **NPD** | |
| **Dauerhaftigkeit**, als: | | |
| – Druckfestigkeit gegenüber:<br>Frost-Tau-Wechsel<br>Frost-Tau-Wechsel mit Tausalz<br>-----------------<br>– des Gleitwiderstandes<br>– des Rutschwiderstandes | <br>(97,2/90,0) MPa<br>89,0 MPa<br>-----------------<br>NPD<br>NPD | |

**Abb. 1.13:** Beispiel für die CE-Kennzeichnung (nach [11])

### 1.7.5 Bodenplatten und Stufenbeläge aus Naturstein

Die Anforderungen an Bodenplatten und Stufenbeläge aus Naturstein für Innen- und Außenanwendung sind in DIN EN 12058, Ausgabe 2005-01 erfasst und orientieren sich an den Anforderungen der Normen DIN EN 1469, DIN EN 1341, DIN EN 1342 und DIN EN 12059, sodass hier nur die zusammenfassende Auflistung der Eigenschaften für die Erstprüfung dargestellt wird.

Die einzige zusätzliche Anforderung bezieht sich auf die „taktilen Eigenschaften". Das taktile Verhalten wird durch eine Beschreibung der durch mechanische Bearbeitung erreichbaren Riefelung der Oberfläche gekennzeichnet.

**Tabelle 1.10:** Auflistung der Eigenschaften für die Erstprüfung von Boden- und Treppenplatten

| Eigenschaften/Merkmale | Prüfverfahren nach |
|---|---|
| petrographische Beschreibung | EN 12407 |
| visuelles Aussehen | Sichtprüfung |
| Biegefestigkeit | EN 12372 oder EN 13161 |
| Haftfestigkeit (durch Verarbeiter!) | nationale Verarbeitungsvorschriften |
| Wasseraufnahme bei atmosphärischem Druck | EN 13755 |
| Brandverhalten (nur wenn die Prüfung gefordert wird) | EN 13501-1 |
| Wasseraufnahme infolge Kapillarwirkung | EN 1925 |
| Rohdichte und offene Porosität | EN 1936 |
| Frostbeständigkeit 48 Zyklen, Biegefestigkeit | EN 12371 |
| Widerstand gegen Wärmeschock | EN 14066 |
| Wasserdampfdurchlässigkeit | EN 12524 und/oder EN ISO 12572 |
| Abriebbeständigkeit | EN 14157 |
| Rutschhemmung | EN 14231 |
| taktile Eigenschaften | Sichtprüfung und EN 13373 |

Je nachdem, ob die Bodenplatten oder Treppenstufen im Innen- oder Außenbereich eingesetzt werden sollen, ergeben sich damit unterschiedliche CE-Kennzeichnungen mit Angabe der jeweils notwendigen bzw. geforderten Eigenschaften. Auf eine Wiedergabe von Beispielen wird an dieser Stelle verzichtet.

### 1.7.6 Beton- und Straßenbaustoffe

Für die Verarbeitung von Natursteinen zu *Normal- und Leichtbeton* gelten die Bestimmungen der DIN EN 12620 Gesteinskörnungen für Beton, Ausgabe 2013-07 sowie DIN EN 13055 Leichte Gesteinskörnungen für Beton, s. hierzu Kap. 2!

Für die Beurteilung der im *Straßenbau* verwendeten Natursteine sind, außer den einschlägigen Normen, die „Merkblätter" der Forschungsgesellschaft für das Straßenwesen e. V. (Konrad-Adenauer-Str. 13, 50996 Köln) maßgebend, insbesondere auch die technischen

Lieferbedingungen für Gesteinskörnungen im Straßenwesen TL Gestein StB 04 (Ausgabe 2007), s. auch hierzu Kapitel 2!

Außerdem gilt DIN EN 1343 Bordsteine aus Naturstein für Außenbereiche, Ausgabe 2013-03 sowie die in Abschn. 1.7.4 behandelte DIN EN 1342 Pflastersteine aus Naturstein im Außenbereich, Ausgabe 2013-03.

### 1.7.7 Dichtungsstoffe

Montmorillonite werden als Dichtungsstoffe wegen ihres hohen Quellvermögens im Bereich von Deponien, Klärteichen oder Wasserspeicherbecken verwendet. Dies geschieht unter der Bezeichnung **Bentonit** nach einer chemischen Aktivierung, wie z. B. Na-Bentonit mit einem Montmorillonitgehalt von über 70 %. Mit der Einarbeitung von Bentonit zwischen Wellpappen oder textilen Trägern ist ein Einbau in Form von rollbaren Matten oder Platten möglich geworden. Bei Wasserdurchlässigkeitsbeiwerten $k$ von $10^{-12}$ m/s bis $10^{-11}$ m/s nach *Darcy* werden unabhängig von der Druckhöhe des Wassers $k$-Werte von $8{,}10^{-11}$ m/s garantiert.

### 1.7.8 Lehm als Baustoff

Einsatz von Lehmbaustoffen bei der Restaurierung und im modernen Wohnungsbau, z. B.

- tragende Bauweisen:
  Mauerwerk mit Lehmmörtel
  Lehmsteinbau mit vorgefertigten und trockenen Lehmsteinen
  Lehmstampfbau in Schalung (mit Steinzuschlag „Pisé-Bau")
  Stampflehm in verlorener Schalung
  Lehmdrahtwände
  Wellerbau mit Aufschichten von Strohlehm, Stampfen und Festschlagen
  Lehmbatzenbau
  Stampfbrote aus verdichteten und abgestochenen Strängen
- Skelettbauweisen: in Holzfachwerk mit Flechtwerken oder Staken
- Sonstige Anwendung:
  Lehmfüllungen in Decken, Lehmestriche, Sperrschichten als Feuchteschutz oder Abdichtungen von Wasserbecken, Lehmschindeln

Einteilung der Lehmarten nach Rohdichte (DIN 18951):

| | | |
|---|---|---|
| Schwerlehm | Rohdichte | 2000 kg/m³ bis 2400 kg/m³ |
| Massivlehm | | 1700 kg/m³ bis 2000 kg/m³ |
| Faserlehm | | 1200 kg/m³ bis 1700 kg/m³ |
| Leichtlehm | | 300 kg/m³ bis 1200 kg/m³ |
| Lehmstroh | | 150 kg/m³ bis 300 kg/m³ |

Bezeichnung der Lehme nach ihrer Bindigkeit (Zugfestigkeit im feuchten Zustand):

| | | Bindekraft $N/mm^2$ |
|---|---|---|
| Sande | Sand | unter 0,003 |
| | lehmiger Sand | 0,003 bis 0,005 |
| Magerlehme | sehr mager | 0,005 bis 0,008 |
| | mager | 0,008 bis 0,011 |
| mittlere Lehme | fast mager | 0,011 bis 0,015 |
| | fast fett | 0,015 bis 0,020 |
| fette Lehme | fett | 0,020 bis 0,027 |
| | sehr fett | 0,027 bis 0,036 |
| Tone | mager | 0,036 bis 0,048 |
| | fett | 0,048 bis 0,066 |
| | sehr fett | 0,066 bis 0,090 |

Zusatzmittel mit unterschiedlichen Wirkungsweisen wie Kalk, Zement, Gips, Wasserglas, Trass, Soda, Salze, Fäkalstoffe und Urin, Kasein, Molke, Seife, stärkehaltige Stoffe, Öle, Harze, Wachse, Huminsäuren erhöhen die Bindigkeit und verbessern z. T. andere Eigenschaften.

**Tabelle 1.11:** Zulässige Druckspannungen von Lehmbauteilen (nach zurückgezogener DIN 18954)

| Dichte des Bauteiles [$kg/m^3$] | Druckfestigkeit [$N/mm^2$] | Zulässige Druckspannung [$N/mm^2$] | | | | | |
|---|---|---|---|---|---|---|---|
| | | Wände | Pfeiler mit Schlankheit *h/d* | | | | |
| | | | 11 | 12 | 13 | 14 | 15 |
| 1600 | 2,0 | 0,3 | 0,3 | 0,2 | 0,1 | - | - |
| 1900 | 3,0 | 0,4 | 0,4 | 0,3 | 0,2 | 0,1 | - |
| 2200 | 4,0 | 0,5 | 0,5 | 0,4 | 0,3 | 0,2 | 0,1 |

Bisherige Lehmbaunormen DIN 18951: Lehmbauten
18952: Baulehm, Begriffe, Arten, Prüfung
18953: Baulehm, Lehmbauteile
18954: Ausführung von Lehmbauten, Richtlinien
18955: Baulehm, Lehmbauteile, Feuchtigkeitsschutz
18956: Putz und Lehmbauteilen
18957: Lehmschindeldach

(Alle zurückgezogen, zurzeit keine neuen Normen verfügbar. Nur Lehmbauregel 2000, Dachverband Lehm.)

# 1.8 Prüfung der Gesteine

## 1.8.1 Probenahme

Die Probenahme für die Prüfung der Natursteine (Bruch- und Werksteine) erfolgt nach den in den jeweiligen Produktnormen gemachten Vorgaben und ist in den europäischen Normen jeweils im Anhang A weitgehend vereinheitlicht. Es werden Verfahren zur Entnahme von Natursteinproben aus Steinbrüchen, Fertigungsbetrieben oder Bauwerken festgelegt. Das Ziel der Probenahme ist es, eine Sammelprobe zu erhalten, die für die durchschnittlichen Eigenschaften der Charge und deren natürliche Streubreite repräsentativ ist. Anzahl, Größe und Form der Proben hängen von den jeweilig durchzuführenden Prüfverfahren ab.

Vor der Probenahme muss ein Probenahmeplan erstellt werden, der z. B. nach DIN EN 1469, Ausgabe 2005-02 folgende Punkte berücksichtigen soll:

- Art des Natursteins,
- Ziel der Probenahme einschließlich einer Auflistung der zu prüfenden Eigenschaften,
- Kennzeichnung der Probenahmestellen,
- angenäherte Größe der Probe,
- Anzahl der Proben,
- für die Probenahme zu verwendende Geräte,
- Probenahmeverfahren,
- Kennzeichnung, Verpackung und Versand der Proben.

Die Probenahme aus Steinbrüchen muss durch einen Fachmann erfolgen, der Erfahrungen bei der Untersuchung von Gesteinslagerstätten hat.

Für jede Probenahme ist ein Probenahmebericht zu erstellen. Entsprechende Formblätter finden sich jeweils im Anhang A der europäischen Produktnormen.

Die Probenahme und Prüfung von Gesteinskörnungen aus Naturstein für Anwendungen im Straßenbau, als Gleisschotter sowie für Beton und Mörtel werden in Kap. 2 behandelt.

## 1.8.2 Witterungsbeständigkeit

Der Beurteilung der Witterungsbeständigkeit sind gesteinskundliche Untersuchungen anhand von Proben sowie Erhebungen an der Lagerstätte und an bestehenden Bauwerken zugrunde zu legen (Probenahmen s. Abschn. 1.8.1).

Der Bewertung dienen folgende Prüfungen:

**Petrographische Prüfung**

nach DIN EN 12407 und Bezeichnung nach DIN EN 12440 Naturstein, Kriterien für die Bezeichnung, Ausgabe 2008-04 und DIN EN 12670 Naturstein, Terminologie.

### Prüfung der Reindichte (Dichte), der Rohdichte, der offenen Porosität und der Gesamtporosität nach DIN EN 1936, Ausgabe 2007-02

Die Probekörper sind bei (70 ±5) °C bis zur Massenkonstanz zu trocknen, zu wägen (Masse $m_d$) und dann zur Entlüftung in eine Vakuumkammer zu stellen.

Nach zwei Stunden Entlüftung sind die Proben unter Vakuum mit entmineralisiertem Wasser zu bedecken und danach (24 ±2) h im Wasser unter Atmosphärendruck zu belassen.

Dann ist jeder Probekörper

- unter Wasser zu wägen (Masse $m_h$),
- rasch mit einem feuchten Tuch abzuwischen und die Masse des gesättigten Probekörpers zu bestimmen (Masse $m_s$).

Hieraus ergeben sich:

*Rohdichte*

$$\rho_b = \frac{m_d}{m_s - m_h} \cdot \rho_{rh} \left[\text{kg/m}^3\right].$$

Anmerkung: Die Dichte von Wasser $\rho_{rh}$ bei 20 °C beträgt 998 kg/m³.

*Offene Porosität*

$$\rho_o = \frac{m_s - m_d}{m_s - m_h} \cdot 100 \left[\text{kg/m}^3\right].$$

Die Bestimmung der Reindichte erfolgt im Pyknometer an einer gemahlenen Probe (< 0,063 mm).

*Reindichte (Dichte)*

$$\rho_r = \frac{m_e}{m_2 + m_e - m_1} \rho_{rh}$$

mit

$m_e$ = Masse der gemahlenen Probe,

$m_1$ = Masse des mit Probe und deionisiertem Wasser gefüllten Pyknometers,

$m_2$ = Masse des nur mit deionisiertem Wasser gefüllten Pyknometers.

Aus Rohdichte und Reindichte lässt sich jetzt die **Gesamtporosität** als das Verhältnis in Prozent des Volumens der offenen und geschlossenen Poren zum Rohvolumen des Probekörpers berechnen.

*Gesamtporosität*

$$p = \frac{\frac{1}{\rho_b} - \frac{1}{\rho_r}}{\frac{1}{\rho_b}} \cdot 100 = \left(1 - \frac{\rho_b}{\rho_r}\right) \cdot 100 \left[\%\right].$$

Das Verhältnis der Rohdichte zur Reindichte wird auch als *Dichtigkeitsgrad d* bezeichnet.

**Prüfung der Wasseraufnahme bei atmosphärischem Druck nach DIN EN 13755, Ausgabe 2008-08**

$$A_b = \frac{m_s - m_d}{m_d} \cdot 100$$

mit

$m_d$ = Masse des bei (70 ±5) °C getrockneten Probekörpers,

$m_s$ = Masse des wassergesättigten Probekörpers.

Entsprechend lässt sich auch eine **Wasseraufnahme unter Überdruck** nach DIN 52009, Ausgabe 2006-02 bestimmen. Hierfür existiert zurzeit noch keine europäische Norm.

Der **Sättigungswert S** (Bestimmung nach DIN 52008, Anhang B, Ausgabe 2006-03), der zur theoretischen Beurteilung der Frostbeständigkeit herangezogen werden kann (Eisdruck des Porenwassers), ergibt sich dann aus folgendem Verhältnis:

$$\text{Sättigungswert } S = \frac{\text{Wasseraufnahme bei atmosphärischem Druck}}{\text{Wasseraufnahme bei Überdruck (15 MPa)}}.$$

**Prüfung der Wasseraufnahme infolge Kapillarwirkung nach DIN EN 1925, Ausgabe 1999-05**

Das Verfahren ist nur für Natursteine mit einer offenen Porosität ≥ 1 % nach DIN EN 1936 geeignet.

Nach dem Trocknen der Probekörper bis zur Massekonstanz wird eine Seite des Probekörpers, die nicht die bearbeitete Seite sein darf, 3 mm tief in Wasser getaucht und die Massezunahme gemessen. Die Probekörper (Würfel mit Kantenlänge (70 ±5) mm oder Zylinder mit Höhe und Durchmesser (70 ±5) mm oder (50 ±5) mm) liegen dabei auf kleinen nicht oxidierbaren, wasserundurchlässigen Auflagern.

$$\text{Wasseraufnahmekoeff. } C = \frac{m_i - m_d}{A \cdot \sqrt{t_i}}$$

$A$ = Fläche der in Wasser getauchten Seite,

$t_i$ = Zeit ab Beginn in s,

$m_i$ = Masse zur Zeit $t_i$,

$m_d$ = Masse des trockenen Prüfkörpers.

**Frostbeständigkeit**

**Bestimmung des Frostwiderstands nach DIN EN 12371, Ausgabe 2010-07**

Unterscheidung nach

**Verfahren A „Technologische Prüfung"** (d. h. Wirkung von Frost-/Tauwechseln auf die Leistungscharakteristik z. B. Biegefestigkeit, Druckfestigkeit oder Ausbruchlast am Ankerdornloch, Probenabmessungen und Anzahl der Prüfzyklen nach der jeweiligen Norm) sowie

**Verfahren B „Identifizierungsprüfung"**

Probekörper: 50 mm × 50 mm × 300 mm
Zyklenzahl: wird vom Kunden festgelegt
sonst bis zum Versagen oder max. 168 Zyklen

Jeder Wechsel sieht wie folgt aus (s. Tabelle 1.12):

**Tabelle 1.12:** Temperaturverlauf zur Ermittlung der Frostbeständigkeit (nach [12])

| | Temperatur im Zentrum der gemessenen Probe | Zeit |
|---|---|---|
| Beginn des Wechsels | ≥ +5 °C ≤ +20 °C | $T_0$ |
| Stadium 1 | ≤ 0 °C ≥ -8 °C | $T_0$ + 2,0 h |
| Stadium 2 | ≤ -8 °C ≥ -12 °C | $T_0$ + 6,0 h |
| Stadium 3 | vollständiges Eintauchen | $T_0$ + 6,5 h |
| Stadium 4 | ≥ +5 °C ≤ +20 °C | $T_0$ + 9,0 h |
| Stadium 5 | ≥ +5 °C ≤ +20 °C | $T_0$ + 12,0 h |

Vor der Prüfung werden die Probekörper bei (70 ±5) °C bis zur Massenkonstanz getrocknet und dann (48 ±2) h in Wasser eingetaucht. Stadium 1 und 2 erfolgen dann an Luft, Stadium 3 bis 5 unter Wasser.

Vor der technologischen Vergleichsprüfung nach der Frostbeanspruchung (z. B. Biegefestigkeit, Druckfestigkeit, Ausbruchlast am Ankerdorn bei Verfahren A bzw. Messung des dynamischen E-Moduls bei Verfahren B) müssen die Probekörper erneut bei (70 ±5) °C bis zur Massenkonstanz getrocknet werden.

Bei einem Abfall der jeweiligen Eigenschaft < 20 % gilt der Naturstein nach Verfahren A im Allgemeinen als „frostbeständig".

Bei Verfahren B werden zwei Kriterien zur Bewertung herangezogen:

- Sichtprüfung,
- Messung des dynamischen E-Moduls nach DIN EN 14146, Ausgabe 2006-06.

Als Versagen bei Verfahren B gilt:

- ein oder mehrere Risse > 0,1 mm oder Ablösung einzelner Fragmente > 30 mm²,
- Abnahme des dynamischen E-Moduls ≥ 30 %.

### Prüfung der Verwitterungsbeständigkeit nach DIN 52008, Ausgabe 2006-03

Die Beurteilung der Verwitterungsbeständigkeit von Naturstein erfolgt nach DIN 52008 entsprechend folgendem Ablaufschema:

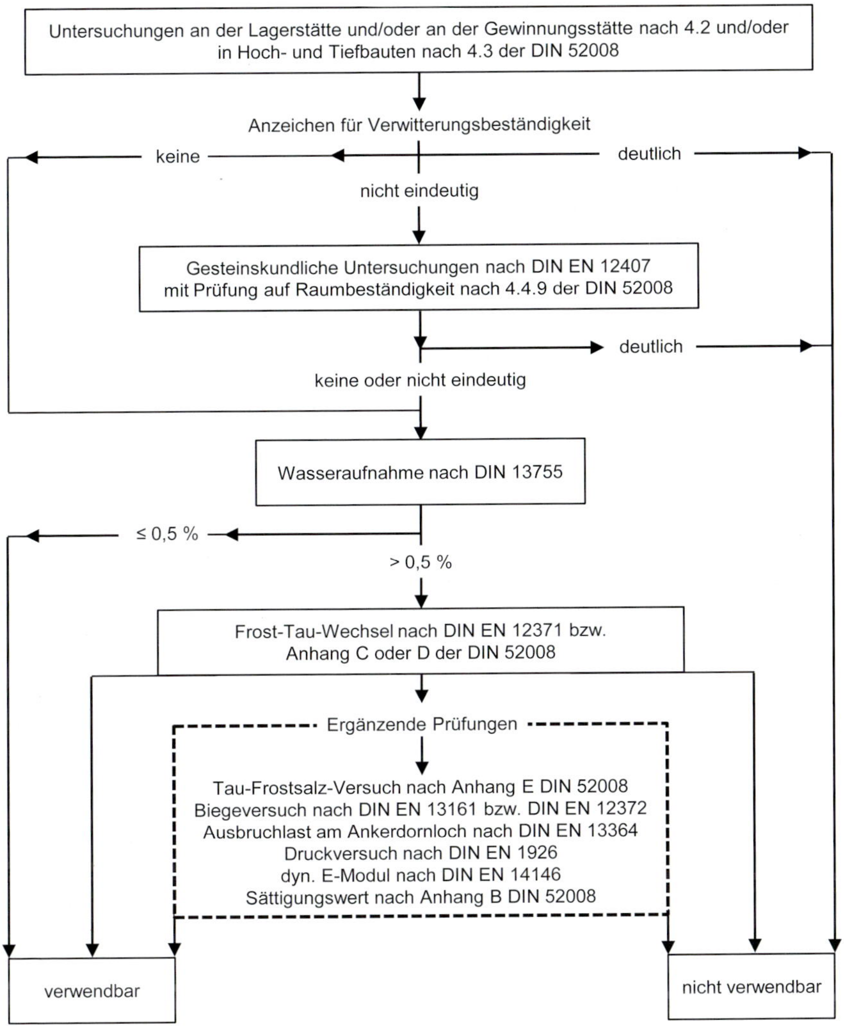


**Abb. 1.14:** Übersicht über Erhebungen und Prüfungen für Naturwerksteine an Bauwerken (nach [13])

Die Frostbeständigkeit nach DIN EN 52008 kann nach DIN EN 12371 oder zur Beurteilung des Verhaltens am Bauwerk nach Anhang C oder Anhang D geprüft werden.

*Prüfung nach Anhang C mit 25 Frost-/Tauwechseln*

24 h Lagerung unter luftfrei gekochtem Leitungswasser bei 20 °C bis 25 °C,

4 h Frieren bei −20 °C,

1 h Auftauen in Wasser (20 ±3) °C.

Nach jedem fünften Wechsel Prüfung durch Augenschein. Nach 25 Wechseln wassergetränkt wiegen und bei (110 ±5) °C getrocknet wiegen. Gegebenenfalls vergleichende Festigkeitsprüfungen mit unbeanspruchten Probekörpern.

*Prüfung nach Anhang D mit 25 Frost-/Tauwechseln*

24 h Lagerung unter luftfrei gekochtem Leitungswasser bei 20 °C bis 25 °C

2,5 h Temperatur von 20 °C auf 0 °C senken, Probe im Wasser!

3,5 h 0 °C Wasser halten, Probe im Wasser!

3 h Temperatur von 0 °C auf −17,5 °C senken, Probe im Wasser!

4 h Temperatur von −17,5 °C halten, Probe im Wasser!

Auftauen in Wasser von (20 ±3) °C. Dann Vorgehensweise wie bei Anhang C.

*Prüfung nach Anhang E auf Frost-Tausalz-Beständigkeit*

Aufkleben des Maßrahmens (8 cm × 12,5 cm) auf die Prüffläche,

5 Tage mit 3 mm Wasserschicht im Messrahmen,

1,5 h Temperatur von 20 °C auf 0 °C senken,

3,5 h Temperatur von 0 °C auf −17,5 °C senken,

9 h Temperatur von −17,5 °C halten.

7 h auftauen durch Aufstreuen von ca. 0,1 g NaCl. Dann abgießen und frisches Wasser, 3 mm Überdeckung. Nach 25 Wechseln fünf Mal abbürsten mit Wurzelbürste und Messen des Dickenverlusts an 50 Stellen = mittlere Abwitterung.

Die mittlere Abwitterung aus je drei Probekörpern darf 0,5 mm nicht überschreiten. Bei Auftreten von Rissen gilt das Material auch als nicht Frost-Tausalz-beständig.

### Weitere Beständigkeitsprüfungen

- **Beständigkeit gegen Alterung durch $SO_2$** unter Einwirkung von Feuchte nach DIN EN 13919, Ausgabe 2003-02 (zz. zurückgezogen)

  Jeweils drei 24 h in Wasser gelagerte Probekörper werden 21 Tage 100 mm über schwefliger Säure unterschiedlicher Konzentration gelagert und anschließend beurteilt bzw. der Masseverlust bestimmt.
- **Widerstand gegen Alterung durch Wärmeschock** nach DIN EN 14066, Ausgabe 2013-06

  Lagerung der Probekörper (70 mm × 280 mm × 20 mm) für die Dauer von (18 ±1) h in belüfteten Wärmeschrank bei (105 ±5) °C; danach sofort für die Dauer von (6 ±0,5) h in vollständig destilliertes Wasser (Temp. (20 ±5) °C), 20 Zyklen. Danach Trocknen bei (110 ±5) °C und Messung des dynamischen E-Moduls nach DIN EN 14146 und Feststellen einer evtl. Masseänderung.
- **Wasserdampfdurchlässigkeit** nach DIN EN ISO 12572, Ausgabe 2001-09.
- **Widerstand gegen die Kristallisation von Salzen** nach DIN EN 12370, Ausgabe 1999-06.
- **Bestimmung des linearen thermischen Ausdehnungskoeffizienten** nach DIN EN 14581, Ausgabe 2005-03.
- **Bestimmung der Beständigkeit gegen Alterung durch Salzsprühnebel** nach DIN EN 14147, Ausgabe 2004-02.
- Chemische und physikalische Prüfungen auf besondere Eigenschaften (Mängel) je nach Gesteinsart, z. B. Angreifbarkeit durch Säuren, rostige Verfärbungen, Sonnenbrenner bei Basalt.

**Tabelle 1.13:** Eigenschaften wesentlicher Natursteinarten

| | Gesteinsgruppen | Dichte[1), 2)] $\rho$ | Trockenrohdichte[1), 2)] $\rho_R$ | Wasseraufnahme nach DIN 52103 [1), 2)] | Quellen und Schwinden[1)] | Druckfestigkeit nach DIN 52105 [1), 2)] $\delta_D$ | E-Modul [2)] | Wärmedehnzahl [2)] (Temperat. bereich 0°C bis 60 °C) $\alpha$ |
|---|---|---|---|---|---|---|---|---|
| | | g/cm³ | g/cm³ | Gew.-% | mm/m | N/mm² | $10^4$ N/mm² | $10^{-6}$ /K |
| | 1 | 2 | 3 | 4 | 5 | 6 | 7 | 8 |
| Erstarrungsgestein | Granit, Granodiorit, Syenit | 2,62-2,85 | 2,60-2,80 | 0,2-0,5 | 0,06-0,18 | 160-240 | 3,8-7,6 | 7,4 |
| | Diorit, Gabbro | 2,85-3,05 | 2,80-3,00 | 0,2-0,4 | 0,12-0,13 | 170-300 | 5-6 | 6,5 |
| | Quarzporphyr, Porphyr, Porphyrit, Keratophyr, Phonolith, Liparit, Andesit, Trachyt | 2,58-2,83 | 2,55-2,80 | 0,2-0,7 | 0,08-0,10 | 180-300 | 2,5-6,5 | 7,4 |
| | Basalt, Melaphyr | 3,00-3,15 | 2,90-3,05 | 0,1-0,3 | 3) | 250-400 | 9,60 ($\rho_R$ = 3,05) | 6,5 |
| | Diabas | 2,85-2,95 | 2,80-2,90 | 0,1-0,4 | 0,10 | 180-250 | | |
| Ablagerungsgestein | Grauwacke, Quarzit, Gangquarz | 2,64-2,68 | 2,60-2,65 | 0,2-0,5 | 3) | 150-300 | 5,99 ($\rho_R$ = 2,63) | 11,8 |
| | Quarzitischer Sandstein | 2,64-2,68 | 2,60-2,65 | 0,2-0,5 | 0,30-0,70 | 120-200 | 1-2 | 11,8 |
| | Kies gebrochen | 3) | 2,60-2,75 | 3) | 3) | – | 3) | 3) |
| | Kies rund | 3) | 2,55-2,75 | 3) | 3) | – | 3) | 3) |
| | Dichter Kalkstein, Dolomit | 2,70-2,90 | 2,65-2,85 | 0,1-0,6 | 0,10 | 80-180 | 8,16 ($\rho_R$ = 2,69) | 5,0-11,5 |
| Umwandlungsgestein | Gneis, Granulit | 2,67-3,05 | 2,65-3,00 | 0,1-0,6 | 3) | 160-280 | | |
| | Amphibolit | 2,75-3,15 | 2,70-3,10 | 0,1-0,4 | 3) | 170-280 | | |

1) aus Beton-Handbuch, Bauverlag Wiesbaden/Berlin

2) aus Zementtaschenbuch 2002, Verlag Bau + Technik

3) noch nicht festgelegt

### 1.8.3 Festigkeitseigenschaften

**Bestimmung der einachsigen Druckfestigkeit nach DIN EN 1926, Ausgabe 2008-03**

Probekörper: Würfel mit Kantenlänge (70 ±5) mm oder (50 ±5) mm oder Zylinder mit einem Durchmesser und einer Höhe von (70 ±5) mm oder (50 ±5) mm, mindestens zehn Stück.

Planebene Druckflächen durch Schleifen und Trocknung der Probekörper bei (70 ±5) °C bis Massenkonstanz. Berücksichtigung von Anisotropieebenen!

**Bestimmung der Biegefestigkeit unter Mittellinienlast nach DIN EN 12372, Ausgabe 2007-02 oder unter Drittellinienlast nach DIN EN 13161, Ausgabe 2008-08**

Für beide Normen gelten folgende Maße für die Biegeprüfkörper

Höhe: $25\text{ mm} \leq h \leq 100\text{ mm}$ Gesamtlänge: $L = 6 \times h$

Auflagerabstand: $l = 5 \times h$ Breite: $50\text{ mm} \leq b \leq 3h$

Belastungsgeschwindigkeit: (0,25 ±0,05) MPa/s bis zum Bruch.

Oberfläche nach unten.

Trocknen der Probekörper bei (70 ±5) °C bis zur Gewichtskonstanz.

Biegefestigkeit (mit $F$ als Maximallast bei Bruch auf 10 N genau):

$$R_{tf} = \frac{3 \times F \cdot l}{2 \times bh^2} \left[\text{MPa}\right] \text{(Mittellinienlast)} \quad \text{bzw.} \quad R_{tc} = \frac{F \cdot l}{b \cdot h^2} \left[\text{MPa}\right] \text{(Drittellinienlast).}$$

Bei geschichtetem Material ist anzugeben, wie die Lastaufbringung bzgl. der Anisotropieebenen erfolgt (siehe Abb. 1.15a bis c).

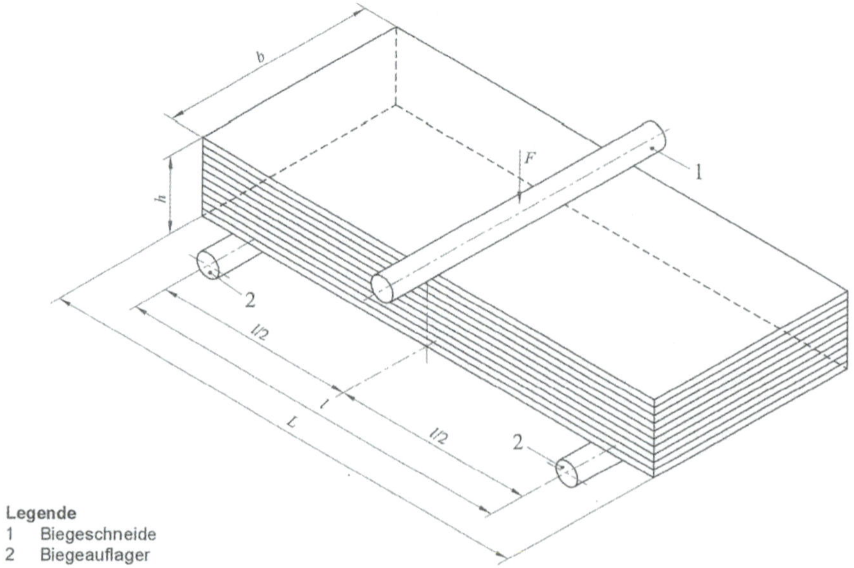


**Abb. 1.15a:** Prüfanordnung für einen Probekörper mit Lastaufbringung senkrecht zu den Anisotropieebenen (nach [14])

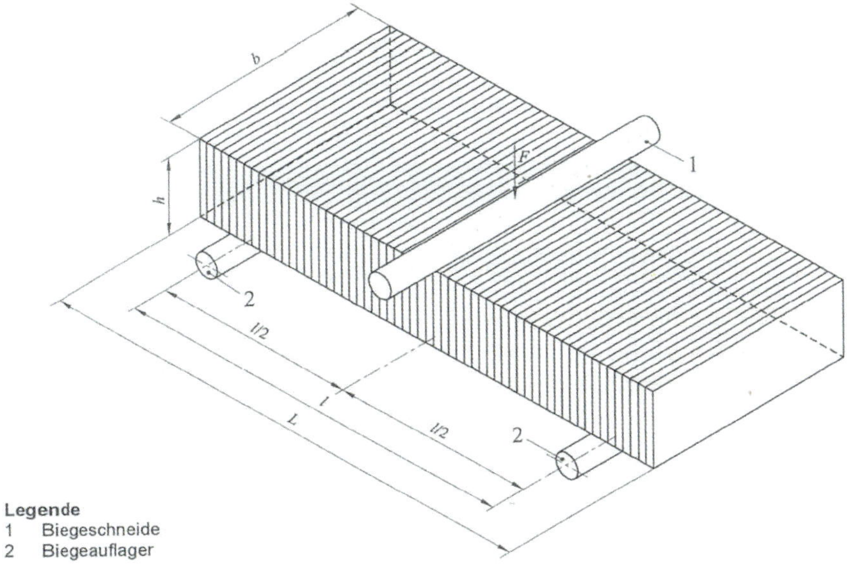


**Abb. 1.15b:** Prüfanordnung für einen Probekörper mit Lastaufbringung parallel zu den Anisotropieebenen (nach [14])

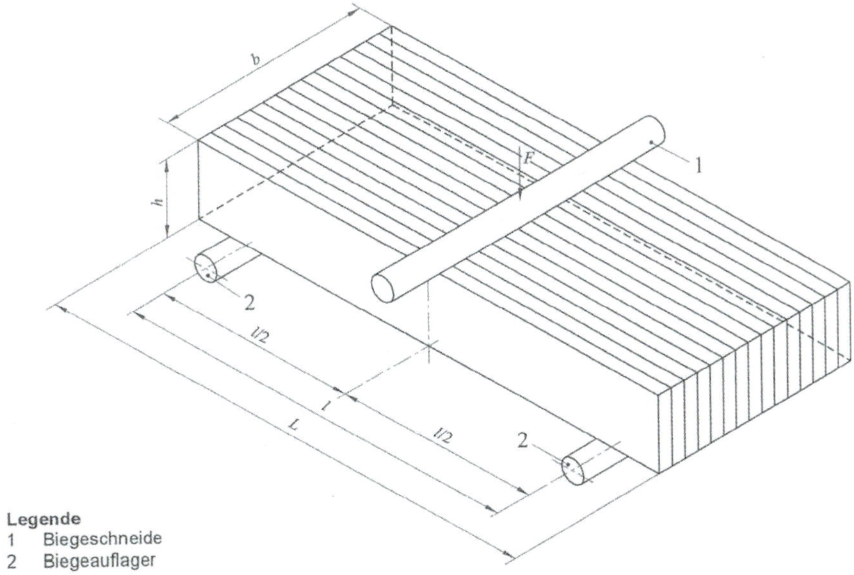


**Abb. 1.15c:** Prüfanordnung für einen Probekörper mit Lastaufbringung senkrecht zu den Kanten der Anisotropieebenen (nach [14])

Es sind mindestens zehn Probekörper zu prüfen, ggf. zehn je Anisotropieebene, und statistisch auszuwerten.

### Bestimmung der Ausbruchlast am Ankerdornloch nach DIN EN 13364

Für die Anwendungsprüfung sind als Probekörper Platten mit den Maßen aus Tabelle 1.14 zu verwenden.

**Tabelle 1.14:** Prüfkörperabmessungen für Ausbruchlast am Ankerdornloch

| Dicke | Maße |
|---|---|
| 20 mm bis 65 mm | 200 mm × 200 mm |
| > 65 mm bis 80 mm | 300 mm × 300 mm |

Der Lochdurchmesser muss (10 ±5) mm betragen, die Lochtiefe (30 ±2) mm. Durchmesser der Ankerdorne (6 ±0,1) mm bzw. nach Verwendung, Länge ≥ 50 mm, Einspannlänge (25 ±1) mm. Einsetzen mit Zementleim CEM I 52,5 R, *w*/*z* (0,6 ±0,1). Probekörper bei (70 ±5) °C trocknen, abkühlen, Anker einsetzen und frühestens nach 48 h prüfen.

Angabe von Lage des Ankerdorns und Ausbruchstelle nach Abb. 1.16. Es sind mindestens zehn Ausbruchlasten zu bestimmen, je nach Anisotropieebene mit jeweils vier oder jeweils zwei Ankerdornen je Prüfkörper. Statistische Auswertung.

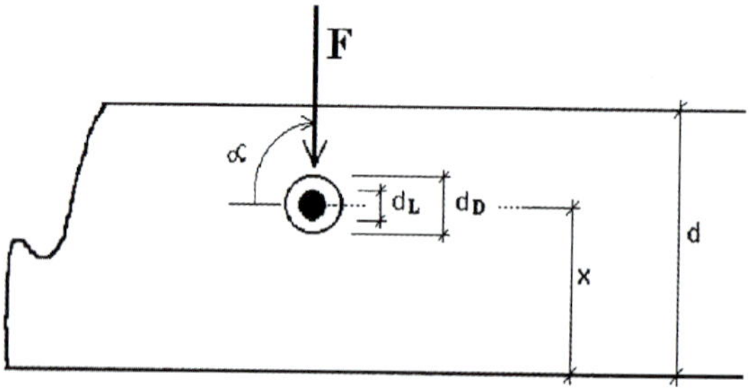


$d$ = Plattendicke
$x$ = Dornachsrandabstand
$d_D$ = Dornlochdurchmesser
$d_L$ = Prüfdorndurchmesser
$\alpha$ = Kraftangriffswinkel
$F$ = Kraftrichtung

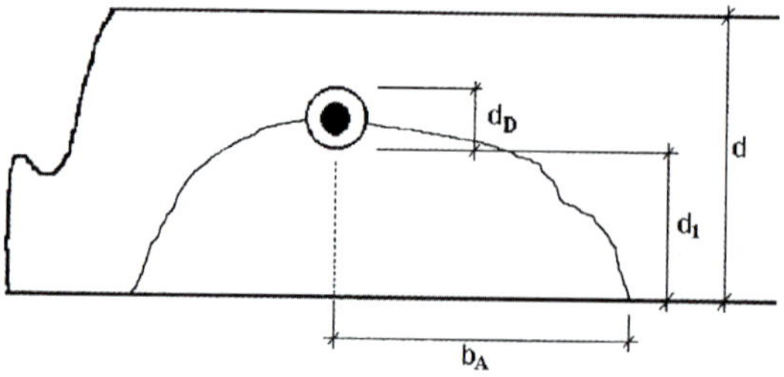


**Auswertung der Ausbruchstelle**

$d$ = Plattendicke
$d_1$ = Lochwanddicke in Kraftrichtung
$b_A$ = größte Ausbruchbreite auf Dornachse bezogen

**Abb. 1.16:** Ausbruchlast am Ankerdornloch (nach [15])

### Verschleißprüfung nach DIN EN 14157, Ausgabe 2005-01

Diese Norm sieht drei verschiedene Verfahren für die Verschleißprüfung von Naturstein vor, von denen in Deutschland zwei gebräuchlich sind:

*Verfahren A: Abriebprüfung mit breiter Schleifscheibe (Referenzverfahren)*

Der Aufbau des Prüfgeräts ist Abb. 1.17 zu entnehmen. Abb. 1.18 zeigt ein Foto des Geräts.

Die breite Schleifscheibe reibt unter Zuführung eines genau konditionierten Schleifmittelstrahls eine Nut in den Probekörper, je tiefer, desto breiter. Der Probekörper (mindestens 100 mm × 70 mm) wird getrocknet (70 ±5) °C und dann mit 75 Umdrehungen der Schleifscheibe in 60 s beansprucht. Die Breite der entstehenden Nut gilt als Maß für den Verschleiß.

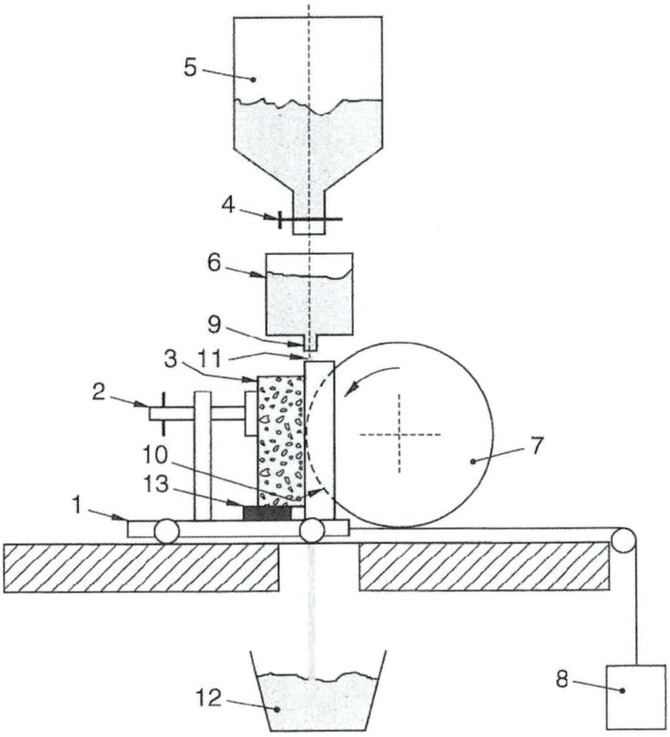


**Legende**
1 Fahrwagen zum Aufspannen des Probekörpers
2 Befestigungsschraube
3 Probekörper
4 Regelventil
5 Vorratsbehälter
6 Beschickungstrichter
7 Breite Schleifscheibe
8 Gegengewichtsstück
9 Schlitz
10 Nut
11 Schleifmittelstrom
12 Sammelbehälter für Schleifmittel
13 Unterlegkeil

**Abb. 1.17:** Prinzip der Abriebmaschine nach [16]

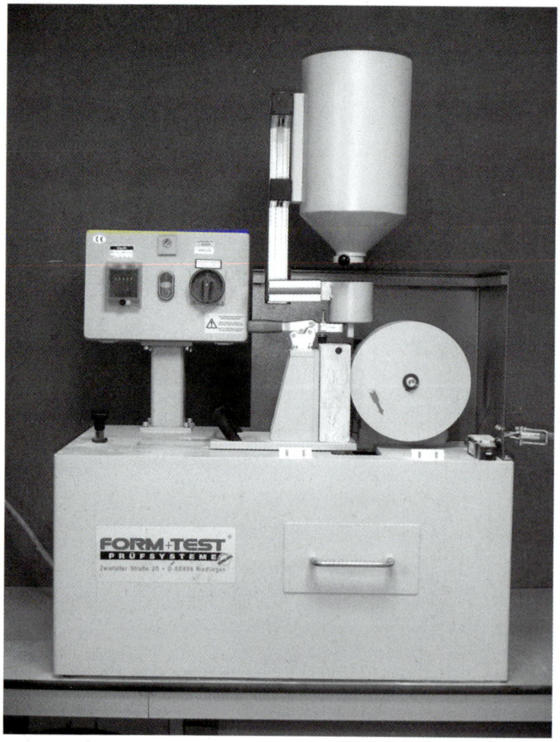


**Abb. 1.18:** Abriebmaschine mit breiter Schleifscheibe

*Verfahren B: Böhme-Abriebprüfung*

Prüfung des Abnutzungswiderstands durch Schleifen an belasteten ebenflächigen Prüfkörpern (Prüffläche 7,1 × 7,1 = 50 cm$^2$) auf einer waagerecht rotierenden Metallscheibe (Schleifscheibe nach *Böhme*, s. Abb. 1.19) unter Verwendung eines Normalschleifmittels (künstlicher Korund).

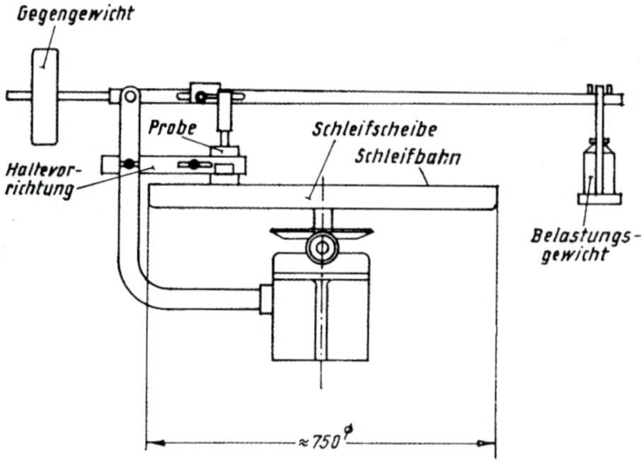


**Abb. 1.19:** Schleifscheibe nach *Böhme*

Die Feststellung des Schleifverschleißes erfolgte früher in $cm^3/50\ cm^2$ oder nach Dickenverlust in mm nach DIN EN 14157, jetzt aber als mittlerer Verlust an Probekörpervolumen.

**Bestimmung des Gleit-/Rutschwiderstands nach DIN EN 14231**

Das Verfahren beruht darauf, dass ein Pendelarm mit einer festgelegten Fallhöhe und einem Gleitkörper aus Gummi über die nasse Probe streicht und dabei, je nach Griffigkeit, mehr oder weniger stark abgebremst wird. Dies lässt sich am Pendelausschlag nach dem Überstreichen der Probe auf einer Skala ablesen.

Je größer der Wert, das heißt je stärker die Abbremsung des Pendels, umso besser der Gleit-/Rutschwiderstand.

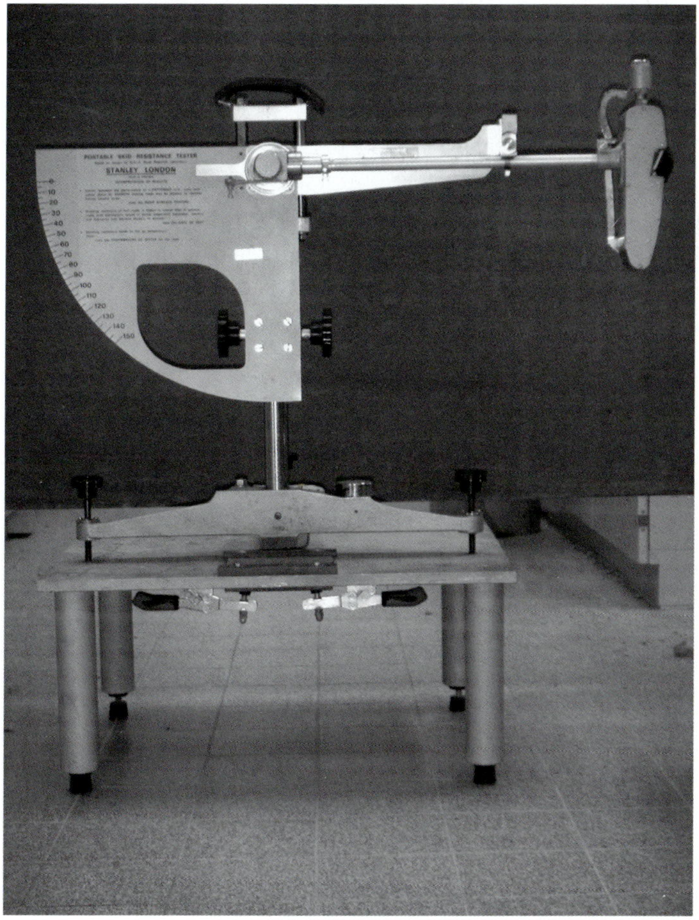


**Abb. 1.20:** SRT-Pendelgerät

## Literatur

[1] Bautechnische Informationen „Naturwerkstein". Bezug durch Informationsstelle DNV – Deutscher Naturwerkstein Verband e. V., Sanderstraße 4, 97070 Würzburg

[2] Schriftenreihe „Naturstein im Straßenbau". Herausgeber: Bundesverband Naturstein-Industrie e. V., Natursteinberatungsstelle, Buschstraße 22, 53113 Bonn

[3] Merkblätter der Forschungsgesellschaft für Straßen- und Verkehrswesen (FGSV) e. V., An Lyskirchen 14, 50676 Köln

[4] *Schneider; Schwimann; Bruckner*: Lehmbau für Architekten und Ingenieure. Werner Verlag, Düsseldorf, 1996

[5] *Bruckner; Schneider*: Naturbaustoffe. Werner Verlag, Düsseldorf, 1998

[6] *Stein, Alfred:* Fassaden aus Natur- und Betonwerkstein. Verlag Georg D. W. Callwey, 2002

[7] Tagungsbände DENAK Naturwerksteinforum 2002, 2004, 2006, 2008, 2010 und 2012. Medienbüro Robert Maechtel

## Normen

[8] DIN EN 771 Festlegungen für Mauersteine; Teil 6: Natursteine; Ausgabe 2011-07

[9] DIN EN 1469 Natursteinprodukte – Bekleidungsplatten – Anforderungen; Ausgabe 2007-01 und 2012-01 *(Norm-Entwurf)*

[10] DIN EN 1341 Platten aus Naturstein für Außenbereiche, Anforderungen und Prüfverfahren; Ausgabe 2013-03

[11] DIN EN 1342 Pflastersteine aus Naturstein für Außenbereiche, Anforderungen und Prüfverfahren; Ausgabe 2013-03

[12] DIN EN 12371 Prüfverfahren für Naturstein – Bestimmung des Frostwiderstandes; Ausgabe 2010-07

[13] DIN 52008 Prüfverfahren für Naturstein – Beurteilung der Verwitterungsbeständigkeit; Ausgabe 2006-03

[14] DIN EN 12372 Prüfverfahren für Naturstein – Bestimmung der Biegefestigkeit unter Mittellinienlast; Ausgabe 2007-02

[15] DIN EN 13364 Prüfung von Naturstein – Bestimmung der Ausbruchlast am Ankerdornloch; Ausgabe 2002-03

[16] DIN EN 14157 Prüfverfahren für Naturstein – Bestimmung des Widerstandes gegen Verschleiß; Ausgabe 2005-01

# 2 Gesteinskörnungen

*Rudolf Hoscheid*

## Normen

Für die unterschiedlichen Anwendungsbereiche von Gesteinskörnungen sind folgende Normen maßgebend:

| | |
|---|---|
| DIN EN 12620 | Gesteinskörnungen für Beton; Ausgabe 2013-07 |
| DIN EN 16236 | Bewertung der Konformität von Gesteinskörnungen – Erstprüfung und werkseigene Produktionskontrolle; Ausgabe 2013-08 |
| DIN 1045 | Tragwerke aus Beton, Stahlbeton und Spannbeton;<br>Teil 2: Beton – Festlegung, Eigenschaften, Herstellung und Konformität – Anwendungsregeln zu DIN EN 206-1, Anhang U; Ausgabe 2008-08 |
| DIN EN 206 | Beton; Teil 1: Festlegung, Eigenschaften, Herstellung und Konformität; Ausgabe 2001-07 |
| DIN EN 13055 | Leichte Gesteinskörnungen;<br>Teil 1: Leichte Gesteinskörnungen für Beton, Mörtel und Einpressmörtel; Ausgabe 2002-08 und Berichtigung 2004-12<br>Teil 2: Leichte Gesteinskörnungen für Asphalte und Oberflächenbehandlungen sowie für gebundene und ungebundene Verwendung; Ausgabe 2004-09 |
| DIN EN 13055 | Leichte Gesteinskörnungen für Beton, Mörtel, Einpressmörtel, bitumengebundene Mischungen, Oberflächenbehandlungen und für ungebundene und gebundene Anwendungen; Ausgabe 2012-05 (Norm-Entwurf) |
| DIN EN 13139 | Gesteinskörnungen für Mörtel; Ausgabe 2013-07 |
| DIN EN 13043 | Gesteinskörnungen für Asphalt und Oberflächenbehandlungen für Straßen, Flugplätze und andere Verkehrsflächen; Ausgabe 2013-08 |
| DIN EN 13242 | Gesteinskörnungen für ungebundene und hydraulisch gebundene Gemische für Ingenieur- und Straßenbau; Ausgabe 2013-08 |
| DIN EN 13450 | Gesteinskörnungen für Gleisschotter; Ausgabe 2013-07 |
| DIN 4226 | Gesteinskörnungen für Beton und Mörtel; Teil 100: Rezyklierte Gesteinskörnungen; Ausgabe 2002-02 |

Die **Prüfverfahren** für die einzelnen Eigenschaften der Gesteinskörnungen wurden für alle Anwendungsbereiche vereinheitlicht und sind in den folgenden Normen nach Eigenschaftsgruppen zusammengefasst: Jede dieser Prüfnormen besteht dann wieder aus bis zu elf einzelnen Teilen.

## Prüfnormen für Gesteinskörnungen

| | |
|---|---|
| DIN EN 932 | Prüfverfahren für allgemeine Eigenschaften von Gesteinskörnungen; Teile 1-6 |
| DIN EN 933 | Prüfverfahren für geometrische Eigenschaften von Gesteinskörnungen; Teile 1-11 |
| DIN EN 1097 | Prüfverfahren für mechanische Eigenschaften von Gesteinskörnungen; Teile 1-10 |
| DIN EN 1367 | Prüfverfahren für thermische Eigenschaften und Verwitterungsbeständigkeit von Gesteinskörnungen; Teile 1-6 |
| DIN EN 1744 | Prüfverfahren für chemische Eigenschaften von Gesteinskörnungen", Teile 1-6 |

Anmerkung: Die neueste Ausgabe der DIN EN 12620 ist zum Zeitpunkt der Drucklegung noch nicht bauaufsichtlich eingeführt. Die dort eingeführten zusätzlichen Kategorien werden hier aber schon aufgenommen. Zu beachten ist aber, dass die grau hinterlegten Kategorien für die Gesteinskörnungen für Beton nicht verwendet werden sollen. Die Angaben zum Konformitätsnachweis und zur CE-Kennzeichnung basieren weitgehend noch auf der bisher gültigen DIN EN 12620, Ausgabe 2008-07. Zukünftig werden die Anforderungen an die Bewertung der Konformität von Produkten nach der DIN EN 12620, Ausgabe 2013-07, in der EN 16236 enthalten sein.

## 2.1 Einteilung der Gesteinskörnungen nach Herkommen und Verwendung

Nach Verwendung und Herkommen lassen sich Gesteinskörnungen in solche mit dichtem und porigem Gefüge sowie in natürliche und industriell hergestellte Gesteinskörnungen einteilen. Eine neue Gruppe bilden die rezyklierten Gesteinskörnungen, die aus der Aufbereitung bereits verwendeter Baustoffe stammen. Ferner wird zwischen natürlich gekörnten (ungebrochenen) sowie mechanisch zerkleinerten (gebrochenen) Gesteinskörnungen unterschieden. Nach der Kornrohdichte wird unterschieden in

- leichte Gesteinskörnung $< 2000$ kg/m³,
- normale Gesteinskörnung $\geq 2000$ kg/m³ und $< 3000$ kg/m³ und
- schwere Gesteinskörnung $\geq 3000$ kg/m³.

Andere Grenzen bei Beton

### 2.1.1 Gesteinskörnungen aus natürlichem Gestein

**Gewinnung aus natürlichen Lagerstätten (Lockergesteine)**

Verwendung als ungebrochene oder nachgebrochene Gesteinskörnung

*Flusskiessand:* Ablagerungen in Flüssen und Flussniederungen. Körnung durch Strömung meist glatt und feinststoffarm. bei uns vorwiegend

*Grubenkiessand:* Ablagerungen von Gletschern (Moränen) mit gedrungener, wenig abgeschliffener Körnung, meist lehmig.

*Vulkanisches Gestein:* Ablagerungen vulkanischen Ursprungs mit porigem Gefüge: *Bims*, Lavaschlacke (Schaumlava), Tuff.

**Gewinnung aus Steinbrüchen** (Festgesteine)

Gebrochene Gesteinskörnungen aller Gesteinsarten, außer schiefrigem, mergeligem sowie sulfathaltigem Gestein.

## 2.1.2 Industriell hergestellte Gesteinskörnungen

### 2.1.2.1 Hochofenschlacken (Herstellung s. a. Abschn. 7.1.1.3)

porig

**Hochofenstückschlacke**

Auf Halden langsam abgekühlte und gebrochene Schlacke mit feinkristallinem Gefüge. (Zulässiger Anteil an blasigen Stücken bei dichtem Beton ≤ 5 M.-%). Auch wesentliche Verwendung im Straßenbau.

**Hochofenschlackensand** (Granulierte Hochofenschlacke: „Hüttensand")

Durch Abschrecken von flüssiger Hochofenschlacke im Wasserstrom von glasig-schaumiger Beschaffenheit. Örtlich Verwendung als Mauersand im Gemisch mit feinkörnigem Natursand.

Abgeschreckter basischer (kalkhaltiger) Schlackensand kann auch zufolge seiner hydraulischen Eigenschaften mit Portlandzementklinker vermahlen zu „Hüttenzementen" (z. B. CEM II-S, CEM III) verarbeitet werden (s. a. Abschn. 3.1.5.2).

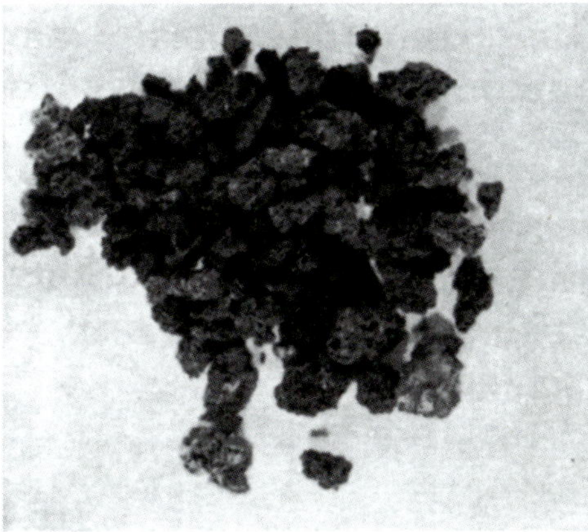

**Abb. 2.1:** Hüttenbims

**Abb. 2.2:** Schmelzkammergranulat

*Hüttenbims* (Abb. 2.1): Durch Einpressen von Wasser in flüssige Hochofenschlacke bimsartig aufgeschäumt und gebrochen, ähnlich der Lavaschlacke. Verwendung für wärmedämmenden Leichtbeton und Stahlleichtbeton. (Gefügedichter Leichtbeton mit Hüttenbims wird auch als *Thermocrete-Beton* bezeichnet).

### 2.1.2.2 Steinkohlenaschen, -schlacken und -granulate

Reste aus Kohlekraftwerken

**Kesselschlacke**

Bei Rostfeuerungen anfallende festgesinterte Asche. Begrenzte Verwendung, oft stahl- und betonschädliche Schwefelverbindungen und Kohlerückstände enthaltend.

**Schmelzkammergranulat** (Schmelzgranulat) (Abb. 2.2)

Aus den Verbrennungskammern der Kohlenstaubfeuerung von Kraftwerken fließende geschmolzene Asche (mineralische Restbestandteile), die durch Abschrecken in einem Wasserbad zu einem glasigen Granulat erstarrt und z. B. in Prallmühlen zu einem geschmischtkörnigen Brechsand aufbereitet werden kann.

Das vorwiegend aus Silikat- und Aluminiumverbindungen bestehende Granulat enthält keine beton- und mörtelschädlichen Bestandteile. Verwendung in der Betonindustrie, in Mörtelwerken zur Ergänzung feinkörniger Sande, ferner im Straßenbau sowie bei Entwässerungen, z. B. zum Einbetten von Dränagerohren. Auch Verwendung als Strahlmittel (DIN 8201, Teil 10) anstelle des infolge freigesetzter Kieselsäure $SiO_2$ zu Silikose (Staublunge) führenden Sandstrahlens mit Quarzsand (s. a. Abschn. 1.6.2).

**Filteraschepellets** (Flugaschesinterpellets)

Bestehend aus in elektrischen Rauchgasfiltern von Kraftwerken ausgeschiedener Flugasche (Elektrofilterasche), die zunächst angefeuchtet zu kugelförmigen „Pellets" verschiedener Größe geformt wird.

Auf einem langsam sich bewegenden Sinterband werden die in der Flugasche noch enthaltenen Kohlebestandteile oder auch zugemischter Kohlenstaub durch eine Ölfeuerung zur Entzündung gebracht, sodass die Pellets eine äußere feste Sinterschicht und eine porige Innenstruktur erhalten.

Rohdichten 1,6 bis 1,8 kg/dm$^3$; Handelsname z. B. Fluasint.

Verwendung in Korngrößen bis 25 mm ähnlich Blähton und Blähschiefer, z. B. Konstruktionsleichtbeton.

### 2.1.2.3 Sinterbims aus verschiedenen Grundstoffen

Aus mineralischen Abraumstoffen verschiedener Herkunft, z. B. auch aus der Müllschlackenverwertung, ähnlich wie Sinterasche durch Kohlen- bzw. Kokszusatz auf dem Sinterband zu einer porigen bimsartigen Schlacke zusammengesintertes Material verschiedener Rohdichte und Kornfestigkeit.

Verwendung gebrochen und abgesiebt als Leichtbetonzuschlag oder für Wegebau.

### 2.1.2.4 Gebrannte tonhaltige Zuschläge

**Ziegelsplitt**

Gewinnung aus sortiertem Trümmergut: Verwendung zu Schüttbeton. Ferner Bruchabfälle aus Ziegeleien zu Kaminformsteinen.

**Blähton, Blähschiefer** (Abb. 2.3)

Im Drehofen (ähnlich Zementdrehofen) bei Temperaturen über 1000 °C hergestellte, rundliche, außen gesinterte und innen poröse Granalien verschiedener Korngröße, aus tonhaltigen Rohstoffen bestehend, die bei höherer Temperatur aufblähende Gase entwickeln. Hohe Eigenfestigkeit. – Herstellung auch aus Tonschiefervorkommen (Blähschiefer). Kornform gedrungen, kantig.

Kornrohdichten je nach Korngröße 0,6 bis 1,6 kg/dm$^3$, auch höher.

Verwendung zu gefügedichtem Stahlleichtbeton mit Rohdichten 1,0 bis 2,0 kg/dm$^3$ und Betonfestigkeitsklassen bis LC 80/88 (s. Abschn. 4.10.2.2).

**Abb. 2.3:** a) Blähton b) Blähschiefer

### 2.1.2.5 Organische Stoffe

*Holzspäne* (mineralisiert) für Holzbeton. *Holzwolle* für Leichtbauplatten: Bindung mit Magnesiamörtel (Handelsname: Heraklith), Zement oder Gips. Ferner *Schaumkunststoffe* für Dämmzwecke, z. B. geschäumte Polystyrolkugeln für „Styroporbeton".

## 2.1.3 Natürliche oder industriell hergestellte Gesteinskörnungen für besondere Verwendung

**Für Schwerbeton**

Verwendung von Mineralien bzw. Gesteinen hoher Rohdichte insbesondere für Strahlenschutz, z. B. Schwerspat (Baryt, $\rho_{Rg}$ = 4,0 bis 4,3 kg/dm$^3$), Metallhüttenschlacken, kugelförmige Stahlgranalien und Stahlsand.

**Für Hartbetonbeläge**

Natürliche, meist quarzhaltige Hartgesteine oder künstliche Schmelzen, wie synthetischer Korund (durch Sintern aus Bauxit gewonnenes $Al_2O_3$) oder Carborund (aus Sand und Koks gebranntes Siliciumcarbid SiC); Härte 9.

Ferner Schlacken besonderer Art, z. B. Kupferschlacke, Metallspäne und Stahlfasern.

**Für wärmedämmende Unterböden und Putze** nicht für Konstruktionsbeton

*Blähglimmer* (Vermiculite): Erhitzter Glimmer mit blättriger Struktur infolge Verdampfen des enthaltenen Kristallwassers. Schüttdichte 0,1 bis 0,3 kg/dm$^3$.

*Blähperlit* (Perlite): Kleine Kugeln verschiedenen Durchmessers aus künstlich geschäumten kristallhaltigem vulkanischem Gestein (Perlstein). Schüttdichte 0,1 bis 0,2 kg/dm$^3$ (Handelsname: Superperlite).

*Blähglas:* Kugelförmig geschäumtes Glas (s. Abschn. 6.12).

*Geschäumtes Polystyrol:* Kunststoffschaumkügelchen, geschlossenzellig, Schüttdichte etwa 0,012 kg/dm$^3$.

## 2.1.4 Rezyklierte Gesteinskörnungen

Seit einigen Jahren werden auch rezyklierte Gesteinskörnungen zur Herstellung von Beton eingesetzt. Es handelt sich hierbei um Material, das aus der Aufbereitung bereits verwendeter Baustoffe stammt und aus Gründen der Ressourcenschonung sowie des Umweltschutzes und der Energieeinsparung zum Einsatz kommt. Je nach Anteil der Bestandteile (Beton, Ziegel, Kalksandstein usw.) werden vier Typen von rezyklierten Gesteinskörnungen unterschieden. Eine Übersicht über die Namen der rezyklierten Gesteinskörnungstypen, die jeweiligen Bestandteile in M.-% sowie die Einsatzmöglichkeiten gibt Tabelle 2.1.

**Tabelle 2.1:** Zusammensetzung von rezyklierten Gesteinskörnungen nach [16]

| | Bestandteile in M.-% | | | | | | | |
|---|---|---|---|---|---|---|---|---|
| Gesteinsart | Beton, Zuschlag nach DIN 4226-1 | Klinker nicht porosierter Ziegel | Kalksandstein | andere mineralische Bestandteile [1] | Asphalt | Fremdbestandteile [2] | minimale Kornrohdichte kg/dm³ | maximale Wasseraufnahme M.-% |
| Betonsplitt/ Betonbrechsand (Typ 1) | ≥ 90 | ≤ 10 | | ≤ 2 | ≤ 1 | ≤ 0,2 | 2,0 | 10 |
| Bauwerkssplitt/ Bauwerksbrechsand (Typ 2) | ≥ 70 | ≤ 30 | | ≤ 3 | ≤ 1 | ≤ 0,5 | 2,0 | 15 |
| Mauerwerkssplitt/ Mauerwerksbrechsand (Typ 3) | ≤ 20 | ≥ 80 | ≤ 5 | ≤ 5 | ≤ 1 | ≤ 0,5 | 1,8 | 20 |
| Mischsplitt/ Mischbrechsand (Typ 4) | ≥ 80 | | | ≤ 20 | | ≤ 1 | 1,5 | k. A. |

[1] Z. B. porosierter Ziegel, Porenbeton, Putz, Mörtel, Bimsstein.
[2] Z. B. Glas, Keramik, Gummi, Kunststoff, Metall, Holz, Papier.

Besondere Aufmerksamkeit muss dem erhöhten Wasserbedarf der jeweiligen rezyklierten Gesteinskörnungen zuteil werden.

Während nach der DAfStb-Richtlinie „Beton mit rezykliertem Zuschlag" nur rezyklierte Gesteinskörnungen des Typs 1 für Beton nach DIN 1045 verwendet werden dürfen, ist nach den neuen Normen in Zukunft auch die Verwendung der Typen 2 und 3 für nicht so hochwertige Betone bis etwa zu einer Festigkeitsklasse C 25/30 möglich. Der Typ 4 darf nur für unbewehrten Beton bis zur Festigkeitsklasse C8/10 verwendet werden, der nicht für tragende Bauteile eingesetzt wird. stärkeres Streuen der Körnungen

Mit Einführung der neuen DIN EN 12620 im Juli 2008 wurden auch die rezyklierten Gesteinskörnungen hierin aufgenommen und entsprechende Kategorien festgelegt (s. Tabelle 2.2).

**Klassifizierung der Bestandteile von groben rezyklierten Gesteinskörnungen**

Die Anteile der Bestandteile in groben rezyklierten Gesteinskörnungen sind nach DIN EN 933-11, Ausgabe 2011-05, zu bestimmen und müssen jeweils der maßgebenden Kategorie nach Tabelle 2.2 entsprechen.

**Tabelle 2.2:** Kategorien für die Bestandteile von groben rezyklierten Gesteinskörnungen nach [17]

| Bestandteil | Gehalt<br>Massenanteil in Prozent | Kategorie |
|---|---|---|
| Rc<br>Beton | ≥ 90 | $Rc_{90}$ |
| | ≥ 80 | $Rc_{80}$ |
| | ≥ 70 | $Rc_{70}$ |
| | ≥ 50 | $Rc_{50}$ |
| | < 50 | $Rc_{angegeben}$ |
| | keine Anforderung | $Rc_{NR}$ |
| Ru<br>gebrochene Gesteine | ≥ 90 | $Ru_{90}$ |
| | ≥ 70 | $Ru_{70}$ |
| | ≥ 50 | $Ru_{50}$ |
| | < 50 | $Ru_{angegeben}$ |
| | keine Anforderung | $Ru_{NR}$ |
| Rc + Ru | ≥ 95 | $Rcu_{95}$ |
| | ≥ 90 | $Rcu_{90}$ |
| | ≥ 70 | $Rcu_{70}$ |
| | ≥ 50 | $Rcu_{50}$ |
| | < 50 | $Rcu_{angegeben}$ |
| | keine Anforderung | $Rcu_{NR}$ |
| Rc + Ru + Rg<br>→ Glas | ≥ 90 | $Rcug_{90}$ |
| | ≥ 70 | $Rcug_{70}$ |
| | ≥ 50 | $Rcug_{80}$ |
| | < 50 | $Rcug_{angegeben}$ |
| | keine Anforderung | $Rcug_{NR}$ |
| Rb → Mauersteine | ≤ 10 | $Rb_{10-}$ |
| | ≤ 30 | $Rb_{30-}$ |
| | ≤ 50 | $Rb_{50-}$ |
| | ≤ 50 | $Rb_{angegeben}$ |
| | keine Anforderung | $Rb_{NR}$ |
| Ra<br>Asphalt | ≥ 95 | $Ra_{95}$ |
| | ≥ 80 | $Ra_{80}$ |
| | ≥ 50 | $Ra_{50}$ |
| | ≥ 40 | $Ra_{40}$ |
| | > 30 | $Ra_{30}$ |
| | ≤ 30 | $Ra_{30-}$ |
| | ≤ 20 | $Ra_{20-}$ |
| | ≤ 10 | $Ra_{10-}$ |
| | ≤ 5 | $Ra_{5-}$ |
| | ≤ 1 | $Ra_{1-}$ |
| | keine Anforderung | $Ra_{NR}$ |

| Bestandteil | Gehalt Massenanteil in Prozent | Kategorie |
|---|---|---|
| Rg | ≤ 2<br>≤ 5<br>≤ 25 | $Rg_{2-}$<br>$Rg_{5-}$<br>$Rg_{25-}$ |
| | keine Anforderung | $Rg_{NR}$ |
| X | ≤ 1 | $X_{1-}$ |
| X + Rg | ≤ 0,5<br>≤ 1<br>≤ 2 | $XRg_{0,5-}$<br>$XRg_{1-}$<br>$XRg_{2-}$ |
| | keine Anforderung | $XRg_{NR}$ |
| FL<br>↘ Gleichgewichtig | **Gehalt**<br>cm³/kg | **Kategorie** |
| | ≤ 0,2 [1)]<br>≤ 2<br>≤ 5<br>≤ 10 | $FL_{0,2-}$<br>$FL_{2-}$<br>$FL_{5-}$<br>$FL_{10-}$ |
| | keine Anforderung | $FL_{NR-}$ |

1) Die Kategorie ≤ 0,2 gilt nur für besondere Anwendungen, die eine hochwertige Oberflächenbeschaffenheit erfordern.

Dabei ist in Übereinstimmung mit DIN EN 933-11, Ausgabe 2011-05:

| Bestandteil | Beschreibung |
|---|---|
| $R_c$ | Beton, Betonprodukte, Mörtel<br>Mauersteine aus Beton |
| $R_u$ | ungebundene Gesteinskörner, Naturstein,<br>hydraulisch gebundene Gesteinskörner |
| $R_b$ | Mauer- und Dachziegel aus gebranntem Ton<br>Kalksandsteine<br>Gasbetonsteine (nicht schwimmend) |
| $R_a$ | bitumenhaltige Materialien |
| FL | schwimmendes Material im Volumen |
| X | sonstige Materialien:<br>bindige Materialien (d. h. Ton, Erde)<br>verschiedene sonstige Materialien:<br>(eisenhaltige und nicht eisenhaltige)<br>Metalle, nicht schwimmendes Holz, Kunststoff, Gummi, Gips |
| $R_g$ | Glas |

Die neuen Regelungen sind allerdings noch nicht in die DAfStb-Richtlinie aufgenommen, sodass hier sowohl die alte Regelung nach DIN 4226, Teil 100 als auch die neue Regelung nach DIN EN 12620 dargestellt wird.

## 2.2 Aufteilung nach Korngruppen

Korngruppen sind durch obere und untere Prüfkorngrößen begrenzt, die durch Siebung mittels unterer (*d*) und oberer (*D*) Siebgröße bestimmt und durch das Verhältnis *d/D* ausgedrückt werden[1].

Die Siebungen sind nach DIN EN 933 Teil 1 und 2 auszuführen. Dort ist festgelegt, dass Siebe mit Öffnungsweiten < 4mm als Analysensiebe mit Metalldrahtgewebe (nach DIN ISO 3310 Teil 1, Ausgabe 2001-09) ausgeführt sein müssen. Siebe mit Lochweiten ≥ 4 mm müssen als Analysensiebe mit Lochblechen mit Quadratlochung (nach DIN ISO 3310 Teil 2, Ausgabe 2001-09) ausgeführt sein (Abb. 2.4).

Der Grund-Prüfsiebsatz nach DIN EN 12620, Tab. 1 ist auf der Verdoppelungsfolge aufgebaut:

1 - 2 - 4 - 8 - 16 - 32 - 63 mm
Maschensiebe → Quadratlochsiebe →
Für die Nenn-Prüfkorngröße 32 mm wird das Quadratlochsieb 31,5 mm verwendet.

Der Grundsiebsatz kann durch zwei Ergänzungssiebsätze erweitert werden:

| | |
|---|---|
| Ergänzungssiebsatz 1: | 5,6 - 11,2 - 22,4 - 45 - 56 - 90 mm<br>(5) (11) (22)<br>(Nennbezeichnung zur Benennung von Korngruppen) |
| Ergänzungssiebsatz 2: | 6,3 - 10 - 12,5 - 14 - 20 - 40 - 80 mm |

Anmerkung: In Deutschland sind für Lieferkörnungen nur Siebe aus der Reihe „Grundsiebsatz plus Ergänzungssiebsatz 1" üblich. Der Ergänzungssiebsatz 2 erweitert um ein 25-mm-Sieb, wird für die Einteilung der Kornklassen zur Bestimmung der Plattigkeitskennzahl verwendet.

Korngruppen mit $D \leq 4$ mm und $d = 0$ werden als feine Gesteinskörnung (nach alter DIN 4226: Sand) und Korngruppen mit $D \geq 4$ mm und $d \geq 1$ mm als grobe Gesteinskörnung (früher: Kies) bezeichnet. In Tabelle 4 der Norm sind alte und neue Bezeichnungen vergleichend gegenübergestellt. Der Anteil einer Gesteinskörnung, der durch das 0,063-mm-Sieb hindurchgeht, wird Feinanteil genannt. Für die Abstufung der feinen Gesteinskörnungen werden ergänzend zum Grund-Prüfsiebsatz die Siebe 0,063 - 0,125 - 0,25 und 0,5 mm verwendet.

Bevorzugte Korngruppen für Beton mit stetiger Kornzusammensetzung:

0/2 - 2/8
oder 0/4 - 4/8 } - 8/16 - 16/32 - 32/63 mm (s. a. Abschn. 2.3.3.1)

sowie 4/16 - 4/32 - 8/32 mm.

Bevorzugte Korngruppen für leichte Gesteinskörnungen und Splitte: wie vor, jedoch 16/25 statt 16/32 mm.

Gemenge von grober und feiner Gesteinskörnung werden als *Korngemisch* bezeichnet. Als besonderes Korngemisch ist in DIN EN 12620 die natürlich zusammengesetzte Gesteinskörnung 0/8 definiert, die in Deutschland allerdings weniger üblich ist.

1 Das Verhältnis *D/d* darf nicht kleiner als 1,4 sein.

**Abb. 2.4:** Quadratlochsiebe: 63 - 31,5 - 16 - 8 - 4 mm und Maschensieb 2 mm

**Tabelle 2.3:** Zusätzliche Bezeichnungen für Gesteinskörnungen (nach DIN 4226, alt Teil 1, Tab. 1 und DIN EN 12620)

| Kleinstkorn [mm] | Größtkorn [mm] | Ungebrochener Zuschlag DIN 4226, alt | | Gebrochener Zuschlag DIN 4226, alt | | DIN EN 12620 |
|---|---|---|---|---|---|---|
| - | 0,25 | Feinstsand | feine Gesteinskörnung | Feinst- | Brechsand Edelbrechsand | |
| - | 1 | Feinsand | | Fein- | | |
| 1 | 4 | Grobsand | | Grob- | | |
| 4 | 32 | Kies | | Splitt, Edelsplitt | | grobe Gesteinskörnung |
| 32 | 63 | Grobkies | | Schotter | | |

Korngrößen ≤ 0,125 mm gelten als Mehlkorn.

0 4 Feingemisch

0 45 Gesteinskörnungsgemisch

# 2.3 Güteanforderungen und Prüfverfahren

(DIN EN 12620, Ausgabe 2013-07, sowie DIN EN 932 und DIN EN 933)

Da die Gesteinskörnungen sehr unterschiedliche Verwendungszwecke haben können (z. B. in Beton für tragende Bauteile oder wärmedämmende Betone, Mörtel, Fahrbahndecken, Gleisschotter), müssen sie sehr unterschiedliche Eigenschaften aufweisen und entsprechend abgestufte Anforderungen erfüllen. Daher sind in den neuen Normen die Anforderungen an die Güteeigenschaften in Kategorien eingeteilt, die eine feinere Abstufung erlauben als die frühere Einteilung in Regelanforderungen bzw. verminderte und erhöhte Anforderungen. Bei den Güteeigenschaften selbst wird unterschieden nach *geometrischen* Anforderungen, *physikalischen* Anforderungen und *chemischen* Anforderungen.

Zu den *geometrischen* Anforderungen zählen:

- die Kornzusammensetzung,
- die Kornform von groben Gesteinskörnungen,
- der Muschelschalengehalt von groben Gesteinskörnungen,
- der Gehalt an Feinanteilen.

*Physikalische* Anforderungen sind:

- Festigkeit,
- Widerstand gegen Zertrümmerung,
- Widerstand gegen Verschleiß von groben Gesteinskörnungen,
- Widerstand gegen Polieren und Abrieb von groben Gesteinskörnungen zur Verwendung in befahrenen Oberflächen,
- Kornrohdichte und Wasseraufnahme,
- Schüttdichte,
- Dauerhaftigkeit
  - Frost- und Frost-Tausalz-Beständigkeit,
  - Raumbeständigkeit - Schwinden infolge Austrocknen,
  - Alkali-Kieselsäure-Reaktion.

Als *chemische* Anforderungen sind festgelegt:

- Gehalt an stahlangreifenden Stoffen (z. B. Chlorid),
- Gehalt an schwefelhaltigen Bestandteilen, Volumenänderung
- Gehalt an anderen störenden Bestandteilen,
  - Bestandteile, die das Erstarrungs- und Erhärtungsverhalten des Betons verändern (z. B. organische Stoffe),
  - Bestandteile, die die Oberflächenbeschaffenheit von Beton beeinflussen (z. B. leichtgewichtige organische Verunreinigungen).

Die Prüfverfahren sowie die Grenzwerte bzw. Bandbreiten für die entsprechenden Kategorien der Güteeigenschaften sind in den Kap. 2.3.2. und 2.3.3. dargestellt.

## 2.3.1 Probenahme

Für die Prüfung der Gesteinskörnungen auf Kornzusammensetzung und stoffliche Beschaffenheit sind aus einem *Los* (Produktionsmenge, Liefermenge oder Teilliefermenge) nach einem Probenahmeplan Einzelproben zu entnehmen, welche zu einer repräsentativen Sammelprobe vereinigt werden. Nach DIN EN 932 Teil 1 ist die Mindestmasse der Sammelprobe in Abhängigkeit vom Größtkorn nach folgender Formel zu berechnen:

$$M = 6 \cdot \sqrt{D} \cdot \rho_b$$

mit $M$ = Masse der Probe in kg,

$D$ = Größtkorn in mm,

$\rho_b$ = Schüttdichte in $Mg/m^3$.

Für übliche Schüttdichten von normaler Gesteinskörnung ergeben sich damit je nach Größtkorn folgende Mindestmassen für die Sammelproben, die normalerweise auf glatte Werte gerundet werden:

**Tabelle 2.4:** Mindestmassen von Sammelproben

| Größtkorn [mm] | Schüttdichte [$Mg/m^3$] | Masse der Sammelprobe [kg] | Gerundet [kg] |
|---|---|---|---|
| 2 | 1,30 | 11 | 10 |
| 4 | 1,35 | 16 | 15 |
| 8 | 1,40 | 24 | 25 |
| 16 | 1,55 | 37 | 40 |
| 32 | 1,50 | 51 | 50 |

Einzelheiten zur Probenahme sowie entsprechende Geräte sind in DIN EN 932 Teil 1 angegeben (z. B. volumenmäßige Verteilung von Schütthalden, Berücksichtigung der Tatsache, dass meist Ablagerungen der groberen Körnung am Böschungsfuß, der feineren Körnung im oberen Teil der Böschung erfolgen).

Die erforderlichen Probemengen für die einzelnen Prüfungen sind sehr unterschiedlich und deutlich kleiner als die Masse der Sammelprobe. Daher ist die Sammelprobe zu entsprechenden Messproben einzuengen. Hierfür sind in DIN EN 932 Teil 1, Ausgabe 1996-10, und Teil 2, Ausgabe 1999-03, verschiedene Geräte und Verfahren angegeben, mit denen eine solche Einengung durchgeführt werden kann. Zwei dieser Verfahren werden im Folgenden beschrieben.

### 2.3.1.1 Einengung einer Sammelprobe mittels Riffelteiler

Die Sammelprobe ist in ein Behältnis des Riffelteilers (s. Abb. 2.5) zu füllen, und die beiden anderen sind an ihren Platz zu stellen. Die Gesteinskörnung ist über die Längsseite des Behältnisses auf die Mittellinie des Riffelteilers zu schütten. Die Gesteinskörnung, die in einen der beiden anderen Behältnisse fällt, ist zu verwerfen. Der Vorgang ist so oft zu wiederholen, bis die für die Laboratoriumsprobe benötigte Menge erhalten ist.

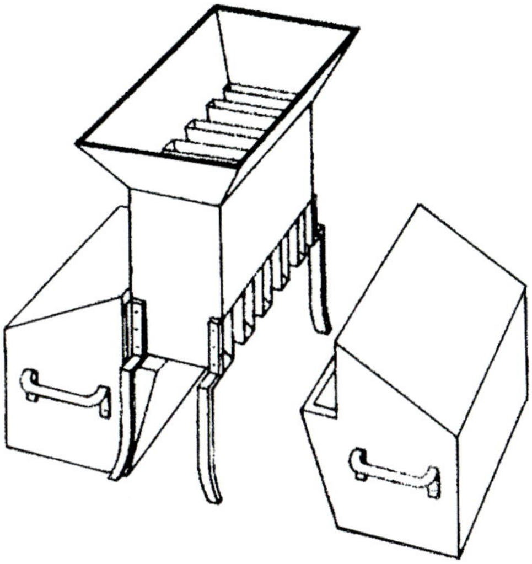

Abb. 2.5: Beispiel für einen Riffelteiler

### 2.3.1.2 Einengung einer Sammelprobe durch Vierteln

Die Sammelprobe ist auf die Arbeitsunterlage zu schütten, mit der Schaufel gründlich zu durchmischen, zu einem Kegel aufzutürmen und zu einem neuen Kegel umzusetzen.

Dieser Vorgang ist dreimal zu wiederholen. Bei der Bildung des Kegels ist jede Schaufelmenge so auf die Spitze des neuen Kegels zu geben, dass die Gesteinskörnung von der Kegelspitze nach allen Seiten ablaufen kann und gleichmäßig verteilt wird, sodass die unterschiedlichen Korngrößen gut durchmischt werden. Der dritte Kegel ist durch wiederholtes senkrechtes Einstechen der Schaufel in die Kegelspitze zu einem flachen Haufen, dessen Dicke und Durchmesser gleichmäßig sind, einzuebnen.

Unterteilung der Kreisfläche durch Kennzeichnung mit rechtwinklig aufeinanderstehenden Durchmessern und Entnahme der Gesteinskörnung von zwei gegenüberliegenden Kreisausschnitten (A). Das Restgut (R) wird nach abermaliger kreisförmiger Ausbreitung weiter geviertelt, bis ungefähr die geforderte obige Probemenge verbleibt. Diese ist zur Vermeidung von Feinkornverlusten in dichten Behältern zur Prüfung bereitzustellen bzw. zum Versand zu bringen. (Bei der Probeteilung ist darauf zu achten, dass auch die Feinteile gleichmäßig erfasst werden.)

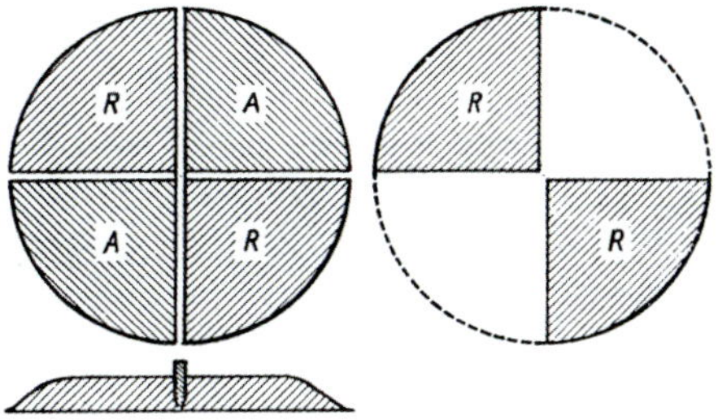


Abb. 2.6: Probeneinengung durch Viertelung

## 2.3.2 Stoffliche Beschaffenheit

### 2.3.2.1 Eigenschaften des Einzelkorns

**Kornform und Oberflächenbeschaffenheit**

*Kornform*

Gesteinskörner gedrungener (kugeliger oder würfeliger) Kornform ergeben vergleichsweise bessere Betonfestigkeiten als plattige und splittrige Körner und lassen sich bei anderen Anwendungen besser verdichten.

Der Anteil an länglichen oder flachen Körnern bei Korngruppen über 8 mm soll daher je nach Anwendung bestimmte Prozentsätze nicht überschreiten. Um hier für die einzelnen Anwendungen entsprechend abstufen zu können, sind für die beiden Prüfverfahren die Anforderungen jeweils in bis zu neun Kategorien eingeteilt.

Oberflächenverhältnis (Formfaktoren) verschiedener Kornformen:

| Kugel | | Würfel | | Tetraeder |
|---|---|---|---|---|
| 1 | : | 1,4 | : | 2,8 |

Gesteinskörner gelten als ungünstig, wenn das Verhältnis Länge zu Dicke (nicht Breite) größer als 3:1 ist.

Als Kennzahl für die Kornform ist als Referenzprüfverfahren die Plattigkeitskennzahl *FI* (Flakiness Index) zu bestimmen. Die Prüfung erfolgt nach DIN EN 933 Teil 3, Ausgabe 2012-04. Hierbei wird zunächst die Messprobe durch Siebung mit Analysensieben in Kornklassen aufgeteilt. Körner > 100 mm und < 4 mm sind zu verwerfen. Jede dieser gewonnenen Kornklassen $d_i/D_i$ ist anschließend auf einem für diese Kornklasse festgelegten Stabsieb von Hand zu sieben. Die Stabsiebe bestehen aus parallelen zylindrischen Stäben, die eine Schlitzweite von $D_i/2$ haben. Die Plattigkeitskennzahl der einzelnen Kornklassen berechnet sich dann zu:

$$FI_i = \left(\frac{m_i}{R_i}\right) \cdot 100$$

Dabei ist $R_i$ = Masse jeder Kornklasse $d_i/D_i$ in g,

$m_i$ = Masse des Durchgangs jeder Kornklasse $d_i/D_i$ durch das entsprechende Stabsieb $D_i/2$ in g.

Die Gesamt-Plattigkeitskennzahl *FI* einer Messprobe ist nach der folgenden Gleichung zu berechnen:

$$FI = \left(\frac{M_2}{M_1}\right) \cdot 100$$

Dabei ist $M_1$ = Summe der Kornklassen $d_i/D_i$ in g,

$M_2$ = Summe der Massen der Kornklassen, die durch die entsprechenden Stabsiebe mit den Schlitzweiten $D_i/2$ hindurchgehen, in g.

Je nach Ergebnis ist die Messprobe einer Lieferkörnung in eine der Kategorien der jeweiligen Anwendungsnorm einzustufen.

**Tabelle 2.5:** Kategorien der Höchstwerte der Plattigkeitskennzahl nach [17, Tab. 11]

| Plattigkeitskennzahl | Kategorie FI |
|---|---|
| ≤ 10 | $FI_{10}$ |
| ≤ 15 | $FI_{15}$ |
| ≤ 20 | $FI_{20}$ |
| ≤ 25 | $FI_{25}$ |
| ≤ 30 | $FI_{30}$ |
| ≤ 35 | $FI_{35}$ |
| ≤ 40 | $FI_{40}$ |
| ≤ 50 | $FI_{50}$ |
| > 50 | $FI_{angegeben}$ |
| keine Anforderung | $FI_{NR}$ |

Für andere Anwendungen, z. B. nach DIN EN 13043, sind weitere Kategorien festgelegt.

Auf Wunsch oder soweit gefordert ist auch weiterhin die Beurteilung der Kornform mit der sogenannten Kornformschieblehre möglich. Das Verfahren ist in DIN EN 933 Teil 4, Ausgabe 2008-04, beschrieben. Die Beurteilung erfolgt nach Augenschein und unter Verwendung einer im Verhältnis 3:1 gestalteten Kornformschieblehre. Bestimmt wird die Kornformkennzahl *SI* nach folgender Gleichung:

$$SI = \frac{\sum M_{2i}}{\sum M_{1i}} \cdot 100$$

mit $M_{2i}$ = Summe der Massen der geprüften Kornklassen in g,

$M_{1i}$ = Summe der Massen der nicht kubischen Körner (Länge : Dicke ≥ 3:1) in jeder geprüften Kornklasse in g.

*Oberflächenbeschaffenheit*

Neben der Kornform hat auch die Oberflächenbeschaffenheit der Gesteinskörnung wesentlichen Einfluss auf die Verdichtungswilligkeit und damit den Wasserbedarf des Betons bzw. der Mischung. Splittrige und raue Körnungen bedürfen zur Verdichtung eines höheren Sandanteils. Eine oberflächenraue Körnung weist jedoch infolge besserer Gefügeverzahnung, z. B. bei Beton, höhere Biegezugfestigkeiten auf.

Als Kenngröße wird hier für feine Gesteinskörnung der Fließkoeffizient $E_C$ nach DIN EN 933 Teil 6, Ausgabe 2011-05, bestimmt. Der Fließkoeffizient einer Gesteinskörnung ist die Zeit in Sekunden, die ein festgelegtes Volumen einer Gesteinskörnung benötigt, um unter festgelegten Bedingungen bei Verwendung einer genormten Prüfeinrichtung durch eine definierte Öffnung zu fließen.

Falls gefordert, ist auch der Anteil an gebrochenen Körnern nach DIN EN 933 Teil 5 zu bestimmen und die Gesteinskörnung einer Kategorie nach Tabelle 2.7 zuzuordnen.

**Tabelle 2.6:** Kategorien für die Kantigkeit von feinen Gesteinskörnungen (nach [17, Tab. 14])

| Fließkoeffizient | Kategorie $E_{CS}$ |
|---|---|
| ≤ 38 | $E_{CS}38$ |
| ≤ 35 | $E_{CS}35$ |
| ≤ 30 | $E_{CS}30$ |
| > 30 | $E_{CS\ angegeben}$ |
| keine Anforderung | $E_{CS}NR$ |

**Tabelle 2.7:** Kategorien für den prozentualen Anteil gebrochener Körner (einschließlich des Anteils vollständig gebrochener und vollständig gerundeter Körner) nach [17, Tab. 13]

| Anteil vollständig gebrochener Körner Massenanteil in Prozent | Anteil vollständig und teilweise gebrochener Körner Massenanteil in Prozent | Anteil vollständig gerundeter Körner Massenanteil in Prozent | Kategorie C |
|---|---|---|---|
| 90 bis 100 | 100 | 0 | $C_{100/0}$ |
| 30 bis 100 | 95 bis 100 | 0 bis 1 | $C_{95/1}$ |
| 30 bis 100 | 90 bis 100 | 0 bis 1 | $C_{90/1}$ |
| - | 90 bis 100 | 0 bis 3 | $C_{90/3}$ |
| - | 70 bis 100 | 0 bis 10 | $C_{70/10}$ |
| 30 bis 100 | 50 bis 100 | 0 bis 10 | $C_{50/10}$ |
| - | 50 bis 100 | 0 bis 30 | $C_{50/30}$ |
| - | < 50 | > 30 | $C_{angegeben}$ |
| keine Anforderung | keine Anforderung | keine Anforderung | $C_{NR}$ |

*Muschelschalengehalt*

Die Bestimmung erfolgt nach DIN EN 933 Teil 7, Ausgabe 1998-05. Die Prüfung besteht im manuellen Aussondern von Muschelschalen und Muschelschalenbruchstücken aus einer Messprobe grober Gesteinskörnung. Das Verhältnis von Masse der Muschelschalen zu Masse der gesamten Messprobe wird als Muschelschalengehalt *SC* in Prozent angegeben.

**Tabelle 2.8:** Kategorien für den Höchstwert des Muschelschalengehalts grober Gesteinskörnungen

| Muschelschalengehalt % | Kategorie SC |
|---|---|
| ≤ 10 | $SC_{10}$ |
| > 10 | $SC_{angegeben}$ |
| keine Anforderungen | $SC_{NR}$ |

**Dichten**

*Schüttdichte*

Dichte des lose geschütteten trockenen Materials, einschließlich Haufwerksporen und Eigenporen der Gesteinskörnung.

$$\rho_b = \frac{\text{Masse}}{\text{Gefäßvolumen}} \left[\text{kg/dm}^3\right]$$

Außer der Abhängigkeit der Schüttdichte von der Kornrohdichte, vom Kornaufbau, von der Korngröße, von der Kornform und vom Verdichtungsgrad ist sie mit dem Feuchtigkeitsgehalt veränderlich: Mit steigender Eigenfeuchte, insbesondere bei sandreichen Gemischen, bewirken die Adhäsionskräfte der zwischen den Körnern haftenden Feuchtigkeit („Zwickelwasser") infolge der hierdurch bewirkten Auflockerung des Schüttgutes (Klebwirkung) zunächst eine Abnahme des Schüttgewichtes je Raumeinheit (Schüttdichte), die erst bei höherem Feuchtigkeitsgehalt der Gesteinskörnung wieder zunimmt (Abb. 2.7).

Daher ist die Schüttdichte nach DIN EN 1097 Teil 3, Ausgabe 1998-06, als Schüttdichte des bei (110 ±5) °C getrockneten Materials definiert. (Bei leichter Gesteinskörnung ggf. Konditionierung bei (23 ±5) °C und (50 ±10) % relat. Feuchte).

**Prüfverfahren:** Wiegen des trockenen, leeren Messgefäßes ($m_1$), loses Einfüllen des bei (110 ±5) °C getrockneten Prüfguts mithilfe einer kleinen Schaufel. Die Oberfläche der Gesteinskörnung ist mit dem Abstreichlineal zu glätten. Das gefüllte Messgefäß ist erneut zu wiegen ($m_2$). Die Schüttdichte der Einzelmessprobe berechnet sich nach folgender Gleichung:

$$\rho_b = \frac{m_2 - m_1}{V}$$

Dabei ist $\rho_b$ = die Schüttdichte, in Mg je m³,
$m_2$ = die Masse des Messgefäßes und der Einzelmessprobe in kg,
$m_1$ = die Masse des leeren Messgefäßes in kg,
$V$ = das Volumen des Messgefäßes in l.

Die Schüttdichte $\rho_b$ ist als Mittelwert von drei Einzelmessproben bei üblichen Gesteinskörnungen auf die zweite Dezimalstelle gerundet und bei Leichtzuschlägen auf die dritte Dezimalstelle gerundet anzugeben.

Der Hohlraumgehalt $\upsilon$ in Prozent ist der Volumenanteil der Hohlräume im Messgefäß, er ist nach folgender Gleichung zu berechnen:

$$\upsilon = \frac{\rho_p - \rho_b}{\rho_p} \cdot 100$$

Dabei ist $\upsilon$ = der Hohlraumgehalt, in %,
$\rho_b$ = die Schüttdichte, in Mg je m³,
$\rho_p$ = die nach DIN EN 1097-6, Ausgabe 2010-06, an einer Messprobe aus der gleichen Laboratoriumsprobe bestimmte Trockenrohdichte, in Mg je m³.

Das Mindestvolumen des Messgefäßes ist abhängig von der Korngröße der Gesteinskörnung.

**Tabelle 2.9:** Mindestvolumen des Messgefäßes

| Obere Korngröße der Gesteinskörnung (D) [mm] | Mindestvolumen [l] |
|---|---|
| bis 4 | 1,0 |
| bis 16 | 5,0 |
| bis 31,5 | 10 |
| bis 63 | 20 |

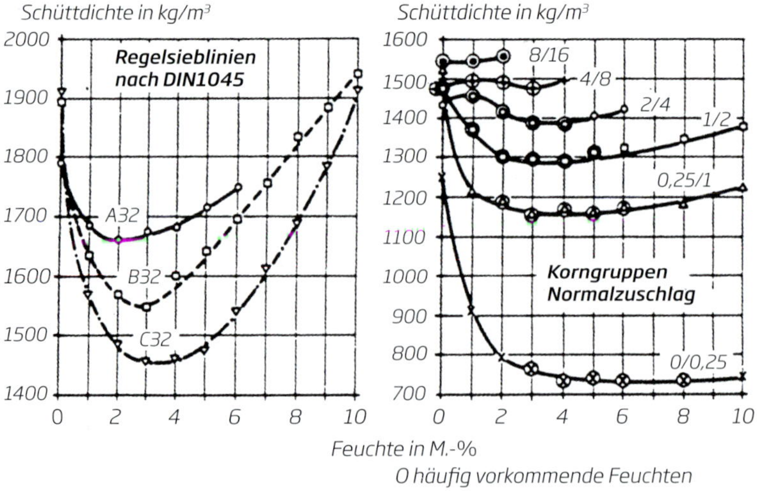


a) Auflockerung von Kiessanden b) Auflockerung von Korngruppen

**Abb. 2.7:** Veränderung der Schüttdichte von Gesteinskörnungen durch Feuchtigkeit (nach *Wesche*)

*Kornrohdichte*

Stoffdichte einschließlich Eigenporen

$$\rho_{ssd} = \frac{\text{Masse}}{\text{Kornvolumen einschl. Kornporen}} \left[\text{kg/dm}^3\right]$$

Die Bestimmung erfolgt mit dem *Pyknometer-Verfahren* nach DIN EN 1097 Teil 6, Ausgabe 2010-06. (Für grobe Gesteinskörnungen kann alternativ auch das Wasserverdrängungsverfahren angewendet werden).

**Prüfverfahren**: Die Messproben sind über dem oberen und unteren Prüfsieb einer Korngruppe zu waschen. Sodann ist die Messprobe in dem Pyknometer in Wasser (22 ±3) °C einzutauchen und eingeschlossene Luft durch vorsichtiges Rollen und Schütteln zu entfernen. Nach (24 ±0,5) h Pyknometer bis zum Überlaufen füllen, abtrocknen und wägen ($M_2$). Gesteinskörnung aus dem Wasser entnehmen. Pyknometer auffüllen und wägen ($M_3$). Gesteinskörnung auf trockenen Tüchern ausbreiten und trocknen, bis kein Wasserfilm mehr sichtbar ist. Dann wägen ($M_1$). Schließlich Gesteinskörnung bei (110 ±5) °C trocknen und erneut wägen ($M_4$). Die jeweiligen Rohdichten sind dann nach folgenden Zahlenwertgleichungen zu berechnen:

Scheinbare Rohdichte:

$$\rho_a = \frac{M_4}{M_4 - (M_2 - M_3)} \cdot \rho_w$$

Rohdichte auf ofentrockener Basis:

$$\rho_{rd} = \frac{M_4}{M_1 - (M_2 - M_3)} \cdot \rho_w$$

Rohdichte auf wassergesättigter und oberflächentrockener Basis:

$$\rho_{ssd} = \frac{M_1}{M_1 - (M_2 - M_3)} \cdot \rho_w$$

Die Wasseraufnahme (als Anteil der Trockenmasse in Prozent) nach Eintauchen für 24 h ($WA_{24}$) ist nach der folgenden Gleichung zu berechnen:

$$WA_{24} = \frac{100 \cdot (M_1 - M_4)}{M_4}$$

Dabei ist:

$M_1$ = die Masse der wassergesättigten und oberflächentrockenen Gesteinskörnung in Luft, in g,
$M_2$ = die Masse des Pyknometers mit der Probe der gesättigten Gesteinskörnung, in g,
$M_3$ = die Masse des nur mit Wasser gefüllten Pyknometers, in g,
$M_4$ = die Masse der ofengetrockneten Messprobe in Luft, in g,
$\rho_w$ = die Dichte von Wasser bei Prüftemperatur in Mg je $m^3$ (da die Abweichungen gering sind üblicherweise 1,0 Mg/$m^3$).

Die Werte für die Rohdichte sind auf 0,01 Mg/$m^3$ und für die Wasseraufnahme auf 0,1 % anzugeben.

Anmerkung: Die Berechnungen können nach der folgenden Gleichung geprüft werden:

$$\rho_{ssd} = 1 + \rho_{rd} - \frac{\rho_{rd}}{\rho_a}$$

Für die Prüfung sind die Mindestmassen aus Tabelle 2.10 zu verwenden.

**Tabelle 2.10:** Mindestmasse der Messprobe (Pyknometer-Verfahren)

| Maximale Korngröße [mm] | Mindestmasse der Messprobe [kg] |
|---|---|
| 31,5 | 5 |
| 16 | 2 |
| 8 | 1 |

Anmerkung: Für andere Korngrößen kann die Mindestmasse der Messprobe aus den in Tabelle 2.3 angegebenen Massen interpoliert werden.

Bei der Prüfung von leichten Gesteinskörnungen ist eine zusätzliche Bestimmung der Wasseraufnahme innerhalb der ersten 5 min sowie nach anderen festzulegenden Zeitpunkten durchzuführen. Aufschwimmen ist zu verhindern.

*Dichte*

Stoffdichte ohne Eigenporen:

$$\rho_f = \frac{\text{Masse}}{\text{Stoffvolumen ohne Kornporen}} \left[\text{kg/dm}^3\right]$$

Die Bestimmung der Dichte eines Gesteins erfolgt zur evtl. Ermittlung der Porosität (s. Abschnitt Natursteine, 1.8.2) nach DIN EN 1097 Teil 7, Ausgabe 2008-06.

**Prüfverfahren:** Die pulverisierte Messprobe ist bei (110 ±5) °C zu trocknen und (10 ±1) g in ein Pyknometer mit einem Nennvolumen von 50 ml zu geben. Es ist mit Prüfflüssigkeit aufzufüllen und im Vakuum-Exsikkator zu entlüften. Nach 60 min Lagerung im Wasserbad bei (25 ±0,1) °C ist das abgetrocknete Pyknometer mit Einzelmessprobe und Prüfflüssigkeit zu wägen. Es sind drei Einzelmessproben zu prüfen. Die Dichte berechnet sich nach folgender Gleichung:

$$\rho_f = \frac{m_1 - m_0}{V - \frac{m_2 - m_1}{\rho_1}}$$

Dabei ist:

$m_0$ = die Masse des leeren Pyknometers einschließlich Stopfen, in g;
$m_1$ = die Masse des Pyknometers mit der Messprobe, in g;
$m_2$ = die Masse des Pyknometers mit Messprobe und Prüfflüssigkeit, in g;
$V$ = das Volumen des Pyknometers, in ml;
$\rho_1$ = die Dichte der Prüfflüssigkeit bei einer Temperatur von 25 °C, in Mg je $m^3$;
$\rho_f$ = die Dichte des Füllers bei einer Temperatur von 25 °C, in Mg je $m^3$.

Als Ergebnis gilt das arithmetische Mittel der drei Bestimmungen. Das Ergebnis ist auf 0,01 Mg/$m^3$ gerundet anzugeben.

Abb. 2.8: Pyknometer zur Dichtebestimmung

### Festigkeit von Gesteinskörnungen mit dichtem Gefüge

Bei Kiesen und Sanden ist eine ausreichende Eigenfestigkeit durch die vorausgegangene natürliche Beanspruchung in der Regel gegeben. Tonige, schiefrige und mergelige Gesteine sind ungeeignet, da sie beim Brechen und Fördern gewöhnlich verschmutzen.

Gebrochenes Felsgestein hat ausreichende Festigkeit bei über 100 N/$mm^2$ Druckfestigkeit des feuchten Gesteins (s. Kap. 1). Evtl. überschlägige Prüfung durch Hammerschlag auf Einzelkorn. In Zweifelsfällen und stets bei industriell hergestellten Gesteinskörnungen ist deren Eignung durch Betoneignungsprüfung nach EN 206 und DIN 1045 in der geforderten Festigkeitsklasse nachzuweisen.

Aufschluss über die Festigkeit einer Gesteinskörnung kann auch die Bestimmung des Widerstandes gegen Zertrümmerung geben. Diese Prüfungen werden entweder nach DIN EN 1097 Teil 2, Ausgabe 2010-07, Abschnitt 5 mit dem Los-Angeles-Verfahren oder nach Abschnitt 6 mit dem Schlagversuch durchgeführt.

**Tabelle 2.11:** Kategorien für die Höchstwerte des *Los-Angeles-Koeffizienten* nach [17, Tab. 16]

| Los-Angeles-Koeffizient | Kategorie LA |
|---|---|
| ≤ 15 | $LA_{15}$ |
| ≤ 20 | $LA_{20}$ |
| ≤ 25 | $LA_{25}$ |
| ≤ 30 | $LA_{30}$ |
| ≤ 35 | $LA_{35}$ |
| ≤ 40 | $LA_{40}$ |
| ≤ 45 | $LA_{45}$ |
| ≤ 50 | $LA_{50}$ |
| ≤ 60 | $LA_{60}$ |
| > 60 | $LA_{angegeben}$ |
| keine Anforderung | $LA_{NR}$ |

Für Verschleißbeanspruchung allgemein kann der *Micro-Deval-Koeffizient* $M_{DE}$ nach DIN EN 1097 Teil 1, Ausgabe 2011-04, bestimmt werden.

**Tabelle 2.12:** Kategorien für die Höchstwerte des Widerstandes gegen Verschleiß nach [17, Tab. 18]

| Micro-Deval-Koeffizient | Kategorie $M_{DE}$ |
|---|---|
| ≤ 10 | $M_{DE}10$ |
| ≤ 15 | $M_{DE}15$ |
| ≤ 20 | $M_{DE}20$ |
| ≤ 25 | $M_{DE}25$ |
| ≤ 30 | $M_{DE}30$ |
| ≤ 35 | $M_{DE}35$ |
| ≤ 40 | $M_{DE}40$ |
| ≤ 45 | $M_{DE}45$ |
| ≤ 50 | $M_{DE}50$ |
| > 50 | $M_{DE\ angegeben}$ |
| keine Anforderung | $M_{DE}NR$ |

Die Bestimmung des Widerstands gegen Polieren und Abrieb von groben Gesteinskörnungen zur Verwendung in befahrenen Oberflächen erfolgt nach DIN EN 1097 Teil 8, Ausgabe 2009-10, oder Teil 9, Ausgabe 2013-5.

**Tabelle 2.13:** Kategorien für die Mindestwerte des Widerstandes gegen Polieren nach [17, Tab. 19]

| Polierwert | Kategorie PSV |
|---|---|
| ≥ 68 | $PSV_{68}$ |
| ≥ 62 | $PSV_{62}$ |

| Polierwert | Kategorie PSV |
|---|---|
| ≥ 56 | $PSV_{56}$ |
| ≥ 50 | $PSV_{50}$ |
| ≥ 44 | $PSV_{44}$ |
| Zwischenwerte und solche < 44 | $PSV_{angegeben}$ |
| keine Anforderung | $PSV_{NR}$ |

**Widerstand gegen Frost- und Frost-Tausalz-Beanspruchung**

Die Beständigkeit einer Gesteinskörnung muss für den vorgesehenen Verwendungszweck ausreichend sein.

Hinsichtlich der Beurteilung der Kiese und Sande gelten die naturgegebenen Voraussetzungen wie bei der Festigkeit.

Bei gebrochenen Gesteinen ist i. Allg. die Frostbeständigkeit bei mindestens 150 N/mm² Druckfestigkeit der Gesteinsart gegeben oder wenn die Wasseraufnahme des Gesteins 0,5 M.-% nicht überschreitet. Überschlägige Prüfung auch durch Aufsetzen eines Wassertropfens auf Einzelkorn.

Im Zweifelsfall sind Frost-Tau-Wechsel-Prüfungen erforderlich, die den zu erwartenden Feuchtigkeits- und Frostbeanspruchungen des Bauwerkes angepasst sind. Die Prüfungen erfolgen an Korngruppen, i. Allg. ≥ 8 mm, die von Unter- und Überkorn befreit sind, und an denen nach der Frost-Tau-Wechsel-Prüfung der Anteil nicht frostbeständiger Körner, d. h. zerfallener Bestandteile, durch Absieben durch das nächst kleinere Sieb bestimmt wird.

**Tabelle 2.14:** Mögliche Frostprüfungen

| | Frostprüfung an Gesteinskörnung | alternativ Frostprüfung an Beton |
|---|---|---|
| Frostwiderstand | Frostversuch in Wasser (3 Anforderungsklassen) | Frostprüfung mit Wasser an einem „Standardbeton" (Ja/Nein-Prüfung mit festem Grenzwert) |
| Frost- und Tausalzwiderstand | Magnesiumsulfatversuch (3 Anforderungsklassen) alternativ Prüfung in 1 %iger NaCl-Lösung (ab 8 M.-% Absplitterung → Betonversuch) | Frostprüfung mit 3 %iger NaCl-Lösung an einem „Standard-Luftporenbeton" (Ja/Nein-Prüfung mit festem Grenzwert) |

Die Ermittlung des Widerstands gegen Frost- und Frost-Tausalz-Beanspruchung kann in Zukunft grundsätzlich entweder durch eine Frostprüfung an der Gesteinskörnung oder alternativ durch eine Frostprüfung an Betonprüfkörpern eines „Standardbetons" erfolgen.

Hier sollen nur die beiden Referenzprüfverfahren vorgestellt werden.

**Prüfverfahren:**

*Prüfung des Widerstands gegen Frost-Tau-Wechsel nach DIN EN 1367 Teil 1, Ausgabe 2007-06*

Es wird der Prüfvorgang beschrieben, wie er bei Einsatz einer vollautomatischen Baustoffprüftruhe unter Berücksichtigung der Vorgaben von DIN EN 1367 Teil 1 durchgeführt wird.

Die Einzelmessproben werden vor der Prüfung gewaschen und nach Trocknung bei 110 °C durch Handsiebung von Unter- und Überkorn befreit.

Die trockenen Einzelmessproben werden in Blechdosen, die in ihren Abmessungen der Normenforderung entsprechen, geschüttet und soweit mit Wasser gefüllt, dass die Einzelmessproben mindestens mit 1 cm Wasser überdeckt sind. Die Wasserlagerung vor der Prüfung dauert 24 Stunden.

Die Frost-Tau-Wechsel werden in einer vollautomatischen Kältetruhe (Bereich bis −40 °C) durchgeführt. Der Versuchsablauf wird über eine Programmsteuerung festgelegt und über ein elektrisch-thermostatisches Schreibgerät aufgezeichnet. Die Lufttemperatur im Kühlraum wird so geregelt, dass die Temperatur in der Mitte der Füllung einer Dose, die mittig steht, wie in Tabelle 2.15 verläuft.

**Tabelle 2.15:** Temperaturverlauf bei Frostprüfung nach [12, Teil 1]

| Temperatur | Zeitdauer |
|---|---|
| 20 °C bis 0 °C | 2,5 h |
| 0 °C | 3,5 h |
| 0 °C bis −17,5 °C | 3 h |
| −17,5 °C | 4 h |

Anschließend werden die Dosen 3 h lang in Wasser von 20 °C aufgetaut.

Nach Abschluss der Prüfung (10 Frost-Tau-Wechsel = 10 Prüfperioden mit jeweils mind. 14 h) wird der Inhalt jeder Dose auf einem Analysensieb mit der halben Lochweite der unteren Prüfkorngröße, von Hand nass abgesiebt.

Nach der Trocknung bei 110 °C wird der Siebrückstand der drei Einzelmessproben ermittelt. Der Durchgang ist in M.-%, bezogen auf die getrocknete Einwaage, angegeben. Maßgebend ist das Mittel aus drei Versuchen des Durchgangs durch das Prüfsieb mit der halben Lochweite der unteren Prüfkorngröße. Maßgebend für die

Grobe Gesteinskörnung 8/16 ist z. B. das Analysensieb 4 mm.

Anhand des ermittelten Masseverlustes erfolgt eine Einstufung in eine der Kategorien nach DIN EN 12620, Tabelle 29, Ausgabe 2013-07.

**Tabelle 2.16:** Kategorien für Höchstwerte des Frostwiderstandes

| Frostwiderstand (Masseverlust [%]) | Kategorie F |
|---|---|
| ≤ 1 | $F_1$ |
| ≤ 2 | $F_2$ |
| ≤ 4 | $F_4$ |
| > 4 | $F_{angegeben}$ |
| keine Anforderung | $F_{NR}$ |

*Prüfung des Frost-Tausalz-Widerstandes nach DIN EN 1367 Teil 2, Ausgabe 2010-02, mit dem Magnesium-Sulfat-Verfahren*

**Prüfung einer groben Gesteinskörnung 10/14:** Von der groben Gesteinskörnung werden die Einzelmessproben vor der Prüfung gewaschen und nach Trocknung bei 110 °C durch Handsiebung von Unterkorn (10-mm-Sieb) und Überkorn (14-mm-Sieb) befreit.

Nach nochmaligem Wasch-, Trocknungs- und Siebvorgang werden von jeder Einzelmessprobe zwischen 420 g und 430 g eingewogen und in markierte Drahtkörbe überführt.

Die Drahtkörbe werden in einem Behälter mit gesättigter Magnesiumsulfatlösung so aufgehängt, dass die Gesteinskörnung vollständig mit 20 mm Überdeckung für die Dauer von 17 h eintaucht. Nach dem Eintauchen werden die Drahtkörbe aus der Lösung herausgehoben und 2 h abtropfen lassen. Danach erfolgt eine 24-stündige Trocknung bei 110 °C und anschließende 5-stündige Abkühlung auf Laboratoriumstemperatur.

Dieser Arbeitszyklus mit einer Dauer von 48 h wird insgesamt fünfmal durchgeführt. Am Wochenende oder Feiertagen werden die Proben bei Laboratoriumstemperatur gelagert.

Am Ende der fünf Wechselbeanspruchungen werden die Gesteinskörnungen in jedem Korb mit Leitungswasser gewaschen, bis das Waschwasser magnesiumsulfatfrei ist.

**Tabelle 2.17:** Kategorien des Frost-Tausalz-Widerstandes nach dem Magnesium-Sulfat-Verfahren (nach [17])

| Magnesiumsulfatwert (Masseverlust [%]) | Kategorie MS |
|---|---|
| ≤ 18 | $MS_{18}$ |
| ≤ 25 | $MS_{25}$ |
| ≤ 35 | MS35 |
| > 35 | $MS_{angegeben}$ |
| keine Anforderung | $MS_{NR}$ |

Nach der Trocknung bei 110 °C wird der Siebrückstand der zwei Einzelmessproben auf dem 10-mm-Sieb durch Handsiebung ermittelt.

Es sind zwei Einzelmessproben zu prüfen, und der ermittelte Masseverlust (Mittelwert) erlaubt eine Zuordnung in die Kategorien der Magnesium-Sulfat-Widerstandsfähigkeit nach DIN EN 12620, Tabelle 27.

Bei der alternativ möglichen Prüfung mit 1 %iger NaCl-Lösung durfte bisher ein Masseverlust von 8 M.-% nicht überschritten werden. Eine Einteilung in Kategorien war bisher nicht vorgesehen. Auch bei den Frost-Versuchen an Beton war nur ein Festwert für die Abwitterung (≤ 500 g/m²) vorgesehen und keine Einteilung in Kategorien. Die neueste Ausgabe der DIN EN 12620 sieht zukünftig aber auch Kategorien für den Frost-Tausalz-Widerstand bei Prüfung mit NaCl-Lösung vor.

Für Bauwerke nach ZTV-ING ist als Standardprüfung die Prüfung mit 1 %iger NaCl-Lösung vorgesehen.

**Tabelle 2.18:** Kategorien für den Frost-Tau-Widerstand in Gegenwart von Salz (nach [17])

| Masseverlust [%] | Kategorie $F_{EC}$ |
|---|---|
| ≤ 2 | $F_{EC}2$ |
| ≤ 4 | $F_{EC}4$ |
| ≤ 5 | $F_{EC}5$ |
| ≤ 6 | $F_{EC}6$ |
| ≤ 8 | $F_{EC}8$ |
| ≤ 14 | $F_{EC}14$ |
| ≤ 25 | $F_{EC}25$ |
| ≤ 50 | $F_{EC}50$ |
| > 50 | $F_{EC\text{-}Declared}$ |
| keine Anforderung | $F_{EC}NR$ |

Anmerkung: Bei Prüfung mit anderen Taumitteln als NaCl können die Werte von der Tabelle nicht angewendet werden.

### 2.3.2.2 Eigenfeuchtigkeit

*Unterschied Oberfl.-feuchte <-> Kernfeuchte*

Die Feststellung der Eigenfeuchte ist bei der Schüttdichte der Gesteinskörnung (Abschn. 2.3.2.1) sowie zur Ermittlung des Gesamtwassergehaltes bei der Betonherstellung erforderlich. Maßgebend ist hierbei die unmittelbar mitwirkende Oberflächenfeuchtigkeit der Körnung. Der innere Feuchtigkeitsgehalt (Kernwasser) bleibt i. Allg. unberücksichtigt und dient bestenfalls der Nachhärtung des Betons.

**Prüfverfahren:** Die Prüfung der Eigenfeuchte ($h_g$) erfolgt durch Erhitzen einer guten Durchschnittsprobe (bei grober Körnung bis 5000 g, bei feiner Körnung etwa 1000 g) auf elektrisch- oder gasbeheizten Blechen bis zur Oberflächentrocknung.

Auch Verwendung von Spezialgeräten (Schnellfeuchtigkeitsprüfer) an geringeren Mengen, z. B. für Sand mit „CM-Gerät" (Manometermessung des je nach Oberflächenfeuchtigkeit des erzeugten Gasdrucks einer konstanten Karbidpulvermenge in einer Stahlflasche).

Der festgestellte Gewichtsverlust wird in M.-% auf das Trockengewicht ($m_{g,d}$) oder auch aus Zweckmäßigkeitsgründen auf das Ausgangsgewicht ($m_{g,h}$) bezogen:

$$h_{g,o} = \left[\left(m_{g,h} - m_{g,d}\right) / m_{g,d}\right] \cdot 100 \left[\text{M.-\%}\right]$$

$$h_{g,o}' = \left[\left(m_{g,h} - m_{g,d}\right) / m_{g,h}\right] \cdot 100 \left[\text{M.-\%}\right]$$

Beispiel für 5000 g Einwaage:

$$h_{g,o} = \left[\left(5000 - 4850\right) / 4850\right] \cdot 100 = 3{,}1 \text{ M.-\%}$$

$$h_{g,o}' = \left[\left(5000 - 4850\right) / 5000\right] \cdot 100 = 3{,}0 \text{ M.-\%}$$

Anmerkung: Bei Bestimmung der Oberflächenfeuchte durch Hitze ist die verdunstete Kernfeuchtigkeit in Abzug zu bringen, die bei dichtem Gestein 0,1 bis 1,0 M.-%, i. Allg. 0,5 M.-% beträgt, bei sandsteinhaltigen Gesteinskörnungen bis etwa 2,5 M.-% (evtl. vorherige Bestimmung der Wasseraufnahme).

### 2.3.2.3 Schädliche Bestandteile

Als beton- und mörtelschädlich gelten ein Übermaß an Feinanteilen (abschlämmbare Bestandteile), Stoffe organischen Ursprungs sowie erweichende, quellende und treibende Bestandteile, bestimmte erhärtungsstörende Stoffe, Schwefelverbindungen oder korrosionsfördernde Stoffe, wie Chloride.

Die überschlägige Beurteilung kann nach Augenschein oder hinsichtlich des Herkommens (Verunreinigungen) nach Geruch oder z. B. zur groben Feststellung der Lehmhaltigkeit durch Reiben einer feuchten Probe zwischen den Handflächen erfolgen. In Zweifelsfällen, insbesondere auch bei industrieller Herkunft der Gesteinskörnungen, sind eingehende Untersuchungen erforderlich.

**Feinanteile** (Durchgang durch Sieb 0,063 mm)

Als lehmige oder tonige Substanzen oder als beim Brechen anfallendes sehr feines Gesteinsmehl vorkommend.

Schädliche Auswirkungen in größeren Mengen. Besonders schädlich sind lehmige, nicht leicht abreibbare Verkrustungen der Gesteinskörnungen (Behinderung der Bindemittelhaftung), tonige Knollen (Quellen bei Wasseraufnahme) sowie hoher Glimmeranteil im Gesteinsmehl.

Daher ist der Gehalt an Feinanteilen z. B. in der DIN EN 12620, Tabelle 8 für die unterschiedlichen Gesteinskörnungen begrenzt (s. Tabelle 2.19).

Die Prüfung erfolgt nach DIN EN 933 Teil 1, Ausgabe 2012-03, mit dem

*Auswaschversuch*

Zur Feststellung der zulässigen Menge an Feinanteilen erfolgt eine genaue Ermittlung mit dem Auswaschversuch, bei dem an Körnungen beliebiger Größe der Gehalt an Feinanteilen ≤ 0,063 mm durch Siebspülung festgestellt wird.

**Tabelle 2.19:** Kategorien für Höchstwerte des Gehaltes an Feinanteilen nach [17]

| Gesteinskörnung | 0,063-mm-Sieb (Siebdurchgang als Massenanteil in Prozent) | Kategorie f |
|---|---|---|
| Grob | ≤ 0,5 | $f_{0,5}$ |
| | ≤ 1 | $f_1$ |
| | ≤ 1,5 | $f_{1,5}$ |
| | ≤ 2 | $f_2$ |
| | ≤ 4 | $f_4$ |
| | > 4 | $f_{angegeben}$ |
| | keine Anforderung | $f_{NR}$ |
| Natürlich zusammengesetzte Gesteinskörnung 0/8 mm | ≤ 3 | $f_3$ |
| | ≤ 5 | $f_5$ |
| | ≤ 7 | $f_7$ |
| | ≤ 10 | $f_{10}$ |
| | ≤ 16 | $f_{16}$ |
| | > 16 | $f_{angegeben}$ |
| | keine Anforderung | $f_{NR}$ |
| Gesteinskörnungsgemische | ≤ 3 | $f_3$ |
| | ≤ 5 | $f_5$ |
| | ≤ 7 | $f_7$ |
| | ≤ 9 | $f_9$ |
| | ≤ 11 | $f_{11}$ |
| | ≤ 12 | $f_{12}$ |
| | ≤ 15 | $f_{15}$ |
| | > 15 | $f_{angegeben}$ |
| | keine Anforderung | $f_{NR}$ |

| Gesteinskörnung | 0,063-mm-Sieb (Siebdurchgang als Massenanteil in Prozent) | Kategorie f |
|---|---|---|
| Fein | ≤ 3 | $f_3$ |
| | ≤ 4 | $f_4$ |
| | ≤ 5 | $f_5$ |
| | ≤ 6 | $f_6$ |
| | ≤ 7 | $f_7$ |
| | ≤ 10 | $f_{10}$ |
| | ≤ 16 | $f_{16}$ |
| | ≤ 22 | $f_{22}$ |
| | > 22 | $f_{angegeben}$ |
| | keine Anforderung | $f_{NR}$ |

(nur die markierten in aktueller Norm)

Prüfverfahren: Prüfgutmenge (n. DIN EN 933 Teil 1, Tab. 1): Größtkorn bis 4 mm 200 g, bis 8 mm 600 g, bis 16 mm 2600 g, bis 32 mm 10 000 g.

Aus der zuvor gut durchgemischten Gesteinskörnung wird eine Messprobe vorstehender Gewichtsmenge für den Auswaschversuch entnommen und das Trockengewicht ($M_1$) bestimmt. Nach 24-stündiger Lagerung der Auswaschprobe unter Wasser und anschließendem gründlichen Durchrühren wird diese einschl. des Wassers auf drei übereinander stehende Prüfsiebe 8 mm, 1 mm und 0,063 mm geschüttet (beim Letzteren unter gleichzeitigem Überstreichen mit einem Haarpinsel) und mit einem Wasserstrahl so lange ausgewaschen, bis das durchtretende Wasser klar bleibt.

Das gewaschene und getrocknete Material wird im Siebturm (einschl. Sieb 0,063 mm!) gesiebt. Beim Abnehmen der Analysensiebe ist von Hand nachzusieben und der dabei entstehende zusätzliche Siebdurchgang in einer Auffangschale aufzunehmen. Der endgültige Durchgang von Feinanteilen durch das 0,063-mm-Sieb ist dann wie folgt zu berechnen:

Klausur: Unterschied zw. ($F_i$) und $F_i$ und f und F
↓ Frost-Tau-widerstand ↓ Feinanteil ↓ Vers.-klas.

$$f = \frac{(M_1 - M_2) + P}{M_1} \cdot 100$$

Dabei ist:

$M_1$ = Trockenmasse der Messprobe, in kg oder g,
$M_2$ = Trockenmasse des Rückstandes auf dem 63-µm-Sieb, in kg oder g,
$P$ = Masse des Siebdurchganges 0,063 mm in der Auffangschale, in kg oder g.

Es erfolgt dann eine Einstufung in die Kategorien nach Tabelle 2.19.

*Qualität der Feinanteile (nach DIN EN 12620, Ausgabe 2013-07, Kap. 4.5)*

Feinanteile können als unschädlich betrachtet werden, wenn eine der folgenden vier Bedingungen zutrifft:

- Der Gesamtgehalt an Feinanteilen in der feinen Gesteinskörnung (Sand) ist kleiner als 3 % Massenanteil oder als ein anderer Wert, der aufgrund der geltenden Bestimmungen am Ort der Verwendung gültig ist;

- der Sandäquivalent-Wert (SE) überschreitet bei Prüfung nach DIN EN 933-8, Ausgabe 2012-04, einen bestimmten unteren Grenzwert;
- die Prüfung nach dem Methylenblau-Verfahren nach DIN EN 933-9, Ausgabe 2013-07, ergibt einen Wert (MB), der kleiner ist als ein bestimmter Grenzwert;
- ein Leistungsvergleich mit bekannten, zufriedenstellenden Gesteinskörnungen liegt vor, oder es besteht der Beweis zufriedenstellender, problemloser Verwendung.

Diese Beurteilungskriterien für Feinanteile waren in der deutschen Norm DIN 4226 zunächst nur *informativ* enthalten, um Erfahrungen mit den Prüfverfahren zu sammeln. In der europäischen Norm sind diese Kriterien jetzt normativer Bestandteil geworden, allerdings mit folgender Anmerkung (in der Ausgabe 2008-07):

„Genaue Grenzwerte können noch nicht allgemeingültig festgelegt werden; hierzu sind weitere Erfahrungen mit der Anwendung der Prüfverfahren auf die in verschiedenen Teilen Europas vorkommenden feinen Gesteinskörnungen erforderlich. Die Grenzwerte und/oder Kategorien sollten unter Berücksichtigung der Erfahrungen mit bestehenden Anforderungen an Materialien festgelegt werden, deren ortsübliche Verwendung entsprechend der am Einsatzort geltenden Vorschriften zufriedenstellend sind."

### Stoffe organischen Ursprungs

Durch feinverteilte humose oder sonstige organische Stoffe kann der Erhärtungsvorgang des Betons oder Mörtels gestört werden. In körniger Form können Holz oder Kohlebestandteile Verfärbungen oder durch Quellen Oberflächenzerstörungen, besonders bei Putzen, Estrichen oder Sichtbeton, hervorrufen.

Gesteinskörnungen, die organische Stoffe in so großen Mengen enthalten, dass das Erstarrungs- und Erhärtungsverhalten des Betons verändert werden, sind hinsichtlich der Auswirkung auf die Erstarrungszeit und die Druckfestigkeit nach DIN EN 1744-1, Ausgabe 2013-03, zu beurteilen.

Der Anteil solcher Stoffe darf höchstens so sein, dass

- die Erstarrungszeit von Mörtelprobekörpern um nicht mehr als 120 min verlängert wird;
- die Druckfestigkeit von Mörtelprobekörpern im Alter von 28 Tagen um nicht mehr als 20 % vermindert wird.

Zum Nachweis des Vorhandenseins organischer Stoffe sind zwei Vorversuche gebräuchlich: die Prüfung mit Natronlauge und die Prüfung auf Fulvosäure (siehe DIN EN 1744-1, Ausgabe 2013-03, Abschnitte 15.1 und 15.2). Wenn bei diesen Prüfverfahren die überstehende Flüssigkeit heller ist als die dafür angegebenen Farben, darf davon ausgegangen werden, dass die Gesteinskörnungen frei von organischen Stoffen sind oder nur unbedenkliche Mengen enthalten.

*Nachweis chemisch schädlicher Stoffe (Humus) (DIN EN 1744 Teil 1, Abschn. 15.1)*

Einen Hinweis auf humussäurehaltige Bestandteile gibt eine Untersuchung mit 3 %iger Natronlauge (NaOH), deren rötliche bis schwarze Verfärbung schädliche Bestandteile anzeigt, sodass in Zweifelsfällen eine Eignungsprüfung mit der betreffenden Gesteinskörnung erforderlich wird (zuckerähnliche Stoffe werden durch den Versuch mit Natronlauge nicht erfasst).

**Prüfverfahren:** Die Laboratoriumsprobe ist in Übereinstimmung mit den in EN 932-1 festgelegten Verfahren zu entnehmen. Es ist sicherzustellen, dass der Feuchte- und Feststoffgehalt dieser Probe dem des Ausgangsmaterials entspricht.

Die in Schalen ausgebreitete Teilprobe ist im Trockenschrank zu trocknen. Statt der üblichen Trockentemperatur von (110 ±5) °C ist die Probe bei (40 ±5) °C zu trocknen. Anschließend ist durch das 4 mm Analysesieb zu sieben und der Siebrückstand auf dem Sieb aufzubewahren.

In eine Glasflasche ist bis zu einer Höhe von 80 mm 3-%-NaOH-Lösung einzugießen. Anschließend wird soviel Probenmaterial eingefüllt, bis Probe und Lösung eine Höhe von 120 mm aufweisen. Evtl. Luftblasen sind durch Schütteln auszutreiben.

Nach Verschließen der Flasche ist diese samt Inhalt 1 min kräftig zu schütteln. Nach einer 24-stündigen Ruhepause ist die Farbe der Lösung, die sich in der Flasche mit Probenmaterial eingestellt hat, mit der Farbbezugslösung zu vergleichen, die sich in einer gleichartigen Flasche befindet.

Als Prüfergebnis ist festzuhalten, ob die Farbe der Lösung heller oder dunkler ist als die der Farbbezugslösung. Bei dunkler Färbung besteht Verdacht auf humussäurehaltige Bestandteile. Braun-Rot-Färbung deutet auf schädliche Bestandteile hin

*Bestimmung des Fulvosäuregehaltes*

Fulvosäure kann in feinen Gesteinskörnungen vorkommen. Das Verfahren wird insbesondere für sandige Böden angewendet, die mit Zement stabilisiert werden, da Fulvosäuren einen verzögernden Einfluss auf die Hydratation des Zementes haben.

Das Verfahren beruht darauf, dass Fulvosäuren sich in Salzsäure unter Bildung einer gelben Färbung lösen. Die Intensität der Farbe nimmt mit der Fulvosäurekonzentration zu.

Die Prüfung wird nach DIN EN 1744 Teil 1, Abschn. 15.2, durchgeführt.

Der Gehalt an Fulvosäure ist durch Vergleich mit der Farbbezugslösung zu bestimmen. Als Prüfergebnis ist anzugeben, ob die Farbe der Prüflösung einem negativen Test (heller als die Farbbezugslösung) oder einem positiven Test (dunkler als die Farbbezugslösung) zuzuordnen ist.

*Nachweis leichtgewichtiger organischer Verunreinigungen*

Der Gehalt an quellfähigen organischen Stoffen wird durch Aufschwemmen in spezifisch schwerer Flüssigkeit festgestellt und soll 0,5 M.-% bei Korngruppen ≤ 4 mm und 0,1 M.-% bei Korngruppen ≥ 4 mm nicht überschreiten (bei Sichtbeton, Betonfahrbahndecken und Estrichen u. U. schärfere Anforderungen).

**Prüfverfahren**: Soweit nicht nach Augenschein auslesbar, wird eine Durchschnittsprobe getrockneten Zuschlags z. B. in gesättigter Zinkchloridlösung (ZnCl2, Dichte 2,0 kg/dm³) unter Umrühren eingeschüttet. Die abzuschöpfenden aufschwimmenden Bestandteile werden gewaschen, getrocknet und gewogen. Der Gehalt wird auf die Einwaage bezogen.

### Sonstige schädliche Bestandteile

*Schwefelhaltige Bestandteile*

Da der Gehalt an Schwefelverbindungen (wie Alkalisulfate, Gips, Anhydrit) sowie Sulfiden, die in wenig dichtem Beton durch Zutritt von Luft zu Sulfaten oxydieren, in größeren Mengen zu zerstörenden *Veränderungen des Betons* führen kann, darf deren Gehalt die Werte nach Tabelle 2.20 nicht überschreiten (für die Beurteilung von Sulfiden sind jedoch die zu erwartenden örtlichen Verhältnisse maßgebend).

**Prüfverfahren**: nach DIN EN 1744 Teil 1, Abschnitt 12.

**Tabelle 2.20:** Kategorien für Höchstwerte säurelöslicher Sulfatgehalte nach [17,Tab. 23]

| Gesteinskörnung | Gehalt an säurelöslichem Sulfat Massenanteil [%] | Kategorie AS |
|---|---|---|
| Alle Gesteinskörnungen außer Hochofenstückschlacken | ≤ 0,2<br>< 0,8<br>> 0,8 | $AS_{0,2}$<br>$AS_{0,8}$<br>$AS_{angegeben}$ |
| | keine Anforderung | $AS_{NR}$ |
| Hochofenstückschlacken | ≤ 1,0<br>> 1,0 | $AS_{1,0}$<br>$AS_{angegeben}$ |
| | keine Anforderung | $AS_{NR}$ |

Der nach DIN EN 1744-1, Ausgabe 2013-03, Abschnitt 11 bestimmte Gesamtschwefelgehalt (ausgedrückt als S) der Gesteinskörnung darf die Werte aus Tabelle 2.21 nicht überschreiten.

**Tabelle 2.21:** Kategorien für die Höchstwerte des Gesamtschwefelgehalts nach [17, Tab. 24]

| Gesteinskörnung | Gesamtschwefelgehalt [%] | Kategorie S |
|---|---|---|
| Alle Gesteinskörnungen außer Hochofenstückschlacken | ≤ 1<br>> 1 | $S_1$<br>$S_{angegeben}$ |
| | keine Anforderung | $S_{NR}$ |
| Hochofenstückschlacken | ≤ 2<br>> 2 | $S_2$<br>$S_{angegeben}$ |
| | keine Anforderung | $S_{NR}$ |

Bei Vorhandensein von Sulfiden ist eine besondere Beurteilung notwendig. Hierbei sind die Bauwerksverhältnisse zu berücksichtigen.

*Andere Bestandteile, die das Erstarrungs- und Erhärtungsverhalten des Betons verändern*

Gesteinskörnungen, die organische oder andere Stoffe in solchen Mengen enthalten, dass das Erstarrungs- und Erhärtungsverhalten des Betons verändert werden, sind hinsichtlich der Auswirkung auf die Erstarrungszeit und die Druckfestigkeit nach DIN EN 1744-1, Ausgabe 2013-03, Abschnitt 15.3 zu beurteilen.

Der Anteil solcher Stoffe darf höchstens so sein, dass

- die Erstarrungszeit von Mörtelprobekörpern um nicht mehr als 120 min verlängert wird;
- die Druckfestigkeit von Mörtelprobekörpern um nicht mehr als 20 % vermindert wird.

*Stahlangreifende Stoffe*

Gesteinskörnungen für bewehrten Beton dürfen keine schädlichen Mengen an Salzen enthalten, die den Korrosionsschutz der Bewehrung beeinträchtigen, z. B. Nitrate, Chloride.

Der nach DIN EN 1744 Teil 1, Ausgabe 2013-03, Abschnitt 7 bestimmte Gehalt an wasserlöslichen Chlorid-Ionen von Gesteinskörnungen für Beton darf den in Tabelle 2.22 angegebenen Höchstwert für die gewählte Kategorie nicht überschreiten.

**Tabelle 2.22:** Kategorien für Höchstwerte an wasserlöslichen Chlorid-Ionen

| Maximaler Chloridgehalt wasserlöslicher Chlorid-Ionen Massenanteil [%] | Kategorie Cl |
|---|---|
| 0,02 | $Cl_{0,02}$ |
| 0,04 | $Cl_{0,04}$ |
| 0,15 | $Cl_{0,15}$ |

*Alkalilösliche Kieselsäure* z. B. Opal-Sandstein / Feuerstein / Grauwacke

„Einige Gesteinskörnungen enthalten alkalireaktive Kieselsäure. Diese Gesteinskörnungen können mit dem im Porenwasser des Betons gelösten Alkalihydroxid zu einem Alkalisilikat reagieren. Unter bestimmten Voraussetzungen kann diese Reaktion zu einer Volumenvergrößerung mit anschließender Schädigung des Betons führen.

Diese Volumenvergrößerung wird als ‚Alkalitreiben' und die chemische Reaktion, die dies verursacht, als ‚Alkali-Kieselsäure-Reaktion' (AKR) bezeichnet. Ablauf und Ausmaß der Reaktion hängen insbesondere von der Art und Menge der alkaliempfindlichen Gesteinskörnung, ihrer Größe und Verteilung, dem Alkalihydroxidgehalt in der Porenlösung sowie den Feuchtigkeits- und Temperaturbedingungen des erhärteten Betons ab.

Bei trockenem Beton kommt die AKR zum Stillstand. Durch Alkalizufuhr von außen kann die AKR verstärkt werden. Eine Alkali-Kieselsäure-Reaktion im Beton kann auch noch nach Monaten oder Jahren an einem zuvor unter normalen Bedingungen gehärteten Beton zu Ausblühungen, Ausscheidungen, Ausplatzungen von nahe an der Oberfläche liegenden alkaliempfindlichen Gesteinskörnern (pop-outs) sowie zu netzartigen oder strahlenförmig verlaufenden Rissen führen. Das Ausmaß der Schäden nimmt bis zum Festigkeitsverlust durch Gefügestörungen zu, wenn mehrere ungünstige Bedingungen zusammentreffen." (Siehe hierzu DAfStb-Richtlinie „Vorbeugende Maßnahmen gegen schädigende Alkalireaktion im Beton", Ausgabe 2007-02.)

Europäisch gibt es kein allgemein anerkanntes Prüfverfahren zur Beurteilung der Alkali-Kieselsäure-Reaktivität von Gesteinskörnungen. DIN EN 12620 legt hierfür die am Verwendungsort der Gesteinskörnung geltenden Vorschriften fest. Dies ist in Deutschland die DAfStb-Richtlinie „Vorbeugende Maßnahmen gegen schädigende Alkalireaktion im Beton", die mit dem Ausgabemonat Februar 2007 neu veröffentlicht wurde.

Diese Richtlinie ist eine bauaufsichtlich eingeführte nationale Restregel für die nicht harmonisierte Eigenschaft „Alkali-Kieselsäure-Reaktivität", d. h., entsprechende Gesteinskörnungen sind neben der CE-Kennzeichnung **zusätzlich** mit dem Ü-Zeichen zu versehen.

Die Alkali-Richtlinie regelt die Verwendung **aller** in Deutschland hergestellten und gehandelten Gesteinskörnungen für Beton nach DIN EN 206-1/DIN 1045-2 und für Fahrbahndecken aus Beton (letztere inzwischen in ZTV-Beton und ARS des BMV neu geregelt).

Für Betonfahrbahnen gelten zusätzliche Regelungen für die zu verwendenden Zemente. Ausgenommen bleibt der Nachweis der Eignung von Gesteinskörnungen für die Verwendung für Start-, Lande- und Rollbahnen von Flugplätzen. Hierfür ist ein gesondertes Gutachten erforderlich. Prüfstellen müssen an entsprechenden Vergleichsprüfungen teilnehmen und vom DIBT anerkannt sein.

Die Alkali-Richtlinie besteht aus drei Teilen:

Teil 1 Allgemeines

Teil 2 Gesteinskörnungen mit Opalsandstein und Flint

Teil 3 Gebrochene alkaliempfindliche Gesteinskörnungen

**Teil 1 Allgemeines**

Teil 1 regelt den Anwendungsbereich für Teil 2 und Teil 3 und sagt:

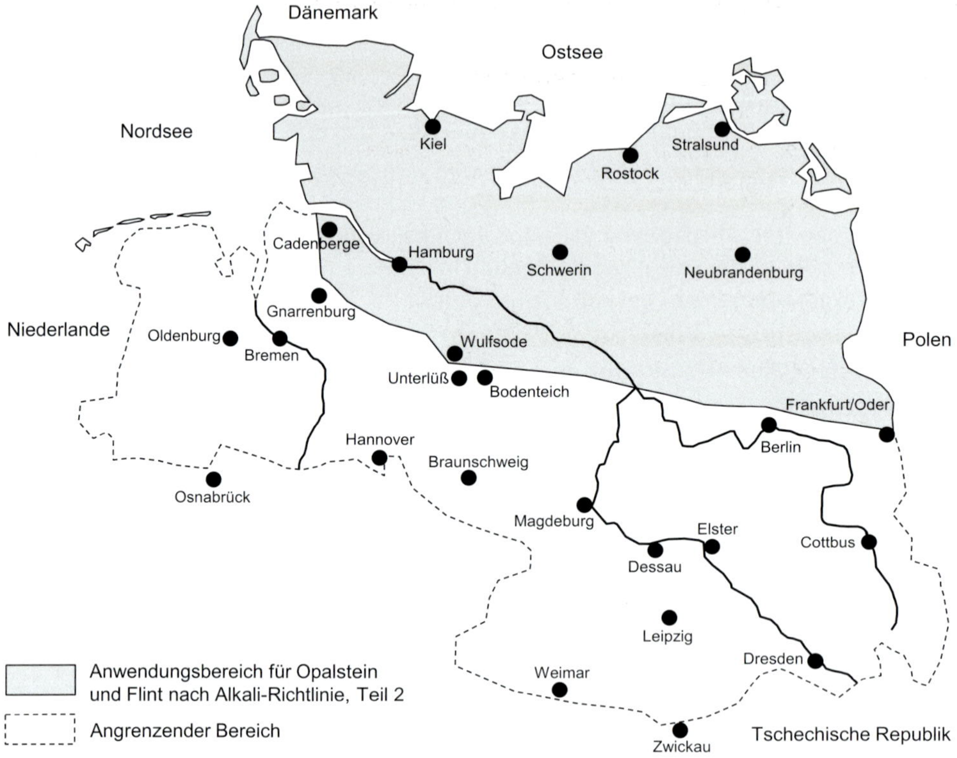


**Abb. 2.9:** Anwendungsbereich von Teil 2 und Gewinnungsgebiete von Zuschlägen mit Opalsandstein und von fraglichen Gesteinen (z. B. Kieselkreide) sowie von Flint (aus [15, Teil 2])

„Sofern eine Gesteinskörnung nicht aus den Gewinnungsgebieten nach Teil 2 stammt oder keine der in dieser Richtlinie genannten alkaliempfindlichen Gesteinskörnungen enthält und es unter baupraktischen Bedingungen zu keiner schädigenden Alkali-Kieselsäure-Reaktion gekommen ist, ist diese Gesteinskörnung in die Alkaliempfindlichkeitsklasse E I einzustufen. Diese Einstufung ist von der Überwachungs- und Zertifizierungsstelle mindestens alle drei Jahre, wie in DIN EN 12620 gefordert, mit einer petrographischen Beschreibung nach DIN EN 932-3 zu bestätigen."

Eine Einstufung in E I, ohne Zusatz, bedeutet, dass für diese Gesteinskörnung keine vorbeugenden Maßnahmen hinsichtlich AKR erforderlich sind, die Gesteinskörnung also für alle

Bereiche und Feuchtigkeitsklassen frei verwendbar ist. (Ausnahme: bei Betonfahrbahnen Verwendung spezieller Zemente und Gutachten!)

Da die AKR entscheidend von der Feuchtigkeit abhängt, der das Betonbauteil ausgesetzt ist, legt Teil 1 folgende **Feuchtigkeitsklassen** fest:

WO trocken, z. B. Innenbauteile,

WF feucht, z. B. ungeschützte Außenbauteile,

WA feucht + Alkalizufuhr von außen, z. B. Bauteile mit Meerwassereinwirkung,

*WS feucht + Alkalizufuhr von außen + starke dynamische Beanspruchung, z. B. Betonfahrbahnen (zukünftig nur noch in ZTV-Beton).*

Weiterhin legt Teil 1 generelle Anforderungen an die Gesteinskörnungen, den Zement, die Betonzusatzstoffe und -zusatzmittel fest, wenn AKR-Gefahr besteht.

Generelle Aussagen zu vorbeugenden Maßnahmen sowie der Hinweis, dass jeder Lieferschein für Beton oder Fertigteile mit der maßgebenden Feuchtigkeitsklasse zu kennzeichnen ist, schließen Teil 1 ab.

**Teil 2 Gesteinskörnungen mit Opalsandstein und Flint**

Abb. 2.9 zeigt den Anwendungsbereich von Teil 2.

Nach Teil 2 der Richtlinie „Alkalireaktion" wird die Gesteinskörnung in drei Empfindlichkeitsklassen mit Grenzwerten lt. Tabelle 2.23 unterteilt.

**Tabelle 2.23:** Begrenzung des Gehalts an alkaliempfindlichen Bestandteilen nach [15]

| Alkaliempfindlichkeitsklasse der Gesteinskörnung | Gehalt an alkaliempfindlichen Bestandteilen in Gew.-% | | |
|---|---|---|---|
| | Opalsandstein [1] über 1 mm | Reaktionsfähiger Flint über 4 mm | 5 × Opalsandstein + reaktionsfähiger Flint |
| E I-OF (unbedenklich) | ≤ 0,5 | ≤ 3,0 | ≤ 4,0 |
| E II-OF (bedingt brauchbar) | ≤ 2,0 | ≤ 10,0 | ≤ 15,0 |
| E III-OF (bedenklich) | > 2,0 | > 10,0 | > 15,0 |

[1] In den Prüfkornklassen 1 bis 4 mm einschließlich reaktionsfähigem Flint.

Bei der Einstufung der Korngruppen/Lieferkörnungen dürfen die Prüfergebnisse keinen der drei Grenzwerte der jeweiligen Alkaliempfindlichkeitsklasse überschreiten. Wird nur Opalsandstein einschließlich Kieselkreide geprüft erfolgt eine Einteilung in die Klassen E I-O, E II-O und E III-O mit gleichen Grenzwerten wie in Spalte 2 von Tabelle 2.23.

**Prüfverfahren:** Die Prüfung der Gesteinskörnung auf alkaliempfindliche Bestandteile wird am Anteil über 1 mm durchgeführt. Die Probe wird durch Siebung in einzelne Prüfkornklassen zerlegt. Die Entscheidung, ob eine Prüfung jeder Prüfkornklasse erforderlich ist, richtet sich nach dem Masseanteil der Prüfkornklasse.

Für die Prüfkornklassen im Bereich 1 mm bis 4 mm wird der gesamte Anteil der Prüfkornklasse mit heißer, 4 %iger Natronlauge geprüft und der Masseverlust bestimmt. Für die Prüfkornklassen über 4 mm wird die Gesteinskörnung durch petrographische Untersuchung in eindeutig alkaliunempfindliche Bestandteile, in Flinte und in Opalsandstein einschließlich Kieselkreide und fragliche Bestandteile getrennt. Die Reaktivität des Flints wird mithilfe einer Rohdichtebestimmung abgeschätzt. Opalsandstein einschließlich Kieselkreide und fragliche Bestandteile der Prüfkornklasse über 4 mm werden mit heißer 10 %iger Natronlauge geprüft. Der Masseverlust und der Anteil der erweichten Bestandteile werden ermittelt.

**Bestimmung des Gehaltes an reaktionsfähigem Flint (nach AKR-Richtlinie des DAfStb)**

Es darf mehr Flint als Opalsandstein vorhanden sein

### Kornrohdichte der Flintprobe

*Aufgabe und Grundlage*

„Das Bestimmungsverfahren basiert darauf, dass die Reaktionsfähigkeit des Flints gegenüber Alkalihydroxidlösungen im Allgemeinen umso größer ist, je niedriger seine Kornrohdichte ist. Die Rohdichte wird aus der Masse einer Flintprobe nach dem Trocknen bei (110 ±5) °C und ihrem Volumen errechnet, das nach Wassersättigung der Probe durch Wägung an Luft und unter Wasser bestimmt wird. Die Bestimmung wird an dem ausgelesenen Anteil an Flint, Kreide und kreideähnlichen Bestandteilen (ohne Kieselkreide) der Prüfkornklassen über 4 mm ausgeführt.

Die Kornrohdichte der Flintproben wird aus der Masse der getrockneten Flintprobe und der Masse der wassergesättigten Flintprobe an Luft und Wasser nach folgender Formel errechnet:

$$\rho_m = \frac{G_{FE}}{G_{FL} - G_{FW}}$$

Es bedeuten:

$\rho_m$ mittlere Kornrohdichte der Flintprobe in g/cm³,

$G_{FE}$ Masse der bei (110 ±5) °C getrockneten Flintprobe in g,

$G_{FW}$ Masse der wassergesättigten Flintprobe unter Wasser in g,

$G_{FL}$ Masse der wassergesättigten oberflächentrockenen Flintprobe an der Luft in g.

**Berechnung des Gehaltes an reaktionsfähigem Flint**

(1) Die Berechnung des Gehaltes an reaktionsfähigem Flint ist nach folgender Formel durchzuführen:

$$F_R = F_K \left( \frac{8,67}{\rho_m} - 3,33 \right)$$

Es bedeuten:

$F_R$ Gehalt an reaktionsfähigem Flint in M.-%,

$F_K$ Gehalt an Flint in der Prüfkornklasse in M.-%; $F_K = 100\ G_{PF}/G_{PE}$),

$\rho_m$ mittlere Kornrohdichte der Flintprobe in g/cm³.

(2) Der Gehalt an reaktionsfähigem Flint wird auf 0,1 M.-% gerundet angegeben.

Werden alkaliempfindliche Gesteinskörnungen festgestellt, sind vorbeugende Maßnahmen nach den Tabellen 2.24 und 2.25 zu ergreifen."

**Tabelle 2.24:** Vorbeugende Maßnahmen gegen schädigende Alkalireaktion im Beton für Betone mit einem Zementgehalt $z \leq 330$ kg/m³ (nach [15, Teil 2])

| Alkalieempfindlichkeitsklasse | Erforderliche Maßnahmen für die Feuchtigkeitsklasse | | | |
|---|---|---|---|---|
| | WO | WF | WA | WS |
| E I-O | keine | keine | keine | Zement nach Teil 3, Tabelle 3-4 |
| E II-O | keine | keine | NA-Zement | Austausch der Gesteinskörnung |
| E III-O | keine | NA-Zement | Austausch der Gesteinskörnung | Austausch der Gesteinskörnung |

**Tabelle 2.25:** Vorbeugende Maßnahmen gegen schädigende Alkalireaktion im Beton für Betone mit einem Zementgehalt $z > 330\ kg/m^3$ (nach [15, Teil 2])

| Alkalieempfindlichkeitsklasse | Erforderliche Maßnahmen für die Feuchtigkeitsklasse | | | |
|---|---|---|---|---|
| | WO | WF | WA | WS |
| E I-OF | keine | keine | keine | Zement nach Teil 3, Tabelle 3-4 |
| E II-OF | keine | NA-Zement | NA-Zement | Austausch der Gesteinskörnung |
| E III-OF | keine | NA-Zement | Austausch der Gesteinskörnung | Austausch der Gesteinskörnung |

Feuchtigkeitsklassen:

| | |
|---|---|
| WO | trocken |
| WF | feucht |
| WA | feucht + Alkalizufuhr von außen |
| WS | feucht + Alkalizufuhr von außen + dynamische Beanspruchung |

Da auch in anderen Gebieten, als dem nach Teil 2 ausgewiesenen, Flinte vorkommen, aber teilweise nur in sehr geringen Mengen, wurde im April 2010 eine Berichtigung der Alkali-Richtlinie vorgenommen, die unter bestimmten Bedingungen trotzdem noch eine Einstufung in E I ohne Zusatz zulässt. Allerdings werden die Anforderungen an die Eigen- und Fremdüberwachung dabei erhöht. Die neuen Regelungen sind in der Abb. 2.10 zusammengefasst.

Auf dem Betonlieferschein gibt es nur die Angabe d. Feuchtigkeitsklasse (keine weiteren Angaben zu AKR)

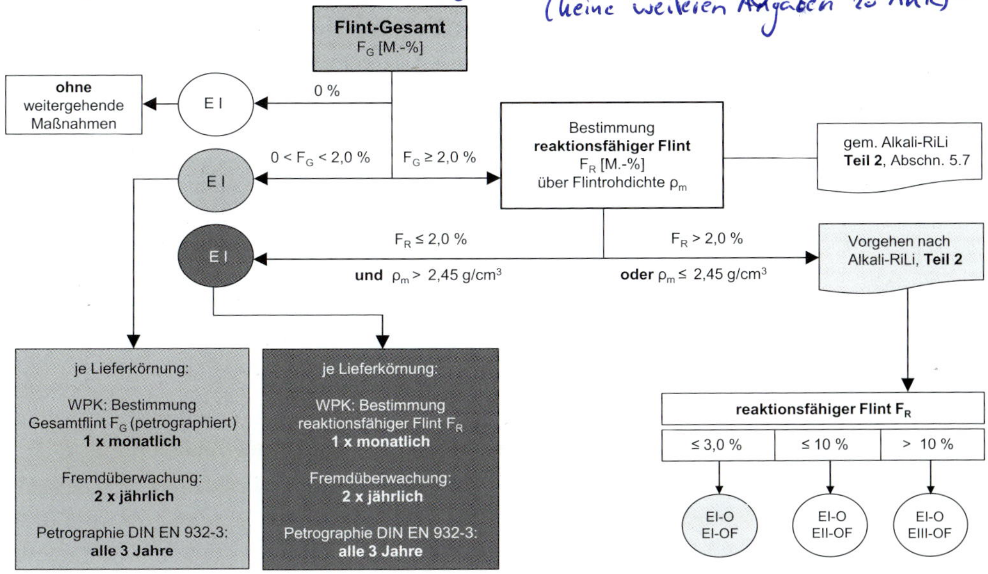


**Abb. 2.10:** Vorgehen bei Gesteinskörnungen mit Flintanteilen ohne Opalsandstein und ohne Kieselkreide; Alkali-Richtlinie, Ausgabe 2007-02 mit Berichtigung DAfStb 2010-04 (nach BÜV NRW)

Klausur

## Teil 3 Gebrochene alkaliempfindliche Gesteinskörnungen

### Anwendungsbereich

„Teil 3 beschreibt Anforderungen, Erstprüfung, Überwachung und Prüfung von Gesteinskörnungen aus gebrochener Grauwacke, gebrochenem Quarporphyr (Rhyolith), gebrochenem Kies des Oberrheins, rezyklierten Gesteinskörnungen einschließlich Kiesen, die mehr als 10 M.-% gebrochene Anteile hiervon enthalten und von anderen gebrochenen Gesteinskörnungen, die nicht nach Teil 1 als unbedenklich eingestuft werden können sowie von anderen gebrochenen Gesteinskörnungen, für die im Geltungsbereich der Richtlinie keine baupraktischen Erfahrungen vorliegen sowie vorbeugende Maßnahmen zur Vermeidung einer schädigenden Alkali-Kieselsäure-Reaktion.

Die vorbeugenden Maßnahmen richten sich nach den in Teil 1 beschriebenen Feuchtigkeitsklassen und der Betonzusammensetzung.

Für eine zuverlässige mineralogische und petrographische Beurteilung des Gefährdungspotenzials der genannten Gesteinskörnungen hinsichtlich einer schädigenden Alkalireaktion liegen zurzeit noch keine gesicherten Erkenntnisse vor.

Nach der petrographischen Untersuchung erfolgt daher die Prüfung der Gesteinskörnung durch ein gestuftes Vorgehen entsprechend Abb. 2.10. Die Prüfung der Gesteinskörnung gilt als bestanden, wenn das Schnellprüfverfahren oder die Prüfung in der Nebelkammer (40 °C) bestanden ist. Besteht die Gesteinskörnung das Schnellprüfverfahren nicht, so kann die Prüfung am Beton in der Nebelkammer (40 °C) angeschlossen werden. Wird auch diese Prüfung nicht bestanden, so sind die erforderlichen Maßnahmen in Tabelle 2.28 beschrieben."

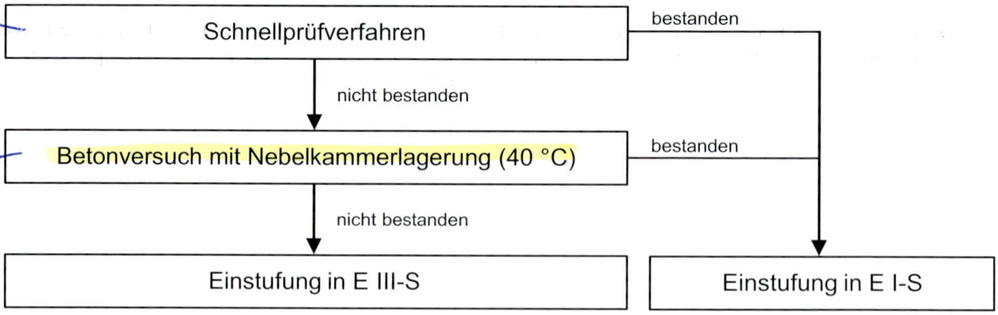


**Abb. 2.11:** Prüfschema

### Schnellprüfverfahren (aus DAfStb-Richtlinie, Ausgabe 2007-02)

#### Probekörper

Zur Beurteilung möglicher Treiberscheinungen durch Alkali-Kieselsäure-Reaktion mit dem Schnellprüfverfahren sind drei Mörtelprismen mit den Abmessungen 40 mm × 40 mm × 160 mm für die Dehnungsmessung herzustellen und anschließend in 1,00-molarer und 80 °C heißer NaOH-Lösung im Trockenschrank zu lagern. Die Stoffparameter sind in der Richtlinie detailliert angegeben. Die Längenänderung der Prismen bis zum 13. Tag ist zu messen und mit den Grenzwerten nach Tabelle 2.26 zu vergleichen.

**Tabelle 2.26:** Grenzwerte der Dehnung für die Beurteilung der Alkaliempfindlichkeit von Gesteinskörnungen mit dem Schnellprüfverfahren

| Kriterium | Alkaliempfindlichkeitsklasse | |
|---|---|---|
| | E I-S | keine Bewertung [1)] |
| Grenzwerte für die Dehnung $\varepsilon$ der Mörtelprismen nach 13 Tagen in mm/m | $\varepsilon \leq 1{,}0$ | $\varepsilon > 1{,}0$ |

1) Zur Bewertung kann ein Betonversuch in der Nebelkammer angeschlossen werden.

*Anmerkung*

*Eine Einstufung in eine andere Alkaliempfindlichkeitsklasse als E I-S ist durch das Schnellprüfverfahren nicht möglich, weil die bisherigen Untersuchungsergebnisse eine weitere Einteilung nicht zulassen.*

Besteht die Gesteinskörnung das Schnellprüfverfahren nicht, so kann nicht ohne weitere Prüfung von einer Alkaliempfindlichkeit der Gesteinskörnung ausgegangen werden. Für eine Bewertung muss die Gesteinskörnung dann in der Nebelkammer auf Alkaliempfindlichkeit geprüft werden und anhand

- der ermittelten Dehnung des Betons und
- der Rissbildung

entsprechend der Tabelle 2.27 in eine der beiden Alkaliempfindlichkeitsklassen eingestuft werden. Dabei ist die ungünstigere Bewertung maßgebend.

**Prüfverfahren:** Dehnungsmessung an mindestens drei Balken mit den Maßen 100 mm × 100 mm × 500 mm sowie Beobachtung eines Würfels mit 300 mm Kantenlänge auf mögliche Rissbildung. Die Messungen der Längenänderungen und die Beobachtungen erfolgen nach 1, 7, 28 Tagen und monatlich bis zum Alter von 9 Monaten Nebelkammerlagerung.

**Tabelle 2.27:** Beurteilung der Alkaliempfindlichkeit von Gesteinskörnungen nach [15, Teil 3], Nebelkammer

| | Alkaliempfindlichkeitsklassen [1)] | |
|---|---|---|
| | E I-S | E III-S |
| Grenzwerte für die Dehnung der Betonbalken in mm/m[2)] | $\varepsilon \leq 0{,}6$ | $\varepsilon > 0{,}6$ |
| Rissbildung der Würfe! | keine | stark[3)] |

[1)] Maßgebend ist die jeweils ungünstigere Bewertung.

[2)] Nach 9 Monaten Nebelkammerlagerung einschließlich Wärme- und Feuchtedehnung.

[3)] Mit Rissbreiten w ≥ 0,2 mm.

*Anmerkung*

*Eine Alkaliempfindlichkeitsklasse E II-S wird vorläufig nicht definiert, weil die bisherigen Untersuchungsergebnisse eine so weitgehende Differenzierung noch nicht zulassen.*

Wird eine Alkaliempfindlichkeit der Gesteinskörnungen festgestellt, so sind vorbeugende Maßnahmen entsprechend Tabelle 2.28 zu ergreifen.

**Tabelle 2.28:** Vorbeugende Maßnahmen gegen schädigende Alkalireaktion im Beton bei Verwendung von Gesteinskörnungen nach [15, Abschn. 1]

| Alkaliempfindlichkeitsklasse | Zementgehalt kg/m³ | Erforderliche Maßnahmen für die Feuchtigkeitsklasse | | | |
|---|---|---|---|---|---|
| | | WO | WF | WA | WS |
| E I-S | ohne Festlegung | keine | keine | keine | Zemente nach Tabelle 3-4 |
| E III-S [1] | z ≤ 300 | keine | keine | keine | Zemente nach Tabelle 3-4 |
| | 300 < z ≤ 350 | keine | keine | Performance Prüfung [2] oder NA-Zement | Zemente nach Tabelle 3-4 sowie Austausch der Gesteinskörnung oder Gutachten [3] |
| | z > 350 | keine | Performance Prüfung [2] oder NA-Zement | Performance Prüfung [2] oder Austausch der Gesteinskörnung | Zemente nach Tabelle 3-4 sowie Austausch der Gesteinskörnung oder Gutachten [3] |

[1] Gilt auch für nicht beurteilte Gesteinskörnungen.
[2] Die Performance-Prüfung wird in einem zukünftigen Teil 4 der Richtlinie beschrieben werden. Bis auf Weiteres erfolgt die Festlegung von vorbeugenden Maßnahmen auf Grundlage eines Gutachtens [3].
[3] Für die Erstellung von Gutachten sind besonders fachkundige Personen einzuschalten.

*Wasserlösliche Eisenverbindungen*

Bei Verwendung von Zuschlägen für *Sichtbeton* können zur Vermeidung von Rostflecken Sondervereinbarungen (gem. amerikanischer Norm ASTM C641-71) getroffen werden.

**Prüfverfahren:** Durch Dampfbehandlung und evtl. chemische Untersuchung (s. Beton-Handbuch des Deutschen Betonvereins, Bauverlag, Abschn. 3.5.12).

#### 2.3.2.4 Zusätzliche Anforderungen an industriell hergestellte Gesteinskörnungen

**Gebrochene Hochofenschlacke** (DIN 4301, Ausgabe 2009-06)

Erfordernis eines weitgehend dichten kristallinen Gefüges.

**Nachweis der Raumbeständigkeit** (DIN 1744 Teil 1, Ausgabe 2013-03)

Prüfung auf *Kalkzerfall* im ultravioletten Licht (Analysenquarzlampe mit Filter) an frischen Bruchstücken: Zerfallsverdacht bei zahlreichen Nestern hellleuchtender Flecke in einheitlich violetter Tönung der Schlacke.

Prüfung auf *Eisenzerfall:* Bei zweitägiger Lagerung von Schlackenstücken in Wasser darf kein Zerfall oder Rissbildung eintreten.

Weitere Anforderungen an Reinheit, Lieferkörnungen, Schutz des Bodens und der Gewässer sowie besondere Kennwerte und Prüfungen für die verschiedenen Schlackenarten sind in DIN 4301, Ausgabe 2009-06 im Abschnitt 5 angegeben.

**Leichte Gesteinskörnungen nach DIN EN 13055 Teil 1, Ausgabe 2002-08 mit Berichtigung 2004-12, und Teil 2, Ausgabe 2004-09**

Neben den üblichen physikalischen und chemischen Anforderungen sind spezielle Prüfverfahren festgelegt für:

- Bestimmung der Kernfestigkeit (siehe unten),
- Bestimmung der Raumbeständigkeit,
- Bestimmung der Frost-Tauwechsel-Beständigkeit.

Weiterhin werden Hinweise gegeben auf die Auswirkungen einiger chemischer Bestandteile von leichten Gesteinskörnungen auf die Dauerhaftigkeit des damit hergestellten Betons, Mörtels oder Einpressmörtels.

Die Gewährleistung der Gleichmäßigkeit der Gesteinskörnungen erfordert die Prüfung der Schüttdichte, der Kornrohdichte sowie die Feststellung des Einflusses der leichten Gesteinskörnung auf die Festigkeit und Rohdichte des Betons:

Die *Schüttdichte* und die *Kornrohdichte* dürfen von den bei der Eignungsprüfung des Herstellers festgestellten Werten nicht mehr als ±15 % abweichen.

*Verhalten im Beton.* Die an einer in ihrer Zusammensetzung festgelegten Mörtelmischung ermittelte Druckfestigkeit darf die Festigkeit der Eignungsprüfung um höchstens 15 % unterschreiten und die Betonrohdichte darf um nicht mehr als ±0,10 kg/dm³ abweichen.

Die Gleichmäßigkeit der Kornfestigkeit der Korngruppen ≥ 4 mm wird durch das Druckzylinderverfahren bestimmt. Einfüllen in Stahlzylinder, Zusammendrücken um 20 mm in 100 s. Verfahren 1 bzw. 50 mm in 100 s (Verfahren 2) s. DIN EN 13055 Teil 1, Anhang A, Ausgabe 2002-08 mit Berichtigung 2004-12.

Die Kornfestigkeit berechnet sich dann nach folgender Gleichung:

$$C_a \text{ oder } C_b = \frac{L+F}{A}$$

Dabei ist

| | |
|---|---|
| $C_a$ | die nach Verfahren 1 bestimmte Kornfestigkeit, in N/mm², |
| $C_b$ | die nach Verfahren 2 bestimmte Kornfestigkeit, in N/mm², |
| $L$ | die Gewichtskraft des Druckstempels, in N, |
| $F$ | die Druckkraft, in N, |
| $A$ | die Querschnittsfläche des Druckstempels, in mm². |

Aus drei Ergebnissen ist der Mittelwert zu bilden.

Weitere spezielle Prüfverfahren sind DIN EN 13055 Teil 1 und Teil 2 zu entnehmen.

#### 2.3.2.5 Zusätzliche Anforderungen an rezyklierte Gesteinskörnungen nach DIN 4226 Teil 100, Ausgabe 2002-02, und DIN EN 12620, Ausgabe 2013-07

Um den Einfluss des Wassersaugens der Gesteinskörnung auf den wirksamen Wasserzementwert zu berücksichtigen, wird die Wasseraufnahme nach 10 min bestimmt. (Verfahren siehe Anhang D zu DIN 4226 Teil 100). Für rezyklierte Gesteinskörnungen > 2 mm darf diese Wasseraufnahme die in Tabelle 2.29 genannten Werte nicht überschreiten. Zusätzlich ist die Kornrohdichte als Rohdichte auf ofentrockener Basis nach DIN EN 1097 Teil 6, Ausgabe 2005-12 mit Berichtigung 2008-08, zu bestimmen. Die in Tabelle 2.29 angegebenen Werte dürfen nicht unterschritten werden.

Das Eluat einer rezyklierten Gesteinskörnung ist auf ausgewaschene Inhaltsstoffe zu analysieren. Die Bewertung erfolgt nach Anhang G der DIN 4226 Teil 100, Ausgabe 2002-02.

**Tabelle 2.29:** Kornrohdichte und Wasseraufnahme nach 10 min für rezyklierte Gesteinskörnungen

| Kornrohdichte und Wasseraufnahme | Rezyklierte Gesteinskörnung | | | |
|---|---|---|---|---|
| | Typ 1 | Typ 2 | Typ 3 | Typ 4 |
| Minimale Kornrohdichte in kg/m³ | 2000 | | 1800 | 1500 |
| Schwankungsbreite Kornrohdichte in kg/m³ | ±150 | | | keine Anforderung |
| Maximale Wasseraufnahme nach 10 min Massenanteil in % | 10 | 15 | 20 | keine Anforderung |

### 2.3.2.6 Anforderungen an Herstellwerke und Beförderungsunternehmen von Gesteinskörnungen

Der Hersteller muss sicherstellen, dass seine Produkte den geltenden Normen und den jeweiligen angegebenen Eigenschaftskennwerten entsprechen. Die Bestätigung der Übereinstimmung mit der Norm erfolgt durch die CE-Kennzeichnung. Die Art des Verfahrens ist in der Bauregelliste sowie in DIN EN 12620 festgelegt. Für Gesteinskörnungen für Beton ist das Konformitätsnachweisverfahren 2+ festgelegt. Neben der Fremdüberwachung durch eine europäisch notifizierte Stelle ist vom Unternehmen zusätzlich eine *werkseigene Produktionskontrolle* vorzunehmen.

**Werkseigene Produktionskontrolle**

Die werkseigene Produktionskontrolle ist die vom Hersteller vorzunehmende kontinuierliche Überwachung der Produktion, mit der dieser sicherstellt, dass die von ihm hergestellten Gesteinskörnungen den Bestimmungen der DIN EN 12620 entsprechen.

Anforderungen sowie Art, Umfang und Häufigkeit der werkseigenen Produktionskontrolle sind neuerdings in einer eigenen Norm DIN EN 16236 festgelegt.

**Fremdüberwachung**

Die Fremdüberwachung umfasst die regelmäßige Überprüfung der werkseigenen Produktionskontrolle und der Gesteinskörnungen durch eine unparteiische Stelle (Überwachungsstelle), um festzustellen, ob die Gesteinskörnungen der Norm entsprechen. Die Fremdüberwachung besteht aus Erstüberwachung, Regelüberwachung und gegebenenfalls Sonderüberwachung. Die Erstüberwachung ist bei erstmaliger Aufnahme der Produktion durchzuführen und zu wiederholen, wenn sich eine größere Änderung in der Art des Rohstoffes oder in den Herstellbedingungen, die die Eigenschaften der Gesteinskörnungen beeinflussen können, ergeben hat.

Anforderungen sowie Art, Umfang und Häufigkeit der Fremdüberwachung waren früher im Anhang ZA von DIN EN 12620 festgelegt. Tabelle 2.30 zeigt die Aufgabenverteilung für den Konformitätsnachweis nach System 2+.

**Tabelle 2.30:** Aufgabenverteilung für den Konformitätsnachweis [für Gesteinskörnungen und Füller (Gesteinsmehle) nach System 2+]

<table>
<tr><th colspan="3">Aufgaben</th></tr>
<tr><td rowspan="2">Aufgaben des Herstellers</td><td colspan="2">Werkseigene Produktionskontrolle (F. P. C.)</td></tr>
<tr><td colspan="2">Erstprüfung</td></tr>
<tr><td rowspan="2">Aufgaben der notifizierten Stelle</td><td rowspan="2">Zertifizierung der F. P. C. auf Grundlage der</td><td>Erstinspektion des Werks und der F. P. C.</td></tr>
<tr><td>kontinuierlichen Überwachung, Beurteilung und Bestätigung der F. P. C.</td></tr>
</table>

### EG-Zertifikat und Konformitätserklärung

Die Zertifizierung umfasst nach Anhang ZA der DIN EN 12620 die Feststellung der Konformität der Gesteinskörnungen mit der Norm anhand der Beurteilung und abschließenden Bewertung der Ergebnisse der Fremdüberwachung sowie die Erteilung eines Zertifikates durch eine unparteiische Stelle (notifizierte Stelle).

Die notifizierte Stelle beurteilt die von der Überwachungsstelle vorgelegten Berichte abschließend und entscheidet über die Erteilung bzw. Aufrechterhaltung des Zertifikates. Dabei bezieht sie Prüfzeugnisse über Ergebnisse von Produktprüfungen, die auf Veranlassung der Überwachungsstelle durchgeführt worden sind, ein.

**Für Gesteinskörnungen und Füller (Gesteinsmehle) nach System 2+**: Wenn Übereinstimmung mit den in diesem Anhang festgelegten Bedingungen erreicht ist und wenn die notifizierte Stelle das unten beschriebene Zertifikat erstellt hat, muss der Hersteller oder sein im europäischen Wirtschaftsraum ansässiger Bevollmächtigter eine Konformitätserklärung erstellen und zur Verfügung halten, die den Hersteller zum Anbringen der CE-Kennzeichnung berechtigt. Diese Erklärung muss enthalten:

- Name und Adresse des Herstellers oder seines im europäischen Wirtschaftsraum niedergelassenen bevollmächtigten Vertreters und den Produktionsort;
- Beschreibung des Produkts (Art, Kennzeichnung, Anwendung, ...) und eine Kopie der der CE-Kennzeichnung beigefügten Angaben;
- Festlegungen, denen das Produkt entspricht (Anhang ZA dieser EN 12620);
- besondere Bedingungen, die für die Anwendung des Produkts gelten (z. B. Festlegungen für die Anwendung unter bestimmten Bedingungen usw.);
- Nummer des beigefügten Zertifikats für die werkseigene Produktionskontrolle;
- Name und Stellung der Person, die berechtigt ist, für den Hersteller oder seinen bevollmächtigten Vertreter die Erklärung zu unterzeichnen.

Der Deklaration muss ein Zertifikat für die werkseigene Produktionskontrolle beigefügt sein, das von der notifizierten Stelle erstellt wurde und zusätzlich zu den oben angegebenen Informationen Folgendes enthalten muss:

- Name und Adresse der notifizierten Stelle;
- Nummer des Zertifikats für die werkseigene Produktionskontrolle;

- sofern zutreffend, Bedingungen und Gültigkeitsdauer des Zertifikats;
- Name und Stellung der Person, die berechtigt ist, das Zertifikat zu unterzeichnen.

Die oben erwähnte Erklärung muss in der/den offiziellen Landessprache(n) des Mitgliedstaates, in dem das Erzeugnis verwendet werden soll, vorgelegt werden.

| | |
|---|---|
| CE | *CE-Kennzeichnung bestehend aus dem „CE"-Zeichen nach der Richtlinie 93/68/EWG* |
| 01234 | *Kennnummer der notifizierten Stelle* |
| **AnyCo Ltd. PO Box 21, B-1050** | *Name oder Bildzeichen und eingetragene Anschrift des Herstellers* |
| **13** | *Die letzten beiden Ziffern des Jahres, in dem die Kennzeichnung angebracht wurde* |
| **0123-BPR-0456** | *Nummer des EG-Zertifikats* |
| **EN 12620-2013** | *Nummer und Ausgabejahr der Europäischen Norm* |
| **Gesteinskörnungen für Beton** | *Beschreibung des Produkts und* |
| | *Angaben zum Produkt und zu geregelten Merkmalen* |

| | | |
|---|---|---|
| **Konform** | Kategorie | (*FI*) |
| **Korngröße** | Bezeichnung<br>Toleranzkategorie | (*d/D*)<br>(z. B. $G_{20/15}$) |
| **Rohdichte** | angegebener Wert | ($Mg/m^3$) |
| **Reinheit** | | |
| Feinheit | Kategorie | (z. B. $f_4$) |
| Qualität der Feinanteile | Kategorie | (*MB, SE*) |
| Muschelschalengehalt | Kategorie | (z. B. $SC_{10}$) |
| **Widerstand gegen Zertrümmerung** | Kategorie | (z. B. $LA_{15}$) |
| **Widerstand gegen Polieren** | Kategorie | (z. B. $PSV_{56}$) |
| **Widerstand gegen Abrieb** | Kategorie | (z. B. $AAV_{10}$, $A_N30$) |
| **Widerstand gegen Verschleiß** | Kategorie | (z. B. $M_{DE}20$) |
| **Zusammensetzung/Gehalt** | | |
| Zusammensetzung von groben rezyklierten Gesteinskörnungen | Kategorien | (z. B. $Rc_{90}$, $XRg_{0,5}$, $Rcu_{95}$, $R_{a1}$, $FL_{0,2}$) |
| Chloride | angegebener Wert | (% *Cl*) |
| Säurelösliche Sulfate | Kategorie | (z. B. $AS_{0,2}$) |
| Gesamtschwefelgehalt | Kategorie | (z. B. $S_{NR}$) |
| Gehalt an wasserlöslichen Sulfaten von rezyklierten Gesteinskörnungen | Kategorie | (z. B. $SS_{0,2}$) |
| Bestandteile, die das Erstarrungs- und Erhärtungsverhalten von Beton verändern | bestanden/nicht bestanden<br>Schwellenwert<br>*(Erstarrungszeiten in min und Druckfestigkeit S %)* | (z. B. $A_{25}$) |
| Einfluss von rezyklierten Gesteinskörnungen auf den Erstarrungsbeginn von Zement | Kategorie | |
| Carbonatgehalt | angegebener Wert | (% $CO_2$) |
| **Raumbeständigkeit** | | |
| Schwinden infolge Austrocknen | bestanden/nicht bestanden<br>Schwellenwert | (% *WS*) |
| Bestandteile, die die Raumbeständigkeit von Hochofenstückschlacken beeinflussen | angegebener Wert | (Erscheinungsbild) |
| **Wasseraufnahme** | angegebener Wert | (% *WA24*) |
| **Abstrahlung von Radioaktivität** | | |
| **Freisetzung von Schwermetallen** | | |
| **Freisetzung von polyzyklischen aromatischen Kohlenwasserstoffen** | } | Grenzwerte, die am Ort der Verwendung gelten |
| **Freisetzung gefährlicher Stoffe** | | |
| **Frostwiderstand** | Kategorie | (z. B. *F* oder *MS*) |

**Abb. 2.12:** Beispiel für die Angaben zur CE-Kennzeichnung für Gesteinskörnungen für Beton nach System 2+ (nach [17])

#### CE-Kennzeichnung und Etikettierung

Der Hersteller oder sein im europäischen Wirtschaftsraum niedergelassener bevollmächtigter Vertreter ist für das Anbringen der CE-Kennzeichnung verantwortlich. Das anzubringende CE-Kennzeichen muss der Richtlinie 93/68/EG entsprechen und auf der beigefügten Aufschrift, der Verpackung oder den beigefügten Lieferdokumenten, z. B. einem Lieferschein, angebracht werden.

Die Abbildung 2.12 zeigt ein Beispiel für die Angaben zur CE-Kennzeichnung von Gesteinskörnungen für Beton nach System 2+.

Wegen der nationalen Regelungen zur Alkali-Kieselsäure-Reaktivität ist zusätzlich die Kennzeichnung mit dem Ü-Zeichen erforderlich.

### 2.3.2.7 Angaben für die Gesteinskörnung im Sortenverzeichnis und auf dem Lieferschein

Gesteinskörnungen müssen im Sortenverzeichnis, anhand der folgenden Merkmale bezeichnet werden:

- Herkunft – falls das Material über ein Lager ausgeliefert worden ist, müssen die Herkunft und das Lager angegeben werden;
- Art der Gesteinskörnung (natürlich, industriell hergestellt, normal, schwer);
- einfacher Hinweis auf den petrographischen Typ;
- Korngruppe;
- Anforderungskategorien, soweit diese von den Regelanforderungen abweichen;
- zusätzliche Angaben, die zur Identifikation der jeweiligen Gesteinskörnung benötigt werden;
- Sorten- oder Codenummer zur Kennzeichnung auf dem Lieferschein (s. Abschnitt 9).

Auf dem Lieferschein ist zusätzlich anzugeben:

- die Nummer der Norm DIN EN 12620 (bei Gesteinskörnung für Beton);
- Datum der Abgabe;
- Seriennummer des Lieferscheins;
- die CE-Kennzeichnung und ggf. Überwachungszeichen (Ü-Zeichen) mit Angabe der fremdüberwachenden Stelle.

Welche Kategorien der Einzeleigenschaften für die jeweilige Anwendung in Deutschland einzuhalten ist, ist der jeweiligen Anwendungsnorm zu entnehmen. Für die Normalanwendungen von Beton gilt hierfür z. B. Anhang U der DIN 1045 Teil 2, Ausgabe 2008-08 (vgl. Tabelle 2.31 und 2.32).

**Tabelle 2.31:** Regelanforderungen für Gesteinskörnungen nach [18]

| | Eigenschaft | DIN EN 12620 | Regelanforderung |
|---|---|---|---|
| 1 | Kornzusammensetzung | | |
| 1a | Grobe Gesteinskörnungen mit $D/d \leq 2$ oder $D \leq 11,2$ | 4.3.2 | $G_C85/20$ |

| | Eigenschaft | DIN EN 12620 | Regelanforderung |
|---|---|---|---|
| 1b | Feine Gesteinskörnungen | 4.3.3 | Toleranzen nach DIN EN 12620:2003-04, Tabelle 4 |
| 1c | Korngemische | 4.3.5 | $G_{A90}$ |
| 2 | Kornform | 4.4 | $FI_{50}$ oder $SI_{55}$ |
| 3 | Muschelschalengehalt für aus dem Meer gewonnene grobe Gesteinskörnung | 4.5 | $SC_{10}$ |
| 4 | Feinanteile | | |
| 4a | Grobe Gesteinskörnung | 4.6 | $f_{1,5}$ |
| 4b | Natürlich zusammengesetzte Gesteinskörnung 0/8 | 4.6 | $f_3$ |
| 4c | Korngemisch | 4.6 | $f_3$ |
| 4d | Feine Gesteinskörnung | 4.6 | $f_3$ |
| 5 | Widerstand gegen Zertrümmerung | 5.2 | $LA_{NR}$ oder $SZ_{NR}$ |
| 6 | Widerstand gegen Verschleiß von groben Gesteinskörnungen | 5.3 | $M_{DE}NR$ |
| 7 | Widerstand gegen Polieren | 5.4.1 | $PSV_{NR}$ |
| 8 | Widerstand gegen Oberflächenabrieb | 5.4.2 | $AAV_{NR}$ |
| 9 | Widerstand gegen Abrieb durch Spike-Reifen | 5.4.3 | $A_NNR$ |
| 10 | Frost-Tau-Widerstand | 5.7.1 | $F_4$ |
| 11 | Magnesiumsulfat-Widerstandsfähigkeit | 5.7.1 | $MS_{NR}$ |
| 12 | Chloride | 6.2 | Chloridgehalt ≤ 0,04 % Massenanteil |
| 13 | Säurelösliches Sulfat für alle Gesteinskörnungen außer Hochofenstückschlacken | 6.3.1 | $AS_{0,8}$ |
| 14 | Säurelösliches Sulfat für Hochofenstückschlacken | 6.3.1 | $AS_{1,0}$ |
| 15 | Gesamtschwefel für alle Gesteinskörnungen außer Hochofenstückschlacken | 6.3.2 | ≤ 1 % Massenanteil |
| 16 | Gesamtschwefel für Hochofenstückschlacken | 6.3.2 | ≤ 2 % Massenanteil |
| 17 | Leichtgewichtige organische Verunreinigungen | | |
| 17a | Feine Gesteinskörnung | 6.4.1 und G.4 | ≤ 0,5 % Massenanteil |
| 17b | Grobe Gesteinskörnung, natürlich zusammengesetzte Gesteinskörnung 0/8 und Korngemisch | 6.4.1 und G.4 | ≤ 0,1 % Massenanteil |

**Tabelle 2.32:** Andere Anforderungen für Regelanforderungen nach [18]

| | Eigenschaft | DIN EN 12620 | Regelanforderung |
|---|---|---|---|
| 10 | Frost-Tau-Widerstand | 5.7.1 | $F_2$ für XF3 |
| 11 | Magnesiumsulfat-Widerstands-fähigkeit[1)] | 5.7.1 | $MS_{25}$ für XF2, $MS_{18}$ für XF4 |
| 12 | Chloride [2)] | 6.2 | Chloridgehalt ≤ 0,02 % Massenanteil für Beton mit Spannstahlbewehrung<br>Chloridgehalt ≤ 0,15 % Massenanteil für Beton ohne Betonstahlbewehrung oder anderes eingebettetes Metall |

1) Alternativ zu den Anforderungen an die Magnesiumsulfatwiderstandsfähigkeit in DIN EN 12620 kann auch eine Prüfung unter Verwendung einer 1 %igen NaCl-Lösung, wie sie in DIN EN 1367-6 beschrieben ist, vereinbart werden.
Für die Prüfung des Frost-Tausalz-Widerstandes einer Gesteinskörnung unter Verwendung einer 1 %igen NaCl-Lösung, wie in DIN EN 1367-6 beschrieben, können derzeit keine allgemein anwendbaren Anforderungswerte angegeben werden. Wenn bei diesem Versuch jedoch ein Masseverlust von > 8 % festgestellt wird, sollte der ausreichende Frost-Tausalz-Widerstand im Betonversuch nach DIN V 18004, Ausgabe 2004-04, Abschnitt 4, mit Beton der dort angegebenen Zusammensetzung nachgewiesen werden.
Gesteinskörnungen, deren Masseverlust ≤ 8 % beträgt, können nach bisherigen Erfahrungen für die gleichen Anwendungsgebiete eingesetzt werden wie Gesteinskörnungen der Kategorien $MS_{18}$ bis $MS_{35}$ nach DIN EN 12620.
Gesteinskörnungen, die die Anforderungen der Kategorie $MS_{25}$ oder $MS_{18}$ nach DIN EN 12620 nicht erfüllen oder deren Masseverlust bei Prüfung unter Verwendung einer 1 %igen NaCl-Lösung, wie in E DIN EN 1367-6 beschrieben, > 8 % beträgt, können in den Expositionsklassen XF2 bzw. XF4 nach Tabelle F.2.2 nur eingesetzt werden, wenn bei der Frost-Tausalz-Prüfung nach DIN V 18004, Ausgabe 2004-04, Abschnitt 4, der Beton der dort angegebenen Zusammensetzung nach 56 Frost-Tauwechseln keine größere Abwitterung aufweist als 500 g/m².
Anmerkung: Der angegebene Grenzwert ist als vorläufig anzusehen, da noch nicht genügend Erfahrungen mit der Anwendung des Prüfverfahrens im Bereich der Beurteilung von Gesteinskörnungen vorliegen. Andere Grenzwerte können deshalb im Einzelfall vereinbart werden.
2) Andernfalls ist der Chloridgehalt des Betons nachzuweisen.

## 2.3.3 Kornzusammensetzung

### 2.3.3.1 Allgemeines

Um die Anforderungen an die Kornzusammensetzung erläutern zu können, sind zunächst die Definitionen der Begriffe „feine Gesteinskörnung", „grobe Gesteinskörnung, eng gestuft", „grobe Gesteinskörnung, weit gestuft" und „Korngemisch" durchzuführen. Sie sind in Tabelle 2.33 zusammengefasst. Gleichzeitig sind dort die typischen Korngruppen der jeweiligen Gesteinskörnung aufgeführt.

**Tabelle 2.33:** Definition und Beispiele für die Begriffe „feine Gesteinskörnung"; „grobe Gesteinskörnung" und „Korngemisch"

| Bezeichnung | Definition | | Beispiel |
|---|---|---|---|
| Feine Gesteinskörnung | $D \leq 4$ mm und $d = 0$ | | 0/1<br>0/2<br>0 = 4 |
| Grobe Gesteinskörnung | $D \geq 4$ mm<br>$d \geq 1$ mm | eng gestuft<br>$D/d \leq 2$ oder<br>$D \leq 11{,}2$ mm | 2/8<br>8/16<br>16/32 |
| | | weit gestuft<br>$D/d > 2$ und<br>$D > 11{,}2$ mm | 4/32 |
| Korngemisch | $D \leq 45$ mm und $d = 0$ | | 0/32 |

Auch bei den Anforderungen an die Kornzusammensetzung werden Kategorien unterschieden. Sie werden mit G bezeichnet und bekommen einen zusätzlichen Buchstabenindex, der auf die Art der Gesteinskörnung hinweist, und als zusätzlichen Zahlenindex den minimal zulässigen Durchgang durch das obere Prüfsieb sowie den höchstzulässigen durch das untere Prüfsieb ausweist. Durch unterschiedliche Festlegung dieser Durchgänge ist eine Unterscheidung von Kategorien möglich (siehe Tabelle 2.34).

**Tabelle 2.34:** Allgemeine Anforderungen an die Korngrößenverteilung (nach [17])

| Gesteinskörnung | Korngröße in mm | Siebdurchgang Massenanteil in Prozent | | | | | Kategorie |
|---|---|---|---|---|---|---|---|
| | | 2 *D* [1] | 1,4 *D* | *D* [2] | *d* | *d*/2 | G |
| Grob | $D > 4$<br>$d \geq 1$ | 100 | 100 | 90 bis 99 | 0 bis 10 | 0 bis 2 | $G_C90/10$ |
| | | 100 | 98 bis 100 | 90 bis 99 | 0 bis 15 | 0 bis 5 | $G_C90/15$ |
| | | 100 | 98 bis 100 | 85 bis 99 [3] | 0 bis 15 | 0 bis 5 | $G_C85/15$ |
| | | 100 | 98 bis 100 | 85 bis 99 [3] | 0 bis 20 | 0 bis 5 | $G_C85/20$ |
| | | 100 | 98 bis 100 | 80 bis 99 | 0 bis 20 | 0 bis 5 | $G_C80/20$ |
| | | 100 | 98 bis 100 | 85 bis 99 | 0 bis 35 | 0 bis 5 | $G_C85/35$ |
| | | 100 | 98 bis 100 | 85 bis 99 [3] | 0 bis 15 | 0 bis 2 | $G_{CA}85/15$ |
| | $d \geq 1$<br>$D \leq 4$ | 100 | 98 bis 100 | 85 bis 99 | 0 bis 15 | – | $G_G85/15$ |
| | | 100 | 98 bis 100 | 85 bis 99 | 0 bis 20 | 0 bis 5 | $G_G85/20$ |
| | | 100 | 98 bis 100 | 85 bis 99 | 0 bis 35 | 0 bis 5 | $G_G85/35$ |
| Natürlich zusammengesetzte Gesteinskörnung | $D = 8$<br>$d = 0$ | 100 | 98 bis 100 | 90 bis 99 | – | – | $G_{NG}90$ |
| Fein | $D \leq 4$<br>$d = 0$ | 100 | 95 bis 100 | 85 bis 99 | – | – | $G_F85$ |

| Gesteinskörnung | Korngröße in mm | Siebdurchgang Massenanteil in Prozent | | | | | Kategorie |
|---|---|---|---|---|---|---|---|
| | | 2 *D* [1] | 1,4 *D* | *D* [2] | *d* | *d*/2 | G |
| Gesteinskörnungsgemische | *D* > 4<br>*d* = 0 | 100 | 98 bis 100 | 90 bis 99 | – | – | $G_A90$ |
| | | 100 | 98 bis 100 | 85 bis 99 | – | – | $G_A85$ |
| | | 100 | 98 bis 100 | 80 bis 99 | – | – | $G_A80$ |
| | | 100 | – | 75 bis 99 | – | – | $G_A75$ |

[1] Für Korngrößen mit *D* > 63 mm (z. B. 80 mm und 90 mm wie in EN 13242 erwähnt) gelten nur die Anforderungen an das Überkorn in Bezug auf das 1,4-*D*-Sieb, da es kein Sieb aus der ISO 565/R20-Reihe über 125 mm gibt.

[2] Ist der Siebrückstand auf *D* < 1 % Massenanteil, so muss der Hersteller die typische Korngrößenverteilung aufzeichnen und angeben, wobei die Siebe *D*, *d*, *D*/2 und die zwischen *d* und *D* liegenden Siebe des Grundsiebsatzes plus Ergänzungssiebsatz 1 oder des Grundsiebsatzes plus Ergänzungssiebsatz 2 enthalten sein müssen.

[3] Für eng gestufte grobe Gesteinskörnungen *d*/*D* mit *D*/*d* < 2 der Kategorien $G_C85/15$ und $G_{CA}85/15$ darf der Massenanteil in Prozent des Siebdurchganges bei *D* abhängig von der jeweiligen Anwendung bzw. vom jeweiligen Verwendungszweck um 5 % verringert werden.

[4] Weitere Produktnormen für Gesteinskörnungen umfassen andere Anforderungen an die Kategorien.

### 2.3.3.2 Feine Gesteinskörnung

Sand

Es gibt keine „Absolut-Anforderungen" an die Kornzusammensetzung. Der Hersteller muss angeben, welche Sieblinie seine feine Gesteinskörnung im Mittel aufweist und diese „Typische Kornzusammensetzung" dann mit vorgegebenen Grenzabweichungen einhalten. Zusätzlich gelten feste Anforderungen an den Gehalt der Feinanteile ≤ 0,063 mm und den erlaubten Überkornanteil. In der Tabelle 2.35 sind die Anforderungen für die feinen Gesteinskörnungen 0/1, 0/2 und 0/4 zusammengestellt.

**Tabelle 2.35:** Zusammenstellung der Regelanforderungen an die Kornzusammensetzung von feinen Gesteinskörnungen für die Kategorien $G_F85$, $G_{TC}20$ und $f_3$ (nach [17, Tab. 2 und Tab. 4])

| Korngruppe | Kategorie | | Grenzwerte (absolut) und Grenzabweichungen [1] als Massenanteil in Prozent für den Siebdurchgang durch die Prüfsiebe | | | | | | | | |
|---|---|---|---|---|---|---|---|---|---|---|---|
| | $G_F$ | f | 0,063 | 0,250 | 1 | 1,4 | 2 | 2,8 | 4 | 5,6 | 8 |
| 0/1 | $G_F85$<br>$G_{TC}20$ | $f_3$ | 3 | | 85 bis 99 | 95 bis 100 | 100 | | | | |
| | | | | ±25 | ±5 | | | | | | |
| 0/2 | $G_F85$<br>$G_{TC}20$ | $f_3$ | 3 | | | | 85 bis 99 | 95 bis 100 | 100 | | |
| | | | | ±25 | ±20 | | ±5 | | | | |
| 0/4 | $G_F85$<br>$G_{TC}20$ | $f_3$ | 3 | | | | | | 85 bis 99 | 95 bis 100 | 100 |
| | | | | ±25 | | | ±20 | | ±5 | | |

[1] Die Grenzabweichungen gelten für die vom Lieferanten angegebene typische Kornzusammensetzung; die Grenzwerte (absolut) sind einzuhalten.

#### 2.3.3.3 Eng gestufte grobe Gesteinskörnung

Bei eng gestuften groben Gesteinskörnungen gibt es lediglich Anforderungen an den zulässigen Über- und Unterkornanteil.

Eng gestufte grobe Gesteinskörnungen sind z. B. die häufig verwendeten Korngruppen 2/8, 8/16 und 16/32. Die Korngröße des Überkorns darf nicht beliebig groß sein, sondern muss zu 98 % durch das nächstgrößere Prüfsieb (1,4-facher Durchmesser des Nenngrößtkorns) hindurchgehen. Analog gilt dies auch für die Korngröße des Unterkorns: Es darf nicht beliebig klein sein, sondern muss zu 95 % auf dem Sieb der Siebweite *d*/2 liegen bleiben.

Der Überkornanteil einer Korngruppe muss mindestens 1 % betragen. Damit soll erreicht werden, dass z. B. in einer mit 16/32 bezeichneten Korngruppe auch wirklich Körner mit 32 mm Durchmesser vorhanden sind. Nach „alter" Norm war es möglich, eine Korngruppe auch dann als 16/32 zu bezeichnen, wenn kein einziges Korn mit einem Korndurchmesser von 32 mm vorhanden war; es mussten lediglich alle Körner größer als 16 mm sein. Dies geht nach neuer Norm nicht mehr. Wenn also vorkommensbedingt in einem Kies kein oder nur wenig Größtkorn vorhanden ist, muss ggf. eine Korngruppe, die bisher als 16/32 bezeichnet wurde, umbenannt werden in „16/22".

Die Anforderungen für eng gestufte grobe Gesteinskörnungen sind in Tabelle 2.36 zusammengefasst.

**Tabelle 2.36:** Zusammenstellung der Regelanforderungen an die Kornzusammensetzung von eng gestuften groben Gesteinskörnungen mit $D/d \leq 2$ oder $D \leq 11{,}2$ mm für die Kategorie $G_c85/20$ (nach [17, Tab. 2])

| Korngruppe | Kategorien | | Grenzwerte (absolut) als Massenanteil in Prozent für den Siebdurchgang durch die Prüfsiebe | | | | | | | | | | | |
|---|---|---|---|---|---|---|---|---|---|---|---|---|---|---|
| | $G_c$ | f | 0,063 | 1 | 2 | 4 | 5,6 | 8 | 11,2 | 16 | 22,4 | 31,5 | 45 | 63 |
| 2/4 | $G_c85/20$ | $f_{1,5}$ | 1,5 | 0 bis 5 | 0 bis 20 | 85 bis 99 | 98 bis 100 | 100 | | | | | | |
| 2/8 | $G_c85/20$ | $f_{1,5}$ | 1,5 | 0 bis 5 | 0 bis 20 | | | 85 bis 99 | 98 bis 100 | 100 | | | | |
| 4/8 | $G_c85/20$ | $f_{1,5}$ | 1,5 | | 0 bis 5 | 0 bis 20 | | 85 bis 99 | 98 bis 100 | 100 | | | | |
| 8/16 | $G_c85/20$ | $f_{1,5}$ | 1,5 | | | 0 bis 5 | | 0 bis 20 | | 85 bis 99 | 98 bis 100 | 100 | | |
| 16/32 | $G_c85/20$ | $f_{1,5}$ | 1,5 | | | | | 0 bis 5 | | 0 bis 20 | | 85 bis 99 | 98 bis 100 | 100 |

### 2.3.3.4 Weit gestufte grobe Gesteinskörnungen

Während „eng gestufte" grobe Gesteinskörnungen mit Anforderungen an das Über- bzw. Unterkorn auskommen, muss bei weit gestuften groben Gesteinskörnungen zusätzlich ein bestimmter Siebdurchgang durch ein sog. „Mittleres Sieb" eingehalten werden. Der Über- bzw. Unterkornanteil darf für weit gestufte grobe Gesteinskörnungen maximal 10 % bzw. 15 % betragen. Das „Mittlere Sieb" ist in Abhängigkeit vom Größtkorn *D* und dem Verhältnis *D*/*d* in der Norm definiert. Für die Korngruppe 2/32 ist das 16-mm-Sieb als „Mittleres Sieb" festgelegt worden. Der Siebdurchgang durch dieses Sieb ist aufzuzeichnen und muss im Bereich 25 M.-% bis 70 M.-% liegen. Der vom Hersteller einmal angegebene Siebdurchgang ist mit einer erlaubten Grenzabweichung von ±15 M.-% (für $D/d < 4$) bzw. ±17,5 M.-% (für $D/d \geq 4$) einzuhalten. Eine Zusammenstellung der Anforderungen zeigt Tabelle 2.37.

**Tabelle 2.37:** Zusammenstellung der Regelanforderungen an die Kornzusammensetzung von weit gestuften groben Gesteinskörnungen mit $D/d > 2$ und $D > 11{,}2$ mm für die Kategorie $G_C90/15$ (nach [17, Tab. 2 und Tab. 3] [18])

| Korngruppe | Kategorie | | Grenzwerte (absolut) und Grenzabweichungen [1)] als Massenanteil in Prozent für den Siebdurchgang durch die Prüfsiebe | | | | | | | | | |
|---|---|---|---|---|---|---|---|---|---|---|---|---|
| | $G_C$ | f | 0,063 | 1 | 2 | 4 | 8 | 16 | 22,4 | 31,5 | 45 | 63 |
| 2/16 | $G_C90/15$ | $f_{1,5}$ | 1,5 | 0 bis 5 | 0 bis 15 | | 20 bis 70 | 90 bis 99 | 98 bis 100 | 100 | | |
| | | | | | | | ±17,5 | | | | | |
| 4/16 | $G_C90/15$ | $f_{1,5}$ | 1,5 | | 0 bis 5 | 0 bis 15 | 20 bis 70 | 90 bis 99 | 98 bis 100 | 100 | | |
| | | | | | | | ±17,5 | | | | | |
| 4/32 | $G_C90/15$ | $f_{1,5}$ | 1,5 | | 0 bis 5 | 0 bis 15 | | 20 bis 70 | | 90 bis 99 | 98 bis 100 | 100 |
| | | | | | | | | ±17,5 | | | | |
| 8/32 | $G_C90/15$ | $f_{1,5}$ | 1,5 | | | 0 bis 5 | 0 bis 15 | 20 bis 70 | | 90 bis 99 | 98 bis 100 | 100 |
| | | | | | | | | ±17,5 | | | | |

1) Die Grenzabweichungen gelten für den vom Lieferanten angegebenen typischen Siebdurchgang durch das betreffende Prüfsieb; die Grenzwerte (absolut) sind einzuhalten.

### 2.3.3.5 Korngemische

Korngemische sind vergleichbar mit dem in der alten DIN 4226 enthaltenen „Werkgemischten Betonzuschlag". Es handelt sich um Gemische aus feinen und groben Gesteinskörnungen; d ist bei Korngemischen also stets 0. Die Sieblinien für die verschiedenen definierten Korngemische müssen in einem bestimmten Bereich liegen, der ähnlich den bekannten Sieblinienbereichen nach DIN 1045-2 ist. Die Regelanforderungen sind in Tabelle 2.38 zusammengestellt.

**Tabelle 2.38:** Zusammenstellung der Anforderungen an die Kornzusammensetzung von Korngemischen mit $D \leq 45$ mm und $d = 0$ für die Kategorie $G_A90$ (nach [17, Tab. 2 und Tab. 6] [18])

| Korngruppe | Kategorien | | Grenzwerte (absolut) und Grenzabweichungen[1] als Massenanteil in Prozent für den Siebdurchgang durch die Prüfsiebe | | | | | | | | | | |
|---|---|---|---|---|---|---|---|---|---|---|---|---|---|
| | $G_A$ | f | 0,063 | 1 | 2 | 4 | 8 | 11,2 | 16 | 22,4 | 31,5 | 45 | 63 |
| 0/8 | $G_A90$ | $f_3$ | 3,0 | 40 | | 70 | 90 bis 99 | 98 bis 100 | 100 | | | | |
| | | | | ±20 | | ±20 | | | | | | | |
| 0/16 | $G_A90$ | $f_3$ | 3,0 | | 40 | | 70 | | 90 bis 99 | 98 bis 100 | 100 | | |
| | | | | | ±20 | | ±20 | | | | | | |
| 0/32 | $G_A90$ | $f_3$ | 3,0 | | | 40 | | | 70 | | 90 bis 99 | 98 bis 100 | 100 |
| | | | | | | ±20 | | | ±20 | | | | |

[1] Der Grenzwert (absolut) ist mit den angegebenen Grenzabweichungen einzuhalten.

### 2.3.3.6 Durchführung der Siebungen

Entsprechend DIN EN 12620, Abs. 4.3 – Korngrößenverteilung – und Abs. 4.4 – Feinanteile – erfolgt die Prüfung nach DIN EN 933-1 Prüfverfahren für geometrische Eigenschaften von Gesteinskörnungen; Teil 1: Bestimmung der Korngrößenverteilung – Siebverfahren; Ausgabe 2012-03.

Das Regelverfahren ist Waschen und anschließende Trockensiebung. Vorteil dieses Verfahrens ist, dass gleichzeitig der Gehalt an Feinanteilen mit bestimmt wird. Für Gesteinskörnungen, die frei von zur Agglomeration neigenden Bestandteilen sind, ist auch Trockensiebung zulässig.

**Prüfverfahren** Siebung ausschließlich in runden Sieben

*Waschen und Trockensiebung:* Die Masse der Messproben ist in Abhängigkeit vom Größtkorn nach Tabelle 2.38 festzulegen und bei (110 ±5) °C zu trocknen. Danach wird sie gewogen und in ein Behältnis gefüllt. Nach Überdeckung mit Wasser erfolgt eine Lagerung über 24 h unter Wasser. Durch kräftiges Umrühren Feinbestandteile vom Grobkorn trennen. Grobkorn über Schutzsiebe (z. B. 8 mm, 1 mm) weiter auswaschen, bis das aus dem 0,063-mm-Sieb austretende Wasser klar ist. Mit aufgeschlämmten Feinbestandteilen aus dem Behältnis über 1-mm-Schutzsieb ebenso verfahren. Die Siebrückstände bzw. das gewaschene Grobkorn sind erneut (bei 110 ±5 °C) zu trocknen.

Die Messprobe wird dann in den mit dem größten Sieb zuoberst zusammengesetzten Siebsatz (Normsiebsatz) eingefüllt und von Hand oder durch eine mechanische Rüttelvorrichtung abgesiebt. Die Rückstände der Siebe werden, beim größten Sieb beginnend, nachdem jedes Sieb nochmals über einer Auffangschale auf restliche Durchgänge überprüft wurde, eingewogen.

Die gewogenen Siebrückstände dürfen in ihrer Endsumme von ihrer Ausgangsmenge nicht mehr als 1 M.-% abweichen. (Reinigung der Siebe vor und nach Benutzung!)

Der in der Auffangschale enthaltene Siebdurchgang ist ebenfalls zu wägen und seine Masse zu notieren. (Zur Bestimmung der Feinanteile siehe auch Abschn. 2.3.2.3).

**Tabelle 2.39:** Masse der Messproben für Gesteinskörnungen

| Korngröße D max. [mm] | Masse der Messprobe min. [kg] |
|---|---|
| 63 | 40 |
| 32 | 10 |
| 16 | 2,6 |
| 8 | 0,6 |
| ≤ 4 | 0,2 |

*Anmerkung 1:* Die minimale Masse der Messprobe von Gesteinskörnungen mit anderen Größen kann von den Massen nach Tabelle 2.39 interpoliert werden.
*Anmerkung 2:* Wenn die Masse der Messprobe nicht mit Tabelle 2.39 übereinstimmt, entspricht die Bestimmung der Korngrößenverteilung nicht der Norm. Dies muss im Prüfbericht angegeben werden.
*Anmerkung 3:* Für Gesteinskörnungen mit einer Kornrohdichte < 2,00 $mg/cm^3$ oder > 3,00 $Mg/m^3$ (s. EN 1097-6) müssen die Massen der Messproben entsprechend dem Dichteverhältnis korrigiert werden, damit eine Messprobe etwa mit gleichem Volumen wie Proben für Gesteinskörnungen mit normaler Dichte hergestellt wird.

*Trockensiebung:* Bei der Trockensiebung ist wie oben beschrieben zu verfahren. Es entfällt lediglich der Waschvorgang.

### Auswertung der Siebergebnisse (s. Tabelle 2.39)

Zunächst erfolgt die Berechnung der beim Waschen entfernten Trockenmasse ($M_1$ – $M_2$). Sodann wird die Masse des Siebrückstandes jedes Einzelsiebs in Spalte 2 notiert. In Spalte 3 erfolgt die Berechnung des prozentualen Anteils jedes einzelnen Siebrückstandes bezogen auf die Gesamttrockenmasse und schließlich in Spalte 4 der Summe der Siebdurchgänge. In Spalte 5 bis 7 werden die zulässigen Grenzwerte und Abweichungen angegeben. Zeile 2 gibt den Anteil in der Auffangschale an und Zeile 3 die Summe aller Siebrückstände. In Zeile 4 erfolgt schließlich die Angabe der Feinanteile.

Tabelle 2.40 zeigt ein Auswertebeispiel für eine grobe Gesteinskörnung 8/16.

**Tabelle 2.40:** Auswertebeispiel für eng gestufte grobe Gesteinskörnung der Kategorie $G_c$ 85/20

| Sieböffnungsweite [mm] | Masse des Rückstandes [g] | Anteil des Rückstandes [%] | Summe der Durchgänge [%] | Grenzwerte und Abweichungen bezogen auf die Durchgänge | | |
|---|---|---|---|---|---|---|
| | | | | 1) [%] | 2) [%] | 3) [%] |
| 31,5 | 0,0 | 0 | 100 | | | ≤ 100 |
| 22,4 | 0,0 | 0 | 100 | | | 98 bis 100 |
| 16 | 101,4 | 4 | 96 | | | 85 bis 99 |
| 8 | 2527,0 | 90 | 6 | | | 0 bis 20 |
| 4 | 139,3 | 5 | 1 | | | 0 bis 5 |
| 0,063 | 18,1 | 1 | - | | | |

| Sieböffnungsweite [mm] | Masse des Rückstandes [g] | Anteil des Rückstandes [%] | Summe der Durchgänge [%] | Grenzwerte und Abweichungen bezogen auf die Durchgänge | | |
|---|---|---|---|---|---|---|
| | | | | [1] [%] | [2] [%] | [3] [%] |
| Auffangschale | 0,0 | 0,0 | | | | |
| Summe [4] | 2785,8 | | | | | |
| Feinanteile [5] ≤ 0,063 mm | | | 0,5 | ≤ 0,5 ≙ Kategorie $f_{0,5}$ (DIN EN 12620, Tab. 8) | | |

[1] Vom Lieferanten angegebene typische Kornzusammensetzung.
[2] Typische Kornzusammensetzung mit zulässigen Grenzabweichungen nach DIN EN 12620, Tab. 3.
[3] Grenzwerte (absolut) nach DIN EN 12620, Tab. 2.
[4] Abweichung von $M_2$ kleiner 1 %, somit gültige Siebung.
[5] Feinanteile (gesamt) aus beim Waschen entfernten Anteil und Anteil aus der Auffangschale.

### 2.3.3.7 Sieblinienauftrag

Die Siebergebnisse werden durch Eintragen in ein Sieblinienraster veranschaulicht, auf dessen Abszisse die Sieböffnungen (Maschen- bzw. Quadratlochweiten) in mm und auf der Ordinate die Siebdurchgänge in M.-% aufgetragen werden. (Ordinateneinteilung in Stoffraumprozent bei Aufbau von Korngemischen unterschiedlicher Rohdichte siehe am Schluss dieses Abschnitts.)

Die günstigste Sieblinie entspricht einer von dem Amerikaner *Fuller* aufgestellten prozentualen Kornfolge, die (unbeschadet der Abmessungen des Größtkorns) eine Parabel nachfolgender Gleichung ergibt: $A = \sqrt{\frac{d}{D}}$.

Hierin bedeuten: $A$ = Anteil der Korngruppe $0/d$ in %, $d$ = beliebige Korndurchmesser, $D$ = Durchmesser des Größtkorns. Sie stellt theoretisch die günstigste Zusammensetzung einer etwa kugelig gedachten Gesteinskörnung mit geringstem Hohlraumgehalt und kleinster spezifischer Oberfläche dar, mit der die optimale Dichte eines Betons bzw. Mörtels und damit auch der geringste Zementleimbedarf erreichbar ist (s. a. Abschn. 2.3.3.4).

Von der *Fuller-Kurve* ausgehend gelten für die Baupraxis folgende *Grenzsieblinien* (Regelsieblinien), die je nach Bauerfordernis Sieblinienflächenbereiche einschließen (Abb. 2.13 bis Abb. 2.16).

Eine über der Sieblinie C liegende Kornzusammensetzung würde durch zu große Kornoberfläche (s. Abschn. 2.3.3.4) einen zu hohen Wasser- und Zementbedarf haben. Eine unter der Sieblinie A liegende Kornzusammensetzung würde zu schwer verarbeitbar sein, d. h. zufolge Fehlens des Mörtelanteils einen mangelnden Gefügeschluss (Kiesnester) aufweisen.

Nach DIN 1045 Teil 2, Ausgabe 2008-08, führen die Regelsieblinien aller Korngemische in der Reihenfolge ihres Gütegefälles die Bezeichnung A – B – C mit einem Zahlenindex, der den Durchmesser des Größtkorns angibt.

Gestrichelte Sieblinien im Bereich des Prüfsiebes 0,50 mm:

Vorläufige Festlegung der Regelsieblinien als gradlinige Verbindung zwischen den Prüfsieben 0,25 und 1,0 mm.

**Erläuterungen zu den Flächenbereichen:**

① ungünstig (zu schwer verarbeitbar)
② nur für Ausfallkörnungen
③ günstig
④ brauchbar (erhöhter Wasser- und Zementbedarf)
⑤ ungünstig (zu hoher Wasser- und Zementbedarf)

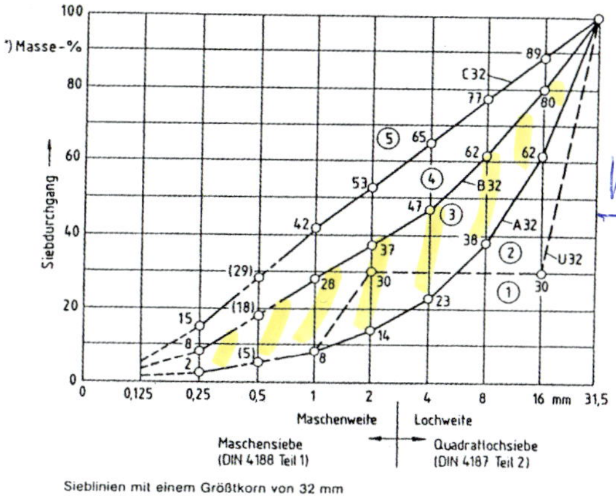


**Abb. 2.13:** Sieblinien nach DIN 1045-2, Ausgabe 2008-08; Sieblinienbereiche für Gesteinskörnungsgemisch 0/32 mm

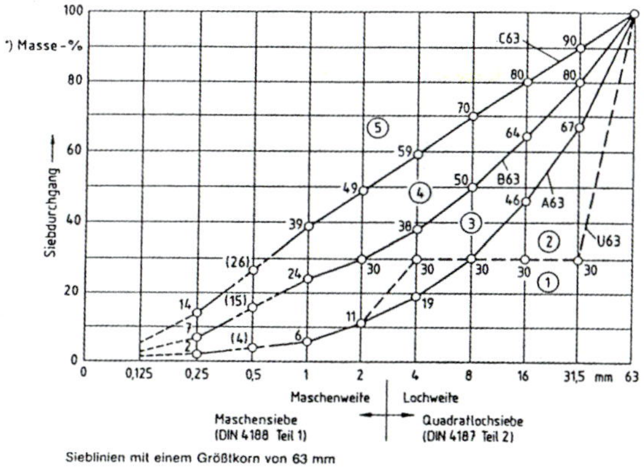


**Abb. 2.14:** Sieblinien nach DIN 1045-2, Ausgabe 2008-08; Sieblinienbereiche für Gesteinskörnungsgemisch 0/63 mm

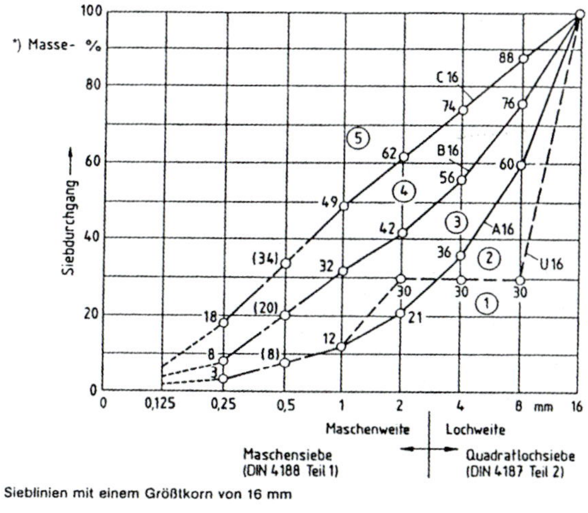


**Abb. 2.15:** Sieblinien nach DIN 1045-2, Ausgabe 2008-08, Sieblinienbereiche für Korngemisch 0/16 mm

* Bei Kornzusammensetzungen wesentlich verschiedener Rohdichte gilt der Siebdurchgang der Ordinatenachse in Stoffraum-% (s. Abschn. 2.3.3.7, 1. Absatz).

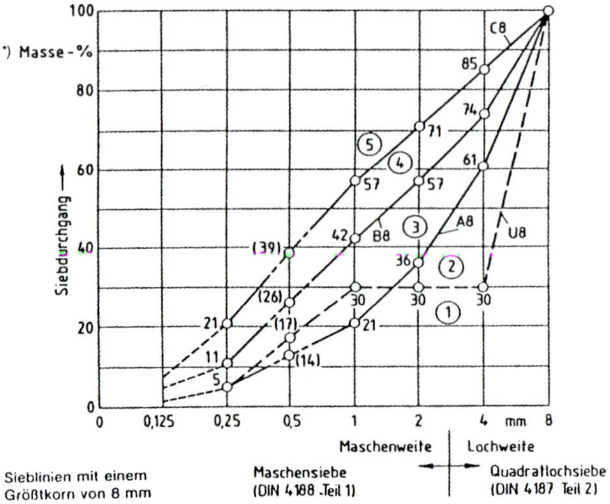


**Abb. 2.16:** Sieblinien nach DIN 1045-2, Ausgabe 2008-08, Sieblinienbereiche für Gesteinskörnungsgemisch 0/8 mm

* Bei Kornzusammensetzungen wesentlich verschiedener Rohdichte gilt der Siebdurchgang der Ordinate in Stoffraum-% (s. Abschn. 2.3.3.7, 1. Absatz).

Eine Veranschaulichung der sich durch die Sieblinien kennzeichnenden Siebrückstände ergibt sich, wenn behelfsweise die Rückstandsflächen rechts eines Siebes schraffiert angelegt werden, sodass die Körnungsrückstände (Korngruppen) keilförmige Abschnitte bilden (Abb. 2.17) für Sieblinie B32).

*Maßstab der Sieblinien*

Bei der sich fortlaufend verdoppelnden Sieböffnungsfolge erfolgt die Abszissenauftragung logarithmisch in gleichen Intervallen der Größenordnung lg2, um die die vorausgehende Sieböffnungsabszisse zu vergrößern ist (s. Abb. 2.13 bis 2.16). Die Massenanteile der Siebdurchgänge werden auf der Ordinate metrisch aufgetragen.

Es kann auch der Wurzelmaßstab verwendet werden, bei dem der parabolische Verlauf der *Fuller-Kurve* zur gestreckten Linie (Diagonale) wird (Abb. 2.18).

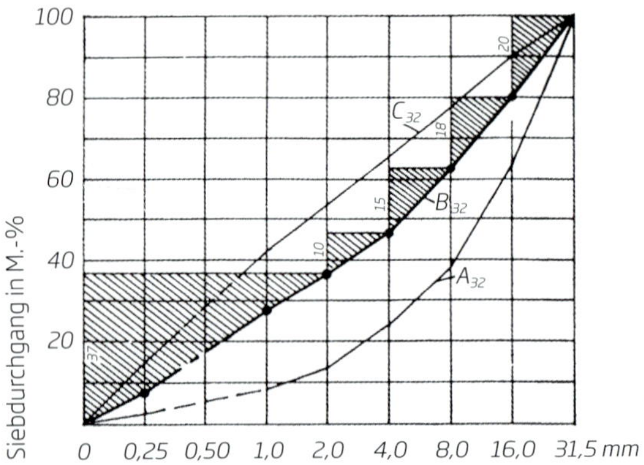


**Abb. 2.17:** Darstellung der Korngruppenanteile (schraffiert) für Sieblinie $B_{32}$ zwischen den Sieben

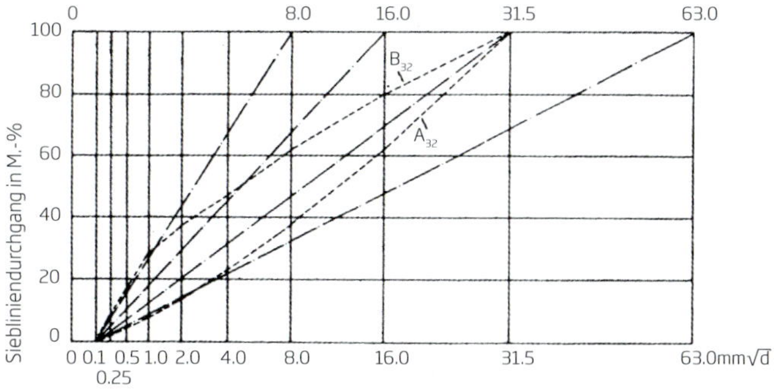


**Abb. 2.18:** Sieblinienarstellung im Wurzelmaßstab ($\sqrt{d}$ auf der Abszisse)

### Gesteinskörnungsgemische verschiedener Kornrohdichte

Bei Zusammensetzung von Gesteinskörnungsgemischen unterschiedlicher Rohdichte (Stoffdichte) würde ein in Massenprozent nach Sieblinie ermitteltes Körnungsverhältnis insofern nicht den Volumen- und damit nicht den Oberflächengegebenheiten einer angezielten Kornzusammensetzung entsprechen, als die eingewogene spezifisch schwerere Gesteinskörnung ein geringeres Volumen hat.

In diesen Fällen sind die Massenprozente der Sieblinienordinate mit *Stoffraumprozent* (Vol.-%) gleichzusetzen und aus den Stoffraumanteilen alsdann die erforderlichen Massenanteile zu errechnen:

Stoffraumanteile sind die durch die Kornrohdichte dividierten Massenanteile (Anwendung s. Abschnitte 4.10.1.3 und 4.10.4, Aufgabe 2a).

## 2.3.3.8 Einflüsse der Kornzusammensetzung auf die Betoneigenschaften

### Gesteinskörnungsgemische mit stetiger Sieblinie

Bei der betontechnologischen Bewertung der Sieblinien muss davon ausgegangen werden, dass die Kornzusammensetzung wirtschaftlich am günstigsten ist, die zu ihrer hohlraumfreien Verkittung die geringste Zementleimmenge erfordert. Die Umhüllung der Kornoberfläche grobkörniger Gesteinskörnungsgemische erfordert eine geringere Zementleimmenge und damit eine geringere Menge Zement als feinkörnigere Gemische, die eine ungleich größere Kornoberfläche haben („Bindemittelfresser"), d. h., der Wasseranspruch zur Plastifizierung eines Korngemisches steigt mit dessen zunehmender Verfeinerung.

Die spezifische Kornoberfläche von 1 kg glattem kugelförmigem Gesteinskorngemisch beträgt z. B.

- bei Körnung 16 mm etwa 0,15 m²,
- bei Körnung 1 mm etwa 2,30 m²,
- bei Körnung 0,25 mm etwa 9,25 m²,

oder es verhalten sich die Oberflächen eines Korngemisches der Sieblinien

$$A_{32} : B_{32} : C_{32} \text{ wie etwa } 1 : 2{,}9 : 4{,}5$$

Die in Abb. 2.19 dargestellten Kurven geben einen Vergleich der Kornoberfläche verschiedener Sieblinien unter Zugrundelegung rundlicher Körnung – bei Annahme anderer Kornformen (s. Abschn. 2.3.2.1) liegen die Werte entsprechend höher.

Beton mit grober Kornzusammensetzung ergibt somit, unter der Voraussetzung *gleicher Verarbeitbarkeit* (Konsistenz) und *gleicher Zementmenge*, gegenüber sandreicheren Zusammensetzungen einen niedrigeren *w/z*-Wert, d. h. die günstigste Betonfestigkeit.

Eine Kornzusammensetzung im oberen Drittel des Sieblinienbereiches A/B weist eine bessere Verdichtungswilligkeit auf und wird bevorzugt bei wasserundurchlässigem Beton und bei Sichtbeton verwendet.

Für *Straßenbeton* (s. Abschn. 4.10.5) muss nach der „ZTV-Beton 07" die Kornzusammensetzung DIN 1045-2 entsprechen. Der Körnungsanteil bis 1 mm muss jedoch bei Decken der Bauklassen I–IV[2] in der unteren Hälfte des Sieblinienbereiches A/B der Sieblinienbilder liegen.

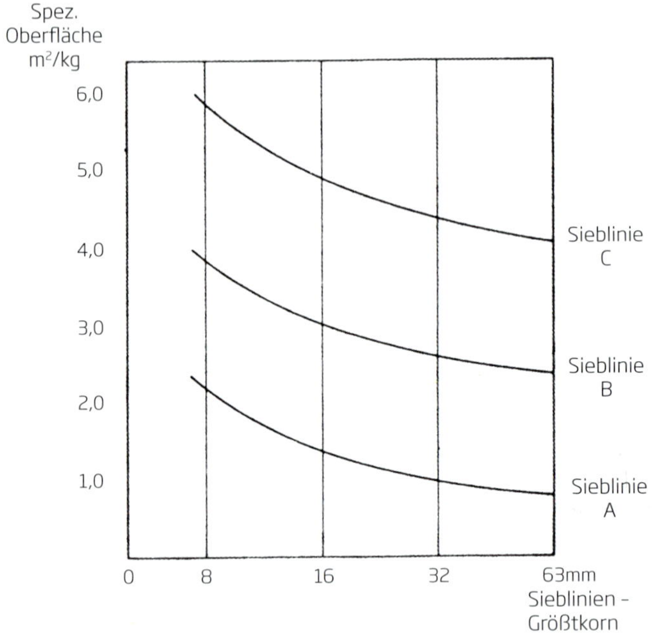


**Abb. 2.19:** Veranschaulichung der spezifischen Oberfläche von 1 kg Korngemisch der Sieblinien A, B, C mit verschiedenem Größtkorn (näherungsweise Kurvendarstellung)

### Gesteinskörnungsgemische mit unstetiger Sieblinie

Ein Sonderfall der Kornzusammensetzungen gegenüber den Sieblinien mit stetigem Verlauf sind Sieblinien mit unstetiger Kornfolge unter Weglassung einer oder mehrerer Korngruppen, die als *Sieblinien mit Ausfallkörnungen* bezeichnet werden. Diese können Korngemischen mit stetigem Sieblinienverlauf gleichgesetzt werden, wenn bei logarithmisch auf der Abszisse aufgetragenen Sieböffnungen die zwischen der Sieblinie mit Ausfallkorn und der stetigen Bezugslinie eingeschlossenen Flächen zu beiden Seiten der Bezugslinie etwa gleich groß sind (Abb. 2.20).

2 S. Abschn. 4.10.5

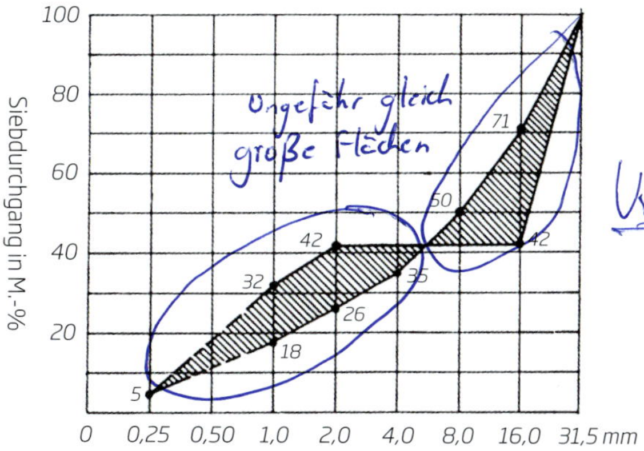


**Abb. 2.20:** Gleichwertige stetige und unstetige Sieblinien für Gesteinskörnung 0/32 mm

Der Unterschied zwischen grober und feiner Körnung muss jedoch groß genug sein und der Anteil der größeren Korngruppe oberhalb der gestrichelten Sieblinie U (s. Abb. 2.13 bis 2.16) liegen. (Praktisch liegt also eine Feinvermörtelung grobkörniger Bestandteile vor.)

Anwendung der Ausfallkörnung meist aus wirtschaftlichen Gründen bei Mangel an Mittelkorn sowie bei Waschbeton. Verwendung besonders auch im Straßenbau, jedoch unter der Voraussetzung, dass die Betonmischung einwandfrei verarbeitbar ist (Eignungsprüfung erforderlich!).

### 2.3.3.9 Kennwerte der Sieblinien

Es gilt die Regel, dass alle in einem logarithmischen System aufgetragenen stetigen und unstetigen Sieblinien mit gleicher Rückstandsfläche, unter der Voraussetzung gleichbleibender Frischbetonkonsistenz, den gleichen „Festigkeitsbildungswert", d. h. den gleichen Wasseranspruch, haben.

Zur Bewertung der Sieblinien und damit des Wasseranspruchs eines Korngemisches (s. Abschn. 2.3.3.4) lässt sich eine *Kennziffer* aus der Ermittlung der Sieblinienfläche (*F*-Wert) oder auch aus der Summe der Ordinaten der Siebrückstände (*k*-Wert) bzw. der Siebdurchgänge (*D*-Wert) herleiten.

**Feinheitsziffer: *F*-Wert**

Bei den im logarithmischen Maßstab auf der Abszisse aufgetragenen Sieböffnungen ergibt der Abszissenmittelwert jeder Korngruppe multipliziert mit dem prozentualen Anteil der Korngruppe auf der Ordinate den anteiligen *F*-Wert (Abb. 2.20).

Der Gesamt-*F*-Wert setzt sich aus der Summe der anteiligen *F*-Werte der Korngruppen (bei 0,1 mm beginnend) zusammen.

Der *F*-Wert einer Korngruppe (bezogen auf ein Prozent des Korngruppenanteils) beträgt: $\lg 10\, d_m$. Dabei ist $d_m$ = logarithmisches Mittelkorn einer Korngruppe.

*Beispiel* für *F*-Wert der Korngruppe 8/16 mm

$$\lg 10\, d_m = \left\{ \begin{array}{l} \lg 10 \cdot 8 = \lg 80 = 1{,}9031 \\ \lg 10 \cdot 16 = \lg 160 = 2{,}2041 \end{array} \right\} = 2{,}05 \quad \text{(s. Tabelle 2.41)}$$

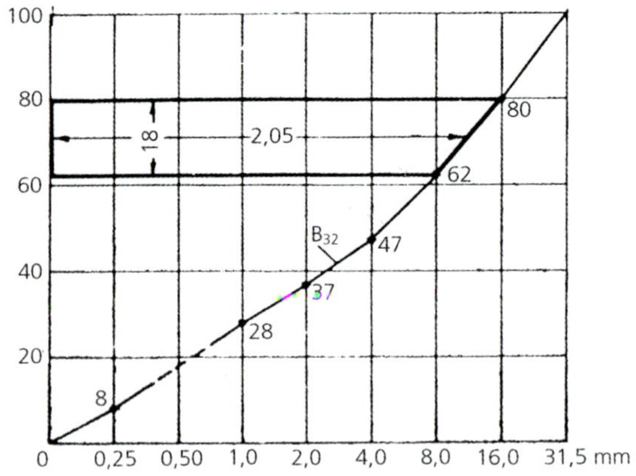


**Abb. 2.21:** *F*-Wert nach *Hummel*: Beispiel für die Ermittlung des *F*-Wertes der Korngruppe 8/16 mm

**Tabelle 2.41:** Beispiel für die Ermittlung des *F*-Wertes der Sieblinie $B_{32}$

| Korngruppe [mm] | *F*-Wert der Korngruppe (Festwerte) | Korngruppenanteil [%] [1)] | Anteilige *F*-Werte |
|---|---|---|---|
| 0/025 | 0,20 | 8 | 1,60 |
| 0,25/0,50 | 0,55 | 10 | 5,50 |
| 0,50/1 | 0,85 | 10 | 8,50 |
| 1/2 | 1,15 | 9 | 10,35 |
| 2/4 | 1,45 | 10 | 14,50 |
| 4/8 | 1,75 | 15 | 26,25 |
| **8/16** | **2,05** | **18** | **36,90** |
| 16/32 | 2,35 | 20 | 47,00 |
| 32/63 | 2,62 | 0 | - |
| | | 100 | 150,60 |

[1)] Differenz zweier benachbarter Siebdurchgänge (s. Siebtabelle, Tabelle 2.42)

**Tabelle 2.42:** Kornzusammensetzung der Sieblinie $B_{32}$ (als Beispiel)

| Sieböffnungen [mm] | 0,25 | 0,50 | 1 | 2 | 4 | 8 | 16 | 32 | 63 |
|---|---|---|---|---|---|---|---|---|---|
| Rückstände [%] | 92 | 82 | 72 | 63 | 53 | 38 | 20 | 0 | 0 |
| Durchgänge [%] | 8 | 18 | 28 | 37 | 47 | 62 | 80 | 100 | 100 |
| Korngruppenanteile [%] | 8 | 10 | 10 | 9 | 10 | 15 | 18 | 20 | = 100 % |

### Körnungsziffer *k* (*k*-Wert)[3]

Eine Vereinfachung in der Bewertung der Rückstandsflächen ergibt sich aus der Addition der Rückstandsordinaten bzw. als Kehrwert der Durchgangsordinaten:

3 Bevorzugtes Verfahren.

Summe der *Rückstände* auf den Sieben

0,25 - 0,50 - 1 - 2 - 4 - 8 - 16 - 32 - 63 mm dividiert durch 100.

Beispiel für $B_{32}$ (s. Tabelle 2.41)

$k = 92 + 82 + 72 + 63 + 53 + 38 + 20 + 0 + 0) / 100 = 4{,}20$

Die Berechnung des *k*-Wertes kann auch unmittelbar aus den Siebdurchgängen erfolgen:

$k$ = (Anzahl der Siebe · 100 − Summe der Durchgangsordinaten) / 100

$k = (9 \cdot 100 - 480) / 100 = 4{,}20$

**Durchgangssumme *D* (*D*-Summe)**

Quersumme der Durchgangsordinaten.

Beispiel für $B_{32}$:

$D_{63} = 8 + 18 + 28 + 37 + 47 + 62 + 80 + 100 + 100 = 480$ bzw. $D_{32} = 380$

**Tabelle 2.43:** Vergleich der Kennwerte von Regelsieblinien

| Kennwerte | $A_8$ | $A_{16}$ | $A_{32}$ | $B_8$ | $B_{16}$ | $B_{32}$ | $C_8$ | $C_{16}$ | $C_{32}$ |
|---|---|---|---|---|---|---|---|---|---|
| *F*-Wert | 134 | 162 | 189 | 111 | 134 | 151 | 92 | 107 | 123 |
| *k*-Wert | **3,64** | **4,61** | **5,48** | **2,89** | **3,66** | **4,20** | **2,27** | **2,75** | **3,30** |
| *D*-Summe ($D_{32}$) | 236 | 239 | 252 | 311 | 334 | 380 | 373 | 425 | 4,70 |

Da die *D*-Werte von der oberen Begrenzung des Siebsatzes abhängig sind, ist Index-Kennzeichnung (z. B. $D_{63}$) erforderlich: Je nach Größtkorn des Zuschlaggemisches unterschiedliche *D*-Werte (vgl. *k*-Wert: gleichbleibend).

Für die Beziehung des *k*-Wertes zum *F*-Wert gilt die Formel:

$F = 23{,}95 + 30{,}1 \cdot k$

und zur *D*-Summe: $D_{32} = 800 - k \cdot 100$ (bei 32 mm Größtkorn)

## 2.4 Zusammensetzung von Korngemischen

Da die gezielte Zusammensetzung von Korngemischen nach den sich aus der Sieblinie ergebenden Gewichts- bzw. Stoffraumanteilen bei größeren *Überschreitungen* des *Über-* und *Unterkorns* der Einzelkorngruppen zu wesentlichen Abweichungen der Ist-Sieblinie von der Soll-Sieblinie führt, lässt sich die Ermittlung der erforderlichen Korngruppenanteile entweder rechnerisch durch mehrfaches Probieren unter Veränderung der Prozentsätze oder unter Zugrundelegung der Sieblinienkennwerte durch Rechnung mit Unbekannten bzw. mittels sog. „Mischkreuzrechnung" durchführen. Auch zeichnerische Verfahren sind möglich (Verfahren im Wurzelmaßstab nach *Rothfuchs*[4]).

4 Siehe Literatur am Schluss des Kapitels.

## 2.4.1 Gesteinskörnungsgemische aus zwei Korngruppen (s. Tabelle 2.43)

### 2.4.1.1 Probierverfahren

Die festgestellten Siebdurchgänge zweier Einzelkörnungen (z. B. 0/4 und 4/32 mm) werden mit den zunächst geschätzten Prozentanteilen einer angestrebten Sieblinie (z. B. Mitte A/B32) multipliziert. Die Summe der so errechneten Durchgänge ergibt den Sieblinienverlauf, der durch ein- oder mehrmaliges Wiederholen des gleichen Rechnungsganges mit veränderten Prozentanteilen dem angestrebten Sieblinienverlauf angenähert wird.

Die Annäherung lässt sich auch unter Zuhilfenahme der Kennwerte (*F*-Wert, *k*-Wert oder *D*-Summe) erkennen, die für die Einzelkörnungen festzustellen sind und im prozentualen Verhältnis der Kornanteile addiert, sich der Bewertungsziffer der angestrebten Sieblinie nähern müssen (s. Tabelle 2.44, Kontrollzeilen).

**Tabelle 2.44:** Beispiel zur Zusammensetzung eines Korngemisches nach Sieblinie Mitte A/B32 aus zwei Korngruppen 0/4 mm und 4/32 mm durch Probieren (Soll-Körnungsziffer $k = 4{,}83$)

| Siebweite [mm] | | | 0,25 | 0,50 | 1 | 2 | 4 | 8 | 16 | 32 | 63 | *k*[1] |
|---|---|---|---|---|---|---|---|---|---|---|---|---|
| | | | - Siebdurchgänge - | | | | | | | | | |
| Angestrebte Sieblinie | | | 5 | 12 | 18 | 26 | 35 | 50 | 71 | 100 | 100 | 4,83 |
| Siebergebnisse | 0/4 mm | | 8 | 21 | 35 | 52 | 98 | 100 | 100 | 100 | 100 | 2,86 |
| | 4/32 | | 0 | 0 | 0 | 0 | 9 | 45 | 73 | 92 | 100 | 5,81 |
| 1. Versuch | 35 % | 0/4 | 2,8 | 7,3 | 12,2 | 18,2 | 34,3 | 35,0 | 35,0 | 35,0 | 35,0 | - |
| | 65 % | 4/32 | 0 | 0 | 0 | 0 | 5,8 | 29,2 | 47,5 | 59,8 | 65,0 | - |
| Summe | 100 % | 0/32 | 3 | 7 | 12 | 18 | 40 | 64 | 83 | 95 | 100 | 4,78 |
| | | | Kontrolle: $k = 0{,}35 \cdot 2{,}86 + 0{,}65 \cdot 5{,}81 =$ | | | | | | | | | 4,78 |
| Letzter Versuch | 33 % | 0/4 | 2,6 | 6,9 | 11,5 | 17,2 | 32,4 | 33,0 | 33,0 | 33,0 | 33,0 | - |
| | 67 % | 4/32 | 0 | 0 | 0 | 0 | 6,0 | 30,2 | 49,0 | 61,6 | 67,0 | - |
| Summe | 100 % | 0/32 | 3 | 7 | 12 | 17 | 38 | 63 | 82 | 95 | 100 | 4,83 |
| | | | Kontrolle: $k = 0{,}33 \cdot 2{,}86 + 0{,}67 \cdot 5{,}81 =$ | | | | | | | | [2] | 4,84 |

[1] Unmittelbare Errechnung des *k*-Wertes aus den *Siebdurchgängen*; s. Abschn. 2.3.3.5.

[2] Differenz durch Abrundungen.

### 2.4.1.2 Rechnung mit zwei Unbekannten

Das Prozentverhältnis der Einzelkornzugabe der Tabelle 2.44 kann auch durch die für die Prozentsätze einzusetzenden Unbekannten *x* und *y* aus folgenden zwei Gleichungen unmittelbar errechnet werden, wobei anstelle des *k*-Wertes auch die *D*-Summe oder der *F*-Wert einsetzbar ist.

$$\frac{x}{100} \cdot \left(k_{0/4}\right) + \frac{y}{100} \cdot \left(k_{4/32}\right) = \left(k_{A/B_{32}}\right)$$

$$x + y = 100;\ y = 100 - x$$

*Für Zahlenwerte der Tabelle 2.44:*

Angestrebte Sieblinie: Mitte $A/B_{32}$ $\qquad k = 4{,}83$

Durch Siebung festgestellte $k$-Werte: $\qquad k_{0/4} = 2{,}86 \qquad k_{4/32} = 5{,}81$

$$\frac{x}{100} \cdot 2{,}86 + \frac{100 - x}{100} \cdot 5{,}81 = 4{,}83$$

$x_{(0/4)} = 33{,}2\ (\%) \qquad y_{(4/32)} = 66{,}8\ (\%)$

### 2.4.1.3 Mischkreuzrechnung

Die erforderlichen Prozentanteile der Körnungen lassen sich mittels der Bewertungsziffern durch *Mischkreuzrechnung* feststellen, bei der die Differenz zwischen dem Kennwert der angestrebten Sieblinie zu den Kennwerten der Einzelkörnungen über Kreuz, ohne Berücksichtigung des Vorzeichens, gebildet wird.

Beispiel mit Körnungsziffern (nach den Werten der Tabelle 2.44):

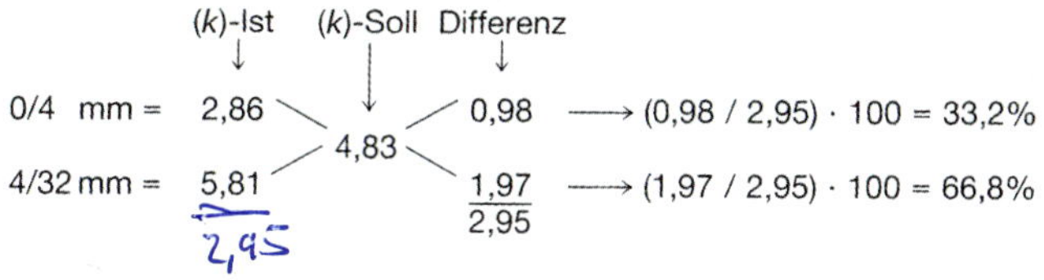


## 2.4.2 Gesteinskörnungsgemische aus mehreren Korngruppen

Bei Gesteinskörnungsgemischen aus mehr als zwei Korngruppen kann die Ermittlung der prozentualen Anteile unter Verwendung der Sieblinienkennwerte durch schrittweise erfolgende Näherungsrechnungen oder mit der *Mischkreuzrechnung* durch stufenweise rechnerische Zusammensetzung der Gesamtsieblinie erfolgen.

**Rechnungsgang der Zusammensetzung einer Sieblinie 0/32 mm aus Korngruppen 0/2, 2/8, 8/16, 16/32 mm im Mischkreuzverfahren**

1. Feststellung der Kornzusammensetzung der Einzelkorngruppen sowie der Kennwerte.
2. Zur Ermittlung der erforderlichen Korngruppenanteile ist zunächst die Gesamt-Sollsieblinie 0/32 mm rechnerisch in Teil-Sollsieblinien 0/16 und 0/8 mm aufzugliedern, indem das jeweilige Größtkorn = 100 gesetzt wird.
3. Die Gesamt-Sollsieblinie wird im folgenden Rechnungsgang vom Größtkorn beginnend durch Mischkreuzrechnungen aus den Kennwerten der untergliederten Sollsieblinie und aus den Ist-Kennwerten der Korngruppen ermittelt:

*Kennwerte der Sieblinien*

| | | | | |
|---|---|---|---|---|
| Rechnungsgang a) | 0/32 mm = | 0/16 mm | + | 16/32 mm |
| | Soll | Soll | | Ist |
| Rechnungsgang b) | 0/16 mm = | 0/8 mm | + | 8/16 mm |
| | Soll | Soll | | Ist |
| Rechnungsgang c) | 0/8 mm = | 2/8 mm | + | 0/2 mm |
| | Soll | Ist | | Ist |

*Beispiel*

Angestrebter Sieblinienverlauf:

Oberes Drittel des günstigen Bereichs $A/B_{32}$ (Körnungsziffer $k$ = 4,63)

**Tabelle 2.45:** Siebung der Einzelkorngruppen (Ist-Ergebnisse)

| Körnung mm | [1] | 0,25 | 0,50 | 1 | 2 | 4 | 8 | 16 | 32 | *k*-Wert |
|---|---|---|---|---|---|---|---|---|---|---|
| 16/32 | D | 0 | 0 | 0 | 0 | 0 | 0 | 4 | 95 | |
| | R | 100 | 100 | 100 | 100 | 100 | 100 | 96 | 5 | 7,01 |
| 8/16 | D | 0 | 0 | 0 | 0 | 1 | 4 | 91 | 100 | |
| | R | 100 | 100 | 100 | 100 | 99 | 96 | 9 | 0 | 6,04 |
| 2/8 | D | 0 | 3 | 6 | 18 | 47 | 96 | 100 | 100 | |
| | R | 100 | 97 | 94 | 82 | 53 | 4 | 0 | 0 | 4,30 |
| 0/2 | D | 19 | 47 | 75 | 91 | 100 | 100 | 100 | 100 | |
| | R | 81 | 53 | 25 | 9 | 0 | 0 | 0 | 0 | 1,68 |

[1] D = Durchgang in M.-%, R = Rückstand in M.-%.

**Tabelle 2.46:** Sollsieblinie bzw. ermittelte Teil-Sollsieblinie

| Sieblinie | [1] | 0,25 | 0,50 | 1 | 2 | 4 | 8 | 16 | 32 | *k*-Wert |
|---|---|---|---|---|---|---|---|---|---|---|
| 0/32 | D | 5 | 12 | 20 | 30 | 40 | 55 | 75 | 100 | |
| (Sollsieblinie) | R | 95 | 88 | 80 | 70 | 60 | 45 | 25 | 0 | 4,63 |
| 0/16 | D | 6,7 | 16,0 | 26,7 | 40,0 | 53,3 | 73,3 [2] | 100 | 100 | |
| (16 mm = 100 %) | R | 93,3 | 84,0 | 73,3 | 60,0 | 46,7 | 26,7 | 0 | 0 | 3,84 |
| 0/8 | D | 9,1 | 21,8 | 36,4 | 54,5 | 72,6 [2] | 100 | 100 | 100 | |
| (8 mm = 100 %) | R | 90,9 | 78,2 | 63,6 | 45,5 | 27,4 | 0 | 0 | 0 | 3,05 |

[1] *D* = Durchgang in M.-%, *R* = Rückstand in M.-%.

[2] Für Teil-Sollsieblinie 0/16 mm: z. B. Durchgang durch 8-mm-Sieb = (55/75) · 100 = 73,3 %. Für Teil-Sollsieblinie 0/8 mm: Durchgang durch 4-mm-Sieb = (40/55) · 100 = 72,6 %.

## Zusammensetzung der Sieblinie

**Tabelle 2.47:** Zusammensetzung der Ist-Sieblinie und Kontrolle der Körnungsziffer

| Korngruppe | | Ermittelte Korngruppenanteile | | Siebdurchgänge (aus den Siebdurchgängen der Einzelkorngruppen) | | | | | | | | |
|---|---|---|---|---|---|---|---|---|---|---|---|---|
| mm | *k*-Wert | % | *k*-Wert | 0,25 | 0,50 | 1 | 2 | 4 | 8 | 16 | 32 | 63 |
| 16/32 | 7,01 | 24,9 | 1,75 | 0 | 0 | 0 | 0 | 0 | 0 | 1,0 | 23,7 | 24,9 |
| 8/16 | 6,04 | 19,8 | 1,20 | 0 | 0 | 0 | 0 | 0,2 | 0,8 | 18,0 | 19,8 | 19,8 |
| 2/8 0/2 | 4,30 | 28,9 | 1,24 | 0 | 0,9 | 1,7 | 5,2 | 13,6 | 27,7 | 28,9 | 28,9 | 28,9 |
| | 1,68 | 26,4 | 0,44 | 5,0 | 12,4 | 19,6 | 24,0 | 26,4 | 26,4 | 26,4 | 26,4 | 26,4 |
| Ist 0/32 mm | | 100,0 | 4,63 | 5 | 13 | 21 | 29 | 40 | 55 | 74 | 99 | 100 |
| Soll 0/32 mm | | 100,0 | 4,63 | 5 | 12 | 20 | 30 | 40 | 55 | 75 | 100 | 100 |

**Sieblinie:** 0/32 mm = 0/16 mm (Soll) + 16/32 mm (Ist)
(Soll) (Soll) (Ist)

| | 0/32 mm (Soll) | | 0/16 mm (Soll) | | 16/32 mm (Ist) | | |
|---|---|---|---|---|---|---|---|
| (K) = | 4,63 | | 3,84 | | 7,01 | | |
| $(K_{0/16})$ = | 3,84 | | | | 2,38 | → | 75,1%*) |
| | | | $(K_{0/32})$ 4,63 | | | | |
| $(K_{16/32})$ = | 7,01 | | | | 0,79 | → | 16/32 mm 24,9% |
| | | | Summe: | | 3,17 | | 100,0 |

**Sieblinie:** 0/16 mm = 0/8 mm + 8/16 mm

| | 0/16 mm (Soll) | | 0/8 mm (Soll) | | 8/16 mm (Ist) | | |
|---|---|---|---|---|---|---|---|
| (K) = | 3,84 | | 3,05 | | 6,04 | | |
| $(K_{0/8})$ = | 3,05 | | | | 2,20 | → | 73,6 · 75,1 → 55,3*) |
| | | | $(K_{0/16})$ 3,84 | | | | |
| $(K_{8/16})$ = | 6,04 | | | | 0,79 | → | 26,4 · 75,1 → 8/16 mm 19,8% |
| | | | Summe: | | 2,99 | | |

**Sieblinie:** 0/8 mm = 2/8 mm + 0/2 mm

| | 0/8 mm (Soll) | | 2/8 mm (Ist) | | 0/2 mm (Ist) | | |
|---|---|---|---|---|---|---|---|
| (K) = | 3,05 | | 4,30 | | 1,68 | | |
| $(K_{2/8})$ = | 4,30 | | | | 1,37 | → | 52,3 · 55,3 → 2/8 mm 28,9% |
| | | | $(K_{0/8})$ 3,05 | | | | |
| $(K_{0/2})$ = | 1,68 | | | | 1,25 | → | 47,7 · 55,3 → 0/2 mm 26,4% |
| | | | Summe: | | 2,62 | | |

*) Die Prozentsätze der Teil-Sieblinie werden im jeweils nachfolgenden Rechnungsgang prozentual aufgeteilt.

wahrscheinlicher Fall für Klausur

## 2.4.3 Verbesserung von Korngemischen

Bei Verbesserung ungünstiger Korngemische durch Einzelkörnungen kann in gleicher Weise wie unter Abschn. 2.4.1 verfahren werden.

*Beispiel:*

Verbesserung eines Kiessandes 0/32 mm der Sieblinie B32 mit einer Kieskörnung 8/32 mm auf eine Sieblinie in der Mitte des günstigen Bereichs $A/B_{32}$.

| | | |
|---|---|---|
| Angestrebte Sieblinie $A/B_{32}$ | $k$ = 4,83 | |
| Vorhandene Körnung 0/32 mm | $k$ = 4,20 | durch Siebung ermittelt |
| Zugesetzte Körnung 8/32 mm | $k$ = 6,60 | |

0/32 mm 4,20 ↘ 4,83 ↗ 1,77 → (1,77 / 2,40) · 100 = 73,8%

8/32 mm 6,60 ↗ 4,83 ↘ 0,63 → (0,63 / 2,40) · 100 = 26,2%

Summe: 2,40

Kontrolle: $(k_{A/B32}) = 4{,}20 \times 0{,}738 + 6{,}60 \times 0{,}262 = 4{,}83$

## Literatur


[1] *Aurich, H.*: Kleine Leichtbetonkunde. Bauverlag, Wiesbaden, 1971

[2] Deutscher Betonverein: Beton-Handbuch. Bauverlag, Wiesbaden, 3. Auflage 1995

[3] *Härig, S.*: Bauen mit Splittbeton. Bundesverband Naturstein-Industrie e. V., 4. Auflage, 1993

[4] *Schulze, W.*: Der Baustoff Beton und seine Technologie. VEB-Verlag, Berlin, 1975

[5] *Weigler, H.; Karl, S.*: Stahlleichtbeton. Herstellen, Eigenschaften, Ausführung. Bauverlag, Wiesbaden, 1972

[6] *Wesche, K.*: Baustoffe für tragende Bauteile. Band 2: Beton. Bauverlag, Wiesbaden, 3. Auflage 1993

[7] Zement-Taschenbuch 2008, Teil II: Beton. Verlag Bau + Technik GmbH, Düsseldorf, 2008

[8] *Riechers, H.-J.*: Gesteinskörnungen für Beton – Die neue Norm bringt Änderungen. Verlag Bau + Technik, Düsseldorf, 2001

[9] DIN EN 932 Prüfverfahren für allgemeine Eigenschaften von Gesteinskörnungen; Teile 1 bis 6

[10] DIN EN 933 Prüfverfahren für geometrische Eigenschaften von Gesteinskörnungen; Teile 1 bis 10

[11] DIN EN 1097 Prüfverfahren für mechanische und physikalische Eigenschaften von Gesteinskörnungen; Teile 1 bis 10

[12] DIN EN 1367 Prüfverfahren für thermische Eigenschaften und Verwitterungsbeständigkeit von Gesteinskörnungen; Teile 1 bis 5

[13] DIN EN 1744 Prüfverfahren für chemische Eigenschaften von Gesteinskörnungen

[14] DIN EN 13179 Prüfverfahren für mineralische Füller in bitumenhaltigem Mischgut

[15] Deutscher Ausschuss für Stahlbeton. DAfStb – Richtlinie „Vorbeugende Maßnahmen gegen schädigende Alkalireaktion im Beton"; Ausgabe 2007-02 mit Berichtigungen 2010-04 und 2011-04

[16] DIN 4226 Gesteinskörnungen für Beton und Mörtel; Teil 100: Rezyklierte Gesteinskörnungen; Ausgabe 2002-02

[17] DIN EN 12620 Gesteinskörnungen für Beton; Ausgabe 2013-07

[18] DIN 1045 Tragwerke aus Beton, Stahlbeton und Spannbeton; Teil 2: Beton – Festlegung, Eigenschaften, Herstellung und Konformität – Anwendungsregeln zu DIN EN 206-1, Anhang U; Ausgabe 2008-08

[19] *Pickhardt, R.; Bose, Th.; Schäfer, W.*: Betonherstellung nach Norm. Arbeitshilfe für Ausbildung, Planung und Baupraxis. Verlag Bau + Technik, Düsseldorf, 19. Auflage 2012

[20] *Weber, R.; Riechers, H.-J.*: Kies und Sand für Beton. Hrsg.: Bundesverband der Deutschen Kies- und Sandindustrie e. V., Verlag Bau + Technik, Düsseldorf, 2003

# 3 Bindemittel, Mörtel und Estriche

*Dietmar Klausen*

## 3.1 Bindemittel

Die mineralischen Bindemittel werden nach dem Reaktionsmechanismus beim Erhärten in nicht hydraulische und hydraulische Bindemittel eingeteilt.

*Nicht hydraulische Bindemittel* erhärten nach Wasserzugabe ausschließlich an der Luft:

- Gipsbinder,
- Calciumsulfat-Binder,
- Luftkalke.

*Hydraulische Bindemittel* erhärten nach Wasserzugabe sowohl an der Luft als auch unter Wasser:

- hydraulische Kalke,
- Zemente.

Die *latent-hydraulischen und* puzzolanischen *Zusätze* sind keine selbstständigen Bindemittel. Sie erhärten nach Wasserzugabe im Allgemeinen nur bei Anwesenheit eines Anregers, wie Kalkhydrat:

- Hochofenschlacke,
- Trass,
- Flugasche,
- Silikastaub.

### 3.1.1 Gipsbinder und Gips-Trockenmörtel

| | |
|---|---|
| DIN EN 13279 | Gipsbinder und Gips-Trockenmörtel;<br>Teil 1: Begriffe und Anforderungen; Ausgabe 2008-11<br>Teil 2: Prüfverfahren; Ausgabe 2013-05 *(Norm-Entwurf)* |

#### 3.1.1.1 Gips – Aufbereitung und Calzinierung

Gips kommt in der Natur als Calciumsulfat-Dihydrat, d. h. Gipsstein ($CaSo_4 \cdot 2\ H_2O$), und in einzelnen Lagerstätten als kristallwasserfreies Calciumsulfat, d. h. Anhydrit ($CaSO_4$), vor. Technische Gipse fallen als Nebenprodukte chemischer und industrieller Prozesse an, so z. B. bei der Phosphorsäureherstellung und bei der Rauchgasentschwefelung (**REA**-Gips aus **R**auchgas-**E**ntschwefelungs-**A**nlagen).

Der gebrochene Gipsstein wird nach verschiedenen, auf das Rohmaterial und die zu erzeugende Gipssorte abgestimmten thermischen Verfahren gebrannt. Dabei wird das gebundene Kristallwasser ganz oder teilweise ausgetrieben (Calzinierung). Beim Brennen nimmt Gips unterschiedliche kristalline Formen an, die aus einer oder mehreren Hydratstufen bestehen und das Erhärtungsverhalten der verschiedenen Gipssorten bestimmen.

**Halbhydrate** (Calciumsulfat-Halbhydrat) entstehen aus dem Doppelhydrat beim Brennen im Niedertemperaturbereich (Halbhydratbereich) beginnend ab 100 °C:

$CaSO_4 \cdot 2\,H_2O \rightarrow CaSO_4 \cdot ½\,H_2O + 1½\,H_2O$

Die Halbhydrate treten je nach Brennvorgang in zwei Kristallformen mit verschiedenen physikalischen Eigenschaften auf:

- *α-Halbhydrat* bildet sich beim „nassen Brennen" unter Dampfeinwirkung in dichter kristalliner Form und entwickelt beim Abbinden hohe Festigkeiten (Abb. 3.1).
- *β-Halbhydrat*, das beim „trockenen Brennen" infolge schnelleren Austreibens des Kristallwassers in flockiger Kristallform entsteht, hat wesentlich geringere Festigkeiten.

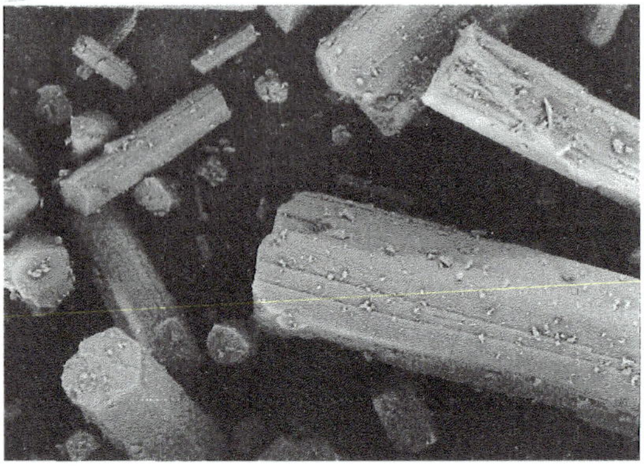

**Abb. 3.1:** REM-Aufnahme von α-Calciumsulfat-Halbhydrat aus [1]

Nach dem Anmachen mit Wasser erfolgt die Rückbildung (Rekristallisation) zu Gipsstein:

$CaSO_4 \cdot ½\,H_2O + 1½\,H_2O \rightarrow CaSO_4 \cdot 2\,H_2O$

**Anhydrite** bilden sich bei weiterer Entwässerung im Hochtemperaturbereich (Anhydritbereich) über 200 °C:

- Durch Austreiben des Kristallwassers entsteht bis auf wenige Reste *Anhydrit III*.
- Ab 300 °C findet eine völlige Entwässerung des Gipses statt („Totgebrannter Gips"). Es bildet sich *Anhydrit II*, der chemisch dem natürlichen Anhydrit $CaSO_4$ entspricht. Eine Wasseraufnahme zur Erhärtung ist nur durch die Zugabe von „Anregern", z. B. Kalk, möglich (siehe Abschn. 3.1.2).

- Oberhalb von 900 °C zersetzen sich geringe Anteile Calciumsulfat in CaO, $SO_2$ und $O_2$. Der dabei frei werdende Kalk ist als Anreger wirksam.

  $2\,CaSO_4 \rightarrow 2\,CaO + 2\,SO_2 + O_2$
- Der bei Temperaturen über 1200 °C entstehende Anhydrit I ist ohne praktische Bedeutung.

### 3.1.1.2 Gipsprodukte

DIN EN 13279-1 unterscheidet:

- Gipsbinder,
- Gips-Putztrockenmörtel (Kurzzeichen B),
- Gips-Trockenmörtel für besondere Zwecke (Kurzzeichen C).

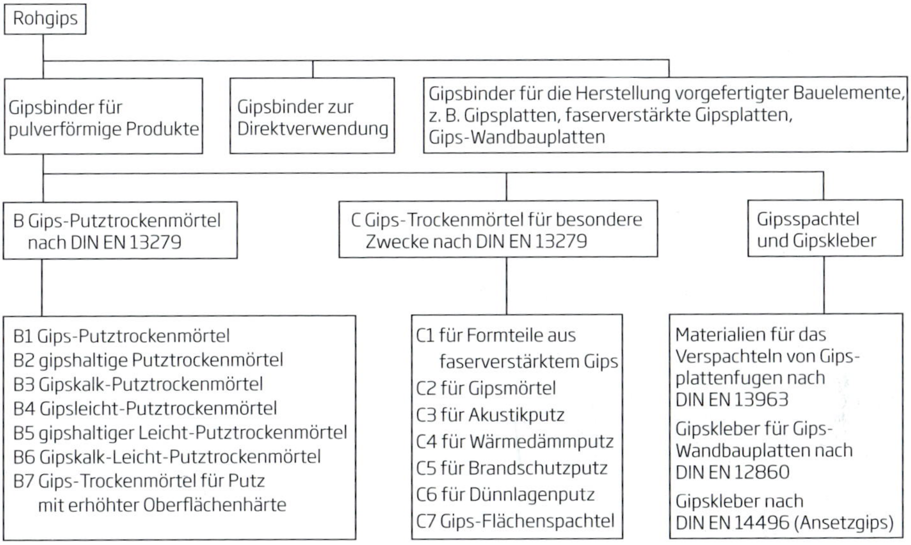


**Abb. 3.2:** Gipsbinder und daraus hergestellte Gipsprodukte

#### Gipsbinder

Gipsbinder besteht aus Calciumsulfat in seinen verschiedenen Hydratphasen, z. B. Halbhydrat ($CaSO_4 \cdot ½\, H_2O$) und Anhydrit ($CaSO_4$). Gipsbinder kann durch das Calzinieren von Calciumsulfathydrat ($CaSO_4 \cdot 2H_2O$) hergestellt werden. Der Gehalt an Calciumsulfat muss mindestens 50 % betragen.

Pulverförmig gemahlener Gipsbinder bindet durch Zugabe von Wasser ab. Dies kann auf der Baustelle geschehen (Gips-Trockenmörtel, Gipsspachtel, Gipskleber) oder für die Produktion von vorgefertigten Elementen (Gipsplatten, faserverstärkte Gipsplatten oder Gips-Wandbauplatten) im Werk. Gipsbinder bildet die Grundlage für die Herstellung von Gips-Trockenmörtel (Gipsmaschinenputz, Gipshandputz), Gipsspachtelmassen, Gipsklebern sowie für Modell-, Stuck- und Ansetzgipse.

**Stuckgips** besteht vorwiegend aus dem im Niedertemperaturbereich entstandenen ß-Halbhydrat. Stuckgips versteift rasch (Versteifungsbeginn zwischen 8 und 25 Minuten nach dem Anmachen mit Wasser). Die Verarbeitung muss nach dem Versteifungsende (20 bis 60 Minuten) abgeschlossen sein, da Stuckgips sonst „totgerieben" werden kann.

Verwendung für die Herstellung von Innenputzen, wie Gipsputz, Gipssandputz und Gipskalkputz, ferner für Stuck-, Form- und Rabitzarbeiten sowie für die Fertigung von Gipsplatten, Gipsbauplatten und -körpern.

**Putzgips** besteht aus dem im Hoch- und Niedertemperaturbereich entstandenen langsam hydratisierenden Anhydrit II und dem ß-Halbhydrat. Im Vergleich zu Stuckgips sind die Versteifungszeiten im Allgemeinen kürzer (Versteifungsbeginn ≥ 3 Minuten). Aufgrund des langsameren Abbindens der Anhydrit-II-Anteile können Putzflächen aber deutlich länger bearbeitet werden. Putzgips erreicht je nach Sorte etwa die gleiche Festigkeit wie Stuckgips.

Verwendung für die Herstellung von Innenputzen, wie Gipsputz und Kalkgipsputz, sowie für Rabitzarbeiten.

### Gips-Putztrockenmörtel (B) und Gips-Trockenmörtel für besondere Zwecke (C)

Der Oberbegriff Gips-Putztrockenmörtel wird für alle Arten von Gips-Putztrockenmörteln, die in Gebäuden eingesetzt werden, verwendet. Je nach Bindemittelgehalt werden sie unterschieden in

- Gips-Putztrockenmörtel (B1) mit ≥ 50 % Gipsbinder als aktivem Hauptbindemittel und ≤ 5 % Baukalk (Calciumhydroxid),
- Gipshaltige Putztrockenmörtel (B2) mit < 50 % Gipsbinder als aktivem Hauptbindemittel und ≤ 5 % Baukalk,
- Gipskalk-Putztrockenmörtel (B3) die als Gips-Trockenmörtel oder gipshaltige Putztrockenmörtel mehr als 5 % Baukalk enthalten.

Je nach Verwendungszweck dürfen die Konsistenz, Haftung und Versteifungszeit beeinflussende *Additive* (z. B. Luftporenbildner, Abbindeverzögerer usw.) und *Füllstoffe* (z. B. Kalkbrechsand, Kalksteinmehl, Fasern) vom Hersteller zugesetzt werden.

Wenn anorganische Leichtzuschläge (Perlite, Blähglimmer) oder organische Leichtzuschläge verwendet werden, handelt es sich um Gipsleicht-Putztrockenmörtel (B4, B5, B6), die eine Trockenrohdichte des erhärteten Putzes von < 1,0 kg/dm³ aufweisen. Weiterhin sind Gips-Trockenmörtel für Putz mit erhöhter Oberflächenhärte (B7) und Gips-Trockenmörtel für besondere Zwecke (C1 bis C7) erhältlich.

**Gipshandputz** zur Herstellung einlagiger Innenputze auf Mauerwerk (Mindestdicke 5 mm). Verarbeitungsende nach 60 bis 120 Minuten.

Für kritische Untergründe gibt es spezielle **Haftputzgipse.**

**Gipsmaschinenputz** entspricht weitgehend dem Fertigputzgips. Je nach Zusammensetzung fallen diese Putze in unterschiedliche Kategorien (siehe Tabelle 1, DIN EN 13279-1). Maschinenputzgipse werden als Innenputze in der Regel einlagig, in Ausnahmefällen bei sehr großen Putzdicken auch zweilagig verwendet. Verarbeitungsende nach 120 bis 240 Minuten. Das Anmischen und Verpumpen erfolgt mithilfe von Putzmaschinen.

**Gips-Flächenspachtel** wird als Endbehandlung zur Erzielung einer glatten Oberfläche in einer Schichtdicke von 0,1 bis 3 mm aufgebracht.

### Weitere (nicht in DIN EN 13279-1 genormte) Gipsbinder

**Estrichgips** wird in Deutschland nicht mehr hergestellt. Als Ersatz kommt heute Calciumsulfatestrich nach DIN EN 13454 unter Verwendung eines Calciumsulfat-Binders oder Mischungen aus verschiedenen Calciumsulfat-Bindern zur Anwendung (siehe Abschn. 3.3.4).

**Marmorgips** (fälschliche Bezeichnung „Marmorzement") entsteht aus Stuckgips, wenn dieser mit Alaunlösung getränkt und nochmals gebrannt wird. Lange bearbeitbar, da erst nach 2 bis 6 Stunden versteifend. Erreicht eine hohe Druckfestigkeit bis etwa 40 N/mm² und ist schleif- und polierbar. Marmorgips wird zum Verfugen von Wandplatten in trockenen Räumen und zur Herstellung von „Kunstmarmor" verwendet. Heute weitgehend durch Portlandzement (Weißzement) verdrängt.

**Modellgips und Formgips** bestehen aus $\alpha$-Halbhydrat ($CaSO_4 \cdot ½\ H_2O$), denen werkseitig spezielle Zusätze beigegeben sein können. Verwendung für Modellabgüsse und Formen in der Industrie, Chirurgie und Zahntechnik.

### 3.1.1.3 Verarbeitung und Eigenschaften

Beim *Anmachen* wird der Gipsbinder langsam und gleichmäßig in das Wasser eingestreut, nicht umgekehrt. Feinverteilte Reste abgebundenen Gipses wirken als Kristallisationskeime und führen zu einer wesentlichen Verkürzung der Versteifungszeiten. Werkzeuge und Mischgefäße sind daher vor Gebrauch sorgfältig zu reinigen.

Nach dem Versteifen braucht Gipsbinder nicht – wie Kalk oder Zement – längere Zeit feucht gehalten zu werden, sondern er kann sofort getrocknet werden. Nach Versteifungsende, das heißt, nach abgeschlossener Wiederanlagerung des Kristallwassers, sind etwa 40 % der Endfestigkeit erreicht. Die endgültige Erhärtung ist erst nach etwa vollständiger Trocknung abgeschlossen. Beim Austrocknen verkitten die in der Feuchtigkeit noch gelösten Gipsbestandteile die Kristallnadelverfilzungen des abgebundenen Gipssteins. Der Kristallisationsvorgang (Dihydratbildung) während der Hydratation führt zu einer *Volumenvergrößerung* von bis zu 1 Vol.-%. Das Trocknungsschwinden wird dadurch weitgehend kompensiert (keine Schwindrisse bei Gipsputzen und Rabitzarbeiten).

Gipsputz, Gipsverkleidungen und Gipsplatten haben eine hohe *Brandschutzwirkung*. Im Brandfall wird das im Gipsbinder gebundene Kristallwasser (etwa 21 M.-%) frei und bildet einen schützenden Wasserdampfschleier, der die Temperatur eines mit einem Gipsbaustoff ummantelten Bauteils für längere Zeit niedrig hält. Bauteile, die mit einem mindestens 15 mm dicken Gipsputz bekleidet sind, gelten nach DIN 4102 als feuerhemmend.

Das beim Anmachen verwendete Überschusswasser verdunstet und hinterlässt im Gipsputz einen Porenraum von etwa 50 bis 65 Vol.-%. Gipsputze haben ein offenporiges Gefüge mit relativ großen Kapillaren, in denen Wasser schnell transportiert wird. Dies ermöglicht ein zügiges Austrocknen der Gipsputze bis zur Ausgleichsfeuchte (0,1 Vol.-% bei 20 °C/ 45 % r. F.). Die gute *Luftfeuchtigkeitsregulierung*, das heißt, die Aufnahme überschüssiger Luftfeuchtigkeit in Wohnhausküchen und -bädern und die rasche Wiederabgabe führen auf Dauer zu keiner merklichen Veränderung der Festigkeitseigenschaften.

Gipsbaustoffe können durch Dauereinwirkung von Wasser (*Wasserlöslichkeit von Gipsbinder* bei 18 °C etwa 2 g pro Liter) geschädigt werden. Eine dauernde oder oft wiederholte Durchfeuchtung von Gipsputzen muss vermieden werden, da der stetige Wechsel von Wasseraufnahme und Wasserabgabe eine allmähliche Gefügezerstörung durch das Auskristallisieren der gelösten Bestandteile und dem damit verbundenen Kristalldruck bewirkt. Gipsbinder in dem Regen ausgesetzten Außenputzen oder in Innenputzen in Räumen mit ständiger hoher Feuchtigkeit (z. B. Hallenbäder) sind daher nicht zu verwenden.

Eine Vermischung von Gipsbinder mit Zement oder hydraulischem Kalk sowie eine Verarbeitung auf zementgebundenem Untergrund kann zu Gefügezerstörungen infolge Sulfattreiben führen (Bildung von Ettringit, auch „Zementbazillus" genannt).

Gipsbinder hat als eine sulfatische Verbindung auf Eisen und Stahl unter Einwirkung von Feuchtigkeit eine stark rostfördernde Wirkung. Stahlteile sind daher durch Schutzanstriche vor *Korrosion* zu schützen, oder es sind verzinkte Stahlteile (verzinkter Draht bei Rabitzgewebe) zu verwenden.

Blei und Kupfer werden durch Gipsbinder nicht angegriffen, da sich Schutzschichten aus unlöslichem Bleisulfat $PbSO_4$ bzw. Kupfersulfat $CuSO_4$ bilden (Eingipsen verbleiter Installationskabel und von Bleirohren).

### 3.1.1.4 Güteanforderungen und Prüfverfahren

An Gips-Putztrockenmörtel werden im Wesentlichen Anforderungen an Wassergipswert und Verarbeitungszeiten sowie an Biegezugfestigkeit, Druckfestigkeit und Oberflächenhärte gestellt (Tab. 3.1), die nach DIN EN 13279-2 zu prüfen sind.

#### Wassergipswert

Der Wassergipswert R für Gipsbinder wird durch die Feststellung der Einstreumenge ermittelt. Die Einstreumenge ist die Gipsmenge in g, die beim Einstreuen in ein mit 100 $cm^3$ Wasser gefülltes Becherglas bei einer Einstreuzeit von 2 min durchfeuchtet wird. Der Wassergipswert ergibt sich aus dem Verhältnis Wassermenge zu Einstreumenge.

Für Gips-Putztrockenmörtel wird der Wassergipswert über das Ausbreitmaß ermittelt. Der Wassergipswert ergibt sich aus der Wassermenge, die erforderlich ist, um bei einem Wasser-Gips-Gemisch bzw. einem Wasser-Gips-Sand-Gemisch auf einem Ausbreittisch gemäß DIN EN 459-2 nach 15 Hubstößen ein Ausbreitmaß von 165 mm ±5 mm zu erreichen.

Der Wassergipswert beeinflusst die Verarbeitbarkeit, die Versteifungszeiten sowie die mechanischen Eigenschaften der erhärteten Gipse. Als Richtwerte können gelten: 0,60 bis 0,80 (Gipshandputz) und 0,45 bis 0,65 (Gipsmaschinenputz).

#### Verarbeitungszeiten

Der *Versteifungsbeginn* von Gipsbinder wird durch Messerschnitte ermittelt. Ein aus 100 $cm^3$ Wasser und einer vorher bestimmten Einstreumenge Gips hergestellter Gipsbrei wird auf einer Glasplatte manuell oder maschinell zu drei Kuchen mit einem Durchmesser von 100 bis 120 mm Durchmesser und etwa 5 mm Dicke geformt. Der Versteifungsbeginn wird als der Zeitpunkt definiert, bei dem die Ränder eines durch den Gipsbrei geführten Messerschnitts nicht mehr zusammenfließen.

Für Gips-Putztrockenmörtel erfolgt die Prüfung mit dem Vicat-Gerät nach DIN EN 196-3 mit Tauchkonus. Der Versteifungsbeginn ist erreicht, wenn der Tauchkonus 18 mm ±2 mm über der Glasplatte in der Probe stecken bleibt.

Das *Versteifungsende* ist in der Norm nicht festgelegt. Als Richtwerte können gelten: 60 bis 120 min (Gipshandputz) und 120 bis 240 min (Gipsmaschinenputz).

### Biegezugfestigkeit, Druckfestigkeit, Härte

Die Biegezugfestigkeit wird für alle Gipssorten an Prismen 4 x 4 x 16 cm nach DIN EN 196-1 geprüft. Die Prismen werden aus Gips und Wasser mit dem zuvor ermittelten Wassergipswert hergestellt. Die Prüfung erfolgt nach 7-tägiger Lagerung bei Normalklima (20 °C; 65 % r. F.), anschließender Trocknung bei 40 °C bis zur Gewichtskonstanz und abschließender Abkühlung auf Raumtemperatur. Die Druckfestigkeit wird an den nach der Biegezugprüfung übrig gebliebenen Prismenhälften geprüft.

Die Härte – geprüft an übrig gebliebenen Prismenhälften – wird über die Eindringtiefe t (in mm) einer mit 200 N belasteten Stahlkugel mit 10 mm Durchmesser zu H = 6,37/t in N/mm² errechnet.

### Haftzugfestigkeit (empfohlene Prüfung)

Zur Ermittlung der Haftzugfestigkeit werden auf nach Norm definierter Unterlage (z. B. Faserzementplatten, Gips-Wandbauplatten) etwa 8 mm dicke kreisrunde Probekörper mit 50 mm Durchmesser nach rückseitigem Aufkleben einer Abziehplatte mit einem Abziehgerät von der Unterlage abgerissen.

**Tabelle 3.1:** Anforderungen an Gips-Putztrockenmörtel nach [34]

| Gips-Putztrockenmörtel | Gehalt an Gipsbinder % | Versteifungsbeginn min | | Biegezugfestigkeit N/mm² | Druckfestigkeit N/mm² | Oberflächenhärte N/mm² | Haftfestigkeit N/mm² |
|---|---|---|---|---|---|---|---|
| | | Gipshandputz | Gipsmaschinenputz | | | | |
| B 1 | ≥ 50 | | | | | | Der Bruch entsteht im Untergrund oder im Gipsputz. Bei Bruch zwischen Gipsputz und Untergrund muss der Wert ≥ 0,1 sein. |
| B 2 | < 50 | | | | | | |
| B 3 | | | | ≥ 1,0 | ≥ 2,0 | - | |
| B 4 | ≥ 50 | > 20 | > 50 | | | | |
| B 5 | < 50 | | | | | | |
| B 6 | | | | | | | |
| B 7 | ≥ 50 | | | ≥ 2,0 | ≥ 6,0 | ≥ 2,5 | |

Weitere Kennwerte für Gipsbinder und Gips-Putztrockenmörtel, die nicht nach DIN EN 13279-2 zu überprüfen sind:

| | | |
|---|---|---|
| Rohdichte: | 0,8 bis 1,0 kg/dm³ | (Gipshandputz) |
| | 0,8 bis 1,2 kg/dm³ | (Gipsmaschinenputz) |

| | | |
|---|---|---|
| E-Modul: | 4800 bis 5200 N/mm² | (Gipsbinder) |
| | 2800 N/mm² | (Gipshandputz) |
| | 2800 N/mm² | (Gipsmaschinenputz) |

### 3.1.1.5 Gipsplatten, Gipsfaserplatten und Gips-Wandbauplatten

#### Gipsplatten nach DIN EN 520 und DIN 18180

| | |
|---|---|
| DIN EN 520 | Gipsplatten;<br>Begriffe, Anforderungen und Prüfverfahren; Ausgabe 2009-12 |
| DIN 18180 | Gipsplatten;<br>Arten und Anforderungen; Ausgabe 2007-01 (Restnorm) |
| DIN 18181 | Gipsplatten im Hochbau;<br>Verarbeitung; Ausgabe 2008-10 |
| DIN 18183-1 | Trennwände und Vorsatzschalen aus Gipsplatten mit Metallunterkonstruktionen;<br>Teil 1: Beplankung mit Gipsplatten; Ausgabe 2009-05 |
| DIN 18168 | Gipsplatten-Deckenbekleidungen und Unterdecken;<br>Teil 1: Anforderungen an die Ausführung; Ausgabe 2007-04<br>Teil 2: Nachweis der Tragfähigkeit von Unterkonstruktionen und Abhängern aus Metall; Ausgabe 2008-05 |
| E DIN EN 14190 | Gipsplattenprodukte aus der Weiterverarbeitung;<br>Begriffe, Anforderungen und Prüfverfahren; Ausgabe 2011-11 *(Norm-Entwurf)* |
| DIN 18184 | Gipsplatten-Verbundelemente mit Polystyrol- oder Polyurethan-Hartschaum als Dämmstoff; Ausgabe 2008-10 |
| E DIN EN 13950 | Gips-Verbundplatten zur Wärme- und Schalldämmung;<br>Begriffe, Anforderungen und Prüfverfahren; Ausgabe 2011-11 *(Norm-Entwurf)* |
| DIN 4103-2 | Nichttragende innere Trennwände;<br>Teil 2: Trennwände aus Gips-Wandbauplatten; Ausgabe 2010-11 |

Gipsplatten sind werkmäßig bandgefertigte, im Wesentlichen aus Gips bestehende Platten, deren Flächen und Längskanten mit einem fest haftenden, dem Verwendungszweck entsprechenden Karton ummantelt sind. Der kartonummantelte Gipskern kann Poren und Zusätze zur Erzielung bestimmter Eigenschaften enthalten. Abb. 3.3 zeigt das Schema einer Produktionsanlage für Gipsplatten.

Gipsplatten haben ein geringes Eigengewicht, eine gute Wärmedämmung und sind leicht zu bearbeiten: Sägen, Bohren, Fräsen, Schrauben, Nageln. Die Plattenlängskanten sind mit Karton ummantelt (Kantenausbildung siehe Abb. 3.4), die Querkanten sind nicht ummantelt.

| | | |
|---|---|---|
| Abmessungen: | Nenndicken: | $\geq$ 9,5; 12,5; 15,0; $\geq$ 18,0 mm |
| | Regelbreiten: | 400; 600; 1250 mm |
| | Regellängen: | 2000 bis 4000 mm in Stufen von 250 mm |

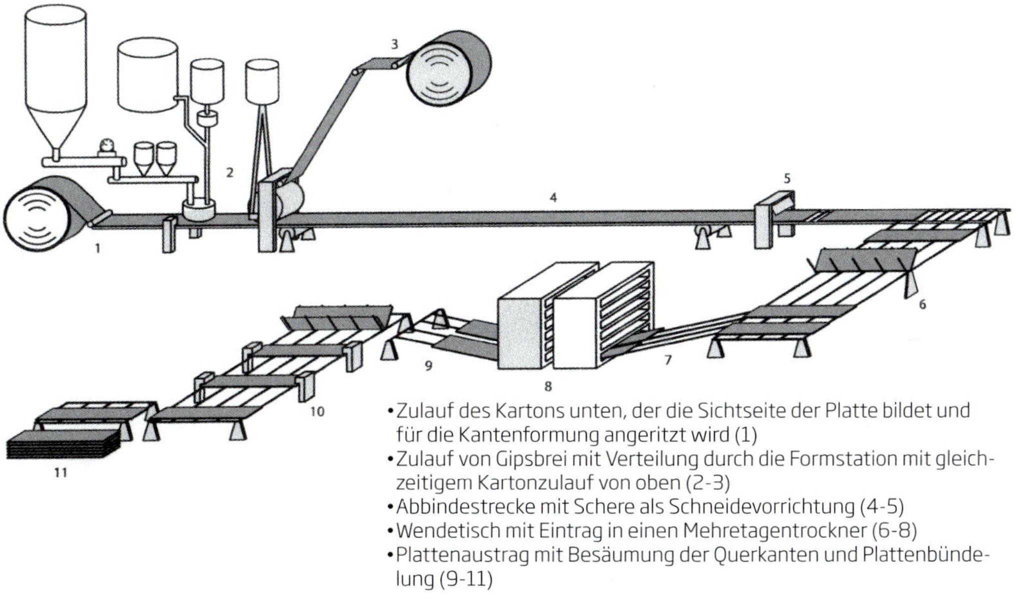


**Abb. 3.3:** Schema einer Produktionsanlage für Gipsplatten (aus [1])

**Abb. 3.4:** Kantenausbildung von Gipsplatten

Wesentliche Eigenschaften von Gipsplatten beruhen auf der Verbundwirkung zwischen dem Gipskern und der Kartonummantelung, wobei der Karton als „Armierung" der Zugzone wirkt und in Verbindung mit dem Gipskern den Gipsplatten die erforderliche Festigkeit und Biegesteifigkeit verleiht. Die durch Versuche ermittelten Kennwerte für die einzelnen mechanischen Eigenschaften sind Streuungen unterworfen. Ursache dafür sind Abhängigkeiten von der Gipsbindersorte, dem Wassergipswert, dem Reinheits- und Brenngrad des Gipsbinders sowie der Korngrößenverteilung und den Zusätzen, die für die einzelnen Anwendungsbereiche beigegeben werden.

Zudem sind bestimmte Festigkeiten und der Elastizitätsmodul von Gipsplatten von der Faserrichtung des Kartons abhängig. Parallel zur Kartonfaserrichtung (in Plattenlängsrichtung) sind Festigkeiten und Elastizitätsmodul größer als rechtwinklig zur Kartonfaserrichtung (in Plattenquerrichtung).

Hinsichtlich ihres *Brandverhaltens* gehören Gipsplatten nach DIN 18180 mit geschlossener Oberfläche als klassifizierte Baustoffe entsprechend DIN 4102-4 der Baustoffklasse A2 (nicht brennbare Baustoffe) an. In Ergänzung zum Anhang B der DIN EN 520 werden Gipsplatten hinsichtlich des Brandverhaltens in der Regel A2-s1, d0 (A2 nicht brennbar, s1 kein Rauch, d0 kein brennendes Abfallen/Abtropfen) klassifiziert.

Es wird zwischen *bandgefertigten Gipsplatten, werkmäßig bearbeiteten Gipsplatten* und *Gipsplatten-Verbundelementen* unterschieden.

### a) Bandgefertigte Gipsplatten

- Gipsplatte Typ A (Typ GKB nach DIN 18180) für alle Standardanwendungen (Bauplatte)
- Gipsplatte Typ D mit definierter Dichte ($\geq$ 0,8 kg/dm$^3$)
- Gipsplatte Typ E für Beplankungen von Außenwandelementen. Einteilung in die Wasseraufnahmeklassen H1, H2 und H3
- Gipsplatte Typ F mit verbessertem Gefügezusammenhalt des Kerns bei hohen Temperaturen (Brandfall)
- Gipsplatte H mit reduzierter Wasseraufnahmefähigkeit. Je nach Wasseraufnahmevermögen Einteilung in die Klassen H1, H2 und H3. Gipsplatten des Typs H2 entsprechen dem TYP GKBI nach DIN 18180.
- Gipsplatte Typ I mit erhöhter Oberflächenhärte
- Gipsplatte Typ P mit Eignung als Putzträgerplatte
- Gipsplatte Typ R mit erhöhter Festigkeit

Die Gipsplattentypen D, E, F, H, I und R können nach Erfordernis kombiniert werden, die Typen A und P nicht.

Die gebräuchlichsten Gipsplattenbezeichnungen nach DIN EN 520 und DIN 18180 sind in Tabelle 3.2 gegenübergestellt.

Bauplatten (GKB) zum Befestigen auf flächiger Unterlage, zum Ansetzen als Wand-Trockenputz nach DIN 18181 (Vorteile: keine Putzmörtelfeuchtigkeit, glatte Oberfläche) und zur Herstellung von Gips-Verbundplatten nach DIN 18184. Bauplatten ab 12,5 mm Dicke bei baustellenmäßiger Verarbeitung zum Befestigen auf Unterkonstruktionen für Wand- und Deckenverkleidungen nach DIN 18181, für Decklagen an Unterdecken und Deckenbekleidungen nach DIN 18168 sowie für die Beplankung von Trennwänden und Vorsatzschalen nach DIN 18183-1 (Ausführungsbeispiel: Abb. 3.5) und von nicht tragenden inneren Trennwänden nach DIN 4103-2.

**Tabelle 3.2:** Gipsplattentypen nach [23] und [24]

| | Kurzbezeichnung für Gipsplatten nach DIN 18180 | nach DIN EN 520 | Kartonfarbe | Aufdruckfarbe der Kennzeichnung |
|---|---|---|---|---|
| Bauplatten | GKB | Typ A | weiß bis gelblich | blau |
| Feuerschutzplatten | GKF | Typ DF | Rückseite: grau | rot |
| Bauplatten (imprägniert) | GKBI | Typ H2 | grünlich | blau |
| Feuerschutzplatten (imprägniert) | GKFI | Typ DFH2 | | rot |
| Putzträgerplatten | GKP | Typ P | grau | blau, rot |

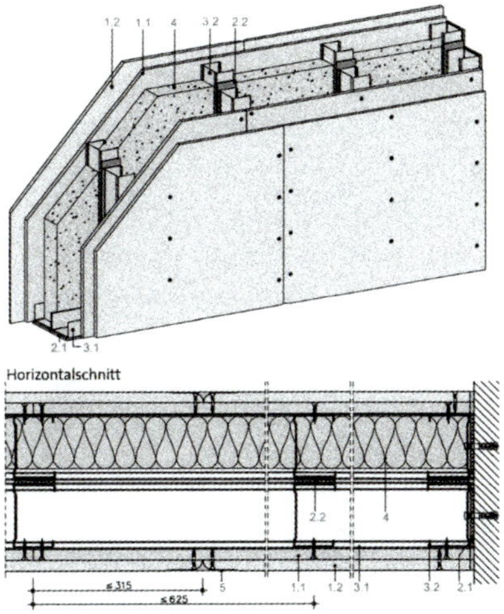


Textteil für Abb. 3.5

| | | | |
|---|---|---|---|
| 1 Beplankung | 1.1 | | Rigidur H 12,5 |
| | 1.2 | | Rigips Bauplatten RB bzw. RBI |
| | | Brandschutz | Rigips Feuerschutzplatten RF bzw. RFI |
| | | Befestigung | 1. Lage Rigidur Schnellbauschrauben<br>2. Lage Rigips Duraline Schnellbauschrauben oder Stahldrahtklammern |
| 2 Anschlussdichtung | 2.1 | | Rigips Anschlussdichtung Filz |
| | | Brandschutz | Rigips Anschlussdichtung Filz, sofern durch Verspachtelung oder Rigips-Platten in Beplankungsdicke geschützt, sonst Anschlussdichtung A1 aus Mineralwolle, Baustoffklasse A (nach DIN 4102-1) |
| | 2.2 | | Rigips Anschlussdichtung Filz, zweiseitig selbstklebend |
| 3 Unterkonstruktion | 3.1 | Anschluss | Rigips Wandprofil UW 75 als Boden- und Deckenanschluss |
| | 3.2 | Ständer | Rigips Wandprofil UW 75 |
| | | Innenecke | Rigips Wandprofil LWI 60/60 - 07 |
| 4 Dämmung | | Schallschutz | Mineralwolle, z. B. ISOVER Akustic TF |
| | | Brandschutz | nicht erforderlich |

**Abb. 3.5:** Doppelständerwand mit zweilagiger Beplankung nach DIN 18183-1 (Beispiel: Hybridwand GK Top, Typ 3.63.15, der Saint Gobain Rigips GmbH)

**Feuerschutzplatten (GKF)** mit Anforderungen an den Brandschutz enthalten Einlagen aus anorganischen Fasern (Glasfasern, Mineralfasern) zur Verbesserung des Gefügezusammenhalts im Brandfall.

Feuerschutzplatten mit Plattendicken ≥ 12,5 mm gehören der Baustoffklasse A 2 an (bei Feuereinwirkung mit geringer Flammbildung brennend, jedoch Feuer nicht weiterleitend).

Nichttragende Trennwände mit beidseitiger Feuerschutzplattenbekleidung gelten je nach konstruktiver Ausführung und den im Ständerwerk verwendeten Baustoffen als feuerhemmend (F 30) oder feuerbeständig (F 90).

Bei abgehängten Unterdecken aus Feuerschutzplatten gelten Holzbalkendecken als feuerhemmend (F 30) und Stahlträger- und Stahlbetondecken als feuerbeständig (F 90).

**Bauplatten-imprägniert (GKBI) und Feuerschutzplatten-imprägniert (GKFI)** sind wasserabweisend imprägnierte Platten mit verzögerter Wasseraufnahme entsprechend H2 nach DIN EN 520 und einer größeren Sicherheit gegen Pilzbefall. Sie werden in Dicken ≥ 12,5 mm hergestellt und sind äußerlich an der grünlichen Farbe des Kartons erkennbar.

**Putzträgerplatten (GKP)** mit geschlossener oder in Abständen gelochter saugfähiger Oberfläche werden vorwiegend als Putzträger auf Unterkonstruktionen verwendet.

### b) Werkmäßig bearbeitete Gipsplatten

Gipsplatten, die werkmäßig weiterverarbeitet werden (Zuschneiden, Lochen, Schlitzen, Beschichten, Kaschieren) werden als *werkmäßig bearbeitete Gipsplatten* (nach DIN 18180 und E DIN EN 14190) bezeichnet.

**Zuschnittplatten** haben längsseitig oder allseitig werkmäßig beschnittene Kanten, die in verschiedener Form (scharfkantig oder gefast) ausgebildet sein können. Die Platten sind in der Regel rechteckig. Quadratische Zuschnittplatten bezeichnet man als *Gipsplattenkassetten* (Standardformat: 625 mm x 625 mm; Dicken 9,5 mm oder 12,5 mm).

**Gelochte Gipsplatten** weisen durchgehende Löcher unterschiedlicher Form und Größe auf. Sie sind rückseitig mit einem Faservlies oder mit einer Dämmstoffauflage versehen und werden als schallabsorbierende Wand- und Deckenbekleidungen (*Schallschluckplatten*) eingesetzt.

Weitere Ausführungsformen werkmäßig bearbeiteter Gipsplatten können z. B. durch festes Beschichten oder Kaschieren der Gipsplatten mit plastischen Massen oder Faservlies und/oder Folien entstehen. Gipsplatten mit Aluminiumfolie dienen dampfsperrenden und reflektierenden Zwecken, Gipsplatten mit Bleifolie bieten Röntgen- bzw. γ-Strahlenschutz und farbige und/oder gemusterte Weich- und Hartfolien erfüllen dekorative oder funktionale Anforderungen.

### c) Gips-Verbundplatten nach DIN 18184 und E DIN EN 13950

Gipsplatten-Verbundelemente nach DIN 18184 (Tab. 3.3) bestehen aus einer Gipsplatte und einer darauf geklebten Dämmstoffplatte. Zwischen Gips- und Dämmstoffplatte kann eine dampfbremsende oder dampfsperrende Zwischenschicht eingebaut sein.

DIN 18184 beschreibt Verbundelemente mit Dämmstoffen aus expandiertem Polystyrol (EPS), extrudiertem Polystyrolschaum (XPS) und Polyurethan-Hartschaum (PUR, PIR).

In E DIN EN 13950 werden zusätzlich Verbundplatten mit Mineralwolle (MW) und Phenolharzschaum (PF) als Dämmstoff beschrieben

**Tabelle 3.3:** Typen, Kurzzeichen und Regelmaße von Gipsplatten-Verbundelementen nach [25]

| Verbundelement, bestehend aus einer Gipsplatte und einer Dämmstoffplatte | Kurzzeichen | Dicke der Gipsplatte mm | Dicke der Dämmplatte mm | Plattenbreite mm | Plattenlänge mm |
|---|---|---|---|---|---|
| PS-Hartschaumplatte | VBPSP | 9,5 | 20-30 | 1250 | 2500 |
| PUR-Hartschaumplatte | VBPURP | 12,5 | 20-80 | 1250 | 2500 |

*Brandverhalten:* Gipsplatten-Verbundelemente nach DIN 18184 sind in DIN 4102-4 als Baustoffe der Klasse B2 klassifiziert.

### Faserverstärkte Gipsplatten

| | |
|---|---|
| DIN EN 15283 | Faserverstärkte Gipsplatten – Definitionen, Anforderungen und Prüfverfahren;<br>Teil 1: Gipsplatten mit Vliesarmierung; Ausgabe 2009-12<br>Teil 2: Gipsfaserplatten; Ausgabe 2009-12 |

Gipsfaserplatten bestehen aus Gipsbinder und recyclierten Papierfasern. Die beiden Ausgangsstoffe werden gemischt und nach Zugabe von Wasser ohne weitere Bindemittel unter hohem Druck zu Platten geformt, die auf der einen Seite geschliffen und auf der anderen Seite leicht strukturiert sind.

Gipsfaserplatten eignen sich für die Beplankung von Außen-, Innen- und Wohnungstrennwänden in Holztafelbauart, zur Beplankung von Wänden mit Metall- und Holzunterkonstruktionen sowie zur Bekleidung von Bauteilen (Stützen, Träger). Sie können Bestandteil von Decken- und Dachscheiben sein und zur Herstellung von Verbundplatten eingesetzt werden.

| | |
|---|---|
| Regelabmessungen: | Länge: 1500 bis 3000 mm |
| | Breite: 1000 bis 1250 mm |
| | Dicke: 10 bis 42 mm (in Abhängigkeit vom Produktionsverfahren) |

Gipsfaserplatten sind zudem für die Systeme Trockenestrich/Trockenunterböden sowie für auf Stützen aufgeständerte Hohlböden und Doppelböden geeignet.

Trockenestrich-Elemente werden auf Trennlage oder Dämmschicht auf ebenem, tragfähigem Untergrund verlegt und am Stufenfalz verklebt. Die Elemente werden als Mehrlagenelemente aus versetzt verklebten (Stufenfalz) Gipsfaserplatten (2 x 10 mm oder 2 x 12,5 mm Dicke) oder als monolithische Elemente mit profilierter Kantenausbildung hergestellt. Trockenestrich-Elemente werden auch werkseitig mit Dämmmaterial, z. B. Holzfaser WF, Polystyrol-Hartschaum EPS/XPS, Mineralfaser MF, für Wärme-, Brand- und/oder Trittschalldämmung kaschiert.

### Gips-Wandbauplatten

| | |
|---|---|
| DIN EN 12859 | Gips-Wandbauplatten;<br>Begriffe, Anforderungen und Prüfverfahren; Ausgabe 2011-05 |
| DIN EN 15318 | Planung und Ausführung von Bauteilen aus Gips-Wandbauplatten; Ausgabe 2008-01 |
| DIN EN 13915 | Gipsplatten-Wandbaufertigtafeln mit einem Kartonwabenkern;<br>Begriffe, Anforderungen und Prüfverfahren; Ausgabe 2007-11 |

Gips-Wandbauplatten sind werkmäßig aus Calciumsulfat und Wasser hergestellte Bauelemente. Die in DIN 12859 genormten Platten sind 666 mm lang und 500 mm hoch. Auf dem deutschen Markt werden die Plattendicken 60, 80 und 100 mm in den Rohdichteklassen M (medium) und D (dense) und den Wasseraufnahmeklassen H2 und H3 angeboten. Die Platten weisen parallele Oberflächen auf und sind an mindestens zwei sich gegenüberliegenden Stoß- und Lagerflächen mit Nut und Feder ausgebildet. Die Wandungen bei Platten mit Hohlräumen müssen mindestens 15 mm dick sein.

Um unterschiedliche Anforderungen an aus Gips-Wandbauplatten hergestellte Wände stellen zu können, werden Platten mit mittlerer Rohdichte *M* ($0{,}8 \leq \rho < 1{,}1$ kg/dm³) und hoher Rohdichte *D* ($1{,}1 \leq \rho \leq 1{,}5$ kg/dm³) gefertigt. Platten mit hoher Rohdichte tragen eine rötliche Farbkennzeichnung. Eine blaue Farbkennzeichnung weisen hydrophobierte Platten mit besonders wasserabweisenden Eigenschaften auf (Wasseraufnahme nach zweistündiger Wasserlagerung ≤ 5 M.-%).

Gips-Wandbauplatten werden für alle im Hochbau vorkommenden nicht tragenden Trennwände im Innenausbau sowie für Stützenummantelungen und Vorsatzschalen eingesetzt. Das mittlere Wandgewicht bei 60 mm dicken Platten beträgt 54 kg/m², bei 100 mm dicken Platten hoher Rohdichte 120 kg/m². Wände mit 60 mm Dicke sind feuerhemmend (F 30-A), ab 80 mm Dicke feuerbeständig (F 120-A) und ab 100 mm Dicke hochfeuerbeständig (F 180-A).

Gipsplatten-Wandbaufertigtafeln nach DIN EN 13915 bestehen aus zwei bis zu 15 mm dicken Gipsplatten, die durch einen Kartonwabenkern miteinander verbunden sind.

Wandbaufertigtafeln werden für leichte Trennwände, Wandbekleidungen und Ummantelungen in Gebäuden verwendet.

### Gipselemente für Unterdecken

| | |
|---|---|
| DIN EN 14246 | Gipselemente für Unterdecken (abgehängte Decken);<br>Begriffe, Anforderungen und Prüfverfahren; Ausgabe 2006-09<br>Berichtigung 1; Ausgabe 2007-11 |

Die Deckenplatten weisen 500, 600 oder 625 mm Kantenlänge auf und sind rückseitig mit einem wulstartig verstärkten Rand von meist 28 mm Dicke versehen.

Anwendung als

- Dekorplatten mit geschlossener, glatter, profilierter oder durchbrochener Sichtfläche,
- Schallschluckplatten und Lüftungsplatten mit durchbrochener Sichtfläche, Erstere rückwärtig mit schallschluckenden Einlagen (Faserstoffe),
- Deckenheizplatten mit eingebauten Verbindungsteilen für Strahlungsheizung (Kontaktheizung),
- Feuerschutzplatten mit Dekor und Schallschluckplatten mit Glasgittergewebe- bzw. Mineralfaserdämmstoffeinlage.

Die seitlich mit Aussparungen versehenen Deckenplatten werden in abgehängte verzinkte Stahlblechprofile eingehängt oder auf Profilschienen oder Lattenroste aufgeschraubt.

## 3.1.2 Calciumsulfat-Binder und Calciumsulfat-Compositbinder

| | |
|---|---|
| DIN EN 13454 | Calciumsulfat-Binder, Calciumsulfat-Compositbinder und Calciumsulfat-Werkmörtel für Estriche;<br>Teil 1: Begriffe und Anforderungen; Ausgabe 2005-01<br>Teil 2: Prüfverfahren; Ausgabe 2007-01 |

### 3.1.2.1 Stoffliche Zusammensetzung

**Calciumsulfat-Binder** bestehen überwiegend aus reaktiven $CaSO_4$-Phasen in Form von Anhydrit aus natürlichen Vorkommen oder aus technischen Prozessen (synthetischer Anhydrit) oder aber er liegt in Form von $CaSO_4 \cdot ½\ H_2O$ bzw. in Mischungen verschiedener $CaSO_4$-Phasen vor. Natürlicher Anhydrit kommt in der Natur als kristallfreier Gips $CaSO_4$ vor. Synthetischer Anhydrit fällt bei der Flusssäureherstellung aus Flussspat $CaF_2$ an. Anhydrit wird auch aus REA-Gips hergestellt und besonders als Bindemittel für Fließestrich eingesetzt.

Herstellen von Calciumsulfat-Bindern durch Vermahlen von wasserfreiem Calciumsulfat $CaSO_4$ (Anhydrit), dem ein salzartiger (Sulfate bis 3 M.-%) oder basischer Anreger (Kalk oder Portlandzement bis 7 M.-%) oder ein Gemisch aus beiden zugesetzt wird. Der Anreger bewirkt, dass der Anhydrit erhärtet und durch die Aufnahme von Kristallwasser zu einem Doppelhydrat $CaSO_4 \cdot 2H_2O$ reagiert, sich also wie ein dem Gipsbinder ähnliches nichthydraulisches Bindemittel verhält. Dem Calciumsulfat-Binder, der mindestens 85 % $CaSO_4$ enthält, können neben dem Anreger auch Verzögerer und Fließmittel zugesetzt werden.

**Calciumsulfat-Compositbinder** bestehen aus Calciumsulfat-Bindern und weiteren Zusatzstoffen, wie Puzzolanen, Kunstharz oder Zement. Der $CaSO_4$-Anteil dieser Binder beträgt mindestens 50 %.

### 3.1.2.2 Festigkeitsklassen

Calciumsulfat-Binder (CAB) und Calciumsulfat-Compositbinder (CAC) werden in drei Festigkeitsklassen (benannt nach der 28-Tage-Druckfestigkeit) geliefert: 20, 30 und 40 N/mm².

Bei der Normprüfung an Mörtelprismen 40 x 40 x 160 mm sind die in Tabelle 3.4 angegebenen Werte zu erreichen.

**Tabelle 3.4:** Mindestfestigkeiten von Calciumsulfat-Bindern und Calciumsulfat-Compositbindern nach [35]

| Festigkeitsklasse | Nach 3 Tagen in N/mm² | | Nach 28 Tagen in N/mm² | |
|---|---|---|---|---|
| | Biegezugfestigkeit | Druckfestigkeit | Biegezugfestigkeit | Druckfestigkeit |
| 20 | 1,5 | 4,0 | 8,0 | 20,0 |
| 30 | 2,0 | 5,0 | 12,0 | 30,0 |
| 40 | 2,5 | 6,0 | 16,0 | 40,0 |

### 3.1.2.3 Prüfung der Eigenschaften

Die Prüfung der Eigenschaften wird entsprechend der Prüfnorm für Zemente DIN EN 196 vorgenommen.

**Erstarrungszeiten:** Erstarrungsbeginn frühestens nach 25 Minuten; Erstarrungsende spätestens zwölf Stunden nach Anmachen des Bindemittelbreis.

**Druck- und Biegezugfestigkeit:** Herstellen des Mörtels mit Normsand im Mischungsverhältnis 1:3 n. MT; Wasserzugabe so, dass das Ausbreitmaß 150 ±2 mm beträgt. Lagerung der Prismen zwei Tage feucht, anschließend im Normalklima 20 °C/65 % r. F.

**Mahlfeinheit:** Rückstand auf dem 0,09-mm-Sieb ≤ 30 M.-%

**Raumbeständigkeit:** Bestimmung nach Lagerung der Probekörper 48 Stunden im Feuchtkasten, zwölf Tage Raumluft, sieben Tage unter Wasser, sieben Tage Raumluft.

**Schwinden und Quellen:** Messung der Längenänderung von Prismen 40 x 40 x 160 mm; Schwind- und Quellwert ≤ 0,2 mm/m.

**pH-Wert** (einschließlich des Gehalts an Anregern) ≥ 7,0.

#### 3.1.2.4 Anwendungen

Verwendung für **Estriche** nach DIN 18560 und DIN EN 13813 (Estrichmörtel wird auch als Calciumsulfat-Werkmörtel geliefert), **Innenputzmörtel** nach DIN V 18550 und Bauteile, wie **Wandbauplatten und -steine** für Innenwände und **Deckenplatten.**

*Achtung:* Keine Vermischung von Calciumsulfat-Bindern und Calciumsulfat-Compositbindern mit hydraulischen Bindemitteln und keine Verwendung in Bauteilen, die länger wirkender Feuchtigkeit ausgesetzt sind!

## 3.1.3 Kaustische Magnesia und Magnesiumchlorid

| | |
|---|---|
| DIN EN 14016 | Bindemittel für Magnesiaestriche – Kaustische Magnesia und Magnesiumchlorid;<br>Teil 1: Begriffe und Anforderungen; Ausgabe 2004-04<br>Teil 2: Prüfverfahren; Ausgabe 2004-04 |

Kaustische Magnesia (MgO) wird aus Magnesit ($MgCO_3$) durch Brennen bei etwa 800 °C gewonnen. Bei 1600 °C sintergebranntes MgO reagiert nicht mehr mit Wasser und wird zur Herstellung hochfeuerfester Steine (Magnesitsteine) verwendet. Kaustische Magnesia (kaustisch = griechisch: ätzend) wurde früher nach dem Erfinder „Sorelzement" genannt, ist aber kein hydraulisches Bindemittel.

Kaustische Magnesia reagiert mit Salzlösungen zweiwertiger Metalle, meist Magnesiumchlorid ($MgCl_2$), zu einer gallertartigen Masse, die steinartig erhärtet. Das Mischungsverhältnis von wasserfreiem $MgCl_2$ zu MgO sollte etwa 1:2,5 bis 1:3,5 nach Massenteilen betragen. Bei zu wenig oder zu schwacher $MgCl_2$-Lösung erhärtet die Masse ungenügend. Zu viel oder zu starke $MgCl_2$-Lösung führt zu hygroskopischer Feuchtigkeitsaufnahme und zum Quellen. Freies $MgCl_2$ fördert die elektro-chemische Reaktion. Vor der Verarbeitung des Magnesiamörtels sind daher Metallteile, auch verzinkte, durch Bitumen oder Korrosionsschutzbinden abzuisolieren. Die Bildung von $MgCO_3$ erfolgt durch $CO_2$-Aufnahme des sich zunächst bildenden $Mg(OH)_2$ aus der Luft. $Mg(CO)_2$ reagiert stark basisch und greift daher auch Aluminium und Blei an.

Als Füllstoffe können organische Stoffe (Sägespäne, Weichholzfasern, Kork, Gummi, Textilfasern, Papier) und/oder anorganische Stoffe (Sand, Bims, Korund) sowie Farbstoffe zugegeben werden.

Kaustische Magnesia und Magnesiumchlorid werden zur Herstellung von Magnesiaestrichen (s. Abschn. 3.3.2.3) und als Bindemittel für Holzwolle-Leichtbauplatten verwendet.

## 3.1.4 Baukalke

DIN EN 459 Baukalk;
Teil 1: Begriffe, Anforderungen und Konformitätskriterien; Ausgabe 2010-12
Teil 2: Prüfverfahren; Ausgabe 2010-12
Teil 3: Konformitätsbewertung; Ausgabe 2011-08

### 3.1.4.1 Stoffliche Zusammensetzung und Begriffe

Baukalke werden durch Brennen unterhalb der Sintergrenze (900 bis 1200 °C) aus Kalkstein, Dolomit oder Kalkmergel (tonhaltiger Kalk) ggf. unter Zusatz von hydraulischen, latent hydraulischen und puzzolanischen Stoffen hergestellt. Aus Kalkstein bzw. dolomitischem Gestein entstehen Luftkalke, aus Kalkmergel hydraulische Kalke.

Hauptbestandteile der Baukalke sind Oxide und Hydroxide des Calciums ($CaO$, $Ca(OH)_2$) mit geringen Anteilen des Magnesiums ($MgO$, $Mg(OH)_2$), Siliciums ($SiO_2$), Aluminiums ($Al_2O_3$) und Eisens ($Fe_2O_3$).

Baukalke erhärten durch Aufnahme von atmosphärischem Kohlenstoffdioxid (Carbonathärtung) und/oder hydraulisch.

DIN EN 459-1 definiert folgende Baukalkarten (siehe auch das folgende Schema):

- **Luftkalk** besteht vorwiegend aus $CaO$ oder $Ca(OH)_2$ und erhärtet langsam durch Aufnahme von $CO_2$ aus der Luft. Die Gruppe der Luftkalke ist in **Weißkalk (CL)** und **Dolomitkalk (DL)** unterteilt.
- **Kalk mit hydraulischen Eigenschaften** bestehen aus Luftkalk (hauptsächlich in Form von Calciumhydroxid, Calciumsilikaten und Calciumaluminaten) und erstarren und erhärten nach dem Anmachen mit Wasser und/oder unter Wasser. Atmosphärisches Kohlenstoffdioxid trägt zum Erhärtungsprozess bei. Diese Gruppe ist in **natürlicher hydraulischer Kalk (NHL)**, **formulierter Kalk (FL)** und **hydraulischer Kalk (HL)** unterteilt.
- **Natürlicher hydraulischer Kalk (NHL)** wird durch Brennen von mehr oder weniger tonhaltigen oder kieselsäurehaltigen Kalksteinen, nachfolgendem Löschen zu Pulver mit oder ohne Mahlung hergestellt. Alle NHL erstarren und erhärten nach dem Anmachen mit Wasser, wobei atmosphärisches Kohlenstoffdioxid zum Erhärtungsprozess beitragen kann (Carbonatisierung). Die hydraulischen Eigenschaften resultieren ausschließlich aus der besonderen chemischen Zusammensetzung des natürlichen Ausgangsmaterials. NHL enthält, außer Mahlhilfen $\leq$ 0,1 M.-%, keine weiteren Zusätze.
- **Formulierter Kalk (FL)** ist Kalk mit hydraulischen Eigenschaften, der im Wesentlichen aus Luftkalk und/oder hydraulischem Kalk mit Zusätzen aus anderem hydraulischem und/oder puzzolanischem Material besteht. Alle FL erstarren und erhärten nach dem Anmachen mit Wasser, wobei atmosphärisches $CO_2$ zum Erhärtungsprozess beitragen kann.
- **Hydraulischer Kalk (HL)** ist ein hydraulisches Bindemittel, das aus Kalk und anderen Materialien, wie Zement, Hochofenschlacke, Flugasche, Kalksteinmehl und anderen geeigneten Stoffen, besteht. HL erstarrt und erhärtet auch unter Wasser, wobei atmosphärisches $CO_2$ zum Erhärtungsprozess beitragen kann.

- **Ungelöschter Kalk (Q)** besteht vorwiegend aus CaO und MgO und wird durch Brennen von Kalkstein und/oder dolomitischem Gestein hergestellt. Bei Kontakt mit Wasser reagiert er exotherm. Ungelöschte Kalke werden in verschiedenen Korngrößen von stückig bis fein gemahlen angeboten und enthalten Weißkalke (CL) und Dolomitkalke (DL).
- **Kalkydrat (S)** ist Luftkalk, hauptsächlich als Hydrat, das durch kontrolliertes Löschen von ungelöschtem Kalk entsteht. Kalkhydrat wird in Form von *Pulver (S)*, als *Teig (S PL)* oder als *Suspension (Kalkmilch) (S ML)* hergestellt. Dolomitkalkhydrat wird auch als *halbgelöschter Dolomitkalk (S1)* hergestellt und besteht vorwiegend aus Calciumhydroxid und Magnesiumoxid.

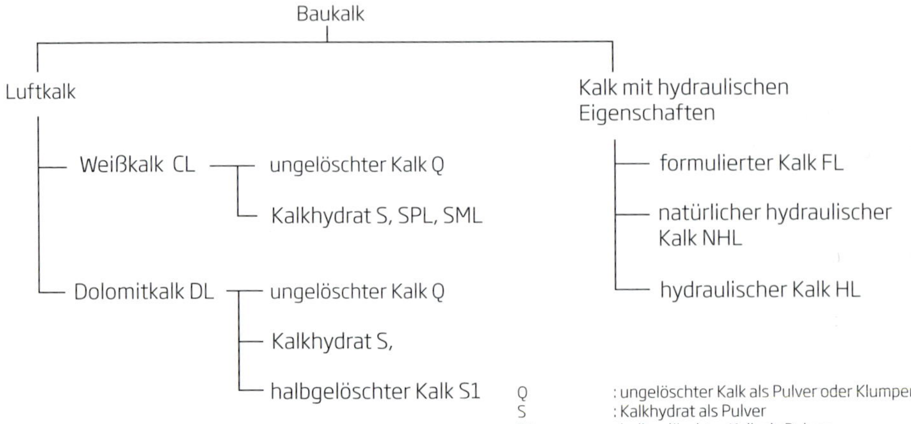


Q : ungelöschter Kalk als Pulver oder Klumpen
S : Kalkhydrat als Pulver
S1 : halbgelöschter Kalk als Pulver
S PL : Kalkteig
S ML : Kalkmilch
Kalk mit hydraulischen Eigenschaften wird als Pulver hergestellt

### 3.1.4.2 Herstellung und Erhärtungseigenschaften

#### Luftkalke

**Weißkalk** (CL = Calcium Lime)

Chemischer Vorgang beim Brennen und Löschen:

$$\underset{\text{Kalkstein}}{CaCO_3} \xrightarrow{\text{bis } 1200\,°C} \underset{\text{Gebrannter Kalk}}{CaO} + \underset{\text{Kohlendioxid}}{CO_2}$$

$$\underset{\text{Gebrannter Kalk}}{CaO} + \underset{\text{Wasser}}{H_2O} \longrightarrow \underset{\text{Kalkhydrat}}{Ca(OH)_2} + \text{Wärme}$$

*Erhärtungsvorgang:* Die Erhärtung von Luftkalken in Mörteln erfolgt durch langsam von außen nach innen fortschreitende Kohlensäureaufnahme, die das Calciumhydroxid wieder zu Calciumcarbonat (Kalkstein) umwandelt („Karbonatisierung").

$$Ca(OH)_2 + \underbrace{H_2CO_3}_{CO_2 + H_2O} \longrightarrow CaCO_3 + 2H_2O$$

| | | | | | | |
|---|---|---|---|---|---|---|
| Kalkhydrat | + | Kohlensäure | ⟶ | Kalkstein (Calcit) | + | Hydrat- und Anmachwasser |

Hinweis: Nachweis des Karbonatisierungsfortschritts mit Phenolphtalein: Rotfärbung der noch basischen Bestandteile.

*Einflüsse auf den Erhärtungsvorgang:* Die Karbonatisierungsgeschwindigkeit hängt davon ab, wie schnell Kohlendioxid in die Mörtelporen einzudringen vermag und sich hier mit Feuchtigkeit (Anmachwasser plus ausscheidendes Hydratwasser) zu Kohlensäure umsetzt:

*Wasserüberschuss im Mörtel:* Durch zu langsames Austrocknen in kühler Jahreszeit oder durch mangelnde Lüftung wird infolge Feuchtigkeitsrückstau das Eindringen des Kohlendioxids ($CO_2$-Gehalt der Luft 0,03 %) verhindert.

*Vorzeitiges Austrocknen* durch starken Luftzug, Überheizung oder stark saugenden Untergrund verhindert die Bildung von Kohlensäure: Die Karbonatisierung kommt zum Stillstand. Erst bei nachfolgender Einwirkung von Feuchtigkeit kann sich die Erhärtung allmählich fortsetzen. Daher ist ein vorzeitiges Aufbringen luftabsperrender dicker Tapeten oder dichter Anstriche zu vermeiden.

*Begünstigung der Erhärtung:* Nur geregelte Belüftung gewährleistet eine gleichmäßig fortschreitende Karbonatisierung des Kalkmörtels. Durch Aufstellen $CO_2$-erzeugender Geräte (Vorsicht: $CO_2$ ist schwerer als Luft!) kann die Erhärtung beschleunigt werden.

**Dolomitkalk** (DL = Dolomitic Lime)

Dolomitkalk wird aus dolomitischem Gestein ($CaCO_3 \cdot MgCO_3$) gebrannt. Er enthält neben CaO bzw. $Ca(OH)_2$ auch MgO bzw. $Mg(OH)_2$. Je nach MgO-Gehalt löscht Dolomitkalk langsamer und ist etwas weniger ergiebig als Weißkalk; oft farblich leicht getönt (früher als Graukalk bezeichnet).

## Kalke mit hydraulischen Eigenschaften

Die Erhärtung der hydraulischen Kalke beruht wesentlich auf den Anteilen an Kieselsäure ($SiO_2$), Tonerde ($Al_2O_3$) und Eisenoxid ($Fe_2O_3$), die durch Erhitzen aufgeschlossen, d. h. reaktionsfähig werden und sich unter Einwirkung von Wasser mit den Kalkanteilen zu festen Bestandteilen verbinden.

Wegen der anfänglich geringen Gefügefestigkeit kann eine Unterwasserlagerung der hydraulisch erhärtenden Kalke erst nach mehrtägiger Vorhärtung an der Luft erfolgen.

Der vorwiegend durch die hydraulischen Stoffe („Hydraulefaktoren") bewirkten gleichmäßigen Gefügehärtung läuft je nach den Gegebenheiten eine Erhärtung der mehr oder minder freien, d. h. nicht chemisch gebundenen Kalkbestandteile durch Luftkohlensäure von außen her parallel.

Die Mörtelliegezeit der werkseitig pulverförmig gelöschten hydraulischen Kalke (Löschung der freien Kalkbestandteile) ist nach dem Anmachen wegen ihrer zementähnlichen Erhärtungseigenschaften nach oben begrenzt.

Hydraulisch erhärtende Kalke können mit Zement, nicht aber mit Gips oder Anhydrit gemischt werden.

### 3.1.4.3 Klassifizierung und Güteanforderungen

Luftkalke werden nach ihrem (CaO + MgO)-Gehalt, Kalke mit hydraulischen Eigenschaften nach ihrer Druckfestigkeit und (nur bei Kalk FL) nach ihrem Anteil an verfügbarem Kalk entsprechend Tabelle 3.5 klassifiziert.

**Tabelle 3.5:** Klassifizierung der Baukalkarten

| Kalkarten | Benennung | Kurzzeichen |
|---|---|---|
| Weißkalk (CL) | Weißkalk 90 | CL 90 |
| | Weißkalk 80 | CL 80 |
| | Weißkalk 70 | CL 70 |
| Dolomitkalk (DL) | Dolomitkalk 90-30 | DL 90-30 |
| | Dolomitkalk 90-5 | DL 90-5 |
| | Dolomitkalk 85-30 | DL 85-30 |
| | Dolomitkalk 80-5 | DL 80-5 |
| Natürlicher hydraulischer Kalk (NHL) | Natürlicher hydraulischer Kalk 2 | NHL 2 |
| | Natürlicher hydraulischer Kalk 3,5 | NHL 3,5 |
| | Natürlicher hydraulischer Kalk 5 | NHL 5 |
| Formulierter Kalk (FL) [1)] | Formulierter Kalk A 2 | FL A 2 |
| | Formulierter Kalk A 3,5 | FL A 3,5 |
| | Formulierter Kalk A 5 | FL A 5 |
| | Formulierter Kalk B 2 | FL B 2 |
| | Formulierter Kalk B 3,5 | FL B 3,5 |
| | Formulierter Kalk B 5 | FL B 5 |
| | Formulierter Kalk C 2 | FL C 2 |
| | Formulierter Kalk C 3,5 | FL C 3,5 |
| | Formulierter Kalk C 5 | FL C 5 |
| Hydraulischer Kalk (HL) | Hydraulischer Kalk 2 | HL 2 |
| | Hydraulischer Kalk 3,5 | HL 3,5 |
| | Hydraulischer Kalk 5 | HL 5 |

[1)] verfügbarer Kalk als $Ca(OH)_2$ bei FL A: ≥ 40 und < 80 M.-%; FL B: ≥ 25 und < 50 M.-%; FL C: ≥ 15 und < 40 M.-%

Baukalke sind durch ihre Baukalkart entsprechend Tab. 3.5 zu bezeichnen. Luftkalke sind zusätzlich durch die Lieferbedingungen (ungelöschte Kalke, Kalkhydrat oder halbgelöschte Kalke) zu kennzeichnen. Beispiele:

- Weißkalk 90 in Form von Kalkmilch: **EN 459-1 CL 90-S ML**,
- Dolomitkalk 90-30 in Form von ungelöschtem Kalk mit einer Reaktivität R2 und mit einer Korngrößenverteilung P2: **EN 459-1 DL 90-30-Q (R2, P2)**,
- Natürlicher hydraulischer Kalk 3,5: **EN 459-1 NHL 3,5**,
- Hydraulischer Kalk 5: **EN 459-1 HL 5**,
- Formulierter Kalk mit einem Massenanteil an verfügbarem Kalk zwischen 40 und 80 % und einer Druckfestigkeit von mehr als 2 MPa, bestehend aus 40 % Weißkalk (CL 40), 40 % Natürlichem hydraulischen Kalk (NHL40), 15 % Kalksteinfüller (L 15) und 0,5 % Zusatz zur Wasserrückhaltung:

  **EN 459-1 FL A 2 - CL 40 - NHL 40 - L 15 - Zusatz zur Wasserrückhaltung: 0,5 %.**

Die nachfolgenden Tabellen 3.6 und 3.7 enthalten die chemischen Anforderungen an Luftkalke und Kalke mit hydraulischen Eigenschaften.

**Tabelle 3.6:** Chemische Anforderungen an Weißkalk und Dolomitkalk[1] nach [26]

| Kalkart | CaO + MgO | MgO | $CO_2$ | $SO_3$ | Verfügbarer Kalk [4] |
|---|---|---|---|---|---|
| CL 90 | ≥ 90 | ≤ 5 [2] | ≤ 4 [3] | ≤ 2 | ≥ 80 |
| CL 80 | ≥ 80 | ≤ 5 [2] | ≤ 7 [3] | ≤ 2 | ≥ 65 |
| CL 70 | ≥ 70 | ≤ 5 [2] | ≤ 12 [3] | ≤ 2 | ≥ 55 |
| DL 90-30 | ≥ 90 | ≥ 30 | ≤ 6 | ≤ 2 | |
| DL 90-5 | ≥ 90 | > 5 | ≤ 6 | ≤ 2 | |
| DL 85-30 | ≥ 85 | ≥ 30 | ≤ 9 | ≤ 2 | |
| DL 80-5 | ≥ 80 | > 5 | ≤ 9 | ≤ 2 | |

Die Werte für CaO + MgO, MgO, $CO_2$, und $SO_3$ gelten für alle Arten von Weißkalk und Dolomitkalk. Bei ungelöschten Kalken gelten diese Werte für das Endprodukt, bei allen anderen Kalkarten (Kalkhydrat, Kalkteig und Kalkmilch) gelten diese Werte für das wasserfreie und kristallwasserfreie Produkt. Bei ungelöschtem Dolomitkalk gelten diese Werte für das Endprodukt, bei Dolomitkalkhydrat gelten diese Werte für das wasserfreie und kristallwasserfreie Produkt.

[1] Werte in der Tabelle als Massenanteil in %.

[2] Ein MgO-Anteil bis 7 % ist zulässig, sofern die Prüfung der Raumbeständigkeit nach DIN EN 459-2 bestanden wurde.

[3] Ein höherer Anteil an $CO_2$ ist zulässig, wenn nachgewiesen ist, dass alle anderen chemischen Anforderungen der Tabelle erfüllt werden.

[4] Höhere Werte des verfügbaren Kalkanteils können gefordert werden.

**Tabelle 3.7:** Chemische Anforderungen an Kalke mit hydraulischen Eigenschaften[1] nach [26]

| Kalkart | $SO_3$ [2] | Verfügbarer Kalk als $Ca(OH)_2$ nach DIN EN 459-2, 5.8 |
|---|---|---|
| NHL 2 | ≤ 2 | ≥ 35 |
| NHL 3,5 | ≤ 2 | ≥ 25 |
| NHL 5 | ≤ 2 | ≥ 15 |
| FL A | ≤ 2 | ≥ 40 und < 80 |
| FL B | ≤ 2 | ≥ 25 und < 50 |
| FL C | ≤ 2 | ≥ 15 und < 40 |
| HL 2 | ≤ 3 [3] | ≥ 10 |
| HL 3,5 | ≤ 3 [3] | ≥ 8 |
| HL 5 | ≤ 3 [3] | ≥ 4 |

[1] Werte in der Tabelle als Massenanteil in Prozent.
[2] Bei $SO_3$ gelten die Werte für das wasserfreie und kristallwasserfreie Produkt.
[3] Ein $SO_3$-Anteil höher als 3 M.-% und bis zu 7 M.-% ist zulässig, wenn die Raumbeständigkeit nach 28 Tagen Wasserlagerung nach einem in DIN EN 459-2 angegebenen Prüfverfahren nachgewiesen wurde.

Die nachfolgenden Tabellen 3.8 und 3.9 enthalten die physikalischen Anforderungen an Kalkhydrat, Kalkteig und Dolomitkalkhydrat sowie an Kalke mit hydraulischen Eigenschaften.

**Tabelle 3.8:** Physikalische Anforderungen an Kalkhydrat, Kalkteig[1] und Dolomitkalkhydrat[1] nach [26]

| Kalkart | Korngröße [2] Rückstand als Massenanteil in % | | Freies Wasser | Raumbeständigkeit [4] [5] | | | Mörtelprüfungen [2] [6] | |
|---|---|---|---|---|---|---|---|---|
| | | | | Für Kalkhydrat | | Für Kalkteig und Dolomitkalkhydrat | Eindringmaß | Luftgehalt |
| | 0,09 mm [7] | 0,2 mm | | Referenzverfahren | Alternativverfahren | | | |
| | | | % | mm | mm | | mm | % |
| CL 90<br>CL 80<br>CL 70 | ≤ 7 | ≤ 2 | ≤ 2 [3] | ≤ 2 | ≤ 20 | bestanden | > 10 und < 50 | ≤ 12 |
| DL 90-30<br>DL 90-5<br>DL 85-30<br>DL 80-5 | ≤ 7 | ≤ 2 | ≤ 2 [3] | nicht anwendbar | nicht anwendbar | bestanden | > 10 und < 50 | ≤ 12 |

[1] Korngröße und freies Wasser gelten für Kalkhydrat und Dolomitkalkhydrat bei allen Anwendungen. Raumbeständigkeit, Eindringmaß und Luftgehalt gelten nur für Kalkhydrat und Dolomitkalkhydrat für Mauermörtel, Innenputz und Außenputz.
[2] Nicht für Kalkteig.
[3] Nicht für Kalkteig. Bei Kalkteig beträgt der freie Wasseranteil gewöhnlich ≥ 45 % und ≤ 70 %.
[4] Bestimmung nach DIN EN 459-2, 6.4.
[5] Kalkhydrat und Dolomitkalkhydrat mit Körnern größer 0,2 mm muss die Anforderung der Prüfung auf Raumbeständigkeit für Kalkhydrat und Dolomitkalkhydrat mit Körnern größer als 0,2 mm nach DIN EN 459-2 erfüllen.
[6] Prüfung an einem Normmörtel nach DIN EN 459-2.
[7] Ein Rückstand von bis zu 15 % auf dem 0,09-mm-Sieb ist zulässig, solange die Prüfung auf Raumbeständigkeit nach DIN EN 459-2, 6.4.2 bestanden wurde.

**Tabelle 3.9:** Physikalische Anforderungen an Kalke mit hydraulischen Eigenschaften nach [26]

<table>
<tr><th rowspan="3">Kalkart</th><th colspan="2">Korngröße [1]</th><th>Freies Wasser</th><th colspan="2">Raumbeständigkeit [2]</th><th colspan="2">Mörtelprüfungen [3]</th><th colspan="2">Erstarrungszeiten</th></tr>
<tr><th colspan="2">Rückstand als Massenanteil in %</th><th></th><th>Referenzverfahren</th><th>Alternativverfahren</th><th>Eindringmaß</th><th>Luftgehalt</th><th>Beginn</th><th>Ende</th></tr>
<tr><th>0,09 mm</th><th>0,2 mm</th><th>%</th><th>mm</th><th>mm</th><th>mm</th><th>%</th><th>h</th><th>h</th></tr>
<tr><td>NHL 2</td><td rowspan="9">≤ 15</td><td rowspan="3">≤ 2</td><td rowspan="9">≤ 2</td><td rowspan="9">≤ 2</td><td rowspan="9">≤ 20</td><td rowspan="9">> 10 und < 50</td><td rowspan="3">≤ 5</td><td rowspan="9">> 1</td><td>≤ 40</td></tr>
<tr><td>NHL 3,5</td><td>≤ 30</td></tr>
<tr><td>NHL 5</td><td>≤ 15</td></tr>
<tr><td>FL 2</td><td rowspan="6">≤ 5</td><td rowspan="6">≤ 25</td><td>≤ 40</td></tr>
<tr><td>FL 3,5</td><td>≤ 30</td></tr>
<tr><td>FL 5</td><td>≤ 15</td></tr>
<tr><td>HL 2</td><td rowspan="3">≤ 15</td></tr>
<tr><td>HL 3,5</td></tr>
<tr><td>HL 5</td></tr>
</table>

[1] Korngröße und freies Wasser gelten für Kalke mit hydraulischen Eigenschaften für alle Anwendungen. Raumbeständigkeit, Eindringmaß, Luftgehalt und die Erstarrungszeiten gelten nur für Kalke mit hydraulischen Eigenschaften für Mauermörtel, Innenputz und Außenputz.
[2] Bestimmung nach DIN EN 459-2, 6.4.
[3] Prüfung an einem Normmörtel nach DIN EN 459-2.

In der Tabelle 3.10 sind die Anforderungen an die Druckfestigkeit von Kalken mit hydraulischen Eigenschaften zusammengestellt.

**Tabelle 3.10:** Druckfestigkeit von Kalken mit hydraulischen Eigenschaften nach [26]

| Kalkarten | Druckfestigkeit in MPa nach 7 Tagen | nach 28 Tagen |
|---|---|---|
| NHL 2 | - | ≥ 2 bis ≤ 7 |
| NHL 3,5 | - | ≥ 3,5 bis ≤ 10 |
| NHL 5 | ≥ 2 | ≥ 5 bis ≤ 15 |
| FL 2 alle Arten | - | ≥ 2 bis ≤ 7 |
| FL 3,5 alle Arten | - | ≥ 3,5 bis ≤ 10 |
| FL 5 alle Arten | ≥ 2 | ≥ 5 bis ≤ 15 |
| HL 2 | - | ≥ 2 bis ≤ 7 |
| HL 3,5 | - | ≥ 3,5 bis ≤ 10 |
| HL 5 | ≥ 2 | ≥ 5 bis ≤ 15 [1] |

Anmerkung: Es ist bekannt, dass sich die Druckfestigkeit von Mörtel mit Kalk als Bindemittel bei Carbonatisierung leicht erhöht.
[1] HL 5 mit einer Schüttdichte ≤ 0,90 kg/dm³ darf eine Festigkeit bis 20 MPa aufweisen.

### 3.1.4.4 Prüfungen nach DIN EN 459-2

Die chemischen und physikalischen Anforderungen an Baukalke nach DIN EN 459-1 sind in den Tabellen 3.6 bis 3.10 zusammengestellt. Probennahme, chemische Analysen und physikalische Prüfungen erfolgen nach DIN EN 459-2.

#### Chemische Analyse nach DIN EN 459-2, 5

Durch chemische Analysen werden der Gehalt an Calciumoxid (CaO), Magnesiumoxid (MgO), Sulfat (ausgedrückt als $SO_3$) und Kohlenstoffdioxid ($CO_2$) bestimmt. Des Weiteren werden Glühverlust und verfügbarer Kalk ermittelt. Insbesondere ist bei Luftkalken (CL und DL) ein Mindestgehalt an (CaO + MgO) zur ausreichenden Festigkeitsbildung erforderlich. Der $CO_2$-Gehalt von Luftkalken in unverarbeitetem Zustand muss nach oben begrenzt werden, damit die Carbonaterhärtung wirksam werden kann. Der $SO_3$-Gehalt ist bei allen Baukalkarten wegen der Treibgefahr ebenfalls nach oben begrenzt.

#### Physikalische Prüfungen nach DIN EN 459-2, 6

Die durch physikalische Prüfungen nachzuweisenden Anforderungen an Korngrößenverteilung und freies Wasser gelten für Baukalke bei allen Anwendungen. Anforderungen an Raumbeständigkeit, Eindringmaß, Luftgehalt und Erstarrungszeiten gelten nur für Baukalke für Mauermörtel sowie Innen- und Außenputzmörtel. Zusätzliche Anforderungen können gemäß Anhang B (informativ) zu DIN EN 459-1 an Wasseranspruch, Wasserrückhaltevermögen, Schüttdichte und Ergiebigkeit gestellt werden.

**Korngrößenverteilung nach DIN EN 459-2, 6.1 und 6.2**

Die Korngrößenverteilung ist für alle Baukalkarten bei allen Anwendungen durch Siebung oder Luftstrahlsiebung zu ermitteln. Bei Luftkalken (CL und DL) sollen die Rückstände auf dem 0,09-mm-Sieb ≤ 7 M.-% und auf dem 0,2-mm-Sieb ≤ 2 M.-% sein. Für natürliche hydraulische Kalke (NHL) gilt: Rückstand auf dem 0,09-mm-Sieb ≤ 15 M.-% und auf dem 0,2-mm-Sieb ≤ 2 M.-%. Bei Formulierten Kalken (FL) und Hydraulischen Kalken (HL) wird gefordert: Rückstand auf dem 0,09-mm-Sieb ≤ 15 M.-% und Rückstand auf dem 0,2-mm-Sieb ≤ 5 M.-%.

Siehe Zementprüfung

**Raumbeständigkeit nach DIN EN 459-2, 6.4**

Aufgrund der unterschiedlichen chemischen und physikalischen Eigenschaften von Baukalken ist es erforderlich, die Raumbeständigkeit von allen Baukalkarten mit verschiedenen Verfahren nach DIN EN 459-2, 6.4 zu bestimmen:

- Kalkhydrat und alle Kalke mit hydraulischen Eigenschaften:
  Referenzverfahren nach 6.4.2.1 oder Alternativverfahren nach 6.4.2.2;
- Hydraulischer Kalk mit einem $SO_3$-Anteil ≥ 3 < 7 M.-%:
  Verfahren nach 6.4.2.3 (Kaltwasserversuch);
- Kalkhydrat, Kalkteig und Dolomitkalkhydrat mit Körnern ≥ 0,2 mm:
  Verfahren nach 6.4.3;

- Ungelöschte Kalke, Kalkteig, Dolomitkalk und Dolomitkalkhydrat:
  Verfahren nach 6.4.4.

Im *Referenzverfahren* nach 6.4.2.1 wird eine zu einem scheibenförmigen Prüfkörper gepresste Probe (Durchmesser etwa 50 mm, Dicke etwa 10 mm) in ein Dampfbad gestellt und 90 min einem atmosphärischem Druck ausgesetzt. Ist die Änderung des Scheibendurchmessers ≤ 2 mm, gilt die Prüfung als bestanden.

Im *Alternativverfahren* nach 6.4.2.2, das in Anlehnung an DIN EN 196-3 mit dem Le-Chatelier-Ring durchgeführt wird, darf das Dehnungsmaß nach dreistündigem Kochen einer Probe im Dampfbad nicht größer als 20 mm sein.

Für den *Kaltwasserversuch* nach 6.4.2.3 wird ein steifer Kalkbrei hergestellt aus dem etwa 10 mm dicke Kuchen mit etwa 50 bis 70 mm Durchmesser ausgebreitet werden. Nach der Herstellung lagern die Kuchen etwa 24 h in feuchter Luft und anschließend 27 Tage unter Wasser (18 bis 21 °C). Zeigen sich während der Beobachtungszeit Verkrümmungen oder klaffende Kantenrisse allein oder in Verbindung mit Netzrissen, so deutet dies „Treiben" und damit keine Raumbeständigkeit an.

Bei der Prüfung nach 6.4.3 wird einem nicht verzögerten Stuckgips Kalkhydrat hinzugefügt. Nachdem der Gips erstarrt ist, wird er gesättigtem Dampf ausgesetzt. Der Dampf hydratisiert eventuell unreagiertes Calcium- und/oder Magnesiumoxid, wodurch eine Ausdehnung hervorgerufen wird, die zum Aufbrechen der Putzoberfläche führt.

Bei der Prüfung der Raumbeständigkeit nach 6.4.4 werden aus einem Brei zwei Kuchen (50 bis 70 mm Durchmesser, 10 mm Dicke) auf Saugplatten hergestellt, etwa 5 min auf anderen trockenen Saugplatten gelagert und anschließend 4 h bei (105 ±5) °C im Wärmeschrank getrocknet. Die Prüfung gilt als bestanden, wenn die Kuchen nach der Wärmebehandlung fest sind und keine Treibrisse aufweisen.

siehe Zementprüfung

### Erstarrungszeiten nach DIN EN 459-2, 6.5

Als Erstarrungszeit gilt der Zeitraum, nach dem eine Nadel bis zu einer bestimmten Tiefe in einen Baukalkleim von Normsteife eingedrungen ist. Die Erstarrungszeiten sind nach DIN EN 196-3 mit dem Nadelgerät nach Vicat zu bestimmen. Erstarrungsbeginn ≥ 1 h; Erstarrungsende bei HL ≤ 15 h, bei NHL und FL zwischen ≤ 15 und ≤ 40 h.

### Reaktionsfähigkeit nach DIN EN 459-2, 6.6

Die Reaktionsfähigkeit beim Löschen wird an einer in das Dewar-Gefäß eingebrachten Probe ungelöschten Baukalks durch Messung der bei der Reaktion mit Wasser einsetzenden Temperaturerhöhung in Abhängigkeit von der Reaktionsdauer (Nasslöschkurve) bestimmt.

### Luftgehalt nach DIN EN 459-2, 6.10

Der Luftgehalt des Frischmörtels wird nach dem Druckausgleichsverfahren gemessen. Er darf bei Baukalken CL und DL 12 Vol.-%, bei NHL 5 Vol.-%, bei FL 25 Vol-% und bei HL 20 Vol.-% nicht überschreiten.

**Druckfestigkeit nach DIN EN 459-2, 6.11**

Anforderungen an die Druckfestigkeit werden nur bei Kalken mit hydraulischen Eigenschaften (NHL, FL, HL) gestellt. Die Prüfung erfolgt in Anlehnung an DIN EN 196-1 an Mörtelprismen 40 x 40 x 160 mm aus Prüfmörtel bestimmter Zusammensetzung und Konsistenz. Für Weiß- und Dolomitkalke gibt es keine Anforderungen. Die 28-Tage-Druckfestigkeit wird bei Weißkalken auf 0,4 bis 0,8 N/mm$^2$, bei Dolomitkalken auf 1,0 bis 1,5 N/mm$^2$ geschätzt.

**Eindringmaß nach DIN EN 459-2, 6.8**

Mit dem Eindringmaß wird die Steife oder Plastizität des Norm-Frischmörtels gekennzeichnet. Das Eindringmaß, das ein Norm-Frischmörtel bei der Prüfung mit dem Steifemessgerät nach DIN EN 459-2, 6.8.2.2.3, aufweist, darf 2 min nach Beendigung des Mischvorgangs bei allen Baukalkarten 10 mm nicht unterschreiten und 50 mm nicht überschreiten.

**Freies Wasser nach DIN EN 459-2, 5.4**

Unter dem Begriff „freies Wasser" ist bei Kalk oder Kalk mit hydraulischen Eigenschaften die dem Produkt anhaftende Feuchte, bei Kalkmilch oder Kalkteig der Wassergehalt der Suspension zu verstehen. Beide Werte sind als der Massenverlust einer auf (105 ±5) °C erhitzten Probe definiert.

**Schüttdichte nach DIN EN 459-2, 6.3** (zusätzliche Eigenschaft)

Die mit dem Einlaufgerät nach DIN EN 459-2, 6.3 ermittelte Schüttdichte soll zwischen den in DIN EN 459-1, Anhang B (informativ) genannten Richtwerten liegen. Als Richtwerte werden genannt: CL von 0,3 bis 0,6; DL von 0,4 bis 0,6; FL von 0,4 bis 0,9; NHL von 0,4 bis 0,9; HL von 0,4 bis 1,0 kg/dm$^3$.

**Ergiebigkeit nach DIN EN 459-2, 6.7** (zusätzliche Eigenschaft)

Die Ergiebigkeit von Weißkalken für Mauermörtel und Putzmörtel für Außen- und Innenputz wird in einem Löschgefäß nach DIN EN 459-2, 6.7 bestimmt.10 kg ungelöschter Kalk müssen mindestens 26 dm$^3$ Kalkteig ergeben.

**Wasseranspruch für Ausbreitmaß und Eindringmaß nach DIN EN 459-2, 6.8** (zusätzliche Eigenschaft)

Die Messung der Eindringtiefe, des Wasserrückhaltevermögens und des Luftgehalts erfordert die Aufbereitung eines Normmörtels, der auf das entsprechende Ausbreitmaß gemessen auf dem Ausbreittisch eingestellt wird.

**Wasserrückhaltevermögen nach DIN EN 459-2, 6.9** (zusätzliche Eigenschaft)

Das Wasserrückhaltevermögen von Norm-Frischmörtel wird ausgedrückt als derjenige Wasseranteil in Prozent, der nach kurzzeitigem Wasserentzug durch Filterpapier im Mörtel verbleibt.

### 3.1.4.5 Konformität (siehe Zement)

Die Konformität der Baukalke mit den Anforderungen an die in DIN EN 459-1 festgelegten Festigkeiten, physikalischen und chemischen Eigenschaften ist fortlaufend auf der Grundlage von Stichprobenprüfungen zu bewerten. Für die Konformitätserklärung durch den Hersteller ist die Konformität von Baukalk mit DIN EN 459-1 nach dem in DIN EN 459-3 beschriebenen Verfahren zu bewerten.

Anforderungen in Bezug auf die EG-Konformitätserklärung, die der Hersteller nach dem Verfahren für die CE-Kennzeichnung besitzen muss, sind im Anhang ZA zur DIN EN 459-1 festgelegt. Die EG-Konformitätserklärung sollte nicht mit anderen Arten der Konformitätserklärung verwechselt werden.

#### 3.1.4.6 Anwendungen von Baukalk

Baukalke werden vorwiegend für *Putzmörtel* (s. Abschn. 3.2.1), für *Mauermörtel* (s. Abschn. 3.2.2) sowie zur Herstellung von dampfgehärteten Mauersteinen, z. B. *Kalksandsteinen* (s. Abschn. 5.2.1.1) verwendet. Ungelöschter Kalk oder Kalkhydrat werden zudem zur *Verbesserung des Untergrundes von Verkehrsflächen* (Bodenverfestigung und Bodenstabilisierung) eingesetzt. Feingemahlenes *Kalksteinmehl* kann dem Beton als inaktiver anorganischer Betonzusatzstoff (Typ I) zur Verbesserung der Kornabstufung und zur Raumausfüllung in der Matrix beigegeben werden.

### 3.1.5 Zemente

| | |
|---|---|
| DIN EN 197-1 | Zement; Teil 1: Zusammensetzung, Anforderungen und Konformitätskriterien von Normalzement; Ausgabe 2011-11 |
| E DIN EN 197-2 | Zement; Teil 2: Konformitätsbewertung; Ausgabe 2012-01 *(Norm-Entwurf)* |
| DIN EN 196 | Prüfverfahren für Zement;<br>Teil 1: Bestimmung der Festigkeit; Ausgabe 2005-05<br>Teil 2: Chemische Analyse von Zement; Ausgabe 2012-10 *(Norm-Entwurf)*<br>Teil 3: Bestimmung der Erstarrungszeiten und der Raumbeständigkeit; Ausgabe 2009-02<br>Teil 4: DIN Fachbericht CEN/TR 196-4: Quantitative Bestimmung der Bestandteile; Ausgabe 2007-11<br>Teil 5: Prüfung der Puzzolanität von Puzzolanzement; Ausgabe 2011-06<br>Teil 6: Bestimmung der Mahlfeinheit; Ausgabe 2010-05<br>Teil 7: Verfahren zur Probennahme und Probenauswahl von Zement; Ausgabe 2008-02<br>Teil 8: Hydratationswärme – Lösungsverfahren; Ausgabe 2010-07<br>Teil 9: Hydratationswärme – Teiladiabatisches Verfahren; Ausgabe 2010-07<br>Teil 10: Bestimmung des Gehalts an wasserlöslichem Chrom (VI) in Zement; Ausgabe 2006-10 |
| DIN 1164 | Zement mit besonderen Eigenschaften;<br>Teil 10: Zusammensetzung, Anforderungen und Übereinstimmungsnachweis von Zement mit niedrigem wirksamen Alkaligehalt; Ausgabe 2013-03<br>Teil 11: Zusammensetzung, Anforderungen und Übereinstimmungsnachweis von Zement mit verkürztem Erstarren; Ausgabe 2003-11<br>Teil 12: Zusammensetzung, Anforderungen und Übereinstimmungsnachweis von Zement mit einem erhöhten Anteil an organischen Bestandteilen; Ausgabe 2005-06 |

| | |
|---|---|
| DIN EN 14216 | Zement - Zusammensetzung, Anforderungen und Konformitätskriterien von Sonderzement mit sehr niedriger Hydratationswärme; Ausgabe 2004-08 |
| DIN EN 14647 | Tonerdezement - Zusammensetzung, Anforderungen und Konformitätskriterien; Ausgabe 2006-01<br>Berichtigung 1; Ausgabe 2007-04 |
| DIN EN 15743 | Sulfathüttenzement - Zusammensetzung, Anforderungen und Konformitätskriterien; Ausgabe 2010-04 |

*Hinweise zur Normung von Zement:* Die seit 2002 in allen EU-Ländern verbindlich eingeführte europäische Norm für Normalzemente EN 197-1 enthält Anforderungen an die Zusammensetzung und an die Konformität für Normalzemente, einschließlich Normalzemente mit niedriger Hydratationswärme und Normalzemente mit ausreichendem Sulfatwiderstand, sowie für Hochofenzemente mit niedriger Anfangsfestigkeit (die bisher in DIN 197-4 enthalten waren) und Hochofenzemente mit niedriger Anfangsfestigkeit und niedriger Hydratationswärme. Anforderungen an weitere Zemente mit besonderen Eigenschaften sind in der deutschen Norm DIN 1164 festgelegt, da eine entsprechende europäische Normung noch nicht verabschiedet werden konnte. Zemente nach DIN 1164 unterscheiden sich im Wesentlichen nur in zusätzlichen Anforderungen an Hydratationswärme bzw. Sulfatwiderstand oder wirksamen Alkaligehalt von den Normalzementen nach DIN EN 197-1.

Zement ist ein hydraulisches Bindemittel, das heißt, ein fein gemahlener anorganischer Stoff, der, mit Wasser gemischt, Zementleim ergibt, der sowohl an der Luft als auch unter Wasser erstarrt und erhärtet und nach dem Erhärten auch unter Wasser fest und raumbeständig bleibt.

### 3.1.5.1 Rohstoffe

Zement ist ein fein gemahlenes hydraulisches Bindemittel, das im Wesentlichen aus Verbindungen von Calciumoxid mit Siliciumdioxid, Aluminiumoxid und Eisenoxid besteht. Durch Reaktion mit Wasser erhärtet er an der Luft wie auch unter Wasser und bleibt nach der Erhärtung auch unter Wasser fest.

Stofflich ähnelt Zement den unterhalb der Sintergrenze gebrannten hydraulischen Kalken. Er entwickelt jedoch durch entsprechende Rohstoffauswahl sowie durch Verschmelzung und Umbildung der Rohstoffe oberhalb der Sintergrenze (1400 bis 1500 °C), vorwiegend zu Calciumsilicaten, besonders hohe Festigkeiten. Diese gebrannten Produkte werden als *Portlandzementklinker* bezeichnet.

Die erforderlichen Bestandteile an CaO finden sich im Kalkstein und die hydraulisch wirkenden Stoffe („Hydraulefaktoren") $SiO_2$, $Al_2O_3$, $Fe_2O_3$ im Ton. Geologische Ablagerungen, die bereits auf natürlichem Weg eine innige Vermischung von Kalk und Ton aufweisen und je nach vorwiegendem Anteil ihrer Stoffe als Kalk- oder Tonmergel bezeichnet werden, dienen in den meisten Fällen mit geringen Verbesserungen als Ausgangsprodukte der Zementherstellung.

Außer den natürlichen Gemengen können als Rohstoffe auch Stoffe industrieller Herkunft, die vorstehende Bestandteile enthalten, wie granulierte Hochofenschlacke (Hüttensand), Flugasche oder Ölschieferrückstände, eingesetzt werden.

### 3.1.5.2 Herstellung der Zemente (Abb. 3.6)

Die im Tagebau gewonnenen und zu Schotter gebrochenen Rohstoffe (Kalkstein/Kreide und Ton bzw. Mergel) werden zunächst zur Homogenisierung zu „Mischbetten" aufgeschüttet und anschließend trocken oder seltener nass vermahlen. Im so gewonnenen Rohmehl bzw. Rohschlamm muss der Kalkgehalt durch Korrekturen genauestens abgestimmt werden, damit im Brennprodukt, dem Klinker, kein schädlich wirkender freier Kalk verbleibt. Außerdem können durch Verschiebung der Rohstoffverhältnisse von Kalk zu Kieselsäure bzw. von Tonerde zu Eisenoxid die Zementeigenschaften in gewissen Grenzen beeinflusst werden.

Die Rohmischung wird im *Drehrohrofen* bis zur Sinterung zu „Klinkern" gebrannt. In dem schwach geneigten, auf Rollen gelagerten langsam rotierenden *Drehrohrofen* (Durchmesser bis 6 m, Länge bis 100 m) bewegt sich das Rohmehl der am Ofenende unter Druck eingeblasenen Kohlenstaub-, Öl- oder Gasflamme entgegen und verlässt hier unter Luftabkühlung als Klinker den Ofen. Die Durchlaufzeit des Materials durch den Ofen beträgt 20 bis 40 Minuten. Der Klinker wird vorwiegend in Silos oder Hallen gelagert und nochmals homogenisiert.

Anschließend erfolgt die Feinmahlung der abgekühlten steinharten Klinkergranalien in *Kugel- oder Walzmühlen*. Gleichzeitig werden zur Verzögerung der sehr kurzen Erstarrungszeiten des Klinkers geringe Mengen Calciumsulfat in Form von Gipsstein oder Anhydrit zugesetzt ($SO_3$-Gehalt je nach Zement und Feinmahlung 3,5 bis 4,5 M.-%). Je nach Zementart wird Klinker allein oder mit Hüttensand, natürlichem Puzzolan, gebranntem Schiefer, Flugasche, Kalkstein oder Silicastaub gemahlen. Das gemeinsame Vermahlen kann durch geeignete Mahl- und Homogenisierungsverfahren ersetzt werden.

Der in Silos eingelagerte Zement wird in automatischen Wiegevorrichtungen in Säcke gefüllt oder kommt lose in Transportbehältern zum Versand.

### 3.1.5.3 Erhärtung der Zemente

Bei den oberhalb der Sintergrenze gebrannten Klinkern sind wasserfreie feste kristalline Bestandteile entstanden, die als *Klinkerphasen* bezeichnet werden. Diese mikroskopisch als Mineralien sichtbaren, wenn auch meist nicht in reiner Form vorkommenden Klinkerphasen setzen sich aus Verbindungen von CaO mit $SiO_2$ (Calciumsilicate) CaO mit $Al_2O_3$ und $Fe_2O_3$ (Calciumaluminate und Calciumaluminatferrite) zusammen und bestimmen anteilig die Zementeigenschaften hinsichtlich des Erhärtungsverlaufes, der Hydratationswärme und der Widerstandsfähigkeit gegen aggressive Wässer.

Die Klinkerphasen, ihre Eigenschaften und ihr Gehalt im Klinker sind in Tabelle 3.11 zusammengestellt.

#### Chemische Erhärtungsreaktionen

Das als „Zementleim" bezeichnete Zement-Wasser-Gemisch erhärtet zu „Zementstein" durch *Hydratation*, d. h. durch chemische Wasserbindung. Die entstehenden kristallwasserhaltigen Verbindungen bezeichnet man als *Hydratphasen*.

Chemisch handelt es sich bei der Hydratation um das Einbinden von Anmachwasser als Kristallwasser in die wasserfreien Klinkerphasen, d. h. um deren chemische Umwandlung zu Hydraten unter Freisetzung von Kalkhydrat bei den Calciumsilicaten.

Die Hauptkomponenten des Portlandzements $C_2S$ und $C_3S$ reagieren mit Wasser entsprechend folgender Beziehungen (Symbole aus der Zementchemie):

$$2\,C_2S + 4\,H \rightarrow C_3S_2H_3 + CH$$

$$2\,C_3S + 6\,H \rightarrow C_3S_2H_3 + 3\,CH$$

Beide Komponenten bilden also die gleichen Hydratationsprodukte:

$C_3S_2H_3$ Calciumsilicathydrat ( = CSH-Phase)

CH Calciumhydroxid ($Ca(OH)_2$)

Die CSH-Phasen werden als „tobermoritähnlich" bezeichnet, da sie eine dem natürlichen Mineral Tobermorit ähnliche Kristallstruktur aufweisen.

**Tabelle 3.11:** Übersicht über die wesentlichen Komponenten der Zementklinker (Klinkerphasen) und ihre zementtechnischen Eigenschaften

| Formel | Bezeichnung | Abkürzung [1)] | Eigenschaften | Mittl. Gehalt M.-% [2)] |
|---|---|---|---|---|
| $3\ CaO \cdot SiO_2$ | Tricalcium-silicat | $C_3S$ | Schnelle Erhärtung, hohe Hydratationswärme | 63 (45-80) |
| $2\ CaO \cdot SiO_2$ | Dicalcium-silicat | $C_2S$ | Langsame, stetige Erhärtung, niedrige Hydratationswärme | 16 (0-32) |
| $3\ CaO \cdot Al_2O_3$ | Tricalcium-aluminat | $C_3A$ | In größeren Mengen: schnelles Erstarren, höhere Hydratationswärme, Schwindneigung, Empfindlichkeit gegen Sulfatwässer | 11 (7-15) |
| $2\ CaO \cdot (Al_2O_3, Fe_2O_3)$ | Calcium-aluminatferrit | $C_2$ (A, F) | Langsame Erhärtung, Widerstandsfähigkeit gegen Sulfatwässer | 8 (4-14) |
| Freier Kalk CaO: In geringer Menge unschädlich; in größerer Menge Treiben und Schnellbinden. | | | | 1 (0,1-3) |
| Freie Magnesia MgO: In größerer Menge Magnesiatreiben. | | | | 1,5 (0,5-4,5) |

1) In der Silikatchemie übliche Kurzzeichen: C = CaO S = $SiO_2$ A = $Al_2O_3$ F = $Fe_2O_3$.
2) Klammerangaben geben die Niedrigst- und Höchstwerte wieder.

Klauser

Das Calciumhydroxid sowie auch alle Calciumsilicate und -aluminate reagieren stark alkalisch und bilden daher eine wesentliche Voraussetzung der *Rostsicherheit* der Bewehrung von Stahl- und Spannbeton.

Bei der Umwandlung der energiereichen Klinkerphasen in die energieärmeren Hydratphasen entsteht (quasi als Energieausgleich) die *Hydratationswärme*.

Der beim Vermahlen der Zemente zugegebene *Gipsanteil* bremst durch sofortige Bindung mit der Komponente $C_3A$ den sonst bei Beginn sehr schnell verlaufenden Hydratationsvorgang, wodurch eine Verzögerung eintritt.

Die Komponente $C_3A$ reagiert aber auch mit Wasser und Gips zu

$$C_3A + 3\ CSH_2 + 26\ H \rightarrow C_3A \cdot 3\ CS \cdot H_{32} \text{ oder } C_6AS_3 \cdot H_{32}$$

Das Reaktionsprodukt Calciumaluminatsulfathydrat wird nach einem in der Natur vorkommenden, nadelförmigen Mineral gleicher Zusammensetzung *Ettringit* genannt. Die Ettringitbildung ist mit einer Volumenvergrößerung verbunden, die im noch nicht erhärteten Zementstein unschädlich ist. Sie kann aber zu einer erheblichen Schädigung („*Treiben*") des Betons führen, wenn Ettringit im Festbeton durch Reaktion von $C_3A$ und Sulfaten entsteht, die von *außen* in den erhärteten Beton eindringen.

Die Hydratationsprodukte des Zements, vor allem die CSH-Komponenten, bestehen zum großen Teil aus mikrokristallinen Partikeln kollodialer Größe, sodass die Struktur des erhärteten Zementsteins einem starren Gel entspricht (CSH-Gel oder „Zementgel").

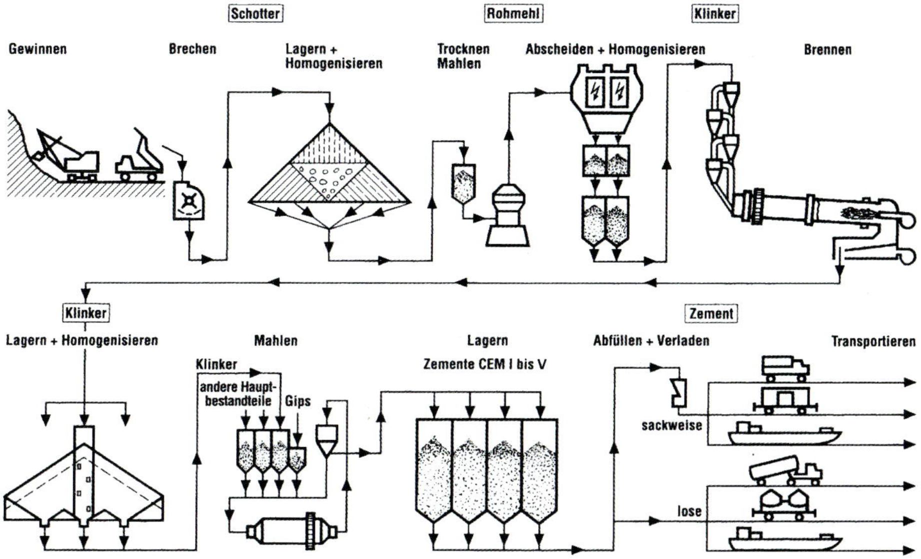


**Abb. 3.6:** Zementherstellung nach dem Trockenverfahren (aus [7])

## Ablauf des Hydratationsvorganges

Nach der Wasserzugabe wachsen aus dem Zementkorn faserförmige und aus gerollten Folien bestehende filzartige Strukturen in den wassergefüllten Raum hinein und bilden dort eine gelartige Substanz, das *Zementgel* (Abb. 3.7 und 3.8).

Die nur unter dem Elektronenmikroskop erkennbaren Neubildungen umgeben das Zementkorn zunächst in einer dünnen Schicht, was sich in einem Ansteifen des Zementleims bemerkbar macht. Durch mechanische Einflüsse kann das Ansteifen vorübergehend aufgehoben werden. Ähnlich wie bei anderen wässerigen kolloidalen Systemen wird diese Eigenschaft „thixotropes Verhalten" genannt.

Beim weiteren Hydratationsverlauf tritt eine weitere Verfestigung des Zementgels dadurch ein, dass das Wasser durch die Gelporen der neugebildeten Hydratphasen der äußeren Gelschicht bis zu dem noch nicht hydratisierten Kern des Zementkerns diffundiert. Bei der Berührung löst es dort einen weiteren Teil des Zementkorns und wandelt es in Hydratphasen um.

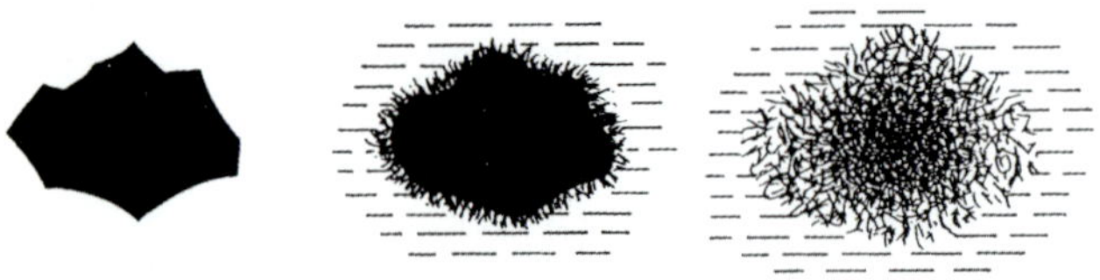

a) Zementkorn vor Wasserzugabe

b) Zementkorn kurz nach Wasserzugabe

c) Ende der Hydratation

**Abb. 3.7:** Schematische Darstellung der Hydratation eines Zementkorns

**Abb. 3.8:** Hydratation von Zement: CSH-Phasen in Beton mit w/z ≥ 0,50 (REM-Foto: Dr. Wihler, Wilhelm Dyckerhoff Institut, Wiesbaden)

Ein Teil der gelösten Stoffe fällt in dem frei werdenden Raum sofort als Zementgel aus. Der Rest diffundiert durch die Gelporen der bereits vorhandenen Gelschicht nach außen und fällt dort an der Grenze Gelschicht-Wasser aus.

Die Zementkörner werden so von außen nach innen abgebaut, wobei das Zementgel nach vollständiger Hydratation im Vergleich zu dem unhydratisierten Zementkorn mehr als doppelt so viel Raum einnimmt.

Je nach Größe des Zementkorns und dem Feuchtigkeitsangebot kann sich der Hydratationsvorgang über Tage, Monate bis zu mehreren Jahren erstrecken.

### Einflüsse auf die Eigenschaften des Zementsteins

Die *Festigkeit* des Zementsteins wird wesentlich von seinem Kapillarporenraum bestimmt, während die *Festigkeitsentwicklung*, d. h. die Hydratationsgeschwindigkeit bis zur Endfestigkeit, von der chemischen Zusammensetzung, von der Mahlfeinheit des Zementes sowie von den Temperatur- und Feuchtigkeitsverhältnissen während der Erhärtung abhängig ist.

*Einfluss des Wasser-Zement-Werts*

Das Wasser („Anmachwasser") wird im Zementstein auf sehr unterschiedliche Weise gebunden:

- ~ 25 M.-% des auf den Zementgehalt bezogenen Wassers sind als Kristallwasser in den Hydratationsprodukten *chemisch* gebunden,
- ~ 15 M.-% des auf den Zementgehalt bezogenen Wassers sind als Gelporenwasser in den Gelporen *physikalisch* gebunden,

- das über die chemisch und physikalisch gebundene Wassermenge (> 40 M.-%) hinausgehende Wasser („Überschusswasser") verbleibt zunächst als Kapillarporenwasser in den Kapillarporen, die i. M. 1000mal größer sind als die Gelporen.

Eine zuverlässige Trennung zwischen Kristallwasser, Gelwasser und Kapillarwasser ist nicht möglich. Man unterscheidet lediglich zwischen „verdampfbarem" oder „freiem" Wasser (Gel- und Kapillarwasser lässt sich bei ≥ 105 °C austreiben) und „nicht verdampfbarem Wasser" (Kristallwasser lässt sich durch Glühen bei ~ 1000 °C bestimmen).

Wie in Abbildung 3.9 gezeigt, hängt der Anteil an Kapillarporen direkt vom w/z-Wert ab:

Bei w/z-Werten von 0,40 reicht die Menge des Zementgels gerade aus, um den Platz der ursprünglich vorhandenen Zementkörner sowie der ursprünglich mit Wasser gefüllten Zwischenräume vollständig zu füllen. Es treten nahezu keine Kapillarporen auf.

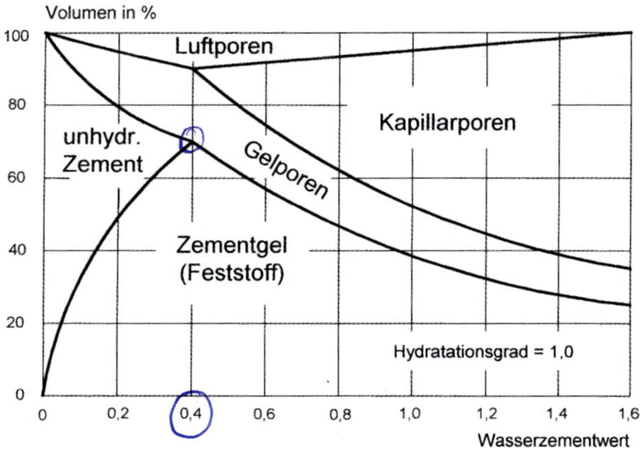


**Abb. 3.9:** Zusammensetzung des Zementsteinvolumens in Abhängigkeit vom w/z-Wert

Bei w/z-Werten > 0,40 sind Kapillarporen ein unvermeidbarer Bestandteil des Zementsteingefüges. Je höher aber der w/z-Wert ist, umso größer ist der Kapillarporenraum und umso geringer sind Festigkeit und Wasserdichtigkeit des Gefüges. Mit zunehmenden w/z-Werten treten neben Wasserabsonderung („Bluten") auch andere nachteilige Einflüsse auf, wie geringere Widerstände gegen Frost und chemische Angriffe und erhöhtes Schwinden.

Bei w/z-Werten < 0,40 bleiben unhydratisierte Reste des Zements zurück. Die in diesem Fall größere Festigkeit des Zementsteins beruht darauf, dass unhydratisierte Klinker eine dem Naturstein ähnliche und damit höhere Festigkeit aufweisen als das Zementgel.

*Einfluss der chemischen Zusammensetzung*

Die chemische Zusammensetzung ist sowohl für die Hydratationsgeschwindigkeit, d. h. für den erreichten Hydratationsgrad, als auch für die Widerstandsfähigkeit des Zementes gegen aggressive Beanspruchungen von Bedeutung.

Entsprechend Tabelle 3.11 verhalten sich $C_3S$- und $C_3A$-reiche Zemente unter gleichzeitiger Freisetzung erheblicher Hydratationswärme („Wärmetönung") reaktionsfreudiger, da sie kalkreicher und damit energiereicher sind.

C2S-reiche Zemente verhalten sich reaktionsträger, setzen dabei wenig Wärme frei und liefern zur *Anfangsfestigkeit* nur einen geringen Beitrag.

Wird die Bildung der gegenüber sulfathaltigen Wässern anfälligen $C_3A$-Komponente durch Erhöhung des Eisenoxidanteils zugunsten des mit solchen Wässern nur sehr träge reagierenden $C_2(A, F)$ mehr und mehr unterdrückt, so entstehen Zemente mit erhöhtem Widerstand gegen Sulfatwässer, die auch wegen geringerer Wärmetönung für massige Bauteile verwendbar sind.

*Einflüsse der Mahlfeinheit, Temperatur und Feuchtigkeit*

Die Mahlfeinheit wirkt sich ebenfalls entscheidend auf die Erhärtungsgeschwindigkeit aus: Wird die spezifische Oberfläche des Zementes durch Feinmahlen gesteigert, so bietet sich dem Anmachwasser eine vergrößerte Reaktionsoberfläche, die zu erhöhter Frühfestigkeit führt.

Wie alle chemischen Reaktionen ist auch die Zementerhärtung temperaturabhängig: Höhere Temperaturen beschleunigen den Ablauf der chemischen Reaktion und führen zu überwiegend kurzfasrigen Hydratphasen. Niedrige Temperaturen bewirken eine Verlangsamung und führen zu überwiegend langfasrigen Hydratphasen, die eine höhere Endfestigkeit des Zementsteins zur Folge haben. Einen ähnlichen Einfluss bewirken beschleunigende bzw. verzögernde Zusatzmittel.

Bei starkem Frost kommt die Hydratation zum Stillstand (Gefriertemperatur des Gelwassers bei −5 bis −10 °C).

Die Feuchthaltung in der ersten Erhärtungsphase ist von besonderer Bedeutung, da die Hydratation, d. h. die chemische Wasserbindung, nur bei Vorhandensein von Kapillarwasser vor sich gehen kann. Ein zu frühzeitiges Austrocknen kann zum vollständigen Stillstand der Erhärtung führen („Verdursten"), was sich in den Randzonen von Beton und Estrich durch Absanden bemerkbar macht. Bei vorzeitiger Austrocknung des noch wenig widerstandsfähigen Gels kommt es zudem zu starken Schrumpf- und Schwinderscheinungen.

### 3.1.5.4 Genormte Zemente

Die derzeit genormten Zemente sind in Tabelle 3.12 zusammengestellt.

**Tabelle 3.12:** Zementnormen und deren Geltungsbereich

| Norm | Inhalt | Zementarten | Festigkeitsklassen | Besondere Eigenschaften |
|---|---|---|---|---|
| DIN EN 197-1 | Normalzemente und Normalzemente mit niedriger Hydratationswärme | CEM I bis CEM V | 32,5 N und R<br>42,5 N und R<br>52,5 N und R | Optional:<br>LH ( ≤ 270 J/g) |
| | Hochofenzemente mit niedriger Anfangsfestigkeit | CEM III | 32,5 L<br>42,5 L<br>52,5 L | Optional:<br>LH ( ≤ 270 J/g) |
| | Normalzemente mit hohem Sulfatwiderstand | CEM I; CEM III; CEM IV | 32,5 N und R<br>42,5 N und R<br>52,5 N und R | SR |

<table>
<tr><th>Norm</th><th>Inhalt</th><th>Zementarten</th><th>Festigkeits-klassen</th><th>Besondere Eigenschaften</th></tr>
<tr><td>DIN 1164-10</td><td>Normalzemente mit niedrigem wirksamen Alkaligehalt</td><td rowspan="3">CEM I bis CEM V</td><td rowspan="3">32,5 N und R<br>42,5 N und R<br>52,5 N und R</td><td>NA</td></tr>
<tr><td>DIN 1164-11</td><td>Zemente mit verkürztem Erstarren</td><td>FE<br>SE</td></tr>
<tr><td>DIN 1164-12</td><td>Zemente mit erhöhtem Anteil an organischen Bestandteilen</td><td>HO</td></tr>
<tr><td>DIN EN 14216</td><td>Sonderzemente mit sehr niedriger Hydratationswärme</td><td>VLH II<br>VLH IV<br>VLH V</td><td>22,5</td><td>≤ 270 J/g</td></tr>
<tr><td>DIN EN 14647</td><td>Tonerdezement</td><td>CAC</td><td>18 (6 h) und 40 (24 h)</td><td></td></tr>
<tr><td>DIN EN 15743</td><td>Sulfathüttenzement</td><td>CSS</td><td>32,5 N; 42,5 N; 52,5 N</td><td>≤ 220 J/g</td></tr>
</table>

Die Anwendungsbereiche für Normalzement zur Herstellung von Beton sind in DIN 1045-2 festgelegt.

## Normalzemente nach DIN EN 197-1

### a) Zusammensetzung und Bezeichnung von Normalzementen

Die Zementnorm DIN EN 197-1 legt die Eigenschaften und Anforderungen von 27 unterschiedlichen Normalzementen, sieben sulfatwiderstandsfähigen Zementen sowie von drei unterschiedlichen Hochofenzementen mit niedriger Anfangsfestigkeit und zwei sulfatwiderstandsfähigen Hochofenzementen mit niedriger Anfangsfestigkeit fest. Die 27 *Normalzementarten* sind entsprechend der europäischen Klassifikation den fünf Hauptzementarten zuzuordnen:

- CEM I Portlandzemente
- CEM II Portlandkompositzemente
- CEM III Hochofenzemente
- CEM IV Puzzolanzemente
- CEM V Kompositzemente

Tabelle 3.13 gibt die Zementarten, ihre Bezeichnung und die Anforderungen an die Zusammensetzung wieder. Die *Hauptbestandteile* der Normalzemente sind Portlandzementklinker (K), Hüttensand (S), Silikastaub (D), Puzzolane (P, Q), Flugasche (V, VV), Gebrannter Schiefer (T) und Kalkstein (L, LL). Ihr massenmäßiger Anteil ist durch Grenzwerte festgelegt. Als *Nebenbestandteile* können die Zemente bis zu 5 M.-% anorganische, mineralische Stoffe enthalten, die aus der Klinkerherstellung stammen oder den anderen Hauptbestandteilen entsprechen. Zur Regelung des Erstarrens werden den Zementen geringe Mengen *Calciumsulfat* (Gips und/oder Anhydrit) zugegeben. Um die Herstellung oder die Eigenschaften von Zement zu verbessern, können *Zusätze* (z. B. Mahlhilfsmittel) verwendet werden.

**Tabelle 3.13:** Zementarten und Zusammensetzung der Normalzemente nach [27]

| Hauptzementarten | Bezeichnung der 27 Produkte (Normalzementarten) | Kurzzeichen | Portlandzementklinker (K) [M.-%] | Hauptbestandteile Zumahlungsstoffe [1] [M.-%] | |
|---|---|---|---|---|---|
| CEM I | Portlandzement | CEM I | 95-100 | | |
| CEM II | Portlandhüttenzement | CEM II/A-S | 80-94 | Hüttensand (S) | 6-20 |
| | | CEM II/B-S | 65-79 | | 21-35 |
| | Portlandsilicastaubzement | CEM II/A-D | 90-94 | Silicastaub (D) [2] | 6-10 |
| | Portlandpuzzolanzement | CEM II/A-P | 80-94 | Natürliches Puzzolan (P) | 6-20 |
| | | CEM II/B-P | 65-79 | | 21-35 |
| | | CEM II/A-Q | 80-94 | Natürlich getempertes Puzzolan (Q) | 6-20 |
| | | CEM II/B-Q | 65-79 | | 21-35 |
| | Portlandflugaschezement | CEM II/A-V | 80-94 | Kieselsäurereiche Flugasche (V) | 6-20 |
| | | CEM II/B-V | 65-79 | | 21-35 |
| | | CEM II/A-W | 80-94 | Kalkreiche Flugasche (W) | 6-20 |
| | | CEM II/B-W | 65-79 | | 21-35 |
| | Portlandschieferzement | CEM II/A-T | 80-94 | Gebrannter Schiefer (T) | 6-20 |
| | | CEM II/B-T | 65-79 | | 21-35 |
| | Portlandkalksteinzement | CEM II/A-L | 80-94 | Kalkstein (L) [3] | 6-20 |
| | | CEM II/B-L | 65-79 | | 21-35 |
| | | CEM II/A-LL | 80-94 | Kalkstein (LL) [3] | 6-20 |
| | | CEM II/B-LL | 65-79 | | 21-35 |
| | Portlandkompositzement [4] | CEM II/A-M | 80-94 | Mehrstoffzumahlung (M) | 6-20 |
| | | CEM II/B-M | 65-79 | | 21-35 |
| CEM III | Hochofenzement | CEM III/A | 35-64 | Hüttensand (S) | 36-65 |
| | | CEM III/B | 20-34 | | 66-80 |
| | | CEM III/C | 5-19 | | 81-95 |
| CEM IV | Puzzolanzement [4] | CEM IV/A | 65-89 | Puzzolane (D, P, Q, V, W) | 11-35 |
| | | CEM IV/B | 45-64 | | 36-55 |
| CEM V | Kompositzement [4] | CEM V/A | 40-64 | Hüttensand (S) und Puzzolane (P, Q, V) | 36-60 |
| | | CEM V/B | 20-38 | | 62-80 |

[1] Nebenbestandteile 0-5 M.-%.
[2] Der Anteil von Silicastaub ist auf 10 M.-% begrenzt.
[3] Gesamtanteil an organischem Kohlenstoff (TOC) für L: ≤ 0,50 M.-%, für LL: ≤ 0,20 M.-%.
[4] Bei CEM II/A-M, CEM II/B-M, CEM IV/A, CEM IV/B, CEM V/A und CEM V/B müssen die Hauptbestandteile neben Portlandzementklinker durch die Bezeichnung des Zements angegeben werden (z. B.: Portlandkompositzement EN 197-1 - CEM II/A-M (S-V-L) 32,5R).

### b) Zusammensetzung und Bezeichnung von Normalzementen mit hohem Sulfatwiderstand (SR-Zemente)

Die sieben Produkte der Familie der Normalzemente mit hohem Sulfatwiderstand, die in DIN 197-1 behandelt werden, sind in Tabelle 3.14 aufgeführt. Sie sind in drei Hauptzementarten eingeteilt:

- Portlandzement mit hohem Sulfatwiderstand (CEM I-SR 0; CEM I-SR 3; CEM I-SR 5),
- Hochofenzement mit hohem Sulfatwiderstand (CEM III/B-SR; CEM III/C-SR),
- Puzzolanzement mit hohem Sulfatwiderstand (CEM IV/A-SR; CEM IV/B-SR).

**Tabelle 3.14:** Normalzemente mit hohem Sulfatwiderstand nach [27]

| Hauptarten | Normalzemente mit hohem Sulfatwiderstand | | $C_3A$-Gehalt des Klinkers in M.-% | Hauptbestandteile in M.-% | | | |
|---|---|---|---|---|---|---|---|
| | | | | Portlandzementklinker K | Hüttensand S | Natürliche Puzzolane P | Kieselsäurereiche Flugasche V |
| CEM I | Portlandzement mit hohem Sulfatwiderstand | CEM I-SR 0<br>CEM I-SR 3<br>CEM I-SR 5 | 0<br>$\leq$ 3<br>$\leq$ 5 | 95-100 | - | - | - |
| CEM III | Hochofenzement mit hohem Sulfatwiderstand | CEM III/B-SR | Keine Anforderung | 20-34 | 66-80 | - | - |
| | | CEM III/C-SR | | 5-19 | 81-95 | - | - |
| CEM IV | Puzzolanzement mit hohem Sulfatwiderstand | CEM IV/A-SR | $\leq$ 9 | 65-70 | - | 21-35 | |
| | | CEM IV/B-SR | $\leq$ 9 | 45-64 | - | 36-55 | |

### c) Zusammensetzung und Bezeichnung von Normalzementen mit niedriger Anfangsfestigkeit nach DIN EN 197-1

Normalzemente mit niedriger Anfangsfestigkeit sind CEM III Hochofenzemente nach Tabelle 3.13. Sie unterscheiden sich von den anderen Normalzementen hinsichtlich der Anforderungen an die Anfangsfestigkeit (siehe Tabelle 3.15). CEM III Zemente, die die Anforderungen nach Tabelle 3.14 erfüllen, können auch als Normalzemente mit hohem Sulfatwiderstand deklariert werden.

Hochofenzemente CEM III/A, B oder C mit niedriger Anfangsfestigkeit nach zwei bzw. sieben Tagen werden mit der Bezeichnung L nach der Festigkeitsklasse gekennzeichnet.

*Normbezeichnung* eines Hochofenzements mit einem Hüttensandanteil zwischen 81 und 95 M.-%, der Festigkeitsklasse 32,5 mit niedriger Anfangsfestigkeit und niedriger Hydratationswärme:

### Hochofenzement EN 197-1 - CEM III/C 32,5 L - LH

Anmerkung: Normalzemente mit niedriger Anfangsfestigkeit wurden bisher in DIN EN 197-4 als Hochofenzemente mit niedriger Anfangsfestigkeit behandelt.

## d) Anforderungen an die Normalzemente

### Normfestigkeit

Als Normfestigkeit ist die Druckfestigkeit im Alter von 28 Tagen festgelegt. Sie muss den Anforderungen nach Tabelle 3.15 entsprechen. Zur Erzielung einer hohen Gleichmäßigkeit der Zemente und zur Eingrenzung von Festigkeitsstreuungen sind für die 28-Tage-Festigkeit Minimal- und Maximalwerte festgelegt, die nicht unter- bzw. überschritten werden dürfen. Der untere Grenzwert dient der Kennzeichnung der drei Klassen von Normfestigkeit: Klasse 32,5; Klasse 42,5 und Klasse 52,5.

Entsprechend DIN EN 196-1 erfolgt die Feststellung der Druckfestigkeit nach zwei, sieben und 28 Tagen an drei Mörtelprismen 4 × 4 × 16 cm, die aus 1 Massenteil Zement + 3 Massenteilen Normsand + 0,5 Massenteilen Wasser hergestellt werden. Die Prismen dienen auch der Ermittlung der Biegezugfestigkeiten, jedoch sind an diese keine Normforderungen gestellt.

### Anfangsfestigkeit

Als Anfangsfestigkeit ist die Druckfestigkeit nach zwei bzw. sieben Tagen festgelegt. Sie muss den Anforderungen nach Tabelle 3.15 entsprechen. Jeder Klasse der Normfestigkeit werden drei Klassen der Anfangsfestigkeit zugeordnet: N (Klasse mit üblicher Anfangsfestigkeit), R (Klasse mit hoher Anfangsfestigkeit) und L (Klasse mit niedriger Anfangsfestigkeit). Die Klasse L gilt nur für CEM III Zemente.

**Tabelle 3.15:** Mechanische und physikalische Anforderungen nach [27]

| Festigkeitsklasse | Druckfestigkeit in $N/mm^2$ oder MPa | | | Erstarrungsbeginn min | Raumbeständigkeit (Dehnungsmaß) mm |
|---|---|---|---|---|---|
| | Anfangsfestigkeit | | Normfestigkeit 28 Tage | | |
| | 2 Tage | 7 Tage | | | |
| 32,5 L [1] | - | ≥ 12,0 | ≥ 32,5 ≤ 52,5 | ≥ 75 | ≤ 10 |
| 32,5 N | - | ≥ 16,0 | | | |
| 32,5 R | ≥ 10,0 | - | | | |
| 42,5 L [1] | - | ≥ 16,0 | ≥ 42,5 ≤ 62,5 | ≥ 60 | |
| 42,5 N | ≥ 10,0 | - | | | |
| 42,5 R | ≥ 20,0 | - | | | |
| 52,5 L [1] | ≥ 10,0 | - | ≥ 52,5 | ≥ 45 | |
| 52,5 N | ≥ 20,0 | - | | | |
| 52,5 R | ≥ 30,0 | - | | | |

[1] Gilt nur für CEM III Zemente.

### Erstarren

Das Erstarren des Zements ist eine Vorstufe der Erhärtung. Damit eine ausreichende Zeit für die Verarbeitbarkeit zur Verfügung steht, darf der Beginn des Erstarrens für alle Zemente nach DIN EN 197-1, DIN 1164 und DIN EN 14216 frühestens nach den in Tabelle 3.16 genannten Zeiten erfolgen. Zemente, deren Erstarrungsbeginn früher eintritt, entsprechen nicht diesen Normen. An das Erstarrungsende werden keine Anforderungen gestellt.

Prüfung mit dem Nadelgerät (Vicat-Gerät entsprechend Abb. 3.10) an einem in „Normsteife" hergestellten Zementleim nach DIN EN 196-3.

*Falsches Erstarren*, bei dem der Zementleim kurzzeitig vorübergehend ansteift, jedoch bei weiterem Mischen wieder weich wird, tritt meist dadurch auf, dass aus dem als Abbinderegler zugesetzten Gipsstein bei der Feinmahlung durch Entwässerung Halbhydrat (Stuckgips) entstanden ist.

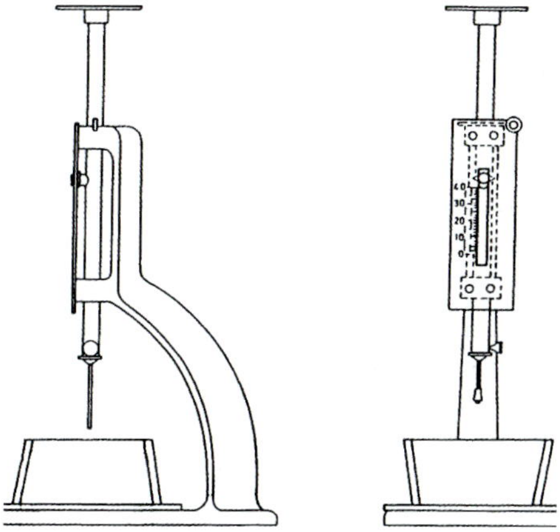

**Abb. 3.10:** Vicat-Gerät zur Bestimmung der Erstarrungszeiten von Zement

**Tabelle 3.16:** Anforderungen an das Erstarren von Zement nach [27]

| Festigkeitsklasse | Erstarrungsbeginn |
|---|---|
| Normalzement (N,R) und Hochofenzement mit niedriger Anfangsfestigkeit (L) | |
| 32,5 L bis 32,5 R | ≥ 75 min |
| 42,5 L bis 42,5 R | ≥ 60 min |
| 52,5 L bis 52,5 R | ≥ 45 min |
| Zement mit frühem Erstarren (FE-Zement) | |
| 32,5 N bis 32,5 R | ≥ 15 min < 75 min |
| 42,5 N bis 42,5 R | ≥ 15 min < 60 min |
| 52,5 N bis 52,5 R | ≥ 15 min < 45 min |

| Festigkeitsklasse | Erstarrungsbeginn |
|---|---|
| Schnellerstarrender Zement (SE-Zement) | |
| 32,5 N bis 52,5 R | ≤ 45 min [1)] |
| Sonderzement mit sehr niedriger Hydratationswärme (VLH) | |
| 22,5 | ≥ 75 min |

[1)] Prüfung mit dem Eindrückversuch nach DIN 1164-11, Anhang A.

#### Raumbeständigkeit

Die Raumbeständigkeit wird nach DIN EN 196-3 mit dem Le-Chatelier-Ring (Abb. 3.11) an einem Zementleim mit Normsteife überprüft. Zement gilt als raumbeständig, wenn nach dreistündigem Kochen im Wasser das Dehnungsmaß den Wert von 10 mm nicht überschreitet. Das Dehnungsmaß wird zwischen den beiden Nadelspitzen des Le-Chatelier-Rings gemessen.

Die Prüfung soll die mögliche Gefahr einer späteren Ausdehnung des erhärteten Zements abschätzen, die auf der Hydratation von freiem Calciumoxid und/oder freiem Magnesiumoxid beruht.

Erstarren und Raumbeständigkeit von Normalzementen werden im Rahmen der Eigen- und Fremdüberwachung ermittelt. Eine Überprüfung durch den Verbraucher vor der Verwendung der Zemente ist nicht erforderlich.

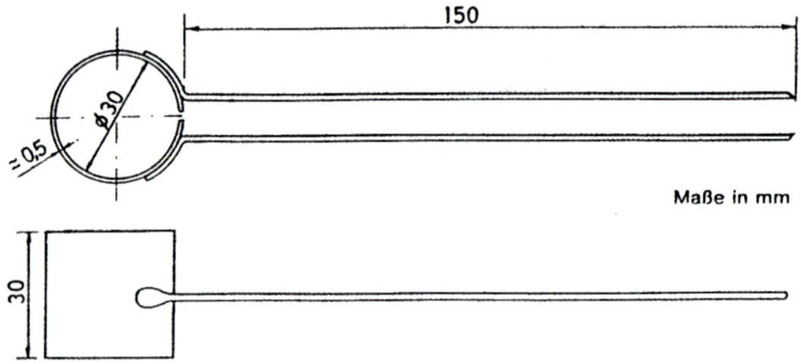


**Abb. 3.11:** Le-Chatelier-Ring zur Bestimmung der Raumbeständigkeit von Zement

#### Hydratationswärme

Die Hydratationswärme von Normalzementen mit niedriger Hydratationswärme darf den charakteristischen Wert 270 J/g nicht überschreiten. Die Hydratationswärme ist entweder nach sieben Tagen nach DIN EN 196-8 oder nach 41 h nach DIN EN 196-9 zu bestimmen.

Normalzemente mit niedriger Hydratationswärme werden durch das Kurzzeichen LH gekennzeichnet.

#### Nicht genormte Eigenschaften von Normalzementen

#### Mahlfeinheit

DIN EN 197-1 enthält keine Anforderungen an die Mahlfeinheit der Zemente. Die Bestimmung der spezifischen Oberfläche mit dem *Luftdurchlässigkeitsverfahren* (Blaine) nach DIN EN

196-6 dient in erster Linie der Kontrolle der Gleichmäßigkeit des Mahlprozesses im Werk. Das *Siebverfahren* nach DIN EN 196-6 dient lediglich dem Nachweis grober Zementpartikel und eignet sich damit vorrangig für die Kontrolle und Steuerung des Herstellprozesses. Der Blaine-Wert ist kein Maß für die Korngrößenverteilung. Eine Beurteilung der Gebrauchseigenschaften der Zemente über den Blaine-Wert ist daher nur begrenzt möglich.

Grobgemahlene Zemente (< 2800 $cm^2/g$) haben ein geringes Wasserrückhaltevermögen und neigen daher zum Wasserabsondern, zum *Bluten* („kurze Zemente").

Sehr fein gemahlene Zemente (> 5000 $cm^2/g$) haben einen erhöhten Wasseranspruch und ergeben bei niedrigen w/z-Werten einen zäh klebrigen Leim. Dies bedingt bei zementreichen Mischungen einen erhöhten Verarbeitungs- und Verdichtungsaufwand.

### Dichte und Schüttdichte

Je nach chemischer Zusammensetzung der Zemente gelten die in Tabelle 3.17 angegebenen Durchschnittswerte für die Dichte. Die Schüttdichte ist von der Lagerungsdichte, der Korngröße und der Mahlfeinheit abhängig.

**Tabelle 3.17:** Dichte und Schüttdichte von Zementen

| Zementart | Dichte ($kg/dm^3$) | Schüttdichte ($kg/dm^3$) | |
|---|---|---|---|
| | | lose eingelaufen | eingerüttelt |
| Portlandzement | 3,10 | | |
| Portlandkalksteinzement | 3,05 | | |
| Portlandhüttenzement | 3,05 | 0,9–1,2 | 1,6–1,9 |
| Hochofenzement | 3,00 | | |
| Portlandpuzzolanzement | 2,90 | | |

(Abweichungen von diesen Durchschnittswerten sind möglich)

### Schwinden und Kriechen

Als *Schwinden* bezeichnet man die Volumenverringerung von Zementstein bzw. zementgebundenen Massen infolge Austrocknung.

Das Schwindmaß und der Schwindverlauf sind in erster Linie vom w/z-Wert und von der Luftfeuchtigkeit abhängig. Dagegen ist der Einfluss der Mahlfeinheit des Zements auf das Schwinden größerer Betonkonstruktionen vernachlässigbar klein.

Bei großflächigen Bauteilen, die gegen Austrocknen und damit gegen Schwinden besonders empfindlich sind (z. B. dünne Platten, Estriche), bieten Zemente mit sehr langsamer oder sehr schneller Erhärtung eine geringere Sicherheit gegen das Auftreten von Schwindrissen. Es eignen sich Zemente der Festigkeitsklassen 32,5 R und 42,5 N.

Unter *Kriechen* versteht man die plastische Verformung des Zementsteins unter Dauerlast. Der Zement mit der größten Festigkeit zu Beginn der Belastung weist das geringste Kriechmaß auf, bzw. bei gleichem Kriechmaß kann ein schnell erhärtender Zement früher belastet werden.

### Farbe und Helligkeit

Die Farbe des Zements, die eine besondere Bedeutung bei der Herstellung von Sichtbeton hat, hängt stark von den verwendeten Rohstoffen, der Zementart, der Mahlfeinheit und dem Herstellungsverfahren ab. Sie liegt im Allgemeinen zwischen hellgrau bis dunkelgrau. Portlandzemente sind in der Regel dunkler als Hochofenzemente. Schlackenreiche Hochofenzemente sind meist hellgrau. Feingemahlene Zemente des gleichen Herstellerwerks sind in der Regel heller als grob gemahlene Zemente.

### Wasserdurchlässigkeit

Die Wasserdurchlässigkeit des Zementsteins wird ausschließlich durch den Gehalt an Kapillarporen bestimmt. Nach Abb. 3.12 steigt die Wasserdurchlässigkeit ab einem Kapillarporengehalt von etwa 25 Vol.-% rasch an. Dieser kritische Wert wird bei vollständiger Hydratation bei einem w/z-Wert von 0,6 erreicht, bei einem Hydratationsgrad von 80 % schon bei w/z = 0,5.

Eine nicht vollständige Hydratation ist meist das Resultat einer ungenügenden Nachbehandlung. Bei erneutem Wasserkontakt kann jedoch Zementstein nachhydratisieren, wodurch die Wasserdurchlässigkeit stark abnimmt.

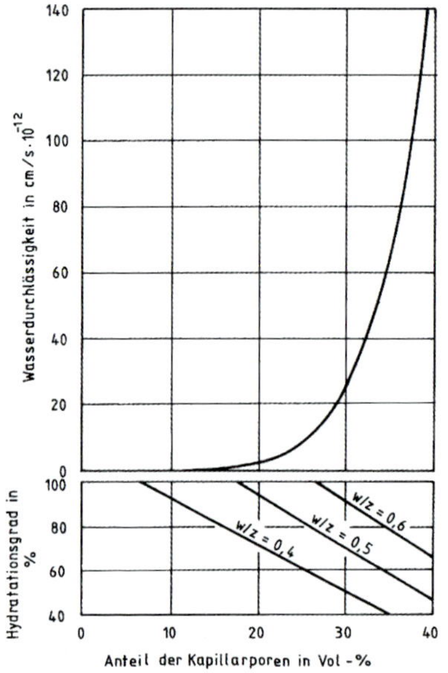


**Abb. 3.12:** Kapillarporosität und Wasserdurchlässigkeit von Zementstein in Abhängigkeit vom Wasserzementwert und Hydratationsgrad (nach T. C. Powers)

### e) Normbezeichnungen und Kennzeichnung

- Portlandzement der Festigkeitsklasse 42,5 mit hoher Anfangsfestigkeit:
  **Portlandzement EN 197-1 - CEM I 42,5 R;**
- Portlandkalksteinzement der Festigkeitsklasse 32,5 mit üblicher Anfangsfestigkeit und 6 bis 20 M.-% Kalkstein mit einem Gesamtgehalt (Massenanteil) an organischem Kohlenstoff ≤ 0,5 M.-% (L):
  **Portlandkalksteinzement EN 197-1 - CEM II/A-L 32,5 N;**

- Kompositzement der Festigkeitsklasse 32,5 mit normaler Anfangsfestigkeit mit einem Anteil an Hüttensand von 30 M.-% und an Trass von 30 M.-%:
  **Kompositzement EN 197-1 - CEM V/A (S-P) 32,5 N;**
- Hochofenzement der Festigkeitsklasse 32,5 mit niedriger Anfangsfestigkeit und niedriger Hydratationswärme mit einem Massenanteil an Hüttensand (S) zwischen 81 M.-% und 95 M.-%:
  **Hochofenzement mit niedriger Anfangsfestigkeit und niedriger Hydratationswärme EN 197-1 - CEM III/C 32,5 L - LH.**

DIN EN 197-1 enthält für Normalzemente keine Regelung zum Sackgewicht sowie zu den Kennfarben von Zementsäcken und der Farbe des Sack-Aufdrucks. Es ist jedoch davon auszugehen, dass die deutschen Zementhersteller an den bewährten Regelungen zum Sackgewicht (25 kg) sowie an der farblichen Unterscheidung der Verpackung festhalten.

## Zemente mit besonderen Eigenschaften nach DIN 1164-10 und DIN EN 197-1

Zemente mit besonderen Eigenschaften erhalten zusätzlich zu den Kurzzeichen die folgenden Kennbuchstaben:

- LH Zement mit *niedriger Hydratationswärme* nach DIN EN 197-1,
- SR Zement mit *hohem Sulfatwiderstand* nach DIN EN 197-1,
- NA Zement mit *niedrigem wirksamen Alkaligehalt* nach DIN 1164-10.

### a) Zemente mit niedriger Hydratationswärme (LH-Zemente) nach DIN EN 197-1

Höhe und zeitliche Entwicklung der Hydratationswärme hängen von der Zusammensetzung der Zemente ab und nehmen in der Regel mit ihrer Anfangsfestigkeit zu. Richtwerte für die Hydratationswärme von Zementen enthält Tabelle 3.18.

**Tabelle 3.18:** Richtwerte für die Hydratationswärme der Zemente

| Festigkeitsklasse | Hydratationswärme in J/g nach Tagen | | | |
|---|---|---|---|---|
| | 1 | 3 | 7 | 28 |
| 32,5 N | 60 bis 175 | 125 bis 250 | 150 bis 300 | 200 bis 375 |
| 32,5 R; 42,5 N | 125 bis 200 | 200 bis 335 | 275 bis 375 | 300 bis 425 |
| 42,5 R; 52,5 N; 52,5 R | 200 bis 275 | 300 bis 350 | 325 bis 375 | 375 bis 425 |

Die nach dem Lösungswärmeverfahren entsprechend DIN EN 196-8 ermittelte Hydratationswärme ist nur für LH-Zemente begrenzt. Sie darf in den ersten sieben Tagen einen Wert von 270 J/g Zement nicht überschreiten.

LH-Zemente sind für massige Bauteile und zum Betonieren bei hohen Außentemperaturen besonders geeignet. Sie erfordern eine längere Nachbehandlungszeit.

Normbezeichnung (Beispiel):

Hochofenzement mit einem Hüttensandanteil zwischen 66 und 80 M.-%, der Festigkeitsklasse 32,5 mit normaler Anfangsfestigkeit und niedriger Hydratationswärme:

**Hochofenzement EN 197-1 -CEM III/B 32,5 N - LH.**

### b) Zemente mit hohem Sulfatwiderstand (SR-Zemente) nach DIN EN 197-1

Bei starkem Sulfatangriff auf Betone der Expositionsklassen XA2 und XA3 nach DIN 1045-2 sind SR-Zemente zu verwenden. Bei einem Sulfatgehalt des angreifenden Wassers bis zu 1500 mg/l darf unter bestimmten Bedingungen anstelle von SR-Zement eine Kombination aus Zement und Flugasche eingesetzt werden. Bei Angriff von Meerwasser ist aufgrund langjähriger Erfahrung trotz seines hohen Sulfatgehalts kein SR-Zement notwendig.

Normalzemente mit hohem Sulfatwiderstand müssen die in Tabelle 3.19 angegebenen zusätzlichen Anforderungen erfüllen.

**Tabelle 3.19:** Zusätzliche Anforderungen an Normalzemente mit hohem Sulfatwiderstand nach [27]

| Eigenschaft | Prüfung nach | Zementart | Festigkeitsklasse | Anforderungen [1] |
|---|---|---|---|---|
| Sulfatgehalt (als $SO_3$) | EN 196-2 | CEM I-SR 0<br>CEM I-SR 3<br>CEM I-SR 5 [5]<br>CEM IV/A-SR<br>CEM IV/B-SR | 32,5 N<br>32,5 R<br>42,5 N | ≤ 3,0 % |
| | | | 42,5 R<br>52,5 N<br>52,5 R | ≤ 3,5 % |
| $C_3A$ im Klinker | EN 196-2 [2] | CEM I-SR 0 | alle | = 0 [4] |
| | | CEM I-SR 3 | | ≤ 3 % [3] |
| | | CEM I-SR 5 | | ≤ 5 % [3] |
| | | CEM IV/A-SR<br>CEM IV/B-SR | | ≤ 9 % [4] |
| Puzzolanität | EN 196-5 | CEM IV/A-SR<br>CEM IV/B-SR | alle | Das Prüfergebnis nach acht Tagen muss positiv sein. |

[1] Die Anforderungen sind als Massenanteil in Prozent des fertigen Zements angegeben.
[2] Der Gehalt an Tricalciumaluminat ist mit der folgenden Gleichung zu berechnen: $C_3A = 2{,}65A - 1{,}69F$.
[3] Das Prüfverfahren zur Bestimmung des $C_3A$-Gehalts im fertigen Zement wird zurzeit von CEN/TC 51/WG 15 erarbeitet.
[4] Für bestimmte Anwendungen darf die Zementart CEM I-SR 5 nach einer niedrigeren Anforderung an den Sulfatgehalt hergestellt werden. In diesem Fall ist der Wert für die niedrigere Anforderung an den Sulfatgehalt im Lieferschein anzugeben.

### c) Zemente mit niedrigem wirksamen Alkaligehalt (NA-Zemente) nach DIN 1164-10

Bei der Alkali-Kieselsäure-Reaktion (AKR) reagieren alkaliempfindliche, kieselsäurehaltige Bestandteile der Gesteinskörnung (vorwiegend Flint und Opalsandstein aus dem Bereich Norddeutschland und Grauwacke aus dem Bereich der Lausitz) mit den Alkalien ($Na_2O$ und $K_2O$) der Porenlösung im Zementstein. Die so entstehenden Alkalisilikate haben eine Gelstruktur und können große Mengen an Wasser bei gleichzeitiger Volumenvergrößerung aufnehmen. Die daraus resultierenden Treiberscheinungen können zu Rissen, vorzugsweise an der Betonoberfläche führen. Zur Vermeidung derartiger Schäden sind NA-Zemente mit den in Tabelle 3.20 angegebenen Zusammensetzungen zu verwenden.

Siehe dazu auch die Richtlinie des DAfStb: „Vorbeugende Maßnahmen gegen schädigende Alkalireaktion im Beton".

Zur Beurteilung der Zemente wird der Gesamtalkaligehalt, ausgedrückt als $Na_2O$-Äquivalent, verwendet. Die Berechnung erfolgt nach folgender Formel:

$$Na_2O\text{-Äqiuvalent} = Na_2O + 0{,}658 \cdot K_2O$$

**Tabelle 3.20:** Zusätzliche Anforderungen an NA-Zemente nach [36]

| Zementart | Anforderungen an das $Na_2O$-Äquivalent (M.-%) |
|---|---|
| CEM I bis CEM V | ≤ 0,60 |
| Darüber hinaus gilt für folgende Zemente die Anforderung | |
| CEM II/B-S | ≤ 0,70 |
| CEM III/A [1] | ≤ 0,95 |
| CEM III/A [2] | ≤ 1,10 |
| CEM III/B | ≤ 2,00 |
| CEM III/C | |

[1] Gilt bei Hüttensandgehalt ≤ 49 M.-%.
[2] Gilt für Hüttensandgehalt ≥ 50 M.-%.

### Zement mit verkürztem Erstarren (FE-Zement und SE-Zement) nach DIN 1164-11

Nach DIN 1164-11 werden Zemente mit *frühem Erstarren* (FE) und *schnell erstarrende* Zemente (SE) unterschieden.

An das Erstarren gelten die Anforderungen nach Tabelle 3.16.

Aufgrund des schnellen Erstarrens können das Erstarren und die Raumbeständigkeit von SE-Zementen mit den üblichen Normprüfverfahren nicht bestimmt werden. Stattdessen werden der Erstarrungsbeginn mit dem Eindrückversuch und die Raumbeständigkeit mit dem Kochversuch bestimmt.

*FE-Zemente* werden für Bauteile mit kurzen Verarbeitungszeiten, z. B. Betonfertigteile, verwendet.

*SE-Zemente* mit einem Erstarrungsbeginn nach weniger als 45 min werden bei Herstellverfahren mit besonders kurzen Verarbeitungszeiten, z. B. Trockenspritzbeton, angewendet. Sie sind zurzeit nur als Portlandzement (CEM I) zugelassen.

*Normbezeichnung* eines Portlandkalksteinzements mit einem Massenanteil von Kalkstein LL zwischen 6 und 20 M.-%, der Festigkeitsklasse 42,5, mit hoher Anfangsfestigkeit und frühem Erstarren:

**Portlandkalksteinzement DIN 1164 - CEM II/A-LL 42,5 R - FE.**

### Zement mit einem erhöhten Anteil an organischen Bestandteilen (HO-Zement) nach DIN 1164-12

Nach DIN 1164-12 darf die Gesamtmenge der stark verflüssigend wirkenden organischen Zusätze wieder - wie früher geregelt - bis zu 1,0 M.-% betragen.

*Normbezeichnung* eines Portlandkalksteinzements mit einem Massenanteil von Kalkstein LL zwischen 6 und 20 M.-%, der Festigkeitsklasse 42,5, mit hoher Anfangsfestigkeit und einem erhöhten Anteil an organischen Zusätzen:

**Portlandkalksteinzement DIN 1164 - CEM II/A-LL 42,5 R - HO.**

### Sonderzement mit sehr niedriger Hydratationswärme (VLH-Zemente) nach DIN EN 14216

Bei Sonderzementen VLH III (Hochofenzement), VLH IV (Puzzolanzement) und VLH V (Kompositzement) darf die Hydratationswärme 220 J/g nicht überschreiten. Die Ermittlung der Hydratationswärme erfolgt nach DIN EN 196-8 über sieben Tage oder nach DIN EN 196-9 über 41 Stunden.

VLH-Zemente werden insbesondere für die Herstellung von massigen Bauwerken mit großen Volumen, aber kleinen Oberflächen, z. B. Staudämmen, eingesetzt. Für diese Sonderzemente wurde die Festigkeitsklasse 22,5 eingeführt.

Normbezeichnung eines Sonderzements mit sehr niedriger Hydratationswärme mit einem Hüttensandanteil zwischen 81 und 95 M.-% der Festigkeitsklasse 22,5:

**Sonder-Hochofenzement mit sehr niedriger Hydratationswärme EN 14216 - VLH III/C 22,5.**

### Tonerdezement (CAC) nach DIN EN 14647

Tonerdezement wird aus tonerdereichem Bauxit und Kalkstein durch Sintern oder Schmelzen bei Temperaturen bis 1600 °C hergestellt.

Tonerdezement besteht im Gegensatz zu Portlandzement im Wesentlichen aus Calciumaluminaten. Die Hydratation und damit die Erhärtung erfolgt zum größten Teil in den ersten 24 Stunden. Das bedeutet hohe Anfangsfestigkeit unter hoher Wärmeentwicklung. Erstarrungsbeginn ≥ 90 min; Druckfestigkeit von Mörteln aus CAC (w/z = 0,40) ≥ 18 MPa nach sechs Stunden und ≥ 40 MPa nach 24 Stunden. Tonerdezement ist gegen saures und sulfatisches Wasser besonders widerstandsfähig.

Mit dem Erhärtungsvorgang ist bei feuchter Wärme im Laufe der Zeit infolge chemischer Umwandlung eine Volumenverringerung verbunden, die zur Porosität des Zementsteins und damit zu einem Festigkeitsrückgang (Konversion) führt. Da Tonerdezement zudem bei der Erhärtung nur geringe Mengen Kalkhydrat ausscheidet, ist keine ausreichende Gewähr für den Rostschutz der Bewehrung verbunden. *Tonerdezement ist daher für Stahl- und Spannbeton sowie für tragende Bauteile aus Beton in Deutschland nicht zugelassen.*

Tonerdezement wirkt beim Mischen mit Portlandzementen als Beschleuniger: Anwendung in der Bauchemie für Schnellreparatur-, Reprofilierungs- und Klebemörtel.

Hauptanwendungsgebiet ist der *Feuerungsbau*: Bei Verwendung entsprechend feuerfester Gesteinskörnungen tritt bei hohen Temperaturen eine keramische Verschmelzung der tonigen Bestandteile ein; es entsteht ein bis 1600 °C hitzebeständiger Beton.

Normbezeichnung: **Tonerdezement - EN 14647 - CAC.**

#### Sulfathüttenzement (CSS) nach DIN EN 15743

Sulfathüttenzemente bestehen hauptsächlich aus Hüttensand (S) und Calciumsulfat (Cs) in Form von Gips, Gipshalbhydrat oder Anhydrit oder einem beliebigen Gemisch aus diesen:

- Hochofenschlacke $S \geq 75$ M.-%
- Calciumsulfat Cs $5 \leq Cs \leq 20$ M.-%
- Zusätzliche Bestandteile A $0 < M < 5$ M.-%

Zusätzliche Bestandteile sind Portlandzementklinker (K) und speziell ausgewählte anorganische natürlich vorkommende mineralische Begleitstoffe. Zur Verbesserung der Herstellung und der Eigenschaften von Sulfathüttenzement können Zusatzstoffe (≤ 1,5 M.-% des Zements, mit Ausnahme von Pigmenten) zugegeben werden. Der im Vergleich zu Portlandzementen erhöhte Anteil an Calciumsulfat ist die Grundvoraussetzung für die sulfatische Anregung des Hüttensands.

Analog zu DIN EN 197-1 sind in DIN EN 15743 drei Klassen der Normfestigkeit festgelegt: 32,5 N, 42,5 N, 52,5 N.

Die Hydratationswärme darf bei der Prüfung nach DIN EN 196-8 nach sieben Tagen oder bei der Prüfung nach DIN EN 196-9 nach 41 h den charakteristischen Wert 220 J/g nicht übersteigen. Aufgrund dessen wird CSS als Zement mit sehr niedriger Hydratationswärme klassifiziert.

Sulfathüttenzement entsprechend DIN EN 15743 gilt als sulfatbeständig.

Bedingt durch die Ausbildung eines dichten Mikrogefüges mit geringen Porositäten weisen Sulfathüttenzemente CSS eine hohe Endfestigkeit auf. Da sie zusätzlich eine sehr niedrige Hydratationswärmeentwicklung sowie eine hohe Sulfatbeständigkeit aufweisen, eignen sie sich insbesondere zur Herstellung von Beton für massige Bauteile und Bauteile, die in chemisch angreifender Umgebung eingesetzt werden.

Normbezeichnung (Beispiel): **Sulfathüttenzement - EN 15743 - CSS 42,5 N.**

### 3.1.5.5 Verwendungseigenschaften einiger Normalzemente nach DIN EN 197-1

#### Portlandzement CEM I

Die Bezeichnung „Portlandzement" resultiert aus der in einer englischen Patentschrift (1824) zum Ausdruck gebrachten Ähnlichkeit des Zements mit einem als Werkstoff verwendeten Naturstein der Halbinsel Portland in Südengland. Das erste Zementwerk wurde 1855 in Deutschland errichtet; die erste Normung erfolgte 1878.

Unter den Normalzementen zeichnen sich Portlandzemente infolge des gegenüber anderen Zementen höheren $C_3S$-Gehalts durch schnellere Anfangserhärtung aus. Portlandzemente „R" werden daher bevorzugt dort eingesetzt, wo es auf kurze Ausschalfristen, das Erreichen hoher Anfangsfestigkeiten (Betonsteinwerke, Spannbetonbau) und schnelles Erreichen der Frostbeständigkeit (Winterbau) ankommt.

Der hohe Gehalt an $Ca(OH)_2$ im erhärteten Zementstein bewirkt zudem einen besonders guten Korrosionsschutz der Bewehrung in Stahl- und Spannbetonkonstruktionen (für Einpressmörtel ist CEM I vorgeschrieben).

### Portlandhüttenzement CEM II/A-S oder CEM II/B-S und Hochofenzement CEM III/A oder CEM III/B

Seit Anfang des 20. Jahrhunderts werden Portlandhüttenzemente (alte Bezeichnung: Eisenportlandzemente (1901)) und Hochofenzemente (1907) durch Zumahlen schnell gekühlter basischer Hochofenschlacke (Hüttensand) zum Portlandzementklinker hergestellt.

Die zugemahlene Hochofenschlacke wird infolge ihrer latent hydraulischen Eigenschaften durch das bei der Hydratation frei werdende Kalkhydrat des Portlandzementklinkers angeregt. Im Allgemeinen ergibt sich hieraus ein etwas anderer Erhärtungsverlauf als bei Portlandzementen.

Die Eigenschaften des Hütten- bzw. Hochofenzemente hängen von der Schlackenart und vom Schlackengehalt ab. Die schlackenärmeren Hüttenzemente weisen überwiegend die Eigenschaften der Portlandzemente auf. Die Hochofenzemente, besonders die schlackenreichen, weisen gegenüber den Portlandzementen eine geringere Hydratationswärme und eine langsamere Anfangserhärtung auf, die sich besonders bei niedrigen Temperaturen bemerkbar machen. Die Nacherhärtung ist jedoch meist größer als die der Portlandzemente. Schlackenreiche Hochofenzemente enthalten infolge des geringen Klinkeranteils nur sehr kleine $C_3A$-Gehalte. Sie haben daher einen größeren Widerstand gegen betonangreifende schwachsaure und sulfathaltige Wässer und eignen sich wegen der niedrigen Wärmeentwicklung besonders für massige Betonbauten im Tief- und Wasserbau.

### Portlandsilicastaubzement CEM II/A-D

Portlandsilicastaubzement besteht aus Portlandzementklinker und 6 bis 10 M.-% Silicastaub. Um den Korrosionsschutz des Bewehrungsstahls nicht zu gefährden, ist der Anteil an Silicastaub auf höchstens 10 M.-% begrenzt.

Der Zement eignet sich für Betonfertigteile, für unterirdische Betonkonstruktionen und besonders für Spritzbeton. Nach DIN 1045-2 kann Portlandsilicastaubzement in allen Expositionsklassen eingesetzt werden. Erfüllt der verwendete Silicastaub bestimmte Anforderungen, so ist auch die Spannstahlverträglichkeit des Zements gegeben.

### Portlandpuzzolanzement CEM II/A-P oder CEM II/B-P und CEM II/A-Q oder CEM II/B-Q

Portlandpuzzolanzemente bestehen aus 6 bis 35 M.-% natürlichen Puzzolanen; 65 bis 94 M.-% Portlandzementklinker, Gips oder Anhydrit zur Regelung der Erstarrungszeit sowie ggf. weiteren Zusätzen.

Die natürlichen Puzzolane sind kieselsäurehaltige oder kieselsäure- und tonerdehaltige Stoffe (z. B. Trass, Lava oder Phonolith), die im feingemahlenen Zustand durch das bei der Hydratation des Portlandzementklinkers frei werdende Kalkhydrat angeregt und teilweise chemisch gebunden werden. Durch Wasseranlagerungen entstehen gelbildende Calciumsilikat- und Calciumaluminathydrate, die durch Volumenvergrößerung eine Verstopfung der Zementsteinporen bewirken („Quellen" des Trasses).

Die Feinmahlung der Puzzolane (> 5000 $cm^2/g$) bewirkt zudem eine gute Verarbeitbarkeit des Betons: geringere Entmischung, leichtere Verdichtung, Verbesserung der Pumpfähigkeit. Der Puzzolangehalt bewirkt eine geringere Anfangsfestigkeit als bei Portlandzement, bei gleichzeitig geringerer Hydratationswärme und erhöhter Widerstandsfähigkeit gegen aggressive Wässer.

Portlandpuzzolanzemente sind in nahezu allen Expositionsklassen einsetzbar (Ausnahmen: XF2 und XF4). Eine Verwendung für Spannbeton ist ausgeschlossen.

Portlandpuzzolanzemente werden vorwiegend im Grund-, Wasser- und Tiefbau eingesetzt.

### Portlandflugaschezement CEM II/A-V oder CEM II/B-V und CEM II/A-W oder CEM II/B-W

Portlandflugaschezement setzt sich aus 65 bis 94 M.-% Portlandzementklinker und 6 bis 35 M.-% kieselsäurereicher Flugasche (V) bzw. kalkreicher Flugasche (W) zusammen. CEM II/V-Zemente dürfen für alle Expositionsklassen nach DIN 1045-2 verwendet werden, CEM II/W-Zemente nur für die Expositionsklassen X0 und XC2.

Der Zement weist folgende bautechnisch wichtige Eigenschaften auf:

Langsame Erhärtung, geringe Frühfestigkeit, mittlere Nacherhärtung bei entsprechender Nachbehandlung, etwas größere Erhärtungsverzögerung durch niedrige Temperaturen, schnellere Carbonatisierung, ohne LP etwas geringerer Frostwiderstand, geringerer Wasseranspruch, gute Verarbeitbarkeit, längere Verarbeitbarkeitszeit, längere Nachbehandlungsdauer.

### Portlandschieferzement CEM II/A-T oder CEM II/B-T

Portlandschieferzement besteht aus 65 bis 94 M.-% Portlandzementklinker und 6 bis 35 M.-% gebranntem Schiefer. Der Schiefer setzt sich aus etwa 11 % organischer, bituminöser Substanz, 41 % Kalk, 27 % Ton und 12 % Quarz zusammen. Er wird durch Brennen bei etwa 800 °C im Wirbelschichtverfahren und anschließende Feinmahlung in einen hydraulisch erhärtenden Stoff überführt. Portlandschieferzement kann in allen Expositionsklassen verwendet werden. Die Spannstahlverträglichkeit ist gegeben.

Portlandschieferzement wird meist in den Festigkeitsklassen 32,5 R und 42,5 R hergestellt und ist sehr fein gemahlen (~ 4000 $cm^2/g$).

### Portlandkalksteinzement CEM II/A-L oder CEM II/B-L und CEM II/A-LL oder CEM II/B-LL

Portlandkalksteinzement besteht aus 65 bis 94 M.-% Portlandzementklinker und 6 bis 35 M.-% Kalkstein. CEM II/A-LL darf für Beton nach DIN 1045-2 bei allen Expositionsklassen eingesetzt werden, CEM II/B-LL nur in den Expositionsklassen X0, XC1 und XC2.

Der Zement weist folgende bautechnisch wichtige Eigenschaften auf:

Schnelle Erhärtung, hohe Frühfestigkeit, fast keine Nacherhärtung, geringe Erhärtungsverzögerung durch niedrige Temperaturen, langsame Carbonatisierung, etwas geringere Hydratationswärme, bei LP-Beton hoher Frost-Tausalz-Widerstand, geringerer Wasseranspruch, verbesserte Verarbeitbarkeit. Die Eigenschaften sind denen von Portlandpuzzolanzement vergleichbar.

**Portlandkompositzement CEM II/A-M oder CEM II/B-M**

Portlandkompositzement besteht aus 65 bis 94 M.-% Portlandzementklinker und 6 bis 35 M.-% weiteren Hauptbestandteilen, wobei alle Zumahlstoffe entsprechend DIN EN 197-1, Tabelle 1, eingesetzt werden können. Die verwendeten Hauptbestandteile, außer Portlandzementklinker, müssen in der Bezeichnung des Zements angegeben werden (z. B. CEM II/B-M (S-LL)).

Portlandkompositzemente dürfen entsprechend DIN 1045-2, Tabelle F.3.1, nur in den Expositionsklassen X0, XC1 und XC2 eingesetzt werden. Spezielle Kombinationen können aber die Anwendungsbereiche erweitern. So gilt für CEM-II-M-Zemente mit drei Hauptbestandteilen DIN 1045-2, Tabelle F.3.2, nach der die Anwendung in nahezu allen Expositionsklassen zugelassen ist (CEM II/B-M mit S-LL; D-LL; P-LL; V-LL; T-LL nur in X0, XC1 und XC2).

**Puzzolanzement CEM IV/A oder CEM IV/B**

Puzzolanzement besteht aus 45 bis 89 M.-% Portlandzementklinker und 11 bis 55 M.-% aus einem Gemisch aus Silicastaub (D), Puzzolanen (P, Q) und Flugasche (V, W). Die jeweiligen Bestandteile außer Portlandzementklinker müssen durch die Bezeichnung des Zements angegeben werden. Puzzolanzemente dürfen entsprechend DIN 1045-2, Tabelle F.3.1, lediglich in den Expositionsklassen X0 und XC2 verwendet werden. Zement CEM/IV-B mit maximal 40 M.-% Trass (P) als Hauptbestandteil ist in nahezu allen Expositionsklassen anwendbar (Ausnahmen: XF2; XF4; XM2; XM3).

Bautechnisch wesentliche Eigenschaften der Puzzolanzemente sind eine langsame Festigkeitsentwicklung, ein verbessertes Wasserrückhaltevermögen und eine verminderte Ausblühneigung. Der Zement kann für Beton nach DIN EN 206-1/DIN 1045-2 sowie in Putz- und Mauermörtel eingesetzt werden.

**Kompositzement CEM V/A oder CEM V/B**

Kompositzement besteht aus 20 bis 64 M.-% Portlandzementklinker, 18 bis 50 M.-% Hüttensand sowie 18 bis 50 M.-% Puzzolanen und/oder kieselsäurereicher Flugasche (V). Die jeweiligen Bestandteile, außer Portlandzementklinker, müssen durch die Bezeichnung des Zements angegeben werden.

Kompositzement CEM V mit Portlandzementklinker (K), Hüttensand (S) und Trass (P) als Hauptbestandteilen können nach DIN 1045-2 in nahezu allen Expositionsklassen verwendet werden (Ausnahmen: XF2; XF4; XM2, XM3). Kompositzemente anderer Zusammensetzung dürfen nur in den Expositionsklassen X0 und XC2 eingesetzt werden.

Bautechnisch wesentliche Eigenschaften sind eine geringe Wärmeentwicklung, eine sehr langsame Festigkeitsentwicklung und eine gute Nacherhärtung.

### 3.1.5.6 Zemente für besondere Anwendungsgebiete

**Weißzement**

Weißzement wird als eisenoxidarmer Portlandzement 42,5 R entsprechend DIN EN 197-1 hergestellt. Weißzement unterscheidet sich in seinen technologischen Eigenschaften (z. B. Festigkeit, Erstarrungsverhalten, Schwinden und Kriechen) nicht von grauem Portlandzement.

Verwendung für hellfarbigen Beton (Vorsatzbeton) und Putz, Fahrbahnmarkierungen, Betonwerksteine, wetterfeste Beschichtungen, Verfugungen usw.

### Hydrophobierter Zement

Hydrophobierter oder wasserabstoßender Zement ist ein Portlandzement 32,5 N entsprechend DIN EN 197-1, dessen Zementpartikel durch Zumischen hydrophober Substanzen wasserabstoßend umhüllt werden. Er ist gegen Feuchtigkeit unempfindlich und praktisch unbegrenzt lagerfähig. Erst beim Mischvorgang (z. B. Einarbeiten in den Boden) werden die hydrophoben Hüllen zerstört und die Zementkörner reaktionsfähig gemacht.

Verwendung bei der Bodenverfestigung im Straßen-, Wege- und Kanalbau.

### Feinstzement/Injektionszement

Feinst- bzw. Injektionszemente sind genormte Zemente mit hoher Feinheit und Festigkeiten entsprechend der Klasse 52,5 R.

Für Injektionen mit Zementleim (ZL-I) wird eine Mahlfeinheit > 4500 $cm^2/g$ gefordert; für Injektionen mit Zementsuspension (ZS-I) sind Mahlfeinheiten > 15 000 $cm^2/g$ notwendig.

Verwendung bei der Verfestigung und/oder Abdichtung von klüftigem Gestein, Lockergestein und Gesteinsschüttungen sowie in der Umwelttechnik und bei Instandsetzungsarbeiten im Beton- und Mauerwerksbau.

### Straßenbauzement

Straßenbauzemente sind genormte Zemente, für die zusätzliche Anforderungen gelten und die zur Herstellung von Fahrbahndecken aus Beton nach ZTV Beton – StB 07 geeignet sind. Es wird vorwiegend Portlandzement CEM I 32,5 R verwendet; in Abstimmung mit dem Auftraggeber können aber auch bestimmte CEM-II- und CEM-III-Zemente eingesetzt werden.

Für Portlandzement CEM I 32,5 R gelten folgende, über die DIN EN 197-1 hinausgehende Anforderungen:

- Mahlfeinheit $\leq$ 3500 $cm^2/g$,
- Wasseranspruch $\leq$ 28 M.-%,
- 2-Tage-Druckfestigkeit $\leq$ 29 $N/mm^2$.

Für alle Zemente, unabhängig von der Festigkeitsklasse, gilt:

- Gesamtalkaligehalt $\leq$ 1,0 M.-%,
- Erstarrungsbeginn (20 °C) $\geq$ 2 Stunden.

Für die Herstellung von Decken aus früh hochfestem Straßenbeton mit Fließmittel ist Zement der Festigkeitsklasse 42,5 R zu verwenden.

### Tiefbohrzement

Tiefbohrzemente sind nicht genormte Zemente unterschiedlicher Zusammensetzung für die Auskleidung von Bohrlöchern, z. B. bei der Erdöl- und Erdgasgewinnung. Tiefbohrzemente weisen eine hohe Sulfatbeständigkeit und eine geringe Neigung zur Wasserabsonderung auf. Herstellung und Prüfung nach API-Standards (American Petroleum Institute).

### Schnellzement

Schnellzement ist ein unter der Bezeichnung „Schnellzement 32,5-SF" bauaufsichtlich zugelassener Zement auf der Basis von Portlandzementklinker mit erhöhtem Gehalt an Calciumaluminat. Abweichend vom Verhalten der genormten Zemente weist Schnellzement einen geringen Wasserbedarf bei gleichem Ausbreitmaß, eine sehr kurze Erstarrungszeit und eine hohe Anfangsfestigkeit auch bei niedrigen Temperaturen auf.

Anwendungsbereiche:

- Mörtel zum Befestigen von Dübeln und Ankern für tragende Konstruktion,
- Beton und Mörtel zum Ausbessern von Beton- und Stahlbetonbauteilen,
- Betonfertigteile, die schon nach zwei bis vier Stunden entschalt und transportiert werden können,
- schnell begehbare Estriche im Außen- und Nassbereich.

### Spritzbetonzement

Spritzbetonzement ist ein schnellerstarrender Zement (SE) nach DIN 1164-11 auf der Basis von Portlandzementklinker (CEM I 42,5 R-SE). Spritzbetonzement wird überall dort angewendet, wo hohe Frühfestigkeiten von Spritzbeton gefordert und/oder keine beschleunigenden Zusätze zugelassen werden. Dies kann neben dem klassischen Tunnelbau auch im Bereich Hang- und Baugrubensicherung sowie im Bereich Verstärken und Instandsetzen von Stahlbetonbauteilen sein.

### Quellzement

Quellzement ist ein nicht genormter, teilweise aber bauaufsichtlich zugelassener Zement mit erhöhtem Aluminat- und Sulfatgehalt zur Steuerung des Quellverhaltens. Quellzement schwindet nicht, sondern treibt durch vermehrte Ettringitbildung etwas auf. Er erfordert eine lange Nachbehandlungszeit von 8 bis 14 Tagen.

### Keine Zemente

Keine Zemente sind folgende Bindemittel:

- Magnesitbinder (frühere Bezeichnung: Magnesiazement, Magnesitzement, Sorelzement),
- Phosphatbinder (frühere Bezeichnung: Phosphatzement),
- Marmorgips (frühere Bezeichnung: Marmorzement, englischer Zement, Keenezement),
- hydraulischer Kalk, hochhydraulischer Kalk, Romankalk (frühere Bezeichnung: Zementkalk, zum Teil auch Romankalk oder Romanzement),
- Kraterzement und sogenannter feuerfester Zement.

### 3.1.5.7 Konformität

Die Konformität (Übereinstimmung) eines Zements im Hinblick auf Zusammensetzung und Eigenschaften mit den Anforderungen nach DIN EN 197 bzw. DIN 1164 wird durch die europäische Konformitätskennzeichnung (CE-Zeichen) bzw. das nationale Übereinstimmungszeichen (Ü-Zeichen) bescheinigt. Voraussetzung ist ein Konformitäts- bzw. Übereinstimmungszertifikat einer anerkannten Zertifizierungsstelle. Für Normalzemente nach DIN EN 197-1 wird dies durch ein CE-Zeichen auf den Lieferdokumenten oder dem Zementsack sowie der Kennnummer der Zertifizierungsstelle und Herstellerangaben, wie Adresse, Werksname, Norm- und Zementbezeichnung dokumentiert.

Zemente mit besonderen Eigenschaften nach DIN 1164 erhalten weiterhin das Ü-Zeichen. Über die gesetzlich geforderte Zertifizierung hinaus werden weitere privatrechtliche Zeichen oder Bildzeichen vergeben (z. B. vdz).

**Abb. 3.13:**
EG-Konformitätszeichen (CE-Kennzeichnung), Übereinstimmungszeichen (Ü-Zeichen) und Zeichen der Überwachungsgemeinschaft des Vereins Deutscher Zementwerke e. V. (vdz)

Baustellenprüfungen sind für den Gütenachweis der Zemente nicht erforderlich, da durch die Überwachung der Zemente in den Werken alle notwendigen Prüfungen schon durchgeführt wurden. Zur Wahrung etwaiger Gewährleistungsansprüche sollte der Käufer bei der Übernahme des Zements eine Rückstellprobe nehmen.

Die Zementwerke sehen für die Probennahme in ihren Verkaufs- und Lieferbedingungen im Allgemeinen Folgendes vor:

Die Probe muss in jedem Fall mindestens 5 kg betragen. Bei losem Zement muss sie aus der oberen Einfüllöffnung des Silofahrzeugs entnommen werden. Bei verpacktem Zement muss sich die Probe aus Teilproben von 1 bis 2 kg zusammensetzen, die zu einer Durchschnittsprobe von etwa 5 kg zu vereinigen sind. Die Teilproben müssen aus der Mitte der Sackfüllung von mindestens fünf bis dahin unversehrten Säcken entnommen sein. Die Proben sind luftdicht verschlossen aufzubewahren und durch folgende Angaben zu kennzeichnen: Lieferwerk und/oder Werkslager, Tag und Stunde der Anlieferung, Zementart, Festigkeitsklasse, ggf. Zusatzbezeichnung für Sonderzemente, Tag und Stunde der Probenahme, Ort und Art der Lagerung sowie Nummer des Werklieferscheins.

### 3.1.5.8 Beförderung und Lagerung der Zemente

*Transport:* Sackweiser Transport in zwei- bis dreilagigen Papiersäcken von 25 kg; bei Überseetransporten mehrlagig mit einer Lage bituminiertem Papier. Bei losem Zement Transport in Silowagen (Entleerung durch Kompressorvorrichtung) oder im Behälterverkehr (Entleerung durch Bodenventil). Transport auch in 1 bis 1,5 t fassenden „Big Bags".

*Lagerung:* Zement ist hygroskopisch, d. h. er nimmt - auch aus der Luft - schnell Feuchtigkeit auf. Lagerung von Sackzement in trockenen Schuppen, die gegen den Einfluss von höherer Luftfeuchtigkeit geschützt sind (Gewährleistung des Verbrauchs nach Reihenfolge der Anlieferung!). Die Lagerung von losem Zement erfolgt in transportablen Baustellensilos mit 3 bis 25 t Fassungsvermögen.

*Lagerungsdauer der Zemente in Säcken:* Festigkeitsklassen 52,5N und 52,5R bis ein Monat; übrige Festigkeitsklassen bis zwei Monate.

Der Festigkeitsverlust beträgt bei Sackzement in trockenen Lagerschuppen 10 bis 20 % nach drei Monaten; 20 bis 30 % nach sechs Monaten. Zemente in Säcken mit bituminiertem Papier haben eine mehrjährige Lagerbeständigkeit.

#### 3.1.5.9 Sicherheit beim Umgang mit Zement

Nach dem Chemikaliengesetz und der Gefahrstoffverordnung sind Zemente unter Berücksichtigung des bestimmungsgemäßen Gebrauchs als Gefahrstoff mit der Kennzeichnung „reizend - $X_i$" einzustufen.

Auf Verpackung und Versandpapieren wird dementsprechend der Gefahrenhinweis zusammen mit dem Gefahrensymbol $X_i$ auf orangefarbenem Untergrund und den dafür vorgeschriebenen Sicherheitsratschlägen sowie den Gefahrensätzen angebracht. Die Risikosätze beinhalten auch einen Hinweis auf mögliche sensibilisierende Eigenschaften des Zements, die bei direktem Hautkontakt zu beachten sind.

## 3.1.6 Hydraulische Boden- und Tragschichtbinder (HRB)

| | |
|---|---|
| DIN 18506 | Hydraulische Boden- und Tragschichtbinder;<br>Zusammensetzung, Anforderungen und Konformitätskriterien; Ausgabe 2002-02 |

Ein hydraulischer Boden- und Tragschichtbinder (HRB = **H**ydraulic **R**oad **B**inder) ist ein werkgemischtes, gebrauchsfertig geliefertes Bindemittel, das besonders für hydraulisch gebundene Tragschichten (HGT) und Verfestigungen im Oberbau sowie für die Bodenverfestigung und Bodenverbesserung des Unterbaus bzw. Untergrunds geeignet ist. HRB erhärtet sowohl an der Luft als auch unter Wasser und bleibt auch unter Wasser fest.

Hauptbestandteile von HRB können Bestandteile nach DIN EN 197-1 (Portlandzementklinker, Hüttensand, Puzzolane, Flugasche, gebrannter Schiefer und Kalkstein) und Kalke nach DIN EN 459-1 sein. Auch Zemente nach DIN EN 197-1 sowie Putz- und Mauerbinder nach DIN EN 413-1 können zur Herstellung von HRB verwendet werden.

HRB werden in die Festigkeitsklassen 12,5; 12,5E und 32,5E eingeteilt. Sie müssen die Anforderungen nach Tabelle 3.21 und Tabelle 3.22 erfüllen. Weitere Anforderungen bestehen hinsichtlich des Sulfatgehalts und der Zusammensetzung (z. B. Portlandzementklinkeranteil bei HRB 12,5E: ≥ 10 M.-% und bei HRB 32,5E: ≥ 20 M.-%).

**Tabelle 3.21:** Anforderungen an die Druckfestigkeit nach [37]

| Festigkeitsklasse | Druckfestigkeit in N/mm² | | |
|---|---|---|---|
| | nach 7 Tagen | nach 28 Tagen | |
| 12,5 | - | ≥ 12,5 | ≤ 32,5 |
| 12,5E | ≥ 5,0 | ≥ 12,5 | ≤ 32,5 |
| 32,5E | ≥16,0 | ≥ 32,5 | ≤ 52,5 |

**Tabelle 3.22:** Anforderungen an Mahlfeinheit, Erstarrungsverhalten und Raumbeständigkeit nach [37]

| Mahlfeinheit Rückstand bei 90 µm Siebweite (Siebung nach DIN EN 196-6) | Erstarrungsbeginn (Vicat-Gerät nach DIN EN 196-3) | Erstarrungsende (Vicat-Gerät nach DIN EN 196-3) | Raumbeständigkeit (Le Chatelier-Ring nach DIN EN 196-3) |
|---|---|---|---|
| ≤ 15 M.-% | ≥ 120 Minuten | ≤ 12 Stunden | ≤ 10 mm |

Normbezeichnung (Beispiel)

HRB der Festigkeitsklasse 12,5E mit einer Sieben-Tage-Druckfestigkeit von mindestens 5 N/mm² bestehend aus 50 % Hüttensand (S 50), 25 % kieselsäurereiche Flugasche (V 25), 15 % Weißkalk (L 15) und 10 % Portlandzementklinker (K 10):

**Boden- und Tragschichtbinder DIN 18506 - HRB 12,5E - S50/V25/L15/K10.**

### 3.1.7 Putz- und Mauerbinder (MC) (veraltete Bezeichnung PM-Binder)

DIN EN 413-1 Putz- und Mauerbinder;
Teil 1: Zusammensetzung, Anforderungen und Konformitätskriterien; Ausgabe 2011-07
Teil 2: Prüfverfahren; Ausgabe 2005-08

Putz- und Mauerbinder (MC = Masonry Cement) ist ein werkmäßig hergestelltes, feingemahlenes hydraulisches Bindemittel, das vorwiegend zur Herstellung von Mauer- und Putzmörtel verwendet wird. Hauptbestandteile sind Portlandzementklinker (MC 5 ≥ 25 M.-%; MC 12,5; MC 12,5X, MC 22,5 und MC 22,5X ≥ 40 M.-%), anorganische und ggf. organische Stoffe (≤ 1 M.-%).

Putz- und Mauerbinder nach DIN EN 413-1 werden in die Festigkeitsklassen MC 5, MC 12,5, MC 22,5, MC 12,5X und MC 22,5X (X: ohne Luftporenbildner) eingeteilt. Sie müssen die Anforderungen nach Tabelle 3.23 und Tabelle 3.24 erfüllen.

Weitere Anforderungen bestehen an den Sulfat- und Chloridgehalt sowie an Luftgehalt und Wasserrückhaltevermögen des Frischmörtels. Putz- und Mauerbindern werden luftporenbildende Zusätze zugegeben, um die Verarbeitbarkeit und Dauerhaftigkeit zu verbessern. Eine obere Grenze für den Luftgehalt ist einzuhalten, um eine gute Verbundfestigkeit mit den Mauersteinen zu erreichen. Grenzwerte für das Wasserrückhaltevermögen sollen sicherstellen, dass der Mörtel bei Verwendung von Mauersteinen mit hohem Saugvermögen nicht „verdurstet".

**Tabelle 3.23:** Anforderungen an die Druckfestigkeit nach [38]

| Festigkeitsklasse | Druckfestigkeit in N/mm² | | |
|---|---|---|---|
| | nach 7 Tagen (Anfangsfestigkeit) | nach 28 Tagen (Normfestigkeit) | |
| MC 5 | - | ≥ 5,0 | ≤ 15,0 |
| MC 12,5 und 12,5X | ≥ 7,0 | ≥ 12,5 | ≤ 32,5 |
| MC 22,5 und MC 22,5X | ≥ 10,0 | ≥ 22,5 | ≤ 42,5 |

**Tabelle 3.24:** Anforderungen an Feinheit, Erstarrungsverhalten und Raumbeständigkeit nach [38]

| Feinheit Rückstand bei 90 µm Siebweite (Siebung nach DIN EN 196-6) | Erstarrungsbeginn (Vicat-Gerät nach DIN EN 196-3 und DIN EN 413-2) | Erstarrungsende (Vicat-Gerät nach DIN EN 196-3 und DIN EN 413-2) | Raumbeständigkeit (Le-Chatelier-Ring nach DIN EN 196-3) |
|---|---|---|---|
| ≤ 15 M.-% | ≥ 60 Minuten | bei Erstarrungsbeginn < 6 h: k. A.<br>bei Erstarrungsbeginn ≥ 6 h: ≤ 15 h | ≤ 10 mm |

Putz- und Mauerbinder dürfen nicht mit Gipsbinder vermischt werden. Mit allen Zementen (außer Tonerdezement und Sulfathüttenzement) sowie mit Baukalken ist MC mischbar.

Normbezeichnung für einen Putz- und Mauerbinder der Festigkeitsklasse 12,5 ohne Luftporenbildner: **Putz- und Mauerbinder EN 413-1 - MC 12,5X.**

## 3.1.8 Latent-hydraulische Stoffe und Puzzolane

| | |
|---|---|
| DIN EN 15167 | Hüttensandmehl zur Verwendung in Beton, Mörtel und Einpressmörtel;<br>Teil 1: Definitionen, Anforderungen und Konformitätskriterien; Ausgabe 2006-12<br>Teil 2: Konformitätsbewertung; Ausgabe 2006-12 |
| DIN 51043 | Traß - Anforderung, Prüfung; Ausgabe 1979-08 |
| DIN EN 450 | Flugasche für Beton<br>Teil 1: Definitionen, Anforderungen und Konformitätskriterien; Ausgabe 2012-10<br>Teil 2: Konformitätsbewertung; Ausgabe 2005-05 |
| DIN EN 451 | Prüfverfahren für Flugasche<br>Teil 1: Bestimmung des freien Calciumoxidgehalts; Ausgabe 2004-05<br>Teil 2: Bestimmung der Feinheit durch Naßsiebung; Ausgabe 1995-01 |
| DIN EN 13263 | Silikastaub für Beton<br>Teil 1: Definitionen, Anforderungen und Konformitätskriterien; Ausgabe 2009-07<br>Teil 2: Konformitätsbewertung; Ausgabe 2009-07 |

Latent-hydraulische Stoffe und Puzzolane erhärten nicht selbstständig, d. h. mit Wasser allein kommt es zu keiner hydraulischen Erhärtungsreaktion. Erst in Verbindung mit anregenden Stoffen, wie Kalk, Gips oder Zement, wird das „verborgene" bzw. „schlummernde" Erhärtungsvermögen aktiviert und die hydraulische Reaktion ausgelöst.

#### 3.1.8.1 Latent-hydraulische Stoffe

Von den latent-hydraulischen Stoffen hat nur die schnell gekühlte und dabei glasig erstarrte *Hochofenschlacke (Hüttensand)* mit geeigneter Zusammensetzung (45 bis 55 % CaO; 28 bis 40 % $SiO_2$; 10 bis 23 % $Al_2O_3$) baupraktische Bedeutung. In Verbindung mit Anregern wie Kalk, Portlandzement und Gips erhärtet Hüttensand ähnlich den hydraulischen Bindemitteln. Hüttensand wird überwiegend als Hauptbestandteil von Zement eingesetzt (z. B. zur Herstellung von Portlandhüttenzement CEM II/S).

Für *Hüttensandmehl* als Betonzusatzstoff gilt DIN EN 15167. In Deutschland darf Hüttensandmehl erst dann im bauaufsichtlich relevanten Bereich eingesetzt werden, wenn hierfür entsprechende Regelungen eingeführt werden.

#### 3.1.8.2 Puzzolane

*Natürliche Puzzolane* (= Tuffe aus Pozzuoli bei Neapel) sind Gesteinsmehle vulkanischen Ursprungs, *Trass* oder Sedimentgesteine mit geeigneter chemisch-mineralogischer Zusammensetzung. Sie können mit gelöstem Calciumhydroxid reagieren und erhärtungsfähige Verbindungen bilden. Ihr Gehalt an reaktionsfähigem CaO ist gering. Das zur Erhärtung der Puzzolane erforderlich gelöste Calciumhydroxid entsteht bei der Zementverarbeitung als Reaktionsprodukt der hydratisierenden Klinkerphasen.

Zu den *künstlichen Puzzolanen* zählen Flugasche und Silikastaub.

##### Trass

Trass ist ein sehr fein gemahlener Trachyt-Tuff, der vorwiegend als Hauptbestandteil von Zement eingesetzt wird (z. B. Portlandpuzzolanzement CEM II A-P).

Trass als Zusatzstoff für Beton muss eine Mindestdruckfestigkeit nach 28 Tagen von 5 $N/mm^2$ erreichen. Die spezifische Oberfläche nach Blaine, als Kennwert für die Mahlfeinheit, liegt zwischen 6000 und 10000 $cm^2/g$. Die Dichte beträgt 2,4 bis 2,6 $kg/dm^3$. Trasszusatz verbessert die Widerstandsfähigkeit des Betons in aggressiven Wässern, verlangsamt aber das Erhärten. Daher ist eine gute Nachbehandlung erforderlich, um die Dauerhaftigkeit des Betons insbesondere im oberflächennahen Bereich zu sichern.

Trasshaltige Mörtel sind geschmeidig und vermindern die Gefahr des Ausblühens, weil sie Kalk unlöslich binden und die Wasserdurchlässigkeit des Mörtels vermindern.

##### Flugasche

Flugaschen sind feinkörnige, meist kugelförmige, glasige Partikel, die bei der Verbrennung fein gemahlener Kohle mit oder ohne Mitverbrennungsstoffe(n) anfallen und in Elektrofiltern oder mechanisch abgeschieden werden. Die Zusammensetzung hängt von Art und Herkunft der Kohle, Art und Menge der Mitverbrennungsstoffe und den Verbrennungsbedingungen ab. Der Anteil an Flugasche aus den Mitverbrennungsstoffen darf nicht mehr als 10 M.-% betragen. Flugaschen können je nach Herkunft und chemisch-mineralogischer Beschaffenheit der Braun- bzw. Steinkohle alumo-silikatisch oder silikatisch-kalkhaltig zusammengesetzt sein und besitzen puzzolanische Eigenschaften. Kalkreiche Flugaschen können zudem hydraulische Eigenschaften aufweisen.

*Steinkohlenflugaschen (SFA) nach DIN EN 450-1* gehören aufgrund ihres geringen Gehalts an reaktionsfähigem CaO von unter 10 M.-% und ihres Anteils an reaktionsfähigem $SiO_2$ von mindestens 25 M.-% zu den kieselsäurereichen Flugaschen. Als Zementhauptbestandteil spielt Steinkohlenflugasche derzeit keine Rolle. Der überwiegende Teil der in Deutschland anfallenden SFA wird bei der Betonherstellung als Zusatzstoff vorwiegend zur Verbesserung der Kornverteilung im Feinstkornbereich eingesetzt.

Die Dichte von Steinkohlenflugaschen liegt zwischen 2,2 und 2,6 kg/dm³, die Schüttdichte zwischen 1,0 und 1,1 kg/dm³ (Richtwerte für bisherigen Erfahrungsbereich).

Die Wirkung der Steinkohlenflugasche auf die Frisch- und Festbetoneigenschaften hängt maßgebend von ihrer Feinheit ab. Sie ist durch Nasssiebung nach DIN EN 451-2 zu ermitteln und als Massenanteil in Prozent des Siebrückstandes der Asche auf einem Sieb mit 0,045 mm Maschenweite anzugeben. Die Siebung kann auch durch Luftstrahlsiebung nach DIN EN 933-10 durchgeführt werden. Als Grenzwerte für die Partikel ≥ 45 µm werden in der Kategorie N ≤ 40 M.-% und in der Kategorie S ≤ 12 M.-% gefordert.

Der Glühverlust, der den Gehalt an unverbrannten, porösen Kohlenstoffpartikeln kennzeichnet ist nach DIN 1045-2 auf 5 M.-% (Glühverlustkategorie A) begrenzt, um eine Beeinträchtigung des Wasseranspruchs, des Frostwiderstands und der Wirkung von Betonzusatzmitteln zu vermeiden. Ferner dürfen Freikalk-, Sulfat- und Chloridgehalte bestimmte Werte nicht überschreiten.

Über die reine Füllerwirkung hinaus können die puzzolanischen Eigenschaften von Steinkohlenflugaschen eine zusätzliche Gefügeverdichtung im erhärteten Beton herbeiführen. Da puzzolanische Reaktionen im Vergleich zu hydraulischen Reaktionen verhältnismäßig langsam ablaufen, ist eine besonders sorgfältige Nachbehandlung von Beton mit SFA als Zusatzstoff erforderlich. Eine Mindestwirksamkeit der Flugasche wird im Rahmen der Überwachung durch Ermittlung der Druckfestigkeit nach 28 und 90 Tagen nachgewiesen. Dabei soll die Festigkeit von Mörtelprismen bei Austausch von 25 % Zement durch SFA nach 28 Tagen ≥ 75 % und nach 90 Tagen ≥ 85 % der Festigkeit der flugaschefreien Zementmörtelprismen betragen.

Das durch SFA verbesserte Fließverhalten wird insbesondere bei selbstverdichtendem Beton genutzt.

Flugaschen, die bei der Verfeuerung von Braunkohle anfallen, werden in der Regel durch DIN EN 450 nicht erfasst. Sie benötigen eine bauaufsichtliche Zulassung als Zusatzstoff. Im Allgemeinen kommen die meisten *Braunkohleflugaschen (BFA)* aufgrund ihres Sulfat- und Freikalkgehalts sowie ihrer geringen Gleichmäßigkeit als Betonzusatzstoff nicht infrage.

Flugaschen erhalten neben dem CE-Zeichen ein Ü-Zeichen zum Nachweis der Umweltverträglichkeit.

### Silikastaub (SF)

Silikastaub (Silica Fume SF) fällt als Nebenprodukt bei der Herstellung von Silizium und Siliziumlegierungen an. Zur Gewinnung von metallischem Silizium wird hochreiner Quarz in

Elektroöfen zusammen mit Kohle aufgeschmolzen. Der entstehende SiO-Dampf kondensiert beim Abkühlen zu amorphem $SiO_2$ und wird in Gewebe- oder Elektrofiltern abgeschieden.

Nach DIN EN 13263-1 muss Silikastaub der Klasse 1 mindestens 85 M.-% $SiO_2$ enthalten (Klasse 2 mindestens 80 M.-% $SiO_2$). Der Gehalt an elementarem Silizium, freiem Calciumoxid, Sulfat und Chlorid ist ebenso begrenzt wie der Glühverlust. Die Silikastaub-Partikel weisen eine runde Kornform und eine Korngröße von etwa 0,1 µm auf. Damit sind sie etwa 100-mal feiner als Zement. Nach DIN EN 13263-1 muss die spezifische Oberfläche des Silikapulvers, bestimmt nach dem BET-Verfahren, zwischen 150000 und 350000 $cm^2/g$ liegen.

DIN EN 197-1 lässt den Einsatz von Silikastaub als Hauptbestandteil von Zementen (CEM II/A-D) zu. Derzeit wird jedoch Silikastaub in Deutschland nur als Betonzusatzstoff eingesetzt. Silikastaub hat eine Dichte von 2,2 bis 2,4 $kg/dm^3$ und im Ausgangszustand eine Schüttdichte zwischen 0,20 und 0,35 $kg/dm^3$. Er wird als Pulver (Schüttdichte zwischen 0,30 und 0,60 $kg/dm^3$), als kompaktierter Silikastaub oder als Suspension (Slurry) mit einem Feststoffgehalt von etwa 50 M.-% geliefert. Die Zugabemenge von Silikastaub ist bei Stahlbeton auf 11 M.-% bezogen auf den Zementgehalt begrenzt, um die für den Korrosionsschutz notwendige Alkalität der Porenlösung nicht unzulässig abzusenken. Aus dem gleichen Grund sind in DIN EN 206-1 und DIN 1045-2 bei gemeinsamer Verwendung von Silikastaub und Flugasche maximal zulässige Zugabemengen für beide Zusatzstoffe angegeben.

Der erhöhte Wasseranspruch von Beton mit Silikastaub wird in der Regel durch Fließmittel- oder Verflüssigerzugabe ausgeglichen. Bedingt durch die sowohl Hohlraum füllende als auch die puzzolanische Wirkung werden hohe Betonfestigkeiten und sehr dichte Betone möglich.

Da Silika-Produkte recht teuer sind, werden sie bevorzugt für spezielle Anwendungen, wie Faserbeton, hochfester Beton, Beton mit hohem Widerstand gegen schädigende Einwirkungen oder Spritzbeton eingesetzt.

## 3.2 Mörtel

Mineralisch gebundene Mörtel bestehen aus Bindemittel, Gesteinskörnungen und Zugabewasser sowie ggf. Zusatzstoffen und Zusatzmitteln. Die wichtigsten Bindemittel für Mörtel sind Zement, Kalk und Gips. Organische Bindemittel, wie Reaktionsharze, werden u. a. für Instandsetzungsmörtel verwendet.

### 3.2.1 Putzmörtel

| | |
|---|---|
| DIN EN 998-1 | Festlegungen für Mörtel im Mauerwerksbau;<br>Teil 1: Putzmörtel; Ausgabe 2010-12 |
| DIN V 18550 | Putz und Putzsysteme – Ausführung; Ausgabe 2005-04 *(Vornorm)* |
| DIN EN 13914 | Planung, Zubereitung und Ausführung von Innen- und Außenputzen;<br>Teil 1: Außenputz; Ausgabe 2005-06<br>Teil 2: Planung und wesentliche Grundsätze für Innenputz; Ausgabe 2005-07 |

| | |
|---|---|
| DIN EN 13279 | Gipsbinder und Gips-Trockenmörtel;<br>Teil 1: Begriffe und Anforderungen; Ausgabe 2008-11<br>Teil 2: Prüfverfahren; Ausgabe 2013-05 |
| DIN 18558 | Kunstharzputze; Begriffe, Anforderungen, Ausführung; Ausgabe 1985-01 |
| DIN 18350 | VOB Vergabe- und Vertragsordnung für Bauleistungen, Teil C, Allgemeine Technische Vertragsbedingungen für Bauleistungen; Putz- und Stuckarbeiten; Ausgabe 2012-09 |

#### 3.2.1.1 Putzmörtel - Begriffe und Anforderungen

Putz ist ein an Wänden und Decken ein- oder mehrlagig aufgetragener Belag aus Putzmörtel. *Innenputze* werden auf Innenbauteile aufgetragen, um ebene Flächen herzustellen. Innenputze können zur Regulierung des Feuchtigkeitsaustausches zwischen den verputzten Bauteilen und der Innenraumluft beitragen und den Schall- und Brandschutz von Bauteilen verbessern. *Außenputze* dienen vor allem dem Schutz vor eindringendem Wasser sowie der Verbesserung der wärmedämmenden Eigenschaften und des optischen Erscheinungsbildes des Außenbauteils.

*Mineralische Putzmörtel* sind ein Gemisch aus einem oder mehreren anorganischen Bindemitteln wie Kalk, Zement, Calciumsulfatbinder und/oder Gips sowie mineralischen Gesteinskörnungen wie Kalkstein, Natursand, Marmor oder Quarz mit einem überwiegenden Kornanteil zwischen 0,25 mm und 4 mm, Wasser und ggf. Zusatzstoffen und/oder Zusatzmitteln. Mineralische Putzmörtel sind in DIN EN 998-1 genormt. Für Putze, bei denen Gips das „aktive Grundbindemittel" ist, gilt jedoch DIN EN 13279-1. Zur Herstellung von Kunstharzputzen entsprechend DIN 18558 werden Beschichtungsstoffe aus organischen Bindemitteln in Form von Dispersionen oder Lösungen und Füllstoffen mit einem überwiegenden Kornanteil $\geq$ 0,25 mm verwendet.

DIN EN 998-1 unterscheidet folgende Putzmörtel:

- nach dem *Herstellungskonzept*: Putzmörtel nach Eignungsprüfung und Putzmörtel nach Rezept,
- nach *Herstellungsart und Herstellungsort*: Werkputzmörtel, werkmäßig hergestellter Putzmörtel und Baustellenputzmörtel,
- nach den *Eigenschaften* und/oder dem *Verwendungszweck*:
  - *Normalputzmörtel (GP)*: Mörtel ohne besondere Eigenschaften. Er kann als Mörtel nach Rezept und/oder nach Eignungsprüfung hergestellt werden.
  - *Leichtputzmörtel (LW)*: Mörtel nach Eignungsprüfung mit einer Trockenrohdichte $\leq$ 1300 $kg/dm^3$.
  - *Edelputzmörtel (CR)*: Farbiger Putzmörtel.
  - *Einlagenputzmörtel für außen (OC)*: Mörtel nach Eignungsprüfung, der in einer Lage verarbeitet wird und dieselben Funktionen erfüllt, die von einem mehrlagigen Außen-Putzsystem gefordert werden und der üblicherweise farbig ist. Einlagenputzmörtel für außen können mit normalen und/oder leichten Gesteinskörnungen hergestellt werden.

- *Sanierputzmörtel (R)*: Mörtel nach Eignungsprüfung, der für das Verputzen von feuchten Mauerwerken, die wasserlösliche Salze enthalten, geeignet ist. Dieser Mörtel weist eine hohe Porosität und Wasserdampfdiffusion sowie eine verminderte kapillare Leitfähigkeit auf.
- *Wärmedämmputzmörtel (T)*: Mörtel nach Eignungsprüfung mit spezifischen wärmedämmenden Eigenschaften.

DIN EN 998-1 enthält Anforderungen an Putzmörtel (Tab. 3.25), gibt aber aufgrund regional unterschiedlicher Bautraditionen und unterschiedlicher Ausgangsstoffe keine genormten Mischungsverhältnisse (Rezepturen) für Putzmörtel an. Um den Übergang auf die europäische Norm zu erleichtern, wurden daher Putzmörtelgruppen, die in dieser Art nach DIN EN 998-1 nicht mehr vorgesehen sind, in DIN V 18550 aufgenommen (Tab. 3.26).

**Tabelle 3.25:** Anforderungen an Putzmörtel nach europäischer Putzmörtelnorm nach [39]

| Eigenschaft | Kategorie | Anforderung |
|---|---|---|
| Druckfestigkeit nach 28 Tagen in N/mm$^2$ | CS I | 0,4 bis 2,5 |
| | CS II | 1,5 bis 5,0 |
| | CS III | 3,5 bis 7,5 |
| | CS IV | ≥ 6,0 |
| Kapillare Wasseraufnahme in kg/(m$^2$·min$^{0,5}$) | W 0 | Nicht festgelegt |
| | W 1 | ≤ 0,40 |
| | W 2 | ≤ 0,20 |
| Wärmeleitfähigkeit von Wärmedämmputz in W/(mK) | T 1 | ≤ 0,1 |
| | T 2 | ≤ 0,2 |

**Tabelle 3.26:** Putzmörtelgruppen nach deutscher Ausführungsnorm DIN V 18550

| Putzmörtelgruppe | Mörtelart |
|---|---|
| P I | Luftkalk- und Wasserkalkmörtel, Hydraulischer Kalkmörtel |
| P II | Kalkzementmörtel, Mörtel mit Putz und Mauerbinder, Hochhydraulischer Kalkmörtel |
| P III | Zementmörtel mit und ohne Zusatz von Kalkhydrat |
| P IV | Gipsmörtel, Gipssandmörtel, Gipskalkmörtel, Kalkgipsmörtel |

Weitere Anforderungen an die Putzmörteleigenschaften werden vom Hersteller auf der Grundlage seiner Prüfergebnisse deklariert. Dies betrifft:

### Brandverhalten

Mineralischer Putzmörtel erfüllt in der Regel die Anforderungen der Baustoffklasse A 1 nach DIN 4102-4.

### Wasserdampfdurchlässigkeit

In der Regel werden folgende Wasserdampfdurchlässigkeits-Koeffizienten angegeben: Normalputz $\mu \leq 25$; Leicht-, Edel- und Einlagenputz $\mu \leq 20$; Sanier- und Wärmedämmputz $\mu \leq 15$.

### Haftzugfestigkeit

In der Regel wird ein Wert ≥ 0,08 N/mm² angegeben.

### Wärmeleitfähigkeit

Der Wert kann als tabellierter Wert (ohne Prüfung) oder als ermittelter (geprüfter) Wert angegeben werden. (Achtung: In Deutschland wird die Wärmeleitfähigkeit als 90-%-Fraktile (P = 90 %) angegeben; die europäischen Normen lassen auch P = 50 % zu.)

### Dauerhaftigkeit (Frostwiderstand)

Für alle Putzmörtelsorten ausgenommen Einlagenputzmörtel (hier sind Haftzugfestigkeit und Wasserdurchlässigkeit nach Bewitterung zu prüfen) ist der Frostwiderstand nach den am vorgesehenen Verwendungsort geltenden Bedingungen zu beurteilen.

## 3.2.1.2 Einteilung der Putze

Für *Putze mit mineralischen Bindemitteln* (mineralische Putze) sind Putzmörtel nach DIN EN 998-1 zu verwenden. In Abhängigkeit von der Mörtelart erfolgt eine Unterteilung in die Putzmörtelgruppen P I bis P IV (Tab. 3.26).

Für *Putze mit organischen Bindemitteln* (Kunstharzputze) sind Beschichtungen mit putzartigem Aussehen nach DIN 18558 zu verwenden und in folgende Typen zu unterscheiden:

P Org 1 Anwendung als Außen- und Innenputze;

P Org 2 Anwendung als Innenputze.

### Putzarten

Folgende Putzarten sind nach DIN V 18550 zu unterscheiden:

Putze, die *allgemeinen Anforderungen* an z. B. Festigkeit, Haftung und Wasserdampfdurchlässigkeit genügen. Putze, die *zusätzlichen Anforderungen* genügen:

- Innenwand- und Innendeckenputz für Feuchträume,
- wasserhemmender Putz,
- wasserabweisender Putz,
- Innenwandputz mit erhöhter Abriebfestigkeit,
- Wärmedämmputz.

Putze für *Sonderzwecke*:

- Sanierputz,
- Putz als Brandschutzbekleidung,

- Putz mit erhöhter Strahlungsabsorption,
- schallabsorbierender Putz (Akustikputz).

### Putzsysteme

Die Lagen eines Putzes, die in ihrer Gesamtheit und in Wechselwirkung mit dem Putzgrund die Anforderungen an den Putz erfüllen, werden als *Putzsystem* (Abschn. 3.2.1.5) bezeichnet. In bestimmten Fällen kann auch ein einlagiger Putz als Putzsystem bezeichnet werden.

### Putzanwendungsbereich

Der Putzanwendungsbereich kennzeichnet den Putz nach seiner örtlichen Lage am Bauwerk und der dadurch gegebenen Beanspruchungsart. Die *Außenputze* werden unterschieden in Außenwandputz, Außensockelputz im spritzwassergefährdeten Bereich, Kellerwandaußenputz im Bereich der Erdanschüttung und Außendeckenputz auf Deckenunterschichten, die der Witterung ausgesetzt sind. *Innenputze* werden unterschieden in Innenwandputz für Räume üblicher Luftfeuchte (einschließlich der häuslichen Küchen und Bäder), Innenwandputz für Feuchträume (z. B. gewerbliche Küchen), Innendeckenputz für Räume üblicher Luftfeuchte und Innendeckenputz für Feuchträume.

## 3.2.1.3 Putzgrund, Putzlagen, Putzdicken, Putzträger, Putzarmierung

### Putzgrund

Der Putzgrund muss ebenflächig, tragfähig, ausreichend formstabil, staubfrei und frei von Verunreinigungen sein. Saugvermögen, Rauigkeit und Feuchtigkeit des Putzgrundes beeinflussen die Haftung des Putzes. Daher sind ggf. Putzgrundvorbehandlungen notwendig. Bei stark saugenden Putzgründen oder Mauerwerk aus verschiedenen Baustoffen ist eine geeignete Grundierung (Aufbrennsperre) auf Basis organischer Bindemittel aufzutragen, die vor dem Verputzen abgetrocknet sein muss. Stark saugende Putzgründe unter Kalk- bzw. Kalkzementputzen erfordern im Regelfall eine Vorbehandlung mit einem geeigneten Haftmörtel oder einem voll deckenden Spritzbewurf. Auf schwach oder nicht saugenden Betonflächen ist vor dem Putzauftrag eine geeignete Haftbrücke (Haftmörtel oder Haftbrücke auf Basis organischer Bindemittel) aufzutragen.

Unterschiedliches Schwindverhalten oder mangelnde Stabilität der Untergründe erfordern ggf. eine Bewehrung des Putzes (Armierungsputz mit eingebettetem alkalibeständigem Glasgittergewebe). Beim Verputzen von gerissenen Putzgründen (z. B. Altbau) sind spezielle Maßnahmen notwendig, wie Armierung des Putzes, Unterkonstruktionen, Putzträger. Bei häufig feuchten und salzbelasteten Untergründen haben sich Sanierungsputze bewährt, die sich durch hohe Porosität, hohe Dampfdurchlässigkeit und hohe Speicherfähigkeit für auskristallisierende Salze auszeichnen. Hochfeste Zementputze sind auf solchen Untergründen nicht dauerhaft.

### Putzlagen

Eine Putzlage wird in einem Arbeitsgang durch eine oder mehrere Schichten des gleichen Mörtels bzw. des Beschichtungsstoffes (einschließlich des erforderlichen Grundanstrichs) hergestellt. Putze werden ein- und mehrlagig ausgeführt. Untere Lagen werden Unterputz genannt und bilden die tragende Schicht. Die oberste Lage wird Oberputz genannt und dient der Gestaltung (Glättung, Profilierung) der Oberfläche. Ein Spritzbewurf als Vorbehandlung des Putzgrundes zählt nicht als Putzlage.

Jeder Putz darf erst nach Erstarren der vorhergehenden Lage aufgebracht werden. Der Unterputz muss zur haftsicheren Bindung des Oberputzes aufgeraut sein. Keinesfalls darf auf gefrorenem Untergrund verputzt werden.

Aus Gründen einwandfreier Spannungsübertragung soll der Untergrund mindestens so fest wie der Oberputz sein. Die bekannte Putzregel „weich auf hart" gibt insbesondere bei den Putzsystemen nur bedingt den Stand der Technik wieder. So weisen beispielsweise Wärmedämmputze i. d. R. ein umgekehrtes Festigkeitsgefälle auf, d. h. die Festigkeit des Oberputzes ist höher als die des Unterputzes.

#### Putzträger

Ungeeigneter Putzgrund (Holz- oder Eisenteile) ist mit einem Putzträger zu überspannen, der allseitig mindestens 20 cm auf den umgebenden geeigneten Putzgrund übergreift und in der Regel auf diesem – nicht auf dem überspannten Bauteil – befestigt wird. Als Putzträger können z. B. metallische Putzträger (Rippenstreckmetall), Drahtziegelgewebe, Drahtgewebe (Rabitzgewebe), Rohrmatten, Gips-Putzträgerplatten (GKP) nach DIN 18180 sowie Holzwolle- und Holzwollemehrschichtplatten nach DIN EN 13168 verwendet werden.

#### Putzbewehrung/Putzarmierung

Putzbewehrungen/Putzarmierungen sind Einlagen im Putz (z. B. aus Metall, mineralischen Fasern oder Kunststofffasern), die zur Verminderung der Rissbildung im Putz dienen. Putzbewehrungen müssen im Allgemeinen in der oberen Hälfte der Putzlage, möglichst oberflächennah, liegen. Die Überlappung sollte mindestens 10 cm betragen. Auf benachbarte Bauteile muss die Überlappung mindestens 20 cm betragen.

Wenn bei gipshaltigen Putzen eine Gewebeeinlage eingebaut wird, muss die Putzlage in zwei Schichten (nass in nass) ausgeführt werden.

### 3.2.1.4 Anforderungen an Putz

#### Allgemeine Anforderungen an Innen- und Außenputz

Putze müssen gleichmäßig am Putzgrund, die einzelnen Lagen gut aneinander haften. Die Festigkeit des Putzes ist dem jeweiligen Putzgrund anzupassen. Abriebfestigkeit und Oberflächenbeschaffenheit sind nach der Putzanwendung auszuwählen. Die Putzoberfläche sollte rissfrei sein.

#### Putzaufbau

Der Putzaufbau richtet sich nach den Anforderungen an den Putz und nach der Beschaffenheit des Putzgrundes. Die in den Tabellen 3.27 und 3.28 angegebenen bewährten Putzsysteme erfüllen die Anforderungen an die jeweiligen Putzarten für die verschiedenen Putzanwendungen.

### Putzdicken von Innen- und Außenputzen

Die mittlere Dicke von Putzen bzw. Putzsystemen, die allgemeinen Anforderungen genügen, muss außen 20 mm (zulässige Mindestdicke 15 mm) und innen 15 mm (zulässige Mindestdicke 10 mm) betragen. Bei einlagigen Innenputzen aus Werk-Trockenmörtel sind 10 mm (zulässige Mindestdicke 5 mm) ausreichend. Einlagige wasserabweisende Putze aus Werkmörtel sollen an den Außenflächen eine mittlere Dicke von 15 mm (erforderliche Mindestdicke 10 mm) aufweisen. Die jeweils zulässigen Mindestdicken müssen sich auf einzelne Stellen beschränken.

Für Putze mit besonderen Eigenschaften bzw. Anforderungen gelten davon abweichende Putzdicken.

### Außenputz

Das Putzsystem gilt als witterungsbeständig, wenn es entsprechend Tabelle 3.28 aufgebaut ist oder die Beständigkeit insbesondere gegen Feuchteeinwirkung und Temperaturwechsel nachgewiesen ist.

Hinsichtlich des Regenschutzes wird zwischen wasserhemmenden und wasserabweisenden Putzen unterschieden. Nach DIN V 18550 gelten die in Tabelle 3.28 angegebenen Mörtelgruppen bzw. Mörtelkombinationen als wasserhemmende bzw. wasserabweisende Putzsysteme. Bei anderem Putzaufbau sind entsprechende Nachweise erforderlich.

Außensockelputze müssen frostbeständig sein und eine Druckfestigkeitskategorie CS IV nach DIN EN 998-1 aufweisen. Für Außensockelputze auf Mauerwerk mit Steinen der Druckfestigkeitsklassen ≤ 8 ist eine Druckfestigkeitskategorie C III ausreichend.

Kellerwandaußenputz als Träger von Beschichtungen muss die Druckfestigkeitskategorie C IV erfüllen. Im erdberührten Bereich muss Kellerwandaußenputz zusätzlich abgedichtet werden.

### Innenputz

Innenwand- und Innendeckenputze, an die übliche Anforderungen, z. B. als Träger von Anstrichen und Tapeten, gestellt werden, müssen über eine gute Wasserdampfdurchlässigkeit und ein gutes kapillares Saugvermögen verfügen sowie der Druckfestigkeitskategorie CS II entsprechen. Ein entsprechender Nachweis entfällt, wenn Putzsysteme nach der Tabelle 3.27 gewählt werden. Innenwand- und Innendeckenputze für Feuchträume müssen gegen langzeitig einwirkende Feuchtigkeit beständig sein. Putzsysteme mit Mörteln aus Gipsbinder sind für diese Anwendung nicht geeignet, können aber für häusliche Bäder und Küchen verwendet werden.

## 3.2.1.5 Putzweisen

Entsprechend der Putzweise werden die Putze nach der Art der Oberflächenbehandlung und der dadurch entstehenden Struktur eingeteilt.

*Geglätteter Putz* erhält seine Oberfläche durch Bearbeitung mit der Glättkelle.

*Gefilzter Putz* erhält seine Oberfläche durch Bearbeitung mit der Filz-, Schwamm- oder Holzscheibe.

*Geriebener Putz oder Reibeputz* wird je nach Art des verwendeten Werkzeugs und des Materials z. B. als Münchner Rauputz, Rillenputz, Scheibenputz bezeichnet.

*Kellenwurfputz* erhält seine Struktur ausschließlich durch das Anwerfen des Mörtels. Im Regelfall wird ein Zuschlag mit grober Körnung verwendet.

*Modellierputz* wird nach dem Auftrag mittels Kelle bearbeitet und frei strukturiert (z. B. Kellenstrichputz, Altdeutscher Putz).

*Spritzputz* wird durch mehrfaches Aufspritzen eines feinkörnigen, dünnflüssigen Mörtels mittels Spritzputzgerät hergestellt.

*Kratzputz* wird durch Kratzen mit einem Nagelbrett, einem Sägeblatt oder einer Ziehklinge hergestellt.

*Waschputz* erhält seine Struktur durch Auswaschen der an der Oberfläche befindlichen, noch nicht erhärteten Bindemittelschlämme. Er erfordert ausgewählte Zuschläge grober Körnung sowie einen Unterputz, der mindestens der Kategorie CS III entspricht.

**Tabelle 3.27:** Putzsysteme für Innenputze nach [28]

| Mörtelgruppe bzw. Beschichtungsstoff-Typ für Unterputz | Druckfestigkeitskategorie des Unterputzes nach DIN EN 998-1 | Mörtelgruppe bzw. Beschichtungsstoff-Typ für Oberputz [1)] | Druckfestigkeitskategorie des Oberputzes nach DIN EN 998-1 |
|---|---|---|---|
| **übliche Beanspruchungen** | | | |
| – | – | P I | CS I |
| P I | CS II | P I | CS I |
| – | – | P II | CS II |
| P II | CS II | P I | CS I |
| P II | CS II | P II | CS II |
| P II | CS II | P IV | [2)] |
| P II | CS II | P Org 1 | – |
| P II | CS II | P Org 2 | – |
| – | – | P III | CS IV |
| P III | CS III | P I | CS I |
| P III | CS III | P II | CS II |
| P III | CS IV | P II | CS III |
| P III | CS IV | P III | CS IV |
| P III | CS III | P Org 1 | – |
| P III | CS III | P Org 2 | – |
| – | – | P IV | [2)] |
| P IV | [2)] | P I [4)] | CS I |
| P IV | [2)] | P II [4)] | CS II |

| Mörtelgruppe bzw. Beschichtungs-stoff-Typ für Unterputz | Druckfestigkeits-kategorie des Unterputzes nach DIN EN 998-1 | Mörtelgruppe bzw. Beschichtungs-stoff-Typ für Oberputz [1] | Druckfestigkeits-kategorie des Oberputzes nach DIN EN 998-1 |
|---|---|---|---|
| P IV | [2] | P IV | [2] |
| P IV | [2] | P Org 1 | - |
| P IV | [2] | P Org 2 | - |
| - | - | P Org 1 [3] | - |
| - | - | P Org 2 [3] | - |
| **Feuchträume** | | | |
| - | - | P II | CS II |
| P II | CS II | P I [4] | CS I |
| P II | CS II | P II | CS II |
| P II | CS III | P Org 1 | - |
| - | - | P III | CS III |
| - | - | P III | CS IV |
| P III | CS III | P II | CS II |
| P III | CS IV | P III | CS IV |
| P III | CS III | P Org 1 | - |
| P III | CS IV | P Org 1 | - |
| - | - | P Org 1 [3] | - |

[1] Oberputze dürfen mit abschließender Oberflächengestaltung oder ohne ausgeführt werden (z. B. bei zu beschichtenden Flächen).

[2] Druckfestigkeit ≥ 2,0 N/mm².

[3] Nur bei Beton mit geschlossenem Gefüge als Putzgrund.

[4] Dünnlagige Oberputze.

**Tabelle 3.28:** Putzsysteme für Außenputze nach [28]

| Mörtelgruppe für Unterputz | Druckfestigkeits-kategorie des Unterputzes nach DIN EN 998-1 | Mörtelgruppe bzw. Beschichtungs-stoff-Typ für Oberputz) | Druckfestigkeits-kategorie des Oberputzes nach DIN EN 998-1 |
|---|---|---|---|
| **ohne besondere Anforderung** | | | |
| - | - | P I | CS I |
| P I | CS I | P I | CS I |
| - | - | P II | CS II |
| - | - | P II | CS III |
| P II | CS II | P I | CS I |
| P II | CS III | P I | CS I |

| Mörtelgruppe für Unterputz | Druckfestigkeits-kategorie des Unterputzes nach DIN EN 998-1 | Mörtelgruppe bzw. Beschichtungs-stoff-Typ für Oberputz) | Druckfestigkeits-kategorie des Oberputzes nach DIN EN 998-1 |
|---|---|---|---|
| P II | CS II | P II | CS II |
| P II | CS III | P II | CS II |
| P II | CS III | P II | CS III |
| P II | CS III | P Org 1 | – |
| – | – | P Org 1 [1)] | – |
| – | – | P III | CS IV |
| **wasserabweisend** | | | |
| P I | CS I | P I | CS I |
| P II | CS II | P I | CS I |
| P II | CS III | P I | CS I |
| – | – | P I | CS I |
| – | – | P II | CS II |
| – | – | P II | CS III |
| P II | CS II | P II | CS II |
| P II | CS III | P II | CS II |
| P II | CS III | P II | CS III |
| P II | CS III | P Org 1 | – |
| – | – | P Org 1 [1)] | – |
| – | – | P III | CS IV |
| **Kellerwandaußenputz** | | | |
| – | – | P III [2)] | CS IV |
| **Außensockelputz** | | | |
| – | – | P III [2)] | CS IV |
| P III | CS IV | P III [2)] | CS IV |
| P III | CS IV | P II [2)] | CS III |
| P II | CS III | P II [2)] | CS II [3)] |
| P II [4)] | CS II [3)] | P II [2)] | CS II [3)] |

[1)] Nur bei Beton mit geschlossenem Gefüge als Putzgrund.

[2)] Ein Sockelputz sowie ein Kellerwandaußenputz sind im erdberührten Bereich immer abzudichten. Der Putz dient als Träger der vertikalen Abdichtung.

[3)] > 2,5 N/mm².

[4)] Gilt nur für Sanierputze.

### 3.2.1.6 Putzsysteme

Die Eigenschaften der verschiedenen Putzlagen eines Systems sollen so aufeinander abgestimmt sein, dass die in den Berührungsflächen der einzelnen Putzlagen und des Putzgrundes z. B. durch Schwinden oder Temperaturdehnungen auftretenden Spannungen aufgenommen werden können. Diese Forderung wird bei Putzen mit mineralischen Bindemitteln im Allgemeinen dann erfüllt, wenn die Festigkeit des Oberputzes geringer als die des Unterputzes ist oder wenn beide Putzlagen gleich fest sind. Wird der Oberputz durch eine ausreichend dicke verformungsfähige Zwischenschicht (z. B. Leichtputz, Wärmedämmputz oder Dämmplatte) vom Untergrund „entkoppelt", dann darf die Festigkeit des Oberputzes auch höher sein als die des Unterputzes.

Bei sach- und fachgerechter Ausführung sind die in den Tabellen 3.27 und 3.28 zusammengestellten Putzsysteme für Innen- und Außenputze als bewährt anzusehen. Die Anforderungen an die jeweiligen Putzarten für die verschiedenen Putzanwendungen gelten als erfüllt. Bei Verwendung anderer Putzsysteme ist jedoch ein Nachweis der Eignung erforderlich.

### 3.2.1.7 Wärmedämmputzsysteme

Wärmedämmputze sind Putze, deren Wärmeleitfähigkeit einen Rechenwert $\leq 0{,}2$ W/(m·K) aufweisen muss. Diese Anforderung gilt als erfüllt, wenn die Trockenrohdichte des erhärteten Mörtels $\leq 0{,}6$ kg/dm$^3$ beträgt.

Wärmedämmputze werden als Unterputz für außen liegende Wärmedämmputzsysteme verwendet. Der *Unterputz* besteht in der Regel aus mineralischen Bindemitteln, leichten organischen und mineralischen Zuschlägen (expandiertes Polystyrol (EPS), Perlite, Vermiculite) sowie Zusätzen und wird als Werk-Trockenmörtel hergestellt. Die Wärmeleitfähigkeit von Mörtel der Kategorie T 1 soll $\leq 0{,}10$ W/(m·K), die der Kategorie T 2 $\leq 0{,}20$ W/(m·K) sein. Die Druckfestigkeit des Festmörtels muss mindestens 0,40 N/mm$^2$ (CS I nach DIN EN 998-1) betragen. Der Unterputz muss zudem wasserhemmend sein (Wasseraufnahmekoeffizient $\leq 2{,}0$ kg/(m$^2$·h$^{0,5}$)) und hinsichtlich des Brandverhaltens einer Klasse nach DIN EN 13501-1 zugeordnet werden können.

Der *Oberputz* besteht aus mineralischen Bindemitteln, mineralischen Zuschlägen und Zusätzen und sollte ebenfalls aus Werk-Trockenmörtel hergestellt werden. Die Druckfestigkeit muss mindestens 0,80 N/mm$^2$ betragen und darf 3,0 N/mm$^2$ nicht überschreiten. Die geforderte wasserabweisende Wirkung gilt als erfüllt, wenn der Wasseraufnahmekoeffizient $\leq 0{,}5$ kg/(m$^2$·h$^{0,5}$) beträgt.

Die überwiegende Anzahl der Wärmedämmputzsysteme setzt sich aus zwei Putzlagen, einem wärmedämmenden leichten Unterputz (Dicke 20 bis 100 mm) und einem Oberputz (Dicke, einschließlich eines ggf. erforderlichen Ausgleichsputzes 6 bis 12 mm) zusammen. Die Zeitspanne zwischen der Fertigstellung des Unterputzes und dem Aufbringen des Oberputzes muss mindestens sieben Tage, bei sehr dicken Unterputzen jedoch mindestens ein Tag je 5 mm Dicke betragen. Wärmedämmputzsysteme weisen in der Regel ein umgekehrtes Festigkeitsgefälle auf, d. h. die Festigkeit des Oberputzes ist höher als die des Unterputzes. Die bekannte Putzregel, wonach Putzlagen von innen nach außen verformbarer („weicher") werden sollen, gilt in diesem Fall nicht.

Luftporenputze (LP-Putze) wirken durch Trockenhalten des Wandaufbaus indirekt wärmedämmend. Die im Zementstein fein verteilten Mikroporen unterbrechen das Porengefüge des Mörtels. Damit wird kapillar eindringendes Wasser gebremst und zum Verdunsten innerhalb der Putzschicht bewogen. Die Wandoberfläche erscheint trocken. Ähnlich wirken Perliteputze und die sogenannten Sanierputze.

Bei den *Wärmedämm-Verbundsystemen* werden an der Außenwand angeklebte und ggf. zusätzlich angedübelte Dämmschichtplatten (z. B. aus EPS oder Faserdämmstoffen) zunächst mit einem gewebearmiertem Mörtel überzogen, auf den dann ein Oberputz (P I oder P II oder Leichtputz mit Oberputz) aufgebracht wird.

#### 3.2.1.8 Leichtputze

Leichtputze sind Putze der Mörtelgruppe P I oder P II, deren Trockenrohdichte zwischen 0,6 und 1,3 kg/dm$^3$ liegt. Sie werden nur als Werkmörtel hergestellt. Als Zuschlag enthalten sie mineralische und/oder organische Zuschläge mit porigem Gefüge (z. B. Blähton, Perlite, EPS-Perlen, Blähglasgranulat).

Verwendung finden Leichtputze als Putz von Mauerwerk aus Porenbeton- und Leichtbetonsteinen oder aus Leichtziegeln mit unvermörtelter Stoßfuge und Leichtmauermörtel. Für Innenputze werden auch Leichtputze auf Gipsbasis hergestellt.

#### 3.2.1.9 Brandschutzputze

Bekleidungen aus Brandschutzputzen erhöhen die Feuerwiderstandsdauer von Bauteilen, wenn sie gemäß DIN 4102-4 ausgeführt werden. Geeignet sind Putze aus den Mörtelgruppen P II (Kalkzementmörtel) und P IV (Gipsmörtel) sowie Perlite- und Vermiculiteputze. Sie können ohne Putzträger auf Beton und Mauerwerk auf einer mindestens 5 mm dicken Spritzbewurfschicht aufgebracht werden. Auf Stahlteilen und sehr glattem Beton müssen zunächst Putzträger (z. B. Drahtgewebe, Streckmetall) ausreichend fest am Untergrund verankert werden.

Beispiele: Putze aus Mörteln der Mörtelgruppen P II und P IV gelten auf Beton und Mauerwerk sowie mit Putzträgern auf Holz, Stahl und glattem Beton bei 15 mm Dicke (über Putzträger) als feuerhemmend (F 30-A).

Putze mit zement- oder gipsgebundenen hochwärmedämmenden Zuschlägen (Perlite, Vermiculite) gelten als 25 mm dicker abgehängter Drahtputz (Rabitz) unter Stahlträgerdecken oder als 35 mm dicke Ummantelung mit Drahtgewebeeinlagen um Stahlstützen als feuerbeständig (F 90-A).

#### 3.2.1.10 Sanierputze

Sanierputze haben ein geringes Saugvermögen, eine gute Wasserdampfdurchlässigkeit und ein hohes Luftporenvolumen. Dadurch wird das Eindringen von Feuchtigkeit in das Mauerwerk verhindert, gleichzeitig aber auch eine allmähliche Austrocknung eines durchfeuchteten Mauerwerks ermöglicht. Da die Feuchtigkeit innerhalb des Putzes verdunstet, kristallisieren evtl. im Mauerwerk vorhandene Salze im Putz ohne schädigende Wirkung aus.

Die 28-Tage-Druckfestigkeit ist meist ≤ 6 N/mm², die Rohdichte des Festmörtels soll ≤ 1,4 kg/dm³ und seine Porosität ≥ 40 Vol.-% sein.

#### 3.2.1.11 Kunstharzputze

| | |
|---|---|
| DIN 18558 | Kunstharzputze; Begriffe, Anforderungen, Ausführung; Ausgabe 1985-01 |
| DIN 18556 | Prüfung von Beschichtungsstoffen für Kunstharzputze und von Kunstharzputzen; Ausgabe 1985-01 |

Für die Herstellung werden Beschichtungsstoffe aus Polymerisatharz als Kunststoffdispersion oder als Lösung, mineralische oder organische Zuschläge/Füllstoffe mit dichtem oder porigem Gefüge und ggf. Zusätze, wie Weiß- und Buntpigmente, Filmbildner, Verdickungsmittel usw. verwendet.

Nach Anwendung und Bindemittelanteil werden zwei Typen von Beschichtungsstoffen unterschieden:

- P Org 1 für Kunstharzputz als Außen- und Innenputz,
- P Org 2 für Kunstharzputz als Innenputz.

Kunstharzputze werden nur als Oberputz auf Unterputz aus Mörteln mit mineralischen Bindemitteln der Mörtelgruppen PII bis PIV (PIV nur bei Innenputzen) oder auf Beton verwendet. Ein Grundanstrichmittel ist erforderlich. Die Schichtdicke des Kunstharzputzes richtet sich nach dem Größtkorn der Gesteinskörnung und/oder nach der gewählten Oberflächenstruktur (z. B. Kratz-, Reibe-, Spritz-, Rollputz).

Über die allgemeinen Anforderungen an Außen- und Innenputz nach DIN V 18550 hinaus sind besondere Anforderungen, z. B. an die Witterungs- und Frostbeständigkeit, oder bei Verwendung in Feuchträumen zu erfüllen. Hierzu können Nachweise nach DIN 18556 erforderlich werden. Die besonderen Anforderungen gelten meist als erfüllt, wenn die in DIN 18558 aufgeführten Putzsysteme angewendet werden.

Kunstharzputze werden in großem Umfang als Deckschicht außen liegender Wärmedämmsysteme („Thermohaut") und zur Beschichtung von Fertigteilen (Großtafelbau) und Holzwerkstoffplatten (Fertighausbau) eingesetzt.

### 3.2.2 Mauermörtel

| | |
|---|---|
| DIN EN 998-2 | Festlegungen für Mörtel im Mauerwerksbau;<br>Teil 2: Mauermörtel; Ausgabe 2010-12 |
| DIN V 18580 | Mauermörtel mit besonderen Eigenschaften; Ausgabe 2007-03 *(Vornorm)* |
| DIN V 20000 | Anwendung von Bauprodukten in Bauwerken;<br>Teil 412: Regeln für die Verwendung von Mauermörtel nach DIN EN 998-2; Ausgabe 2004-03 *(Vornorm)* |
| E DIN EN 13139 | Gesteinskörnungen für Mörtel; Ausgabe 2011-03 *(Norm-Entwurf)* |
| DIN 13055-1 | Leichte Gesteinskörnungen für Beton, Mörtel und Einpressmörtel; Ausgabe 2002-08<br>Berichtigung 1; Ausgabe 2004-12 |

| | |
|---|---|
| DIN EN 934-3 | Zusatzmittel für Beton, Mörtel und Einpressmörtel;<br>Teil 3: Zusatzmittel für Mauermörtel – Definitionen, Anforderungen, Konformität, Kennzeichnung und Beschriftung; Ausgabe 2012-09 |
| DIN 1053 | Mauerwerk;<br>Teil 1: Berechnung und Ausführung; Ausgabe 1996-11 *(zurückgezogen)*<br>Teil 2: Mauerwerksfestigkeitsklassen aufgrund von Eignungsprüfungen; Ausgabe 1996-11 *(zurückgezogen)*<br>Teil 3: Bewehrtes Mauerwerk; Berechnung und Ausführung; Ausgabe 1990-02 *(zurückgezogen)*<br>Teil 4: Fertigbauteile; Ausgabe 2013-04 |
| DIN EN 1996-1-1 | Eurocode 6: Bemessung und Konstruktion von Mauerwerksbauten;<br>Teil 1-1: Allgemeine Regeln für bewehrtes und unbewehrtes Mauerwerk; Ausgabe 2013-02<br>DIN EN 1996-1-1/NA: Nationaler Anhang – National festgelegte Parameter; Ausgabe 2012-05 |
| DIN EN 1996-2 | Eurocode 6: Bemessung und Konstruktion von Mauerwerksbauten;<br>Teil 2: Planung, Auswahl der Baustoffe und Ausführung von Mauerwerk; Ausgabe 2010-12<br>DIN EN 1996-2/NA: Nationaler Anhang – National festgelegte Parameter; Ausgabe 2012-01 |
| DIN EN 1996-3 | Eurocode 6: Bemessung und Konstruktion von Mauerwerksbauten;<br>Teil 3: Vereinfachte Berechnungsmethoden für unbewehrte Mauerwerksbauten; Ausgabe 2010-121<br>DIN EN 1996-2/NA: Nationaler Anhang – National festgelegte Parameter; Ausgabe 2012-01 |
| DIN 18555 | Prüfung von Mörteln mit mineralischen Bindemitteln;<br>Teil 3: Festmörtel; Bestimmung der Biegzugfestigkeit, Druckfestigkeit und Rohdichte; Ausgabe 1982-09<br>Teil 4: Festmörtel; Bestimmung der Längs- und Querdehnung sowie von Verformungskenngrößen von Mauermörteln im statischen Druckversuch; Ausgabe 1986-03<br>Teil 6: Festmörtel; Bestimmung der Haftzugfestigkeit; Ausgabe 1987-11<br>Teil 7: Frischmörtel; Bestimmung des Wasserrückhaltevermögens nach der Filterplattenmethode; Ausgabe 1987-11<br>Teil 9: Festmörtel; Bestimmung der Fugendruckfestigkeit; Ausgabe 1999-09 |
| DIN EN 1015 | Prüfverfahren für Mörtel im Mauerwerk;<br>Teil 1: Bestimmung der Korngrößenverteilung (durch Siebanalyse); Ausgabe 2007-05<br>Teil 2: Probennahme von Mörteln und Herstellung von Prüfmörteln; Ausgabe 2007-05<br>Teil 3: Bestimmung der Konsistenz von Frischmörtel (mit Ausbreittisch); Ausgabe 2007-05<br>Teil 4: Bestimmung der Konsistenz von Frischmörtel (mit Eindringgerät); Ausgabe 1998-12<br>Teil 6: Bestimmung der Rohdichte von Frischmörtel; Ausgabe 2007-05<br>Teil 7: Bestimmung des Luftgehalts von Frischmörtel; Ausgabe 1998-12<br>Teil 9: Bestimmung der Verarbeitbarkeitszeit und der Korrigierbarkeitszeit von Frischmörtel; Ausgabe 2007-05<br>Teil 10: Bestimmung der Trockenrohdichte von Festmörtel; Ausgabe 2007-05<br>Teil 11: Bestimmung der Biegezug- und Druckfestigkeit von Festmörtel; Ausgabe 2007-05 |

Teil 12: Bestimmung der Haftfestigkeit von erhärteten Putzmörteln; Ausgabe 2000-06
Teil 14: Bestimmung der Dauerhaftigkeit von erhärtetem Mauermörtel (Festmörtel) ...; Ausgabe 1999-07
Teil 17: Bestimmung des Gehalts an löslichem Chlorid von Frisch- und Festmörteln; Ausgabe 2005-01
Teil 18: Bestimmung der kapillaren Wasseraufnahme von erhärtetem Putzmörtel (Festmörtel); Ausgabe 2003-03
Teil 19: Bestimmung der Wasserdampfdurchlässigkeit von Festmörtel aus Putzmörtel; Ausgabe 2005-01
Teil 21: Bestimmung der Verträglichkeit von Einlagenputzmörteln mit Untergründen durch Prüfung der Haftung und Wasserdurchlässigkeit nach Bewitterung; Ausgabe 2003-03

DIN EN 1052-3 Prüfung von Mauerwerk;
Teil 3: Bestimmung der Anfangsscherfestigkeit (Haftscherfestigkeit); Ausgabe 2007-06

*Anmerkungen zur Normung von Mauermörtel:* Mauermörtel waren bisher nach DIN 1053-1, Anhang A, (1996-11) geregelt. Mit Übergang auf die europäische Produktnormung unterliegt Mauermörtel nun DIN EN 998-2 (2010-12). Sofern die darin genormten Mauermörtel die Anforderungen der nationalen Restnorm DIN V 18580 erfüllen, können sie uneingeschränkt wie bisher auf der Grundlage von DIN 1053-1 (1996-11) eingesetzt werden.

Sollen CE-gekennzeichnete Mörtel für Mauerwerk nach DIN 1053-1 in Verbindung mit DIN 1053-100 eingesetzt werden, ist die deutsche Anwendungsnorm DIN V 20000-412 (2004-03) zu beachten.

Dem Verwender bleibt es somit überlassen, ob Mauermörtel gemäß DIN EN 998-2 und DIN V 18580 oder Mauermörtel gemäß DIN EN 998-2 und DIN V 20000-412 zur Anwendung kommt.

Hinweis: Der Eurocode 6 wurde auf europäischer Ebene fertiggestellt und in Deutschland als DIN EN 1996-1-1 (2013-02) veröffentlicht. Die national festzulegenden Parameter sind in einem nationalen Anhang DIN EN 1996-1-1/NA (2012-05) angegeben. Ab 01.07.2012 kann DIN EN 1996 parallel und gleichwertig zu DIN 1053-1 angewendet werden. Die verbindliche bauaufsichtliche Einführung ist für den 1.1.2014 vorgesehen. Voraussichtlich ab 1.1.2016 wird die DIN EN 1996 allein gültig sein.

#### 3.2.2.1 Mörtelarten

Mauermörtel wird im Mauerwerk für die Herstellung der Lager-, Stoß- und Längsfugen sowie zum nachträglichen Verfugen verwendet. Mauermörtel ist ein Gemisch aus Bindemittel, Sand (Gesteinskörnungen), Wasser und ggf. Zusatzstoffen und Zusatzmitteln.

Als Bindemittel dürfen nur Zement nach DIN EN 197-1, Baukalk nach DIN EN 459-1 und Putz- und Mauerbinder nach DIN EN 413-1 sowie bauaufsichtlich als gleichwertig zugelassene Bindemittel verwendet werden. Der Sand muss aus Zuschlagarten nach DIN EN 13139 und DIN EN 13055-1 bestehen. Er darf keine schädlichen Bestandteile enthalten, wie Stoffe organischen Ursprungs (z. B. Kohleteile) und größere Mengen an abschlämmbaren Bestandteilen (z. B. Lehm und Ton). Als Zusatzstoffe können Trass, Gesteinsmehl, Flugasche und ggf. Farbpigmente zugegeben werden. Als Zusatzmittel kommen vorwiegend Luftporenbildner, Erstarrungsverzögerer, Erstarrungsbeschleuniger, Verflüssiger, Dichtungsmittel, Haftvermittler und Stabilisierer zur Anwendung.

Nach der Lieferform sind zu unterscheiden: Baustellenmauermörtel und Werkmauermörtel.

*Baustellenmauermörtel* werden aus den einzelnen Ausgangsstoffen auf der Baustelle zusammengesetzt und gemischt. Sie dürfen nur als Normalmauermörtel (NM) hergestellt werden.

*Werkmauermörtel* werden im Mörtelwerk oder außerhalb unter werkmäßigen Bedingungen aus Ausgangsstoffen nach DIN V 18580/DIN EN 998-2 zusammengesetzt und gemischt. Werkmauermörtelanteil ist derzeit mit einem Anteil von etwa 80 bis 90 % an der Gesamtmörtelmenge beteiligt. Es sind folgende Lieferformen zu unterscheiden:

- *Werk-Trockenmörtel* ist ein fertiges Gemisch aller trockenen Ausgangsstoffe, dem auf der Baustelle nur noch Wasser zugemischt werden darf.
- *Werk-Vormörtel* ist ein Gemisch aus Zuschlägen, Kalk und ggf. weiteren Zusätzen. Auf der Baustelle werden Zement und Wasser zugegeben.
- *Werk-Frischmörtel* ist ein gebrauchsfertiger Mörtel in verarbeitbarer Konsistenz, der in Fahrmischern auf die Baustelle geliefert wird.

In DIN V 18580/DIN EN 998-2 werden je nach Anwendungsgebiet drei Mörtelarten unterschieden:

- Normalmörtel (NM),
- Dünnbettmörtel (DM),
- Leichtmörtel (LM).

### a) Normalmörtel (NM)

Normalmörtel (Kurzbezeichnung nach DIN EN 998-2: **G**) sind baustellengefertigte Mörtel oder Werkmörtel mit einer Trockenrohdichte $\rho_d \geq 1{,}5$ kg/dm³. Normalmörtel werden nach steigender Mindestdruckfestigkeit in die Mörtelgruppen I (Kalkmörtel), II und IIa (Kalk-Zementmörtel) und III und IIIa (Zementmörtel) eingeteilt.

Mörtel, die nach Tabelle 3.29 zusammengesetzt werden, können ohne Eignungsprüfung („Rezeptmörtel") verwendet werden. Eignungsprüfungen müssen durchgeführt werden, wenn

- der Mörtel in einem Werk hergestellt wird (Werkmörtel),
- die Zusammensetzung von Mörteln der Mörtelgruppen II, IIa und III nicht der Tabelle 3.29 entspricht oder Mörtel der Gruppe IIIa verwendet wird,
- Zusatzmittel oder Zusatzstoffe verwendet werden,
- die Brauchbarkeit des Zuschlags angezweifelt wird,
- Bauwerke mit mehr als sechs gemauerten Vollgeschossen errichtet werden.

Bei der Eignungsprüfung sind die Konsistenz und die Rohdichte des Frischmörtels sowie die Druck- und Haftscherfestigkeit des Festmörtels zu ermitteln.

Bei Verwendung der Mörtelgruppen sind folgende Beschränkungen zu beachten:

Mörtelgruppe I:

- nicht zulässig für Gewölbe, bewehrtes Mauerwerk, Kellermauerwerk,
- zulässig bis maximal zwei Vollgeschosse bei Wanddicken ≥ 24 cm, wobei bei zweischaligen Wänden mit oder ohne durchgehender Luftschicht als Wanddicke die Dicke der inneren Wandschale gilt,
- nicht zulässig für die Außenschale zweischaliger Außenwände;

Mörtelgruppe II und IIa:

- nicht zulässig für Gewölbe und bewehrtes Mauerwerk;

Mörtelgruppe III und IIIa:

- nicht zulässig für die Außenschale zweischaliger Außenwände.

**Tabelle 3.29:** Baustellenmörtel - Zusammensetzung für Normalmauermörtel als Rezeptmörtel (Mischungsverhältnis in Raumteilen) nach [29]

| Mörtelgruppe nach DIN V 18580 | Mörtelklasse nach DIN EN 998-2 | Luftkalk<br>Kalkteig | <br>Kalkhydrat | Hydraulischer Kalk (HL2) | Hochhydraulischer Kalk (HL5), Putz- und Mauerbinder (MC5) | Zement | Sand [1] aus natürlichem Gestein |
|---|---|---|---|---|---|---|---|
| MG I | M1 | 1 | - | - | - | - | 4 |
| | | - | 1 | - | - | - | 3 |
| | | - | - | 1 | - | - | 3 |
| | | - | - | - | 1 | - | 4,5 |
| MG II | M2,5 | 1,5 | - | - | - | 1 | 8 |
| | | - | 2 | - | - | 1 | 8 |
| | | - | - | 2 | - | 1 | 8 |
| | | - | - | - | 1 | - | 3 |
| MG IIa | M5 | - | 1 | - | - | 1 | 6 |
| | | - | - | - | 2 | 1 | 8 |
| MG III | M10 | - | - | - | - | 1 | 4 |

[1] Die Werte des Sandanteils beziehen sich auf den lagerfeuchten Zustand.

## b) Leichtmörtel (LM)

Leichtmörtel (Kurzbezeichnung nach DIN EN 998-2: **L**) sind Werk-Trockenmörtel oder Werk-Frischmörtel mit einer Trockenrohdichte $\rho_d$ < 1,5 kg/dm³. Leichtmörtel werden in Mörtelgruppen LM 21 (Rechenwert der Wärmeleitfähigkeit 0,21 W/(m·K)) und LM 36 (Rechenwert der Wärmeleitfähigkeit 0,36 W/(m·K)) eingeteilt. Beide Gruppen unterscheiden sich zudem nach der Trockenrohdichte ($\rho_d$ ≤ 0,7 bzw. 1,0 kg/dm³) und dem Querdehnungsmodul.

Leichtmörtel (auch „Wärmedämmender Mörtel" genannt) wird zur Verbesserung der Wärmedämmung von Mauerwerk aus hoch wärmedämmenden Wandbausteinen eingesetzt. Er besteht meist aus Zement, leichten Gesteinskörnungen nach DIN EN 13055-1 (z. B. Naturbims, Blähton, Blähschiefer, Hüttenbims) oder Blähperlit, Blähglasgranulat und Polystyrolschaumperlen sowie organischen Zusätzen mit plastifizierender und verzögernder Wirkung.

Die Anforderungen an Leichtmörtel sind durch Eignungsprüfungen nachzuweisen. Ist die Trockenrohdichte für LM 21 ≤ 0,7 kg/dm³ bzw. für LM 36 ≤ 1,0 kg/dm³, dann gelten die Anforderungen an die Wärmeleitfähigkeit ohne Nachweis als erfüllt. Die Mindestdruckfestigkeit bei der Eignungsprüfung beträgt 7 N/mm²; dies entspricht der Mörtelgruppe IIa bei Normalmörtel. Leichtmörtel weisen jedoch bei gleicher Festigkeit größere Verformungen als Normalmörtel auf. Daraus resultieren erheblich geringere Mauerwerksdruckfestigkeiten.

#### c) Dünnbettmörtel (DM)

Dünnbettmörtel (Kurzbezeichnung nach DIN EN 998-2: **T**) sind Werk-Trockenmörtel, die der Mörtelgruppe III zugeordnet werden. Sie werden bei der Errichtung von Plansteinmauerwerk aus Porenbeton- und Kalksandstein-Planelementen mit etwa 1 bis 3 mm dicken Fugen eingesetzt. Dünnbettmörtel bestehen in der Regel aus Zement, Feinsand mit Größtkorn ≤ 1 mm und organischen Zusätzen zur Verbesserung der Verarbeitbarkeit und des Wasserrückhaltevermögens.

Aufgrund der unterschiedlichen Saugwirkung der Mauersteine können bestimmte Dünnbettmörtel nur mit bestimmten Mauersteinarten kombiniert werden.

### 3.2.2.2 Anforderungen an Mauermörtel

Um Mauermörtel nach DIN EN 998-2 (CE-Kennzeichnung) für Mauerwerk nach DIN 1053/DIN EN 1996 verwenden zu können, müssen bestimmte Anwendungsregeln befolgt werden, die in der deutschen Anwendungsnorm DIN V 20000-412 enthalten sind. Da die europäische Norm DIN EN 998-2 jedoch nicht alle Anforderungen für die Verwendung von Mauermörtel in Deutschland enthält, wurde die nationale Restnorm DIN V 18580 (CE- und Ü-Kennzeichnung) eingeführt, in der die zusätzlichen Anforderungen enthalten sind. In DIN V 18580 wurden die bisherigen Bezeichnungen nach DIN 1053-1 übernommen.

Anforderungen werden an die Eigenschaften des Frischmörtels, das Mischungsverhältnis der Ausgangsstoffe, die Eigenschaften des Festmörtels und das Brandverhalten gestellt. Für Dünnbettmörtel und Leichtmauermörtel gelten zusätzliche Anforderungen. Alle Anforderungen müssen im Rahmen einer Erstprüfung und der werkseigenen Produktionskontrolle (WPK) nachgewiesen werden.

#### Eigenschaften des Frischmörtels

- Die Verarbeitbarkeitszeit ist vom Hersteller anzugeben.
- Der Chloridgehalt darf nicht größer als 0,1 M.-% bezogen auf die Trockenmasse des Mörtels sein.
- Der Luftgehalt ist vom Hersteller anzugeben. Zusätzlich gilt, dass Luftporenbildner nur in solchen Mengen zugegeben werde dürfen, dass die Trockenrohdichte des Mörtels um höchstens 0,3 kg/dm³ vermindert wird.

#### Mischungsverhältnis der Ausgangsstoffe

Das Mischungsverhältnis aller Ausgangsstoffe ist vom Hersteller anzugeben. Die Beziehung zwischen Mischungsverhältnis und Druckfestigkeit von Rezeptmauermörteln, die ohne Eignungsprüfung hergestellt werden, ist Tabelle 3.29 zu entnehmen.

### Eigenschaften des Festmörtels

- Die Druckfestigkeit von Mauermörtel nach Eignungsprüfung ist vom Hersteller anzugeben. Sie wird nach einem in DIN EN 1015-11 angegeben Verfahren geprüft. Die Bezeichnung der Mörtelklassen nach DIN EN 998-2 entspricht der Mindestanforderung an die Druckfestigkeit entsprechend Tabelle 3.30.

  Zusätzlich ist die Druckfestigkeit des Mörtels in der Fuge zu prüfen, da das Saugvermögen der Mauersteine einen wesentlichen Einfluss auf die Fugendruckfestigkeit (Lagerfuge) ausüben kann. Die Anforderungen an die Fugendruckfestigkeit gelten als erfüllt, wenn der Nachweis nach einem der drei in Tabelle 3.31 genannten Verfahren erfolgt.
- Die Verbundfestigkeit (Haftscherfestigkeit) zwischen Mauerstein und Mauermörtel kann nach einem der in DIN EN 1052-3 bzw. DIN 18555-5 genannten Verfahren ermittelt werden. Die Mindestanforderungen bei einer Prüfung nach DIN EN 1052-3 sind in Tabelle 3.30 angegeben.
- Wasseraufnahme und Wasserdampfdurchlässigkeit sind für Mauermörtel nachzuweisen, die zur Verwendung in Außenbauteilen bestimmt sind.
- Die nach DIN EN 1015-10 geprüfte Trockenrohdichte muss für Normalmauermörtel mindestens 1,5 kg/dm³ und für Dünnbettmörtel mindestens 1,3 kg/dm³ betragen.
- Brandverhalten: Mauermörtel nach DIN V 18580 muss der Brandverhaltensklasse A 1 entsprechen.
- Zusätzliche Anforderungen an Dünnbettmörtel:

  Es werden Anforderungen hinsichtlich der Druckfestigkeit nach Feuchtlagerung (Festigkeitsabfall ≤ 30 % bezogen auf die Lagerung nach DIN EN 1015-11), der verwendeten Gesteinskörnungen (Größtkorn ≤ 1mm), der Korrigierbarkeitszeit (≥ 7 min) und der Verarbeitbarkeitszeit (≥ 4 min) gestellt.

  Unter dem Begriff „Korrigierbarkeitszeit" ist die Zeit zu verstehen, während der die Lage eines Mauersteins noch korrigiert werden kann, ohne die Mörtelhaftung zu beeinträchtigen. Unter dem Begriff „Verarbeitbarkeitszeit" ist die Zeit vom Beginn des Anmachens des Mörtels bis zu merklicher Veränderung seiner Konsistenz zu verstehen.
- Zusätzliche Anforderungen an Leichtmauermörtel:

  Da die Verformungen von Leichtmauermörtel aufgrund des niedrigeren E-Moduls größer als bei Normalmauermörtel sind, können in den Mauersteinen größere Zugspannungen auftreten. Daher werden bei Leichtmauermörteln folgende Anforderungen an den Querdehnungsmodul $E_q$ und den Längsdehnungsmodul $E_l$ gestellt:

  LM21: $E_q \geq 7500$ N/mm² und $E_l \geq 2000$ N/mm²,

  LM36: $E_q \geq 15000$ N/mm² und $E_l \geq 3000$ N/mm².

  Die Trockenrohdichte von Leichtmauermörtel LM 21 darf einen Wert von 0,7 kg/dm³, die von Leichtmauermörtel LM 36 einen Wert von 1,0 kg/dm³ nicht überschreiten. Die bei der Erstprüfung ermittelte Trockenrohdichte ist mit einer Grenzabweichung von ±10 % einzuhalten.

  Ist die Trockenrohdichte von LM 21 größer als 0,7 kg/dm³ und die von LM 36 größer als 1,0 kg/dm³, so ist die Wärmeleitfähigkeit durch Prüfung nach DIN EN 1745 nachzuweisen. Dabei darf für LM 21 die ermittelte Wärmeleitfähigkeit $\lambda_{10,trocken}$ nicht größer als 0,18 W/mK und für LM 36 nicht größer als 0,27 W/mK sein.

Tabelle 3.30: Anforderungen an Mauermörtel (außer Rezeptmörtel [1]) nach [29] bzw. [30]

| Mörtelgruppe nach DIN 1053-1 | Mörtelklasse nach DIN EN 998-2 | Anforderungen nach DIN V 18580 (Auswahl) | | | |
|---|---|---|---|---|---|
| | | Druckfestigkeit $\beta_D$ (N/mm²) | Trockenrohdichte $\rho_d$ (kg/dm³) | Wärmeleitfähigkeit $\lambda_{10,tr}$ (W/mK) | Verbundfestigkeit $\beta_{vk0}$ [2] (N/mm²) |
| **Normalmauermörtel (NM)** | | | | | |
| II | M2,5 | 2,5 | | | ≥ 0,04 |
| IIa | M5 | 5,0 | ≥ 1,5 | - | ≥ 0,08 |
| III | M10 | 10,0 | | | ≥ 0,10 |
| IIIa | M20 | 20,0 | | | ≥ 0,12 |
| **Leichtmauermörtel (LM)** | | | | | |
| LM21 | M5 | 5,0 | ≤ 0,7 | ≤ 0,18 [3] | ≥ 0,08 |
| LM36 | M5 | 5,0 | ≤ 1,0 | ≤ 0,27 [3] | ≥ 0,08 |
| **Dünnbettmörtel (DM)** | | | | | |
| DM | M10 | 10,0 | ≥ 1,3 [4] | - | ≥ 0,20 |

[1] Für diese gelten die Anforderungen als erfüllt.
[2] Charakteristische Anfangsscherfestigkeit (Haftscherfestigkeit) bei der Prüfung nach DIN EN 1052-3.
[3] Bei Nachweis $\lambda_{10,tr}$ nach DIN EN 1745 wenn $\rho_d$ > 0,7 bzw. 1,0 kg/dm³.
[4] Anhaltswert.

Tabelle 3.31: Mindestanforderungen an die Fugendruckfestigkeit von Mauermörtel nach [29]

| Mörtelgruppe nach DIN 1053-1 | Mörtelklasse nach DIN EN 998-2 | Fugendruckfestigkeit im Alter von 28 Tagen [1] [2] in N/mm² | | |
|---|---|---|---|---|
| | | Verfahren I | Verfahren II | Verfahren III |
| **Normalmauermörtel** | | | | |
| I | M 1 | - | - | - |
| II | M 2,5 | 1,25 | 2,5 | 1,75 |
| IIa | M 5 | 2,5 | 5,0 | 3,5 |
| III | M 10 | 5,0 | 10,0 | 7,0 |
| IIIa | M 20 | 10,0 | 20,0 | 14,0 |
| **Leichtmauermörtel** | | | | |
| LM 21 | M 5 | 2,5 | 5,0 | 3,5 |
| LM 36 | M 5 | 2,5 | 5,0 | 3,5 |
| **Dünnbettmörtel** | | | | |
| DM | M 10 | - | - | - |

[1] Die Prüfung erfolgt nach DIN 18555-9.
[2] Die Prüfung der Fugendruckfestigkeit muss mit Referenzsteinen erfolgen.

### 3.2.2.3 Spezielle Mauermörtel

**Vormauermörtel**

Vormauermörtel werden im Bereich von Sicht- und Verblendmauerwerk verwendet. Es handelt sich in der Regel um Normalmörtel NM IIa, die aufgrund ihrer Zusammensetzung (die Verwendung von trasshaltigem Mörtel wirkt abdichtend) und ihres guten Wasserrückhaltevermögens alle Festigkeits- und Verbundanforderungen bei vollfugiger Vermauerung („Fugenglattstrich") erfüllen.

**Fugenmörtel**

Vormauermörtel sind auch als Fugenmörtel geeignet, falls nachträglich verfugt werden soll. Die Verfugung von Sichtmauerwerk erfolgt nach etwa 2 cm tiefem Auskratzen des Mauermörtels beispielsweise mit einem Zementmörtel, dem zur Verbesserung der Dichtwirkung und der Geschmeidigkeit Trass sowie Sand 0/2 im Mischungsverhältnis 1 RT Portlandzement (CEM I) + 1 RT Trass + 4 bis 5 RT Sand 0/2 zugesetzt werden.

**Vergussmörtel**

Mit Vergussmörtel werden besonders geformte Steine, die trocken aufeinandergesetzt werden, nachträglich vergossen. Ein Vermauern der Steine mit üblichen Mauermörteln entfällt.

Auch bei schlagregenbeanspruchtem Sichtmauerwerk mit mindestens 37,5 cm Dicke und einer 2,0 cm dicken Längsstoßfuge kann die notwendige Vollfugigkeit mit Vergussmörtel erreicht werden.

**Mauermörtel für Glasbausteine**

Glasbausteine werden mit einem Mörtel der Mörtelgruppe III vermauert, dem zur Verbesserung der Geschmeidigkeit Kalkhydrat oder Trass zugesetzt werden kann. Die 28-Tage-Druckfestigkeit muss $\geq 12\ N/mm^2$ sein.

**Mauermörtel für Schornsteinformsteine (aus Schamotte)**

Diese Mörtel müssen ausreichend beständig gegen Rauch- und Abgase sein. Sie sind meist aus Hochofenzement, Quarzsand 0/1 und fein gemahlenem Ton zusammengesetzt.

**Klebemörtel**

Klebemörtel werden u. a. zur Verbindung von Betonfertigteilen und zum Verkleben von Altbeton mit frischem Mörtel eingesetzt. Sie sind überwiegend kunststoffmodifizierte Portlandzementmörtel, die mit Quarzsand versetzt werden.

### 3.2.2.4 Prüfung von Mauer- und Putzmörtel

Die Prüfungen werden an Frisch- und Festmörtel nach DIN 18555 und DIN EN 1015 durchgeführt.

Am Frischmörtel werden Konsistenz, Rohdichte, Luftgehalt und Gehalt an löslichem Chlorid geprüft, am Festmörtel werden Biegezugfestigkeit, Druckfestigkeit, Rohdichte, Fugendruckfestigkeit, Längs- und Querdehnung sowie Elastizitätsmodul bestimmt. Des Weiteren ist die Haftscherfestigkeit zwischen Mauermörtel und Mauersteinen und die Haftzugfestigkeit von erhärtetem Putzmörtel auf dem Untergrund nachzuweisen. An Festmörtel aus Putzmörtel werden zusätzlich die kapillare Wasseraufnahme und die Wasserdampfdurchlässigkeit nachgewiesen. Bei Dünnbettmörtel ist das Wasserrückhaltevermögen, die Verarbeitbarkeitszeit und Korrigierbarkeitszeit am Frischmörtel zu überprüfen. Bei Einpressmörteln und Estrichen sind zusätzliche Prüfungen erforderlich.

### Prüfung von Frischmörtel

Die **Konsistenz** des Frischmörtels kann mit dem *Ausbreittisch* nach DIN EN 1015-3 oder mit dem *Eindringgerät* nach DIN EN 1015-4 bestimmt werden. Die Konsistenz ergibt sich aus dem Ausbreitmaß bzw. aus der Eindringtiefe.

Die **Rohdichte**, bestimmt nach DIN EN 1015-6, errechnet sich aus dem Quotienten aus Mörtelmasse und dem Volumen des Messgefäßes (1 $dm^3$).

Der **Luftgehalt von Frischmörtel** wird nach DIN EN 1015-7 entweder nach dem *Druckausgleichsverfahren* oder nach dem *Alkoholverfahren* gemessen. Beim Druckausgleichsverfahren wird die Prüfung mit einem Luftporenmessgerät (LP-Topf mit 1 $dm^3$ Fassungsvermögen) durchgeführt. Dieses Verfahren kann nur bei Luftgehalten bis maximal 20 Vol.-% angewendet werden. Bei Luftgehalten über 20 Vol.-% kommt das Alkoholverfahren zur Anwendung.

Die **Verarbeitbarkeitszeit** und die **Korrigierbarkeitszeit** von Frischmörtel wird nach DIN EN 1015-9 bestimmt. Bei Normalmörtel wird die Verarbeitbarkeitszeit über den Widerstand gegen das Eindringen eines genormten Eindringstabes gemessen. Bei Dünnbettmörteln wird die Verarbeitbarkeitszeit über die Änderung des Ausbreitmaßes ermittelt. Verringert sich dieses um 30 mm gegenüber dem Ausbreitmaß zur Zeit des Anmachens des Mörtels, bedeutet das das Ende der Verwendbarkeit. Die Korrigierbarkeitszeit wird über die Haftung von Dünnbettmörtel an aufgelegten Würfeln mit 50 mm Kantenlänge (aus Plansteinen herausgesägt) bestimmt.

### Prüfung von Festmörtel

Die Ermittlung der **Biegezug- und Druckfestigkeit** erfolgt – wie bei der Zementprüfung – an Prismen 40 x 40 x 160 mm. Die Verdichtung des Mörtels erfolgt in Abhängigkeit von der Konsistenz durch Stöße, Vibration oder Stampfen. Die Lagerungsbedingungen bis zur Prüfung der Probekörper im Alter von 28 Tagen sind von der Mörtelart abhängig.

**Längs- und Querdehnungsmodul** werden an stehend bis zu einem Drittel ihrer Druckfestigkeit belasteten Prismen 100 x 100 x 200 mm oder 95 x 95 x 200 mm jeweils als Sekantenmodul ermittelt.

Zur Ermittlung der **Haftzugfestigkeit** wird zunächst der Frischmörtel auf den vorgeschriebenen Untergrund aufgetragen. Aus der erhärteten Mörtelschicht werden dann kreisförmige Prüfflächen mit einem Durchmesser von etwa 50 mm mit einem Kernbohrgerät herausgeschnitten, wobei die Bohrung etwa 2 mm in den Untergrund hineinreichen muss. Die

Zugbelastung wird mit einer Prüfmaschine über aufgeklebte Zugplatten rechtwinklig auf die Prüfflächen eingetragen. Die Belastungsgeschwindigkeit ist von der zu erwartenden Haftfestigkeit abhängig.

Zur Ermittlung der **Mörtelfestigkeit in der Fuge** werden zwei Referenzsteine so aufeinander gemauert, dass durch eine eingelegte Gitterform kleine Mörtelprismen 20 x 20 x 12 mm (entspricht Lagerfugenhöhe) entstehen. Nach 28 Tagen wird die Druckfestigkeit der kleinen Mörtelprismen ermittelt. Alternativ kann die Festigkeit auch an Mörtelproben 80 x 80 x 12 mm geprüft werden, die aus dem Lagerfugenmörtel heraus gesägt werden. Die Prüfung berücksichtigt, dass das Wassersaugvermögen der Mauersteine die Mörteldruckfestigkeit beeinflussen kann.

## 3.2.3 Einpressmörtel für Spannglieder

| | |
|---|---|
| DIN EN 447 | Einpressmörtel für Spannglieder; Allgemeine Anforderungen; Ausgabe 2008-01 |
| DIN EN 445 | Einpressmörtel für Spannglieder; Prüfverfahren; Ausgabe 2008-01 |
| DIN EN 446 | Einpressmörtel für Spannglieder; Einpressverfahren; Ausgabe 2008-01 |
| DIN EN 934-4 | Zusatzmittel für Beton, Mörtel und Einpressmörtel<br>Teil 4: Zusatzmittel für Einpressmörtel für Spannglieder; Definitionen, Anforderungen, Konformität, Kennzeichnung und Beschriftung; Ausgabe 2009-09 |

Bei vorgespannten Bauteilen mit nachträglichem Verbund werden die in den Hüllrohren zunächst ohne Verbund liegenden Spannglieder gegen den Betonkörper vorgespannt. Das nachträgliche Auspressen der zwischen den Spanngliedern und den Hüllrohren verbleibenden Hohlräume mit einem Einpressmörtel dient vor allem dem Schutz der Spannglieder vor Korrosion und dem Verbund zwischen den Spanngliedern und den Hüllrohren. Anforderungen an die Durchführung der Einpressarbeiten werden in DIN EN 446 gestellt.

Nach DIN EN 447 können Einpressmörtel aus Portlandzement (CEM I) oder Portlandsilicastaubzement (CEM II/A-D) und Wasser unter Verwendung eines Zusatzmittels (Einpresshilfe EH) gemäß DIN EN 934-4 hergestellt werden. Die Einpresshilfe soll den Wasseranspruch herabsetzen, das Wasserabsetzen verhindern, die Fließfähigkeit während des Einpressens verbessern und ein mäßiges Quellen bewirken. Neben Zement darf zur Herstellung von Einpressmörtel auch Silicastaub nach DIN EN 13263 verwendet werden.

Die Anforderungen an die Eigenschaften des Einpressmörtels werden in DIN EN 447 genannt. Sie betreffen vor allem das Fließvermögen und die Wasserabsonderung im plastischen Zustand, die Volumenänderung beim Erhärten und die Festigkeit und Rohdichte nach dem Erhärten. Eine Siebprüfung dient dem Nachweis von Bestandteilen > 2 mm im Mörtel. Die Prüfung der Erstarrungszeiten soll in etwa erkennen lassen, zu welchem Zeitpunkt eine Verbundwirkung eintritt. Die erforderlichen Prüfverfahren sind in DIN EN 445 beschrieben. Während des Einpressens muss die Einhaltung der Anforderungen an Einpressmörtel durch Prüfungen in regelmäßigen Abständen nachgewiesen werden.

In Tabelle 3.32 sind die Prüfverfahren bzw. die Anforderungen nach DIN EN 445 bzw. nach DIN EN 447 in der Fassung 2008-01 denen der Fassung 1996-07 gegenübergestellt.

**Tabelle 3.32:** Prüfverfahren und Anforderungen an Einpressmörtel gemäß DIN EN 447: Gegenüberstellung der Fassungen 2008 und 1996 (aus [6])

| Prüfverfahren und Anforderungen nach DIN EN 447 (2008) | Prüfverfahren und Anforderungen nach DIN EN 447 (1996) |
|---|---|
| Fließvermögen (Trichterverfahren/Ausbreitmaß)<br>• unmittelbar nach Herstellung (≤ 25 s/≥ 140 mm)<br>• 30 min nach dem Mischen (≤ 25 s/≥ 140 mm) | Fließvermögen (Tauchkolben)<br>• sofort nach Herstellung (≥ 30 s)<br>• nach einer halben Stunde (≤ 80 s) |
| Wasserabsonderung (Absetztest)<br>• nach 180 min (< 0,3 %) | Wasserabsonderung (Messzylinder)<br>• nach 180 min (< 2 %) |
| Volumenänderung (Absetztest)<br>• Absetzen bzw. Quellen, sofort bis 24 h nach Mischen (≥ -1 % ≤ +5 %) | Volumenänderung (Dosenverfahren)<br>• Absetzen bzw. Quellen (≥ -1 % ≤ +5 %) |
| Rohdichte und Druckfestigkeit<br>• Druckfestigkeit nach sieben und 28 Tagen an je drei Würfeln mit einer Kantenlänge von 40 mm<br>• Druckfestigkeit nach sieben Tagen ≥ 27 N/mm²<br>• Druckfestigkeit nach 28 Tagen ≥ 30 N/mm² | Rohdichte und Druckfestigkeit<br>• Druckfestigkeit nach sieben und 28 Tagen an Zylindern mit einem Durchmesser von 100 mm und einer Scheibendicke von 80 mm<br>• Druckfestigkeit nach sieben Tagen ≥ 27 N/mm²<br>• Druckfestigkeit nach 28 Tagen ≥ 30 N/mm² |
| Erstarrungszeiten des EPM<br>• Prüfverfahren nach EN 196-3 (alt) Erstarrungsbeginn > 3 h Erstarrungsende < 24 h | - |
| Siebprüfung<br>• keine Rückstände von 1 l Mörtel auf einem Sieb mit Ø 150 mm und Maschenweite ≤ 2 mm | - |

*„Erste Erfahrungen mit den neuen Prüfverfahren bzw. Anforderungen nach DIN EN 445 bzw. nach DIN EN 447 haben ergeben, dass einige bislang nach der Fassung 1996 geeignete Einpressmörtel die Anforderungen insbesondere an die Wasserabsonderung, die Volumenänderung und die Siebprüfung nicht erfüllten. Dies führt ggf. dazu, dass sowohl im Verkehrsbau als auch im bauaufsichtlichen Bereich die Fassung von 1996 maßgeblich bleibt" (aus [6]).*

# 3.3 Estriche

| | |
|---|---|
| DIN 18560 | Estriche im Bauwesen;<br>Teil 1: Allgemeine Anforderungen, Prüfung und Ausführung; Ausgabe 2009-09<br>Teil 2: Estriche und Heizestriche auf Dämmschichten (schwimmende Estriche); Ausgabe 2009-09; Berichtigung 1: Ausgabe 2012-05<br>Teil 3: Verbundestriche; Ausgabe 2006-03<br>Teil 4: Estriche auf Trennschicht; Ausgabe 2012-06<br>Teil 7: Hochbeanspruchte Estriche (Industrieestriche); Ausgabe 2004-04 |
| DIN EN 13318 | Estrichmörtel und Estriche - Begriffe; Ausgabe 2000-12 |
| DIN EN 13813 | Estrichmörtel, Estrichmassen und Estriche - Estrichmörtel und Estrichmassen - Eigenschaften und Anforderungen; Ausgabe 2003-01 |
| DIN EN 13892 | Prüfverfahren für Estrichmörtel und Estrichmassen;<br>Teil 1: Probenahme, Herstellung und Lagerung der Prüfkörper; Ausgabe 2003-02<br>Teil 2: Bestimmung der Biegezug- und Druckfestigkeit; Ausgabe 2003-02<br>Teil 3: Bestimmung des Verschleißwiderstandes nach Böhme; Ausgabe 2004-07<br>Teil 4: Bestimmung des Schleifverschleißes nach BCA; Ausgabe 2003-02<br>Teil 5: Bestimmung des Widerstands gegen Rollbeanspruchung von Estrichen für Nutzschichten; Ausgabe 2003-09<br>Teil 6: Bestimmung der Oberflächenhärte; Ausgabe 2003-02<br>Teil 7: Bestimmung des Widerstands gegen Rollbeanspruchung von Estrichen mit Bodenbelägen; Ausgabe 2003-09<br>Teil 8: Bestimmung der Haftzugfestigkeit; Ausgabe 2003-02 |
| DIN 1100 | Hartstoffe für zementgebundene Hartstoffestriche - Anforderungen und Prüfverfahren; Ausgabe 2004-05 |

AGI-Arbeitsblatt A12 Industrieböden;

Teil 1: Industrieestriche - Ergänzungen zu DIN 18560 - Zementestrich, zementgebundener Hartstoffestrich; Ausgabe 1997-06

Teil 2.1: Industrieestriche - Ergänzungen zu DIN 18560 - Konventioneller Estrich; Ausgabe 1999-01

Teil 3: Industrieestriche - Ergänzungen zu DIN 18560 - Gussasphaltestrich; Ausgabe 1991-03

Teil 4: Planung und Ausführung von Industrieestrichen - Reaktionsharzgebundene Estriche (SP); Ausgabe 2009-01

## 3.3.1 Definitionen

**Estrich** ist ein auf einem tragenden Untergrund oder auf einer zwischenliegenden Trenn- und Dämmschicht hergestelltes Bauteil, das unmittelbar nutzungsfähig ist oder mit einem Belag, ggf. frisch in frisch, versehen werden kann.

**Estrichmörtel** ist die Ausgangsmischung für Estriche, bestehend aus Bindemittel, Gesteinskörnungen, Dispersionsmittel (Wasser, Bitumen, Kunstharz) und Zusätzen.

Anmerkung: Der Begriff „Estrich" wird im deutschen Sprachgebrauch sowohl für Estrichmörtel als auch für das fertige Bauteil verwendet.

**Tragender Untergrund** ist das Bauteil, das die statische Last und die Verkehrslasten aufnimmt.

Nach der Verbindung des Estrichs mit dem tragenden Untergrund werden unterschieden:

- **Verbundestriche**, sind direkt mit dem tragenden Untergrund (Massivdecke, Bodenplatte, Unterbeton) verbunden. Ggf. kann der Verbund durch eine Haftbrücke (Anstrich, dünne Schicht) verbessert werden.
- **Estriche auf Trennschicht** werden durch eine dünne Zwischenlage (Trennschicht) vom tragenden Untergrund getrennt. Die aus bautechnischen oder bauphysikalischen Gründen erforderlichen, in der Regel zweilagigen Trennschichten können aus PE-Folien, nackten Bitumenbahnen, Rohglasvliesen u. Ä. bestehen.
- **Schwimmende Estriche** (**Estriche auf Dämmschicht**) liegen als biegesteife, lastverteilende Estrichplatten auf einer Dämmschicht auf und weisen keine unmittelbare Verbindung mit angrenzenden Bauteilen auf (Schallschutz). Ein beheizbarer schwimmender Estrich wird als **Heizestrich** bezeichnet.

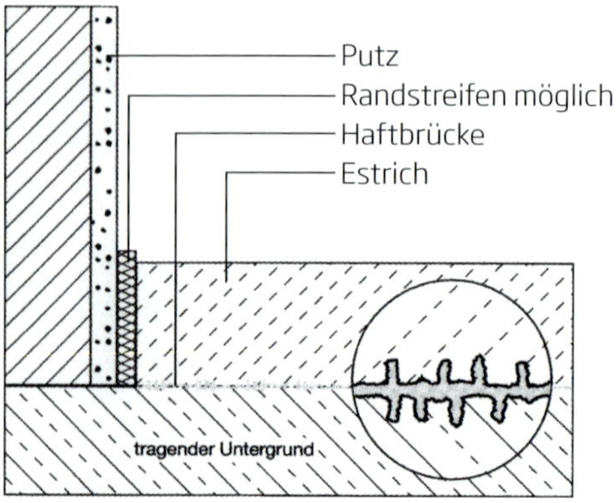


: Verbundestrich

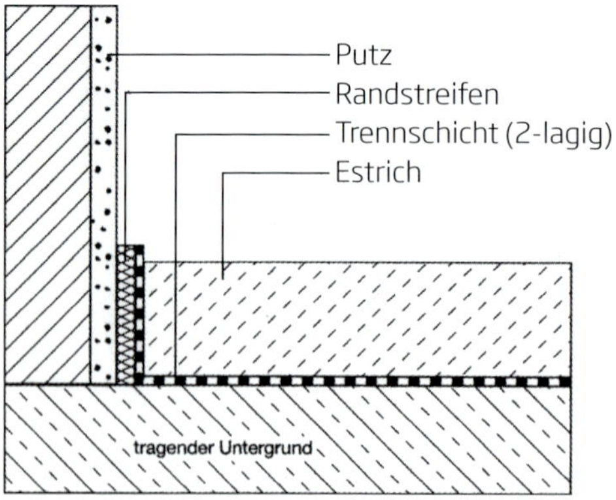


: Estrich auf Trennschicht

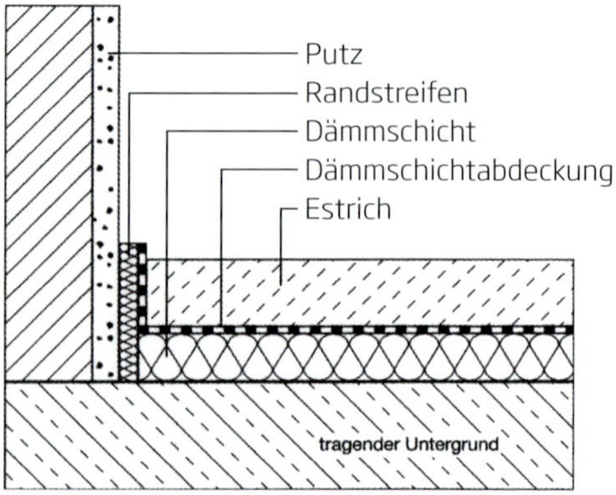


: Estrich auf Dämmschicht (schwimmender Estrich)

**Abb. 3.14:** Bauarten von Estrichen (aus [22])

In Abhängigkeit vom verwendeten Bindemittel unterscheidet man:

- **Calciumsulfatestrich CA (auch CAF für Calciumsulfat-Fließestrich),**
- **Gussasphaltestrich**[1] **AS,**
- **Magnesiaestrich MA,**
- **Zementestrich**[2] **CT,**
- **Kunstharzestrich SR.**

[1] Steinholzestrich = alte Bezeichnung für Magnesiaestrich.

[2] Terrazzo = Zementestrich aus gebrochenen, natürlichen und/oder künstlichen Gesteinskörnungen und geschliffener Oberfläche.

Estriche werden meist **einschichtig** hergestellt. **Mehrschichtige Estriche** bestehen aus einer Unter- oder Übergangsschicht und einer Ober- oder Nutzschicht, an die besondere Anforderungen gestellt werden (z. B. hohe Abriebfestigkeit).

**Baustellenestrich** ist ein auf der Baustelle gemischter Estrichmörtel oder wird durch die Verwendung von Werkmörtel (Trockenmörtel oder Frischmörtel) hergestellt.

**Fließestrich** wird aus einem selbst nivellierenden Estrichmörtel hergestellt.

Anmerkung: Der Begriff „Fließestrich" bezeichnet i. d. R. auch Estrichmörtel, der ohne nennenswerten Verteilungs- und Verdichtungsaufwand eingebracht werden kann.

**Fertigteilestriche** bestehen aus vorfertigten, kraftschlüssig miteinander verbundenen Plattenelementen, die trocken eingebaut werden (z. B. Gipsplatten, Holzwerkstoffplatten).

Bei der Herstellung von Estrich sind die Feldgrößen in Abhängigkeit vom Schwindverhalten des Estrichs durch **Fugen** (Bewegungs-, Schein- und Arbeitsfugen) zu begrenzen. Durch diese Fugen werden unkontrollierte Risse vermieden. Fugen sollten aus dem Untergrund in den Estrich und ggf. in den Bodenbelag übernommen werden. Randfugen trennen den Estrich von den seitlich angrenzenden Bauteilen (z. B. dem Wandputz).

Die Anforderungen an Estrichmörtel für Fußböden im Innenbereich sind in DIN EN 13813, die jeweiligen Prüfverfahren in DIN EN 13892 festgelegt. Allgemeine Anforderungen sowie Angaben zur Ausführung von Estrichen im Bauwesen enthält die Normenreihe DIN EN 18560.

## 3.3.2 Estrichmörtel nach DIN EN 13318 und DIN EN 13813

In Abhängigkeit vom verwendeten Bindemittel werden in der europäischen Normung Abkürzungen angewendet, die auf der englischen Schreibweise beruhen und die früheren deutschen Abkürzungen ersetzen (Tab. 3.33).

Zur Bezeichnung bestimmter Eigenschaften wurden Abkürzungen eingeführt. Zum Beispiel: C (Druckfestigkeit), F (Biegezugfestigkeit), A (Verschleißwiderstand nach Böhme), RWA (Verschleißwiderstand gegen Rollbeanspruchung), AR (Verschleißwiderstand nach BCA), SH (Oberflächenhärte), E (Biegeelastizitätsmodul), B (Haftzugfestigkeit), IR (Schlagfestigkeit).

DIN EN 13813 sieht für Estrichmörtel Prüfungen vor, die überwiegend nach DIN EN 13892, Teile 1 bis 8, durchzuführen sind.

**Tabelle 3.33:** Bezeichnung der Estricharten

| Kurzzeichen (alt) | Kurzzeichen (neu) | Estrichart |
|---|---|---|
| ZE | CT | Zementestrich (Cementious screed) |
| AE | | Anhydritestrich mit Anhydritbinder entfällt; dafür CA |
| | CA<br>(CAF national) | Calciumsulfatestrich (Calcium sulfat screed).<br>Zusätzlich in DIN 18560: CAF für Calciumsulfat-Fließestrich |
| ME | MA | Magnesiaestrich (Magnesite screed) |
| GE | AS | Gussasphaltestrich (Mastic asphalt screed) |
| | SR | Kunstharzestrich (Synthetic resin screed) |

### 3.3.2.1 Calciumsulfatestrich CA

Calciumsulfatestrich wird aus Calciumsulfat-Binder (CAB) oder Calciumsulfat-Compositbinder (CAC), Sand und ggf. Zusatzmitteln (z. B. Fließmitteln) hergestellt. In DIN 18560 wird zusätzlich das Kurzzeichen CAF für Calciumsulfat-Fließestrich eingeführt.

Der Calciumsulfatmörtel ist unmittelbar nach dem Einbringen abzuziehen und zu verdichten. Bei Einbringen und während der anschließenden zwei Tage darf die Mörteltemperatur 5 °C nicht unterschreiten. Mindestens zwei Tage lang ist der Mörtel vor schädlichen Einwirkungen durch z. B. Wärme, Schlagregen und Zugluft zu schützen. Der Mörtel muss ungehindert austrocknen können und darf nicht einer dauernden Feuchtigkeitsbeanspruchung ausgesetzt werden. Wenn mit Feuchtigkeitsanfall zu rechnen ist, muss bereits in der Planungsphase eine geeignete Maßnahme, z. B. eine Dampfsperre, vorgesehen werden. Calciumsulfatestrich sollte nicht vor Ablauf von drei Tagen begangen und nicht vor Ablauf von fünf Tagen höher belastet werden. In der Regel ist Calciumsulfatestrich nach zehn Tagen soweit erhärtet und ausgetrocknet, dass ein Belag aufgebracht werden kann.

Der pH-Wert von Calciumsulfatmörtel muss ≥ 7 sein.

Calciumsulfatestriche werden nach ihrer Druckfestigkeit und Biegezugfestigkeit und ggf. nach ihrem Verschleißwiderstand in Klassen eingeteilt.

### 3.3.2.2 Gussasphaltestrich AS

Gussasphaltestrich wird aus Bitumen nach DIN EN 12591, Hochvakuum- oder Hartbitumen oder einem Gemisch aus diesen sowie Sand, Splitt und Steinmehl zusammengesetzt, in stationären Mischwerken gemischt, in beheizbaren Kochern mit Rührwerk transportiert und durch Verstreichen mit Hand in Dicken von 2 bis 3 cm bei einer Temperatur von 220 bis 250 °C eingebaut. Werden die Beläge befahren, z. B. in Lagerhallen oder auf Parkdecks, sind sie zweilagig mindestens 4 cm dick herzustellen und mit Feinsplitt abzustreuen.

Die kurze Erhärtungszeit durch Abkühlung erlaubt schon nach zwei bis vier Stunden die volle Nutzung. Gussasphaltestrich ist wasserdicht und damit unempfindlich gegen Wasser und kapillar aufsteigende Feuchtigkeit. Gussasphaltestrich kann auch in größeren Flächen fugenlos verlegt werden. Gussasphaltestriche der Härteklasse IC 40 nach DIN EN 13813 eignen sich - neben Zementestrichen - als Estriche im Freien.

Gussasphaltestriche werden nach ihrer Härte (Stempeleindringtiefe ermittelt nach DIN EN 12697-20 oder DIN EN 12697-21) in Härteklassen eingeteilt.

#### 3.3.2.3 Magnesiaestrich MA

Magnesiaestrich wird aus Kaustischer Magnesia MgO, organischen und/oder anorganischen Füllstoffen, einer Lösung aus Magnesiumchlorid $MgCl_2$ und ggf. weiteren Zusätzen (z. B. Farbstoffe) hergestellt. Das Mischungsverhältnis von $MgCl_2$ zu MgO sollte zwischen 1:2,0 und 1:3,5 Massenteilen liegen. Als Füllstoffe werden, je nach der Beanspruchung der Estriche, Gemenge aus Weichholzspänen, Textilfasern, Papier- und Korkmehl, Quarzsand, künstlichen Hartstoffe u. a. verwendet.

Magnesiamörtel ist unmittelbar nach dem Mischen zu verteilen, abzuziehen und zu verdichten. Beim Einbringen und während der anschließenden zwei Tage darf die Mörteltemperatur 5 °C nicht unterschreiten. Mindestens zwei Tage lang ist der Mörtel vor schädlichen Einwirkungen, wie Wärme, Schlagregen und Zugluft, zu schützen. Der Mörtel muss ungehindert austrocknen können und darf nicht einer dauernden Feuchtigkeitseinwirkung ausgesetzt werden. Ist mit Feuchtigkeit durch Dampfdiffusion zu rechnen, ist eine Dampfsperre anzuordnen. Magnesiaestrich ist nach zwei Tagen begehbar und nach fünf Tagen höher belastbar. Im Allgemeinen schwindet Magnesiaestrich beim Erhärten. Daher sind bei Flächen mit Seitenlänge größer 8 m Fugen in allen Fällen vorzusehen.

Magnesiaestriche werden in Druckfestigkeits- und Biegezugfestigkeitsklassen sowie ggf. in Oberflächenhärteklassen eingeteilt.

Die Trockenrohdichte liegt zwischen 0,4 und 2,2 kg/dm³. Anforderungen werden aber nur gestellt, wenn dies wegen der Wärmeleitfähigkeit und/oder der Eigenlast erforderlich ist. Magnesiaestrich mit einer Trockenrohdichte von 0,4 bis 1,6 kg/dm³ wird auch als **Steinholzestrich** bezeichnet.

Magnesiagebundene Estriche können nicht im Freien und in Räumen mit dauernd einwirkender Feuchtigkeit verwendet werden. Ein Schutz gegen aufsteigende Feuchtigkeit ist erforderlich (Dampfsperre); vorübergehend auftretende Feuchtigkeit ist unbedenklich. Bei Verlegung des chloridhaltigen Mörtels auf fester Betonunterlage sind Metallteile der Decken (Träger, Rohre) durch Schutzanstriche oder Bahnen zu schützen. Bei Stahlbetondecken ist auf eine ausreichende Betonüberdeckung der Bewehrung zu achten. Magnesiaestrich über Spannbetondecken ist wegen der Korrosionsgefahr unzulässig. Ebenso darf Magnesiaestrich nicht auf Calciumsulfat- und Gussasphaltestrich verlegt werden.

Die Zusammensetzung von Magnesiamörtel erfordert umfassende Erfahrung und sollte nur spezialisierten Fachfirmen überlassen werden.

#### 3.3.2.4 Zementestrich CT

Zementestriche werden aus Zement, Gesteinskörnungen, Wasser und ggf. Zusatzstoffen und/oder Zusatzmitteln hergestellt. Zementestriche lassen sich bis zu einem Größtkorn von 4 mm den Mörteln zuordnen. Bei Zementestrich mit gröberen Gesteinskörnungen spricht man von

Estrichbeton. Die Verlegeleistung lässt sich mit selbstverlaufenden Zementfließestrichen steigern, die in der Regel als Werk-Trockenmörtel oder Werk-Frischmörtel auf die Baustelle geliefert werden.

Bei mehrschichtigen Estrichen bzw. Hartstoffestrichen sollte die Ober- bzw. Nutzschichtdicke zwischen 4 und 20 mm liegen. Estriche mit Dicken über 80 mm sind in Anlehnung an die betontechnologischen Grundsätze nach DIN EN 206-1/DIN 1045 zu bemessen und auszuführen. Zementestrichmörtel für hochbeanspruchte Estriche (Industrieestriche) nach DIN 18560-7 dürfen nur aus Zementen nach DIN EN 197-1 bzw. DIN 1164, die sich nach DIN 1045-2 für die Expositionsklassen XM1, XM2 und XM3 eignen, hergestellt werden.

Bei der Herstellung von Zementestrichmörtel sind niedrige Zementgehalte in Abhängigkeit von der Festigkeitsklasse anzustreben, um der Schwind- und Reißneigung von Zementestrich entgegenzuwirken. Bei üblicher Estrichmörtelkonsistenz sollte der Zementgehalt 450 kg/m³, bei Zementestrich auf Dämmschicht 400 kg/m³ nicht überschreiten. Für Estrichdicken bis 40 mm wird ein Größtkorn von höchstens 8 mm empfohlen, für Estrichdicken über 40 mm von höchstens 16 mm. Die Kornzusammensetzung der Gesteinskörnung sollte in der oberen Hälfte des Sieblinienbereichs A/B liegen. Nach DIN 18560-1 sind Estriche im Freien, die durch Taumittel beansprucht werden, nach DIN 1045-1 herzustellen. Der w/z-Wert ist möglichst niedrig einzustellen.

Nach dem Einbringen ist der Mörtel gut zu verdichten; die Oberfläche erdfeuchter Estriche wird abgerieben oder geglättet. Die Umgebungstemperaturen müssen während der ersten drei Tage mindestens 5 °C betragen. Der Estrich ist mindestens drei Tage vor Austrocknung und mindestens sieben Tage vor schädigenden Einflüssen, wie Wärme, Schlagregen, Zugluft, zu schützen. Feuchthalten und Abdecken bis zu 14 Tagen kann Schwindrissbildung und hohem Verschleiß durch Absanden der Oberfläche entgegenwirken. Zur Verbesserung der mechanischen Beanspruchbarkeit kann eine Oberflächenbehandlung nach AGI-Arbeitsblatt A 80 (Fluatierung, Imprägnierung, Versiegelung) durchgeführt werden. Zementestrich sollte nicht vor Ablauf von drei Tagen begangen und innerhalb der ersten sieben Tage nicht höher belastet werden.

Bauwerksfugen (Bewegungsfugen) in der tragenden Unterkonstruktion sind deckungsgleich in den Zementestrich zu übernehmen. Randfugen zu allen aufgehenden Bauteilen sowie zusätzliche Bewegungsfugen (Feldbegrenzungsfugen) oder Scheinfugen sind bei Estrich auf Trennschicht und schwimmendem Estrich erforderlich. Bei Verbundestrich können sie dagegen verbundschädigend wirken. Bei schwimmendem Estrich und Heizestrich sind Estrichfeldgrößen von ≤ 40 m² bzw. Fugenabstände ≤ 8 m einzuhalten.

Die Beschreibung eines Zementestrichs (CT) erfolgt über Angaben zur Druckfestigkeit und Biegezugfestigkeit sowie ggf. zum Verschleißwiderstand. Nach DIN EN 13813 liegen die Druckfestigkeitsklassen zwischen C5 und C80 und die Biegezugfestigkeitsklassen zwischen F1 und F50. Ist die Nutzschicht von Estrich rollenden, schleifenden und/oder stoßenden Beanspruchungen ausgesetzt, so sind erhöhte Anforderungen an den Verschleißwiderstand zu stellen.

**Terrazzo** ist ein Zementestrich, der in der Regel aus einem weißen Zement und weißen und/oder farbigen Gesteinskörnungen aus schleif- und polierfähigen Natursteinen (z. B. Marmorbruch) hergestellt wird.

#### 3.3.2.5 Kunstharzestrich

Kunstharzestriche werden aus natürlichen und/oder künstlichen mineralischen Gesteinskörnungen mit aus zwei oder mehreren Komponenten bestehenden Reaktionskunstharzen (Epoxidharz, Polyurethanharz, Polyesterharz, Polymethacrylharz) hergestellt. Der Kunstharzestrichmörtel wird einschichtig in 5 bis 10 mm Dicke auf trockenen Untergrund, z. B. auf Beton, Zementestrich, Metallunterlagen oder abgenutzte Keramikbeläge, aufgebracht.

Die Aushärtezeiten von Kunstharzestrichen auf der Basis von ein- bzw. mehrkomponentigen Harzen sind erheblich von der Ausführungs- und Aushärtungstemperatur, der Art des Kunstharzes und dem Härtersystem abhängig. Im Allgemeinen kann bei Temperaturen von 15 bis 25 °C davon ausgegangen werden, dass Kunstharzestriche nach acht bis zwölf Stunden begangen und nach drei bis sieben Tagen belastet werden dürfen.

Kunstharzestriche sind für schwerste mechanische Beanspruchungen geeignet, nicht staubend, flüssigkeitsdicht, jedoch von unterschiedlichem Verhalten gegenüber chemischen Beanspruchungen und Wärmebeanspruchungen mit Temperaturen von mehr als 50 °C.

Nach der ermittelten Haftzugfestigkeit kann Kunstharzestrich in Festigkeitsklassen eingeteilt werden. Die Schlagfestigkeit und der Verschleißwiderstand (Verfahren nach BCA oder Verschleißwiderstand gegen Rollbeanspruchung) sind für Kunstharzestrichmörtel anzugeben, die für Nutzschichten vorgesehen sind.

Die Schlagfestigkeit ist mit IR (für Impact Resistance) und dem in [Nm] angegebenen Wert für die Schlagfestigkeit zu bezeichnen.

### 3.3.3 Verbundestriche nach DIN 18560-3

Verbundestriche werden im Verbund mit dem tragenden Untergrund hergestellt (s. Abb. 3.14) und können unmittelbar (ohne Belag) genutzt oder mit einem Belag versehen werden.

Für Verbundestriche, die hohen Beanspruchungen ausgesetzt sind, gilt zusätzlich DIN 18560-7. Die DIN 18560-3 gilt nicht für die Verlegung von starren Belägen, wie Fliesen und Platten, direkt im Dickbettmörtel.

**Bauliche Anforderungen**

Zum kraftübertragenden Verbund muss die Untergrundoberfläche eine ausreichende Festigkeit, eine griffige und saubere - bei Magnesiaestrichen auch geschlossene - Struktur aufweisen und möglichst frei von Rissen und losen Bestandteilen sein. Sie darf außerdem nicht durch Öl, Kraftstoff, Mörtelreste, Anstrichmittel oder Ähnliches verschmutzt sein. Zur Sicherung eines ausreichenden Verbundes können z. B. eine mechanische Bearbeitung der tragenden Untergrundoberfläche und/oder die Anordnung spezieller Haftbrücken erforderlich sein. Besteht der tragende Untergrund aus Beton, dürfen Anreicherungen von Feinstteilen sowie Betonzusatzmittel und Nachbehandlungsmittel den Verbund mit dem Estrich nicht beeinträchtigen. Weist der Untergrund größere Unebenheiten auf oder liegen Kabel und Rohrleitungen auf dem Untergrund, so muss ein Ausgleichsestrich angeordnet werden, der selbst als tragender Untergrund geeignet ist. Über Bauwerksfugen sind Bewegungsfugen im Estrich auszubilden. Wenn Schein- oder Pressfugen bzw. Risse im tragenden Untergrund nicht im Estrich übernommen werden, können in diesem Bereich Risse im Estrich entstehen, die jedoch in der Regel seine Gebrauchsfähigkeit nicht beeinträchtigen. Estrichfugen sind mit Fugenmassen oder Fugenfüllprofilen zu verfüllen. Bei Kunstharzestrichen muss der tragende Untergrund eine Oberflächenzugfestigkeit von mindestens 1,0 N/mm² bei nicht befahrbaren Systemen und mindestens 1,5 N/mm² bei befahrbaren Systemen aufweisen.

### Anforderungen an Dicke und Festigkeit

Die Dicke von Verbundestrichen sollte aus fertigungstechnischen Gründen nicht weniger als das Dreifache des Größtkorns des Zuschlags betragen. Die Estrich-Nenndicke sollte bei einschichtiger Ausführung 40 mm bei Gussasphaltestrichen und 50 mm bei Calciumsulfat-, Kunstharz-, Magnesia- und Zementestrichen nicht überschreiten. Für die Beanspruchbarkeit von Verbundestrichen ist die Dicke nicht maßgebend.

Die Festigkeitsklasse des Estrichmörtels bzw. die Härteklasse der Estrichmasse für den Verbundestrich muss mindestens den Werten der Tabelle 3.34 entsprechen.

**Tabelle 3.34:** Festigkeits- bzw. Härteklassen bei Verbundestrichen nach [31]

| Estrichmörtelart | Festigkeitsklasse bzw. Härteklasse nach DIN EN 18813 bei Nutzung | |
|---|---|---|
| | mit Belag | ohne Belag |
| Calciumsulfatestrich | ≥ C20/F3 | ≥ C25/F4 |
| Kunstharzestrich | ≥ C20/F3 | ≥ C25/F4 |
| Magnesiaestrich | ≥ C20/F3 | ≥ C25/F4 |
| Zementestrich | ≥ C20/F3 | ≥ C25/F4 |
| Gussasphaltestrich | | |
| • für beheizte Räume | IC 10 oder IC 15 | |
| • für nicht beheizte Räume | IC 15 oder IC 40 | |
| • im Freien | IC 15 oder IC 40 | |
| • für Kühlräume | IC 40 oder IC 100 | |

Wird ein Verbundestrich unmittelbar genutzt, kann eine Verschleißwiderstandsklasse gefordert werden.

Als **Verbundestriche im Freien** eignen sich Gussasphaltestriche der Härteklasse IC 40 nach DIN 13813 und Zementestriche, die, wenn sie durch Taumittel beansprucht werden, in Anlehnung an DIN 1045-1 herzustellen sind.

Bezeichnungsbeispiel für einen Verbundestrich:

**Estrich DIN 18560 - CT - C30 - F5 - A15 - V25.**

Zementestrich (CT) der Druckfestigkeitsklasse C30, der Biegezugfestigkeitsklasse F5, der Verschleißwiderstandsklasse A15 als Verbundestrich (V) mit 25 mm Nenndicke.

## 3.3.4 Estriche auf Trennschicht nach DIN 18560-4

Estriche auf Trennschicht sind aus bautechnischen oder bauphysikalischen Gründen durch eine dünne Trennschicht vom tragenden Untergrund getrennt (s. Abb. 3.14). Sie können sich damit unabhängig vom Untergrund verformen und unmittelbar (ohne Belag) genutzt oder mit einem Belag versehen werden.

Für Estriche auf Trennschicht, die hohen Beanspruchungen ausgesetzt sind, gilt zusätzlich DIN 18560-7.

### Bauliche Anforderungen

Der tragende **Untergrund** muss eben und ausreichend fest sein. Rohrleitungen und Kabel sind auf dem Untergrund zu befestigen und in einen Ausgleichsestrich einzubetten. Schüttungen, gebundene Schüttungen und Leichtestriche stellen keinen ausreichend tragfähigen Untergrund dar. Estriche sind in diesen Fällen wie schwimmende Estriche nach DIN 18560-2 zu dimensionieren.

Die **Trennschicht** ist in der Regel zweilagig, bei Calciumsulfat , Calciumsulfatfließ- und Gussasphaltestrich einlagig auszuführen. Bei zweilagiger Verlegung im Innenbereich dürfen Abdichtungen und Dampfsperren als eine Lage der Trennschicht gelten.

Für die Trennschicht sind

- Polyethylenfolie (Mindestdicke 0,15 mm),
- kunststoffbeschichtetes Papier (Mindestdicke 0,15 mm),
- bitumengetränktes Papier (Mindestflächengewicht 100 $g/m^2$),
- Rohglasvlies (Mindestflächengewicht 50 $g/m^2$)

oder andere Trennlagen mit vergleichbaren Eigenschaften zu verwenden. Die Lagen der Trennschicht sollen glatt und ohne Aufwerfungen verlegt werden. Stöße sind weit genug zu überdecken oder zu verkleben.

Über Bauwerksfugen und an den Rändern sind Bewegungs- bzw. Randfugen auszubilden. Darüber hinaus notwendige Fugen sind so anzuordnen, dass möglichst gedrungene Felder entstehen. Bei Zementestrichen sind je nach Belastung und Estrichdicke Fugenabstände zwischen 5 und 8 m, bei sehr dicken Estrichen zwischen 6 und 10 m zu wählen. Bei Estrichen im Freien oder bei Estrichen, die hoher Wärmeeinstrahlung und hoher Belastung ausgesetzt sind, sind die Fugenabstände zu verringern. Estrichfugen sind mit Fugenmassen oder Fugefüllprofilen auszufüllen.

### Anforderungen an Dicke und Festigkeit/Härte

Die Dicke von Estrichen auf Trennschicht sollte aus fertigungstechnischen Gründen nicht weniger als etwa das Dreifache des Größtkorns des Zuschlags betragen.

Die Estrichnenndicken sind in Abhängigkeit von den lotrechten Einzellasten EL bzw. den Flächenlasten FL in Tabelle 3.35 zusammengestellt.

**Tabelle 3.35:** Estrichnenndicken in Abhängigkeit von verschiedenen Nutzlasten nach [32]

| Estrichart | Biegezugs-festigkeits-klasse nach DIN EN 13813 | Estrichnenndicken [mm] EL = Einzellasten, FL = Flächenlasten | | | |
|---|---|---|---|---|---|
| | | EL ≤ 1 kN FL ≤ 2 kN/m² | EL ≤ 2 kN FL ≤ 3 kN/m² | EL ≤ 3 kN FL ≈ 4 kN/m² | EL ≤ 4 kN FL ≈ 5 kN/m² |
| Calcium-sulfat Fließestrich CAF | F4<br>F5<br>F7 | ≥ 35<br>≥ 30<br>≥ 30 | ≥ 45<br>≥ 40<br>≥ 35 | ≥ 50<br>≥ 45<br>≥ 40 | ≥ 60<br>≥ 50<br>≥ 45 |
| Calcium-sulfat-estrich CA | F4<br>F5<br>F7 | ≥ 35<br>≥ 35<br>≥ 35 | ≥ 55<br>≥ 45<br>≥ 40 | ≥ 65<br>≥ 55<br>≥ 45 | ≥ 70<br>≥ 60<br>≥ 55 |
| Kunstharz-estrich SR | F7<br>F10 | ≥ 30<br>≥ 30 | ≥ 35<br>≥ 35 | ≥ 40<br>≥ 40 | ≥ 45<br>≥ 45 |
| Magnesia-estrich MA | F4<br>F5<br>F7 | ≥ 35<br>≥ 35<br>≥ 35 | ≥ 55<br>≥ 45<br>≥ 40 | ≥ 65<br>≥ 55<br>≥ 45 | ≥ 70<br>≥ 60<br>≥ 55 |
| Zement-estrich CT | F4<br>F5 | ≥ 35<br>≥ 35 | ≥ 55<br>≥ 45 | ≥ 65<br>≥ 55 | ≥ 70<br>≥ 60 |
| Guss-asphalt-estrich | IC10<br>IC15<br>IC40<br>IC100 | ≥ 25<br>≥ 25<br>≥ 25<br>- | ≥ 30<br>≥ 30<br>≥ 30<br>≥ 30 | ≥ 30<br>≥ 30<br>≥ 30<br>≥ 30 | ≥ 35<br>≥ 35<br>≥ 35<br>≥ 35 |

Die Festigkeitsklasse bzw. Härteklasse des Estrichs auf Trennschicht muss mindestens den Werten in Tabelle 3.36 entsprechen.

Wird ein Estrich auf Trennschicht unmittelbar, also ohne Belag, genutzt, kann auch eine Verschleißwiderstandsklasse gefordert werden.

Für Estriche auf Trennschicht im Freien gilt – nur Zement-, Gussasphalt- und Kunstharzestriche sind geeignet – das Gleiche wie für Verbundestriche im Freien.

**Tabelle 3.36:** Festigkeits- bzw. Härteklassen für Estriche auf Trennschicht nach [32]

| Estrichart | Festigkeitsklasse bzw. Härteklasse bei Nutzung | |
|---|---|---|
| | mit Belag | ohne Belag |
| Calciumsulfatestrich CA | ≥ F4 | ≥ F5 |
| Calciumsulfatfließestrich CAF | ≥ F4 | ≥ F5 |
| Kunstharzestrich SR | ≥ F7 | ≥ F7 |
| Magnesiaestrich MA | ≥ F4 | ≥ F7 |
| Zementestrich CT | ≥ F4 | ≥ F4 |
| Gussasphaltestrich | | |
| • für beheizte Räume | IC10 oder IC15 | |
| • für nicht beheizte Räume | IC15 oder IC40 | |
| • im Freien | IC40 | |
| • für Kühlräume | IC40 oder IC100 | |

Bezeichnungsbeispiel für einen Estrich auf Trennschicht:

**Estrich DIN 18560 - AS - IC15 - T25.**

Gussasphaltestrich (AS) der Härteklasse 15 (IC15) als Estrich auf Trennschicht (T) mit 25 mm Nenndicke.

## 3.3.5 Estriche und Heizestriche auf Dämmschichten (Schwimmende Estriche) nach DIN 18560-2

Schwimmende Estriche (s. Abb. 3.14) werden zur Verbesserung der Wärme-, Luft- und Trittschalldämmung von Rohdecken eingesetzt. Als Heizestriche dienen sie zusätzlich der Aufnahme von Heiz- bzw. Kühlrohren. Schwimmende Estriche haben keine Verbindung zu angrenzenden Bauteilen. Sie sind in vertikaler und horizontaler Richtung schwimmend auf der Dämmschicht gelagert.

### Bauliche Anforderungen

Der tragende Untergrund muss ausreichend trocken sein und darf keine punktförmigen Erhebungen, Rohrleitungen o. Ä. aufweisen, die zu Schallbrücken und/oder Schwankungen in der Estrichdicke führen können. Vorhanden Rohrleitungen müssen festgelegt und in eine **Ausgleichsschicht** eingebettet werden.

Zur Herstellung der **Dämmschicht** müssen die Dämmstoffe dicht gestoßen verlegt werden. Bei mehrlagigen Dämmschichten sind die Stöße gegeneinander zu versetzen. Die Dämmschicht muss vollflächig aufliegen und ist, falls erforderlich, durch Dampfsperren oder vergleichbare Maßnahmen vor Feuchte zu schützen. Dämmschichten unter Gussasphaltestrichen müssen einer kurzzeitigen Einbautemperatur bis 250 °C standhalten.

Bei Heizestrichen darf die Zusammendrückbarkeit der Dämmschicht in Abhängigkeit von der Nutzlast nicht mehr als 5 mm bzw. 3 mm, bei Gussasphaltheizestrichen nicht mehr als 3 mm betragen.

Die Dämmschichten müssen aus **Dämmstoffen** nach DIN EN 13162 bis DIN EN 13171 bestehen, deren stoffliche Eignung für Anforderungen an den Wärmeschutz und/oder den Schallschutz nachgewiesen wurde. Auch bauaufsichtlich zugelassene Dämmstoffe dürfen verwendet werden.

Vor dem Aufbringen des Estrichs muss die Dämmschicht mit einer Polyethylenfolie von mindestens 0,1 mm Dicke (bei Heizestrichen mindesten 0,15 mm Dicke) oder mit einem anderen geeigneten Erzeugnis abgedeckt werden. Die einzelnen Bahnen müssen sich an den Stößen mindestens 8 cm überdecken. Bei Gussasphaltestrichen ist eine temperaturbeständige Abdeckung erforderlich. Bei Kunstharzestrichen muss die Abdeckung gegen Bindemittelbestandteile und/oder Lösungsmittel beständig sein. Bei Kunstharzestrichen und Fließestrichen sind die Abdeckungen flüssigkeitsdicht zu verkleben/verschweißen. Abdeckungen bieten keinen dauerhaften Schutz gegen Feuchtigkeit.

An Wänden und anderen aufgehenden Bauteilen (z. B. Türzargen, Rohrleitungen) sind schalldämmende **Randstreifen** (Randfugen) anzuordnen, die vom tragenden Untergrund bis zur Oberfläche des Oberbelags reichen.

Über Bauwerksfugen sind auch im Estrich **Fugen** anzuordnen (Bewegungsfugen), die Formänderungen des Estrichs in allen Richtungen aufnehmen. Randfugen vermindern die Schallübertragungen vom Fußboden zu angrenzenden Bauteilen. Scheinfugen (Einschnitttiefe ≤ ⅓ Estrichdicke) sind Sollbruchstellen für das Verkürzen des Estrichs und sollten in der Regel nach dem Erhärten und Austrocknen des Estrichs kraftschlüssig geschlossen werden.

Eine **Bewehrung** von Estrichen auf Dämmschicht mit Stahlmatten oder Fasern ist zwar grundsätzlich nicht erforderlich, kann aber ggf. der Verbreiterung aufgetretener Risse und der Bildung von Schrumpf- und Frühschwindrissen entgegenwirken.

### Anforderungen an Dicke und Festigkeit/Härte

Die in DIN 18560-2 angegebenen Nenndicken von schwimmenden Estrichen sind von der Nutzung, der Belastung, der Biegezugfestigkeitsklasse des Estrichs sowie von der Art und Dicke der Dämmschicht abhängig. Tabelle 3.37 gibt die für gleichmäßig verteilte Verkehrslasten im Wohnungsbau bis 2,0 kN/m² notwendige Nenndicke und Festigkeit bzw. Härte an.

**Tabelle 3.37:** Nenndicken und Biegezugfestigkeit bzw. Härte unbeheizter Estriche auf Dämmschichten [5] [1] für lotrechte Nutzlasten ≤ 2,0 kN/m² nach [40]

| Estrichart | Biegezugfestigkeitsklasse bzw. Härteklasse nach DIN EN 13813 | Estrichnenndicke [1] in mm bei einer Zusammendrückbarkeit der Dämmschicht c [4] ≤ 5 mm [2] | Bestätigungsprüfung Biegezugfestigkeit $\beta_{BZ}$ in N/mm² | | Eindringtiefe in mm | |
|---|---|---|---|---|---|---|
| | | | Kleinster Einzelwert | Mittelwert | bei (22±1) °C | bei (40±1) °C |
| Calciumsulfat-Fließestrich CAF | F4 | ≥ 35 | ≥ 3,5 | ≥ 4,0 | - | - |
| | F5 | ≥ 30 | ≥ 4,5 | ≥ 5,0 | - | |
| | F7 | ≥ 30 | ≥ 6,5 | ≥ 7,0 | - | |

| Estrichart | Biegezugfestigkeitsklasse bzw. Härteklasse nach DIN EN 13813 | Estrichnenndicke [1] in mm bei einer Zusammendrückbarkeit der Dämmschicht c [4] ≤ 5 mm [2] | Bestätigungsprüfung | | | |
|---|---|---|---|---|---|---|
| | | | Biegezugfestigkeit $\beta_{BZ}$ in N/mm² | | Eindringtiefe in mm | |
| | | | Kleinster Einzelwert | Mittelwert | bei (22±1) °C | bei (40±1) °C |
| Calciumsulfatestrich CA | F4 | ≥ 45 | ≥ 2,0 | ≥ 2,5 | - | |
| | F5 | ≥ 40 | ≥ 2,5 | ≥ 3,5 | - | |
| | F7 | ≥ 35 | ≥ 3,5 | ≥ 4,5 | - | |
| Gussasphaltestrich AS | IC10 | ≥ 25 | - | - | ≤ 1,0 | ≤ 4,0 |
| | ICH10 | ≥ 35 | | | ≤1,0 | ≤ 2,0 |
| Kunstharzestrich SR | F7 | ≥ 35 | ≥ 4,5 | ≥ 5,5 | - | - |
| | F10 | ≥ 30 | ≥ 6,5 | ≥ 7,0 | - | - |
| Magnesiaestrich MA | F4 [3] | ≥ 45 | ≥ 2,0 | ≥ 2,5 | - | - |
| | F5 | ≥ 40 | ≥ 2,5 | ≥ 3,5 | - | - |
| | F7 | ≥ 35 | ≥ 3,5 | ≥ 4,5 | - | - |
| Zementestrich CT | F4 | ≥ 45 | ≥ 2,0 | ≥ 2,5 | - | - |
| | F5 | ≥ 40 | ≥ 2,5 | ≥ 3,5 | - | - |

[1] Bei Dämmschichten ≤ 40 mm kann bei Calciumsulfat-, Kunstharz-, Magnesia- und Zementestrichen die Estrichnenndicke um 5 mm reduziert werden. Die Nenndicke (außer Gussasphalt) darf 30 mm nicht unterschreiten.

[2] Bei Gussasphaltestrichen darf die Zusammendrückbarkeit der Dämmschichten nicht mehr als 3 mm betragen.

[3] Die Oberflächenhärte bei Steinholzestrichen muss mindestens SH30 entsprechen.

[4] Bei höherer Zusammendrückbarkeit (≤ 10 mm) muss die Estrichnenndicke um 5 mm erhöht werden.

[5] Die Dämmschicht kann aus einer oder mehreren Lagen aus den für die vorgesehene Art des Estrichs geeigneten Dämmstoffen bestehen; die Zusammendrückbarkeiten werden addiert.

Für **unbeheizte Estriche** sind die Nenndicken in Abhängigkeit von den lotrechten Nutzlasten (Flächenlast und ggf. Einzellast) nach DIN 1055-3, der Art des Estrichs und der Zusammendrückbarkeit der Dämmschicht in DIN 18560-2, Tabellen 1 bis 4, angegeben. Die Mindestdicke beträgt 30 mm. Unter Stein- und keramischen Belägen muss die Dicke bei Calciumsulfat-Fließestrichen mindestens 40 mm, bei allen anderen Estrichen mindestens 45 mm betragen.

Bei Heizestrichen werden folgende Bauarten (Abb. 3.15) unterschieden:

Bauart A: Heizrohre innerhalb des Estrichs,

Bauart B: Heizrohre unterhalb des Estrichs,

Bauart C: Heizrohre im Ausgleichsestrich, auf den der Estrich mit einer zweilagigen Trennschicht aufgebracht wird.

Bei **Calciumsulfat- und Zementheizestrichen** der Bauart A sind die Nenndicken nach DIN 18560-4, Tabellen 1 bis 4, um den Außendurchmesser des Heizrohres zu erhöhen. Die Rohrüberdeckung muss bei der Biegezugfestigkeitsklasse F4 mindestens 45 mm, bei Fließestrichen der Biegezugfestigkeitsklasse CAF-F4 mindestens 40 mm betragen. Bei anderen als den angegebenen Biegezugfestigkeitsklassen sind von den um den Außendurchmesser bei Bauart A erhöhten Werten nach den DIN 18560-4 Tabellen 1 bis 4 abweichende Dicken möglich. Dabei muss eine Rohrüberdeckung von 30 mm eingehalten werden.

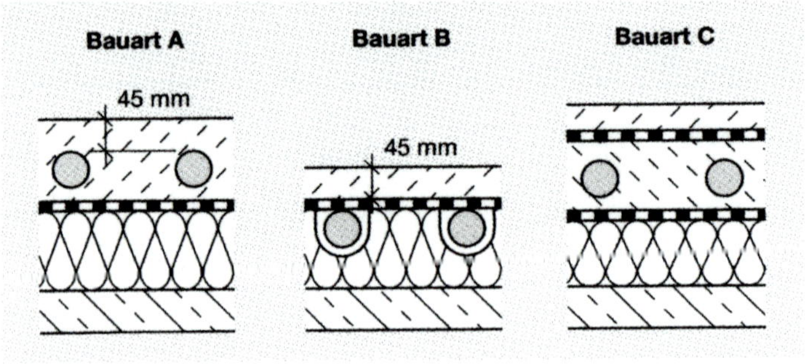


**Abb. 3.15:** Bauarten von Heizestrichen (nach [22])

Bei **Gussasphaltheizestrichen** ist nur die Härteklasse IC 10 nach DIN 183813 zulässig. Abweichend von den Tabellen 1 bis 4 sind folgende Mindestnenndicken einzuhalten: ≥ 35 mm bei einer Nutzlast ≤ 2,0 kN/m² und ≥ 40 mm bei einer Nutzlast > 2,0 kN/m² und ≤ 5,0 kN/m². Die Rohrüberdeckung muss mindestens 15 mm betragen.

Bezeichnungsbeispiel für einen schwimmenden unbeheizten Estrich:

**Estrich DIN 18560 - CA - F4 - S40.**

Calciumsulfatestrich (CA) der Biegezugfestigkeitsklasse 4 (F4), schwimmend (S), mit 40 mm Nenndicke.

Bezeichnungsbeispiel für einen Zementheizestrich:

**Estrich DIN 18560 - CT - F4 - S70 H45.**

Zementestrich (CT) der Biegezugfestigkeitsklasse 4 (F4), schwimmend (S), mit 70 mm Nenndicke, als Heizestrich (H), mit einer Überdeckung der Heizelemente von 45 mm.

## 3.3.6 Hochbeanspruchte Estriche (Industrieestriche) nach DIN 18560-7

Hochbeanspruchte Estriche müssen eine hohe Druck- und Biegezugfestigkeit, eine hohe Oberflächenhärte und einen hohen Verschleißwiderstand aufweisen. In Abhängigkeit von dem Verwendungszweck sind ggf. auch noch andere Beanspruchungen, z. B. durch Wärme, Nässe, Chemikalien oder andere Anforderungen, z. B. elektrische Leitfähigkeit, chemische Beständigkeit u. a., zu berücksichtigen.

Hochbeanspruchte Estriche können als Gussasphaltestrich, Kunstharzestrich, Magnesiaestrich und zementgebundener Hartstoffestrich ausgeführt werden. Calciumsulfatestrich ist nicht geeignet.

Nach DIN 18560-7 werden die mechanischen Beanspruchungen in drei Beanspruchungsgruppen unterteilt, wobei eine Beanspruchung durch Flurförderfahrzeuge zugrunde gelegt wird (Tab. 3.38).

Tabelle 3.38: Gruppen mechanischer Beanspruchung nach [33]

| Beanspruchungs-gruppe | Beanspruchung durch Flurförderfahrzeuge | |
|---|---|---|
| | Bereifungsart | Arbeitsabläufe und Fußgängerverkehr - Beispiele |
| I (schwer) | Stahl und Polyamid | Bearbeiten, Schleifen und Kollern von Metallteilen, Absetzen von Gütern mit Metallgabeln, Fußgängerverkehr mit mehr als 1000 Personen je Tag |
| II (mittel) | Urethan-Elastomer und Gummi | Schleifen und Kollern von Holz, Papierrollen und Kunststoffteilen, Fußgängerverkehr von 100 bis 1000 Personen je Tag |
| III (leicht) | Elastik und Luftreifen | Montage von Tischen, Fußgängerverkehr bis 100 Personen je Tag |

Die Tabelle gilt nicht für Estriche mit Beanspruchungen durch Flurförderfahrzeuge mit Stahlrollen, die eine höhere Pressung als 40 N/mm² ausüben.

#### Bauliche Anforderungen

Es gelten die Festlegungen nach DIN 18560-3 (Verbundestrich), DIN 18560-2 (Estrich auf Dämmschicht) und DIN 18560-4 (Estrich auf Trennschicht).

### 3.3.6.1 Hochbeanspruchter Gussasphaltestrich

Gussasphaltestrich wird in der Regel als Estrich auf einer temperaturbeständigen, nicht komprimierbaren Trennschicht einschichtig, bei Nenndicken über 40 mm zweischichtig hergestellt. Bei bitumengebundenem Untergrund wird der Estrich als Verbundestrich ausgeführt.

Die Mindest- und Höchstdicken des Gussasphaltestrichs sind vom Größtkorn der Gesteinskörnung abhängig:

Größtkorn 11 mm: Dicke 30 bis 45 mm,

Größtkorn 8 mm: Dicke 25 bis 35 mm,

Größtkorn 5 mm: Dicke 20 bis 30 mm.

Tabelle 3.39: Hochbeanspruchter Gussasphaltestrich - Nenndicken, Körnungen und Härteklassen nach [33]

| Beanspruchungsgruppe | Nenndicke in mm | Größtkorn der Gesteinskörnung in mm | Härteklassen nach DIN EN 13813 bei | | |
|---|---|---|---|---|---|
| | | | beheizten Räumen | nicht beheizten Räumen und im Freien | Kühlräumen |
| I (schwer) | ≥ 35<br>≥ 30 | 11<br>8 | IC10 oder IC 15 | IC15 oder IC40 | IC40 oder IC100 |
| II (mittel) | ≥ 30<br>≥ 25 | 8<br>5 | | | |
| III (leicht) | ≥ 30<br>≥ 25 | 8<br>5 | | | |

In Tabelle 3.39 sind die Nenndicken, Körnungen und Härteklasse für hochbeanspruchte Gussasphaltestriche angegeben.

### 3.3.6.2 Hochbeanspruchter Kunstharzestrich

Kunstharzestriche im Industriebau für hohe Beanspruchungsgruppen sind in der Regel als Verbundestriche unter Verwendung einer Reaktionskunstharzhaftbrücke auf dem Untergrund herzustellen. Ist aufgrund der schlechten Beschaffenheit des Untergrundes ein Verbund nicht möglich, dann kann ein Aufbau auf Trennlage bei einer Mindestschichtdicke > 40 mm mit einer Druckfestigkeit > 60 N/mm² gewählt werden.

Nenndicke sowie Druck-, Biegezug- und Haftzugfestigkeitsklasse sind in Abhängigkeit von der Beanspruchungsgruppe und dem Einsatzbereich nach Tabelle 3.40 auszuwählen.

**Tabelle 3.40:** Nenndicke, Druck-, Biegezug- und Haftzugfestigkeit bei hochbeanspruchten Kunstharzestrichen nach [33]

| Beanspruchungsgruppe | Druckfestigkeitsklasse | Biegezugfestigkeitsklasse | Estrichnenndicke in mm | Haftzugfestigkeitsklasse [1)] |
|---|---|---|---|---|
| I (schwer) | ≥ C60 | ≥ F20 | ≥ 10 | ≥ B2,0 |
| II (mittel) | ≥ C60 | ≥ F20 | ≥ 10 | ≥ B2,0 |
| III (leicht) | ≥ C40 | ≥ F12 | ≥ 5 | ≥ B1,5 |

[1)] Die Haftzugfestigkeitsklasse an einem genormten Untergrund nach DIN EN 13892-8 kann nach der Verlegung (vor Ort) nicht geprüft werden.

### 3.3.6.3 Hochbeanspruchter Magnesiaestrich

Hochbeanspruchter Magnesiaestrich wird in der Regel einschichtig als Verbundestrich unter Verwendung einer Haftbrücke auf dem Untergrund ausgeführt. Wenn er in Sonderfällen auf einer Dämm- oder Trennschicht hergestellt werden soll, ist er zweischichtig zu fertigen, wobei die Unterschicht mindestens der Druckfestigkeitsklasse C 12 entsprechen muss.

Einschichtiger Magnesiaestrich muss mindestens die Rohdichteklasse 1,4 aufweisen; die Mindestdicke sollte 25 mm nicht unterschreiten. Bei zweischichtiger Ausführung muss die Dicke der Unterschicht ≥ 15 mm, die der Ober- oder Nutzschicht ≥ 8 mm sein. Die Dicke der Unterschicht muss jedoch bei Ausführung auf Dämmschicht ≥ 80 mm und bei Ausführung auf Trennschicht ≥ 30 mm erhöht werden.

Die Biegezugfestigkeitsklasse und die Oberflächenhärte von Magnesiaestrich bzw. der Nutzschicht bei zweischichtiger Ausführung müssen mindestens den Werten nach Tabelle 3.41 entsprechen.

Bezeichnungsbeispiel:

**Magnesiaestrich DIN 18560 - MA - C50 - F10 - SH150 - V15.**

Einschichtiger Magnesiaestrich (MA) der Druckfestigkeitsklasse C50, der Biegezugfestigkeitsklasse F10, der Oberflächenhärte SH150 als Verbundestrich (V) mit 15 mm Nenndicke.

**Tabelle 3.41:** Hochbeanspruchter Magnesiaestrich – Biegezugfestigkeitsklassen und Oberflächenhärte nach [33]

| Beanspruchungsgruppe | Biegezugfestigkeitsklasse | Oberflächenhärte Nennwert N/mm² |
|---|---|---|
| I (schwer) | F11 | SH200 |
| II (mittel) | F10 | SH150 |
| III (leicht) | F8 | SH100 |

### 3.3.6.4 Zementgebundener Hartstoffestrich

Zementgebundener Hartstoffestrich wird unter Verwendung von Hartstoffen nach DIN 1100 hergestellt. Als Verbundestrich wird er in der Regel einschichtig mit einer Mindestdicke von 4 mm auf dem tragenden Beton (i. d. R. ≥ C25/30) ausgeführt. Wird er als Estrich auf Trennschicht oder auf Dämmschicht hergestellt, ist er zweischichtig auszuführen.

Zweischichtig zementgebundener Hartstoffestrich besteht aus einer oben liegenden Hartstoffschicht und einer darunter liegenden Übergangsschicht mit einer Mindestdicke von 25 mm. Er wird in der Regel durch Aufbringen der Hartstoffschicht auf die noch nicht erstarrte Übergangsschicht gefertigt (Frisch-auf-frisch-Verfahren). Bei Schichtdicken von mindestens 10 mm darf die Hartstoffschicht unter Verwendung einer Haftbrücke auch auf die erstarrte Übergangsschicht aufgebracht werden.

Einschichtiger zementgebundener Hartstoffestrich besteht nur aus der Hartstoffschicht. Die Hartstoffschicht wird auf den frischen oder erstarrenden Tragbeton oder, unter Verwendung einer Haftbrücke, auf den erstarrten Tragbeton aufgebracht.

Die Nenndicke der Hartstoffschicht ist in Abhängigkeit von der Beanspruchung in Tabelle 3.42 angegeben.

**Tabelle 3.42:** Nenndicke der Hartstoffschicht nach [33]

| Beanspruchungsgruppe | Nenndicke in mm bei Festigkeitsklasse | | |
|---|---|---|---|
| | F9A | F11M | F9KS |
| I (schwer) | ≥ 15 | ≥ 8 | ≥ 6 |
| II (mittel) | ≥ 10 | ≥ 6 | ≥ 5 |
| III (leicht) | ≥ 8 | ≥ 6 | ≥ 4 |

Bei einer in Sonderfällen erforderlichen Bestätigungsprüfung sind der Verschleißwiderstand der Estrichoberfläche nach Böhme (A) und die Biegezugfestigkeit (F) zu prüfen. Die Prüfungen sind frühestens 28 Tage nach Fertigstellung des Estrichs durchzuführen.

Bezeichnungsbeispiel:

**Hartstoffestrich DIN 18560-7 - CT - C60 - F10 - A1,5 - DIN 1100 - A - V10/30.**

Zweischichtiger zementgebundener Hartstoffestrich (CT) der Druckfestigkeitsklasse C60, der Biegezugfestigkeitsklasse F10, der Verschleißwiderstandsklasse nach Böhme A1,5 mit Hartstoffen nach DIN 1100 der Gruppe A als Verbundestrich (V) mit Nenndicken von 10 mm für die Hartstoffschicht und 30 mm für die Übergangsschicht.

### 3.3.7 Prüfung von Estrichmörtel und Estrich

Für die Prüfung von Estrichmörteln ist zu unterscheiden zwischen

- Eingangsprüfung,
- Erstprüfung (ITT = Initial Type Testing),
- Prüfung der werkseigenen Produktionskontrolle (FPC = Factory Production Control),
- Erhärtungsprüfung.

**Eingangsprüfung**

Bei der Lieferung der Estrichmörtel ist zu prüfen, ob die Angabe über Art, Festigkeitsklasse bzw. Härte, Brandverhalten usw. auf der Verpackung bzw. auf dem Lieferschein der Bestellung entsprechen.

**Erstprüfung (ITT = Initial Type Testing)**

Die Erstprüfung ist durchzuführen, um die Konformität des Estrichmörtels mit DIN EN 13813 nachzuweisen. Erstprüfungen sind bei Produktionsbeginn und vor Herstellungsbeginn eines neuen Produkttyps durchzuführen. Sie dienen dazu festzustellen, ob der Estrich in der vorgesehenen Zusammensetzung auf der Baustelle mit den vorgesehenen Ausgangsstoffen zuverlässig hergestellt werden kann und die geforderten Eigenschaften erreicht. Während der laufenden Produktion sind sie immer dann durchzuführen, wenn eine Änderung der Festlegungen für die Ausgangsstoffe oder das Herstellungsverfahren erfolgt.

Die durchzuführenden Prüfungen sind jene, die in Tabelle 3.43 als **normativ** angegeben werden, sowie alle *optionalen* Prüfungen hinsichtlich Werte oder Klassen, die der Hersteller zu deklarieren wünscht.

**Prüfung der werkseigenen Produktionskontrolle (FPC = Factory Production Control)**

Ein Konzept der werkseigenen Produktionskontrolle ist einzuführen und in einem Qualitätshandbuch zu dokumentieren. Das System der werkseigenen Produktionskontrolle muss aus Verfahren der Eigenüberwachung der Produktion bestehen.

**Erhärtungsprüfung**

Die Erhärtungsprüfung gibt bei Calciumsulfat-, Magnesia- oder Zementestrichmörteln Aufschluss über die Eigenschaften des Estrichs im Bauwerk zu einem bestimmten Zeitpunkt. Die Probekörper für diesen Nachweis sind aus dem Estrichmörtel herzustellen, der für den bestimmten Bauabschnitt vorgesehen ist, und unmittelbar neben oder auf dem Estrich zu lagern und wie dieser nachzubehandeln.

**Bestätigungsprüfung**

Die Bestätigungsprüfung wird am fertigen Estrich vorgenommen. Sie dient dem Nachweis der Dicke oder der Festigkeit oder ggf. anderer Eigenschaften, z. B. des Verschleißwiderstands.

Sie wird in der Regel nur dann durchgeführt, wenn z. B. erhebliche Zweifel an der Güte des Estrichs im Bauwerk bestehen.

**Tabelle 3.43:** Prüfungen für alle Estrichmörtelarten

| Geprüfte Eigenschaft | Estrichmörtel (normativ, muss deklariert werden) | Estrichmörtel (optional, darf deklariert werden) | Prüfnorm |
|---|---|---|---|
| Druckfestigkeit (C) | CT, CA, MA | SR | DIN EN 13892-2 |
| Biegezugfestigkeit (F) | CT, CA, MA | SR | DIN EN 13892-2, DIN EN ISO 178 |
| Verschleißwiderstand nach Böhme (A) | CT [1) 2)] | CA, MA, AS | DIN EN 13892-3 |
| Verschleißwiderstand nach BCA (AR) | CT [1) 2)], SR [1) 2)] | CA, MA, AS | DIN EN 13892-4 |
| Verschleißwiderstand gegen Rollbeanspruchung (RWA) | CT [1) 2)], SR [1) 2)] | CA, MA, AS | DIN EN 13892-5 |
| Oberflächenhärte (SH) | MA [1)] | CT, CA,SR | DIN EN 13892-6 |
| Eindringtiefe in Würfeln (IC) Eindringtiefe in Platten (IP) | AS | | DIN EN 12697-20, DIN EN 12697-21 |
| Widerstand gegen Rollbeanspruchung von Estrichen mit Bodenbelägen (RWFC) | | CT, CA, MA, AS, SR | DIN EN 13892-7 |
| Verarbeitungszeit | | CT, CA | DIN EN 13454-2 |
| Schwinden und Quellen | | CT, CA, MA, SR | DIN EN 13454-2, DIN EN 13872 |
| Konsistenz | | CT, CA, MA, SR | DIN EN 13454-2, DIN EN 12706 |
| pH-Wert | CA | CT, MA | DIN EN 13454-2 |
| Elastizitätsmodul (E) | | CT, CA, MA, SR | DIN EN ISO 178 |
| Schlagfestigkeit (IR) | SR[1)] | CT [1)] | DIN EN ISO 6272 |
| Haftzugfestigkeit (B) | SR | CT, CA, MA | DIN EN 13892-8 |

[1)] Nur für Estrichmörtel, die für Nutzflächen vorgesehen sind.

[2)] Der Hersteller darf eines der Verfahren auswählen.

## Literatur

[1] Gips-Datenbuch. Hrsg. Bundesverband der Gipsindustrie e. V., Berlin, 2013

[2] Merkblätter der Industriegruppe Gipsplatten und der Industriegruppe Baugipse im Bundesverband der Gipsindustrie e. V., Darmstadt

[3] „Merkblätter für die Verwendung von Kalk im Bauwesen" (Bezug durch Bundesverband der Deutschen Kalkindustrie e. V., Köln)

[4] „Merkblatt für Bodenverbesserung und Bodenverfestigung mit Kalken" (Bezug durch Forschungsgesellschaft für Straßen- und Verkehrswesen, Köln)

[5] ZTVT-StB „Zusätzliche Technische Vorschriften und Richtlinien für Tragschichten im Straßenbau" (Bezug durch Forschungsgesellschaft für Straßen- und Verkehrswesen e. V., Köln)

[6] Zement-Taschenbuch. 51. Ausgabe, Hrsg.: Verein Deutscher Zementwerke e. V., Verlag Bau+Technik GmbH, Düsseldorf, 2008

[7] Zement-Merkblatt Betontechnik B1, Zemente und ihre Herstellung, Hrsg.: Verein Deutscher Zementwerke e. V., Düsseldorf, 2006

[8] *Locher, F. W.*: Zement: Grundlagen und Anwendung. Verlag Bau+Technik GmbH, Düsseldorf, 2000 (auch: Locher, F. W., Cement, E-Book, 2013)

[9] *Grübl, P.; Weigler, H.; Karl, S.*: Beton: Arten, Herstellung und Eigenschaften. 2. Aufl., Verlag Ernst & Sohn, Berlin, 2001

[10] Informationen des Bundesverbands der Deutschen Mörtelindustrie, Duisburg

[11] *Ross, H.; Stahl, F.*: Praxis-Handbuch-Putz. 3. Aufl., Verlagsgesellschaft R. Müller GmbH, Köln, 2003

[12] *Maier, J.*: Putz und Stuck. Fraunhofer IRB-Verlag, 2007

[13] *Becker, K.; Pfau, J.; Tichelmann, K.*: Trockenbau Atlas – Teil I + II. Verlagsgesellschaft R. Müller GmbH, 3. Aufl., Köln, 2005

[14] *Riedel, W. u. a.*: Wärmedämm-Verbundsysteme. 2. Aufl., Fraunhofer IRB-Verlag, 2010

[15] *Ettel, W.-P.*: Kunstharze und Kunststoffdispersionen für Mörtel und Betone. Verlag Bau+Technik, 1998

[16] *Schneider, K.-J.; Sahner, G.; Rast, R.*: Mauerwerksbau aktuell 2013. Bauwerk-Beuth-Verlag, Berlin, 2013

[17] AGI-Arbeitsblätter. Hrsg. Arbeitsgemeinschaft Industriebau e. V., Köln

[18] BEB Arbeits- und Hinweisblätter. Hrsg. Bundesverband Estrich und Belag e. V., Troisdorf

[19] Handbuch für das Estrich- und Belaggewerbe. Hrsg. Bundesfachgruppe Estrich und Belag im ZDB, 4. Aufl., Verlagsgesellschaft R. Müller, Köln, 2010

[20] *Timm, H.*: Estriche und Bodenbeläge – Arbeitshilfen für die Planung, Ausführung und Beurteilung. Vieweg + Teubner Verlag, Wiesbaden, 4. Aufl., 2010

[21] *Rendchen, K.*: Zementestriche. Verlag Bau+Technik GmbH, Düsseldorf, 2011

[22] Zement-Merkblatt Betontechnik B 19, Zementestrich. Hrsg. Verein Deutscher Zementwerke e. V., Düsseldorf, 2010

[23] DIN EN 520 Gipsplatten; Begriffe, Anforderungen und Prüfverfahren; Ausgabe 2009-12

[24] DIN 18180 Gipsplatten; Arten und Anforderungen; Ausgabe 2007-01 (Restnorm)

[25] DIN 18184 Gipsplatten-Verbundelemente mit Polystyrol- oder Polyurethan-Hartschaum als Dämmstoff; Ausgabe 2008-10

[26] DIN EN 459-1 Baukalk; Teil 1: Begriffe, Anforderungen und Konformitätskriterien; Ausgabe 2010-12

[27] DIN EN 197-1 Zement; Teil 1: Zusammensetzung, Anforderungen und Konformitätskriterien von Normalzement; Ausgabe 2011-11

[28] DIN V 18550 Putz und Putzsysteme – Ausführung; Ausgabe 2005-04 *(Vornorm)*

[29] DIN V 18580 Mauermörtel mit besonderen Eigenschaften; Ausgabe 2007-03 *(Vornorm)*

[30] DIN EN 998-2 Festlegungen für Mörtel im Mauerwerksbau; Teil 2: Mauermörtel; Ausgabe 2010-12

[31] DIN 18560-3 Estriche im Bauwesen; Teil 3: Verbundestriche; Ausgabe 2006-03

[32] E DIN 18560-4 Estriche im Bauwesen; Teil 4: Estriche auf Trennschicht; Ausgabe 2012-06

[33] DIN 18560-7 Estriche im Bauwesen; Teil 7: Hochbeanspruchte Estriche (Industrieestriche); Ausgabe 2004-04

[34] DIN EN 13279-1 Gipsbinder und Gips-Trockenmörtel; Teil 1: Begriffe und Anforderungen; Ausgabe 2008-11

[35] DIN EN 13454 Calciumsulfat-Binder, Calciumsulfat-Compositbinder und Calciumsulfat-Werkmörtel für Estriche;
Teil 1: Begriffe und Anforderungen; Ausgabe 2005-01
Teil 2: Prüfverfahren; Ausgabe 2007-11

[36] DIN 1164-10 Zement mit besonderen Eigenschaften; Teil 10: Zusammensetzung, Anforderungen und Übereinstimmungsnachweis von Zement mit niedrigem wirksamen Alkaligehalt; Ausgabe 2013-03

[37] DIN 18506 Hydraulische Boden- und Tragschichtbinder; Zusammensetzung, Anforderungen und Konformitätskriterien; Ausgabe 2002-02

[38] DIN EN 413-1 Putz- und Mauerbinder; Teil 1: Zusammensetzung, Anforderungen und Konformitätskriterien; Ausgabe 2011-07

[39] DIN EN 998-1 Festlegungen für Mörtel im Mauerwerksbau; Teil 1: Putzmörtel; Ausgabe 2010-12

[40] DIN 18560-2 Estriche im Bauwesen; Teil 2: Estriche und Heizestriche auf Dämmschichten (schwimmende Estriche); Ausgabe 2009-09

Beton mit beson
Eigenschaften

# 4 Beton

*Rudolf Hoscheid*

Nach fast 20 Jahren Beratung ist die europäische Norm **DIN** EN 206-1 **„Beton – Festlegung, Eigenschaften, Herstellung und Konformität"** im März 2000 von den Mitgliedern der europäischen Normenkommission CEN angenommen worden.

Wegen der unterschiedlichen technischen und rechtlichen Gegebenheiten in den verschiedenen Mitgliedsländern spiegelt die nunmehr verabschiedete **DIN** EN 206 Teil 1 die zahlreichen Kompromisse wider, die letztendlich gefunden werden mussten.

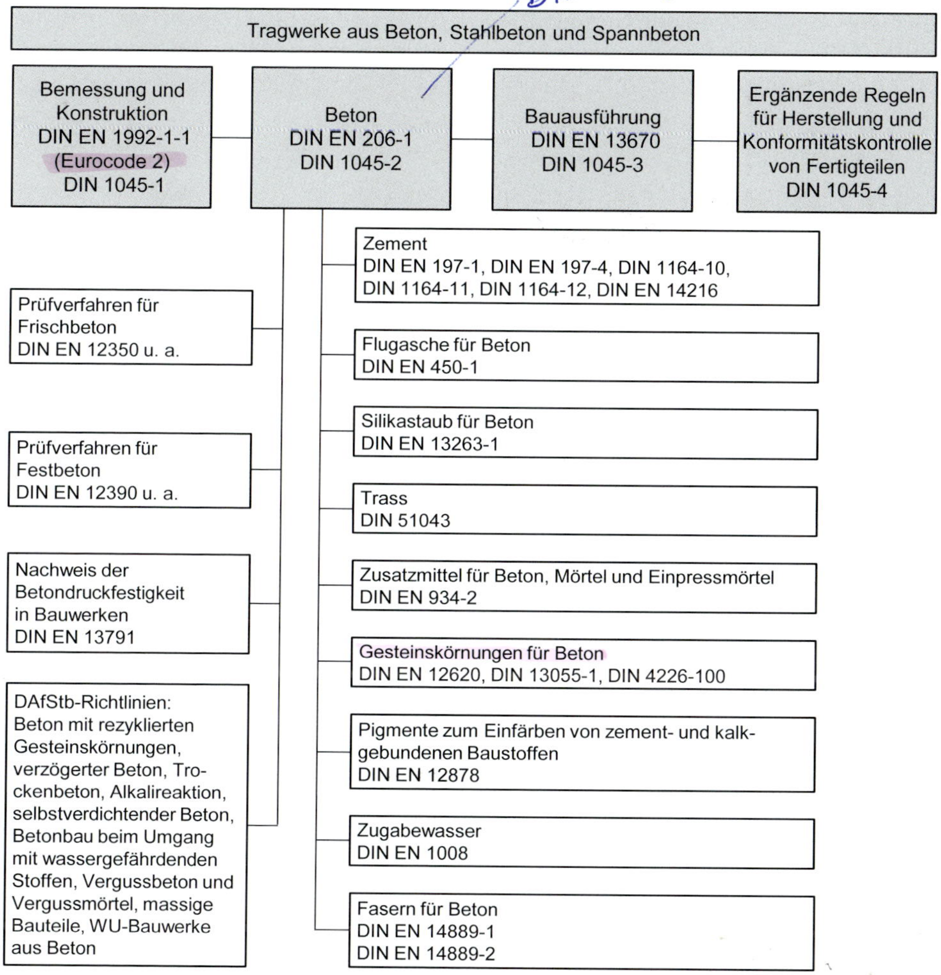


**Abb. 4.1:** Beziehung zwischen den Normen DIN EN 206-1 und DIN 1045-2 sowie Richtlinien für Betontechnik, Normen für Bemessung, Konstruktion und Ausführung, Normen für Ausgangsstoffe sowie Normen für Prüfverfahren (nach DIN 1045 Teil 2)

Die **DIN** EN 206-l ist an zahlreichen Stellen weniger verbindlich formuliert und enthält zahlreiche Öffnungsklauseln, die es gestatten oder gar fördern, bestimmte ergänzende Regelungen auf nationaler Ebene vorzunehmen, die in einem Nationalen Anwendungsdokument festzuschreiben sind.

Diese ergänzenden nationalen Regelungen sind in Deutschland in **DIN 1045-2 „Deutsche Anwendungsregeln (DAR) zu DIN EN 206-1"** zusammengefasst.

Das gesamte Normenpaket, bestehend aus DIN EN 206-1 und DIN 1045-2, wurde im Jahre 2002 mit einer Übergangsfrist bis 2004 bauaufsichtlich eingeführt. In den Jahren 2008 und 2009 folgten überarbeitete Ausgaben von DIN 1045-2 und den Prüfnormen DIN EN 12350 und DIN EN 12390 für Frisch- und Festbeton. Um die parallele Handhabung der DIN EN 206-1 und der DIN 1045-2 zu vereinfachen, wurden beide Normen in einem gemeinsamen Dokument verwoben. Dies ist der DIN Fachbericht 100 in der neuesten Ausgabe von März 2010.

Der Zusammenhang zwischen den Normen DIN EN 206-1 und DIN 1045-2 sowie den Richtlinien des DAfStb, den Normen für Bemessung, Konstruktion und Ausführung sowie den Normen für Ausgangsstoffe und Prüfverfahren ist in Abbildung 4.1 dargestellt.

## 4.1 Normen

| | |
|---|---|
| DIN EN 206 | Beton;<br>Teil 1: Festlegung, Eigenschaften, Herstellung und Konformität; Ausgabe 2001-07;<br>A1: Ausgabe 2004-10;<br>A2: Ausgabe 2005-09 |
| DIN 1045 | Tragwerke aus Beton, Stahlbeton und Spannbeton;<br>Teil 1: Bemessung und Konstruktion; Ausgabe 2008-08 *(zurückgezogen)*<br>Teil 2: Festlegung, Eigenschaften, Herstellung und Konformität; Anwendungsregeln zu DIN EN 206-1; Ausgabe 2008-08<br>Teil 3: Bauausführung; Anwendungsregeln zu DIN EN 13670; Ausgabe 2012-03 und Berichtigung Ausgabe 2013-07<br>Teil 4: Ergänzende Regeln für die Herstellung und die Konformität von Fertigteilen; Ausgabe 2012-02 |
| DIN EN 13670 | Ausführung von Tragwerken aus Beton; Ausgabe 2011-03 |
| DIN EN 1992 | Eurocode 2: Bemessung und Konstruktion von Stahlbeton- und Spannbetontragwerken;<br>Teil 1-1: Allgemeine Bemessungsregeln und Regeln für den Hochbau; Ausgabe 2011-01<br>1-1/A1; Ausgabe 2013-09 *(Norm-Entwurf)*<br>1-1/NA; National festgelegte Parameter zu Eurocode 2; Ausgabe 2013-04<br>Teil 1-2: Allgemeine Regeln – Tragswerkbemessung für den Brandfall; Ausgabe 2010-12<br>1-2/NA; Ausgabe 2010-12<br>Teil 2: Betonbrücken – Bemessungs- und Konstruktionsregeln; Ausgabe 2012-12<br>2/NA; Ausgabe 2013-04<br>Teil 3: Silos und Behälterbauwerke aus Beton; Ausgabe 2011-01 und NA 2011-01 |

| | |
|---|---|
| | Teil 4: Bemessung der Verankerung von Befestigungen in Beton; Ausgabe 2013-10 *(Norm-Entwurf)* |
| DIN EN 196 | Prüfverfahren für Zement;<br>Teil 1 bis Teil 11; Ausgaben 2003-11 bis 2013-10 |
| DIN EN 197 | Zement;<br>Teil 1: Zusammensetzung, Anforderungen und Konformitätskriterien von Normalzement; Ausgabe 2011-11<br>Teil 2: Konformitätsbewertung; Ausgabe 2012-01 *(Norm-Entwurf)* |
| DIN EN 450 | Flugasche für Beton;<br>Teil 1: Definition, Anforderungen und Konformitätskriterien; Ausgabe 2012-10<br>Teil 2: Konformitätsbewertung; Ausgabe 2005-05 |
| DIN EN 451 | Prüfverfahren für Flugasche;<br>Teil 1: Bestimmung des freien Calciumoxidgehalts; Ausgabe 2004-05<br>Teil 2: Bestimmung der Feinheit durch Naßsiebung; Ausgabe 1995-01 |
| DIN 459 | Baustoffmaschinen – Mischer für Beton und Mörtel;<br>Teil 1: Begriffe, Leistungsermittlung, Größen; Ausgabe 1995-11 |
| DIN EN 480 | Zusatzmittel für Beton, Mörtel und Einpressmörtel – Prüfverfahren;<br>Teile 1 bis 14; Ausgaben 2005-12 bis 2012-08 |
| DIN 488 | Betonstahl:<br>Teil 1 bis Teil 6; Ausgaben 2009-08 bis 2010-01 |
| DIN EN 932 | Prüfverfahren für allgemeine Eigenschaften von Gesteinskörnungen;<br>Teil 1 bis Teil 6; Ausgaben 1996-11 bis 2012-05 |
| DIN EN 933 | Prüfverfahren für geometrische Eigenschaften von Gesteinskörnungen;<br>Teil 1 bis Teil 11; Ausgaben 1996-01 bis 2013-07 |
| DIN EN 934 | Zusatzmittel für Beton, Mörtel und Einpressmörtel;<br>Teil 1 bis 6; Ausgaben 2006-03 bis 2012-09 |
| DIN EN 12620 | Gesteinskörnungen für Beton; Ausgabe 2013-07 |
| DIN EN 1008 | Zugabewasser für Beton – Festlegung für die Probenahme, Prüfung und Beurteilung der Eignung von Wasser, einschließlich bei der Betonherstellung anfallendem Wasser, als Zugabewasser für Beton; Ausgabe 2002-10 |
| DIN 1048 | Prüfverfahren für Beton;<br>Teil 1 bis Teil 5; Ausgabe 1991-06 |
| DIN EN 1097 | Prüfverfahren für mechanische und physikalische Eigenschaften von Gesteinskörnungen;<br>Teil 1 bis Teil 11; Ausgaben 1998-06 bis 2013-11 |
| DIN 1164 | Zement mit besonderen Eigenschaften;<br>Teil 10: Zusammensetzung, Anforderungen und Übereinstimmungsnachweis von Zement mit niedrigem wirksamen Alkaligehalt; Ausgabe 2013-03<br>Teil 11: Zusammensetzung, Anforderungen und Übereinstimmungsnachweis von Zement mit verkürztem Erstarren; Ausgabe 2003-11<br>Teil 12: Zusammensetzung, Anforderungen und Übereinstimmungsnachweis von Zement mit einem erhöhten Anteil an organischen Bestandteilen; Ausgabe 2005-06 |
| DIN EN 1367 | Prüfverfahren für thermische Eigenschaften und Verwitterungsbeständigkeit von Gesteinskörnungen;<br>Teil 1 bis Teil 6; Ausgaben 2001-06 bis 2011-04<br>Teil 7 und Teil 8; Ausgabe 2013-09 *(Norm-Entwurf)* |

| | |
|---|---|
| DIN EN 1744 | Prüfverfahren für chemische Eigenschaften von Gesteinskörnungen;<br>Teil 1 bis Teil 6; Ausgaben 2002-11 bis 2013-03 |
| DIN 4235 | Verdichten von Beton durch Rütteln;<br>Teil 1 bis Teil 5; Ausgabe 1978-12 |
| DIN EN 12350 | Prüfung von Frischbeton;<br>Teil 1 bis Teil 12; Ausgaben 2009-09 bis 2011-03 |
| DIN EN 12390 | Prüfung von Festbeton;<br>Teil 1 bis Teil 8; Ausgaben 2000-12 bis 2012-12<br>Teil 13; Ausgabe 2012-04 *(Norm-Entwurf)* |
| DIN EN 12504 | Prüfung von Beton in Bauwerken;<br>Teil 1 bis Teil 4; Ausgaben 2004-12 bis 2012-12 |
| DIN EN 13263 | Silikastaub für Beton;<br>Teil 1: Definitionen, Anforderungen und Konformitätskriterien; Ausgabe 2009-07<br>Teil 2: Konformitätsbewertung; Ausgabe 2009-07 |
| DIN EN 13791 | Bewertung der Druckfestigkeit von Beton in Bauwerken oder in Bauwerksteilen; Ausgabe 2008-05;<br>A20; Ausgabe 2014-01 *(Norm-Entwurf)* |
| DIN 18217 | Betonflächen und Schalungshaut; Ausgabe 1981-12 |
| DIN 18218 | Frischbetondruck auf lotrechte Schalungen; Ausgabe 2010-01 |
| DIN 18331 | VOB; Teil C: ATV für Bauleistungen – Betonarbeiten; Ausgabe 2012-09 |
| DIN V 18500 | Betonwerkstein – Begriffe, Anforderungen, Prüfung, Überwachung; Ausgabe 2006-12 |
| DIN EN 14487 | Spritzbeton;<br>Teil 1: Begriffe, Festlegungen und Konformität; Ausgabe 2006-03<br>Teil 2: Ausführung; Ausgabe 2007-01 |
| DIN 18551 | Spritzbeton – Nationale Anwendungsregeln zur Reihe DIN EN 14487 und Regeln für die Bemessung von Spritzbetonkonstruktionen; Ausgabe 2013-07 *(Norm-Entwurf)* |
| DIN 51043 | Traß; Anforderungen, Prüfung; Ausgabe 1979-08 |

Anmerkung: DIN 1045 Teil 1 ist seit 2010 zwar zurückgezogen, wird aber in der Begleitliteratur noch an vielen Stellen zitiert und daher sowohl im Normenverzeichnis als auch im Text an einigen Stellen beibehalten.

Richtlinien des deutschen Ausschusses für Stahlbeton (DAfStb) sowie Merkblätter und Sachstandsberichte des Deutschen Beton- und Bautechnik-Vereins (DBV) siehe unter **Literatur** am Ende des Kapitels.

## 4.2 Betonbegriffe, Betonbezeichnungen

**Beton:** Baustoff, erzeugt durch Mischen von *Zement*, grober und feiner *Gesteinskörnung*[1] und Wasser, mit oder ohne Zugabe von Zusatzmitteln und/oder Zusatzstoffen. Er erhält seine Eigenschaften durch Hydratation des Zementes.

**Mörtel:** Unterscheidet sich vom Beton durch Beschränkung der Gesteinskörnung auf Korngrößen bis 4 mm.

1 In der aktuellen Normung wird der Begriff „Gesteinskörnung“ statt „Zuschlag“ verwendet.

**Frischbeton:** Beton, der fertig gemischt ist, sich noch im verarbeitbaren Zustand befindet und durch das gewählte Verfahren verdichtet werden kann.

**Festbeton:** Beton, der sich in einem festen Zustand befindet und eine gewisse Festigkeit entwickelt hat.

Im Allgemeinen erfolgt die *Einteilung des Betons* nach

- der Trockenrohdichte;
- dem Erhärtungszustand;
- dem Ort des Herstellers;
- dem Ort des Einbringens;
- der Festlegung in der Leistungsbeschreibung (LB).

**Tabelle 4.1:** Einteilung des Betons nach der Trockenrohdichte

| Bezeichnung | Kurzzeichen nach DIN EN 206 | Trockenrohdichte [kg/dm³] | Gesteinskörnungen z. B. |
|---|---|---|---|
| Leichtbeton | LC (Light Concrete) | ≤ 2,0 | Blähschiefer, Blähton, Naturbims |
| Normalbeton[1)] | C (Concrete) | > 2,0 … 2,6 | Sand, Kies, Splitt, Hochofenschlacke |
| Schwerbeton | HC (Heavy Concrete) | > 2,6 | Schwerspat, Eisenerz |

[1)] Wenn keine Verwechslung mit Schwer- oder Leichtbeton möglich ist, wird der Normalbeton als „Beton" bezeichnet.

**Tabelle 4.2:** Einteilung des Betons nach dem Erhärtungszustand

| Frischbeton | Grüner Beton | Junger Beton | Festbeton |
|---|---|---|---|
| noch verarbeitbar | verdichtet, jedoch nur unwesentlich erstarrt | erhärtend, nicht mehr verarbeitbar | erhärtet |

**Tabelle 4.3:** Einteilung des Betons nach dem Ort des Herstellens

| | Baustellenbeton | Transportbeton | |
|---|---|---|---|
| | | fahrzeuggemischt | werkgemischt |
| Ort des Abmessens der Betonbestandteile | auf der Baustelle | im TB-Werk | im TB-Werk |
| Ort des Mischens | auf der Baustelle | im Fahrzeug | im TB-Werk |

**Tabelle 4.4:** Einteilung des Betons nach dem Ort des Einbringens

| Ortbeton | Fertigteile, Betonwerkstein, Betonwaren |
|---|---|
| Einbringen des Frischbetons in endgültige Lage auf der Baustelle und dort Erhärten | erst Erhärten des Betons im Werk, dann Einbau in endgültige Lage auf der Baustelle |

**Tabelle 4.5:** Einteilung des Betons nach der Festlegung des Betons in der Leistungsbeschreibung (LB)

| | Beton nach Eigenschaften | Beton nach Zusammensetzung |
|---|---|---|
| Verfasser der LB legt fest: | die erforderlichen Eigenschaften des Frisch- und Festbetons | die Ausgangsstoffe und die Zusammensetzung des Betons |
| Betonhersteller ist verantwortlich: | dass die festgelegten Eigenschaften erfüllt werden | dass Mischung der geforderten Zusammensetzung entspricht; keine Verantwortung für Eigenschaften |

# 4.3 Klasseneinteilung des Betons

## 4.3.1 Expositionsklassen

Die Einwirkungen, denen der Beton entsprechend den Umgebungsbedingungen ausgesetzt sein kann, sind in Expositionsklassen eingeteilt. Die angegebenen Beispiele sind informativ. Weitere Zuordnungen und Beispiele für Bauteile finden sich im „Bauteilkatalog, Planungshilfe für dauerhafte Betonbauteile" von Beton Marketing Deutschland.

Der Beton kann mehr als einer der in der Tabelle 4.6 genannten Einwirkungen ausgesetzt sein. Die Umgebungsbedingungen müssen dann als Kombination von Expositionsklassen ausgedrückt werden.

## 4.3.2 Konsistenzklassen

Der Begriff *Konsistenz* dient in der Betontechnologie der quantitativen Beurteilung der Verarbeitbarkeit des Betons. Die Bestimmung der Konsistenz des Betons kann nach verschiedenen Prüfmethoden erfolgen (s. Abschnitt 4.5.1.1).

Nach dem Ausbreit-, Verdichtungs- und Setzmaß sowie nach der Setzzeit (*Vébé*) erfolgt die Einteilung des Betons in *Konsistenzklassen*. Die bevorzugten Prüfmethoden in Deutschland sind die Bestimmung des Ausbreitmaßes und des Verdichtungsmaßes nach DIN EN 12350-4 und -5.

Eine über die Konsistenzklassen hinausgehende Einteilung in Konsistenzbereiche ist nur bei den Ausbreitmaß- und Verdichtungsmaß-Klassen erfolgt (s. Tabelle 4.7).

**Tabelle 4.6:** Expositionsklassen – Umgebungsbedingungen

| Bez. | Schädigungsvorgang | Klassen-Bezeichnung | Umgebungsbedingungen | Beispiele |
|---|---|---|---|---|
| X 0 | kein Korrosions- oder Angriffsrisiko[1)] | X 0 | alle, außer XF, XA, XM | unbewehrte Innenbauteile, unbewehrte Fundamente ohne Frost |

| Bez. | Schädigungs-vorgang | Klassen-Bezeichnung | Umgebungs-bedingungen | Beispiele |
|---|---|---|---|---|
| XC | Bewehrungs-korrosion durch Karbonatisie-rung | XC 1 | trocken oder ständig nass | Innenbauteile mit normaler Luft-feuchte; Beton, der ständig in Was-ser getaucht ist |
| | | XC 2 | nass, selten trocken | Gründungsbauteile, Wasserbehäl-terbauteile |
| | | XC 3 | mäßige Feuchte | Bauteile mit Zutritt zur Außenluft (offene Hallen), Innenräume mit hoher Luftfeuchtigkeit (z. B. in gewerblichen Küchen, Bädern, Hallenbädern, Viehstätten) |
| | | XC 4 | wechselnd nass/trocken | Außenbauteile mit direkter Bereg-nung, Bauteile in Wasserwechsel-zonen |
| XD | Bewehrungs-korrosion durch Chloride | XD 1 | mäßige Feuchte | Bauteile im Sprühnebelbereich von Verkehrsflächen, Einzelgaragen |
| | | XD 2 | nass, selten trocken | Bauteile in chloridhaltigen Abwäs-sern, Schwimmbecken |
| | | XD 3 | wechselnd nass, trocken | Verkehrsflächen, Brückenbauteile mit häufiger Spritzwasserbe-anspruchung, Parkdecks (direkt befahren) |
| XS | Bewehrungs-korrosion durch Chloride aus Meerwasser | XS 1 | salzhaltige Luft ohne Kontakt mit Meerwasser | Außenbauteile in Küstennähe |
| | | XS 2 | unter Wasser | Bauteile im Hafenbereich, die stän-dig unter Wasser liegen |
| | | XS 3 | Tiede-, Spritzwasser-, Sprühnebelbe-reiche | Kaimauern, Molen |
| XF | Betonkorrosion durch Frost mit und ohne Tau-mittel | XF 1 | mäßige Was-sersättigung ohne Tau-mittel | Außenbauteile |
| | | XF 2 | mäßige Was-sersättigung mit Taumittel | wie XD 1, XS 1 (Bauteile im Sprüh-nebel- oder Spritzwasserbereich von Taumittel behandelten Ver-kehrsflächen, soweit nicht XF 4) |
| | | XF 3 | hohe Wasser-sättigung oh-ne Taumittel | offene Wasserbehälter, Bauteile in Wasserwechselzonen von Süß-wasser |
| | | XF 4 | hohe Wasser-sättigung mit Taumittel | wie XD 3 und XS 3 (überwiegend horizontale Bauteile im Spritzwas-serbereich von Taumittel behan-delten Verkehrsflächen, Räumer-laufbahnen von Kläranlagen) |

| Bez. | Schädigungs-vorgang | Klassen-Bezeichnung | Umgebungs-bedingungen | Beispiele |
|---|---|---|---|---|
| XA | Betonkorrosion durch chemischen Angriff | XA 1 | chemisch schwach angreifende Umgebung | Behälter von Kläranlagen, Güllebehälter |
| | | XA 2 | chemisch mäßig angreifende Umgebung | Bauteile in stark betonangreifenden Böden, Meerwasserbauwerke |
| | | XA 3 | chemisch stark angreifende Umgebung | Kühltürme mit Rauchgasreinigung, Gärfuttersilos, Industrieabwasseranlagen, Futtertische |
| XM | Betonkorrosion durch Verschleiß | XM 1 | mäßige Verschleißbeanspruchung | Industrieböden mit geringer Belastung durch gummibereifte Fahrzeuge |
| | | XM 2 | schwere Verschleißbeanspruchung | Industrieböden mit schwerem gummibereiften Gabelstaplerverkehr |
| | | XM 3 | extreme Verschleißbeanspruchung | Verkehrsflächen mit häufigem Kettenfahrzeugverkehr, Tosbecken, Industrieböden mit schwerer Beanspruchung durch elastomerbereifte Gabelstapler |

[1] Beton ohne Bewehrung oder eingebettetes Metall in nicht betonangreifender Umgebung.

**Tabelle 4.7:** Ausbreitmaß- und Verdichtungsmaß-Klassen, Konsistenzbereiche

| | Ausbreitmaß-Klassen[1] | | Verdichtungsmaß-Klassen[1] | |
|---|---|---|---|---|
| **Konsistenz-Bereich** | **Klasse** | **Ausbreitmaß a in mm** | **Klasse** | **Verdichtungsmaß** |
| sehr steif | - | - | C 0 | ≥ 1,46 |
| steif | F 1[1] | ≤ 340 | C 1 | 1,45 bis 1,26 |
| plastisch | F 2 | 350 bis 410 | C 2 | 1,25 bis 1,11 |
| weich | F 3 | 420 bis 480 | C 3[1] | 1,10 bis 1,04 |
| sehr weich | F 4 | 490 bis 550 | - | - |
| fließfähig | F 5 | 560 bis 620 | - | - |
| sehr fließfähig | F 6 | ≥ 630 | - | - |

[1] Die verschiedenen Konsistenzklassen sind nicht direkt aufeinander beziehbar.

**Tabelle 4.8:** Setzmaß-Klassen

| Klasse | Setzmaß [mm] |
|---|---|
| S 1[1] | 10 bis 40 |
| S 2 | 50 bis 90 |

| Klasse | Setzmaß [mm] |
|---|---|
| S 3 | 100 bis 150 |
| S 4 | 160 bis 210 |
| S 5 | ≥ 220 |

**Tabelle 4.9:** Setzzeit-Klassen (Vébé)

| Klasse | Setzzeit [s] |
|---|---|
| V 0[1)] | > 31 |
| V 1 | 30 bis 21 |
| V 2 | 20 bis 11 |
| V 3 | 10 bis 6 |
| V 4 | 5 bis 3 |

[1)] Wegen der Empfindlichkeit der Prüfverfahren wird empfohlen, die Konsistenzklassen wie folgt zu verwenden:

- Ausbreitmaß > 340 mm
- Verdichtungsmaß > 1,10
- Setzmaß ≥ 10 mm und ≤ 210 mm
- Setzzeit (Vébé) ≥ 3 s und ≤ 30 s

Die Bestimmung der Konsistenz muss zum Zeitpunkt der Verwendung des Betons oder - insbesondere bei höheren Temperaturen zum Zeitpunkt der Lieferung des Betons - erfolgen.

**Hochfester Beton** muss der Konsistenzklasse F 3 oder weicher entsprechen.

### 4.3.3 Betonfestigkeitsklassen

Der Beton wird nach seiner *charakteristischen Festigkeit* $f_{ck}$, die der 5-%-Fraktile der Grundgesamtheit entspricht, in Festigkeitsklassen eingeteilt.

Die Prüfung der Druckfestigkeit erfolgt entweder am *Zylinder* $f_{ck,cyl}$ mit einem Durchmesser von 150 mm und einer Höhe von 300 mm oder am *Würfel* $f_{ck,cube}$ mit 150 mm Kantenlänge nach 28 Tagen bei Lagerung nach dem Referenzverfahren von DIN EN 12390-2.

Lagerung nach dem Referenzverfahren von DIN EN 12390-2 bedeutet: Nach dem Entformen der Prüfkörper Lagerung bis zur Prüfung unter Wasser von 18 bis 22 °C oder rel. Luftfeuchtigkeit > 95 %.

**Tabelle 4.10:** Festigkeitsklassen für Normal- und Schwerbeton[1)]

| Festigkeitsklasse | $f_{ck,cyl}$ [N/mm²] | $f_{ck,cube}$ [N/mm²] |
|---|---|---|
| C 8/10 | 8 | 10 |
| C 12/15 | 12 | 15 |
| C 16/20 | 16 | 20 |
| C 20/25 | 20 | 25 |
| C 25/30 | 25 | 30 |

| Festigkeitsklasse | $f_{ck,cyl}$ [N/mm²] | $f_{ck,cube}$ [N/mm²] |
|---|---|---|
| C 30/37 | 30 | 37 |
| C 35/45 | 35 | 45 |
| C 40/50 | 40 | 50 |
| C 45/55 | 45 | 55 |
| C 50/60 | 50 | 60 |
| C 55/67 | 55 | 67 |
| C 60/75 | 60 | 75 |
| C 70/85 | 70 | 85 |
| C 80/95 | 80 | 95 |
| C 90/105[2] | 90 | 105 |
| C 100/115[2] | 100 | 115 |

[1] Festigkeitsklassen für Leichtbeton siehe Abschnitt 4.12.1.

[2] Weitere auf den Verwendungszweck abgestimmte Nachweise erforderlich.

Wenn nichts anderes vereinbart ist, ist die Druckfestigkeit an Probewürfeln mit 150 mm Kantenlänge und unter den Lagerungsbedingungen nach Anhang NA der DIN EN 12390-2 (bis zum 7. Tag feucht oder unter Wasser, anschließend bis zum 28. Tag trocken bei Temperaturen von 15 °C bis 22 °C) zu ermitteln.

Die Druckfestigkeit nach dem Referenzverfahren von DIN EN 12390-2 ($f_{ck,cube}$) darf aus der Druckfestigkeit bei Lagerung nach Anhang NA ($f_{ck,dry,cube}$), nach folgender Beziehung berechnet werden, die ausschließlich die unterschiedlichen Lagerungsbedingungen berücksichtigt:

- bis Festigkeitsklasse C 55/67: $f_{ck,cube} = 0{,}92\ f_{ck,dry,cube}$;
- ab Festigkeitsklasse C 60/75: $f_{ck,cube} = 0{,}95\ f_{ck,dry,cube}$.

### 4.3.4 Beispiel für Klassenbezeichnungen des Betons

Verkehrsfläche, bei der im Laufe der Nutzung mit dem Einsatz von Taumittel gerechnet werden muss:

**C 30/37, F 3, XC 4, XM 1, XF 4, XD 3**

Es bedeuten:

C Normalbeton (Concrete)

30/37 Druckfestigkeitsklasse Zylinder-/Würfeldruckfestigkeit

F 3 Konsistenzklasse, Konsistenzbereich „weich“, Ausbreitmaß 420 mm bis 480 mm

XC 4 Außenbauteil, wechselnd trocken und nass

XM 1 mäßige Verschleißbeanspruchung

XF 4 hohe Wassersättigung mit Taumittel

XD 3 Chloride, wechselnd nass, trocken

### 4.3.5 Nachweis der Betoneigenschaften

Die Unterscheidung in der *Betonherstellung* (i. d. R. Transportbeton) und *Betonverwendung* (Verarbeitung im Bauteil) hat zur Folge, dass für die Betonherstellung und nicht mehr bauteilbezogen Konformitätsnachweise (früher Güteprüfungen) durchgeführt werden.

Man unterscheidet folgende Nachweise für die Betoneigenschaften (s. a. Abschnitt 4.15):

| | |
|---|---|
| **Erstprüfung:** (Eignungsprüfung) | Prüfung, die bei Produktionsbeginn einer neuen Betonsorte oder einer Produktionseinrichtung als erste Prüfung unter Produktionsbedingungen durchgeführt wird, um zu ermitteln, wie ein neuer Beton oder eine neue Betonfamilie zusammengesetzt und hergestellt sein muss, damit alle festgelegten Anforderungen im frischen und erhärteten Zustand erfüllt werden. |
| **Konformitätsprüfung:** (Übereinstimmungsprüfung) | Prüfung, die vom Hersteller durchgeführt wird, um die Produktübereinstimmung nachzuweisen. |
| **Fremdüberwachungsprüfung:** | Prüfung, die unter der Verantwortung einer Zertifizierungsstelle durchgeführt wird, um das Vertrauen in die Prüfergebnisse der Produktionslenkung sicherzustellen. |
| **Identitätsprüfung:** | Prüfung, um zu bestimmen, ob eine gewählte Charge oder Ladung zu einer konformen Grundgesamtheit gehört, für die der Konformitätsnachweis durch den Hersteller erbracht wurde. |
| **Erhärtungsprüfung:** | Prüfung, um einen Anhalt über die Betonfestigkeiten im Bauteil unter bestimmten Witterungsverhältnissen zu erhalten zum Beispiel zur Abschätzung der Ausrüst- und Ausschalfristen oder bei Spannbeton zwecks Aufbringens einer Teil- oder Vollvorspannung. |

## 4.4 Betonarten

In den Normen werden drei Arten von Beton unterschieden, die sich durch die Abgrenzung der Verantwortlichkeiten unterscheiden.

### 4.4.1 Beton nach Eigenschaften

*Beton nach Eigenschaften* ist ein Beton, für den die geforderten Eigenschaften (z. B. Expositions-, Festigkeits-, Konsistenzklasse) und eventuelle zusätzliche Anforderungen (z. B. Festigkeitsentwicklung, Wärmeentwicklung, Wassereindringtiefe) dem Hersteller gegenüber festgelegt sind, wobei der Hersteller für die Bereitstellung eines Betons, der den geforderten Eigenschaften entspricht, verantwortlich ist.

Die hierfür erforderliche *Erstprüfung* (bisher Eignungsprüfung genannt) sowie die Konformitätsnachweise sind vom Hersteller durchzuführen.

### 4.4.2 Beton nach Zusammensetzung

*Beton nach Zusammensetzung* ist ein Beton, für den die Zusammensetzung und die Betonausgangsstoffe, die verwendet werden müssen, dem Hersteller vorgegeben werden, der für die Lieferung eines Betons mit der festgelegten Zusammensetzung verantwortlich ist.

Die Erstprüfung ist vom Verfasser der Festlegung durchzuführen oder zu veranlassen und muss sicherstellen, dass die vorgegebene Betonzusammensetzung die für die jeweilige Bauaufgabe erforderlichen Eigenschaften aufweist. Auch die Konformitätsnachweise sind für den Beton nach Zusammensetzung vom Verfasser der Festlegung durchzuführen.

### 4.4.3 Standardbeton

*Standardbeton* ist ein Beton nach Zusammensetzung, für den in DIN 1045-2 Mindestzementgehalte (s. Abschnitt 4.6.1) festgelegt sind.

Eine Erstprüfung entfällt. Er darf nur verwendet werden, wenn folgende Voraussetzungen gegeben sind:

- Normalbeton;
- Festigkeitsklasse des Betons ≤ C 16/20;
- nur für Expositionsklasse X 0, XC 1, XC 2;
- keine Zusatzmittel oder -stoffe;
- nur natürliche normale Gesteinskörnung.

Dadurch ist der Standardbeton in seinen Einsatzmöglichkeiten und in seiner Anwendung sehr stark beschränkt.

## 4.5 Eigenschaften des Frischbetons und deren Prüfung

### 4.5.1 Verarbeitbarkeit und Konsistenz

Die *Verarbeitbarkeit* von Frischbeton ist keine messbare definierte Größe, sondern ein Sammelbegriff für rheologische Eigenschaften des Betons, die das Verhalten des Frischbetons beeinflussen, wie Fließgrenze, Viskosität und innere Reibung.

Die Verarbeitbarkeit des Betons muss auf den jeweiligen Anwendungsfall wie Herstellungsbedingungen, Förderart, Einbauverfahren und Verdichtungsmethode abgestimmt werden.

Unter *Konsistenz* wird die Steife des Frischbetons verstanden, die durch den Wassergehalt der Betonmischung, den Zementgehalt, die Kornzusammensetzung, die Kornform der Gesteinskörnung und durch Zusatzmittel und -stoffe beeinflusst wird.

Durch Messung der Konsistenz erfolgt in der Betontechnologie eine quantitative Beurteilung der Verarbeitbarkeit.

#### 4.5.1.1 Konsistenzprüfverfahren

Zur Bestimmung der Konsistenz wurden zahlreiche praxisnahe Prüfverfahren entwickelt, die jedoch immer nur Teilbereiche der Verarbeitbarkeit erfassen.

Nach DIN EN 206-1 kann zur Bestimmung der Konsistenzklasse (s. Abschnitt 4.3.2) die Prüfung nach verschiedenen Prüfverfahren erfolgen durch Bestimmung

- des Ausbreitmaßes (DIN EN 12350-5),
- des Verdichtungsmaßes (DIN EN 12350-4),
- des Setzmaßes (DIN EN 12350-2),
- der Setzzeit nach *Vébé* (DIN EN 12350-3).

Auch andere Prüfverfahren können vereinbart werden.

Während mit einigen Verfahren der Widerstand gegen Verformbarkeit bestimmt wird, prüfen andere Verfahren den Verdichtungsgrad bei vorgegebener Arbeit.

**Bestimmung des Ausbreitmaßes**

Die Bestimmung des *Ausbreitmaßes a* erfolgt mittels des 70 x 70 cm großen Ausbreittisches (Abb. 4.2).

**Abb. 4.2:** Ausbreittisch mit Kegelstumpfform

**Verfahrensweise:** Nach waagerechter und unnachgiebiger Lagerung des Tisches, dessen 2 mm dicke Blechplatte vor jedem Versuch feucht abzuwischen ist, wird der Beton mittels einer Kelle in die auf die Mitte des Ausbreittisches zu stellende, kegelstumpfförmige, innen ebenfalls feucht auszuwischende Blechform in zwei etwa gleichhohen Schichten eingebracht, die mit einem Holzstab zu ebnen sind. (Während des Verfüllens steht der Prüfende auf den beiden Trittblechen der Blechform.)

Der überstehende Beton wird alsdann bündig abgezogen, die freie Fläche oder Tischplatte gereinigt und die Blechform (1/2 Minute nach dem Abziehen des Betons) langsam lotrecht abgehoben.

Zur Feststellung der Betonkonsistenz wird die mit einem Handgriff versehene obere Tischplatte, die mit einer gleichgroßen Unterlage durch Scharniere verbunden ist, in etwa 15 sec 15mal um 4 cm bis zum Anschlag gehoben (ohne am Anschlag kräftig anzustoßen) und wieder frei fallen gelassen.

Das Ausbreitmaß ist durch Mittelung der parallel zu den Tischkanten festgestellten Durchmesser $a_1$ und $a_2$ in ganzen Zentimetern anzugeben. Bildet der Beton nach dem Ausbreiten keine geschlossene gleichförmige Masse, so ist der Ausbreitversuch zur Konsistenzbestimmung nicht geeignet.

### Bestimmung des Verdichtungsmaßes

Bestimmung des *Verdichtungsmaßes v* bei allen Betonkonsistenzen als Verhältnis eines in einem 40 cm hohen Behälter lose eingeschütteten Betons zu dessen Verdichtungshöhe:

$$v = 40/h$$

Verwendet wird ein oben offener Blechkasten von 40 cm Höhe und 20 x 20 cm Grundfläche oder eine 20 cm Würfelform mit Aufsatzrahmen (Abb. 4.3).

Das Verdichtungsmaß empfiehlt sich vor allem für Splittbeton, sehr mehlkornreichen Beton sowie für Leicht- und Schwerbeton.

**Verfahrensweise:** In den feucht ausgewischten oder leicht eingeölten Behälter wird der Beton mittels Kelle reihum von den einzelnen Behälterkanten aus über die Längsseite der Kelle locker bis zur gehäuften Füllung eingekippt und der überstehende Beton ohne Verdichtungswirkung abgestrichen.

Nachdem der im Behälter befindliche Beton durch Rütteln so lange verdichtet worden ist, bis er nicht mehr zusammensackt und eine evtl. Oberflächenwölbung durch Stampfen ausgeglichen ist, wird dessen Verdichtungshöhe *h* als Mittel einer an den vier Behälterecken von oben erfolgten Differenzmessung *s* festgestellt.

Beispiel: *Gemessene* Höhendifferenz (Abstichmaß) $s = 6$ cm, $h = 40 - s$

$$v = 40/(40-s) = 40/34 = 1{,}18 \mathrel{\hat{=}} \mathrm{C}\,2\,(1{,}25-1{,}11).$$

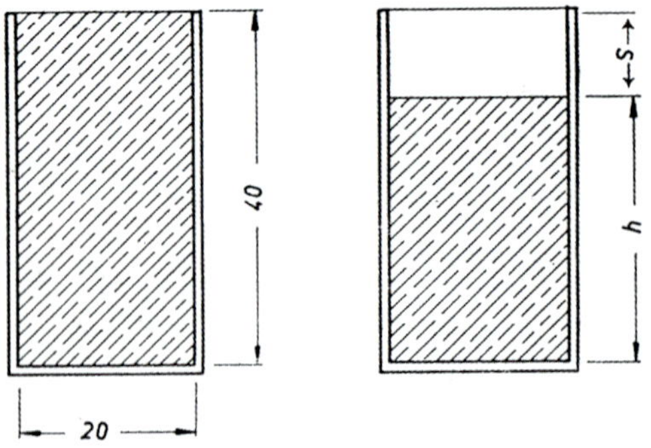


**Abb. 4.3:** Darstellung des Verdichtungsversuchs an Frischbeton

*Anmerkung:* Das Verdichtungsmaß kann, von der vollständigen Verdichtung ($v$ = 1,0) aus gesehen, auch als „Auflockerungsmaß des Betons" betrachtet werden.

Da bei Verwendung von gebrochenen Gesteinskörnungen die Verarbeitbarkeit des Betons durch den Verdichtungs- und Ausbreitversuch nicht voll erfasst wird, kann für Splittbeton die Bestimmung der *Fließzeit* herangezogen werden. Dies geschieht mit dem Behälter für den Verdichtungsversuch und einer Zusatzeinrichtung. Versuchsdurchführung und Zusatzeinrichtung siehe DAfStb, Heft 422.

### Bestimmung des Setzmaßes („slump-test")

Der mit der konusförmigen Blechform nach DIN EN 12350-2 geformte Betonkegelstumpf sinkt nach dem vertikalen Abheben der Form in sich zusammen.

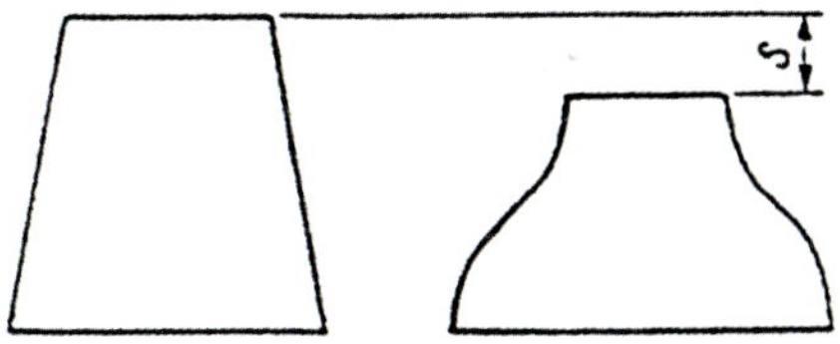


**Abb. 4.4:** Darstellung der Bestimmung des Setzmaßes

Die Höhendifferenz $s$ zwischen der Blechform und dem zusammengesunkenen Betonkegelstumpf ergibt das Setzmaß. Die Kegelstumpfform für Setzmaß und Setzzeit hat andere Abmessungen als die zur Bestimmung des Ausbreitmaßes.

### Bestimmung der Setzzeit nach Vébé

Als Maß für die Verdichtungswilligkeit eines Betons wird bei dem Vébé-Versuch die Rütteldauer gemessen, die erforderlich ist, um einen kegelstumpfförmigen Betonkörper in einen zylinderförmigen umzuformen.

Die gemessene Zeitdauer in Sekunden ergibt die Setzzeit.

**Verfahrensweise:** Bei dem Vébé-Gerät wird auf einem standardisierten Rütteltisch eine kegelstumpfartige Blechform, in die der Beton eingefüllt wird, in einen zylinderförmigen Behälter gestellt (Abb. 4.5). Nach dem Ziehen der Blechform wird eine Plexiglasplatte mit Gewicht und Führungsstange auf den Betonkegelstumpf aufgesetzt und die Rüttelzeit gemessen, bis der Betonkegelstumpf in einen Zylinder umgeformt ist. Dies ist der Fall, wenn die aufgesetzte Plexiglasplatte vollständig mit Zementleim benetzt ist.

### Weitere Konsistenzprüfverfahren

Weitere Konsistenzprüfverfahren stellen z. B. die Eindringversuche nach *Graf*, *Pearson* und *Humm* dar, bei denen stab-, kugel- oder kegelförmige Körper durch freien Fall, Schläge, Hubstöße oder Rütteleinwirkung in den Beton eindringen und das Eindringmaß bestimmt wird.

Mit dem Schockgerät nach *Powers* oder dem Trichter-Steifemessgerät nach *Pilny* werden ähnlich wie beim Vébé-Test Umformungs- oder Auslaufzeiten gemessen.

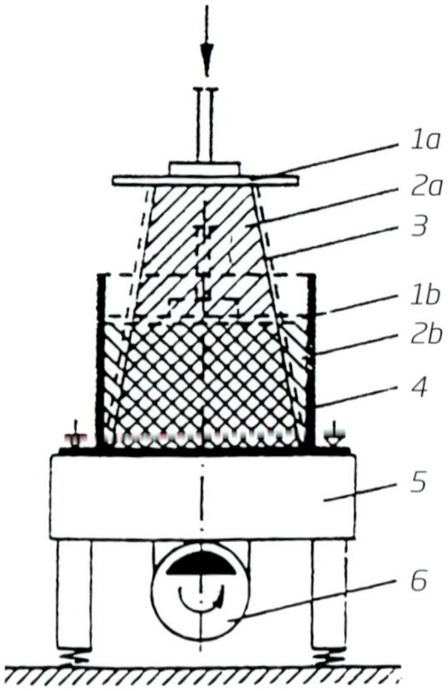


1: Plexiglasscheibe mit Gewicht und Führungsstange
1a: Ausgangsstellung
1b: Endstellung
2: zu prüfender Frischbeton
2a: als Kegelstumpf
2b: zum Zylinder umgeformt
3: Kegelstumpfform (wird vor der Messung gezogen)
4: Zylindergefäß
5: Rütteltisch
6: Vibrator

**Abb. 4.5:** Vébé-Gerät

#### 4.5.1.2 Grünstandfestigkeit des Frischbetons

Bei noch nicht in die Erhärtungsphase eingetretenem verdichteten Beton („grüner Beton") ist hinsichtlich des Ausschalens bei der Werksherstellung von Betonelementen die *Grünstandfestigkeit* von Bedeutung.

Die *Gründruckfestigkeit* ist im Wesentlichen von der Zementmenge, vom Wassergehalt, vom Körnungsaufbau und insbesondere auch von der aufgewendeten Verdichtungsarbeit am Beton abhängig und liegt in der Größenordnung bis 0,4 N/mm$^2$.

Zu unterscheiden hiervon ist die z. B. beim Gleitschalungsbau maßgebende, von der Erhärtungsgeschwindigkeit abhängige Erhärtungsentwicklung des *„jungen Betons"*.

## 4.5.2 Frischbetonrohdichte (DIN EN 12350-6)

Die Bestimmung der Rohdichte des Frischbetons erfolgt durch Wiegen beim Herstellen der Frischbetonkörper unmittelbar nach Abziehen der freien Oberfläche des verdichteten Betons, unter Abzug des Gewichtes der Prüfkörperform:

$$\sigma_{Rb,h} = m_{b,h} : V \text{ in kg/dm}^3$$

Die Masse $m_{b,h}$ des Betons ist auf 0,1 kg, die Formenabmessungen auf Millimeter abgerundet zu ermitteln und die Rohdichte auf zwei Dezimalstellen abgerundet anzugeben.

Bei Beton mit stark saugenden Gesteinskörnungen kann das Prüfergebnis durch verschiedene Wasseraufnahme der Gesteinskörnungen beeinflusst werden.

## 4.5.3 Luftporengehalt (DIN EN 12350-7)

Bei Frischbeton aus Gesteinskörnungen mit dichtem Gefüge kann der Luftporengehalt mittels des *Druckausgleichsverfahrens* geprüft werden. Bei normal verdichtetem Beton liegt der Luftporengehalt bei 1 bis 2 Vol.-%, unter Zugabe von Luftporenbildnern (LP-Mittel) entsprechend höher.

**Verfahrensweise (Abb. 4.6)**: Der in den 8 l fassenden Behälter eines handelsüblichen Luftporenmessgerätes eingebrachte Frischbeton wird nach vollständiger – jedoch nicht mittels eines *Innen*rüttlers – erfolgter Verdichtung bündig mit dem Gefäßrand abgezogen und evtl. die Rohdichte überprüft.

Nach Aufsetzen des dicht schließenden Oberteils und Ausfüllen des verbliebenen Hohlraums über zwei verschließbare Füllstutzen mit Wasser wird das Ventil eines auf dem Gerät befindlichen Behälters bestimmten Volumens und aufpumpbaren Luftdrucks geöffnet.

Der durch Zusammendrücken des Betons je nach dessen Luftporengehalt entstehende Luftdruckverlust gibt an einem justierten Druckmanometer den Luftporengehalt des Betons in Volumenprozent an.

Die Bestimmung des Luftporengehaltes von Beton mit porigen Gesteinskörnungen erfordert besondere Verfahren (ASTM C 173).

**Abb. 4.6:** Luftporenmessgerät für Beton (8 l Inhalt)

### 4.5.4 Frischbetontemperatur

Höhere und niedere Frischbetontemperaturen können die Betonerhärtung wesentlich beeinflussen, z. B. beim Betonieren bei warmer Witterung oder bei Frost (s. Abschnitt 4.8.4) sowie bei Massenbeton (s. Abschnitt 4.12.4). Es sind daher gegebenenfalls Messungen der Frischbetontemperaturen, zweckmäßig mittels eines Metallthermometers (Abb. 4.7), durchzuführen.

Lufttemperaturen unter +5 °C und über 30 °C erfordern hinsichtlich der Temperatur des einzubringenden Frischbetons besondere Maßnahmen (s. Abschnitt 4.13.7).

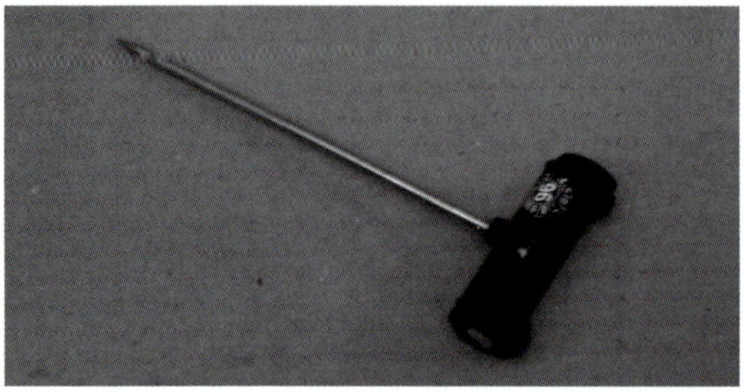

**Abb. 4.7:** Beton-Thermometer

## 4.6 Festlegung des Betons

Der Ausschreibende des Betons muss in der Leistungsbeschreibung sicherstellen, dass alle relevanten Anforderungen

- für die Betoneigenschaften,
- für den Transport nach der Lieferung,
- für das Einbringen,
- für die Verdichtung,
- für die Nachbehandlung oder weitere Behandlung

in der dem Hersteller zu übergebenden Festlegung enthalten sind.

Beton ist entweder *nach Eigenschaften* oder als Beton *nach Zusammensetzung* festzulegen. Unter bestimmten Beschränkungen kann auch ein Beton als *Standardbeton* ausgeschrieben werden.

### 4.6.1 Festlegung als Standardbeton

Betone der Festigkeitsklassen C 8/10, C 12/15 und C 16/20

- mit natürlichen normalen Gesteinskörnungen,
- ohne Betonzusatzstoffe oder -mittel

dürfen für die Expositionsklassen X0, XC 1, XC 2 nach der in Tabelle 4.11 vorgegebenen Zusammensetzung als *Standardbeton* hergestellt werden.

**Tabelle 4.11:** Anforderungen an den Standardbeton
Zement: Festigkeitsklasse **32,5** – Gesteinskörnung: Größtkorn **32 mm**

| Festigkeitskasse des Betons | Mindestzementgehalt[1] verdichteten Betons in kg/m³ für Konsistenzbereich | | |
|---|---|---|---|
| | steif (F1) | plastisch (F2) | weich (F3) |
| C 8/10 | 210 | 230 | 260 |
| C 12/15 | 270 | 300 | 330 |
| C 16/20 | 290 | 320 | 360 |

[1] Der Zementgehalt muss vergrößert werden
- bei Größtkorn der Gesteinskörnung von 16 mm um 10 %,
- bei Größtkorn der Gesteinskörnung von 8 mm um 20 %.

Der Zementgehalt darf verringert werden
- bei Zement der Festigkeitsklasse ≥ 42,5 um max. 10 %,
- bei Größtkorn der Gesteinskörnung von 63 mm um max. 10 %.

## 4.6.2 Festlegung nach Leistungsbeschreibung als Beton nach Eigenschaften oder nach Zusammensetzung

Bei der Festlegung des Betons nach Eigenschaften oder nach Zusammensetzung müssen die in Tabelle 4.12 enthaltenen Angaben für die Leistungsbeschreibung enthalten sein.

**Tabelle 4.12:** Grundangaben für die Leistungsbeschreibung

| Beton nach Eigenschaften | Beton nach Zusammensetzung |
|---|---|
| **Grundangaben** | |
| • Anforderung nach Übereinstimmung mit DIN EN 206-1<br>• Druckfestigkeitsklasse<br>• Expositionsklasse(n) und Feuchtigkeitsklasse<br>• Festigkeitsentwicklung<br>• Nennwert des Größtkorns der Gesteinskörnung<br>• Art der Verwendung (unbewehrter Beton, Stahl- oder Spannbeton)<br>• Konsistenzklasse oder Zielwert der Konsistenz<br>• Rohdichteklasse (oder Zielwert der Rohdichte) bei Leicht- oder Schwerbeton | • Anforderung nach Übereinstimmung mit DIN EN 206-1<br>• Zementgehalt<br>• Zementart und -festigkeitsklasse<br>• Wasserzementwert oder Konsistenz (Konsistenzklasse oder Zielwert)<br>• Art und Kategorie der Gesteinskörnung (bei Leicht- und Schwerbeton die Höchst- oder Mindestrohdichte der Gesteinskörnung)<br>• Nennwert des Größtkorns und etwaige Beschränkung der Sieblinie<br>• Zusatzstoffe oder Fasern |

| Beton nach Eigenschaften | Beton nach Zusammensetzung |
|---|---|
| **Zusätzliche Angaben** | |
| • besondere Anforderungen an Zementeigenschaften (z. B. niedrige Hydratationswärme)<br>• besondere Anforderungen an Gesteinskörnungseigenschaften<br>• Abriebwiderstand<br>• Anforderungen an die Spaltzugfestigkeit<br>• Luftgehalt<br>• besondere Anforderungen an die Frischbetontemperatur<br>• Wärmeentwicklung während der Hydratation<br>• Verarbeitbarkeitsdauer<br>• Wasserundurchlässigkeit<br>• Spaltzugfestigkeit<br>• besondere technische Anforderung (z. B. Sichtbeton, Widerstand gegen hohe Temperaturen) | • Herkunft einiger oder aller Betonausgangsstoffe stellvertretend für Eigenschaften, die nicht anders definiert werden können<br>• zusätzliche Anforderungen an die Gesteinskörnung<br>• besondere Anforderungen an die Frischbetontemperatur bei Lieferung<br>• andere technische Anforderungen |
| **Zusätzliche Angaben bei Transportbeton** | |
| • Lieferzeit und Abnahmegeschwindigkeit<br>• besonderer Transport auf der Baustelle<br>• besondere Verfahren beim Einbringen, z. B. Pumpbarkeit<br>• Beschränkungen für das Lieferfahrzeug, z. B. Typ (mit oder ohne Rührwerk), Größe, Höhe oder Gesamtgewicht | |

## 4.7 Grundanforderungen an die Betonausgangsstoffe

Die Betonausgangsstoffe dürfen schädliche Bestandteile nicht in derartigen Mengen enthalten, dass diese sich auf die Dauerhaftigkeit des Betons nachteilig auswirken können oder eine Korrosion der Bewehrung verursachen.

### 4.7.1 Zement

Im Allgemeinen sind alle Zemente nach DIN EN 197-1 geeignet.

Allerdings muss die Auswahl des Zementes aus den Zementdaten so erfolgen, dass die Verwendung des Betons, die Wärmeentwicklung des Betons im Bauwerk, die Erhärtungsbedingungen (z. B. Wärmebehandlung), die Größe und die Umgebungsbedingungen des Bauwerkes Berücksichtigung finden.

Außerdem muss der ausgewählte Zement für die festgelegten Expositionsklassen nach DIN 1045-2 zugelassen sein (s. Tabelle 4.13).

Tabelle 4.13: Anwendungsbereiche der Zemente für Expositionsklassen (nach [1])

| Expositionsklassen nach DIN EN 206<br>■ = gültiger Anwendungsbereich<br>□ = Anwendung ausgeschlossen bzw. nur durch entsprechende Nachweise für einige Zemente möglich | | | kein Korrosions oder Angriffsrisiko | Bewehrungskorrosion | | | | | | | | | Betonangriff | | | | | | |
|---|---|---|---|---|---|---|---|---|---|---|---|---|---|---|---|---|---|---|---|
| | | | | durch Carbonatisierung verursachte Korrosion | | | durch Chloride verursachte Korrosion | | | | | | Frostangriff | | | | aggressive chemische Umgebung | Verschleiß | Spannstahlverträglichkeit |
| | | | | | | | andere Chloride als Meerwasser | | | Chloride aus Meerwasser | | | | | | | | | |
| | | | X0 | XC1 | XC2 | XC3, XC4 | XD1 | XD2 | XD3 | XS1 | XS2 | XS3 | XF1 | XF2 | XF3 | XF4 | XA1 XA2 1) XA3 1) | XM1 XM2 XM3 | |
| CEM I | | | | | | | | | | | | | | | | | | | |
| CEM II | S | A/B | | | | | | | | | | | | | | | | | |
| | D | A | | | | | | | | | | | | | | | | | 2) |
| | P/Q | A/B | | | | | | | | | | | | | | | | | |
| | V | A | | | | | | | | | | | | | | | | | |
| | | B | | | | | | | | | | | | | | | | | |
| | W | A | | | | ■ | ■ | ■ | ■ | ■ | ■ | ■ | ■ | ■ | ■ | ■ | ■ | ■ | ■ |
| | | B | | ■ | | ■ | ■ | ■ | ■ | ■ | ■ | ■ | ■ | ■ | ■ | ■ | ■ | ■ | ■ |
| | T | A/B | | | | | | | | | | | | | | | | | |
| | LL | A | | | | | | | | | | | | | | | | | |
| | | B | | | | ■ | ■ | ■ | ■ | ■ | ■ | ■ | ■ | ■ | ■ | ■ | ■ | ■ | |
| | L | A | | | | | | | | | | | ■ | ■ | ■ | ■ | | | |
| | | B | | | | ■ | ■ | ■ | ■ | ■ | ■ | ■ | ■ | ■ | ■ | ■ | ■ | ■ | |
| | M 3) | A | | | | ■ | ■ | ■ | ■ | ■ | ■ | ■ | ■ | ■ | ■ | ■ | ■ | ■ | ■ |
| | | B | | ■ | | ■ | ■ | ■ | ■ | ■ | ■ | ■ | ■ | ■ | ■ | ■ | ■ | ■ | ■ |
| CEM III | | A | | | | | | | | | | | | | | 4) | | | |
| | | B | | | | | | | | | | | | | | 5) | | | |
| | | C | | ■ | | ■ | ■ | | ■ | ■ | | ■ | ■ | ■ | ■ | ■ | | ■ | ■ |

| Expositionsklassen nach DIN EN 206<br>▇ = gültiger Anwendungsbereich<br>☐ = Anwendung ausgeschlossen bzw. nur durch entsprechende Nachweise für einige Zemente möglich | | kein Korrosions oder Angriffsrisiko | Bewehrungskorrosion | | | | | | | | | | Betonangriff | | | | | | |
|---|---|---|---|---|---|---|---|---|---|---|---|---|---|---|---|---|---|---|---|
| | | | durch Carbonatisierung verursachte Korrosion | | | durch Chloride verursachte Korrosion | | | | | | Frostangriff | | | | aggressive chemische Umgebung | Verschleiß | Spannstahlverträglichkeit |
| | | | | | | andere Chloride als Meerwasser | | | Chloride aus Meerwasser | | | | | | | | | |
| | | X0 | XC1 | XC2 | XC3, XC4 | XD1 | XD2 | XD3 | XS1 | XS2 | XS3 | XF1 | XF2 | XF3 | XF4 | XA1 XA2 [1] XA3 [1] | XM1 XM2 XM3 | |
| CEM IV [3] | A | | | | | | | | | | | | | | | | | |
| | B | | | | | | | | | | | | | | | | | |
| CEM V [3] | A | | | | | | | | | | | | | | | | | |
| | B | | | | | | | | | | | | | | | | | |

[1] Bei chemischem Angriff durch Sulfat (ausgenommen bei Meerwasser) muss bei den Expositionsklassen XA 2 und XA 3 Zement mit hohem Sulfatwiderstand (SR-Zement) verwendet werden. Bei einem Sulfatgehalt des angreifenden Wassers von $SO_4^{2-}$ ≤ 1500 mg/l darf anstelle von SR-Zement eine Mischung von Zement und Flugasche verwendet werden.

[2] Silicastaub nach Zulassungsrichtlinien DIBt bez. Gehalt an elementarem Silicium (Si).

[3] Spezielle Kombinationen können günstiger sein.

[4] Festigkeitsklasse ≥ 42,5 N oder Festigkeitsklasse ≥ 32,5 R mit einem Hüttensand-Massenanteil von ≤ 50 %.

[5] CEM III/B darf nur für die folgenden Anwendungsfälle verwendet werden (auf Luftporen kann in beiden Fällen verzichtet werden): a) Meerwasserbauteile: $w/z$ ≤ 0,45; Mindestfestigkeitsklasse C 35/45 und z ≥ 340 kg/m³; b) Räumerlaufbahnen: $w/z$ ≤ 0,35; Mindestfestigkeitsklasse und z ≥ 360 kg/m³; Beachtung von DIN 19569-1, „Kläranlagen - Baugrundsätze für Bauwerke und technische Ausrüstungen. Allgemeine Grundsätze".

**Bezeichnung der Zusatzstoffarten:**

S = Hüttensand | D = Mikrosilika
P = natürliches Puzzolan | Q = künstliches Puzzolan
V = silikatische Flugasche | W = kalkreiche Flugasche
T = gebrannter Schiefer | L = Kalkstein (TOC ≤ 0,5 M.-%)
LL = Kalkstein (TOC ≤ 0,2 M.-%) | M = Mixture mit Angabe der Komponenten, z. B. M (S-V-L)

Bezeichnung der Zusatzstoffmenge A, B oder C.

☐ = zulässig ▇ = nicht zulässig

Da die neue Zementnorm DIN EN 197 Zementarten enthält, für deren Dauerhaftigkeit im Beton bisher in Deutschland noch wenige Erfahrungen vorliegen, wurden in DIN 1045-2 Anwendungsregeln festgelegt, die Anwendungseinschränkungen für folgende Zemente beinhalten:

- CEM III C — Hochofenzement mit 81 bis 95 M-% Hüttensand
- CEM II M und W — Portlandkompositzemente
- CEM IV — Puzzolanzemente
- CEM V — Kompositzemente
- VLH-Zemente — nach DIN EN 14216

Für spezielle Zementzusammensetzungen wurden die Anwendungsbereiche jedoch wieder erweitert (s. DIN 1045-2, Tab. F.3.2 und F.3.4). Sollen Zemente, die nach diesen Tabellen nicht anwendbar sind, verwendet werden, bedürfen sie einer Allgemeinen Bauaufsichtlichen Zulassung.

## 4.7.2 Gesteinskörnung

Im Allgemeinen gelten alle normalen und schweren Gesteinskörnungen nach DIN EN 12620 und leichten Gesteinskörnungen nach DIN EN 13055 als geeignet. Die Auswahl der Gesteinskörnungsart hat nach der Art der Betonverwendung zu erfolgen. Die Kornzusammensetzung wird durch Sieblinien oder Gesteinskörnungskennwerte gekennzeichnet. Einschränkung für die Verwendung von Gesteinskörnungsarten zeigt Tabelle 4.14.

**Tabelle 4.14:** Besondere Gesteinskörnungsarten und ihre Verwendung

| Gesteinskörnungsart | Verwendung nur mit nachgewiesener Eignung [1)] |
|---|---|
| nicht aufbereitet | Verwendung nur für Beton ≤ C 12/15 |
| wiedergewonnen | DAfStb-Richtlinie beachten „... Verwendung von Restbeton und Restmörtel" |
| rezykliert | DAfStb-Richtlinie beachten und DIN 4226 Teil 100 „Beton mit rezyklierter Gesteinskörnung" |

1) Nachweis der Eignung durch
- Normen oder Richtlinien in Verbindung mit der Bauregelliste;
- Allgemeine bauaufsichtliche Zulassung. Dies bedeutet nicht die Eignung für **jeden** Anwendungsfall bzw. **jede** Betonzusammensetzung!

Enthält die Gesteinskörnung Varietäten von Kieselsäure, die empfindlich auf den Angriff von Alkalien ($Na_2O$ und $K_2O$ aus dem Zement oder anderen Quellen) reagieren, so sind Vorsichtsmaßnahmen zu ergreifen. Beurteilung und Verwendung nach DAfStb-Rili „Vorbeugende Maßnahmen gegen schädigende Alkalireaktion im Beton". Verdacht auf mögliche AKR-Reaktion s. Abschn. 2.3.2.3.

### 4.7.3 Mehlkorn- und Feinstsandgehalt

Mehlkorngehalt: Gehalt des Betons an Zement + in der Gesteinskörnung enthaltener Anteil 0/0,125 mm + Betonzusatzstoff

Feinstsandgehalt: Anteil der Gesteinskörnung zwischen 0,125 mm und 0,25 mm.

Gute Verarbeitbarkeit, Wasserrückhaltevermögen sowie ein geschlossenes Gefüge setzen eine bestimmte Menge an Mehlkorn voraus. Dies gilt insbesondere für Beton, der auf längere Strecken oder in Rohrleitungen gefördert wird, ferner bei dünnwandigen bewehrten Bauteilen, wasserundurchlässigem Beton und für Sichtbeton.

Die Höhe des Mehlkorngehaltes kann den Bedürfnissen entsprechend frei gewählt werden bis auf:

Betone für bestimmte Expositionsklassen (XF - Frost, XM - Verschleiß) und für hochfeste Betone ab Festigkeitsklasse C 55/67 und LC 55/60.

Die Beschränkung des Mehlkorngehaltes bei diesen Betonen ist erforderlich, weil sich bei ihnen ein zu hoher Mehlkorngehalt nachteilig auf die Festbetoneigenschaften auswirkt.

Höchstzulässige Mehlkorn- und Feinstsandgehalte s. Abschnitt 4.9.2.2.

### 4.7.4 Zugabewasser

Als *Zugabewasser* ist das in der Natur vorkommende Wasser geeignet, soweit es nicht Bestandteile enthält, die das Erhärten des Betons ungünstig beeinflussen oder den Korrosionsschutz der Bewehrung beeinträchtigen, z. B. bestimmte Industrieabwässer und Moorwässer. Der Chloridgehalt des Wassers darf für Stahlbeton maximal 2 000 mg/l und für Spannbeton und Einpressmörtel maximal 600 mg/l betragen.

Beurteilung des Zugabewassers nach DIN EN 1008 „Zugabewasser für Beton; Festlegung für die Probenahme, Prüfung und Beurteilung der Eignung von Wasser".

Grundwasser, das durch Dauerwirkung auf den erhärteten Beton schädlich wirkt, kann als Anmachwasser noch geeignet sein. Im Zweifelsfalle sind jedoch eingehende Laboruntersuchungen erforderlich oder auch Vergleichsversuche mit Trinkwasser an Zementleim, Mörtel oder Beton hinsichtlich Erstarrungsverhalten und Festigkeiten.

Bei der Transportbetonherstellung anfallendes Restwasser ist verwendbar, sofern die Auflagen in der „Richtlinie für die Herstellung von Beton unter Verwendung von Restwasser, Restbeton und Restmörtel" des DAfStb erfüllt werden.

Für die Herstellung von hochfestem Beton ab der Festigkeitsklasse C 55/67 darf Restwasser nicht verwendet werden. Ebenso nicht bei der Herstellung von selbstverdichtendem Beton (SVB) und einer Reihe weiterer Sonderbetone (z. B. LP-Beton).

## 4.7.5 Betonzusätze

Es ist zwischen *Betonzusatzstoffen* und *Betonzusatzmitteln* zu unterscheiden. Die Betonzusätze finden auch entsprechende Anwendung bei den Zementmörteln (s. Abschnitt 3.2).

### 4.7.5.1 Zusatzstoffe

Unter Zusatzstoffen sind fein verteilte Stoffe im Beton zu verstehen, die bestimmte Frisch- und Festbetoneigenschaften, z. B. die Verarbeitbarkeit, die Wasserundurchlässigkeit, die Wärmeentwicklung, beeinflussen und als Volumenbestandteile bei der Mischungsberechnung zu berücksichtigen sind.

Man unterscheidet:

- *Zusatzstoffe des Typs I.* Nahezu inerte Stoffe, wie mineralische Füller (Gesteinsmehle) nach DIN EN 12620 oder Pigmente nach DIN EN 12878 zum Einfärben von zementgebundenen Baustoffen. Diese Zusatzstoffe wirken lediglich als Füllstoffe, ohne eine chemische Reaktion mit dem Zement einzugehen.
- *Zusatzstoffe des Typs II.* Anorganische, puzzolanische oder latent hydraulische Stoffe, wie Flugasche nach DIN EN 450, Silikastaub nach DIN EN 12263 und Trass nach DIN 51043. Aufgrund ihrer chemischen Reaktion mit dem Zement dürfen diese Zusatzstoffe nach dem *k*-Wert-Ansatz auf den Zementgehalt und den Wasserzementwert der Betonzusammensetzung angerechnet werden.

  **Flugasche** ist feinkörniger Staub, der hauptsächlich aus kugelförmigen, glasigen Partikeln besteht, der bei der Verbrennung fein gemahlener Kohle anfällt, puzzolanische Eigenschaften hat und im Wesentlichen aus $SiO_2$ und $Al_2O_3$ besteht.

  **Silikastaub** ist ein feinkörniger, weitgehend amorpher, mineralischer Zusatzstoff, der beim Herstellen von Silicium und Silicium-Legierungen entsteht und pulverförmig oder in wässriger Suspension (Silicasuspension) geliefert wird.

  **Trass** ist natürlicher, saurer, puzzolanischer, aufbereiteter Tuffstein, der aus glasigen und kristallinen Phasen, chemisch überwiegend aus $SiO_2$, $Al_2O_3$ besteht.

Die Eignung der Zusatzstoffe der Typen I und II ist im Allgemeinen für die genormten Zusatzstoffe nachgewiesen. Sie dürfen im Beton in gleicher Menge wie bei den *Erstprüfungen* verwendet werden. Mit der Erstprüfung muss festgestellt werden, ob eine Betonzusammensetzung alle festgelegten Anforderungen an den Frisch- und Festbeton erfüllt.

Der *k*-Wert-Ansatz für den Zusatzstoff des Typs II erlaubt es,

- den Begriff „Wasserzementwert" durch Wasser/(Zement + *k*·Zusatzstoff)-Wert auszutauschen („äquivalenter Wasserzementwert"),
- den Zusatzstoff auf den Mindestzementgehalt anzurechnen.

Der tatsächliche *k*-Wert hängt vom jeweiligen Zusatzstoff ab (s. Abschnitt 4.9.4.1).

**Tabelle 4.15:** Kennwerte der Betonzusatzstoffe

| Zusatzstoffart | spez. Oberfläche [$cm^2/g$] | Dichte [$kg/dm^3$] | Schüttdichte [$kg/dm^3$] |
|---|---|---|---|
| Kalksteinmehl (DIN EN 12620) | ≥ 3500 | 2,6 ... 2,7 | 1,0 .... 1,3 |
| Quarzmehl (DIN EN 12620) | ≥ 1000 | 2,65 | 1,3 ... 1,5 |
| Flugasche (DIN EN 450) | ≥ 2000 | 2,2 ... 2,6 | 1,0 ... 1,1 |
| Silicastaub (DIN EN 13226) | ≥ 180 000 ≤ 250 000 | ca. 2,2 | 0,3 ... 0,6 |
| Trass (DIN 51043) | ≥ 5000 | 2,4 ... 2,6 | 0,7 ... 1,0 |

Zur Herstellung von *hochfestem* Beton ≥ C 55/67 wird bevorzugt *Silicastaub* als Zusatzstoff verwendet.

Die günstige festigkeitssteigernde Wirkung im Beton ist im Wesentlichen auf

- die Füllerwirkung,
- die puzzolanische Reaktion,
- den verbesserten Verbund zwischen Zementstein und Gesteinskörnung

zurückzuführen.

### 4.7.5.2 Zusatzmittel

Zusatzmittel sind selten pulverförmige, aber meist flüssige Zusätze, die durch chemische und/oder physikalische Wirkung die Frisch- oder Festbetoneigenschaften beeinflussen, z. B. Verarbeitbarkeit, Frost- bzw. Frosttausalzwiderstand, Erstarrungszeiten, Wasseraufnahme.

Als Volumenanteil des Betons sind sie ohne Bedeutung (mit Ausnahme der Luftporenbildung bei den Luftporenbildnern).

Ist jedoch bei **flüssigen** Zusatzmitteln die Gesamtmenge größer als 3 $l/m^3$ Beton, muss die darin enthaltene Wassermenge beim *w/z*-Wert berücksichtigt werden.

Im Allgemeinen gelten Zusatzmittel als geeignet, wenn sie DIN EN 934-2 entsprechen (CE-Kennzeichnung). Aber auch Zusatzmittel mit allgemeiner bauaufsichtlicher Zulassung dürfen in Deutschland verwendet werden.

Die Zugabe pulverförmiger Zusatzmittel sollte zusammen mit der Zugabe des Zementes erfolgen. Die Zugabemenge in g bzw. ml bezieht sich auf das Zementgewicht.

Pulverförmige Zusatzmittelmengen unter 2 g/kg Zement sind nur erlaubt, wenn sie in einem Teil des Anmachwassers aufgelöst werden. Ebenso sollten flüssige Zusatzmittel zur Gewährleistung gleichmäßiger Verteilung zuvor mit einem Teil des Zugabewassers verrührt werden.

#### Grenzwerte für die Zugabemengen

Mindestzugabe 2 g bzw. 2 ml/kg Zement Höchstzugabe 50 g/kg Zement + anrechenbare Zusatzstoffe. *Überdosierungen* können Erstarrungsverzögerungen zur Folge haben.

Bei gleichzeitiger Anwendung mehrerer Zusatzmittel muss die Verträglichkeit der Zusatzmittel in einer Erstprüfung untersucht werden. Die **Höchstzugabe** beträgt hierbei

60 g/kg (Zement + anrechenbare Zusatzstoffe) ausgenommen Sonderfälle, wie z. B. hochfester Beton.

Für *hochfesten* Beton gelten folgende Höchstzugaben:

| | |
|---|---|
| Verflüssigende Zusatzmittel | ≤ 70 g bzw. 70 ml/kg Zement |
| Bei gleichzeitiger Anwendung mehrerer Zusatzmittel: | ≤ 80 g bzw. 80 ml/kg Zement. |

## Arten und Wirkungsweise der Zusatzmittel

### Betonverflüssiger (BV) [Farbkennzeichnung: Gelb]

Durch Herabsetzung der Oberflächenspannung des Wassers wird eine intensivere Benetzung des Anmachwassers und damit bessere Dispergierung des Zementes bewirkt, wodurch sich die Konsistenz des Betons ohne Veränderung des Wassergehaltes verbessert. Auch wird durch eine verringerte Wasserabstoßung (Bluten) der Entmischungsneigung des Betons beim Transport und Einbau vorgebeugt.

Andererseits kann bei Beibehaltung der Konsistenz der Wassergehalt verringert und damit die Festigkeit gesteigert werden oder durch Verminderung der Zementleimmenge eine Einsparung an Zement erfolgen, was auch eine geringere Wärmeentwicklung des Betons und geringere Schwindspannungen zur Folge hat.

### Fließmittel (FM) [Farbkennzeichnung: Grau]

Zusatzmittel, das eine erhebliche Verminderung des Wassergehaltes einer Betonmischung ermöglicht, ohne die Konsistenz zu beeinträchtigen oder ohne Veränderung des Wassergehaltes das Setzmaß/Ausbreitmaß erheblich erhöht oder das gleichzeitig beide Wirkungen hervorruft.

Dient zur Herstellung von *Fließbeton* der Konsistenzklassen ≥ S 4, V 4, C 3, ≥ F 4.

Fließmittel können bei Transportbeton zur Herstellung von Fließbeton oder zur nachträglichen Erhöhung der Konsistenz auch zu einem späteren Zeitpunkt in die Fahrmischertrommel hinzugefügt werden. Die Einmischzeit muss mindestens 1 min je $m^3$ Beton, jedoch nicht weniger als 5 min betragen.

Die Anwendung hat nach der DAfStb-Richtlinie „Fließbeton – Herstellung, Verarbeitung und Prüfung" zu erfolgen.

Bei Fließbeton ergibt sich eine wesentliche Arbeitsersparnis durch geringeren Verdichtungsaufwand sowie Möglichkeit einer Verteilung des Betons durch Rinnenschüttung.

### Stabilisierer (ST) [Farbkennzeichnung: Violett]

Zusatzmittel, das das Absondern von Anmachwasser durch vermindertes Bluten verringert und den Zusammenhalt des Betons durch eine Erhöhung der Viskosität des Wassers verbessert.

### Luftporenbildner (LP) [Farbkennzeichnung: Blau]

Durch gleichmäßig verteilte kleinste Luftporen (∅ ≤ 0,3 mm) werden die Kapillaren des Zementsteins unterbrochen. Hierdurch wird die Wasseraufnahmefähigkeit des Betons verringert und insbesondere die Frost- und Tausalzbeständigkeit verbessert, indem die luftgefüllten Poren die Ausdehnung der sich in den Kapillarröhrchen bildenden Eiskristalle sowie der auskristallisierenden Tausalze aufnehmen und damit die inneren Spannungen verringern.

Die *Verarbeitbarkeit* des Frischbetons wird durch die Gleitwirkung der kugeligen Luftporen verbessert und die Entmischungsneigung verringert (1 Vol.-% zusätzliche Luftporen haben eine ähnliche Wirkung wie etwa 15 kg Mehlkorn je $m^3$ Beton).

Bei *gleichbleibender* Konsistenz wird die durch Poren verursachte Festigkeitsminderung in etwa aufgehoben. Höherer LP-Gehalt führt zu wesentlichen Festigkeitsminderungen.

Weicher sowie feinstoffarmer Beton ergibt bei gleicher Dosierung höheren LP-Gehalt als steife und feinstoffreiche Mischungen. Bei zu langem Mischen und zu intensivem Rütteln vermindert sich der Luftporengehalt (s. a. Transportbeton). – Laufende Luftporenkontrolle erforderlich!

*Anwendung* insbesondere beim Straßen- und Flugplatzbau (Mindestluftporengehalt abhängig von Größtkorn) sowie beim Talsperrenbau.

Beim Verwenden von LP-Mitteln muss ggf. mit verstärktem Schwinden und Kriechen gerechnet werden.

**Erstarrungsbeschleuniger (BE) [Farbkennzeichnung: Grün]**

Durch Anregung der reaktionsfreudigeren Bestandteile des Zementes lässt sich eine Beschleunigung des Erstarrungsbeginns des Betons oder Mörtels bis zu wenigen Minuten herbeiführen. Die schnelle Reaktion bewirkt Freisetzung von Wärme, vermindert jedoch die Endfestigkeit und vergrößert das Schwindmaß des Betons.

Je nach verwendetem Mittel sind Ausblühungen möglich. Eine Überdosierung kann Umschlagen zum Verzögerer bewirken.

*Anwendung* zur Abdichtung von Wassereinbrüchen, bei Spritzbeton, zum Einsetzen von Verankerungen, zur Verbesserung der Grünstandfestigkeit von Betonerzeugnissen. Bei kalter Witterung raschere Widerstandsfähigkeit des Betons (Gefrierschutz).

Bei Stahlbeton keine Verwendung chloridhaltiger Mittel (sog. Frostschutzmittel); auch nicht bei Beton und bei Putzmörteln oder Mörteln, die z. B. beim Einsetzen von Dübeln mit Stahl in Berührung kommen.

*Erhärtungsbeschleuniger* sind Zusatzmittel, die die Anfangsfestigkeit beschleunigen, mit oder ohne Einfluss auf die Erstarrungszeit.

**Verzögerer (VZ) [Farbkennzeichnung: Rot]**

Durch Verzögerung des Beginns der Hydratation des Zementes bewirken die Mittel eine längere Verarbeitungszeit des Betons. In ihrer Wirkungsweise sind sie wesentlich von der chemischen Zusammensetzung des Zementes sowie von Temperatureinflüssen abhängig.

Die Hinauszögerung der Betonverarbeitung erfordert entsprechende Maßnahmen gegen vorzeitiges Verdunsten des Anmachwassers (bei Sichtbeton evtl. ausreichendes Vorfeuchten der Schalung). Die langsamere Anfangserhärtung bewirkt geringere Wärmeentwicklung. Mit höherer Endfestigkeit kann im Allgemeinen gerechnet werden.

Bei Überdosierung Umschlagen zur Wirkung eines Erstarrungsbeschleunigers möglich.

Richtlinie für „Beton mit verlängerter Verarbeitungszeit (Verzögerter Beton); Eignungsprüfung, Herstellung, Verarbeitung und Nachbehandlung", Fassung 2006-11.

*Anwendung* zur Vermeidung von Arbeitsfugen bei lagenweisem Betonieren sowie von Rissbildungen bei Lehrgerüstverformungen; ferner zur Verlängerung der Verarbeitungszeit bei längeren Transportwegen und/oder hohen Temperaturen.

**Dichtungsmittel (DM) [Farbkennzeichnung: Braun]**

Zusatzmittel, das die kapillare Wasseraufnahme des Festbetons verringert. Die wirksame Anwendung der Dichtungsmittel setzt einen im Kornaufbau einwandfrei zusammengesetzten und gut verdichteten Beton voraus! Die Mittel reagieren mit den Hydratationsprodukten des Zementes und bewirken außer einer Hydrophobierung (Wasserabstoßung) der Kapillarwände auch eine gewisse Verstopfung der Poren, die allerdings erst bei Wasserandrang eintritt. Bei höherem Wasserdruck wird jedoch die wasserabweisende Wirkung in den Kapillaren überwunden.

Verbesserung der Verarbeitbarkeit evtl. durch entstehende Luftporen (Festigkeitsabfall möglich).

*Anwendung* beim Behälterbau, bei Bauwerken im Grundwasser, bei Betonrohren und gegen aufsteigende Feuchtigkeit.

**Einpresshilfen EH [Farbkennzeichnung: Weiß]**

Das beim Verpressen von Spannkanälen und Hohlräumen zu verwendende Mittel fördert das Fließvermögen des Einpressgutes, verhindert das Absetzen des Mörtels und bewirkt durch gasbildende Stoffe (z. B. Wasserstoffentwicklung durch Aluminiumpulver) ein sattes Ausfüllen der Hohlräume sowie durch die Gasporen erhöhten Frostwiderstand.

Die Treibwirkung hängt wesentlich von Temperatur und chemischer Zusammensetzung des Zementes ab.

**Multifunktionales Zusatzmittel**

Zusatzmittel, das mehrere Eigenschaften des Frisch- und/oder Festbetons beeinflusst, indem es mehr als eine der vorstehend definierten Hauptwirkungen aufweist. Multifunktionale Zusatzmittel der Wirkungsgruppen „Verzögerer/Betonverflüssiger" und „Erstarrungsbeschleuniger/Betonverflüssiger" nach DIN EN 934-2 dürfen **nicht** verwendet werden.

**Chromatreduzierer (CR) [Farbkennzeichnung: Rosa]**

Dienen der Reduzierung von aus dem Zement stammendem löslichen Chrom zu unlöslichem Chrom. Sie werden bei Betonen und Mörteln eingesetzt, die in Bereichen mit Hautkontakt verarbeitet werden und nicht mit chromatarmem Zement hergestellt wurden, um Hautallergien zu reduzieren.

**Recyclinghilfen für Waschwasser (RH) [Farbkennzeichnung: Schwarz]**

RH sollen eine Wiederverwendung von Waschwasser, das beim Reinigen von Mischfahrzeugen anfällt, ermöglichen, indem sie die Hydratation des Zements blockieren.

**Schaumbildner (SB) [Farbkennzeichnung: Orange]**

Dienen der Herstellung eines Schaumbetons bzw. Betons mit porosiertem Zementleim durch Einführung eines sehr hohen Gehalts an Luftporen ( nicht für Beton nach DIN EN 206-1, DIN 1045-2).

**Sedimentationsreduzierer (SR) [Farbkennzeichnung: Gelb-Grün]**

Reduzieren das Sedimentieren von Betonbestandteilen im Frischbeton, z. B. bei selbstverdichtendem Beton (SVB). Die Zusatzmittel CR, RH, SB und SR benötigen eine zusätzliche Zulassung.

**Schwindreduzierer (SRA – Shrinkage Reducing Admixtures)**

Sollen das Schwinden und Aufschüsseln des Betons verringern. Die Wirkung basiert meist auf der Verringerung der Oberflächenspannung des Wassers. Damit trocknet der Beton gleichmäßiger und langsamer aus. Wirkstoffe sind meist komplexe Glykole oder andere Alkohole. Die Verträglichkeit mit anderen Zusatzmitteln (vor allem LP-Bildner) ist nachzuweisen.

## 4.8 Einflüsse auf die Betoneigenschaften

### 4.8.1 Zementfestigkeit

Die Festigkeitseigenschaften eines Betons stehen unter der Voraussetzung sonstiger gleichbleibender Einflussgrößen (Mischungsverhältnis, Kornzusammensetzung, Wasserzementwert, Betonsteife, Verdichtung usw.) näherungsweise im direkten Verhältnis zur Normfestigkeit des Zementes.

*Beispiel:*

Ein Beton C 20/25 mit einer festgestellten mittleren Druckfestigkeit nach 28 Tagen $f_{cm,28}$ = 31,5 N/mm², der mit einem Zement CEM 32,5 der nachgewiesenen Normfestigkeit $N_{28}$ = 43,0 N/mm² hergestellt ist, lässt bei unveränderter Zement- und Wasserzugabe, jedoch unter Verwendung eines Zementes CEM 42,5 mit einer Normfestigkeit $N_{28}$ = 55,0 N/mm², etwa folgende Druckfestigkeit erwarten:

$$f_{cm,28} = 31{,}5 \cdot \frac{55{,}0}{43{,}0} = 40{,}0\ N/mm^2$$

### 4.8.2 Wasserzementwert

Die Güte des Zementsteins hängt von der Normfestigkeit des Zementes und vom Wasserzementwert des Zementleims ab (s. a. Abschnitt 3.1.5.3). Der Wasserzementwert ($\omega$) ist das Verhältnis vom Wassergewicht ($w$), einschließlich der Oberflächenfeuchtigkeit der Gesteinskörnung, zum Zementgewicht ($z$):

$$\omega = w/z$$

*Anmerkung*: Das Kürzel $\omega$ hat sich in der Betontechnologie nicht durchgesetzt, i. d. R. wird *w/z* verwendet.

Da bei der Erhärtung des Zementes nur etwa 40 % seines Gewichtes an Wasser gebunden werden, ist der Zementstein demgemäß in seiner Festigkeit und Dichtigkeit umso hochwertiger, je weniger er von überschüssigem Wasser, das beim Austrocknen Kapillaren hinterlässt, durchsetzt ist (Festleimporenraum).

Der relative Festigkeitsabfall („Verdünnungsabfall") eines beliebig zusammengesetzten Betons infolge veränderlichen Wasserzementwertes wird durch Abb. 4.8 veranschaulicht. Aus der Kurve lassen sich näherungsweise innerhalb eines gleichen Betons bei verschiedenen Verflüssigungsstufen des Zementleims, d. h. bei veränderlichem *w/z*-Wert, vergleichende Schlüsse auf die Veränderung der Betonfestigkeit ziehen. (Die Betondruckfestigkeit ist hier für den *w/z*-Wert 0,50 = 100 % gesetzt.)

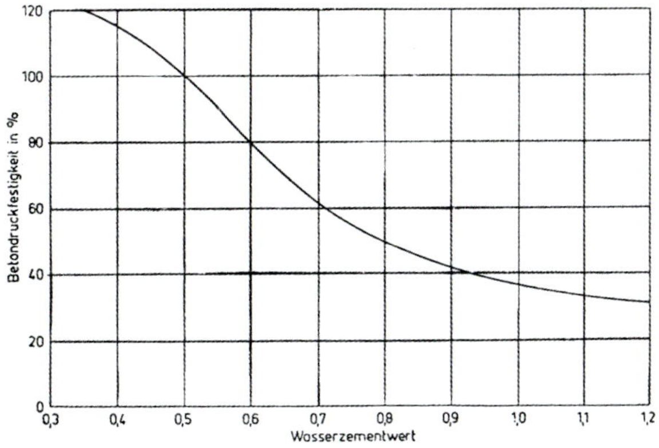


**Abb. 4.8:** Abhängigkeit der Betondruckfestigkeit vom Wasserzementwert; Festigkeit beim *w/z*-Wert 0,5 gleich 100 % gesetzt

*Beispiel:*

Wird ein Beton C 25/30, dessen mittlere Druckfestigkeit nach 28 Tagen $f_{cm,28}$ = 34,0 N/mm² aufgrund eines festgelegten *w/z*-Wertes bekannt ist, in seiner Konsistenz durch höhere Wasserzugabe verändert, sodass sich der Wasserzementwert von z. B. *w/z* = 0,55 (Ordinate 90) auf *w/z* = 0,70 (Ordinate 60) vergrößert, so verringert sich die Betondruckfestigkeit $f'_{cm,28}$ nach dem Kurvenverlauf im Verhältnis der Ordinaten:

$$f'_{cm,28} = 34{,}0 \cdot \frac{60}{90} = 22{,}7\,\text{N/mm}^2 \qquad \rightarrow \text{C 12/15}$$

### Anwendung des *w/z*-Wertes

*Veränderung der Wasserzementmenge bei konstantem Zementgehalt*

Die alleinige Vergrößerung der Wassermenge *w* zur Verflüssigung der Konsistenz bedingt einen Abfall der Zementsteinfestigkeit (Zementsteindichte) und damit Abfall der Betondruckfestigkeit:

Beispiel: Ausgangsmischung: Bei 10 l Wasserzugabe:

$$\frac{w}{z} = \frac{50\,\text{kg}}{100\,\text{kg}} = 0{,}50 \qquad \frac{w}{z} = \frac{50 + 10\,\text{kg}}{100\,\text{kg}} = 0{,}60$$

*Verhältnisgleiche Veränderung der Wasser- und Zementmenge*

Veränderungen der Wasser- und Zementmenge im gleichbleibenden Verhältnis ($w/z$ = konstant) ergeben keine Veränderung der Zementleimgüte, sondern nur der Zementleimmenge.

Beispiel: $$\frac{w}{z} = \frac{50\text{kg}}{100\text{kg}} = \frac{50 + 10\text{kg}}{100 + 20\text{kg}} = 0{,}50$$

Ein Beton bzw. Mörtel kann demnach durch Vergrößerung oder Verringerung der Zementleimmenge gleicher Güte in seiner Konsistenz (Verarbeitbarkeit) ohne wesentliche Beeinträchtigung der Festigkeit verändert werden.

*Beweis:* Keine Verschiebung der Ordinate für $w/z$ = 0,50 in Abb. 4.8.)

Auch die Überlegung, dass bei „Verleimungen", im vorliegenden Falle von Gesteinskörnungskörnern (ähnlich wie bei Holzverleimungen), in gewissen Grenzen nicht die Dicke der Leimschicht, sondern deren Güte maßgebend ist, bestätigt die Richtigkeit der Wasser-Zement-Wert-Theorie.

Vorstehende Gesetzmäßigkeit gilt praktisch nur innerhalb der Grenzen üblicher Verarbeitbarkeit des Frischbetons oder Mörtels: Die untere Grenze der Zementleimmenge konstanten $w/z$-Wertes ist die genügende Umhüllung der Gesteinskörnungskörner und die Auffüllung aller Hohlräume im Korngemisch mit Zementleim. Andererseits bedingen höhere Zementleimmengen - abgesehen von der Entmischungsgefahr flüssiger werdenden Mischgutes - zufolge des größeren Abstandes der Gesteinskörnungskörner voneinander, die härter als der Zementstein sind, eine geringe Abnahme der Gesamtfestigkeit.

Die Verarbeitbarkeit eines Betons (Konsistenz) ist demgemäß bei Konstanthaltung des $w/z$-Wertes ohne Beeinträchtigung der erforderlichen Betonfestigkeit regelbar, wobei die Menge des Zementleims und damit der Zementbedarf u. a. von der Sieblinie (spezifische Kornoberfläche) und von der Kornform der Gesteinskörnungs sowie von der Betonverdichtung abhängig ist (s. Abschnitt 4.8.3).

Es ergibt sich hieraus die Überlegung, dass auch ein Beton aus vorbereitetem Zementleim festgelegter Güte herstellbar ist, was allerdings die Trocknung der Gesteinskörnungen zur Vermeidung einer Veränderung der Zementleimkonsistenz erfordert.

Die verbrauchte Zementmenge ($m_{zl}$) einer Mischung ergibt sich dann aus dem Gewicht des zugegebenen Zementleims ($m_{zl}$) und dem bekannten $w/z$-Wert ($\omega$):

$$m_{zl} = m_z + m_z \cdot \omega$$

$$m_z = m_{zl}/(1 + \omega) \text{ in kg}$$

### Höchstzulässige *w/z*-Werte

Bei Stahlbeton darf aus Gründen des Korrosionsschutzes ein $w/z$-Wert von 0,75 nicht überschritten werden. Bei Stahlbeton für Außenbauteile ist der Betonzusammensetzung ein $w/z$-Wert von 0,60 zugrunde zu legen. Für Beton mit besonderen Eigenschaften, wie wasserundurchlässiger Beton, Beton mit hohem Frostwiderstand oder mit hohem Abnutzungswiderstand sowie mit höherem Widerstand gegen aggressive Stoffe, sind weitere Begrenzungen des $w/z$-Wertes einzuhalten (s. Abschnitt 4.9)

## 4.8.3 Gefügedichte und Verdichtung

Zur Erzielung vollständiger *Gefügedichte* (bis auf geringe Luftporeneinschlüsse) als Voraussetzung einer dem Mischungsaufbau entsprechenden Festigkeit, Wasserundurchlässigkeit und Beständigkeit des Betons sowie zur satten Einhüllung der Bewehrungsstäbe muss dieser je nach seiner Konsistenz von Hand oder maschinell verdichtet werden.

Hierzu muss die beim Einbringen des Betons eingeschlossene Luft weitgehend ausgetrieben und die Gesteinskörnungen müssen in ihre dichteste Packung gebracht werden: Mit zunehmendem Porenraum im Beton fällt die Druckfestigkeit stark ab!

Die Verdichtung kann je nach Konsistenz des Betons durch Stampfen, Stochern und vorzugsweise durch Rütteln mit verschiedenartigen Rüttelgeräten sowie durch zusätzliches Klopfen der Schalung erreicht werden (Verfahrensweisen s. Abschnitt 4.13.3.3).

Durch hochwirksame Fließmittel kann auch sogenannter „selbstverdichtender Beton" (s. Abschnitt 4.12.9) hergestellt werden. Dieser ist dadurch gekennzeichnet, dass er bei gleichem Wassergehalt wie normaler Rüttelbeton wesentlich höhere Mehlkorngehalte aufweist und durch das hochwirksame Fließmittel bewirkt wird, dass allein die Schwerkraft zum Entlüften und Fließen in dichteste Lagerung genügt.

## 4.8.4 Erhärtungstemperatur

Die Betonerhärtung wird durch höhere Lagerungstemperaturen beschleunigt und durch niedere Temperaturen verzögert. Als normale Temperatur für die Erhärtung des Betons gilt +15 bis 22 °C. Bereits bei +10 °C erfolgt eine merkbare Verlangsamung des Erhärtungsverlaufes (je nach Dicke des Bauteils etwa 10 bis 20 %) und bei mehreren Graden Frost (niedrigerer Gefrierpunkt des Gelwassers, s. Abschnitt 3.1.4.3) völliges Aussetzen der Erhärtung, die erst bei wärmerer Temperatur wieder einsetzt.

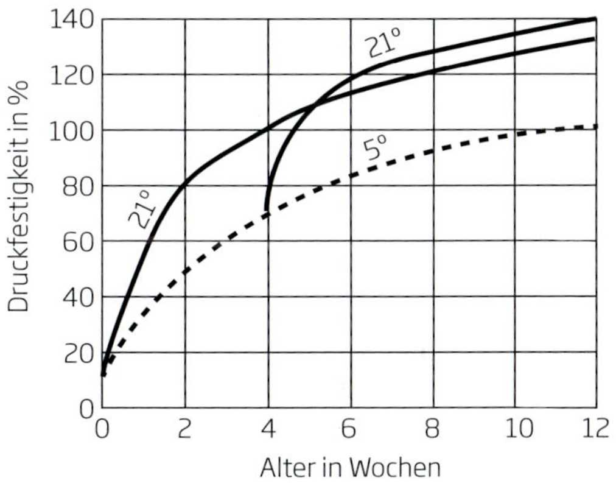


**Abb. 4.9:** Einfluss der Temperatur auf die Festigkeitsentwicklung

Anfangs langsam erhärteter Beton weist etwas höhere Endfestigkeit auf, was auf die Bildung langfaseriger gegenüber den bei höheren Erhärtungstemperaturen sich bildenden kurzfaserigen Hydratationsprodukten zurückgeführt wird (s. Abb. 4.9).

*Ermittlung der relativen Betonfestigkeit bei niedrigen Temperaturen*

Die Verlangsamung der Betonerhärtung bei niederen Temperaturen lässt sich durch den Begriff des *Reifewertes* ($R$) als Produkt des Betonalters und der mittleren Lagertemperatur nach der *Saulschen Regel* angenähert ermitteln:

$$R = t\,(T + 10)\ [°C \cdot \text{Tage}]$$

$t$ = Betonalter [Tage]

$T$ = mittlere Lagertemperatur [°C]

(Der Faktor 10 berücksichtigt die Weiterhärtung des Zementes unter dem Gefrierpunkt bis etwa -10 °C).

*Anwendungsbeispiel:*

Ein 14 Tage bei +5 °C lagernder Beton ($R$ = 14 [5+10] = 210) hat etwa die gleiche Druckfestigkeit wie ein Beton gleicher Mischung, der 7 Tage bei +20 °C lagert ($R$ = 7 [20+10] = 210),
d. h. er muss zum Erreichen dieser Festigkeit doppelt so lange lagern.

Auch Anwendung der *Reifeformel* in abgewandelter Form für Wärmebehandlung des Betons (s. Abschnitt 4.13.7.3).

Heutzutage sehen für die Ermittlung der Festigkeit am Bauwerk sogenannte „Reifecomputer" zur Verfügung. Diese geben durch Zeit- und Temperaturmessung sowie Eingabe der Zementkennwerte jederzeit die aktuelle Betonfestigkeit an. Die Übereinstimmung mit parallel gelagerten Erhärtungswürfeln bzw. Bohrkernen ist gut.

## 4.8.5 Feuchtigkeit

Wird dem Beton besonders am Anfang der Erhärtung das Anmachwasser, z. B. durch zu schnelles Austrocknen, entzogen, so kann es zu Erhärtungsstörungen wie Absanden oder zu Schwindrissen kommen.

Daher ist der frisch eingebrachte Beton gegen starken und schnellen Wasserentzug zu schützen. Hierbei ist vor allem die Verdunstungsgeschwindigkeit des Wassers zu berücksichtigen, die nicht nur von der Temperatur des Betons und der Umwelt, sondern auch von der Windgeschwindigkeit und der relativen Luftfeuchtigkeit der umgebenden Luft beinflusst wird.

Ein dauernd feucht gelagerter Beton erhält eine deutlich höhere Endfestigkeit als ein nur im Anfang feucht nachbehandelter Beton (s. Abb. 4.10).

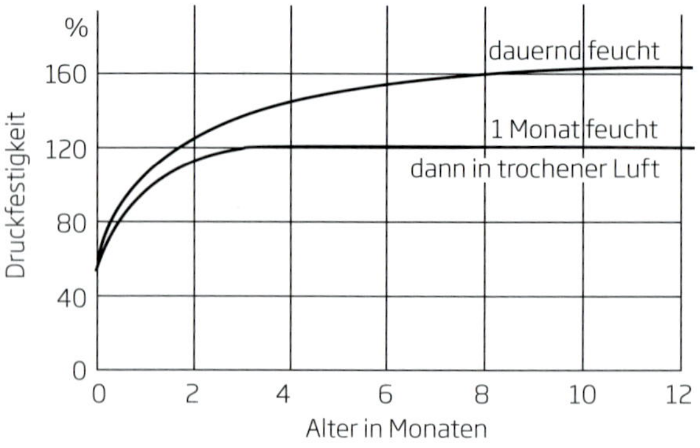


**Abb. 4.10:** Einfluss der Feuchtigkeit auf die Festigkeitsentwicklung

Die Mindestdauer der erforderlichen Nachbehandlung, die von der Art der Nutzung des Bauwerkes, von der Festigkeitsentwicklung des Betons und den Expositionsklassen abhängt ist den Tabellen 4.47 und 4.48 zu entnehmen (s. Abschnitt 4.13.6).

## 4.8.6 Betonalter

Die bei den statischen Berechnungen zugrunde liegende Nennfestigkeit des Betons stützt sich auf die 28-Tage-Würfelfestigkeit bei Normallagerung (+15 bis 22 °C). Je nach Zementart, Zementfestigkeitsklasse und Feuchtigkeit (Nachbehandlung des Betons) erhärtet der Beton unterschiedlich, wobei bis zum Ausklingen der Erhärtung (Nacherhärtung) bei Luftlagerung bis zu einem Jahr gerechnet werden kann, bei Feuchtlagerung bis zu mehreren Jahren. Ein Anhalt für die unterschiedliche Festigkeitsentwicklung ist in Abb. 4.11 gegeben.

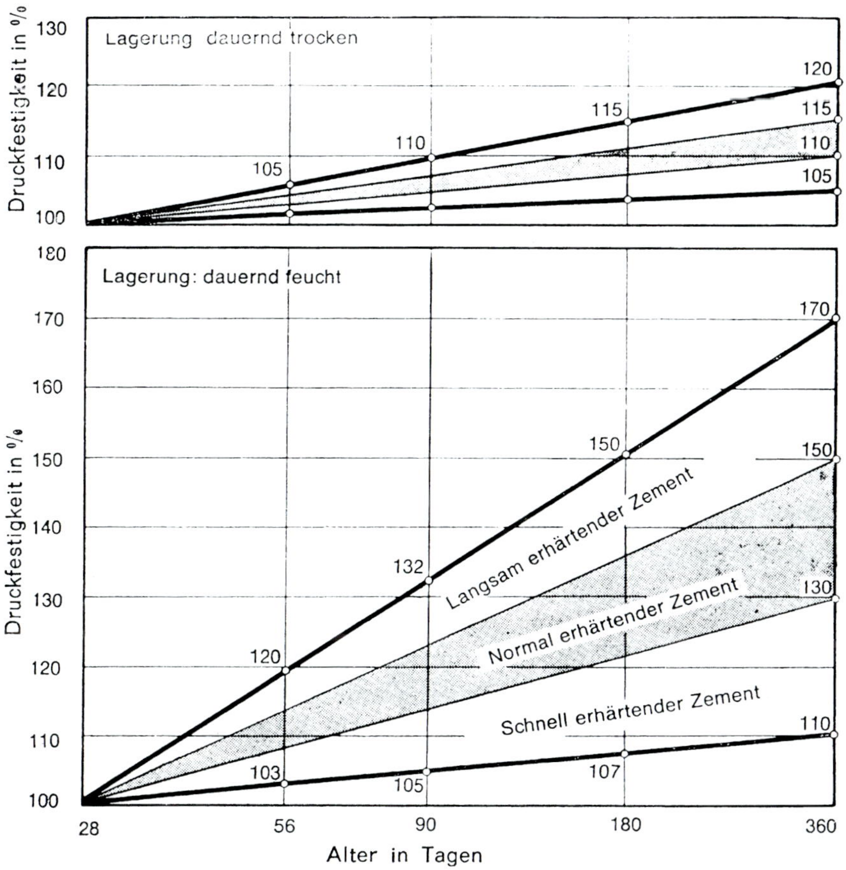


**Abb. 4.11:** Einfluss des Betonalters auf die Festigkeitsentwicklung

Bei der Beurteilung der Prüfergebnisse älteren Betons ist zur Umrechnung auf die Betonfestigkeit nach 28 Tagen die Nacherhärtung entsprechend zu berücksichtigen.

# 4.9 Anforderungen an den Beton

## 4.9.1 Grundanforderungen an die Betonzusammensetzung und Herstellung

Beton muss so zusammengesetzt und hergestellt werden, dass die festgelegten Anforderungen für den Frisch- und Festbeton unter Berücksichtigung des Herstellverfahrens erfüllt werden. Die Frischbetoneigenschaften müssen den gewählten Einbauverfahren entsprechen.

Zur Erzielung der Festbetonanforderungen, wie Rohdichte, Festigkeit, Dauerhaftigkeit und Schutz des eingebetteten Stahls gegen Korrosion, sind die Eigenschaften der Ausgangsstoffe, Herstellungsprozess und -einrichtungen sowie der Transport des Betons zu berücksichtigen.

Der Betonentwurf sollte so erfolgen, dass Entmischen und Bluten des Frischbetons möglichst gering gehalten werden.

## 4.9.2 Anforderungen in Abhängigkeit von den Expositionsklassen

Die von den Expositionsklassen abhängigen Anforderungen an Zusammensetzungen und Eigenschaften des Betons richten sich nach der beabsichtigten Nutzungsdauer des Betonbauwerkes.

In DIN 1045-2 für jede Expositionsklasse vorgegebene Anforderungen umfassen:

**Angabe der Anforderungen für jede Expositionsklasse:**

- min $z$ (Angabe in Stufen von 20 kg/m³)
- max $w/z$ (Angabe in Stufen von 0,05)
- min $f_{ck}$ (Angabe nach Klassen Tabelle 4.10)
- ggf. Mindestluftgehalt des Betons
- ggf. besondere Eigenschaften des Zements und der Gesteinskörnung

Annahmen gelten für die Nutzungsdauer ≥ 50 Jahre.

**Schutzmaßnahmen für Beton erforderlich bei:**

- chemischem Angriff XA 3 oder stärker
- Anwesenheit anderer Chemikalien als $SO_4^{2-}$, $CO_2$, $NH_4^+$, $Mg^{2+}$, pH-Wert < 4,0
- chemisch verunreinigtem Untergrund
- hoher Fließgeschwindigkeit + Mitwirkung von vorstehenden Chemikalien

### 4.9.2.1 Grenzwerte für Zusammensetzung und Eigenschaften des Betons

In Tabelle 4.16 sind die erforderlichen Grenzwerte für die Eigenschaften des Betons und seiner Zusammensetzung in Abhängigkeit von der Expositionsklasse zusammengefasst.

**Tabelle 4.16:** Anforderungen an den Beton nach Expositionsklassen

| | kein Korrosions- oder Angriffsrisiko | Bewehrungskorrosion | | | | | | | | | | Betonangriff | | | | | | | | | | | | |
|---|---|---|---|---|---|---|---|---|---|---|---|---|---|---|---|---|---|---|---|---|---|---|---|---|
| | | durch Karbonatisierung verursachte Korrosion | | | | durch Chloride verursachte Korrosion | | | | | | Frostangriff | | | | | | aggressive chemische Umgebung | | | Verschleißangriff[10] | | | |
| | | | | | | Meerwasser | | | andere Chloride als Meerwasser | | | | | | | | | | | | | | | |
| Expositionsklassen | X0[1] | XC1 | XC2 | XC3 | XC4 | XS1 | XS2 | XS3 | XD1 | XD2 | XD3 | XF1 | XF2 | | XF3 | | XF4 | XA1 | XA2 | XA3[13] | XM1 | XM2[11] | | XM3[11] |
| Höchstzulässiger *w/z*-Wert | – | 0,75 | | 0,65 | 0,60 | 0,55 | 0,50 | 0,45 | 0,55 | 0,50 | 0,45 | 0,60 | 0,55 | 0,50 | 0,55 | 0,50 | 0,50 | 0,60 | 0,50 | 0,45 | 0,55 | 0,55 | 0,45 | 0,45 |
| Mindestdruckfestigkeitsklasse[2] | C8/10 | C16/20 | | C20/25 | C25/30 | C30/37[5] | C35/45[5),6)] | C35/45[5] | C30/37[5] | C35/45[5,6] | C35/45[5] | C25/30 | C25/30 | C35/45[6] | C25/30 | C35/45[6] | C30/37 | C25/30 | C35/45[5),6)] | C35/45[5] | C30/37[5] | C30/37[5] | C35/45[5] | C35/45[5] |
| Mindestzementgehalt (kg/m³)[3] | – | 240 | | 260 | 280 | 300 | 320 | 320 | 300 | 320 | 320 | 280 | 300 | 320 | 300 | 320 | 320 | 280 | 320 | 320 | 300[8] | 300[8] | 320[8] | 320[8] |
| Mindestzementgehalt bei Anrechnung von Zusatzstoffen[3] | – | 240 | | 240 | 270 | 270 | 270 | 270 | 270 | 270 | 270 | 270 | 270[7] | 270[7] | 270 | 270 | 270[7] | 270 | 270 | 270 | 270 | 270 | 270 | 270 |
| Mindestluftporengehalt (%) | – | – | | – | – | – | – | – | – | – | – | – | 4,0[4] | – | 4,0[4] | – | 4,0[4),9)] | – | – | – | – | – | – | – |
| Andere Anforderungen | – | – | | | | | | | | | | Widerstand der Gesteinskörnungen gegen Frost bzw. Frost und Taumittel (DIN EN 12620) | | | | | | – | | | – | Oberflächenbehandlung[12] | – | Einstreuen von Hartstoffen nach DIN 1100 |
| | | | | | | | | | | | | $F_4$ | $MS_{25}$ | | $F_2$ | | $MS_{18}$ | | | | | | | |
| Anforderungen an Zement[5] | | siehe Tab. 4.13 | | | | | | | | | | | | | | | | | | | | | | |

[1] Nur für unbewehrten Beton.
[2] Gilt nicht für Leichtbeton.
[3] Bei einem Größtkorn der GK von 63 mm darf der Zementgehalt um 30 kg/m³ reduziert werden.
[4] Der mittlere Luftgehalt im Frischbeton unmittelbar vor dem Einbau muss bei einem Größtkorn des Gesteinskörnungsgemisches von 8 mm = 5,5 Vol.-%, 16 mm = 4,5 Vol.-%, 32 mm = 4,0 Vol.-% betragen. Einzelwerte dürfen diese Anforderungen um höchstens 0,5 Vol.-% unterschreiten. *Bei der Festlegung des Luftgehaltes für den Zeitpunkt der Lieferung ist der mögliche Verlust während des Pumpens, des Verarbeitens und des Verdichtens zu berücksichtigen.*
[5] Bei Verwendung von Luftporenbeton, z. B. aufgrund gleichzeitiger Anforderungen aus der Expositionsklasse XF, eine Festigkeitsklasse niedriger. In diesem Fall darf Fußnote [6] nicht angewendet werden.
[6] Bei langsam und sehr langsam erhärtenden Betonen ( *r* < 0,30) eine Festigkeitsklasse niedriger. Die Druckfestigkeit zur Einteilung in die geforderte Druckfestigkeitsklasse ist auch in diesem Fall an Probekörpern im Alter von 28 Tagen zu bestimmen. In diesem Fall darf Fußnote [5]) nicht angewendet werden.
[7] Die Anrechnung auf den Mindestzementgehalt und den Wasserzementwert ist nur bei Verwendung von Flugasche zulässig. Weitere Zusatzstoffe des Typs II dürfen zugesetzt, aber nicht auf den Zementgehalt oder den *w/z* angerechnet werden. Bei gleichzeitiger Zugabe von Flugasche und Silikastaub ist eine Anrechnung auch für die Flugasche ausgeschlossen.
[8] Höchstzementgehalt 360 kg/m³, jedoch nicht bei hochfesten Betonen.
[9] Erdfeuchter Beton mit $w/z \leq 0,40$ darf ohne Luftporen hergestellt werden.
[10] Für hohen Verschleißwiderstand muss die Betongesteinskörnung bis 4 mm Größtkorn überwiegend aus Quarz oder aus Stoffen mindestens gleicher Härte bestehen, das gröbere Korn aus Gestein oder künstlichen Stoffen mit hohem Verschleißwiderstand. Bei besonders hoher Beanspruchung sind Hartstoffe nach DIN 1100 zu verwenden. Die Körner aller Gesteinskörnungsarten sollen mäßig raue Oberfläche und gedrungene Gestalt haben. Das Gesteinskörnungsgemisch soll möglichst grobkörnig sein.
[11] Die Nachbehandlungsdauer ist gegenüber den Festlegungen der Ausführungsnorm DIN 1045-3 zu verdoppeln.
[12] Z. B. Vakuumieren und Flügelglätten des Betons.
[13] Schutz des Betons erforderlich, ggf. Gutachterlösung.

#### 4.9.2.2 Grenzwerte für den Mehlkorngehalt

Der Mehlkorngehalt ist als oberster Grenzwert für folgende Betone festgelegt:

| | | |
|---|---|---|
| Festigkeitsklassen | ≤ C 55/67 und LC 50/55 | |
| sowie bei den | | |
| Expositionsklassen | XF 1 - XF 4 | Frostangriff ohne/mit Taumittel |
| | XM 1 - XM 3 | Verschleiß |

**Tabelle 4.17:** Obere Grenzwerte des Mehlkorngehalts

| Betone mit 16 bis 63 mm Größtkorn[2)] | |
|---|---|
| **Gehalt[1)] an Zement + Zusatzstoff Typ II (anrechenbar) [kg/m³]** | **Mehlkorn[3)] (≤ 0,125 mm) [kg/m³]** |
| ≤ 300 | 400 |
| ≥ 350 | 450 |

[1] Für Zwischenwerte ist der Mehlkorngehalt geradlinig zu interpolieren.
[2] Sie dürfen bei 8 mm Größtkorn zusätzlich um 50 kg/m³ erhöht werden.
[3] Die Werte dürfen insgesamt um max. 50 kg/m³ erhöht werden, wenn
- der Zementgehalt 350 kg/m³ übersteigt, um den über 350 kg/m³ hinausgehenden Zementgehalt;
- ein puzzolanischer Betonzusatzstoff (z. B. Trass, Flugasche, Silika) verwendet wird, um dessen Gehalt.

Für die Betone der

Festigkeitsklassen ≥ C 55/67 und ≥ LC 55/60

werden bei allen Expositionsklassen

**Richtwerte für die Obergrenze** des Mehlkorngehaltes nach Tabelle 4.18 empfohlen.

**Tabelle 4.18:** Richtwerte für die Obergrenze des Mehlkorngehaltes bei hochfestem Beton

| Gehalt[1)] an Zement + Zusatzstoff Typ II (anrechenbar) [kg/m³] | Mehlkorn[2)] (≤ 0,125 mm) [kg/m³] |
|---|---|
| ≤ 400 | 500 |
| 450 | 550 |
| ≥ 500 | 600 |

[1)] Für Zwischenwerte ist der Mehlkorngehalt geradlinig zu interpolieren.
[2)] Bei 8 mm Größtkorn dürfen die Tafelwerte zusätzlich um 50 kg/m³ erhöht werden.

### 4.9.3 Anforderungen an die Dauerhaftigkeit

Die Anforderung an die Dauerhaftigkeit des Betons für die beabsichtigte Verwendung unter den maßgebenden Umgebungsbedingungen gilt als erfüllt bei:

- Übereinstimmung des Betons mit den Grenzwerten nach DIN 1045-2 (Abschnitt 4.9.2.1);
- Einhaltung der maßgebenden Umgebungsbedingungen für die Verwendung;
- ordnungsgemäße Betonverarbeitung nach DIN EN 13670 und DIN 1045-3 (Einbau, Verdichtung, Nachbehandlung);
- Einhaltung der Betondeckung der Bewehrung nach EC 2 bzw. DIN EN 1992-1 (Mindestwerte für die maßgebenden Umgebungsbedingungen);
- Einhaltung der vorgesehenen Wartung des Betonbauwerkes.

## 4.9.4 Anforderung bei Verwendung von Betonzusätzen

### 4.9.4.1 Verwendung von Zusatzstoffen

Zusatzstoffe des Typs I (inerte Stoffe) und des Typs II (puzzolanische oder latent hydraulische Stoffe) dürfen im Beton in gleicher Menge wie bei den Erstprüfungen verwendet werden.

Für die Zusatzstoffe des **Typs II** besteht bei nachgewiesener Eignung die Anrechnungsmöglichkeit auf den Zementgehalt und auf den Wasserzementwert. *k*-Wert-Ansatz für Flugasche und Silikastaub ist zulässig.
Der ***k*-Wert-Ansatz** erlaubt es, Zusatzstoffe des Typs II zu berücksichtigen durch

- Austausch des Begriffes „Wasserzementwert" durch „Wasser/(Zement + $k \cdot$ Zusatzstoff) - Wert bzw. äquivalenter Wasserzementwert $(w/z)_{eq}$.
- Anrechnung auf den Mindestzementgehalt.

**Tabelle 4.19:** Mindestzementgehalte bei Anrechnung von Zusatzstoffen

| Expositionsklasse[1)] / Anwendungsfall | Mindestzementgehalt bei Anrechnung von Flugasche und/oder Silikastaub |
|---|---|
| X 0, XC 1, XC 2, XC 3 | 240 kg/m³ |
| XC 4, XS, XD, XA, XM, XF1, XF3, XF2 [1)], XF4 [1)] | 270 kg/m³ |
| Beton für Unterwasserschüttung | 270 kg/m³ |

[1)] Bei XF2 und XF4 (Frostangriff mit Taumittel) sind die Mindestzementgehalte nach DIN 1045-2 in Abschnitt 4.9.2.1 maßgebend, hier darf nur Flugasche angerechnet werden.

#### Bedingungen für *k*-Wert-Ansatz bei Flugasche

- **nur für bestimmte Zemente zulässig**
  CEM I, CEM II/S, CEM II/T, CEM II/A-LL, CEM III/A, CEM III/B mit HS ≤ 70 M.-%, CEM II/A-P, CEM II/A-D, CEM II/A-V, CEM II/A-M mit den Hauptbestandteilen S, D, P, V, T, LL, CEM II/B-M (S-D, S-T, D-T)
- **$(z + f) \geq \min z$** (s. Tabelle 4.19)
- **$w/(z + 0{,}4 \cdot f)$ mit $f/z \leq 0{,}33$** (anrechenbar)
  auch zulässig für Expositionsklasse XF 2, XF 4

- **für Sulfatgehalte ($SO_4^{2-}$) ≤ 1500 mg/l Wasser**
  CEM I, CEM II/S, CEM II/A-LL, CEM II/A-V $f \geq 0{,}2 \cdot (z + f)$
  CEM II/T, CEM III/A $f \geq 0{,}1 \cdot (z + f)$
- **bei Zement mit dem Hauptbestandteil D: $f/z \leq 0{,}15$**
- **bei Zement mit dem Hauptbestandteil P oder V ohne D: $f/z \leq 0{,}25$**

### *k*-Wert-Ansatz mit Flugasche

*Beispiel*:

Beton für ein Außenbauteil mit direkter Beregnung (Expositionsklasse XC 4) soll mit Flugasche hergestellt werden, deren Menge auf den Z-Gehalt angerechnet werden soll.

Nach 4.9.2.1 beträgt für XC 4

der höchstzulässige $w/z$-Wert = 0,60
der Mindestzementgehalt = 280 kg/m³.

Nach Tabelle 4.19 beträgt bei Anrechnung der Flugasche

der Mindestzementgehalt = 270 kg/m³.

Die maximal anrechenbare Menge an Flugasche ergibt sich zu:

$f/z = 0{,}33 \rightarrow f = 0{,}33 \cdot z$

$f = 0{,}33 \cdot 270 = 89\ \text{kg/m}^3$

Für einen weichen Beton mit einem Korngemisch der Körnungsziffer 4,60 soll ein Wasseranspruch von $w = 175\ \text{kg/m}^3$ erforderlich sein.

Unter Berücksichtigung des Anrechenbarkeitswertes für Flugasche $k = 0{,}4$ und des Wassergehaltes $w$ ergibt sich die anrechenbare Flugaschemenge zu:

$w / (z + 0{,}4 \cdot f) = 0{,}60$

$175 / (270 + 0{,}4 \cdot f) = 0{,}60$

$175 = 0{,}60 \cdot (270 + 0{,}4 \cdot f)$

$175 / 0{,}60 = 270 + 0{,}4 \cdot f$

$292 - 270 = 0{,}4 \cdot f$

$22 / 0{,}4 = f$

Anrechenbare Flugasche: $f = 55\ \text{kg/m}^3 \leq 89\ \text{kg/m}^3$

### Bedingungen für *k*-Wert-Ansatz bei Silika

- **Zement wie bei Flugasche außer CEM II/A-D und bei CEM II/B-M nur (S-T, S-V)**
- $z \geq$ **min** $z$ (s. Tabelle 4.19); $(z + 1{,}0 \cdot s) \geq$ **min** $z$ (s. Tabelle 4.16)
- $w/(z + 1{,}0 \cdot s)$ **mit** $s/z \leq 0{,}11$ (unzulässig für Expositionsklasse XF 2, XF 4)

### Bedingungen für k-Wert-Ansatz bei gleichzeitiger Verwendung von Flugasche und Silika

- $z \geq$ **min** $z$ (s. Tabelle 4.19)
- $(z + 0{,}4 \cdot f + 1{,}0 \cdot s) \geq$ **min** $z$ (s. Tabelle 4.16)

- ***w*/(*z* + 0,4 · *f* + 1,0 · *s*) mit *f*/*z* ≤ 0,33** (anrechenbar) und ***s*/*z* ≤ 0,11**
  unzulässig für Expositionsklasse XF 2, XF 4
- **zur Gewährleistung der Alkalität der Porenlösung**
  für CEM I $f \leq 3 \cdot (0{,}22 - s/z)$ mit $s/z \leq 0{,}11$
  für CEM II-S, CEM II-T, CEM II/A-LL, CEM II/A-M (S-T, S-LL, T-LL); CEM II/B-M (S-T) und für CEM III A gilt: $f \leq 3 \cdot (0{,}15 - s/z)$ mit $s/z \leq 0{,}11$
- **Anwendung für alle anderen Zemente unzulässig**

#### 4.9.4.2 Verwendung von Zusatzmitteln

- **Zugabemengen**
  ⇒ **min ≥ 2 g/kg Zement + anrechenbare Zusatzstoffe**
  *Ausnahme*: bei Auflösung in einem Teil des Zugabewassers
  ⇒ **max ≤ 50 g/kg Zement + anrechenbare Zusatzstoffe**
  *Ausnahmen*: z. B. hochfester Beton max. ≤ 70 g/kg (ml/kg) Zement
- **Zugabe mehrerer Zusatzmittel**
  ⇒ Nachweis der Verträglichkeit bei Erstprüfung
  ⇒ allgemein: max. ≤ 60 g/kg Zement + anrechenbare Zusatzstoffe
  ⇒ für hochfeste Betone: max. ≤ 80 g/kg Zement
- **Anrechnung auf den *w*/*z*-Wert**
  ⇒ für flüssige Zusatzmittel > 3 l/m³ Beton
- **Beton der Konsistenzklassen ≥ S 4, V 4, C 3, F 4 (Fließbeton)**
  ⇒ **Herstellung mit Fließmitteln**
- **Zugabe während des Hauptmischprozesses**
  ⇒ **Ausnahme bei Fließmitteln:**
  - Zugabe zu späterem Zeitpunkt in Fahrmischertrommel möglich
  - Einmischzeit ≥ 1 min/m³ Beton, aber mind. ≥ 5 min.

# 4.10 Entwerfen von Betonmischungen

## 4.10.1 Berechnung des Baustoffbedarfes

### 4.10.1.1 Ermittlung des w/z-Wertes

Von der Voraussetzung ausgehend, dass die Betondruckfestigkeit von der Güte des Zementleims abhängt, kann aus der Abb. 4.12, die die Beziehung zwischen Betondruckfestigkeit, Zementfestigkeitsklasse und Wasserzementwert wiedergibt, für eine geforderte Betondruckfestigkeit und für eine gewählte Zementfestigkeitsklasse ein Anhaltswert für den höchstzulässigen Wasser-Zementwert abgelesen werden.

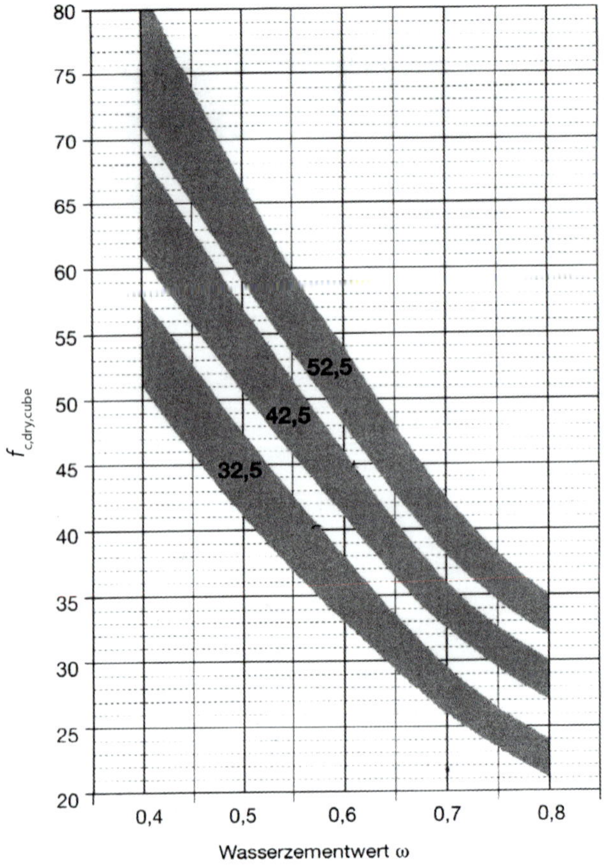


**Abb. 4.12:** Würfeldruckfestigkeit des Betons $f_{c,dry,cube}$ in Abhängigkeit von der Festigkeitsklasse des Zements und vom Wasserzementwert $\omega$

*Beispiel:*

Gefordert: Beton C 25/30

Bei einer Erstprüfung ist ein Vorhaltemaß von 6 N/mm² bis 12 N/mm² in Abhängigkeit von Herstellbedingungen, Ausgangsstoffen und Erfahrungen vorzusehen (s. Abschnitt 4.15.2.1).

Gewählt: Vorhaltemaß 10 N/mm²

Somit gefordert: $f_{c,cube} \geq 30 + 10 = 40\ \text{N/mm}^2 \Rightarrow f_{c,dry,cube} \geq \frac{40}{0{,}92} = 43{,}5\ \text{N/mm}^2$

Aus Abb. 4.12: Bei Verwendung eines Zementes der

Festigkeitsklasse 32,5: $\omega = w/z \leq 0{,}50$

Festigkeitsklasse 42,5: $\omega = w/z \leq 0{,}58$

Festigkeitsklasse 52,5: $\omega = w/z \leq 0{,}67$

Die ermittelten Wasserzementwerte sind jeweils mit den geforderten höchstzulässigen Wasserzementwerten für die einzelnen Expositionsklassen zu vergleichen und ggf. auf diese Forderung abzustellen.

*Beispiel:* Der geforderte C 25/30 soll den Anforderungen der Expositionsklassen XC 4 (wechselnd nass und trocken) und XF 1 (Frostbeanspruchung bei mäßiger Wassersättigung ohne Taumittel) entsprechen.

Für XC 4 und XF1 höchstzulässiger $w/z$ = 0,60 nach Abschnitt 4.9.2.1. Demnach müssten die ermittelten $w/z$-Werte bei der Verwendung der Festigkeitsklasse 52,5 soweit reduziert werden, dass sie den zulässigen für XC 4 und XF 1 entsprechen.

#### 4.10.1.2 Ermittlung des Wasser- und Zementgehaltes

Die benötigte Zementmenge je Kubikmeter Frischbeton ergibt sich, unter Berücksichtigung des festgelegten $w/z$-Wertes, aus dem für die Verarbeitbarkeit des Betons erforderlichen Zementleimbedarf, der in erster Linie von der Kornzusammensetzung der Gesteinskörnung abhängig ist.

Ferner aus dem Mehlkorngehalt, der Kornform und -oberfläche und ggf. der Wirkung eines Zusatzmittels.

**Wasserbedarfsrichtwerte**

Die für die Betonkonsistenzbereiche steif bis weich je Kubikmeter verdichteten Frischbetons erforderliche Gesamtwassermenge (einschl. Eigenfeuchtigkeit der Gesteinskörnung) kann aus den Richtwerten der Tabellen 4.20 oder 4.21 entsprechend der Kornzusammensetzung der Gesteinskörnung nach der Sieblinie oder nach der Körnungsziffer ($k$) entnommen werden.

Bei unstetig verlaufenden Sieblinien (Ausfallkörnungen) ist zur Ermittlung des Wasserbedarfs die Körnungsziffer des Gesteinskörnungsgemisches in Ansatz zu bringen.

Je nach Gesteinskörnungsart, Mehlkorngehalt und Zusatzmittel können die Wasserrichtwerte über- oder unterschritten werden, sodass eine endgültige Festlegung des Gesamtwasserbedarfs erst durch die Erstprüfung möglich ist. Die Richtwerte beruhen auf empirischen Ermittlungen.

**Tabelle 4.20:** Richtwerte für den Wasserbedarf in kg/m³ Frischbeton für verschiedene Betonkonsistenzklassen

| Konsistenzklasse | | Wassergehalt $w$ [kg/m³] |
|---|---|---|
| + | C 0 | $w = 1000/(k + 3)$ |
| F 1 | C 1 | $w = 1100/(k + 3)$ |
| F 2 | C 2 | $w = 1200/(k + 3)$ |
| F 3 | C 3 | $w = 1300/(k + 3)$ |
| F 4 | + | $w = 1400/(k + 3)$ |
| F 5 | + | $w$ = --- + FM und/oder BV |
| F 6 | + | $w$ = --- + FM und/oder BV |

F = Ausbreitmaßklasse; C = Verdichtungsmaßklasse; $k$ = Körnungsziffer; Alternativ auch in l (m³ Beton).

Tabelle 4.21 gibt den Wasseranspruch von Gesteinskörnungsgemischen in Abhängigkeit von deren Körnungsziffern *k* an.

**Tabelle 4.21:** Abschätzung des Wasseranspruchs *w* (kg/m³) von Frischbeton für verschiedene Konsistenzbereiche

| Konsistenzbereich | Wasseranspruch der Gesteinskörnung | Sieblinie | | | | | | | | |
|---|---|---|---|---|---|---|---|---|---|---|
| | | A8 | B8 | C8 | A16 | B16 | C16 | A32 | B32 | C32 |
| F 1 | hoch | 155 | 190 | 210 | 140 | 170 | 190 | 130 | 145 | 165 |
| | niedrig | 145 | 175 | 195 | 120 | 150 | 175 | 105 | 130 | 160 |
| F 2 | hoch | 180 | 205 | 230 | 160 | 185 | 210 | 155 | 180 | 200 |
| | niedrig | 170 | 195 | 220 | 140 | 170 | 200 | 135 | 165 | 190 |
| F 3 | hoch | 200 | 230 | 250 | 185 | 215 | 235 | 175 | 195 | 215 |
| | niedrig | 185 | 215 | 235 | 170 | 195 | 220 | 155 | 180 | 205 |
| Körnungsziffer *k* | | 3,64 | 2,89 | 2,27 | 4,61 | 3,66 | 2,75 | 5,48 | 4,20 | 3,30 |

**Zementbedarf**

Von dem nach den Richtwerten der Tabellen 4.20 oder 4.21 ermittelten voraussichtlichen Wasserbedarf ausgehend, wird der Zementbedarf aus dem erforderlichen und zulässigen Wasserzementwert $\omega = w/z$ errechnet:

$$z = w/\omega \text{ [kg/m}^3\text{]}$$

Hieraus ergibt sich, dass bei konstantem *w/z*-Wert und gleicher Zementfestigkeitsklasse, d. h. bei gleichbleibender Zementgüte, jede Veränderung des Wasserbedarfes eine Veränderung der Zementmenge bedingt und eine Veränderung der Betonkonsistenz zur Folge hat.

*Beispiel:*

Für 1 m³ plastischen Frischbeton Ausbreitmaßklasse F 2 mit Gesteinskörnungen der Sieblinie B 32 ($k$ = 4,20) beträgt nach Tabelle 4.20 der Richtwert für den Gesamtwasserbedarf $w$ = 166 kg/m³.

Für einen Beton mit einem ermittelten höchstzulässigen *w/z*-Wert von 0,50 bei Verwendung eines Zementes der Zementfestigkeitsklasse 32,5 würde sich hieraus ein Zementbedarf ergeben:

$z = w/\omega = 166/0{,}50 = 332$ kg/m³

Der Zementbedarf muss auf jeden Fall größer sein, als der für die Expositionsklasse, der der Beton entsprechen soll, geforderte Mindestzementgehalt.

*Beispiel:*

Soll der Beton den Expositionsklassen XC 4 und XF 1 entsprechen, wäre nach Tabelle 4.16 ein Mindestzementgehalt für beide Expositionsklassen von 280 kg/m³ erforderlich.

Der errechnete Zementgehalt überschreitet den geforderten Mindestzementgehalt und kann somit verwendet werden.

### 4.10.1.3 Ermittlung des Bedarfes an Gesteinskörnung

Von der errechneten Zementmenge je m³ verdichteten Frischbetons bzw. von der geforderten Zementmindestmenge ausgehend, kann mittels der Stoffraumrechnung der Gesteinskörnungsbedarf festgestellt werden.

Die Stoffraumrechnung (Festraumrechnung) beruht auf der Vorstellung, dass die Bestandteile des Betons (Zement + Wasser + Luft) stofflich getrennt in festen Massen bzw. in Volumen den Raum von 1 $m^3$ ausfüllen (s. Abb. 4.13).

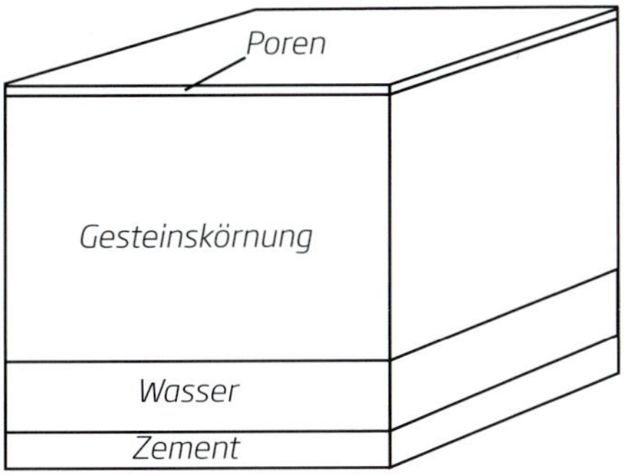


**Abb. 4.13:** Schemadarstellung der Stoffraumanteile in 1 $m^3$ Beton ($z + g + w + p$)

Die rechnerische Stoffraumeinheit ist das *Stoffraumliter*

$$\text{Stoffraum} = \frac{\text{Masse des Baustoffs}\,[\text{kg}]}{\text{Dichte bzw Rohdichte des Baustoffs}\,[\text{kg/dm}^3]}\left[\text{dm}^3\right]$$

Der Stoffraum, d. h. das Volumen der Bestandteile an Zement, Wasser, Gesteinskörnung und Luft in 1 $m^3$ Beton, beträgt:

$$\frac{z}{\rho_z} + \frac{w}{\rho_w} + \frac{g}{\rho_{Rg}} + p = 1000\ \left[\text{dm}^3\right]$$

$z$ = Zementgehalt in kg/$m^3$,

$g$ = Gesteinskörnung in kg/$m^3$,

$w$ = Wassergehalt in kg/$m^3$,

$p$ = Luftporenraum in l/$m^3$,

$\rho_z$ = Dichte des Zements in kg/$dm^3$,

$\rho_w$ = Dichte des Wassers in kg/$dm^3$,

$\rho_{Rg}$ = Kornrohdichte in kg/$dm^3$ (Stoffdichte einschl. Eigenporen).

Gehalt an oberflächentrockener Gesteinskörnung ($g$):

$$g = \rho_{Rg}\left[1000 - \left(\frac{z}{\rho_z} + w + p\right)\right]\left[\text{kg/m}^3\right]$$

Die unterschiedliche Kornzusammensetzung der Gesteinskörnung wirkt sich bei der Stoffraumrechnung in einer Veränderung des Wasser- und Zementbedarfs (Zementleimmenge) aus (s. Abschnitt 4.10.1.2).

## Richtwerte für Dichten und Rohdichten

**Tabelle 4.22:** Dichten $\rho$ in kg/dm³ für Zement, Betonzusatzstoffe, Wasser

| | |
|---|---|
| Portlandpuzzolan-, Portlandflugaschezement | rd. 2,90 |
| Hochofen-, Portlandhütten-, Portlandölschiefer-, Portlandflugasche | rd. 3,00 |
| hütten-, Portlandkalksteinzement | |
| Portlandzement | rd. 3,10 |
| Portlandzement HS | rd. 3,20 |
| Steinkohleflugasche, Silicastaub | rd. 2,30 |
| Wasser | rd. 1,00 |

**Tabelle 4.23:** Rohdichten $\rho_{Rg}$ in kg/dm³ oberflächentrockener Gesteine

| | |
|---|---|
| Quarzkies, kieselige Gesteine | 2,60 bis 2,65 |
| dichter Kalkstein | 2,70 bis 2,80 |
| Erstarrungsgesteine | 2,70 bis 2,90 |

Gehalt an natürlichen Luftporen im verdichteten Frischbeton:

im Allgemeinen 1 bis 2 Vol.-%

bei Luftporen bildenden Zusätzen ≥ 3,5 Vol.-%

*Beispiel:*

Erforderlich: $w/z$ = 0,60 Zementmenge 300 kg/m³

vorhandene Ausgangsstoffe: CEM III/A-32,5

Rheinkiessand B 32

Luftporengehalt (geschätzt) 1,5 Vol.-%

Wassermenge = 0,60 · 300 = 180 kg/m³

$$\frac{300}{3{,}0}+\frac{180}{1{,}0}+\frac{g}{2{,}65}+15=1\,000\left[\text{dm}^3\right]$$

$$g = 2{,}65\,(1000 - (100 + 180 + 15)) = 2{,}65\,(1\,000 - 295)$$

$$g = 2{,}65 \cdot 705 \approx 1\,870 \text{ kg/m}^3$$

Soll-Rohdichte des Frischbetons:

$$\rho_{b,h} = z + g + w = 300 + 1\,870 + 180 = 2\,370 \text{ kg/m}^3$$

### Berücksichtigung des Feuchtigkeitsgehaltes der Gesteinskörnungen und unterschiedliche Korngruppen

Beim Einwiegen der Mischungen ist die berechnete Gesamtmenge an Gesteinskörnung $g$ entsprechend den zur Verfügung stehenden Korngruppen aufzuteilen und die jeweils festgestellte Eigenfeuchtigkeit der einzelnen Korngruppen zu berücksichtigen.

| | | |
|---|---|---|
| Beispiel: | Gesamtmenge an Gesteinskörnungen = 1870 kg/m³ | |
| | Korngruppe 0/4 | 45 M.-% mit 5,0 % Oberflächenfeuchtigkeit |
| | Korngruppe 4/8 | 15 M.-% mit 3,5 % Oberflächenfeuchtigkeit |
| | Korngruppe 8/32 | 40 M.-% mit 1,0 % Oberflächenfeuchtigkeit |

**Tabelle 4.24:** Tabellarische Ermittlung des Feuchtigkeitsgehaltes

| Korngruppe | Gesteinskörnung | | Oberflächenfeuchte | | Gesteinskörnung |
|---|---|---|---|---|---|
| | trocken [M.-%] | [kg] | [%] | [kg] | feucht [kg] |
| 0/4 4/8 8/32 | 45 15 40 | 842 280 748 | 5 3,5 1 | 42 10 8 | 884 290 756 |
| 0/32 | 100 | 1870 | - | 60 | 1930 |

Die gesamte Oberflächenfeuchte der Gesteinskörnung ist von der für die Mischung vorgesehenen Gesamtwassermenge abzuziehen:

Wasserzugabe = 180 - 60 = 120 kg/m³

### Berücksichtigung von Gesteinskörnungen mit unterschiedlicher Rohdichte

Bei Korngemischen aus Gesteinskörnungen mit *unterschiedlicher* Rohdichte werden die Gewichtsanteile der einzelnen Korngruppen des vorstehenden Beispiels als Stoffraumanteile gesetzt.

Die Sieblinienwerte in M.-% gelten dann unverändert als Stoffraum-%.

*Beispiel:*

| | | |
|---|---|---|
| Korngruppen 0/4 mm und 4/8 mm | Rheinkiessand | mit $\rho_{Rg}$ = 2,65 kg/dm³ |
| Korngruppe 8/22 mm | Basaltsplitt | mit $\rho_{Rg}$ = 2,90 kg/dm³ |

**Tabelle 4.25:** Tabellarische Ermittlung der Gewichtsanteile bei unterschiedlicher Rohdichte der Gesteinskörnungen

| Korngruppe | Gesteinskörnungen | | | Rohdichte | Gewicht |
|---|---|---|---|---|---|
| | | Korngruppen | | $\rho_{Rg}$ | |
| | Gesamtstoffraum [dm³/m³] | [Stoffraum-%] | [dm³/m³] | [kg/dm³] | [kg/m³] |
| 0/4 | 705 | 45 | 317 | 2,65 | 840 |
| 4/8 | | 15 | 106 | 2,65 | 281 |
| 8/22 | | 40 | 282 | 2,90 | 818 |
| | | | Gesteinskörnung insgesamt: | | 1939 |

## 4.10.2 Berechnung der Mischerbeschickung

Die durch Mischungsberechnung ermittelten Werte für die Betonzusammensetzung beziehen sich auf 1 m³ verdichteten Frischbeton.

Nach DIN 459 „Mischer für Beton und Mörtel" bezieht sich die Größenangabe des Mischers auf den *Nenninhalt* in m³, der das Volumen an verdichtetem Beton in steifer Konsistenz mit einem Verdichtungsmaß von 1,45 angibt.

Bei plastischen und weichen Beton ist der **nutzbare Inhalt** des Mischers entsprechend dem kleineren Verdichtungsmaß größer:

**Tabelle 4.26:** Nutz- und Nenninhalt von Betonmischer

| Nenninhalt [m³] nach DIN 459 | | 0,15 | 0,25 | 0,33 | 0,50 | 0,75 | 1,00 |
|---|---|---|---|---|---|---|---|
| Nutzinhalt [m³] für Betonkonsistenz | steif | 0,15 | 0,25 | 0,33 | 0,50 | 0,75 | 1,00 |
| | plastisch | 0,18 | 0,30 | 0,40 | 0,60 | 0,90 | 1,20 |
| | weich | 0,20 | 0,34 | 0,45 | 0,67 | 1,01 | 1,35 |

*Beispiel für Vollbeschickung eines Mischers:*

In einem Mischer mit einem Nenninhalt von 0,50 m³ soll ein weicher Beton mit folgender Zusammensetzung hergestellt werden: Zement 300 kg/m³; Gesteinskörnung (feucht) 1925 kg/m³; Wasserzugabe 124 kg/m³

| | | |
|---|---|---|
| Mischerbeschickung: | Zement | 0,67 · 300 = 201 kg/M |
| | Gesteinskörnung | 0,67 · 1925 = 1290 kg/M |
| | Zugabewasser | 0,67 · 124 = 83 kg/M |

*Beispiel für Teilbeschickung eines Mischers:*

Für eine Erstprüfung sind bei gleicher Betonzusammensetzung für 12 Stück 15-cm-Würfel einschl. LP-Prüfung und Verluste rd. 50 dm³ Frischbeton erforderlich.

| | | |
|---|---|---|
| Erforderliche Stoffanteile: | Zement | 300 · 50 / 1000 = 15,0 kg/M |
| | Gesteinskörnung | 1925 · 50 / 1000 = 96,3 kg/M |
| | Zugabewasser | 124 · 50 / 1000 = 6,2 kg/M |

## 4.10.3 Überprüfung der Betonzusammensetzung

Auch bei sorgfältiger Ermittlung der stofflichen Zusammensetzung durch Rechnung oder aus Tabellen kann der Zement-, Gesteinskörnungs- und Wassergehalt einer Mischung – auf den m³ verdichteten Frischbeton bezogen – durch nicht vorherzusehende Verarbeitungsgegebenheiten von der angezielten Menge abweichen, sodass eine Verbesserung der Mischungsverhältnisse erforderlich wird.

Zum Beispiel ergibt eine größere Verdichtung einen höheren und eine geringere Verdichtung einen niedrigeren Zementgehalt auf die Volumeneinheit (m³ bzw. dm³) bezogen, ferner Ungenauigkeit der Zumessung.

### 4.10.3.1 Überprüfung des Zementgehaltes

Nachprüfung der Zementmenge $z$ in kg/m³ mittels Verhältnisgleichung aus der festgestellten Frischbetonrohdichte $\rho_{b,h}$ in kg/m³ und den dem Mischer zugegebenen Stoffen in kg (Zement $m_z$, Gesteinskörnung einschl. Eigenfeuchte $m_{g,h}$, Wasserzugabe $m_w$).

$$\frac{z}{\rho_{b,h} \cdot 1000} = \frac{m_z}{m_z + m_{g,h} + m_w} \qquad z = \rho_{b,h} \cdot 1000 \cdot \frac{m_z}{m_z + m_{g,h} + m_w} \text{ in kg/m}^3$$

*Beispiel*:

Die Gewichte der Stoffbestandteile einer Mischerfüllung wurden an der Abmessvorrichtung am Mischer abgelesen zu

$m_z$ = 107 kg $m_{g,h}$ = 685 kg $m_w$ = 44 kg

Die Frischbetonrohdichte wurde zu $\rho_{b,h}$ = 2,36 kg/dm³ ermittelt.

Der Zementgehalt in 1 m³ Beton errechnet sich zu:

$$z = 1000 \cdot \rho_{b,h} \frac{m_z}{m_z + m_{g,h} + m_w} \text{ in kg/m}^3$$

$$z = 1000 \cdot 2{,}36 \cdot \frac{107}{107 + 685 + 44} = \frac{252520}{836}$$

$z$ = 302 kg/m³

### 4.10.3.2 Überprüfung des w/z-Wertes und Wassergehaltes

Die Prüfung kann durch Trocknung einer eingewogenen Frischbetonprobe erfolgen. Sie setzt allerdings voraus, dass der Zementanteil der Mischung bekannt bzw. ermittelt worden ist.

**Verfahrensweise:** Nach Feststellung des Gewichtsverlustes einer in einer Blechschüssel von ~ 40 cm Ø unter Umrühren rasch getrockneten Einwaage ($m_{b,d}$) von 10 kg und nach Bestimmung der Rohdichte des Frischbetons ($\rho_{b,h}$) errechnet sich der *w/z*-Wert aus folgender Gleichung:

$$w/z = \frac{1000 \cdot \rho_{b,h} \cdot m_w}{z \cdot m_{b,d}} \qquad w = 1000 \cdot \rho_{b,h} \cdot \frac{m_w}{m_{b,d}}$$

$m_w$ = Wassergehalt in 10 kg Frischbeton in kg,

$z$ = Zementgehalt,

$w$ = Wassergehalt in 1 m³ Frischbeton in kg.

(Bei Beton mit stark saugenden Gesteinskörnungen wird das Versuchsergebnis durch die Wasseraufnahme der Gesteinskörnungen beeinflusst.)

### 4.10.3.3 Bestimmung der Stoffzusammensetzung bei erhärtetem Beton und Mörtel

Der Bindemittelgehalt sowie der Gehalt und die Kornzusammensetzung der Gesteinskörnung kann an Festbeton bzw. Festmörtel auf chemischem Wege durch Herauslösen des völlig in Salzsäure löslichen Zementes erfolgen, mit der bedingten Einschränkung, dass die Gesteinskörnung nicht säurelöslich ist (s. DIN 52170 „Bestimmung der Zusammensetzung von erhärtetem Beton"). Bei säurelöslicher Gesteinskörnung siehe DIN 52170 Teil 1–4, Ausgabe 1980-02.

## 4.10.4 Beispiele für den Entwurf von Betonmischungen

**Aufgabenstellung 1**

Für die *Außenbauteile* eines Geschäftshauses mit *direkter Beregnung* soll ein **C 25/30** in der Konsistenzklasse **F 3** hergestellt werden.

Es stehen folgende Betonausgangsstoffe zur Verfügung:

Zement: CEM III/A-32,5

Gesteinskörnungen:

Rheinkiessand Korngruppe 0/2 mm = 35 % Korngruppe 2/8 mm = 25 % Korngruppe 8/32 mm = 40 %

Sieblinie B 32 mit einer Körnungsziffer von 4,20.

An den einzelnen Korngruppen wurde folgender Feuchtigkeitsgehalt ermittelt:

0/2 mm = 5,0 M.-% 2/8 mm = 3,5 M.-% 8/32 mm = 1,5 M.-%

a) Ermittlung der erforderlichen Mischungszusammensetzung

b) Für einen Mischer mit einem Nenninhalt von 750 l sind unter Berücksichtigung des Feuchtigkeitsgehaltes die Stoffmengen zur Beschickung einer Mischercharge zu berechnen.

**Rechengang**

*a) Mischungszusammensetzung*

Beton für Außenbauteile mit direkter Beregnung müssen nach Tabelle 4.16 der Expositionsklasse **XC 4** und **XF 1** entsprechen.

Expositionsklasse: XC 4 und XF 1

Druckfestigkeitsklasse: C 25/30

Konsistenzklasse: F 3

Erforderlich nach Abschnitt 4.9.2.1, Tabelle 4.16

Festigkeitsklasse für XC 4 und XF1: ≥ C 25/30

Zielfestigkeit nach 28 Tagen unter Berücksichtigung eines Vorhaltemaßes bei der Erstprüfung:

$f_{ck,cube} = 40 \text{ N/mm}^2$

und damit $f_{c,\,dry,\,cube} = \dfrac{40}{0{,}92} = 43{,}5 \text{ N/mm}^2$

$w/z_{max}$ für XC 4 und XF 1 nach Abschnitt 4.9.2.1:

$w/z \leq 0{,}60$

$z_{min}$ für XC 4 und XF 1 nach Abschnitt 4.9.2.1:

$z \geq 280 \text{ kg/m}^3$

*Berechnung*

Aus Abb. 4.12, Abschnitt 4.10.1.1 ergibt sich bei einem Zement der Festigkeitsklasse 42,5 und einer Zielfestigkeit des Betons von 43,5 N/mm² ein

$\boldsymbol{w/z_{max} = 0{,}57 \leq 0{,}60}$ für XC 4 und XF 1

(Für den Fall, dass $w/z_{max} > 0{,}60$ wäre, müsste mit einem $w/z = 0{,}60$ weitergerechnet werden.)

Aus Tabelle 4.20, Abschnitt 4.10.1.2, ist für Gesteinskörnungen mit einer Sieblinie B 32 und einer Körnungsziffer $K = 4{,}20$ für einen weichen Beton der Konsistenzklasse F 3 ein Wasseranspruch erforderlich von rd.

$w = 1300 \,/\, (K + 3) = 1300 \,/\, 7{,}20$

$w = 180 \text{ kg/m}^3$

Aus dem $w/z$-Wert und dem Wassergehalt errechnet sich der erforderliche Zementgehalt zu:

$$w/z = 0{,}57 \qquad z = \frac{180}{0{,}57}$$

$\boldsymbol{z}$ **= 315 kg/m³** $\geq$ 280 kg/m³ für XC 4 und XF 1

(Für den Fall, dass der errechnete $z$-Gehalt < 280 kg/m³ wäre, müsste mit einem $z$ = 280 kg/m³ weitergerechnet werden.)

Die erforderliche Menge Gesteinskörnungen errechnet sich aus der Gleichung (s. Abschnitt 4.10.1.3):

$$\frac{z}{\rho_z} + \frac{w}{\rho_w} + \frac{g}{\rho_{Rg}} + p = 1000\left[\mathrm{dm}^3\right]$$

Da sich im vorliegenden Fall $g$ aus drei Korngruppen zusammensetzt, wird zweckmäßigerweise in Tabellenform weitergerechnet (s. Tabelle 4.27).

**Tabelle 4.27:** Tabellenrechnung

| Stoff | Menge [kg/m³] | | Dichte [kg/dm³] | | Volumen [dm³] | |
|---|---|---|---|---|---|---|
| Zement | 315 | | | : 3,0 → | = 105 | |
| Wasser | 180 | | | : 1,0 → | = 180 | 300 |
| Poren (geschätzt) | - | | | | = 15 | |
| | | | | - | | |
| Gesteinskörnungen | | | | | | |
| 35 % 0/2 mm | | 649 ← | 2,65 | | × 245 | |
| 25 % 2/8 mm | 1854 | 463 ← | 2,65 | | × 175 | 700 |
| 40 % 8/32 mm | | 742 ← | 2,65 | | × 280 | |
| Frischbeton-Sollrohdichte | 2349 | | - | | 1000 | |

Nebenrechnung: Zement, Wasser und Poren nehmen in 1 m³ = 1000 dm³ einen Stoffraum von 300 dm³ ein. Somit verbleiben für die Gesteinskörnungen 1000 − 300 = 700 dm³, die sich entsprechend dem prozentualen Korngruppenanteil aufteilen.

**Mischungszusammensetzung:**

| | | |
|---|---|---|
| Zement: | | 315 kg/m³ |
| Gesteinskörnungen (trocken): | | 1854 kg/m³ |
| davon | 0/2 mm: | 649 kg/m³ |
| | 2/8 mm: | 463 kg/m³ |
| | 8/32 mm: | 742 kg/m³ |
| Wasser: | | 180 kg/m³ |

*b) Beschickung eines 750-l-Mischers unter Berücksichtigung der Eigenfeuchtigkeit der Gesteinskörnungen*

Nach Abschnitt 4.10.2 beträgt für den Nenninhalt eines 750-l-Mischers der Nutzinhalt bei einem weichen Beton 1,01 m³.

Zement 315 · 1,01 = 318 kg/M

Gesteinskörnungen (trocken): 1 854 × 1,01 = 1 873 kg/M

0/2 = 0,35 · 1 873 = 656 kg/M

2/8 = 0,25 · 1 873 = 468 kg/M

8/32 = 0,40 · 1 873 = 749 kg/M

Gesamtwasser = 180 · 1,01 = 182 kg/M

Gesteinskörnungen unter Berücksichtigung der festgestellten Eigenfeuchtigkeit der einzelnen Korngruppen entsprechend Tabelle 4.28.

**Tabelle 4.28:** Gewicht der feuchten Gesteinskörnungen

| Korngruppe | Ermittelte Feuchtigkeit [M.-%] | Gesteinskörnungen trocken [kg/M] | Feuchtigkeitsanteil [kg/M] | Gewicht der feuchten Gesteinskörnungen [kg/M] |
|---|---|---|---|---|
| 0/2 | 5,0 | 656 | 32,8 | 689 |
| 28 | 3,5 | 468 | 16,4 | 484 |
| 8/32 | 1,5 | 749 | 11,2 | 760 |
| 0/32 | - | 1873 | 60,4 | 1933 |

### Gesamtbedarf je Mischercharge

| | |
|---|---|
| Zement: | 318 kg/M |
| Gesteinskörnungen (feucht) | |
| 0/2 mm: | 689 kg/M |
| 2/8 mm: | 484 kg/M |
| 8/32 mm: | 760 kg/M |
| Wasserzugabe 182 − 60 kg/M | 122 kg/M |

### Aufgabenstellung 2

Für Bauteile eines Parkhauses im Sprühnebelbereich soll ein **C 30/37** in der Konsistenzklasse **F 3** hergestellt werden. Es sollen folgende Betonausgangsstoffe zur Anwendung kommen:

| | |
|---|---|
| Zement: | CEM I - 42,5 R |
| Gesteinskörnung: | 32 mm Größtkorn, Sieblinie AB 32, Körnungsziffer k = 4,80, Korngruppen 0/2, 2/8, Rheinkiessand/-kies, 8/32 Basaltsplitt |
| Zusatzstoff: | Flugasche |

a) Ermittlung der erforderlichen Mischungszusammensetzung.

b) Ermittlung der Stoffmengen für die Durchführung einer Erstprüfung.

c) Beschickung eines Mischers mit 1000 l Nenninhalt.

## Rechengang

*a) Mischungszusammensetzung*

Für Bauteile eines Parkhauses im Sprühnebelbereich (ohne Frost), bei denen durch Chloride (Tausalze) verursachte Bewehrungskorrosion zu befürchten ist und die mit einer mäßigen Feuchte belastet werden, müssen nach Abschnitt 4.3.1 den Anforderungen der Expositionsklasse **XD 1 und XC 3** entsprechen.

### Gefordert:

| | | |
|---|---|---|
| Expositionsklasse: | XD1 | XC3 |
| Druckfestigkeitsklasse: | C 30/37 | C20/25 |
| Konsistenzklasse: | F 3 | F3 |

### Erforderlich nach Abschnitt 4.9.2 und 4.9.4.1:

| | | | |
|---|---|---|---|
| Druckfestigkeitsklasse | für XD1: ≥ C 30/37 | für XC3: ≥ C20/25 | |
| $(w/z)_{max}$ | für XD1: ≤ 0,55 | für XC3: ≤ 0,65 | |
| $z_{min}$ | für XD1: ≥ 300 kg/m³ | für XC3: ≥ 260 kg/m³ | **XD1 maßgebend** |

bei Anrechnung von Flugasche $z_{min}$ : ≥ 270 kg/m³

Flugasche *f* darf bei der Verwendung von CEM I nach Abschnitt 4.9.4.1 beim Wasserzementwert mit einem Anrechenbarkeitswert von $k = 0{,}4$ berücksichtigt werden nach der Beziehung

$(w/z)_{eq}$ = äquivalenter Wasserzementwert = $w/(z + 0{,}4 \cdot f)$

Dabei beträgt die maximal anrechenbare Flugaschenmenge

$f_a = 0{,}33 \cdot z$

*Berechnung:*

Für einen Beton der Festigkeitsklasse C 30/37 ist bei einer Erstprüfung eine **Zielfestigkeit** anzustreben, die sich aus der geforderten Druckfestigkeit plus einem Vorhaltemaß zusammensetzt, das je nach Herstellungsbedingungen, Ausgangsstoffen und Erfahrungen mindestens zwischen 6 N/mm² und 12 N/mm² betragen soll.

Zielfestigkeit: $f_{ck,cube}$ = 37 + 8 (gewählt) N/mm²

$$f_{ck,cube} = 45\ \text{N/mm}^2 \Rightarrow f_{c,\,dry,\,cube} = \frac{45}{0{,}92} = 48{,}9\,\text{N/mm}^2$$

(geforderte Festigkeitsklasse für XD1 entspricht der herzustellenden)

Aus Abb. 4.12, Abschnitt 4.10.1.1 ergibt sich für einen Zement der Festigkeitsklasse 52,5 und der Zielfestigkeit $f_{c,dry,cube}$ = 48,9 N/mm² ein

max $w/z$ = 0,61 ≥ 0,55 für XD1

Da der errechnete max. $w/z$ größer ist als der für XD1 zulässige, wird mit dem

**$w/z$ = 0,55**

weitergerechnet. Alternativ kann auch mit der geringen Zementfestigkeitsklasse 42,5 und einem $w/z$-Wert von 0,52 weitergerechnet werden.

Aus Tabelle 4.20, Abschnitt 4.10.1.2 ergibt sich für Gesteinskörnungen mit einer Sieblinie AB 32 und einer Körnungsziffer $K$ = 4,84 für einen Beton der Konsistenzklasse F 3 eine Wassermenge als Wasserrichtwert zu

$w = 1\,300 / (K + 3) = 1\,300 / 7{,}84$

$\mathbf{w = 166\ kg/m^2}$

Aus dem w/z-Wert und dem Wassergehalt $w$ errechnet sich der erforderliche Zementgehalt $z$ zu:

$$w/z = 0{,}55 \quad z = \frac{166}{0{,}55}$$

$\mathbf{z = 302\ kg/m^3} \geq 300\ kg/m^3$ für XD 1

Die **maximal** anrechenbare Flugaschenmenge $f_a$ beträgt:

$f_{a,max} = 0{,}33 \cdot 270 \leq 89\ kg/m^3$

Unter Berücksichtigung des Anrechenbarkeitswertes $k$ = 0,4 für Flugasche und dem ermittelten Wassergehalt $w$ errechnet sich für den vorliegenden Fall die zulässige anrechenbare Menge an Flugasche:

$w / (z + 0{,}4\ \ f_a) = 0{,}55$

$166 / (270 + 0{,}4\, f_a) = 0{,}55$

$166 / 0{,}55 = 270 + 0{,}4\, f_a$

$302 - 270 = 0{,}4\, f_a$

$\mathbf{f_a = 80\ kg/m^3}$

Die anrechenbare Flugaschemenge $f_a$ bleibt unter der maximal anrechenbaren Flugaschenmenge max $f_{a.}$.

$z - 0{,}4 \cdot f_a = 302 - 0{,}4 \cdot 80 = 270\ kg/m^3 \leq 270\ kg/m^3$

Soweit eine größere Menge an Flugasche als $f_a$ = 80 kg/m³ zugegeben wird, darf diese nicht auf den Zementgehalt angerechnet werden, sondern kann z. B. zur Erhöhung des Mehlkorngehaltes im Beton dienen.

Die erforderliche Menge an Gesteinskörnungen errechnet sich aus der Gleichung:

$$\frac{z}{\rho_z} + \frac{f}{\rho_f} + \frac{w}{\rho_w} + \frac{g}{\rho_{Rg}} + p = 1000 \left[ dm^3 \right]$$

Folgende Korngruppen stehen zur Verfügung:

- 0/2 mm = 25 %
- 2/8 mm = 25 %
- 8/32 mm = 50 %
- Sieblinie AB 32
- Körnungsziffer $K$ = 4,84

Die Betonzusammensetzung für 1 m³ verdichteten Frischbetons errechnet sich entsprechend Tabelle 4.29.

**Tabelle 4.29:** Tabellenrechnung

| Stoff | Menge [kg/m³] | | Dichte [kg/dm³] | | Volumen [dm³] | |
|---|---|---|---|---|---|---|
| Zement | 270 | | | : 3,1 → | = 87 | 304 |
| Flugasche | 80 | | | : 2,3 → | = 35 | |
| Wasser | 167 | | | : 1,0 → | = 167 | |
| Poren (geschätzt) | - | | | | = 15 | |
| | | | | - | = 304 | |
| Gesteinskörnungen | | | | | | |
| 25 % 0/2 mm | 1903 | 461 ← | 2,65 | | × 174 | 696 |
| 25 % 2/8 mm | | 461 ← | 2,65 | | × 174 | |
| 50 % 8/32 mm | | 981 ← | 2,82 | | × 348 | |
| Frischbeton-Sollrohdichte | 2420 | | - | | 1000 | |

Nebenrechnung: 1000 − 304 = 696 dm³ Stoffraum für die Gesteinkörnungen

0/2 mm 25 % von 694 = 174 dm³

2/8 mm 25 % von 694 = 174 dm³

8/32 mm 50 % von 694 = 348 dm³.

**Mischungszusammensetzung:**

| | |
|---|---|
| Zement: | 270 kg/m³ |
| Flugasche: | 80 kg/m³ |
| Gesteinskörnungen (trocken): | 1903 kg/m³ |
| davon 0/2 mm: | 461 kg/m³ |
| 2/8 mm: | 461 kg/m³ |
| 8/32 mm: | 981 kg/m³ |
| Wasser: | 167 kg/m³ |

*b) Stoffmengen für Erstprüfung*

Herstellung von 12 Stück 15-cm-Würfel = 12 · 3,4 dm³ = 40,8 dm³, Messung der Luftporen, Verluste etc. = 9,2 dm³ Stoffmenge für Erstprüfung $V_M$ = 50 dm³

Zement: $$\frac{270 \cdot 50}{1000} = 13{,}5\,\text{kg}$$

Flugasche: $$\frac{80 \cdot 50}{1000} = 4{,}00\,\text{kg}$$

Gesteinskörnungen (trocken):

Rheinsand 0/2 mm: $$\frac{461 \cdot 50}{1000} = 23{,}05\,\text{kg}$$

Rheinsand 2/8 mm: $$\frac{461 \cdot 50}{1000} = 23{,}05\,\text{kg}$$

Basaltsplitt 8/32 mm: $$\frac{981 \cdot 50}{1000} = 49{,}05\,\text{kg}$$

*c) Beschickung eines 1000-l-Mischers unter Berücksichtigung der Eigenfeuchtigkeit der Gesteinskörnungen*

An den Gesteinskörnungen wurden folgende Eigenfeuchtigkeiten ermittelt:

Rheinsand 0/2 mm = 6,5 M.-%

Rheingrobsand 2/8 mm = 3,2 M.-%

Basaltsplitt 8/32 mm = 0,6 M.-%

Nach Abschnitt 4.10.2 beträgt der **Nutzinhalt** eines Mischers mit 1000 l Nenninhalt für einen weichen Beton 1,35 m³.

Stoffmengen/Mischercharge bei trockenen Gesteinskörnungen

Zement 270 · 1,35 = 365 kg/M

Flugasche 80 · 1,35 = 108 kg/M

Gesteinskörnungen (trocken): 1903 · 1,35 = 2569 kg/M

Gesamtwasser = 167 · 1,35 = 225 kg/M

Korngruppen der Gesteinskörnungen unter Berücksichtigung der Eigenfeuchtigkeit entsprechend Tabelle 4.30.

**Tabelle 4.30:** Gewicht der feuchten Gesteinskörnungen

| Korngruppe | Ermittelte Feuchtigkeit [M.-%] | Gesteinskörnungen trocken [kg/M] | Feuchtigkeitsanteil [kg/M] | Gewicht der feuchten Gesteinskörnungen [kg/M] |
|---|---|---|---|---|
| 0/2 | 6,5 | (461 · 1,35) 622 | 40,4 | 662 |
| 28 | 3,2 | (461 · 1,35) 622 | 19,9 | 642 |
| 8/32 | 0,6 | (981 · 1,35) 1324 | 7,9 | 1332 |
| 0/32 | - | 2562 | 68,2 | 2636 |

**Gesamtbedarf je Mischercharge (M) unter Berücksichtigung der Eigenfeuchtigkeit der Gesteinskörnungen**

Zement: 365 kg/M

Flugasche: 108 kg/M

Gesteinskörnungen (feucht)

RS 0/2 mm: 662 kg/M

RS 2/8 mm: 642 kg/M

BS 8/32 mm: 1332 kg/M

Wasserzugabe 225 − 68 kg/M: 157 kg/M

# 4.11 Eigenschaften des erhärteten Betons und deren Prüfung (Technologie des Festbetons)

## 4.11.1 Festigkeitseigenschaften

### 4.11.1.1 Druckfestigkeit

Die Druckfestigkeitsbestimmung von Beton kann durch Druckprüfmaschinen (Druckpressen) an Würfeln, an Zylindern, an Bohrkernen sowie an ausgestemmten und zu würfeligen Prüfkörpern ausgeschnittenen Betonteilen erfolgen.

Weiterhin sind unter bestimmten Bedingungen näherungsweise Überprüfungen der Betongüte durch Oberflächenprüfverfahren mittels Rückprallhammer möglich sowie in begrenztem Umfang Ultraschallmessungen.

**Druckprüfungen an gesondert hergestellten Probekörpern**

*Gestalt und Abmessungen der Probekörper (DIN EN 12390-1, Ausgabe 2012-12)*

Voraussetzung für einwandfreie Prüfergebnisse sind völlig planebene und planparallele Druckflächen der Prüfkörper (Verwendung von Formen aus Gusseisen oder Stahl oder anderen nicht saugenden Werkstoffen, z. B. Kunststoff).

Würfel sollen je nach Korngröße der Gesteinskörnung 100, 150, 200 oder 300 mm Kantenlänge haben und Zylinder 100, 150, 200 oder 300 mm Durchmesser mit jeweils doppelter Höhe des Durchmessers. Regelgröße bei Würfeln 150 mm und bei Zylindern 150 mm Ø mit 300 mm Höhe.

Die kleinsten Abmessungen des Probekörpers sollen mindestens das $3^1/2$-Fache der Größtkornabmessungen betragen.

*Herstellen und Lagerung der Probekörper (DIN EN 12390-2, Ausgabe 2009-08)*

Da die Probekörper die gleiche Konsistenz und den gleichen Verdichtungsgrad aufweisen müssen wie der Baustellenbeton, erfolgt deren Verdichtung in entsprechender Weise durch Rütteln, Stampfen oder Stochern (Beton mit Luftporen bildenden Zusätzen nicht mit Innenrüttlern).

Zum Füllen der Probekörperformen, die zuvor leicht einzuölen oder mit Entschalungsmitteln zu behandeln sind, werden Aufsatzrahmen verwandt.

Beim *Verdichten durch Stampfen oder Stochern* erfolgt das Einbringen des Betons in die Formen in Lagen von höchstens 15 cm verdichteten Materials, wobei nach dem Einfüllen jeder Lage rundum an den Wandungen der Formen zur Beseitigung von Hohlräumen mit einem Spatel (oder Kelle) herunterzustechen ist. Der Beton wird mit 25 Stößen je Schicht mit einem Stampfer oder Verdichtungsstab verdichtet. (Vor Aufbringen einer neuen Schicht wird die untere Schicht mittels Spatel oder Kelle aufgeraut.)

Durch *Rütteln zu verdichtender Beton* ist fast bis zum oberen Rand des Aufsatzrahmens einzufüllen.

*Innenrüttler* sind i. Allg. in der senkrechten Achse der Formen bis 2 cm über Bodenhöhe einzuführen und so lange in dieser Stellung zu belassen, bis das Austreten von größeren Luftblasen an der Oberfläche deutlich nachgelassen hat. Bei 300-mm-Würfeln erfolgt das Eintauchen zusätzlich in den 4 Ecken. (Keine Verwendung von Innenrüttlern bei Zugabe von LP-Mitteln.)

Beim langsamen Herausziehen des Rüttlers muss sich der von der Rüttelflasche erzeugte Hohlraum wieder schließen.

Beim *Verdichten mittels Rütteltisch* genügt es, die Formen lose auf den Rütteltisch zu stellen (bei Leichtbeton evtl. mit Auflast).

Beim Verdichten von Beton mit Gesteinskörnungen stark unterschiedlicher Rohdichte (z. B. leichte Gesteinskörnungen mit Sand) ist darauf zu achten, dass der Beton sich nicht entmischt. Leichtbeton mit *offenem Gefüge* (Haufwerksporigkeit) ist nur so weit zu verdichten, dass keine größere Rohdichte als im Bauwerk entsteht. Das Abziehen des überstehenden Betons erfolgt bündig mit den Formrändern mittels Stahllineal. Während des Erstarrens sind die Formen vor Erschütterungen (z. B. beim Befördern) zu schützen.

Ausschalen je nach Erhärtung, in der Regel nach 24 h; nach dem Ausschalen Lagerung bis zum Prüfbeginn in Wasser (20 ±2) °C oder in Feuchtkammer gleicher Temperatur und > 95 % rel. Luftfeuchtigkeit. Diese Lagerung gilt als **Referenzverfahren**. Eine Abweichung von den Lagerungsbedingungen des Referenzverfahrens ist zulässig und kann nach den in Deutschland allgemein üblichen Lagerungsbedingungen erfolgen: Nach dem Ausschalen nach (24 ±2) h Lagerung 6 Tage im Wasserbad oder Feuchtraum von (20 ±2) °C und > 95 % rel. Luftfeuchtigkeit. Danach Lagerung bis zur Prüfung in geschlossenem Raum von 15–22 °C, geschützt vor Zugluft.

Die sich hierbei ergebende Druckfestigkeit $f_{c,dry}$ darf auf die Druckfestigkeit nach dem Referenzverfahren $f_{c,cube}$ nach folgender Beziehung umgerechnet werden:

- bis Festigkeitsklasse C 50/60: $f_{c,cube} = 0{,}92\, f_{c,dry}$;
- ab Festigkeitsklasse C 55/67: $f_{c,cube} = 0{,}95\, f_{c,dry}$.

Wenn nichts anderes vereinbart worden ist, wird in Deutschland die Druckfestigkeit an 150-mm-Würfeln, die nach den in Deutschland üblichen Bedingungen einer „Nass-Trockenlagerung" gelagert wurden, ermittelt als $f_{c,dry}$ (DIN EN 12390-2; 2009-08, Anhang NA).

*Druckfestigkeitsprüfung*

Die Lastaufbringung erfolgt i. Allg. senkrecht zur Einfüllrichtung des Betons, d. h. bei Würfeln auf den Seitenflächen, bei Bohrkernen und Zylindern jedoch in Richtung der Längsachse (Abgleichen oder Abschleifen der Einfüllfläche).

Unebenheiten bedingen punktförmige Belastungen und damit ungünstige Ergebnisse. Vor der Prüfung sind daher die Probekörper auf Ebenheit zu prüfen. Bei Abweichung von der Ebenheit um mehr als 0,1 mm sind die Prüfflächen mit einer Präzisionsschleifmaschine abzuschleifen.

**Druckfestigkeit $f_c = F/A$ in N/mm²**

$F$ = Höchstlast in N; $A$ = Druckfläche in der Mitte des Würfels oder Zylinders gemessen in mm².

Die Druckfestigkeit ist auf 0,1 N/mm² genau anzugeben!

Da die Prüfgeschwindigkeit von Einfluss auf das Festigkeitsergebnis ist, ist die Druckspannung um 0,6 ±0,2 N/mm² in der Sekunde zu steigern, das ist bei 150-mm-Würfeln eine Laststeigerung der Druckpresse um $\frac{150 \cdot 150 \cdot 0{,}6}{1000} = 13{,}5$ kN/s. In Deutschland ist als Prüfgeschwindigkeit 0,5 N/mm²s üblich, d. h. bei 150-mm-Würfeln eine Laststeigerung von $\frac{150 \cdot 150 \cdot 0{,}6}{1000} = 11{,}3$ kN/s.

Vor der Prüfung ist die Feststellung der Probekörperabmessungen in mm und des Gewichtes mit 0,1 kg Genauigkeit zur Ermittlung der Rohdichte erforderlich.

Anforderungen an Werkstoffprüfmaschinen siehe DIN EN 12390-4.

*Einfluss der Prüfkörpergröße*

Die Ergebnisse der Druckfestigkeit sind zufolge der Prüfplattenreibung (Behinderung der Querdehnung) von der Prüfkörpergröße abhängig: Plattenförmige Prüfkörper sowie kleinere Prüfwürfel ergeben größere Druckfestigkeiten als 150-mm-Würfel gleichen Betons; größere Prüfwürfel haben geringere Druckfestigkeitsergebnisse.

Werden an Stelle von 150-mm-Würfeln solche mit 100 mm Kantenlänge verwendet, so darf die Beziehung

$$f_{c,cube}\,(150\text{ mm}) = 0{,}97\, f_{c,cube}\,(100\text{ mm})$$

verwendet werden.

Gegenüber *zylindrischen Prüfkörpern mit 150 mm Ø und 300 mm Höhe* weisen Regelwürfel mit 150 mm Kantenlänge bei gleichartiger Lagerung etwa 20 bis 25 % größere Druckfestigkeiten auf. Diesen Unterschied geben die in der DIN 1045-2 festgelegten Festigkeitsklassen des Betons wieder, bei der sich der erste Wert der Festigkeitsklassenbezeichnung auf die geforderte charakteristische Festigkeit von zylindrischen Prüfkörpern (Ø 150 mm, h = 300 mm) und der zweite Wert auf 150-mm-Würfel bezieht.

Bei Verwendung von Würfeln und Zylindern anderer Größe muss das Druckfestigkeitsverhältnis jeweils durch Vergleichsprüfungen ermittelt werden.

*Einfluss des Prüfalters*

Die Festigkeitsentwicklung des Betons ist unter normalen Temperatur- und Feuchtigkeitsverhältnissen von der Festigkeitsklasse des Zementes abhängig.

Zemente einer höheren Festigkeitsklasse ergeben bei ihrer Verwendung im Beton bis zu einem Alter von 28 Tagen größere Anfangsfestigkeiten, aber nur geringere Nacherhärtung nach 28 Tagen ebenso wie R-Zemente gegenüber N-Zementen.

**Tabelle 4.31:** Richtwerte für die Festigkeitsentwicklung

| Zementfestigkeitsklasse | Festigkeit in % der 28-Tage-Druckfestigkeit nach | | | | |
|---|---|---|---|---|---|
| | 3 Tagen | 7 Tagen | 28 Tagen | 90 Tagen | 180 Tagen |
| 52,5 N; 52,5 R; 42,5 R | 70 bis 80 | 80 bis 90 | 100 | 100 bis 105 | 105 bis 110 |
| 42,5 N; 32,5 R | 50 bis 60 | 65 bis 80 | 100 | 105 bis 115 | 110 bis 120 |
| 32,5 N | 30 bis 40 | 50 bis 65 | 100 | 110 bis 125 | 115 bis 130 |

Da der Nachweis der Festigkeitsklasse oder einer bestimmten Druckfestigkeit auch zu einem früheren oder späteren Zeitpunkt vereinbart werden kann, sind ggf. für die Betonzusammensetzung die hierfür geeigneten Zemente auszuwählen.

### Prüfung von Beton in Bauwerken (DIN EN 12504)

Die Druckfestigkeit des Betons in Bauwerken oder Bauteilen kann an entnommenen Proben durch zerstörende Prüfung oder durch zerstörungsfreie Schlagprüfungen oder durch Kombination beider Verfahren bestimmt werden.

Die Prüfung des Betons im Bauwerk oder Bauteil entspricht einer Erhärtungsprüfung. Sie kann deshalb wegen abweichender Erhärtungsbedingungen gegenüber einem in Formen hergestellten und normgerecht gelagerten Beton trotz gleicher Betonzusammensetzung unterschiedliche Druckfestigkeiten ergeben.

**Bohrkernproben (DIN EN 12504-1, Ausgabe 2009-07)**

Die Herstellung und Untersuchung erfolgt nach vorstehender Norm. Die Druckfestigkeit wird nach DIN EN 12390-3 „Prüfung von Festbeton-Druckfestigkeit von Prüfkörpern“, Ausgabe 2009-07 durchgeführt.

Vor der Entscheidung zur Entnahme von Bohrkernen mit einem Bohrkerngerät (Abb. 4.14) müssen die Ziele der Prüfung bekannt sein.

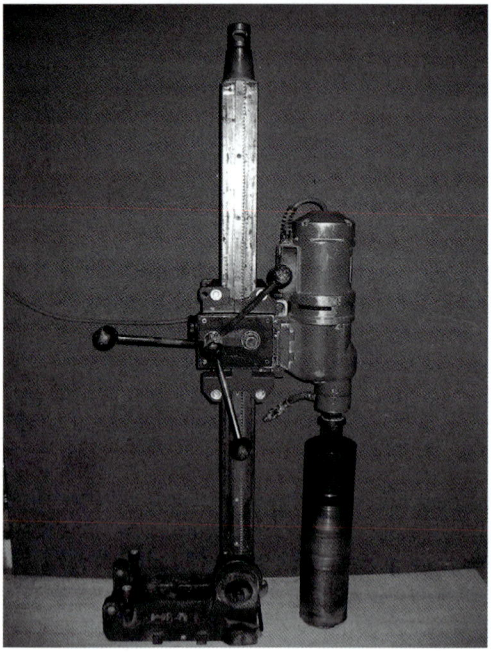

**Abb. 4.14:** Bohrkern-Entnahmegerät mit Diamant-Bohrkrone

Unter Berücksichtigung des Einflusses der Gesteinskörnungsgröße und der Bohrkerndurchmesser wird dann die Anzahl, Größe und Durchmesser der zu entnehmenden Bohrkerne festgelegt. Das Verhältnis des Größtkorns der Gesteinskörnung zum Bohrkerndurchmesser hat bei Werten von > 1:3 entscheidenden Einfluss auf die gemessene Festigkeit.

Nach Angaben im Anhang A der DIN EN 12504-1 wird darauf hingewiesen, dass internationale Untersuchungen zeigten, dass sich höhere Festigkeiten bei den folgenden Bohrkerndurchmessern ergaben:

- bei 20 mm Gesteinskörnungsgrößtkorn
  - 100 mm Ø etwa um 7 % gegenüber 50 mm Ø
  - 50 mm Ø etwa um 20 % gegenüber 25 mm Ø

- bei 40 mm Gesteinskörnungsgrößtkorn
  - 100 mm Ø etwa um 17 % gegenüber 50 mm Ø
  - 50 mm Ø etwa um 19 % gegenüber 25 mm Ø.

Praxiserfahrungen in Deutschland zeigen dagegen, dass Bohrkerne mit 50 mm Durchmesser etwa 10 % höhere Festigkeiten ergeben als solche mit 100 mm Durchmesser. ***Von der Anwendung der o. g. Erhöhungsfaktoren wird daher an dieser Stelle ausdrücklich abgeraten.***

Als bevorzugte Verhältnisse von $h$ : Ø der Bohrkerne gelten

- 2,0 beim Vergleich der Bohrkern- mit der Zylinderfestigkeit;
- 1,0 beim Vergleich der Bohrkern- mit der Würfelfestigkeit.

Bohrkerne dürfen in Druckrichtung keine Bewehrungsstahlabschnitte enthalten. Bewehrungsstäbe senkrecht oder schräg zur Druckrichtung können sich je nach Anteil im Prüfkörper festigkeitsmindernd auswirken. Bohrkerndruckflächen sind unbedingt planparallel eben zu schleifen.

### Indirekte Prüfverfahren

Zerstörungsfreie Prüfung - Bestimmung der Rückprallzahl (DIN EN 12504-2);

Bestimmung der Ausziehkraft (DIN EN 12504-3);

Bestimmung der Ultraschallgeschwindigkeit (DIN EN 12504-4)

Bei den indirekten Prüfverfahren, die unter bestimmten Voraussetzungen zur Bestimmung der Druckfestigkeit des Bauwerksbeton dienen können, wird der Bauwerksbeton zerstörungsfrei (Rückprallhammer-, Ultraschallgeschwindigkeitsprüfung) oder nur sehr eingeschränkt zerstörend (Ausziehversuch) geprüft.

### Rückprallhammerprüfung

Unter bestimmten, in DIN EN 13791 festgelegten Voraussetzungen lassen sich an *Normalbeton* zerstörungsfreie Prüfungen mit dem Rückprallhammer, s. Abb. 4.15 und 4.16, vornehmen, deren aus der elastischen Verformbarkeit der oberflächennahen Schichten sich ergebende Kennwerte Schlüsse auf die Betonfestigkeitsklasse nach Tabellen zulassen (Tabelle NA2 der DIN EN 13791, Nationaler Anhang NA).

Schlagprüfungen dürfen nicht an durchfeuchteten, gefrorenen oder durch besondere Einwirkung geschädigten Betonflächen durchgeführt werden. Einsatz darf nur im Temperaturbereich von 0 °C bis +50 °C erfolgen.

Das Prüfverfahren ist nicht für Leichtbetone und hochfeste Betone geeignet. Bei Einsatz des Verfahrens zur Einstufung in Druckfestigkeitsklassen sollten die Werte nach Möglichkeit durch zusätzliche Bohrkernprüfungen kalibriert werden.

### Prüfung mit dem Rückprallhammer (DIN EN 12504-2, Ausgabe 2012-12)

Messung des federnd gespeicherten Rückprallanteiles des Schlaggewichtes des Rückprallhammers als Rückprallstrecke R auf einer Skala des Hammers, das durch einen mechanisch ausgelösten Federschlagbolzen auf die Oberfläche des zu prüfenden Betons trifft.

Die Schlagstellen sind gleichmäßig auf Messstellen von 9 $dm^2$ (300 mm x 300 mm), die von lose anhaftenden Teilen und Überzügen, z. B. mit einem Schmirgelstein, befreit sind, in Abständen von mind. 2,5 cm (von Betonkante mind. 2,5 cm entfernt) vorzunehmen. (Beim Betonieren oben gelegene Flächen müssen bis auf die Gesteinskörnungskörner geglättet werden.)

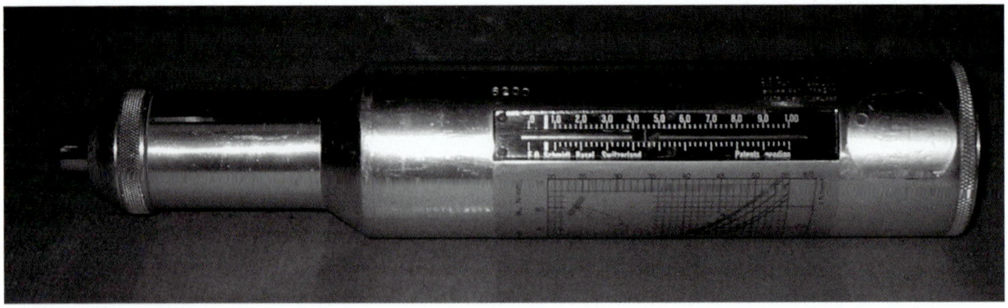

**Abb. 4.15:** Rückprallhammer

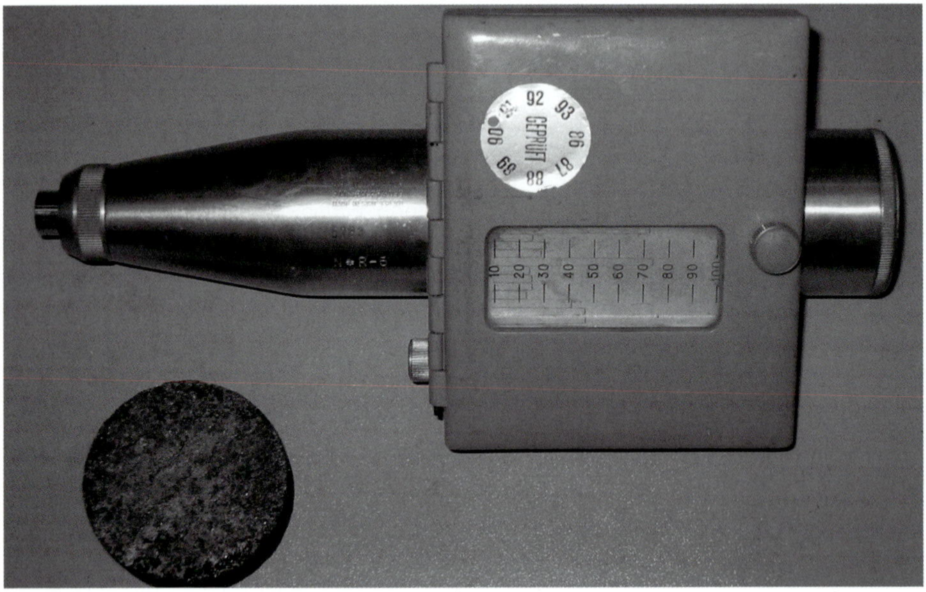

**Abb. 4.16:** Rückprallhammer mit Registriereinrichtung

Mindestdicke des zu prüfenden Bauteils 100 mm. Erkennbare große Gesteinskörnungskörner und Fehlstellen sind zu meiden. Vor jeder Prüfung ist der Hammer auf einem Prüfamboss zu überprüfen.

An einer Messstelle sind jeweils 9 Werte zu ermitteln und der Medianwert zu bestimmen.

Der Einfluss der Schlagrichtung des stets senkrecht auf die Prüfstelle aufzusetzenden Hammers ist bei abweichender Schlagrichtung von der Waagerechten wegen des Einflusses der Erdschwere durch einen angegebenen Korrekturwert zu berücksichtigen. Wenn mehr als 20 % aller Ablesungen um mehr als 30 % vom Medianwert abweichen, ist die gesamte Ablesungsreihe zu verwerfen. Ein Prüfbereich sollte nach Möglichkeit aus 9 Messstellen bestehen, und es ist dann der Medianwert der 9 Medianwerte der Messstellen zu bestimmen.

### Ausziehversuch (DIN EN 12504-3, Ausgabe 2005-07)

Bei dem einschränkend zerstörenden Prüfverfahren wird eine scheibenförmige Metalleinlage bestimmter Größe und Abmessungen in den Frischbeton eingebettet. Die Metalleinlage besteht aus einem zylindrischen Kopf und einem mit dem Kopf verbundenen Schaft.

Nach der Erhärtung des Betons wird mittels einer hydraulischen Ausziehvorrichtung die Ausziehfestigkeit durch Messen der Höchstkraft ermittelt, die zum Herausziehen der Metalleinlage erforderlich ist.

Die Metalleinlage kann auch nachträglich durch Einbohren in den Festbeton eingebettet werden.

### Impulsgeschwindigkeitsmessung (DIN EN 12504-4, Ausgabe 2004-12)

Bei dem Verfahren wird die Ausbreitgeschwindigkeit von Ultraschall-Longitudinalwellenimpulsen bestimmt. Es dient in erster Linie zur Abschätzung der Gleichmäßigkeit von Beton, geschädigter Betonbereiche, Risse, verdeckter Kiesnester usw.

Die Betondruckfestigkeit kann abgeschätzt werden, wenn die Korrelation zwischen Festigkeit und Schallgeschwindigkeit für die jeweilige Kombination aus Messgerät und zu untersuchendem Beton ausreichend bekannt ist.

### Bewertung der Druckfestigkeit von Beton in Bauwerken und Bauwerkteilen (DIN EN 13791, Ausgabe 2008-05)

Die direkte Prüfung der Druckfestigkeit von Bohrkernen ergibt von den vorstehenden Verfahren den besten Schätzwert für die Druckfestigkeit von Bauwerksbeton. Die **Bohrkernprüfung** gilt daher als Referenzverfahren.

Bevor ein indirektes Verfahren zur Bewertung der Druckfestigkeit des Bauwerksbetons angewendet wird, muss eine Beziehung zum Referenzverfahren aufgestellt werden.

Die aus den Prüfergebnissen sich ergebende charakteristische **Druckfestigkeit des Bauwerksbetons** ($f_{ck,is}$) darf den Druckfestigkeitsklassen des Betons gleichgesetzt werden unter Berücksichtigung folgender Beziehung:

$$f_{ck,is} \geq 0{,}85\, f_{ck}$$

$f_{ck}$ = charakteristische Druckfestigkeit von genormten Probekörpern;

$f_{ck,is}$ = charakteristische Druckfestigkeit des Bauwerksbetons.

$f_{ck,is}$ ist nach Abschnitt 7.3 der DIN EN 13791 nach Ansatz A oder Ansatz B festzulegen. Ansatz A ist in Fällen anzuwenden, in denen mindestens 15 Bohrkerne zur Verfügung stehen; Ansatz B ist in Fällen anzuwenden, bei denen 3 bis 14 Bohrkerne zur Verfügung stehen.

### Ansatz A (Abschnitt 7.3.2, DIN EN 13791)

Die geschätzte charakteristische Druckfestigkeit des Prüfbereichs ist der niedrigere der folgenden beiden Werte:

$$f_{ck,\,is} = f_{m(n),is} - k_2 \cdot s$$

oder

$$f_{ck,\,is} = f_{is,\,niedrigst} + 4$$

Dabei ist

$s$ die Standardabweichung der Prüfergebnisse oder 2 N/mm². Der größte Wert ist zu verwenden.

$k_2$ wird in nationalen Vorschriften festgelegt. Wenn solche nicht existieren, ist $k_2$ = 1,48 anzunehmen.

Die Druckfestigkeitsklasse ist anhand der geschätzten Druckfestigkeit des Bauwerksbetons aus Tabelle 4.32 abzulesen.

**Tabelle 4.32:** Charakteristische Mindest-Druckfestigkeit von Bauwerksbeton für die Druckfestigkeitsklassen (nach [4])

| Druckfestigkeitsklasse nach DIN EN 206-1 | Verhältnis der Druckfestigkeit von Bauwerksbeton zur charakteris-tischen Druckfestigkeit von genormten Probekörpern | Charakteristische Mindest-druck-festigkeit von Bauwerksbeton N/mm² | |
|---|---|---|---|
| | | $f_{ck,is,Zylinder}$ | $f_{ck,is,Würfel}$ |
| C8/10 | 0,85 | 7 | 9 |
| C12/15 | 0,85 | 10 | 13 |
| C16/20 | 0,85 | 14 | 17 |
| C20/25 | 0,85 | 17 | 21 |
| C25/30 | 0,85 | 21 | 26 |
| C30/37 | 0,85 | 26 | 31 |
| C35/45 | 0,85 | 30 | 38 |
| C40/50 | 0,85 | 34 | 43 |
| C45/55 | 0,85 | 38 | 47 |
| C50/60 | 0,85 | 43 | 51 |
| C55/67 | 0,85 | 47 | 57 |
| C60/75 | 0,85 | 51 | 64 |
| C70/85 | 0,85 | 60 | 72 |
| C80/95 | 0,85 | 68 | 81 |
| C90/105 | 0,85 | 77 | 89 |
| C100/115 | 0,85 | 85 | 98 |

Anmerkung 1: Die Druckfestigkeit von Bauwerksbeton kann niedriger sein als diejenige, die an genormten Probekörpern derselben Betoncharge gemessen wurde.

Anmerkung 2: Das Verhältnis 0,85 ist Teil von $\gamma_c$ nach DIN EN 1992-1-1:2011-01.

*Hinweis 1*: Die Abschätzung der charakteristischen Festigkeit unter Verwendung der kleinsten Bohrkernfestigkeit sollte die Gewissheit wiedergeben, dass die kleine Bohrkernfestigkeit die kleinste Festigkeit im bewerteten Tragwerk oder Bauteil darstellt.

*Hinweis 2*: Falls die Verteilung der Druckfestigkeitswerte auf den Ergebnissen für zwei Grundgesamtheiten zu beruhen scheint, kann der Prüfbereich in zwei Prüfbereiche geteilt werden.

### Ansatz B (Abschnitt 7.3.3, DIN EN 13791)

Die geschätzte charakteristische Druckfestigkeit des Prüfbereichs ist der niedrigere der folgenden beiden Werte:

$$f_{\text{ck, is}} = f_{\text{m(n), is}} - k$$

oder

$$f_{\text{ck, is}} = f_{\text{is, niedrigst}} + 4$$

Die Spanne $k$ hängt von der Anzahl der Prüfergebnisse $n$ ab; der geeignete Wert ist aus Tabelle 4.33 zu entnehmen.

**Tabelle 4.33:** Spanne $k$ für eine kleine Anzahl von Prüfergebnissen

| *n* | *k* |
|---|---|
| 10 bis 14 | 5 |
| 7 bis 9 | 6 |
| 3 bis 6 | 7 |

Bohrkernprüfungen von Bohrkernen mit einer Länge und einem Ø von 100 mm sind mit der Druckfestigkeit von genormten Würfeln mit einer Kantenlänge von 150 mm direkt vergleichbar.

Bei Bohrkernprüfungen von Bohrkernen mit anderen Längen und Ø kann der Wert der Druckfestigkeit des Bauwerksbetons nur unter Einbeziehung geeigneter Umrechnungsfaktoren und Anzahl an Probekörpern ermittelt werden.

So gilt z. B. nach Anhang NA der DIN EN 13791 für Bohrkerne mit 50 mm Durchmesser

$$f_{\text{c, is,Würfel}} = 0{,}9 \cdot f_{\text{c, is,Bohrkern50}}$$

Es dürfen keine Bohrkerne mit weniger als 50 mm Ø verwendet werden.

Die Mindestanzahl der aus dem Bauwerk zu entnehmenden Bohrkerne Ø 100 mm richtet sich nach DIN 1045-3, Ausgabe 2012-03, Anhang NB2. Bei Bohrkern-Durchmessern < 100 mm ist bei Größtkorn 16 mm die 1,5-fache Anzahl und bei Größtkorn 32 mm die doppelte Anzahl an Bohrkernen zu entnehmen. Bei zerstörungsfreier Prüfung ist mindestens die dreifache Anzahl an Stellen zu prüfen.

Soll die Konformität der Druckfestigkeit von Bauwerksbeton bewertet werden, hat dies nach den in der DIN EN 13791 vorgegebenen Verfahren zu erfolgen.

*Indirekte Prüfverfahren*, wie Rückprallhammer-, Auszieh- und Ultraschallgeschwindigkeitsprüfungen, bei denen zerstörungsfrei oder eingeschränkt zerstörend der Bauwerksbeton geprüft wird, stellen alleine oder als Ergänzung zu den Bohrkernen eine Alternative dar.

Da bei der Prüfung mit einem indirekten Verfahren nicht die Druckfestigkeit, sondern eine andere Größe gemessen wird, muss eine Beziehung zwischen dem Ergebnis der indirekten Prüfung und der Druckfestigkeit von Bohrkernen hergestellt werden.

Nach DIN EN 13791 stehen zur Abschätzung der Druckfestigkeit von Bauwerksbeton bei Anwendung indirekter Prüfverfahren drei alternative Varianten zur Verfügung:

- direkter Vergleich mit Bohrkernen,
- Kalibrierung von Bohrkernen für einen eingeschränkten Druckfestigkeitsbereich unter Anwendung einer grundlegenden Beziehung,
- Anwendung einer genormten sicheren Beziehung für Rückprallhammer-Prüfungen (Anhang NA der DIN EN 13791).

Letzte Variante lässt einen direkten Schluss aus dem Ergebnis der Rückprallhammerprüfung R auf die Festigkeitsklasse zur Bestätigung der Konformität zu. Hierzu sind für die entsprechenden Festigkeitsklassen Mindestwerte für den Median jeder einzelnen Messstelle und jedes Prüfbereichs der Rückprallhammerprüfung vorgegeben, die für die Konformität erfüllt werden müssen.

Das Prüfverfahren ist nicht für Leichtbetone und hochfeste Betone geeignet.

Bauwerksbeton darf für den Tragfähigkeitsnachweis einer Festigkeitsklasse nach DIN EN 206-1/DIN 1045-2 zugeordnet werden, wenn die Ergebnisse der Rückprallhammerprüfungen den Werten der Tabelle 4.34 entsprechen.

**Tabelle 4.34:** Rückprallzahlen und vergleichbare Druckfestigkeiten nach DIN EN 206-1/DIN 1045-2 (aus [4])

| Druckfestigkeitsklasse | Mindestmedian für jede Messstelle Skalenteile | Mindestmedian für jeden Prüfbereich Skalenteile |
|---|---|---|
| C8/10 | 26 | 30 |
| C12/15 | 30 | 33 |
| C16/20 | 32 | 35 |
| C20/25 | 35 | 38 |
| C25/30 | 37 | 40 |
| C30/37 | 40 | 43 |
| C35/45 | 44 | 47 |
| C40/50 | 46 | 49 |
| C45/55 | 48 | 51 |
| C50/60 | 50 | 53 |

### 4.11.1.2 Zugfestigkeit (Heft 422 DAfStb)

Im Allgemeinen werden im Stahlbetonbau bei der Beanspruchung von Biegequerschnitten vom Beton die Druck- und vom Betonstahl die Zugspannungen aufgenommen. Die Bemessung erfolgt nach Stadium II, wobei angenommen wird, dass die Zugzone des Betons gerissen ist.

Bei Bauteilen, die jedoch auch in der Zugzone rissefrei sein müssen, wie z. B. Rohre, Behälter, besondere Betonplatten, sowie bei dynamischer und Dauerlastbeanspruchung ist eine möglichst hohe Zugfestigkeit des Betons von besonderer Bedeutung. Die Bemessung erfolgt hierbei nach Stadium I.

Bei der nicht genormten Prüfung werden Zylinder 150/300 mm mit einer Belastungsgeschwindigkeit von rd. 0,05 N/mm² je Sekunde bis zum Zugbruch belastet.

**Abb. 4.17:** Schemadarstellung der Stoffraumanteile Prüfung der Betonzugfestigkeit

$$\text{Zugfestigkeit:} f_{cc} = \frac{4 \cdot F}{\pi \cdot d^2} = 1{,}27 \cdot \frac{F}{d^2} \text{ in N/mm}^2$$

$f_{cc}$ = Zugfestigkeit in N/mm²; $F$ = Höchstlast in N; $d$ = Durchmesser des Probekörpers in mm

Hierzu werden auf die zunächst abgeschliffenen und aufgerauten Stirnflächen der Betonzylinder in der Regel 7 bis 14 Tage vor der Prüfung ausreichend steife stählerne Platten zur Lasteintragung mit Zweikomponenten-Kunststoffkleber aufgeklebt, auf die kurz vor der Prüfung zur zwängungsfreien und zentrischen Lasteinleitung kalottenartig gelagerte Stahlplatten mit Zugstangen aufgeschraubt werden (Abb. 4.17).

Wegen des relativ großen Versuchsaufwandes zur Bestimmung der Zugfestigkeit haben sich in der Praxis zur Ermittlung eines Kennwertes für die Zugfestigkeit andere einfachere Prüfungen wie die *Biegezug- und Spaltzugprüfung* durchgesetzt.

### 4.11.1.3 Biegezugfestigkeit (DIN EN 12390-5, Ausgabe 2009-07)

Die Biegezugfestigkeit wird vorzugsweise an Betonbalken mit den Abmessungen 150×150×525 mm geprüft. Bei Größtkorn > 32 mm Balkengröße 200×200×900 mm.

Die Lastaufbringung erfolgt mit 2 gleichgroßen Schneidenlasten $F/2$ senkrecht zur Einfüllrichtung in den Drittelspunkten der Stützweite $l$, die 0,5 $d$ kleiner als die Balkenlänge ist (Abb. 4.18).

Die Biegezugfestigkeit $f_{cf}$ errechnet sich aus der Bruchlast $F$ (= Höchstlast + Eigenlast der Lastverteilungseinrichtung) nach der Formel:

$$f_{cf} = F \cdot \frac{l}{b \cdot h^2} \text{ in N/mm}^2$$

$l$ = Stützweite des Balkens; $b$ = Breite des Balkens im Bruchquerschnitt; $h$ = mittlere Höhe im Bruchquerschnitt in mm.

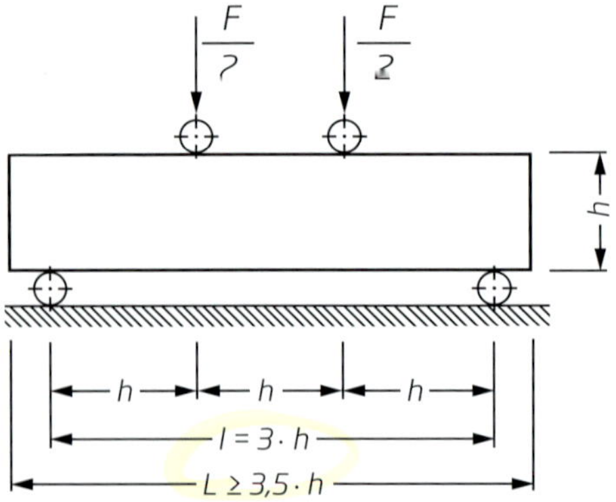


Vorzugsweise:
$h = b = 150$ mm

In der DIN EN 12390-5 wird für $b$ $d_1$ und für $h$ $d_2$ verwendet.

**Abb. 4.18:** Biegezugversuch nach [3]

Nach Aufbringen der Ausgangslast, die max. 20 % der Bruchlast beträgt, erfolgt die Laststeigerung so, dass die Biegespannung je Sekunde um etwa 0,05 N/mm² zunimmt (zwischen 0,04 N/mm² und 0,06 N/mm²).

Wird vereinbart, die Prüfung der Balken mit einer **mittigen Einzellast** durchzuführen, errechnet sich die Biegezugfestigkeit nach der Formel

$$f_{cf} = 1{,}5\,F \cdot \frac{l}{b \cdot h^2} \text{ in N/mm}^2$$

Die Prüfung erbringt etwa 13 % höhere und stärker streuende Werte als bei einer Belastung in den Drittelspunkten.

Bei Biegezugfestigkeitsprüfungen stets vorausgehende Unterwasserlagerung der Biegekörper bis unmittelbar vor der Prüfung zur Vermeidung ungünstiger Spannungsüberlagerungen infolge Schwindspannungen beim Austrocknen des Betons.

**Herstellung der Probekörper** (Abb. 4.19)

Nach Füllen der Form einschließlich Aufsatzkasten erfolgt schräges Einsetzen des Innenrüttlers in der Längsachse des Balkens an mindestens vier Stellen (bei längeren Balken an mehr Stellen) mit Eintauchtiefe 2 cm über der Bodenplatte im gleichen Verfahren wie bei Würfeln. Beim Entschalen zur Vermeidung von Beschädigungen nach 24 Stunden zunächst nur Seitenschalung entfernen.

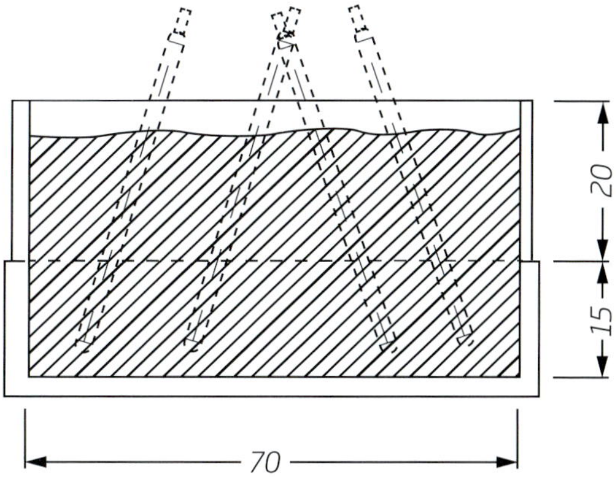


**Abb. 4.19:** Einsetzen des Innenrüttlers bei der Balkenherstellung

### 4.11.1.4 Spaltzugfestigkeit (DIN EN 12390-6, Ausgabe 2010-09)

Die Bestimmung der Spaltzugfestigkeit des Betons muss an zylindrischen Probekörpern oder kann alternativ nach Anhang A auch an Prüfkörpern mit rechteckigem Querschnitt bis zum Seitenverhältnis 1:1,5 (Würfel oder Balkenreste) erfolgen.

Aus der Spaltzugfestigkeit lassen sich Beziehungen zur Biegezugfestigkeit und zur Zugfestigkeit sowie in weiteren Grenzen auch zur Druckfestigkeit des Betons herleiten.

#### Durchführung der Prüfungen

Die von der Druckpresse (gemäß Abb. 4.20 und 4.21) auf zwei gegenüberliegenden Zwischenstreifen aus Hartfaserplatten (von 15 mm Breite und 4 mm Dicke) aufgebrachte Schneidenlast wird bis zum Spalten des Prüfkörpers so gesteigert, dass die Spaltzugspannung je Sekunde um 0,05 N/mm² (0,04 bis 0,06 N/mm²) zunimmt (das entspricht bei Zylindern von 150 mm Ø und 300 mm Höhe einer Laststeigerung von 3,5 kN/s).

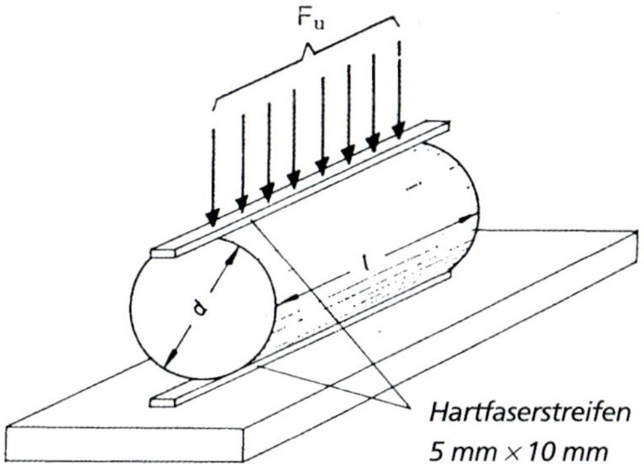


**Abb. 4.20:** Spaltzugfestigkeitsprüfung an Zylindern

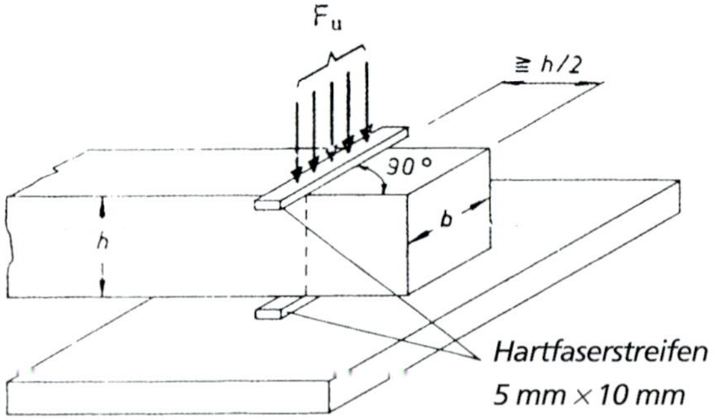


**Abb. 4.21:** Spaltzugfestigkeitsprüfung an prismatischen Prüfkörpern

Aus der ermittelten Höchstlast erfolgt die Errechnung der Spaltzugfestigkeit $f_{ct}$

- bei Probekörpern mit zylindrischem Querschnitt

$$f_{ct} = \frac{2}{\pi} \cdot \frac{F}{d \cdot l} = \frac{0{,}64 \cdot F}{d \cdot l} \text{ in N/mm}^2$$

- bei rechteckigen Probekörpern

$$f_{ct} = \frac{2}{\pi} \cdot \frac{F}{b \cdot h} = \frac{0{,}64 \cdot F}{b \cdot h} \text{ in N/mm}^2$$

- bei Probewürfeln mit Kantenlänge $a$

$$f_{ct} = \frac{2}{\pi} \cdot \frac{F}{a^2} = \frac{0{,}64 \cdot F}{a^2} \text{ in N/mm}^2$$

Die Probekörper werden bis zur Prüfung unter Wasser gelagert.

Da die gemessene Spaltzugfestigkeit von der Form und den Abmessungen der Probekörper abhängt, gilt die Prüfung der Spaltzugfestigkeit an zylindrischen Probekörpern als *Referenzverfahren*.

Während der Einfluss der Größe der zylindrischen Probekörper nicht signifikant ist, weisen Würfel eine etwa 10 % höhere Spaltzugfestigkeit als Zylinder und 150-mm-Würfel eine geringere Spaltzugfestigkeit als 100-mm-Würfel auf.

#### 4.11.1.5 Festigkeitsverhältniswerte

Die **Druckfestigkeit** des Betons liegt im Bereich von 10 bis 120 N/mm².

Je nach Betonfestigkeit beträgt die Druckfestigkeit:

- etwa das 4- bis 12-Fache der Biegezugfestigkeit,
- etwa das 8- bis 14,5-Fache der Spaltzugfestigkeit.

Die **Biegezugfestigkeit** des Betons liegt im Bereich von 3 bis 8 N/mm².

Je nach Betonfestigkeit beträgt die Biegezugfestigkeit

- etwa das 1,5- bis 2-Fache der Spaltzugfestigkeit (im Bereich von 2 bis 6 N/mm²),
- etwa i. M. das 2-Fache der Zugfestigkeit.

Die **Zugfestigkeit** des Betons liegt im Bereich von 1,5 bis 6 N/mm². Sie beträgt

- etwa i. M. das 0,75-Fache der Spaltzugfestigkeit. $f_t = 0{,}75 \cdot f_{ct}$

Näherungsweise kann die mittlere Zugfestigkeit $f_{ccm}$ nach DIN 1045-1 aus der Druckfestigkeit berechnet werden:

bis Festigkeitsklasse C 50/60

$$ff_{ccm} = 0{,}30 \cdot {}_{ck}^{2/3}$$

ab Festigkeitsklasse C 55/67

$$f_{ccm} = 2{,}12 \cdot \ln\left(\frac{1+\left(f_{ck}+8\right)}{10}\right)$$

### 4.11.1.6 Oberflächenzugfestigkeit (z. B. DIN 1048-2)

Zum Schutz oder zur Sanierung von Betonbauwerken werden Kunststoffbeschichtungen oder kunststoffmodifizierte Mörtel angewendet. Diese haben jedoch nur dann eine ausreichende Lebensdauer, wenn neben anderen Faktoren auch die oberflächennahen Betonzonen, die beschichtet werden sollen, in der Lage sind, die zwischen Beschichtung und Beton auftretenden Beanspruchungen aufzunehmen. Zur Prüfung der Eignung der Betonoberfläche dient die *Oberflächenzugfestigkeit* (Abreißversuch).

Hierzu werden runde Prüfstempel (Abzugplatten) mit mindestens 50 mm Ø (Dicke des Prüfstempels ≥ ½ Ø) auf die zu prüfende Betonoberfläche aufgeklebt.

In der Regel wird der Zugversuch an einer durch eine Ringnut begrenzten Fläche durchgeführt. Die Ringnut wird mit einer diamantenbesetzten Krone gebohrt, die etwa 1/5 Ø (≙ 10 mm) in den Beton eingreifen soll.

Gewindebohrungen in den aufgeklebten Prüfstempeln dienen zur Aufnahme von zentrischen Zugstangen, die mit einer transportablen oder stationären Zugvorrichtung verbunden werden, die in der Lage ist, die Zugkräfte momenten- und querkraftfrei in die Prüffläche einzuleiten.

Die Belastungsgeschwindigkeit soll 0,05 N/mm² in der Sekunde betragen. Für Stempel $d_s$ = 50 mm entspricht dies einer Kraftsteigerung von ca. 100 N/s (für weiche elastische Beschichtungen gilt 300 N/s).

Aus der erreichten Höchstkraft $F$ ergibt sich die Oberflächenzugfestigkeit zu:

$$\beta_{oz} = \frac{4 \cdot F}{\pi \cdot d_s^2} \text{ in N/mm}^2$$

Für $ds$ = 50 mm und $F$ in N:

$$\beta_{oz} = \frac{0{,}51 \cdot F}{1000} \text{ in N/mm}^2$$

Die Bruchfläche ist nach Augenschein zu beurteilen:

B = Bruch im Beton
K = Bruch in der Klebefuge
A = Bruch in der Grenzfläche Kleber/Beton

Bei wechselndem Bruchverlauf sind erforderlichenfalls Flächenanteile abzuschätzen.

Bei nicht frei gebohrten Prüfflächen wird im Allgemeinen ein den Prüfstempel überkragender Kegel aus der Oberfläche gerissen. Die Versuchsergebnisse liegen in der Tendenz oberhalb jener der frei gebohrten Prüffläche.

Die Entscheidung über das Freibohren muss in der jeweiligen Anwendungsvorschrift in Verbindung mit der zu stellenden Mindestanforderung für die Oberflächenzugfestigkeit und der notwendigen Anzahl der Versuche getroffen werden.

Im Allgemeinen wird eine Betonoberfläche für eine Beschichtung als geeignet angesehen, wenn die Oberflächenzugfestigkeit mindestens 1,5 $N/mm^2$ beträgt (mit Ringnutbohrung).

#### 4.11.1.7 Verschleißfestigkeit

Die Verschleißfestigkeit von Beton ist in erster Linie von der Betonfestigkeit und der Härte der verwendeten Gesteinskörnungen abhängig.

Der Verschleiß kann durch schleifende und rollende Beanspruchung (z. B. Verkehrsflächen, Hallenböden), durch stoßartige Beanspruchung (z. B. bei Werkstätten, Verladezonen), durch rutschende Schüttgüter (z. B. bei Silos) oder durch Kavitation infolge stark strömenden und Feststoffe führenden Wassers auftreten.

Wegen der unterschiedlichen Arten der Verschleißbeanspruchung konnte sich zunächst zur unmittelbaren Bestimmung des Verschleißes von den verschiedenen bekannten Prüfverfahren ein allgemein anwendbares nicht durchsetzen.

Bekannte Verschleiß-Prüfverfahren wie

- Schleifscheiben-Verfahren mit der Böhmschen Schleifscheibe (DIN 52108, Ausgabe 2010-05),
- Kugeldruck-Verfahren nach *Ebner* (ASTM-C 779-95),
- Stachelwalzen-Verfahren (ASTM-C 779-95),
- Breite Schleifscheibe nach DIN EN 1338, Anhang G bzw. DIN EN 14157

geben nur ungenau die tatsächliche praktische Beanspruchung wieder.

Auch wenn zumeist keine festen Grenzwerte für den Verschleißwiderstand vorliegen, so kann eine Klasseneinteilung erfolgen.

Für Pflastersteine aus Beton ist als Referenzprüfverfahren die Bestimmung des Abriebwiderstandes mit der „Breiten Schleifscheibe" festgelegt (s. hierzu auch Kap. 1, Natursteine, Prüfverfahren für Natursteine – Bestimmung des Widerstandes gegen Verschleiß nach DIN EN 14157, Abb. 1.17). Die Prüfung erfolgt dabei durch Abschleifen der senkrecht stehenden Oberfläche eines Pflastersteins mit der senkrecht stehenden Breiten Schleifscheibe unter Zuführung eines Schleifmittels. Die Länge der entstehenden Schleifrille gilt dabei als Kriterium für die Einteilung in drei Abriebwiderstandsklassen mit der Kennzeichnung F, H oder I (s. Tabelle 4.35).

Für Hartstoff-Estriche, Betonwerksteine (DIN 18500), Bordsteine, Gehwegplatten und Pflastersteine kann der Schleifverschleiß alternativ mit der Böhmschen Schleifscheibe nach DIN 52108 ermittelt werden.

**Tabelle 4.35:** Abriebwiderstandsklassen (nach [5])

| Klasse | Kennzeichnung | Anforderung | |
|---|---|---|---|
| | | Bestimmt nach dem Prüfverfahren in Anhang G (Breite Schleifscheibe) | Alternativ bestimmt nach dem Prüfverfahren in Anhang H (Böhme-Scheibe) |
| 1 | F | keine Anforderung | keine Anforderung |
| 3 | H | ≤ 23 mm | ≤ 20000 mm³/5000 mm² |
| 4 | I | ≤ 20 mm | ≤ 18000 mm³/5000 mm² |

Die Verschleißprüfung (DIN 52108) erfolgt an ausgeschnittenen Plattenstücken 7,1 x 7,1 cm = 50 cm² auf der Schleifscheibe nach *Böhme* (waagerecht rotierende Gusseisenplatte) mit festgelegter Umdrehungszahl unter Aufstreuen von Prüfschmirgel „Elektrokorund" (s. Kap. 1, Natursteine, Abb. 1.19). Die Angabe des Verschleißes erfolgt in mm³ je 5000 mm² Prüffläche oder als Dickenverlust in mm.

**Mindestforderungen** sind den jeweiligen europäischen oder nationalen Produktnormen zu entnehmen.

(Herstellen von Beton mit hohem Verschleißwiderstand, s. Abschn. 4.11.4.4.)

#### 4.11.1.8 Sonstige Festigkeiten

**Scherfestigkeit** ist die bis zum Bruch erreichte Höchstspannung beim Abscheren, wobei die Abscherkraft parallel zur Scherfläche wirksam ist. Bedeutung bei Klebeverbindungen im Betonbau, bei Verbindungen durch Nieten, Schrauben, Schweißnähten im Stahlbau und Bolzen, Dübel, Nägel, Leimen im Holzbau.

**Schubfestigkeit** ist die im Biegeversuch erreichte höchste Spannung infolge unterschiedlicher Verformung der horizontalen Schichten.

**Torsionsfestigkeit** ist die höchste erreichbare Spannung bei einer Beanspruchung auf Verdrehen.

**Schlagfestigkeit** ist der Widerstand gegen Schlagbeanspruchung, d. h. die Arbeit, die erforderlich ist, um eine Probe durch Schlag zum Bruch zu bringen.

### 4.11.2 Undurchlässigkeiten

#### 4.11.2.1 Porenraum, Wasseraufnahme, Wasseraufnahmekoeffizient (Heft 422, DAfStb)

**Ermittlung des Porenvolumens**

Die Festbetondichtigkeit ergibt sich aus dem Porenraum des Frischbetons und aus den Hohlräumen, die durch Verdunsten des vom Zement nicht gebundenen Wassers entstanden und im Zementstein fein verteilt sind.

Die im Festbeton dadurch vorliegenden verschiedenen Porenarten umfassen unterschiedliche Größenbereiche. Sie lassen sich aufgrund ihrer Porengröße unterscheiden in:

- Verdichtungsporen (VP) im Millimeterbereich
- Mikroluftporen (künstlich eingeführt) (LP) > 30 µm
- Kapillarporen (KP) < 50 µm
- Gelporen (GP) < 50 nm

Unter dem *Dichtigkeitsgrad* ($d$) wird das Verhältnis der Rohdichte des getrockneten Festbetons ($\rho_{Rb,od}$) zur Betondichte ($\rho_b$) verstanden:

$$d = \rho_{Rb,od} / \rho_b$$

Entsprechend ist der Undichtigkeitsgrad ($u$) die Differenz des Dichtigkeitsgrades zur Raumeinheit (1):

$$u = 1 - d$$

Der Gesamtporengehalt des Betons ($p$) beträgt somit in Volumen-%:

$$p = \left(\left(1 - \rho_{Rb,od} / \rho_b\right) \cdot 100\right) \quad \text{bzw.} \quad \frac{\rho_b - \rho_{Rb,od}}{\rho_b} \cdot 100 \text{ in V.-\%}$$

Die Dichte des Betons wird mit dem *Pyknometer* (s. Abb. 2.8) festgestellt:

$$\rho_b = m_{b,d} / V \; [\text{kg/dm}^3]$$

mit

$m_{b,d}$ = eingewogene Betonmenge (pulverisiert), getrocknet,

$V$ = im Pyknometer (Glasgefäß mit geeichtem Volumen) durch die Betonmenge $m_{b,d}$ verdrängte Prüfflüssigkeit.

*Beispiel:* Dichte von Kiessandbeton $\rho_b$ = 2,62 kg/dm³

Rohdichte des Festbetons (getrocknet) $\rho_{Rb,od}$ = 2,34 kg/dm³

$p$ = (1-2,34/2,62) · 100 = 10,7 Vol.-%

Der Porenraum von erhärtetem Normalbeton liegt zwischen 8 bis 20 Vol.-%; bei Leichtbeton, je nach Haufwerk- und Eigenporigkeit, bis zu 80 % (Bims). Mit erhöhtem Porenraum nimmt die Festigkeit des Betons entsprechend ab.

### Wasseraufnahme

Die Wasseraufnahme des Betons ist ebenso wie die Wasserundurchlässigkeit vom Porenraum, von der Porenart und von der Porenverteilung abhängig. Sie wird in Anlehnung an das Verfahren bei Naturstein DIN EN 1936 bei normalem Luftdruck geprüft und kann zusätzlich auch bei 150 bar geprüft werden (DIN 52113).

**Verfahrensweise**. Nach Trocknung bis zur Gewichtskonstanz erfolgt die Einlagerung der Prüfkörper in Wasser zwecks Entweichens der Luft stufenweise, zunächst zur Hälfte, nach 1 Stunde voll eintauchend. Die Prüfkörper bleiben bis zum Erreichen des Sättigungszustandes unter Wasser.

Die Gewichtszunahme auf das Trockengewicht bezogen, ergibt die Wasseraufnahme $W_{ma}$ in Massenprozent:

$$W_{ma} = \frac{m_{wa} - m_d}{m_d}$$

Zur Umrechnung der Wasseraufnahme auf Volumenprozent sind die Massenprozente mit der Rohdichte des Betons zu multiplizieren.

Die Wasseraufnahme bei normalem Luftdruck in Volumenprozent wird auch als *scheinbare Porosität* bezeichnet.

*Beispiel:* Wasseraufnahme 3,2 M.-%, Betonrohdichte 2,40 kg/dm³

$W_{ma} = 2{,}40 \cdot 3{,}2 = 7{,}7$ Vol.-%

Die Wasseraufnahme unter Druck von 15 N/mm² ($W_{a15}$) erfolgt im Drucktopf unter Wasser bei einem Druck von 15 N/mm² (150 bar) über einen Zeitraum von 24 h. Anschließend wird die Masse $m_{wa15}$ bestimmt und $W_{ma15}$ nach der gleichen Formel berechnet.

Die Wasseraufnahme bei 15 N/mm² in Volumenprozent entspricht etwa dem tatsächlichen Porenvolumen.

**Kapillare Wasseraufnahme, Wasseraufnahmekoeffizient**

Die Bestimmung der *kapillaren Wasseraufnahme* **($W_{ak}$)** bei einseitiger Wasserberührung erfolgt i. Allg. durch Einstellen von Betonprismen in 5 mm tiefes Wasser auf Dreikantleisten. Da die äußeren Feuchtigkeitsmerkmale zufolge Porenstörung an der Oberflächenzone sowie durch Verdunstung kein richtiges Bild der Saugfähigkeit des Betons ergeben können, wird die Wasseraufsaugfähigkeit durch Gewichtsbestimmung in Zeitabständen festgestellt. (Abdecken des Prüfkörpers gegen Verdunstung.) Die Gewichtszunahme wird auf den cm² oder dm² Grundfläche des Prüfkörpers bezogen (g/cm² bzw. g/dm²).

Der *Wasseraufnahmekoeffizient* $W$ ergibt sich aus der flächenbezogenen kapillaren Wasseraufnahme $W_{akt}$ bis zur Zeit $t$ und der Zeit $t$ zu

$$W = \frac{W_{akt}}{\sqrt{t}}$$

### 4.11.2.2 Wasserundurchlässigkeit (DIN EN 12390-8 bzw. DIN 1048-5)

Die Prüfung der Wassereindringtiefe unter Druck erfolgt vorzugsweise an plattenförmigen quadratischen Prüfkörpern von 200 mm Kantenlänge und 120 mm Dicke bzw. an runden Prüfkörpern von 150 mm Ø und 120 mm Dicke. Andere Prüfkörperabmessungen sind sowohl nach DIN 1048-5 als auch nach DIN EN 12390-8 möglich (z. B. Würfel mit 150 mm Kantenlänge).

Auch Prüfung an Platten von 300 mm Kantenlänge bzw. Durchmesser mit mindestens vierfacher Dicke des Größtkorns oder an 300-mm-Würfeln.

Bei der nach 28 Tagen auf einem Spezialprüfgerät (Abb. 4.23) durchzuführenden Prüfung wirkt ein konstanter Wasserdruck von 0,5 N/mm² (5 bar) auf einer mittigen kreisrunden Fläche von 100 mm Ø (bzw. 150 mm Ø bei 300-mm-Prüfkörpern) senkrecht zur Prüfplatte und bei Würfeln auf den Seiten senkrecht zur Einfüllrichtung über einen Zeitraum von 3 Tagen.

Nach DIN EN 12390-8 ist der Durchmesser der kreisrunden Prüffläche mit mindestens 75 mm angegeben.

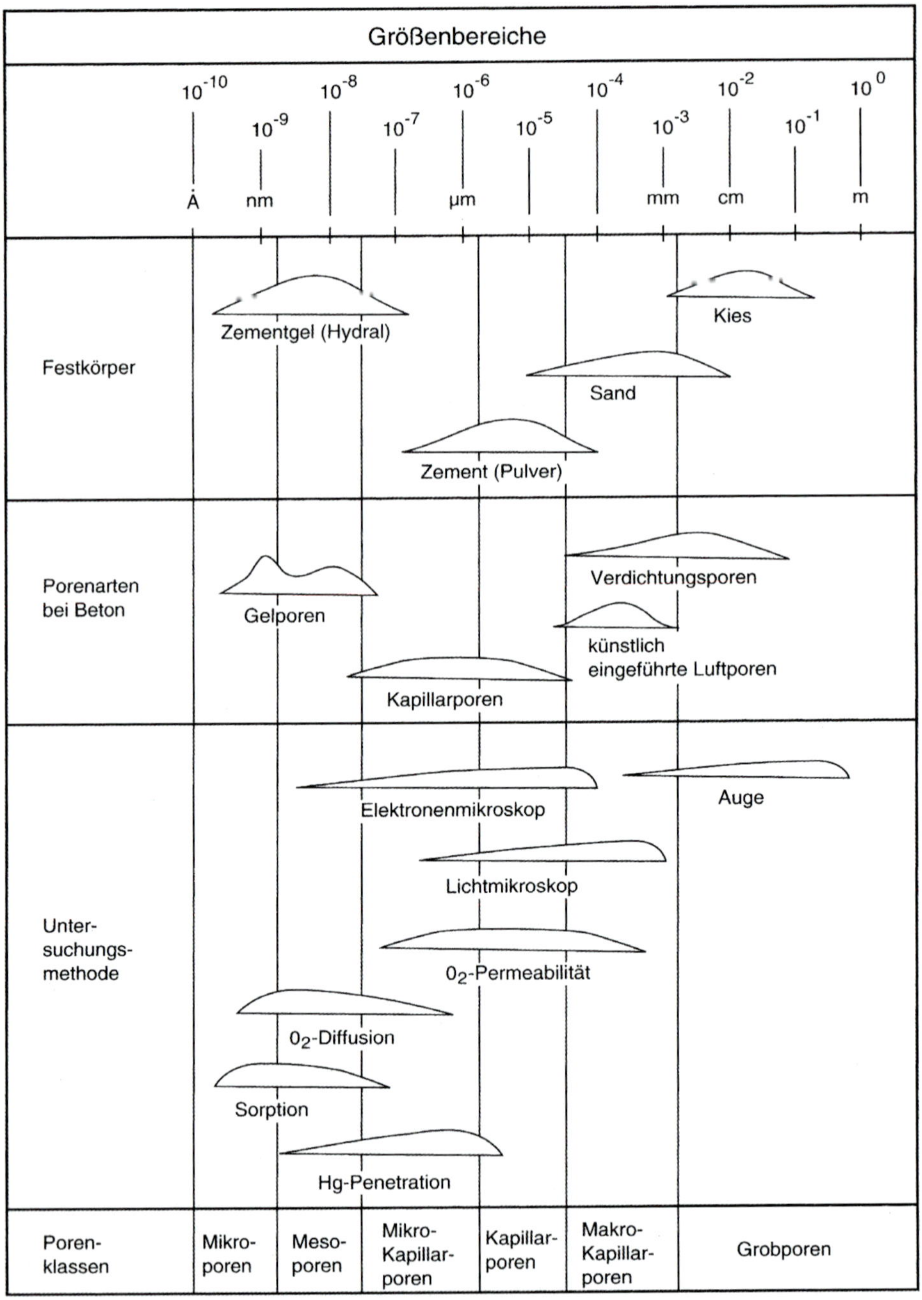


**Abb. 4.22:** Größenbereiche der Betonbestandteile und Porenarten sowie zugehörige Untersuchungsmethoden

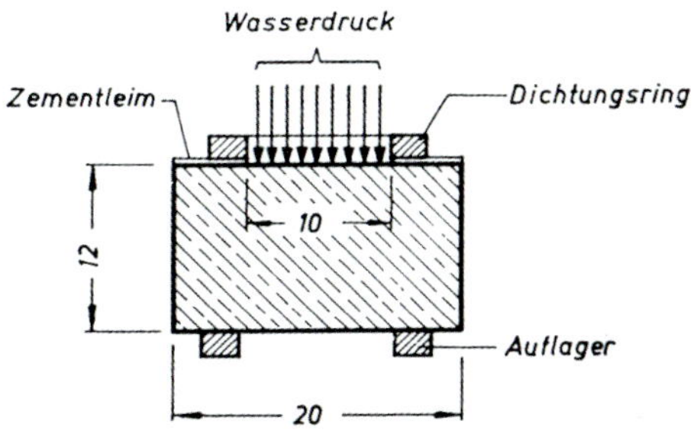


**Abb. 4.23:** Wasserundurchlässigkeitsprüfung an Prüfkörpern 20 cm x 20 cm x 12 cm

Nach Abschluss des 3-tägigen Versuches werden die Prüfkörper auf Druckpressen durch Auflegen von Rundstählen (ähnlich Spaltversuch) mittig aufgebrochen und die sichtbare Eindringtiefe des Wassers gekennzeichnet.

Nach der alten DIN 1045 darf für wasserundurchlässigen Beton die größte Wassereindringtiefe $e_w$ als Mittel aus drei Prüfkörpern 5 cm nicht überschreiten. Nach der neuen Norm werden ein *w/z*-Wert < 0,60, ein Mindestzementgehalt von 280 kg/m³ und eine Mindestdruckfestigkeit von C 25/30 gefordert. Wassereindringtiefen sind ansonsten zwischen dem Verfasser der Festlegung und dem Hersteller zu vereinbaren.

**Herstellung der Prüfkörper**

Für die Prüfplatten, die - wenn nicht ausdrücklich anders vereinbart - senkrecht herzustellen sind, werden Spezialformen oder meist Würfelformen mit nicht saugender Ausfütterung verwendet. (Waagerechte Herstellung der Platten nur bei im Bauwerk gleichlaufend zur Einfüllrichtung des Betons verlaufendem Wasserdruck.) Verdichtung erfolgt stets durch Rüttler.

Bei den Prüfkörpern ist sofort nach dem Entschalen auf der mittigen kreisförmigen Fläche (Durchmesser 10 mm oder 150 mm) die Zementschlämme mit einer Drahtbürste zu entfernen, und der Probekörper bis zur Prüfung unter Wasser zu lagern.

Prüfung nach ISO 7031 wie vor, jedoch mit Wasserdruck 48 h mit 0,1 N/mm² (1 bar), 24 h mit 0,3 N/mm² (3 bar), 24 h mit 0,7 N/mm² (7 bar). Maximale Eindringtiefe $e_{wmax} \leq 50$ mm, mittlere Eindringtiefe als Mittel aus 3 Probekörpern $e_{wmittel} \leq 20$ mm.

Regeln und Hinweise zum Bau wasserundurchlässiger Bauwerke siehe Abschn. 4.12.8.

### 4.11.2.3 Wasserdampfundurchlässigkeit

Die Wasserdampfundurchlässigkeit wird gekennzeichnet durch den *Diffusionswiderstandsfaktor* $\mu$ (ohne Dimensionsangabe).

Dieser Faktor $\mu$ gibt an, um wie viel Mal größer der Diffusionswiderstand einer Materialschicht ist als der einer gleichdicken Luftschicht mit $\mu = 1$.

Je dampfdurchlässiger ein Beton ist, umso kleiner wird $\mu$. $\mu$ liegt je nach Betondichtigkeit, die abhängig vom *w/z*-Wert, von der Verdichtung und von der Gesteinskörnungsart ist, zwischen 3 bis 150.

Trockener Beton ist erheblich durchlässiger als feucht gehaltener.

Während die Herstellung von dampfundurchlässigem Beton, z. B. bei Gasbehältern und Druckluftsenkkästen, eine möglichst hohe Betondichtigkeit mit einem großen $\mu$-Faktor erforderlich macht, ist z. B. bei Außenwandkonstruktionen von Wohnbauten aus Sichtbeton gerade eine hohe Dampfdurchlässigkeit wünschenswert, damit es nicht zur Kondenswasserbildung im

Inneren des Betongefüges kommt. Eine hohe Wasserdampfdurchlässigkeit erreicht man z. B. durch gefügedichten Leichtbeton.

#### 4.11.2.4 Strahlenundurchlässigkeit

Für den Schutz gegen Strahlen jeder Art, die auf den Organismus schädlich wirken ($\alpha$-, $\beta$-, $\gamma$- und Neutronen-Strahlen), ist Abschirmbeton am besten geeignet, da er außer der strahlenschützenden Wirkung zugleich eine tragende sowie raumabschließende Aufgabe erfüllt.

Es sind an schädlichen Strahlen zu unterscheiden:

- $\alpha$-Strahlen (Helium-Kerne, aus Protonen und Neutronen bestehend)
- $\beta$-Strahlen (Elektronen)
- $\gamma$-Strahlen (energiereiche elektromagnetische Wellenstrahlen)
- Neutronen-Strahlen (bei Atomspaltungen auftretende elektrisch neutrale Neutronen)

Da die $\alpha$- und $\beta$-Strahlen ihre Energien schnell an die Umwelt abgeben, sind i. Allg. die gegen die gefährlicheren $\gamma$- und Neutronen-Strahlen zu ergreifenden Schutzmaßnahmen auch zu deren Abschirmung ausreichend.

$\gamma$-Strahlen werden vor allem durch Stoffe mit hoher Rohdichte abgeschwächt, sodass hierfür Schwerbeton mit Gesteinskörnungen wie Baryt (Schwerspat), Eisenerzen und zerkleinerten Eisenabfällen am besten geeignet ist. Für die in ihrer Wellenlänge zwischen ultraviolettem Licht und den $\gamma$-Strahlen liegenden Röntgenstrahlen erfolgt hingegen die Abschirmung mit Stoffen hoher Ordnungszahl, z. B. Blei.

Die bei der Kernspaltung gemeinsam mit den $\gamma$-Strahlen entstehenden Neutronen-Strahlen werden durch Verlangsamung vor allem durch Wasserstoffatome absorbiert. Dem Strahlenschutzbeton werden daher auch kristallwasserhaltige Gesteinskörnungen, z. B. Limonit (Brauneisenstein $Fe_2O_3 \cdot 3\,H_2O$) oder borhaltige Zusatzstoffe, zugefügt. Günstig wirken sich auch die Kristallwasserbindungen des Zementsteins (~ 20 %) aus. (Spezialzemente werden jedoch nicht verwendet.)

Weiteres zur Herstellung des Abschirmbetons s. Abschnitt 4.12.2.

#### 4.11.2.5 Gasundurchlässigkeit

Für den Transport von Flüssigkeiten und Gasen, und damit z. B. für den Carbonatisierungsfortschritt und den Transport von chloridhaltigen Lösungen, die wiederum für die Korrosion der Stahlbewehrung von Bedeutung sind, stellt die Gasdurchlässigkeit eine wichtige Einflussgröße dar.

Als Maß für die Gasdurchlässigkeit unter einseitigem Überdruck im einachsigen Durchströmungsversuch an Probekörpern, die 6 Wochen im Klimaraum bei Normklima 20/65 gelagert haben, wird der *spezifische Permeabilitätskoeffizient K*($m^2$) ermittelt.

Als Prüfgas wird vorzugsweise Sauerstoffgas verwendet. Versuchseinrichtung und -durchführung siehe Heft 422 DAfStb.

Übliche Betone weisen Permeabilitätskoeffizienten von $10^{-14}$ m² bis $10^{-19}$ m² auf.

## 4.11.3 Formänderungen

### 4.11.3.1 Schwinden und Quellen

Wasseraufnahme und Wasserabgabe bewirken im Beton Volumenveränderungen.

Feuchtegehaltsänderungen im Beton können durch kapillaren Wassertransport oder durch Diffusion erfolgen, die bei einer Austrocknung des Betongefüges zu einer Volumenabnahme, dem *Schwinden*, und bei einer Feuchtezufuhr zur Volumenzunahme, dem *Quellen*, führen.

#### Schwinden

Beim Schwinden werden vier Arten unterschieden:

**Chemisches Schwinden** (Schrumpfen) entsteht während der Hydratation durch die chemische Einbindung des Wassers in die Hydratphasen.

Der Schrumpfvorgang geht entsprechend dem Hydratationsverlauf anfangs schnell, später langsamer vonstatten. Das Ausmaß des Schrumpfens ist gering und fällt bei normal erhärtendem Beton nicht ins Gewicht. Bei beschleunigter Wasserbindung infolge von Wärmeeinflüssen oder größerer Zementmenge besteht jedoch im Zusammenwirken mit dem früh einsetzenden physikalischen Schwinden, dem Frühschwinden oder plastischen Schwinden, die Gefahr der Bildung tiefgehender „Frühschwindrisse" (Schutzmaßnahmen: Feuchthalten des Betons bzw. Abdecken zum Schutz gegen Sonneneinstrahlung und Luftzug).

**Kapillarschwinden** (Frühschwinden, plastisches Schwinden) entsteht durch Kapillarkräfte beim Entzug des Wassers aus dem frischen, noch verarbeitbaren Beton, z. B. durch Verdunstung an der Betonoberfläche oder durch saugende Gesteinskörnungen. Das plastische Schwinden kann bei fehlender Betonnachbehandlung bis zu 4 mm/m betragen und kann zu mehreren Zentimeter tiefen Rissen senkrecht zur Betonoberfläche führen.

**Carbonatisierungsschwinden** entsteht durch die Reaktion des Kohlendioxids der Luft mit dem Calciumhydroxid des Zementsteins an der Betonoberfläche. Hierdurch können netzartige Risse im oberflächennahen Bereich entstehen. Das Carbonatisierungsschwinden kann bis zu rd. 50 % des Trocknungsschwindens erreichen, spielt jedoch bemessungstechnisch keine Rolle, weil es nur in einer schmalen, mit der Außenluft in Berührung stehenden Randzone auftritt.

**Trocknungsschwinden** entsteht durch den Wasserverlust des Festbetons während des Austrocknens durch Abgabe des chemisch nicht gebundenen Wassers aus den Kapillarporen. Das Trocknungsschwinden hängt in erster Linie von den Umgebungsbedingungen, den Bauteilabmessungen und der Zusammensetzung des Betons, vor allem dem Wasserzementwert und dem Zementgehalt, ab.

Bei schlanken, dünnen Bauteilen ist das Endschwindmaß $\varepsilon_{cs\infty}$, d. h. von Wirkungsbeginn bis zum Zeitpunkt $t = \infty$, nach etwa 1 bis 2 Jahren erreicht, bei dicken Bauteilen erst wesentlich später.

Das Schwinden der Zementsteinmatrix wird durch das Gesteinskörnungsgerüst behindert. Während der Zementstein allein bei Austrocknen ein Schwindmaß $\varepsilon_{cs}$ von rd. −3 mm/m aufweist, vermindert sich der Wert $\varepsilon_{cs}$ bei praxisnahen Normalbetonen mit quarzitischen Gesteinskörnungen auf etwa ein Fünftel wegen der aussteifenden Wirkung des Gesteinskörnungskorngerüstes und des wesentlich geringeren Zementsteinvolumens.

Bei Außenbauteilen verringern sich gegenüber Innenraumbedingungen die Schwindmaße wegen der dort wesentlich höheren Umgebungsfeuchte und möglicher wiederholter Befeuchtung weiter um etwa die Hälfte.

Da in der Praxis der Einfluss des Zementsteinvolumens durch die Betonkonsistenz erfasst wird, sind in DIN 1045-1 die Rechenwerte für das Endschwindmaß in Abhängigkeit von der Konsistenz von den Umgebungsbedingungen und der mittleren Bauteildicke angegeben:

**Tabelle 4.36:** Endschwindmaße $\varepsilon_{cs\infty}$ in mm/m für Normalbeton der Konsistenzklassen S2 und S3

| Lage der Bauteile | relative Feuchte [%] | wirksame Bauteildicke $2\,A_c/u$ [1)] [mm] | |
|---|---|---|---|
| | | ≤ 150 [2)] | ≥ 600 [2)] |
| innen | 50 | −0,60 | −0,50 |
| außen | 80 | −0,33 | −0,28 |

1) $A_c$ = Fläche des gesamten Querschnitts, $u$ = Abwicklung der der Austrocknung ausgesetzten Begrenzungsfläche.

2) Für Bauteile zwischen 150 und 600 mm darf geradlinig interpoliert werden.

Als *Restschwindmaß* wird der Anteil des Schwindens bezeichnet, der nach einem bestimmten Zeitpunkt noch auftritt. Wird der Beton bzw. das Bauteil am Schwinden gehindert, so entstehen Schwindspannungen, die bei Überschreitung der Gefügefestigkeit zu „Schwindrissen" führen.

Die Reißneigung des Betons ist außer von der Zugfestigkeit, dem Schwindmaß und der zeitlichen Verformbarkeit des Betons vor allem vom zeitlichen Ablauf des Schwindvorganges abhängig. Wegen des anfänglich starken Schwindens sollten Beton bzw. Estriche und Mörtel zur Verhinderung von Rissen so lange feucht und nachbehandelt und damit das Schwinden so lange hinausgezögert werden, bis die entstehenden Schwindspannungen von der zwischenzeitlich zunehmenden inneren Gefügefestigkeit aufgenommen werden können.

**Quellen**

Die Volumenzunahme durch Wasserzufuhr beträgt beim Zementstein $\varepsilon_{Q\infty} \sim +1$ mm/m, beim Beton analog dem Schwinden etwa ein Fünftel des Wertes des Zementsteins. Da für praxisnahe Betone das Quellen, auch bei längerer Wasserlagerung, nur etwa 40 bis 80 % der vorausgegangenen Schwindverformung erreichen kann, ist das Quellen von untergeordneter praktischer Bedeutung. Die bei Behinderung des Quellens auftretenden Druckspannungen können in jedem Fall vom Beton aufgenommen werden.

### 4.11.3.2 Wärmedehnung

Wärmedehnungen entstehen durch äußere Temperaturänderungen oder durch die Hydratationswärme des Betons beim Erhärten.

Der *Wärmeausdehnungskoeffizient* von Beton und Stahl ist angenähert gleich und wird nach DIN 1045-1 im Mittel angenommen mit

$$\alpha_T = 0{,}000\,010 = 10^{-5} \text{ bzw. } 10 \cdot 10^{-6} \cdot K^{-1}$$

Wärmeausdehnung $\Delta l$ eines Bauteils von der Länge $l_0$ bei einer Temperaturveränderung $\Delta T$ [K]:

$$\Delta l_0 = \alpha T \cdot \Delta T \cdot l$$

Je Grad und Meter (in mm) beträgt somit die Betondehnung:

$$10^{-5} \cdot 1 \cdot 10^3 = 10^{-2} = 0{,}01 = 1/100 \text{ mm/mK}$$

*Beispiel:* 20 m Betonplatte bei 50 °C Temperaturveränderung.

**Wärmedehnung: $\Delta l = 0{,}01 \cdot 50 \cdot 20 = 10$ mm**

Temperaturdehnzahl von Leichtbeton mit geschlossenem Gefüge etwa wie bei Normalbeton.

Die Wärmeleitfähigkeit des Stahles ist jedoch rd. 30-mal größer als die von Beton. Hierdurch verändern sich die Temperatur und Dehnung des Stahles schneller als die des Betons, was z. B. bei Bränden zu hohen Zwängungen führen kann.

### 4.11.3.3 Formänderungen unter äußerer Lasteinwirkung

Beton ist ein *viscoelastischer* Stoff, d. h., dass nach Entspannung einer erzwungenen Formänderung durch eine äußere Last diese nicht vollständig wieder zurückfedert.

Den bei der Entlastung zurückfedernden größeren Teil der Verformung bezeichnet man als federnde oder elastische Formänderung ($\varepsilon_{el}$), den irreversiblen Teil als bleibende oder plastische Formänderung ($\varepsilon_{pl}$).

Man unterteilt die gesamten Formänderungen unter äußerer Lasteinwirkung in *kurzzeitige*, d. h. sofort eintretende und zeitunabhängige sowie *langzeitige*, d. h. verzögert eintretende und zeitabhängige Anteile.

#### Formänderungen bei Kurzzeitbelastung (E-Modul)

Der Beton weist bei kurzzeitiger einachsiger Druckbeanspruchung eine Spannungslinie auf, die im aufsteigenden Ast nicht geradlinig verläuft, sondern leicht gekrümmt ist. Sie entspricht damit nur näherungsweise dem Hookschen Gesetz:

$$E = \sigma / \varepsilon_{el} \text{ [N/mm}^2\text{] bzw. } \varepsilon_{el} = \sigma / E$$

Unter den im Gebrauchszustand im Allgemeinen auftretenden Kurzzeitbelastungen können die Verformungen ausreichend genau als linear von der Belastung betrachtet werden.

Bei einer Druckspannung mit der Einheit 1 N/mm² würde z. B. für einen Beton C 25 mit einem E-Modul von 30 000 N/mm² die elastische Zusammendrückung el $\varepsilon = \sigma / E$ = 1/30 000 einer beliebigen Länge betragen. (Ein Säulenabschnitt von 1 m Länge erfährt demgemäß unter 10 N/mm² Belastung eine elastische Verformung von 1000 10/30 000 = 0,33 mm/m.)

Der *Elastizitätsmodul* (E-Modul) ist bei Beton – im Gegensatz zu Stahl ($E_{Fe}$ = 210 000 N/mm²) – je nach Betonfestigkeit und Gebrauchslast veränderlich. Der E-Modul des Betons ist als Sehnenmodul der Spannungs-Dehnungslinie zwischen einer Druckspannungsdifferenz definiert.

Der E-Modul ist zudem abhängig vom Gesteinskörnungsgestein, vom Feuchtigkeitszustand des Betons, von der Zementsteindichtigkeit und vom Verhältnis des Zementsteins zum Gesteinskörnungsvolumen.

Der E-Modul kann mit ausreichender Genauigkeit nach DIN 1045-1 in Abhängigkeit von der Betonfestigkeit ermittelt werden:

$$E_{cm} = 9{,}5\,(f_{ck} + 8)^{1/3}$$

Daraus errechnen sich für die einzelnen Betonfestigkeitsklassen ($f_{ck,cyl}$) folgende E-Moduli:

| Festigkeits-klasse | C12 | C16 | C20 | C25 | C30 | C35 | C40 | C45 | C50 | C55 | C60 | C70 | C80 | C90 | C100 |
|---|---|---|---|---|---|---|---|---|---|---|---|---|---|---|---|
| $f_{ck}$ N/mm² | 12 | 16 | 20 | 25 | 30 | 35 | 40 | 45 | 50 | 55 | 60 | 70 | 80 | 90 | 100 |
| $E_{cm}$ kN/mm² | 25,8 | 27,4 | 28,8 | 30,5 | 31,9 | 33,3 | 34,5 | 35,7 | 36,8 | 37,8 | 38,8 | 40,6 | 42,3 | 43,8 | 45,2 |

*Ermittlung des Elastizitätsmoduls nach DIN 1048 Teil 5*

Als Prüfkörper zur Bestimmung des E-Moduls werden 3 Zylinder von i. Allg. 15 cm Ø und 30 cm Höhe hergestellt bzw. aus dem Bauwerk entnommene Bohrkerne verwendet.

Die Messung der Längenänderung des nach 28-tägiger Normlagerung in eine Druckprüfmaschine mittig einzusetzenden Prüfkörpers erfolgt an senkrecht auf zwei gegenüberliegenden Mantellinien liegenden Messstrecken, entweder durch Aufsetzen mechanisch wirkender Geräte (z. B. Messuhren) oder auf elektrischem Wege durch Messen des bei Längenänderungen veränderlichen Widerstandes von unmittelbar auf die Betonoberfläche mit Kunstharz fest aufgeklebten Dehnungsmessstreifen oder elektronischen Wegaufnehmern.

Die Empfindlichkeit (E) der Messgeräte wird im Verhältnis der Messzeigerveränderung in mm zur Längenänderung der Messstrecke in µm gekennzeichnet. Sie muss so groß sein, dass eine Änderung der Anzeige um 1 mm bzw. einer Digitalanzeige um 1 Ableseeinheit einer Dehnungsänderung von höchstens 5 µm/m entspricht.

*Verfahrensweise*

Von einer mit der Druckprüfmaschine aufgebrachten Grundspannung ($\sigma_u$) von 0,5 N/mm² ausgehend wird ein 2maliger zügiger Lastwechsel (mit einer Geschwindigkeit von 0,5 N/mm² je Sekunde) bis zu einer oberen Spannung ($\sigma_o$) von 1/3 der vermutbaren Bruchlast (die auch zuvor an gleichartigen Prüfkörpern ermittelt werden kann) vorgenommen. Bei einer 3. Laststeigerung wird die Längenänderung $\varepsilon_o - \varepsilon_u$ zwischen oberer Prüfspannung $\sigma_o$ und unterer Prüfspannung $\sigma_u$ gemessen.

Der Druckelastizitätsmodul errechnet sich zu

$$E_D = \Delta\sigma/\Delta\varepsilon = (\sigma_o - \sigma_u) / (\varepsilon_o - \varepsilon_u) \quad \text{in N/mm}^2$$

Anschließend an den Versuch wird der Prüfkörper bis zum Bruch belastet. Weicht die Druckfestigkeit um mehr als 20 % von der vorausgesetzten ab, so ist dies besonders zu vermerken.

Die *Querdehnung* des Betons liegt je nach Gesteinskörnungsart zwischen 0,1 und 0,35 der Längsdehnung. Die *Querdehnzahl* $\mu = \varepsilon q / \varepsilon l$ darf nach DIN 1045 mit einem mittleren Wert von 0,2 angesetzt werden.

Die DIN EN 12390-13 „Prüfung von Festbeton – Bestimmung des E-Moduls unter Druckbelastung (Sekantenmodul)" liegt z. Zt. nur als Entwurf 2012-09 vor.

Der wesentliche Unterschied liegt in einer ausführlicheren Vorbelastung (drei Zyklen) zur Überprüfung der Messeinrichtung sowie einer zweimaligen Messung der Längenänderung und zwar beim ersten und dritten Lastzyklus der E-Modul-Messung. Außerdem wird zwischen dem „Anfänglichen Elastizitätsmodul" (Sekantenmodul) mit den Dehnungen des ersten Lastzyklus und dem „Stabilisierten Elastizitätsmodul" mit den Dehnungen nach dem zweiten und dritten Lastzyklus unterschieden.

### Formänderungen unter Dauerbelastungen (Kriechen und Relaxation)

Unter *Kriechen* werden zusammenfassend die bleibenden und/oder zeitabhängigen Formänderungen von Beton unter Dauerlast verstanden. Das Kriechen hängt ähnlich wie das Schwinden mit dem Wasserhaushalt des Zementsteines zusammen.

Unter *Relaxation* versteht man die unter einer aufgezwungenen Verformung konstanter Größe zeitabhängige Abnahme der Spannungen. (Besonders wichtig beim Spannbeton!)

Die Kriechverformung $\varepsilon_k$ setzt sich aus dem irreversiblen (bleibenden) Verformungsteil, dem Fließanteil $\varepsilon_f$, und dem verzögerten elastischen Verformungsanteil $\varepsilon_{vel}$ zusammen:

$$\varepsilon_k = \varepsilon_f + \varepsilon_{vel}$$

Der Fließanteil $\varepsilon_f$ nimmt anfangs schnell zu und strebt nach mehreren Jahren, u. U. bis zu 5 Jahren, allmählich einem Endwert zu. Der verzögerte Verformungsanteil $\varepsilon_{vel}$ erreicht seinen Endwert nach etwa 3 Jahren und federt ebenso langsam bei einer Entlastung wieder zurück.

Der zeitliche Verlauf und die Größe des Kriechens ist abhängig von der Größe der aufgebrachten Last, von der Belastungsdauer, von der Betonfestigkeit zum Zeitpunkt der Belastung, von den Austrocknungsbedingungen, von den Bauteilabmessungen, vom Volumenanteil des Zementsteins.

Die Kriechverformung ist umso größer, je größer die Belastung, je kleiner die Betonfestigkeit (je größer der *w/z*-Wert), je trockener die Umweltbedingungen, je schlanker das Bauteil und je höher der Volumenanteil an Zementstein im Beton ist. Umgekehrt kriecht ein Beton umso weniger, je später ein Beton belastet wird und je höher sein Erhärtungszustand (Reifegrad) zu diesem Zeitpunkt ist.

Kriechverformungen können in Dauerstandsversuchen gemessen werden. Das Kriechmaß $\varepsilon_{k,t}$ zum Zeitpunkt *t* ergibt sich aus der Gesamtverformung $\varepsilon_{ges,t}$ vermindert um die augenblickliche elastische Zusammendrückung $\varepsilon_{el,to}$ zufolge der aufgebrachten Spannung $\sigma_k$ und um das Schwindmaß $\varepsilon_{s,t}$ eines unbelasteten Vergleichskörpers:

$$\varepsilon_{k,t} = \varepsilon_{ges,t} - (\varepsilon_{el,to} + \varepsilon_{s,t})$$

Spezifisches Kriechmaß: spez. $\varepsilon_{k,t} = (\varepsilon_{k,t} / \sigma_k)$ [µm/mm / N/mm²]

Die Kriechverformungen liegen in einer Größenordnung von 0,1 bis 1 mm/m.

Bei Stahlbetontragwerken werden Kriechverformungen im Allgemeinen vernachlässigt, außer bei weit gespannten Bauwerken. Beim Spannbeton ist jedoch wegen des mit dem Kriechen verbundenen Spannkraftverlustes eine rechnerische Ermittlung erforderlich. Sie erfolgt über die Kriechzahl $\varphi t$, die das Verhältnis der Kriechverformung $\varepsilon_{k(t)}$ zur elastischen Verformung wiedergibt:

$$\varphi t = \varepsilon_{k(t)} / \varepsilon_{el}$$

Da $\varepsilon_{el} = \sigma / E$ ist, ergibt sich:

$$\varepsilon_{k(t)} = \sigma / E \cdot \varphi t$$

Im Allgemeinen sind die Auswirkungen des Kriechens nur für den Zeitpunkt $t = \infty$ zu berücksichtigen, die vereinfacht mit $\varphi_\infty$ berechnet werden können. DIN 1045-1 enthält Angaben zur Bestimmung von $\varphi_\infty$ für Normalbeton. Für *hochfesten Beton* und *Leichtbeton* sind zusätzliche Faktoren zu berücksichtigen.

## 4.11.4 Widerstandsfähigkeit

### 4.11.4.1 Widerstand gegen Frost sowie Frost und Tausalz

In den Kapillarporen des Betons gefrierendes Wasser bewirkt infolge seiner Ausdehnung (1/11 des Wasservolumens) Spannungen im Betongefüge, die je nach dessen Festigkeit elastisch aufgenommen werden oder eine Gefügelockerung zur Folge haben. Entscheidend für die

Schädigungsintensität ist der Feuchtegehalt im Porensystem, der in thermodynamischer Wechselwirkung mit der Zementsteinmatrix steht.

Der wirksamste Frostschutz ist daher ein geringstmögliches Kapillar-Porenvolumen im Zementstein (niedriger *w/z*-Wert) und gute Verdichtung sowie die Verwendung von LP-Mitteln (s. Abschnitt 4.7.5.2).

Die Prüfung des Frost- und Frost-Tausalz-Widerstandes erfolgt in der Regel durch eine Zeitrafferprüfung, bei der die Prüfdauer durch tiefere Abkühltemperaturen und höhere -geschwindigkeiten verkürzt wird. Dabei werden die Prüfkörper zyklischen Frost-Tau-Wechseln in demineralisiertem Wasser, 3 % NaCl-Lösung oder ggf. anderer Taumittellösungen ausgesetzt.

Die hierbei sich ergebenden Ergebnisse sind nur bedingt auf die Praxis übertragbar.

Im bisher vorliegenden europäischen Normenentwurf DIN CEN/TS 12390-9 für Frost- und Frost-Tau-Wechselprüfungen sind drei Verfahren zur Bestimmung der Oberflächenabwitterung aufgeführt:

- Plattenprüfverfahren (Referenzverfahren),
- Würfelverfahren,
- CIF-/CDF-Verfahren.

Bei dem in Deutschland früher üblichen Würfelverfahren wird die Widerstandsfähigkeit an wassergesättigten 10-cm-Würfeln, die in speziellen Messing- oder Edelstahlbehältern lagern, durch 56 Frost-Tau-Wechsel von −15 °C auf +20 °C festgestellt (16-stündige Abkühlphase und anschließend 8-stündiges Auftauen in Wasser).

Versuchseinrichtung und -durchführung siehe Heft 422 DAfStb. Auch Prüfung nach ÖNORM 3303.

Heute wird in Deutschland überwiegend das CIF- (nur Frost) und das CDF-(Frost- und Tausalz-) Verfahren angewendet. Dabei wird an speziell vorbereiteten Prüfkörpern die Abwitterung an der Oberfläche nach Frost- bzw. Frost-Tausalz-Beanspruchung durch Ultraschallbehandlung ermittelt und zusätzlich der Abfall des dynamischen E-Moduls durch die Frostbeanspruchung festgestellt und vorgegebenen Grenzwerten gegenübergestellt. Es wird ein 12-stündiger Frost-Tau-Wechsel von +20 °C bis −20 °C durchgeführt (Abkühlphase 7 h).

Im Normenentwurf DIN CEN/TS 12390-9 vom August 2006 ist für das CIF-/CDF-Verfahren nur die Abwitterungsprüfung geregelt, während in Deutschland in der Regel auch der Abfall des dynamischen E-Moduls als Kenngröße für die innere Schädigung bestimmt wird.

In DIN 1045-2 sind zum Erreichen eines ausreichenden Frost- bzw. Frost-Tausalz-Widerstandes entsprechende Folgerungen für die Praxis gezogen worden, indem in Abhängigkeit von der Angriffsart und der Sättigung des Betongefüges eine Einteilung in insgesamt vier *Expositionsklassen* erfolgte.

Aufgrund langjähriger baupraktischer Erfahrungen sind Mindestanforderungen an die Betonzusammensetzung festgeschrieben worden, die aus der Tabelle 4.37 ersehen werden können.

**Tabelle 4.37:** Anforderungen an die Zusammensetzung von Beton mit Widerstand gegen Frost ohne oder mit Taumittel (nach [1] [2])

| Expositionsklasse | XF 1 | XF 2 1) | | XF 3 6) | | XF 4 1) |
|---|---|---|---|---|---|---|
| Wassersättigung | mäßig | mäßig | | hoch | | hoch |
| Taumittel | ohne | mit | | ohne | | mit |
| höchstzulässiger *w/z*-Wert | 0,60 | 0,55 | 0,50 | 0,55 | 0,50 | 0,50 |
| Mindestzementgehalt in kg/m³ | 280 | 300 | 320 | 300 | 320 | 320 |

| Expositionsklasse | | XF 1 | XF 2 [1] | | XF 3 [6] | | XF 4 [1] |
|---|---|---|---|---|---|---|---|
| Wassersättigung | | mäßig | mäßig | | hoch | | hoch |
| Taumittel | | ohne | mit | | ohne | | mit |
| Mindestfestigkeitsklasse | | C 25/30 | C 25/30 | C 35/45 | C 25/30 | C 35/45 | C 30/37 |
| mittlerer Luftgehalt in Vol.-% [2) 3)] bei Größtkorn in mm | 8 | - | ≥ 5,5 | - | ≥ 5,5 | - | ≥ 5,5 |
| | 16 | - | ≥ 4,5 | - | ≥ 4,5 | - | ≥ 4,5 |
| | 32 | - | ≥ 4,0 | - | ≥ 4,0 | - | ≥ 4,0 |
| | 63 | - | ≥ 3,5 | - | ≥ 3,5 | - | ≥ 3,5 |
| Widerstand der Gesteinskörnung gegen Frost bzw. Frost- und Taumittel | | $F_4$ [4] | $MS_{25}$ [5] | | $F_2$ [4] | | $MS_{18}$ [5] |

1) Die Anrechnung auf den Mindestzementgehalt und den *w/z*-Wert ist nur bei Verwendung von Flugasche zulässig. Weitere Zusatzstoffe des Typs II dürfen zugegeben, aber nicht auf den Zementgehalt oder den *w/z*-Wert angerechnet werden.

2) Einzelwerte dürfen die Anforderungen um höchstens 0,5 Vol.-% unterschreiten. Für sehr weichen Beton sowie bei Einsatz von Fließmittel ist der Luftgehalt um 1 Vol.-% zu erhöhen.

3) Erdfeuchter Beton (z. B. für Pflastersteine) mit *w/z* < 0,40 darf ohne LP hergestellt werden.

4) Kategorie des Frostwiderstands der Gesteinskörnung (s. Abschnitt 2.3.2).

5) Kategorie der Magnesiumsulfat-Widerstandsfähigkeit der Gesteinskörnung (s. Abschnitt 2.3.2).

6) Nach ZTV-W soll auch für XF 3 zukünftig nur noch LP-Beton zum Einsatz kommen.

#### 4.11.4.2 Widerstand gegen hohe Temperaturen und Feuer

Beton gehört im Sinne der DIN 4102 „Brandverhalten von Baustoffen und Bauteilen" zur Gruppe der „nicht brennbaren Baustoffe" (Klasse A), bei höheren Temperaturen verändern sich jedoch die technischen Eigenschaften des Betons, insbesondere auch des Stahlbetons.

Die *Druckfestigkeit* des Betons, die sich bei zunehmender Erwärmung je nach Hydratationsgrad des Zementes anfangs evtl. noch steigert, vermindert sich bei höheren Temperaturen und kann bei 200 °C bereits etwa 80 % und bei 400 °C 50 % der Kaltfestigkeit betragen (Heißdruckfestigkeit). Ebenfalls starker Abfall des E-Moduls.

*Konstruktiv* kann auch bei zunehmenden Temperaturen die *Wärmedehnung des Betons* zu Formänderungen oder bei Behinderung zu Zwängungsspannungen führen. Da der Wärmedehnungskoeffizient quarzitischer Gesteinskörnungen zwischen 500 bis 600 °C sprunghaft ansteigt, sind bei zu erwartenden höheren Temperaturen zur Erreichung möglichst geringer Formänderungen quarzitarme Gesteinskörnungen zu verwenden.

Die *Tragfähigkeit bewehrter Bauteile* ist infolge der relativ geringen Betondeckung der Stahleinlagen bei Hitzeeinwirkung durch Absinken der Streckgrenze des Stahls, die bereits bei Temperaturen > 200 °C beginnt, besonders gefährdet. Bei naturharten Stählen treten geringere Festigkeitsverluste als bei kaltgezogenen Stählen auf. Auf Zug beanspruchter Stahl erreicht bei 500 °C seine Fließgrenze. Bei Spannstahl beträgt die kritische Grenze 350 °C.

Durch den Abschreckeffekt von Löschwasser auf freiliegende Bewehrung kann je nach Stahlart eine Versprödung oder Verfestigung des Stahles eintreten. Die Wärmedehnung des

Stahles ist bei erhöhter Temperatur größer als diejenige des Betons. Hieraus resultieren Spannungen, die zunächst in den Ecken von Bauteilen, wie z. B. Stützen und Unterzügen, zu Betonabplatzungen führen.

Zur Bautensicherung bei Bränden sind demgemäß die Bestimmungen des vorbeugenden Brandschutzes nach DIN 4102 Teil 4, zu beachten: Verstärkung der Betondeckung (s. Abschnitt 4.14.6), Putze oder Verkleidungen.

*Feuerbeton.* Für Sonderzwecke hoher Hitzebeanspruchungen (z. B. bei Hochofenfundamenten) führen Temperaturen über 1000 °C, besonders bei Verwendung von Tonerdezementen, zur Verfestigung durch Verschmelzen der keramischen Bestandteile (Tonerde) oder durch Zusatz mineralischer Stoffe zur Veränderung der Zementsteinstruktur.

### 4.11.4.3 Widerstand gegen chemische Stoffe

Beton kann durch längere Einwirkung von Wässern und Böden, die chemisch angreifende Stoffe enthalten, zerstört werden. Je nach Art der angreifenden chemischen Verbindungen wird nach dem *Angriffsgrad* zwischen schwachem, starkem und sehr starkem Angriff, aufgrund der *Wirkungsweise* der Zerstörung zwischen lösendem und treibendem Angriff unterschieden.

Zu einem *lösenden* Angriff kommt es, wenn Säuren, in Wasser gelegentlich vorkommende austauschfähige Salze, weiches Wasser sowie organische Fette und Öle auf den Beton einwirken. Hierbei entstehende wasserlösliche Reaktionsprodukte führen zur Auflösung des Zementsteines von der Oberfläche her.

Ein *treibender* Angriff wird in erster Linie von den Sulfaten hervorgerufen. Hierbei benötigen die sich neu bildenden Reaktionsprodukte infolge wachsender Kristalle einen erheblich größeren Raum, wodurch es zur Dehnung und schließlich zur Zerstörung des Betongefüges kommt.

**Säuren.** Für den Angriffsgrad saurer Wässer ist außer der Konzentration auch ihre Stärke maßgebend. Das Lösungsvermögen einer Säure wird i. Allg. durch den pH-Wert gekennzeichnet.

*Starke* Mineralsäuren, wie z. B. Salz-, Schwefel-, Salpetersäure, lösen *alle* Bestandteile des Zementsteines auf.

*Schwache* Säuren wie z. B. Kohlensäure bilden mit dem Kalk des Zementsteines wasserlösliche Salze. In diesem Fall reicht der pH-Wert als Kennzeichen des Angriffsgrades nicht aus. Hierbei muss zusätzlich der Gehalt an kalklösender Kohlensäure bestimmt werden.

*Organische* Säuren greifen den Beton weniger stark an als anorganische, da die Reaktionsprodukte auf der Oberfläche des Betons Schutzschichten bilden.

Dagegen kann Humussäure (Huminsäure) den Erhärtungsverlauf des Betons wesentlich stören.

**Austauschfähige Salze.** Durch Wechselwirkung (Ionenaustausch) meist in Verbindung mit Chloriden vorkommender Magnesium- oder Ammoniumsalze wird der Beton dadurch ausgelaugt, dass diese mit dem Kalk des Zementsteins wasserlösliche Verbindungen bilden.

**Weiches Wasser** mit einer Gesamthärte ≤ 3°dH[2] kann, da es nur wenig gelöste Salze enthält, den Zementstein nur in geringem Maße lösen. Im Regenwasser kann auch aus der Luft aufgenommene Kohlensäure enthalten sein.

**Fette und Öle** pflanzlicher oder tierischer Herkunft enthalten einen mehr oder weniger großen Anteil an freien Fettsäuren, die den Beton angreifen können. Auch gebundene Fettsäuren können mit dem Kalk des Zementsteins reagieren, wobei es zur Kalkseifenbildung kommt die den Beton aufweicht.

2 Deutsche Härte.

Mineralöle greifen den Beton nicht an, sofern sie frei von Säuren und Fetten vorstehender Art sind.

**Sulfate.** Wenn in Wasser gelöste Sulfate in den Beton eindringen, findet eine Reaktion mit den Aluminiumhydraten des erhärteten Zementsteins statt und es entsteht *Ettringit* (s. Abschnitt 3.1.5.3). Außerdem kann sich mit dem $Ca(OH)_2$, des Zementsteins unter bestimmten Bedingungen Gips bilden. Die kristalline Volumenvergrößerung der Reaktionsprodukte bewirkt das Treiben, d. h. die Lockerung des Betongefüges.

Maßnahmen zum Schutz gegen chemische Angriffe, z. B. durch Kunststoffe oder bituminöse Überzüge, siehe „Merkblatt für Schutzüberzüge auf Beton bei sehr starken Angriffen nach DIN 4030" (s. a. Abschnitt 4.14.6, Betondeckung der Bewehrung.)

Die Beurteilung des Angriffsvermögens auf erhärteten Beton durch angreifende Grundwässer und Böden, Abwässer und Betriebswässer der Industrie sowie Dämpfe und Abgase kann nach DIN 1045-2 und DIN 4030 erfolgen.

Hiernach wird das Angriffsvermögen von Wasser und Böden in die Angriffsgrade „schwach", „mäßig" und „stark" unterteilt, die vom pH-Wert, vom kalklösenden $CO_2$-Gehalt und dem Gehalt an Ammonium-, Magnesium- und Sulfationen bestimmt werden. Nach den einzelnen Angriffsgraden, die von den in Tabelle 4.38 aufgeführten Werten begrenzt werden, erfolgt auch die Einstufung in die Expositionsklassen XA1 (chemisch schwach angreifende Umgebung), XA 2 (chemisch mäßig angreifende Umgebung) und XA 3 (chemisch stark angreifende Umgebung).

**Tabelle 4.38:** Grenzwerte zur Beurteilung des Angriffsgrades

| Vorkommen | Chemisches Merkmal | | Expositionsklasse | | |
|---|---|---|---|---|---|
| | | | XA 1 schwach | XA 2 mäßig | XA 3 stark |
| Wässer | pH-Wert | | < 6,5...5,5 | < 5,5...4,5 | < 4,5...4,0 |
| | kalklösende Kohlensäure $CO_2$ | mg/l | > 15...40 | > 40...100 | > 100 bis zur Sättigung |
| | Ammonium (NH4) [1)] | mg/l | ≥ 15...30 | > 30...60 | > 60...100 |
| | Magnesium ($MG^{2+}$) | mg/l | ≥ 300...1000 | > 1000...3000 | > 3000 |
| | Sulfat ($SO4^{2-}$) | mg/l | > 200...600 | > 600...3000 | > 3000 ≤ 6000 |
| Böden | Säuregrad nach Baumann-Gully | | > 200 | | |
| | Sulfat ($SO4^{2-}$) | mg/kg | ≥ 2000 ≤ 3000 | > 3000 ≤ 12 000 | > 12 000 ≤ 24 000 |

[1)] Gülle kann unabhängig vom $NH_4$-Gehalt in die Expositionsklasse XA1 eingeordnet werden.

Für die Beurteilung und Einstufung ist jeweils der höchste Angriffsgrad maßgebend, auch wenn er nur von einem der Werte erreicht wird.

Liegen zwei oder mehrere chemische Merkmale in derselben Expositionsklasse, davon eines im oberen Viertel (bei pH im unteren Viertel), so erhöhen sich der Angriffsgrad und die Expositionsklasse um eine Stufe.

Grundsätzlich erfordert ein Beton mit einem hohen Widerstand gegen chemische Angriffe einen Beton mit hoher Gefügedichtigkeit. Daher ist ein wasserundurchlässiger Beton mit einem ausreichenden Mehlkorngehalt herzustellen.

Aufgrund langjähriger Erfahrungen wurden die in Tabelle 4.39 angeführten betontechnologischen Mindest-anforderungen an die Betonzusammensetzung in Abhängigkeit von der vorliegenden Expositionsklasse nach DIN 1045-2 festgeschrieben.

**Tabelle 4.39:** Anforderungen an die Zusammensetzung von Beton mit Widerstand gegen chemischen Angriff

| | Expositionsklasse | | |
|---|---|---|---|
| | **XA 1 schwach** | **XA 2 mäßig** | **XA 3 [5] stark** |
| höchstzulässiger w/z-Wert [1] | ≤ 0,60 | ≤ 0,50 | ≤ 0,45 |
| Mindestfestigkeitsklasse | C 25/30 | C 35/45 [2] | C 35/45 [2] |
| Mindestzementgehalt ohne Anrechnung von Zusatzstoffen in kg/m³ | 280 | 320 [3) 4)] | 320 [3] |
| Mindestzementgehalt bei Anrechnung von Zusatzstoffen in kg/m³ | 270 [3] | 270 [3) 4)] | 270 [3] |

[1] Bei Anrechnung von Zusatzstoffen des Typs II ist der äquivalente Wasserzementwert (Wasser/(Zement - k · Zusatzstoff)-Wert) maßgebend.

[2] Wenn aufgrund der Expositionsklasse XF 2 bis XF 4 ein Luftporenbeton gefordert ist, kann eine Festigkeitsklasse niedriger verwendet werden.

[3] SR-Zement bei Sulfatangriff, außer Meerwasser.

[4] Bis $SO_4^{2-}$ ≤ 1500 mg/l auch Mischung aus Zement + Flugasche einsetzbar, außer Meerwasser.

[5] Oberflächenschutz oder Gutachten.

In besonderer Weise wurden die baulichen Voraussetzungen für Betonbauwerke geregelt, die nach dem Wasserhaushaltsgesetz § 19 g erforderlich sind, damit beim *Umgang mit wassergefährdenden Stoffen* gewährleistet werden kann, dass eine Verunreinigung nicht zu befürchten ist.

In der Richtlinie des DAfStb „Betonbau beim Umgang mit wassergefährdenden Stoffen" werden konstruktive und betontechnologische Vorgaben für einschalige Betonbauten nach DIN 1045 ohne Oberflächenabdichtung beim Umgang mit flüssigen oder pastösen wassergefährdenden Stoffen genannt.

Betontechnologisch wird nach der Richtlinie ein „Flüssigkeitsdichter Beton" (FD-Beton) gefordert, für den folgende Anforderungen festgelegt sind, damit die Eindringtiefe wassergefährdender Flüssigkeiten innerhalb der Entsorgungszeit (in der Regel 72 h) die Rückseite des Bauteils nicht erreichen:

- Wasserzementwert 0,45 ≤ 0,50,
- dichte Gesteinskörnung, Sieblinie A/B, Größtkorn 16 oder 32 mm,
- Zementleimgehalt ≤ 290 l/m³,
- Konsistenz F3 ohne Entmischungsneigung,
- Anrechnung von Flugasche auf den *w/z*-Wert.

Darüber hinaus können auch dichtere Betone durch gesonderte *Eignungsprüfungen* einschließlich gesonderter Eindringprüfung mit der Flüssigkeit entwickelt und angewendet werden (FDE-Betone).

Aufgrund umfassender Untersuchungen kann die Eindringtiefe wassergefährdender Flüssigkeiten in den FD-Beton in Abhängigkeit von der Oberflächenspannung $\sigma$ ($mN \cdot m^{-1}$) und deren dynamischer Viscosität ($mN \cdot s \cdot m^{-2}$) sowie der Zeit aus einem Diagramm abgelesen werden.

#### 4.11.4.4 Widerstand gegen hohen Verschleiß

Beton mit besonders starker mechanischer Beanspruchung der Betonoberfläche, z. B. durch starken schleifenden oder rollenden Verkehr, rutschende Schüttgüter (z. B. Silos), stark strömendes und Feststoffe führendes Wasser, stoßartige Bewegungen von schweren Gegenständen (z. B. Werkstätten, Verladerampen), muss einen hohen *Verschleißwiderstand* aufweisen.

Je nach der Größe der Beanspruchung werden in DIN 1045-2 drei Expositionsklassen für mäßige Beanspruchung XM 1, für starke Beanspruchung XM 2 und für sehr starke Beanspruchung XM 3 unterschieden.

Für den Verschleißwiderstand stellt die Druckfestigkeit des Betons aufgrund von Versuchen und Praxiserfahrungen die wichtigste Einzelgröße dar. Daher sollte die Festigkeitsklasse mindestens C 30/37 betragen, wobei der Zementgehalt wegen des geringen Abriebwiderstandes des Zementsteines 360 kg/m³ für Beton ≤ C 55/67 nicht überschreiten sollte. Sieblinienverlauf nahe Sieblinie A, Gesteinskörnung bis 4 mm Größtkorn möglichst aus Quarz, gröbere Körnung aus natürlichen oder künstlichen Stoffen mit hohem Verschleißwiderstand. Bei extremer Beanspruchung sind Hartstoffe nach DIN 1100 zu verwenden.

Eine Anreicherung von Feinmörtel an der Oberfläche oder Wasserabsonderung ist zu vermeiden, was erreicht werden kann, wenn ein steifer, wasserarmer Beton verwendet wird. Da der Nachbehandlung der Betonoberfläche eine besondere Bedeutung zukommt, ist die Nachbehandlungsdauer gegenüber DIN 1045-3 zu verdoppeln. Als Folgerung sind für die Praxis nach DIN 1045-2 die in Tabelle 4.40 vorgegebenen Grenzwerte festgelegt.

**Tabelle 4.40:** Anforderungen an die Zusammensetzung von Beton mit Widerstand gegen Verschleißbeanspruchung

| Expositionsklasse | XM 1 | XM 2 [1)] | XM 2 | XM 3 |
|---|---|---|---|---|
| **Beanspruchung** | **mäßig** | **stark** | **stark** | **sehr stark** |
| Höchstzulässiger w/z-Wert | 0,55 | 0,55 | 0,45 | 0,45 |
| Mindestzementgehalt[2)] in kg/m³ | 300 | 300 | 320 | 320 |
| Mindestfestigkeitsklasse [3)] | C 30/37 | C 30/37 | C 35/45 | C 35/45 |
| Anforderungen an die Gesteinskörnung | mäßig raue Oberfläche, gedrungene Gestalt, Korngemisch möglichst grobkörnig, ≤ 4mm überwiegend aus Quarz oder mindestens gleicher Härte; ≥ 4 mm aus Gestein oder künstlichen Stoffen mit hohem Verschleißwiderstand; bei sehr starker Beanspruchung Hartstoffe nach DIN 1100 | | | |

[1)] Oberflächenbehandlung erforderlich, z. B. Vakuumieren und Flügelglätten des Betons.

[2)] Für alle Festigkeitsklassen ≤ C 50/60 z ≤ 360 kg/m³.

[3)] Bei Verwendung von LP-Beton aufgrund gleichzeitiger Anforderung aus der Expositionsklasse XF eine Festigkeitsklasse niedriger.

# 4.12 Beton für besondere Anwendungsgebiete

## 4.12.1 Leichtbeton

### 4.12.1.1 Wärmedämmender Leichtbeton

**Leichtbeton aus Gesteinskörnungen geringerer Festigkeit**

Leichtbeton aus leichter Gesteinskörnung mit *haufswerksporigem Gefüge* und relativ geringer Druckfestigkeit findet als wärmedämmender Baustoff für Wandbausteine (DIN V 18151/52-100 und DIN EN 771-3) und Wandbauplatten (DIN 18162), für Deckenhohlkörper (DIN 4158), geschüttete Wände (DIN 4213 und DIN EN 1520) oder auch für bewehrte Deckenplatten (DIN 4027) Verwendung.

Festigkeitsklassen LB 2, LB 4, LB 6 und LB 8 mit Rohdichten ≥ 0,40 kg/dm³. Die Festigkeit lässt sich durch Sandzugabe, allerdings zulasten der Rohdichte und Wärmedämmung, bis LB 10 und LB 15 steigern. Bei den Leichtbetonsteinen Kennzeichnung nach der Steinfestigkeit, Hbl 2, Hbl 4, Hbl 6, Vb I bzw. V 2, V 4, V 6, V 12 (s. Abschnitt 5.2.2.2).

Als *Gesteinskörnungen* kommen in Betracht (s. a. Abschnitt 2.1):

Naturbims, porige Lavaschlacke, Hüttenbims (geschäumte Hochofenschlacke), Sinterbims (durch Sintern unter Kohlezugabe porös zusammengebackene, gebrochene und klassierte mineralische Massen verschiedenen Herkommens), Ziegelsplitt. Ferner Blähton und Blähschiefer (Handelsnamen: Leca, Liapor, Berwilit, Korlin u. a.).

Die Herstellung von geschütteten Leichtbetonwänden in stockwerkshohen Schalungen erfolgt nach DIN 4232 „Wände aus Leichtbeton mit haufwerksporigem Gefüge", Ausgabe 1987-09, in den Festigkeitsklassen LB 2, LB 5 und LB 8 und in den Rohdichteklassen 0,5 bis 2,0.

Als *„Leichter Leichtbeton"* wird nur der Wärmedämmung dienender Dämmbeton haufwerksporiger oder dichter Gefügestruktur und geringer Druckfestigkeit mit Rohdichten unter 0,80 kg/dm³ bezeichnet.

Als Gesteinskörnungen dienen Blähgranulate geringerer Rohdichte als 0,50 kg/dm³ auf Tonbasis, Blähperlit und Blähglimmer sowie Blähglas (s. a. Abschnitt 2.1.3 und 6.3).

Ferner in zunehmendem Maße Schaumpolystyrolkugeln (Styropor-Beton), meist mit Kunstharzdispersionen als Haftvermittler oder mit Zement und Steinmehl zur Vermeidung des Aufschwimmens vorpräpariert.

Die Anwendung erstreckt sich auf wärmedämmende Einlagen in Sandwichelementen der Großtafelbauweise, als ausfachende Plattenelemente, als feuerhemmende und wärmedämmende Putze und Mörtel, wärmedämmende Stallunterböden sowie (zunächst noch im Versuchsstadium) als frostschädenverhindernder Unterbau bei Verkehrswegen.

**Porenbeton** s. Abschn. 5.2.1.3

### 4.12.1.2 Konstruktions-Leichtbeton (Abkürzung LC für Light Concrete)

Konstruktions-Leichtbeton mit geschlossenem Gefüge unter Verwendung kornfester und poröser leichter Gesteinskörnungen wie Blähton, Blähschiefer, Hüttenbims, Flugaschesinter u. Ä. (s. Abschnitt 2.1.3) ist gemeinsam mit Normalbeton (C) und Schwerbeton (HC) in DIN 1045-2 genormt.

Die Anwendungsvorteile des Konstruktionsleichtbetons liegen, außer in den wärmedämmenden Eigenschaften, insbesondere in den durch kleineres Eigengewicht gegenüber Normalbeton möglichen größeren Spannweiten, auch bei Brücken, in einfacheren Gründungen sowie in geringeren Transport- und Montagekosten von Fertigteilen, sodass sich die Mehrkosten der Leichtbaustoffe wesentlich ausgleichen. Stahlleichtbeton kann auch für Sichtbeton verwendet werden.

### Rohdichteklassen

Wird Konstruktionsleichtbeton nach seiner Trockenrohdichte in Klassen eingeteilt, so gilt die Klasseneinteilung in Tabelle 4.41.

**Tabelle 4.41:** Rohdichte-Klasseneinteilung für Leichtbeton

| Rohdichte-klasse | D1,0 | D1,2 | D1,4 | D1,6 | D1,8 | D2,0 |
|---|---|---|---|---|---|---|
| kg/m³ | ≥ 800 und ≤ 1000 | > 1000 und ≤ 1200 | > 1200 und ≤ 1400 | > 1400 und ≤ 1600 | > 1600 und ≤ 1800 | > 1800 und ≤ 2000 |

### Festigkeitsklassen

Für die Betondruckfestigkeit von Konstruktions-Leichtbeton gilt die Festigkeitsklasseneinteilung in Tabelle 4.42.

**Tabelle 4.42:** Festigkeitsklassen von Leichtbeton

| Festigkeitsklasse | $f_{ck,cyl}$ N/mm² | $f_{ck,cube}$ N/mm² |
|---|---|---|
| LC 8/9 | 8 | 9 |
| LC 12/13 | 12 | 13 |
| LC 16/18 | 16 | 18 |
| LC 20/22 | 20 | 22 |
| LC 25/28 | 25 | 28 |
| LC 30/33 | 30 | 33 |
| LC 35/38 | 35 | 38 |
| LC 40/44 | 40 | 44 |
| LC 45/50 | 45 | 50 |
| LC 50/55 | 50 | 55 |
| LC 55/60 | 55 | 60 |
| LC 60/66 | 60 | 66 |
| LC 70/77[1)] | 70 | 77 |
| LC 80/88[1)] | 80 | 88 |

[1)] Für Leichtbeton der Festigkeitsklassen LC 70/77 und LC 80/88 bedarf es weiterer, auf den Verwendungszweck abgestimmter Nachweise.

### Herstellung

Die Festigkeit von Leichtbeton mit geschlossenem Gefüge lässt sich, im Gegensatz zu Normalbeton, wegen der geringeren Kornfestigkeit und infolge der durch die Wasseraufsaugfähigkeit der Gesteinskörnung (5 bis 20 Vol.-%) erschwerten Erfassung des „wirksamen Wasserzementwertes" nur aufgrund von Erfahrungswerten, die evtl. beim Lieferwerk zu erfragen sind, ermitteln:

*Erstprüfung stets erforderlich.*

Als *wirksamer Wasserzementwert* wird das Verhältnis des Gesamtwasserbedarfs, abzüglich des von der Gesteinskörnung in 30 min aufgesaugten Wassers, zum Zementgewicht bezeichnet.

Feststellung der Wasseraufnahme der Gesteinskörnung:

Gewicht einer in Wärme getrockneten Gesteinskörnungsprobe ($m_{g,d}$ = 500 g) nach 30 min Wasserlagerung und Oberflächentrocknung mit Tuch oder Föhn, abzüglich Trockenmasse, auf die Trockenmasse in Gew.-% bezogen.

Die *Betonrohdichte* hängt wesentlich von der Kornzusammensetzung ab, wobei zu berücksichtigen ist, dass größere Körnungen leichter und auch weniger fest sind als die relativ stärker gesinterten kleineren Körnungen. Sandreichere Körnungen sind entsprechend schwerer, insbesondere der Festigkeitssteigerung dienliche Natursandzusätze.

*Mindestzementmenge:* 300 kg/m$^3$. Höchstmenge 450 kg/m$^3$ (wegen Wärmerückstau) für Stahlleicht- und Spannleichtbeton. Für unbewehrten Leichtbeton empfohlener Richtwert 200 kg/m$^3$.

*Kornaufbau* nach stetiger oder unstetiger Sieblinie (Ausfallkörnung). Sieblinienauftrag wegen der unterschiedlichen Kornrohdichte nach Stoffraum-% (s. Abschnitt 2.3.3.3).

Die *Zumessung der leichten Gesteinskörnung* erfolgt wegen des stark veränderlichen Feuchtigkeitsgehaltes zumeist nach Raumteilen, der Sandzusatz i. Allg. nach Gewicht.

*Wasserzugabe* entsprechend erforderlicher Konsistenz: Messung nach 15 min Standzeit.

Betonzusätze haben ähnliche Wirkung wie bei Normalbeton. (Beachte: Erhöhung der Betonrohdichte bei Zusatzstoffen, Verringerung bei Luftporenbildnern) Flüssige Zusatzmittel werden zur Gewährleistung der Verteilung mit dem Rest des Anmachwassers zugegeben.

Bei Zugabe von LP-Mitteln ist der Luftporengehalt des Betons nur mit besonderen Verfahren feststellbar: Vergleich der Frischbetonrohdichten vor und nach der Zugabe.

Der *Wasserbedarf* entspricht etwa den Richtwerten von Normalbeton, jedoch ist bei der Wasserzugabe das während der Verarbeitung von der leichten Gesteinskörnung aufgenommene Kernwasser zu berücksichtigen.

Zugabefolge: Gesteinskörnung + $^2/_3$ Wasser + Zement + Restwassermenge.

Pulverförmige Zusatzmittel werden mit dem Zement, flüssige mit dem Rest des Anmachwassers zugegeben.

Mischdauer nach Zugabe aller Stoffe mindestens 1$^1/_2$ min.

### Verarbeitung

Betonkonsistenz wegen Entmischungsneigung (Aufschwimmen der Gesteinskörnungen) nur steif und plastisch. Bevorzugung des Verdichtungsmaßes zur Konsistenzbestimmung: Das Ausbreitmaß ist wegen geringeren Gewichtes der Gesteinskörnungen etwas geringer als bei Normalbeton.

Lange Transportwege und freien Fall wegen Entmischungsgefahr vermeiden. (Pumpförderung nicht empfehlenswert).

Verdichtung stets durch Rütteln! Wegen innerer Dämpfung durch geringere Massen erfolgt das Rütteln in kleineren Abständen als bei Normalbeton und in geringerer Lagenhöhe (bis 50 cm).

Um die *Verarbeitungseigenschaften* des zu verwendenden Betons kennenzulernen, empfiehlt es sich, *unter Baustellengegebenheiten* einen Betonierversuch durchzuführen.

*Nachbehandlung der Betonoberfläche* erforderlich zur Vermeidung starken Feuchtigkeitsgefälles zwischen Kern und Außenzone.

### Literatur

*Aurich*: Kleine Leichtbetonkunde. Bauverlag Wiesbaden

Beton-Marketing: Zement-Merkblatt-Leichtbeton, BetonMarketing Deutschland GmbH, Erkrath

*Weigler/Karl*: Stahlleichtbeton. Bauverlag Wiesbaden

## 4.12.2 Schwerbeton (Abkürzung HC für Heavy Concrete)

Nach dem Verwendungszweck ist zwischen Schwergewichtsbeton und Strahlenschutzbeton zu unterscheiden.

**Schwergewichtsbeton** wird für besonders schwere Fundamente (z. B. in der Stahlindustrie), als Gegengewichte für Bagger und Krane sowie als Tresorbeton verwendet.

**Strahlenschutzbeton** (Abschirmbeton) findet im Reaktorbau, bei Röntgenanlagen und als Strahlenschutz in Medizin und Forschung Anwendung.

Für den Strahlenschutz kann Beton deshalb als Baustoff vorteilhaft verwendet werden, weil er sowohl strahlenschutz-technische als auch raumabschließende und tragende Aufgaben übernimmt.

DIN 25413, Teile 1 und 2, Ausgabe 1982-10, „Klassifikation von Abschirmbeton nach Elementanteilen" (1991 zurückgezogen!).

### Baustoffe für Strahlenschutzbeton

*Zement*: Es können die üblichen Normzemente verwendet werden. Aus bautechnischen Gründen (Massenbeton) sind LH-Zemente besonders geeignet.

Spezialzemente, bei denen z. B. zur besseren $\gamma$-Strahlenabsorption das Calcium des Zementes (Atomgewicht 40) durch Barium (Atomgewicht 137) ersetzt ist, oder Zemente mit höherer chemischer Wasserbindung zur Abschwächung der Neutronenstrahlung haben sich nicht durchgesetzt, weil der Zement nur rd. 10 Gew.-% im Beton ausmacht.

*Gesteinskörnungen*: Für die $\gamma$-Strahlenabschwächung sind möglichst hohe Betonrohdichten erforderlich. Dies wird durch schwere Gesteinskörnungen mit Kornrohdichten $\rho_{Rg} \geq 3{,}0$ kg/dm³ erreicht. Folgende natürliche und industriell hergestellte schwere Gesteinskörnungen kommen hierfür infrage:

**Natürliche Gesteinskörnungen:**

Baryt (Schwerspat): $\rho_{Rg}$ = 4,0 bis 4,3 kg/dm³
Eisenerze (Magnetit, Hämatit): $\rho_{Rg}$ = 4,6 bis 4,9 kg/dm³

**Industriell hergestellte Gesteinskörnungen:**

Stahlgranalien, Stahlsand: $\rho_{Rg}$ = 6,8 bis 7,6 kg/dm³

Ferrosilicium, Ferrophosphor: $\rho_{Rg}$ = 5,8 bis 6,2 kg/dm³

**Zusatzstoffe:** Eine Erhöhung der Neutronenstrahlenabsorption und eine Verminderung der Sekundärstrahlung kann durch Zusatz von borhaltigen Stoffen erreicht werden (z. B. Borglas, Borcarbid oder Calciumborat). Auch Verwendung von kristallwasserhaltigen Gesteinskörnungen wie Limonit (Brauneisenstein) möglich.

## Betonherstellung

Wegen der aus der unterschiedlichen Rohdichte der Gesteinskörnungen sich ergebenden Schwierigkeiten der Betonherstellung empfiehlt es sich, die Überwachungsmaßnahmen zu erhöhen. Die Erzielung maximaler Dichte erfordert einen zweckentsprechenden, wenig zur Entmischung neigenden Kornaufbau.

w/z-Wert ≤ 0,60. (Höhere Wasserzementwerte wegen zunehmender Neigung des Zementleims zum Wasserabsondern und wegen der geringen Dichte des Zementsteines ungeeignet.) Übliche *Zementgehalte* von 250 bis 300 kg/m³.

*Betonrohdichte* hängt wesentlich von den Kornrohdichten der verwendeten Gesteinskörnungen ab. *Betonkonsistenz*: Um die Neigung zum Entmischen zu verhindern, sollte möglichst steifer Rüttelbeton (F1–F2 bzw. C1–C2) verwendet werden.

Die sich beim Rütteln des Betons evtl. ungünstig auswirkenden stark unterschiedlichen Rohdichten der Gesteinskörnungen und des Zementleims erfordern u. U. beim *Einbringen des Betons* Sonderverfahren, z. B. Ausgussbeton (Colcrete oder Prepakt-Verfahren), bei denen in ein feinkornfreies Gesteinskörnungsgerüst Mörtel eingepumpt wird (s. a. Abschnitt 4.13.4.6).

Hinsichtlich der bei Strahlenschutzbeton beträchtlichen Abmessungen der Bauteile sind die Gegebenheiten des Abschnittes 4.12.4 „Massenbeton" wegen der hierbei auftretenden *Wärmespannungen* und der damit verbundenen Gefahr der Rissbildung zu berücksichtigen.

Die Schwere des Betons erfordert die Ausbildung besonders widerstandsfähiger Schalungskonstruktionen sowie ggf. nur Teilbeladung der Fahrmischer.

**Nachbehandlung:** Der Beton ist wenigstens vier Wochen gegen Austrocknen zu schützen, damit der Zement möglichst viel Wasser chemisch bindet. Anschließend soll der Beton das Überschusswasser nur langsam abgeben.

Zu Auslegungsberechnungen für Betonschilde mit großem Strahlungsschwächungsfaktor gelten die in DIN 25413 angegebenen Elementanteile für Beton.

## Literatur

Beton Marketing, Zement Merkblatt „Schwerbeton/Strahlenschutzbeton", BetonMarketing Deutschland GmbH, Erkrath

*Manns*: Zuschlag für Strahlenschutzbeton, Zement-Taschenbuch 1974/75. Bauverlag

Merkblatt für das Entwerfen, Herstellen und Prüfen von Betonen des bautechnischen Strahlenschutzes, DBV-Merkblatt-Sammlung, Deutscher Beton-Verein, Berlin

*Wischers*: Strahlenschutzbeton, Zement-Taschenbuch 1962. Bauverlag Wiesbaden

### 4.12.3 Hochfester Beton und Hochleistungsbeton

Als hochfeste Betone bzw. Hochleistungsbetone werden nach DIN 1045-2 Betone folgender Festigkeitsklassen bezeichnet:

- Normal- und Schwerbeton: ≥ C 55/67,
- Leichtbeton: ≥ LC 55/60.

Unter dem Begriff *hochfester Beton* versteht man Beton mit einer Druckfestigkeit von > 60 N/mm² mit dem vorrangigen Einsatzgebiet dort, wo die Tragfähigkeit von Bedeutung ist (z. B. Hochhausbau).

Unter dem Begriff *Hochleistungsbeton* wird Beton verstanden, bei dem die Dauerhaftigkeit vorrangig bzw. gleichrangig zur Festigkeit eine Rolle spielt (z. B. Ölbohrplattformen, Kühltürme).

Da der Widerstand von Beton gegen äußere Einflüsse wesentlich von einer besonders dichten Mörtelmatrix abhängt, ebenso wie die Druckfestigkeit des Betons, unterscheiden sich der Hochfeste Beton und der Hochleistungsbeton in betontechnologischer Hinsicht selten.

Für die *Betonzusammensetzung* dürfen nur Normenzemente verwendet werden. Die Verwendung von Restgesteinskörnung und -wasser ist nicht zulässig. Bei Verwendung von Silicasuspension ist der Wassergehalt der Suspension dem Wassergehalt des Betons zuzurechnen. Der Beton muss weiche oder fließfähige Konsistenz haben. Bei der Eignungsprüfung ist der Zeitpunkt der Fließmitteldosierung bzw. -nachdosierung oder voraussichtlichen Zugabezeit auf der Baustelle anzupassen. Die Zugabemenge von verflüssigenden Zusatzmitteln ist auf 70 g/kg bzw. 70 ml/kg Zement begrenzt. Bei gleichzeitiger Anwendung mehrerer Betonzusatzmittel darf die Gesamtmenge 80 g/kg bzw. 80 ml/kg Zement nicht überschreiten.

Richtwerte für den Mehlkorngehalt nennt Tabelle 4.43.

**Tabelle 4.43:** Zulässiger Mehlkorn- sowie Mehlkorn- und Feinstsandgehalt

| Zementgehalt + anrechenbarer Zusatzstoff des Typs II kg/m³ | Höchstzulässiger Gehalt in kg/m³ an Mehlkorn ≤ 0,125 mm |
|---|---|
| ≤ 400 | 500 |
| 450 | 550 |
| ≥ 500 | 600 |

Die höhere Festigkeit beruht vor allem auf folgenden drei Ursachen:

- Füllerwirkung der verwendeten Betonzusatzstoffe.
- Bildung zusätzlicher CSH-Phasen durch Reaktion des Silicastaubs mit dem Calciumhydroxid (daher Begrenzung der Zugabe von Silicastaub auf maximal 11 M.-% des Zementgehalts, um Alkalität zu sichern!).
- Wesentliche Verbesserung des Verbunds von Zementstein und Gesteinskörnung.

Herstellung und Verarbeitung von hochfestem Beton erfordern besondere Sorgfalt und Kenntnisse.

In DIN 1045-2 Anhang H heißt es:

„Für Hochfesten Beton ist gemeinsam mit dem Verarbeiter ein Qualitätssicherungsplan aufzustellen. Darin wird im Einzelnen festgelegt, was, wie, wie oft und durch wen zu überprüfen ist und welche Grenzwerte eingehalten werden müssen. Für das Vorgehen bei Abweichungen vom Soll müssen die notwendigen Maßnahmen festgelegt und die Verantwortlichen benannt werden. Die Ergebnisse der Überprüfung müssen von den Verantwortlichen dokumentiert werden. Aus dem Qualitätssicherungsplan müssen die verantwortlichen Personen klar hervorgehen."

Weitere Einzelheiten, vor allem zu den zusätzlichen Kontrollen bei hochfestem Beton, sind dem Anhang H der DIN 1045-2 zu entnehmen.

Neueste Entwicklung ist der **Ultrahochfeste Beton (UHPC)**. Durch Verwendung großer Mengen an Zement, Betonzusatzstoffen und feiner Gesteinskörnung ist der Begriff „Beton" hier etwas irreführend, handelt es sich doch eigentlich um ultrahochfesten Mörtel. Festigkeiten > 150 N/mm² und Biegezugfestigkeiten > 20 N/mm² sind möglich. Anwendung z. Zt. überwiegend als Fassadenplatten, aber auch bei einer Fußgängerbrücke in Kassel, hier in Verbindung mit feinsten Stahlfasern.

Bedingt durch den hohen Anteil an Bindemittel und Feinanteilen ist eine erhöhte Gefahr von Oberflächenrissen gegeben, insbesondere bei mangelhafter Nachbehandlung. Daher z. Zt. umfangreiche Untersuchungen der Biegezugfestigkeiten bei unterschiedlichen Lagerungsbedingungen.

### Literatur

Beton-Marketing, Zement-Merkblatt „Hochfester Beton", BetonMarketing Deutschland GmbH, Erkrath

## 4.12.4 Massenbeton

Bei der Herstellung massiger Bauteile (ab 0,80 m Dicke), wie Staumauern, Gründungskörper, Brückenpfeiler, spielt meist die Betondruckfestigkeit eine geringere Rolle als die Folgen der bei der Hydratation des Zementes freiwerdenden Wärme:

Durch das nur langsame Abfließen der Wärme aus dem Inneren eines dickeren Bauteils bildet sich ein Temperaturgefälle vom *Kern* zu den oberflächennahen Schichten, der *Schale*, aus.

Infolge der unterschiedlichen Erwärmung will sich der Beton im Kern mehr ausdehnen als in den Randzonen, was nur mit unterschiedlichen Formänderungen möglich wäre. Somit entstehen im Baukörper *Eigenspannungen*, und zwar im Kern Druck- und in der Randzone Zugspannungen.

Da Beton Druckspannungen gut, jedoch Zugspannungen nur in geringem Umfang aufzunehmen vermag, treten bei Überschreiten der Zugfestigkeit *Schalenrisse* auf, die meist nur wenige Zentimeter Tiefe haben und sich bei einem späteren Temperaturausgleich zwischen Kern und Schale wieder weitgehend schließen können.

Werden bei der Abkühlung eines Betonbauteils die auftretenden Formänderungen teilweise oder vollständig von außen her behindert, z. B. wenn ein aufgehendes Bauteil auf ein bereits fertiggestelltes Fundament oder eine Gründungssohle betoniert wird, dann treten *Zwängungsspannungen* auf.

Die Verkürzung des aufgehenden Teiles während seiner Abkühlung wird durch das bereits abgekühlte Bauteil an der Formänderung infolge Haftung gehindert, was Zugspannungen im aufgehenden Teil zur Folge hat. Diese Zugspannungen überschreiten häufig die relativ geringen Zugfestigkeiten des jungen Betons und führen so zu *Spaltrissen*, die durch das ganze Bauteil verlaufen.

Schwindspannungen können beim Austrocknen des Bauwerkes die Temperaturspannungen überlagern und die Rissgefahr vergrößern.

Dass dem Einfluss der Betonzusammensetzung auf die Erwärmung des Betons im Kern eines massigen Bauteils besondere Bedeutung zukommt, ergibt sich aus folgender Gleichung:

$$\Delta T_n = \frac{z \cdot H_n}{\rho \cdot c_b}$$

mit

$\Delta T_n$ = Temperaturanstieg in *K* nach *n* Tagen,

$z$ = Zementgehalt in kg/m$^3$,

$H_n$ = Hydratationswärme des Zementes in Wh/kg nach *n* Tagen,

$\rho_b$ = Betonrohdichte in kg/m$^3$,

$c_b$ = spezifische Wärme des Betons in Wh/kg · K.

Da der Nenner der Gleichung bei den üblichen Betonen nahezu immer gleich groß ist, rd. 700 Wh/m$^3$ K (für älteren Beton 640 Wh/m$^3$ · K) ergibt sich, dass der Temperaturanstieg praktisch nur vom Zementgehalt und der Wärmeentwicklung (Hydratationswärme) des Zementes abhängt.

Sowohl durch betontechnologische als auch bautechnische Maßnahmen können die Temperaturspannungen und damit die Gefahr der Rissbildung gering gehalten werden.

## Betontechnologische Maßnahmen

- Verwendung von Zementen mit niedriger Wärmeentwicklung (LH- bzw. VLH-Zemente), d. h. $C_3A$- und $C_3S$-arme PZ bzw. hüttensandreiche HOZ mit mehr als 70 % Hüttensand, oder Zugabe von hydraulischen Zusatzstoffen, z. B. Trass, Flugasche.
- Günstiger Kornaufbau mit möglichst geringem Zementleimanspruch (evtl. Ausfallkörnungen).
- Möglichst großes Größtkorn der Gesteinskörnung (Mischung mit 63 mm Größtkorn erfordert weniger Zement als Mischung mit 32 mm Größtkorn).
- Möglichst niedrige Frischbetontemperatur durch Kühlen des Wassers und der Gesteinskörnung (Zumischen von Eisschnee oder feinkörnigem Splittereis).
- Verwendung wassersparender Zusatzmittel (z. B. BV).
- Sorgfältige Nachbehandlung, die vor zu schneller Austrocknung und Auskühlung schützt.

**Bautechnische Maßnahmen**

- Anordnung von *Raumfugen* (Dehnungsfugen), die durch den gesamten Querschnitt gehen, oder von Scheinfugen, bei denen der Bauwerksquerschnitt an vorherbestimmter „Soll-Rissstelle" geschwächt wird.
- Fugenabstand höchstens 15 m bis zu 3 m je nach Frischbeton- und Außentemperatur sowie nach den stofflichen Gegebenheiten. Bei wasserundurchlässigem Beton Einbau von Fugenbändern.
- Zur schnelleren Wärmeabführung Betonieren in kleineren Abschnitten bzw. in Blöcken mit Zwischenräumen.
- Bei Massenbauwerken auch Rohrinnenkühlung durch Einbetonieren von aufblasbaren und wiedergewinnbaren Gummischläuchen oder von Stahlrohren (kostenaufwändiges Verfahren.)
- Schalung mit mittlerer Wärmedämmung verwenden (Hohlschalung).

### Literatur

Beton-Marketing, Zement-Merkblatt „Massenbeton", BetonMarketing Deutschland GmbH, Erkrath

DAfStb-Richtlinie: „Massige Bauteile aus Beton", Ausgabe 2005-03

*DA Springenschmidt*: Risse im Beton infolge Hydratationswärme. Zement – Kalk – Gips 44 (1991), Heft 3, S. 132/138

*Eisenmann*: Grundlagen der Temperaturberechnung des frischen und des erhärteten Betons. Beton-Informationen, 3/70

*Hampe:* Temperaturschäden im Beton im Besonderen im Massenbeton und Maßnahmen zu ihrer Verhütung. 2. Aufl. Verlag Ernst & Sohn, Berlin, 1944

## 4.12.5 Faserbeton

Zur Verbesserung bestimmter Betoneigenschaften, wie Erhöhung der Zugfestigkeit, Verminderung der Reißneigung, Erhöhung der Schlagzähigkeit, Verbesserung des Verformungsverhaltens, werden dem Beton Fasern zugemischt.

Um jedoch bei bestimmten Anforderungen diese Verbesserungen der Festbetoneigenschaften zu erreichen, müssen die Fasern eine bestimmte Länge im Verhältnis zu ihrer Dicke aufweisen, damit die Zugfestigkeit der Fasern voll ausgeschöpft werden kann, bevor der Haftverbund der Fasern in der Mörtelmatrix versagt und die Fasern sich aus der Mörtelmatrix herausziehen („kritische Länge"). Für die praktische Anwendung im Beton sind somit die Fasern am günstigsten, die den geringsten Faserdurchmesser aufweisen.

Dieses Verhältnis ist bei dem sehr feinfaserigen *Asbest* mit Faserdurchmesser von ≤ 1 µm am günstigsten, was seit der vorigen Jahrhundertwende zu einer Palette von Asbestzementerzeugnissen für den Bausektor geführt hatte.

Wegen der nachgewiesenen gesundheitsgefährdenden Wirkung von Asbestfasern müssen diese heute in den betreffenden Erzeugnissen durch andere wirksame Fasern ersetzt werden.

Neuere Herstellverfahren, bei denen Fasern aus *Stahl, Glas, Kunststoff, Kohlenstoff* oder *Zellulose* zur Anwendung kommen, sind in ihrer Entwicklung inzwischen weitgehend abgeschlossen, obwohl sich bei der bis zu zwei Zehnerpotenzen größeren Dicke der Fasern größere erforderliche Faserlängen ergeben, deren Beimischung verfahrenstechnische Schwierigkeiten ergeben.

### Stahlfasern

Die zur Anwendung kommenden Stahlfasern haben Dicken von 30 bis100 µm und Längen von 12 bis 50 mm. Beim Einmischen der Fasern kann es leicht zu ungleichmäßiger Verteilung der Fasern und zu Zusammenballungen (sog. „Igelbildung") kommen.

Auch Verwendung von gefrästen Stahlfasern mit rauer Oberfläche („Harex-Stahlfasern").

Die üblichen Fasergehalte liegen bei 1 bis 2 Vol.-% je m³ verdichteten Betons in Abhängigkeit vom Größtkorn. Kleines Größtkorn verhält sich günstiger, da die Fasern nur in der Mörtelmatrix wirksam sind. Praktische Erfahrungen liegen auch bereits mit *Stahlfaser-Spritzbeton* vor. Hierfür gilt neben der DIN 18551 das Merkblatt „Stahlfaser-Spritzbeton".

*Anwendung des Stahlfaserbetons:*

Bodenplatten, Industriebodenbau, Tresorbau, Rammpfähle, Dünne Schalen, Hangsicherung, Tunnelbau, Betonsteinerzeugnisse.

Die Anwendung und Bemessung von Stahlfaserbeton ist nach jahrelanger Arbeit seit Juli 2009 in der DAfStb-Richtlinie „Stahlfaserbeton" geregelt. Aus materialtechnologischer Sicht ist hier vor allem die Bestimmung der *Nachrissbiegezugfestigkeit* des Stahlfaserbetons von Bedeutung. Hierbei wird das Verhalten von Stahlfaserbetonbalken (150 mm x 150 mm x 700 mm) nach dem Auftreten des ersten Risses im Beton beim Biegezugversuch aufgezeichnet. Als Kennwerte werden dann aus dem Kraft-Durchbiegungsdiagramm die Kräfte bei 0,5 mm und 3,5 mm Durchbiegung abgelesen und hiermit die Nachrissbiegezugfestigkeiten berechnet

$$f_{\mathrm{cfl}}^{\mathrm{f}} = \frac{F_{0,5\mathrm{i}} \cdot l}{b_{\mathrm{i}} \cdot h_{\mathrm{i}}^2} \text{ bzw. } \frac{F_{3,5\mathrm{i}} \cdot l}{b_{\mathrm{i}} \cdot h_{\mathrm{i}}^2}$$

| | |
|---|---|
| $f_{\mathrm{cfl}}^{\mathrm{f}}$ | Nachrissbiegezugfestigkeit in N/mm², |
| $F_{0,5\mathrm{i}}$ bzw. $F_{3,5\mathrm{i}}$ | Belastung bei einer Durchbiegung von 0,5 mm bzw. 3,5 mm in *N*, |
| $l$ | Abstand zwischen den Auflagerrollen (= 600 mm), |
| $b_{\mathrm{i}}$, $h_{\mathrm{i}}$ | Breite und Höhe des Probekörpers in mm, |
| Index $_{\mathrm{i}}$ | Nummer des Probekörpers. |

Mit den ermittelten Nachrissbiegezugfestigkeiten erfolgt dann eine Einteilung in Leistungsklassen L1 und L2 des Stahlfaserbetons. Zur Ermittlung der Leistungsklassen sind mindestens sechs Probekörper zu verwenden. Eine genaue Beschreibung des Verfahrens ist veröffentlicht in *Vitt, G.; Schultz, M.; Nell, W.*: „Herstellung und Prüfung von Biegebalken nach DAfStb-Richtlinie, Stahlfaserbeton", Beton- und Stahlbetonbau 104 (2009), H. 8, S. 543-549. Den Versuchsaufbau zur Ermittlung der Nachrissbiegezugfestigkeit zeigt Abb. 4.24.

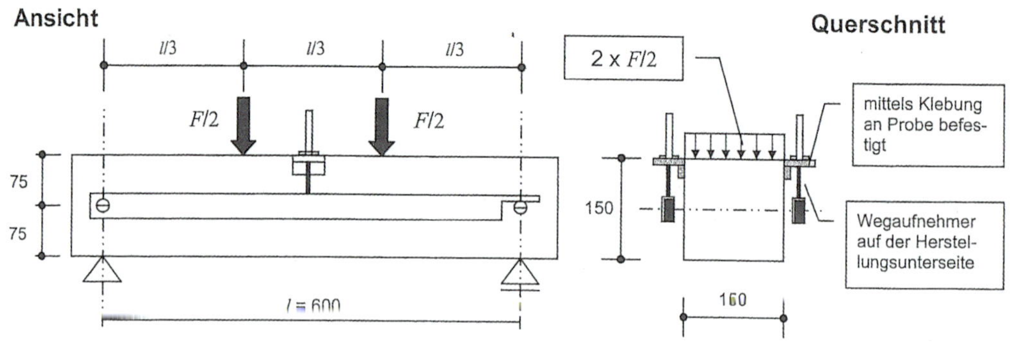


**Abb. 4.24:** Messvorrichtung zur Ermittlung der Nachrissbiegezugfestigkeiten (Abmessungen in mm)

Zur Prüfvorrichtung und Durchführung der Prüfung sagt die DAfStb-Richtlinie Folgendes:

### Prüfvorrichtung

Die Prüfung muss auf einer weggeregelten Prüfmaschine mit hoher Maschinensteifigkeit durchgeführt werden. Die Maschinensteifigkeit muss so hoch sein, dass ein unkontrollierter Abfall der Last-Durchbiegungskurve nach Überschreiten der Risslast vermieden wird. Die Prüfmaschine muss mindestens der Güteklasse 1 nach DIN 51220 entsprechen.

Der Auflagerabstand beträgt $l$ = 600 mm. Es ist für eine zwängungsfreie Auflagerung und Lasteinleitung zu sorgen.

### Durchführung der Prüfung

Bei der Durchführung der Prüfung darf die Durchbiegungsgeschwindigkeit bis zu einer Mittendurchbiegung von 0,75 mm nicht mehr als 0,10 mm/min betragen. Eine Steuerung der Prüfmaschine nach dem Kolbenweg ist nicht zulässig. Bei Durchbiegungen größer als 0,75 mm darf die Durchbiegungsgeschwindigkeit schrittweise auf höchstens 0,30 mm/min erhöht werden. Die Lasten und die zugehörigen Durchbiegungen sind bis zu einer Durchbiegung der Probe von 3,5 mm in Schritten von 0,01 mm zu messen und grafisch aufzuzeichnen.

### Ermittlung der Nachrissbiegezugfestigkeit

Die Nachrissbiegezugfestigkeiten werden aus der Last-Durchbiegungs-Kurve des Biegezugversuchs an den Durchbiegungsstellen $\delta_{L1}$ = 0,5 mm und $\delta_{L2}$ = 3,5 mm gewonnen (Abb. 4.25).

In der Baupraxis wird allerdings häufig „Beton mit Stahlfasern" eingebaut, der keine Einstufung nach der Richtlinie des DAfStb hat. Hierbei kommt es häufig zu großen Problemen mit der Konsistenz des Betons, da üblichen Betonrezepturen einfach Stahlfasern zugemischt werden. Dies führt zu einem Abfall der Konsistenz um ein bis zwei Klassen (je nach Ausgangsrezeptur und Stahlfasermenge). Nicht selten wird dann auf der Baustelle die Konsistenz durch unzulässige Wasserzugabe auf die Verarbeitbarkeit „eingestellt" mit den bekannten fatalen Folgen für Festigkeit, Dauerhaftigkeit und Rissbildung.

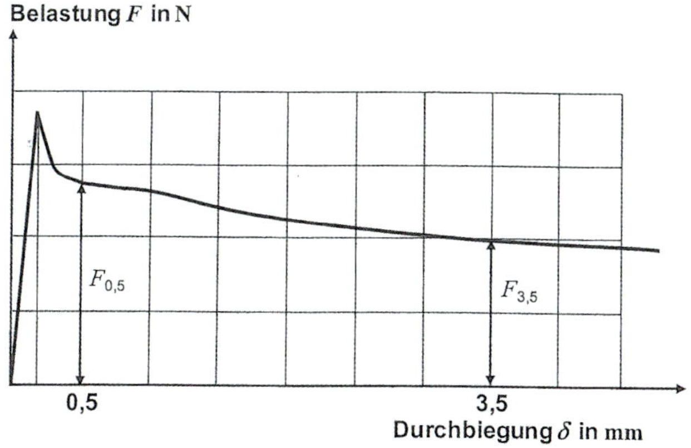


**Abb. 4.25:** Last-Durchbiegungs-Beziehung zur Ermittlung der Nachrissbiegezugfestigkeiten

Ein generelles Problem beim Stahlfaserbeton ist die ungleichmäßige Faserverteilung über den Querschnitt. Dies zeigt sich sowohl bei der Prüfung von eigens hergestellten Prüfbalken als auch auf der Baustelle. Hier ist durch besondere Qualitätssicherungsmaßnahmen die gleichmäßige Verteilung der Fasern sicherzustellen.

### Glasfasern

Die normalgebräuchlichen Glasfasern sind wegen ihres Alkaligehaltes mit dem Zement nicht verträglich, daher nur Verwendung von Fasern aus teuren Spezialgläsern, z. B. aus Soda-Zirkon-Glas = Cem-Fil-Fasern aus England.

Der Faseranteil liegt im Allgemeinen bei etwa 2 bis 5 Vol.-% bis maximal 15 Vol.-% je $m^3$ verdichteten Beton und je nach Verfahrensmethode. Die Faserdicke liegt bei 5 bis 20 µm.

Die Verarbeitung kann durch Einrieseln oder Einspritzen der geschnittenen Endlosfasern erfolgen (*spray-up-Verfahren*), durch Einlegen von Faserbündeln, Gewebe, Vlies oder Matten in die Mörtelmatrix (*lay-up-Verfahren*) oder durch Aufwickeln von Endlosfasern auf einen Zylinder, der danach mit Zementmörtel, der gehäckselte Fasern enthält, bespritzt wird (*winding-Verfahren*).

Anwendung des Glasfaserbetons: Vielgestaltige, dünnwandige Fassadenelemente, Rohre, Schalen und Faltwerke, Spezialputze, Estriche, Spritzbeton.

Für zukunftsträchtig gehalten wurden Zugbewehrungen von mit Spannstahl vergleichbaren *Glasfaser-Kunstharz-Verbundstäben*, die aus Hunderten endlos parallel gerichteten und in eine Kunstmatrix eingebetteter Glasfäden etwa vom Querschnitt eines 16-mm-Rundstabes bestehen und bei einem E-Modul von etwa 50 000 $N/mm^2$ eine Zugfestigkeit von über 1500 $N/mm^2$ haben.

Bei der sich wahrscheinlich nur auf Spannbeton begrenzenden Verwendung der Glasfaserverbundstäbe, die wegen der Kunstharzmatrix nicht höheren Temperaturen ausgesetzt werden dürfen, liegen die Schwierigkeiten in den Verankerungsgegebenheiten.

Erste derartige Spannbetonbrücken wurden mit einer Sondergenehmigung im Jahre 1987 in Düsseldorf und 1990 in Leverkusen gebaut. Aus neuerer Zeit sind keine Anwendungen mehr bekannt.

### Kunststofffasern

Die Kunststofffasern, Faserdicke $d$ = 10 bis 15 µm, Faserlänge $l$ = ca. 40 mm, meist aus Polyamiden (z. B. Kevlar), Nylon oder Polypropylen bestehend, beschränken sich in ihrer Anwendung wegen ihres niedrigen E-Moduls bisher nur auf Verbesserung der Grünstandfestigkeit bei der Herstellung von Betonwaren sowie bei der Herstellung von Putzen zur Rissüberbrückung.

*Kohlenstofffasern* besitzen einen hohen E-Modul und eine hohe Zugfestigkeit. Sie wären daher für die Betonherstellung geeignet, sind aber leider viel zu teuer. Mögliche Zukunftsbedeutung als Bewehrung in Form von Kohlefaser-Kunstharz-Verbundstäben.

*Zellulosefasern* kommen in Form chemisch aufbereiteter Viskose zum Einsatz. Weniger für die übliche Betonherstellung, sondern verstärkt als Asbestersatz in Verbindung mit Kunststofffasern für frühere Asbestzementerzeugnisse.

*Faserzement*, der heute an die Stelle der Asbestzementerzeugnisse getreten ist, besteht zu 5 % aus Zellulosefasern als Filterfasern während der Herstellung, 2 % Armierungsfasern aus Polyvinylalkohol oder Polyacrylvinil, 40 % PZ-Zement, 11 % Zusatzstoffe, z. B. als Kalksteinmehl und als Recycling-Material von erhärtetem und gemahlenem Faserzement, 12 % Wasser und 30 % Luftporen. (Angaben nur beispielhaft!)

### Literatur

*Curiger, P.*: Glasfaserbeton – Eigenschaften und Werkstoffcharakteristik. In: beton 44 (1994), Heft 11, S. 660–663

DAfStb-Richtlinie „Stahlfaserbeton", März 2010

DBV-Merkblatt „Stahlfaserbeton", Ausgabe 2001, Eigenverlag DBV

DBV-Merkblatt: „Technologie des Stahlfaserbetons und des Stahlfaserspritzbetons" (1996), Eigenverlag DBV

DBV-Sachstandsbericht: „Glasfaserbeton für Fertigteile" (1996), Eigenverlag DBV

*Helm, M.*: Faserbetone in der Praxis. Herstellung, Verarbeitung, Überwachung. Verlag Bau + Technik, 2013

*Schorn, H.*: Faserbetone für Tragwerke. Verlag Bau + Technik, Düsseldorf, 2010

*Vitt, G.; Schultz, M.; Nell, W.*: Herstellung und Prüfung von Biegebalken nach DAfStb-Richtlinie „Stahlfaserbeton". In: Beton- und Stahlbetonbau 104 (2009), Heft 8, S. 543–549

## 4.12.6 Straßenbeton

Die Herstellung erfolgt nach den „Zusätzlichen Technischen Vertragsbedingungen und Richtlinien für den Bau von Fahrbahndecken aus Beton – ZTV-Beton-StB 07.

Vorschriften für Bauleistungen s. VOB, DIN 18316 „Verkehrswegebauarbeiten, Oberbauschichten mit hydraulischen Bindemitteln", Ausgabe 2006-10.

An Straßenbeton werden besonders hohe Anforderungen hinsichtlich Druck- und Biegezugfestigkeit sowie Widerstand gegen Frost- und Tausalzeinwirkung entsprechend den Bauklassen I–V gestellt (s. Abschnitt 9.4.1.3). Die wesentlichen Anforderungen ergeben sich aus TL-Beton StB 07 wie folgt:

„Die Zusammensetzung des Betons ist aufgrund einer Erstprüfung so festzulegen, dass die an den Beton gestellten Anforderungen dauerhaft erfüllt werden.

**Tabelle 4.44:** Anforderungen an Straßenbeton (aus TL Beton, ZTV-Beton)

| Bauklasse | | Expositionsklasse | Feuchtigkeitsklasse | Druckfestigkeitsklasse | Biegezugfestigkeitsklasse | Mindestens erforderliche Korngruppen nach TL Gestein-StB [mm] |
|---|---|---|---|---|---|---|
| SV, I-III | Ober-Beton | XF4, XM1 [1)] | WS | C 30/37 [4)] | F 4,5 [5)] | 0/2, 2/8, > 8<br>0/4, 4/8, > 8<br>0,2 oder<br>0/4, ≤ 8 [2)] |
| | Unterbeton | XF4 [3)] | WS | | | |
| IV-VI | Ober-Beton | XF4, XM1 [1)] | WA | | F 3,5 [5)] | 0/4, > 4 |
| | Unterbeton | XF4 [3)] | WA | | | |

1) Bei Verwendung für Waschbeton entfällt die Obergrenze des Zementgehalts nach DIN 1045-2.

2) Für Größtkorn 8 mm (s. a. Abschnitt 4.3.1).

3) Anforderungen an Gesteinskörnungen siehe Anhang A.

4) Werden die Probewürfel nach DIN EN 12390-2, Anhang NA, trocken gelagert, sind die Prüfergebnisse mit dem Faktor 0,92 zu multiplizieren, um die Bewertung der Festigkeitsklasse vornehmen zu können.

5) Für die Klassifizierung darf die charakteristische Festigkeit ($f_{fk}$) nach 28 Tagen gemessen an Prismen mit einem Querschnitt von 150 mm x 150 mm verwendet werden (Prüfung nach DIN EN 12390-5 mit Zweipunktlasteintragung). Bei der Erstprüfung muss der Mittelwert der Biegezugfestigkeit aus drei Balken mindestens 4,5 N/mm$^2$ (F 4,5) bzw. 3,5 N/mm$^2$ (F 3,5) betragen.

Die *Kornzusammensetzung* der Gesteinskörnung mit erhöhten Anforderungen an die Frost-Tausalzbeständigkeit ($MS_{18}$), die Kornform sowie insbesondere an die Widerstandsfähigkeit gegen Alkali-Kieselsäure-Reaktion (AKR) und ggf. die Polierfähigkeit (PSV-Wert) muss den Sieblinien der DIN 1045-2 entsprechen. Bei den Bauklassen I-IV soll jedoch der Gesteinskörnungsanteil bis 1 mm in der unteren Hälfte des günstigen Bereichs liegen.

*Zement* CEM I 32,5 R oder alternativ CEM I 42,5 N

Für die Herstellung der Decken ist in der Regel ein Portlandzement CEM I der Festigkeitsklasse 32,5 R oder alternativ 42,5 N nach DIN EN 197-1 oder DIN 1164-10 zu verwenden.

Der Zement CEM I 32,5 R muss folgende Anforderungen erfüllen:

- Der Wassergehalt zur Erzielung der Normsteife (Wasseranspruch) darf 28,0 M.-% nicht überschreiten.
- Die Druckfestigkeit im Alter von zwei Tagen darf 29,0 MPa (N/mm$^2$) nicht überschreiten.
- Die Mahlfeinheit, bestimmt als spezifische Oberfläche, darf 3500 cm$^2$/g nicht überschreiten.

In Abstimmung mit dem Bauherrn können auch folgende Zemente nach DIN EN 197-1 oder DIN 1164-10 der Festigkeitsklassen 32,5 oder 42,5 verwendet werden:

- Portlandhüttenzement CEM II/A-S oder CEM II/B-S,
- Portlandschieferzement CEM II/A-T oder CEM II/B-T,

- Portlandkalksteinzement CEM II/A-LL,
- Hochofenzement CEM III/A (mindestens der Festigkeitsklasse 42,5 N).

Unabhängig von der Festigkeitsklasse dürfen Zemente für den Bau von Fahrbahndecken aus Beton die in der Tabelle 4.45 angegebenen charakteristischen Werte für den Gesamtalkaligehalt (äquivalenter Natriumanteil), bestimmt nach DIN EN 196-21, nicht überschreiten.

Für alle Zemente, ausgenommen Zemente für frühhochfesten Straßenbeton, gilt, dass das Erstarren bei 20 °C bei der Prüfung nach DIN EN 196-3 frühestens zwei Stunden nach dem Anmachen beginnen darf.

**Tabelle 4.45:** Geforderter charakteristischer Wert des Alkaligehalts von Zementen für den Bau von Fahrbahndecken aus Beton

| Zement | Hütten-Sandgehalt [M.-%] | Alkaligehalt des Zementes $Na_2O$-Äquivalent [M.-%] | Alkaligehalt des Zementes ohne Hüttensand bzw. gebrannten Schiefer $Na_2O$-Äquivalent [M.-%] |
|---|---|---|---|
| CEM I | | ≤ 0,80 | – |
| CEM II/A-S, -T, -LL | | ≤ 0,80 | – |
| CEM II/B-T | | – | ≤ 0,90 |
| CEM II/B-S | 21 bis 29 | – | ≤ 0,90 |
| CEM II/B-S | 30 bis 35 | – | ≤ 1,00 |
| CEM III/A | 36 bis 50 | – | ≤ 1,05 |

*w*/*z*-Wert und *z*-Gehalt nach Festigkeitsanforderung aufgrund einer Eignungsprüfung.

Zementgehalt ≥ 340 kg/m³.

Bei Fahrbahndecken, bei denen der Oberflächenmörtel entfernt wird (Waschbeton), muss der Mindestzementgehalt für den Oberbeton 420 kg/m³ verdichteten Frischbetons betragen.

Luftporenbildner ist als Zusatzmittel erforderlich. Auch Verwendung sonstiger zugelassener Zusätze. Andere Zusatzstoffe als Flugasche dürfen nicht auf den *z*-Gehalt angerechnet werden. Mehlkorn- und Feinstsandgehalt (< 0,25 mm) darf 450 kg/m³ Festbeton nicht überschreiten (bei 8 mm Größtkorn ≤ 500 kg/m³). Für Betonieren bei Temperaturen ≤ +5° C gelten Sonderbestimmungen.

Ein- oder zweischichtige Deckenausführung mit Raum-, Schein- oder Pressfugen in Quer-und Längsrichtung. Im Oberbeton Gesteinskörnung > 8 mm bei Verkehrsklassen SV, I bis III aus mind. 50 % gebrochenem Gestein.

Bei bewehrten Decken Betonüberdeckung der oberen Stahleinlagen > 5 < 7 cm. Einbau von beweglichen Dübeln an den Querfugen und von Ankern an den Längsfugen. Nachbehandlung > 3 Tage.

Als Oberflächenstruktur sieht die ZTV+Beton-StB 07 folgende Varianten vor:

- Entfernen des Oberflächenmörtels (Waschbeton),
- Abziehen mit einem Stahlbesen in Querrichtung,
- Abziehen mit einem Kunstrasen.

Zurzeit wird in Deutschland weit überwiegend die Waschbeton-Oberfläche eingebaut.

**Prüfungen (s. TP-Beton-StB Ausgabe 2010)**

Festigkeitsprüfungen nach DIN EN 12390 an 15-cm-Würfeln und an Balken.

Kontrollprüfungen an Bohrkernen von 15 cm Ø und 15 cm Höhe im Alter von 60 Tagen (Umrechnung bei unterschiedlicher Höhe durch „Formbeiwert" und bei Prüfung zu unterschiedlichen Zeiten durch „Zeitbeiwert" gemäß TP-Beton-StB Ausgabe 2010).

Für die *Verkehrsfreigabe* gilt die bei Lagerung von Prüfkörpern auf der Baustelle festgestellte Festigkeit (Erhärtungsprüfung).

In Zweifelsfällen kann auch die Bestimmung der Luftporenkennwerte am Festbeton nach DIN EN 480-11 erfolgen.

## Literatur

*Ehrlich, N; Hersel, O.*: Straßenbau heute: Betondecken. Verlag Bau + Technik, Düsseldorf, 2010

## 4.12.7 Sichtbeton

Sichtbeton (eigentlich „Beton mit sichtbar bleibender Oberfläche") wird zur architektonischen Gestaltung im Hoch- und Ingenieurbau verwendet. Er kann als Normalbeton oder Leichtbeton hergestellt werden, muss oberflächendicht sein und bei Außenflächen witterungsbeständig sein (Verwendung von frostbeständigen Gesteinskörnungen). Anforderungen an Betonflächen und Schalungshaut in DIN 18217, Ausgabe 1981-12.

Seine durch sorgfältigere Ausführung entstehenden Mehrkosten werden durch Ersparnisse an Putz und Fassadenbekleidung aufgewogen. Für die Ausführung gilt die VOB, DIN 18331„Beton- und Stahlbetonarbeiten", Ausgabe 2012-09, jedoch sind zur objektiven Bewertung der Ausführung vorherige *Eignungsprüfungen* an Modellen zweckmäßig, siehe auch „Merkblatt Sichtbeton" des Deutschen Beton-Vereins als Merkblatt für Ausschreibung, Herstellung und Abnahme von Beton mit gestalteten Ansichtsflächen.

**Oberflächengestaltung**

Es wird zwischen schalungstechnisch gestalteten Oberflächen und Oberflächen mit nachträglich entfernter Mörtelhaut, d. h. steinmetzmäßig bearbeitetem Beton, und Waschbeton unterschieden. Auch eine farbliche Gestaltung durch Einfärben des Betons mit Pigmenten ist möglich (DIN EN 12878).

### 4.12.7.1 Schalungsvergüteter unbearbeiteter Sichtbeton

**Strukturierte Oberflächen**

Verwendung von sägerauen oder sandstrahlbehandelten Brettern, die nach Mustern geordnet sind (Schalungsplanung)! Auch ornamentale Gestaltung durch Einlagen von Formteilen aus Holz, Hartschaumstoffen oder strukturierten Elastomermatten („Strukturbeton"). Schwierige Schalungsteile werden aus nach Modell gefertigten glasfaserverstärkten Polyesterschalen oder CNC-gefrästen und beschichteten Hartschaumstoffblöcken hergestellt.

### Glatte Oberflächen

Gehobelte, evtl. auch gespundete Bretter oder Brettplattenschalung (DIN 18215 „Schalungsplatten aus Holz für Beton- und Stahlbetonbauten, Standardmaße 50 × 1,50 m") oder kunstharzbeschichtete Platten als Vorsatzschalung vor Normalschalung, meist jedoch witterungsbeständige Sperrholzplatten als Vorsatzschalung bzw. ab 12 mm selbsttragend, sowie Tischlerplatten (DIN 68791 „Großflächenschalungsplatten aus Sperrholz"). Weiterhin Verwendung von kunststoffbeschichteten (Polypropylen, UP-Harz) Holzplatten und sogenannten Vollkunststoffplatten aus Polypropylen mit Verstärkung aus Aluminiumschicht. Auch Stahlschalung kommt zum Einsatz.

Bei Großflächen überwiegend Einsatz von Stahlrahmenschalungen mit auswechselbarer Schalhaut aus o. g. Materialien. Neueste Entwicklung ist die sogenannte „No Oil"-Schalhaut, die den Einsatz von Trennmitteln überflüssig machen soll.

### Vorbehandlung der Schalungen

Sorgfältige Säuberung der Schalung (kunstharzbehandelte Flächen benötigen geringeren Arbeitsaufwand). Wahl der Trennmittel je nach Schalungsart (kein Schalölüberschuss); als Trennmittel stehen im Wesentlichen drei Gruppen zur Verfügung:

- Öl in Wasser-Emulsion (sogenannte Bio-Trennmittel),
- lösemittelfreie Trennmittel auf Mineralölbasis,
- lösemittelhaltige Trennmittel auf Mineralölbasis.

Zur Erzielung eines guten Sichtbetonergebnisses ist vor allem die sparsame Verwendung der Trennmittel von Bedeutung.

Fugenspachtelung zur Vermeidung von Gratbildungen auf der Betonoberfläche. – Bei Holzschalungen gründliche Vornässung zum Verquellen der Fugen. – Sorgfältige Schalungsabstützung! – Neue Holzschalungen vor dem ersten Einsatz mit Zementleim vorbehandeln.

## 4.12.7.2 Oberflächenbearbeiteter Sichtbeton

Nachträgliche steinmetzmäßige Bearbeitung wie bei Natur- und Betonwerksteinen durch Spitzen, Stocken, Scharrieren, Sandstrahlen – bei gefügedichtem Leichtbeton aus Blähton und Blähschiefer auch Schleifen.

Bei Stahlbeton entsprechende Verstärkung der Betondeckung der Bewehrung vorsehen!

Ferner Flammstrahlen: Splittriges Abplatzen der Betonoberfläche durch Erhitzen mittels Flammstrahler.

## 4.12.7.3 Waschbeton (s. Abb. 4.26)

Sichtbarmachung des Größtkorns durch Auswaschen der Feinbestandteile an der Oberfläche des zumeist mit Ausfallkörnung hergestellten Betons (z. B. Körnung 0/4 + 16/32) kurz nach dem Ausschalen vor der vollständigen Erhärtung mittels Bürste und Wasser; auch Verwendung von Grobsplitt.

**Abb. 4.26:** Waschbetonplatte

Freilegung der Körnung zur Vermeidung des Auswitterns nur bis $^1/_3$ ihrer Dicke. Nachbehandlung durch Feuchthaltung! Ferner Oberflächenbehandlung nach vorherigem Auftragen pastöser Erhärtungsverzögerer auf die Schalungsflächen. Vergrößerung der Betonüberdeckung der Stahleinlagen um 0,5 bis 1 cm.

Besonders vorteilhafte Anwendung des Waschbetons ergibt sich bei der Fertigteilherstellung mit nach unten liegender gleichmäßig verteilter Grobbetonschicht.

#### 4.12.7.4 Fabrikfertige Sichtbetonflächen (Fassadenplatten)

Verwendung von Fertigelementen aus Beton (oder Keramik) als Vorsatz, d. h. als rückwärtig verankerte „verlorene Schalung", beim Betonieren, aber auch als eigenständige vorgehängte Fassadenbekleidung (Betonwerksteinplatten nach DIN 18516 Teil 5, Ausgabe 2013-09).

#### 4.12.7.5 Einteilung und Anforderungen an Sichtbeton nach DBV-Merkblatt „Sichtbeton"

Im DBV-Merkblatt „Sichtbeton" (Fassung 2004-12) werden vier Sichtbetonklassen und deren Verknüpfung mit technischen Anforderungen definiert.

SB1 Betonflächen mit geringen gestalterischen Anforderungen (z. B. Kellerwände)

SB2 Betonflächen mit normalen gestalterischen Anforderungen (z. B. Treppenhausräume, Stützwände)

SB3 Betonflächen mit hohen gestalterischen Anforderungen (z. B. Fassaden im Hochbau)

SB4 Betonflächen mit besonders hoher gestalterischer Bedeutung (z. B. repräsentative Bauteile im Hochbau)

Für alle vier Sichtbetonklassen sind Anforderungen an die geschalten Sichtbetonflächen nach Klassen bezüglich

- Textur,
- Porigkeit,
- Farbtongleichmäßigkeit,

- Ebenheit und
- Arbeits- und Schalhautfugen

festgelegt. Weitere Anforderungen werden gestellt an

- eine Einteilung in Schalhautklassen sowie
- die Notwendigkeit einer Erprobungsfläche.

Bei Planung und Ausschreibung wird hinsichtlich der Ausführbarkeit unterschieden in

- Eigenschaften und Forderungen, die technisch nicht oder nicht zielsicher herstellbar sind,
- Abweichungen, die nur eingeschränkt vermeidbar sind,
- Abweichungen, die im Allgemeinen vermeidbar sind.

Hieraus leiten sich Regeln für die Ausschreibung sowie Anforderungen an die Ausführung ab. Hinsichtlich der Zusammensetzung des Betons werden folgende Maßnahmen empfohlen:

- Einsatz von „robusten" Betonsorten,
- Einsatz von Betonen mit ausreichendem Mehlkorn- sowie Mörtel- und Leimgehalt,
- $w/z \leq 0{,}55$,
- $w/z$-Wert-Schwankung kleiner $\pm 0{,}02$,
- kein Einsatz von Restwasser und Restbeton,
- ggf. Anschlussmischung mit geringerem Größtkorn,
- Konsistenz F2/F3 bzw. LVB oder SVB,
- Abweichungen beim Zielwert des Ausbreitmaßes kleiner ±20 mm,
- Verzicht auf zulässige Variation der Betonzusammensetzung,
- Mischdauer je Charge ≥ 60 s.

Ferner werden Hinweise zur Bauausführung sowie zu Maßnahmen der Qualitätssicherung gegeben. Hinweise zur Beurteilung von Sichtbetonflächen sowie zu Ursachen und zum Vorgehen bei Abweichungen und zur Mängelbeseitigung runden das Merkblatt ab.

## Literatur

DBV-Merkblatt „Sichtbeton". 2004, Eigenverlag DBV

*Künzel, W.*: Sichtbeton im Hoch- und Tiefbau. Beton-Verlag, Düsseldorf, 1965

*Peck, M.; Bosold, D.; Bose, Th.*: Technik des Sichtbetons. Verlag Bau + Technik, Düsseldorf, 2013

*Rapp, G.*: Technik des Sichtbetons. Beton-Verlag, Düsseldorf, 1969

*Schmidt-Morsbach, J.*: Sichtbeton. Bauverlag, Wiesbaden, 1964

*Schulz, J.*: Handbuch Sichtbeton. Beurteilung und Abnahme. Verlag Bau + Technik, Düsseldorf, 2010

*Trüb, U.*: Die Betonoberfläche. Bauverlag, Wiesbaden 1973

*Wilson, J.*: Sichtflächen des Betons. Bauverlag, Wiesbaden, 1967

## 4.12.8 Wasserundurchlässige Betonbauwerke

Die Herstellung von wasserundurchlässigen Betonbauwerken ist seit November 2003 durch die DAfStb-Richtlinie „Wasserundurchlässige Bauwerke aus Beton", WU-Richtlinie, geregelt. Hierin erfolgt zunächst eine Einteilung der Bauteile in die Beanspruchungsklassen 1 und 2 in Abhängigkeit vom Bemessungswasserstand.

| Beanspruchungsklasse 1 | Beanspruchungsklasse 2 |
|---|---|
| • drückendes Wasser<br>• nicht drückendes Wasser<br>• zeitweise aufstauendes Sickerwasser | • nicht stauendes Sickerwasser<br>• Bodenfeuchte |

Sodann werden die Bauteile in Nutzungsklassen A und B in Abhängigkeit von der Funktion des Bauwerks eingeteilt.

| Nutzungsklasse A | Nutzungsklasse B |
|---|---|
| • Feuchtetransport in flüssiger Form nicht zulässig | • Feuchtetransport in flüssiger Form im Bereich von Trennrissen, Sollrissquerschnitten, Fugen und Arbeitsfugen in begrenztem Maße zulässig |
| • Feuchtstellen auf der Bauteiloberfläche als Folge von Wasserdurchtritt nicht zulässig | • entstehende Feuchtstellen mit Dunkelverfärbungen, ggf. auch Bildung von Wasserperlen zulässig |

Bei zusätzlichen Anforderungen an Bauteiloberflächen ohne Tauwasserbildung und/oder trockenes Raumklima sind planerisch raumklimatische (z. B. Heizung, Lüftung zur Abfuhr von Oberflächentauwasser) und bauphysikalische Maßnahmen (z. B. Wärmedämmung zur Vermeidung von Oberflächentauwasser) vorzusehen.

Schließlich werden für die Beanspruchungsklassen Mindestbauteildicken empfohlen.

**Empfohlene Mindestbauteildicken ($d_{min}$) [1)]**

| Bauteil | Beanspruchungsklasse | Ortbeton | Elementwand (Dreifachwand) | Fertigteile |
|---|---|---|---|---|
| Wände | 1 | 24 cm | 24 cm | 20 cm |
| | 2 | 20 cm | 24 cm [2)] | 10 cm |
| Bodenplatte | 1 | 25 cm | – | 20 cm |
| | 2 | 15 cm | – | 10 cm |

1) Anwendung der Mindestbauteildicke erfordert u. a. zusätzliche betontechnologische Maßnahmen hinsichtlich der Betondruckfestigkeit, des *w/z*-Wertes und des Größtkorns.

2) Unter Beachtung besonderer betontechnischer und ausführungstechnischer Maßnahmen ist eine Abminderung auf 20 cm möglich.

Als Mindestdruckfestigkeitsklasse wird C 25/30 mit hohem Wassereindringwiderstand vorgegeben. Der *w/z*-Wert sollte in der Beanspruchungsklasse 1 ≤ 0,55 und in Klasse 2 ≤ 0,60 sein. Die Verwendung von N oder LH Zementen wird empfohlen, ferner eine Begrenzung der Frischbetontemperatur sowie ggf. besondere Nachbehandlungsmaßnahmen.

### Literatur

*Lohmeyer, G.; Ebeling,K.*: Weiße Wannen – einfach und sicher. Konstruktion und Ausführung wasserundurchlässiger Bauwerke aus Beton. Verlag Bau + Technik, Düsseldorf, 2013

Richtlinie des DAfStb „Wasserundurchlässige Bauwerke aus Beton", Ausgabe 2003-11, Beuth Verlag

## 4.12.9 Selbstverdichtender Beton (SVB)

In den letzten 15 Jahren wurde eine aus Japan kommende Entwicklung aufgenommen, Beton herzustellen, der sich ohne Zuführung von zusätzlicher Verdichtungsenergie selbst verdichtet und entlüftet. Dabei muss die Betonrezeptur so verändert werden, dass durch die erhöhte Viskosität die groben Gesteinskörner im Zementleim „schweben" und gleichzeitig die Fließgrenze des Betons aufgehoben wird. Das Problem hierbei ist, das hohe Fließvermögen mit einem hohen Widerstand gegen Entmischen zu vereinbaren, was nur durch Einsatz von PCE möglich ist. Hinsichtlich der betontechnologischen Maßnahmen, mit denen dieses Ziel erreicht werden soll, unterscheidet man drei Typen:

- Mehlkorn-Typ,
- Stabilisierer Typ,
- Kombination aus beidem.

Die Festlegung der Mischungszusammensetzung beruht auf empirischen Untersuchungen an Leim, Mörtel und Beton.

Zunächst wird für den Leim das richtige Verhältnis von Zement, Betonzusatzstoffen und Wasser ermittelt und zwar durch Bestimmung des Setzfließmaßes auf der Platte und mit dem Trichter des *Hägermanntisches* (ohne Schlag!). Sodann entsteht durch Zugabe von Sand und Fließmittel ein fließfähiger Mörtel, für den wiederum das Setzfließmaß sowie die Auslaufzeit aus einem speziellen Auslauftrichter bestimmt werden. Die Optimierung der Zusammensetzung erfolgt nach dem Schema in Abb. 4.27.

Schließlich entsteht durch Zugabe der groben Gesteinskörnung der Beton, für den wiederum Setzfließmaß und Ausfließzeit (diesmal mit vergrößerter Platte und Trichter) bestimmt und die Zusammensetzung optimiert werden. Am fertigen Beton werden dann noch verschiedene Fließ- und Entmischungsversuche durchgeführt, um die Praxistauglichkeit des SVB zu testen.

Die Herstellung von SVB erfordert besondere Kenntnisse über die Ausgangsstoffe und das Verhalten bei verschiedenen Temperaturen. Der erhöhte Überwachungsaufwand sollte durch erfahrene Betontechnologen geleistet werden. Besondere Aufmerksamkeit sollte auch dem erhöhten Frischbetondruck auf die Schalung zuteilwerden.

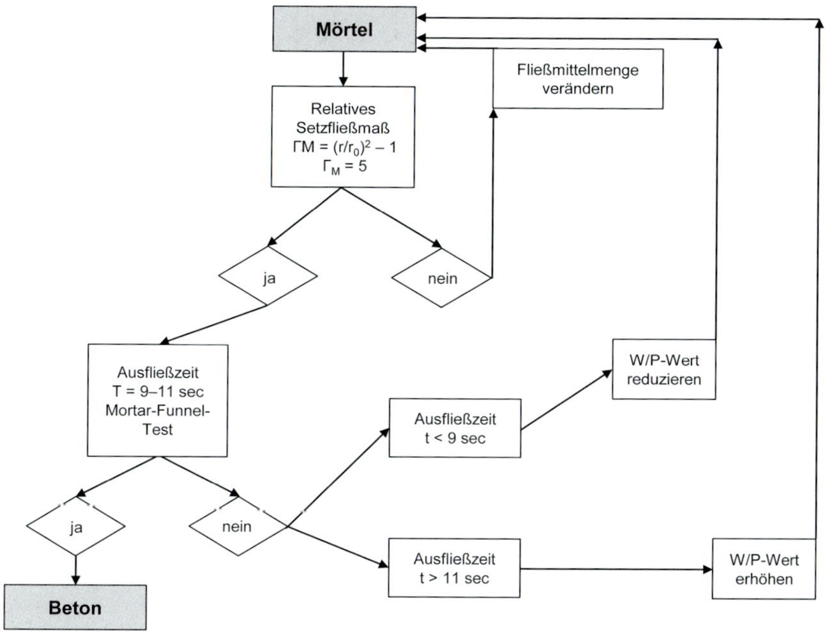


**Abb. 4.27:** Ablaufschema zur Bestimmung der Mischungszusammensetzung von SVB-Mörtel (*Röttgen*)

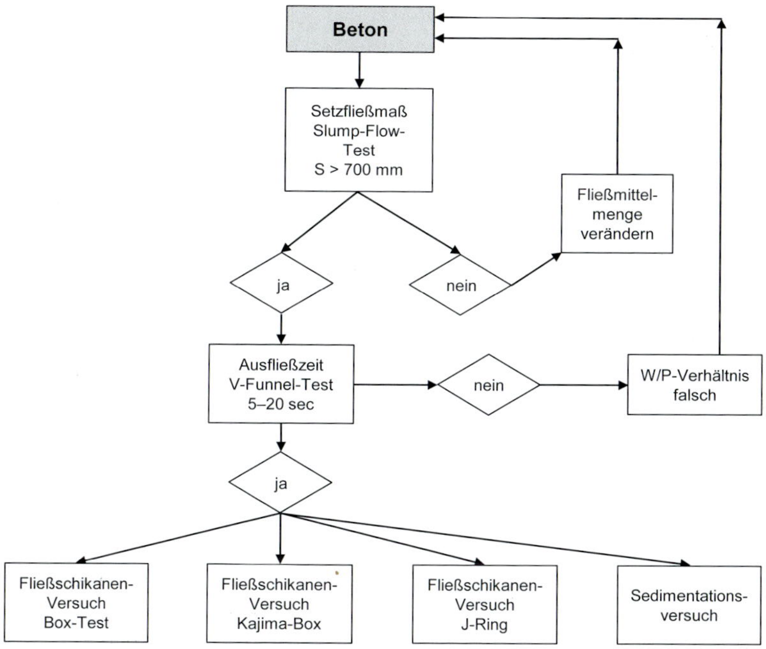


**Abb. 4.28:** Ablaufschema zur Bestimmung der Mischungszusammensetzung von selbstverdichtendem Beton (SVB) (*Röttgen*)

Da der SVB hinsichtlich Mehlkorngehalt und Konsistenz von DIN EN 206-1 und DIN 1045-2 abweicht, durfte dieser Beton in Deutschland zunächst nur über Zustimmungen im Einzelfall oder allgemeine bauaufsichtliche Zulassungen eingesetzt werden. Seit 2004 steht mit der bauaufsichtlich eingeführten DAfStb-Richtlinie „Selbstverdichtender Beton" ein ergänzendes Regelwerk zu o. g. Normen zur Verfügung, sodass SVB heutzutage allgemein einsetzbar ist.

### Literatur

*Hoscheid, R.; Röttgen, J.*: Unveröffentlichter Vortrag auf Fachtagung „Aktuelle Betontechnik", Beton-Marketing West, FH Köln, 2001

Richtlinie des DAfStb „Selbstverdichtender Beton", Ausgabe 2004

# 4.13 Mischen, Fördern und Verarbeiten des Betons

## 4.13.1 Lagerung, Bemessung und Zusammensetzung der Ausgangsstoffe

### 4.13.1.1 Zement

Bei Anlieferung des Zementes sofortige Anbringung des Lieferscheins im Drahtgitter des Silos und zur Wahrnehmung eventueller Gewährleistungsansprüche sicherstellen, ggf. Entnahme einer Rückstellprobe (10 kg) aus dem Transportwagen bzw. aus mehreren Säcken in luftdicht verschlossenem Behältnis (Klemmdeckelbüchse).

Hinsichtlich Transport und feuchtigkeitsgeschützter Aufbewahrung des in Behältern oder Säcken gelieferten Zementes s. unter Abschnitt 3.1.4.9 Zement.

Bindemittel werden stets nach Gewicht durch Silowaage mit einer Genauigkeit von ±3 Gew.-% (Kontrolle der Waage insbesondere bei Aufstellung) oder in ganzen Säcken zugegeben.

### 4.13.1.2 Gesteinskörnungen

Lagerung der Gesteinskörnungen zur Fernhaltung von Verunreinigungen grundsätzlich auf festem Untergrund. Auch Vermeiden des Einmischens von Mutterboden durch Räder der Transportfahrzeuge.

Bei getrennten Körnungen Sicherung der Lagerboxen durch genügend hohe und stabile Trennwände und Entwässerung der Boxen durch Gefälle zur Vermeidung von Niederschlagsanreicherungen.

Betongesteinskörnungen werden in der Regel nach Gewicht, unter Berücksichtigung der Eigenfeuchtigkeit der Gesteinskörnungen, mit einer Genauigkeit von +3 Gew.-% bemessen. Bei Gesteinskörnungen mit unterschiedlicher Kornrohdichte sind die Gewichte nach den Stoffanteilen der Sieblinien zu errechnen (s. Kapitel 2).

Bei Gesteinskörnungen mit stark wechselndem Feuchtigkeitsgehalt oder unterschiedlicher Kornrohdichte (z. B. leichten Gesteinskörnungen) kann es zweckmäßig sein, die Gesteinskörnungskorngruppen nach Raumteilen abzumessen.

Bei Zugabe nach Raumteilen sind die Gewichte der Korngruppen häufig nachzuprüfen.

#### 4.13.1.3 Betonzusatzstoffe, Betonzusatzmittel, Zugabewasser

*Betonzusatzstoffe* müssen wie Zement trocken gelagert werden. Bei lose angelieferten und im Silo gelagerten Zusatzstoff ist der Silo deutlich zu kennzeichnen, um Verwechslungen mit Zement zu vermeiden. Bei Anlieferung Proben entnehmen. Pulverförmige Zusatzstoffe müssen mit einer Genauigkeit von 3 % abgemessen werden. Flüssige Zusatzstoffe dürfen nach Masse oder Volumen dosiert werden.

*Betonzusatzmittel* sind im pulverförmigen Zustand vor Feuchtigkeit zu schützen. Flüssige Zusatzmittel sind frostsicher aufzubewahren.

*Zugabewasser.* Das Wasser wird unter Berücksichtigung der Oberflächenfeuchtigkeit der Gesteinskörnung mit einer Genauigkeit von +3 Gew.-% zugegeben. (Wassersaugende Gesteinskörnungen sind vorher anzufeuchten.)

#### 4.13.1.4 Mischen

Die Mischzeit beträgt im Allgemeinen mindestens 1 min, bei Mischern mit besonders guter Mischwirkung mindestens $^{1}/_{2}$ min. Bei Sonderbetonen und bei Zugabe von besonderen Zusatzmitteln (z. B. PCE) oder Zusatzstoffen ist die Mischzeit ggf. deutlich zu verlängern.

## 4.13.2 Transportbeton und Trockenbeton

### 4.13.2.1 Transportbeton

Transportbeton bedeutet, die Bestandteile werden außerhalb der Baustelle zugemessen und der Beton wird in einbaufertigem Zustand angeliefert.

Nach dem *Mischvorgang* werden unterschieden:

**Werkgemischter Transportbeton**

Im Werk fertiggemischter und in Fahrmischern zur Baustelle beförderter Beton. Während des Beförderns ist der Beton mit einer Rührgeschwindigkeit von 2 bis 6 U/min zu bewegen. (Bei Verwendung von LP-Mitteln Sonderregelung.) Bei steifer Konsistenz ist der Transport mit Fahrzeugen ohne Drehtrommel bei kurzfristiger Entladung zulässig.

**Fahrzeuggemischter Transportbeton**

Im Werk zugemessener, jedoch erst im Mischfahrzeug während der Fahrt oder nach Eintreffen an der Verwendungsstelle unter Wasserzugabe gemischter Beton. Inhalt der Transportmischer: 2 bis 10 $m^3$ Frischbeton.

*Entladezeiten.* Beendung der Entladung spätestens 90 min nach Wasserzugabe. Je nach Witterungseinflüssen auch kürzere Frist.

Anlieferungstemperatur mind. +5 °C, bei Frost unter −3 °C mind. +10 °C (s. Abschnitt 4.13.7.1).

**Lieferungsvereinbarungen**

Bestellungen des Betons erfolgen unter Angabe des Verwendungszweckes auf Grund eines Betonsortenverzeichnisses des Transportbetonwerkes.

In diesem müssen sämtliche Angaben über Betonfestigkeitsklasse, stoffliche Zusammensetzung, Konsistenz, Zementart und -menge sowie den *w/z*-Wert enthalten sein, auch über die Menge des zugesetzten Mehlkorns oder des Zusatzmittels; ferner Angaben zu den abgedeckten Expositionsklassen und über die Festigkeitsentwicklung des Betons aus Gründen der erforderlichen Nachbehandlung. Bei der Abnahme Überprüfung der Angaben des Lieferscheins mit den Angaben der Bestellung!

**Eine Änderung der Konsistenz des gelieferten Betons auf der Baustelle durch Wasserzugabe ist in keinem Fall zulässig, nur durch Zugabe von Fließmittel (FM).**

Ausnahmen siehe DIN 1045-2, Abschnitt 7.5, Ausgabe 2008-08.

### 4.13.2.2 Trockenbeton

Trockenbeton ist ein Baustoff, der aus Zement, getrockneter Gesteinskörnung und ggf. Betonzusätzen in einem gleichbleibenden Mischungsverhältnis hergestellt und lagerungsfähig (mit einer Garantiezeit von 2 Jahren) verpackt ist. Er darf nur mit der auf der Verpackung aufgedruckten höchstzulässigen Wassermenge, die zu weicher Betonkonsistenz führt, verarbeitet werden.

Seine Herstellung und Verwendung unterliegt der DAfStb „Richtlinie für die Herstellung und Verwendung von Trockenbeton und Trockenmörtel", Fassung 2005.

Er darf nur im Sinne der DIN 1045 von Fachkräften für Beton und Stahlbeton verarbeitet werden, nicht jedoch für Fließ- und Spannbeton. Für die Herstellung ist nach obiger Richtlinie eine bestimmte Mindestzementmenge vorgeschrieben.

Nach Herstellung und Lieferung ist der Trockenbeton als Transportbeton anzusehen und unterliegt somit den gleichen Gütebestimmungen hinsichtlich der Eigen- und Fremdüberwachung wie Transportbeton. – Entsprechender Gütenachweis auf Baustellen erforderlich.

## 4.13.3 Fördern, Einbringen und Verdichtungsverfahren

Der Beton ist beim Transport und Einbau vor Entmischung und vor schädlichen Witterungseinflüssen (Sonne, Frost, Regen, Wind) zu schützen.

### 4.13.3.1 Fördern

Der Transport zur Einbaustelle erfolgt durch Förderbehälter (selten Transportwagen und meist Krankübel), durch Bandförderer oder in Rohrleitungen (Pump- oder Druckluftförderung).

Folgende erforderliche Maßnahmen *verhindern das Entmischen* beim Transport:

- *Transportwagen* (gummibereift bzw. gefedert),
- kein Transport bei weicher oder flüssiger Konsistenz über längere Strecken,

- *Krankübel* (einwandfreies Schließen der Verschlusskappe zur Vermeidung von Zementleimverlusten),
- *Bandförderer:* Regelung von Neigung und Geschwindigkeit zur Verhinderung des Abrollens bzw. des weiten Abwurfs der gröberen Körnung. Anbringen eines Prallbleches an der Umlenkrolle sowie eines Abstreifbleches an der Bandunterseite zum Entfernen des anhaftenden Zementleims. Vermeiden von Schüttkegeln durch hohen Abwurf.

*Rohrförderung:* meist Pumpförderung, da Druckluftförderung (pneumatische Förderung) umsichtigere Wartung erfordert (s. Abschnitt 4.13.4.1 Pumpbeton).

#### 4.13.3.2 Einbringen

Kein Entmischen des Betons beim Abstürzen in die Schalung: Verwendung von über der Verarbeitungsstelle endenden Fallrohren. Freier Fall nur bei sich nicht entmischendem Beton bis zu 2 m zulässig. Bei höheren Bauteilen kann das Einbringen des Betons durch wiederverschließbare Öffnungen der Seitenschalung erfolgen.

Bei den Schalungsanschlüssen von Säulen und Wänden an bereits erhärtetem Beton ist zur Vermeidung von Entmischung die gröbere Körnung wegzulassen, sodass bei gleicher Zement- und Wassermenge ein plastischer Beton entsteht. Betonieren der oberen Anschlüsse (Balken und Decken) erst nach genügendem Setzen des Betons der Stützkonstruktion (Vermeidung von Rissbildungen).

Keine Verunreinigung von Bewehrung, Schalungsflächen und Einbauteilen späterer Betonierabschnitte!

Vorbehandlung der Schalungen. Bei Holzschalungen beidseitiges Vornässen (Schließen der Fugen durch Quellen des Holzes: Verhinderung des Auslaufens von Zementleim). Verwendung von Trennmitteln zur Unterbindung des Anhaftens von Beton an der Schalung.

#### 4.13.3.3 Verdichtungsverfahren

*Stampfen* (Stampfbeton). Stampfverdichtung erfolgt durch Hand-, besser Maschinenstampfen, nur bei steifem Beton. Verdichtung bis zur Bildung weicher und geschlossener Betonoberfläche in Schichten von ≤ 15 cm. Schichtenfolge möglichst rechtwinklig zu der im Bauteil verlaufenden Druckrichtung, sonst Anwendung von plastischem Beton, sodass gleichlaufend zur Druckrichtung keine Stampffugen entstehen. Da bei einem durch Stampfen verdichteten Beton eine ausreichende Gefügedichte nicht immer gewährleistet ist, wird er i. Allg. nur bei Bauteilen angewandt, an deren Güte hinsichtlich der Dichte keine besonderen Anforderungen gestellt werden.

*Stochern.* Beton der Konsistenz flüssig, weich und plastisch, sofern letzterer nicht gerüttelt wird, ist mit gerundeten Stocherlatten (bei Decken zusätzlich auch mit leichten Stampfern) so durchzuarbeiten, dass enthaltene Luftblasen möglichst entweichen und der Beton ein gleichmäßig dichtes Gefüge erhält, sodass auch die Bewehrung satt umhüllt ist.

*Rütteln.* Meist angewandte Verdichtungsweise für steifen und plastischen Beton. Erzeugung der Rüttelfrequenz zumeist durch schnell rotierende Unwuchten (3 000 bis 20 000 Schwingungen/min).

**Wirkungsweise:** Die durch die Rüttelfrequenz in Schwingung gebrachten Gesteinskörnungskörner ordnen sich, im unteren Teil des Betons beginnend, infolge ihrer Schwere zu einer dichtestmöglichen Lagerung unter gleichzeitiger Verdrängung der Luftblasen und des Überschusses an Zementleim, die als spezifisch leichter nach oben steigen. Das Erscheinen der Zementschlempe an der Betonoberfläche sowie das Nachlassen des Aufsteigens der Luftblasen lassen die Verdichtung des Betongefüges erkennen.

Gesteinskörnungen mit ungünstiger Sieblinie oder gebrochene Gesteinskörnungen bedürfen einer größeren Verdichtungsarbeit als gut zusammengesetzte bzw. rundliche Körnungen. Nachrütteln noch nicht erstarrten Betons verbessert die Dichtigkeit des Betongefüges. Weicher Beton ist wegen Entmischungsgefahr nur vorsichtig oder gar nicht zu rütteln.

*Klopfen der Schalung.* Besonders sorgfältiges Klopfen in den Schalungsecken und längs der Schalungsränder.

**Arten der Rüttelverfahren** (DIN 4235 Teil 1-5, Ausgabe 1978-12)

*Rüttelgeräte und Rüttelmechanik* – Teil 1 –

*Innenrüttler* (Tauchrüttler) – Teil 2 –

Möglichst rasches Eintauchen der Rüttelflasche in Schichten von 30 bis 50 cm und im Zuge der nach oben fortschreitenden Verdichtung langsames Wiederherausziehen, ohne dass Löcher entstehen. (Langsames Eintauchen würde durch Verdichten der oberen Betonschicht die Entlüftung der unteren Schichten behindern.) Bei schichtweisem Betonieren ist zur Verbesserung des Anschlusses die Rüttelflasche etwa 10 bis 15 cm in die unterliegende, noch nicht völlig erstarrte Betonschicht einzutauchen („Vernähung"). Tauchen des Rüttlers mind. 10 cm von der Schalung entfernt zur Vermeidung von Schalungsschwingungen (Beeinträchtigung der Betonsichtflächen durch aufsteigende Wassergerinnsel). – Auch Rüttelflaschen mit Gummikopf, um Beschädigungen der Schalung bei Sichtbeton zu vermeiden.

*Rütteltische* – Teil 3 –

Erzeugung der Schwingungen an einer gefedert gelagerten Tischplatte durch unterwärts befestigten Unwuchterreger. Anwendung bei Werkstücken hoher Betongüte (Fertigteile) und in der Betonsteinerzeugung.

*Schalungsrüttler* (Außenrüttler) – Teil 4 –

Anstelle des Abklopfens der Schalung mit Handhämmern oder mit pressluftbetriebenen Schlagkolben können Rüttelaggregate auf die Versteifung der Schalung aufgesetzt werden. Wegen geringer Tiefenwirkung Verwendung zumeist bei gleichzeitigem Einsatz von Innenrüttlern. Anwendung besonders auch bei feingliederigen Werkstücken (Fertigteile).

*Oberflächenrüttler* – Teil 5 –

Auf Platten verschiedener Größe oder auf Bohlen (Straßenfertiger) montierte Rüttelaggregate. Einsatz auf gleichmäßig geebneten Betonschichten bis zu 20 cm Dicke. Fortbewegung des Rüttlers langsam, sodass der Beton darunter weich wird und die Betonoberfläche dahinter geschlossen ist.

## 4.13.4 Sondereinbring- und Verdichtungsverfahren

### 4.13.4.1 Pumpbeton

Die *Förderung von Pumpbeton* erfolgt mit mechanisch oder zumeist ölhydraulisch angetriebenen Pumpen in Leitungen von 180 mm oder 150 mm Ø, auch mit 100 mm oder 80 mm Ø (geringere Rohrgewichte, jedoch höherer Reibungswiderstand). Weitere Herabsetzung des Leitungsgewichtes durch Verwendung von Kunststoff- statt Stahlrohren.

Anwendung bei größeren Förderlängen bis zu mehreren 100 m und Höhen bis über 300 m. Förderleistung 10 bis 80 $m^3/h$.

*Frischbetonbeschaffenheit*: Zur Minderung des Reibungswiderstandes und zur Vermeidung des Abreißens des Betonstromes durch „Verstopfer" Verarbeitung des Betons in plastischer Konsistenz mit ausreichendem Feinmörtelanteil (Zementgehalt mind. 250 $kg/m^3$, besser 300 $kg/m^3$ , jedoch nicht wesentlich über 350 $kg/m^3$ ) oder Verwendung plastifizierender Zusätze (Schmierfilmbildung an den Rohrwandungen). Heutzutage werden auch weiche und flüssige Konsistenzen bis hin zum SVB mit Pumpen gefördert. Bei Sonderbetonen (SVB, Leichtbeton, Schwerbeton) unbedingt vorher Pumpversuche durchführen.

Kornzusammensetzung im günstigen Bereich, nahe Sieblinie B. Auch Ausfallkörnung für Pumpbeton (nach Eignungsprüfung) verwendbar.

Förderleitungen so verlegen, dass der Betonstrom in den Gefällestrecken, innerhalb der Rohre, nicht abreißt.

Zügige Leitungsführung mit wenigen Krümmern, kein Durchhängen der Leitungen (Ursache von Undichtigkeiten an den Verbindungsstücken). Verankerung an Krümmungen. Keine Übertragung von Erschütterungen auf die Schalung.

Schutz vor Sonneneinstrahlung und vor Frost durch Isoliermaterial. Reinigung der Leitungen mittels Schaumgummibällen und Druckwasser.

Autobetonpumpen für Transportbeton mit kombinierten Verteilermasten, die auf serienmäßige 4-Achs-Fahrgestelle montiert sind (Abb. 4.29 und 4.30).

**Abb. 4.29:** Betonpumpe mit dreiteiligem Knickausleger auf LKW-Fahrgestell

Auch *Druckluftförderung* unter den gleichen Gegebenheiten wie beim Pumpen, jedoch zur Vermeidung von Entmischungen besondere Beachtung eines zusammenhängenden Betonstroms. (Höhere Anforderung an die Wartung!)

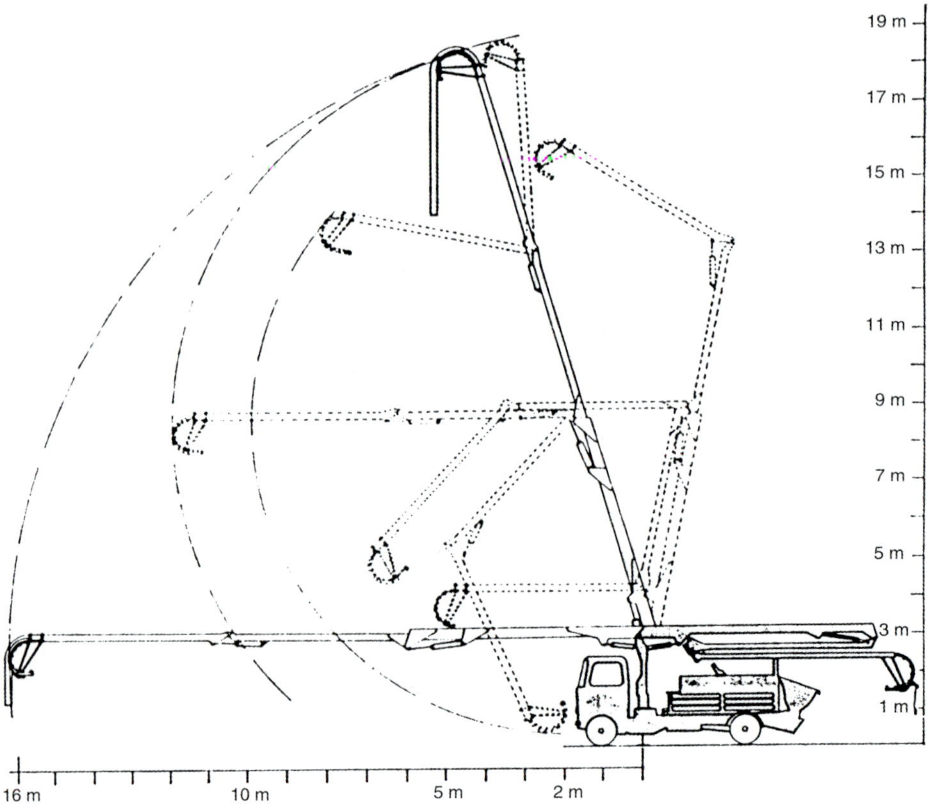


**Abb. 4.30:** Arbeitsstellungen einer Betonpumpe mit dreiteiligem hydraulischen Knickausleger

### 4.13.4.2 Spritzbeton (DIN EN 14487 Teil 1, Ausgabe 2006-03, und Teil 2, Ausgabe 2007-01, in Verbindung mit DIN 18551, Ausgabe 2010-02, bzw. E DIN 18551, Ausgabe 2013-07)

Bei Spritzbeton handelt es sich um Beton für tragende Bauteile mit geschlossenem Gefüge, der im Spritzverfahren gefördert, aufgetragen und dabei verdichtet wird.

Anwendung des Verfahrens zur Bergsicherung im Untertagebau, zur Sicherung von Böschungen, zur Instandsetzung beschädigter Stahlbetonbauteile sowie zur Herstellung dünnwandiger Stahlbetonkonstruktionen (Schalenbauweise). Für spezielle Anwendungen ist auch Faserspritzbeton möglich unter Zusatz von Stahl- oder Polymerfasern; DIN EN 14487 Teil 1 unterscheidet bei der Anwendung folgende Gebiete:

- Instandhaltung und Verstärkung,
- freistehende Konstruktionen,
- Bodenverfestigung.

Förderung des Betons oder Mörtels in Schläuchen und/oder Rohren als trockenes Ausgangsgemisch („Trockenspritzbeton“) oder als nasses Ausgangsgemisch („Nassspritzbeton“).

Die Förderung kann pneumatisch erfolgen, wobei das Trocken- und Nassgemisch in einem *Druckluftstrom* schwimmt („Dünnstromförderung“) oder beim Nassgemisch ohne Auflockerung durch *Pumpen* („Dichtstromförderung“).

Beim Trockenspritzverfahren erfolgt die Wasserzugabe an der Spritzdüse. Bei der Dichtstromförderung des Nassspritzverfahrens wird an der Spritzdüse zur Erhöhung der Geschwindigkeit des Spritzgutes Treibluft zugeführt, sodass hier ein Dünnstrom entsteht. Flüssige Zusatzmittel (z. B. Erstarrungsbeschleuniger) werden ebenfalls an der Spritzdüse zugegeben.

**Anforderungen an die Herstellung**

Größte Gesteinskörnung 8, 16 oder 32 mm in stetiger Sieblinie zwischen A und C unter Einhaltung eines Mindestfeinkornanteils. (Bei Korngrößen bis 4 mm Bezeichnung als „Spritzmörtel“.)

Beachtung der Veränderung in der Zusammensetzung des Ausgangsgutes durch Rückprallverluste!

Die Konsistenz des im Nassspritzverfahren aufgebrachten Betons ist bei Dünnstromförderung steif bis plastisch, bei Dichtstromförderung plastisch bis weich. (Beim Trockenspritzverfahren handelt es sich um einen steifen Beton.)

Bei Stahleinlagen sind kleine Querschnitte zu bevorzugen. (Nichtfedernde Befestigung.) Mindestbetondeckung 20 mm.

Raue Auftragsflächen erforderlich (ggf. Strahlen). Abstand der Spritzdüse 0,50 bis 1,50 m. Die Auftragsflächen sind i. d. R. vorzunässen.

Die Oberfläche des Spritzbetons ist zur Vermeidung einer Störung der inneren Gefügestruktur spritzrau zu lassen, evtl. Glättung durch nachträglichen Mörtelauftrag. Sorgfältige Nachbehandlung (Feuchthaltung).

Hinsichtlich der Bedeutung, des Risikos und der sonstigen Anwendungseigenschaften des Spritzbetons wird dieser in drei Überwachungskategorien eingeteilt. Detaillierte Hinweise zu dieser Einteilung finden sich in Anhang A7.2 der DIN EN 14487.

Je nach Zuordnung zu den drei Hauptanwendungsgebieten und den drei Überwachungsklassen sind in DIN EN 14487 Teil 1 und Teil 2 die notwendigen Prüfungen der Einzeleigenschaften im Rahmen der Eignungsprüfung und der Überwachungsprüfungen festgelegt. DIN 18551 bringt hierzu ergänzende Hinweise und Festlegungen z. B. hinsichtlich der erforderlichen Anzahl von Spritzplatten und der daraus zu entnehmenden Bohrkerne. Prüfeigenschaften für die Eignungs- und Überwachungsprüfungen sind z. B.

- Zusammensetzung,
- Konsistenz der Nassmischung,
- Frühfestigkeitsentwicklung,
- Druckfestigkeit,
- E-Modul,
- Haftung am Untergrund,

- Biegezugfestigkeit,
- ggf. Frost-Tausalzwiderstand,
- Wassereindringwiderstand.

Für Faserbeton zusätzlich:

- Erstrissfestigkeit,
- Restfestigkeit,
- Energieabsorptionsvermögen,
- Fasergehalt.

Bei den Überwachungsprüfungen sind zusätzliche Kriterien wie Untergrundbeurteilung, Prüfung der Maschinentechnik und Nachbehandlung zu berücksichtigen.

Für die Prüfung der Festbetoneigenschaften sind Spritzplatten ausreichender Größe und Dicke herzustellen, aus denen Bohrkerne entnommen werden. Für die Überwachungsprüfungen kann auch eine Bohrkernentnahme am Bauwerk erfolgen.

Üblich sind bisher folgende Vorgehensweisen:

**Eignungsprüfung** (unter den örtlichen Bedingungen) erforderlich durch Herstellen von zwei Platten mind. 50 × 50 cm und mind. 12 cm Dicke: Je eine Platte zur Frischbetonanalyse und zur Ermittlung der Festigkeitseigenschaften (Bohrkernentnahme Ø 10 cm) (s. hierzu auch E DIN 18551, Anhang A, Ausgabe 2013-07).

**Überwachungsprüfung** der Druckfestigkeit durch Bohrkernentnahme am Bauwerk oder wie bei der Eignungsprüfung an gesondert hergestellten Platten. – Bei der Wasserundurchlässigkeitsprüfung den Bohrkerndurchmesser 15 cm wählen.

Zur Feststellung der Gleichmäßigkeit der Betongüte ist auch eine zerstörungsfreie Prüfung möglich.

#### 4.13.4.3 Schleuderbeton

Verdichtung des in schnell rotierende Formen eingebrachten Betons infolge Zentrifugalkraft unter innenseitiger Absonderung des überschüssigen Wassers.

Dient der Herstellung rohrförmiger Körper, z. B. Betonrohre, Leitungsmaste.

#### 4.13.4.4 Schockbeton

Zur Verdichtung erfolgt ein mechanisches Heben und Fallenlassen von Fertigteilschalungen mittels darunter befindlicher Nockenwellen (60 bis 120 Stöße/min).

#### 4.13.4.5 Vakuumbeton

Nachträgliches Absaugen des überflüssigen Wassers nach dem Verdichten des Frischbetons durch Vakuummatten: Siebartige, mit Filtertuch überspannte Schalmatten, die mit einem Vakuumerzeuger durch Schläuche verbunden sind. Nach dem Wasserentzug erfolgt das Abscheiben zur Schließung der Poren. Vorteil: frühzeitiges Begehen, hohe Früh- und Endfestigkeit.

#### 4.13.4.6 Ausgussbeton

Ausfüllen eines in eine feste Schalung eingerüttelten Grobgesteinskörnungsskelettes (≥ 32 mm) durch Zementmörtel, der in die Schalung von unten langsam steigend durch Rohrleitungen eingepresst wird.

Verschiedene Verfahrensweisen zur Herstellung eines geschmeidigen Mörtels mit schnell rotierenden Mischern, auch unter Verwendung von Zusätzen (Prepakt- oder Colcrete-Verfahren).

Geringeres Schwinden des Betons durch punktförmige Berührung der Gesteinskörnungskörner. Anwendung insbesondere auch bei Unterwasserbeton und Abschirmbeton.

#### 4.13.4.7 Unterwasserbeton

In Baugruben mit ruhig stehendem Wasser muss geschütteter Beton (in der Regel nur unbewehrte Bauteile) zügig als zusammenhängende, keine Verdichtung erfordernde Masse eingebracht werden.

*Verarbeitung*

Verarbeitung in weicher Konsistenz, mit Ausbreitmaß 45 bis 50 cm. Wasserzementwert ≤ 0,60, bei aggressiven Wässern auch geringer. Zementmindestmenge 350 kg/m³, bei Gesteinskörnungsgemisch 0/32 mm in der Mitte des günstigen Bereichs stetiger Kornzusammensetzung mit ausreichendem Mehlkorngehalt. Der Beton muss beim Einbringen unter Wasser ohne Verdichtung als zusammenhängende Masse fließen.

*Einbringen von Unterwasserbeton*

Bei geringen Wassertiefen bis 1 m wird der Beton in plastischer Konsistenz durch Vortreiben in natürlicher Böschung eingebracht, wobei die Aufschüttstelle über dem Wasser liegen soll.

Bei größeren Tiefen als 1 m erfolgt das Einbringen als weicher Beton (s. o.) mittels Trichtern oder Pumpförderung, die ständig gefüllt und unter langsamem Hochziehen ausreichend tief im Beton stecken müssen, sodass der Beton nicht frei durch das Wasser fallen bzw. an der unteren Ausmündung nicht ausgewaschen werden kann. Auch Einbau im freien Fall durchs Wasser möglich, hierbei aber besondere Betonzusammensetzung erforderlich („erosionsfester Beton").

Das Einbringen des Betons soll in waagerechten Lagen und ohne Unterbrechung des Betoniervorganges erfolgen (Vermeidung von Zementschlämmeschichten).

Auch Herstellung von Unterwasserbeton im *Ausgussverfahren* (s. Abschnitt 4.13.4.6).

### 4.13.5 Ausbildung von Arbeitsfugen

Die Betonierabschnitte sind vor Beginn des Betonierens festzulegen. Unvermeidbare Arbeitsfugen sind so auszubilden, dass bauliche Beanspruchungen einwandfrei aufgenommen werden. Kraftschlüssiger und dichter Verbund der Betonierflächen. (Abtreppungen und Verzahnungen durch Aussparungen mittels Latten, Beseitigung von Verschmutzungen und Zementschlamm.)

Älterer Beton ist mehrtägig vorzufeuchten, um das Schwindgefälle zwischen jungem und altem Beton gering zu halten, muss jedoch zur Haftung des Zementleims des einzubringenden Betons an der Oberfläche abgetrocknet sein.

Verwendung feinteilreicherer Mischungen beim Beginn der Betonschüttung. Evtl. Zusatz von Haftemulsionen.

Wasserundurchlässiger Beton erfordert wasserundurchlässige Arbeitsfugen (Fugenbandabdichtungen o. Ä.).

## 4.13.6 Nachbehandlung des Betons

Unter Nachbehandlung werden Maßnahmen zum Schutz des Betons gegen Einflüsse verstanden, die sich auf dessen Erhärtung nachteilig auswirken, z. B. starkes Abkühlen oder Austrocknung durch Wärme und Wind, Regeneinwirkung während der ersten Erhärtungszeit sowie Erschütterungen, soweit diese das Betongefüge und den Verbund zwischen Stahleinlagen und Beton lockern können.

Zur Vermeidung unzulänglicher Oberflächenerhärtung des Betons durch vorzeitige Wasserabgabe (Verdunsten) sowie zur Unterbindung der zu Schwindrissen führenden Austrocknungsspannungen vor dem Erreichen genügender innerer Gefügeverfestigung des Betons sind die freien Betonoberflächen ausreichend feucht zu halten bzw. durch Abdecken oder durch flüssige Nachbehandlungsmittel vor Feuchtigkeitsverlusten zu schützen. (Vermeiden des Abschreckens sonnenbestrahlten Betons mit Leitungswasser; ferner bei Wasserbehandlung jungen Betons durch Kalkausscheidungen an Sichtflächen entstehende helle Flecken.)

Gebräuchliche Verfahren für das Feuchthalten des Betons (auch in Kombination) sind
(aus: Beton-Herstellung nach Norm bzw. nach DIN 1045-3, Ausgabe 2012-03):

- Belassen in der Schalung;
- Abdecken mit Folien, die an Kanten und Stößen gegen Abheben und Hinterströmen gesichert sind;
- Auflegen von wasserspeichernden Abdeckungen (z. B. Jutematten) unter ständigem Feuchthalten;
- Aufrechterhalten eines sichtbaren Wasserfilms auf der Betonoberfläche (Besprühen, Fluten);
- Aufspritzen von Nachbehandlungsmitteln mit nachgewiesener Eignung (nicht in Arbeitsfugen und bei später zu beschichtenden Oberflächen).

**Nachbehandlungsdauer**

Im Regelfall muss die Nachbehandlung der oberflächennahen Bereiche des Betons so lange erfolgen, bis der Beton genügend erhärtet ist, um gegen schädigende Einflüsse wie starkes Austrocknen und starkes Abkühlen geschützt zu sein.

Die **Mindestdauer** der Nachbehandlung hat in Abhängigkeit von der Expositionsklasse im Allgemeinen mindestens solange zu erfolgen, bis 50 % der charakteristischen Betondruckfestigkeit des verwendeten Betons im oberflächennahen Bereich erreicht sind. Ausnahmen bilden die Expositionsklassen X0 (Innenbauteile) und XC1 (ständig trocken oder nass) sowie XM (Verschleißbeanspruchung) hinsichtlich Nachbehandlungsdauer. Siehe hierzu Tabelle 4.46.

Ohne Nachweis der Festigkeit richtet sich die Dauer der Nachbehandlung bei den verschiedenen Expositionsklassen nach der Festigkeitsentwicklung des Betons $r$ ($r = f_{cm,2} / f_{cm,28}$) und der Oberflächentemperatur des Betons.

**Tabelle 4.46:** Mindestdauer der Nachbehandlung (nach [7])

| Expositionsklasse | Erforderliche Festigkeit im oberflächennahen Bereich | Ohne Nachweis der Festigkeit |
|---|---|---|
| X0, XC1 | - | 0,5 Tage [1)] |
| alle außer X0, XC1 und XM | $0{,}5\, f_{ck}$ | Mindestdauer nach Tabelle 4.47 |
| XM /XA / XF | $0{,}70\, f_{ck}$ | Mindestdauer nach Tabelle 4.47 verdoppeln |

1) Verarbeitungszeit < 5 h, Temperatur der Betonoberfläche ≥ 5 °C.

**Tabelle 4.47:** Mindestdauer der Nachbehandlung ohne Nachweis der Festigkeit (nach [7])

| Oberflächentemperatur $\vartheta$ in °C [1)] | Mindestdauer der Nachbehandlung in Tagen [2)] für alle Expositionsklassen [3)] außer X0 und XC1 Festigkeitsentwicklung [4)] $r = f_{cm,2}/f_{cm,28}$ [5)] | | | |
|---|---|---|---|---|
| | $r \geq 0{,}50$ schnell | $r \geq 0{,}30$ mittel | $r \geq 0{,}15$ langsam | $r < 0{,}15$ sehr langsam |
| $\vartheta \geq 25$ | 1 | 2 | 2 | 3 |
| $25 > \vartheta \geq 15$ | 1 | 2 | 4 | 5 |
| $15 > \vartheta \geq 10$ | 2 | 4 | 7 | 10 |
| $10 > \vartheta \geq 5$ [6] | 3 | 6 | 10 | 15 |

1) Anstelle Oberflächentemperatur des Betons darf Lufttemperatur angesetzt werden.
2) Nachbehandlungszeit bei Verarbeitbarkeitszeit > 5 h angemessen verlängern.
3) Für Expositionsklassen XM Werte verdoppeln.
4) Die Festigkeitsentwicklung des Betons wird durch das Verhältnis der Mittelwerte der Druckfestigkeiten nach 2 Tagen und nach 28 Tagen (ermittelt nach DIN EN 12390-3) beschrieben, das bei der Eignungsprüfung oder auf der Grundlage eines bekannten Verhältnisses von Beton vergleichbarer Zusammensetzung (d. h. gleicher Zement, gleicher *w/z*-Wert) ermittelt wurde.
Wird bei besonderen Anwendungen die Druckfestigkeit zu einem späteren Zeitpunkt als 28 Tage bestimmt, ist für die Ermittlung der Nachbehandlungsdauer
- der Schätzwert des Festigkeitsverhältnisses aus dem Verhältnis der mittleren Druckfestigkeit nach 2 Tagen ($f_{cm2}$) zur mittleren Druckfestigkeit zum Zeitpunkt der Bestimmung der Druckfestigkeit zu ermitteln oder
- eine Festigkeitsentwicklungskurve bei 20 °C zwischen 2 Tage und dem Zeitpunkt der Bestimmung der Druckfestigkeit anzugeben.

5) Zwischenwerte dürfen interpoliert werden.
6) Nachbehandlungsdauer bei Temperaturen < 5 °C um Zeit der Temperaturen < 5 °C verlängern.

Für die Expositionsklassen XC2, XC3, XC4 und XF1 können anstelle der Werte von Tabelle 4.47 die erforderlichen Nachbehandlungsdauern nach Tabelle 4.48 festgelegt werden. Bei Verwendung einer Stahlschalung oder bei Betonbauteilen mit ungeschalten Oberflächen darf Tabelle 4.48 nur angewendet werden, wenn ein übermäßiges Auskühlen des Betons im Anfangsstadium der Erhärtung durch entsprechende Schutzmaßnahmen ausgeschlossen wird.

**Tabelle 4.48:** Mindestdauer der Nachbehandlung von Beton bei den Expositionsklassen XC2, XC3, XC4 und XF1 (nach [7])

| Frischbetontemperatur $\theta_{fb}$ zum Zeitpunkt des Betoneinbaus | Mindestdauer der Nachbehandlung in Tagen [1)] Festigkeitsentwicklung des Betons [2)] $r = f_{cm,2}/f_{cm,28}$ [3)] | | |
|---|---|---|---|
| | schnell $r \geq 0{,}50$ | mittel $r \geq 0{,}30$ | langsam $r \geq 0{,}15$ |
| $\theta_{fb} \geq 15$ °C | 1 | 2 | 4 |
| $10 \leq \theta_{fb} < 15$ °C | 2 | 4 | 7 |
| $5 \leq \theta_{fb} < 10$ °C | 4 | 8 | 14 |

1) Bei mehr als 5 h Verarbeitbarkeitszeit ist die Nachbehandlungsdauer angemessen zu verlängern.

2) Die Festigkeitsentwicklung des Betons wird durch das Verhältnis der Mittelwerte der Druckfestigkeiten nach 2 Tagen und nach 28 Tagen (ermittelt nach DIN EN 12390-3) beschrieben, das bei der Eignungsprüfung oder auf der Grundlage eines bekannten Verhältnisses von Beton vergleichbarer Zusammensetzung (d. h. gleicher Zement, gleicher *w/z*-Wert) ermittelt wurde.

- Wird bei besonderen Anwendungen die Druckfestigkeit zu einem späteren Zeitpunkt als 28 Tage bestimmt, ist für die Ermittlung der Nachbehandlungsdauer der Schätzwert des Festigkeitsverhältnisses aus dem Verhältnis der mittleren Druckfestigkeit nach 2 Tagen ($f_{cm,2}$) zur mittleren Druckfestigkeit zum Zeitpunkt der Bestimmung der Druckfestigkeit zu ermitteln oder
- eine Festigkeitsentwicklungskurve bei 20 °C zwischen 2 Tage und dem Zeitpunkt der Bestimmung der Druckfestigkeit anzugeben.

3) Zwischenwerte dürfen eingeschaltet werden.

## 4.13.7 Verarbeiten des Betons unter extremen Temperaturen

### 4.13.7.1 Betonieren bei kühler Witterung und bei Frost

Da das im Frischbeton angespannt vorhandene Wasser bei Frostausdehnung das entstehende Festigkeitsgefüge sprengen würde, ist während der Erstarrung und Anfangserhärtung jede Frosteinwirkung fernzuhalten. Die unmittelbare Zerstörungsgefahr wird erst nach einigen Tagen mit zunehmender chemischer Bindung des Anmachwassers (Gelbildung) sowie durch schnelle Festigkeitssteigerung des Betons verringert, die durch Verwendung von Zementen mit hoher Anfangsfestigkeit sowie durch geringstmöglichen Anmachwassergehalt bei guter Verdichtung gefördert wird.

Bei kühler Witterung und bei Frost ist der Beton zur Gewährleistung einer für die Einleitung des chemischen Erhärtungsprozesses erforderlichen Anlaufzeit, um Erhärtungsverzögerungen und bleibende Schäden zu vermeiden, mit bestimmten Mindesttemperaturen einzubringen und während der Anfangserhärtung durch wärmedämmende Abdeckung oder durch späteres Ausschalen gegen Wärmeverlust, Durchfrieren und Austrocknen zu schützen.

### Vorgeschriebene Mindesttemperaturen des Frischbetons

Bei Lufttemperaturen unter +5 °C und bei Lufttemperaturen über +30 °C ist beim Betonieren die Temperatur des Frischbetons festzustellen (s. Abschnitt 4.5.4).

### Bei Lufttemperatur zwischen +5 °C bis −3 °C

Betontemperatur beim Einbringen ≥ +5 °C. Bei geringerem Zementgehalt als 240 kg/m$^3$ und bei Zementen mit niedriger Hydratationswärme soll die Betontemperatur mind. +10 °C betragen.

### Bei Lufttemperatur unter −3 °C

Betontemperatur beim Einbringen ≥ +10 °C. Die Temperatur des erhärtenden Betons ist mind. 3 Tage auf ≥ 10 °C zu halten. Die Frischbetontemperatur darf jedoch +30 °C nicht überschreiten (erhöhte Verdunstung des Anmachwassers).

### Maßnahmen zur Gewährleistung der Gefrierbeständigkeit des Betons

**Gefrierbeständigkeit:** Gegen Niederschlag geschützter junger Beton kann in der Regel ohne Schaden dann einmal durchfrieren, wenn er eine Druckfestigkeit von 5 N/mm$^2$ erreicht hat.

Die Temperaturerhöhung des Frischbetons kann durch Anwärmen des Anmachwassers und der Gesteinskörnungen erfolgen. (Bei Wassertemperaturen über 70 °C Zumischen des Wassers zur Gesteinskörnung *vor* Zugabe des Zementes.)

Ferner Verwendung von Zementen mit höherer Hydratationswärme (R-Zemente), evtl. auch Erhöhung der Zementmenge. Keine Verwendung von gefrorenen Baustoffen und kein Betonieren an gefrorene Bauteile! (Schutz der Gesteinskörnungen vor Frost durch Abdecken.)

**Tabelle 4.49:** Erforderliche Erhärtungszeit zum Erreichen der Gefrierbeständigkeit

| Festigkeitsklasse des Zements | Erforderliche Erhärtungszeit in Tagen zum Erreichen der Gefrierbeständigkeit eines Betons mit *w/z*-Wert 0,60 | | |
|---|---|---|---|
| | Betontemperatur | | |
| | 5 °C | 12 °C | 20 °C |
| 52,5; 42,5 R | 3/4 | 1/2 | 1/2 |
| 42,5 N; 32,5 R | 2 | 1 1/2 | 1 |
| 32,5 N | 5 | 3 1/2 | 2 |

Verringerung des Wasseranteils durch niedere Konsistenz und günstigen Sieblinienverlauf. Auch Verwendung wassereinsparender oder erhärtungsbeschleunigender Zusatzmittel (Eignungsprüfung unter gleichen Witterungsbe-dingungen!).

Vermeidung von Wärmeverlusten durch Abdecken der Betonoberfläche: Bei Folien ruhenden Luftraum belassen, bei Matten und Schaumplatten unmittelbare Auflage möglich.

Feingliedrige Bauteile sind frostempfindlicher als Massenbeton. Evtl. Verwendung wärmedämmender oder elektrisch beheizter Schalung (Vermeiden der Verdunstung des zur Erhärtung des Betons erforderlichen Anmachwassers!).

Bei langfristig kalter Witterung auch Umschließen und Beheizen der Arbeitsstelle, der Mischanlage und Vorratsbehälter sowie Abdecken der Transportmittel.

Nach DIN 1045-3 kann junger Beton mit einem Zementgehalt von mindestens 270 kg/m³ und einem *w/z*-Wert von höchstens 0,60, der vor starkem Feuchtigkeitszutritt (z. B. Niederschläge) geschützt wird, in der Regel ohne Schaden erst dann durchfrieren, wenn seine Temperatur bei Verwendung von rasch erhärtenden Zementen 32,5 R; 42,5; 42,5 R; 52,5 vorher wenigstens 3 Tage lang + 10 °C nicht unterschritten *oder* wenn er bereits eine Druckfestigkeit von 5 N/mm² erreicht hat, was durch Erhärtungsprüfungen nachzuweisen ist.

## Berechnung der Frischbetontemperatur

Die Frischbetontemperatur lässt sich mit guter Genauigkeit aus der Temperatur der einzelnen Betonkomponenten, deren Menge und deren spezifischer Wärme ermitteln.

$$T_b = \frac{z \cdot T_z \cdot c_z + g \cdot T_g \cdot c_g + w \cdot T_w \cdot c_w}{z \cdot c_z + g \cdot c_g + w \cdot c_w}$$

mit

$z, g, w$ = Menge des Zements der Gesteinskörnung und des Wassers in kg/m³,

$T_z, T_g, T_w$ = Temperatur des Zementes, der Gesteinskörnung und des Wassers in °C,

$c_z, c_g, c_w$ = spezifische Wärme des Zements, der Gesteinskörnung und des Wassers in Wh/kg · K,

$c_z$ = 0,84 KJ/kg · K,

$c_g$ = 0,84 KJ/kg · K bei quarzitischem Gestein,

$c_w$ = 4,20 KJ/kg · K.

Da die spezifische Wärme des Wassers 5-mal so groß ist wie die von quarzitischer Gesteinskörnung und Zement, vereinfacht sich die Gleichung:

$$T_b = \frac{z \cdot T_z + g \cdot T_g + 5 \cdot w \cdot T_w}{z + g + 5 \cdot w}$$

Wegen der in der Praxis bereits in den Gesteinskörnungen enthaltenen Eigenfeuchtigkeit $h_{g,o}$, die oft einen beträchtlichen Anteil des Gesamtwassers ausmachen kann und die Ausgangstemperatur der Gesteinskörnungen und nicht des Wassers hat, wird:

$$T_b = \frac{z \cdot T_z + (g + 5 \cdot h_{g,o}) \cdot T_g + 5 m_w \cdot T_w}{z + g + 5 \cdot w}$$

$W$ = $h_{g,o} + m_w$ = Gesamtwasser kg/m³,

$h_{g,o}$ = Eigenfeuchtigkeit der Gesteinskörnungen kg/m³,

$m_w$ = Zugabewasser in kg/m³,

$T_w$ = Temperatur des Zugabewassers in °C.

*Beispiel:* Zement = 300 kg/m³ ; $T_z$ = 60 °C

Gesteinskörnungen (trocken) = 1890 kg/m³; $T$ = 18 °C

Vereinfachte Formel

$T_b = 0{,}1 \cdot T_z + 0{,}7 \cdot T_g + 0{,}2 \cdot T_w$

Gesamtwasser = 165 kg/m³

Eigenfeuchtigkeit der Gesteinskörnungen = 2,5 M.-%

$h_{g,o} = 2{,}5 \cdot 18{,}90 = 48\ \text{kg/m}^3$

$m_w = 165 - 48 = 117\ \text{kg/m}^3$; $T_w = 12\ °\text{C}$

$$T_b = \frac{300 \cdot 60 + (1890 + 5 \cdot 48) \cdot 18 + 5 \cdot 117 \cdot 12}{300 + 1890 + 5 \cdot 165}$$

$$T_b = \frac{18000 + 38400 + 7020}{3019} = 21\ °\text{C}$$

Für einen Beton mittlerer Zusammensetzung errechnet sich eine Frischbetontemperaturänderung um ±1 K, wenn die Temperaturen des Zementes um ±10 K oder die der Gesteinskörnung um ±1,6 K oder die des Wassers um ±3,6 K verändert wird.

### 4.13.7.2 Betonieren bei heißem Wetter

Bei warmen Temperaturen besteht durch Sonneneinstrahlung und durch Luftbewegung sowie bei niederer relativer Luftfeuchtigkeit besondere Gefahr einer Störung des Erhärtungsvorgangs (Hydratation) durch vorzeitiges Verdunsten des Anmachwassers. Auch Bildung tiefgehender Trocknungsrisse (s. Abschnitt 4.11.3.1) möglich.

Durch Wärmeeinwirkung kann auch die Wirkungsweise von Zusatzmitteln verändert werden.

Die Frischbetontemperatur darf bei der Verarbeitung +30 °C nicht übersteigen und ist laufend zu kontrollieren.

Wirksame Maßnahmen sind zugluftfreies Abdecken des frischen Betons sowie der Transporteinrichtungen mit Folien, Matten u. dgl. Auch Schutz von Stahlschalungen gegen Sonneneinwirkung.

### 4.13.7.3 Wärmebehandlung zur Erhärtungsbeschleunigung

Zur Erlangung möglichst früher Betonfestigkeiten, vorwiegend in der Betonstein- und Fertigteilindustrie zur raschen Wiederverwendung der Schalung, Lagerung, Transport und Montage, insbesondere auch zum Vorspannen von Spannbeton, bestehen verschiedene Möglichkeiten.

Abgesehen von einer Frühverfestigung durch Verwendung eines früh erhärtenden Zementes lässt sich diese auch durch Verringerung des *w/z*-Wertes bewirken.

Eine weitere Beschleunigung der Erhärtung ist je nach den wirtschaftlichen Gegebenheiten durch *Warmbehandlung*[3] erreichbar:

Zu unterscheiden ist bei dieser die Wärmezuführung durch *Vorwärmen* der *Betonkomponenten*: Gesteinskörnungen und Anmachwasser (s. a. Betonieren bei kühler Witterung, Abschnitt 4.13.7.1) oder die *Warmbehandlung des erhärtenden Betons* durch Dampf, Warmluft, Aufheizen der Schalung sowie durch unmittelbare elektrische Beheizung des Betons mittels Heizdrähten.

Die bei schnellerer Erhärtung geringere Endfestigkeit des Betons kann evtl. durch „Überdimensionierung" der Mischungen ausgeglichen werden.

3 S. a. *Basalla*: Baupraktische Betontechnologie. Bauverlag, Wiesbaden. *Wierig*: Warmbehandlung von Beton. Zement-Taschenbuch 1970/71. Bauverlag, Wiesbaden.

### Dampfbehandlung

Bisher gebräuchlichstes Verfahren durch 3- bis 5-stündiges Einleiten von ungespanntem Dampf bis zu 100 °C in Dampfkammern oder unter Folienabdeckungen nach kurzfristiger Vorhärtung des Betons bei Normaltemperatur.

*Nachteile:* Starkes Korrodieren der Anlage oder Fleckenbildung auf dem Beton durch abtropfendes Kondenswasser.

Die Dampfbehandlung in gespanntem Dampf (als „Dampfhärtung" bezeichnet) bei Temperaturen bis zu 200 °C in Autoklaven (Druckkesseln) bewirkt neben der Bindemittelerhärtung auch eine chemische Bindung mit der Oberfläche der quarzitischen Gesteinskörnungen und dadurch einen wesentlichen Festigkeitsanstieg gegenüber Normalerhärtung.

Aus Wirtschaftlichkeitsgründen erfolgt die Anwendung fast nur bei dampfgehärteten Mauersteinen und bei Porenbeton.

### Warmluftbehandlung

Erwärmung der Kammern mit öl- oder dampfbeheizten Aggregaten. Durch die bei gut verdichtetem Beton nur langsam verdampfende Eigenfeuchte oder auch durch zusätzliches Verdampfen von Wasser ist der Festigkeitsabfall gegenüber Dampfbehandlung gering.

Ggf. auch Aufstellen von Infrarotstrahlern, soweit gleichmäßige Erwärmung der Betonkörper, z. B. in der Achse von Rohren, und keine Überhitzung der Betonoberflächen gewährleistet ist.

### Aufheizen der Schalung

Anwendung je nach betrieblichen Gegebenheiten insbesondere bei Serienproduktion großflächiger Bauelemente. Beheizung der Schalung erfolgt elektrisch oder durch Rohrschlangen mit Dampf bzw. mit Thermoöl (Verdampfung erst über 300 °C, kein Einfrieren im Winter).

### Unmittelbares Aufheizen mit Elektrowärme

Erwärmung des Betons aus dem Inneren heraus durch Einlegen verlorener Heizdrähte mit 20 bis 40 cm Abstand (Transformieren der Anschlussspannung auf 40 V). In Sonderfällen auch unmittelbare Anlegung der elektrischen Spannung unter Ausnutzung der Leitfähigkeit (bei allerdings nachlassender Eigenfeuchte) des jungen Betons.

Keine Anwendung bei bewehrtem Beton.

### Gezielte Erhärtungssteuerung

Neueste Entwicklung auf diesem Gebiet ist die gezielte Temperierung von Betonbauteilen (auch Ortbeton!) durch eingelegte dünne Rohrleitungen, die je nach Bedarf wechselweise mit kühlender oder wärmender Flüssigkeit beaufschlagt werden. Steuerung dieser „Klimaanlage" für erhärtenden Beton durch Messdaten von Reifecomputern mit eingebauten oder aufgesetzten Temperaturfühlern. Dies ermöglicht die Temperaturführung sowie Erhärtungssteuerung und damit eine erhebliche Verkürzung von Ausschalarbeiten und Bauzeiten.

## 4.14 Schutz und Instandsetzung von Betonbauteilen

### 4.14.1 Korrosionsschutz des Stahls im Beton

Im Allgemeinen ist Bewehrungsstahl im Beton dauerhaft vor Korrosion geschützt. Voraussetzung für den dauerhaften Rostschutz der Stahlbewehrung ist eine hohe Alkalität des ihn umgebenden Betons mit einem pH-Wert von 12 bis 13, die eine Passivschicht auf der Stahloberfläche erzeugt.

Lagert Beton an der Luft, kann die Alkalität im oberflächennahen Bereich des Betons je nach Dichtigkeit des Betongefüges durch das $CO_2$ der Luft langsam abgebaut werden, indem das $Ca(OH)_2$ in $CaCO_3$ umgewandelt wird. Sinkt der pH-Wert des Betons dabei unter 9 ab, wird der alkalische Rostschutz der Bewehrung aufgehoben, soweit Bewehrungsstahl im „karbonatisierten" Betonbereich liegt.

Zur Korrosion des Bewehrungsstahles kann es jedoch erst kommen, wenn folgende drei Bedingungen gleichzeitig vorliegen:

- Der Stahl liegt im karbonatisierten Betonbereich.
- Feuchtigkeitseinwirkung ist gegeben.
- Sauerstoffzutritt ist möglich.

Auch andere korrosionsfördernde Stoffe, insbesondere *Chloride*, z. B. aus Tausalzlösungen, können zur Stahlkorrosion führen, wenn diese in den Beton eindringen und bis zum Stahl gelangen können.

Der Einfluss von $SO_2$ aus der Luft (saurer Regen) ist dagegen für die Entstehung von Korrosionsschäden ohne große Bedeutung.

## 4.14.2 Schutz- und Instandsetzungsmaßnahmen

Die Richtlinie „Schutz- und Instandsetzung von Betonbauteilen", Ausgabe 2001, des Deutschen Ausschusses für Stahlbeton (DAfStb) wurde in enger Zusammenarbeit mit Vertretern des Bundesverkehrsministeriums erstellt, sodass eine bessere Übereinstimmung mit den Regelungen der ZTV-ING erreicht wurde. In der ZTV-ING sind im Teil 3, Massivbau, vor allem der Abschnitt 4 „Schutz und Instandsetzung von Betonbauteilen" sowie der Abschnitt 5 „Füllen von Rissen und Hohlräumen in Betonbauteilen" relevant. Zusätzlich wurde in den letzten Jahren die europäische Normenreihe DIN EN 1504 „Produkte und Systeme für den Schutz und die Instandsetzung von Betontragwerken" erarbeitet. Mittelfristig sollen hierin nicht nur die Produkte und Systeme, sondern auch die Verarbeitung europaweit geregelt werden.

Die Richtlinie des DAfStb regelt Planung, Durchführung und Überwachung von Schutz- und Instandsetzungsmaßnahmen für Bauwerke und Bauteile aus Beton und Stahlbeton nach DIN 1045. Sie enthält jedoch keine Regeln für den Nachweis der Standsicherheit.

Die Richtlinie umfasst 4 Teile:

- Teil 1: Allgemeine Regelungen und Grundsätze
- Teil 2: Produkte und Anwendung
- Teil 3: Anforderungen an die Betriebe und Überwachung
- Teil 4: Prüfverfahren

| | |
|---|---|
| Schutzmaßnahmen: | Erhöhung der Widerstandsfähigkeit von Betonbauteilen gegen besondere chemische und mechanische Einwirkungen. |

Instandsetzungsmaßnahmen: Dauerhafter Ersatz von zerstörtem oder abgetragenem Beton durch Beton oder Mörtel sowie dauerhafter Schutz der instand gesetzten Betonbauteile und dauerhafter Korrosionsschutz der Bewehrung.

Die Instandsetzungsbetone und -mörtel wurden in Beanspruchungsklassen M1, M2 und M3 eingeteilt.

Den hierfür erforderlichen Stofftyp und den Anwendungsbereich gibt die Tabelle 4.50 wieder.

**Tabelle 4.50:** Beanspruchbarkeitsklassen für Instandsetzungsbetone und -mörtel

| Beanspruchbarkeiten | Stofftyp | Stoffbezeichnung | Anwendungsbereich | | | | | Anwendungsbeispiele |
|---|---|---|---|---|---|---|---|---|
| | | | Für Instandsetzungsprinzip R geeignet | Dynamische Beanspruchung bei und nach Applikation zulässig | Statische Mitwirkung zulässig | Maximale Flächengröße | Lage der Auftragsfläche | |
| M1 | zement-gebunden | – | – | – | – | örtlich begrenzt | beliebig | Fassaden |
| M2 | zement-gebunden | PCC I | X | X | – | beliebig | waage-rechte schwach geneigte Oberseiten | befahrbare Flächen unter Belägen, auf Brücken und in Parkhäusern |
| | | PCC II | X | X | – | | beliebig | Brückenuntersichten, Stützwände, Widerlager, Fassaden |
| M2 | zement-gebunden | SPCC | X | X | – | | Unterseiten, vertikale und stark geneigte Flächen | |
| M2 | reaktions-harz-gebunden | PC II | – | X | – | örtlich begrenzt[1] | beliebig | |
| | | PC I | – | X | – | | waage-rechte/ schwach geneigte Oberseiten | befahrbare Flächen unter Beläge, auf Brücken und in Parkhäusern |
| M3 | zement-gebunden | – | X | X | X | beliebig | beliebig | Stützen, Platten [2], Balken |

[1] Im Verkehrsbereich $\leq 1\ m^2$ zulässig.

[2] Im Hochbau auch direkt befahrbare Flächen.

Nach einer ausreichenden Behandlung des Untergrundes kommen für den Schutz und die Instandsetzung des Betons folgende Maßnahmen in Betracht:

Instandsetzung

**Abb. 4.31:** Füllen von Rissen mit Reaktionsharzen oder Zementleim

**Abb. 4.33:** Ausfüllen von örtlichen Fehlstellen mit Mörtel oder Beton

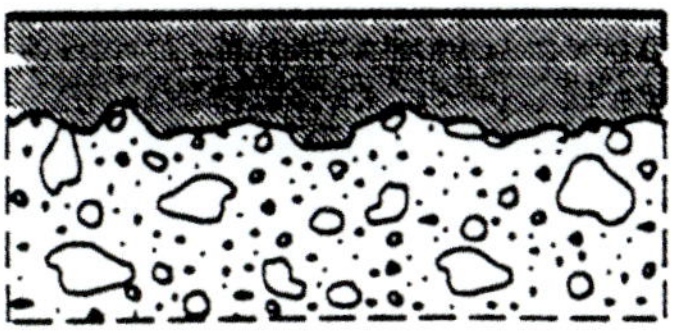

**Abb. 4.35:** Großflächiges Auftragen von Mörtel oder Beton

Schutz

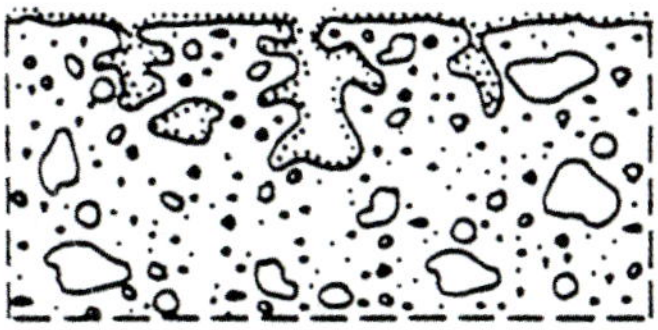

**Abb. 4.32:** Auftragen von hydrophobierenden Imprägnierungen

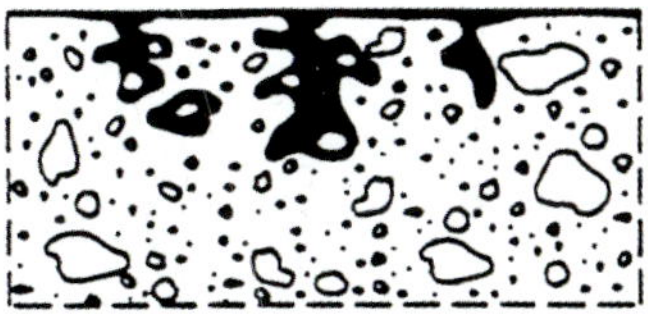

**Abb. 4.34:** Auftragen von Versiegelungen (teilweise filmbildend)

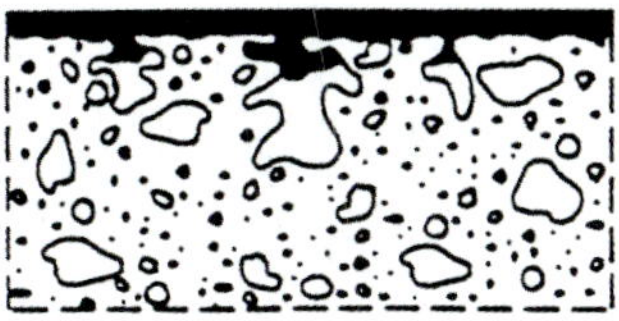

**Abb. 4.36:** Auftragen von filmbildenden Beschichtungen

## 4.14.3 Grundsätze für den Korrosionsschutz der Bewehrung

Unter Berücksichtigung der elektro-chemischen Korrosionsvorgänge an der Stahloberfläche und der chemisch-physikalischen Vorgänge im umgebenden Beton muss der Korrosionsschutz geplant werden.

In Abhängigkeit vom Istzustand ist die Anwendung unterschiedlichster Korrosionsschutzprinzipien und daraus abgeleiteter Grundsatzlösungen zur Erreichung des Sollzustandes möglich.

- **Instandsetzungsprinzip R**: Korrosionsschutz durch Wiederherstellung des alkalischen Milieus. Das Prinzip beruht auf der erneuten Bildung einer Passivschicht auf der Stahloberfläche (Repassivierung) durch Auftragen zementgebundener Instandsetzungsstoffe.
- **Instandsetzungsprinzip W**: Korrosionsschutz durch Begrenzung des Wassergehaltes im Beton: Das Prinzip beruht auf einer Absenkung des Wassergehaltes im Beton, die die elektrolytische Leitfähigkeit so stark reduziert, dass die Korrosionsgeschwindigkeit auf praktisch vernachlässigbare Werte gesenkt wird.

- **Instandsetzungsprinzip C**: Korrosionsschutz durch Beschichtung der Bewehrung. Das Prinzip beruht auf einer Verhinderung der anodischen Eisenauflösung durch Anordnung einer geeigneten Beschichtung der Stahloberfläche.
- **Instandsetzungsprinzip K**: Kathodischer Korrosionsschutz. Durch gezielte Beaufschlagung der Bewehrung mit Fremdstrom und/oder Anordnung von Opfer- oder Inertanoden wirkt die gesamte Bewehrung kathodisch, wodurch eine Korrosion verhindert wird.

#### Grundsatzlösungen bei Korrosion durch Chlorideinwirkung

Bei Chloridkorrosion sind einige Besonderheiten zu beachten, insbesondere der Chloridgehalt im Beton und die Umgebungsbedingungen. Dies gilt besonders dann, wenn bei Stahlbetonbauteilen die Chloridgehalte über 0,5 % Cl′ (bezogen auf den Zementgehalt) und bei Spannbetonbauteilen über 0,2 % Cl ermittelt werden.

Zwar sind grundsätzlich die Instandsetzungsprinzipien gegen Korrosion infolge Karbonatisierung anwendbar, jedoch muss sichergestellt werden, dass kein weiteres Chlorid in den Beton eindringen kann, was in der Regel durch eine zusätzliche, dichte filmbildende Beschichtung erfolgt.

In der Regel muss zur Beurteilung der erforderlichen Maßnahmen ein sachkundiger Planungsingenieur eingeschaltet werden.

#### Anforderungen an Betonuntergrund, Vorbehandlung der Bewehrung, Instandsetzungsbetone und -mörtel

In Teil 2 der Richtlinie sind umfangreiche Festlegungen der Anforderungen an die mechanischen und chemischen Eigenschaften der zu verwendenden Stoffe und der zu treffenden Maßnahmen zum Erreichen der geforderten Eigenschaften sowie Prüfanforderungen an die anzuwendenden Ausgangsstoffe aufgeführt.

### 4.14.4 Oberflächenschutzssysteme

Oberflächenschutzsysteme, die von Hydrophobierungen bis zu Kunststoffbeschichtungen reichen, sollen zur Erhöhung der Dauerhaftigkeit von Beton- und Stahlbetonbauteilen beitragen.

In Tabelle 4.51 der in der DAfStb-Richtlinie erfassten Oberflächenschutzsysteme (OS-Systeme) sind gegenüber der alten Richtlinie die OS-Systeme OS 3, OS 6, OS 8 und OS 12 entfallen und das OS-System OS 13 neu hinzugekommen. Die bisherigen ZTV-Bezeichnungen in den Richtlinien des Bundesverkehrsministeriums sind in Klammern angefügt.

**Tabelle 4.51:** Übersicht über die Oberflächenschutzsysteme

| Klassen-bezeichnung | Kurzbeschreibung | Mindest-schichtdicke | Hauptbindemittel-gruppen |
|---|---|---|---|
| OS 1 (OS-A) | Hydrophobierung | - | Silan, Siloxan |
| OS 2 (OS-B) | Beschichtung für nicht begehbare Flächen (vorbeugender Schutz, bei Instandsetzungen bedingt geeignet) | 80 µm | Polydispersion, Mischpolymerisat, PUR |

| Klassen-bezeichnung | Kurzbeschreibung | Mindest-schichtdicke | Hauptbindemittel-gruppen |
|---|---|---|---|
| OS 4 (OS-C) | Beschichtung für nicht begehbare rissfreie Flächen (Regelmaßnahme bei Prinzipien W und C) | 80 µm | Polydispersion, Mischpolymerisat, PUR |
| OS 5 (OS-D) | Beschichtung für nicht begehbare Flächen mit geringer Rissüber-brückungsfähigkeit | a(II): 300 µm<br>b(I): 2000 µm | a(II): Polydispersion<br>b(I): Polymer/Zement-Gemisch |
| OS 7 (TL/TPBEL-EP) | Beschichtungen unter Dicht-schichten für befahrbare Beläge | 1 mm | EP |
| OS 9 (OS-E) | Beschichtungen für nicht begeh-bare Flächen mit erhöhter Riss-überbrückungsfähigkeit | 1 mm | PUR, mod. EP, Polymerdispersion, 2K-PMMA |
| OS 10 (TL/TPBEL-B3) | Beschichtung als Dichtungsschicht unter bituminösen Schutz- und Deckschichten mit hoher Rissüber-brückungsfähigkeit für befahrbare Flächen | 2 mm | PUR u. a. |
| OS 11 (OS-F) | Beschichtungen für freibewitterte befahrbare Flächen mit erhöhter dynamischer Rissüberbrückungs-fähigkeit | a: 4,5 mm (2-schichtig)<br>b: 4,0 mm (1-schichtig) | PUR, mod. EP, 2K-PMMA |
| OS 13 (neu) | Beschichtung für überdachte be-fahrbare Flächen mit nicht dynami-scher Rissüberbrückungsfähigkeit | 2,5 mm | PUR, mod. EP, 2K-PMMA |

## 4.14.5 Füllen von Rissen

Die Ausfüllung von Rissen dient der Abdichtung durchlässiger Bauteile, der Verminderung des Eindringens korrosionsfördernder Stoffe oder der Wiederherstellung eines monolithischen Bauteilverhaltens. Diese Ziele können erreicht werden, durch unterschiedliche Füllarten wie Tränkung (T) oder Injektion (I) und verschiedenen Rissfüllstoffen aus Epoxidharz (EP), Polyurethanharz (PUR) sowie Zementleim (ZL) und Zementsuspension (ZS).

Für **Zementleim** werden in der Regel Zemente mit einer Mahlfeinheit ≥ 4500 $cm^2/g$ (*Blaine*) verwendet.

Für **Zementsuspensionen** werden Feinstzemente eingesetzt. Hierbei handelt es sich meist um ein verwendungsfertiges 2-Komponenten-System, bestehend aus dem Feinstzement und einer Flüssigkomponente (Wasser und Zusatzmittel).

Die Füllart und der Füllstoff werden im Wesentlichen vom Ziel der Maßnahme und dem Feuchtezustand des Füllbereiches, aber auch von der Rissursache und der -breite bestimmt. Siehe hierzu die Tabelle 4.52.

**Tabelle 4.52:** Anwendungsbereiche der Füllstoffe

| Ziel | Feuchtezustand der Füllbereiche | | | |
|---|---|---|---|---|
| | trocken | feucht | drucklos wasserführend | unter Druck wasserführend |
| | zulässige Maßnahmen | | | |
| Schließen durch Tränkung | EP-I<br>ZL-T[1)]<br>ZS-T[1)] | ZL-T<br>ZS-T | - | - |
| Schließen und Abdichten durch Injektion | EP-I<br>PUR-I<br>ZL-I[1)]<br>ZS-I[1)] | EP-I<br>PUR-I<br>ZL-I<br>ZS-I | PUR-I<br>ZL-I<br>ZS-I | PUR-I[2)]<br>ZL-I[2)]<br>ZS-I[2)] |
| Dehnfähiges Verbinden | PUR-I | PUR-I | PUR-I | PUR-I[2)] |
| Kraftschlüssiges Verbinden | EP-I<br>ZL-I[1)]<br>ZS-I[1)] | ZL-I[1)]<br>ZS-I[1)] | ZL-I[1)]<br>ZS-I[1)] | ZL-I[2)]<br>ZS-I[2)] |

[1)] Flanken von Rissen und innere Oberflächen von Hohlräumen müssen ggf. vorgefeuchtet werden.

[2)] Ggf. unter Verwendung eines SPUR zur zeitweisen Reduzierung des Wasserzuflusses.

## 4.15 Qualitäts- und Produktionslenkung

### 4.15.1 Qualitätssicherung

Alle Herstellabläufe, die zur Erzielung von Betonbauwerken mit langer Nutzungsdauer erforderlich sind, müssen die an sie gestellten Qualitätsanforderungen erfüllen.

Eine qualitätsgesicherte Herstellung umfasst sowohl die Herstellung des Betons mit bestimmten geforderten Eigenschaften einschl. der hierfür erforderlichen Betonausgangsstoffe, als auch die Verarbeitung des Betons mit den Arbeitsschritten Fördern, Einbau, Verdichten und Nachbehandeln.

Seit jeher ist in Deutschland durch die Landesbauordnung gesetzlich geregelt, Bauwerke und bauliche Anlagen so zu errichten, dass die öffentliche Sicherheit und Ordnung nicht gefährdet wird. Dies soll durch die Einhaltung der allgemein anerkannten Regeln der Bautechnik und eine bauaufsichtliche Überwachung der zur Anwendung kommenden Baustoffe gewährleistet werden.

Mit der Einführung der „**Europäischen Bauproduktenrichtlinie**" und deren nationaler Umsetzung wurden Festlegungen für den freien Warenverkehr von Bauprodukten gesetzlich getroffen. Im April 2011 wurde die „Europäische Bauproduktenrichtlinie" durch die „**Europäische Bauproduktenverordnung**" ersetzt; die am 1. Juli 2013 endgültig in Kraft getreten ist.

Danach wird vom Deutschen Institut für Bautechnik (DIBT) in einer jährlich herausgegebenen Bauregelliste festgelegt, für welche Bauprodukte ein Verwendbarkeitsnachweis gefordert wird, nach welchen technischen Regeln dies zu erfolgen hat und wie der **Übereinstimmungsnachweis** (für Produkte nach LBO) bzw. **Konformitätsnachweis** (CE-gekennzeichnete Produkte) zu führen ist.

Beim Übereinstimmungsnachweis wird unterschieden:

- Übereinstimmungserklärung des Herstellers (ÜH),
- Übereinstimmungserklärung des Herstellers nach vorheriger Prüfung durch eine anerkannte Prüfstelle (ÜHP),
- Übereinstimmungszertifikat durch eine Zertifizierungsstelle (ÜZ).

Für Beton nach EN 206/DIN 1045-2 und seinen Ausgangsstoffen wird wegen der Bedeutung für die Standsicherheit und Gebrauchstauglichkeit von Betonbauwerken stets ein Übereinstimmungsnachweis durch ein Übereinstimmungszertifikat (ÜZ) gefordert.

Für die Erteilung eines ÜZ durch eine bauaufsichtlich anerkannte Zertifizierungs- und Überwachungsstelle ist sowohl eine werkseigene Produktionskontrolle (Eigenüberwachung) als auch Fremdüberwachung erforderlich.

Im Gegensatz zu den Bauprodukten, die in Kap. 1 bis 3 dieses Buches behandelt werden und die in europaweit harmonisierten Normen beschrieben sind, gehört Beton in Deutschland nicht zu den Produkten mit einer CE-Kennzeichnung. Somit erfolgen weiterhin ein Übereinstimmungsnachweis nach LBO und die Kennzeichnung mit dem Ü-Zeichen.

## 4.15.2 Produktionskontrolle

Jeder Hersteller von Frischbeton muss durch eine werkseigene Produktionskontrolle sicherstellen, dass durch geeignete Maßnahmen die zur Erzielung von Beton mit festgelegten Eigenschaften und Anforderungen erforderliche Übereinstimmung (Konformität) erreicht wird.

Hierzu gehören die Auswahl, Überwachung und Prüfung der Betonausgangsstoffe, der Betonentwurf, die Überprüfung der für die Herstellung des Betons erforderlichen Lagerungs-, Mess- und Steuerungsvorrichtungen sowie die Ermittlung der Frisch- und Festbetoneigenschaften.

Die werkseigene Produktionskontrolle, die eine ständige **Eigenüberwachung** der gesamten Produktion beinhaltet, muss von einem in der Betonherstellung und -technik erfahrenen Fachmann (z. B. Betoningenieur) geleitet werden, der auch eine regelmäßige Schulung des Personals vorzunehmen hat.

Die Produktionskontrolle des Herstellers wird durch eine anerkannte Überwachungsstelle in Form einer **Fremdüberwachung** durchgeführt, bei der durch regelmäßige Überwachung, Beurteilung und Anerkennung eine abschließende Bewertung der Ergebnisse vorgenommen und ein Übereinstimmungszertifikat (ÜZ) ausgestellt wird.

### 4.15.2.1 Erstprüfung (Eignungsprüfung)

Vor Herstellungsbeginn oder vor Verwendung einer neuen Betonzusammensetzung für Beton nach Eigenschaften ist eine **Erstprüfung** durchzuführen, um festzustellen, ob die Frisch- und Festbetoneigenschaften für die vorgesehene Betonzusammensetzung mit ausreichender Sicherheit erreicht werden. Dies gilt auch für den Fall, dass sich die Betonausgangsstoffe wesentlich ändern.

Bei positiven Ergebnissen der Erstprüfung an Betonen ähnlicher Zusammensetzung kann unter bestimmten Voraussetzungen auf eine erneute Erstprüfung verzichtet werden.

**Für Beton nach Zusammensetzung** ist eine Erstprüfung durch den Hersteller nicht erforderlich. Diese unterliegt dem Verfasser der Festlegung. Auch für den **Standardbeton** ist eine Erstprüfung nicht erforderlich. Der Hersteller hat lediglich die Einhaltung der festgelegten Zusammensetzung nachzuweisen.

Bei der Erstprüfung müssen folgende Vorhaltemaße eingehalten werden:

- **Konsistenz** so, dass bei Transportbeton zum Zeitpunkt der Übergabe der Beton innerhalb der Grenzen der geforderten Konsistenzklassen liegt;
- **Druckfestigkeit** muss die geforderte charakteristische Festigkeit $f_{ck}$ um ein Vorhaltemaß von 6 N/mm² bis 12 N/mm² in Abhängigkeit von den Betonausgangsstoffen, den Herstell- und Verarbeitungsbedingungen überschreiten.

### 4.15.2.2 Konformitätskontrolle (Übereinstimmungsprüfung)

Die Konformitätsprüfungen sind integraler Bestandteil der werkseigenen Produktionskontrolle des Herstellers. Sie sollen dem Nachweis dienen, dass der hergestellte Beton mit den Festlegungen übereinstimmt.

Für **Beton nach Eigenschaften** sind die Betonprüfungen und deren Mindesthäufigkeiten in Tabelle 4.53 aufgelistet.

**Tabelle 4.53:** Mindesthäufigkeit der Konformitätsprüfungen für Beton nach Eigenschaften

| Betoneigenschaft | Mindesthäufigkeit |
|---|---|
| Konsistenz | • bei Herstellung der Druckfestigkeitsprobekörper zur Konformitätskontrolle<br>• bei Prüfung des Luftporengehaltes<br>• nach Augenschein (im Zweifelsfall) |
| Frischbetonrohdichte | • täglich |
| LP-Gehalt bei LP-Beton | • erste Mischerfüllung oder je Tagesproduktion |
| Druckfestigkeit | • siehe Tabelle 4.54 |

Die hierfür erforderlichen Proben müssen zufällig ausgewählt und gleichmäßig über die Produktion verteilt werden.

Die Kontrolle sollte nach der letzten Wasserzugabe erfolgen, sodass eine Entnahme auf der Baustelle nicht mehr zwingend erforderlich ist. Für Leichtbeton muss die Probenahme am Ort der Verwendung erfolgen.

Die Mindesthäufigkeit der Probeentnahmen zur Beurteilung der Konformität ist in Tabelle 4.54 dargestellt.

**Tabelle 4.54:** Mindestanzahl bzw. Häufigkeit zur Beurteilung der Konformität

| Herstellung | Mindestanzahl bzw. Häufigkeit der Probenahme | | |
|---|---|---|---|
| | von den ersten 50 m³ der Produktion | nach den ersten 50 m³ der Produktion | |
| | | ≤ C 50/60 | ≥ C 55/67 + Leichtbeton |
| Erstherstellung (≤ 35 Ergebnisse) | 3 Proben aus 3 Mischungen (je mind. 1 Würfel) | 1 je 200 m³ oder 2 je Produktionswoche | 1 je 100 m³ oder 1 je Produktionstag |
| Stetige Herstellung (> 35 Ergebnisse in ≤ 12 Monaten) | - | 1 je 400 m³ oder 1 je Produktionswoche | 1 je 200 m³ oder 1 je Produktionstag |

Die Konformitätskontrolle kann bis einschließlich der Festigkeitsklasse C 50/60 auch an **Betonfamilien** vorgenommen werden. Die Betonfamilie bedeutet eine Gruppe von Betonzusammensetzungen, für die ein verlässlicher Zusammenhang zwischen maßgebenden Eigenschaften besteht.

Beim **Standardbeton** und beim **Beton nach Zusammensetzung** hat der Hersteller lediglich nachzuweisen, dass die in der Norm (beim Standardbeton) bzw. vom Auftraggeber festgelegte Betonzusammensetzung eingehalten wurde. Beim Beton nach Zusammensetzung ist der Auftraggeber und Abnehmer für die Erstprüfung und für die Konformitätskontrolle verantwortlich.

Neben den **Konformitätskriterien** (Übereinstimmungskriterien) für die am Frischbeton durchgeführten Prüfungen Konsistenz und Luftporengehalt sind für die **Druckfestigkeit** des Betons, in Abhängigkeit von der Betonfestigkeitsklasse und ob es sich um eine Erstherstellung oder stetige Herstellung handelt, zwei Kriterien zu erfüllen, die den Mittelwert $f_{cm}$ und den Einzelwert $f_{ci}$ der Druckfestigkeit betreffen.

**Tabelle 4.55:** Konformitätskriterien für die Druckfestigkeit

| Herstellung | Anzahl $n$ der Ergebnisse mind. | Kriterium 1 Mittelwert von $n$ Ergebnissen $f_{cm}$ in N/mm² | | Kriterium 2 Einzelwert $f_{ci}$ in N/mm² | |
|---|---|---|---|---|---|
| | | ≤ C 50/60 | ≥ C 55/67 | ≤ C 50/60 | ≥ C 55/67 |
| Erstherstellung | 3 | $\geq f_{ck} + 4$ | $\geq f_{ck} + 5$ | $\geq f_{ck} - 4$ | $\geq f_{ck} - 5$ |
| Stetige Herstellung | 15 | $\geq f_{ck} + 1{,}48\,\sigma$ | $\geq f_{ck} + 1{,}48\,\sigma$ | $\geq f_{ck} - 4$ | $\geq 0{,}9\,f_{ck}$ |
| | | $\sigma \geq 3$ N/mm² | $\sigma \geq 5$ N/mm² | $\geq f_{ck} - 4$ | $\geq 0{,}9\,f_{ck}$ |

Soll die Konformität auf der Grundlage einer Betonfamilie nachgewiesen werden, muss zusätzlich noch ein 3. Kriterium eingehalten werden.

**Tabelle 4.56:** Bestätigungskriterium für einen Beton aus einer Betonfamilie

| Anzahl *n* der Prüfergebnisse für die Druckfestigkeit eines einzelnen Betons | Kriterium 3<br>Mittelwert von *n* Ergebnissen ($f_{cm}$) für einen einzelnen Beton der Betonfamilie N/mm² |
|---|---|
| 2 | $\geq f_{ck} - 1{,}0$ |
| 3 | $\geq f_{ck} + 1{,}0$ |
| 4 | $\geq f_{ck} + 2{,}0$ |
| 5 | $\geq f_{ck} + 2{,}5$ |
| 6 bis 14 | $\geq f_{ck} + 3{,}0$ |
| ≥ 15 | $\geq f_{ck} + 1{,}48\,\sigma$ |

Wenn die Konformität auf der Grundlage einer Betonfamilie nachgewiesen wird, ist Kriterium 1 auf den Referenzbeton unter Berücksichtigung aller umgerechneten Prüfergebnisse der Familie anzuwenden; Kriterium 2 ist auf die ursprünglichen Prüfergebnisse anzuwenden.

Zum Nachweis, dass jeder einzelne Beton zur Familie gehört, ist der Mittelwert aller nicht umgerechneten Prüfergebnisse ($f_{cm}$) für einen einzelnen Beton gegenüber dem Kriterium 3 nach Tabelle 4.56 nachzuweisen. Jeder Beton, der dieses Kriterium nicht erfüllt, ist aus der Betonfamilie zu entfernen und seine Konformität ist gesondert nachzuweisen.

### Standardabweichung

Zu Beginn ist die Standardabweichung aus mindestens 35 aufeinanderfolgenden Prüfergebnissen zu berechnen, die in einem Zeitraum entnommen sind, der länger als drei Monate ist und der unmittelbar vor dem Herstellungszeitraum liegt, innerhalb dessen die Konformität nachzuprüfen ist. Dieser Wert ist als der Schätzwert der Standardabweichung ($s$) der Gesamtheit anzunehmen. Die Gültigkeit des übernommenen Wertes ist während der nachfolgenden Herstellung zu beurteilen. Zwei Verfahren zur Ermittlung des Schätzwertes für ($s$) sind zulässig, wobei die Wahl des Verfahrens im Voraus zu treffen ist.

- **Verfahren 1**

  Der Anfangswert der Standardabweichung darf für den nachfolgenden Zeitraum angewandt werden, innerhalb dessen die Konformität zu überprüfen ist, vorausgesetzt, dass die Standardabweichung der letzten 15 Ergebnisse ($s_{15}$) nicht signifikant von der angenommenen Standardabweichung abweicht. Dies wird unter folgender Voraussetzung als gültig angesehen:

  $$0{,}63\,\sigma \leq s_{15} \leq 1{,}37\,\sigma$$

  Falls der Wert von $s_{15}$ außerhalb dieser Grenzen liegt, muss ein neuer Schätzwert $\sigma$ aus den letzten 35 verfügbaren Prüfergebnissen ermittelt werden.

- **Verfahren 2**

  Der neue Wert für $\sigma$ darf nach einem kontinuierlichen Verfahren geschätzt werden, und dieser Wert ist zu übernehmen. Die Empfindlichkeit des Verfahrens muss mindestens der des Verfahrens 1 entsprechen.

Der neue Schätzwert für *s* ist für die nächste Nachweisperiode anzuwenden.

### Konformitätskontrolle für die Spaltzugfestigkeit

Für Probenahme und Prüfplan gelten die Angaben in Tabelle 4.54. Das Konzept der Betonfamilien ist jedoch nicht anwendbar.

Die Konformität mit der charakteristischen Spaltzugfestigkeit ($f_{tk}$) wird bestätigt, wenn die Prüfergebnisse beide Kriterien nach Tabelle 4.57 entweder für Erstherstellung oder für stetige Prüfergebnisse erfüllen.

**Tabelle 4.57:** Konformitätskriterien für die Spaltzugfestigkeit

| Herstellung | Anzahl *n* der Ergebnisse in der Reihe | Kriterium 1 | Kriterium 2 |
|---|---|---|---|
| | | Mittelwert von *n* Ergebnisse ($f_{tm}$) [N/mm²] | Jedes einzelne Prüfergebnis ($f_{ti}$) [N/mm²] |
| Erstherstellung | 3 | $\geq f_{tk} + 0{,}5$ | $\geq f_{tk} - 0{,}5$ |
| Stetige Herstellung | mindestens 15 | $\geq f_{tk} + 1{,}48\,\sigma$ | $\geq f_{tk} - 0{,}5$ |

## Konformitätskontrolle für andere Eigenschaften als die Festigkeit

### Probenahme- und Prüfplan

Betonproben müssen zufällig ausgewählt und nach DIN EN 12350-1 entnommen werden. Die Probenahme muss für jede Betonfamilie durchgeführt werden, die unter als einheitlich geltenden Bedingungen hergestellt wurde. Die Mindestanzahl der Proben und die Prüfverfahren müssen mit den Tabellen 4.58 und 4.59 übereinstimmen.

### Konformitätskriterien für andere Eigenschaften als die Festigkeit

Wenn andere Betoneigenschaften als die Festigkeit festgelegt sind, muss der Nachweis der Konformität bei laufender Herstellung während des Nachweiszeitraumes durchgeführt werden, der die letzten zwölf Monate nicht überschreiten darf.

Die Konformität des Betons beruht auf dem Zählen der Anzahl der Ergebnisse, die während des Nachweises erzielt wurden und außerhalb der festgelegten Grenzwerte, Klassengrenzen oder zulässigen Abweichungen eines Zielwerts liegen, und dem Vergleich dieser Gesamtzahl mit der höchstzulässigen Anzahl (Attributverfahren).

Die Konformität mit der geforderten Eigenschaft wird bestätigt, wenn

- die Anzahl der Prüfergebnisse, die außerhalb der festgelegten Grenzwerte der Klassengrenzen oder Toleranzen der Zielwerte liegen, die Annahmezahl nach den Tabellen 4.60a oder 4.60b, wie in Tabellen 4.58 und 4.59 angegeben, nicht überschreitet,
- alle Einzelprüfergebnisse innerhalb der höchstzulässigen Abweichungen nach Tabellen 4.58 oder 4.59 liegen.

**Tabelle 4.58:** Konformitätskriterien für andere Eigenschaften als die Festigkeit

| Eigenschaft | Prüfverfahren oder Bestimmungsverfahren | Mindestanzahl von Proben oder Bestimmungen | Annahmezahl | Grenzabweichung einzelner Prüfergebnisse von den Grenzen der festgelegten Klasse oder von den Toleranzen des festgelegten Zielwertes | |
|---|---|---|---|---|---|
| | | | | unterer Wert | oberer Wert |
| **Rohdichte von Schwerbeton** | DIN EN 12390-7 | wie Tabelle 4.54 für die Druckfestigkeit | siehe Tab. 4.60a | −30 kg/m³ | keine Beschränkung [1)] |
| **Rohdichte von Leichtbeton** | DIN EN 12390-7 | wie Tabelle 4.54 für die Druckfestigkeit | siehe Tab. 4.60a | −30 kg/m³ | +30 kg/m³ |
| **Wasserzementwert** | siehe Kap. 5.4.2<br>DIN 1045-2 | 1 Bestimmung pro Tag | siehe Tab. 4.60a | keine Beschränkung [1)] | +0,02 |
| **Zementgehalt** | siehe Kap. 5.4.2<br>DIN 1045-2 | 1 Bestimmung pro Tag | siehe Tab. 4.60a | −10 kg/m³ | keine Beschränkung [1)] |
| **Luftgehalt von Luftporenbeton** | DIN EN 12390-7 für Normal- und Schwerbeton und ASTM C 173 für Leichtbeton | 1 Probe pro Herstellungstag nach Stabilisierung | siehe Tab. 4.60a | −0,5 % Absolutwert | +1,0 % Absolutwert |
| **Chloridgehalt von Beton** | bei Berechnung nach Kap. 5.2.7<br>DIN 1045-2 | Die Bestimmung muss für jede Betonzusammensetzung gemacht werden und muss wiederholt werden, wenn der Chloridgehalt irgendeines Ausgangsstoffes ansteigt. | 0 | keine Beschränkung [1)] | kein höherer Wert erlaubt |

[1)] Falls keine Grenzen festgelegt sind.

**Tabelle 4.59:** Konformitätskriterien für die Konsistenz

| Prüfverfahren | | Mindestanzahl von Proben oder Bestimmungen | Annahmezahl | Grenzabweichung [1] einzelner Prüfergebnisse von den Grenzen der festgelegten Klasse oder von den Toleranzen des festgelegten Zielwertes | |
|---|---|---|---|---|---|
| | | | | unterer Wert | oberer Wert |
| **Augenscheinprüfung** | Vergleich des Aussehens mit dem normalen Aussehen von Beton mit der festgelegten Konsistenz | jede Mischung; bei Transportbeton: jede Lieferung | – | – | – |
| **Setzmaß** | DIN EN 12350-2 | i) wie Häufigkeit nach Tabelle 4.54 für Druckfestigkeit<br>ii) wenn der Luftgehalt geprüft wird<br>iii) in Zweifelsfällen nach der Augenscheinprüfung | siehe Tab. 4.60b | −10 mm<br>−20 mm [2] | +20 mm<br>+30 mm [2] |
| **Setzzeit (*Vébé*)** | DIN EN 12350-3 | | siehe Tab. 4.60b | −2 s<br>−4 s [2] | +4 s<br>+6 s [2] |
| **Verdichtungsmaß** | DIN EN 12350-4 | | siehe Tab. 4.60b | −0,03<br>−0,05 [2] | +0,05<br>+0,07 [2] |
| **Ausbreitmaß** | DIN EN 12350-5 | | siehe Tab. 4.60b | −20 mm<br>−30 mm [2] | +30 mm<br>+40 mm [2] |

[1] Wenn es in der betreffenden Konsistenzklasse keine Unter- oder Obergrenze gibt, sind diese Abweichungen nicht anwendbar.

[2] Nur anwendbar auf die Konsistenzprüfung an Proben, die zu Beginn des Entladens eines Fahrmischens entnommen werden.

Die Annahmezahlen sind den Tabellen 4.60a und 4.60b zu entnehmen. Hierbei ist zu beachten, dass die Tabelle 4.60b nur für die Konsistenz gilt, während die Tabelle 4.60a für alle anderen Eigenschaften außer Druck- und Spaltzugfestigkeit heranzuziehen ist.

**Tabellen 4.60a und b:** Annahmezahlen für Konformitätskriterien für andere Eigenschaften als die Festigkeit (nach [6])

**a) AQL = 4 %**

| Anzahl der Prüfergebnisse | Annahmezahl |
|---|---|
| 1 bis 12 | 0 |
| 13 bis 19 | 1 |
| 20 bis 31 | 2 |
| 32 bis 39 | 3 |
| 40 bis 49 | 4 |
| 50 bis 64 | 5 |
| 65 bis 79 | 6 |
| 80 bis 94 | 7 |
| 95 bis 100 | 8 |

Ist die Anzahl der Prüfergebnisse größer als 100, dürfen geeignete Annahmewerte aus ISO 2859-1:1999, Tabelle 2-A genommen werden.

**b) AQL = 15 %**

| Anzahl der Prüfergebnisse | Annahmezahl |
|---|---|
| 1 bis 2 | 0 |
| 3 bis 4 | 1 |
| 5 bis 7 | 2 |
| 8 bis 12 | 3 |
| 13 bis 19 | 5 |
| 20 bis 31 | 7 |
| 32 bis 49 | 10 |
| 50 bis 79 | 14 |
| 80 bis 100 | 21 |

Bei der Konformitätskontrolle der Einwaagen für Beton nach Zusammensetzung und Standardbeton sowie bei den Einwaagen für Beton nach Eigenschaften beträgt die zulässige Toleranz beim Dosieren der Ausgangsstoffe +3 M.-%.

### Maßnahmen bei Nichtkonformität des Produkts

Die folgenden Maßnahmen muss der Hersteller im Fall der Nichtkonformität ergreifen:

- Nachprüfen der Prüfergebnisse; falls diese fehlerhaft sind, Berichtigen der Fehler.
- Falls sich die Nichtkonformität bestätigt, z. B. durch Wiederholungsprüfung, sind korrigierende Maßnahmen zu ergreifen einschließlich einer Nachprüfung der maßgebenden Verfahren der Produktionskontrolle.
- Falls sich die Nichtkonformität mit der Festlegung bestätigt und diese bei Lieferung nicht offensichtlich war, sind der Verfasser der Festlegung und der Verwender zu verständigen, um jeglichen Folgeschaden zu vermeiden.
- Aufzeichnen der zuvor genannten Maßnahmen.

Wenn die Nichtkonformität des Betons auf der Zugabe von Wasser oder Zusatzmitteln auf der Baustelle beruht, muss der Hersteller nur Maßnahmen ergreifen, wenn er diese Zugabe veranlasst hat.

Bestätigt sich die Nichtkonformität, sind ggf. Prüfungen am Bauwerk und eine Bewertung nach DIN EN 13791 durchzuführen.

## 4.15.3 Überwachungsprüfungen (Identitätsprüfungen) auf der Baustelle

Bei Ankunft des Betons auf der Baustelle muss dieser auf seine Identität und damit auf seine Übereinstimmung mit den zugesicherten Eigenschaften geprüft werden.

Dabei wird der Beton nach Tabelle 4.61 in drei Überwachungsklassen in Abhängigkeit von der Festigkeits- und Expositionsklasse eingeteilt. Bei mehreren zutreffenden Überwachungsklassen ist jeweils die höhere maßgebend.

**Tabelle 4.61:** Überwachungsklassen für Beton (nach [7])

| | Überwachungsklasse | | |
|---|---|---|---|
| | 1 | 2 [1] | 3 [1] |
| Festigkeitsklasse für Normal- und Schwerbeton | ≤ C25/30 [2] | ≥ C30/37 und ≤ C50/60 | ≥ C55/67 |
| Festigkeitsklasse für Leichtbeton der Rohdichteklassen<br>D 1,0 - D 1,4<br>D 1,6 - D 2,0 | <br>nicht anwendbar<br>≤ LC25/28 | <br>≤ LC25/28<br>LC30/33 und LC35/38 | <br>≥ LC30/33<br>≥ LC40/44 |
| Expositionsklasse | X0, XC, XF1 | XS, XD, XA, XM [3], ≥ XF2 | - |
| Besondere Betoneigenschaften [4] | Stahlfaserbeton der Leistungsklasse ≤ L1-1,2 | Beton für wasserundurchlässige Baukörper (z. B. Weiße Wannen) [5], Unterwasserbeton, Beton für hohe Gebrauchstemperaturen ≤ 250 °C, Strahlenschutzbeton (ausgenommen KKW), Stahlfaserbeton der Leistungsklasse > L1-1,2, FD/FDE-Beton, SVB, verzögerter Beton, Spritzbeton | - |

[1] Das Bauunternehmen muss über eine ständige Betonprüfstelle verfügen. Eigenüberwachung sowie Fremdüberwachung durch anerkannte Überwachungsstelle erforderlich.

[2] Spannbeton C25/30 ist stets in Überwachungsklasse 2 einzuordnen.

[3] Gilt nicht für übliche Industrieböden.

[4] Ggf. Richtlinien des DAfStb beachten.

[5] Beton mit hohem Wassereindringwiderstand darf in die Überwachungsklasse 1 eingeordnet werden, wenn der Baukörper maximal nur zeitweilig aufstauendem Sickerwasser ausgesetzt ist und wenn in der Projektbeschreibung nichts anderes festgelegt ist.

Die Proben für die Prüfungen sind über die Betonierzeit zu verteilen. Die Mindesthäufigkeit der Prüfungen auf der Baustelle bei Anlieferung des Betons in Fahrmischern geben die Tabellen 4.62 und 4.63 wieder.

**Tabelle 4.62:** Mindesthäufigkeit der Prüfungen an Beton nach Eigenschaften

| Prüfgegenstand | Mindesthäufigkeit für Überwachungsklasse | | |
|---|---|---|---|
| | 1 | 2 | 3 |
| Lieferschein | jedes Lieferfahrzeug | | |
| Konsistenz | in Zweifelsfällen | beim ersten Einbringen jeder Betonzusammensetzung;<br>bei Herstellung von Probekörpern für die Festigkeitsprüfung;<br>in Zweifelsfällen | |
| Frischbetonrohdichte von Leicht- und Schwerbeton | bei Herstellung von Probekörpern für die Festigkeitsprüfung;<br>in Zweifelsfällen | | |
| Gleichmäßigkeit des Betons (Augenscheinprüfung) | Stichprobe | jedes Lieferfahrzeug | |
| Druckfestigkeit an in Formen hergestellten Probekörpern [2] | in Zweifelsfällen | 3 Proben je 300 $m^3$<br>oder je 3 Betoniertage [3] | 3 Proben je 50 $m^3$<br>oder je Betoniertag [3] |
| Luftgehalt von Luftporenbeton | nicht zutreffend | zu Beginn jeden Betonierabschnitts;<br>in Zweifelsfällen | |
| Frischbetontemperatur | in Zweifelsfällen | Bei Lufttemperaturen unter +5 °C und über 30 °C beim Einbau des Betons | |

[1] Zusätzlich Augenscheinprüfung der Konsistenz als Stichprobe für die Überwachungsklasse 1 bzw. an jedem Lieferfahrzeug für Überwachungsklassen 2 und 3.

[2] Prüfung muss für jeden verwendeten Beton erfolgen. Betone mit gleichen Ausgangsstoffen und gleichem Wasserzementwert, aber anderem Größtkorn gelten als ein Beton.

[3] Maßgebend, welche Forderung die größte Anzahl Proben ergibt.

**Tabelle 4.63:** Umfang der Prüfungen an Beton nach Zusammensetzung

| Prüfgegenstand | Mindesthäufigkeit für Überwachungsklasse | | |
|---|---|---|---|
| | 1 | 2 | 3 |
| Lieferschein | jedes Lieferfahrzeug | | |
| Konsistenzmessung [1] | beim ersten Einbringen jeder Betonzusammensetzung;<br>bei Herstellung von Probekörpern für die Festigkeitsprüfung;<br>bei Prüfung des Luftgehalts; in Zweifelsfällen | | |
| Druckfestigkeit an in Formen hergestellten Probekörpern | nach DIN EN 206-1, 8.2.1.2 und Tabelle 13;<br>in Zweifelsfällen | | |

| Prüfgegenstand | Mindesthäufigkeit für Überwachungsklasse | | |
|---|---|---|---|
| | 1 | 2 | 3 |
| Luftgehalt von Luftporenbeton | nicht zutreffend | zu Beginn jeden Betonierabschnitts; in Zweifelsfällen | |
| Frischbetonrohdichte von Leicht- und Schwerbeton | bei Herstellung von Probekörpern für die Festigkeitsprüfung | | |
| Rohdichte von erhärtetem Leicht- oder Schwerbeton | an jedem Probekörper für die Festigkeitsprüfung; in Zweifelsfällen | | |
| Frischbeton-temperatur | in Zweifelsfällen | Bei Lufttemperaturen unter +5 °C und über 30 °C beim Einbau des Betons | |

[1] Zusätzlich Augenscheinprüfung der Konsistenz als Stichprobe für die Überwachungsklasse 1 und an jeder Mischung bzw. an jedem Lieferfahrzeug für Überwachungsklassen 2 und 3.

### Umfang der Prüfungen an Standardbeton

Für Standardbeton ist der Lieferschein jedes Lieferfahrzeuges zu überprüfen, die Gleichmäßigkeit des Betons und die Konsistenz stichprobenartig nach Augenschein zu beurteilen und in Zweifelsfällen eine Konsistenzmessung vorzunehmen.

### Beurteilung der Druckfestigkeitsergebnisse

Für die Beurteilung der Druckfestigkeitsergebnisse sind für den Einzel- und Mittelwert Annahmekriterien in Abhängigkeit von der Anzahl der Einzelwerte festgelegt. Der Beton ist anzunehmen, wenn sowohl das Mittelwert- als auch das Einzelwert-Kriterium erfüllt werden.

**Tabelle 4.64:** Annahmekriterien für Druckfestigkeitsergebnisse[2] der Baustelle

| Anzahl n der Ergebnisse | Mittelwert $f_{cm}$ [N/mm²] ÜK2 + ÜK3 | Einzelwert $f_{ci}$ [N/mm²] ÜK2 | ÜK3 |
|---|---|---|---|
| 3 bis 4 | $f_{cm} \geq f_{ck} + 1$ | $f_{ci} \geq f_{ck} - 4$ | $f_{ci} \geq 0{,}9\, f_{ck}$ |
| 5 bis 6 | $f_{cm} \geq f_{ck} + 2$ | $f_{ci} \geq f_{ck} - 4$ | $f_{ci} \geq 0{,}9\, f_{ck}$ |
| > 6 | $f_{cm} \geq f_{ck} + (1{,}65 - 2{,}58/\sqrt{n}) \cdot \sigma^1$ | $f_{ci} \geq f_{ck} - 4$ | $f_{ci} \geq 0{,}9\, f_{ck}$ |

[1] $\sigma$ = Schätzwert der Standardabweichung der Stichprobe für $n \geq 35$, wobei
$\sigma \geq 3$ N/mm² für Überwachungsklasse 2,
$\sigma \geq 5$ N/mm² für Überwachungsklasse 3,
$\sigma \geq 4$ N/mm² für $n > 6 < 35$ gilt.

[2] Prüfung im Alter von 28 Tagen.

[3] Mittelwert von n nicht überlappenden Ergebnissen.

## 4.15.4 Statistische Qualitätskontrolle

### 4.15.4.1 Zweck der statistischen Qualitätskontrolle

Um hinsichtlich der Festigkeit bei einer Vielzahl von Betonwürfeln oder Betonerzeugnissen einen Überblick über die möglichen Streuungen und damit eine Beziehung zwischen dem Mittelwert der Festigkeit $f_{cm}$ und dem noch zulässigen Einzelwert $f_{ci}$ zu erhalten, bedient man sich der „statistischen Qualitätskontrolle".

Mithilfe rückliegender, aus der Eigenüberwachung stammender Prüfwerte lässt sich die sogenannte *Standardabweichung* als Kennwert der mittleren Streuung vom Festigkeitswert rechnerisch oder auch durch grafische Verfahren feststellen, die dem anzuzielenden *Festigkeitsmittelwert* unter Gewährleistung der Festigkeitsmindestgrenze zugrunde zu legen ist.

Es ist damit auch die Möglichkeit gegeben, das erforderliche *Vorhaltemaß* für die Druckfestigkeit nach den jeweiligen betrieblichen Gegebenheiten selbst zu bestimmen.

Andererseits ermöglicht die laufende Ermittlung der Standardabweichung eine bessere Steuerung der aus der Zusammensetzung, Verarbeitung, Verdichtung oder Nachbehandlung des Betons herrührenden Produktionsschwankungen.

Die Anwendung der innerbetrieblichen Qualitätskontrolle erstreckt sich insbesondere auf die Herstellung von Transportbeton und Fertigteile.

### 4.15.4.2 Grundlagen der Statistik

Grundlage der statistischen Auswertung gleicher Festigkeitsklassen (Grundgesamtheit) ist die *Urliste*, aus der die Auftragung der Einzelprüfergebnisse in der zeitlichen Folge ihrer Feststellung erfolgt: Grafische Urliste oder auch „Fieberkurve" genannt (Abb. 4.37).

Aus der folgenden grafischen Urliste, deren Prüfwerte auf der Ordinate nach Klassen in Stufen (Klassenbreiten) von je 2 N/mm$^2$ aufgetragen sind, ergibt sich im oberen Teil durch Zusammenzählung der in jeder Klasse anfallenden Prüfwerte ein *Häufigkeitsdiagramm*, dessen Grundform in etwa dem Modell einer Glockenkurve entspricht.

Bei Zugrundelegung der Normalverteilung der sogenannten *Gaußschen Glockenkurve* lassen sich (unter der Annahme des Idealfalles völliger Regelmäßigkeit) aus ihrer mathematischen Gleichung folgende Regelbeziehungen (Kennwerte) herleiten (Abb. 4.38, 4.39):

- der Mittelwert (arithmetisches Mittel) $f_{cm} = \bar{f}_c$ der Festigkeit; er liegt im Schwerpunkt des Häufigkeitsdiagramms;
- die Standardabweichung $\sigma$ als Kennwert der mittleren Streuung; sie liegt im Wendepunkt der Häufigkeitskurve.
- Die am Kurvenende auslaufenden Streuwerte werden durch die 5-%-Fraktile $\beta_{5\%}$ begrenzt (Fraktile = Teilchen einer Grundgesamtheit). Sie liegt im Abstand 1,64 $\sigma$ vom Mittelwert $\bar{f}_c$.

Bei einer Bewertung einer Vielzahl von Festigkeitsergebnissen werden die unterhalb der 5-%-Fraktile liegenden Werte vernachlässigt, sodass der Festigkeitsbeurteilung eine 95 prozentige Sicherheit zugrunde liegt.

Der Betondruckfestigkeitsklasse liegt die 5-%-Fraktile einer Grundgesamtheit von Prüfergebnissen zugrunde.

| Probenentnahme Datum | Zeit | Festigkeit N/mm² | 21-22 | 23-24 | 25-26 | 27-28 | 29-30 | 31-32 | 33-34 | 35-36 | 37-38 | 39-40 |
|---|---|---|---|---|---|---|---|---|---|---|---|---|
| Summenhäufigkeit in % | | | | | 6 | 14 | 26 | 43 | 69 | 87 | 97 | 100 |
| Summenhäufigkeit | | | | | 2 | 5 | 9 | 15 | 24 | 31 | 34 | 35 |
| Häufigkeit | | | | | 2 | 3 | 4 | 6 | 9 | 7 | 3 | 1 |
| 10.3. | 9.30 | 27 | | | | x | | | | | | |
| | 11.45 | 25 | | | x | | | | | | | |
| | 15.00 | 32 | | | | | | x | | | | |
| 11.3. | 10.00 | 34 | | | | | | | x | | | |
| 14.3. | 8.00 | 33 | | | | | | | x | | | |
| | 11.00 | 34 | | | | | | | x | | | |
| | 16.00 | 35 | | | | | | | | x | | |
| 20.3. | 13.00 | 33 | | | | | | | x | | | |
| | 15.45 | 33 | | | | | | | x | | | |
| 22.3. | 3.00 | 37 | | | | | | | | | x | |
| 31.3. | 7.30 | 33 | | | | | | | x | | | |
| | 11.00 | 28 | | | | x | | | | | | |
| | 14.30 | 29 | | | | | x | | | | | |
| 1.4. | 8.15 | 29 | | | | | x | | | | | |
| | 10.45 | 31 | | | | | | x | | | | |
| 8.4. | 7.30 | 32 | | | | | | x | | | | |
| | 11.00 | 35 | | | | | | | | x | | |
| | 14.30 | 37 | | | | | | | | | x | |
| 21.4. | 9.00 | 35 | | | | | | | | x | | |
| | 12.00 | 31 | | | | | | x | | | | |
| | 16.00 | 29 | | | | | x | | | | | |
| 22.4. | 8.00 | 35 | | | | | | | | x | | |
| | 10.30 | 39 | | | | | | | | | | x |
| | 14.00 | 37 | | | | | | | | | x | |
| 30.4. | 11.00 | 34 | | | | | | | x | | | |
| | 14.00 | 36 | | | | | | | | x | | |
| 5.5. | 16.00 | 35 | | | | | | | | x | | |
| 9.5. | 7.30 | 27 | | | | x | | | | | | |
| | 11.00 | 26 | | | x | | | | | | | |
| | 17.00 | 30 | | | | | x | | | | | |
| 12.5. | 8.00 | 32 | | | | | | x | | | | |
| | 10.30 | 34 | | | | | | | x | | | |
| | 14.00 | 31 | | | | | | x | | | | |
| 16.5. | 9.00 | 35 | | | | | | | | x | | |
| | 12.00 | 33 | | | | | | | x | | | |

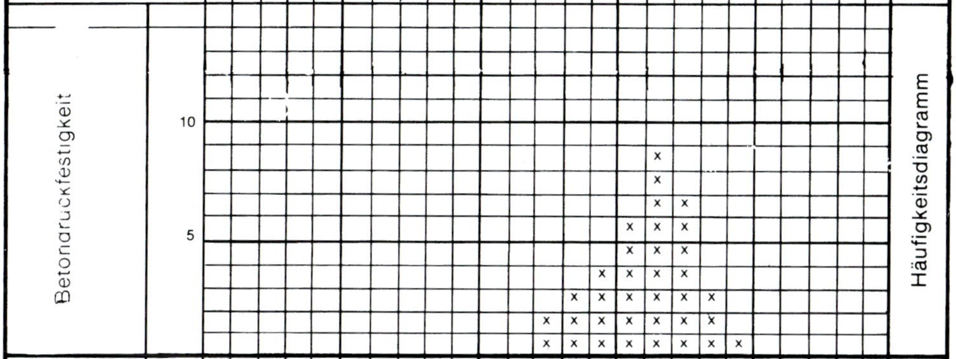


Urliste

**Abb. 4.37:** Formblatt für grafische Urliste („Fieberkurve") und Häufigkeitsdiagramm

$\overline{f}_c$ = arithmetischer Mittelwert

$\sigma$ = Standardabweichung
(Wendepunkt der Glockenkurve)

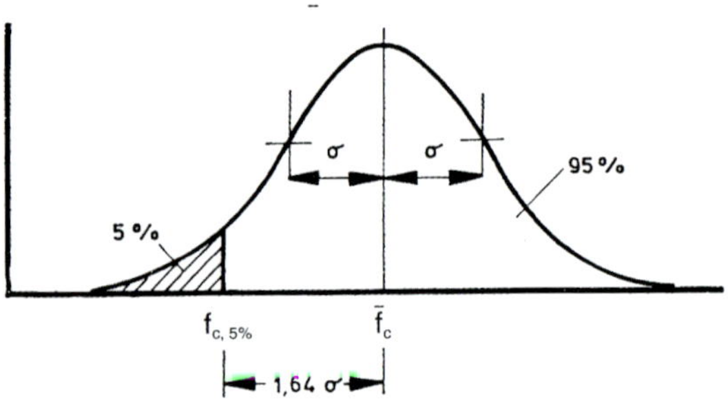


**Abb. 4.38:** Beziehungen innerhalb der Gaußschen Glockenkurve

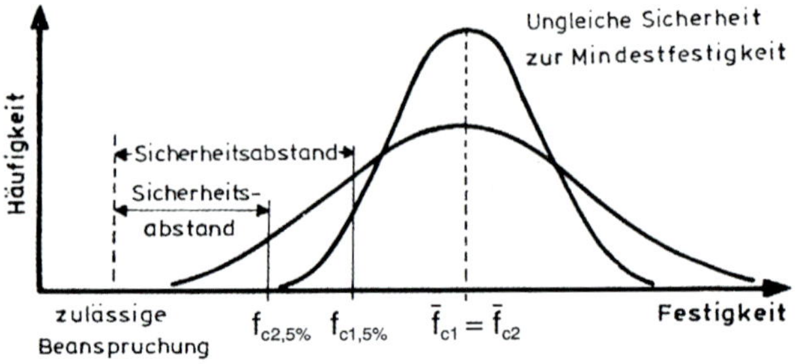


**Abb. 4.39:** Gegenüberstellung der Häufigkeitskurven zweier Grundgesamtheiten gleichen Mittelwertes, jedoch ungleicher Sicherheit zur Mindestfestigkeit

Das bedeutet, dass z. B. bei einer Festigkeit C25/30 der einzuhaltende Einzelwert $\overline{f}_c$ N/mm² möglicherweise noch von 5 % einer statistischen Grundgesamtheit unterschritten wird. Zwischen der 5-%-Fraktile $f_{c,5\%}$ und dem Mittelwert (arithmetisches Mittel) $\overline{f}_c$ besteht somit folgende Beziehung:

$$C = f_{c,5\%} = \overline{f}_c - 1{,}64 \cdot \sigma$$

### 4.15.4.3 Ermittlung der Kennwerte

#### Rechnerische Ermittlung

- Arithmetischer **Mittelwert der Festigkeit** in N/mm²

  $\overline{f}_{c,n} = \frac{\sum f_{ci}}{n}$ (allgemeine Norm-Abkürzung $\overline{x}$, bei Betonfestigkeitsauswertungen $\overline{f}_{c,n}$)

  $\overline{f}_{c,n}$ = Festigkeitsmittelwert einer Stichprobe (Zufallsstichprobe einer Grundgesamtheit) von $n$ Einzelproben

  $f_{ci}$ = Festigkeitseinzelwert einer Stichprobe

- **Standardabweichung** (vom Mittelwert) = statistischer Kennwert (Streuungsmaß)

  $$S = \sqrt{\frac{\sum \left(f_{ci} - \overline{f}_c\right)^2}{n-1}}$$

$\left(f_{ci}-\overline{f}_{c}\right)^{2}$ = Abweichung der Einzelwerte vom Mittelwert (durch Quadrierung entfällt Unterschied zwischen positiver und negativer Abweichung)

$n$ -1 = in der mathematischen Statistik festgelegter Nenner (vgl. DIN 55302 Teil 1, Erläuterungen)

Bekannte Standardabweichungen einer Grundgesamtheit werden $\sigma$, noch zu ermittelnde Standardabweichungen mit $s$ bezeichnet.

Das Quadrat $s^2$ der Standardabweichung wird als *Varianz* bezeichnet.

*Beispiel*: Für eine Stichprobe („Zufallsstichprobe") einer Grundgesamtheit von $n$ = 35 Prüfergebnissen gilt

$$s=\sqrt{\frac{1}{34}\cdot\sum_{1}^{35}\left(f_{ci}-\overline{f}_{c,35}\right)^{2}}\left[\mathrm{N/mm^2}\right]$$

Der $s$-Wert kann in Listenform rechnerisch ermittelt werden oder vereinfacht im grafischen Verfahren gemäß Abbildung 4.40.

- Variationszahl (Variationskoeffizient) = auf den Mittelwert bezogene Standardabweichung

$$v=\frac{s}{\overline{f}_{c}}\cdot 100\left[\%\right]$$

d. h. Verhältnis der Standardabweichung zum Festigkeitsmittelwert einer Stichprobe: je nach Sorgfalt der Herstellung zwischen 5 und 15 % liegend.

## Grafische Ermittlung

Wird die Häufigkeitskurve (Glockenkurve, Abb. 4.40a) von links nach rechts summiert (integriert), so erhält man die S-förmige Summenhäufigkeitskurve (Abb. 4.40b). Durch entsprechende Verzerrung des Ordinatenmaßstabes wird die „Summenkurve der Normalverteilung" zur Geraden (Abb. 4.40c).

Das entstandene Liniennetz wird als *Wahrscheinlichkeitsnetz* bezeichnet (Abb. 4.41).

*Anwendung*: Wird aus dem in Abb. 4.41 (unterer Teil) eingetragenen Häufigkeitsdiagramm der Urliste die „Summenhäufigkeit" bzw. daraus die „Summenhäufigkeit in %" gebildet und werden diese Prozentzahlen mit der prozentualen Ordinatenteilung des darüber entsprechend angeordneten Wahrscheinlichkeitsnetzes zum Schnitt gebracht, so ergibt sich durch näherungsweise Verbindung der gefundenen Schnittpunkte eine Gerade.

Auf der nach ihrer Neigung eine Charakteristik des Verlaufs der Glockenkurve bildenden Geraden (vgl. Abb. 4.41) können folgende Werte abgelesen werden:

- Das arithmetische Mittel $\overline{f}_{c}$ bei 50 % = 32,0 N/mm²
- Die Standardabweichung $s$ bei 16 % bzw. 84 % (als Wendepunkt der Glockenkurve) = 35,4 - 28,6/2 = 3,4 N/mm²
- Die untere 5-%-Fraktile bei 5 % = (32,0 - 1,64 · 3,4) = 26,4 N/mm²

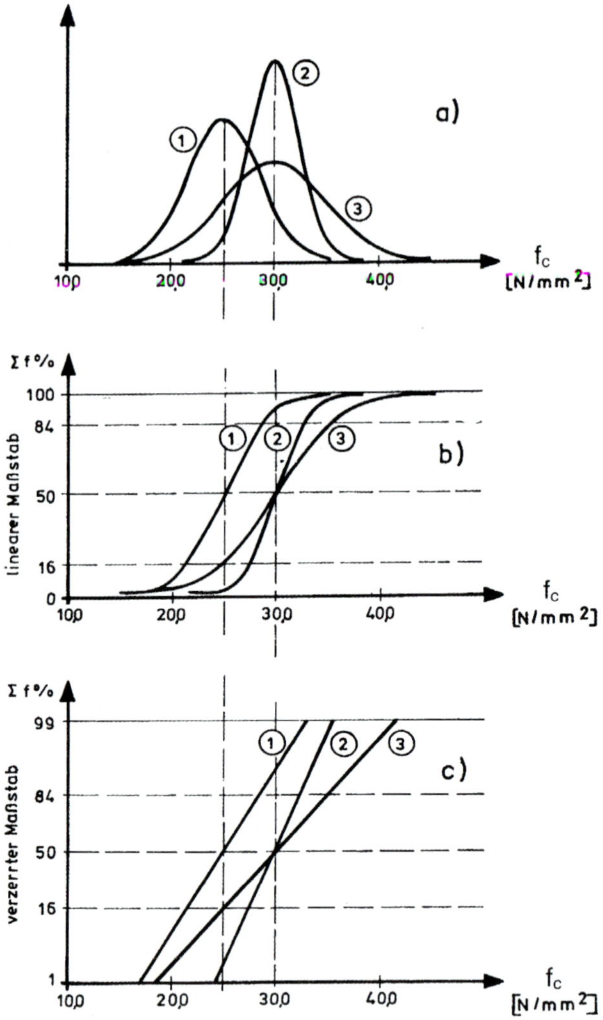


**Abb. 4.40 a-c:** Übergang von der Häufigkeitskurve über die Summenhäufigkeitskurve zum Wahrscheinlichkeitsnetz

## 4.15.5 Statistische Auswertung bei der Anwendung des Betonfamilienkonzeptes

Bei einer stetigen Herstellung von Beton nach Eigenschaften dient die statistische Auswertung bei der werkseigenen Produktionskontrolle dazu, die Standardabweichung für die Druckfestigkeit zu ermitteln. Sie darf dann bei den festgelegten Konformitätskriterien und bei der Anwendung des „Betonfamilienkonzeptes" berücksichtigt werden.

Eine **Betonfamilie** ist nach DIN EN 206-1 und DIN 1045-2 definiert als „eine Gruppe von Betonzusammensetzungen, für die ein verlässlicher Zusammenhang zwischen maßgebundenen Eigenschaften festgelegt und dokumentiert ist."

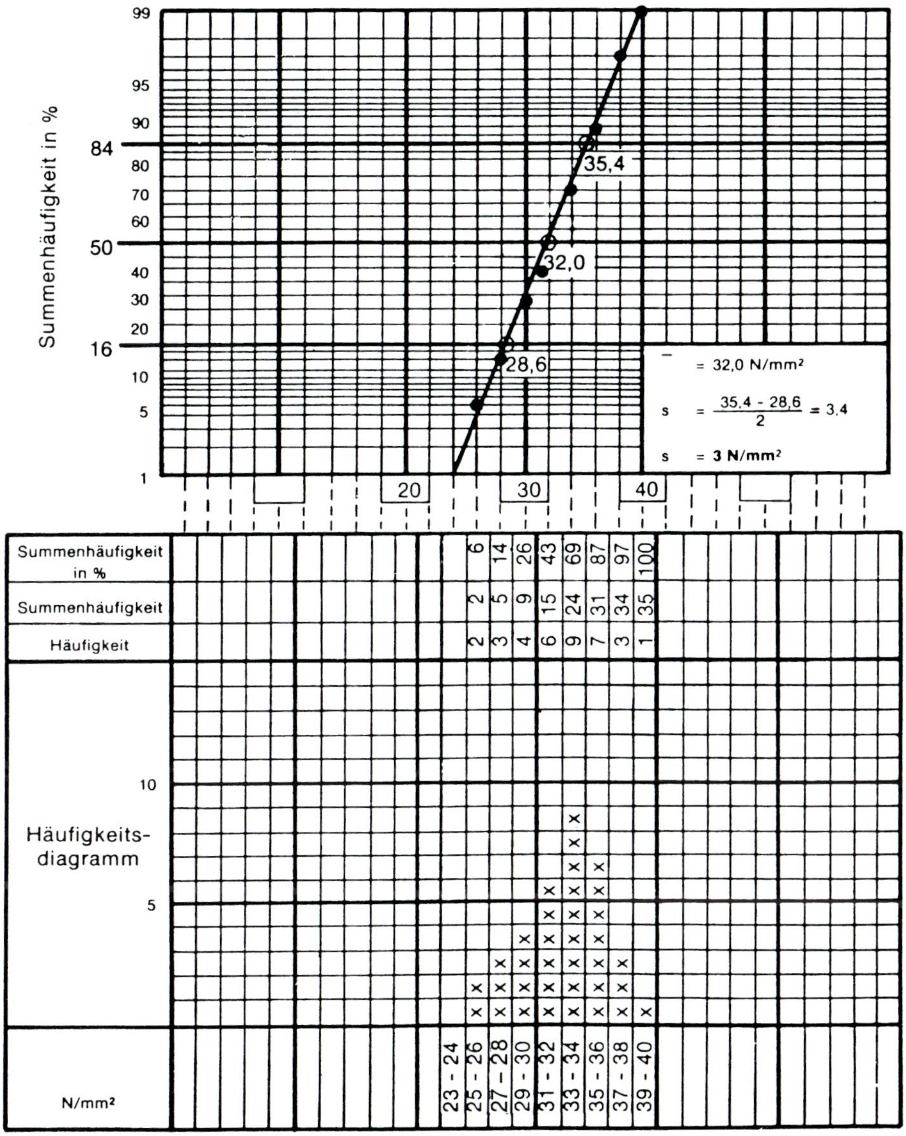


**Abb. 4.41:** Beispiel für die zeichnerische Bestimmung von Mittelwert, Standardabweichung und Fraktile im Wahrscheinlichkeitsnetz

Bei der Anwendung des Betonfamilienkonzeptes kann die Anzahl der erforderlichen Probekörper gegenüber einer sortenweisen Auswertung reduziert werden.

**Beispiel für den Nachweis der Konformität auf der Grundlage des Betonfamilienkonzeptes**

*Annahme:*

Ein Transportbetonwerk produziert innerhalb mehrerer Monate sieben verschiedene Betonzusammensetzungen in unterschiedlicher Menge. Die für die jeweilige Betonsorte erforderlichen Probekörper reichen für eine statistische Auswertung nicht aus.

Wenn für die Zusammensetzung der verschiedenen Betonsorten jedoch Gemeinsamkeiten hinsichtlich

- Zementart und -festigkeitsklasse aus einem Zementwerk,
- Gesteinskörnungen gleicher Art,
- Flugasche gleicher Art

bestehen, dürfen die Prüfergebnisse von Betonen mit einem begrenzten Bereich von Festigkeitsklassen zu einer Betonfamilie zusammengeführt werden.

Wird die *Konformität* auf der Grundlage einer *Betonfamilie* geführt, ist ein *Referenzbeton* (am häufigsten hergestellter Beton oder Beton aus dem Mittelfeld der Familie) zu definieren, auf den die Druckfestigkeitsergebnisse aller Betone der Familie umgerechnet (transformiert) werden. Die Transformationsmethode zur Umrechnung der Druckfestigkeiten legt der Eigenüberwacher fest.

Im vorliegenden Beispiel ist vom Eigenüberwacher die *Druckfestigkeitsdifferenzmethode* gewählt worden. Hierzu wurde für jede Betonsorte in einer Erstprüfung der Zielwert für die Betondruckfestigkeit ermittelt. Während der Produktionskontrolle werden die aktuellen Betondruckfestigkeiten bestimmt. Aus den Druckfestigkeitsdifferenzen ($\Delta i$) der aktuellen Prüfergebnisse aus der Produktionskontrolle zu den jeweiligen Zielwerten der Erstprüfung werden zu dem Zielwert der Erstprüfung des Referenzbetons Bezugswerte (äquivalente Vergleichswerte) errechnet und gemittelt.

> *Beispiel*: Anzahl der vorliegenden Probekörper der Betonfamilie: 23; Festigkeitsklasse des Referenzbetons der Betonfamilie: C20/25; Zielwert des Referenzbetons aus der Erstprüfung: 32,2 N/mm²
>
> Die Vergleichswerte $\bar{f}_R^i$ jeder Betonsorte zum Referenzbeton errechnet sich für das Beispiel zu:
>
> $\bar{f}_R^i = 32{,}2\,\text{N/mm}^2$ + Differenz aus der Erstprüfung zur aktuellen Druckfestigkeit der Betonsorte

Der Mittelwert der Vergleichswerte $\bar{f}_R^i$ ergibt sich aus der folgenden Gleichung:

$$\bar{f}_R^i = \sqrt{\frac{1}{23}\sum_{i=9}^{23} f_R^i}\ \text{N/mm}^2 \qquad \text{(Gleichung 1)}$$

Außerdem wird die Standardabweichung der letzten 15 Vergleichswerte $S_{15}$ vom Zielwert des Referenzbetons nach der folgenden Gleichung ermittelt:

$$S_{15} = \frac{1}{14}\sum_{i=9}^{23}\left(f_R^i - 32{,}2\right)^2 \qquad \text{(Gleichung 2)}$$

Folgende Werte mögen sich aus den Gleichungen 1 und 2 im vorliegenden Beispiel ergeben haben:

$\bar{f}_R^i = 31{,}8\ N/mm^2$

$S_{15} = 2{,}88\ N/mm^2$

Die Konformitätskriterien sind erfüllt, wenn der Mittelwert der Vergleichswerte folgende Bedingung erfüllt:

$$\bar{f}_R^i \geq f_{ck} + 1{,}48\,\sigma \quad \left(\sigma \geq 3{,}0\,N/mm^2\right) \qquad \text{(Gleichung 3) (s. a. Tabelle 4.54)}$$

und die Standardabweichung der letzten 15 Ergebnisse folgende Bedingung erfüllt:

$$0{,}63\,\sigma \leq S_{15} \leq 1{,}37\,\sigma \qquad \text{(Gleichung 4)}$$

Darüber hinaus muss das Prüfungsergebnis jedes einzelnen Probekörpers größer sein als die charakteristische Druckfestigkeit:

$$f_{ci} \geq f_{ck} - 4 \qquad \text{(Gleichung 5) (s. a. Tabelle 4.55)}$$

Im vorliegenden Beispiel ergeben sich nach

*Gleichung 3:* $31{,}8\ N/mm^2 \geq 25 + 1{,}48 \cdot 3\ N/mm^2$

$31{,}8\ N/mm^2 \geq 29{,}4\ N/mm^2$

*Bedingung erfüllt.*

*Gleichung 4:* $0{,}63 \cdot 3\ N/mm^2 \leq 2{,}88\ N/mm^2 \leq 1{,}37 \cdot 3\ N/mm^2$

$1{,}89\ N/mm^2 \leq 2{,}88\ N/mm^2 \leq 4{,}11\ N/mm^2$

*Bedingung erfüllt.*

Darüber hinaus sollen die Druckfestigkeitsergebnisse der Einzelwerte die Bedingung der *Gleichung 5* erfüllen:

$F_{ci} \geq 25 - 4 = 21\ N/mm^2$

Damit ist der **Nachweis** der **Konformität** für die **Betonfamilie** erbracht.

## Literatur


*Basalla, Alfred*: Baupraktische Betontechnologie. Bauverlag Wiesbaden

*Bayer, E.; Kampen, R.*: Betonpraxis – Ein Leitfaden für die Baustelle. Verlag Bau + Technik, Düsseldorf, 1999

*Bethge, W.; Richter, T.*: Beton-Prüfung nach Norm. Beton-Marketing Deutschland GmbH (Hrsg.), 12. Auflage 2011

Beton-Information: Periodisch erscheinende Informationsschrift für die Verwendung von Hüttensandhaltigen Zementen, Verlag Bau + Technik, Düsseldorf

Betontechnische Berichte: Technisch-wissenschaftliche Berichte des Forschungsinstituts der Zementindustrie, Verlag Bau + Technik, Düsseldorf

*Blaut, Hans*: Statistische Verfahren für die Gütesicherung von Beton. Bauverlag Wiesbaden, 1968

*Bunke, Norbert*: Prüfung von Beton – Empfehlungen und Hinweise als Ergänzung zu DIN 1048, Heft 422 der Schriftenreihe des DAfStb, Beuth-Verlag Berlin, 1991

Deutscher Beton-Verein: Beton-Handbuch, Leitsätze für die Bauüberwachung und Bauausführung. Bauverlag Wiesbaden, 1995

*Ehrlich, N.; Hersel, O.*: Straßenbau heute: Betondecken. Verlag Bau + Technik, Düsseldorf, 2010

*Franjetic, Z.*: Beton-Schnellerhärtung. Bauverlag Wiesbaden, 1969

*Grube, Horst*: Wasserundurchlässige Bauwerke aus Beton. Elsner-Verlag, Darmstadt, 1982

*Grube, Horst*: Ursache des Schwindens von Beton und Auswirkungen auf Betonbauteile. Schriftenreihe der Zementindustrie, Heft 52, Beton-Verlag Düsseldorf, 1991

*Härtl*: Veränderungen des Betongefüges durch die Wirkung von Steinkohlenflugasche und ihr Einfluss auf die Betoneigenschaften. Heft 448 der Schriftenreihe des DAfSt, Beuth-Verlag, Berlin 1995

*Helm:* Faserbetone in der Praxis. Herstellung, Verarbeitung, Überwachung. Verlag Bau + Technik, Düsseldorf, 2013

*Hosser, D.:* Beton Brandschutz-Handbuch. Verlag Bau + Technik, Düsseldorf, 2014

*Iken, Lackner, Zimmer, Wöhnl, Breit*: Handbuch der Betonprüfung. Verlag Bau + Technik, 2012

*Kampen, Peck, Pickhardt, Richter:* „Bauteilkatalog" Planungshilfe für dauerhafte Betonbauteile. Beton-Marketing Deutschland GmbH (Hrsg.), 7. Auflage 2012

*Kampen, Bose, Klose:* Betonbauwerke in Abwasserlagen. Planung, Bau, Instandhaltung. Verlag Bau + Technik, 2011

*Kordina, K.; Meyer-Ottens, C.*: Beton Brandschutz Handbuch. Verlag Bau + Technik, 1999

*Lamprecht, H.-O.*: Opus Caementitium – Bautechnik der Römer. Beton-Verlag Düsseldorf, 1993

*Lohmeyer, G.*: Beton-Technik – Handbuch für betongerechte Planung und Ausführung. Beton-Verlag, Düsseldorf, 1997

*Lohmeyer, G.; Ebeling, K.*: Weiße Wanne, einfach sicher – Konstruktion und Ausführung von Kellern und Becken aus Beton ohne besondere Dichtungsschicht. Verlag Bau und Technik, Düsseldorf, 2013

*Mängel u. a.*: Betonherstellung und Verarbeitung. Bauverlag Wiesbaden, 1973

*Middel u. a.:* Beton-Praxis. Ein Leitfaden für die Baustelle. Verlag Bau + Technik, Düsseldorf, 2014

*Middel u. a.:* Planungshilfe Biogasanlagen aus Beton. Planung, Bemessung, Ausführung. Verlag Bau + Technik, Düsseldorf, 2013

*Nebrassow*: Hitzebeständiger Beton. Deutsche Ausgabe von Lenz, Bauverlag Wiesbaden, 1961

*Neunast u. a.*: Leichtbeton Handbuch. Verlag Bau + Technik, Düsseldorf, 2001

*Nussbaum u. a.*: Faserbeton – Porenleichtbeton – Dränbeton. Verlag Bau + Technik, Düsseldorf, 1999

*Petzold u. a.*: Beton für hohe Temperaturen. Beton-Verlag Düsseldorf, 1965

*Pickhardt, Bose, Schäfer*: Beton-Herstellung nach Norm, Arbeitshilfe für Ausbildung, Planung und Baupraxis. Beton-Marketing Deutschland GmbH (Hrsg.), 19. Auflage 2012

*Rapp, G.*: Technik des Sichtbetons. Beton Verlag Düsseldorf, 1969

*Rehm u. a.*: Technische Möglichkeiten zur Erhöhung der Zugfestigkeit von Beton, Heft 283 der Schriftenreihe des DAfSt, Beuth-Verlag, Berlin, 1977

*Reinhardt, H.-W.*: Ingenieurbaustoffe. Verlag Ernst & Sohn, Berlin 1973

*Richter, T.*: Hochfester Beton – Hochleistungsbeton. Verlag Bau + Technik, Düsseldorf, 1999

*Rüsch, H.*: Stahlbeton – Spannbeton. Bd: Werkstoffeigenschaften und Bemessungsverfahren, 1972; Bd. 2: Berücksichtigung der Einflüsse von Kriechen und Schwinden auf das Verhalten der Tragwerke, 1976, Werner-Verlag, Düsseldorf

*Schmidt-Morsbach, J.:* Sichtbeton - Taschenbuch für Planung und Ausführung glatter Betonsichtfläche. Bauverlag Wiesbaden, 1972

*Schorn, H.:* Beton mit Kunststoffen und andere Instandsetzungsstoffe. Verlag Ernst & Sohn, Berlin, 1991

*Schorn, Sonnenberg, Maurer:* Spezialbetone, Band 6: Spritzbeton. Verlag Bau + Technik, 2005

*Schorn, H.:* Faserbeton für Tragwerke. Verlag Bau + Technik, Düsseldorf, 2010

*Schulz:* Handbuch Sichtbeton. Beurteilung und Abnahme. Verlag Bau + Technik, 2010

*Tegelaar u. a.:* Unterwasserbeton - Bohrpfahlbeton. Verlag Bau + Technik, Düsseldorf 1998

*Trüb, U.:* Die Betonoberfläche. Bauverlag, Wiesbaden, 1973

Verein Deutscher Zementwerke: Zementtaschenbücher, 1984-2008, Verlag Bau + Technik, Düsseldorf

Verein Deutscher Zementwerke: Tätigkeitsberichte des Forschungsinstituts der Zementindustrie, Düsseldorf

*Walz, K.:* Rüttelbeton. Verlag Ernst & Sohn, Berlin, 3. Auflage, 1960

*Weber u. a.:* Guter Beton - Ratschläge für die richtige Betonherstellung. Verlag Bau + Technik, Düsseldorf, 2010

*Weigler u. a.:* Beton - Arten, Herstellung, Eigenschaften. Verlag Ernst & Sohn, Berlin, 1989

*Weigler u. a.:* Stahlleichtbeton. Bauverlag Wiesbaden

*Wesche, K.:* Baustoffe für tragende Bauteile: Band 2: Beton, Mauerwerk. Bauverlag Wiesbaden, 1993

*Wierig, H.-J.:* Verfahren zur Prüfung der Konsistenz von Frischmörtel und Frischbeton. Beton-Verlag, Düsseldorf 1983

## Richtlinien und Merkblätter

DAfStb-Richtlinien, Herausgeber Deutscher Ausschuss für Stahlbeton, Beuth-Verlag, Berlin:

- Beton mit verlängerter Verarbeitungszeit (2006)
- Betonbau beim Umgang mit wassergefährdenden Stoffen (2011)
- Herstellung von Beton unter Verwendung von Restwasser, Restbeton und Restmörtel (1995)
- Herstellung und Verwendung von Trockenbeton und Trockenmörtel (2005)
- Schutz und Instandsetzung von Betonbauteilen, Teil 1-4 (2001)
- Verwendung von Flugasche nach DIN EN 450 im Betonbau (1995)
- Vorbeugende Maßnahmen gegen schädigende Alkalireaktionen (Alkali Richtlinie), Teil 1-3 (2007)
- Wärmebehandlung von Beton (1989)
- Stahlfaserbeton (2010)
- Selbstverdichtender Beton (SVB-Richtlinie) (2003)
- Beton mit rezyklierter Gesteinskörnung (2004)
- Wasserundurchlässige Bauwerke (2003)
- Massige Bauteile aus Beton (2005)

DBV-Merkblatt-Sammlung, Merkblätter, Sachstandsberichte, Eigenverlag Deutscher Beton-Verein, Berlin

Zement-Merkblatt-Sammlung (auf CD), Beton Marketing Deutschland GmbH (Hrsg.), Stand Januar 2013

## Normen und Regeln im Text

[1] DIN 1045 Tragwerke aus Beton, Stahlbeton und Spannbeton; Teil 2: Festlegung, Eigenschaften, Herstellung und Konformität; Anwendungsregeln zu DIN EN 206-1; Ausgabe 2008-08

[2] DIN EN 206 Beton; Teil 1: Festlegung, Eigenschaften, Herstellung und Konformität; Ausgabe 2001-07

[3] DIN EN 12390 Prüfung von Festbeton; Teil 5: Biegezugfestigkeit von Probekörpern; Ausgabe 2009-07

[4] DIN EN 13791 Bewertung der Druckfestigkeit von Beton in Bauwerken oder in Bauwerksteilen; Ausgabe 2008-05

[5] DIN EN 1338 Pflastersteine aus Beton – Anforderungen und Prüfverfahren; Ausgabe 2010-08 *(Norm-Entwurf)*

[6] DIN Fachbericht 100; Ausgabe 2010-03

[7] DIN 1045 Tragwerke aus Beton, Stahlbeton und Spannbeton; Teil 3: Bauausführung – Anwendungsregeln zu DIN EN 13670; Ausgabe 2012-03

[8] DAfStb-Richtlinie „Stahlfaserbeton", Ausgabe 2010

[9] DAfStb-Richtlinie „Wasserundurchlässige Bauwerke"

[10] DAfStb-Richtlinie „Selbstverdichtender Beton"

[11] DAfStb-Richtlinie „Schutz und Instandsetzung von Betonbauteilen"

# 5 Keramische und mineralisch gebundene Baustoffe

*Dietmar Klausen*

## 5.1 Keramische Baustoffe (Ziegel- und Tonwaren)

### 5.1.1 Rohstoffe

Ziegel- und Tonwaren sind „gebrannte Erden" (Ton, Lehm), deren Festigkeit und Scherbendichte durch entsprechende Aufbereitung der Rohstoffe und durch verschieden hohe Brenntemperaturen bewirkt wird.

**Ton** besteht aus Aluminiumsilikaten, vorwiegend Kaolinit $Al_2O_3 \cdot 2\ SiO_2 \cdot 2\ H_2O$, einem Verwitterungsprodukt von Feldspat, das durch Beimengungen insbesondere von Quarz, Feldspat, Glimmer und Kalkspat gemagert ist.

**Lehm** ist stark mit Sand (30 bis 80 %) gemagerter Ton mit Bestandteilen an braunfärbendem Eisenhydroxid (nach Brand rot), mitunter auch kalkhaltig (nach Brand gelb).

Die Rohstoffe zeigen eine gute Verformbarkeit durch Wasseranlagerung in den blättchenförmigen Grundbestandteilen. Der Wasserverlust beim Trocknen und Brennen hat aber ein Schwinden der Masse zur Folge.

Beim Brennen ab 800 °C erfolgt eine Umwandlung der Rohstoffe zu wasserunlöslichem $Al_2O_3 \cdot 2\ SiO_2$ durch Austreiben des Hydratwassers. Ab 1100 °C beginnen die Bestandteile bei gleichzeitiger Verdichtung der Masse zu verschmelzen (Sintern).

### 5.1.2 Einteilung der keramischen Baustoffe nach der Scherbenbeschaffenheit

Die Verwendungseigenschaften der gebrannten Erzeugnisse werden weitgehend von der Güte des Scherbens bestimmt:

- **Poröser Scherben** („Irdengut"), *unterhalb* der Sintergrenze gebrannt.

  **Grobkeramische Ziegeleierzeugnisse** aus Lehm:

  Mauerziegel, Dachziegel, Deckenziegel, Dränrohre, Kabelschutzhauben

  **Feinkeramische glasierte Erzeugnisse** aus besonders aufbereitetem Ton mit wasserdichter Abschließung des porösen Scherbens auf der Sichtfläche durch zweiten Brand mit leicht schmelzender Glasur:

  Steingutfliesen mit hellem oder Irdengutfliesen mit farbigem Scherben, sanitäre Einrichtungen und Gebrauchsgeschirre

- **Gesinterte Scherben** („Sinterzeug"), *oberhalb* der Sintergrenze gebrannt.

  **Grobkeramische Erzeugnisse** aus Ton:

  Klinker, Riemchen, Spaltplatten, glasierte Steinzeugwaren, z. B. Rohre

  **Feinkeramische Erzeugnisse** aus besonders aufbereitetem Ton:

  Unglasierte oder glasierte ein- oder mehrfarbige Steinzeugfliesen, Porzellan (reiner weißer Ton)

- **Feuerfeste Steine**

  **Grobkeramische Gemenge** aus hochfeuerfestem Ton mit Schamottemehl (gemahlener vorgebrannter Ton):

  Schamottesteine zur Ofenmauerung, Abgas-Vierkantrohre

## 5.1.3 Herstellung der Ziegel- und Tonwaren

**Aufbereitung:** Zerkleinern und Kneten des Rohgutes, evtl. unter Zugabe von Magerungsmitteln, durch Walzen auf geschlitzten Stahlplatten (Kollergang) sowie zwischen sich gegenläufig drehenden Walzenpaaren.

**Herstellung der Rohlinge:** Ausformung von Steinen, Dränrohren oder Strangdachziegeln durch kontinuierlich laufende Strangpresse (Schneckenpresse) mit einem dem Format der Erzeugnisse entsprechenden Mundstück sowie mechanisches Abtrennen des Stranges durch Drahtschneider. Ähnliches Verfahren auch bei Steinzeugrohren.

Die Herstellung von Fliesen und Pressdachziegeln erfolgt auf automatischen Stempelpressen (Revolverpressen). Für oberflächenprofilierte Verblendsteine auch Handstrichverfahren in Formen.

**Trocknen der Rohlinge**: Trocknung in Trockenkammern oder Durchlauftrocknern mit Abwärme der Brennöfen, heute selten Freilufttrocknung.

**Brennen:** Früher im Ringofen, heute meist im Tunnelofen: Beidseitig mit Schützen abschließbarer tunnelartiger Brennkanal von etwa 100 m Länge mit ortsfester Feuerungszuführung (Kohle-, Öl- oder Gasfeuerung) in Tunnelmitte. Das Brenngut läuft auf sich langsam vorwärts bewegenden Wagen mit feuerfesten Belägen durch die Vorwärme-, Brenn- und Abkühlzone des Tunnelofens. Brenntemperaturen für Ziegelwaren: 900 bis 1100 °C, Steinzeug und Klinker: 1150 bis 1300 °C, Steingut: 1100 bis 1300 °C, Porzellan: 1300 bis 1450 °C, feuerfeste Steine: 1300 bis 1800 °C. Dauer eines Brennvorgangs 1 bis 3 Tage.

## 5.1.4 Mauerziegel und Klinker

### Normen

| | |
|---|---|
| DIN 105-100 | Mauerziegel; Teil 100: Mauerziegel mit besonderen Eigenschaften; Ausgabe 2012-01 |
| DIN 105-5 | Mauerziegel; Teil 5: Leichtlanglochziegel und Leichtlanglochziegelplatten; Ausgabe 2013-06 |
| DIN 105-6 | Mauerziegel; Teil 6: Planziegel; Ausgabe 2013-06 |

| | |
|---|---|
| DIN EN 771-1 | Festlegungen für Mauersteine; Teil 1: Mauerziegel; Ausgabe 2011-07 |
| DIN EN 772 | Prüfverfahren für Mauersteine;<br>Teil 1: Bestimmung der Druckfestigkeit; Ausgabe 2011-07<br>Teil 2: Bestimmung des prozentualen Lochanteils in Mauersteinen (mittels Papiereindruck); Ausgabe 2005-05<br>Teil 3: Bestimmung des Nettovolumens und des prozentualen Lochanteils von Mauerziegeln mittels hydrostatischer Wägung (Unterwasserwägung); Ausgabe 1998-10<br>Teil 4: Bestimmung der Dichte und der Rohdichte sowie der Gesamtporosität und der offenen Porosität von Mauersteinen aus Naturstein; Ausgabe 1998-10<br>Teil 5: Bestimmung des Gehalts an aktiven löslichen Salzen von Mauerziegeln; Ausgabe 2002-03<br>Teil 6: Bestimmung der Biegezugfestigkeit von Mauersteinen aus Beton; Ausgabe 2002-02<br>Teil 7: Bestimmung der Wasseraufnahme von Mauerziegeln für Feuchteisolierschichten durch Lagerung in siedendem Wasser; Ausgabe 1998-10<br>Teil 9: Bestimmung des Loch- und Nettovolumens sowie des prozentualen Lochanteils von Mauerziegeln und Kalksandsteinen mittels Sandfüllung; Ausgabe 2005-05<br>Teil 10: Bestimmung des Feuchtegehalts von Kalksandsteinen und Mauersteinen aus Porenbeton; Ausgabe 1999-04<br>Teil 11: Bestimmung der kapillaren Wasseraufnahme von Mauersteinen aus Beton, Porenbetonsteinen, Betonwerksteinen und Natursteinen sowie der anfänglichen Wasseraufnahme von Mauerziegeln; Ausgabe 2011-07<br>Teil 13: Bestimmung der Netto- und Brutto-Trockenrohdichte von Mauersteinen (außer Natursteinen); Ausgabe 2000-09<br>Teil 14: Bestimmung der feuchtebedingten Formänderung von Mauersteinen aus Beton und Betonwerksteinen; Ausgabe 2002-02<br>Teil 15: Bestimmung der Wasserdampfdurchlässigkeit von Porenbetonsteinen; Ausgabe 2000-09<br>Teil 16: Bestimmung der Maße; Ausgabe 2011-07<br>Teil 18: Bestimmung des Frostwiderstandes von Kalksandsteinen; Ausgabe 2011-07<br>Teil 19: Bestimmung der Feuchtedehnung von horizontal gelochten großen Mauerziegeln; Ausgabe 2000-09<br>Teil 20: Bestimmung der Ebenheit von Mauersteinen; Ausgabe 2005-05<br>Teil 21: Bestimmung der Kaltwasseraufnahme von Mauerziegeln und Kalksandsteinen; Ausgabe 2011-07<br>*Anmerkung: Die Normen DIN EN 772-8, -12, -17 und -22 wurden ohne Ersatz zurückgezogen.* |
| DIN 20000-401 | Anwendung von Bauprodukten in Bauwerken; Teil 401: Regeln für die Verwendung von Mauerziegeln nach DIN EN 771-1; Ausgabe 2012-11 |

#### 5.1.4.1 Mauerziegelarten

Die Europäische Norm DIN EN 771-1 enthält nicht alle Anforderungen, die in Deutschland für die Verwendung von Mauerziegeln nach DIN 1053-1 bzw. DIN EN 1996 und DIN 4103-1 gelten. Diese zusätzlichen Anforderungen enthält die nationale Norm DIN 105-100. Wenn Mauerziegel nach DIN EN 771-1 zusätzlich mit DIN 105-100 übereinstimmen, sind die Verwendungsregeln nach DIN 20000-401 nicht zu berücksichtigen.

In DIN EN 771-1 werden zwei Kategorien von Mauersteinen definiert, für die jeweils ein eigenes Nachweisverfahren gilt. Mauerziegel der **Kategorie I** erreichen eine deklarierte Druckfestigkeit mit einer statistischen Wahrscheinlichkeit von 95 %. Mauerziegel der **Kategorie II** erfüllen keine Bedingungen an irgendwelche statistischen Aussagen hinsichtlich der deklarierten Druckfestigkeit.

Mauerziegel der Kategorie I nach DIN EN 771-1 sind:

**LD-Ziegel**: Hochlochziegel und Langlochziegel (Mauerziegel mit einer Brutto-Trockenrohdichte ≤ 1000 kg/m³ zur Verwendung in *geschütztem Mauerwerk*[1])

**HD-Ziegel**: Vollziegel, Hochlochziegel, Vormauer-Ziegel, Vormauer-Hochlochziegel, Vollklinker, Hochlochklinker, hochfeste Ziegel und hochfeste Klinker, Keramikklinker, Langlochziegel (Mauerziegel mit einer Brutto-Trockenrohdichte ≥ 1000 kg/m³ zur Verwendung in *geschütztem Mauerwerk*[1] und alle Mauerziegel zur Verwendung in *ungeschütztem Mauerwerk*[1])

[1] Die Bezeichnungen beziehen sich auf den Schutz gegen eindringendes Wasser.

Nach DIN EN 771-1 und DIN 105-100 gelten folgende Begriffe:

**Vollziegel (Mz)** sind HD-Ziegel, deren Querschnitt durch Lochung senkrecht zur Lagerfläche bis 15 % gemindert sein darf oder Mulden aufweisen, deren Anteil höchstens 20 %, bezogen auf das Volumen der Ziegel, betragen darf.

**Hochlochziegel (HLz)** sind LD- oder HD-Ziegel mit senkrecht zur Lagerfläche verlaufender Lochung der Arten A (HLzA), B (HLzB) und C (HLzC). Ziegel mit der Lochung C sind fünfseitig geschlossene Ziegel (Beispiele in Abb.5.1 a bis d).

**Hochlochziegel (HLzW)** sind LD- und HD-Ziegel mit der Lochungsart B, die zusätzliche Anforderungen hinsichtlich der Lochreihenzahl erfüllen müssen.

**Vormauer-Vollziegel (VMz)** und **Vormauer-Hochlochziegel (VHLz)** sind HD-Ziegel, deren Frostwiderstand durch Prüfung nachgewiesen ist.

**Wärmedämmziegel (WDz)** sind LD-Ziegel der Lochungsart WDz, an die erhöhte Anforderungen an die Wärmedämmung gestellt werden. Dazu wurden eigene, enggestufte Rohdichteklassen geschaffen und Anforderungen an die Lochreihenzahl gestellt (wie bei HLzW). *Wärmedämmziegel wurden in DIN 105-7 überführt.*

**Handformziegel** (kein Kurzzeichen) sind HD-Ziegel als Vollziegel mit unregelmäßiger Oberfläche, deren Gestalt von der prismatischen Form geringfügig abweichen darf.

**Formziegel** (kein Kurzzeichen) sind Vollziegel und Hochlochziegel in einer nicht nur von Rechtecken begrenzten Form.

**Klinker** sind oberflächig gesinterte, frostbeständige HD-Ziegel (auch mit strukturierter Oberfläche) mit einer Wasseraufnahme ≤ 6 M.-%, die mindestens der Druckfestigkeitsklasse 28 angehören müssen. Zusätzlich müssen die Anforderung an den Frostwiderstand und die besondere Anforderung hinsichtlich der Netto-Trockenrohdichte (Scherbenrohdichte) erfüllt sein.

**Hochfeste Ziegel und hochfeste Klinker** sind oberflächig gesinterte, frostbeständige HD-Ziegel (auch mit strukturierter Oberfläche) mit einer Wasseraufnahme ≤ 6 M.-%, die mindestens der Druckfestigkeitsklasse 36 angehören müssen. Zusätzlich müssen die Anforderung an den Frostwiderstand und die besondere Anforderung hinsichtlich der Netto-Trockenrohdichte (Scherbenrohdichte) erfüllt sein.

**Vollklinker (KMz)** sind Klinker oder hochfeste Klinker, deren Querschnitt durch Lochung senkrecht zur Lagerfläche bis 15 % gemindert sein darf.

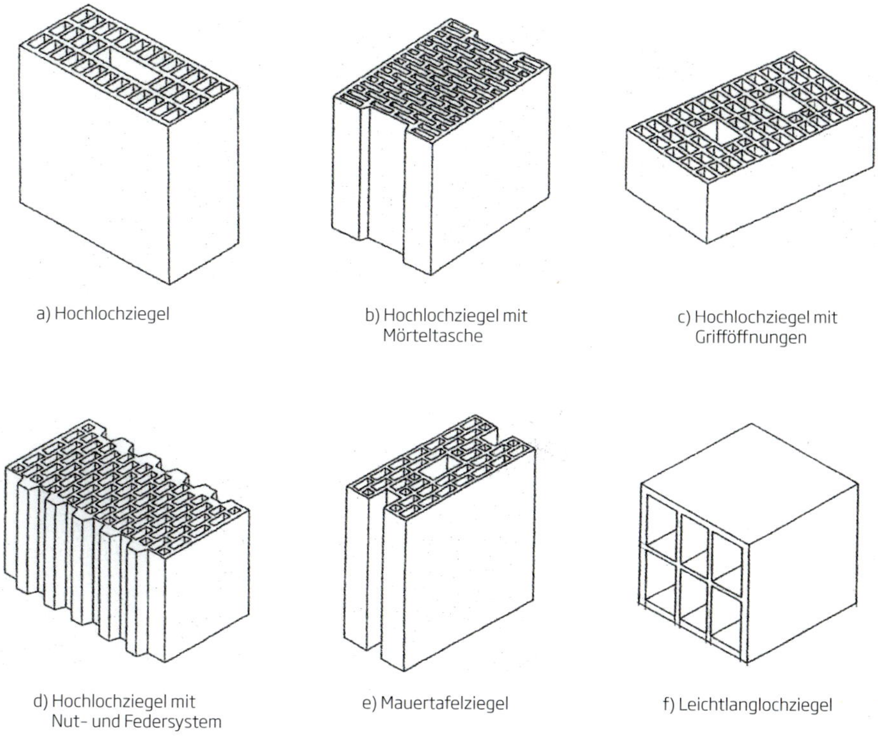


**Abb. 5.1:** Form und Ausbildung von Mauerziegeln (Beispiele)

**Hochlochklinker (KHLz)** sind Klinker oder hochfeste Klinker mit senkrecht zur Lagerfläche verlaufender Lochung der Arten A, B und C.

**Keramikklinker** sind aus dichtbrennenden Tonen mit oder ohne Zusatzstoffe geformte und gebrannte HD-Ziegel mit einer Wasseraufnahme ≤ 6 M.-%, die mindestens der Druckfestigkeitsklasse 60 und der Rohdichteklasse 1,4 angehören müssen. Die Anforderung an den Frostwiderstand und die besonderen Anforderungen an die Netto-Trockenrohdichte (Scherbenrohdichte), die Ritzhärte, die Farb- und Lichtbeständigkeit, die Beständigkeit gegen Säuren und Laugen sowie an das Aussehen der Sichtfläche müssen erfüllt sein.

**Keramik-Vollklinker (KK)** sind Keramikklinker, deren Querschnitt durch Lochung senkrecht zur Lagerfläche bis 15 % gemindert sein darf.

**Keramik-Hochlochklinker (KHK)** sind Keramikklinker mit senkrecht zur Lagerfläche verlaufender Lochung der Arten A, B, und C.

**Leichtlanglochziegel (LLz) und Leichtlangloch-Ziegelplatten (LLp)** nach DIN 105-5 sind parallel zur Lagerfuge gelochte LD-Ziegel (Beispiel in Abb. 5.1 f).

**Mauertafelziegel (HLzT)** sind Ziegel mit Lochungen der Arten A und B, die sich für die Erstellung von bewehrtem Mauerwerk oder von Mauertafeln mit vertikalen Vergusskanälen eignen (Beispiel in Abb. 5.1 e).

**Planziegel** nach DIN 105-6 weisen plan geschliffene Lagerflächen auf und werden in Dünnbettmörtel vermauert. Wegen der nur 1 bis 3 mm dicken Lagerfuge ist die Ziegelhöhe um 11 mm größer als Ziegelhöhen nach DIN 105-100. In DIN 105-6 werden folgende Ziegelarten genannt:

HD-Planziegel: **Planvollziegel (PMz), Planhochlochziegel (PHLz), Vormauer-Planziegel (PVMz), Mauertafel-Planziegel (PHLzT), Planklinker (PKMz) und Planformziegel.** Diese Ziegel sind den entsprechenden Mauerziegeln nach DIN 105-100 vergleichbar.

LD-Planziegel: **Planhochlochziegel (PHLz)** werden mit der Lochung A und B hergestellt. Die Minderung des Querschnitts durch die Lochung senkrecht zur Lagerfläche liegt zwischen 15 und 52 %.

#### 5.1.4.2 Anforderungen und Bezeichnungen

Mauerziegel müssen DIN EN 771-1 entsprechen. Für Eigenschaften, die nicht durch DIN EN 771-1 beschrieben werden (z. B. Frostwiderstand, Säure- und Laugenbeständigkeit, Oberflächenhärte), sind Festlegungen in DIN 105-100 getroffen.

Die nach den Prüfnormen der Reihe DIN EN 772 ermittelten Eigenschaften der Mauerziegel werden in Abhängigkeit vom vorgesehenen Anwendungsbereich und von der Ziegelart (z. B. Vollziegel, Hochlochziegel, Keramikklinker) *Stufen* und *Klassen, Vorzugsmaßen, Lochungsarten* usw. zugeordnet.

**Form, Löcher und Stege**

Ziegel sollen die **Form** eines von Rechtecken begrenzten Körpers haben (gilt nicht für Form- und Handformziegel). Die Stirnflächen von Ziegeln dürfen mit Nut und Feder oder bei Ziegelbreiten ≥ 175 mm mit Mörteltaschen versehen werden. Zur besseren Putzhaftung ist an den Seitenflächen eine flächenhafte Profilierung zulässig.

Für **Löcher und Stege** gelten die Anforderungen nach Tabelle 5.1. Für Hochlochziegel (W) und Wärmedämmziegel (WDz) gelten hinsichtlich der Lochung (Lochreihenzahl) zusätzliche Anforderungen.

**Grifflöcher** werden bei größeren Ziegelformaten zur besseren Handhabung angeordnet. Die Gesamtfläche von Grifflöchern und Mörteltaschen darf nicht mehr als 12,5 % der Lagerfläche des Ziegels nach Tabelle 5.1 betragen. Der Querschnitt des einzelnen Grifflochs darf höchstens 50 cm² betragen. Bei der Ermittlung des Gesamtlochquerschnitts sind die Grifflöcher, aber nicht die Mörteltaschen dem Lochanteil hinzuzurechnen.

**Ziegelmaße**

Die Ziegelmaße entsprechen den Nennmaßen der DIN 4172 „Maßordnung im Bauwesen" und berücksichtigen eine Lagerfuge von 12,3 mm (10,5 mm) und eine Stoßfuge von 10 mm Dicke. Sie können beliebig miteinander kombiniert werden. Für die meistgebräuchlichen Maßkombinationen gibt es Formatkurzzeichen, die sich von Dünnformat (DF) und Normalformat (NF) ableiten.

**Tabelle 5.1:** Anforderungen an die Ziegelgeometrie – Lochungsarten, Löcher, Stege nach DIN 105-100

| Art | Lochungsart (Kurzzeichen) | Gesamtlochquerschnitt in % der Lagerfläche [1)] [2)] | Löcher [2)] Einzelquerschnitt in cm² | Maße [3)] in mm | Maximale Lochreihenzahl | Stege |
|---|---|---|---|---|---|---|
| HD-Ziegel | Mz<br>VMz<br>KMz<br>KK | ≤ 15 [9)] | ≤ 6<br>etwaige Grifflöcher nach 4.4.2 | k ≤ 15<br>d ≤ 20<br>d´ ≤ 18 | keine Anforderungen | Mindestdicke der Außenstege 10 mm<br>(15 mm)[4)] |
| | HLzA<br>VHLzA<br>KHLzA<br>KHKA | > 15 und ≤ 50<br>(≤ 35)[7)] | ≤ 2,5<br>etwaige Grifflöcher nach 4.4.2 | keine Festlegungen | | Bei Vormauerziegeln und Klinkern muss die Mindestdicke der Außenstege an den Sichtseiten 20 mm betragen[5)] |
| | HLzB<br>VHLzB<br>KHLzB<br>KHKB | > 15 und ≤ 50<br>(≤ 35)[4)] | ≤ 6<br>etwaige Grifflöcher nach 4.4.2 | k ≤ 15[8)] | | |
| LD-Ziegel | HLzA | > 15 und ≤ 55 | ≤ 2,5<br>etwaige Grifflöcher nach 4.4.2 | keine Festlegungen | keine Anforderungen | Mindestdicke der Außenstege 10 mm[6)] |
| | HLzB | > 15 und ≤ 55 | ≤ 6<br>etwaige Grifflöcher nach 4.4.2 | k ≤ 15[8)] | nach Tabelle A.3, Fußnote a | Mindestdicke: Außenstege 10mm[6)]<br>Innenstege 6 mm |
| | HLzW | ≤ 50 | ≤ 6<br>etwaige Grifflöcher nach 4.4.2 | k ≤ 15 | nach Tabelle A.4 | Mindestdicke der Außenstege 10 mm[7)] |
| LD- und HD-Ziegel | Lz | ≤ 50<br>(bezogen auf die Stirnfläche) | ≤ 6 | k ≤ 15 | keine Anforderungen | Mindestdicke aller Stege 10 mm |

[1)] Lagerfläche: Länge x Breite des Ziegels.

[2)] Bei Ziegeln mit Lochung A und W ausschließlich etwaiger Mörteltaschen und bei Ziegeln mit Lochung B einschließlich etwaiger Mörteltaschen.

[3)] Wie vorne.

[4)] Werte in Klammern gelten abwechselnd für hochfeste Ziegel und hochfeste Klinker sowie für Keramikklinker.

[5)] Gilt nicht für HD-Ziegel mit Rohdichteklassen < 1,2 bei Verwendung in ungeschütztem Mauerwerk (nur zulässig für F1-mäßig angreifende Umgebung nach DIN EN 771-1, 5.3.6.

[6)] Die Summe der Stegdicken senkrecht zur Wanddicke bzw. bezogen auf die Ziegellänge darf bei Ziegeln mit der Lochung A und B einen Wert von 260 mm/m nicht unterschreiten.

[7)] Die Summe der Stegdicken senkrecht zur Wanddicke bzw. bezogen auf die Ziegellänge muss bei Ziegeln mit der Lochung W ≥ 180 mm/m und ≤ 250 mm/m sein.

[8)] Gemessen in Wandlängsrichtung.

[9)] Inklusive Mörteltaschen.

DIN 105-100 enthält die Nenn-, Mindest- und Höchstmaße von LD-Ziegeln und HD-Ziegeln (Tabelle 5.2). Abweichungen von den Ziegelnennmaßen sind zulässig. Innerhalb der Lieferung für ein Bauwerk dürfen sich die Maße der größten und kleinsten Ziegel jedoch lediglich um die *Maßspanne* unterscheiden.

**Tabelle 5.2:** Maße von LD- und HD-Ziegeln nach [12]

| Maße [1)] | Nennmaß mm | Mindestmaß mm | Höchstmaß mm | Maßspanne mm | Grenzabmaße mm |
|---|---|---|---|---|---|
| Ziegellänge l [2)] bzw. Ziegelbreite b | 90 | 85 | 95 | 5 | ±5 |
| | 115 | 110 (112) | 120 (118) | 6 | ±5 (±3) |
| | 145 | 139 (141) | 148 | 7 | + 3 - 6 (+ 3 - 4) |
| | 175 | 168 (170) | 178 | 8 (7) | + 3 - 7 (+ 3 - 5) |
| | 240 | 230 (233) | 245 | 10 | + 5 - 10 (+ 5 - 7) |
| | 300 | 290 (293) | 308 | 12 | + 8 - 10 (+ 8 - 7) |
| | 365 | 355 | 373 | 12 | + 8 - 10 |
| | 425 | 415 | 433 | 12 | + 8 - 10 |
| | 490 | 480 | 498 | 12 | + 8 - 10 |
| Ziegelhöhe h | 40 | 38 | 42 | 3 | ±2 |
| | 52 | 50 | 54 | 3 | ±2 |
| | 71 | 68 (69) | 74 (73) | 4 (3) | ±3 (±2) |
| | 113 | 108 (110) | 118 (116) | 4 | ±5 (±3) |
| | 155 | 150 | 160 | 5 | ±5 |
| | 175 | 170 | 180 | 5 | ±5 |
| | 138 | 233 | 243 | 6 | ±5 |

1) Ziegel dürfen auch in den Breiten 60, 70, 80, 100, 150, 200, 225, 250 und 275 mm und den Längen 190, 210, 290 und 390 mm hergestellt werden.
Bei Vormauerziegeln und Klinkern, die für nichttragende Verblendschalen verwendet werden sollen und die nicht im Verband mit anderem Mauerwerk gemauert werden, dürfen hiervon abweichende Werkmaße, die jedoch in folgenden Grenzen liegen müssen, gewählt werden:
Ziegellänge: 190 mm ≤ l ≤ 490 mm
Ziegelbreite: 90 mm ≤ b ≤ 120 mm
Ziegelhöhe: 40 mm ≤ h ≤ 240 mm
Bei Abweichungen von den Sollmaßen sind die Grenzabmaße und Maßspannen sinngemäß einzuhalten. Langlochziegel dürfen nur in den Breiten 115, 175, 240 und 300 mm, den Längen 240, 365 und 490 mm sowie in den Höhen 71, 113, 155, 175 und 238 mm hergestellt werden.

2) Bei Mauerziegeln mit Mörteltaschen, die ohne sichtbar vermörtelte Stoßfugen versetzt werden, ist das Sollmaß der Länge 5 mm, bei Nut und Feder 7 mm oder 8 mm größer als der in der Tabelle angegebene Wert.

## Rohdichte

Die Ziegelrohdichte (Brutto-Trockenrohdichte) wird aus der Masse des getrockneten Ziegels und dem Volumen einschließlich aller Hohlräume (Löcher, Grifflöcher, Mörteltaschen) errechnet. Die Ziegel werden einer *Rohdichteklasse* (Tabelle 5.3) zugeordnet, die nach dem oberen Wert bezeichnet wird, der vom Mittelwert nicht überschritten werden darf.

**Tabelle 5.3:** Rohdichteklassen für Ziegel nach [12]

| | Rohdichteklasse | Ziegelrohdichte[1)] (Mittelwerte) kg/dm³ |
|---|---|---|
| LD-Ziegel | 0,8 | 0,71 - 0,80 |
| | 0,9 | 0,81 - 0,90 |
| | 1,0 | 0,91 - 1,00 |
| HD-Ziegel | 0,8[2)] | 0,71 - 0,80 |
| | 0,9[2)] | 0,81 - 0,90 |
| | 1,0[2)] | 0,91 - 1,00 |
| | 1,2 | 1,01 - 1,20 |
| | 1,4 | 1,21 - 1,40 |
| | 1,6 | 1,41 - 1,60[3)] |
| | 1,8 | 1,61 - 1,80[3)] |
| | 2,0 | 1,81 - 2,00[3)] |
| | 2,2 | 2,01 - 2,20 (2,50)[3)] |
| | 2,4 | 2,21 - 2,40[3)] |

[1)] LD-Ziegel: Einzelwerte dürfen die Klassengrenzen um nicht mehr als 0,05 kg/dm³ unter- bzw. überschreiten.
HD-Ziegel: Einzelwerte dürfen die Klassengrenzen um nicht mehr als 0,10 kg/dm³ unter- bzw. überschreiten.
Werte in Klammern gelten für hochfeste Ziegel, hochfeste Klinker und Keramikklinker.

[2)] Nur bei Verwendung in ungeschütztem Mauerwerk.

[3)] Bei Vormauerziegel und Klinker darf der Mittelwert die obere Klassengrenze um 0,10 kg/dm³ überschreiten.

Für einzelne Ziegelarten wird die Scherbenrohdichte (Netto-Trockenrohdichte) vorgegeben. Bei Voll- und Hochlochklinkern sowie hochfesten Ziegeln und hochfesten Klinkern muss sie im Mittel mindestens 1,90 kg/dm³ (kleinster Einzelwert 1,80 kg/dm³), bei Keramikklinkern mindestens 2,00 kg/dm³ (kleinster Einzelwert 1,90 kg/dm³) betragen. Bei Hochlochziegeln (W) und Wärmedämmziegeln (WDz) darf eine vorgegebene Scherbenrohdichte dann nicht überschritten werden, wenn eine geforderte Lochreihenzahl in Richtung der Wanddicke (Ziegelbreite) unterschritten wird.

## Druckfestigkeit

Die Druckfestigkeit errechnet sich aus der im Druckversuch erreichten Höchstlast und der Probenquerschnittsfläche bzw. Lagerfläche. Die Einordnung der Ziegel in eine *Druckfestigkeitsklasse* (Tabelle 5.4) erfolgt nach dem kleinsten Einzelwert (Nennfestigkeit) und dem Mittelwert (Serienfestigkeit) einer Prüfserie.

Maßgebend für die Einstufung ist die mittlere Steindruckfestigkeit $f_{st}$, die sich aus der mit einem Formfaktor $f$ (Tabelle 5.5) multiplizierten Steindruckfestigkeit $f_{st,1}$ des Probekörpers ergibt. (Ausnahme: Leichtlanglochziegel). Die mittlere Steindruckfestigkeit ist der entsprechenden Druckfestigkeitsklasse zuzuordnen.

Klinker müssen mindestens der Druckfestigkeitsklasse 28, hochfeste Ziegel und Klinker mindestens der Druckfestigkeitsklasse 36 und Keramikklinker mindestens der Duckfestigkeitsklasse 60 entsprechen.

**Tabelle 5.4:** Druckfestigkeitsklassen und Kennzeichnung von Mauerziegeln nach [12]

| Druckfestigkeits-klasse | Kleinster Einzelwert in (N/mm²) | Umgerechnete mittlere Mindestdruckfestigkeit $f_{st}$ in (N/mm²) | Farbkennzeichen |
|---|---|---|---|
| 4 | 4,0 | 5,0 | blau |
| 6 | 6,0 | 7,5 | rot |
| 8 | 8,0 | 10,0 | [1] |
| 10 | 10,0 | 12,5 | [1] |
| 12 | 12,0 | 15,0 | ohne |
| 16 | 16,0 | 20,0 | [1] |
| 20 | 20,0 | 25,0 | gelb |
| 28 | 28,0 | 35,0 | braun |
| 36 | 36,0 | 45,0 | ein violetter Streifen |
| 48 | 48,0 | 60,0 | zwei schwarze Streifen |
| 60 | 60,0 | 75,0 | drei schwarze Streifen |

[1] Keine Kennzeichnung; Kennzeichnung erfolgt nur durch Aufstempelung der Druckfestigkeitsklasse in schwarzer Farbe.

**Tabelle 5.5:** Formfaktoren $f$

| Nennmaß der Ziegelhöhe (mm) | $40 \leq h < 52$ | $52 \leq h < 75$ | $75 \leq h < 100$ | $100 \leq h < 175$ | $175 \leq h < 238$ | $\geq 238$ |
|---|---|---|---|---|---|---|
| Formfaktor $f$[1] | 0,6 | 0,8 | 0,9 | 1,0 | 1,1 | 1,2 |

[1] Für Langlochziegel ist $f = 1{,}0$ einzusetzen.

## Frostbeständigkeit

Die Frostbeständigkeit wird bei allen Vormauerziegeln und Klinkern gefordert. Sie wird nach DIN 52252-1 „Prüfung der Frostwiderstandsfähigkeit von Vormauerziegeln und Klinkern" beurteilt.

### Treibende Einschlüsse und ausblühende Salze

Die Ziegel sollen frei von schädlichen, treibenden Einschlüssen (z. B. Kalkknollen) und aktiven löslichen Salzen sein, die zu Gefügezerstörungen der Ziegel oder des Putzes bzw. zu Ausblühungen führen. Gegebenenfalls ist der Dampftest nach DIN 105-100 durchzuführen und der Gehalt an löslichen Salzen nach DIN EN 772-5 zu bestimmen.

### Wasseraufnahme

Die Prüfung der Wasseraufnahme von HD-Ziegeln für Außenbauteile erfolgt nach dem im Anhang C (normativ) zu DIN EN 771-1 angegebenen Verfahren. Die Wasseraufnahme von Ziegeln, die für *Feuchtesperrschichten* vorgesehen sind, wird nach DIN EN 772-7 überprüft. Sofern es für den vorgesehenen Verwendungszweck erforderlich ist, wird die *anfängliche Wasseraufnahme* einer Lieferung von Mauerziegeln nach DIN EN 772-11 ermittelt.

### Zusätzliche Anforderungen nach DIN 105-100

Zusätzliche Anforderungen, die nicht durch DIN EN 771-1 beschrieben sind, können an die *Ritzhärte der Oberfläche*, an die *Farb- und Lichtbeständigkeit*, an die *Säure- und Laugenbeständigkeit* und an das *Aussehen der Ansichtsfläche* von Keramikklinkern gestellt werden.

### Bezeichnung der Ziegelarten nach DIN 105-100 und DIN 105-6

| | | | |
|---|---|---|---|
| LD-Ziegel | Hochlochziegel | HLz | DIN 105-100 |
| | Wärmedämmziegel | WDz | |
| | Leichtlanglochziegel | LLz | DIN 105-5 |
| | Leichtlangloch-Ziegelplatten | LLp | |
| HD-Ziegel | Vollziegel | Mz | DIN 105-100 |
| | Hochlochziegel | HLz | |
| | Vormauer-Vollziegel | VMz | |
| | Vormauer-Hochlochziegel | VHLz | |
| | Vollklinker | KMz | |
| | Hochlochklinker | KHLz | |
| | Keramikvollklinker | KK | |
| | Keramikhochlochklinker | KHLz | |
| | Planvollziegel | PMz | DIN 105-6 |
| | Planhochlochziegel | PHLz | |
| | Vormauer-Planziegel | PVMz | |
| | Planklinker | PKMz | |

Das Kurzzeichen für Mauertafelziegel wird mit einem T ergänzt (HlzT).

Vormauer-Hochlochziegel, Vormauerziegel und Klinker mit von den Nennmaßen abweichenden Werkmaßen erhalten zum Kurzzeichen den Buchstaben v bzw. k (z. B. vHLz, vMz, kMz).

Hochlochziegel werden nach dem Kurzzeichen HLz zusätzlich je nach Lochung mit den Buchstaben A, B oder C gekennzeichnet.

Hochlochziegel HLz erhalten zusätzlich den Buchstaben W, wenn sie zusätzliche Anforderungen an Lochreihenzahl oder Scherbenrohdichte erfüllen.

Bei Stoßfugenausführung mit Nut und Feder kann die Kurzbezeichnung N + F zusätzlich verwendet werden.

Mauerziegel, die keine in Wandlängsrichtung durchlaufenden Innenstege haben, sind zusätzlich mit EB zu kennzeichnen.

Formziegel und Handformziegel haben keine Kurzzeichen.

Ziegel werden in der Reihenfolge DIN-Hauptnummer, Ziegelart (Kurzzeichen), Druckfestigkeitsklasse, Rohdichteklasse und Formatkurzzeichen gekennzeichnet. Bei Hochlochziegeln W ohne Mörteltasche ist die vorgesehene Wanddicke hinter dem Format-Kurzzeichen anzufügen (z. B. 300 für Wanddicke 300 mm).

**Bezeichnungsbeispiele:**

Hochlochziegel W (HLz) ohne Mörteltasche, der Druckfestigkeitsklasse 6, der Rohdichteklasse 0,7, der Länge l = 240 mm, der Breite b = 300 mm und der Höhe h = 238 mm (10 DF) für eine Wanddicke von 300 mm:

**Ziegel DIN 105 - HLzW 6 - 0,7 - 10 DF 300**

Vollziegel (Mz) der Druckfestigkeitsklasse 12, der Rohdichteklasse 1,8, der Länge l = 240 mm, der Breite b = 115 mm und der Höhe h = 113 mm (2 DF):

**Ziegel DIN 105 - Mz 12 - 1,8 - 2 DF**

Keramikhochlochklinker (KHK) mit Lochung B der Druckfestigkeitsklasse 60, der Rohdichteklasse 1,6, der Länge l = 240 mm, der Breite b = 115 mm und der Höhe h = 52 mm (DF):

**Klinker DIN 105 - KHKB 60 - 1,6 - DF**

### 5.1.4.3 Verwendung von Mauerziegeln für Außenwandkonstruktionen

#### Normen

| | |
|---|---|
| DIN 1053-1 | Mauerwerk; Teil 1: Berechnung und Ausführung; Ausgabe 1996-11 |
| DIN EN 1996-1-1 | Eurocode 6: Bemessung und Konstruktion von Mauerwerksbauten; Teil 1-1: Allgemeine Regeln für bewehrtes und unbewehrtes Mauerwerk; Ausgabe 2013-02 |
| DIN EN 1996-1-1/NA | Nationaler Anhang - National festgelegte Parameter - Eurocode 6: Bemessung und Konstruktion von Mauerwerksbauten; Teil 1-1: Allgemeine Regeln für bewehrtes und unbewehrtes Mauerwerk; Ausgabe 2012-05 |

*Anmerkung: Der Eurocode 6 - DIN EN 1996 wird in den nächsten Jahren die DIN 1053-1 ablösen. Seit Juli 2012 kann DIN EN 1996 parallel und gleichwertig zu DIN 1053-1 angewendet werden. Die verbindliche bauaufsichtliche Einführung ist für den 1.1.2014 vorgesehen. Voraussichtlich ab 1.1.2016 wird die DIN EN 1996 allein gültig sein.*

Bei *Außenwänden* in Ziegelsicht- oder Ziegelverblendmauerwerk entsprechend DIN 1053-1 stehen neben statischen Anforderungen vor allem bauphysikalische Aspekte - insbesondere Schlagregen- und Wärmeschutz - im Vordergrund. Ziegelmauerwerk kann einen ein- oder zweischaligen Wandaufbau aufweisen. Aufgrund erhöhter bauphysikalischer Anforderungen ist aber eine eindeutige Tendenz zu den zweischaligen Außenwänden erkennbar.

Einschaliges geputztes Ziegelmauerwerk besteht aus nicht frostbeständigen Hintermauerziegeln (meist großformatige Hochloch- oder Blockziegel) und einem Außenputz, der die Anforderungen nach DIN V 18 550 „Putz und Putzsysteme – Ausführung" erfüllt. Die Mindestwanddicke beträgt 240 mm.

Bei einschaligem Ziegel-Verblendmauerwerk übernimmt der gesamte Wandquerschnitt die Aufgaben der Lastabtragung sowie des Wärme- und Feuchteschutzes. Die in den Sichtflächen außen liegenden Ziegel müssen frostbeständig sein. Aus Gründen der Schlagregensicherheit muss jede Mauerschicht mindestens zwei Steinreihen aufweisen, zwischen denen eine durchgehende, schichtweise versetzte hohlraumfrei vermörtelte, 20 mm dicke Längsfuge verläuft. Aus dieser Forderung ergibt sich z. B. die Wanddicke ohne Putz von 375 mm. Die geforderte Mindestwanddicke von 310 mm sollte nur bei geringer Wetterbeanspruchung und ausreichendem Wärmeschutz gewählt werden.

Bei zweischaligem Ziegel-Verblendmauerwerk mit Luftschicht (Abb. 5.2 a) kann die äußere, i. d. R. 115 mm dicke Verblendschale sowohl aus Ziegeln als auch aus Klinkern bestehen. Die Dicke der allein tragenden Innenschale kann unter besonderen Voraussetzungen 115 mm sein, meist wird jedoch > 175 mm gewählt. Beide Mauerwerksschalen sind je Quadratmeter Wandfläche mit mindestens 5 Drahtankern aus nichtrostendem Stahl mit mindestens 3 mm Durchmesser zu verbinden. Die verschiedenen Drahtankertypen müssen bauaufsichtlich zugelassen sein. Eine mindestens 60 mm und höchstens 150 mm breite Luftschicht verhindert die Feuchteübertragung von der äußeren zur inneren Wandschale und führt eventuell auftretende Kondensfeuchte ab. Belüftung und Abdichtung sind erforderlich. Besondere Beachtung erfordern die Ausbildung der Fußpunkte an Aufstandsflächen, der Anschlüsse im Bereich der Fensterstürze und -leibungen sowie der obere Abschluss der Wandschalen.

Bei zweischaligem Ziegel-Verblendmauerwerk mit Luftschicht und Wärmedämmung (Abb. 5.2 b) darf der Abstand der Mauerwerksschalen 150 mm nicht überschreiten. Zur Abführung von Feuchtigkeit muss die freie Luftschicht mindestens 40 mm dick sein. Bei zweischaligem Ziegel-Verblendmauerwerk mit Kerndämmung (Abb. 5.2 c) ist die Außenschale mindestens 115 mm dick auszuführen; der Abstand der Mauerwerksschalen darf 150 mm nicht überschreiten. Als Kerndämmsysteme gelten alle mehrschichtigen Wandbauarten, bei denen zwischen Innen- und Außenschale

- der Hohlraum ohne verbleibende Luftschicht mit Wärmedämmsystemen verfüllt wird, die für diesen Anwendungsbereich genormt sind oder deren Brauchbarkeit z. B. durch eine „Allgemeine bauaufsichtliche Zulassung" nachgewiesen ist,
- der Hohlraum mit sog. Luftschichtdämmplatten oder Dämmplatten aus Mineralfasern bzw. Hartschaum ausgefüllt ist,
- eine hohlraumfreie Verfüllung in Form hydrophobierter Schütt-Dämmstoffe oder nachträgliches Ausschäumen mit Kunstharz-Ortschaum nach bauaufsichtlicher Zulassung erfolgt.

Bei zweischaligem Ziegel-Verblendmauerwerk mit Putzschicht (Abb. 5.2 d) ist auf der Außenseite der Innenschale eine zusammenhängende Putzschicht aufzubringen. Davor ist die Verblendschale so dicht, wie es das Vermauern erlaubt (Fingerspalt), vollfugig zu errichten.

Wird statt der Verblendschale eine geputzte Außenschale angeordnet, darf auf die Putzschicht auf der Außenseite der Innenschale verzichtet werden. Die Mauerwerksschalen sind durch Drahtanker mit 3 mm Durchmesser zu verbinden.

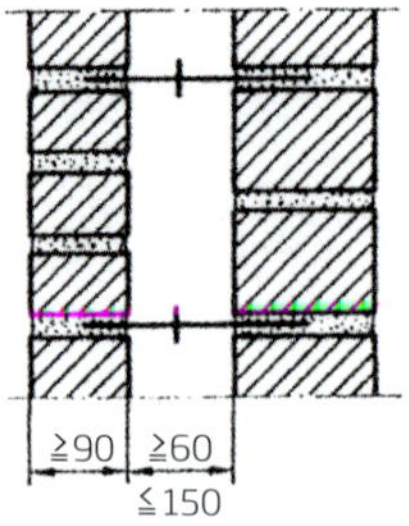


a) Außenwand mit Luftschicht ohne Wärmedämmschicht

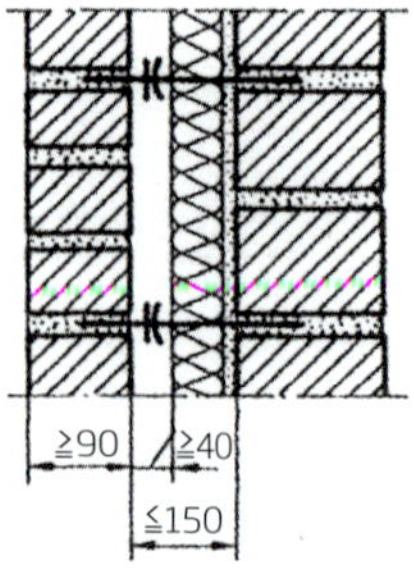


b) Außenwand mit Luftschicht und Wärmedämmschicht

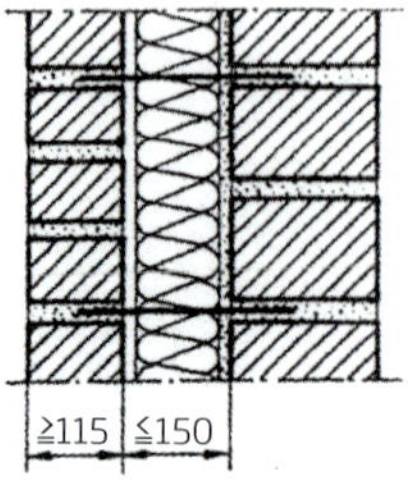


c) Außenwand mit Innendämmschicht ohne Luftschicht (Kerndämmung)

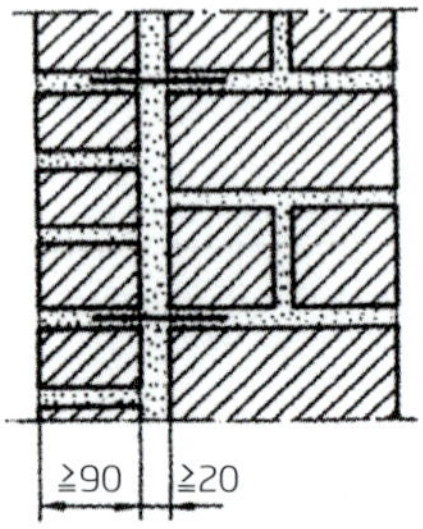


d) Außenwand mit Putzsperre (Schalenfuge)

**Abb. 5.2:** Zweischalige Außenwandkonstruktionen

### 5.1.4.4 Mauerziegel und Klinker für Sonderzwecke

#### Normen

| | |
|---|---|
| DIN 1056 | Freistehende Schornsteine in Massivbauart – Tragrohr aus Mauerwerk – Berechnung und Ausführung; Ausgabe 2009-01 |
| V DIN SPEC 1057-100 | Baustoffe für freistehende Schornsteine; Teil 100: Radialziegel mit besonderen Eigenschaften; Ausgabe 2009-11 *(Vornorm)* |
| DIN 4051 | Kanalklinker – Anforderungen, Prüfung, Überwachung; Ausgabe 2002-04 |
| DIN 18503 | Pflasterklinker – Anforderungen und Prüfverfahren; Ausgabe 2003-12 |
| E DIN EN 1344 | Pflasterziegel – Anforderungen und Prüfverfahren; Ausgabe 2009-11 *(Norm-Entwurf)* *(Restnorm zu DIN EN 1344)* |

## Mauersteine für freistehende Schornsteine (Schornsteinziegel)

Nach DIN 1056 „Freistehende Schornsteine in Massivbauart" dürfen für das Tragrohr aus Mauerwerk folgende Materialien verwendet werden:

- Mauerziegel nach DIN EN 771-1 mit DIN 20000-401 und DIN 105-100
- Kalksandsteine nach DIN EN 771-2 mit DIN V 20000-402 und DIN V 106
- Hüttensteine
- Radialziegel nach V DIN SPEC 1057-100, die den Anforderungen an Mauerziegel nach DIN EN 771-1 entsprechen
- Mauerziegel des Formats 240 mm x 115 mm x 90 mm, die DIN 105-100 entsprechen

Es gelten jedoch folgende Einschränkungen:

- Mittelwert der Druckfestigkeit ≥ 15 N/mm²; kleinster Einzelwert ≥ 12 N/mm²
- mittlere Scherbenrohdichte ≥ 1,9 kg/dm³; kleinster Einzelwert ≥ 1,8 kg/dm³
- Steine müssen frostbeständig sein
- nur Vollsteine (Lochanteil ≤ 15 % der Lagerfläche) sind zulässig

Für das Tragrohr ist Normalmörtel nach DIN EN 998-1 der Mörtelgruppen II oder IIa zu verwenden.

Für Innendurchmesser des Tragrohres gemauerter Schornsteine ≤ 4,0 m müssen Radialziegel nach V DIN SPEC 1057-100 verwendet werden. Es sind folgende Radialziegelarten zu unterscheiden:

**Radialvollziegel Rz** sind HD-Ziegel im Radialformat, deren Querschnitt durch Lochung senkrecht zur Lagerfläche bis 15 % gemindert sein darf, die den Rohdichteklassen 1,8 und 2,0 und den Druckfestigkeitsklassen 12, 20, 28 und 36 zugeordnet sind und Frostwiderstand aufweisen.

**Radialklinker R** sind oberflächig gesinterte HD-Ziegel im Radialformat, deren Querschnitt durch Lochung senkrecht zur Lagerfläche bis 15 % gemindert sein darf, die der Rohdichteklasse 2,0 und den Druckfestigkeitsklassen 28 und 36 zugeordnet sind, deren Frostwiderstand nachgewiesen ist und deren Wasseraufnahme 6 M.-% nicht übersteigt.

Die für die unterschiedlichen Schornsteinaußenradien geeigneten Radialformate werden durch Form-Kurzzeichen unterschieden und bei der Herstellung an den Ziegellängsseiten durch eine, zwei oder drei Kerben gekennzeichnet.

Bezeichnungsbeispiel für einen Radialvollziegel (Rz), Druckfestigkeitsklasse 20, Rohdichteklasse 2,0, Höhe 71 mm und Form-Kurzzeichen 2403:

**Radialziegel - DIN SPEC 1057 - Rz20 - 2,0 - 71 - 2403**

## Kanalklinker

Kanalklinker nach DIN 4051 werden vorwiegend zur Herstellung von Kanälen, Einstiegsschächten und anderen Abwasseranlagen verwendet. Kanalklinker sind auch für Bauwerke im Wasserbau geeignet.

Neben den Grundformaten Normalformat (NF), Dünnformat (DF) und Reichsformat (RF) für ebene oder nur schwach gewölbte Profilbereiche werden Keilklinker A für Kopfgewölbe, Keilklinker B für Sohlgewölbe, Keilklinker BRF und Schachtklinker C hergestellt.

Zulässig sind auch quaderförmige Sonderformate und nicht quaderförmige Sonderformate (SF), z. B. Rundfaseklinker und Schachtsohlklinker.

Folgende Anforderungen müssen erfüllt werden:

- Druckfestigkeit: Mittelwert ≥ 45 N/mm²; Einzelwert ≥ 40 N/mm²
- Scherbenrohdichte: Mittelwert ≥ 1,9 kg/dm³; Einzelwert ≥ 1,8 kg/dm³
- Wasseraufnahme: < 6 M.-%
- Schleifverschleiß: < 15 cm³/50 cm² („Böhmescheibe")
- Frost- und Säurebeständigkeit: gefordert
- Klinker für Wasserbau: Wasseraufnahme < 4 M.-%

Anforderungen für Klinker für Tunnelbauwerke:

- Druckfestigkeit: ≥ 50 N/mm²
- Anforderungen nach DB-Vorschrift „Abdichtung von Ingenieurbauwerken"

### Pflasterziegel/Pflasterklinker

E DIN EN 1344 beschreibt die Anforderungen an aus Ton hergestellte Pflaster- und Ergänzungsziegel, die in *ungebundener* Verlegung verwendet werden (Pflasterziegel, die mit schmalen sandgefüllten Fugen auf einem Sandbett verlegt werden), und für solche, die in *gebundener* Verlegung Einsatz finden (Pflasterziegel, die mit Zementmörtelfugen auf einem Zementmörtelbett verlegt werden). Die rechtwinklig und nicht rechtwinklig geformten Pflasterziegel kommen vorwiegend im Außenbereich zur Anwendung (Flächen mit Fußgänger- und Fahrzeugverkehr).

Die Herstellmaße von Pflasterziegeln richten sich nach der Verlegeart (z. B. Läufer-, Fischgrät-, Block-, Mittelstein- oder Parkettverband). Die *Nenndicke* der Pflasterziegel zum Verlegen im Sandbett muss mindestens 40 mm, zum Verlegen im Mörtelbett mindestens 30 mm betragen.

Werden die Anforderungen an den *Frost-Tau-Widerstand* erfüllt, so erhalten die Pflastersteine die Kennzeichnung FP100. Eine Einstufung in die Klasse FP0 erfolgt, wenn keine Anforderungen gestellt werden.

Je nach erreichter *Biegebruchlast* werden Pflasterziegel in die Klassen T0 bis T4 eingestuft (gilt nicht für Ergänzungsziegel und Pflasterziegel mit einer Länge < 80 mm). Die Klasse T0 (keine Anforderungen) trifft nur für Pflasterziegel in gebundener Verlegung zu. Bei Pflasterziegeln der Klasse T1 muss die mittlere Biegebruchlast ≥ 30 N/mm (kleinster Einzelwert ≥ 15 N/mm) betragen; für die Klasse T4 gelten die Werte ≥ 80 N/mm (≥ 64 N/mm).

Der *Abriebwiderstand* muss mit einem Verweis auf die Klassen A1, A2 und A3 angegeben werden. Eine Einstufung in die Klasse A1 erfolgt, wenn das mittlere Abriebvolumen ≤ 2100 mm³ ist. Für die Klasse A2 gilt ein Wert ≤ 1100 mm³, für die Klasse A3 gilt ein Wert ≤ 450 mm³. Die Messung erfolgt mit einem Verschleißgerät nach E DIN EN 1344, Anhang E.

Die Anforderungen an einen ausreichenden *Gleit/Rutschwiderstand* gelten als erfüllt, wenn die Oberfläche der Pflasterziegel nicht glatt, geschliffen oder poliert ist.

Pflasterklinker nach DIN 18503 sind Pflasterziegel, an die zusätzlich zu den Anforderungen nach E DIN EN 1344 besondere Anforderungen an die Wasseraufnahme und an die Scherbenrohdichte gestellt werden:

- Wasseraufnahme: ≤ 6 M.-%
- Scherbenrohdichte: ≥ 2,0 kg/dm³ (Mittelwert); ≥ 1,9 kg/dm³ (Einzelwert)

Bei der Prüfung der (nicht in DIN 18503 genormten) Kantenfestigkeit darf der Massenverlust von 10 Pflasterklinkern in rotierender Stahltrommel durch schlagende Kugeln (Rattlerprobe) nicht mehr als 30 M.-% sein.

Weitere Anforderungen sind auch in den „Richtlinien für die Verwendung von Klinkern im Straßenbau" (Hrsg.: Forschungsgesellschaft für das Straßen- und Verkehrswesen e. V., Köln) festgelegt.

## 5.1.5 Ziegel für Decken und Vergusstafeln

### Normen

| | |
|---|---|
| DIN 278 | Tonhohlplatten (Hourdis) und Hochziegel, statisch beansprucht; Ausgabe 1978-09 |
| E DIN 4159 | Ziegel für Decken und Vergusstafeln, statisch mitwirkend; Ausgabe 2013-08 *(Norm-Entwurf)* |
| DIN 4160 | Ziegel für Decken, statisch nicht mitwirkend; Ausgabe 2000-04 |
| DIN 1053-4 | Mauerwerk; Teil 4: Fertigbauteile; Ausgabe 2013-04 |
| DIN 1045-100 | Bemessung und Konstruktion von Stahlbeton- und Spannbetontragwerken; Teil 100: Ziegeldecken; Ausgabe 2011-12 |

### 5.1.5.1 Statisch mitwirkende Ziegel für Decken und Vergusstafeln nach DIN 4159

Statisch mitwirkende Ziegel werden verwendet:

- als Ziegel für Ziegeldecken nach DIN 1045-100,
- als Ziegel für Vergusstafeln nach DIN 1053-4.

### Ziegel für Ziegeldecken

Bezeichnung: ZDV – Ziegel für vollvermörtelbare Stoßfugen
ZDT – Ziegel für teilvermörtelbare Stoßfugen

Ziegeldecken können als vorgefertigte Platten oder auf Schalung hergestellt werden. Der Achsabstand der bewehrten Mörtellängsrippen beträgt einheitlich 25 cm. Druckkräfte werden von den Mörtelrippen und den Ziegeln aufgenommen; eine zusätzliche Ortbetondruckplatte ist nicht erforderlich (Konstruktionsprinzip siehe Abb. 5.3 und 5.4).

Für die Stoßvermörtelung befindet sich an einer oder beiden Querschnittsseiten der Ziegel eine etwa 4 bis 5 cm breite Aussparung, die in Abhängigkeit von einer ggf. statisch erforderlichen oberen oder unteren Druckzone entweder nur im oberen enggelochten Druckbereich des Querschnitts vermörtelt wird (teilvermörtelte Stoßfuge) oder bis zur enggelochten Querschnittstiefe gehend die Vermörtelung der gesamten Fuge zulässt (vollvermörtelbare Stoßfuge).

In den Stoßfugen kann Querbewehrung angeordnet werden.

**Ziegelrohdichten:** Mittelwerte höchstens 0,60; 0,70; 0,80; 1,00; 1,20; 1,40 kg/dm³

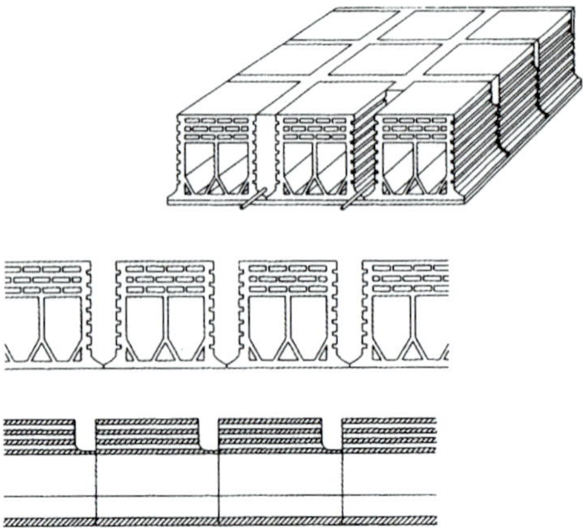

Abb. 5.3: Ziegeldecke aus Ziegeln ZDT

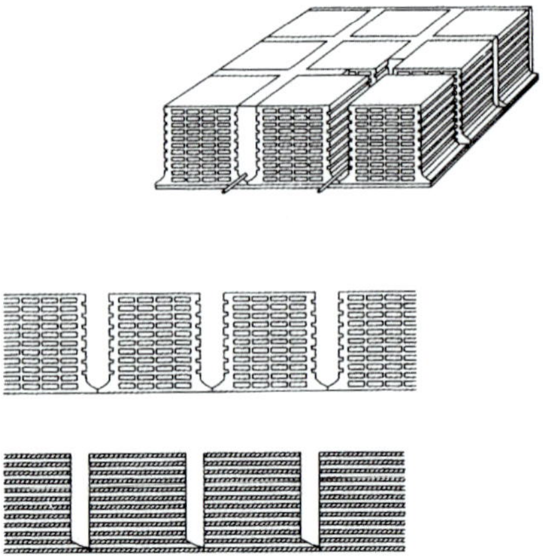

Abb. 5.4: Ziegeldecke aus Ziegeln ZDV

Tabelle 5.6: Druckfestigkeiten der Ziegel ZDV und ZDT

| Druckfestigkeitsklasse | Druckfestigkeit in N/mm² kleinster Einzelwert | Druckfestigkeit in N/mm² Mittelwert | Nennfestigkeit der Ziegelfestigkeitsklasse N/mm² Neue Prüfkriterien fk |
|---|---|---|---|
| 18 | 18,0 | 22,5 | 18,0 |
| 20 | 20,0 | 25,0 | 20,0 |
| 24 | 24,0 | 30,0 | 24,0 |
| 28 | 28,0 | 35,0 | 28,0 |
| 30 | 30,0 | 37,5 | 30,0 |
| 36 | 36,0 | 45,0 | 36,0 |

**Tabelle 5.7:** Abmessungen der Ziegel ZDV und ZDT

| | | | | | | | | | | | |
|---|---|---|---|---|---|---|---|---|---|---|---|
| **Breite (mm)** | 250 | | | | | | | | | | |
| **Länge (mm)** | 166 bis 500[1] | | | | | | | | | | |
| **Dicke (mm)**[4] | 90[3] | 115 | 140 | 165[2] | 190[2] | 215 | 240 | 265 | 290 | 315 | 340 |

[1] Für Länge > 333 mm nur bei Decken ohne Querbewehrung.
[2] Häufig verwendete Deckendicke.
[3] Nur ZDV.
[4] Zwischengrößen sind zulässig.

### Ziegel für Vergusstafeln

Bezeichnung ZVV - Ziegel für Vergusstafeln für vollvermörtelbare Stoßfugen
ZVT - Ziegel für Vergusstafeln für teilvermörtelbare Stoßfugen

Ziegelabmessungen wie Ziegel für Ziegeldecken; zusätzliche Dicke: 365 mm.

Ziegel für Außenwandtafeln dürfen an ihrer Außenseite statisch nicht mitwirkende und nicht vermörtelbare Lochkanäle aufweisen.

**Ziegelrohdichten:** wie Ziegel für Ziegeldecken

**Tabelle 5.8:** Druckfestigkeiten der Ziegel ZVV und ZVT für Vergusstafeln

| Druckfestigkeitsklasse | Druckfestigkeit in N/mm² kleinster Einzelwert | Mittelwert |
|---|---|---|
| 6 | 6 | 7,5 |
| 8 | 8 | 10,0 |
| 12 | 12 | 15,0 |
| 18 | 18 | 22,5 |
| 24 | 24 | 30,0 |
| 30 | 30 | 37,5 |
| 36 | 36 | 45,0 |

## 5.1.5.2 Statisch nicht mitwirkende Ziegel für Decken nach DIN 4160

Statisch nicht mitwirkende Ziegel werden verwendet:

- als Ziegel für Stahlbetonrippendecken mit Ortbetonrippen (Form A), Abb. 5.5
- als Zwischenbauteile für Stahlbetonrippen- und Plattenbalkendecken mit ganz oder teilweise vorgefertigten Rippen (Form B)
- als Ziegel für Balkendecken mit Ortbetonrippen (Form C)
- als Zwischenbauteile für Balkendecken mit ganz oder teilweise vorgefertigten Rippen (Form D)

In den genannten Deckensystemen werden die Ziegel lediglich als Füllkörper oder Schalkörper eingesetzt. Die Verwendung von Ziegeln nach DIN 4160 erfordert eine mindestens 5 cm dicke Betondruckplatte mit Querbewehrung.

**Ziegelabmessungen:** Die Breiten sind auf die Rippenachsmaße von 333, 500, 625 und 750 mm abgestimmt. Die Regellängen betragen 250, 333 und 500 mm. Die Dicken sind so gewählt, dass sich die Dicken der Rohdecken ab 115 mm um jeweils 25 mm erhöhen.

**Ziegelrohdichten:** Mittelwerte höchstens 0,60; 0,80; 0,90; 1,00 und 1,20 kg/dm³.

**Festigkeiten:** An die Ziegelfestigkeiten werden keine Anforderungen gestellt. Wegen der Beanspruchung beim Einbau werden aber Bruchlasten bei der Biegeprüfung von mindestens F = 12 × L (F in N; L in mm), unabhängig von der Ziegelbreite, gefordert.

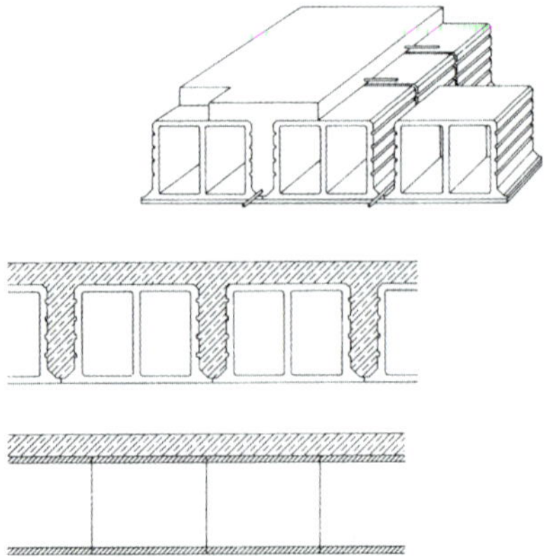

**Abb. 5.5:** Stahlbetonrippendecke mit statisch nicht mitwirkenden Ziegeln (Form A)

### 5.1.5.3 Tonhohlplatten (Hourdis) und Hohlziegel nach DIN 278

Es sind folgende Ziegelformen zu unterscheiden:

- Tonhohlplatten (Hourdis) als Zwischenbauteile für Decken (HD)
- Hohlziegel für vorgefertigte Verbundtafeln (HV)
- Hohlziegel für vorgefertigte Wandtafeln (HW)
- Langlochziegel für leichte Trennwände (HT)

**Tonhohlplatten (HD)** haben Rechteckquerschnitt und weisen Längen zwischen 500 und 1100 mm, Breiten von 200 und 250 mm und Dicken zwischen 60 und 120 mm auf. Sie sind in die Rohdichteklassen 0,8 und 1,0 kg/dm³ eingeordnet. Die bei der Biegeprüfung geforderten Mindestbruchlasten sind von den Querschnittsabmessungen abhängig.

**Hohlziegel (HV)** werden als tragende Teile in vorgefertigte Montagewände eingebaut. Sie weisen Rechteckquerschnitt auf und sind an den Außenwandungen profiliert. Die Breiten betragen 200 bis 313 mm, die Längen 250 und 330 mm und die Dicken 80 bis 140 mm. Sie sind in die Rohdichteklassen 0,8, 1,0 und 1,2 kg/dm³ und entsprechend ihrer Druckfestigkeit in Richtung der Lochkanäle in die Klassen 6,0; 12,5; 18,0; 24,0 und 38,0 N/mm² eingeteilt.

**Hohlziegel (HW)** sind ähnlich wie Tonhohlplatten (HD) ausgebildet. Sie sind in die Rohdichteklassen 0,8; 1,0 und 1,2 kg/dm³ eingeteilt, denen die Druckfestigkeitsklassen 6,0; 12,5 und 18 N/mm² zugeordnet sind.

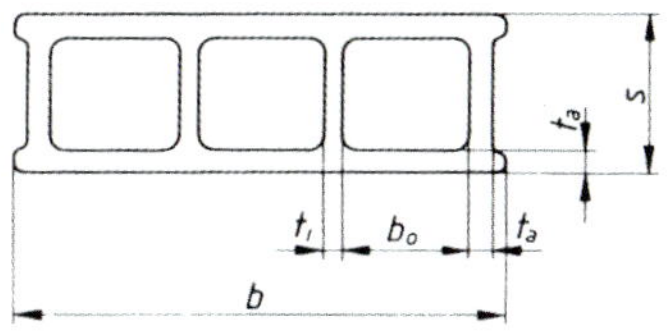


Abb. 5.6: Tonhohlplatte (HD)

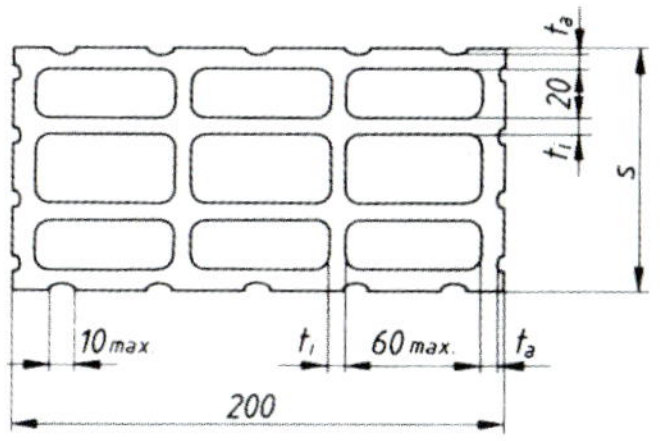


Abb. 5.7: Tonhohlplatten (Hourdis) als Langlochziegel für leichte Trennwände (HT)

**Langlochziegel (HT)** für leichte Trennwände sind den Tonhohlplatten ähnlich. Sie weisen bei Dicken von 100 und 120 mm Rohdichten von 0,8 und 1,0 kg/dm$^3$ auf. Die Druckfestigkeit in Lochrichtung muss mindestens 2,5 N/mm$^2$ betragen.

## 5.1.6 Dachziegel

### Normen

| | |
|---|---|
| DIN EN 538 | Tondachziegel für überlappende Verlegung – Prüfung der Biegetragfähigkeit; Ausgabe 1994-11 |
| DIN EN 539 | Dachziegel für überdeckende Verlegung – Bestimmung der physikalischen Eigenschaften;<br>Teil 1: Prüfung der Wasserundurchlässigkeit; Ausgabe 2005-12<br>Teil 2: Prüfung der Frostwiderstandsfähigkeit; Ausgabe 2013-08 |
| DIN EN 1024 | Tondachziegel für überlappende Verlegung – Bestimmung der geometrischen Kennwerte; Ausgabe 2012-06 |
| DIN EN 1304 | Dachziegel und Formziegel – Begriffe und Produktspezifikationen; Ausgabe 2013-08 |

### 5.1.6.1 Dachziegelarten

Dachziegel sind flächige, keramische Bauteile zur Deckung von geneigten Dachflächen. Sie werden aus tonigen Massen, ggf. mit Zusätzen, geformt und in natürlicher Brennfarbe, durchgehend gefärbt, engobiert (Engobe = mitgebrannte farbige Tonschlämme), glasiert oder gedämpft gebrannt.

Dachziegel werden nach der Art der Herstellung in **Strangdachziegel** (Formgebung durch Strangpresse) und **Pressdachziegel** (Formgebung durch Stempelpresse) unterteilt.

Strangdachziegel (Abb. 5.8)

- ohne Falz: *Biberschwanz-Dachziegel, Hohlpfanne*
- mit Falz im seitlichen Überdeckungsbereich: *Strangfalzziegel u. Ä.*

Pressdachziegel (Abb. 5.9)

- ohne Falz: *„Mönch und Nonne"-Dachziegel, Krempziegel*
- mit Falz im Überdeckungsbereich (Kopf- und Seitenverfalzung): *Falzziegel (Doppelmuldenfalzziegel, Reformziegel u. Ä.), Flachdachziegel, Verschiebeziegel, Großflächenziegel*

Zu beiden Ziegelarten gibt es Formziegel, z. B. First- und Gratziegel, Ortgangziegel, Kehlziegel und Lüftungsziegel. Dachziegel werden hinsichtlich ihrer Wasserundurchlässigkeit in die Anforderungsstufen 1 und 2 unterteilt.

### 5.1.6.2 Anforderungen

#### Geometrische Eigenschaften

Die Abmessungen werden vom Hersteller festgelegt. Bei nicht verfalzten Dachziegeln sind die Breiten- und Längenmaße, bei verfalzten Dachziegeln die Deckmaße kennzeichnend. Die Abmessungen sowie die Gleichmäßigkeit der Form, die Gleichförmigkeit der Querprofile von „Mönch und Nonne"-Dachziegeln und die Geradlinigkeit in Ziegellängsrichtung werden nach DIN EN 1024 bestimmt. Die Abmessungstoleranz beträgt ±2,0 %, die Toleranzen der übrigen Eigenschaften liegen zwischen 1,5 und 2,0 %.

#### Oberflächenbeschaffenheit

Die Oberfläche der Dach- und Formziegel soll rissfrei sein und keine Deformierungen aufweisen. Produktionsbedingte Farbnuancen, Haarrisse in der Glasur oder Engobe, kleine Absplitterungen, blasenförmige Erhebungen mit ≤ 10 mm Durchmesser, Tonfalten, Schleierbildung und Reibungsspuren sind zulässige Oberflächenbesonderheiten.

#### Wasserundurchlässigkeit

DIN EN 539-1 beschreibt zwei gleichwertige Verfahren zur Prüfung der Wasserundurchlässigkeit.

*Prüfverfahren 1*: Es wird die Wassermenge bestimmt, die den Dach- und Formziegelscherben innerhalb von 48 h je cm² seiner Oberfläche unter einem konstanten Wasserdruck von 10 cm Höhe durchfließt.

*Prüfverfahren 2*: Es wird die Zeitdauer $X_i$ in Stunden vor dem Abfall des ersten Wassertropfens bei Einwirkung von Wasser auf die üblicherweise der Witterung ausgesetzten Ziegeloberfläche gemessen.

Nach der Prüfung müssen Dach- und Formziegel in eine der beiden nachfolgend genannten Anforderungsstufen der Wasserundurchlässigkeit eingestuft werden:

*Anforderungsstufe 1:*

Prüfverfahren 1:Mittlerer Undurchlässigkeitsfaktor IF ≤ 0,5 cm³/cm²/Tag (Einzelwerte ≤ 0,6 cm³/cm²/Tag)

Prüfverfahren 2: Mittlerer Undurchlässigkeitskoeffizient IC[1)] ≤ 0,8 (Einzelwerte ≤ 0,85)

*Anforderungsstufe 2* (nur für Dach- und Formziegel zulässig, die über einem wasserdichten Unterdach verlegt werden):

Prüfverfahren 1: Mittlerer Undurchlässigkeitsfaktor IF ≤ 0,8 cm³/cm²/Tag (Einzelwerte ≤ 0,9 cm³/cm²/Tag)

Prüfverfahren 2: Mittlerer Undurchlässigkeitskoeffizient IC[1)] ≤ 0,925 (Einzelwerte ≤ 0,95).

[1)] $IC = (20 - X_i)/20$ mit $X_i$ = Zeitdauer vor dem Abfall des ersten Wassertropfens in Stunden

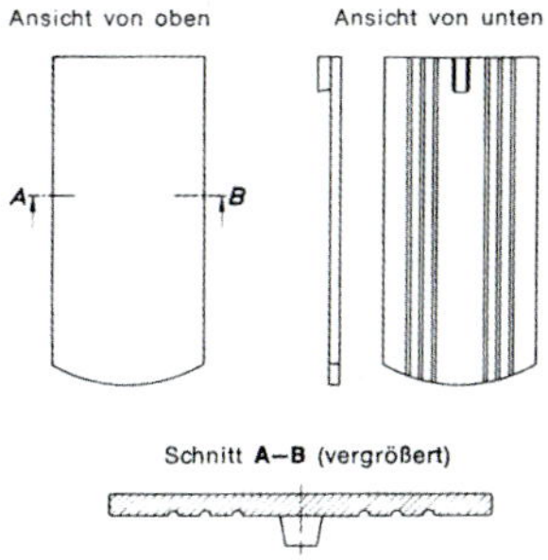


Biberschwanzziegel mit Segmentschnitt (Beispiel)

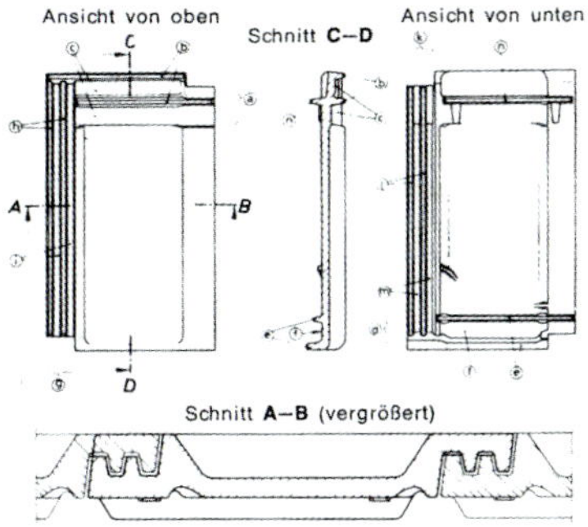


Doppelfalzziegel (Beispiel)

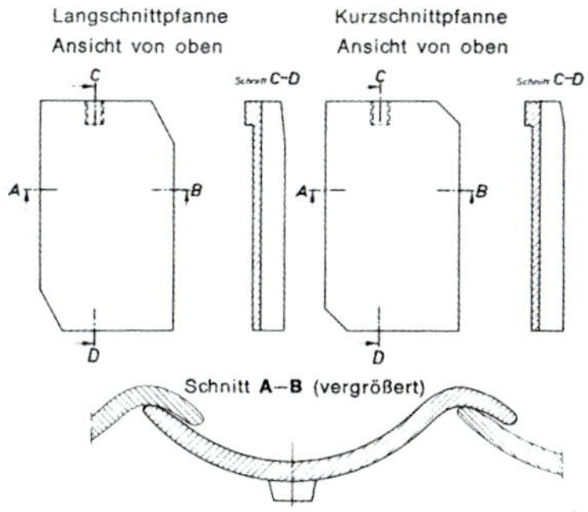


Hohlpfannen (Beispiel)

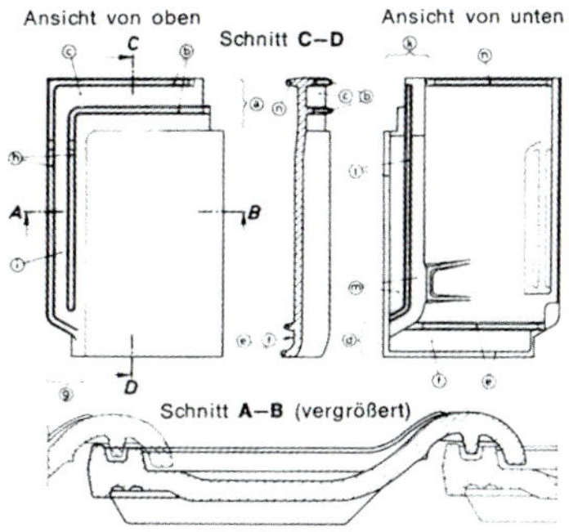


Flachdachpfanne, einfach gefalzt (Beispiel)

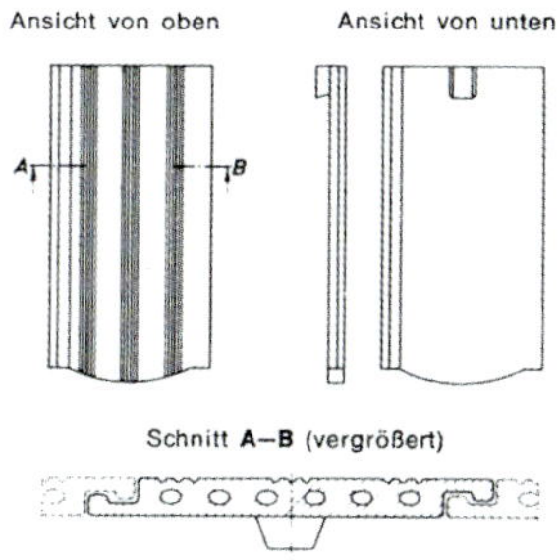


Strangfalzziegel (Beispiel)

**Abb. 5.8:** Strangdachziegel

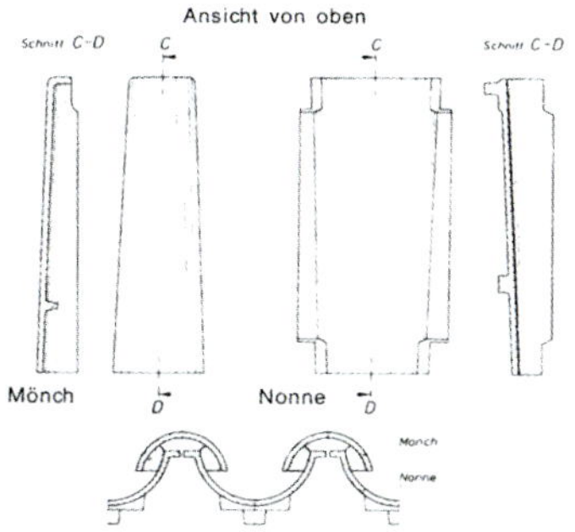


Mönch und Nonne (Beispiel)

**Abb. 5.9:** Pressdachziegel

**Frostwiderstand**

DIN EN 539-2 beschreibt ein einheitliches europäisches Prüfverfahren (Prüfverfahren E), das das bisher in Deutschland anzuwendende Prüfverfahren B ersetzt. Bei Anwendung des Prüfverfahrens E sind die Anforderungen an die Frostwiderstandsfähigkeit erfüllt, wenn nach mindestens 150 Frost-Tau-Wechseln (Leistungsstufe 3), 90 F-T-W (Leistungsstufe 2) bzw. 30 F-T-W (Leistungsstufe 1) an keinem der geprüften Dachziegel unzulässige Schäden aufgetreten sind. Als unzulässige Schäden gelten z. B. Abblätterungen, Abplatzungen, Ablösen der Falzrippen, Sprung, Verlust aller Nasen, Bruch. Zulässig sind Krater, Haarrisse und Anrisse.

**Schädliche Stoffe:** Ausblühfähige Salze, Kalkeinschlüsse sowie andere schädliche Stoffe dürfen nur in unschädlichen Mengen vorhanden sein.

**Biegetragfähigkeit:** Die Biegeprüfung nach DIN EN 538 muss mindestens folgende Bruchlasten ergeben:

- Flachziegel (Biberschwanzziegel) ≥ 600 N
- Falzziegel mit ebener Sichtfläche ≥ 900 N
- Mönch- und Nonnenziegel ≥ 1000 N
- alle übrigen Dachziegel ≥ 1200 N

### 5.1.6.3 Ausführung von Ziegeldächern

#### Dachneigung

Für die Eindeckung geneigter Dachflächen mit Dachziegeln gelten die „Regeln für Dachdeckungen mit Dachziegeln". Eine der wichtigsten Festlegungen der Dachdeckerregeln ist die *Regeldachneigung.* Für jedes Dachziegelmodell ist eine Regeldachneigung (RDN) festgelegt. Sie wird als die untere Dachneigungsgrenze verstanden, bei der sich eine Deckung in der Praxis als ausreichend regensicher erwiesen hat. Bei Unterschreitung der Regeldachneigung oder wenn klimatische Verhältnisse, Dachausbauten oder sehr steile oder flache Dachneigungen erhöhte Anforderungen an das Dach stellen, sind zusätzliche Maßnahmen zur Abdichtung bzw. Sicherung der Dachkonstruktion erforderlich. Als zusätzliche Maßnahmen gelten z. B.: Unterdach, Unterdeckung, Unterspannung, Papp- oder Strohdocken, Vermörtelung/Innenverstrich und Verklammerung/Befestigung.

#### Werkstoffe für die Deckung

Dachlatten werden nach statischen Erfordernissen (Sparrenabstand, Dachziegelgewicht, Dachneigung, Schnee und Windlast) bemessen. Handelsübliche Querschnitte sind z. B.: 24/48, 30/50 und 40/60 mm. Bretter können bei Kehlen, Traufen u. Ä. als Unterlage, bei Firsten, Graten u. Ä. zur Befestigung der Formziegel und zur Herstellung der Dachschalung dienen. Werkstoffe für die Unterlage sind: wasserfeste Bauplatten, Bitumen- und Polymerdachbahnen, Kunststoff-Formteile. Nägel, Schrauben, Klammern u. Ä. zur Befestigung von Dachlatten und Brettern müssen mindestens korrosionsgeschützt sein. Vermörtelungen von Firsten und Graten sind in Kalkzementmörtel (auch Fertigmörtel) auszuführen.

### Eigenlasten von Dachziegeln

Die Eigenlasten sind als Rechenwerte zur Ermittlung der Eigengewichtslasten in DIN 1055-1 für 1 m² Dachfläche ohne Sparren, Pfetten und Dachbinder angegeben. Die Gewichte gelten, soweit nichts anderes festgelegt ist, ohne Vermörtelung, aber einschließlich der Latten. Bei einer Vermörtelung sind 0,1 kN/m² zuzuschlagen.

| | |
|---|---|
| Biberschwanzziegel | |
| bei Spließdach (einschl. Schindeln) | 0,60 kN/m² |
| bei Doppeldach und Kronendach | 0,75 kN/m² |
| Falzziegel, Reformpfannen, Falzpfannen, Flachdachpfannen | 0,55 kN/m² |
| Großformatige Pfannen (bis zu 10 Stück je m²) | 0,50 kN/m² |
| Kleinformatige Biberschwanzziegel und Sonderformate (Kirchen-, Turmbiber usw.) | 0,95 kN/m² |
| Krempziegel, Hohlpfannen | 0,45 kN/m² |
| Krempziegel, Hohlpfannen in Pappdocken verlegt | 0,55 kN/m² |
| Mönch und Nonne (mit Vermörtelung) | 0,90 kN/m² |
| Strangfalzziegel | 0,60 kN/m² |

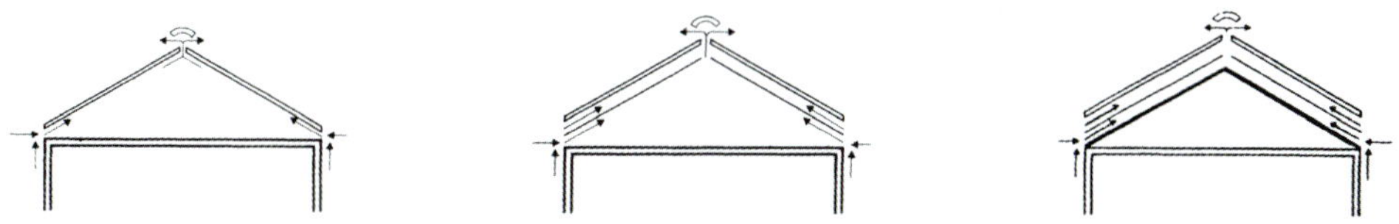

a) Dach ohne zusätzliche Maßnahmen, trockene Verlegung, bauphysikalisch problemlos

b) Dach mit Unterspannbahn oder mit Unterdach, nicht ausgebaut

c) Dach mit zusätzlichen Maßnahmen und mit Unterdach, ausgebaut. Wärmedämmung.

**Abb. 5.10:** Lüftung von Ziegeldächern

### Lüftung von Ziegeldächern

Feuchtigkeit muss durch eine ausreichende Lüftung des Dachraumes abgeführt werden.

- Bei **nicht ausgebauten Dächern** (Abb. 5.10 a) stellt i. Allg. das große Luftvolumen im Dachraum und eine ausreichende Anzahl von Öffnungen an Traufen und First den Feuchte- und Temperaturausgleich her.
- Bei **nicht ausgebauten Dächern mit Unterspannbahnen**, aber keiner Wärmedämmung (Abb. 5.10 b) ist sowohl der Raum zwischen Unterspannbahn u. Ä. und Dachdeckung als auch der Raum unter der Unterspannbahn u. Ä. an Traufe und First zu lüften.
- Bei **ausgebauten** und **wärmegedämmten Dächern** (Abb. 5.10 c) entfällt der Luftspeicher. Er muss konstruktiv durch Unterlüftung der Dachhaut ersetzt werden. Hierfür ist eine

mindestens 2 cm hohe belüftete Ebene oberhalb der Wärmedämmung vorzusehen, die an der Traufe belüftet und am First entlüftet wird. Die Zuluftquerschnitte an der Traufe betragen mindestens 2 ‰ der zugehörigen Dachfläche.

Angaben zur Lüftung wärmegedämmter Dächer und zur Sicherung der Funktionsfähigkeit von Wärmedämmschichten enthält DIN 4108 „Wärmeschutz im Hochbau".

## 5.1.7 Keramische Fliesen und Platten

### Normen

| | |
|---|---|
| DIN 18158 | Bodenklinkerplatten; Ausgabe 1986-09 |
| DIN EN ISO 10545 | Keramische Fliesen und Platten - Teile 1 bis 16: Prüfverfahren; Ausgaben 1996 bis 2013 |
| DIN EN 14411 | Keramische Fliesen und Platten - Definitionen, Klassifizierung, Eigenschaften, Konformitätsbewertung und Kennzeichnung; Ausgabe 2012-12 |

Im Allgemeinen werden Fliesen und Platten als Bodenbeläge und als Bekleidung von Wänden verwendet. Sie werden in der Regel durch **Strangpressen (Verfahren A)** oder **Trockenpressen (Verfahren B)** bei Raumtemperatur geformt, anschließend getrocknet und bei hohen Temperaturen gebrannt. Fliesen und Platten können *glasiert (GL)* oder *unglasiert (UGL)* sein. In der Grundlagennorm DIN EN 14411 werden die keramischen Fliesen und Platten nach ihrem Herstellverfahren und ihrer Wasseraufnahme in Gruppen eingeteilt (Tabelle 5.9). Die Gruppen geben jedoch keine Hinweise auf den Verwendungszweck der Produkte.

**Tabelle 5.9:** Klassifizierung der keramischen Fliesen und Platten nach Wasseraufnahme und Formgebung (nach [13])

| Formgebung | Gruppe I $E_b \le 3$ % | Gruppe $II_a$ 3 % < $E_b \le 6$ % | Gruppe $II_b$ 6 % < $E_b \le 10$ % | Gruppe III $E_b > 10$ % |
|---|---|---|---|---|
| **Verfahren A stranggepresst** | Gruppe $AI_a$ $E_b \le 0,5$ % | Gruppe $AII_{a-1}$ [1)] | Gruppe $AII_{b-1}$ [1)] | Gruppe AIII |
| | Gruppe $AI_b$ 0,5 % < $E_b \le 3$ % | Gruppe $AII_{a-2}$ [1)] | Gruppe $AII_{b-2}$ [1)] | |
| **Verfahren B trockengepresst** | Gruppe $BI_a$ $E_b \le 0,5$ % | Gruppe $BII_a$ | Gruppe $BII_b$ | Gruppe BIII [2)] |
| | Gruppe $BI_b$ 0,5 % < $E_b \le 3$ % | | | |

[1)] Die Gruppen $AII_a$ und $AII_b$ werden in zwei Teile (Teil 1 und 2) mit verschiedenen Produktspezifikationen unterteilt. Teil 1 deckt die meisten Fliesen und Platten in der Gruppe ab; Teil 2 deckt bestimmte spezifische Produkte ab, die unter unterschiedlichen Bezeichnungen hergestellt werden.

[2)] Gruppe BIII trifft ausschließlich auf glasierte Fliesen und Platten zu. Es gibt eine geringe Anzahl trockengepresster unglasierter Fliesen und Platten, die mit einer Wasseraufnahme über 10 % hergestellt werden und auf die diese Produktgruppe nicht zutrifft.

Die *Eigenschaften* in Abhängigkeit von der Verwendung beziehen sich auf Maße und Oberflächenbeschaffenheit sowie auf physikalische und chemische Eigenschaften, z. B. Wasseraufnahme, Biegefestigkeit, Beständigkeit gegen Säuren und Laugen. Die jeweils anzuwendenden *Prüfverfahren* sind in DIN EN ISO 10545 festgelegt, ebenso die Bestimmungen für die Probenahme und die Grundlagen für die Annahme von Lieferungen.

Die feinkeramischen *Steingutfliesen (STG)* und *Irdengutfliesen (IG)* sind der Gruppe B III (Trockengepresste Fliesen und Platten mit hoher Wasseraufnahme $E > 10\ \%$) zuzuordnen.

Die feinkeramischen *Steinzeugfliesen* (STZ) sind in die Gruppe B I (Trockengepresste Fliesen und Platten mit niedriger Wasseraufnahme $E \leq 3\ \%$) einzuordnen.

Als *Spaltplatten* und „einzeln gezogene Platten" (quarry tiles) werden stranggepresste Fliesen und Platten bezeichnet, die als Doppel- oder Einzelplatten geformt werden.

Für die grobkeramischen *Bodenklinkerplatten* gilt DIN 18158.

### 5.1.7.1 Trockengepresste keramische Fliesen und Platten

#### Fliesen und Platten mit hoher Wasseraufnahme $E_b > 10\ \%$

Steingutfliesen (STG) mit weißem oder leicht getönten Scherben und Irdengutfliesen (IG) mit farbigem Scherben bestehen aus einer Mischung von Ton, Kaolin, Quarzsand und Kreide, die in Stahlformen gepresst und bei Temperaturen über 1000 °C (STG) bzw. um 1000 °C (IG) gebrannt werden. Nach dem ersten Brand, bei dem keine Sinterung erfolgt, wird auf den porösen Scherben eine Glasur aufgebracht, die durch einen zweiten Brand sintert (Glattbrand).

Die Fliesen sind nicht frostbeständig und dürfen nur zur Wand- und Bodenbekleidung im Innenbereich verwendet werden.

Die **Fliesenabmessungen** sind durch das modulare Koordinierungsmaß M oder das Nennmaß N bestimmt; beide sind jeweils um die Fugenbreite größer als das Werkmaß W. Die zulässigen Abweichungen beziehen sich auf das Werkmaß W. In DIN EN 14411 sind für das Koordinierungsmaß modulare Vorzugsmaße (z. B. M 30 x 30 cm), aber auch verbreitete Nennmaße handelsüblicher Fliesen und Platten (z. B. 20 x 20 cm) angegeben.

Die **Kennzeichnung** beinhaltet das Formgebungsverfahren, den Verweis auf den entsprechenden Anhang der DIN EN 14411 sowie – falls zutreffend – die Klassifizierung („Präzision" oder „Natur"). Weiterhin sind die Nenn- und Werkmaße (modular (M) oder nicht modular) und die Oberflächenbeschaffenheit (glasiert (GL) oder unglasiert (UGL)) anzugeben.

Bezeichnungsbeispiel:

**Stranggepresste Fliese/Platte A I nach EN 14411, Anhang A, Präzision, M 25 cm x 12,5 cm (W 240 mm x 115 mm x 10 mm) GL**

#### Fliesen und Platten mit niedriger Wasseraufnahme $E_b \leq 3\ \%$

Steinzeugfliesen (STZ) sind durch einen feinkörnigen, kristallinen und dicht gesinterten Scherben gekennzeichnet, der hohe Festigkeit, Frostbeständigkeit und chemische Widerstandsfähigkeit aufweist. Sie eignen sich daher für Wand- und Bodenbeläge im Innen- und Außenbereich.

Steinzeugfliesen können glasiert (STZ-GL) und unglasiert (STZ-UGL) hergestellt werden. Die Oberfläche unglasierter Fliesen wird glatt, geraut oder profiliert gefertigt.

Die **Fliesenabmessungen** entsprechen den Abmessungen von Fliesen und Platten mit $E$ > 10 %. Neben den genormten Quadrat- und Rechteckformaten werden Fliesen in Sonderformaten und -formen hergestellt, z. B.

- Steinzeugriemchen (Seitenverhältnis ≥ 3:1; Fläche >90 cm²)
- Mosaik (Fläche < 90 cm²)
- Großplatten (z. B. 60 x 60 cm)
- Formstücke für Sockel, Rinnen, Kanten u. a.

### Verarbeitungsrichtlinien:

### Normen

| | |
|---|---|
| DIN 18157-1 | Ausführung keramischer Bekleidungen im Dünnbettverfahren<br>Teil 1: Hydraulisch erhärtende Dünnbettmörtel; Ausgabe 1979-07 |
| DIN 18352 | VOB; Fliesen- und Plattenarbeiten; Ausgabe 2012-09 |
| DIN 18515-1 | Außenwandbekleidungen; Angemörtelte Fliesen oder Platten; Grundsätze für Planung und Ausführung; Ausgabe 1998-08 |
| DIN EN 12004 | Mörtel und Klebstoffe für Fliesen und Platten; Anforderungen, Konformitätsbewertung, Klassifizierung und Bezeichnung; Ausgabe 2013-07 |

Die Verarbeitungsrichtlinien gelten für Fliesen und Platten mit hoher und niedriger Wasseraufnahme.

## 5.1.7.2 Grobkeramische gesinterte Erzeugnisse

### Keramische Spaltplatten

Keramische Spaltplatten und Spaltplatten-Formteile (z. B. Hohlkehlen, Kehlsockel, Schenkel) werden zur Herstellung frost- und säurebeständiger Wand- und Bodenbeläge verwendet, insbesondere im Fassaden-, Schwimmbecken- und Behälterbau.

Die Spaltplatten werden durch Strangpressen zu Doppelplatten geformt und nach dem Brennen zu Einzelplatten aufgespalten. Die schwalbenschwanz- oder rillenförmige Profilierung auf der Rückseite verbessert den Verbund mit dem Verlegemörtel.

Die Ansichtsflächen können glasiert (GL) oder unglasiert (UGL) sein. Es wird zwischen Spaltplatten mit hellem oder grauweißem Scherben (Wasseraufnahme < 3 M.-%) und Spaltplatten mit farbigem Scherben (Wasseraufnahme < 6 M.-%) unterschieden.

Abmessungen (Vorzugsmaße):

| | |
|---|---|
| Breite x Länge | : 115 x 240; 52 x 240; 240 x 240; 94 x 194; 194 x 194 mm |
| Dicke | : 6 bis 40 mm |

Anforderungen werden an Maße, Form und Oberflächenbeschaffenheit sowie an physikalische Eigenschaften (z. B. Wasseraufnahme) und chemische Eigenschaften (z. B. Beständigkeit gegen Säuren und Laugen) gestellt.

### Klinkerriemchen und Sparverblender

**Ziegel- und Klinkerriemchen** sind gebrannte Ziegeleierzeugnisse, die vorzugsweise zur Verkleidung von Außenfassaden von Alt- und Neubauten eingesetzt werden. Klinkerriemchen sind sehr dünne Klinker mit Dicken von 9 bis 21 mm. Sie entsprechen in Rohstoff, Farbe, Oberflächenstruktur und Format den Klinkern und Keramik-Klinkern. Klinkerriemchen bieten den optischen Eindruck einer gemauerten Wand und sind damit eine preiswerte Alternative zu Vollsteinen. Klinker-Riemchen kommen heute zunehmend als Deckschicht von Wärmedämmverbundsystemen (WDVS) zur Anwendung.

Riemchen sind in den Formaten NF, DF, 2DF, RF, WF und WDF erhältlich.

Zum Beispiel betragen die Abmessungen im Format NF: 240 x 71 x 9 (14, 17) mm und im Format DF: 240 x 52 x 9 (14, 17) mm.

Gebäudeecken, Fensterstürze und -laibungen werden mit **Winkelriemchen** verkleidet, die in Winkelform gepresst und anschließend gebrannt oder nachträglich aus einem ganzen Stein gesägt werden.

**Sparverblender** werden aus längs geteilten, meist gelochten Vormauerziegeln und Klinkern (gespalten oder geformt) hergestellt.

Für die Verarbeitung von Riemchen und Sparverblendern gelten die in Abschnitt 5.1.7.1 aufgeführten Verarbeitungsrichtlinien.

### Bodenklinkerplatten

Unglasierte Bodenklinkerplatten nach DIN 18158 werden vorwiegend im gewerblich genutzten Bereich, im Wohnbereich als Balkon- und Terrassenbelag sowie für Gehwege verwendet.

Bodenklinkerplatten sind aufgrund ihres dichten Gefüges abriebfest und frostbeständig und weisen einen hohen Widerstand gegen chemische Beanspruchungen auf. Die Ansichtsflächen sind eben oder profiliert, die Kanten sind gefast oder ungefast.

Abmessungen (Vorzugsmaße):

Breite x Länge: 290 x 290; 240 x 240; 115 x 240; 194 x 194; 94 x 194 mm

Dicke: 10; 15; 20; 25; 30; 35; 40 mm

Die Bodenklinkerplatten müssen Anforderungen an Maße, Form und Oberflächenbeschaffenheit erfüllen und zudem folgende Eigenschaften aufweisen:

Biegefestigkeit: Mittelwert > 20 N/mm² (Einzelwert > 15 N/mm²)

Schleifverschleiß: Mittelwert < 10 cm³/50 cm² (Einzelwert < 12 cm³/50 cm²)

Wasseraufnahme: Mittelwert < 3 M.-% (Einzelwert < 4 M.-%)

Frostbeständigkeit wird gefordert.

In besonderen Fällen müssen Druckfestigkeit (> 150 N/mm²), Längenausdehnungskoeffizient (5 bis 8 x $10^{-6}$/K), sowie Beständigkeit gegen Temperaturwechsel und Chemikalien nachgewiesen werden.

## Steinzeugrohre und -formstücke

### Normen

DIN EN 295 Steinzeugrohrsysteme für Abwasserleitungen und -kanäle;
Teil 1: Anforderungen an Rohre, Formstücke und Verbindungen; Ausgabe 2013-05
Teil 2: Bewertung der Konformität und Probennahme; Ausgabe 2013-05
Teil 3: Prüfverfahren; Ausgabe 2012-03

Unter „Steinzeug" werden grobkeramische, aus einer Tonmasse bis zur Sinterung (1250 °C) gebrannte und mit einer keramischen Glasur überzogene Produkte verstanden. Steinzeug-Scherben sind sehr dicht (Wasseraufnahme ≤ 2 M.-%), die Oberfläche ist hart und verschleißfest. Steinzeugrohrsysteme weisen daher einen hohen Widerstand gegen mechanische Beanspruchungen (z. B. Abrasion) auf und sind beständig gegenüber chemischen Beanspruchungen durch Abwässer, Boden oder Luft.

Steinzeugrohre und -formstücke sowie Rohrverbindungen für Abwasserleitungen und -kanäle sind in DIN EN 295, Teil 1 bis 7, genormt. Darüber hinaus werden diese Produkte nach dem Zertifizierungsprogramm (ZP) WN 295 gefertigt, das im Einzelnen wesentlich höhere Anforderungen als DIN EN 295 formuliert. Mit der Kennzeichnung der Produkte durch das DIN*plus*-Zeichen sind die Eigenschaften der Produkte nach DIN EN 295 und (ZP) WN 295 gewährleistet.

Für die offene Bauweise werden **Steinzeug-Muffenrohre** in den Nennweiten DN 100 bis DN 1400 gefertigt. **Steinzeug-Vortriebsrohre** für die geschlossene Bauweise ohne Baugrube weisen Nennweiten zwischen DN 150 und DN 1400 auf.

Die bevorzugten Baulängen sind in Abhängigkeit von den Nennweiten gestaffelt, z. B.

DN 200: 1,5 2,0, 2,5 m und DN ≥ 350: 1,5, 2,0 2,5 3,0 m.

Nach DIN EN 295-1 unterscheidet man die Verbindungssysteme C, D, E, F, G und H.

Muffenrohre DN 100, DN 125 und DN 150 (Leichte Klasse L) werden für ertragbare Scheiteldruckkräfte FN zwischen 28 und 40 kN/m gefertigt. Mit der Muffe ist eine Lippendichtung aus einem Kautschuk-Elastomer-Profilring fest verbunden: einseitige *Steckmuffe L nach Verbindungssystem F.*

**Tabelle 5.10:** Tragfähigkeitsklassen von Steinzeugrohren (Beispiele)

| DN | Tragfähigkeitsklasse | | | | | | |
|---|---|---|---|---|---|---|---|
| | 80 | 95 | 120 | 160 | 200 | 240 | 280 |
| | | Scheiteldruckkraft FN (kN/m) | | | | | |
| 200 | - | - | - | 32 | 40 | 48 | 56 |
| 300 | - | - | - | 48 | - | 72 | - |
| 400 | - | - | 48 | 64 | 80 | - | - |
| 500 | - | - | 60 | 80 | - | - | - |
| 600 | - | 57 | - | 96 | - | - | - |
| 700 | 56 | - | 84 | 112 | - | - | - |
| 800[1)] | 64 | - | 96 | 128 | - | - | - |

[1)] Für DN > 800 werden die Scheiteldruckkräfte FN vom Hersteller angegeben.

Muffenrohre DN 200 bis DN 1000 (Normallastreihe N und Hochlastreihe H) sind in Tragfähigkeitsklassen eingeteilt (Beispiele in Tabelle 5.10) Diese Rohre werden mit einer Kompressionsdichtung ausgeführt, die aus einem Ausgleichselement in der Muffe (harter Polymerwerkstoff) und einem Dichtelement am Spitzende (weicher Polymerwerkstoff) besteht: zweiteilige *Steckmuffe K nach Verbindungssystem C*. Bei den Nennweiten DN 250 bis DN 600 kommt die *Steckmuffe S nach Verbindungssystem C* zur Anwendung: am Spitzende wird ein Kautschuk-Elastomer-Dichtring aufgezogen.

Neben den Muffen- und Vortriebsrohren gibt es Rohre für spezielle Anwendungen (z. B. Drän- und Versickerungsrohre) sowie Formstücke (z. B. Bögen, Abzweige, Gelenkstücke).

Bezeichnungsbeispiel: **Rohr EN 295-1 - DN300 - FN48 - C**

## Feuerfeste keramische Baustoffe

### Normen

| | |
|---|---|
| DIN 1081 | Keramische feuerfeste Werkstoffe; Feuerfeste Rechtecksteine, Maße; Ausgabe 1988-01 |
| DIN 1082-1 | Keramische feuerfeste Baustoffe; Feuerfeste Wölbsteine, Maße; Ausgabe 1988-01 |
| DIN 1089-1 | Feuerfeste Werkstoffe für Koksöfen - Silikasteine - Anforderungen und Prüfung; Ausgabe 1995-02 |
| DIN 1089-2 | Feuerfeste Werkstoffe für Koksöfen - Schamottesteine - Anforderungen und Prüfung; Ausgabe 1995-02 |
| DIN 51060 | Feuerfeste keramische Rohstoffe und feuerfeste Erzeugnisse – Definition der Begriffe feuerfest, hochfeuerfest; Ausgabe 2000-06 |

Nach DIN 51060 unterscheidet man zwischen feuerfesten (> 1500 °C) und hochfeuerfesten (> 1800 °C) Werkstoffen. Feuerfeste Steine werden zur feuerfesten Auskleidung von Schornsteinen, Öfen, Pfannen und Tiegeln z. B. in der Metallurgie, der Keramik sowie bei der Glas- und Zementherstellung benötigt. Zur Fertigung feuerfester Steine kommen das Trocken- und Feuchtepressverfahren, die plastische Formgebung und das Gießen von gießfähigem Schlicker mit nachfolgendem Brand zur Anwendung.

Feuerfeste Werkstoffe müssen folgenden wesentlichen Anforderungen entsprechen:

- Erweichungstemperatur über 1500 °C
- Widerstand gegen Temperaturwechsel und Kriechen, Verschleißfestigkeit
- chemische Beständigkeit gegen Reaktionen mit gasförmigen (Verbrennungsgase) oder flüssigen (Metall-, Glasschmelze, Schlacken) Medien

**Schamottesteine** und Schamotterohre werden aus feuerbeständigem Ton unter Zusatz von gemahlenem, gebranntem Schamotteton (Schamottemehl) bei Temperaturen > 1250 °C gebrannt. Hochfeuerbeständige Quarzschamottesteine enthalten zusätzlich Quarzmehl. In Rauch- und Abgasschornsteinen werden Schamotterohre (Vierkantrohre 10,5/14 cm bis 60/60 cm und Rundrohre bis 60 cm Durchmesser) mit Ziegeln oder Mauersteinen ummauert oder in Leichtbeton-Formstücke eingesetzt. Zwischen Innenrohr und Mantel wird eine Dämmschüttung (z. B. Perlite) eingefüllt.

Als Schamottesteine bezeichnet man im allgemeinen Sprachgebrauch häufig alle feuerfesten Steine und Ausmauerungen. Tatsächlich gibt es aber viele verschiedene feuerfeste Baustoffe, die jeweils für unterschiedliche Einsatzzwecke verwendet werden.

**Silikasteine** weisen mindestens 93 % Siliciumdioxid auf. Sie werden aus tonerdearmen Quarzgesteinen (Quarzite) mit Kalk oder einem anderen Bindemittel bei etwa 1500 °C gebrannt.

**Dinassteine** sind mit Ton oder Kalk gebundene kieselsäurereiche Steine. Ton-Dinassteine werden aus einem Gemisch von Quarzsand und Ton gebrannt. Kalk-Dinassteine sind sehr kieselsäurereich (96 bis 98 M.-% $SiO_2$) und enthalten 1 bis 2 M.-% Kalk.

**Magnesitsteine** werden aus Magnesit ($MgCO_3$) bei über 1500 °C bis zur Sinterung gebrannt. Sie sind hochfeuerbeständig und kommen z. B. bei der Ausmauerung von Schmelzöfen zum Einsatz.

# 5.2 Kalk- und zementgebundene Erzeugnisse

## 5.2.1 Aus Mörtel durch Dampfhärtung gefertigte Wandbausteine

### 5.2.1.1 Kalksandsteine

#### Normen

| | |
|---|---|
| DIN V 106 | Kalksandsteine mit besonderen Eigenschaften; Ausgabe 2005-10 *(Vornorm)* |
| DIN EN 771-2 | Festlegungen für Mauersteine; Teil 2: Kalksandsteine; Ausgabe 2011-07 |
| DIN EN 772 | Prüfverfahren für Mauersteine (siehe 5.1.4) |
| DIN V 20000-402 | Anwendung von Bauprodukten in Bauwerken; Teil 402: Regeln für die Verwendung von Kalksandsteinen nach DIN EN 771-2; Ausgabe 2005-06 *(Vornorm)* |

#### Kalksandsteine nach DIN EN 771-2 und DIN V 106

Kalksandsteine werden für tragendes und nichttragendes Mauerwerk vorwiegend zur Erstellung von Außen- und Innenwänden verwendet. Für tragende und nichttragende Außenwände sowie für tragende Innenwände gilt DIN 1053-1 bzw. DIN EN 1996-1-1, für nichttragende Innenwände DIN 4103-1.

Entsprechend dem Bauproduktengesetz müssen Kalksandsteine die CE-Kennzeichnung tragen. Sie regelt jedoch nur das „Inverkehrbringen". Sie sagt nichts über deren Verwendung am Bau aus. Falls Kalksandsteine außer der CE-Kennzeichnung keine weitere Kennzeichnung tragen, aus der deren Verwendbarkeit hervorgeht, ist diese vom Anwender anhand der Bestimmungen von DIN V 20000-402 zu überprüfen. Falls Kalksandsteine zusätzlich nach DIN V 106 gekennzeichnet sind, sichert der Hersteller deren Verwendbarkeit zu. Kalksandsteine, die der europäischen Produktnorm DIN EN 771-2 entsprechen, aber über allgemeine bauaufsichtliche Zulassungen oder über bauaufsichtlich eingeführte Abschnitte der DIN V 106 anwendbar gemacht werden, tragen zusätzlich zur CE-Kennzeichnung das Ü-Zeichen. Ausschließlich CE-gekennzeichnet werden Kalksandsteine, die nach DIN EN 771-2 gefertigt werden und in Bezug auf DIN 1053-1 über DIN V 20000-402 anwendbar gemacht werden können bzw. für nicht bauaufsichtlich relevante Zwecke (z. B. Gartenmauern) verwendet werden.

### Herstellung

Kalksandsteine sind Mauersteine, die aus einer Mischung aus Kalk, kieselsäurehaltigen Zuschlägen (Sand) und Wasser hergestellt werden. Das Mischungsverhältnis Kalk zu Sand beträgt in Massenteilen etwa 1 zu 12. Nach der intensiven Vermengung wird das Mischgut in einen Reaktionsbehälter gefüllt, wo der Branntkalk in Gegenwart des Sandes zu Kalkhydrat ablöscht. Mit vollautomatischen Pressen werden anschließend die Steinrohlinge geformt und in Härtekesseln (Autoklaven) bei Temperaturen von 160 bis 200 °C unter Sattdampfdruck (16 bar) etwa 4 bis 8 Stunden gehärtet. Nach dem Abkühlen sind die Kalksandsteine gebrauchsfertig.

Durch den im hochgespannten Dampf erfolgenden chemischen Aufschluss der Kieselsäure entsteht auf der Oberfläche der Zuschläge mit dem Kalk eine Kalk-Kieselsäure-Verbindung (Calciumsilikathydrat), die eine widerstandsfähige Verkittung der angelösten Oberfläche der Zuschläge bewirkt.

### KS-Steinarten

Für Kalksandsteine gilt DIN EN 771-2. Da der harmonisierte Teil der DIN EN 771-2 nicht alle Anforderungen enthält, die in Deutschland für die Verwendung von Kalksandsteinen nach DIN 1053 gelten, sind die zusätzlichen Anforderungen in DIN V 106 enthalten. Die Anwendungsregeln nach DIN V 20000-402 sind dann nicht zu berücksichtigen, wenn CE-gekennzeichnete Steine zusätzlich mit der Vornorm DIN V 106 übereinstimmen.

**KS-Vollsteine (KS)** sind Mauersteine mit einer Steinhöhe von < 113 mm, deren Querschnitt durch Lochung senkrecht zur Lagerfläche bis zu 15 % gemindert sein darf.

**KS-Lochsteine (KSL)** sind, abgesehen von durchgehenden Grifföffnungen, fünfseitig geschlossene Mauersteine mit einer Steinhöhe von < 113 mm, deren Querschnitt durch Lochung senkrecht zur Lagerfläche um mehr als 15 % gemindert sein darf.

**KS-Blocksteine (KS)** sind, abgesehen von durchgehenden Grifföffnungen, fünfseitig geschlossene Mauersteine mit Steinhöhen von > 113 mm, deren Querschnitt durch Lochung senkrecht zur Lagerfläche bis zu 15 % gemindert sein darf.

**KS-Hohlblocksteine (KSL)** sind, abgesehen von durchgehenden Grifföffnungen, fünfseitig geschlossene Mauersteine mit einer Steinhöhe von > 113 mm, deren Querschnitt durch Lochung senkrecht um mehr als 15 % gemindert sein darf.

**KS-Vormauersteine (KS Vm)** sind frostbeständige Kalksandsteine (25facher Frost-Tau-Wechsel) mindestens der Festigkeitsklasse 10.

**KS-Verblender (KS Vb)** sind frostbeständige Kalksandsteine mindestens der Festigkeitsklasse 16. An sie werden höhere Anforderungen hinsichtlich Ausblühung und Verfärbung, Maßabweichung und Frostbeständigkeit (50facher Frost-Tau-Wechsel) gestellt als an Vormauersteine (KS Vm).

**KS-Riemchen** sind Steine mit Steinbreiten < 90 mm für Fassadenbekleidungen.

**KS-R-Blocksteine** und **KSL-R-Hohlblocksteine** für Mauerwerk mit mörtelfrei verzahnten Stoßfugen und 12 mm dicken Lagerfugen aus Normalmörtel.

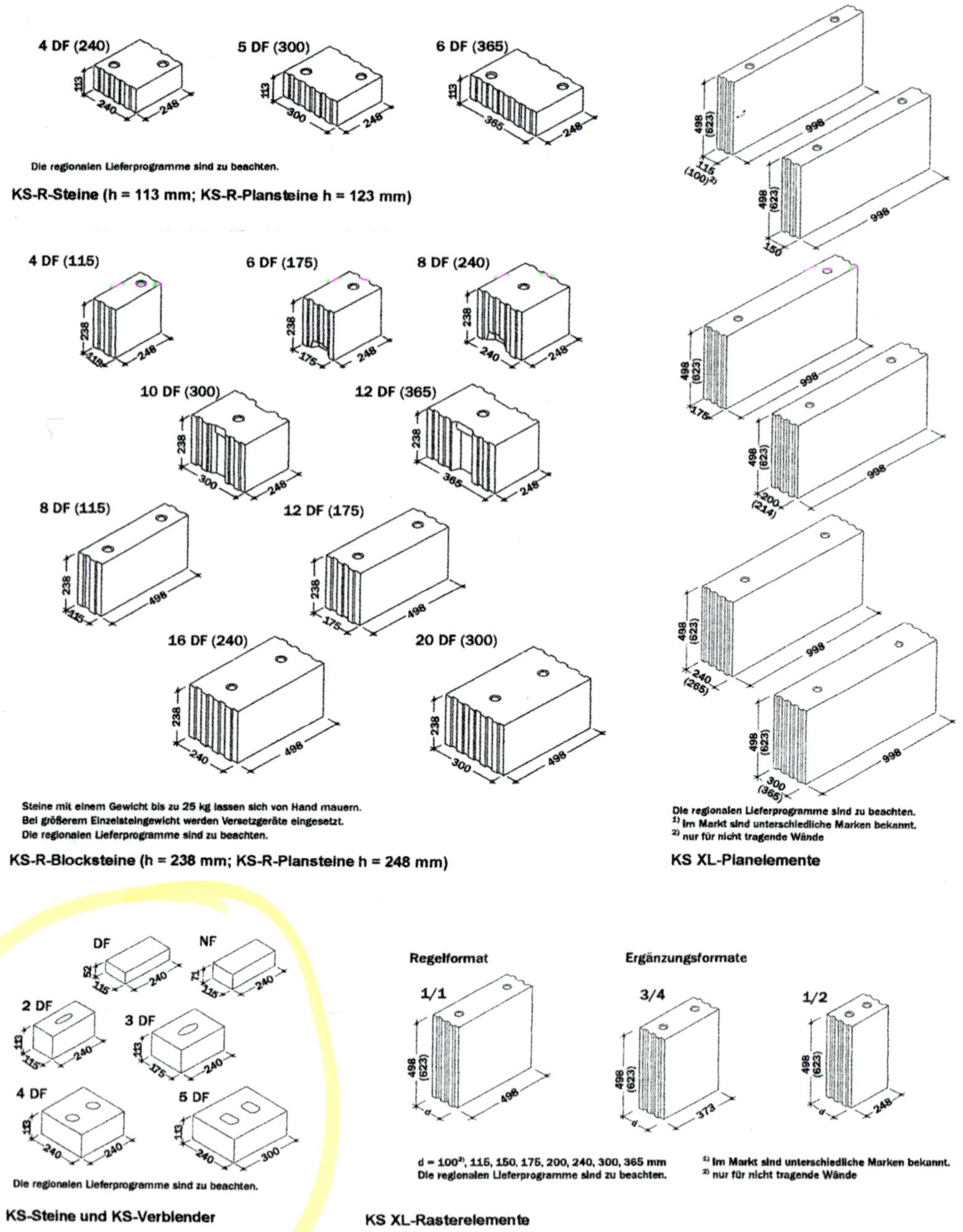


**Abb. 5.11:** Kalksandsteinarten und -formate (Beispiele aus [7])

**KS-R(F)-Planblocksteine** und **KSL-R(P)-Planhohlblocksteine** für Mauerwerk mit mörtelfreien Stoßfugen und 1 bis 3 mm dicken Lagerfugen aus Dünnbettmörtel.

**KS-Fasensteine** sind KS-Plansteine (Vollsteine) mit abgefasten Kanten.

**KS-XL-Planelemente (KS-XL-PE)** mit Nut und Feder werden ohne Stoßfugenvermörtelung in Dünnbettmörtel versetzt.

**KS-XL-Rasterelemente** werden zur Herstellung von Einstein-Mauerwerk verwendet.

**KS-Bauplatten** (z. B. KS-P7) mit 7 cm Breite werden für nichttragende, leichte Innenwände hergestellt.

Einen Überblick über die unterschiedlichen KS-Steinformate gibt Abb. 5.11 (Beispiele aus [7]).

### Steinmaße und Maßabweichungen

Die Nennmaße für Länge, Breite und Höhe von Kalksandsteinen sind in der Tabelle 5.11 angegeben. Sie lassen sich beliebig untereinander kombinieren und entsprechen DIN 4172 „Maßordnung im Hochbau". Ergänzungssteine mit abweichenden Maßen sind zulässig, wenn sie DIN 4172 entsprechen. Für KS-Vormauersteine und KS-Verblender, die für nichttragende Verblendschalen verwendet werden, sind ebenfalls abweichende Maße zulässig.

**Tabelle 5.11:** Nennmaße von Voll-, Loch-, Block-, Hohlblock-, Plan- und Fasensteinen, Planelementen und Bauplatten für nichttragende innere Trennwände (nach [14])

| Länge[3] in mm | Breite in mm | Höhe in mm |
|---|---|---|
| **Voll-, Loch-, Block-, Hohlblock-, Plan- und Fasensteine**[1) 2)] | | |
| 240 (248); 300 (298) (308); 365 (373); 490 (498); (623) | 115[5]; 120[5]; 150; 175; 200; 240; 300; 365 | 52; 71; 113 (123)[4]; 155; 238 (248)[4] |
| **Planelemente** | | |
| 498; 623; 898; 998 | 100[6]; 115; 120; 150; 175; 200; 214; 240; 265; 300; 365 | 498; 598; 623 |
| **Bauplatten für nichttragende innere Trennwände** | | |
| 248 | 100 | 248 |
| 498; 623; 898; 998 | 50; 70; 90 | |

1) Für KS-Vormauersteine und KS-Verblender, die für Verblendschalen für zweischaliges Mauerwerk verwendet werden, dürfen hiervon abeichende Maße gewählt werden, die jedoch in folgenden Grenzen liegen müssen: 190 mm ≤ Länge ≤ 290 mm; 90 mm ≤ Breite ≤ 115 mm; 52 mm ≤ Höhe ≤ 113 mm.
2) Steine dürfen auch in den Breiten 123, 140, 190, 214, 248, 265, 298 mm und in den Höhen 175, 190, 198 mm sowie in den für Sanierungen erforderlichen historischen Steinmaßen hergestellt werden.
3) Für Steine mit Nut-Feder-System gelten zusätzlich die Klammerwerte.
4) Die Klammerwerte gelten nur für Plansteine und Fasensteine.
5) Gilt für Fasensteine nur mit Einschränkungen.
6) Für nichttragende Wände.

Die Regelanforderungen an die zulässigen Maßabweichungen betragen ±3 mm für den Einzelwert und ±2 mm für den Mittelwert. Für KS-Verblender gelten ±2 mm bzw. ±1 mm. Abweichend davon betragen bei Steinen ≥ 2 DF die zulässigen Abweichungen der Höhenmaße

±4 mm für den Einzelwert und ±3 mm für den Mittelwert. Die zulässigen Abweichungen der Höhenmaße von Plansteinen, Planelementen, Fasensteinen und Bauplatten sind auf ±1 mm für den Einzelwert und den Mittelwert begrenzt.

## Druckfestigkeit

KS-Steine sind in den Festigkeitsklassen 4 bis 60 genormt, Vormauersteine (KS Vm) in den Festigkeitsklassen 10 bis 60 und Verblender (KS Vbl) in den Festigkeitsklassen 16 bis 60.

Die Prüfung der Druckfestigkeit erfolgt an 6 Probekörpern, die einen Feuchtigkeitsgehalt ≤ 6 M.-% aufweisen müssen. Bei großen Steinformaten werden ganze Steine geprüft. Bei Vollsteinen DF und NF werden zwei Steinhälften gegenläufig, bei Lochsteinen DF und NF zwei ganze Steine aufeinander gelegt. Die Ermittlung der rechnerischen Steinfestigkeit mithilfe eines Formfaktors erfolgt entsprechend DIN 105-100 (s. Abschn. 5.1.4).

Für die jeweilige Festigkeitsklasse müssen die in der Tabelle 5.12 angegebenen Anforderungen erfüllt werden.

**Tabelle 5.12:** Kalksandsteinfestigkeitsklassen und Rohdichteklassen (nach [14])

| Festigkeitsklasse[1] | 4 | 6 | 8 | 10 | 12 | 16 | 20 | 28 | 36 | 48 | 60 |
|---|---|---|---|---|---|---|---|---|---|---|---|
| Mittelwert der Druckfestigkeit in N/mm² | 5 | 7,5 | 10 | 12,5 | 15 | 20 | 25 | 35 | 45 | 60 | 75 |
| Rohdichteklasse | 0,6 | 0,7 | 0,8 | 0,9 | 1,0 | 1,2 | 1,4 | 1,6 | 1,8 | 2,0 | 2,2 |
| Mittelwert der Steinrohdichten[2)3)] in kg/dm³ | 0,56 bis 0,60 | 0,66 bis 0,70 | 0,76 bis 0,80 | 0,86 bis 0,90 | 0,96 bis 1,00 | 1,01 bis 1,20 | 1,21 bis 1,40 | 1,41 bis 1,60 | 1,61 bis 1,80 | 1,81 bis 2,00 | 2,01 bis 2,20 |

1) Benennung nach dem kleinsten Einzelwert.
2) Auf den getrockneten Stein bezogen.
3) Bei den Rohdichteklassen 0,6 bis 0,9 dürfen die Einzelwerte die Klassengrenzen um nicht mehr als 0,05 kg/dm³ unter- bzw. überschreiten; für die Rohdichteklassen 1,0 bis 2,2 gilt 0,10 kg/dm³.

## Steinrohdichte (Brutto-Trockenrohdichte)

KS-Steine sind in den Rohdichteklassen 0,6 bis 2,2 genormt; Vormauersteine (KS Vm) und Verblender (KS Vb) in den Rohdichteklassen 1,0 bis 2,2. Die Mittelwerte der Rohdichten müssen für die jeweiligen Rohdichteklassen in den in Tabelle 5.12 angegebenen Grenzen liegen.

Die Rohdichte wird aus der Masse der lufttrockenen bzw. gegebenenfalls konstant trockenen Steine und ihrem Volumen, einschließlich aller Hohlräume, bestimmt.

## Frostbeständigkeit

Frostbeständigkeit wird nur von KS-Vormauersteinen (KS Vm) und KS-Verblendern (KS Vb) gefordert, die einer wiederholten Frost-Tauwechsel-Beanspruchung mit Temperaturen zwischen −15 °C und +20°C unterzogen werden. KS-Vormauersteine (KS Vm) gelten als frostbeständig, wenn nach 25 Frost-Tau-Wechseln keine wesentlichen Schäden, wie Aufbauchungen der Flächen, Kavernen mit > 5 mm Durchmesser und eine Minderung der Kantenfestigkeit, zu beobachten sind oder die Minderung der Druckfestigkeit nicht mehr als 20 % beträgt. Für KS-Verblender (KS Vb) gelten die gleichen Kriterien nach einer verschärften Prüfung mit 50 Frost-Tau-Wechseln. Die Durchführung der Prüfung erfolgt nach DIN EN 772-18.

### Einschlüsse, Ausblühungen, Verfärbungen

KS-Verblender (KS Vb) müssen frei sein von schädlichen Einflüssen (Pflanzenreste, kohleartige und lehmige oder tonige Bestandteile), die später zu Abblätterungen und Gefügestörungen sowie zu Ausblühungen und Verfärbungen führen können.

Neben den Anforderungen an Maße und Maßabweichungen, Geometrie, Druckfestigkeit, Rohdichte, Frostbeständigkeit und schädliche Einschlüsse sind in DIN EN 771-2 weitere Anforderungen genannt, die zu erfüllen sind, sofern es der vorgesehene Verwendungszweck erfordert. Dies betrifft wärmeschutztechnische Eigenschaften, Wasserdampfdurchlässigkeit, Brandverhalten, Wasseraufnahme, Feuchtedehnung und Verbundfestigkeit.

### Bezeichnung und Kennzeichnung

Es gelten folgende Kurzzeichen nach DIN V 106:

| | |
|---|---|
| KS | Kurzzeichen der Steinart |
| Vm | KS-Vormauersteine |
| Vb | KS-Verblender |
| ohne | Voll- und Blocksteine |
| L | Loch- und Hohlblocksteine |
| P | Plansteine |
| XL | Planelemente ohne Längsnut, ohne Lochung |
| XL-N | Planelemente mit Längsnut, ohne Lochung |
| XL-E | Planelemente ohne Längsnut, mit Lochung |
| F | Fasensteine |
| BP | Bauplatten |

Kurzzeichen der Stirnseitengestaltung:

| | |
|---|---|
| ohne | Glatt |
| -R | Nut- und Federsystem |

Nach der maßgebenden Norm werden Steinart, Steinsorte, Druckfestigkeitsklasse und Rohdichteklasse angegeben. Die abschließende Formatangabe erfolgt mit Format-Kurzzeichen oder Steinmaßen.

Bezeichnungsbeispiele:

KS-Stein mit ≤ 15 % Lochflächenanteil, der Druckfestigkeitsklasse 12, der Rohdichteklasse 1,6, der Länge l = 240 mm, der Breite b = 115 mm und der Höhe h = 113 mm (DF):

**Kalksandstein DIN V 106 - KS 12 - 1,6 - 2 DF**

KS-Stein mit > 15 % Lochflächenanteil mit Nut- und Feder-System an den Stirnseiten als Planstein, der Druckfestigkeitsklasse 12, der Rohdichteklasse 1,4, der Länge l = 248 mm, der Breite b = 240 mm und der Höhe h = 248 mm:

**Kalksandstein DIN V 106 - KS L-R P 12 - 1,4 - 248 x 240 x 248**

Nach DIN V 106 dürfen Kalksandsteine durch Stempelung oder Farbstreifen oder durch Beschriften der Verpackung gekennzeichnet sein.

## Anwendung im Bauwesen

### KS-Mauerwerk

Tragendes KS-Mauerwerk zur Erstellung von Außen- und Innenwänden ist nach DIN 1053-1 bzw. DIN EN 1996-1-1 zu berechnen und auszuführen. Für Sonderbauweisen, wie KS-Mauerwerk mit Stumpfstoß und Mauerwerk mit mörtelfreien Stoßfugen, sind zusätzlich geprüfte Typenberechnungen und bauaufsichtliche Zulassungen maßgebend.

KS-Mauerwerk für nichttragende Innenwände ist nach E DIN 4103-1 auszuführen.

Bauphysikalische Anforderungen und Brandschutzanforderungen an Hochbauten bzw. Mauerwerkswände sind in DIN 4108 (Wärmeschutz im Hochbau), DIN 4109 (Schallschutz im Hochbau), DIN 4102 (Brandverhalten von Baustoffen und Bauteilen) enthalten.

### KS-Sichtmauerwerk

KS-Sicht- und Verblendmauerwerk aus Vormauersteinen (KS Vm) und Verblendsteinen (KS Vb) wird nach bautechnischen Bestimmungen, z. B. DIN 1053-1, ausgeführt. Im Gegensatz zur konstruktiven Ausführung gibt es für die gestalterische Beurteilung von Mauerwerks-Sichtflächen keine verbindlichen Regeln. Festgelegt sind lediglich die Soll-Fugendicke (Stoßfugen 1 cm, Lagerfugen 1,2 cm) und das Überbindemaß im Mauerwerk (0,4 h < Ü > 4,5 cm) sowie die zulässigen Maßabweichungen der Steine.

Für die Außenschale von zweischaligem KS-Verblendmauerwerk mit Kerndämmung mit und ohne Luftschicht sind KS-Verblender als Vollsteine zu vermauern.

Deckende Anstriche (z. B. Dispersionssilikat-, Silikonemulsions-, Kunststoffdispersions- und Siloxanfarben) und farblose Imprägnierungen (z. B. Silikon-, Silan-, Siloxan- und Kieselsäureimprägniermittel) vermindern die Feuchtigkeitsaufnahme des KS-Sichtmauerwerks bei Regen und Schlagregen und wirken einer Verschmutzung entgegen.

Grundsätzlich sollten nur geschlossene Anstrichsysteme verwendet werden, bei denen die einzelnen Anstrichschichten aufeinander abgestimmt sind. Durch den Hersteller sind insbesondere hohe Haftfestigkeit und Kälteelastizität, Alkali- und UV-Beständigkeit und Wasserdampfdurchlässigkeit (Richtwert sd < 0,4 m) zu gewährleisten. Farblose Imprägnierungen können bereits kurz (etwa 4 Wochen) nach Fertigstellung des Gebäudes aufgebracht werden, deckende Anstriche dagegen erst frühestens nach 3 Monaten.

### KS-Schornsteine

Nach DIN V 18160-1 können Schornsteine einschalig und mehrschalig ausgeführt werden. Für einschalige Schornsteine sind KS-Vollsteine, für die Außenschale dreischaliger Schornsteine KS-Vollsteine und KS-Lochsteine (über Dach KS-Verblender) einsetzbar. Bei den vor allem aus energiewirtschaftlichen Überlegungen vorzuziehenden dreischaligen Hausschornsteinen mit beweglicher Innenschale und Dämmstoffschicht kann die Ummantelung mit vermörtelten, aber auch mörtelfreien Stoßfugen hergestellt werden.

### 5.2.1.2 Hüttensteine

| | |
|---|---|
| DIN 398 | Hüttensteine - Vollsteine, Lochsteine, Hohlblocksteine; Ausgabe 1976-06<br>*Die Norm wurde 2013-01 ohne Ersatz zurückgezogen. Der NA Bauwesen im Deutschen Institut für Normung e. V. und der zuständige Sachverständigenausschuss sahen keine Notwendigkeit, Hüttensteine weiter zur berücksichtigen.* |

#### Herstellung

Hüttensteine sind Mauersteine, die im Wesentlichen aus einer Mischung aus granulierter Hochofenschlacke (Hüttensand), Zement oder anderen genormten hydraulischen Bindemitteln (auch Kalk) und Wasser hergestellt werden. Die Steinrohlinge werden geformt, durch Pressen oder Rütteln verdichtet und an der Luft unter Dampf oder in kohlensäurehaltigen Abgasen gehärtet.

#### Steinarten

**Hütten-Vollsteine (HSV)** sind ungelochte Mauersteine, deren Querschnitt durch Lochung senkrecht zur Lagerfläche bis 25 % gemindert sein darf.

**Hütten-Lochsteine (HSL)** sind fünfseitig geschlossene Mauersteine mit Lochung senkrecht zur Lagerfläche.

**Hütten-Hohlblocksteine (HHbl)** sind großformatige, fünfseitig geschlossene Mauersteine mit Hohlräumen senkrecht zur Lagerfläche.

#### Anforderungen

Die *Steinmaße* müssen DIN 4172 „Maßordnung im Hochbau" entsprechen.

Nach der bis zur Zurückziehung geltenden Norm DIN 398 wurden Hüttensteine in die *Rohdichteklassen* 1,0 - 1,2 - 1,4 - 1,6 - 1,8 - 2,0 eingeteilt. In Abhängigkeit von der Rohdichteklasse betragen die Mittelwerte der Druckfestigkeit 7,5; 15; 25 und 35 N/mm$^2$.

### 5.2.1.3 Porenbetonsteine und Porenbetonbauteile

#### Normen

| | |
|---|---|
| DIN V 4165-100 | Porenbetonsteine; Teil 100: Plansteine und Planelemente mit besonderen Eigenschaften; Ausgabe 2005-10 *(Vornorm)* |
| DIN 4166 | Porenbeton-Bauplatten und Porenbeton-Planbauplatten; Ausgabe 1997-10 |
| DIN 4223-1 | Vorgefertigte bewehrte Bauteile aus dampfgehärtetem Porenbeton;<br>Teil 1: Herstellung, Eigenschaften, Übereinstimmungsnachweis; Ausgabe 2003-12 |
| E DIN 4223-100 | Anwendung von vorgefertigten bewehrten Bauteilen aus dampfgehärtetem Porenbeton; Teil 100: Eigenschaften und Anforderungen an Baustoffe und Bauteile; Ausgabe 2008-09 *(Norm-Entwurf)* |
| DIN EN 771-4 | Festlegungen für Mauersteine; Teil 4: Porenbetonsteine; Ausgabe 2011-07 |
| DIN EN 772 | Prüfverfahren für Mauersteine (siehe 5.1.4) |
| DIN V 20000-404 | Anwendung von Bauprodukten in Bauwerken; Teil 404: Regeln für die Verwendung von Porenbetonsteinen nach DIN EN 771-4; Ausgabe 2006-01 *(Vornorm)* |

### Herstellung von Porenbeton

Quarzsand und geringe Mengen Flugasche werden fein gemahlen oder feinkörnig mit den Bindemitteln Zement und/oder Kalk, Wasser und dem Treibmittel Aluminiumpulver zu einer dünnflüssigen Suspension gemischt und in Formwagen gegossen. Das Calciumhydroxid des Bindemittels und Aluminiumpulver reagieren unter Gasbildung (Wasserstoff), die zum Aufblähen des Mörtels führt und eine Porenstruktur entstehen lässt. Nach etwa zwei Stunden ist der Mörtel soweit verfestigt, dass er entschalt und maschinell zu Blöcken, Platten oder großformatigen Bauelementen geschnitten werden kann. Bei der Produktion von stahlbewehrten Montagebauteilen (Wand-, Dach- und Deckenplatten) werden vor dem Gussvorgang korrosionsgeschützte Bewehrungskörbe in die Gussformen montiert.

Die Härtung des Porenbetons erfolgt durch 6- bis 8-stündige Dampfhärtung in Autoklaven bei etwa 190 °C und einem Druck von 12 bar. Angestrebte Festigkeit und Raumbeständigkeit der Porenbeton-Produkte sind sofort nach dem Härteprozess gewährleistet.

### Eigenschaften

Mit Porenbeton lassen sich massive monolithische Konstruktionen errichten, die gleichzeitig Anforderungen an die Tragfähigkeit sowie an den Wärme-, Schall- und Brandschutz erfüllen. Die Rohdichte des Porenbetons liegt zwischen 0,30 und 1,00 kg/dm$^3$, die mittlere Druckfestigkeit zwischen 2,5 und 10,0 N/mm$^2$. Aufgrund der niedrigen Wärmeleitfähigkeit ($\lambda_R$ = 0,11 bis 0,29 W/(mK)) von Porenbeton lässt sich schon mit Wanddicken ≥ 17,5 cm und ohne zusätzliche Wärmedämmschichten ein ausreichender Wärmeschutz erreichen. Porenbeton besitzt eine niedrige Wasserdampf-Diffusionswiderstandszahl ($\mu$ = 5 bis 10), kann also bei hoher Luftfeuchtigkeit Wasser aus dem Raum aufnehmen und bei trockener Luft wieder abgeben. Der Schutz gegen Feuchteeinwirkung von außen (Schlagregen) und gegen Frost muss durch Putz, Beschichtung oder hinterlüftete Bekleidungen sichergestellt werden. Porenbeton ist ein nicht brennbarer Baustoff (Baustoffklasse A1 nach DIN 4102) und weist in Verbindung mit einer hohen Schalldämmung eine gute Schallabsorption auf.

Porenbeton-Bauteile mit tragender Funktion werden bei bis zu neungeschossigen Gebäuden eingesetzt. Je nach Anforderungen werden unbewehrte Bauteile (Plansteine, Planelemente, Formsteine, Bauplatten, Planbauplatten) und bewehrte Bauteile (Wandplatten, Dach- und Deckenplatten, Sonderbauteile) hergestellt.

## Plansteine und Planelemente

**Plansteine (PP) und Planelemente (PPE)** nach DIN V 4165-100 sind großformatige Vollsteine bzw. Vollelemente für tragendes Mauerwerk, die mit besonders geringen Maßtoleranzen (±1,0 bis 1,5 mm) hergestellt und in Dünnbettmörtel (Lagerfugendicke 1 bis 3 mm) versetzt werden. Die Stirnflächen der Steine dürfen, sofern die Steine stumpf gestoßen werden, mit Mörteltaschen versehen sein. Sind die Stirnseiten der Steine mit Nut und Feder ausgebildet, so können sie ohne Vermörtelung knirsch aneinander gestoßen werden.

Die Abmessungen der Plansteine und Planelemente sind in Tabelle 5.13 zusammengestellt. Die Tabelle 5.14 enthält die Festigkeits- und Rohdichteklassen.

**Tabelle 5.13:** Abmessungen der Plansteine und Planelemente (nach [15])

| | Länge in mm ±1,5 | Breite/Dicke in mm ±1,5 | Höhe in mm ±1,0 |
|---|---|---|---|
| Plansteine (PP) | 249, 299, 312, 332, 374, 399, 499, 599, 624 | 115, 120, 125, 150, 175, 200, 240, 250, 300, 365, 375, 400, 500 | 124, 149, 164, 174, 186, 199, 249 |
| Planelemente (PPE) | 499, 599, 624, 749, 999, 1124, 1249, 1374, 1499 | 115, 125, 150, 175, 200, 240, 250, 300, 365, 375, 400, 500 | 374, 499, 599, 624 |

**Tabelle 5.14:** Festigkeitsklassen und Rohdichtklassen von Plansteinen und Planelementen (nach [15])

| Festigkeitsklasse | Rohdichteklasse |
|---|---|
| 2 | 0,35 0,40 0,45 0,50 |
| 4 | 0,50 0,55 0,60 0,65 0,70 0,80 |
| 6 | 0,60 0,65 0,70 0,80 |
| 8 | 0,80 0,90 1,00 |

Bezeichnung (Beispiel):

Porenbeton-Planstein (PP), Festigkeitsklasse 2, Rohdichteklasse 0,40, Länge $l$ = 499 mm, Breite $b$ = 300 mm, Höhe $h$ = 249 mm

**Porenbeton-Planstein DIN V 4165-PP2-0,40-499 × 300 × 249**

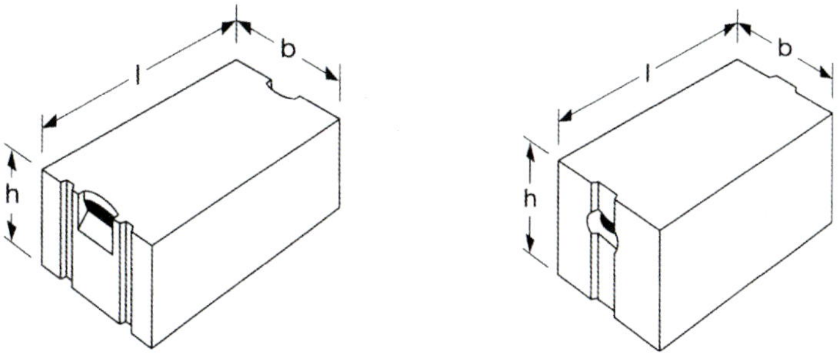


**Abb. 5.12:** Planstein PP nach [15]

### Bauplatten und Planbauplatten

**Bauplatten (Ppl)** nach DIN 4166 werden für nichttragendes Mauerwerk nach DIN 4103-1 verwendet. Das Vermauern erfolgt in üblicher Fugendicke in Normal- oder Leichtmauermörtel. **Planbauplatten (PPpl)** nach DIN 4166 für nichttragende, leichte Trennwände werden in Dünnbettmörtel versetzt.

Bauplatten und Planbauplatten müssen rechteckig und ebenflächig sein. Die Stirnseiten der Planbauplatten können glatt, mit Mörteltaschen und/oder Nut und Feder ausgebildet sein. Die Abmessungen sind der Tabelle 5.15 zu entnehmen.

Bauplatten und Planbauplatten werden in die Rohdichteklassen 0,35; 0,40; 0,45; 0,50; 0,55; 0,60; 0,65; 0,70; 0,80; 0,90 und 1,00 eingeteilt. Eine Zuordnung zu Festigkeitsklassen erfolgt nicht. Die Biegefestigkeit muss aber mindestens 0,4 N/mm² betragen.

**Tabelle 5.15:** Abmessungen der Bauplatten und Planbauplatten

| | Länge[1] in mm ±3,0 (1,5)[2] | Breite/Dicke in mm ±3,0 (1,5)[2] | Höhe in mm ±3,0 (1,0)[2] |
|---|---|---|---|
| Bauplatten (Ppl) | 365, 390, 490, 590, 615, 740, 990 | 25, 30, 50, 75, 100, 115, 120, 125, 150, 175, 200 | 190, 240, 390 |
| Planbauplatten (PPpl) | 374, 399, 499, 599, 624, 749, 999 | 25, 30, 50, 75, 100, 115, 120, 125, 150, 175, 200 | 199, 249, 399, 499, 624 |

1) Für Bauplatten mit Mörteltaschen darf und für Bauplatten mit Nut und Feder muss die Länge um 9 mm erhöht werden.

2) Klammerwerte gelten für Planbauplatten.

## Bewehrte Bauteile aus Porenbeton

Zu den bewehrten Bauteilen aus Porenbeton gehören Dach- und Deckenplatten, Wandtafeln für Innen- und Außenwände, Wandplatten (nur für den Wirtschaftsbau) und Ergänzungsbauteile, z. B. Stürze, U-Steine, U-Schalen und Treppenstufen.

Für die Herstellung und die Eigenschaften von bewehrten Bauteilen aus Porenbeton gelten die entsprechenden Allgemeinen bauaufsichtlichen Zulassungen des Deutschen Instituts für Bautechnik sowie DIN 4223-1 bzw. E DIN 4223-100. Entwurf und Bemessung sind nach DIN 4223-2 vorzunehmen; für die Anwendung in Bauwerken gilt DIN 4223-4.

Die aus Betonstahlmatten oder Betonstabstahl bestehende *Bewehrung* muss durch eine spezielle Oberflächenbehandlung vor Korrosion geschützt werden, da Porenbeton im Vergleich zu Normalbeton einen niedrigeren pH-Wert aufweist und sich auf der Oberfläche des Stahls keine Passivschicht ausbildet. Hinzu kommt die hohe Porosität, die das Eindringen von korrosionsfördernden Stoffen begünstigt. Der Korrosionsschutz wird üblicherweise im Tauchbad aufgebracht. Als Korrosionsschutzmaterialien kommen organische Stoffe (z. B. Bitumen und organische Polymere) oder anorganische Stoffe (z. B. Zementschlämme) zur Anwendung. Aus Gründen des Umweltschutzes geht der Trend zu Wasserlacken und Pulverbeschichtungen.

**Dach- und Deckenplatten** werden in bis zu 8,0 m Länge (Regellänge 6,0 m), 50,0 bis 75,0 cm Breite (Regelbreite 62,5 cm) und 10,0 bis 30,0 cm Dicke hergestellt. Sie sind an den Plattenlängsseiten mit einer Nut-Feder-Verbindung und/oder mit einer durchgehenden Vergussnut ausgestattet. Durch Fugenbewehrung und sogenannte „Betondübel" kann eine schubfeste Verbindung zwischen den Einzelplatten hergestellt und eine Scheibenwirkung erzielt werden.

Die Dach- und Deckenscheiben können so z. B. zur Längs- und Queraussteifung horizontal belasteter Gebäude herangezogen werden.

**Geschosshohe tragende Wandtafeln** werden bis zu 3,50 m Höhe, bis zu 1,50 m Breite und bis zu 36,5 cm Dicke hergestellt. Mehrere Tafeln lassen sich zu raumhohen Elementen als Außen- und Innenwände verbinden. Sie übernehmen neben den vertikalen auch horizontale Lasten, z. B. aus dem Erddruck, wenn sie für Kellerwände Anwendung finden. Die an den Fußseiten unprofilierten Tafeln werden in Mörtel versetzt und in den senkrechten Fugen knirsch gestoßen. Die Verbindung der Tafeln untereinander in den vertikalen Fugen erfolgt bei Nut und Feder mit Dünnbettmörtel, bei Vergussnuten durch Verguss mit Zementmörtel.

**Wandplatten für den Wirtschaftsbau** werden bis zu 8,0 m Länge (Regellänge 6,0 m), bis zu 75,0 cm Breite (Regelbreite 62,5 cm) und bis zu 37,5 cm Dicke hergestellt. Die horizontalen Fugen sind entweder als glatter Stoß oder mit Nut und Feder ausgebildet. Die Stirnseiten können glatt oder mit einer Vergussnut zum Vergießen mit Mörtel ausgestattet sein. Liegend oder stehend angeordnete Wandplatten werden in der Regel zur Ausfachung von Skelettbauten aus Stahl, Stahlbeton oder auch Holz verwendet. Sie lassen sich mit speziellen Befestigungsmitteln (Nagel- oder Ankerlaschen, Gewindebolzen, Ankerschlaufen u. Ä., jeweils aus nichtrostendem Stahl) vor, zwischen oder hinter einer Tragkonstruktion montieren. Die Wandplatten werden als „nichttragende" Elemente bezeichnet, da sie neben den bauphysikalischen Funktionen lediglich die Ableitung der Eigen- und Windlasten auf die Tragkonstruktion übernehmen.

In der Tabelle 5.16 sind die Druckfestigkeits- und Rohdichteklassen von bewehrten Bauteilen aus Porenbeton zusammengestellt.

**Tabelle 5.16:** Druck- und Rohdichteklassen von bewehrten Produkten aus Porenbeton (aus [8])

| Produkt | Rohdichteklasse | Festigkeitsklasse | Trockenrohdichte Mindestwert kg/dm³ | Trockenrohdichte Höchstwert kg/dm³ |
|---|---|---|---|---|
| Wandtafeln | 0,45 | 3,3 | 0,40 | 0,45 |
| | 0,50 | 3,3 | 0,45 | 0,50 |
| | 0,55 | 3,3 oder 4,4 | 0,50 | 0,55 |
| | 0,60 | 3,3 oder 4,4 | 0,55 | 0,60 |
| | 0,65 | 4,4 | 0,60 | 0,65 |
| | 0,70 | 4,4 | 0,65 | 0,70 |
| Deckenplatten | 0,45 | 3,3 | 0,40 | 0,45 |
| | 0,50 | 3,3 | 0,45 | 0,50 |
| | 0,55 | 3,3 oder 4,4 | 0,50 | 0,55 |
| | 0,60 | 3,3 oder 4,4 | 0,55 | 0,60 |
| | 0,65 | 4,4 | 0,60 | 0,65 |
| | 0,70 | 4,4 oder 6,6 | 0,65 | 0,70 |
| | 0,80 | 4,4 oder 6,6 | 0,70 | 0,80 |

| Produkt | Rohdichteklasse | Festigkeitsklasse | Trockenrohdichte Mindestwert kg/dm³ | Trockenrohdichte Höchstwert kg/dm³ |
|---|---|---|---|---|
| Dachplatten | 0,40 | 2,2 | 0,35 | 0,40 |
| | 0,45 | 2,2 oder 3,3 | 0,40 | 0,45 |
| | 0,50 | 3,3 | 0,45 | 0,50 |
| | 0,55 | 3,3 oder 4,4 | 0,50 | 0,55 |
| | 0,60 | 3,3 oder 4,4 | 0,55 | 0,60 |
| | 0,65 | 4,4 | 0,60 | 0,65 |
| | 0,70 | 4,4 | 0,65 | 0,70 |
| Fertigstürze und Flachstürze | 0,55 | 4,4 | 0,50 | 0,55 |
| | 0,60 | 4,4 | 0,55 | 0,60 |
| | 0,65 | 4,4 | 0,60 | 0,65 |
| | 0,70 | 4,4 | 0,65 | 0,70 |

## 5.2.2 Wandbausteine und -platten aus Leichtbeton

### Normen

| | |
|---|---|
| DIN 18148 | Hohlwandplatten aus Leichtbeton; Ausgabe 2000-10 |
| DIN V 18151-100 | Hohlblöcke aus Leichtbeton; Teil 100: Hohlblöcke mit besonderen Eigenschaften; Ausgabe 2005-10 *(Vornorm)* |
| DIN V 18152-100 | Vollsteine und Vollblöcke aus Leichtbeton; Teil 100: Vollsteine und Vollblöcke mit besonderen Eigenschaften; Ausgabe 2005-10 *(Vornorm)* |
| DIN V 18153-100 | Mauersteine aus Beton (Normalbeton); Teil 100: Mauersteine mit besonderen Eigenschaften; Ausgabe 2005-10 *(Vornorm)* |
| DIN 18162 | Wandbauplatten aus Leichtbeton, unbewehrt; Ausgabe 2000-10 |
| DIN V 20000-403 | Anwendung von Bauprodukten in Bauwerken; Teil 403: Regeln für die Verwendung von Mauersteinen aus Beton nach DIN EN 771-3; Ausgabe 2005-06 *(Vornorm)* |
| DIN EN 771-3 | Festlegungen für Mauersteine;<br>Teil 3: Mauersteine aus Beton (mit dichten und porigen Zuschlägen); Ausgabe 2011-07 |
| DIN EN 772 | Prüfverfahren für Mauersteine, Teile 1 bis 16 (siehe 5.1.4) |

Wandbausteine und -platten werden aus mineralischen Gesteinskörnungen und hydraulischen Bindemitteln hergestellt. Als Bindemittel dürfen nur Zemente nach DIN EN 197-1 und DIN 1164-10 verwendet werden. Die leichten Gesteinskörnungen, z. B. Naturbims (NB), Blähton (BT), müssen DIN EN 13055-1 in Verbindung mit DIN V 20000-104 entsprechen. Gegebenenfalls können Gesteinskörnungen mit dichtem Gefüge entsprechend DIN EN 12620 in Verbindung mit DIN V 20000-103 sowie Zusatzstoffe und Zusatzmittel zugegeben werden.

Steine, Blöcke und Platten werden in Stahlformen durch Vibrations- und Stampfeinwirkung geformt, verdichtet und nach dem Entschalen meist einer Wärmebehandlung unterzogen.

### 5.2.2.1 Vollsteine und Vollblöcke aus Leichtbeton nach DIN V 18152-100

#### Steinarten

**Vollsteine (V)** sind Mauersteine ohne Kammern und Schlitze mit einer Sollhöhe von 52 bis 240 mm, die mit Normal- oder Leichtmauermörtel vermauert werden.

**Vollblöcke (Vbl)** sind sechsseitig geschlossene Mauersteine ohne Schlitze mit einer Sollhöhe ≤ 238 mm, die mit Normal- oder Leichtmauermörtel vermauert werden.

**Vollblöcke (Vbl S)** sind vier- oder fünfseitig geschlossene Mauersteine mit Schlitzen senkrecht zur Lagerfläche mit einer Sollhöhe ≤ 238 mm, bei fünfseitig geschlossenen Mauersteinen mit einer Abdeckung (oberhalb der Schlitze) mit einer Dicke von mindestens 10 mm. Vermauerung mit Normal- oder Leichtmauermörtel.

**Vollblöcke (Vbl SW)** sind fünfseitig geschlossene Mauersteine mit Schlitzen senkrecht zur Lagerfläche und besonderen Wärmedämmeigenschaften mit einer Sollhöhe von ≤ 238 mm und einer mindestens 10 mm dicken Abdeckung oberhalb der Schlitze. Hergestellt ausschließlich unter Verwendung von Naturbims (NB) oder Blähton (BT) oder einem Gemisch aus diesen (NB/BT). Vermauerung mit Normal- und Leichtmauermörtel.

**Plan-Vollstein (V-P)** sind Mauersteine ohne Kammern und Schlitze mit einer Sollhöhe ≤ 249 mm, die mit Dünnbettmörtel vermauert werden.

**Plan-Vollblöcke (Vbl-P)** sind sechsseitig geschlossene Mauersteine ohne Schlitze mit einer Sollhöhe ≤ 249 mm zur Vermauerung mit Dünnbettmörtel.

**Plan-Vollblöcke (Vbl S-P)** sind vier- oder fünfseitig geschlossene Mauersteine mit Schlitzen senkrecht zur Lagerfläche mit einer Sollhöhe ≤ 249 mm, bei fünfseitig geschlossenen Mauersteinen mit einer mindestens 10 mm dicken Abdeckung oberhalb der Schlitze zur Vermauerung in Dünnbettmörtel.

**Plan-Vollblöcke (Vbl SW-P)** sind fünfseitig geschlossene Mauersteine mit Schlitzen senkrecht zur Lagerfläche und besonderen Wärmedämmeigenschaften mit einer Sollhöhe ≤ 249 mm und einer mindestens 10 mm dicken Abdeckung oberhalb der Schlitze. Hergestellt ausschließlich unter Verwendung von Naturbims (NB) oder Blähton (BT) oder einem Gemisch aus diesen (NB/BT). Vermauerung mit Dünnbettmörtel.

#### Maße und Form

Maße und Formate von Vollsteinen und Vollblöcken sind in den Tabellen 5.17 und 5.18 angegeben.

Vollsteine können mit Griffschlitzen hergestellt werden. Bei Vollblöcken sind in der Regel an den Stirnseiten 20 mm tiefe Nuten zur Vermörtelung bei Knirschvermauerung angeordnet. Eine Ausbildung von Nut und Feder (N+F) an den Stirnseiten ist möglich.

### Steinrohdichte

Die Einteilung der Vollsteine und Vollblöcke erfolgt nach der mittleren Steinrohdichte (kg/dm³) in die *Rohdichteklassen*:

0,45; 0,50; 0,55; 0,60; 0,65; 0,70; 0,80; 0,90; 1,00; 1,20; 1,40; 1,60; 1,80; 2,00

Für Vollblöcke Vbl SW sind die Rohdichteklassen 0,45 bis 0,80 zulässig.

### Druckfestigkeit

Vollsteine und Vollblöcke werden nach dem jeweils kleinsten Einzelwert der Druckfestigkeit (N/mm²) in folgende *Druckfestigkeitsklassen* (Tabelle 5.19) eingeteilt:

2; 4; 6; 8; 12; 20

Die Festigkeitsklasse 20 gilt nur für Vollsteine V und V-P und Vollblöcke Vbl und Vbl-P. Die Druckfestigkeitsklassen werden durch Nuten auf der Steinlängsseite oder Farbkennzeichen deutlich gemacht.

**Tabelle 5.17:** Maße und Formate der Vollsteine (V) nach [16]

| Formatkurzzeichen | Systemlänge $l_s$ in mm | Breite *b* in mm ±3 | Höhe *h* in mm | |
|---|---|---|---|---|
| | | | V ±3 | V-P ±1 |
| 1,7DF | 250 | 95 | 113 | 123 1) |
| 6,8DF | 500 | | 240 | 248 1) |
| DF (Dünnformat) | 250 | 115 | 52 | 60 |
| NF (Normalformat) | | | 71 | 81 |
| 2DF | | | 113 | 123 1) |
| 2NF | | 140 | | |
| 2,5DF | | 150 | | |
| 3DF | | 175 | | |
| 3,5DF | | 200 | 115 | 123 1) |
| 4DF | | 240 | | |
| 5DF | | 300 | | |
| 6DF | | 365 | | |
| 7DF | | 425 | | |
| 8DF | 500 | 240 | | |
| 10DF | | 300 | | |

1) Auch 1 mm größere Höhe zulässig; innerhalb eines Herstellwerkes ist jedoch nur eine Höhe zulässig.

**Tabelle 5.18:** Maße und Formate der Vollblöcke (Vbl) nach [16]

| Formatkurzzeichen | Systemlänge $l_s$ in mm | Breite *b* in mm ±3 | Höhe *h* in mm Vbl, Vbl S, Vbl SW ±4 | Höhe *h* in mm Vbl-P, Vbl S-P, Vbl SW-P ±1 |
|---|---|---|---|---|
| 5DF | 250 | 150 | 238 | 238 oder 248 [1)] |
| 6DF | | 175 | | |
| 7DF | | 200 | | |
| 8DF | | 240 | | |
| 10DF | | 300 | | |
| 12DF | | 365 | | |
| 14DF | | 425 | | |
| 16DF | | 490 | | |
| 10DF | 310 | 240 | | |
| 7,5DF | 375 | 150 | | |
| 9DF | | 175 | | |
| 10DF | | 200 | | |
| 12DF | | 240 | | |
| 15DF | | 300 | | |
| 18DF | | 365 | | |
| 21DF | | 425 | | |
| 24DF | | 490 | | |
| 10DF | 500 | 150 | | |
| 12DF | | 175 | | |
| 13DF | | 200 | | |
| 16DF | | 240 | | |
| 20DF | | 300 | | |
| 24DF | | 365 | | |

1) Auch 1 mm größere Höhe zulässig; innerhalb eines Herstellwerkes ist jedoch nur eine Höhe zulässig.

**Tabelle 5.19:** Festigkeitsklassen und Kennzeichnung von Vollsteinen (V) und Vollblöcken (Vbl) nach [16]

| Festigkeits-klasse | Druckfestigkeit in N/mm² | | Anzahl der Nuten | Farbzeichen |
|---|---|---|---|---|
| | Mittelwert | kleinster Einzelwert | | |
| 2 | 2,5 | 2 | | grün |
| 4 | 5,0 | 4 | 1 | blau |
| 6 | 7,5 | 6 | 2 | rot |
| 8 | 10,0 | 8 | - | [1] |
| 12 | 15,0 | 12 | 3 | schwarz |
| 20[2] | 25,0 | 20 | - | gelb |

[1] Kennzeichnung erfolgt durch Aufstempeln der Festigkeits- und Rohdichteklasse in schwarzer Farbe.
[2] Nur Vollsteine (V) und V-P sowie Vollblöcke (Vbl) und Vbl-P.

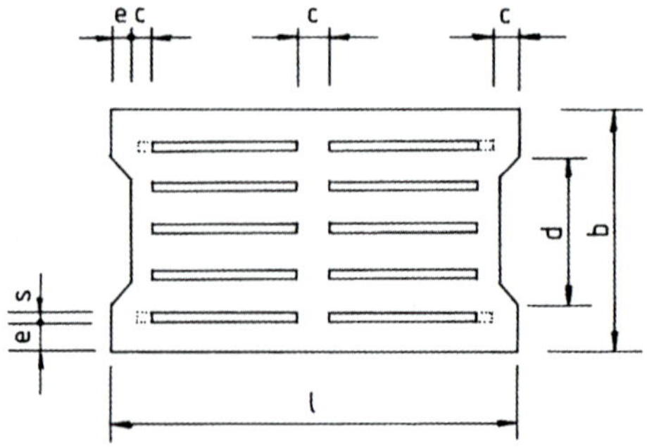


**Abb. 5.13:** Geschlitzter Vollblock (Vbl-SN) mit Stirnseitennut (Beispiel)

Bezeichnungsbeispiele:

Vollstein (V), Festigkeitsklasse 6, Rohdichteklasse 1,2, Format 2 DF, Länge $l$ = 240 mm, Breite $b$ = 115 mm, Höhe $h$ = 113 mm, mit ebenflächiger Stirnfläche:

**Vollstein DIN 18152 - V 6 - 1,2 - 2 DF - 240/115/113**

Plan-Vollblock (Vbl SW-P), Festigkeitsklasse 2, Rohdichteklasse 0,50, Format 20 DF, Länge $l$ = 497 mm, Breite $b$ = 300 mm, Höhe $h$ = 248 mm, mit Nut- und Federausbildung der Stoßfuge (N+F):

**Vollblock DIN 18152 - Vbl SW-P 2 - 0,50 - 20 DF - 497/300/248 - N+F**

### 5.2.2.2 Hohlblöcke aus Leichtbeton nach DIN V 18151-100

#### Steinarten

**Hohlblöcke (Hbl)** sind fünfseitig geschlossene Mauersteine mit Kammern senkrecht zur Lagerfläche, mit einer Sollhöhe ≤ 238 mm und einer mindestens 10 mm dicken Abdeckung oberhalb der Kammern. Vermauerung mit Normal- und Leichtmauermörtel.

**Plan-Hohlblöcke (Hbl-P)** sind fünfseitig geschlossene Mauersteine mit Kammern senkrecht zur Lagerfläche, mit einer Sollhöhe ≤ 249 mm und einer mindestens 10 mm dicken Abdeckung oberhalb der Kammern. Vermauerung mit Dünnbettmörtel.

Die Hohlblöcke werden nach der Anzahl der Hohlkammerreihen in Steinbreitenrichtung als Einkammer-Hohlblock (1 K Hbl), Zweikammer-Hohlblock (2 K Hbl) usw. bezeichnet (Beispiele in Abb. 5.14 und Abb. 5.15). Die Stirnseiten können ebenflächig, mit Aussparungen (Stirnseitennuten) und/oder mit Nut- und Federausbildung versehen sein. Hohlblöcke mit Stirnseitennuten müssen mindestens an einer Stirnseite Stirnseitennuten aufweisen. Die Anordnung und die Mindestanzahl von Querstegen sind von der Steinlänge, der Steinbreite und der Kammeranzahl abhängig. Die Kammern müssen gleichmäßig verteilt angeordnet sein. Die inneren Querstege von 370 und 495 mm langen Drei-, Vier-, Fünf- und Sechskammer-Hohlblöcken sind gegeneinander zu versetzten.

## Maße und Form

Die Steinaußenmaße und die Formen von Hohlblöcken sind in Tabelle 5.20 zusammengestellt. Die Steinlängen sind als Systemlängen $l_s$ angegeben, mit denen sich die zulässigen Steinlängen $l$ ergeben.

## Steinrohdichte

Die Einteilung der Hohlblöcke erfolgt nach der mittleren Steinrohdichte ($kg/dm^3$) in die *Rohdichteklassen:*

0,45; 0,50; 0,55; 0,60; 0,65; 0,70; 0,80; 0,90; 1,00; 1,20; 1,40; 1,60

## Druckfestigkeit

Hohlblöcke werden nach dem kleinsten Einzelwert der Druckfestigkeit ($N/mm^2$) in folgende *Druckfestigkeitsklassen* eingeteilt (Tabelle 5.21):

2, 4, 6, 8 und 12

Die Druckfestigkeitsklassen werden durch Nuten auf der Mitte der Steinlängsseite oder durch Farbstreifen kenntlich gemacht.

Bezeichnungsbeispiele:

Zweikammer-Hohlblock (2 K Hbl), Festigkeitsklasse 4, Rohdichteklasse 0,8, Format 16 DF, Länge $l$ = 497 mm, Breite $b$ = 240 mm, Höhe $h$ = 238 mm, mit Stirnseitennut (SN):

**Hohlblock DIN 18151 - 2 K Hbl 4 - 0,8 - 16 DF - 497/240/238 - SN**

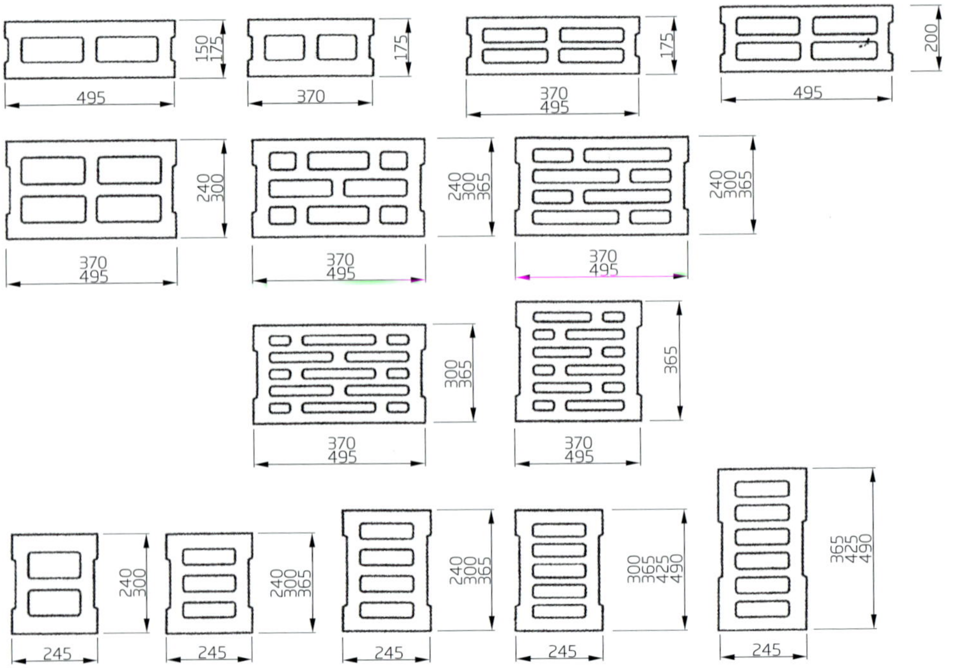


Abb. 5.14: Querschnitte von Hohlblöcken Hbl (Beispiele)

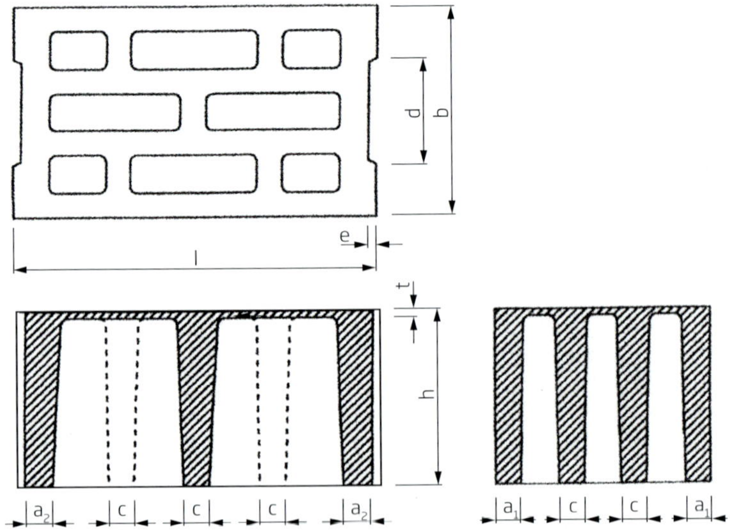


Abb. 5.15: Dreikammer-Hohlblock (3K Hbl) (Beispiel)

**Tabelle 5.20:** Außenmaße der Hohlblöcke (Hbl) nach [17]

| Form | Format-kurzzeichen | Systemlänge $l_s$ in mm | Breite *b* in mm ±3 | Höhe *h* in mm | |
|---|---|---|---|---|---|
| | | | | Hbl ±4 | Hbl-P ±1,0 |
| 1K Hbl | 10DF | 500 | 150 | 238 [1)] | 238 oder 248 [2)] |
| 1K Hbl | 9DF | 375 | 175 | | |
| 2K Hbl | 12DF | 500 | | | |
| 2K Hbl | 14DF | 500 | 200 | | |
| 2K Hbl<br>3K Hbl<br>4K Hbl | 8DF | 250 | 240 | | |
| | 12DF | 375 | | | |
| | 16DF | 500 | | | |
| 2K Hbl<br>3K Hbl<br>4K Hbl<br>5K Hbl | 10DF | 250 | 300 | | |
| | 15DF | 375 | | | |
| | 20DF | 500 | | | |
| 3K Hbl<br>4K Hbl<br>5K Hbl<br>6K Hbl | 12DF | 250 | 365 | | |
| | 18DF | 375 | | | |
| | 24DF | 500 | | | |
| 5K Hbl<br>6K Hbl | 14DF | 250 | 425 | | |
| | 16DF | | 490 | | |

1) Regional auch 175 mm und 190 mm.
2) Auch 1 mm größere Höhe zulässig; innerhalb eines Herstellwerkes ist jedoch nur eine Höhe zulässig.

**Tabelle 5.21:** Festigkeitsklassen und Kennzeichnung der Hohlblöcke (Hbl) nach [17]

| Festigkeits-klasse | Druckfestigkeit in N/mm² | | Anzahl der Nuten | Farbzeichen |
|---|---|---|---|---|
| | Mittelwert | kleinster Einzelwert | | |
| 2 | 2,5 | 2 | – | grün |
| 4 | 5,0 | 4 | 1 | blau |
| 6 | 7,5 | 6 | 2 | rot |
| 8 | 10,0 | 8 | – | 1) |
| 12 | 15,0 | 12 | 3 | schwarz |

1) Kennzeichnung erfolgt durch Aufstempeln der Festigkeits- und Rohdichteklasse in schwarzer Farbe.

### 5.2.2.3 Hohlwandplatten aus Leichtbeton nach DIN 18148

Hohlwandplatten (Hpl) sind fünfseitig geschlossene Mauersteine mit Kammern senkrecht zur Lagerfläche. Sie werden bei der Herstellung von Wänden und Bauteilen eingesetzt. Die Form der Hohlwandplatten entspricht einem Einkammerstein. Es gelten die in Tabelle 5.22 zusammengestellten Abmessungen.

**Tabelle 5.22:** Abmessungen der Hohlwandplatten (Hpl) nach [18]

| Format/ Kurzzeichen | Länge in mm ±3 | Breite/Dicke in mm ±3 | Höhe in mm ±4 |
|---|---|---|---|
| 10 | 490[1)] | 100 | 238 |
| 10 x | | | 175 |
| 11,5 | | 115 | 238 |
| 11,5 x | | | 175 |

[1)] Hohlwandplatten mit Stirnseitennut auch 495 mm

Die Stirnseiten können ebenflächig oder mit Nut bzw. Nut- und Federausbildung versehen sein.

#### Rohdichte und Druckfestigkeit

Die Hohlwandplatten werden nach der mittleren Plattenrohdichte (= Plattentrockengewicht/ Plattenvolumen) in die Rohdichteklassen 0,6; 0,7; 0,8; 0,9; 1,0; 1,2; 1,4 eingeteilt. 28 Tage nach der Herstellung soll eine mittlere Druckfestigkeit von mindestens 2,5 N/mm$^2$ (Einzelwert > 2,0 N/mm$^2$) vorhanden sein.

Bezeichnung (Beispiel): **Hohlwandplatte DIN 18148-Hpl 0,8-11,5**

### 5.2.2.4 Unbewehrte Wandbauplatten aus Leichtbeton nach DIN 18162

Wandbauplatten (Wpl) sind großformatige Platten ohne Lochung. Sie werden für die Herstellung von Wänden und Bauteilen verwendet, die überwiegend durch ihr Eigengewicht beansprucht werden (z. B. leichte Trennwände nach DIN 4103).

Wandbauplatten weisen eine rechteckige Form auf. Es gelten die in Tabelle 5.23 zusammengestellten Abmessungen.

**Tabelle 5.23:** Abmessungen der Wandbauplatten (Wpl) nach [19]

| Format/ Kurzzeichen | Länge in mm ±3 | Breite/Dicke in mm ±3 | Höhe in mm ±4 |
|---|---|---|---|
| 5 | 990, 997[1)] | 50 | 320, 240 |
| 6 | | 60 | |
| 7 | | 70 | |
| 10 | 490, 497[1)] | 100[2)] | 240 |

[1)] Wpl mit Nut- und Federausbildung
[2)] regional auch 95 mm

Die Stirnseiten können ebenflächig oder mit Nuten bzw. Nut- und Federausbildung versehen sein.

### Rohdichte und Biegefestigkeit

Die Wandbauplatten werden nach der mittleren Plattenrohdichte in die Rohdichteklassen 0,8; 0,9; 1,0; 1,2; 1,4 eingeteilt. 28 Tage nach der Herstellung wird eine mittlere Biegefestigkeit von 1,0 N/mm² (Einzelwert > 0,8 N/mm²) gefordert.

Bezeichnung (Beispiel): **Wandbauplatten DIN 18162-Wpl 0,9-6-990**

## 5.2.3 Mauersteine aus Beton (Normalbeton) nach DIN V 18153-100

### Steinarten

**Hohlblöcke (Hbn)** sind fünfseitig geschlossene Mauersteine mit Kammern senkrecht zur Lagerfläche, mit einer Sollhöhe ≤ 238 mm und einer mindestens 10 mm dicken Abdeckung oberhalb der Kammern. Vermauerung mit Normalmörtel.

**Vollblöcke (Vbn)** sind Mauersteine ohne Kammern und Schlitze mit einer Sollhöhe ≤ 238 mm. Vermauerung mit Normalmörtel.

**Vollsteine (Vn)** sind Mauersteine ohne Kammern und Schlitze mit einer Sollhöhe von 52 bis 240 mm. Vermauerung mit Normalmörtel.

**Vormauersteine (Vm)** sind Mauersteine ohne Kammern und Schlitze mit einer Sollhöhe von 52 bis 238 mm mit ebener, werksteinmäßig bearbeiteter oder besonders gestalteter Sichtfläche und nachgewiesenem Frostwiderstand. Vermauerung mit Normalmörtel.

**Vormauerblöcke (Vmb)** sind Mauersteine mit Kammern senkrecht zur Lagerfläche mit einer Sollhöhe ≤ 238 mm und einer mindestens 10 mm dicken Abdeckung oberhalb der Kammern sowie ebener, werksteinmäßig bearbeiteter oder besonders gestalteter Sichtfläche und nachgewiesenem Frostwiderstand. Vermauerung mit Normalmörtel.

**Plan-Hohlblöcke (Hbn-P)** sind fünfseitig geschlossene Mauersteine mit Kammern senkrecht zur Lagerfläche, mit einer Sollhöhe ≤ 249 mm und einer mindestens 10 mm dicken Abdeckung oberhalb der Kammern. Vermauerung in Dünnbettmörtel.

**Plan-Vollblöcke (Vbn-P)** sind Mauersteine ohne Kammern und Schlitze mit einer Sollhöhe ≤ 249 mm. Vermauerung mit Dünnbettmörtel.

**Plan-Vollsteine (Vn-P)** sind Mauersteine ohne Kammern und Schlitze mit einer Sollhöhe ≤ 249 mm. Vermauerung mit Dünnbettmörtel.

### Maße und Form

Die Außenmaße der Hohlblöcke (Hbn) entsprechen weitgehend den Maßen der Hohlblöcke (Hbl) nach DIN V 18151-100 (Tabelle 5.20). Gleiches gilt für die Form: Zweikammer-Hohlblock (2 K Hbn), Fünfkammer-Hohlblock (5 K Hbn) u. Ä.

Die Stirnseiten von Hbn, Vbn, Vn (8 DF und 10 DF) und Vmb können ebenflächig, mit Aussparungen (Stirnseitennuten) und/oder Nut- und Federausbildung (nicht Vn und Vmb) versehen sein. Bei Hbn, Vbn und Vmb sind Griffhilfen, bei Vn und Vm Grifflöcher (< 15 % der Lagerfläche) zulässig. Die Abmessungen der Stirnseitennuten sowie die Anordnung und die Abmessungen der Stege sind bei Hbn und Vmb vorgegeben.

### Steinrohdichte

Die Einteilung der Mauersteine aus Beton erfolgt nach der mittleren Steinrohdichte (kg/dm³) in die *Rohdichteklassen*: 0,80; 0,90; 1,00; 1,20; 1,40; 1,60; 1,80; 2,00; 2,20; 2,40

### Druckfestigkeit

Mauersteine aus Beton werden nach dem kleinsten Einzelwert der Druckfestigkeit (N/mm²) in die Druckfestigkeitsklassen 2; 4; 6; 8; 12; 20; 28; 36; 48 eingeteilt (Tabelle 5.24).

Die Druckfestigkeitsklassen werden durch Nuten auf der Mitte der Steinlängsseite oder durch Farbstreifen kenntlich gemacht.

**Tabelle 5.24:** Festigkeitsklassen und Kennzeichnung von Mauersteinen aus Beton (Normalbeton) nach [20]

| Festigkeitsklasse | Druckfestigkeit in N/mm² Mittelwert | Druckfestigkeit in N/mm² kleinster Einzelwert | Anzahl der Nuten | Farbzeichen |
|---|---|---|---|---|
| 2 | 2,5 | 2 | – | grün |
| 4 | 5,0 | 4 | 1 | blau |
| 6 | 7,5 | 6 | 2 | rot |
| 8 | 10,0 | 8 | – | [1] |
| 12 | 15,0 | 12 | 3 | schwarz |
| 20 | 25,0 | 20 | – | gelb |
| 28 | 35,0 | 28 | – | braun |
| 36 | 45,0 | 36 | – | violett |
| 48 | 60,0 | 48 | – | zwei schwarze Streifen |

[1] Kennzeichnung erfolgt durch Aufstempeln der Festigkeits- und Rohdichteklasse in schwarzer Farbe.

Für die einzelnen Steinarten gelten die Grenzen der Rohdichte- bzw. Druckfestigkeitsklassen in Tabelle 5.25.

**Tabelle 5.25:** Rohdichte- und Festigkeitsklassen für Mauersteine aus Beton (Normalbeton) nach [20]

| Steinart | Rohdichteklassen | Druckfestigkeitsklassen |
|---|---|---|
| Hbn | 0,80 bis 2,00 | 2 bis 12 |
| Vbn und Vn | 1,40 bis 2,40 | 4 bis 28 |
| Vm und Vmb | 1,60 bis 2,40 | 6 bis 48 |

#### Frostwiderstand

Der Frostwiderstand von Vormauersteinen Vm und Vormauerblöcken Vmb ist nachzuweisen.

Bezeichnungsbeispiele:

Vierkammer-Hohlblock (4 K Hbn), Festigkeitsklasse 4, Rohdichteklasse 1,4, Format 15 DF, Länge l = 370 mm, Breite b = 300 mm, Höhe h = 238 mm, mit Stirnseitennut und Nut- und Federausbildung der Stoßfuge (SN/N+F):

**Hohlblock DIN 18153 - 4 K Hbn 4 -1,4 - 15 DF - 370/300/238 - SN/N+F**

Plan-Vollstein (Vn-P), Festigkeitsklasse 20, Rohdichteklasse 1,8, Format 6 DF, Länge l = 240 mm, Breite b = 365 mm, Höhe h = 123 mm, mit ebenflächigen Stirnseiten:

**Vollstein DIN 18153 - Vn-P 20 - 1,8 - 6 DF - 240/365/123**

Außer den genormten Steinen steht der Baupraxis eine Reihe von allgemein bauaufsichtlich zugelassenen Steinen zur Verfügung. Diese weisen im Wesentlichen folgende von der Norm abweichende Merkmale auf:

- besondere Formen und Formate, z. B. H-Steine und T-Hohlblöcke
- besondere Anordnung und Ausbildung von Kammern, Schlitzen und Löchern
- zusätzliche Wärmedämmschichten im Stein (EPS-Platten)
- abweichende Festigkeits- und Rohdichtebereiche
- Sonderbauverfahren, z. B. Schalungssteine

## 5.2.4 Sonstige vorgefertigte Beton- und Stahlbetonbauteile

### 5.2.4.1 Rohre aus Beton und Stahlbeton

| | |
|---|---|
| DIN V 1201 | Rohre und Formstücke aus Beton, Stahlfaserbeton und Stahlbeton für Abwasserleitungen und -kanäle – Typ 1 und Typ 2 – Anforderungen, Prüfung und Bewertung der Konformität; Ausgabe 2004-08 *(Vornorm)* |
| DIN EN 1916 | Rohre und Formstücke aus Beton, Stahlfaserbeton und Stahlbeton; Ausgabe 2003-04<br>Berichtigung 1; Ausgabe 2004-05<br>Berichtigung 2; Ausgabe 2008-08 |

In DIN V 1201 sind drei Typen von Rohren aus Beton, Stahlfaserbeton und Stahlbeton genormt:

- Typ 1: Rohre und Formstücke sind widerstandsfähig gegen chemisch schwach angreifende Umgebung (Expositionsklasse XA1 nach DIN EN 206-1) und werden vor allem für den Bau von Regenwasserleitungen eingesetzt.
- Typ 2: Rohre und Formstücke sind widerstandsfähig gegen chemisch mäßig angreifende Umgebung (Expositionsklasse XA2 nach DIN EN 206-1) und sind insbesondere für den Bau von Misch- und Schmutzwasserleitungen geeignet. Sie entsprechen den bisher in Deutschland geltenden Anforderungen an Abwasserleitungen und -kanäle.
- Typ 0: Stahlfaserbetonrohre (SfB) mit festgelegtem Mindestgehalt an Stahlfasern, der ohne Bemessung bestimmt wurde.

Die überwiegenden Querschnittsformen für *Betonrohre (B)* sind:

- Kreisquerschnitt ohne Fuß (K) und mit Fuß (KF) in den Nennweiten DN 100 bis DN 1500 (Beispiel siehe Abb. 5.16a)
- Eiquerschnitt mit Fuß (EF) in den Nennweiten WN/HN 300/450 bis WN/HN 1400/2100 (Beispiel siehe Abb. 5.16b)

*Stahlbetonrohre (SB)* haben in der Regel Kreisquerschnitte mit den Nennweiten DN 250 bis DN 4000. Rohrbewehrung meist aus Betonstahl B500B.

Die *Rohrverbindungen* sind als Glockenmuffe (GM) oder Falzmuffe (FM) ausgeführt. Vortriebsrohre (VT) sind mit Vortriebsrohrmuffen mit Führungsring (VM) ausgestattet. Rohrsonderformen wie Rohre mit Maul-, Rechteck- und Rinnenquerschnitt können je nach hydraulischen oder statischen Erfordernissen gefertigt werden.

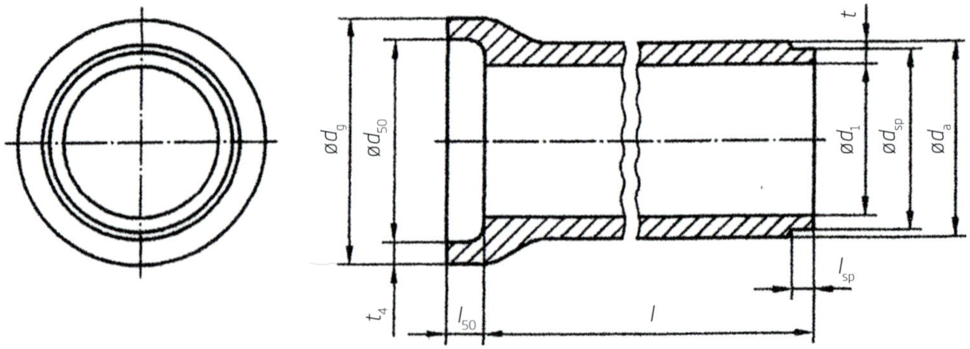


**Abb. 5.16a:** Betonrohr Typ 2 mit Kreisquerschnitt ohne Fuß, mit Glockenmuffe

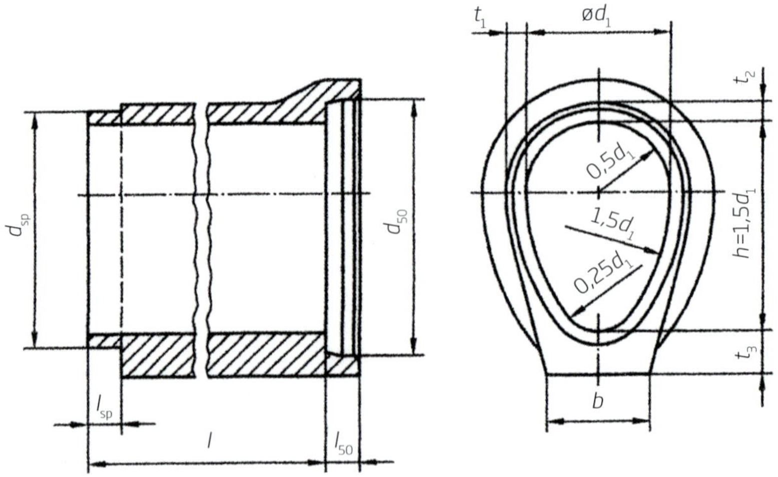


**Abb. 5.16b:** Betonrohr Typ 2 mit Eiquerschnitt mit Fuß, mit Glockenmuffe

#### 5.2.4.2 Platten aus Beton (frühere Bezeichnung: Gehwegplatten)

| | |
|---|---|
| E DIN EN 1339 | Platten aus Beton - Anforderungen und Prüfverfahren; Ausgabe 2010-08 *(Norm-Entwurf)* |

Platten aus Beton (frühere Bezeichnung: Gehwegplatten) sind wie folgt definiert: Vorgefertigte Erzeugnisse aus unbewehrtem Beton mit oder ohne Vorsatzschicht, die zur Befestigung von Verkehrsflächen verwendet werden und deren Gesamtlänge dividiert durch ihre Dicke > 4, aber < 1 m ist. Diese Bedingungen gelten nicht für Ergänzungsplatten, die zum Ausfüllen verwendet werden.

Vorzugsgrößen (in cm): 30 x 30 x 4; 35 x 35 x 5; 40 x 40 x 5; 50 x 50 x 6

Platten aus Beton dienen der Befestigung von Bürgersteigen, Plätzen, Fußgängerzonen, aber auch als Bodenbelag in Lager- und Verkaufsflächen.

#### 5.2.4.3 Pflastersteine aus Beton

| | |
|---|---|
| E DIN EN 1338 | Pflastersteine aus Beton - Anforderungen und Prüfverfahren; Ausgabe 2010-08 *(Norm-Entwurf)* |

Pflastersteine aus unbewehrtem Beton werden im Fußgänger- und Verkehrsbereich (z. B. Fußgängerzonen, Radwege, Parkplätze, Straßen, Tankstellen, Rollbahnen, Industriebereich) und auf Dächern eingesetzt. Sie werden in verschiedenen Formen (Quadrat-, Rechteck- und Sechseckpflastersteine sowie verschiedene Arten von Verbundpflastersteinen) und mit unterschiedlich ausgebildeter Nutzfläche mit oder ohne Vorsatzschicht hergestellt.

Die Norm gibt die qualitativen Anforderungen (z. B. an den Witterungs-, Abrieb- und Gleit/Rutschwiderstand), aber keine Formate und Abmessungen vor (Ausnahme: Gesamtlänge dividiert durch Dicke ≤ 4). Quadrat- und Rechtecksteine haben in der Regel Steinhöhen von 6, 8, 10, 12 und 14 cm und Aufstandsflächen von 16/16, 16/24, 10/20 und 10/10 cm. Sechsecksteine und Verbundsteine werden in unterschiedlichen Formen angeboten. Übliche Steinhöhen sind 6, 8 und 10 cm.

#### 5.2.4.4 Dach- und Formsteine aus Beton

| | |
|---|---|
| DIN EN 490 | Dach- und Formsteine aus Beton für Dächer und Wandbekleidungen - Produktanforderungen; Ausgabe 2012-01 |
| DIN EN 491 | Dach- und Formsteine aus Beton für Dächer und Wandbekleidungen - Prüfverfahren; Ausgabe 2011-11 |

Dach- und Formsteine werden zur Deckung geneigter Dächer (≥ 20°) verwendet. Formsteine erfüllen in Ergänzung zu den Dachsteinen eine besondere Funktion, z. B. als Firststein, Gratstein, Kehlstein, Ortgangstein oder Winkelstein.

Nach der Form werden Dachsteine mit Falz (IL), ohne Falz (NL), mit regelmäßiger Vorderkante (RF) und unregelmäßiger Vorderkante (IF) unterschieden.

Üblich sind Dachsteingesamtlängen von 420 mm und mittlere Deckbreiten von 170, 200 und 300 mm.

### 5.2.4.5 Zwischenbauteile aus Beton für Stahlbeton- und Spannbetondecken

DIN 4158 — Zwischenbauteile aus Beton für Stahlbeton- und Spannbetondecken; Ausgabe 1978-05

Die Zwischenbauteile werden aus Beton oder Leichtbeton hergestellt. Als Zwischenbauteile in Deckensystemen können sie statisch mitwirken oder statisch nicht mitwirken.

- Statisch *nicht* mitwirkende Zwischenbauteile:

  Form A — für Stahlbetonrippendecken aus Ortbeton

  Form B — für Stahlbetondecken aus Ortbeton mit verbreiterter Druckzone

  Form C — für Stahlbetonbalkendecken mit verbreiterter Druckzone mit ganz oder teilweise vorgefertigten Balken

  Form D,E,F — für Stahlbetonbalkendecken oder Stahlbetonrippendecken mit ganz oder teilweise vorgefertigten Balken oder Rippen

  Regellängen: 250 und 333 mm (bewehrte Zwischenbauteile für Stahlbetonbalkendecken auch länger); Breiten: 333, 500, 635 und 750 mm (bewehrte Zwischenbauteile auch 1000 und 1250 mm); Höhen/Dicken: entsprechend der Dicke der Rohdecke ab 120 mm in Stufen von 20 mm.

- Statisch mitwirkende Zwischenbauteile:

  Formen DM, EM, FM und GM (für Stahlbetonrippendecken mit teilweise oder ganz vorgefertigten Rippen) mit Abmessungen wie statisch nicht mitwirkende Zwischenbauteile.

### 5.2.4.6 Betonwerksteine

DIN V 18500 — Betonwerksteine - Begriffe, Anforderungen, Prüfung, Überwachung; Ausgabe 2006-12 *(Vornorm)*

Betonwerksteine sind vorgefertigte Bauteile (Werkstücke) aus bewehrtem oder unbewehrtem Beton, deren Oberfläche werksteinmäßig bearbeitet oder besonders gestaltet wird. Bodenplatten, Stufen und Stufenbeläge müssen eine mittlere Biegezugfestigkeit $\geq 5$ N/mm² (kleinster Einzelwert $\geq 4$ N/mm²) aufweisen.

Alle sonstigen Bauteile müssen entweder die genannte Biegezugfestigkeit oder eine mittlere Druckfestigkeit $\geq 30$ N/mm² (kleinster Einzelwert $\geq 25$ N/mm²) haben. Weitere Anforderungen bestehen an Beschaffenheit, Abmessungen, Ebenheitstoleranzen, Wasseraufnahme für Bauteile im Freien ($\leq 15$ Vol.-%) und den Schleifverschleiß.

DIN EN 13748, Teil 1 (2005-08) und Teil 2 (2005-03) enthält Hinweise für die Verwendung von *Terrazzoplatten* im Innen- und Außenbereich.

### 5.2.4.7 Bordsteine aus Beton

DIN 483 — Bordsteine aus Beton - Formen, Maße, Kennzeichnung; Ausgabe 2005-10

E DIN EN 1340 — Bordsteine aus Beton - Anforderungen und Prüfverfahren; Ausgabe 2010-08 *(Norm-Entwurf)*

Bordsteine haben die Aufgabe, Verkehrsflächen voneinander zu trennen und Entwässerungsrinnen zu bilden.

Nach ihrer Querschnittsform werden Bordsteine unterschieden in:

Hochbordsteine (HB), Rundbordsteine (RB), Tiefbordsteine (TB), Flachbordsteine (FB), Einfassungssteine (EF), Bordrinnensteine (BR) und Muldensteine (MU). Für die einzelnen Bordsteinformen gelten Vorzugsmaße. Beispielsweise gelten für Hochbordsteine (HB): Länge 100 cm, Breite 18 cm, Höhe 30 cm. Die Vorzugsradien von Kurvensteinen liegen zwischen 0,5 und 15,0 m; die empfohlene Länge der Kurvensteine ist 78 cm. Die charakteristische Biegezugfestigkeit der national bevorzugten Bordsteine (Klasse 2) beträgt 5,0 N/mm² (kleinster Einzelwert 4,0 N/mm²). Weitere Anforderungen beziehen sich auf den Frost-Tausalz-Widerstand, die Abriebfestigkeit und die Wasseraufnahme der Bordsteine.

## Literatur


[1] Mauerwerk-Kalender 2012. Eurocode 6, W. Ernst & Sohn Verlag, 2012

[2] *Schneider, K.-J.; Schoch, T.; Schubert, P.*: Mauerwerksbau-Praxis. Bauwerk-Verlag, 3. Aufl., 2013

[3] *Schneider, K.-J. u. a.*: Mauerwerksbau aktuell 2013. Verlag Beuth-Bauwerk, 2012

[4] Schriften der Arbeitsgemeinschaft Ziegeldach e. V., Bonn

[5] „Fachregeln für Dachdeckungen mit Dachziegeln und Dachsteinen", Hrsg. Zentralverband des Deutschen Dachdeckerhandwerks e. V., ZVDH, Fachverband Dach-, Wand- und Abdichtungstechnik e. V., Köln, 2011

[6] Steinzeug-Informationen. Fachverband Steinzeugindustrie e. V., Frechen

[7] Kalksandstein: Planung, Konstruktion, Ausführung. 5. Aufl., Hrsg. Bundesverband Kalksandsteinindustrie e. V., Hannover, 2012

[8] Porenbeton-Handbuch. Hrsg. Bundesverband Porenbetonindustrie e. V., Hannover, 6. Aufl., 2008

[9] Beton- und Fertigteil-Jahrbuch 2009. Hrsg. Bundesverband Deutsche Beton- und Fertigteilindustrie e. V., Bonn, Bauverlag, 57. Ausg., 2009

[10] Stahl-Eisen-Werkstoff-Blätter 900 – 990, Keramische und feuerfeste Werkstoffe

[11] Bemessung von Ziegelmauerwerk, Hrsg. Arbeitsgemeinschaft Mauerziegel im Bundesverband der Deutschen Ziegelindustrie e. V., Bonn, 1. Ausg., 2012

[12] DIN 105-100 Mauerziegel; Teil 100: Mauerziegel mit besonderen Eigenschaften; Ausgabe 2012-01

[13] DIN EN 14411 Keramische Fliesen und Platten – Definitionen, Klassifizierung, Eigenschaften, Konformitätsbewertung und Kennzeichnung; Ausgabe 2012-12

[14] DIN V 106 Kalksandsteine mit besonderen Eigenschaften; Ausgabe 2005-10 *(Vornorm)*

[15] DIN V 4165-100 Porenbetonsteine; Teil 100: Plansteine und Planelemente mit besonderen Eigenschaften; Ausgabe 2005-10 *(Vornorm)*

[16] DIN V 18152-100 Vollsteine und Vollblöcke aus Leichtbeton; Teil 100: Vollsteine und Vollblöcke mit besonderen Eigenschaften; Ausgabe 2005-10 *(Vornorm)*

[17] DIN V 18151-100 Hohlblöcke aus Leichtbeton; Teil 100: Hohlblöcke mit besonderen Eigenschaften; Ausgabe 2005-10 *(Vornorm)*

[18] DIN 18148 Hohlwandplatten aus Leichtbeton; Ausgabe 2000-10

[19] DIN 18162 Wandbauplatten aus Leichtbeton, unbewehrt; Ausgabe 2000-10

[20] DIN V 18153-100 Mauersteine aus Beton (Normalbeton); Teil 100: Mauersteine mit besonderen Eigenschaften; Ausgabe 2005-10 *(Vornorm)*

# 6 Bauglas

*Dietmar Klausen*

Zu der Gruppe der Baugläser zählen Flachgläser, Pressgläser, Glasfasern und Schaumgläser sowie Gläser, an die besondere Anforderungen an die Schlagfestigkeit (Sicherheitsgläser), an die Wärme- und Schallisolierung (Isoliergläser) und an den Widerstand gegen Brandlast (Brandschutzgläser) gestellt werden.

Flachgläser sind meist farblose, einfache Alkali-Kalk-Silikat-Gläser, die nach der Dicke in Dünnglas, Fensterglas und Dickglas eingeteilt werden. Von Pressgläsern für Glasbausteine und Dachziegel werden keine besonderen Eigenschaften gefordert. Aus Glasfasern in Verbindung mit organischen oder anorganischen Bindemitteln lassen sich Verbundwerkstoffe herstellen. Schaumgläser werden in Form von Platten oder Blöcken vorwiegend aufgrund ihres Wärmedämmvermögens eingesetzt. Die kostengünstige Herstellung und einfache Formbarkeit, verbunden mit ausreichenden Festigkeiten und einem guten Korrosionswiderstand eröffnen den Bauglӓsern ein weites Anwendungsfeld bis hin zur Verwendung von Glasbauteilen als konstruktive Bauelemente.

## 6.1 Rohstoffe

Unter dem Werkstoff Glas versteht man im wesentlichen Silikatglas. Die Hauptrohstoffkomponente aller silikatischen Gläser ist Quarzsand (Siliciumdioxid $SiO_2$), der als Glasbildner oder Netzwerkbildner bezeichnet wird. Die netzwerkwandelnden Zusätze gelangen überwiegend in Form ihrer Carbonate in die Glasmasse, so z. B. als Soda (Natriumcarbonat $Na_2CO_3$), Pottasche (Kaliumcarbonat $K_2CO_3$), Kalk (Calciumcarbonat $CaCO_3$), Dolomit ($CaCO_3$ + $MgCO_3$) oder Baryt ($BaCO_3$). Die übrigen Glaselemente werden dem Glasansatz entweder direkt als Oxid (Pb, B, Al) oder als Salz (Borat, Al-Silicat, Natriumsulfat (Glaubersalz)) zugegeben. Die genannten Zusätze zählen entweder neben Quarzsand zu den Hauptbestandteilen oder sie wirken schmelzpunkterniedrigend (Flussmittel), beschleunigen die Läuterung (Entfernen von Glasbläschen aus der Schmelze) und vermindern die kristalline Entglasung (Trübung des Glases). Glasbruch als Zuschlag erleichtert das Aufschmelzen und führt zu preiswertem Massenglas. Zusätze von Metalloxiden verändern Farbe und Durchsichtigkeit der Gläser (z. B. Blauglas durch Kobaltoxid, Trübglas durch Zinnoxid). Die im Quarzsand meist vorhandenen Spuren an Eisenoxid bewirken die Grünstichigkeit von Gläsern.

Richtwerte für die chemische Zusammensetzung von Bauglas (Kalk-Natronsilikatglas nach DIN EN 572-1):

- Siliciumdioxid ($SiO_2$) 69 bis 74 %
- Calciumoxid ($CaO$) 5 bis 12 %
- Natriumoxid ($Na_2O$) 12 bis 16 %
- Magnesiumoxid ($MgO$) 0 bis 6 %
- Aluminiumoxid ($Al_2O_3$) 0 bis 3 %

## 6.2 Schmelzen und Formgebung

Das Erschmelzen von Massenglas erfolgt überwiegend in kontinuierlich betriebenen, feuerfest ausgemauerten und überwölbten Glasschmelzwannen (Abb. 6.1). Auf der linken Seite wird das Glasgemenge zugeführt, das anschließend die hintereinander liegenden Zonen „Schmelzen", „Homogenisieren und Läutern" sowie „Abstehen" durchläuft und am rechten Rand als zähflüssiges Glas kontinuierlich zur Verarbeitung entnommen wird. Die zwischen 1100 und 1500 °C liegende hohe Schmelztemperatur dient weniger der Verminderung der Schmelzdauer als vielmehr der Homogenisierung und Läuterung der Glasschmelze, d. h. vor allem der Entfernung von Glasbläschen. In der sogenannten Abstehphase kühlt die Glasschmelze auf die zwischen 900 und 1200 °C liegende Verarbeitungstemperatur ab.

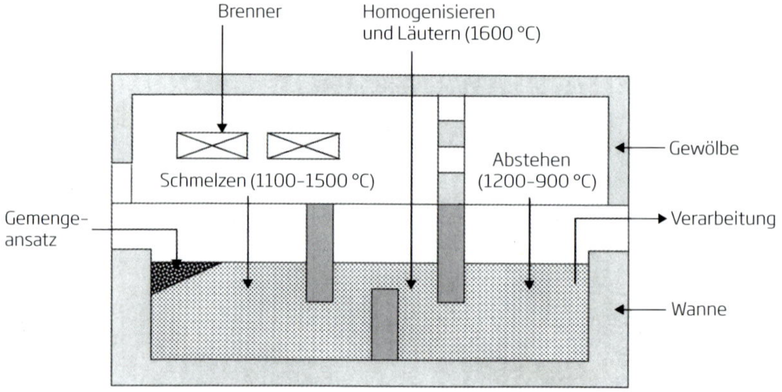


**Abb. 6.1:** Glasschmelzwanne (nach [2])

## 6.3 Eigenschaften der Gläser

Neben den mechanischen Eigenschaften (Druck-, Zug-, Biege- und Schlagfestigkeit sowie Härte) können die chemische Beständigkeit, das wärmephysikalische Verhalten, die Lichtdurchlässigkeit und die elektrischen Eigenschaften von Bedeutung sein.

Die wesentlichen Eigenschaften von Bauglas (Flachglas) sind in Tabelle 6.1 zusammengestellt.

**Tabelle 6.1:** Richtwerte für die Eigenschaften von Flachglas

| Eigenschaften | | Flachglas |
|---|---|---|
| Dichte (bei 18 °C) | kg/dm³ | 2,5 |
| Härte nach Mohs-Skala | – | 6 |
| Zugfestigkeit | N/mm² | 30 - 90 |
| Druckfestigkeit | N/mm² | 700 - 900 |
| Biegefestigkeit | N/mm² | 25 - 45 |
| E-Modul | N/mm² | 70 000 |

| Eigenschaften | | Flachglas |
|---|---|---|
| Wärmeleitfähigkeit | W/mK | 1,0 |
| Wärmeausdehnungskoeffizient (20 °C bis 300 °C) | 1/K | $9 \cdot 10^{-6}$ |
| Spezifische Wärmekapazität | J/kgK | $0{,}72 \cdot 10^{3}$ |

Normales Glas ist aufgrund seiner geringen Zugfestigkeit und Bruchdehnung spröde und leicht zerbrechlich. Geringste Oberflächenverletzungen (Kerbwirkung) beeinflussen die mechanischen Eigenschaften.

Glas ist gegenüber den meisten Stoffen mit Ausnahme von Fluor und seinen Verbindungen sowie konzentrierten Alkalien beständig. Die chemische Beständigkeit erhöht sich mit steigendem $SiO_2$-Anteil und fallendem Alkali- und Erdalkalianteil.

*Hinweise für die Praxis:* Glas ist nicht beständig gegen Flusssäure, daher Vorsicht bei Fassadenbehandlung mit Fluatverbindungen oder beim Spritzen meist fluathaltiger Holzschutzmittel. Silikone verbinden sich unlöslich mit den Silikaten des Glases, daher Vorsicht bei der Imprägnierung von Fassaden. Laugen, z. B. Kalkwasser, können bei längerer Einwirkung die Glasoberfläche anlösen bzw. eintrüben. Bei längerem unsachgemäßem Lagern frisch hergestellter Glasscheiben kann Kondenswasser Erblinden oder farbiges Schillern (Irisieren) der Glasoberfläche hervorrufen (daher Papierzwischenlagen erforderlich). Auch Mineralfarben können zu Fleckenbildung führen. Die Lichtdurchlässigkeit ist vom Spektralbereich der elektromagnetischen Wellen des Lichts, dem Einfallwinkel des Lichts und von der Dicke des Glases abhängig. Flachglas (Fensterglas) ist für die biologisch wirksame UV-Strahlung unterhalb 350 nm undurchlässig, für den sichtbaren Bereich (400 bis 760 nm) beträgt die Durchlässigkeit etwa 90 % und für die langwellige Wärmestrahlung bis 3000 nm etwa 80 %. Die Wärmestrahlung kann durch spezielle Wärmeschutzgläser (siehe Abschn. 6.9.1) bis zu 55 % absorbiert werden.

Zwischen dem Wärmeausdehnungskoeffizienten und der Temperaturwechselbeständigkeit besteht ein enger Zusammenhang. So besitzen Gläser mit niedrigem Ausdehnungskoeffizienten (z. B. Jenaer Glas mit $\alpha_T = 3 \cdot 10^{-6}$ (1/K) und Glaskeramik mit $a_T \cong 0$) eine hohe Temperaturwechselbeständigkeit.

## 6.4 Beschichtung und Oberflächenbehandlung von Glas

### Normen

DIN EN 1096 Glas im Bauwesen – Beschichtetes Glas;

- Teil 1: Definitionen und Klasseneinteilung; Ausgabe 2012-04
- Teil 2: Anforderungen an und Prüfverfahren für Beschichtungen der Klassen A, B und S; Ausgabe 2012-04
- Teil 3: Anforderungen an und Prüfverfahren für die Beschichtungen der Klassen C und D; Ausgabe 2012-04
- Teil 4: Konformitätsbewertung/Produktnorm; Ausgabe 2012-02 *(Norm-Entwurf)*
- Teil 5: Prüfverfahren und Klasseneinteilung für das Selbstreinigungsverhalten von beschichteten Glasoberflächen; Ausgabe 2011-06 *(Norm-Entwurf)*

Eine **Beschichtung** besteht aus einer oder mehreren dünnen, festen Schichten aus anorganischen Materialien, die mittels verschiedener Beschichtungsverfahren auf die Oberfläche des Glassubstrates aufgebracht werden. Als *Glassubstrat* dürfen Basis-Gläser (z. B. Floatglas, gezogenes Flachglas), spezielle Basis-Gläser (z. B. Borosilicatglas, Glaskeramik), chemisch vorgespanntes Basis-Glas, thermisch vorgespannte Einscheibensicherheitsgläser, Verbundglas und Verbund-Sicherheitsglas zum Einsatz kommen.

Eine Beschichtung kann außen, innen oder im Scheibenzwischenraum aufgebracht werden. Im „On-Line-Verfahren" wird die Beschichtung während des Herstellprozesses vor dem Schneiden auf die obere, noch heiße Glasoberfläche gebracht und fest mit dem Glas verbunden. Im „Off-Line-Verfahren" erfolgt die Beschichtung nach der Fertigung der Scheiben beim Hersteller oder Weiterverarbeiter.

Bei den *additiven Beschichtungsverfahren* werden Ein- oder Mehrschichtsysteme (bestehend aus Metallen, Oxiden, Nitriden, Fluoriden, Diamant wie Kohlenstoff oder anderen Verbindungen) mittels chemischer oder physikalischer Verfahren aufgebracht. Bei den *chemischen Beschichtungsverfahren* (nass-chemische Beschichtung, Sol-Gel-Beschichtung, Beschichtung aus der Dampfphase, Sprüh- und Pulverbeschichtung) bilden sich Beschichtungen durch chemische oder pyrolytische Reaktion der Beschichtungsmaterialien (meist Metalloxide) auf der meist heißen Glasoberfläche. Bei den *physikalischen Beschichtungsverfahren* werden die Beschichtungsmaterialien durch Erhitzen verdampft und auf der Glasoberfläche niedergeschlagen oder mittels Katodenzerstäubung (Spluttering) im Vakuum auf der Glasoberfläche kondensiert. Eine Kombination der chemischen und physikalischen Prozesse ist ebenfalls möglich.

Nach DIN EN 1096-1 kann der Hersteller des beschichteten Glases die für das Produkt zutreffende *Klasse* angeben. Diese Klasseneinteilung zeigt an, wo das Produkt verwendet werden muss. Beschichtetes Glas kann in die Klassen A, B, C, D und S eingeteilt werden:

- Klasse A: Die beschichtete Oberfläche des Glases kann sowohl zur äußeren als auch zur inneren Seite des Gebäudes orientiert sein.
- Klasse B: Das beschichtete Glas kann als monolithische Verglasung (Einfachglas) verwendet werden, wobei die beschichtete Oberfläche zur Innenseite des Gebäudes weisen muss.
- Klasse C: Das beschichtete Glas darf nur in abgedichteten Glasverbunden (SZR einer Isolierglaseinheit) verwendet werden, wobei die beschichtete Oberfläche dem Zwischenraum des Verbundes zugewandt sein sollte.
- Klasse D: Das beschichtete Glas muss unmittelbar nach der Beschichtung zum abgedichteten Verbund verarbeitet werden, wobei die beschichtete Oberfläche zur Innenseite des Verbundes weist. Beschichtete Gläser der Klasse D sind nicht als monolithisches Glas erhältlich.
- Klasse S: Die beschichtete Oberfläche des Glases kann zur Innen- oder Außenseite des Gebäudes weisen. Gläser der Klasse S können nur für speziell festgelegte Anwendungen (z. B. Schaufensterverglasung) verwendet werden.

DIN EN 1096-2 legt Anforderungen und Prüfverfahren für die Beständigkeit beschichteter Gläser der Klassen A, B und S gegen simulierte Witterungsbedingungen und Abrieb fest. Im

Einzelnen werden die Kondenswasser-, Säure- und Salzwasserbeständigkeit sowie die Abriebfestigkeit überprüft. Anforderungen und Prüfverfahren für die Beständigkeit beschichteter Gläser der Klassen C und D sind in DIN EN 1096-3 festgelegt.

E DIN EN 1096-5 nennt Prüfverfahren zur Beurteilung des *Selbstreinigungsverhaltens* von beschichteten Glasoberflächen. Unter selbstreinigenden Beschichtungen werden Beschichtungen verstanden, die hydrophile oder photokatalytische Funktionen für eine Verbesserung der Sauberkeit des Glases nutzen.

Gebräuchliche Verfahren zur **Oberflächenbehandlung** von Glas sind Emaillierung, Ätzung und Sandstrahlen. Beim Emaillieren wird eine zuvor auf das Glas gebrachte, farbige keramische Schicht in die Oberfläche eingebrannt. Die Emailleschicht lässt sich auch im Sprühverfahren oder als Siebdruck aufbringen. Bei der Ätzung durch Säure oder durch Sandstrahlen wird die Glasoberfläche mattiert und aufgeraut, wobei die Transparenz des Glases mit zunehmender Rauigkeit abnimmt.

## 6.5 Flachglas

### Normen

| | |
|---|---|
| DIN EN 572 | Glas im Bauwesen – Basiserzeugnisse aus Kalk-Natronsilicatglas;<br>Teil 1: Definitionen und allgemeine physikalische und mechanischen Eigenschaften; Ausgabe 2012-11<br>Teil 2: Floatglas; Ausgabe 2012-11<br>Teil 3: Poliertes Drahtglas; Ausgabe 2012-11<br>Teil 4: Gezogenes Flachglas; Ausgabe 2012-11<br>Teil 5: Ornamentglas; Ausgabe 2012-11<br>Teil 6: Drahtornamentglas; Ausgabe 2012-11<br>Teil 7: Profilbauglas mit oder ohne Drahteinlage; Ausgabe 2012-11<br>Teil 8: Liefermaße und Festmaße; Ausgabe 2012-11<br>Teil 9: Konformitätsbewertung/Produktnorm; Ausgabe 2005-01 |
| DIN 1249-11 | Flachglas im Bauwesen; Teil 11: Glaskanten; Begriff, Kantenformen und Ausführung; Ausgabe 1986-09 |
| DIN 1259 | Glas;<br>Teil 1: Begriffe für Glasarten und Glasgruppen; Ausgabe 2001-09<br>Teil 2: Begriffe für Glaserzeugnisse; Ausgabe 2001-09 |
| DIN 11525 | Gartenbauglas; Gartenblankglas, Gartenklarglas; Ausgabe 1992-06 |

### 6.5.1 Floatglas (DIN EN 572-2)

Floatglas (früher: Spiegelglas) wird nach dem Floatverfahren (Abb. 6.2) hergestellt. Dabei wird die Glasschmelze kontinuierlich auf die ebene Fläche eines flüssigen Zinnbades gegossen und bildet dort ein glattes, planparalleles Glasband. Das zähe Glasband wird anschließend in einen Kühlkanal gezogen und kühlt dort langsam und spannungsfrei ab. Ein nachträgliches Schleifen und Polieren der Glasoberflächen entfällt. Floatglas kann während des Herstellprozesses eingefärbt und beschichtet werden. Durch gezielte Auswahl der Rohstoffe, z. B. Reduzierung des $Fe_2O_3$-Anteils, wird die schwach grüne Eigenfarbe von Floatglas nahezu aufgehoben.

Moderne Floatanlagen produzieren täglich etwa 600 t Glas von 4 mm Dicke.

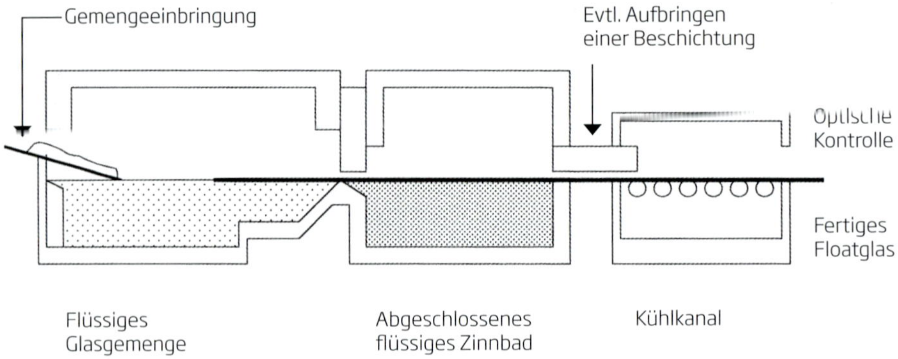


**Abb. 6.2:** Prinzip der Floatglasherstellung (nach [1])

### Abmessungen

- Dicken: 2, 3, 4, 5, 6, 8, 10, 12, 15, 19, 25 mm (Toleranzen je nach Dicke: ±0,2 bis ±1,0 mm)
- Längen: 4500, 5100 und 6000 mm (±5 mm) für ungeteilte Bänder; 1000 bis 2550 mm (±5 mm) für geteilte Bänder
- Breite: 3210 mm (nicht ≤ 3150 mm) (±5 mm)

### Qualitätsanforderungen

*Optische Fehler* sind störende Verzerrungen, die sich beim Durchsehen durch eine Glasscheibe bemerkbar machen. In einem Messverfahren wird der Sichtwinkel $\alpha$ ermittelt, bei dem keine Verzerrungen mehr festgestellt werden. Der Winkel $\alpha$ sollte den zwischen 40 und 50° liegenden kritischen Sichtwinkel nicht unterschreiten.

*Sichtbare Fehler* sind punktförmige und langgestreckte Fehler (z. B. Gasblasen, Schlieren, Schleifspuren), die die visuelle Qualität verändern. Sie werden durch Ausmessen und visuelle Beobachtung festgestellt und dürfen die in DIN EN 572-2 festgelegten Grenzwerte nicht überschreiten.

### Anwendung

Floatglas wird zu Funktionsgläsern, z. B. Sicherheitsglas, Verbundsicherheitsglas (VSG), Brandschutzglas und Wärmedämm-, Schalldämm- und Sonnenschutz-Isolierglas, weiterverarbeitet. Floatglas ist zudem Basismaterial für Gläser für den konstruktiven Glasbau, Fenster, Fassaden, Sanitäreinrichtungen, Raumteiler, Spiegel u. a.

Bezeichnung eines klaren Floatglases für eine Gebäudeverglasung:

Floatglas, DIN EN 572-2, klar, 3 mm, 6000 × 3210 mm

## 6.5.2 Poliertes Drahtglas (DIN EN 572-3)

Poliertes Drahtglas, früher Drahtspiegelglas, ist ein klares Kalk-Natronglas mit polierten und planparallelen Oberflächen. Es wird im Gießverfahren hergestellt und gewalzt. Während der Herstellung wird ein punktgeschweißtes Drahtnetz eingelegt.

Drahtglas wird in den Nenndicken 7 (−0,8 mm, +0,4 mm) und 10 mm (±0,9 mm), Längen von 1650 bis 3820 mm (±4 mm) und Breiten von 1980 bis 2540 mm (±4 mm) hergestellt.

In DIN EN 572-3 sind zulässige Toleranzen und mögliche Fehler aufgeführt und bewertet.

Poliertes Drahtglas ist kein Sicherheitsglas und besitzt keine Sicherheitseigenschaften. Der Einsatz erfolgt meist aus optischen Gründen, in eingeschränkten Bereichen als widerstandsfähige Verglasung gegen Feuer und als splitterbindende Verglasung im Dach- und Wandbereich außerhalb von Verkehrswegen.

## 6.5.3 Gezogenes Flachglas (DIN EN 572-4)

Gezogenes Flachglas, früher Fensterglas, ist ein klares, durchsichtiges, meist ungefärbtes Kalk-Natronsilikatglas mit beiderseits feuerblanken, nahezu ebenen Oberflächen. Es wird in sogenannten Ziehglasanlagen mit vertikaler Ziehrichtung (Fourcault-Verfahren) oder horizontaler Ziehrichtung (Libbey-Owens-Verfahren) als endloses Band gezogen und nach spannungsfreier Abkühlung zu gebrauchsfertigen Scheiben geschnitten.

**Abmessungen**

- Dicken: 2, 3, 4, 5, 6 mm (±0,5 mm bis ±0,8 mm); 8, 10 mm (±0,8 mm bis ±1,0 mm); 12 bis 19 mm (±1,5 mm bis ±2,0 mm)
- Längen: 1600 bis 2160 mm (±5 mm)
- Breiten: 2440 bis 2880 mm (±5 mm)

**Qualitätsanforderungen**

Optische Fehler: Bei Betrachtung eines netzartigen Rasters, das unter einem Winkel von 45° zur Glasscheibe steht, dürfen keine störenden Verzerrungen sichtbar sein. Sichtbare Fehler werden vergleichbar Floatglas ermittelt. Je nach Ergebnis wird eine Einteilung in Klasse 1 oder 2 vorgenommen.

Bezeichnung eines klaren, gezogenen Flachglases für eine Gebäudeverglasung:

Gezogenes Flachglas, DIN EN 572-4, Klasse 1, klar, 3 mm, 1600 × 2440 mm

## 6.5.4 Ornamentglas (DIN EN 572-5)

Ornamentglas, früher Gussglas, wird durch kontinuierliches Gießen zwischen einem oder mehreren Walzenpaaren hergestellt (Abb. 6.3). Je nach Ausbildung der Walzen-oder Tischflächen können zwei glatte, eine glatte und eine strukturierte oder zwei strukturierte Oberflächen auf dem Glas erzeugt werden.

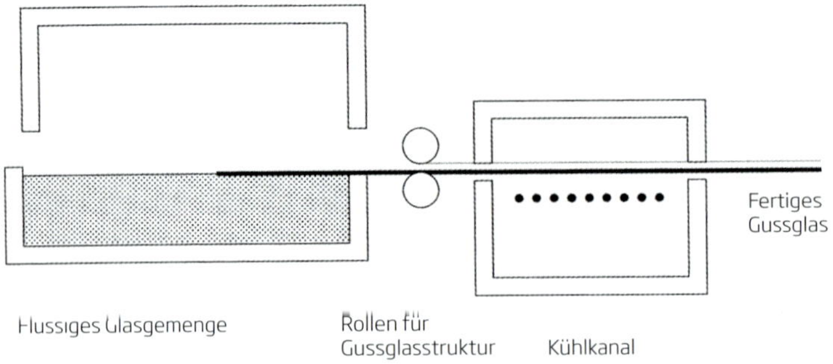


**Abb. 6.3:** Prinzip der Gussglasherstellung (nach [1]

Gussgläser sind transluzent, eine klare Durchsicht wie bei Float- oder Fensterglas ist nicht möglich. An den mehr oder weniger stark ausgeprägten Oberflächenstrukturen wird das Licht gestreut. Dadurch ist es möglich, einen Raum natürlich zu belichten, eine Durchsicht aber auszuschließen.

**Abmessungen**

- Dicken: 3, 4, 5, 6 mm (±0,5 mm bis ±0,8 mm); 8, 10 mm (±0,8 bis ±1,0 mm); 12 bis 19 mm (±1,5 mm bis ±2,0 mm)
- Längen: 2100 bis 4500 mm (±3 mm bei Dicken 3 bis 6 mm; ±4 mm bei Dicken 8 und 10 mm; ±5 mm bei Dicken 12 bis 19 mm)
- Breiten: 1260 bis 2520 mm (Toleranzen wie bei Längen)

**Qualitätsanforderungen**

Die Qualität wird durch die Bewertung der sichtbaren Fehler (vergleichbar Floatglas) bestimmt. Mögliche optische Fehler, wie Winkelabweichungen, Welligkeit und Bögen in der Strukturierung, hier Dessinfehler genannt, können die Bewertung beeinflussen. Die Biegefestigkeit ist aufgrund der Oberflächenstruktur etwas geringer als bei Floatglas.

## 6.5.5 Drahtornamentglas (DIN EN 572-6)

Drahtornamentglas, früher Gussglas mit Drahteinlage, ist ein Ornamentglas, bei dessen Herstellung im Walzverfahren ein punktgeschweißtes Drahtnetz eingelegt wird. Durch die Drahteinlage erhält das Glas splitterbindende Eigenschaften, jedoch ist die Biegefestigkeit im Vergleich zu Floatglas etwas geringer.

**Abmessungen**

- Dicken: 6, 7, 8, 9 mm (Toleranzen je nach Dicke: ±0,6 bis ±0,8 mm; bei Dicke 9 mm: +1,5 bis −1,0 mm)
- Längen: 1380 bis 4500 mm (±4 mm)
- Breiten: 1500 bis 2520 mm (±4 mm)
- Drahtnetz: Maschenweite 12,5 oder 25,0 mm; Drahtdurchmesser ≥ 0,42 mm

**Qualitätsanforderungen**

Dessinfehler und Drahtabweichungen können infolge Winkelabweichung, Welligkeit und Bögen der Glasoberfläche bzw. der Drahteinlage auftreten. Zulässige Abweichungen vom Sollwert werden in DIN EN 572-6 angegeben. Sichtbare Fehler werden etwa wie bei Floatglas beurteilt.

### 6.5.6 Gartenbauglas (DIN 11525)

*Gartenblankglas (GB)* ist ein durchsichtiges, fast farbloses Flachglas, das im Ziehverfahren mit beiderseits blanken Oberflächen, praktisch eben und gleichmäßig dick hergestellt wird. Es darf Bläschen, Schlieren, Knoten, Wellen und Kratzer aufweisen und wird daher nicht im Wohnungsbau eingesetzt.

- Dicken: 1,8 mm (ED); 2,8 mm (MD); 3,8 mm (DD)
- Längen: 1200 bis 2000 mm
- Breiten: 300 bis 730 mm

*Gartenklarglas (GK)* ist ein farbloses, im Bandverfahren hergestelltes Gussglas mit glatt gewalzter Außenseite und lichtstreuender Oberflächenstruktur der Innenseite. Bläschen, Schlieren und andere Fehler sind zulässig, sie dürfen aber weder Festigkeit noch Lichtdurchlässigkeit beeinträchtigen.

- Dicken: 3, 3,8, 5 mm
- Längen: 1200 bis 2000 mm
- Breiten: 300 bis 730 mm

## 6.6 Profilbauglas mit oder ohne Drahteinlage (DIN EN 572-7)

Profilglas ist ein in der Form profiliertes Glaselement mit strukturierten Oberflächen, das nach dem Gussglasverfahren (wie Ornamentglas oder Drahtornamentglas) hergestellt wird. Das U-förmig abgewinkelte Element (Abb. 6.4) wird in langen Bahnen mit Draht bewehrt und unbewehrt geliefert. U-Glaselemente werden in sprossenlosen durchscheinenden Wänden eingebaut und können einschalig, einschalig als „Spundwandsystem" und zweischalig (verbesserte Schall- und Wärmedämmung) montiert werden. Die U-Glaselemente müssen in umlaufenden Aussparungen oder in Rahmenprofilen aus Metall zwängungsfrei eingesetzt werden. Die Konstruktion von U-Glaselementen ähnelt der von Doppelfenstern oder Verbundfenstersystemen, d. h., der von den U-Profilen gebildete Hohlraum ist nicht wie bei Isoliergläsern abgeschlossen und entfeuchtet. Zur Vermeidung von Kondensatbildung sollten daher Öffnungen vorgesehen werden.

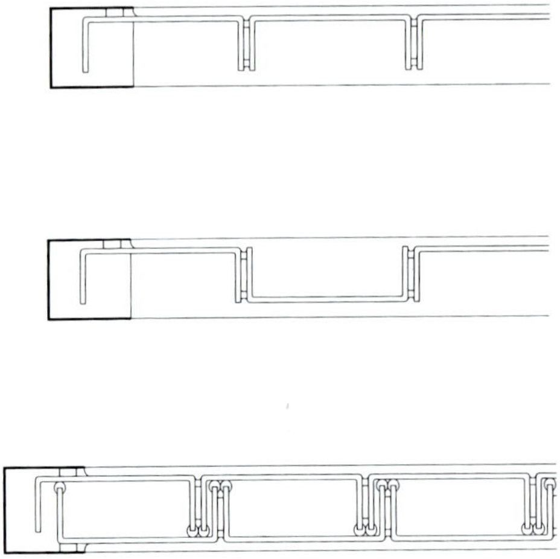

A einschalig
Der Regel-Einbauweise liegt das Einschubprinzip zugrunde, d. h., die U-Glas-Bahnen werden in das obere ca. 50 mm hohe Raumprofil eingeschoben und über das ca. 20 mm hohe untere Rahmenprofil eingestellt

B einschalig, „Spundwand" (Innenwand)
Der Glaseinstand beträgt:
oben ≥ 20 mm
unter ≤ 12 mm

C zweischalig
Die Bautiefe richtet sich nach der Auswahl der U-Glas-Typen

**Abb. 6.4:** Bauweisen mit U-Profilglaselementen [13]

**Tabelle 6.2:** Abmessungen von Profilglas nach DIN EN 572-7

| U-Profil | Länge *l* (mm) | Breite *b* (mm) | Höhe *h* (mm) | Dicke *d* (mm) |
|---|---|---|---|---|
| 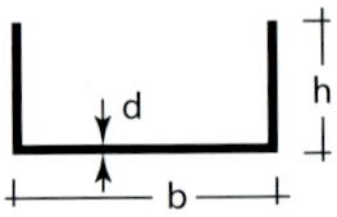 | n · 250 ≤ 7000 (± 3,0) | 232 bis 498 (±2,0) | 41 (±1,0) | 6 (±0,2) |
| | | 232 bis 331 (±2,0) | 60 (±1,0) | 7 (±0,2) |
| | Drahtdurchmesser bei Profilglas mit Drahteinlage: 0,3 bis 0,7 mm | | | |

Abmessungen und Aufbau der Profilgläser sind in DIN EN 572-7, die physikalischen Eigenschaften sind in allgemeinen bauaufsichtlichen Zulassungen geregelt.

**Qualitätsanforderungen**

Vergleichbar Float- und Ornamentglas.

## 6.7 Pressglas

### Normen

| | |
|---|---|
| DIN 4242 | Glasbaustein-Wände; Ausführung und Bemessung; Ausgabe 1979-01 |
| DIN EN 1051 | Glas im Bauwesen – Glassteine und Betongläser;<br>Teil 1: Begriffe und Beschreibungen; Ausgabe 2003-04<br>Teil 2: Konformitätsbewertung und Produktnorm; Ausgabe 2007-12 |

Pressglaskörper mit glatter oder strukturierter Oberfläche werden im Pressverfahren aus einer zähflüssigen Glasmasse geformt. Nach DIN EN 1051 werden **Glassteine** und **Betongläser** unterschieden. Glassteine finden als luftdichte und geschlossene Glashohlkörper

Anwendung in senkrechten Anordnungen, z. B. Wänden. Betongläser werden als volle oder hohle Glaskörper in nicht senkrechten Anordnungen eingesetzt, z. B. Decken.

## 6.7.1 Glassteine (DIN EN 1051)

Glasbausteine (Glassteine nach DIN EN 1051) sind quadratische oder rechteckige Hohlkörper, die durch Zusammenschweißen zweier vorgeformter Teile entstehen. Beim Abkühlen der Hohlkörper bildet sich im luftdicht abgeschlossenen Zwischenraum ein Teilvakuum von etwa 30 %, welches eine Kondensatbildung verhindert und die Schall- und Wärmedämmung verbessert (bewertetes Schalldämmmaß $R_w$ = 40 bis 45 dB; im Vergleich Fensterglas 20 bis 25 dB). Die Sichtflächen sind glatt oder zur Verbesserung der Lichtstreuung dekorativ strukturiert. Durch Einfärben oder Beschichten der Innenflächen lassen sich optische Effekte oder eine strahlenreflektierende Wirkung erzielen.

Die Glasbausteine werden mit den Seitenabmessungen 115 bis 300 mm und in Dicken von 80 bis 100 mm hergestellt. Die Druckfestigkeit der parallel zu den Sichtflächen belasteten Glasbausteine muss im Mittel 6,0 bzw. 7,5 N/mm² betragen.

Wände aus Glasbausteinen werden nach DIN 4242 ausgeführt und bemessen. Glasbausteine dürfen in nichttragenden Innen- und Außenwänden vermauert werden, die durch keine weiteren lotrechten Lasten beansprucht werden. Der Einbau erfolgt in der Regel mit einem bewehrten Betonrandstreifen. Bei einer Länge der kleinsten Wandseite ≥ 1,5 m ist eine Bewehrung der Wände nach statischen Erfordernissen vorgeschrieben. Der zwängungsfreie Anschluss an angrenzende Bauteile ist durch die Anordnung von Dehnungs- und Gleitfugen sicherzustellen. Bei Verwendung von Glasbausteinen 190 x 190 x 80 mm kann die Feuerwiderstandsklasse E(G)60 erreicht werden, mit zwei Glasbausteinwänden E(G)120.

## 6.7.2 Betongläser (DIN EN 1051)

Betongläser sind im Pressverfahren gefertigte Glaskörper, die in einem Stück oder aus zwei durch Verschmelzen fest verbundenen Teilen hergestellt werden. Betongläser werden als quadratische Vollgläser (Format A; Formate A 160 x 30 und A 200 x 22), quadratische allseitig geschlossene Hohlkörper (Format B; Format B 220 x 100), quadratische unten offene Hohlgläser (Format C; Format C 117 x 60) und runde unten offene Hohlgläser (Format D; Format D 117 x 60) hergestellt.

Betongläser werden als mittragende Elemente in ein- und zweiachsig gespannte Stahlbetonrippendecken einbetoniert (Abb. 6.5). Derartige „Tragwerke aus Glasstahlbeton" dürfen nur als Abschluss gegen Außenluft, z. B. als Oberlichter oder Abdeckung von Lichtschächten, dienen und sind nur mit Verkehrslasten ≤ 5 kN/m² beanspruchbar. Befahrene Decken dürfen nicht aus Glasstahlbeton hergestellt werden.

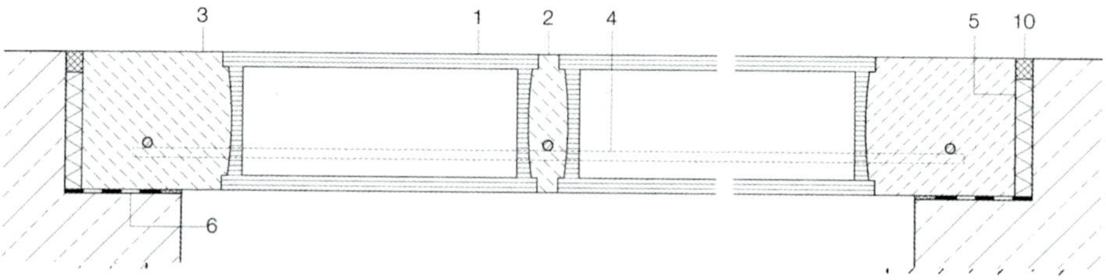


**Abb. 6.5:** Glassteindecke mit Betongläsern Format B (aus [1])

### 6.7.3 Glasdachsteine

Glasdachsteine werden in einigen Dachziegelformaten gepresst. Sie sind hagelschlagsicher, weisen eine starke Lichtstreuung auf und sind im Mittel 10 mm dick.

## 6.8 Sicherheitsgläser

**Normen**

| | |
|---|---|
| DIN EN 356 | Glas im Bauwesen - Sicherheitssonderverglasung - Prüfverfahren und Klasseneinteilung des Widerstands gegen manuellen Angriff; Ausgabe 2000-02´ |
| DIN EN 1063 | Glas im Bauwesen - Sicherheitssonderverglasung - Prüfverfahren und Klasseneinteilung für den Widerstand gegen Beschuss; Ausgabe 2000-01 |
| DIN EN 1863 | Glas im Bauwesen - Teilvorgespanntes Kalknatronglas;<br>Teil 1: Definition und Beschreibung; Ausgabe 2012-02<br>Teil 2: Konformitätsbewertung/Produktnorm; Ausgabe 2005-01 |
| DIN EN 12150 | Glas im Bauwesen - Thermisch vorgespanntes Kalknatron-Einscheibensicherheitsglas;<br>Teil 1: Definition und Beschreibung; Ausgabe 2012-01 *(Norm-Entwurf)*<br>Teil 2: Konformitätsbewertung/Produktnorm; Ausgabe 2005-01 |
| DIN EN 12337 | Glas im Bauwesen - Chemisch vorgespanntes Kalknatronglas;<br>Teil 1: Definition und Beschreibung; Ausgabe 2000-11<br>Teil 2. Konformitätsbewertung und Produktnorm; Ausgabe 2005-01 |
| DIN EN ISO 12543 | Glas im Bauwesen - Verbundglas und Verbund-Sicherheitsglas;<br>Teil 1: Definitionen und Beschreibung von Bestandteilen; Ausgabe 2011-12<br>Teil 2: Verbund-Sicherheitsglas; Ausgabe 2011-12<br>Teil 3: Verbundglas; Ausgabe 2011-12<br>Teil 4: Verfahren zur Prüfung der Beständigkeit; Ausgabe 2011-12<br>Teil 5: Maße und Kantenbearbeitung; Ausgabe 2011-12<br>Teil 6: Aussehen; Ausgabe 2012-09 |
| DIN EN 13541 | Glas im Bauwesen - Sicherheitssonderverglasung - Prüfverfahren und Klasseneinteilung des Widerstandes gegen Sprengwirkung; Ausgabe 2012-06 |

| | |
|---|---|
| DIN EN 14179 | Glas im Bauwesen – Heißgelagertes thermisch vorgespanntes Kalknatron-Einscheibensicherheitsglas; |
| | Teil 1: Definition und Beschreibung; Ausgabe 2005-09 |
| | Teil 2: Konformitätsbewertung und Produktnorm; Ausgabe 2005-08 |
| VdS 2163 | Richtlinien für mechanische Sicherungseinrichtungen; Einbruchhemmende Verglasungen; Anforderungen und Prüfmethoden; Ausgabe 1990-05 |

Sicherheitsgläser haben die Aufgabe, den Menschen vor einer vom Glas selbst ausgehenden Verletzung zu bewahren (passive Sicherheit) und den Menschen und dessen Eigentum vor einem Angriff durch Dritte zu schützen (aktive Sicherheit). Floatglas alleine kann diese Sicherheit aufgrund seines Bruchverhaltnes nicht bieten.

In Abhängigkeit von der Art des Angriffs auf das Glas werden die „Angriffhemmenden Verglasungen" in die Klassen A bis D eingeteilt:

- Klasse A: Durchwurfhemmung/Widerstand gegen manuellen Angriff (Abb. 6.6)

  Die Durchwurfhemmung wird nach DIN EN 356/VdS 2163 durch Prüfung mit einer 4,11 kg schweren Stahlkugel nachgewiesen. Je nach der ohne Schädigung ertragenen Fallhöhe werden die Gläser in die Widerstandsklassen P1A bis P5A (DIN EN 356) mit jeweils steigender Schutzwirkung eingeteilt.

  Zusätzlich können die Verglasungen zur Festsetzung von Versicherungsprämien für Schutzobjekte in die Widerstandsklassen EH01 und EH02 der VdS Schadenverhütung (ehemals Verband der Schadenversicherer) eingeteilt werden.

  Die Anforderungen an die Durchwurfhemmung im Normversuch werden durch Verbund-Sicherheitsgläser (VSG) mit unterschiedlichen Dicken und Folienstärken erfüllt.

- Klasse B: Durchbruchhemmung/Widerstand gegen erhöhten manuellen Angriff (Abb. 6.7)

  Zur Prüfung der Durchbruchhemmung nach DIN EN 356/VdS 2163 werden gezielte Schläge mit einer 2 kg schweren Axt auf das Glas ausgeführt. Die Anzahl der Schläge, die benötigt wird, um eine 40 x 40 cm große Öffnung in das Glas zu schlagen, entscheidet über die Einordnung in die Widerstandsklassen P6B, P7B und P8B (DIN EN 356).

  Zusätzlich können Verglasungen in die Widerstandsklasse EH1, EH2 und EH3 der VdS Schadenverhütung eingeteilt werden. Die dazu erforderlichen Prüfungen erfolgen mit einer speziellen Axtmaschine und sind Voraussetzung für eine Anerkennung durchbruchhemmender Verglasungen durch den VdS.

  Zur Durchbruchhemmung werden Verbundgläser (V) und Verbund-Sicherheitsgläser (VSG) unterschiedlicher Aufbauten verwendet, z. B. VSG aus Einscheiben-Sicherheitsglas (ESG) oder teilvorgespanntes Glas (TVG).

- Klasse C: Durchschusshemmung/Widerstand gegen Beschuss

  Durchschusshemmende Verglasungen müssen einem dreimaligen Beschuss widerstehen, wobei die Schüsse in Abhängigkeit von der Widerstandsklasse mit unterschiedlicher Munition aus einer bestimmten Entfernung ausgeführt werden. Die Prüfungen erfolgen nach DIN EN 1063.

  Widerstandsklassen nach DIN EN 1063: BR1 bis BR7, SG1 und SG2.

Die Verglasungen bestehen aus mehrschichtigem, asymmetrisch aufgebautem Verbund-Sicherheitsglas (VSG) mit unterschiedlichen Folienstärken.

- Klasse D: Sprengwirkungshemmung

  Nach DIN EN 13124 erfolgen Prüfung und Klassifizierung an einem aus Verglasung und Rahmen (s. auch Fenster- und Türennorm DIN EN 14351-1) bestehenden Bauteil. Die Prüfung wird entweder mit dem Stoßrohr oder in einem Freilandversuch durchgeführt.

  Bei der Prüfung mit dem Stoßrohr nach DIN EN 13124-1 wird das Bauteil einer maschinell erzeugten Druckwelle ausgesetzt. Anhand der Bauteilschädigung erfolgt die Zuordnung zu einer der Explosionsdruckhemmungsklassen EPR 1 bis EPR 4.

  Beim Freilandversuch nach DIN EN 13124-2 werden 3 bis 20 kg TNT in 3 bis 5 m Abstand vom Bauteil zur Explosion gebracht. Anhand der Bauteilschädigung erfolgt die Zuordnung zu einer der Sprengwirkungshemmungsklassen EXR1 bis EXR5.

**Abb. 6.6:** Durchwurfhemmung nach DIN EN 356 und VdS 2163 (aus [7])

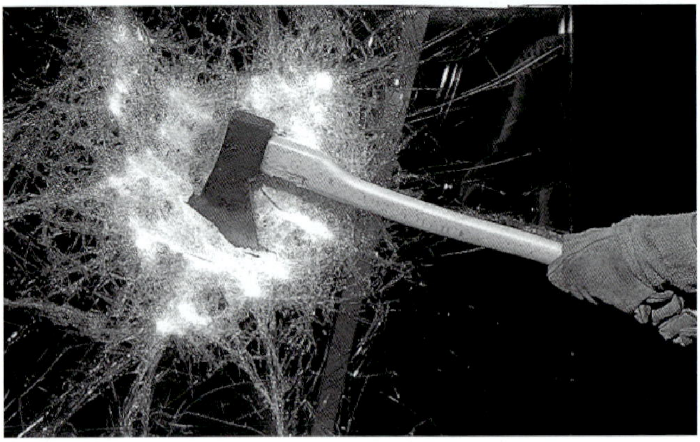

**Abb. 6.7:** Durchbruchhemmung nach DIN EN 356 und VdS 2163 (aus [7])

Nach [6] gelten als Sicherheitsglas ausschließlich Einscheiben-Sicherheitsglas (ESG), heißgelagertes Einscheiben-Sicherheitsglas (ESG-H) und Verbund-Sicherheitsglas (VSG). Zu den Gläsern mit Sicherheitseigenschaften kann auch Drahtglas gezählt werden, das durch das eingebettete Drahtnetz einen gewissen Splitterschutz bietet.

Zu den Gläsern mit erhöhter Beständigkeit gegen mechanische Belastungen zählen teilvorgespanntes Glas (TVG), chemisch vorgespanntes Glas und Einscheiben-Sicherheitsglas (ESG) sowie auch Glassteine und Betonglas.

## 6.8.1 Thermisch vorgespanntes Kalknatron-Einscheiben-Sicherheitsglas ESG (DIN EN 12150-1)

Einscheiben-Sicherheitsglas ESG ist ein thermisch vorgespanntes Flachglas nach DIN EN 572 (außer Draht- und Drahtornamentglas). Es wird nach dem Zuschneiden und Bearbeiten bis zur Erschmelzungstemperatur (≥ 640 °C) erhitzt und anschließend schnell mit kalter Luft abgeschreckt. Da sich die Oberflächen schneller abkühlen und zusammenziehen als der Glaskern, bildet sich in den Glasoberflächen eine Druckvorspannung aus, die das Glas widerstandsfähiger gegenüber thermischer und mechanischer Beanspruchung macht. Wird thermisch vorgespanntes Glas überbelastet, so bricht es und zerfällt in kleine, stumpfkantige Krümel. Thermisch vorgespanntes Sicherheitsglas darf nach dem Vorspannen nicht mehr geschnitten, gesägt, gebohrt oder kantenbearbeitet werden. Je nach Glasart liegen die Nenndicken zwischen 3 und 25 mm, die Seitenabmessungen rechteckiger Scheiben werden vom Hersteller festgelegt.

Die mechanische Festigkeit, die sich auf eine statische Kurzzeitbelastung (z. B. Windlast) bezieht, beträgt für mindestens 4 mm dickes Floatglas 120 N/mm² und für ein mindestens 4 mm dickes gezogenes Flachglas und Ornamentglas 90 N/mm². Das Verhalten von Sicherheitsglas beim Aufprall einer Person kann durch einen Pendelschlagversuch nach DIN EN 12600 simuliert werden. Die Gebrauchseigenschaften von Einscheiben-Sicherheitsglas bleiben bis zu +25 °C und auch bei Temperaturen unter 0 °C erhalten. Plötzlich auftretende Temperaturänderungen und Temperaturdifferenzen innerhalb der Oberfläche von bis zu 200 K werden ohne Bruch ertragen.

Anwendungsbereiche: Ganzglastüren und -wände, Balkonbrüstungen, Fassadengläser (eingefärbt oder emaillebeschichtet), Turnhallenfenster, Lärmschutzwände usw.

## 6.8.2 Heißgelagertes thermisch vorgespanntes Kalknatron-Einscheiben-Sicherheitsglas ESG-H (DIN EN 14179-1)

ESG-H ist ein Einscheiben-Sicherheitsglas ESG, das nach dem Vorspannprozess einer vierstündigen Heißlagerung zwischen 280 und 320 °C unterworfen wird (Heat-Soak-Test), um künstlich ein Versagen der Scheibe herbeizuführen, wenn diese durch Nickelsulfid-Einschlüsse verunreinigt ist. Durch diese Behandlung wird der Gefahr von Spontanbrüchen vorgebeugt, die bei nicht behandeltem ESG auftreten können.

Die Anforderungen an die Verwendung von ESG-H sind in Deutschland in der Bauregelliste festgelegt.

### 6.8.3 Chemisch vorgespanntes Kalknatronglas (DIN EN 12337)

Chemisch vorgespanntes Kalknatronglas wird aus Flachglas nach DIN EN 572 (außer Draht- und Drahtornamentglas) hergestellt. Die chemische Vorspannung der Glasfläche erfolgt durch Ionenaustausch. Dazu wird die Glasscheibe in eine heiße Salzschmelze getaucht. Die kleineren Natriumionen der Glasfläche werden durch die größeren Ionen der Salzschmelze ersetzt, was zu einer Druckvorspannung der Oberfläche führt. Chemisch vorgespanntes Glas weist einen hohen Widerstand gegen thermische und mechanische Beanspruchung auf und kann, im Gegensatz zu thermisch vorgespanntem Glas, nachträglich geschnitten werden. Die geschnittene Kante hat aber dann nur noch die Festigkeit von normalem Glas.

Die allgemein gebräuchlichen Werte der mechanischen Festigkeit, die sich auf eine statische Kurzzeitbelastung, z. B. durch Wind, bezieht, betragen für Floatglas und gezogenes Glas 150 N/mm² und für Ornamentglas 100 N/mm². Die thermische Beständigkeit ist der von Einscheiben-Sicherheitsglas vergleichbar.

### 6.8.4 Teilvorgespanntes Kalknatronglas TVG (DIN EN 1863-1)

Bei der Herstellung von teilvorgespanntem Glas TVG wird die Scheibe wie beim thermisch vorgespannten Glas ESG aufgeheizt, aber langsamer mit kalter Luft abgeblasen. Die sich in den Oberflächen aufbauende Druckvorspannung ist geringer als bei ESG. Die mechanische Beanspruchbarkeit und die Temperaturwechselbeständigkeit liegt daher zwischen der von Floatglas und ESG (Tabelle 6.3).

**Tabelle 6.3:** Eigenschaften von teilvorgespanntem Glas TVG (aus [7])

| | Floatglas | TVG | ESG |
|---|---|---|---|
| Biegefestigkeit | 45 N/mm² | 70 N/mm² | 120 N/mm² |
| Zulässige Biegespannung (abhängig von der Anwendung) | 12/18 N/mm² [1)] | 29 N/mm² [2)] | 50 N/mm² |
| Temperaturdifferenz-Beständigkeit über der Scheibenfläche | 40 K | 100 K | 200 K |
| Schneiden/Sägen/Bohren | ja | nein | nein |
| Bruchbild | radiale Anrisse, große Stücke | radiale Anrisse, kleine Stücke | netzartige Risse, kleine Stücke |
| Spontanbruch möglich | nein | nein | ja |

[1)] 12 N/mm² bei Überkopfverglasung; 18 N/mm² bei vertikaler Verglasung.
[2)] Rechenwert gemäß bauaufsichtlicher Zulassung.

Bedingt durch die Spannungsverteilung im Glas sind Spontanbrüche bei TVG ausgeschlossen. Auf den Heat-Soak-Test kann daher verzichtet werden. Obwohl Temperaturwechselbeständigkeit und Biegefestigkeit höher sind als bei normalem Floatglas, kann TVG nicht als Sicherheitsglas verwendet werden. Im Gegensatz zu ESG zerfällt TVG beim Bruch nicht in kleine, stumpfkantige Krümel, sondern hat ein ähnliches Bruchbild wie normales Floatglas. Allerdings muss der Bruch immer von Glaskante zu Glaskante verlaufen. Brüche innerhalb der Glasfläche von Bruch zu Bruch („Inseln") sind nur bedingt zulässig.

TVG kann zu Verbund- und Verbundsicherheitsglas verarbeitet werden. Nach dem Vorspannen darf TVG nicht mehr geschnitten, gesägt, gebohrt oder kantenbearbeitet werden.

### 6.8.5 Verbundglas VG (DIN EN ISO 12543-3)

Verbundglas VG kann aus den Kombinationen aus Glas (Glasarten nach DIN EN 572 u. a.), Verglasungsmaterial aus Kunststoff (Polycarbonat, Acryl) und Zwischenschichten bestehen. Die Zwischenschicht ist durch Walzen sowie Hitze und Druck (Autoklavbehandlung) fest mit den Scheiben verbunden. Als Zwischenschichten können sowohl Gießharze als auch farblose transparente oder eingefärbte Folien (Polyvinyl-Butyral) oder sonstige organische und anorganische Materialien verwendet werden. Verbundglas ohne Sicherheitseigenschaften lässt sich zur Schalldämmung oder für dekorative Zwecke einsetzen. Die optischen und mechanischen Eigenschaften dürfen sich bei Feuchtigkeitsbelastung und Sonneneinstrahlung nicht verändern. An die Stoßfestigkeit werden, im Gegensatz zu Verbund-Sicherheitsglas VSG, keine Anforderungen gestellt.

Bei Verbundglas mit feuerwiderstandsfähigen Eigenschaften wird der Feuerwiderstand nicht mithilfe von Zwischenschichten erreicht. Bei feuerwiderstandsfähigem Verbundglas muss mindestens eine Zwischenschicht auf die hohen Temperaturen reagieren, um die Feuerwiderstandsfähigkeit des Verbundglases zu erreichen. Die Beständigkeit gegen Feuchte und Bestrahlung muss entsprechend DIN EN ISO 12543-4 nachgewiesen werden.

### 6.8.6 Verbund-Sicherheitsglas VSG (DIN EN ISO 12543-2)

Verbund-Sicherheitsglas VSG besteht – wie Verbundglas – aus einer Glasscheibe und einer oder mehreren Scheiben aus Glas und/oder Verglasungsmaterial aus Kunststoff, die durch eine oder mehrere hochelastische Zwischenschichten fest miteinander verbundenen sind. In die Zwischenschicht (Materialien wie bei Verbundgläsern) können wellenförmige Heizdrähte oder dünne Silberdrähte („Alarmglas") eingelegt werden, die mit elektrischen Heiz- oder Alarmanlagen verbunden sind. Einschalige Scheiben aus Verbund-Sicherheitsglas bestehen aus 2 bis 4 Scheiben und sind bis zu 77 mm dick. Beim Bruch von VSG werden die entstehenden Glasbruchstücke durch die Zwischenschicht zusammengehalten. Damit kann eine Restfestigkeit sichergestellt und das Risiko von Schnitt- oder Stichverletzungen verringert werden. Selbst eine zerbrochene Scheibe muss dem Anprall eines Körpers noch widerstehen (Abb. 6.8).

An Verbund-Sicherheitsglas mit feuerwiderstandsfähigen Eigenschaften und an feuerwiderstandsfähiges Verbund-Sicherheitsglas für die Außenanwendung werden Anforderungen hinsichtlich der Beständigkeit gegen Feuchtebelastung und Bestrahlung gestellt (vgl. 6.8.5).

Verbund-Sicherheitsglas eignet sich durch seine splitterbindende Eigenschaft und seinen Aufbau aus Einzelgläsern und Folien zur Herstellung von durchwurfhemmenden (A), durchbruchhemmenden (B), durchschusshemmenden (C) und sprengwirkungshemmenden (D) Verglasungen.

**Abb. 6.8:** Durchwurfhemmung eines Verbund-Sicherheitsglases VSG (aus [7])

## 6.9 Isoliergläser

### Normen

DIN EN 1279 — Glas im Bauwesen – Mehrscheiben-Isolierglas;

- Teil 1: Allgemeines, Maßtoleranzen und Vorschriften für die Systembeschreibung; Ausgabe 2004-08
- Teil 2: Langzeitprüfverfahren und Anforderungen bezüglich Feuchtigkeitsaufnahme; Ausgabe 2003-06 Berichtigung 1: Ausgabe 2004-04
- Teil 3: Langzeitprüfverfahren und Anforderungen bezüglich Gasverlustrate und Grenzabweichungen für die Gaskonzentration; Ausgabe 2003-05
- Teil 4: Verfahren zur Prüfung der physikalischen Eigenschaften des Randverbundes; Ausgabe 2002-10
- Teil 5: Konformitätsbewertung; Ausgabe 2010-11
- Teil 6: Werkseigene Produktionskontrolle und Auditprüfungen; Ausgabe 2002-10

Isoliergläser werden als Wärmeschutz-, Sonnenschutz- und Schallschutzverglasungen eingesetzt. Sie bestehen aus zwei oder mehreren Float- oder Spezialglasscheiben, die durch einen Abstandhalter am Rand voneinander getrennt sind. Bei den Isoliergläsern mit dem heute üblichen doppelt gedichteten Randverbund befindet sich zwischen dem Abstandhalter und den Glasscheiben die erste Dichtung (Polyisobuthylen), die den Abstandhalterrahmen und die Scheiben dauerplastisch verklebt und den luft- oder gasgefüllten Scheibenzwischenraum (SZR) vor von außen eindringender Feuchtigkeit schützt. Der Hohlraum außerhalb des Abstandhalterrahmens bis zu den Scheibenkanten wird mit einem dauerelastischen Dichtstoff verfüllt. Als Dichtstoffe kommen Polysulfid, Polyurethan oder Silikon (für freiliegenden Randverbund und im Dachverglasungsbereich) zum Einsatz. Der aus Aluminium oder verzinktem Stahl bestehende Abstandhalterrahmen ist hohl, nach innen perforiert und mit einem hygroskopischen Material (z. B. Zeolithen) gefüllt, das den SZR entfeuchtet und die Kondensatbildung bei Gebrauchstemperaturen verhindert (Abb. 6.9).

1 außen
2 innen
3 metallischer Abstandshalter
4 Dichtebene (Butyldichtung)
5 Trockenmittel
6 Dichtebene (Polysulfiddichtung)

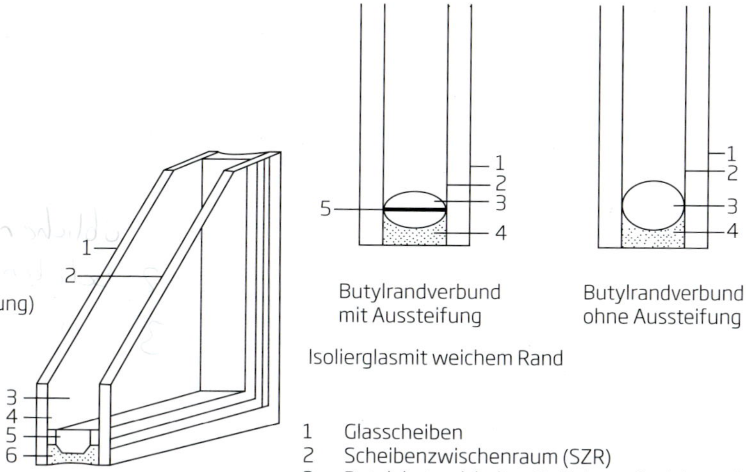


Isolierglasmit weichem Rand

1 Glasscheiben
2 Scheibenzwischenraum (SZR)
3 Butylabstandshalter (1. Dichtung) mit integriertem Adsorptionsmaterial
4 2. Dichtung und Verklebung
5 Metalleinlage zur Stabilität

**Abb. 6.9:** Randverbund von Isolierglas (aus [1])

Bei neueren, thermisch verbesserten Randverbundsystemen werden die herkömmlichen Abstandhalter aus Aluminium durch Abstandhalter aus Edelstahl und speziellen Edelstahl-/Kunststoffkombinationen ersetzt. Dadurch kann die Wärmebrücke am Übergang vom Glas zum Rahmen entkoppelt und die Gefahr von Tauwasser- und Schimmelbildung minimiert werden. Ohne mechanische Beschädigung reicht die Kapazität der Feuchteabsorber für eine Lebensdauer der Verglasung von 30 bis 50 Jahren aus. Wird das Dichtungssystem dagegen zerstört, erhöht sich die Luftfeuchtigkeit im SZR und es kommt bei Abkühlung unter den Taupunkt zu Kondenswasserbildung. Das Isolierglas wird „blind" und verliert seine isolierende Wirkung.

Die Dicke der Einzelscheiben liegt i. Allg. zwischen 4 und 6 mm. Der SZR ist bei Zwei-Scheiben-Isoliergläsern zwischen 10 und 20 mm breit, bei Drei-Scheiben-Isoliergläsern 2 x (6 bis 12) mm breit. Als Gesamtelementstärken ergeben sich daraus Werte zwischen 18 und 36 mm.

Die Einzelscheiben können eingefärbt oder zur Verbesserung des Wärme- und Sonnenschutzes mit einer Metalloxid- oder Edelmetallbeschichtung („low-e-Beschichtung" mit Schichtdicken von 0,01 bis 1 µm) versehen sein. Bei Isoliergläsern lassen sich auch normale Floatglasscheiben mit ESG- oder VSG-Scheiben kombinieren. Die sogenannte *Vakuumverglasung* erfordert eine zusätzliche mechanische Abstützung der beiden Scheiben durch punktuell angeordnete Abstandhalter oder durch ein großflächig wirkendes druckfestes Dämmmaterial (Aerogel).

## 6.9.1 Wärmeschutzgläser

Die Wärmedämmeigenschaft von transparent beschichteten Zwei- oder Mehrscheiben-Isoliergläsern hängt hauptsächlich von der Breite des Scheibenzwischenraums (SZR), seiner Füllung und der Art der Beschichtung ab. Zur Füllung des SZR werden Edelgase, z. B. Argon, Krypton, Xenon oder Gemische aus Krypton/Argon und Xenon/Argon, verwendet. Die nur etwa 10 nm dicke Beschichtung besteht meist aus Silber. Die Silberschicht wird durch Haft- und schützende Deckschichten ergänzt. Sonnenschutzgläser verfügen im Schichtensystem zusätzlich über absorbierende und reflektierende Komponenten.

üblicher U-Wert
2-Scheiben -> 1,0-1,3
3- " -> 0,8-0,4

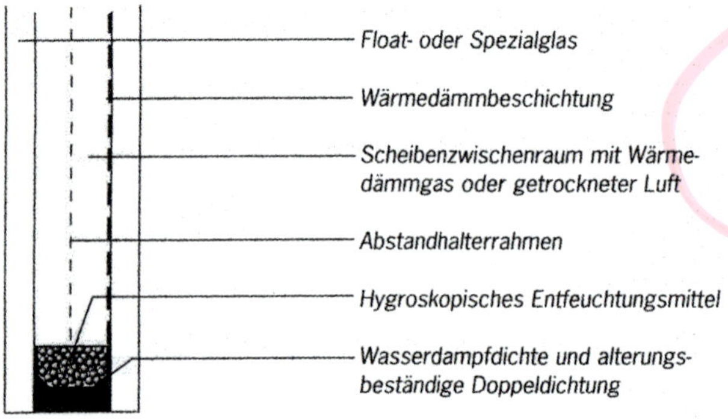


**Abb. 6.10:** Aufbau eines Wärmedämm-Isolierglases (aus [7])

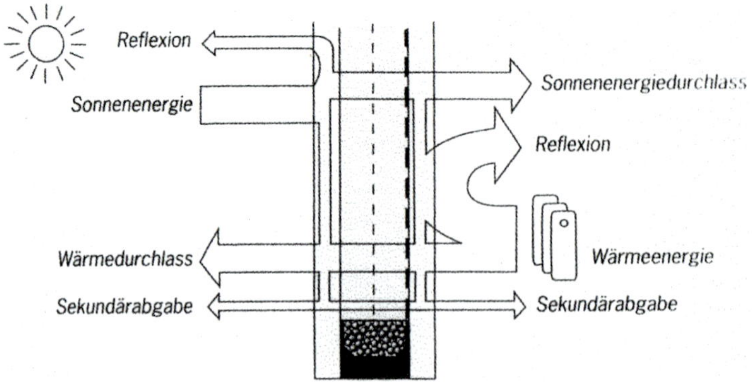


**Abb. 6.11:** Wirkungsweise eines Wärmedämm-Isolierglases (aus [7])

Bei einer Wärmeschutzverglasung ist die nach außen gerichtete Seite der inneren Scheibe mit einer Wärmefunktionsschicht überzogen (Abb. 6.10). Diese ist vor allem für die kurzwellige Sonnenstrahlung im sichtbaren Bereich (Wellenlänge 380 bis 780 nm) weitgehend transparent. Die langwellige, nicht sichtbare Wärmestrahlung (Infrarotbereich 3 000 bis 50 000 nm) wird dagegen reflektiert (Abb. 6.11).

## Strahlungsphysikalische Begriffe

Der **Wärmedurchgangskoeffizient *U*** in (W/m²K) beschreibt die Wärmemenge, die pro Sekunde 1 m² Bauteil durchströmt, bei einer Temperaturdifferenz zwischen Raum- und Außenluft von 1 K. Je kleiner der *U*-Wert ist, desto besser ist die Wärmedämmung. Der Wärmedurchgangskoeffizient $U_w$ eines Fensters setzt sich aus dem $U_g$-Wert der Verglasung, dem $U_f$-Wert des Rahmens und dem längenbezogenen Wärmedurchgangskoeffizienten der Randzone Glas/Rahmen $\psi_g$ zusammen. Weiterhin sind die Abmessungen und Flächenanteile (Rahmen/Glas) des Fensters und der Einfluss von Sprossen zu berücksichtigen. Die Ermittlung des Nennwerts von $U_w$ erfolgt nach DIN EN ISO 10077-1. Der $U_g$-Wert des Glases kann nach DIN EN 673 berechnet bzw. nach DIN EN 674 oder DIN EN 675 gemessen werden. Für die Berechnung werden die SZR-Breite, die Art der Gasfüllung, der Gasfüllgrad und die **Emissivität** $\varepsilon$ der Glasoberflächen zum SZR benötigt. Unter dem Begriff „Emissivität" ist die Wärmeabstrahlung einer Oberfläche im Verhältnis zu der eines definierten „schwarzen Körpers" zu verstehen. Je niedriger $\varepsilon$ ist, umso kleiner ist $U_g$ und umso besser ist die Wärmedämmung.

Der **Gesamtenergiedurchlassgrad *g*** in (%) ist der Teil der Strahlungsleistung, die insgesamt durch das Glas durchgelassen wird. Der Wert *g* setzt sich zusammen aus der direkten Transmission von Solarstrahlung und aus der Wärmeabgabe der in der Verglasung absorbierten Strahlungsanteile in Form von Wärmestrahlung und Konvektion nach innen (Berechnung nach DIN EN 410).

Der **Lichttransmissionsgrad** $\tau_L$ in (%) oder die Lichtdurchlässigkeit ist der Strahlungsanteil im Bereich des sichtbaren Lichts (380 bis 780 nm), der von außen nach innen übertragen wird. Der $\tau_L$-Wert ist abhängig von der Glasdicke und der Zusammensetzung des Glasgemenges sowie von der jeweiligen Beschichtung.

Der mittlere **Durchlassfaktor *b*** (shading-coefficient nach VDI-Richtlinie 2078) ist der mittlere Durchlassfaktor der Sonnenenergie durch eine Verglasung, bezogen auf den Gesamtenergiedurchlassgrad *g* = 80 % eines zweischeibigen Normal-Isolierglases (*b* = g/0,8). Der b-Faktor ist wesentlich zur Berechnung der notwendigen Kühllast eines Gebäudes.

Mit der **Selektivkennzahl *S*** wird das Verhältnis von Lichtdurchlässigkeit $\tau_L$ zu Gesamtenergiedurchlassgrad *g* gekennzeichnet. Eine hohe Lichtdurchlässigkeit bei geringem Wärmedurchgang, d. h. ein hoher S-Wert, wird bei Sonnenschutzgläsern angestrebt.

Float-4-mm-Einfachverglasungen (für den Wohnungsbau nicht mehr zugelassen) weisen einen $U_g$-Wert von bis zu 5,8 W/m²K und einen $\tau_L$-Wert von 85 % auf. Für das früher gebräuchliche Standard-Isolierglas aus zwei Floatglasscheiben mit einem luftgefüllten SZR von 10 bis 16 mm Breite ergeben sich $U_g$ = 3,0 W/m²K und $\tau_L$ = 82 %. Für ein Isolierglas aus drei Floatglasscheiben mit zwei SZR von jeweils 8 bis 10 mm Breite reduzieren sich die Werte auf 2,2 W/m²K bzw. 80 %. Heute übliche Wärmeschutzverglasungen mit zwei Scheiben, Wärmeschutzbeschichtung und Edelgasfüllung erreichen $U_g$-Werte von 1,0 bis 1,3 W/m²K bei $\tau_L$-Werten von 80 %. Drei-Scheiben-Isolierverglasungen warten mit $U_g$-Werten von 0,4 bis 0,8 W/m²K und $\tau_L$-Werten um 71 % auf. Beispiele für Wärmeschutzverglasungen siehe Tabelle 6.4.

**Tabelle 6.4:** Aufbau und Eigenschaften von Wärmedämm-Isoliergläsern

| Bezeichnung | Aufbau außen/SZR/ innen (mm) | Wärmedurchgangskoeffizient $U_g$ (W/m²K) | Lichttransmissionsgrad $\tau_L$ (%) | Gesamtenergiedurchlassgrad $g$ (%) |
|---|---|---|---|---|
| Isolierglas, Luft | 4/12L/4 | 3,0 | 80 | 75 |
| 2-fach Wärmeschutzglas, 90 % Argon, $\varepsilon$ = 4 % | 4/16AR/4 | 1,2 | 75 | 58 |
| 3-fach Wärmeschutzglas, 90 % Argon, $\varepsilon$ = 4 % | 4/12AR/4/12AR/4 | 0,7 | 71 | 48 |

## 6.9.2 Sonnenschutzgläser

Eine Sonnenschutzverglasung soll einerseits möglichst viel Sonnenenergie von Innenräumen fernhalten, d. h. einen Gesamtenergiedurchlassgrad $g$ < 50 % aufweisen, andererseits aber dennoch viel Licht einlassen, d. h. einen hohen Lichttransmissionsgrad $\tau_L$ > 40 % haben. In Abb. 6.12 wird die „Strahlungsbilanz" für eine Ein-Scheibenverglasung und eine Isolierverglasung schematisch dargestellt.

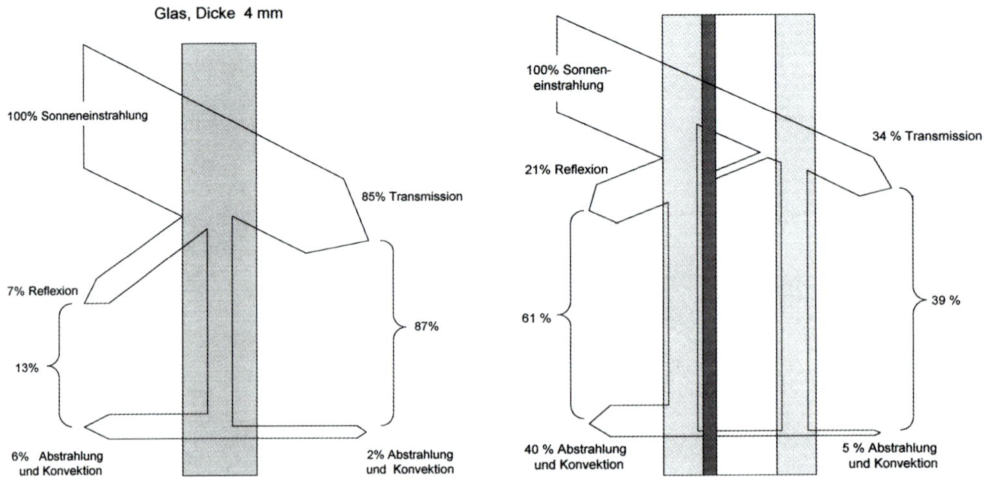


a) Verteilung der Strahlungsenergie für eine 4-mm-Glasscheibe

b) Verteilung der Strahlungsenergie für ein 2-Scheiben-Isolierglas mit innenbeschichteter Außenscheibe

**Abb. 6.12:** Strahlungsbilanzen

Sonnenschutzgläser bestehen aus eingefärbten und/oder beschichteten Glasscheiben. Eingefärbte Gläser (Absorptionsgläser) müssen in der Regel dann vorgespannt werden, wenn ihr Strahlungsabsorptionsgrad > 50 % ist. Durch die Vorspannung erhöht sich die Temperaturwechselbeständigkeit von 40 K auf 150 bis 200 K, sodass ein Bruch infolge thermischer Einflüsse nahezu ausgeschlossen werden kann. Mit Metalloxiden beschichtete Gläser (Reflexionsgläser) reflektieren einen bestimmten Anteil der Sonneneinstrahlung direkt nach außen. Der Grad der Strahlungsabsorption entscheidet darüber, ob die Gläser vorgespannt werden müssen.

In der Regel werden Sonnenschutzgläser als Zwei-Scheiben-Isoliergläser hergestellt. Der wirkungsvollste Sonnenschutz lässt sich durch Beschichtung der Außenscheibe außen oder Beschichtung der Außenscheibe innen (Abb. 6.13a) erreichen. Eine Beschichtung der Außenscheibe außen führt im Gegensatz zu einer Beschichtung der Außenscheibe innen zu einem höheren Lichtreflexionsgrad und damit zu einem erhöhten Spiegeleffekt. Gleichzeitig erhöhen sich jedoch auch der Reinigungsbedarf und das Risiko einer Beschädigung durch Umwelteinflüsse.

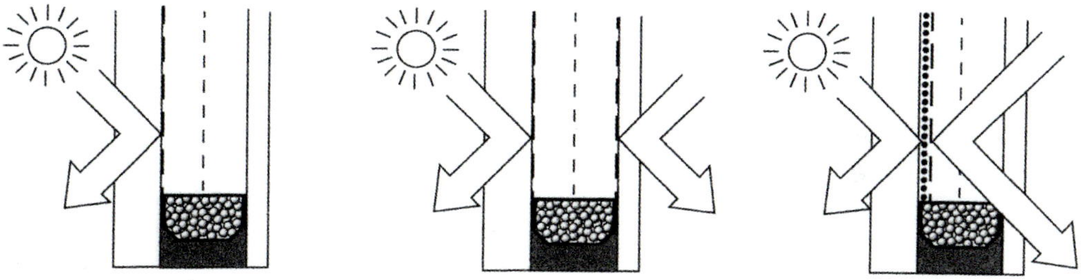


**Abb. 6.13:** Isolierglaseinheiten Sonnenschutz und Wärmedämmung/Sonnenschutz (aus [7])

Zwei-Scheiben-Isolierglaseinheiten mit einer Reflexionsbeschichtung der Außenscheibe (innen) und einer Wärmedämmbeschichtung der Innenscheibe (innen) können die Anforderungen an den Sonnenschutz und an die Wärmedämmung gleichzeitig erfüllen (Abb. 6.13b). Vergleichbares gilt für ein aus Reflexions- und Wärmedämmbeschichtung bestehendes „Beschichtungspaket" (Abb. 6.13c) auf der Außenscheibe (innen).

**Tabelle 6.5:** Eigenschaften von Wärme- und Sonnenschutzgläsern (Beispiele aus [7])

| Typ | Isolierglaseinheit entspr. Abb. 6.13b | Isolierglaseinheit entspr. Abb. 6.13c |
|---|---|---|
| Aufbau | 6/16AR/4 | 6/16AR/4 |
| Lichttransmissionsgrad | 45 % | 41 % |
| Lichtreflexionsgrad | 14 % | 18 % |
| Direkter Strahlungstransmissionsgrad | 31 % | 20 % |
| Strahlungsreflexionsgrad | 15 % | 32 % |
| Strahlungsabsorptionsgrad | 54 % | 48 % |
| Sekundäre Wärmeabgabe nach innen | 7 % | 3 % |

| Typ | Isolierglaseinheit entspr. Abb. 6.13b | Isolierglaseinheit entspr. Abb. 6.13c |
|---|---|---|
| Gesamtenergiedurchlassgrad $g$ | 38 % | 22 % |
| $b$-Wert (= $g$/0,8) | 48 | 28 |
| Selektivitätskennzahl $S$ | 1,18 | 1,86 |
| Wärmedurchgangskoeffizient $U_g$ | 1,1 W/m²K | 1,1 W/m²K |

Mithilfe des Siebdruckverfahrens können Teile der Glasoberfläche, z. B. durch „Einbrennen" eines Emailles während des Herstellprozesses von thermisch vorgespanntem Glas (ESG), mit einem Muster versehen werden. Die Glasscheibe ist nur noch bedingt durchsichtig, die transparente Fläche für die Sonneneinstrahlung ist geringer geworden.

In den Scheibenzwischenraum SZR integrierte Sonnenschutzelemente, z. B. Rollfolien oder Jalousien, bieten wahlweise vollen Sicht- und Sonnenschutz, partielle Beschattung oder Sonnenschutz bei ungehinderter Durchsicht.

Gläser mit Zwischeneinlagen aus Glasgespinst, Vlies, Kapillarsystem oder Schaum sind lichtstreuend. Glasgespinste und Vliese weisen neben ihrer hohen Lichtdurchlässigkeit (diffus) auch eine Sonnenschutzwirkung durch gleichzeitige Reflexion auf. Eine direkte Durchsicht ist nicht möglich. Kapillareinlagen und Schäume können auch als „transparente Wärmedämmung" eingesetzt werden.

## 6.9.3 Schallschutzgläser

### Normen

| | |
|---|---|
| E DIN 4109-1 | Schallschutz im Hochbau; Teil 1: Anforderungen an die Schalldämmung; Ausgabe 2013-06 *(Norm-Entwurf)* |
| DIN 4109-11 | Schallschutz im Hochbau; Teil 11: Nachweis des Schallschutzes – Güte- und Eignungsprüfung; Ausgabe 2010-05 |
| VDI 4100 | Schallschutz in Hochbau-Wohnungen – Beurteilung und Vorschläge für erhöhten Schallschutz; Ausgabe 2012-10 |
| VDI 2719 | Schalldämmung von Fenstern und deren Zusatzeinrichtungen; Ausgabe 1987-08 |

Durch folgende Maßnahmen lässt sich ein wirksamer Schallschutz von Isoliergläsern erreichen:

- asymmetrischer Aufbau der Schallschutzgläser, d. h. ungleich dicke Außen- und Innenscheiben,
- Verwendung von Verbundglas oder Verbundsicherheitsglas mit Zwischenschichten aus Gießharzschichten oder PVD-Schalldämmfolien,
- Verbreiterung des Scheibenzwischenraums SZR,
- Verwendung von Krypton-Wärmedämmgas oder Mischgasen aus Argon/Krypton (Schwefelhexafluorid-Gas ($SF_6$) wird heute als Füllung nicht mehr verwendet).

Zur Schalldämmung eines Fensterelements tragen neben dem Isolierglas auch der Fensterrahmen, die Beschläge, die Abdichtung zwischen Rahmen und Flügel und der Anschluss des Fensters an das Bauwerk bei. Die Schalldämmwirkung ist lediglich versuchsmäßig zu ermitteln. DIN 4109 nennt die Mindestanforderungen an den Schallschutz von Bauteilen im Wohnungsbau. Die VDI-Richtlinie 2719 teilt die am Bau funktionsfähig eingebauten Fensterelemente entsprechend ihrer bewerteten Schalldämmmaße $R_w$ in die Schallschutzklassen 1 ($R_w$ = 25 bis 29 dB) bis 6 ($R_w \geq 50$ dB) ein.

Ein asymmetrisch aufgebautes Isolierglas mit einer 6 mm dicken Außenscheibe, einer 4 mm dicken Innenscheibe und einem 16 mm breiten SZR mit Argonfüllung erreicht etwa ein Schalldämmmaß $R_w$ = 35 dB. Eine Isolierglaseinheit mit einer außen liegenden 10 mm dicken Verbundsicherheitsglasscheibe mit 0,76 mm dicker Schalldämmfolie, kombiniert mit einer 8 mm dicken Innenscheibe und einem 16 mm breiten Argon-gefüllten SZR erreicht dagegen einen $R_w$-Wert von etwa 43 dB.

Die zunehmend verbreiteten Multifunktionsgläser vereinen Anforderungen an den Schallschutz mit den Anforderungen an die Wärmedämmung, den Sonnenschutz und die aktive und passive Sicherheit. Eine moderne Isolierglastechnik erlaubt dabei Konstruktionen, die in ihrer Gesamtdicke nur wenig über der von herkömmlichen Isoliergläsern liegen.

## 6.10 Brandschutzgläser

### Normen

| | |
|---|---|
| DIN 4102-13 | Brandverhalten von Baustoffen und Bauteilen; Brandschutzverglasungen; Begriffe, Anforderungen und Prüfungen; Ausgabe 1990-05 |
| DIN EN 357 | Glas im Bauwesen – Brandschutzverglasungen aus durchsichtigen oder durchscheinenden Glasprodukten – Klassifizierung des Feuerwiderstandes; Ausgabe 2005-02 |
| E DIN EN 1364-1 | Feuerwiderstandsprüfungen für nichttragende Bauteile; Teil 1: Wände; Ausgabe 2011-11 *(Norm-Entwurf)* |
| DIN EN 13501 | Klassifizierung von Bauprodukten und Bauarten zu ihrem Brandverhalten;<br>Teil 1: Klassifizierung mit den Ergebnissen aus den Prüfungen zum Brandverhalten von Bauprodukten; Ausgabe 2010-01<br>Teil 2: Klassifizierung mit den Ergebnissen aus den Feuerwiderstandsprüfungen, mit Ausnahme von Lüftungsanlagen; Ausgabe 2010-02 |
| DIN EN 15254-4 | Erweiterter Anwendungsbereich der Ergebnisse von Feuerwiderstandsprüfungen – Nichttragende Wände; Teil 4: Verglaste Konstruktionen; Ausgabe 2013-10 |
| ISO 834-1 | Feuerwiderstandsprüfungen – Bauteile; Teil 1: Allgemeine Anforderungen; Ausgabe 1999-09<br>Änderung A1 in ISO 834-1 AMD 1; Ausgabe 2012-01 |

Brandschutzverglasungen sind im Hinblick auf die Anforderungen an den vorbeugenden baulichen Brandschutz zu konstruieren. Brandschutzverglasungen gemäß DIN EN 357 bestehen aus Brandschutzgläsern (Ausfachung), die mit Halterungen, Dichtungen und Befestigungsmitteln in einem Rahmen eingebaut werden. Nur in dieser Einheit spricht man von Brandschutzverglasungen.

Nach der aktuellen Normung sind Brandschutzverglasungen vornehmlich als Bauarten zur Errichtung von teil- oder gesamtverglasten, nichttragenden inneren oder äußeren Wänden definiert. Brandschutzverglasungen sind im Sinne der Musterbauordnung (MBO) nicht geregelte Bauarten. Voraussetzung für ihre Anwendung ist somit eine allgemeine bauaufsichtliche Zulassung oder eine Zustimmung im Einzelfall, für deren Erteilung vor allem die bestandenen Brandprüfungen nach DIN 4102-13 und DIN EN 1364-1 maßgebend sind.

Klassifizierung der Brandschutzverglasungen nach DIN EN 13501-2:

- **Klasse E** (G nach DIN 4102-13): Verglasung verhindert den Durchtritt von Flammen und Brandgasen; für Wärmestrahlung jedoch durchlässig.
- **Klasse EI** (F nach DIN 4102-13): Verglasung verhindert den Durchtritt von Flammen, Brandgasen und Wärmestrahlung. Im Mittel darf die Ausgangstemperatur auf der feuerabgekehrten Seite der Verglasung um nicht mehr als 140 K (an einer Stelle < 180 K) ansteigen.
- **Klasse EW:** Anforderungen wie Klasse E; zusätzlich darf der Strahlungswärmedurchgang einen Wert von 15 kW/m² nicht übersteigen.

Zusätzlich werden die Verglasungen nach ihrer Feuerwiderstandsdauer (z. B. EI(F) 30: feuerhemmend; EI(F) 60: hochfeuerhemmend; EI(F) 120: feuerbeständig) eingeteilt. Unter der Feuerwiderstandsdauer ist die Mindestdauer in Minuten zu verstehen, während der ein Bauteil unter einer Wärmebeanspruchung gemäß der Einheitstemperaturzeitkurve nach DIN 4102-2 und ISO 834-1 bestimmte Prüfkriterien erfüllt. E (G)- und EI (F)-Verglasungen müssen in der Regel der gleichen Feuerwiderstandsklasse entsprechen wie die Wände, in die sei eingebaut werden.

Brandschutzverglasungen der Klasse E (G) bestehen meist aus speziell vorgespannten ESG-Scheiben, vorgespannten Borosilikatgläsern oder mehrscheibigen Verbundgläsern (VG) mit Brandschutzschichten. Diese schäumen im Brandfall zu einer zähen, festen Schaumplatte auf und verhindern zusammen mit der dem Feuer zugewandten zerborstenen Glasscheibe den Durchgang von Flammen und Brandgasen.

Brandschutzverglasungen der Klasse EI (F) bestehen meist aus mehrscheibigem Verbundglas (VG) mit Brandschutzschichten oder speziell vorgespannten Brandschutz-Doppelgläsern (SZR 12 bis 50 mm) mit transparenter Gelfüllung. Die zunächst transparente Gelfüllung schäumt im Brandfall auf und wirkt wärmeabweisend.

Brandschutzgläser können bei entsprechender Ausbildung auch Anforderungen an den Wärme-, Schall- und Sonnenschutz sowie Anforderungen sicherheitstechnischer Art erfüllen.

## 6.11 Glasfasern

### Normen

| | |
|---|---|
| DIN 52141 | Glasvlies als Einlage für Dach- und Dichtungsbahnen; Begriff, Bezeichnung, Anforderungen; Ausgabe 1980-12 |
| DIN 61853 | Textilglas; Textilglasmatten für die Kunststoffverstärkung; Teil 1: Technische Lieferbedingungen; Ausgabe 1987-04<br>Teil 2: Einteilung, Anwendung; Ausgabe 1987-04 |

| | |
|---|---|
| DIN 61854 | Textilglas; Textilglasgewebe für die Kunststoffverstärkung; Filamentgewebe und Rovinggewebe;<br>Teil 1: Technische Lieferbedingungen; Ausgabe 1987-04<br>Teil 2: Typen; Ausgabe 1987-04 |
| DIN EN 12654 | Textilglas-Garne;<br>Teil 1: Bezeichnung; Ausgabe 1998-12<br>Teil 2: Prüfverfahren und allgemeine Anforderungen; Ausgabe 1998-12<br>Teil 3: Allgemeine Anforderungen für allgemeine Anwendungen; Ausgabe 1998-12 |
| DIN EN 14020 | Verstärkungsfasern – Spezifikation für Textilglasrovings;<br>Teil 1: Bezeichnung; Ausgabe 2003-03<br>Teil 2: Prüfverfahren und allgemeine Anforderungen; Ausgabe 2003-03<br>Teil 3: Besondere Anforderungen; Ausgabe 2003-03 |

Glasfasern weisen eine amorphe Struktur und isotrope mechanische Eigenschaften auf. Die Festigkeit von Glasfasern ist wesentlich größer als die des Werkstoffs Glas, da die extrem dünnen Glasfasern weniger Fehlstellen aufweisen als ein kompaktes Glasvolumen. Der Elastizitätsmodul von Glasfasern unterscheidet sich dagegen nur wenig von dem des Werkstoffs Glas. Bis zum Bruch verhalten sich Glasfasern ideal linear elastisch.

**Textilglasfasern** (spinnbare Glasfasern) zur Verstärkung von Verbundwerkstoffen werden aus der Schmelze durch die Düsen einer Platin-Schmelzwanne als kontinuierliche Fäden (Filamente) auf bis zu 0,2 µm Durchmesser gezogen (Düsenziehverfahren). Sie erhalten während des Ziehens eine Beschichtung (Schlichte), die als Gleit-, Binde- und Schutzmittel gegen mechanische Beschädigung bei der nachfolgenden Weiterverarbeitung dient. Die sehr dünnen Einzelfäden werden zu einem einzigen Glasspinnfaden gebündelt und auf rotierenden Spulen zu unendlich langen Textilglasfasern (Glasfilamente) aufgespult. Von den Spulen herunter erfolgt die textile Verarbeitung der Glasspinnfäden zu Glasfaserprodukten, z. B. Strängen, Schnüren, Bändern und Geweben, die durch Einbettung in Kunststoff den Verbundwerkstoff ergeben. Da die Schlichte gegenüber der Kunststoffmatrix als Trennmittel wirkt, werden die Glasfaserprodukte durch eine thermische Behandlung entschlichtet und mit einem Haftvermittler versehen, der vor allem den Verbund zwischen Glasfasern und Kunststoff verbessern soll.

Nicht spinnbare Glasfasern für Isolierzwecke werden als sogenannte **Glasfaserstapelfasern** weniger aufwendig durch Zerblasen noch zähflüssiger Glasfäden (Düsenblasverfahren) oder als **Glaswolle** durch Zerschleudern eines flüssigen Glasstrahls beim Auftreffen auf eine rotierende Scheibe (Schleuderverfahren) hergestellt. Glaswolle findet vor allem in wärme- und schalldämmenden Produkten Verwendung. Die dämmende Wirkung beruht auf einem hohen Luftvolumen (stehende Lufteinschlüsse 96 bis 99 Vol.-%) und einer sehr niedrigen Rohdichte (10 bis 100 kg/m³).

### Anwendung von Textilglasfasern

**Textilglasrovings** (Spinnfädenschnüre) nach DIN EN 14020 werden auf Länge geschnitten und als Einlagen in glasfaserverstärkten Kunststoffen (GFK) verwendet.

**Textilglasgewebe** nach DIN 61853 und durch Binder verfestigte dünnschichtige **Textilglasmatten** nach DIN 61854 wirken als verstärkende Einlagen in glasfaserverstärkten Kunststoffen (GFK) und werden in nichtbrennbaren Dekorationsstoffen und Tapeten eingesetzt.

**Textilglasvlies** nach DIN 52141 findet Anwendung als Einlage in Dach- und Dichtungsbahnen.

**Alkaliresistente Glasfasern** (AR-Glasfasern) oder Soda-Zirkon-Gläser (CemFil-Glasfasern) werden bei der Herstellung von Glasfaserbeton und -mörtel eingesetzt.

### Anwendung von Glaswolle

**Lose Glaswolle** wird direkt verarbeitet oder als **Glaswollematten** in verschiedenen Dicken auf Wellpappe oder Drahtgeflecht sowie zwischen Papierbahnen versteppt. Kunststoffgebundene **Glasfilzmatten oder -platten** (die gelbe Farbe wird durch die warm aushärtenden Kunstharze verursacht) werden als unkaschierte Glasfilze oder mit einseitiger Wellpappen-, Bitumenpapier oder Aluminiumfolien-Kaschierung in Dicken bis zu 130 mm und Breiten bis zu 1250 mm geliefert.

Kunstharzgebundene **Glasfaserschalen** (zur Montage einseitig längs aufgeschlitzt) sowie **Glasfaserzöpfe** (Schnüre mit 20 bis 50 mm Durchmesser) in Rollen werden zur Wärmedämmung von Rohren verwendet. **Glasvliese** sind dünne durchscheinend verfilzte Fasergewebe, die als Einlage in Dach- und Dichtungsbahnen oder als Lochglasvlies-Dachbahnen Verwendung finden.

## 6.12 Schaumglas (CG) (ähnlich zum Porenbeton)

### Normen

| | |
|---|---|
| DIN EN 13167 | Wärmedämmstoffe für Gebäude – Werkmäßig hergestellte Produkte aus Schaumglas (CG) – Spezifikation; Ausgabe 2013-03 |
| AGI Q 137 | Schaumglas als Dämmstoff für betriebstechnische Anlagen; Ausgabe 2001-12 |

Schaumglas (Foamglas) entsteht durch das gemeinsame Aufschmelzen von fein gemahlenem Aluminium-Silicat-Glaspulver und fein verteiltem Kohlenstoff. Durch das Erhitzen entwickeln sich in der Schmelze CO-Bläschen, die nach dem Erstarren der Schmelze viele kleine geschlossene Poren bilden (Anteil etwa 92 Vol.-%). Schaumglas besitzt daher ein dampfdiffusionsdichtes Gefüge und ist, da keine Feuchtigkeit eindringen kann, chemikalien- und frostbeständig.

Die zu Blöcken gegossene, nahezu schwarze Glasmasse wird in 40 bis 130 mm dicke Platten geschnitten, die als **Wärmedämmplatten** für Dächer und Wände sowie unter Fundamenten verwendet werden. Schaumglas lässt sich sägen, bohren und schleifen und kann mit anderen Materialien, z. B. Kunststoff, überzogen werden. Auch die Herstellung von Verbund- oder Schichtplatten mit hohem Wärmedämmvermögen ist möglich.

Schaumglas hat eine Rohdichte von 90 bis 180 kg/m³, eine Druckfestigkeit von 0,4 bis 3,0 N/mm² (CS 400 kPa bis CS 3000 kPa), einen Wärmeausdehnungskoeffizienten von $8{,}5 \cdot 10^{-6}$ (1/K) und eine Wärmeleitzahl von 0,04 bis 0,06 (W/mK). Schaumglas ist nicht brennbar (Baustoffklasse A1 nach DIN 4102-1).

Schüttungen aus **Schaumglas-Granulat** (Blähglas) sind verdichtbar, nicht brennbar, unverrottbar und zeigen eine hohe Belastbarkeit.

# 6.13 Besondere Glasarten

nicht Klausurrelevant

## 6.13.1 Borosilicatglas

### Normen

| | |
|---|---|
| DIN EN 1748-1 | Glas im Bauwesen – Spezielle Basiserzeugnisse – Borosilicatgläser;<br>Teil 1-1: Definitionen und allgemeine physikalische und mechanische Eigenschaften; Ausgabe 2004-12<br>Teil 1-2: Konformitätsbewertung/Produktnorm; Ausgabe 2005-01 |

Borosilicatglas ist ein Silicatglas mit einem Boroxidanteil ($B_2O_3$) zwischen 7 und 15 %. Es verfügt über eine hohe Temperaturwechselbeständigkeit sowie über eine sehr hohe Säure- und hydrolytische Beständigkeit. Es wird als flaches, durchsichtiges oder durchscheinendes, klares oder gefärbtes Glas wie Floatglas oder gezogenes Flachglas, aber auch wie gewalztes und gegossenes Glas hergestellt. Borosilicatgläser werden nach dem nominalen mittleren thermischen Längenausdehnungskoeffizienten in die Klasse 1 [(3,1 bis 4,0)·$10^{-6}$/K], Klasse 2 [(4,1 bis 5,0)·$10^{-6}$/K] und Klasse 3 [(5,1 bis 6,0)·$10^{-6}$/K] eingeteilt. Optische Verzerrungen und sichtbare Fehler führen des Weiteren zu einer Einteilung in die Kategorien A, B und C.

## 6.13.2 Glaskeramik

### Normen

| | |
|---|---|
| DIN EN 1748-2 | Glas im Bauwesen – Spezielle Basiserzeugnisse – Glaskeramik;<br>Teil 2-1: Definitionen und allgemeine physikalische und mechanische Eigenschaften; Ausgabe 2004-12<br>Teil 2-2: Konformitätsbewertung/Produktnorm; Ausgabe 2005-01 |

Glaskeramik verbindet die Vorteile von Glas mit denen von Keramik. Bei der Herstellung erstarrt die thermoviskos geformte Schmelze eines glaskeramischen Stoffsystems unter normalen Abkühlbedingungen zu einem homogenen Glaskörper. Durch die Zugabe von keimfördernden Zusätzen, z. B. Titandioxid $TiO_2$ oder Zirkondioxid $ZrO_2$, und eine keramisierende Wärmebehandlung entstehen Glaskeramiksorten mit porenfreiem und feinkristallinem Gefüge sowie speziellen mechanischen, thermischen, optischen und elektrischen Eigenschaften.

Die am meisten hergestellten glaskeramischen Produkte bestehen aus den Komponenten Lithiumoxid/Aluminiumoxid/Siliciumdioxid und Titandioxid als Keimzusatz. Sie zeichnen sich durch einen sehr niedrigen thermischen Ausdehnungskoeffizienten und damit durch eine sehr hohe Temperaturwechselbeständigkeit aus (Anwendung z. B. als Kochplatten, seltener im Bauwesen).

## Literatur


[1] *Schittich, C.; Staib, G.* u. a.: Glasbau Atlas. Konstruktionsatlanten. 2. Aufl., Birkhäuser-Verlag für Architektur, Berlin, Edition Detail, München, 2006

[2] *Bergmann, W.*: Werkstofftechnik 2. 4. Aufl., Carl Hanser Verlag, München, 2009

[3] *Weller, B.* u. a.: Konstruktiver Glasbau. Verlag Detail, 2011

[4] Informationen des Bundesverbands der Glas- und Mineralfaserindustrie e. V., Düsseldorf

[5] *Fröhler, A.W.*: Lexikon für Glas und Glasprodukte. Holzmann Medien, Bad Wörishofen, 2005

[6] Glas im Bauwesen – Einteilung der Glaserzeugnisse, Technische Richtlinie Nr. TR14 des Glaserhandwerks. Hrsg.: Bundesverband des Glaserhandwerks, 6. Aufl., 2012

[7] Sanco Glasbuch. Hrsg.: Glas Trösch GmbH, Nördlingen, 4. Aufl., 2010

[8] Glas Handbuch 2013. Hrsg.: Flachglas MarkenKreis GmbH, Gelsenkirchen, 2013

[9] Merkblatt V.05 „Einsatzempfehlungen für Sicherheitsgläser im Bauwesen". Hrsg.: Verband der Fenster- und Fassadenhersteller e. V., Frankfurt, 2009

[10] *Sedlacek, G.; Wellershoff, F.; Kasper, R.*: Glas im konstruktiven Ingenieurbau. 2. Aufl., Verlag W. Ernst & Sohn, 2013

[11] *Krampe, Ph.; Reich, S.; Welter, B.*: Glasbau-Praxis, Bd. 1., 3. Aufl., Bauwerk-Beuth, 2013

[12] *Wagner, E.*: Glasschäden. 4. Aufl., Fraunhofer IRB Verlag, 2012

[13] Glasbau Atlas; Hrsg.: Institut für Internationale Architektur-Dokumentation GmbH, München, 1998


- Woraus hergestellt?
- Was sind die Produktionsschritte?
- Welche Temp
- Warum so hohe Temp
- Welche Erscheinungsformen
- " Beschichtungsformen gibt es?
- Formen von Sicherheitsgläsern?
  ↳ Vor- und Nachteile
- Welche Gläser im Bauwesen?
- U-Wert im Schnitt: 1,0 - 1,3
- Vor-Nachteile zwei- dreifach-Verglasung

# 7 Baumetalle

*Dietmar Klausen*

## 7.1 Eisenwerkstoffe (Gusseisen und Stahl)

Chemisch reines Eisen (Fe) wird vor allem wegen seiner geringen Festigkeit im Bauwesen nicht verwendet. Technisches Eisen ist stets eine Legierung von reinem Eisen mit Elementen metallischer Art, z. B. Mangan, Chrom, Nickel, Molybdän, oder nichtmetallischer Art, z. B. Kohlenstoff, Silicium, Phosphor, Schwefel.

Wichtigstes Legierungselement ist der im Eisen als Eisenkarbid (Zementit) chemisch gebundene oder als Graphit teilweise auch in freier Form vorkommende Kohlenstoff. Obwohl er nur mit einem Anteil von etwa 0,1 bis 5 % im Gefüge vertreten ist, beeinflusst er dessen Aufbau, die Höhe der Schmelz- und Umwandlungstemperaturen, die mechanischen Eigenschaften (z. B. Festigkeit, Härte, Zähigkeit), die Schweißbarkeit und die Eignung zur Formgebung und Härtung. Der Legierungsanteil des Kohlenstoffs ist die Grundlage für die Einteilung der Eisensorten in Roheisen, Gusseisen, Stahl.

*Roheisen* (s. Abschnitt 7.1.1) aus dem Hochofen ist besonders wegen der hohen Anteile an Kohlenstoff (3 bis 5 %), Phosphor und Schwefel technisch nicht verwendbar. Es ist sehr spröde und lässt sich weder kalt noch warm umformen.

*Gusseisen* (s. Abschnitt 7.1.2) entsteht durch Umschmelzen des Roheisens unter Zugabe von Schrott, Gussbruch und Schlackenbildnern. Durch Einstellen des C-Anteils auf etwa 2 bis 4 % und Absenken der P- und S-Gehalte lässt sich Gusseisen mit günstigen mechanischen, physikalischen und chemischen Eigenschaften herstellen.

*Stahl* (s. Abschnitt 7.1.3) wird ebenfalls durch Umschmelzen des Roheisens gewonnen. Die unterschiedlichen Umwandlungstechnologien führen zu C-Gehalten von weniger als 2 % und zu einer weiteren Reduzierung des Gehaltes an unerwünschten Begleitelementen, wie P und S. Stahl kann dadurch nach dem Gießen im warmen oder kalten Zustand umgeformt werden (Stahl = schmiedbares Eisen). Für Stähle des Bauwesens liegt der übliche C-Gehalt zwischen 0,1 und 0,5 %, im Mittel bei 0,2 %.

Nebenprodukt der Roheisengewinnung ist die *Hochofenschlacke*, die in verschiedenartiger Aufbereitung Verwendung im Bauwesen findet (s. Abschnitt 7.1.1.3).

Abb. 7.1 zeigt die einzelnen Verfahrensschritte zur Erzeugung von Eisen und Stahl.

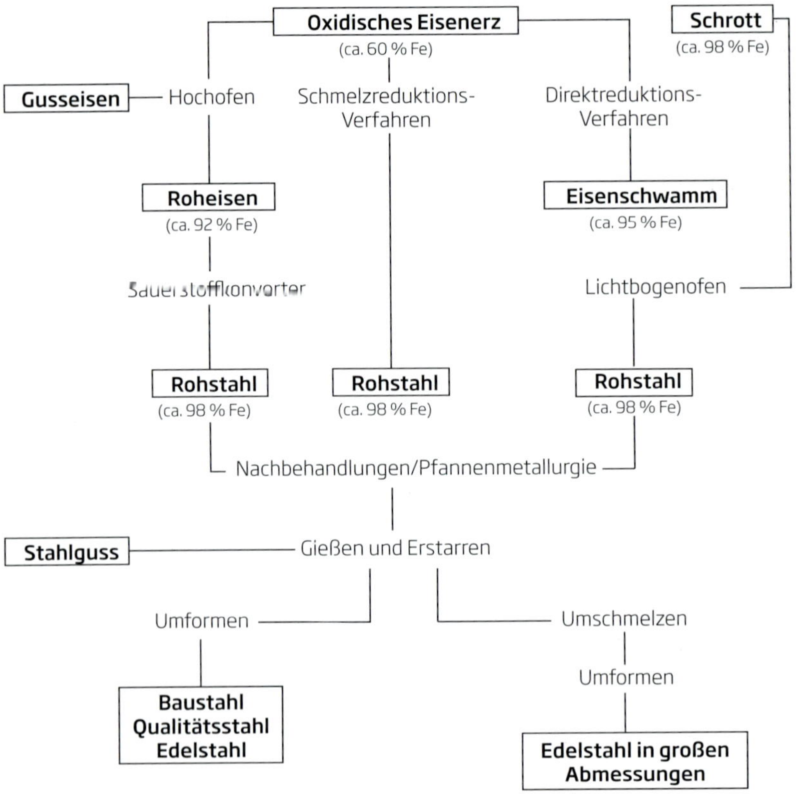


**Abb. 7.1:** Verfahrensschritte zur Herstellung von Eisen und Stahl

## 7.1.1 Roheisen

### 7.1.1.1 Ausgangsstoffe

#### Eisenerz

Eisen kommt in der Natur nur als Erz, d. h. einem Gemisch von Eisenoxiden mit kieseligem, tonigem und kalkigem Gestein („Gangart") vor. Zur Verhüttung kommen heute vorwiegend Erze mit Eisengehalten zwischen etwa 60 bis 70 % aus Skandinavien, Brasilien und Westafrika. Weltweite Eisenerzgewinnung: 2480 Mio. t (2012). Durch neue Technologien (z. B. Direktreduktion) können heute auch Erze mit geringeren Eisengehalten wirtschaftlich genutzt werden.

Die wichtigsten *Eisenerze* sind:

| | | |
|---|---|---|
| Magneteisenstein (Magnetit) | ($Fe_3O_4$) | mit 60 bis 70 % Fe |
| Roteisenstein (Hämatit) | ($Fe_2O_3$) | mit 30 bis 50 % Fe |
| Brauneisenstein (Limonit) | ($2Fe_2O_3 \cdot 3H_2O$) | mit 20 bis 35 % Fe |
| Spateisenstein (Siderit) | ($FeCO_3$) | mit 30 bis 45 % Fe |

Die im Tage- oder Schachtbau abgebauten Eisenerze werden vor der Verhüttung einer *Aufbereitung* unterzogen:

Anreichern des Eisengehaltes durch Entfernen von Beimengungen (Magnetscheidung) und Abtrennen leichterer Bestandteile (Flotation). Entfernen von Feuchtigkeit und Umwandeln der Karbonate und Schwefelverbindungen in Eisenoxide durch Rösten. Stückigmachen feinkörniger Erze durch Sintern, Pelletieren oder Brikettieren bzw. grobkörniger Erze durch Brechen.

#### Stahlschrott

Etwa 34 % des weltweit erzeugten Rohstahls wird derzeit aus Stahlschrott erschmolzen. Je nach Stahlerzeugungsverfahren sind die Einsatzmengen von Schrott verschieden hoch. Bei den Sauerstoffblas-Verfahren (s. 7.1.3.1) liegt der Schrottzusatz bei etwa 10 %, bei den Elektrostahl-Verfahren (s. 7.1.3.1) bei 100 %. Die Verwendung von Stahlschrott schont die Erz-, Kohle- und Kalk-Ressourcen und vermindert den Energiebedarf sowie den $CO_2$-Ausstoß.

#### Reduktionsmittel

Zur Reduktion der Eisenoxide zu metallischem Eisen sowie zur Aufkohlung des Roheisens werden Reduktionsmittel wie Koks, Kohle, Erdöl oder Erdgas in den Hochofen eingebracht. Wichtigstes Reduktionsmittel ist der aus schwefelarmer Kohle hergestellte Koks. Koks ist ein druckfester, poröser und gasdurchlässiger Brennstoff mit hohem Heizwert. Seine Aufgaben sind: Lieferung von Wärme, Reduktion des Eisenerzes und Aufkohlung des Eisens. Ausgangsprodukt ist die Steinkohle, die durch Verkokung (Vergasen flüchtiger Bestandteile) in Koks (Heizwert größer als Steinkohle) umgewandelt wird. 1000 kg Steinkohle liefern etwa 780 kg Koks, 320 $m^3$ Kokereigas und 30 kg Teer.

#### Zuschläge

Zuschläge von Kalkstein $CaCO_3$ bzw. Kalk CaO, Dolomit $(Ca, Mg)CO_3$ sowie Magnesit $MgCO_3$ (= basische Zuschläge) oder Quarzsand $SiO_2$ und Tonschiefer $(Al_2O_3 + SiO_2)$ (= saure Zuschläge) überführen die Gangart und die Asche des Brennstoffs in leichtschmelzende Schlacke. Saure Erze mit vorwiegend kieseliger Gangart erfordern basische Zuschläge, basische Erze mit vorwiegend kalkiger Gangart erfordern saure Zuschläge.

### 7.1.1.2 Herstellung

#### Hochofen

Der Hochofen, ein mit feuerfesten Steinen ausgekleideter Schachtofen, wird von oben in wechselnden Lagen mit Eisenerz, Zuschlägen und Koks beschickt. Im unteren Teil des Ofens wird „Wind" (Luft oder Heizgase) eingepresst, der in Winderhitzern auf etwa 1300 °C vorgewärmt ist.

Erze und Brennstoffe werden im Hochofen oben („Gicht") getrocknet und erhitzt; im mittleren Teil („Schacht") erfolgt die *indirekte Reduktion* durch das aufsteigende Kohlenmonoxid CO, weiter unten („Kohlensack" und „Rast") die *direkte Reduktion* durch den weißglühenden Koks; ganz unten („Gestell") sammelt sich das geschmolzene Roheisen an. Auf dem Eisen schwimmt die leichtere Schlacke und fließt durch eine Öffnung laufend ab. Das flüssige Roheisen wird alle 2 bis 4 Stunden bei einer Abstichtemperatur von 1400 bis 1500 °C durch das am Boden des Ofens befindliche „Stichloch" abgelassen (Abb. 7.2).

Ein moderner Großhochofen ist auf die Erzeugung von 10 000 t Roheisen pro 24 Stunden ausgelegt. Dazu wären 16 000 t Erz und Zuschläge und 4 800 t Koks erforderlich. Weltweite Roheisenherstellung: 1110 Mio. t (2012).

Alternativ zu dem Hochofenverfahren werden zwei Verfahren angewendet, bei denen der teure Koks durch Kohle oder Erdgas als Reduktionsmittel ersetzt wird.

### Direktreduktion

Bei den unter dem Begriff „Direktreduktion" zusammengefassten Gasreduktions- und Feststoffreduktionsverfahren werden brikettierte oder zu Pellets gepresste Eisenerze bei 700 bis 900 °C, also im festen Zustand, in porigen Eisenschwamm DRI (Direct Reduced Iron) mit etwa 92 bis 95 % Eisengehalt umgewandelt. Als Energieträger wird Koks durch billigere Brennstoffe, z. B. Kohle, Erdöl oder Erdgas, ersetzt. Pro Jahr werden weltweit etwa 75 Mio. t DRI (Stand 2012) erzeugt.

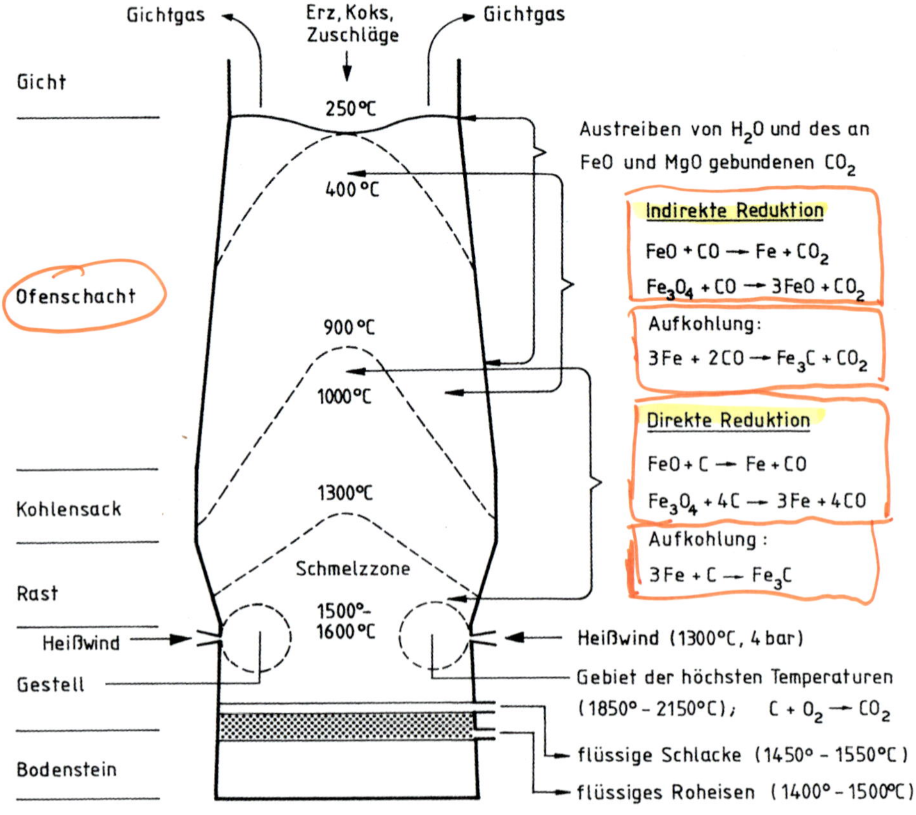


**Abb. 7.2:** Zonen der Reaktionen und Temperaturen im Hochofen

**Schmelzreduktion**

Erzeugung von Roheisen in zwei Schritten: Durch Kohlevergasung hergestelltes Reduktionsgas (CO) reduziert die Erze ganz oder teilweise (1. Schritt), anschließend erfolgen Endreduktion und Aufschmelzen zu Roheisen (2. Schritt). Vorteile: Einsatz von Kohle, kleine Reduktions- und Schmelzgefäße, Wiederverwendung von Hüttenwerksabfallstoffen. Die Kapazität der weltweit betriebenen Anlagen wird auf etwa 7,5 Mio. t Roheisen pro Jahr geschätzt [1].

Das Roheisen wird für Gießereizwecke zu Masseln (Barren) in einem dem Hochofen vorgelagerten Sandbett oder in einer Masselgießmaschine vergossen bzw. es gelangt flüssig in Pfannenwagen direkt zur Stahlerzeugung oder zur Eisengießerei.

häufigste Art

#### 7.1.1.3 Nebenprodukte der Roheisengewinnung

**Norm**

DIN 4301 Eisenhüttenschlacke und Metallhüttenschlacke im Bauwesen; Ausgabe 2009-06

Die auf dem Roheisen schwimmende spezifisch leichtere Schlacke (Hochofenschlacke), die je nach Erz und Zuschlägen aus unterschiedlichen Mengen $SiO_2$, $Al_2O_3$, CaO, MgO besteht, wird gesondert abgestochen und findet in verschiedenartiger Aufbereitung Verwendung im Bauwesen:

- **Stückschlacke:** Auf Halden langsam abgekühlte (auskristallisierte) sehr feste Schlacke. Verwendung im Straßenbau (Tragschicht und bituminiertes Mischgut), im Gleisbau und als Betonzuschlag.
- **Hüttensand:** Im Wasserstrom abgeschreckte (glasartig granulierte) basische Hochofenschlacke mit „latent hydraulischen Eigenschaften" durch besonders hohen Kalkanteil der Schlacke (≥ 45 % CaO). Verwendung als Mauersand oder mit Portlandzementklinkern zu Hüttenzementen vermahlen.
- **Hüttenbims:** Durch Wasser aufgeschäumte porige Schlacke. Verwendung als Leichtbetonzuschlag.
- **Pflastersteine:** In Formen vergossene Schlacke. Verwendung z. B. zur Einfassung von Straßenbahnschienen.
- **Hüttensteine:** Aus Hüttensand mit Kalk oder Zement durch Dampfhärtung gefertigte Mauersteine (s. Abschnitt 5.2.1.2).
- **Schlackenwolle (Hüttenwolle):** Gewinnung aus der durch Dampfstrahl fadenförmig zerteilten flüssigen Schlacke auf rotierenden Zylindern. Ähnlich der Gewinnung von Steinwolle aus geschmolzenem Basalt sowie von Glaswolle.

### 7.1.2 Gusseisen

**Normen**

| | |
|---|---|
| DIN EN 1560 | Gießereiwesen – Bezeichnungssystem für Gusseisen – Werkstoffkurzzeichen und Werkstoffnummern; Ausgabe 2011-05 |
| DIN EN 1561 | Gießereiwesen – Gusseisen mit Lamellengraphit; Ausgabe 2012-01 |

| | |
|---|---|
| DIN EN 1562 | Gießereiwesen – Temperguss; Ausgabe 2012-05 |
| DIN EN 1563 | Gießereiwesen – Gusseisen mit Kugelgraphit; Ausgabe 2012-03 |
| DIN EN 1564 | Gießereiwesen – Ausferritisches Gusseisen mit Kugelgraphit; Ausgabe 2012-01 |
| DIN EN 10213 | Stahlguss für Druckbehälter; Ausgabe 2008-01;<br>Berichtigung 1; Ausgabe 2008-11<br>Änderung A1; Ausgabe 2011-08 *(Norm-Entwurf)* |
| DIN EN 10283 | Korrosionsbeständiger Stahlguss; Ausgabe 2010-06 |
| E DIN EN 10293 | Stahlguss für allgemeine Anwendungen; Ausgabe 2012-02 *(Norm-Entwurf)* |
| DIN EN 10295 | Hitzebeständiger Stahlguss; Ausgabe 2003-01 |
| DIN EN 10340 | Stahlguss für das Bauwesen; Ausgabe 2008-01<br>Berichtigung 1; Ausgabe 2008-11 |
| DIN EN 12513 | Gießereiwesen – Verschleißbeständige Gusseisen; Ausgabe 2011-05 |
| DIN EN 13835 | Gießereiwesen – Austenitische Gusseisen; Ausgabe 2012-04 |
| SEW 395 | Technische Regel – Nichtmagnetisierbarer Stahlguss – TL; Ausgabe 1998-06 |
| SEW 410 | Technische Regel – Nichtrostender Stahlguss – TL; Ausgabe 1998-07 |
| SEW 520 | Technische Regel – Hochfester Stahlguss mit guter Schweißeignung -TL; Ausgabe 1996-09 |

Als Gusseisen werden alle Eisen-Kohlenstoff-Legierungen mit etwa 2 bis 4 M.-% C bezeichnet. Kennzeichnende Eigenschaften sind gute Gießbarkeit, hohe Bruch- und Verschleißfestigkeit bei geringem Verformungsvermögen, hohes Dämpfungsvermögen und Korrosionsbeständigkeit.

Gusseisen wird in Kupolöfen (Schachtöfen) oder Induktionsöfen aus Roheisenmasseln zusammen mit Schrott, Gussbruch und ggf. weiteren Zusätzen (z. B. Kalk) umgeschmolzen. Das Vergießen von Formgussstücken erfolgt in Formen aus Sand, feuerfester Formmasse oder Metall. Rotationssymmetrische Teile, z. B. Druck- und Abflussrohre, werden meist im Schleuder-Gussverfahren hergestellt.

Die Eisen-Gusslegierungen lassen sich in folgende Gruppen einordnen:

- **Stahlguss** (unlegierter, legierter, warmfester, hitze- und zunderbeständiger, rost- und säurebeständiger Stahlguss),
- **Gusseisen** (Gusseisen mit Lamellengraphit, Gusseisen mit Kugelgraphit, ausferritisches Gusseisen mit Kugelgraphit, verschleißbeständiges Gusseisen, Hartguss),
- **Temperguss** (entkohlend geglühter Temperguss, nicht entkohlend geglühter Temperguss).

Gusseisenwerkstoffe jeder Klasse können entweder durch *Werkstoffkurzzeichen* oder durch *Werkstoffnummern* bezeichnet werden. Die Werkstoffnummer basiert auf den Prinzipien und Strukturen, wie sie in DIN EN 10027-2 dargelegt sind.

Der Gesamtaufbau der Bezeichnung von Gusseisenwerkstoffen durch Kurzzeichen darf höchstens sechs Positionen aufweisen:

- Position 1: Vorsilbe **EN-** (darf nur für genormte Werkstoffe verwendet werden)
- Position 2: Metallart **GJ** (G für Guss und J für Eisen)

- Position 3: Graphitstruktur (z. B. **L** für lamellar oder **S** für kugelig)
- Position 4: Mikro- oder Makrostruktur (z. B. **A** für Austenit oder **F** für Ferrit)
- Position 5: Mechanische Eigenschaften oder chemische Zusammensetzung (z. B. Zugfestigkeit oder Härte bzw. niedrig- oder hochlegierte Klassen)
- Position 6: Zeichen für zusätzliche Anforderungen

#### 7.1.2.1 Stahlguss

Stahlguss ist unmittelbar in metallische oder nichtmetallische Formen vergossener Stahl. Aus Stahlguss gefertigte Bauteile müssen zur Verbesserung ihrer mechanischen Eigenschaften einer Wärmebehandlung unterworfen werden. Stahlguss wird dann eingesetzt, wenn hohe Festigkeiten bei hoher Zähigkeit, hohe thermische Beanspruchbarkeit oder besondere chemische oder technologische Eigenschaften gefordert werden. Die hohe Gießtemperatur und ein hohes Schwindmaß beim Übergang flüssig zu kristallin wirken sich gießtechnisch nachteilig aus Stahlguss wird vergleichbar dem Walz- und Schmiedestahl in verschiedene Gruppen eingeteilt.

**Stahlguss für allgemeine Anwendungen** nach DIN EN 10293 ist graphit- und ledeburitfrei und wird aufgrund seiner mechanischen Eigenschaften verwendet. Beispiel: GE200 mit Zugfestigkeit $R_m$ > 380 N/mm², Dehngrenze $R_{p0,2}$ = 200 N/mm², Bruchdehnung $A$ = 25 % und Kerbschlagarbeit $K_v$ = 27 J.

Durch Verminderung des C-Gehalts (< 0,25 M.-%) und Erhöhung des Mn-Anteils lässt sich die Schweißeignung von Stahlguss verbessern. **Stahlguss mit verbesserter Schweißeignung** nach DIN EN 10293 (z. B. G20Mn5) und **hochfester Stahlguss mit guter Schweißeignung** nach SEW 520.

Niedriglegierter **Vergütungsstahlguss** nach DIN EN 10293 enthält neben Kohlenstoff (0,25 bis 0,42 M.-% C) vor allem Mn sowie Anteile an Cr, Ni, Mo und V. Vergütungsstahlguss ist schweißbar und wird vor allem für statisch und dynamisch hoch beanspruchte Bauteile des Maschinenbaus eingesetzt (z. B. G30CrMoV6-4).

**Stahlguss für Druckbehälter** nach DIN EN 10213 ist für den Einsatz bei Raumtemperatur, erhöhter Temperatur (300 bis 600 °C) oder im Tieftemperaturbereich (bis −200 °C) geeignet (z. B. GP280GH).

**Hitzebeständiger Stahlguss** nach DIN EN 10295 für beispielsweise Turbinenteile und Ofenroste ist beständig bei Temperaturen zwischen 600 und 1100 °C (z. B. GX25CrNiSi18-9).

**Korrosionsbeständiger Stahlguss** nach DIN EN 10283 und nichtrostender Stahlguss nach SEW 410 weisen aufgrund des hohen Cr-Anteils (> 12 M.-%) eine hohe Beständigkeit gegenüber chemischer Beanspruchung und Korrosion auf (z. B. GX6CrNi26-7).

**Nichtmagnetisierbarer Stahlguss** nach SEW 395 wird für Bauteile verwendet, die keine Beeinflussung magnetischer Felder hervorrufen dürfen.

**Stahlguss für das Bauwesen** nach DIN EN 10340.

### 7.1.2.2 Gusseisen

#### Gusseisen mit Lamellengraphit (GJL) nach DIN EN 1561

Der freie, d. h. chemisch nicht gebundene Kohlenstoff scheidet sich als lamellenförmig ausgebildeter Graphit aus, der den Zusammenhang der metallischen Grundmasse unterbricht und eine Kerbwirkung verursacht. Daraus resultieren geringe Zugfestigkeiten und geringe Bruchdehnungen. GJL weist aber eine hohe Druckbeanspruchbarkeit auf (etwa 4-mal höher als die Zugfestigkeit), eine gute Gieß- und Spanbarkeit, eine gute Korrosionsbeständigkeit und ein hohes Dämpfungsvermögen für mechanische Schwingungen (etwa 4,3-mal besser oder schneller als Stahl).

Werkstoffbezeichnung (Beispiele):

| | |
|---|---|
| **EN-GJL-150** | Gusseisen mit Lamellengraphit; $R_m$ > 150 MPa |
| **EN-GJL-HB235** | Gusseisen mit Lamellengraphit; 235 Brinellhärte |

Anwendungsbeispiele: Maschinenbetten, Maschinentische, Abflussrohre, Kanalroste, Druckrohre und Tübbings (Zylindersegmente) im Schacht-, Stollen- und Tunnelbau, Getriebe- und Kurbelwellengehäuse, Dieselmotoren, Pumpen

#### Gusseisen mit Kugelgraphit (GJS) nach DIN EN 1563

Durch Zugabe von reinem Magnesium, Cer und Calcium, teils in Form von Vorlegierungen, scheidet sich Kohlenstoff beim Erstarren in Kugelform aus. Im Vergleich zu den Lamellen ist die Kerbwirkung der Kugeln wesentlich geringer, sodass GJS gegenüber GJL höhere Zugfestigkeiten (vergleichbar denen von unlegierten Baustählen und Vergütungsstählen) und eine höhere Bruchdehnung aufweist.

Das Kurzzeichen GJS (S = sphärolithischer oder Kugelgraphit) wird durch die Angabe der Zugfestigkeit $R_m$ in MPa, der Bruchdehnung $A$ in % und ggf. durch die Buchstaben RT oder LT, die die Eignung für Raumtemperatur bzw. tiefe Temperatur angeben, ergänzt.

Werkstoffbezeichnung (Beispiel):

| | |
|---|---|
| **EN-GJS-400-18-LT** | Gusseisen mit Kugelgraphit; $R_m$ > 400 MPa; $A$ = 18 %; geeignet für tiefe Temperaturen |

Anwendungsbeispiele: Druckrohre, Motorenteile, Kupplungen, Pleuel, Turbinenschaufeln, Gehäuse, Zahnräder, Kurbelwellen, Pumpen- und Pressengussteile, Castor-Behälter

#### Ausferritisches Gusseisen mit Kugelgraphit nach DIN EN 1564 oder ADI-Gusseisen (*A*ustempered *D*uctile *I*ron) oder Bainitisches Gusseisen

ADI-Gusseisen wird durch einen zusätzlichen Wärmebehandlungsprozess an konventionell gegossenem Gusseisen mit Kugelgraphit (GJS) hergestellt. Die Wärmebehandlung umfasst eine vollständige Umwandlung der Grundmatrix von Ferrit und/oder Perlit in den sogenannten *Ausferrit*. Damit lassen sich vor allem hohe Zugfestigkeiten ($R_m$ = 800 bis 1400 N/mm²) bei hohen Bruchdehnungen ($A$ = bis 8 %) sowie hohe Verschleißfestigkeiten (Härte 260 bis 480 HB) gegenüber GJS erreichen.

Werkstoffbezeichnung (Beispiel):

| | |
|---|---|
| **EN-GJS-1000-5** | mit $R_m$ > 1000 N/mm², $R_{p0,2}$ > 700 N/mm², $A$ > 5 %, HB > 300 |

Anwendungsbeispiele: Getriebebau (Zahnräder), Maschinen- und Schienenfahrzeugbau (Laufräder, Radnaben) und Kompressorenbau (Kurbelwellen)

### Verschleißbeständiges Gusseisen (Hartguss) nach DIN EN 12513

Das Gefüge dieser weißen Gusseisensorte besteht vorwiegend aus eutektischen Eisenkarbiden in einer perlitischen Grundmasse. Unlegierter Hartguss wird mit GJN, der Vickershärte HV und dem maximalen Härtewert gekennzeichnet.

Zur Erhöhung der Härte und Verschleißfestigkeit wird bei legiertem Hartguss vor allem Cr, Ni und Mo zulegiert. Durch die beim Erstarren auftretenden Spannungen sind die Gussstücke sehr schlagempfindlich und müssen daher einer mehrstündigen Wärmebehandlung zum Abbau der Spannungen unterworfen werden.

Werkstoffbezeichnung (Beispiel):

**EN-GJN-HV520** mit Vickershärte HV 520

Anwendungsbeispiele: Baggerschaufeln, Mahlwerkzeuge, Laufräder für Pumpen

### Austenitisches Gusseisen nach DIN EN 13835

Die austenitischen Gusseisen gehören zu hochlegierten Werkstoffen mit austenitischem Grundgefüge, die Nickel, Mangan und teilweise Kupfer und Chrom zur Stabilisierung der austenitischen Matrix enthalten. Kohlenstoff ist entweder in Form von Graphitlamellen oder Graphitkugeln enthalten. Die Bildung von Austenit erfolgt vorwiegend durch die Wirkung von Nickel. Austenitische Gusseisensorten mit einem Nickelgehalt von 15 bis 36 % werden auch mit dem Handelsnamen „Ni-Resist" bezeichnet. Austenitische Gusseisensorten mit Graphitkugeln finden hauptsächlich wegen ihrer guten Hitze- und Korrosionsbeständigkeit Anwendung.

Werkstoffbezeichnung (Beispiel):

**EN-GJS-A-XNi22** mit $R_m \geq 370$ N/mm²; $R_{p0,2} \geq 170$ N/mm²; $A \geq 20$ %

Anwendungsbeispiele: Rohre, Ventile, Pumpen, Schiffsschrauben, Ruderlager

### 7.1.2.3 Temperguss (GJMW und GJMB) nach DIN EN 1562

Der gesamte C-Gehalt (2,3 bis 3,4 % C, dazu 0,4 bis 1,5 % Si) liegt im Gusszustand (Rohguss) zunächst als Eisenkarbid $Fe_3C$ (Zementit) und in Eisenmischkristallen gelöst vor (weißes Gusseisen). Die Gebrauchseigenschaften werden erst durch die nachfolgende Wärmebehandlung (Tempern) bei 950 bis 1050 °C mit 4 bis 6 Tagen Dauer erzielt. Durch das Tempern zerfällt Zementit ganz oder teilweise in Temperkohle, die sich flockenförmig ausscheidet (Graphit in Flockenform).

**Weißer Temperguss GJMW** (entkohlend geglühter Temperguss) wird durch bis zu 80-stündiges Glühen der Rohgussteile bei 1050 °C in entkohlender Atmosphäre (CO, $CO_2$, $H_2$, $H_2O$) hergestellt. Dabei wird der Randzone (bei sehr dünnen Teilen dem gesamten Querschnitt) Kohlenstoff entzogen und in CO überführt oder der Kohlenstoff verbleibt elementar als Temperkohle im Kern größerer Querschnitte; die Bruchfläche ist weiß oder grauschwarz mit weißem Rand. Zugfestigkeiten zwischen 270 und 570 N/mm².

**Schwarzer Temperguss GJMB** (nicht entkohlend geglühter Temperguss) entsteht durch etwa 30-stündiges Glühen bei etwa 950 °C in chemisch neutralem Medium (Schutzgas). Nach dem Zerfall des $Fe_3C$ liegt die Temperkohle je nach Abkühlgeschwindigkeit in einer vorwiegend ferritischen oder perlitischen Grundmasse vor; die Bruchfläche ist grauschwarz. Zugfestigkeiten zwischen 300 und 800 N/mm².

Erläuterung des Kurzzeichens **EN-GJMW-400-5** (nach DIN EN 1560):

| | |
|---|---|
| EN | Europanorm |
| GJ | Gusswerkstoff, Eisen |
| MW | M = Temperkohle; W = white (entkohlend geglüht) |
| 400 | Mindestzugfestigkeit in N/mm² |
| 5 | Dehnung in % für die Ausgangslänge $L_0 = 3{,}4\sqrt{S_0}$ |

Im Kurzzeichen **EN-GJMB-800-1** bedeutet der Buchstabe B: black (nicht entkohlend geglüht).

Anwendungsbeispiele:

Dünnwandige Gussteile: Beschläge, Fittings (Rohrverbindungsstücke), Schraubenschlüssel, Zwingen, PKW-Kleinteile, Getriebegehäuse

## 7.1.3 Stahl (Eisen-Knetlegierungen)

Als Stahl werden Fe-C-Legierungen bezeichnet, die ohne Nachbehandlung warm verformbar sind und im unlegierten Zustand weniger als 2 % C aufweisen.

Im Stahl liegt der Kohlenstoff chemisch gebunden als Eisenkarbid $Fe_3C$ (Zementit) vor und beeinflusst je nach Menge die Gefügeausbildung und damit die mechanischen Eigenschaften, wie Festigkeit und Härte, sowie die Schmiedbarkeit.

### 7.1.3.1 Herstellung von Stahl

Bei der Stahlherstellung werden dem flüssigen Roheisen Kohlenstoff und unerwünschte Begleitelemente, wie Silicium, Mangan, Phosphor und Schwefel, durch Zufuhr von Sauerstoff (Oxidation oder „Frischen") entzogen bzw. auf ein vertretbares Maß reduziert.

Die gebräuchlichen Stahlherstellungsverfahren sind

- die Sauerstoffblas-Verfahren (etwa 60 % Anteil an der Stahlerzeugung),
- das Elektrostahl-Verfahren (etwa 35 % Anteil an der Stahlerzeugung).

Die bis etwa 1960 vorherrschenden Thomas/Bessemer-Verfahren und das Siemens-Martin-Verfahren (etwa 3 % Anteil an der Stahlerzeugung) sind heute ohne Bedeutung.

#### Sauerstoffblas-Verfahren (Abb. 7.3)

Beim **LD-Verfahren** (LD = Linz/Donawetz) wird reiner Sauerstoff durch eine wassergekühlte Lanze von oben auf das Schmelzbad aufgeblasen. Durch die stark exothermen Abläufe insbesondere bei der Si- und P-Verbrennung erwärmt sich das Schmelzbad in den Konvertern auf etwa 1600 °C, sodass zur Verhinderung eines weiteren Temperaturanstiegs Schrott, Eisenerz oder Eisenschwamm als „Kühlmittel" zugesetzt werden muss. Mit dem LD-Verfahren lassen sich nur P-arme Roheisen verarbeiten.

Bei der Oxidation P-reicher Roheisensorten nach dem **LD/AC-Verfahren** (LD/AC= Linz-Donawetz/Arbed Centre National) wird neben Sauerstoff feiner Kalkstaub durch die Lanze aufgeblasen. Nach etwa 15 Minuten Blaszeit wird die phosphorreiche Schlacke abgezogen und unter Bildung einer zweiten Schlacke etwa 5 Minuten nachgeblasen. Mit dieser Zweischlackentechnik lassen sich P-Gehalte von ≤ 0,025 % erzielen. Der entscheidende Nachteil der LD- bzw. LD/AC-Aufblasverfahren liegt in der wenig intensiven Durchmischung des Schmelzbads.

Eine größere Badhomogenität und eine schnellere Schlackenbildung lässt sich mit dem bodenblasenden **OBM-Verfahren** (OBM = Oxygen Bottom Blown Maxhütte) erreichen, bei dem reiner Sauerstoff durch gekühlte Düsen am Konverterboden geblasen wird. Allerdings ist bei dem OBM-Verfahren die verarbeitbare Schrottmenge gering.

Die wesentlichen Nachteile der Auf- bzw. Bodenblasverfahren werden durch die heute überwiegend angewendeten **kombinierten Blasverfahren**, bei denen reiner Sauerstoff sowohl auf als auch durch die Schmelze geblasen wird, weitestgehend aufgehoben.

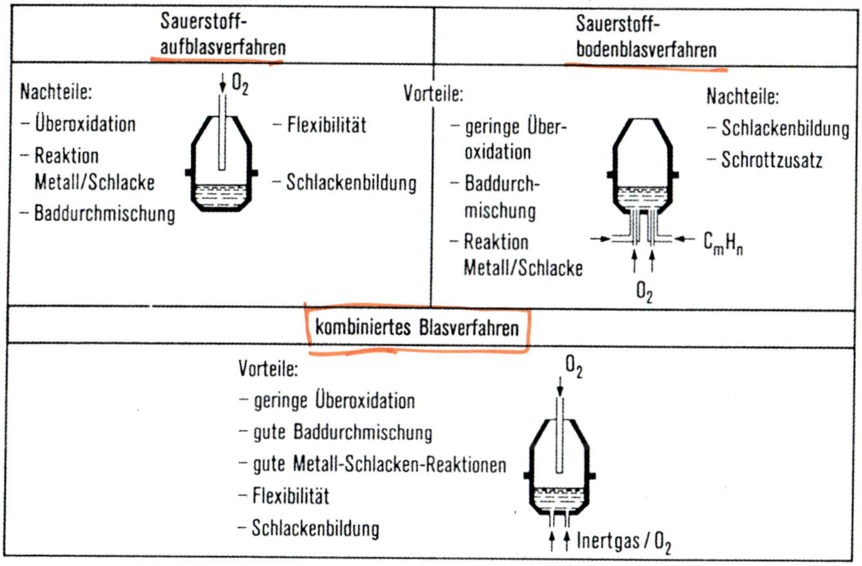


**Abb. 7.3:** Charakteristische Merkmale der Sauerstoffblas-Verfahren (aus [1])

## Elektrostahl-Verfahren

In dem überwiegend verwendeten Elektro-Lichtbogenofen wird die zum Einschmelzen des Einsatzes (meist Stahlschrott, aber auch Eisenschwamm oder eine Mischung aus Roheisen, Schrott, Erzen und Legierungselementen) benötigte Temperatur (etwa 3500 °C) durch einen zwischen drei Graphitelektroden und dem Schmelzgut gezündeten elektrischen Lichtbogen erzeugt. Als Oxidationsmedium wirken eingeblasener Sauerstoff oder Eisenerze. Mit diesem

Verfahren werden hochwertige, d. h. P- und S-arme, unlegierte, niedrig- und hochlegierte Stähle von hoher Reinheit hergestellt. Für Stähle höchster Reinheit und spezieller Legierungszusammensetzung werden Industrietiegelöfen und Elektronenstrahlschmelzöfen eingesetzt.

#### Nachbehandlungsverfahren (Pfannen- oder Sekundärmetallurgie)

Um die angestrebte Stahlqualität zu erreichen werden im Konverter gefrischte oder im Elektroofen eingeschmolzene Stähle einer metallurgischen Nachbehandlung in der Pfanne unterzogen. Die Pfanne diente ursprünglich nur als Transportgefäß für die Schmelze vom Konverter oder Ofen zu den Gießformen. Je nach Ausstattung ist heute daraus ein Reaktionsgefäß geworden, in dem grundsätzlich alle metallurgischen Arbeitsschritte vom Heizen über das Desoxidieren bis hin zum Entgasen und Legieren möglich sind.

Die sogenannte Pfannenmetallurgie hat eine weitgehende Raffination (Desoxidation, Entschwefelung, Entgasung) sowie die thermische und chemische Homogenisierung der Schmelze zum Ziel. Desoxidationsmittel (Si/Al, Mn/Al, Mn/Si) werden beim Abstich der Schmelze in die Pfanne zugegeben und binden den in der Schmelze gelösten Sauerstoff ab. Mit der **Desoxidation** wird die Schmelze „beruhigt". Ohne Beruhigung würde es aufgrund der CO-Bildung zu einer intensiven Kochreaktion kommen, die eine Weiterverarbeitung des Stahls im Stranggussverfahren unmöglich machen würde. Die **Entschwefelung** wird vor allem zur Verbesserung der Zähigkeitswerte von Walzprodukten durchgeführt, während die **Vakuumbehandlung** im Wesentlichen der Entfernung von Wasserstoff, Stickstoff und Sauerstoff aus der Schmelze dient.

### 7.1.3.2 Vergießen des Stahls

Der erschmolzene Rohstahl wird vor der Formgebung durch Walzen, Schmieden und Pressen in Formen (Kokillen) im **Blockgussverfahren** zu Blöcken vergossen oder im heute überwiegend angewendeten **Stranggießverfahren** zu nahezu beliebig langen „Knüppeln" ausgeformt.

Beim **Blockguss** wird der flüssige Stahl in sich nach oben verjüngende Dauerformen (Kokillen) mit unterschiedlichen Querschnitten vergossen. Man unterscheidet den erstarrten Stahl nach Rohblöcken und Rohbrammen, wobei Brammen rechteckige Querschnitte aufweisen, deren Breite mindestens doppelt so groß wie die Dicke ausfällt. Im Oberguss (fallender Guss) fließt der Stahl direkt von oben aus der Gießpfanne in die Kokille. Beim Gespannguss werden gleichzeitig mehrere Kokillen von unten mit flüssigem Stahl gefüllt.

Durch Zugabe von Desoxidationsmitteln wie Silicium oder Mangan zur Schmelze können CO-Gasbildung und Schmelzbadbewegung beim Abkühlen der Schmelze weitgehend verhindert werden (beruhigtes Vergießen). Da aber die Volumenverminderung infolge Schwindens des Stahls durch das Volumen der Gasblasen nicht kompensiert werden kann, bildet sich am Blockkopf ein Hohlraum (Lunker), der vor der Weiterverarbeitung des Stahls entfernt werden muss. Obwohl der Anteil des Blockgusses an der Stahlerzeugung in Deutschland lediglich etwa 4 % beträgt, ist er für bestimmte Anwendungsbereiche und Weiterverarbeitungsstufen (Blöcke für Schmiedebetriebe) unverzichtbar.

Beim **Stranggießen** (Abb. 7.4) wird die stets beruhigte und genau temperierte Schmelze kontinuierlich in eine unten offene Kokille gegossen, aus der sie, am Rande erstarrt, als endloser Strang abgezogen wird. Vorteile des Stranggießens sind die gleichmäßige Zusammensetzung des Gussstrangs und der Wegfall des Blockverlustes.

Stranggussquerschnitte sind rechteckig, quadratisch und rund. Die Stranggussformate erreichen bei den sogenannten Knüppelgießanlagen Werte von 100 x 100 mm bis etwa 370 x 490 mm, wobei bis zu 8 Stränge gleichzeitig vergossen werden können. Brammenstranggießanlagen erzeugen üblicherweise zwei Stränge mit Querschnitten von maximal 400 mm Höhe und 2500 mm bis 3250 mm Breite gleichzeitig.

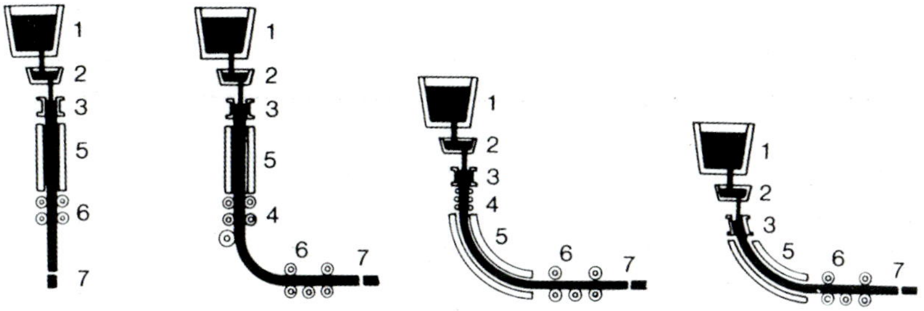


**Abb. 7.4:** Bauformen von Stranggießanlagen (aus [1])

### 7.1.3.3 Formgebung des Stahls

Etwa 98 % des erzeugten Rohstahls werden durch Umformen weiterverarbeitet. Etwa 2 % werden als Formguss verarbeitet.

#### Stahlguss

Stahlguss wird nach dem gleichen Verfahren erschmolzen wie in Abschnitt 7.1.3.1 beschrieben. Beim Vergießen dürfen sich keine Gasblasen bilden, d. h. Stahlguss muss beruhigt vergossen werden. Da die Zähigkeit nach dem Gießen gering ist, wird Stahlguss meist Warmbehandlungsverfahren (s. Abschnitt 7.1.5.3) unterzogen.

#### Stahlumformung

Blöcke, Brammen und Knüppel werden durch **Warmverformungsverfahren** (Glatt- oder Profilwalzen, Schmieden, Stauchen oder Pressen) zu Profilen, Stabstahl, Rohren, Blechen und Schmiedestücken weiterverarbeitet. Daran können sich **Kaltverformungsverfahren** (Kaltwalzen, Kaltpressen, Kaltziehen, Kaltrecken und Tordieren) anschließen.

## 7.1.4 Gefügeaufbau von Eisen und Stahl

#### Strukturen des reinen Eisens

Die kristalline Struktur aller Metalle beruht auf der regelmäßigen Ordnung der Atome im „Raumgitter", deren je nach Werkstoff unterschiedliche geometrische Formen die Elementarzellen der Kristalle bilden. Die äußere Unregelmäßigkeit der Kristalle (Kristallite) wird durch die gegenseitige Behinderung des Kristallwachstums in der abkühlenden Schmelze bewirkt. Reines Eisen (Fe) bildet in verschiedenen Temperaturbereichen unterschiedliche Kristallstrukturen aus:

Bei Raumtemperatur weist reines Eisen ein kubisch-raumzentriertes Gitter (krz) auf und wird $\alpha$-Eisen ($\alpha$-Fe) genannt. 8 Atome bilden die Eckpunkte, 1 Atom befindet sich im Schwerpunkt eines gedachten Würfels. Bei Erwärmung auf 911 °C „klappt" das kubischraumzentrierte Gitter in ein kubisch-flächenzentriertes Gitter (kfz) um: 8 Atome bilden die Eckpunkte, je 1 Atom befindet sich im Zentrum einer Würfelfläche, das Würfelinnere bleibt frei. Dieses Eisen wird $\gamma$-Eisen ($\gamma$-Fe) genannt.

Bei weiterer Erwärmung auf 1392 °C erfolgt ein erneutes „Umklappen" des Gitters, diesmal vom flächen- in das raumzentrierte Gitter. Das entstehende $\delta$-Eisen ($\delta$-Fe) ist mit dem $\alpha$-Eisen ($\alpha$-Fe) identisch. Der Schmelzpunkt des reinen Eisens liegt bei 1536 °C.

### Strukturen des Eisen-Kohlenstoff-Systems

Lagert das Eisenkristall noch andere Elemente (wie z. B. C) ein, so bildet sich ein Mischkristall. Die Löslichkeit des Kohlenstoffs im Eisen ist aber eingeschränkt. Daher entstehen Fe-C-Mischkristalle nur bei kleinen C-Gehalten. Die Menge an gelöstem Kohlenstoff fällt mit sinkender Temperatur und ist bei $\gamma$-Eisen größer als beim $\alpha$-Eisen bzw. $\delta$-Eisen.

| Gefüge | Bezeichnung | Phase | C in % | Eigenschaften in Stichworten |
|---|---|---|---|---|
| 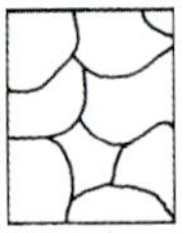 | Ferrit | $\alpha$ - MK<br>krz | 0 bis 0,02 | kohlenstoffarm, weich, wenig fest, aber zäh, gut verformbar |
|  | Austenit | $\gamma$ - MK<br>kfz | 0 bis 2,1 | sehr zäh und sehr gut verformbar, nur bei legierten Stählen bei Raumtemperatur existent |
| 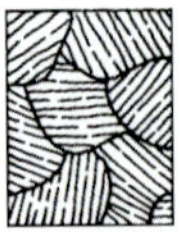 | Perlit = Ferrit + Zementit | $\alpha$ - MK<br>+ Z | 0,8 | fest und noch gut verformbar, härtbar, nicht schweißbar |
| 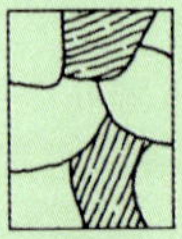 | Ferrit + Perlit | $\alpha$ - MK<br>+ Z | < 0,8 | Gefüge der schweißbaren Baustähle mit C ≤ 0,3 %; mit C-Gehalt steigt die Festigkeit, Verformbarkeit sinkt |
| 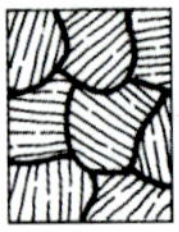 | Perlit + Sekundärzementit | $\alpha$ - MK<br>+ Z | > 0,8 | hart und spröde, Festigkeit und Verformbarkeit sinken |

**Abb. 7.5:** Gefüge von Stahl

$\alpha$-Fe kann bei 723 °C nur bis zu 0,02 % C aufnehmen. Diese im Temperaturbereich < 911 °C entstehenden $\alpha$-Mischkristalle ($\alpha_M$) werden als **Ferrit** bezeichnet. Ferrit ist weich und hat bei hoher Dehnbarkeit geringe Festigkeit. $\gamma$-Fe kann dagegen bei 1147 °C etwa 2 % C lösen. Diese im Temperaturbereich zwischen 911 °C und 1392 °C entstehenden $\gamma$-Mischkristalle ($\gamma_M$)

werden als **Austenit** bezeichnet. Überschreitet der C-Gehalt die im Eisen löslichen C-Anteile, so bildet sich Eisenkarbid ($Fe_3C$) mit bis zu 6,67 % C-Gehalt. Dieser sogenannte **Zementit** ist sehr hart und spröde und hat bei geringer Dehnbarkeit eine hohe Festigkeit.

Austenit mit einem C-Anteil von 0,8 % wandelt sich bei Abkühlung unter 723 °C in **Perlit** um. Perlit besteht aus dünnen, aufeinanderfolgenden Schichten aus Ferrit und Zementit. Bei höheren C-Gehalten als 0,8 % scheidet sich neben Perlit auch reiner Zementit aus, bei niedrigeren C-Gehalten als 0,8 % wird neben Perlit auch Ferrit frei (Abb. 7.5).

## Eisen-Kohlenstoff-Diagramm

Das Auftreten der einzelnen Gefügebestandteile in Abhängigkeit vom Kohlenstoffgehalt und der Temperatur wird im Eisen-Kohlenstoff-Diagramm aufgezeigt. Dieses sogenannte „Zustandsschaubild" dient vor allem dem Verständnis der bei der Wärmebehandlung des Stahls (s. Abschnitt 7.1.5.3) ablaufenden Vorgänge. Für das Bauwesen ist der Bereich bis etwa 2 % C (Stahlgrenze) von Bedeutung.

Zu unterscheiden ist das für sehr langsame Abkühlung oder Erwärmung gültige „stabile Eisen-Graphit-System" und das technisch wichtigere „metastabile (instabile) Eisen-Karbid-System" (Abb. 7.6), das den bei Stahl gegebenen Verhältnissen schneller Abkühlung (und damit behinderter Graphitausscheidung) entspricht.

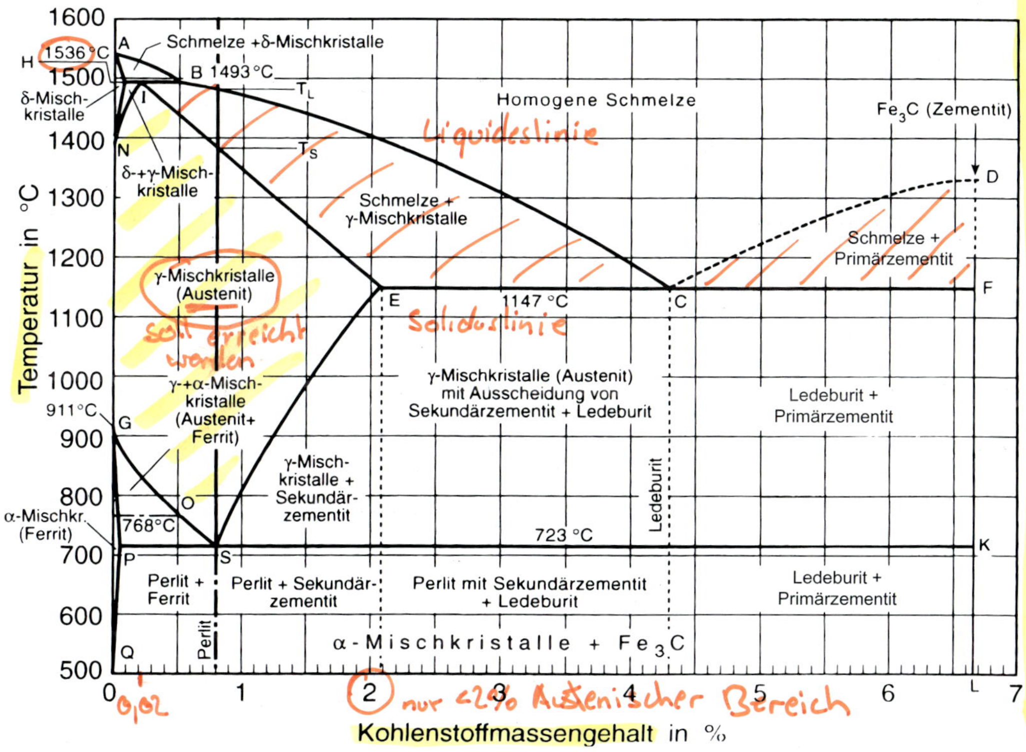


**Abb. 7.6:** Eisen-Kohlenstoff-Diagramm für das metastabile System Fe – $Fe_3C$

Folgende Kurvenzüge sind von Bedeutung:

- **Linie P-S-K: „Perlitlinie“**
  Bei 723 °C Erwärmung Zerfall der Karbidplatten des Perlitgefüges, d. h. chemischer Zerfall von $Fe_3C$ in Fe und C. Das gelöste C-Atom beginnt sich in das freiwerdende Zentrum des gleichzeitig zu flächenzentriertem $\gamma$-Eisen umklappenden Raumgitters zu setzen: Umwandlung in $\gamma$-*Mischkristalle* aus Fe und C.
- **Kurve G-S-E**
  Obere Grenze der an der Perlitlinie beginnenden Umwandlung in $\gamma$-Eisen: Bezeichnung der Mischkristall-Gefügeform oberhalb dieser Linie als „Austenit“.
- **Kurve A-E-C-F: „Soliduslinie“** (vgl. solide: fest)
  Schmelzbeginn, d. h. Teigigwerden des C-haltigen Eisens. Das *Eutektikum* (Gefügebezeichnung „Ledeburit“) des unlegierten Stahls bei 4,3 % C (Punkt C) besitzt den niedrigsten Schmelzpunkt.
- **Kurve A-B-C-D: „Liquiduslinie“** (vgl. liquid: flüssig)
  Verflüssigungsgrenze. Mit steigendem C-Gehalt von 1536 °C auf 1147 °C fallend und wieder ansteigend.

## 7.1.5 Beeinflussung der Stahleigenschaften

Die mechanischen Eigenschaften des Stahls leiten sich aus dessen mikroskopisch feststellbarem kristallinen Gefüge her. Dieses kann durch die **Zusammensetzung** (Legierungselemente, Eisenbegleiter), durch die **Herstellung** (Vergießungsart) und die **Nachbehandlung** (Kaltverformung, Wärmebehandlung) verändert werden.

### 7.1.5.1 Einfluss der Eisenbegleiter und Legierungselemente

Eisenbegleiter sind Elemente, die aus dem Erz stammen oder bei der Stahlherstellung unvermeidlich in den Stahl gelangten. Sie beeinflussen die Stahleigenschaften i. Allg. negativ. Durch Zusatzelemente werden die Eisenbegleiter gebunden und in ihrer Wirksamkeit eingeschränkt. Eisenbegleiter wie auch die gezielt zugegebenen Legierungselemente beeinflussen die Zustandsform des Eisens im Fe-C-Diagramm und damit die Stahleigenschaften.

#### Wirkung einzelner Eisenbegleiter

**Phosphor** macht Stahl kaltbrüchig bzw. -spröde, fördert die Neigung zum Seigern, setzt die Schweißbarkeit herab und verschlechtert das Alterungsverhalten. Phosphor erhöht aber die Verschleißfestigkeit und insbesondere in Verbindung mit Cu den Korrosionswiderstand bei atmosphärischen Angriffen (wetterfester Baustahl). Im Allgemeinen ist der P-Gehalt auf 0,06 % begrenzt.

**Schwefel, Stickstoff** und **Sauerstoff** fördern die Neigung zur Warm- oder Rotbrüchigkeit (= Versprödung in der Wärme beim Schweißen). Insbesondere Stickstoff verringert die Verformungsfähigkeit und ist die Hauptursache für das „Altern“, d. h. die allmähliche Versprödung des Stahls.

**Wasserstoff** führt im Stahl zu einer erheblichen Abnahme der Verformbarkeit.

## Legierungselemente bei unlegierten Stählen

Unlegierte Stähle enthalten Kohlenstoff und als Hauptlegierungselemente höchstens 0,5 % Si, 0,8 % Mn und 0,1 % Al.

**Kohlenstoff** beeinflusst bereits in kleinen Mengen die Stahleigenschaften (Abb. 7.7). Stahl mit 0,1 % C ist weich, zäh und leicht zu bearbeiten aber nicht härtbar. Stahl mit etwa 0,6 % C ist hart, wenig verformungsfähig und schlecht bearbeitbar. Ab etwa 0,25 % C verbessert sich die Härtbarkeit mit zunehmendem C-Gehalt, während sich die Schweißbarkeit verschlechtert.

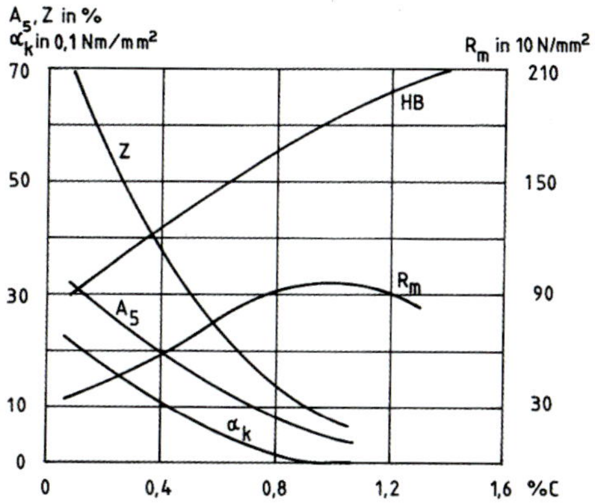


**Abb. 7.7:** Einfluss des Kohlenstoffgehalts auf die Eigenschaften des Stahls

| | | |
|---|---|---|
| Übliche C-Gehalte: | Baustahl S235J: | 0,15 bis 0,20 % C |
| | Baustahl E360 (nicht schweißgeeignet): | 0,50 bis 0,60 % C |
| | Betonstahl: | 0,05 bis 0,20 % C |

Negative Auswirkungen hoher **Silicium**-Gehalte (> 0,7 % Si) auf die Schmied- und Schweißbarkeit der Stähle können durch Zusatz von **Mangan** (> 0,25 % Mn) ausgeglichen werden, da Mangan Schwefel und Sauerstoff bindet und die Gefahr der Rotbrüchigkeit vermindert. Mn erhöht die Festigkeitseigenschaften ohne Verschlechterung der Verformbarkeit. **Aluminium** bindet die Eisenbegleiter N und O. Dies führt zu beruhigtem Erstarren (s. Abschnitt 7.1.3.2) und zu feinkörnigem Gefüge.

## Legierte Stähle

Liegen die Gehalte von Si, Mg und Al über den Grenzen für unlegierte Stähle und sind weitere Elemente, wie Kupfer, Titan, Chrom, Nickel, Kobalt, Wolfram, Molybdän, Vanadium und Niob im Stahl vorhanden, so spricht man von *niedriglegierten* Stählen (< 5 % Legierungselemente). Liegt der Gehalt an Legierungselementen > 5 %, so spricht man von *hochlegierten* Stählen.

Die Wirkung der Legierungselemente beruht meist auf einer Veränderung der Grenzlinien im Fe-C-Diagramm. Die Temperaturgrenzen für die Strukturumwandlung werden verschoben oder ganz aufgehoben. Durch Hinzulegierung von Ni zu C-armen Stählen oder Mn und Ni zu C-reichen Stählen kann das $\gamma$-Feld (Austenit) so erweitert werden, dass im abgekühlten Zustand ein austenitisches Gefüge mit besonders zähen Eigenschaften entsteht (Austenitischer Stahl). Austenit ist bei unlegierten Stählen bei Raumtemperatur i. Allg. nicht beständig. Die Legierungselemente Al, Cr und Mn erweitern dagegen den Bereich der Ferritstruktur ($\alpha$-Eisen) und verengen das $\gamma$-Feld. Ferritischer Stahl geht bei Erwärmen nicht mehr in die $\gamma$-Struktur über. Einen groben Überblick über die Wirkung von Legierungselementen gibt Tabelle 7.1.

**Tabelle 7.1:** Beeinflussung der Stahleigenschaften durch Legierungselemente (Auswahl)

| Durch Legierungselemente beeinflusste Eigenschaften | Legierungselemente | | | | | | | | | | |
|---|---|---|---|---|---|---|---|---|---|---|---|
| | Cr | Ni | Al | W | V | Co | Mo | Si | Mn | S | P |
| Zugfestigkeit | • | • | — | • | • | • | • | • | • | — | • |
| Streckgrenze | • | • | — | • | • | • | • | • | • | — | • |
| Kerbschlagzähigkeit | ○ | — | ○ | — | • | ○ | • | ○ | — | ○ | ○ |
| Verschleißfestigkeit | • | ○ | — | • | • | • | • | ○ | ○ | — | — |
| Warmumformbarkeit | ○ | • | ○ | ○ | • | ○ | • | ○ | • | ○ | — |
| Kaltumformbarkeit | — | — | — | ○ | — | ○ | ○ | ○ | ○ | ○ | ○ |
| Zerspanbarkeit | — | ○ | — | ○ | — | — | ○ | ○ | ○ | • | • |
| Warmfestigkeit | • | • | — | • | • | • | • | • | — | — | — |
| Korrosionsbeständigkeit | • | — | — | — | • | — | — | — | — | ○ | — |
| Härtetemperatur | • | — | — | • | • | — | • | • | ○ | — | — |
| Härtbarkeit, Vergütbarkeit | • | • | — | • | • | • | • | • | • | — | — |
| Nitrierbarkeit | • | — | • | • | • | — | • | ○ | • | — | — |
| Schweißbarkeit | ○ | ○ | • | — | • | — | ○ | — | ○ | ○ | ○ |

• Erhöhung ○ Verminderung — ohne nennenswerten Einfluss

### 7.1.5.2 Kaltverformung

Zweck der Kaltverformung ist die Veränderung der Gestalt (Ziehen), die Schaffung bestimmter Oberflächen (Walzen), hauptsächlich aber die Kaltverfestigung, d. h. die Erzielung erhöhter Festigkeiten durch Veränderungen des Gefüges und Verzerrungen der Kristallgitter (Recken, Tordieren). Die Auswirkungen der Kaltverfestigung können durch Erwärmen auf höhere Temperaturen beeinflusst werden. Wird dabei eine bestimmte Temperatur nicht überschritten, so führen als „Kristallerholung" bezeichnete Vorgänge zum Abbau von Spannungen, während Kornform und Korngröße des Verformungsgefüges erhalten bleiben. Übersteigt dagegen die Temperatur die sogenannte „Rekristallisationsschwelle" (etwa 600 °C bei Stahl), so wird die Wirkung der Kaltverfestigung wieder aufgehoben. Ursache dafür ist eine völlige Neubildung (Umkristallisation) des verformten Gefüges.

### 7.1.5.3 Wärmebehandlung

#### Normen/Regelwerke

| | |
|---|---|
| DIN EN 10052 | Begriffe der Wärmebehandlung von Eisenwerkstoffen; Ausgabe 1994-01 |
| DIN 17022 | Wärmebehandlung von Eisenwerkstoffen – Verfahren der Wärmebehandlung; Teil 1: Härten, Bainitisieren, Anlassen und Vergüten von Bauteilen; Ausgabe 1994-10 |

| | |
|---|---|
| | Teil 2: Härten und Anlassen von Werkzeugen; Ausgabe 1986-06 |
| | Teil 3: Einsatzhärten; Ausgabe 1989-04 |
| | Teil 4: Nitrieren und Nitrocarburieren; Ausgabe 1998-01 |
| | Teil 5: Randschichthärten; Ausgabe 2000-03 |
| Merkblatt 450 | Wärmebehandlung von Stahl – Härten, Anlassen, Vergüten, Bainitisieren; Hrsg.: Stahl-Informations-Zentrum, Düsseldorf, 2005 |

Nach DIN EN 10052 bedeutet Wärmebehandeln, „ein Werkstück ganz oder teilweise Zeit-Temperatur-Folgen zu unterwerfen, um eine Änderung seiner Eigenschaften und/oder seines Gefüges herbeizuführen. Gegebenenfalls kann während der Behandlung die chemische Zusammensetzung des Werkstoffs geändert werden." [18]

Die Behandlung durch „Wärme" besteht im Erwärmen, Halten der Temperatur und Abkühlen nach bestimmten Verfahren (Abb. 7.8). Dabei werden die Umwandlungen des Stahlgefüges im festen Zustand ausgenutzt. Die Anwendungstemperaturen hängen in erster Linie vom C-Gehalt des Stahls ab. Damit bildet das Fe-C-Diagramm die Grundlage für das Verständnis der Wärmebehandlung.

Vorteile d. Wärmebehandlung können durch Schweißen "verschwinden"

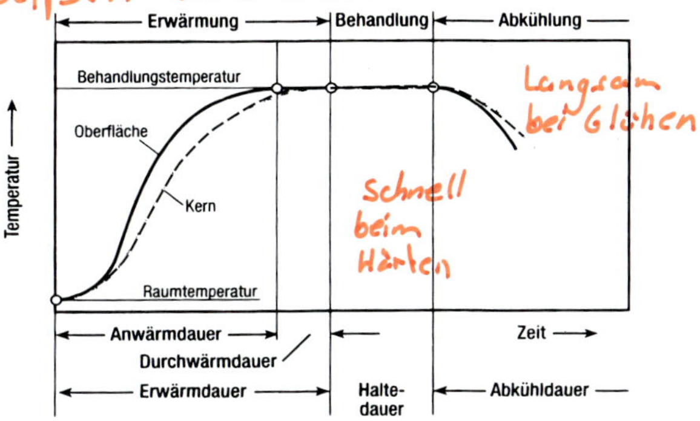


**Abb. 7.8:** Zeitlicher Ablauf einer Wärmebehandlung (schematisch) aus [5]

Die verschiedenen Methoden der Wärmebehandlung lassen sich in drei Verfahrensgruppen zusammenfassen:

- **Thermisches Verfahren (TB)**
  Die Werkstücke werden einem charakteristischen Temperatur-Zeit-Verlauf ausgesetzt (Erwärmen – Halten – Abkühlen). Dies entspricht der „klassischen" Wärmebehandlung.
- **Thermochemische Verfahren (TCB)**
  Der Temperatur-Zeit-Verlauf ist mit einer gewollten chemischen Reaktion verbunden. Der Werkstückoberfläche werden bestimmte Elemente entzogen oder zugeführt.
- **Thermomechanische Verfahren (TMB)**
  Der Temperatur-Zeit-Verlauf ist mit einer gezielten Umformung des Werkstücks verbunden.

Bei einigen Verfahren wird der Werkstoffzustand gezielt über den ganzen Querschnitt verändert: Glühen, Härten, Anlassen, Vergüten oder Bainitisieren. Beim Randschichthärten, Nitrieren oder Nitrocarburieren ist nur eine Veränderung der Randschicht beabsichtigt. Das Einsatzhärten oder die Diffussionsbehandlungen Chromieren und Borieren verändern zwar gezielt die Randschicht, jedoch wird auch der Werkstoffzustand im gesamten Querschnitt beeinflusst.

Die derzeit industriell gebräuchlichen Verfahren der Wärmebehandlung zeigt Tabelle 7.2.

**Tabelle 7.2:** Übersicht der Wärmebehandlungsverfahren

| | | |
|---|---|---|
| Härten | Härten über den gesamten Querschnitt | |
| | Randschichthärten | |
| | Härten aufgekohlter Teile = Einsatzhärten | |
| | (Bainitisieren) | |
| Anlassen | Anlassen bei Temperatur < 200 °C | |
| | Anlassen bei Temperaturen 500 bis 600 °C = Vergüten | |
| | Auslagern | |
| Glühen | Erholungsglühen | |
| | Rekristallisationsglühen | |
| | Spannungsarmglühen | |
| | Weichglühen | |
| | GKZ-Glühen | |
| | Normalglühen | |
| | Diffusionsglühen bzw. Diffusionsbehandeln | |
| | Grobkornglühen | |
| Thermochemische Diffusion | Sulfidieren | ohne nachfolgende Härtung |
| | Oxidieren | |
| | Nitrieren | |
| | Nitrocarburieren | |
| | Aufkohlen | mit nachfolgender Härtung |
| | Carbonitrieren | |
| | Borieren | wahlweise ohne/mit Härtung |
| | Chromieren | |

## Glühen

Zu den wichtigsten Glühverfahren zählen Normalglühen, Weichglühen und Spannungsarmglühen.

Das Ziel des **Normalglühens** (Normalisieren) ist die Umwandlung des durch zu hohe Schmiede-, Guss-, Schweiß- oder Walztemperaturen entstandenen grobkörnigen, ungleichmäßigen Gefüges in ein feinkörniges, normales Gefüge. Dazu wird der Stahl auf etwa 50 K oberhalb der Linie G – S (911 bis 723 °C) erwärmt, dort bis zu 60 Minuten gehalten und anschließend an der Luft abgekühlt. Durch die zweimalige $\alpha$-$\gamma$-Umwandlung entsteht ein gleichmäßiges, feinkörniges Gefüge.

Das Ziel des **Weichglühens** (Glühen auf körnigen Zementit) ist die Umwandlung des perlitischen Gefüges in Ferrit mit körnigem Zementit. Dadurch werden die Kaltumformbarkeit, die Härtbarkeit und die spanlose und spanabhebende Bearbeitbarkeit verbessert. Stahl mit C-Gehalten < 0,8 % wird auf eine Temperatur knapp unterhalb der Linie P – S (650 bis 700 °C) erwärmt, dort etwa 60 Minuten gehalten und anschließend an der Luft abgekühlt. Bei Stahl mit C-Gehalten > 0,8 % pendelt die Temperatur mehrere Stunden um die Perlitgrenze (723 °C).

Das **Spannungsarmglühen** dient der Beseitigung oder dem Abbau von Eigenspannungen in Schweiß-, Guss- und Schmiedeteilen. Dazu wird der Stahl langsam auf 550 bis 650 °C erwärmt, dort etwa 4 Stunden gehalten und anschließend sehr langsam auf Raumtemperatur abgekühlt.

Weitere Glühverfahren:

- **Grobkornglühen**
  Durch Erwärmen auf über 1000 °C wird das Korn gröber und die Zerspanbarkeit des Stahls verbessert.
- **Rekristallisationsglühen**
  Durch Erwärmen kaltverformter Stähle auf 600 bis 800 °C wird das verformte Gefüge beseitigt. Die Verfestigung geht verloren; die Eigenschaften des unverformten Zustands werden wiederhergestellt.
- **Diffusionsglühen**
  Durch die Beseitigung von Entmischungen (z. B. Sulfidseigerungen) und die Verteilung bzw. Auflösung von nichtmetallischen Einschlüssen wird ein homogenes Gefüge geschaffen.

## Härten

Die Ziele des Härtens sind:

- Erhöhung des Verschleißwiderstands der Werkzeugoberfläche,
- Verbesserung der Festigkeitseigenschaften, insbesondere der Streckgrenze durch Vergüten,
- Erhöhung der Dauerschwingfestigkeit durch Randschichthärten.

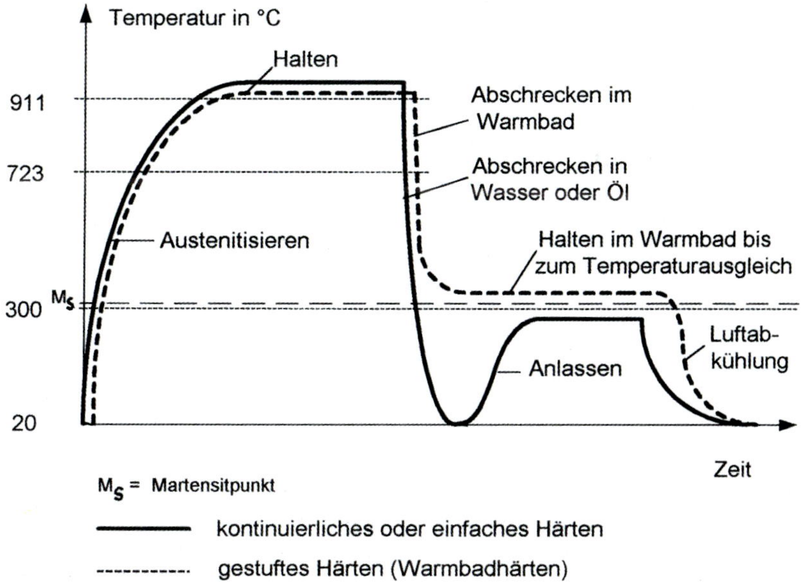


**Abb. 7.9:** Temperatur-Zeit-Verlauf beim Härten (schematisch)

Das *kontinuierliche oder einfache* Härten gliedert sich in vier Abschnitte: Erwärmen („Austenitisieren"), Halten, schnelles Abkühlen („Abschrecken") und Erwärmen („Anlassen"). Abb. 7.9 zeigt den Temperatur-Zeit-Verlauf beim Härten.

Zum Härten („Umwandlungshärten") muss der Stahl zunächst „austenitisiert", d. h. auf Temperaturen von etwa 50 °C oberhalb der Linie GSK erhitzt werden. Diese Temperatur wird bis zur völligen Umwandlung von Perlit in Austenit gehalten. Beim *langsamen* Abkühlen wird Austenit unterhalb der Linie GSK wieder in Perlit und Ferrit umgewandelt. Dabei wandert ein Fe-Atom aus dem flächenzentrierten $\gamma$-Fe in das raumzentrierte $\alpha$-Fe und verdrängt das zuvor dort liegende C-Atom. Bei *schneller* Abkühlung („Abschrecken") durch Luft oder im Wasser-, Öl- oder Salzbad kann das C-Atom diesen Platz nicht verlassen. Fe- und C-Atome sind also in einem raumzentrierten Gitter verspannt, was zu hohen Gefügespannungen und, als deren Folge, zu hohen Festigkeiten führt. Das neu entstandene Gefüge heißt **Martensit**; es ist hart, verschleißfest und spröde. Bedingung für eine wesentliche Härtesteigerung durch Abschrecken ist ein C-Gehalt von mindestens 0,2 %.

Nach dem Abschrecken wird der Stahl je nach Sorte und Verwendungszweck auf Temperaturen zwischen 150 und 500 °C wiedererwärmt („Anlassen"). Dabei werden die hohen Gefügespannungen und die damit verbundenen glasartig spröden Eigenschaften zugunsten eines zähharten Stahls abgebaut. Das Verfahren ist wegen der Härterissgefahr nur für geometrisch einfache Bauteile oder Werkzeuge geeignet.

Beim *unterbrochenen oder gebrochenen Härten* wird nach dem Erwärmen und Halten auf der Härtetemperatur in zwei verschiedenen Abkühlmedien abgeschreckt, um innere Spannungen zu vermindern: zunächst mit Wasser (hohe Abkühlgeschwindigkeit) und dann in Öl (geringe Abkühlgeschwindigkeit). Anschließend wird auf bis etwa 300 °C angelassen. Anwendung des Verfahrens bei verzugs- und rissempfindlichen Werkstücken aus unlegiertem und niedriglegiertem Stahl.

Beim *gestuften Härten oder Warmbadhärten* wird nach dem Erwärmen und Halten auf der Härtetemperatur in einem Warmbad (meist Salzschmelze) bis oberhalb des sogenannten Martensitpunktes abgekühlt. Die erreichte Temperatur wird bis zum Temperaturausgleich über den gesamten Querschnitt gehalten (20 bis 300 s), ohne dass die $\gamma$-$\alpha$-Umwandlung eintritt. Die Martensitbildung beginnt beim Unterschreiten des Martensitpunktes während der sich anschließenden Abkühlung an der Luft. Ein Anlassen ist in der Regel nicht erforderlich. Das Verfahren wird vorzugsweise bei hohen Stückzahlen und verzugs- und rissempfindlichen Werkstücken aus legiertem Stahl angewendet.

Das **Randschichthärten** wird ohne (TB) oder nach (TCB) vorheriger Änderung der chemischen Zusammensetzung der Randschicht durchgeführt.

Zu den TB-Verfahren gehören *Brenn- oder Flammhärten*, *Induktionshärten*, *Elektronenstrahlhärten* und *Laserstrahlhärten*, die sich nach der Art der eingesetzten Wärmequelle unterscheiden.

Zu den TCB-Verfahren zählen das *Einsatzhärten* und das *Nitrierhärten*. Beim Einsatzhärten (Aufkohlen, früher „Zementieren") wird der Randbereich C-armer Stähle durch Glühen in einem C-abgebenden Medium (Einsatzpulver, Kohlungssalzbad, Kohlungsgas) mit Kohlenstoff angereichert. Beim Nitrierhärten wird in Stickstoff abgebenden, gasförmigen oder flüssigen Medien geglüht. Der Anstieg der Härte und der Verschleißfestigkeit der Randzone beruht auf der Bildung von Nitriden. Beim *Carbonitrieren* erfolgt eine gleichzeitige Anreicherung der Randzone mit Kohlenstoff und Stickstoff.

## Vergüten

Unter Vergüten wird Härten und nachfolgendes Anlassen auf höhere Temperaturen zwischen 500 und 600 °C verstanden. Durch Vergüten sollen vor allem Festigkeit und Zähigkeit von Konstruktionsstählen gegenüber ihrem Ausgangszustand wesentlich verbessert werden. Das Vergüten wird im Wesentlichen bei Stählen mit 0,2 bis 0,6 % C (Vergütungsstähle) vorgenommen. Das Anlassen bis zu etwa 200 °C dient dem Entspannen des Martensit und wird nach jedem Härtevorgang angewendet. Mit steigender Anlasstemperatur nehmen jedoch Härte, Zugfestigkeit und Streckgrenze eines gehärteten Stahls deutlich ab, während Bruchdehnung, Brucheinschnürung und Kerbschlagzähigkeit zunehmen (Abb. 7.10).

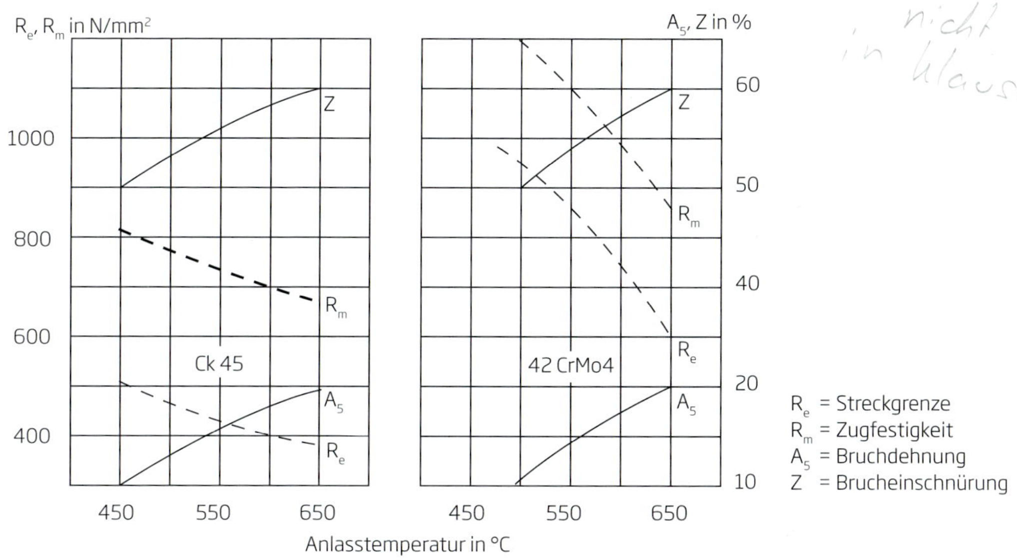


**Abb. 7.10:** Vergütungsschaubilder für zwei Stähle nach DIN EN 10083

Unter Lufteinwirkung bildet sich auf der Stahloberfläche eine Oxidschicht, deren Dicke eine für jede Anlasstemperatur charakteristische Farbe ergibt (Anlassfarben: hellgelb bei ~ 220 °C, braun bei ~ 260 °C, dunkelblau bei ~ 300 °C). Das Vergüten ist eine wesentliche Voraussetzung für die Anwendung der Randschichthärteverfahren.

Beim *Bainitisieren* oder isothermischen Härten (früher: Zwischenstufenvergüten) wird nach dem Austenitisieren auf ein Zwischenstufengefüge (der Bainit) abgeschreckt. Dort hält man die Temperatur solange, bis sich Austenit in Bainit umgewandelt hat. Danach wird langsam auf Raumtemperatur abgekühlt.

Eine besondere Art des Vergütens ist das *Patentieren*, das zur Herstellung von Seildraht, Federstahldraht und Textildraht angewendet wird.

## 7.1.6 Mechanische Eigenschaften der Stähle

### Normen

| | |
|---|---|
| DIN 50100 | Werkstoffprüfung; Dauerschwingversuch; Begriffe, Zeichen, Durchführung, Auswertung; Ausgabe 1978-02 |
| DIN 50125 | Prüfung metallischer Werkstoffe; Zugproben; Ausgabe 2009-07 |
| DIN EN ISO 148-1 | Metallische Werkstoffe; Kerbschlagbiegeversuch nach Charpy<br>Teil 1: Prüfverfahren; Ausgabe 2011-01<br>Beiblatt 1: Sonderprobenformen; Ausgabe 2012-12 |
| DIN EN ISO 6506 | Metallische Werkstoffe; Härteprüfung nach Brinell<br>Teil 1: Prüfverfahren; Ausgabe 2013-03 *(Norm-Entwurf)*<br>Teil 4: Tabellen zur Bestimmung der Härtewerte; Ausgabe 2013-03 *(Norm-Entwurf)* |
| DIN EN ISO 6507 | Metallische Werkstoffe; Härteprüfung nach Vickers<br>Teil 1: Prüfverfahren; Ausgabe 2006-03<br>Teil 4: Tabellen zur Bestimmung der Härtewerte; Ausgabe 2006-03 |
| E DIN EN ISO 6508 | Metallische Werkstoffe; Härteprüfung nach Rockwell<br>Teil 1: Prüfverfahren; Ausgabe 2013-04 *(Norm-Entwurf)* |
| DIN EN ISO 6892 | Metallische Werkstoffe; Zugversuch<br>Teil 1: Prüfverfahren bei Raumtemperatur; Ausgabe 2009-12<br>Teil 2: Prüfverfahren bei erhöhter Temperatur; Ausgabe 2011-05<br>Teil 3: Prüfverfahren bei tiefen Temperaturen; Ausgabe 2013-05 *(Norm-Entwurf)* |
| DIN EN ISO 7438 | Metallische Werkstoffe; Biegeversuch; Ausgabe 2012-03 |
| E DIN EN ISO 18265 | Metallische Werkstoffe; Umwertung von Härtewerten; Ausgabe 2011-03 *(Norm-Entwurf)* |

Die mechanischen Eigenschaften werden im Wesentlichen verdeutlicht durch die Ergebnisse des Zugversuchs, der Härteprüfverfahren, des Kerbschlagbiegeversuchs und der Stand- und Dauerschwingversuche. Sie werden ergänzt durch die physikalischen und chemischen Eigenschaften und vor allem durch die technologischen Eigenschaften.

Kennzeichnend für die technologischen Prüfungen ist die Untersuchung der Eignung des Stahls für ein bestimmtes Fertigungsverfahren oder einen speziellen Verwendungszweck. Im Gegensatz zu den mechanischen Prüfverfahren, die der Ermittlung einzelner Kennwerte dienen, wird bei den technologischen Verfahren (z. B. Faltversuch, Hin- und Herbiegeversuch, Wickelversuch) das Gesamtverhalten beurteilt.

Auf die technologischen Prüfungen wird im Weiteren nicht eingegangen. Ebenso bleiben die mechanischen Prüfungen untergeordneter Bedeutung (z. B. Druck-, Biege- und Torsionsversuch), die zerstörungsfreien Prüfmethoden und die Verfahren zur Untersuchung der stofflichen Zusammensetzung und Gefügebeschaffenheit unberücksichtigt.

Stähle des Bauwesens weisen folgende allgemeine Eigenschaften auf:

| | | | |
|---|---|---|---|
| Dichte: | $\rho = 7{,}85$ | (kg/dm³) | |
| Elastizitätsmodul | $E = 210\,000$ | (N/mm² oder MPa) | |
| Schubmodul | $G = 85\,000$ | (N/mm² oder MPa) | |
| Querdehnungszahl | $\mu = 0{,}28$ | ( - ) | |
| Wärmeausdehnungszahl | $\alpha_T = 10 \cdot 10^{-6}$ | (1/K) | Allgemeiner Baustahl |
| | $\alpha_T = 16 \cdot 10^{-6}$ | (1/K) | Nichtrostender Stahl |

### 7.1.6.1 Zugversuch (DIN EN ISO 6892-1)

Vorbemerkung:

Die Verfahren zur Ermittlung der Zugfestigkeit metallischer Werkstoffe bei Raumtemperatur sind in DIN EN ISO 6892-1 beschrieben. Die grundlegende Änderung gegenüber der bisher geltenden DIN EN 10002-1:2001 ist die zusätzliche Einführung der Dehngeschwindigkeit als Prüfgeschwindigkeit (Verfahren A). Die Dehngeschwindigkeit (geregelt über das Signal des Dehnungsaufnehmers) sollte eingesetzt werden, wenn prüfgeschwindigkeitsabhängige Kennwerte ermittelt und eine Minimierung der Messunsicherheit (hinsichtlich der Prüfgeschwindigkeit) gewünscht ist. Bei dem Verfahren A basiert die Prüfgeschwindigkeit also auf der *Dehngeschwindigkeitsregelung*. Bei dem herkömmlichen Verfahren B basiert die Prüfgeschwindigkeit auf der *Spannungsgeschwindigkeit in MPa/s*.

Die Wahl des Verfahrens (A oder B) und der Prüfgeschwindigkeiten unterliegt dem Hersteller bzw. dem von ihm beauftragten Prüflabor und muss dokumentiert werden.

Die grundlegenden mechanischen Kenngrößen, wie Zugfestigkeit, Streckgrenze und Bruchdehnung, lassen sich aus den im einachsigen Zugversuch ermittelten Spannungs-Dehnungs-Linien ($\sigma$-$\varepsilon$-Linien) ablesen. Unbehandelte (naturharte) Stähle weisen unstetig verlaufende $\sigma$-$\varepsilon$-Linien (Abb. 11a), kaltverformte Stähle dagegen stetig verlaufende $\sigma$-$\varepsilon$-Linien auf (Abb. 11b). Beide Linien lassen sich in einen elastischen Bereich (a), einen plastischen Bereich (b) und in einen sogenannten Einschnürbereich (c) unterteilen.

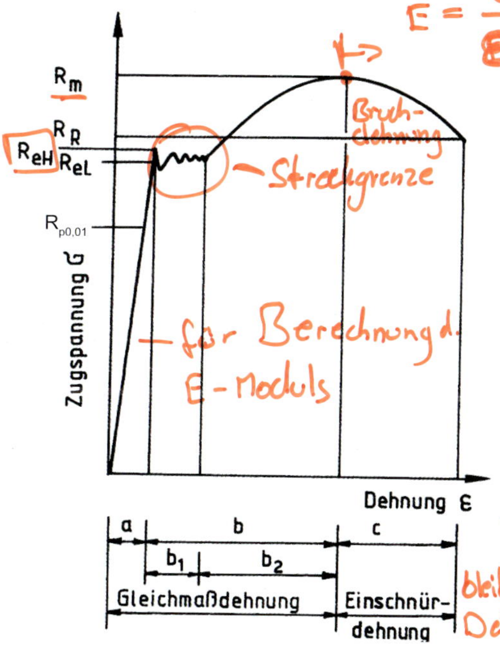


Bereich a: Elastischer Bereich
Bereich b: Plastischer Bereich
$b_1$: Fließbereich
$b_2$: Verfestigungsbereich
Bereich c: Einschnürbereich

**Abb. 7.11a:** $\sigma$-$\varepsilon$-Linie eines naturharten Stahls

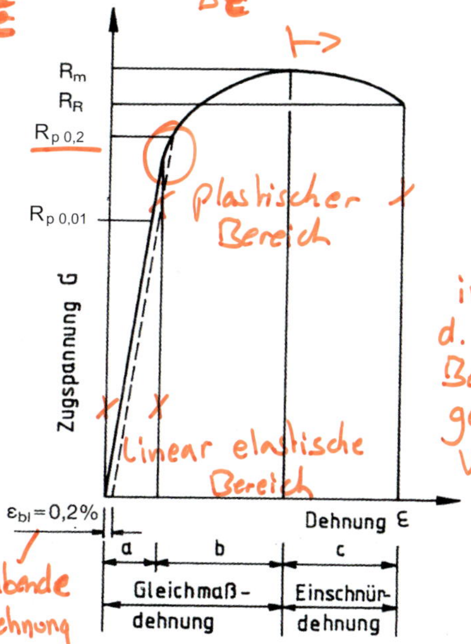


Bereich a: Elastischer Bereich
Bereich b: Plastischer Bereich = Verfestigungsbereich
Bereich c: Einschnürbereich

**7.11b:** $\sigma$-$\varepsilon$-Linie eines kaltverformten Stahls

Der lineare Anstieg der Dehnung $\varepsilon$ mit der Spannung $\sigma$ wird durch den

Elastizitätsmodul $E = \sigma/\varepsilon$ (N/mm² oder MPa)

ausgedrückt. Entsprechend dem Hookeschen Gesetz $\sigma = \varepsilon \cdot E$ bezeichnet man diesen Teil einer $\sigma$-$\varepsilon$-Linie als „Hookesche Gerade".

Der elastische Bereich endet an der Proportionalgrenze. Aus messtechnischen Gründen wird hierfür die 0,01-Dehngrenze $R_{p,0,01}$ oder auch „technische Elastizitätsgrenze" ermittelt, die als die Spannung definiert ist, bei der die bleibende Dehnung 0,01 % beträgt:

$R_{p,0,01} = F_{0,01}/S_0$ (N/mm² oder MPa) mit $S_0$ = Anfangsquerschnitt

Die Spannung, die den Beginn des plastischen Fließens anzeigt, wird als Streckgrenze $R_e$ bezeichnet, wobei zwischen der oberen Streckgrenze $R_{eH}$ und der unteren Streckgrenze $R_{eL}$ unterschieden wird. An der Streckgrenze

$R_e = F_e/S_0$ (N/mm² oder MPa)

setzt bei unbehandelten, naturharten Stählen ausgeprägtes Fließen ein, d. h., der Stahl verformt sich ohne erkennbaren Widerstand bei praktisch gleichbleibender Zugspannung so lange, bis infolge Gefügeveränderungen die Spannung bei zunehmender Verformung wieder ansteigt. Der Stahl befindet sich in einem Verfestigungsbereich, in dem jede weitere Verformung eine erhöhte Spannungsaufnahme bewirkt. Der Stahl wird kalt verfestigt.

Kaltverformte Stähle zeigen häufig keine ausgeprägte Streck- oder Fließgrenze. An deren Stelle wird dann die 0,2-%-Dehngrenze $R_{p,0,2}$ definiert; das ist die Spannung, bei der die bleibende Dehnung 0,2 % beträgt:

$R_{p,0,2} = F_{0,2}/S_0$ (N/mm² oder MPa)

Mit Erreichen der Höchstzugspannung oder Zugfestigkeit $R_m$ ist die plastische Verformung beendet. Die Zugfestigkeit errechnet sich aus der auf den Anfangsquerschnitt bezogenen maximal auftretenden Zugkraft $F_m$.

$R_m = F_m/S_0$ (N/mm² oder MPa)

Bei weiterer Zugbeanspruchung schnürt sich der Stahl an einer Stelle stark ein (Einschnürbereich). Die auf den Anfangsquerschnitt $S_0$ der Zugprobe bezogene Spannung nimmt ab, die Dehnung nimmt weiter zu, bis es an der eingeschnürten Stelle zum Bruch der Zugprobe kommt. Auf die tatsächlich im Einschnürbereich auftretenden Querschnitte bezogen kommt es jedoch zu einer weiteren Spannungserhöhung („wahre Spannung") bis zum Bruch.

Die Gleichmaßdehnung $A_{wn}$ ist die bleibende Dehnung bei Erreichen der Zugfestigkeit $R_m$. Die Bruchdehnung $A$ kennzeichnet die bleibende Dehnung einer Zugprobe nach dem Bruch. Sie setzt sich aus der Gleichmaßdehnung und der Einschnürdehnung zusammen.

$A = ((L_u - L_0)/L_0) \cdot 100$ (%)

Da der Einfluss der Einschnürdehnung bei einer kurzen Probe wesentlich größer ist als bei einer langen Probe, muss die Ausgangsmesslänge $L_0$, auf die die Bruchdehnung bezogen wird, festgelegt werden. Bevorzugt verwendet man sogenannte „proportionale Proben", bei denen das Verhältnis der Anfangsmesslänge $L_0$ zu einem geometrisch beliebigen Anfangsquerschnitt $S_0$ (rund, oval, quadratisch, rechteckig, ringförmig u. a.) durch folgende Gleichung beschrieben wird:

$L_0 = 5{,}65 \cdot \sqrt{S_0}$ (mm)

Vereinfachte Formel bei rundem Probenquerschnitt: $L_0 = 5 \cdot d_0$ (mit Durchmesser $d_0$ für kreisförmigen Probenquerschnitt)

Der Proportionalitätsfaktor 5,65 ist international festgelegt. Die Bruchdehnung erhält das Kurzzeichen $A$ (frühere Bezeichnung $A_5$). Wird ein anderer Faktor, z. B. 11,3, gewählt, so ist die Bruchdehnung mit $A_{11,3}$ (frühere Bezeichnung $A_{10}$) zu bezeichnen. Bei nicht proportionalen Proben ist das Formelzeichen $A$ durch einen Index zu ergänzen, der die zugrunde liegende Anfangsmesslänge in mm angibt, wobei z. B. $A_{80mm}$ (frühere Bezeichnung $A_{L=80}$) die Dehnung einer Anfangsmesslänge $L_0$ von 80 mm angibt.

Als Brucheinschnürung $Z$ wird die auf den Anfangsquerschnitt $S_0$ bezogene größte während des Zugversuchs auftretende Änderung des Querschnitts ($S_0 - S_u$) bezeichnet und in Prozent angegeben:

$$Z = ((S_0 - S_u)/S_0) \cdot 100\ (\%)$$

mit $S_u$ = kleinster Probenquerschnitt nach dem Bruch

Das Streckgrenzenverhältnis $V_s = R_e\ (R_{p0,2})/R_m$ erlaubt Rückschlüsse auf den Wärmebehandlungszustand der Stähle, z. B. $V_s$ = 0,5 bis 0,7 (normalgeglüht) oder $V_s$ = 0,7 bis 0,95 (vergütet).

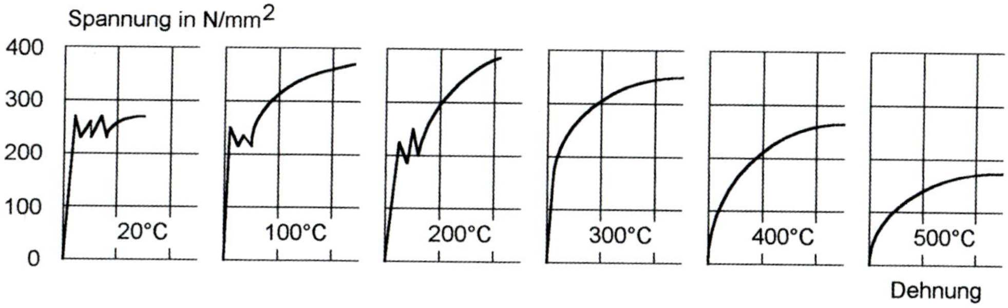


**Abb. 7.12:** Einfluss erhöhter Temperaturen auf den Spannungs-Dehnungsverlauf von Stahl

Bei **Erhöhung der Temperatur** (z. B. bei Brand) verändert sich der Verlauf der $\sigma$-$\varepsilon$-Linien der Stähle stark (Abb. 7.12). Kennzeichnend sind das Absinken der Streckgrenze und größere Verformungen bei gleicher Belastung.

Bei **Temperaturabfall** verzeichnen die unlegierten Stähle (z. B. S235 JR) i. Allg. einen Anstieg der Festigkeit und nach anfänglich nur geringfügiger Abnahme ein schlagartiges Absinken der Verformbarkeit bei etwa −160 °C. Dies bedeutet eine extreme Versprödung des Stahls. Legierte (austenitische) Stähle (z. B. X2NiCr18-16) zeigen diese Eigenschaft nicht.

Durch **Kerben** (Rillen, Nuten, Bohrungen, Gewindegänge) kommt es zur Umlenkung des Kraftflusses in einem Werkstück. Daraus resultiert ein räumlicher Spannungszustand mit Spannungsspitzen $\sigma_{max}$ in Zugrichtung, die mit zunehmender Kerbschärfe und Kerbtiefe größer werden (Abb. 7.13). besonders bei Spannstählen (hoher C-Gehalt)

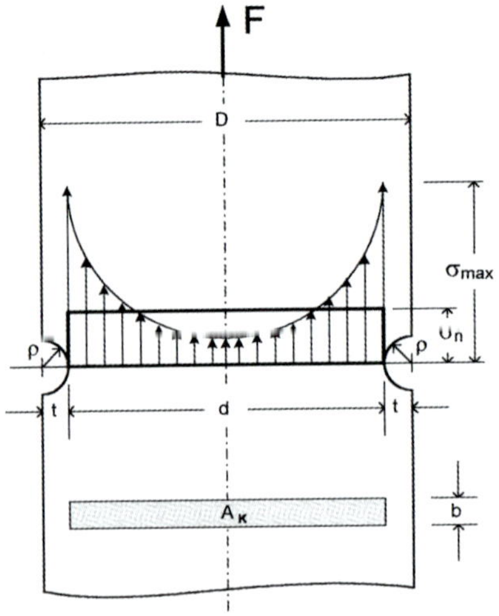


$F$ = Last
$A_K$ = Kerbquerschnitt
$\rho$ = Kerbradius
$t$ = Kerbtiefe
$\alpha_K$ = Formzahl
$\sigma_n$ = Nennspannung = $F/A_K$

**Abb. 7.13:** Spannungsverteilung in einem gekerbten Flachstab unter Zugbeanspruchung

Die Nennspannung $\sigma_n$ lässt sich aus der Belastung und den Abmessungen berechnen. Mithilfe einer Formzahl $\alpha_K$, die von der Geometrie der Kerbe ($\rho$, $t$) abhängt, lässt sich die maximale Spannung berechnen: $\sigma_{max} = \alpha_K \cdot \sigma$. Bei zähen Stählen können die Spannungsspitzen durch plastische Verformung abgebaut werden. Die Zugfestigkeit gekerbter Stähle ist daher deutlich höher als die der ungekerbten Stähle. Bei spröden Werkstoffen (z. B. Gusseisen) ist es genau umgekehrt, da kein Spannungsabbau möglich ist.

Die Abb. 7.14 zeigt typische Spannungs-Dehnungs-Linien für einige Eisenwerkstoffe.

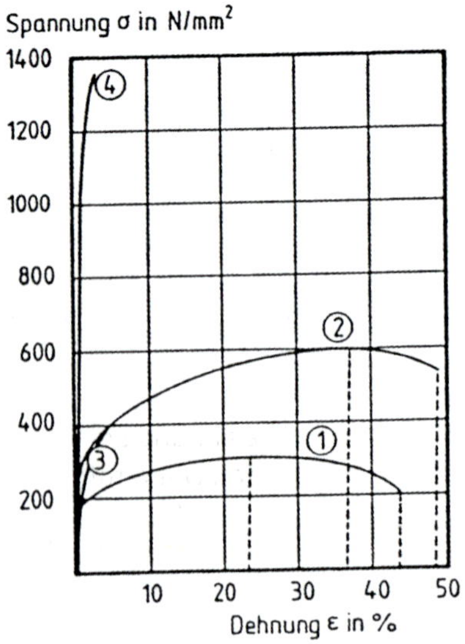


① Unlegierter weicher Stahl für Kaltumformzwecke
② Nichtrostender Cr-Ni-Stahl
③ Gusseisen mit Lamellengraphit
④ Gehärteter Stahldraht

**Abb. 7.14:** Spannungs-Dehnungs-Linien von Eisenwerkstoffen

### 7.1.6.2 Härteprüfung

Unter Härte ist der Widerstand zu verstehen, den ein Werkstoff dem Eindringen eines härteren Prüfkörpers entgegensetzt. Härtewerte stellen im Bauwesen keine Berechnungsgrundlage dar. Der eigentliche Wert der Härteprüfung besteht darin, dass Werkstoffe hinsichtlich ihrer Härte miteinander verglichen werden können und z. B. bei Stahl ein einfacher numerischer Zusammenhang zwischen Härte und Zugfestigkeit besteht.

Bei der i. Allg. angewendeten Härteprüfung nach **Brinell** (DIN EN ISO 6506-1) wird eine polierte Hartmetallkugel (HBW) bestimmten Durchmessers $D$ mit einer definierten Prüfkraft $F$ innerhalb einer bestimmten Zeit $t$ in die zu prüfende Probenoberfläche eingedrückt (Abb. 7.15). Gemessen wird der mittlere Durchmesser d des kalottenförmigen Eindrucks. Die Brinell-Härte *HBW* wird als Quotient aus der Prüfkraft $F$ und der Kalottenoberfläche $A$ nach folgender Formel berechnet:

$$HBW = 0{,}102 \cdot 2F / \pi \cdot D\,(D - \sqrt{D^2 - d^2})$$

Es gelten folgende Prüfbedingungen:

- Eindruckdurchmesser $0{,}24\,D \leq d \leq 0{,}6\,D$
- Mindestprobendicke $s > 8$ h
- Randabstand $a \geq 3\,d$
- Probenoberfläche: metallisch blank

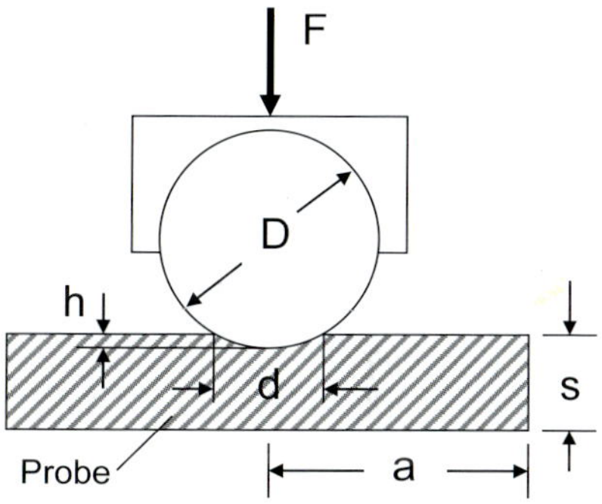


**Abb. 7.15:** Härtemessung nach Brinell

Die Kugeldurchmesser betragen 1; 2,5; 5 und 10 mm. Kleine Kugeldurchmesser werden bei feinkörnigen Werkstoffen, dünnen Proben oder bei Härteprüfungen in der Randschicht eingesetzt. Für Härteprüfungen an Gusseisen muss $D \geq 2{,}5$ mm sein. Die Einwirkdauer $t$ beträgt in der Regel 10 bis 15 s. Andere Einwirkdauern müssen in der HBW-Bezeichnung angegeben werden. Der Beanspruchungsgrad $0{,}102\,F/D^2$ hängt von dem zu prüfenden Werkstoff ab und beträgt 30 (z. B. bei Stahl und Gusseisen); 15; 10; 5; 2,5 (z. B. bei Leichtmetallen) und 1. Aus dem Beanspruchungsgrad und dem Kugeldurchmesser ergeben sich die Prüfkräfte $F$, die zwischen 9,807 N (≈ 1 kp) und 29420 N (≈ 3000 kp) liegen. Härtewerte sind nur vergleichbar, wenn die Prüfungen mit dem gleichen Beanspruchungsgrad durchgeführt werden.

*Bezeichnungsbeispiele:*

**180 HBW 2,5/62,5** Brinellhärte 180; Hartmetallkugel W; Kugeldurchmesser 2,5 mm; Prüfkraft 62,5 · 9,807 N = 612,9 N; Einwirkdauer 10 bis 15 s

**600 HBW 1/30/25** Brinellhärte 600; Hartmetallkugel W; Kugeldurchmesser 1 mm; Prüfkraft 30 · 9,807 N = 294,2 N; Einwirkdauer 25 s

Für nicht oberflächenbehandelte unlegierte und niedriglegierte Baustähle kann die Zugfestigkeit $R_m$ angenähert nach der Beziehung $R_m \approx 3{,}4 \cdot HBW$ (N/mm²) berechnet werden (siehe DIN EN ISO 18265 Tab. 1).

Weitere Härteprüfverfahren:

- Härteprüfung nach **Vickers** (Vickershärte HV) nach DIN EN ISO 6507-1
- Härteprüfung nach **Rockwell** (z. B. Rockwellhärte HRC oder HRBW) nach DIN EN ISO 6508-1

### 7.1.6.3 Kerbschlagbiegeversuch nach Charpy (DIN EN ISO 148-1)

Der Kerbschlagbiegeversuch dient der Beurteilung der Zähigkeit von Stahl und Stahlguss und zum Nachweis der Neigung zu verformungslosen Brüchen (Trennbrüchen) infolge Alterung, Sprödigkeit und Werkstoffschädigung.

Der Kerbschlagbiegeversuch gibt Aufschluss über die Zähigkeit bzw. Sprödbruchneigung des Stahls in Abhängigkeit von Stahlzusammensetzung, Temperatur und geometrischer Form des Kerbgrundes. In einem Pendelschlagwerk wird eine gekerbte Probe, die verschieden groß und in der Kerbe verschieden geformt sein kann, mit den Enden an zwei Widerlager angelegt und durch einen einzigen Schlag entweder durchgebrochen oder durch die Widerlager gezogen. Die Normal-Probe ist 55 mm lang und hat einen quadratischen Querschnitt mit 10 mm Seitenlänge. In der Mitte der Probe muss eine V-Kerbe oder U-Kerbe eingebracht sein.

Die zur Verformung und Trennung der Probe verbrauchte Schlagenergie *K* in Joule (J) errechnet sich aus der Fallarbeit (potenzielle Energie) und der Steigarbeit (verbleibende Energie), die der Pendelhammer verrichtet. Je nach Kerbgeometrie der Proben wird die Kennzeichnung der Schlagenergie auf *KV* (V-Kerbe) oder *KU* (U-Kerbe) erweitert. Zusätzlich kann der Radius der Hammerfinne in die Bezeichnung eingehen, z. B. $KV_2$ (2-mm-Radius) oder $KV_8$ (8-mm-Radius).

Die Schlagenergie-Temperatur-Kurve (*KV-T*-Kurve in Abb. 7.16) gibt die Abhängigkeit zwischen *KV* und der Prüftemperatur bei gleicher Probengeometrie an. Die Kurve besteht meist aus einem Bereich hoher Zähigkeit (Hochlage), einem Bereich niedriger Zähigkeit (Tieflage) und einem dazwischenliegenden Übergangsgebiet (Steilabfall). Der Hochlage lassen sich fasrig aussehende Brüche (Verformungs- oder Gleitbrüche), der Tieflage kristallin aussehende Brüche (Trenn- oder Spaltbrüche) zuordnen. Im Übergangsgebiet treten beide Bruchformen auf.

Die nach bestimmten Kriterien festzulegende Übergangstemperatur $T_ü$ kennzeichnet die Lage des Steilabfalls in der *KV-T*-Kurve und damit den Übergang vom spröden zum zähen Bruchverhalten. Es gilt: Je höher die Übergangstemperatur bei sonst gleichbleibenden äußeren Bedingungen (Probenform, Schlaggeschwindigkeit usw.) ist, umso spröder ist der Stahl. Die Lage der Übergangstemperatur ist für die Beurteilung der Sprödbruchsicherheit entscheidend, wenngleich sich die am Grundwerkstoff ermittelten Versuchsergebnisse nicht unmittelbar auf z. B. eine geschweißte Konstruktion übertragen lassen.

$a_k = A_v / S$ [J/cm²]

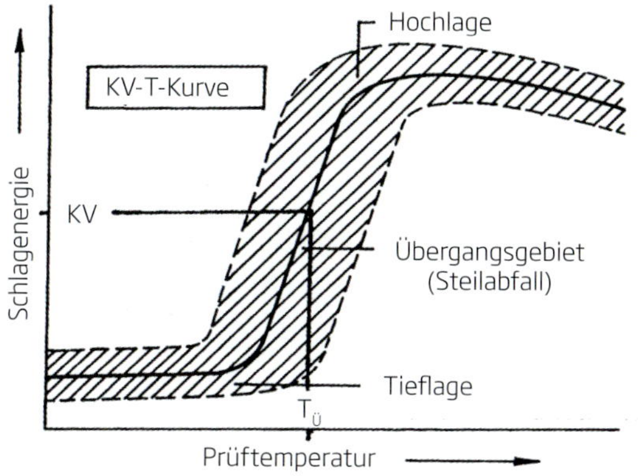


**Abb. 7.16:** Schlagenergie-Temperatur-Kurve (schematisch)

### 7.1.6.4 Dauerstandversuch

Zeitstand- bzw. Dauerstandversuche dienen der Ermittlung des Werkstoffverhaltens bei ruhender, dauernd wirkender Beanspruchung unter Bedingungen, bei denen neben den Einflüssen aus Beanspruchungshöhe und Temperatur ein wesentlicher Einfluss der Beanspruchungszeit vorhanden ist.

Begriffe:

- Zeitstandfestigkeit = bei bestimmten Temperaturen auf den Anfangsquerschnitt bezogene ruhende Spannung, die nach bestimmter Beanspruchungszeit einen Bruch der Probe hervorruft.
- Dauerstandfestigkeit = die höchste ruhende Spannung, die eine Probe „unendlich lange" ohne Bruch ertragen kann.
- Kriechen = zeitabhängige Verformungsänderung unter konstanter Spannung.
- Relaxation = zeitabhängige Abnahme der zur Aufrechterhaltung einer Verformung erforderlichen Spannung.

Baustähle zeigen bei normaler Temperatur kein Absinken der Festigkeit unter dauernd wirkender ruhender Beanspruchung. Es treten keine zeitabhängigen Verformungen auf.

Spannstähle kriechen bzw. relaxieren bei hohen Dauerbeanspruchungen und insbesondere bei hohen Temperaturen.

großer Unterschied

### 7.1.6.5 Dauerschwingversuch (DIN 50 100)

Dauerschwingversuche dienen der Ermittlung von Kennwerten für das Verhalten von Werkstoffen oder Bauteilen bei dauernd oder häufig wiederholter schwellender oder wechselnder Zug-, Druck-, Biege- oder Torsionsbeanspruchung.

Ermittelt werden Dauerschwing-, Zeitschwing- oder Betriebsfestigkeiten, d. h. Spannungen, die „unendlich oft", über einen gewissen Zeitraum oder im Betrieb ertragen werden können.

Bei den Dauerschwingversuchen nach Wöhler („Wöhler-Versuche") werden Stahlproben verschiedenen Schwingbeanspruchungen unterworfen. Ermittelt werden die Schwingzahlen (Lastspielzahlen), bei denen entweder der Bruch der Probe eintritt oder die unendlich oft ohne Bruch ertragen werden können. Eine Wöhlerkurve (Abb. 7.17a) gibt den Zusammenhang zwischen Beanspruchungen (z. B. Schwingbreiten $2\sigma_a$) und Lastspielzahlen an. Eine Wöhlerkurve charakterisiert das Verhalten eines Stahls aber nur in einem bestimmten Bereich der Dauerschwingbeanspruchung. Um das Verhalten im gesamten Bereich der Dauerschwingbeanspruchung zu erfassen, müssen daher mehrere Wöhlerkurven vorliegen, die dann in einem Dauerfestigkeitsschaubild zusammengefasst werden können (Abb. 7.17b). Aus dem Dauerfestigkeitsdiagramm lässt sich die Dauerschwingfestigkeit, also z. B. die Schwingbreite, die unendlich oft ertragen werden kann, in Abhängigkeit von jeder Mittelspannung ablesen. Dauerfestigkeitsdiagramme, z. B. in der Darstellung nach Smith, sind die Grundlage der Bemessung schwingend beanspruchter Bauteile.

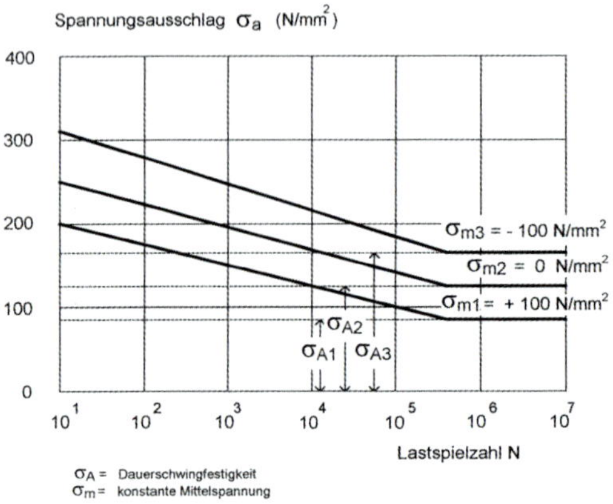


**Abb. 7.17a:** Wöhlerkurven für konstante Mittelspannungen

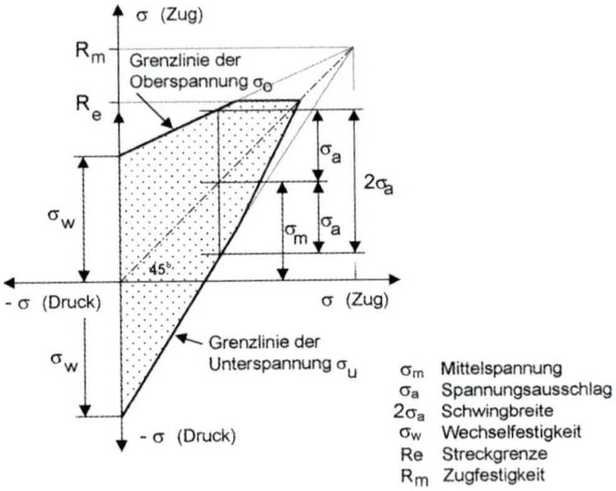


**Abb. 7.17b:** Vereinfachtes Dauerfestigkeitsschaubild nach Smith

## 7.1.7 Einteilung der Stähle

### Normen

| | |
|---|---|
| DIN EN 10020 | Begriffsbestimmungen für die Einteilung der Stähle; Ausgabe 2000-07 |
| E DIN EN 10025 | Warmgewalzte Erzeugnisse aus Baustählen;<br>Teil 1: Allgemeine technische Lieferbedingungen; Ausgabe 2011-04 *(Norm-Entwurf)*<br>Teil 2: Technische Lieferbedingungen für unlegierte Baustähle; Ausgabe 2011-04 *(Norm-Entwurf)*<br>Teil 3: Technische Lieferbedingungen für normalgeglühte/normalisierend gewalzte schweißgeeignete Feinkornbaustähle; Ausgabe 2011-04 *(Norm-Entwurf)*<br>Teil 4: Technische Lieferbedingungen für thermomechanisch gewalzte schweißgeeignete Feinkornbaustähle; Ausgabe 2011-04 *(Norm-Entwurf)* |

DIN EN 10080 --> Stähle

| | |
|---|---|
| | Teil 5: Technische Lieferbedingungen für wetterfeste Baustähle; Ausgabe 2011-04 *(Norm-Entwurf)* |
| | Teil 6: Technische Lieferbedingungen für Flacherzeugnisse aus Stählen mit höherer Streckgrenze im vergüteten Zustand; Ausgabe 2011-04 *(Norm-Entwurf)* |
| DIN EN 10027 | Bezeichnungssysteme für Stähle;<br>Teil 1: Kurznamen; Ausgabe 2005-10<br>Teil 2: Nummernsystem; Ausgabe 1992-09 |
| DIN EN 10028 | Flacherzeugnisse aus Druckbehälterstählen (Teile 1 bis 7);<br>Teil 1: Allgemeine Anforderungen; Ausgabe 2009-07 |
| DIN EN 10083 | Vergütungsstähle;<br>Teil 1: Allgemeine technische Lieferbedingungen; Ausgabe 2006-10<br>Teil 2: Technische Lieferbedingungen für unlegierte Stähle; Ausgabe 2006-10<br>Teil 3: Technische Lieferbedingungen für legierte Stähle; Ausgabe 2007-01<br>Berichtigung 1; Ausgabe 2009-01 |
| DIN EN 10084 | Einsatzstähle; Technische Lieferbedingungen; Ausgabe 2008-06 |
| DIN EN 10088 | Nichtrostende Stähle;<br>Teil 1: Verzeichnis der nichtrostenden Stähle; Ausgabe 2012-01 *(Norm-Entwurf)*<br>Teil 2: Technische Lieferbedingungen für Blech und Band aus korrosionsbeständigen Stählen für allgemeine Verwendung; Ausgabe 2012-01 *(Norm-Entwurf)*<br>Teil 3: Technische Lieferbedingungen für Halbzeug, Stäbe, Walzdraht, gezogenen Draht, Profile und Blankstahlerzeugnisse aus korrosionsbeständigen Stählen für allgemeine Verwendung; Ausgabe 2012-01 *(Norm-Entwurf)*<br>Teil 4: Technische Lieferbedingungen für Blech und Band aus korrosionsbeständigen Stählen für das Bauwesen; Ausgabe 2010-01<br>Teil 5: Technische Lieferbedingungen für Stäbe, Walzdraht, gezogenen Draht, Profile und Blankstahlerzeugnisse aus korrosionsbeständigen Stählen für das Bauwesen; Ausgabe 2009-07 |
| DIN EN 10302 | Warmfeste Stähle, Nickel- und Cobaltlegierungen; Ausgabe 2008-06 |

#### 7.1.7.1 Einteilung der Stähle in Hauptklassen nach DIN EN 10020

DIN EN 10020 definiert Stahl als einen Werkstoff, dessen Massenanteil an Eisen größer ist als der jedes anderen Elements, dessen C-Gehalt i. Allg. unter 2 M.-% liegt und der andere Elemente enthält. Nach der chemischen Zusammensetzung werden **unlegierte** und **legierte Stähle**, nach den Gebrauchseigenschaften unlegierte und legierte **Qualitätsstähle** und **Edelstähle** unterschieden. Die vormals „Grundstähle" genannten Sorten zählen jetzt zu den unlegierten Qualitätsstählen.

Bei den **unlegierten** Stählen dürfen die Massenanteile bestimmter Elemente in DIN EN 10020 vorgegebene Grenzwerte nicht überschreiten: z. B. Mn ≤ 1,65 bis 1,80 %, Si ≤ 0,60 %, Cu ≤ 0,40 %, Al ≤ 0,30 %, Mo ≤ 0,08 %, Ti ≤ 0,05 %.

Zu den **legierten** Stählen zählen nichtrostende Stähle mit C ≤ 1,2 % und Cr ≤ 10,5 % (mit oder ohne andere Legierungselemente) und Stahlsorten, bei denen mindestens eines der Elemente die für unlegierte Stähle geltenden Grenzwerte erreicht bzw. überschreitet.

An **unlegierte Qualitätsstähle** werden Anforderungen an bestimmte mechanische Eigenschaften, z. B. an Streckgrenze, Bruchzähigkeit, Umformbarkeit, Korngröße, gestellt.

Für **legierte Qualitätsstähle** gelten Anforderungen an mechanische Eigenschaften und Korngrößen. Sie sind im Allgemeinen nicht für eine Wärmebehandlung (außer Glühen) vorgesehen, da ihr Reinheitsgrad an nichtmetallischen Einschlüssen dafür nicht ausreicht. Zu den legierten Qualitätsstählen zählen:

- schweißbare Feinkornstähle, Druckbehälter- und Rohrstähle, bei denen der Anteil an Legierungselementen bestimmte Grenzwerte nicht überschreiten darf und für die Mindestanforderungen an die Streckgrenze und die Kerbschlagarbeit gelten,
- legierte Stähle für Schienen, Spundbohlen und Grubenausbauprofile,
- legierte Stähle mit Cu als einzigem festgelegten Legierungselement (wetterfeste Baustähle).

**Unlegierte Edelstähle** weisen gegenüber den unlegierten Qualitätsstählen einen höheren Reinheitsgrad auf und sind meist für eine Wärmebehandlung geeignet. Unlegierte Edelstähle müssen u. a. einer oder mehreren der folgenden Anforderungen entsprechen:

- besonders niedrige Gehalte an nichtmetallischen Einschlüssen,
- festgelegter Höchstgehalt an Phosphor und Schwefel,
- festgelegte Kerbschlagarbeit im vergüteten Zustand,
- festgelegte Einhärtungstiefe oder Oberflächenhärte im gehärteten, vergüteten oder randschichtgehärteten Zustand,
- bei Kernreaktorstählen darf der Anteil von ≤ 0,10 % Cu, ≤ 0,05 % CO und ≤ 0,05 % V in der Stückanalyse nicht überschritten werden.

Zu den **legierten Edelstählen** zählen vor allem nichtrostende Stähle, die neben den o. g. Kriterien der chemischen Zusammensetzung auch nach dem Ni-Gehalt sowie nach den Haupteigenschaften, wie korrosionsbeständig, hitzebeständig und warmfest, unterschieden werden. In dieser Stahlklasse sind auch Stähle enthalten, deren Eigenschaften durch bestimmte chemische Zusammensetzung und durch besondere Herstellungsbedingungen verbessert wurden: z. B. hitzebeständige und warmfeste Stähle sowie Wälzlager-, Werkzeug- und Schnellarbeitsstähle und Stähle für den Maschinen- und Stahlbau.

### 7.1.7.2 Bezeichnung der Stähle nach DIN EN 10027

**Werkstoffnummern nach DIN EN 10027-2**

Die Werkstoffnummer setzt sich zusammen aus:

1. Werkstoffhauptgruppennummer (1 = Stahl; die Ziffern 2 bis 8 können anderen Werkstoffen zugeordnet werden)
2. Stahlgruppennummer (2 Ziffern)
3. Zählnummer (2 Ziffern), zur Unterscheidung der einzelnen Stahlsorten einer Stahlgruppe

Für die Stahlgruppenhauptnummern gilt folgende Einteilung:

| | |
|---|---|
| 00 - 09 | unlegierte Baustähle, Feinbleche |
| 10 - 19 | unlegierte Edelstähle |

| | |
|---|---|
| 20 - 29 | legierte Werkzeugstähle |
| 30 - 39 | Schnellarbeitsstähle, Wälzlagerstähle und Stähle mit besonderen physikalischen Eigenschaften |
| 40 - 49 | nichtrostende, chemisch beständige und hochwarmfeste Stähle |
| 50 - 89 | Bau-, Maschinenbau- und Behälterstähle |

### Kurznamen nach DIN EN 10027-1

Die Stähle werden mit Hauptsymbolen und Zusatzsymbolen gekennzeichnet. Die Hauptsymbole weisen auf bestimmte Anwendungsbereiche, wesentliche Gebrauchseigenschaften oder die chemische Zusammensetzung hin. Zusatzsymbole kennzeichnen besondere Anforderungen (z. B. Kerbschlagarbeit) oder den Behandlungszustand (z. B. normalgeglüht).

### Bezeichnung der Stähle nach dem Anwendungsbereich

Das **Hauptsymbol** setzt sich zusammen aus einem Kennbuchstaben für den Verwendungszweck (z. B. S = Stähle für den Stahlbau) und nachgestellten Ziffern, die meist die Mindeststreckgrenze $R_e$ in MPa oder N/mm² für den kleinsten Dickenbereich angeben (Tabelle 7.3).

**Tabelle 7.3:** Hauptsymbole bei Bezeichnung nach dem Verwendungszweck (Beispiele)

| Verwendungszweck | Hauptsymbol | |
|---|---|---|
| Stähle für den Stahlbau | S | 235[1] |
| Stähle für den Maschinenbau | E | 360[1] |
| Stähle für den Druckbehälterbau | P | 265[1] |
| Stähle für Rohrleitungsbau | L | 360[1] |
| Betonstähle | B | 500[1] |
| Spannstähle | Y | 1770[2] |
| Schienenstähle | R | 880[3] |
| Flacherzeugnisse aus höherfesten Stählen | H | C400[4] |
| Flacherzeugnisse zum Kaltumformen | D | X52[5] |
| Stahlguss | GS | |

[1] Mindeststreckgrenze $R_e$ für den kleinsten Dickenbereich.
[2] Nennwert der Mindestzugfestigkeit $R_m$
[3] Mindesthärte nach Brinell *HBW*.
[4] Walzzustand C, D X und Mindeststreckgrenze $R_e$ bzw. Walzzustand CT, DT, XT und Mindestzugfestigkeit $R_m$.
[5] Walzzustand C, D, X und zwei Kennbuchstaben oder -zahlen (z. B. vom DIN-Institut vergeben).

Die **Zusatzsymbole** sind von der Stahlgruppe bzw. Erzeugnisgruppe abhängig.

Beispiele:

Für *warmgewalzte unlegierte Baustähle* gelten:

| | |
|---|---|
| JR | = Kerbschlagarbeit ≥ 27 J bei Prüftemperatur +20 °C |
| J0 | = Kerbschlagarbeit ≥ 27 J bei Prüftemperatur 0 °C |
| J2 | = Kerbschlagarbeit ≥ 27 J bei Prüftemperatur −20 °C |
| K2 | = Kerbschlagarbeit ≥ 40 J bei Prüftemperatur −20 °C |
| C | = besondere Kaltumformbarkeit |
| +AR | = Lieferzustand wie gewalzt |
| +N | = normalgeglüht |

Für *normalgeglühte/normalisierend gewalzte, schweißgeeignete Feinkornstähle* gelten:

| | |
|---|---|
| N | = normalgeglüht oder normalisierend gewalzt, Werte für Kerbschlagarbeit festgelegt bei −20 °C |
| NL | = wie N, aber Werte für Kerbschlagarbeit festgelegt bei −50 °C |

Für *warmgewalzte Baustähle mit höherer Streckgrenze im vergüteten Zustand* gelten:

| | |
|---|---|
| Q | = vergütet, Werte für Kerbschlagarbeit festgelegt bei −20 °C |
| QL | = vergütet, Werte für Kerbschlagarbeit festgelegt bei −40 °C |
| QL1 | = vergütet, Werte für Kerbschlagarbeit festgelegt bei −60 °C |

Bezeichnungsbeispiel:

**S 235 JR+N** Stahlbaustahl $R_e$ 235 N/mm², Kerbschlagarbeit 27 J bei 20 °C, normalgeglüht

### Bezeichnung der Stähle nach der chemischen Zusammensetzung

*Unlegierte Stähle mit Mn-Gehalt < 1 %* werden durch das Symbol C (für Kohlenstoff) und nachgestellten Ziffern, die den 100fachen mittleren C-Gehalt in % angeben, gekennzeichnet. An den Kurznamen werden die Buchstaben E oder R angehängt, die auf verminderte bzw. maximale Schwefelgehalte hinweisen.

Beispiel: **C 25 E** – Vergütungsstahl mit 0,25 % C und vorgeschriebenem maximalem S-Gehalt

*Unlegierte Stähle mit Mn-Gehalt > 1 % und legierte Stähle mit Anteil an Legierungselementen < 5 %* werden durch die Angabe des 100fachen mittleren C-Gehalts und der die Stahlmarke charakterisierenden Legierungsbestandteile gekennzeichnet. Das C-Symbol erscheint nicht mehr im Kurznamen. Nach der C-Kennzahl werden die Legierungsbestandteile in der Reihenfolge ihrer tatsächlichen Anteile aufgeführt, wobei die mittleren Masseanteile der Legierungselemente mit folgenden Faktoren multipliziert werden:

| | |
|---|---|
| Faktor 4 | für Cr, Co, Mn, Ni, Si, W |
| Faktor 10 | für Al, Be, Cu, Mo, Nb, Pb, Ta, Ti, V, Zr |
| Faktor 100 | für C, Ce, N, P, S |
| Faktor 1000 | für B |

Zur Kennzeichnung des Wärmebehandlungszustands kann ein Großbuchstabe mit Pluszeichen an den Kurznamen angeschlossen werden, z. B.:

+A weichgeglüht (bisher G)

+C kaltverfestigt

+N normalgeglüht

+QT vergütet (bisher V)

+U unbehandelt

Beispiele: **32 CrMo 12-4** – Niedriglegierter Stahl mit 0,32 % C, 3 % Cr und 0,4 % Mo

**142 W V 13** – Niedriglegierter Stahl mit 1,42 % C, 3,25 % W und ≤ 3,25 % V

**42 CrMo4 + QT** – Vergüteter Stahl mit 0,42 % C, 1,0 % Cr und ≤ 1,0 % Mo

*Legierte Stähle mit mindestens einem Legierungselement mit einem Anteil von ≥ 5 M.-%*

Die Kurzbezeichnung setzt sich zusammen aus:

- vorangestellter Kennbuchstabe X
- Zahlen für den 100fachen mittleren C-Gehalt
- chemische Symbole der Legierungselemente in abnehmender Reihenfolge ihrer Anteile
- Zahlen für den tatsächlichen mittleren Gehalt der Legierungselemente

Beispiel: **X 2 CrNiMo 18-14-3** Hochlegierter Stahl mit 0,02 % C, 18 % Cr, 14 % Ni, 3 % Mo

*Schnellarbeitsstähle*

Der Kurzname setzt sich aus Kennbuchstaben und Kennzahlen zusammen:

- Kennbuchstaben HS
- Kennzahlen, die den mittleren Gehalt an Legierungselementen in folgender Reihenfolge angeben: W-Mo-V-Co

Beispiel: **HS 6-5-2-5** Schnellarbeitsstahl mit 6 % W, 5 % Mo, 2 % V, 5 % Co

### 7.1.7.3 Stähle für den Stahlbau

Nach der chemischen Zusammensetzung werden folgende Stahlgruppen unterschieden, deren einzelne Sorten nach mechanischen Eigenschaften, Verarbeitbarkeit und Schweißeignung weiter unterteilt werden:

- unlegierte Baustähle (DIN EN 10025-2),
- schweißgeeignete Feinkornstähle (DIN EN 10025-3 und -4),
- wetterfeste Baustähle (DIN EN 10025-5), die aufgrund eines erhöhten Cu-Gehalts eine korrosionshemmende Oxidschicht bilden können,
- vergütete Baustähle mit höherer Streckgrenze (DIN EN 10025-6),
- nichtrostende Stähle (DIN EN 10088) mit einer erhöhten Beständigkeit gegen atmosphärische Korrosion.

*Warmgewalzte unlegierte Baustähle nach DIN EN 10025-2*

Als warmgewalzte unlegierte Baustähle gelten Stähle, die im warmgeformten Zustand, nach einem Normalglühen oder nach einer Kaltumformung im Wesentlichen aufgrund ihrer Zugfestigkeit und Streckgrenze im Bauwesen eingesetzt werden.

Die in DIN EN 10025-2 genannten neun Stahlsorten sind unlegierte Qualitätsstähle (S = Baustähle und E = Maschinenbaustähle) mit den Bezeichnungen S185, S235, S275, S355, S460, S500, E295, E335 und E360, die sich in ihren mechanischen Eigenschaften unterscheiden. Die Sorten S235 und S275 sind in den Gütegruppen JR, J0 und J2 lieferbar, die Sorten S355 und S460 stehen in den Gütegruppen JR, J0, J2 und K2 zur Verfügung. Die Sorte S500 ist in Gütegruppe J0 lieferbar. Die Gütegruppen unterscheiden sich in den festgelegten Anforderungen an die Kerbschlagarbeit.

**Tabelle 7.4:** Mechanische Eigenschaften für Flach- und Langerzeugnisse aus Stahlsorten mit und ohne Werte für die Kerbschlagarbeit (nach [19])

| Stahlsorte Werkstoff- | | Mindeststreckgrenze $R_{eH}$ in MPa für Nenndicken in mm | | | | Zugfestigkeit $R_m$ [1] in MPa | Mindestbruchdehnung [2] in % | Kerbschlag Arbeit KV [3] in J | |
|---|---|---|---|---|---|---|---|---|---|
| Kurzname | Nummer | ≤16 | >16 ≤40 | >40 ≤63 | >63 ≤80 | | | 0 °C | KV |
| S235JR | 1.0038 | | | | | | | 20 | |
| S235J0 | 1.0114 | 235 | 225 | 215 | 215 | 360 bis 510 | 26 | 0 | 27 |
| S235J2 | 1.0117 | | | | | | | -20 | |
| S275JR | 1.0044 | | | | | | | 20 | |
| S275J0 | 1.0143 | 275 | 265 | 255 | 245 | 410 bis 560 | 23 | 0 | 27 |
| S275J2 | 1.0145 | | | | | | | -20 | |
| S355JR | 1.0045 | | | | | | | 20 | |
| S355J0 | 1.0553 | | | | | | | 0 | 27 |
| S355J2 | 1.0577 | 355 | 345 | 335 | 325 | 470 bis 630 | 22 | -20 | |
| S355K2 | 1.0596 | | | | | | | -20 | 40 [4] |
| S460JR | | | | | | | | 20 | |
| S460J0 | | | | | | | | 0 | 27 |
| S460J2 | | 460 | 440 | 420 | 400 | 550 bis 720 | 17 | -20 | |
| S460K2 | | | | | | | | -40 | 40 |
| S500J0 | | 500 | 480 | 460 | 450 | 580 bis 760 | 15 | 0 | 27 |
| S185 | 1.0035 | 185 | 175 | 175 | 175 | 290 bis 510 | 18 | - | - |
| E295 | 1.0050 | 295 | 285 | 275 | 265 | 470 bis 610 | 20 | - | - |
| E335 | 1.0060 | 335 | 325 | 315 | 305 | 570 bis 710 | 16 | - | - |
| E360 | 1.0070 | 360 | 355 | 345 | 335 | 670 bis 830 | 11 | - | - |

[1] Die Werte gelten für Erzeugnisdicken von 3 bis 100 mm.
[2] Die Werte gelten für Erzeugnisdicken von 3 bis 40 mm und Proben mit $L_0 = 5{,}65\sqrt{S_0}$.
[3] Die Werte gelten für Erzeugnisdicken bis 150 mm.
[4] Dieser Wert entspricht 27 J bei 0 °C (siehe Eurocode 3).

Mindeststreckgrenze $R_{eH}$ und Zugfestigkeit $R_m$ und Mindestbruchdehnung müssen den in der Tabelle 7.4 angegebenen Werten entsprechen. Für Flach- und Langerzeugnisse aus Stahlsorten S235, S275, S355, S460 und S500 sind Anforderungen an die Kerbschlagarbeit zu erfüllen. Für die Baustahlsorte S185 und die drei Maschinenbaustähle E295, E335 und E360 gilt diese Anforderung nicht. Sie werden als nicht schweißbar geführt, weil die chemische Zusammensetzung nicht festgelegt ist.

Verwendung: S185 für einfache Stahlkonstruktionen (nicht schweißbar)

S235 und S275 für geschweißte Konstruktionen im Stahl- und Maschinenbau; einfache Maschinenteile; Hebel; Bolzen; Achsen; Wellen

S355, S460 und S500 für hoch beanspruchte Schweißkonstruktionen im Stahl-, Kran- und Brückenbau

E295 für Achsen; Wellen; Bolzen

E335 und E360 für Verschleißteile; Ritzel; Schnecken; Spindeln

- Bezeichnungsbeispiel:

  **Stahl EN 10025-2-S355J0C +N**

  Baustahl (S) mit einer festgelegten Mindeststreckgrenze bei Raumtemperatur von 355 MPa, mit einem Mindestwert der Kerbschlagarbeit von 27 J bei 0 °C (J0) und Eignung zum Abkanten (C); Lieferzustand normalisierend gewalzt (+N)

*Schweißgeeignete Feinkornstähle nach DIN EN 10025-3 und -4*

Feinkornstähle sind hochfeste Stähle mit C-Gehalten ≤ 0,20 % und erhöhter Streckgrenze. Einteilung nach dem Lieferzustand in normalgeglühte/normalisierend gewalzte schweißgeeignete Feinkornstähle (N) nach DIN EN 10025-3 und in thermomechanisch gewalzte schweißgeeignete Feinkornstähle (M) nach DIN EN 10025-4. Bei den Sorten S275N, S275M, S355N und S355M handelt es sich um unlegierte Qualitätsstähle, bei den Sorten S420N, S420M, S460N und S460 M um legierte Edelstähle.

Die Feinkornstähle weisen eine hohe Zähigkeit auf und sind sprödbruch- und alterungsbeständig. Sie sind schweißbar, eine zunehmende Festigkeit und eine ansteigende Erzeugnisdicke erhöhen jedoch die Gefahr von Kaltrissen. Nur die Stähle S275N, S355N, S420N und S460N sind warm umformbar.

Verwendung finden Feinkornstähle für Schweißkonstruktionen im Maschinen-, Kran-, Brücken- und Fahrzeugbau.

- Bezeichnungsbeispiel:

  **Stahl EN 10025-3-S355NL**

  Baustahl (S) mit einer festgelegten Mindeststreckgrenze bei Raumtemperatur von 355 MPa, mit einem Mindestwert der Kerbschlagarbeit von 27 J bei −50 °C; im Lieferzustand normal geglüht oder normalisierend gewalzt

*Wetterfeste Baustähle nach DIN EN 10025-5*, Korrosionsfest

Durch Zugabe von Legierungselementen, vor allem Cu (0,25 bis 0,55 M.-%) und Cr (0,30 bis 1,25 M.-%), wird der Widerstand der Stähle gegen atmosphärische Korrosion erhöht.

Die korrosionshemmende Wirkung der sich unter dem Einfluss der Witterungsbedingungen bildenden schützenden Oxidschicht beruht auf der Struktur ihrer Bestandteile sowie auf der besonderen Verteilung und Anreicherung von Legierungselementen in ihr. Ein konventioneller Oberflächenschutz ist zu empfehlen bei besonderen Chemikaliengehalten der Luft; er ist unumgänglich bei langzeitiger Wasserbenetzung, bei Dauerfeuchtigkeit oder bei Einsatz in unmittelbarer Meeresnähe.

Die Stähle werden nach ihren mechanischen Eigenschaften in die Sorten S235, S355, S420 und S460 eingeteilt. Die Sorten können in den Gütegruppen J0, J2, J4 und K2 (nur S355) geliefert werden. Die Gütegruppen unterscheiden sich in der Schweißeignung und in den Anforderungen an die Kerbschlagarbeit. Die Sorte S355 ist in die Klassen W und WP unterteilt, die sich hauptsächlich in ihren Kohlenstoff- und Phosphorgehalten sowie in der Lieferbarkeit unterscheiden.

Schweißeignung: Beim Schweißen der Stahlsorten S355J0WP und S355J2WP mit hohem Phosphorgehalt sollten besondere Vorsichtsmaßnahmen getroffen werden. Allgemein können mit zunehmender Erzeugnisdicke und Festigkeit Kaltrisse auftreten.

- Bezeichnungsbeispiel:

  **Stahl EN 10025-5-S355J0W+N**

  Wetterfester (W) Baustahl (S) mit einer festgelegten Mindeststreckgrenze bei Raumtemperatur von 355 MPa, mit einem Mindestwert der Kerbschlagarbeit von 27 J bei 0 °C (J0), im Lieferzustand normalisierend gewalzt (+N)

*Vergütete Baustähle mit höherer Streckgrenze nach DIN EN 10025-6*

Durch thermomechanisches Walzen (TM) einschließlich der beschleunigten Abkühlung aus der Walzhitze lassen sich hochfeste Flacherzeugnisse mit Mindestwerten der Streckgrenze bis 700 N/mm² fertigen.

Für höchste Anforderungen an Festigkeit und Zähigkeit werden insbesondere bei größeren Dicken der Flacherzeugnisse wasservergütete Stahlsorten angeboten. Das Vergüten beginnt mit einem durchgreifenden Erwärmen in den Austenitbereich, dem ein schnelles Abkühlen mit Druckwasser folgt, wodurch eine Gefügeumwandlung in der Martensit- oder Bainitstufe erreicht wird. Neben der chemischen Zusammensetzung ist das an das Härten anschließende Anlassen die wichtigste Steuerungsgröße für die mechanischen Eigenschaften der Stähle. Durch die Wasservergütung wird ein feinkörniges martensitisch-bainitisches Gefüge erzeugt, das Streckgrenzen größer 1000 N/mm² mit hoher Zugfestigkeit und hohem Ermüdungswiderstand verbindet. Besondere Härteverfahren (Direkthärten) erlauben eine Reduzierung der Legierungsgehalte, was zu einer Verbesserung der Schweißeignung führen kann.

Nach DIN EN 10025-6 werden für Flacherzeugnisse mit Nenndicken von 3 bis 150 mm die Sorten S460, S500, S550, S620 und S690, für Nenndicken bis 100 mm die Sorte S890 und für Nenndicken bis 50 mm die Sorte S960 verwendet, die Mindestwerte der Streckgrenze zwischen 460 bis 960 N/mm² aufweisen.

- Bezeichnungsbeispiel:

  **EN-S550QL** mit $R_e \geq 550$ N/mm²; $R_m \geq 640$ N/mm²; $A \geq 16$ % (QL = vergütet, garantierte Mindestwerte für die Kerbschlagarbeit bis −40 °C)

Anwendungsbeispiele: Druckbehälter und Druckrohre, Fahrzeug- und Mobilkranbau, Förderanlagen, Brückenbau

*Nichtrostende Stähle nach DIN EN 10088*

Als nichtrostende Stähle im Sinne der Norm gelten legierte Stähle mit mindestens 10,5 M.-% Chrom und höchstens 1,2 M.-% Kohlenstoff. Als Legierungselemente werden Mo, Ni, Ti, Nb, Cu eingesetzt. Zusätzlich können Vergütungsverfahren, z. B. eine Wärmebehandlung, angewendet werden. Nichtrostende Stähle haben im Vergleich zu den unlegierten Baustählen deutlich höhere Zugfestigkeiten bei gleicher Streckgrenze sowie eine größere Bruchdehnung.

Nach ihren Gebrauchseigenschaften werden sie in korrosionsbeständige, hitzebeständige und warmfeste Stähle unterteilt. Nach ihrem Gefüge und ihrer chemischen Zusammensetzung unterscheidet man zwischen ferritischen, martensitischen, ausscheidungshärtenden und austenitischen Stählen sowie austenitisch-ferritischen „Duplexstählen".

*Korrosionsbeständige Stähle* („rostfreie Stähle") sind beständig gegen Wasser, Wasserdampf und chemisch angreifende Stoffe. Auf der Stahloberfläche bildet sich bei Kontakt mit Sauerstoff eine dünne, dichte und fest haftende Passivschicht aus fest haftenden Chromoxiden, die den Stahl vor Korrosion schützt und sich bei Beschädigung wieder sofort neu bildet. *Hitzebeständige Stähle* (meist ferritische oder austenitische Stähle) weisen eine gute Beständigkeit gegen Oxidation sowie gegen den Einfluss von heißen Gasen und Verbrennungsprodukten oberhalb von 550 °C auf. *Warmfeste Stähle* (meist martensitische oder austenitische Stähle) haben gute mechanische Eigenschaften bei hohen Temperaturen (> 500 °C) und lang andauernder Beanspruchung.

- Bezeichnungsbeispiel:

**Stahl EN 10088-2-X5CrNi18-10**

EN 10088-2...Nummer der Europäischen Norm
X..................... Hochlegierter Stahl (Legierungsgehalt > 5 M.-%)
5..................... C-Gehalt < 0,07 M.-%
CrNi................ Legierungselemente Chrom und Nickel
18................... 17 bis 19,5 M.-% Cr
10................... 8 bis 10,5 M.-% Ni

*Warmfeste Stähle nach DIN EN 10302 und DIN EN 10028*

Für langzeitig einwirkende Betriebstemperaturen bis zu 600 °C werden legierte Stähle mit 0,70 bis 2,50 % Cr und 0,40 bis 1,10 % Mo eingesetzt. Dazu gehören die Stahlsorten 16Mo3, 13CrMo 4-5, 10CrMo 9-10 und 11CrMo 9-10.

Als Berechnungsgrundlage für Anlagen mit Betriebstemperaturen > 400 °C werden die 1-%-Zeitdehngrenze $R_{p1/100000}$ und die 100 000- bzw. 200 000-Stunden-Zeitstandfestigkeit $R_{m\,100000}$ bzw. $R_{m\,200000}$ herangezogen. $R_{p1}$ ist die auf den Ausgangsquerschnitt bezogene Spannung, die zu einer bleibenden Dehnung von 1 % nach z. B. 100 000 Stunden führt. Die Zeitstandfestigkeit $R_{m\,100000}$ ist die auf den Ausgangsquerschnitt bezogene Spannung, die nach 100 000 Stunden zum Bruch führt.

Die in DIN EN 10028 angegebenen Druckbehälterstähle sind u. a. für Überhitzer- und Heißdampfrohre, Kesselbleche und Stahlschornsteine vorgesehen.

*Kaltzähe Stähle nach DIN EN 10028*

Kaltzähe Stähle weisen auch bei tiefen Temperaturen ausreichende Zähigkeit auf. Die vor allem Ni-legierten Stähle sind für statisch und dynamisch belastete Bauteile bei Betriebstemperaturen unter −40 bis −200 °C (z. B. in Gasverflüssigungsanlagen) vorgesehen.

Zu den kaltzähen Stählen gehören die nichtrostenden austenitischen Stähle, die Feinkornbaustahle und vorrangig die Stähle nach DIN EN 10028, z. B. 14Ni6, 10Ni14, X8Ni9 und X8CrNiTi 18-10.

*Vergütungsstähle nach DIN EN 10083*

Vergütungsstähle sind unlegierte und legierte Edelstähle mit erhöhter Gefügereinheit und -homogenität, die durch Härten und nachfolgendes hohes Anlassen (500 bis 650 °C) eine dem Verwendungszweck angepasste Streckgrenze und Zugfestigkeit bei gleichzeitig guten Zähigkeitseigenschaften erhalten. Der C-Gehalt dieser Stähle liegt zwischen 0,2 und 0,6 %, der P- und S-Gehalt jeweils unter 0,035 %. Zur Erhöhung von Verschleißwiderstand und Dauerfestigkeit sowie für bessere Gleiteigenschaften werden Vergütungsstähle oft Randschichthärteverfahren (Flamm- und Induktionshärten sowie Gasnitrieren) unterworfen.

Vergütungsstähle werden zur Herstellung mechanisch hochbeanspruchter, insbesondere schwingbeanspruchter Bauteile vorzugsweise im Maschinenbau eingesetzt (Kurbelwellen, Zahnräder, Kolben, Achsen u. a.).

Stahlsorten nach DIN EN 10083 sind z. B. C35, 41Cr4, 36CrNiMo4 und 51CrV4.

*Einsatzstähle nach DIN EN 10084*

Einsatzstähle sind wegen ihres niedrigen C-Gehalts (0,1 bis 0,25 %) zunächst nicht härtbar. Durch ein nach der Formgebung durchzuführendes Wärmebehandlungsverfahren, das Einsetzen, wird die Randschicht der Stahlteile mit C und/oder C und N angereichert (Aufkohlung oder Carbonitrierung). Nach dem anschließenden Härten weisen die Werkstücke eine harte, verschleißfeste Randschicht mit 58 bis 65 HRC (Rockwelleinheiten) und einen zähen, gegen Biege- und Stoßbeanspruchung weitgehend unempfindlichen Kern auf.

Verwendung der unlegierten Sorten für Kleinteile (z. B. Bolzen, Hebel, Dorne) und der legierten Sorten für Zahnräder, Nockenwellen, Spindeln, Werkzeuge. Einsatzstähle nach DIN EN 10084 sind z. B. die Sorten C10E, 16 MnCr5, 20MoCr4 und 18NiCr5-4.

### 7.1.7.4 Stähle für den Massivbau

#### Normen

| | |
|---|---|
| DIN 488 | Betonstahl;<br>Teil 1: Stahlsorten, Eigenschaften, Kennzeichnung; Ausgabe 2009-08<br>Teil 2: Betonstabstahl; Ausgabe 2009-08<br>Teil 3: Betonstahl in Ringen, Bewehrungsdraht; Ausgabe 2009-08<br>Teil 4: Betonstahlmatten; Ausgabe 2009-08 |

| | |
|---|---|
| | Teil 5: Gitterträger; Ausgabe 2009-08<br>Teil 6: Übereinstimmungsnachweis; Ausgabe 2010-01 |
| DIN EN 10080 | Stahl für die Bewehrung von Beton; Schweißgeeigneter Betonstahl – Allgemeines; Ausgabe 2005-08 |
| DIN EN 1992-1-1 | Eurocode 2: Bemessung und Konstruktion von Stahlbeton- und Spannbetontragwerken<br>Teil 1-1: Allgemeine Bemessungsregeln und Regeln für den Hochbau; Ausgabe 2011-01<br>Änderung A 1; Ausgabe 2013-09 *(Norm-Entwurf)* |
| DIN EN 1992-1-1/NA | Nationaler Anhang – National festgelegte Parameter – Eurocode 2; Ausgabe 2013-04 |
| E DIN EN 10138 | Spannstähle;<br>Teil 1: Allgemeine Anforderungen; Ausgabe 2000-10 *(Norm-Entwurf)*<br>Teil 2: Draht; Ausgabe 2000-10 *(Norm-Entwurf)*<br>Teil 3: Litze; Ausgabe 2000-10 *(Norm-Entwurf)*<br>Teil 4: Stäbe; Ausgabe 2000-10 *(Norm-Entwurf)* |
| DIN EN ISO 15630 | Stähle für die Bewehrung und das Vorspannen von Beton – Prüfverfahren<br>Teil 1: Bewehrungsstäbe, -walzdraht und -draht; Ausgabe 2011-02<br>Teil 2: Geschweißte Matten; Ausgabe 2011-02<br>Teil 3: Spannstähle; Ausgabe 2011-02 |
| DIN EN ISO 17660 | Schweißen – Schweißen von Betonstahl;<br>Teil 1: Tragende Schweißverbindungen; Ausgabe 2006-12 Berichtigung 1:Ausgabe 2007-08<br>Teil 2: Nichttragende Schweißverbindungen; Ausgabe 2006-12 Berichtigung 1; Ausgabe 2007-08 |

## Betonstahl nach DIN 488

Betonstahl ist ein Stahl mit nahezu kreisförmigem Querschnitt zur Bewehrung von Beton. In DIN 488 (Ausgabe 2009) sind nur noch Betonstähle mit einer Mindeststreckgrenze von 500 N/mm² enthalten. In Anlehnung an die Bemessungs- und Konstruktionsnorm DIN EN 1992-1-1 werden die Betonstähle der

- Duktilitätsklasse A (normalduktile Betonstähle B500A) und
- Duktilitätsklasse B (hochduktile Betonstähle B500B)

zugeordnet (Anmerkung: Die Duktilitätsklasse C nach DIN EN 1992-1-1 Anhang C ist in Deutschland nicht verwendbar, da dieser Anhang gemäß Nationaler Anwendungsnorm nicht zutrifft.).

Die Duktilität wird durch die beiden Parameter *Verhältnis Zugfestigkeit zu Streckgrenze* $f_t/f_g$ ($R_m/R_e$) und *Dehnung bei Höchstkraft* $\varepsilon_{uk}$ ($A_{gt}$) definiert.

**Tabelle 7.5:** Duktilitätskategorien von Betonstahl

| Kategorie | $f_t$ / $f_y$ ($R_m$ / $R_e$) [-] 1) | $\varepsilon_{uk}$ ($A_{gt}$) [%] 1) |
|---|---|---|
| Normale Duktilität (A) | 1,05 | 2,5 |
| Hohe Duktilität (B) | 1,08 | 5,0 |

1) Beide Parameter sind als 10-%-Quartil definiert.

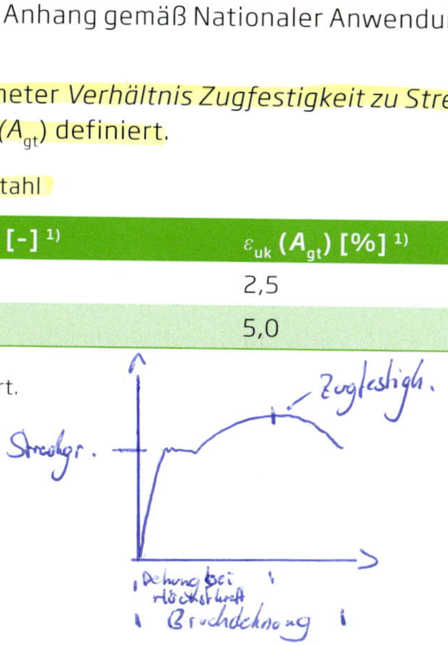

### Lieferformen

a) Betonstabstahl (DIN 488 Teil 2)

Betonstabstähle werden als gerade Stäbe mit gerippter Oberfläche geliefert. Die Stäbe werden warmgewalzt in der Regel nach dem Tempcore-(Thermex-)Verfahren hergestellt und haben eine hohe Duktilität. Die Bezeichnung lautet B500B, die Werkstoffnummer ist 1.0439.

Betonstabstähle weisen zwei oder vier Schrägrippenreihen auf und können mit oder ohne Längsrippen hergestellt werden (Abb. 7.18). Betonstabstähle sind in folgenden Nenndurchmessern (mm) erhältlich: 6,0 - 8,0 - 10,0 - 12,0 - 14,0 - 16,0 - 20,0 - 25,0 - 28,0 - 31,0 - 40,0. Die übliche Lieferlänge liegt zwischen 12,0 und 15,0 m.

Bei der Bestellung von Betonstabstählen sind die Normbezeichnung oder die Werkstoffnummer sowie Liefermenge, Nenndurchmesser und Stablänge anzugeben.

Beispiel für Betonstabstahl, Nenndurchmesser 16 mm,
Stablänge 12 m: **Betonstabstahl DIN 488 - B500B (oder 1.0439) - 16,0 - 12**

b) Betonstahl in Ringen (DIN 488 Teil 3)

Betonstahl in Ringen wird entweder warmgewalzt (WR) oder aus Walzdraht kaltgewalzt (KR) hergestellt und zu Ringen mit einem Außendurchmesser zwischen 1,0 und 1,5 m aufgespult. Den Endzustand als Bewehrung erreicht Betonstahl in Ringen durch Richten auf Richtanlagen zum geraden Stab oder durch Biegen in Bügelautomaten zu Bügeln.

DIN 488 Teil 3 unterscheidet zwischen *normalduktilem Ringmaterial KR (B500A)* und *hochduktilem Ringmaterial WR (B500B)*. Betonstahl in Ringen weist bei Ringmaterial KR (B500A) drei Rippenreihen und bei Ringmaterial WR (B500B) entweder zwei oder vier Rippenreihen auf. Ringmaterial KR (B500A) ist in den Durchmessern 6,0 - 8,0 - 10,0 - 12,0 mm genormt; Ringmaterial WR (B500B) ist in den Durchmessern 6,0 - 8,0 - 10,0 - 12,0 - 14,0 - 16,0 mm genormt.

c) Bewehrungsdraht (DIN 488 Teil 3)

Bewehrungsdraht wird kaltverformt als normalduktiler *Bewehrungsdraht B500A+G* mit glatter Oberfläche und als normalduktiler *Bewehrungsdraht B500A+P* mit profilierter Oberfläche hergestellt (Abb. 7.18). Bewehrungsdraht steht meist in gespulten Ringen, aber auch in Bunden von gerichteten Stäben zur Verfügung. Glatter und profilierter Bewehrungsdraht ist mit Durchmessern zwischen 4,0 und 12,0 mm (abgestuft in 0,5 mm) erhältlich.

Bewehrungsdraht wird für werkmäßig hergestellte Bewehrungen (z. B. Stahlbetonrohre, Gitterträger) verwendet. Eine Anwendung in Stahlbeton- und Spannbetontragwerken nach DIN EN 1992-1-1 ist nicht zulässig.

d) Betonstahlmatten (DIN 488 Teil 4)

Betonstahlmatten sind eine werkmäßig vorgefertigte flächige Bewehrung aus sich rechtwinklig kreuzenden Längs- und Querstäben, die mittels elektrischer Widerstandspunktschweißung an allen Kreuzungsstellen scherfest miteinander verbunden sind.

| Sorte | Oberfläche | Beschreibung |
|---|---|---|
| **Betonstabstahl B500B** | 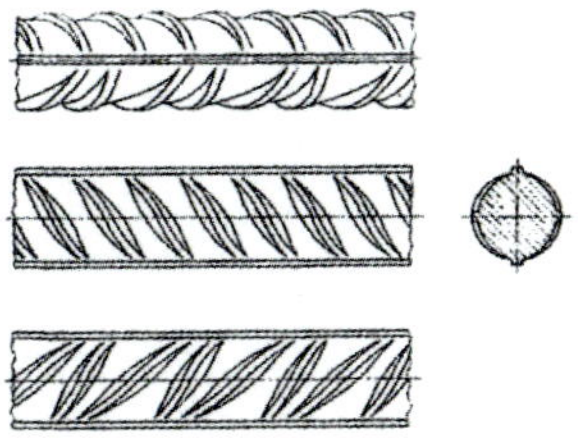 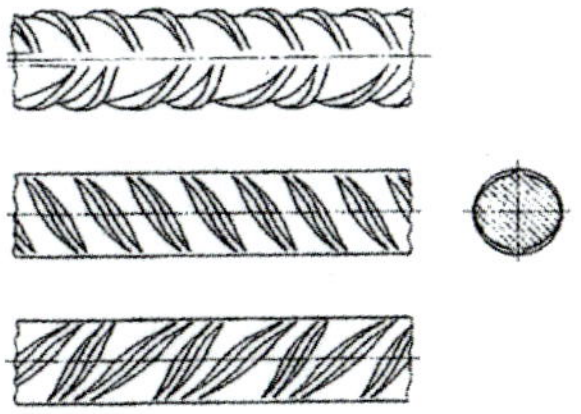 | **Zwei Reihen von Schrägrippen mit Längsrippen**<br>**Zwei Reihen von Schrägrippen ohne Längsrippen** |
| **Bewehrungsdraht B500A + B** |  | **Profilierter Bewehrungsdraht** |
| **Betonstahlmatten B500A** | 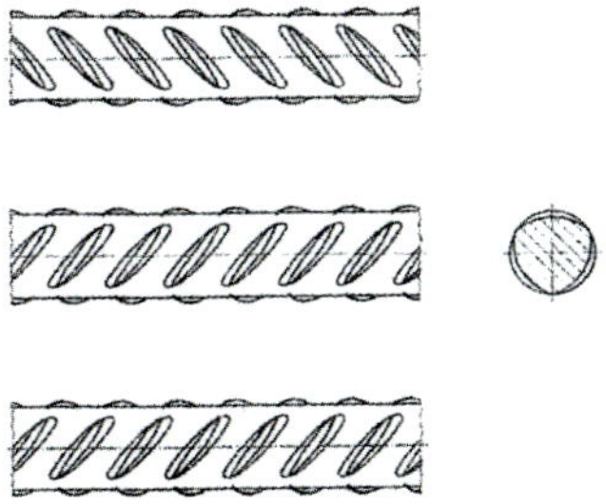 | **Drei Reihen von Schrägrippen ohne Längsrippen** |

**Abb. 7.18:** Oberflächengestalt (Rippenform) von Betonstahlsorten nach DIN 488

In DIN 488 sind die Eigenschaften von normalduktilen *Betonstahlmatten B500A* (Werkstoffnummer 1.0438) aus kaltverformten gerippten Betonstählen und hochduktilen *Betonstahlmatten B500B* (Werkstoffnummer 1.0439) aus warmgewalzten gerippten Betonstählen festgelegt. Vorwiegend kommen normalduktile Betonstahlmatten B500A aus Betonstählen mit drei Rippenreihen zum Einsatz (Abb. 7.18). Der Aufbau der Betonstahlmatten ist in Übereinstimmung mit den bewehrungsspezifischen Aspekten von DIN 488 und DIN EN 1992-1-1 festgelegt. Die Stabdurchmesser liegen zwischen 6,0 (5,0) und 14,0 mm. Die Längs- bzw. Querstäbe sind entweder Einfachstäbe und/oder Doppelstäbe aus zwei dicht nebeneinander liegenden Stäben gleichen Durchmessers. Betonstahlmatten dürfen nur in einer Richtung (Längsrichtung) Doppelstäbe enthalten.

In DIN 488 wird zwischen Lagermatten und Listenmatten unterschieden.

**Lagermatten** sind standardisierte normalduktile oder hochduktile Betonstahlmatten mit festgelegten Abmessungen und festgelegtem Aufbau. Sie können direkt ab Lager geliefert werden. Lagermatten werden nach einem vorgegebenen Typenprogramm in Längen von 6,0 m bei einer Breite von 2,30 m mit Stabquerschnitten von 1,88 $cm^2/m$ bis zu 6,36 $cm^2/m$ hergestellt.

Lagermatten erhalten eine Kurzbezeichnung. Kennbuchstabe Q oder R für den Mattentyp, dazu der Bewehrungsquerschnitt in Mattenlängsrichtung (in $mm^2/m$ Mattenbreite) und die Duktilitätsklasse (A oder B). *Q-Matten* weisen sowohl in Längs- wie in Querrichtung etwa den gleichen Bewehrungsquerschnitt auf und werden daher bevorzugt für zweiachsig gespannte Platten eingesetzt. Bei *R-Matten* ist die Nennquerschnittsfläche nur in Haupttragrichtung, d. h. in Richtung der größeren Länge vorhanden. Daher werden sie bevorzugt für die Bewehrung einachsig gespannter Platten eingesetzt. In Querrichtung wird eine Quer- oder Verteilerbewehrung gefordert, die mindestens 20 % der Längsbewehrung betragen muss.

Einige Q- und R-Matten können als *Matten mit Randeinsparung* ausgeführt werden, um nicht anrechenbare Querschnittsanhäufungen im Stoß- bzw. Überlappungsbereich der Matten zu vermeiden. Dazu werden – in Haupttragrichtung gesehen – die Randstäbe geschwächt. Dies geschieht bei Doppelstabmatten durch Verwendung des Einzelstabs gleichen Durchmessers. Die Randschwächung wird üblicherweise in einem Bereich vorgenommen, der dem üblichen Tragstoß (Q-Matten) oder Verteilerstoß (R-Matten) entspricht.

**Listenmatten** (teilweise auch Zeichnungsmatten genannt) sind im Gegensatz zu Lagermatten nicht standardisierte Betonstahlmatten, deren Aufbau – Länge, Breite, Stabdurchmesser und Stababstand – der Anwender frei wählt, wobei die schweißtechnischen Randbedingungen zu beachten sind. Listenmatten können mit normal- und hochduktilen Materialeigenschaften geliefert werden. Die Mattenlängen liegen zwischen 3,0 und 12,0 m, die Mattenbreiten zwischen 1,85 und 3,0 m.

Gebräuchliche Arten von Listenmatten sind Einachs- und Zweiachsmatten sowie Matten mit gestaffelter Bewehrung.

*Einachsmatten* weisen die statisch erforderliche Bewehrung nur in einer Richtung auf (Längsstäbe). Die Bewehrung in Querrichtung dient nur Montagezwecken (Quer- oder Montagestäbe). Bei *Zweiachsmatten* haben Längs- und Querstäbe den gleichen Querschnitt, wobei die an einer Längs- und einer Querseite angeordneten Stabüberstände den statisch erforderlichen Übergreifungslängen entsprechen. An den Übergreifungsstößen liegen die Matten somit planar in einer Lage (Einebenenstöße), was sich insbesondere bei großen Flächen und flächigen Bauteilen mit geringen Konstruktionshöhen vorteilhaft auswirkt. Bei *Matten mit Staffelung der Bewehrung* erfolgt die Staffelung durch Variation des Stababstandes, des Stabdurchmessers und Doppelstäben.

*Vorratsmatten* sind standardisierte Listenmatten, die in ihrer statischen Dimensionierung an die Lagermatten angepasst sind, in der konstruktiven Ausbildung jedoch den Einachs- und Zweiachs-Listenmatten entsprechen. Die Mattenhersteller bevorraten fast ausschließlich Vorratsmatten des Typs B (B-Matten), das sind Zweiachsmatten mit Stabüberständen an je einer Längs- und Querseite. Die Überstände sind so ausgelegt, dass Einebenenstöße mit guten Verbundeigenschaften ab der Betonfestigkeitsklasse C20/25 hergestellt werden können.

*HS-Matten* (**H**aarnadel/**S**chlaufe) sind standardisierte Listenmatten, deren Stabanordnung so gewählt ist, dass in gebogenem Zustand Eckverbügelungen und Durchdringungen in Wänden und Decken besser ausgebildet werden können.

*Listenmatten für Randbereiche von Flächentragwerken* werden zur Fertigung von Bügelkörben für Einfassungen an Plattenrändern, Fugen u. Ä. sowie für Anschlussbewehrungen Wand/Wand, Wand/Boden u. Ä. verwendet.

e) Gitterträger (DIN 488 Teil 5)

Gitterträger sind vorgefertigte zwei- oder dreidimensionale Bewehrungselemente. Sie bestehen aus einem Obergurt und einem (oder mehreren) Untergurt(en) sowie durchgehenden oder unterbrochenen Diagonalen, die durch Schweißen mit den Gurten verbunden sind (Abb. 7.19). Obergurt, Untergurt und Diagonalen werden aus Betonstahl gemäß DIN 488 Teil 2 und/oder 3 gefertigt. Der Obergurt kann auch aus Stahlblechprofilen bestehen, die bis zu ihrer Oberkante mit Beton gefüllt werden; dadurch werden unterstützungsfreie Montagestützweiten bis 5,25 m möglich.

Gitterträger dienen im Wesentlichen als Verbund/Schubbewehrung von Fertigplatten mit statisch mitwirkender Ortbetonschicht. Sie können ferner zur Erzielung einer ausreichenden Montagesteifigkeit von Fertigplatten im Bauzustand genutzt werden. Bei punktförmig gestützten Platten lassen sie sich als Durchstanzbewehrung einsetzen. Weitere Einsatzgebiete für Gitterträger sind vorgefertigte doppelschalige Stahlbeton-Plattenwände, die auf der Baustelle mit Ortbeton ausgegossen werden, sowie Balken-, Rippen- und Plattenbalkendecken mit Betonfußleisten.

Bislang wurden Gitterträger und deren Einsatz durch allgemeine bauaufsichtliche Einzelzulassungen geregelt, wobei nicht der Gitterträger an sich, sondern das Fertigprodukt unter Verwendung des jeweiligen Trägertyps zugelassen waren. Diese Zulassungen sind auch nach Erscheinen der DIN 488 Teil 5 im Rahmen der Geltungsdauer des Zulassungsbescheids gültig.

Höhe:
**60 - 300 mm**
OG:
**Ø 8 - 16 mm**
Diagonale:
**2 Ø 6 - 8 mm**
UG:
**2 Ø 6 - 16 mm**

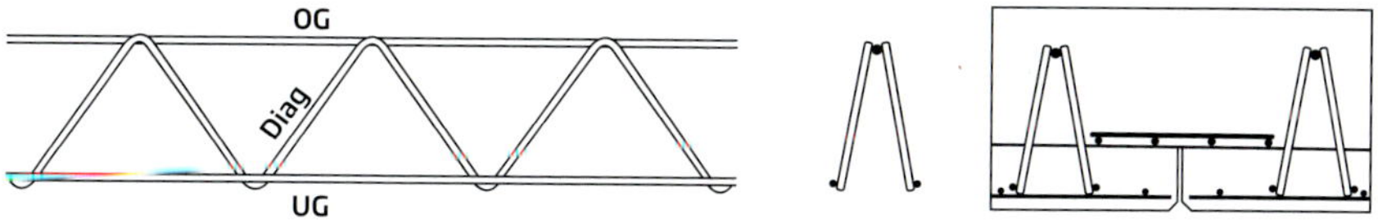


**Abb. 7.19:** Gitterträger für nachträglich mit Ortbeton ergänzte Deckenplatten

## Kennzeichnung von Betonstahl

Die Betonstähle müssen mit einem für jedes Herstellerwerk festgelegten Werkkennzeichen versehen sein. Ein Verzeichnis der gültigen Werkkennzeichen wird vom Deutschen Institut für Bautechnik, Berlin, geführt

a) Betonstabstahl

Das Werkkennzeichen beginnt mit zwei verbreiterten Schrägrippen. Es folgt das Nummernfeld des Landes (des Staates) mit einer bestimmten Anzahl von normalen Schrägrippen, das durch eine verbreiterte Schrägrippe abgeschlossen wird. Darauf folgt die Werknummer des Herstellers mit einer bestimmten Anzahl von normalen Schrägrippen; dieses Feld kann auch durch eine verbreiterte Schrägrippe in Zehner- und Einerstellen unterteilt sein. Den Abschluss des gesamten Kennzeichens bildet wiederum eine verbreiterte Schrägrippe (Abb. 7.20). Anstelle von verbreiterten Schrägrippen können die Rippen auch ausgelassen werden. Das Werkkennzeichen muss sich auf dem Stab in Abständen von etwa 1 m wiederholen.

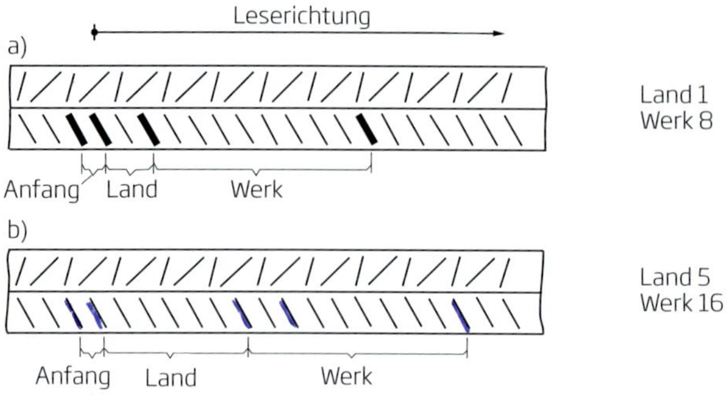


**Abb. 7.20:** Werkkennzeichnung von Betonstabstahl (Beispiel)

b) Betonstahl in Ringen

Das Werkkennzeichen von Betonstahl in Ringen entspricht dem des Betonstabstahls. Zusätzlich wird auf einer Rippenreihe ohne Werkkennzeichen ein Kennzeichen in Form einer verstärkten Rippe oder eines verfüllten Rippenzwischenraums angeordnet.

c) Bewehrungsdraht

Die einzelnen Ringe oder Bunde sind mit einem Etikett versehen, das die Nummer des Herstellerwerks und den Nenndurchmesser des Erzeugnisses enthält. Profilierter Bewehrungsdraht ist zusätzlich mit einem Werkkennzeichen zu versehen. Die Werknummer geht aus der Anzahl der erhabenen Profilteile hervor, die zwischen senkrecht zur Stabachse angeordneten oder zwischen fehlenden erhabenen Profilteilen angeordnet sind. Glatter Bewehrungsdraht muss ebenfalls ein aus Punkten oder kurzen Längsrippen bestehendes Werkkennzeichen aufweisen. Bei Verwendung des glatten Bewehrungsdrahtes in Gitterträgern kann die Kennzeichnung entfallen, sofern das Herstellerwerk der Gitterträger als auch das Herstellerwerk des glatten Bewehrungsdrahtes identisch sind.

d) Betonstahlmatten

Das Werkkennzeichen von Betonstählen, die zur Herstellung von Betonstahlmatten verwendet werden, ist durch die Anzahl von Schrägrippen bestimmt, die zwischen kürzeren oder punktförmigen zusätzlich eingeschalteten Zwischenrippen liegen. Alternativ kann die Kennzeichnung auch durch größere Rippenabstände (Weglassen einer Rippe) erfolgen. Zusätzlich sind an den Betonstahlmatten Etiketten anzubringen, die Angaben über das Herstellerwerk und die Stahlsorte sowie die Mattenbezeichnung enthalten.

e) Gitterträger

Gitterträger müssen sowohl das Kennzeichen des Herstellers (Verschweißerkennzeichen) als auch das des Herstellers des Gitterträgervormaterials tragen. Auf den im Abstand von etwa 1 m angebrachten Etiketten müssen die Bezeichnung des Gitterträgers einschließlich Höhe, Stabdurchmesser und Stahlsorte erkennbar sein.

### Schweißen von Betonstahl nach DIN EN ISO 17660

DIN EN ISO 17660 (ersetzt DIN 4099) enthält Angaben über das Schweißen von Betonstahl bei tragenden (Teil 1) und nichttragenden (Teil 2) Schweißverbindungen. Die Norm gilt für das Schweißen von Betonstählen nach DIN 488 mittels

- Lichtbogenhandschweißen (E-Hand),
- Metall-Aktivgasschweißen (MAG),
- Abbrennstumpfschweißen (RA),
- Gaspressschweißen (GP)

auf Baustellen und in Betrieben (z. B. in Biegebetrieben und in Fertigteilwerken) sowie mittels

- Widerstands-Punktschweißen (RP).

Die Norm definiert Anforderungen an Schweißwerkstoffe, Schweißverfahren und Schweißpersonal sowie an Ausführung und Überwachung des Schweißvorgangs.

## Betonstähle mit bauaufsichtlicher Zulassung

### Betonrippenstahl GEWI (Gewindestahl)

Gewindestahl (Kurzbezeichnung GEWI-Stahl) ist ein Betonrippenstahl B500H (bisher BSt 500S) mit zwei Reihen aufgewalzter Querrippen, die als Gewinde ausgebildet sind, also im Gegensatz zu der Rippenanordnung bei üblichen Betonrippenstählen im gleichen Drehsinn (schraubenförmig) um den Stahl herum laufen. Mit einer entsprechend geformten Gewindemuffe können zwei GEWI-Stahlstäbe kraftschlüssig miteinander verbunden werden (Abb. 7.21). In der Regel wird die Verbindung durch je eine Kontermutter an beiden Enden der Gewindemuffe gesichert. Sowohl der GEWI-Stahl als auch der Muffenstoß sind durch Zulassungsbescheid des DIBt zugelassen. GEWI-Stahl ist hochduktil (Duktilitätsklasse B) und für die gängigen Verfahren schweißgeeignet.

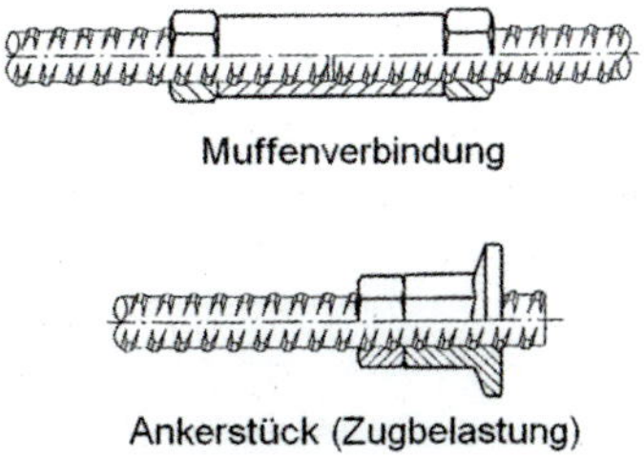


**Abb. 7.21:** Muffenverbindung und Ankerstück für GEWI-Stahl

### Betonstahl mit erhöhtem Korrosionswiderstand

Es existieren unterschiedliche Ansätze, um im Stahlbetonbau durch zusätzliche vorbeugende Maßnahmen eine Korrosion des Bewehrungsstahls auszuschließen. Zu diesen Maßnahmen zählt unter anderem die Verwendung nichtrostender, feuerverzinkter und epoxidharzbeschichteter Betonstähle. Bauaufsichtliche Zulassungen durch das DIBt wurden bisher für nichtrostende und feuerverzinkte Betonstähle erteilt.

*Nichtrostende Betonstähle* können als Stabstahl, Stahlmatten oder bei Gitterträgern im Stahlbetonbau Anwendung finden. Nichtrostender kaltumgeformter Betonstahl BSt 500 NR (gerippt) und BSt 500 NG (glatt) in Ringen wird aus den Edelstählen 1.4571, 1.4362 und 1.4462 mit Nenndurchmessern 4 bis 14 mm angeboten. Wichtige Gebrauchseigenschaften zeigt Tabelle 7.6.

**Tabelle 7.6:** Gebrauchseigenschaften von nichtrostenden Betonstählen in Ringen BSt 500 NR und BSt 500 NG nach bauaufsichtlichen Zulassungen

| Werkstoff-Nr. | 1.4571 | 1.4362 und 1.4462 |
|---|---|---|
| Nenndurchmesser (mm) | 6 bis 14 | |
| 0,2-%-Dehngrenze (N/mm²) | ≥ 500 | ≥ 700 |
| Zugfestigkeit $R_m$ (N/mm²) | ≥ 550 | ≥ 800 |
| Bruchdehnung $A$ (%) | 15 | 10 |
| Gleichmaßdehnung $A_g$ (%) | 5 | 5 |
| Dauerschwingfestigkeit (N/mm²)[1)] | 175 | 165 (1.4362);175 (1.4462) |

1) Prüfung an freien geraden Stäben, Schwingbreite $2\sigma_A$ bei $2 \cdot 10^6$ Schwingspielzahlen

Nichtrostende Betonstähle können auf der Baustelle und in Betrieben geschweißt werden. Gemäß Zulassung dürfen nichtrostende Betonstähle aus dem geschweißten Edelstahl 1.4362 nur bei vorwiegend ruhender Belastung eingesetzt werden.

*Feuerverzinkte Betonstähle* dürfen wie unverzinkte Betonstähle zur Bewehrung von Stahlbeton nach DIN EN 1992-1-1 eingesetzt werden. Einschränkend erklärt die bauaufsichtliche Zulassung das Biegen des Betonstahls vor dem Feuerverzinken für unzulässig. Zum Feuerverzinken bauaufsichtlich zugelassen sind Betonstabstahl, Betonstahl in Ringen, Bewehrungsdraht und Betonstahlmatten. Feuerverzinkte Betonstähle werden bevorzugt dort eingesetzt, wo eine hohe Chloridbelastung zu erwarten ist, z. B. bei Bauten im Meerwasserbereich, bei Stahlbetonbrücken, Parkhäusern und Tiefgaragen. Bei Chloridgehalten > 1,5 M.-% (bezogen auf den Zementgehalt) muss jedoch mit einem raschen Zinkabtrag gerechnet werden.

*Epoxidharzbeschichtete Betonstähle* werden in Deutschland derzeit nicht angewendet. Gegen die Verwendung beschichteter Betonstähle sprechen vor allem eine mangelnde Alkalibeständigkeit und Beschichtungsmängel, die durch den Transport, die Handhabung auf der Baustelle und durch mangelnde Sorgfalt beim Einbau auftreten können. Im Allgemeinen zeichnen sich Epoxidharzbeschichtungen durch hohe Dichtigkeit gegenüber Chloriden aus. Bei vorhandener Haftung auf dem Betonstahl und ausreichender Dicke ist damit ein ausreichender Schutz vor Korrosion der Bewehrung gegeben.

### Sonderdyn-Matten

Als Sonderdyn-Matten werden Betonstahlmatten bezeichnet, bei denen die sich kreuzenden Längs- und Querstäbe nur in den Randbereichen verschweißt sind. Die im Matteninnenbereich *nicht* verschweißten Stäbe erreichen die Dauerschwingfestigkeit unverschweißter Stäbe. Daher werden Sonderdyn-Matten in Bauteilen mit erhöhter dynamischer Belastung eingesetzt.

## Spannstähle

Spannstähle sind hochfeste Stähle, die vor allem beim Bau von vorgespannten Betonkonstruktionen (Spannbetonbau) eingesetzt werden. Im Vergleich zu Betonstählen weisen sie im Allgemeinen eine deutlich höhere Zugfestigkeit und Streckgrenze auf. Die hohen Festigkeitswerte ermöglichen eine große elastische Dehnung des Stahls beim Vorspannen. Daraus resultieren geringere Spannkraftverluste infolge Kriechen und Schwinden des Betons.

Spannstähle sind in DIN EN 10138 genormt. Da diese Norm derzeit lediglich als Entwurf vorliegt, unterliegen die Spannstähle in Deutschland der allgemeinen bauaufsichtlichen Zulassung. Ein Verzeichnis der gültigen Zulassungen wird vom Deutschen Institut für Bautechnik (DIBt) in Berlin geführt.

### Anforderungen und Eigenschaften

An Spannstähle werden folgende Anforderungen gestellt:

- hohe Zugfestigkeit und hohe Streckgrenze, um den Spannkraftverlust infolge Kriechen und Schwinden des Betons zu minimieren;
- ausreichende Zähigkeit bzw. plastisches Verformungsvermögen als Sicherheit gegen Sprödbruch bei Überlastung;
- geringe Relaxation und geringes Kriechen des Spannstahls zur Begrenzung der Spannkraftverluste;
- hohe Ermüdungsfestigkeit (Dauerschwingfestigkeit);
- guter Haftverbund zwischen Spannstahl und Beton, insbesondere bei Spannbettvorspannung;
- ausreichender Korrosionswiderstand.

Wichtige mechanische Eigenschaften der Spannstähle:

- Elastizitätsmodul $E_p$ = 205 000 N/mm$^2$ (Stäbe und Drähte) bzw. $E_p$ = 195 000 N/mm$^2$ (Litzen);
- Bruchdehnung $A$ = 6 % (Stäbe, Drähte, Litzen ) bzw. $A$ = 7 % (Stäbe);
- Relaxations- oder Spannkraftverlust unter Zugspannung $\sigma_z$ = 0,7 $R_m$ in 1000 h bei 20 °C bei Stäben 3,3 %, bei Drähten 2 % und bei Litzen 7,5 %.

Spannstähle weisen im Vergleich zu Betonstählen höhere Kohlenstoffgehalte auf (0,6 bis 0,9 M.-% bei unlegiertem Stahl; 0,4 bis 0,7 M.-% bei niedrig legiertem Stahl) und sind daher grundsätzlich *nicht schweißbar*.

## Spannstahlarten

Die Bezeichnung der Spannstähle erfolgt derzeit durch die vorangestellten Buchstaben **St** und die Angabe der Nennwerte für die Streckgrenze $R_{p\,0,2}$ und die Zugfestigkeit $R_m$, z. B. Spanndrahtlitze St 1570/1770. Die zukünftige Bezeichnung nach DIN EN 10138 setzt sich aus dem vorangestellten Buchstaben **Y** und dem Nennwert für die Zugfestigkeit $R_m$ zusammen, z. B. Y1770.

Spannstahl wird in Deutschland in verschiedenen Erzeugnisformen und Festigkeiten eingesetzt. Eine Auswertung der 56 derzeit vom DIBt allgemein bauaufsichtlich zugelassenen Spannstähle (Stand März 2013) ist in Tabelle 7.7 wiedergegeben.

**Tabelle 7.7:** Bauaufsichtlich zugelassene Spannstähle (Stand: März 2013)

| Spannstahlart | Festigkeitsklasse | Herstellart | Form und Oberfläche | Nenndurchmesser [mm] |
|---|---|---|---|---|
| Stäbe | St 835/1030 | warmgewalzt, gereckt, angelassen | rund, glatt | 26,5 - 32,0 - 36,0 - 40,0 |
| | St 950/1050 | | rund, glatt | 26,0 - 32,0 - 36,0 - 40,0 |
| | | | mit Gewinderippen | 18,0 - 26,5 - 32,0 - 36,0 - 40,0 |
| Drähte | St 1375/1570 | kaltgezogen | rund, glatt | 8,0 - 9,0 - 9,4 |
| | | | rund, profiliert | 9,5 - 10,5 - 11,5 |
| | St 1470/1670 | | rund, glatt | 6,0 - 6,5 - 6,9 - 7,0 - 7,5 |
| | | | rund, profiliert | 5,5 - 6,0 - 6,5 - 7,0 - 7,5 - 8,0 |
| | St 1570/1770 | | rund, glatt | 7,0 |
| | | | rund, profiliert | 4,0 - 4,5 - 5,0 - 6,0 - 7,0 |
| Litzen (Abb. 7.22) | St 1570/1770 | kaltgezogen | 7 runde, glatte Einzeldrähte | 6,9 - 9,3 - 11,0 - 12,5 - 12,9 - 15,3 - 15,7 |
| | St 1660/1860 | | | 6,9 - 9,3 - 11,0 - 12,5 - 12,9 - 15,3 - 15, 7 |

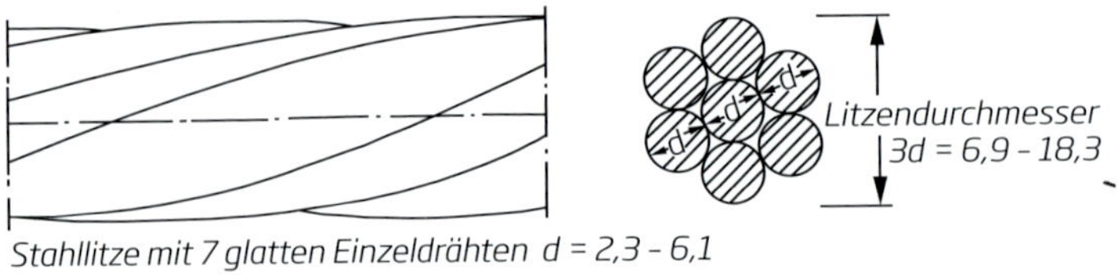


**Abb. 7.22:** Spannstahllitze mit 7 glatten Einzeldrähten

## Vorspannsysteme

Es werden drei Vorspannsysteme unterschieden:

a) Bei der *Vorspannung mit nachträglichem Verbund* wird der Spannstahl vor dem Betonieren des Bauteils in Spannkanäle eingeführt und nach dem Erhärten des Betons ohne Verbund gegen das Bauteil gespannt und verankert. Die Verankerung hat die Aufgabe, die Spannkraft über den Spannstahl auf den Beton zu übertragen. Dies geschieht meist mit Ankerplatten, an denen der Spannstahl durch Keile (Litzenverankerung nach Abb. 7.23) oder aufgestauchte Köpfchen (Einzeldrahtverankerung) befestigt ist. Die Spannkanäle werden mithilfe profilierter und dünnwandiger stählerner Hüllrohre im Beton ausgespart. Der Hohlraum in den Hüllrohren um den Spannstahl wird anschließend mit alkalischem Einpressmörtel verpresst, um den korrosionsempfindlichen Spannstahl zu schützen.

**Abb. 7.23:** Ankerplatte mit Keilverankerung der Litzen

b) Bei der *Vorspannung ohne Verbund* liegen die Spannstähle außerhalb oder geschützt innerhalb des Bauteils ohne unmittelbaren Verbund mit dem Beton. Nach der Betonerhärtung werden sie an den Bauteilenden gespannt und verankert. Als Spannstähle dienen meist siebendrähtige Litzen (Abb. 7.22), die mit einem geeigneten Korrosionsschutzfett beschichtet und mit einem aufexdrudierten Kunststoffhüllrohr versehen sind.

c) Bei der *Vorspannung mit sofortigem Verbund* („Spannbettvorspannung") werden die Spannstähle im Spannbett gespannt und anschließend in den Beton des Bauteils eingebettet. Nach dem Erhärten des Betons entsteht die Verbundwirkung. Weil die Vorspannkraft über den Verbund eingeleitet werden muss, kommen nur Litzen und schwach profilierte Einzeldrähte in Frage. Die Spannbettvorspannung wird hauptsächlich bei der industriellen Fertigung von Betonprodukten, z. B. Boden- und Dachplatten, Trägern, Rammpfählen, angewendet.

**Korrosion** (s. dazu auch Abschn. 7.1.8 „Korrosion und Korrosionsschutz")

Bei Spannstahl werden vorwiegend zwei Erscheinungsformen der Korrosion unterschieden:

*Flächenkorrosion (Rosten)* kann infolge fortschreitender Materialabtragung zur Querschnittsschwächung führen. Leichter Rostansatz (Flugrost) ist im Regelfall ohne Bedeutung. Narben oder Löcher an der Stahloberfläche können dagegen durch örtliche Kerbwirkung zu vorzeitigem Versagen des Spannstahls führen (Narben- oder Lochkorrosion).

*Spannungsrisskorrosion* wird durch bestimmte Agenzien, z. B. Chloride, Nitrate und Nitrite oder Säuren, im Regelfall nur dann verursacht, wenn die dafür empfindlichen Spannstähle zum Zeitpunkt des Korrosionsangriffs unter hoher Zugspannung stehen. Typische Erscheinungsformen sind unangekündigt auftretende Sprödbrüche ohne sichtbaren Angriff der

Stahloberfläche. Als Sonderfall der Spannungsrisskorrosion entsteht die sogenannte „Wasserstoffversprödung" durch Eindringen atomaren Wasserstoffs in den Stahl.

## 7.1.8 Korrosion und Korrosionsschutz

| | |
|---|---|
| DIN 18364 | VOB; Teil C (ATV); Korrosionsschutzarbeiten an Stahlbauten; Ausgabe 2012-09 |
| DIN 50900-2 | Korrosion der Metalle; Elektrochemische Begriffe; Ausgabe 2002-06 |
| DIN 55634 | Beschichtungsstoffe und Überzüge – Korrosionsschutz von tragenden dünnwandigen Bauteilen aus Stahl; Ausgabe 2010-04 |
| DIN 55945 | Beschichtungsstoffe und Beschichtungen – Ergänzende Begriffe zu DIN EN ISO 4618; Ausgabe 2007-03 |
| DIN EN ISO 1461 | Durch Feuerverzinken auf Stahl aufgebrachte Zinküberzüge (Stückverzinken) – Anforderungen und Prüfungen; Ausgabe 2009-10 |
| E DIN EN ISO 4618 | Beschichtungsstoffe – Begriffe; Ausgabe 2013-01 *(Norm-Entwurf)* |
| DIN EN ISO 9223 | Korrosion von Metallen und Legierungen – Korrosivität von Atmosphären – Klassifikation, Bestimmung und Abschätzung; Ausgabe 2012-05 |
| DIN EN ISO 9224 | Korrosion von Metallen und Legierungen – Korrosivität von Atmosphären – Anhaltswerte für Korrosivitätskategorien; Ausgabe 2012-05 |
| DIN EN ISO 12944 | Beschichtungsstoffe – Korrosionsschutz von Stahlbauten durch Beschichtungssysteme (Teile 1 bis 8)<br>Teil 1: Allgemeine Einleitung; Ausgabe 1998-07<br>Teil 2: Einteilung der Umgebungsbedingungen; Ausgabe 1998-07<br>Teil 3: Grundregeln zur Gestaltung; Ausgabe 1998-07<br>Teil 4: Arten von Oberflächen und Oberflächenvorbereitung; Ausgabe 1998-07<br>Teil 5: Beschichtungssysteme; Ausgabe 2008-01 |
| DIN EN ISO 14713 | Zinküberzüge – Leitfäden und Empfehlungen zum Schutz von Eisen- und Stahlkonstruktionen vor Korrosion<br>Teil 1: Allgemeine Konstruktionsgrundsätze und Korrosionsbeständigkeit; Ausgabe 2010-05<br>Teil 2: Feuerverzinken; Ausgabe 2010-05<br>Teil 3: Sheradisieren; Ausgabe 2010-05 |

### 7.1.8.1 Ursachen der Korrosion

Nach DIN 50900-2 wird unter dem Begriff Korrosion die Reaktion eines metallischen Werkstoffs mit seiner Umgebung verstanden, die eine messbare Veränderung des Werkstoffs hervorruft.

Korrosionsprodukte (technische Bezeichnungen) sind *Rost* bei Eisenwerkstoffen, *Patina* bei Kupfer und Kupferlegierungen, *Weißrost* bei Zink und Zinklegierungen und *Verzunderungen* von Stahl beim Glühen an der Luft (Hochtemperaturkorrosion).

Nach der Art der Korrosionsprozesse, die besonders vom angreifenden Medium bestimmt sind, unterscheidet man chemische und elektrochemische Korrosion.

Bei der im Bauwesen eher unbedeutenden *chemischen Korrosion* reagiert das Metall mit elektrisch nichtleitenden Medien, wie trockenen Gasen, Schmelzen oder organischen Substanzen. Bei Kontakt von Stahl mit sauerstoffhaltiger, trockener Luft entstehen je nach Temperatur weitgehende dichte und beständige Oxidschichten, die weiteren Korrosionsangriff hemmen oder verhindern. Bekannt sind die bei hohen Temperaturen auftretenden dünnschichtigen Anlauf- oder Anlassfarben oder die dickeren lockeren Zunderschichten, die wegen ihrer Porigkeit jedoch keinen Schutz gegen elektrochemische Korrosion bieten.

Bei der für die Praxis wichtigeren *elektrochemischen Korrosion* ist das angreifende Medium eine elektrisch leitende Flüssigkeit (Elektrolyt). Auf der Metalloberfläche bilden sich dabei Bereiche aus, in denen Metall-Ionen in Lösung gehen (Anoden) und andere Bereiche, in denen ein Oxidationsmittel reduziert wird (Katoden). Es baut sich ein Stromkreis auf mit einem Elektronenstrom im Metall und einem Ionenstrom im Elektrolyten. Dieser Stromkreis entspricht einem galvanischen Element und wird als Korrosionselement (bei kleinen Bereichen Lokalelement) bezeichnet.

Die an der Anode ablaufenden Reaktionen sind bei allen Korrosionsvorgängen gleich. Die Kathodenreaktionen sind dagegen von der Eigenschaft des Elektrolyten abhängig. Man unterscheidet zwischen *Wasserstoff- oder Säurekorrosion* und der sehr viel häufiger auftretenden *Sauerstoffkorrosion*, die in sauerstoffhaltigen Wässern und wässrigen Lösungen mit pH-Werten zwischen 5 und 8 abläuft.

Die Vorgänge bei der Sauerstoffkorrosion werden am Beispiel der Wassertropfenkorrosion des Eisens (Abb. 7.24) beschrieben:

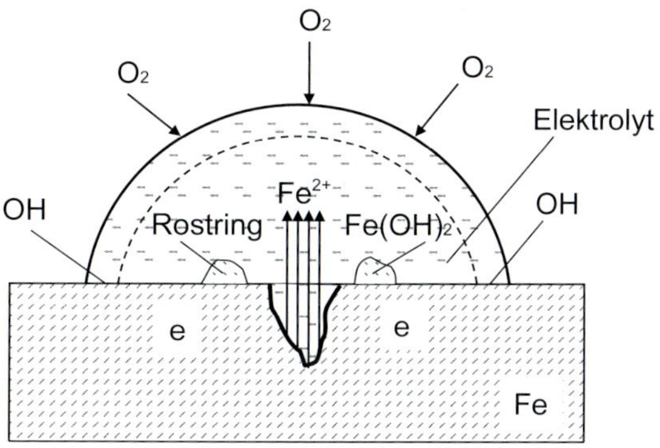


**Abb. 7.24:** Korrosionsabläufe in einem Wassertropfen (Belüftungselement)

1. Sauerstoff $O_2$ dringt aus der Luft in den Wassertropfen. In der Nähe der Oberfläche des Wassertropfens ist die $O_2$-Konzentration hoch; es entsteht weißer Rost:

   $2\,Fe + O_2 + 2\,H_2O \rightarrow 2\,Fe\,(OH)_2$

   Da die Rosthaut edler als die noch blanke Metalloberfläche ist, liegt ein Lokalelement vor, dessen Katode die angerostete Oberfläche und dessen Anode das noch blanke Metall ist.

2. An der Anode gehen $Fe^{2+}$-Ionen in Lösung, während die freien Elektronen zur Rosthaut fließen:

   $Fe \rightarrow Fe^{2+} + 2\,e^-$

3. Katodenreaktion:

   $2\,H_2O + O_2 + 4\,e^- \rightarrow 4\,(OH)^-$

4. Bildung eines Rostrings:

   $Fe^{2+} + 2\ (OH)^{-} \rightarrow Fe\ (OH)_2$

   Das Eisen-II-Hydroxid wird je nach pH-Wert und Sauerstoffgehalt des Elektrolyten weiter oxidiert und fällt als unlöslicher Rost $Fe_2O_3$ auf der Metalloberfläche aus.

### 7.1.8.2 Erscheinungsformen der Korrosion

Die durch Korrosion verursachte Veränderung in einem beliebigen Teil eines Korrosionssystems führt zu verschiedenen Erscheinungsformen.

Bei der *gleichmäßigen Flächenkorrosion* wird der Werkstoff annähernd parallel zur Oberfläche abgetragen. Diese Korrosionsart kann leicht überwacht und durch Korrosionszuschläge bei der Bauteilbemessung berücksichtigt werden. Bei örtlich unterschiedlichem Korrosionsabtrag infolge unvollständiger oder beschädigter Deckschichten tritt *Muldenkorrosion* auf.

Bei der *Lochfraßkorrosion* treten nur an kleinen Oberflächenbereichen enge, tiefe lochförmige Korrosionsnarben auf. Dies kann der Fall sein, wenn eine edlere metallische Deckschicht (z. B. Verchromung) durch eine mechanische Beschädigung durchbrochen wird oder eine passivierende Oxidschicht durch Salzanreicherung (z. B. Chloride) lokal geschädigt wird. Da in diesen Fällen ein sehr rascher Korrosionsfortschritt erfolgt und die Narben nur schwer zu erkennen sind, gehört Lochfraß insbesondere bei Bauteilen unter hoher Zugbeanspruchung wegen der auftretenden starken Kerbwirkung zu den gefährlichsten Korrosionsarten. Bekannte Beispiel für die Lochfraßkorrosion passiver Metalle durch chloridhaltige Lösungen sind unlegierte Spannstähle, die in der hochalkalischen Umgebung (pH-Werte $\geq 12{,}5$) des Betons vollständig passiviert sind, bei Anwesenheit von Chloriden jedoch Lochfraßkorrosion zeigen können.

*Spaltkorrosion* tritt in meist konstruktivbedingten engen Spalten, z. B. bei Schraub- und Nietverbindungen, aber auch unter Ablagerungen oder unterrosteten Beschichtungen auf. Sie ist auf Korrosionselemente auf der Metalloberfläche zurückzuführen, die durch unterschiedliche Sauerstoffgehalte im Elektrolyten entstehen. Bei diesen sogenannten Belüftungselementen, die oft in Rissen und engen Spalten auftreten, werden gut belüftete, $O_2$-reiche Stellen kathodisch und schlecht belüftete, $O_2$-arme Stellen anodisch. Stark gefährdet sind vor allem passivierende Metalle wie korrosionsbeständige Stähle, da die Verarmung an Oxidationsmitteln im Spalt eine Aufrechterhaltung der Passivität erschwert. Als kritische geometrische Einflussgröße wird eine Spaltbreite $< 1$ mm angesehen.

Besteht zwischen zwei unterschiedlichen Metallen elektrisch leitender Kontakt und ist auf der Oberfläche ein Elektrolyt vorhanden, so treten entsprechend der Stellung der Metalle in der Spannungsreihe Potentialdifferenzen auf, die sehr hohe Werte annehmen können. Bei dieser als *Kontaktkorrosion* bezeichneten Korrosionsart bildet sich ein Korrosionselement, bei dem das edlere Metall die Kathode ist, während das unedlere Metall zur Anode wird und in Lösung geht. Mögliche Maßnahmen zur Vermeidung von Kontaktkorrosion sind das Isolieren der Kontaktpartner, die Auswahl in der Spannungsreihe eng beieinander stehender Kontaktpartner und die Vermeidung ungünstiger Flächenverhältnisse von Anode und Kathode (ungünstig: Anodenfläche < Kathodenfläche).

Zu den Korrosionsarten mit mechanischer Beanspruchung sind die Spannungs- und Schwingungsrisskorrosion zu zählen. Mit *Spannungsrisskorrosion* wird eine Korrosionsart bezeichnet, die beim Zusammentreffen hoher Zugspannungen mit bestimmten Werkstoff-Medien-Kombinationen auftritt. Der zum Versagen des zugbeanspruchten Werkstoffs führende charakteristisch verzweigte Rissverlauf erfolgt senkrecht zur Hauptzugspannung interkristallin oder auch transkristallin. Da es zu keiner Brucheinschnürung des Werkstoffquerschnitts vor dem Bruch kommt und Korrosionsprodukte praktisch nicht anfallen, gehört die Spannungsrisskorrosion zu den gefährlichsten Korrosionsarten.

*Schwingungsrisskorrosion* (Korrosionsermüdung) kann bei mechanischer Wechselbeanspruchung und gleichzeitigem Einwirken eines korrosiven Mediums auftreten. Es entstehen vorwiegend transkristalline Risse, die zu einem plötzlichen Versagen eines Bauteils führen können. Schwingungsrisskorrosion ist an jedem Metall und in jedem Medium möglich.

Besondere Erscheinungsformen der Korrosion sind die *Erosionskorrosion*, bei der der Werkstoff durch Zerstörung der Schutzschichten durch strömende Medien aktiv korrodiert und die *Kavitationskorrosion*, bei der die Korrosion durch Zerstörung von Schutzschichten als Folge der Kavitation ausgelöst wird.

### 7.1.8.3 Korrosionsschutzmaßnahmen

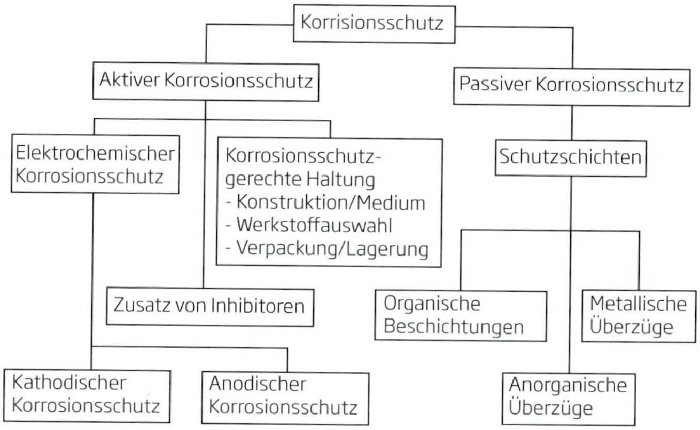


Die grundsätzlichen Möglichkeiten des Korrosionsschutzes werden anhand eines schematischen Korrosionselements gezeigt (Abb. 7.25). Sie bestehen in der Isolierung ungleicher Metalle bei Kontaktkorrosion (1), Maßnahmen, die das Korrosionspotential beeinflussen oder die durch Reaktion zwischen Metall und Elektrolyt zur Bildung von Deck- und Passivschichten führen (aktiver Korrosionsschutz, (2)) und dem Aufbringen bzw. Erzeugen schützender Deck- oder Passivschichten (passiver Korrosionsschutz, (3)).

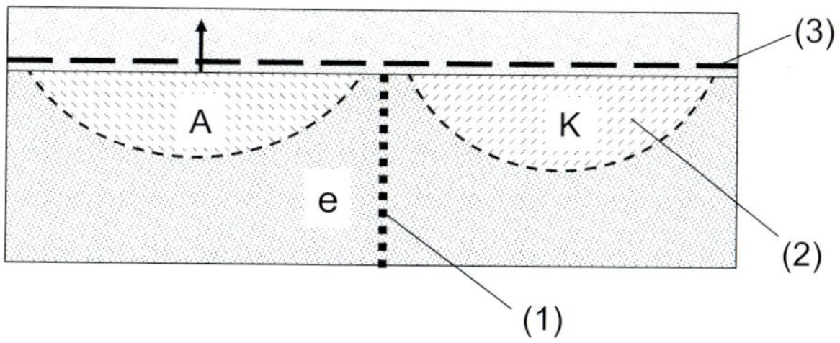


**Abb. 7.25:** Möglichkeiten des Korrosionsschutzes

Je nach pH-Wert des Elektrolyten kann sich an der Metalloberfläche eine *Passivschicht* ausbilden, die, wenn sie porenfrei und dicht ist, die Auflösung des Metalls in Ionen und damit die Korrosion verhindert. Beim Eisen führt folgende Reaktion zur Bildung einer Passivschicht:

$$2Fe^{2+} + 3H_2O \rightarrow Fe_2O_3 + 6H^+ + 2e^-$$

Im Pourbaix-Diagramm (Abb. 7.26) können die Bedingungen abgegrenzt werden, unter denen für ein gegebenes Metall in einer wässrigen Lösung Korrosion, Korrosionsbeständigkeit oder Passivierung zu erwarten sind.

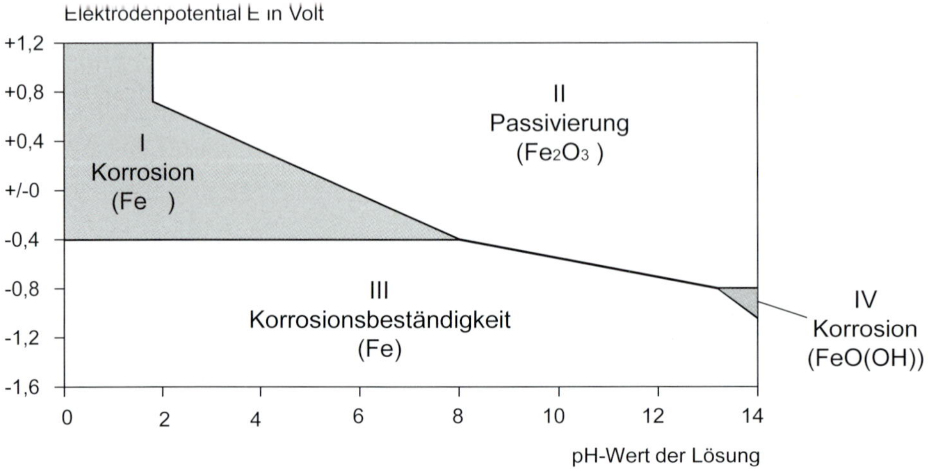


Bereich I: Aktive Korrosion unter Bildung von $Fe^{2+}$-Ionen
Bereich II: Passivierung durch Bildung einer Passivschicht aus Eisenoxid $Fe_2O_3$
Bereich III: Korrosionsbeständigkeit (kathodischer Schutz)
Bereich IV: Korrosion unter Bildung von FeO(OH)
(bei Raumtemperatur verläuft dieser Vorgang sehr langsam)

**Abb. 7.26:** Vereinfachtes Pourbaix-Diagramm bei 25 °C für Eisen in wässriger Lösung

Zu den **aktiven Korrosionsschutzmaßnahmen** zählen:

- korrosionsschutzgerechtes Konstruieren,
- Auswahl widerstandsfähiger Baustähle,
- kathodischer und anodischer Korrosionsschutz,
- Beeinflussung des Korrosionsmediums (Anwendung von Inhibitoren).

Zu den **passiven Korrosionsschutzmaßnahmen** zählt das Aufbringen

- metallischer Beschichtungen,
- organischer Beschichtungen,
- nichtmetallisch-anorganischer Beschichtungen.

## Aktiver Korrosionsschutz von Stahlbauten

### Korrosionsschutzgerechtes Konstruieren

Folgende Möglichkeiten gibt es :Vermeiden von Formgebungen, die die Rostbildung fördern; Profile so anordnen, dass eine Ansammlung von Schmutz und Wasser ausgeschlossen wird; leichte Zugänglichkeit (Vermeidung toter Winkel); klare Konstruktionen (Schweißungen) oder Hohlquerschnitte zur Verringerung der Unterhaltungskosten; gefährdete und unzugängliche Stellen mit Pasten, Vergussmassen o. Ä. isolieren; Unterbindung von Elementbildungen beim Einbau von NE-Metallen (Kontaktkorrosion) durch Anordnung von Isolierschichten zwischen Bauteilen aus verschiedenen Werkstoffen; Vermeidung von Kondenswasserbildung und ausreichende Belüftung unvermeidlicher Spalten.

### Widerstandsfähige Baustähle

Bei natürlicher Bewitterung (Feucht-Trocken-Wechsel) können niedrig legierte **wetterfeste Baustähle** gewählt werden, die an der Atmosphäre nach ein bis zwei Jahren eine relativ dichte und festhaftende oxidische Deckschicht bilden. Bei Dauerfeuchtigkeit verhält sich der wetterfeste Baustahl wie ein unlegierter Baustahl.

Bei Verbindung mit anderen Bauteilen sind der Rostablauf und die damit verbundene Braunfärbung zu beachten. Ungenügend belüftete Bauteile müssen mit Schutzanstrich versehen werden. Bei Anstrichen wird die Unterrostung wesentlich gehemmt.

Bei besonders intensiver Witterungsbeanspruchung, für metallische Befestigungsmittel von Fassadenplatten und für korrosionsfeste dekorative Zwecke sind hochlegierte austenitische Chrom-Nickel-Stähle (z. B. X5CrNi18-10) oder Chrom-Nickel-Molybdän-Stähle (z. B. X2CrNiMo18-14-3) zu verwenden. Chrom verbindet sich mit Sauerstoff zu Chromoxid und breitet sich als dünner, für das Auge unsichtbarer Oxidfilm auf der Stahloberfläche aus.

### Kathodischer Korrosionsschutz

Bei zu erwartender starker Korrosion schwer zugänglicher Bauteile im Boden oder Wasser (Kessel, Spundwände) wird ein unedleres Metallstück (Zn, Al, Mg) als „Opferanode" mit dem kathodischen (elektronenabgebenden) Stahl kurzgeschlossen, sodass die positiven Metallionen ($Me^+$) im wässrigen Elektrolyt zum Stahl wandernd diesen mit einer metallischen Schutzschicht überziehen. Die „Opferanode" muss für die vorgesehene Lebensdauer bemessen oder rechtzeitig erneuert werden (Abb.7.27).

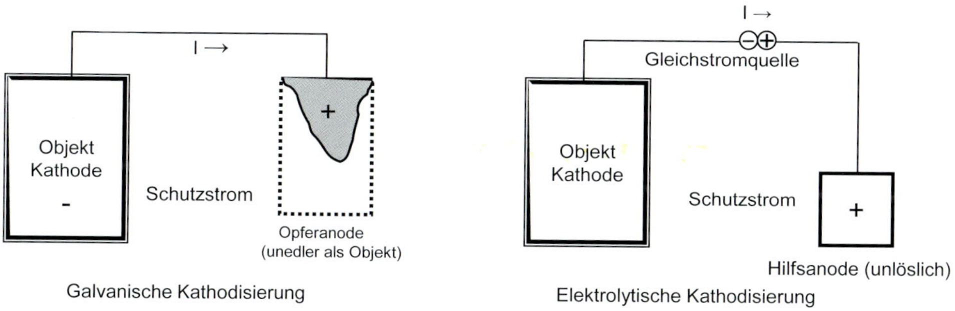


**Abb. 7.27:** Schematische Darstellung der Verfahren des kathodischen Schutzes

Die Stahlkorrosion kann auch im „Fremdstromverfahren" unmittelbar verhindert werden, indem durch kontinuierliche Zuführung von Gleichstrom an den Stahl und eine außerhalb befindliche edlere (unlösliche) Elektrode die gegenüber Rostansätzen anodische Stahloberfläche einen kathodischen Elektronenüberschuss erhält, sodass durch Spannungsausgleich der elektrochemische Korrosionsvorgang am Stahl unterbunden wird (elektrolytische Kathodisierung).

**Beeinflussung des Korrosionsmediums**

Durch Trocknung von Gasen, Reinigung gasförmiger und flüssiger Medien und durch Luftverdrängung, z. B. Evakuieren, kann der Einfluss korrosiver Bestandteile verringert oder unterbunden werden. Dies ist in vollem Umfang nur bei abgeschlossenen Systemen, z. B. für den Kreislauf des Kesselspeicherwassers von Hochdruckdampferzeugern, möglich.

Eine andere Möglichkeit ist die Verwendung von *Korrosionsinhibitoren*, die dem korrodierenden Medium in geringen Mengen zugesetzt werden, aus diesem heraus wirken und die Korrosionsgeschwindigkeit wesentlich herabsetzen. Nach ihrer Wirkungsweise unterscheidet man zwischen physikalischen und chemischen Inhibitoren. Zur ersten Gruppe gehören die *Beizinhibitoren*, die sauren Lösungen (Beiz- und Ätzlösungen) zugegeben werden. Zur zweiten Gruppe gehören die *Passivatoren* (z. B. Chromate), die das Metall durch Bildung dünner Schutzschichten passivieren und damit die Korrosion vermindern. Derartige Stoffe werden in Kühlwasserkreisläufen eingesetzt oder dienen als Zusatz zu Bohr- und Schleifflüssigkeiten bei der Metallbearbeitung. Zu den chemischen Inhibitoren gehören auch die *Destimulatoren*, die korrodierende Stoffe wie $O_2$, $CO_2$ durch chemische Reaktionen beseitigen. Zu den Destimulatoren gehören Reduktionsmittel wie Hydrazin und $Na_2SO_3$, die im Kesselspeisewasser den Sauerstoff binden.

## Passiver Korrosionsschutz von Stahlbauten

Unter passivem Korrosionsschutz ist das Beschichten von Stahloberflächen mit einem schützenden metallischen organischen und nichtmetallisch-anorganischem Überzug zu verstehen. Diese Korrosionsschutzmaßnahmen sind bereits bei Entwurf, Konstruktion und Montage von Stahlbauten zu berücksichtigen und zu überwachen.

**Vorbereitung der Stahloberfläche**

Voraussetzung für einen langfristig wirksamen Oberflächenschutz ist die gründliche Entfernung artfremder Bestandteile (Schmutz, Öle, abblätternde Farbe) sowie von arteigenen Oxidationsschichten (Walzzunder, Rost). Verbleibender Rost ist die Ursache für Unterrostungen neuer Überzüge („Rost erzeugt neuen Rost"). Die Entrostung bzw. Entzunderung erfolgt meist durch mechanische Verfahren, bei Teilen geringerer Abmessung auch durch chemische Behandlung (Beizen).

Über den Ausgangszustand der vorzubereitenden Oberflächen sollten folgende Angaben vorliegen (vgl. DIN EN ISO 12944-4):

- Stahlsorte und Rostgrad A bis D bei unbeschichteten Oberflächen,
- Art der Beschichtung, Rostgrad R1 bis R5 nach DIN 53210, Blasengrad nach DIN 53209 und ergänzende Hinweise über Verunreinigungen u. Ä. bei beschichteten Oberflächen.

Als Bezugsgröße für den zu fordernden Reinheitsgrad gelten die Norm-Reinheitsgrade nach DIN EN ISO 12944-4.

Die Norm-Reinheitsgrade erfordern bestimmte Reinigungsverfahren: mechanische Verfahren (z. B. Bürsten, Schleifen, Druck-Wasserstrahlen), thermische Verfahren (Flammstrahlen) oder chemisch-physikalische Verfahren (Waschen, Beizen, Dampf- oder Heißwasserstrahlen). Sogenannte „Rostumwandler" und Roststabilisatoren sind für den Bereich des Stahlbaus nicht zulässig.

Im Anschluss an die Reinigungsarbeiten muss die erste Beschichtung sofort aufgebracht oder der Stahl durch Haftgrundierung (Wash-Primer) geschützt werden.

### Organische Beschichtungen

Eine Beschichtung ist eine Korrosionsschutzschicht aus Beschichtungsstoffen. Die Beschichtungsstoffe liegen in flüssiger, pulvriger oder pastöser Form vor und sind aus einem Bindemittel, Pigmenten, Füllstoffen und ggf. Lösungs- oder Verdünnungsmitteln zusammengesetzt. Beschichtungssysteme nach DIN EN ISO 12944-5 sind meist mehrschichtig aufgebaut und bestehen aus Grundbeschichtung (Grundierung), Zwischenbeschichtung und Deckbeschichtung. Die Sollschichtdicke (NDFT = Nominal Dry Film Thickness) des gesamten Beschichtungssystems ergibt sich aus der Addition von Grund-, Zwischen- und Deckbeschichtung. Die Gesamtschichtdicke liegt je nach Korrosionsbeanspruchung und geforderter Lebensdauer zwischen etwa 80 µm und 320 µm.

Die Grundbeschichtung ist für den eigentlichen Korrosionsschutz verantwortlich und stellt die Haftung zur nachfolgenden Beschichtung sicher. Die Grundbeschichtungsstoffe enthalten aktiv korrosionshemmende **Pigmente**, z. B. Zink und Zinkverbindungen. Die Deckbeschichtung schützt die darunter liegenden Schichten, insbesondere die Grundbeschichtung vor Umwelteinflüssen (z. B. UV-Strahlung) und sorgt für die optischen Eigenschaften (Farbe). Deckschichten enthalten inaktive Pigmente, z. B. Al-Pulver, Eisenglimmer und Titandioxid.

**Füllstoffe** wie Bariumsulfate, Glimmer und Talk haben keine aktive korrosionsschützende Wirkung. Sie schützen das Bindemittel vor Lichteinwirkung und erhöhen die Dichtigkeit des Gefüges, die Haftung, den Diffusionswiderstand und die mechanische und chemische Beständigkeit der Beschichtung.

**Bindemittel** wirken als filmbildendes Trägermaterial. Für Beschichtungsstoffe kommen u. a. in Betracht:

- *Physikalisch härtende (trocknende) Stoffe*, bei denen die Filmbildung durch Verdunsten des Lösungs- bzw. Dispersionsmittels erfolgt. Zu den lösungsmittelhaltigen Bindemitteln gehören u. a. Chlorkautschuke und Chlorkautschuk-Alkydharzkombinationen. Diese Stoffe sind relativ einfach zu verarbeiten, weisen eine hohe Mineralöl-, Chemikalien- und Wasserbeständigkeit (Unterwasserbeschichtungen) auf und besitzen eine relativ hohe Oberflächenhärte.
- *Chemisch härtende Stoffe* bauen den Film i. Allg. durch Polymerisation (ungesättigte Polyesterharze), Polykondensation (Phenol-, Melamin-, Harnstoffharz) oder Polyaddition (Epoxidharz, Polyurethanharz) sowie durch Verdunstung des Lösemittels auf. Bei kalthärtenden Systemen ist als weitere Komponente ein sogenannter Härter notwendig

(Zweikomponentensystem). Diese Systeme benötigen zur Erlangung ihrer Verarbeitbarkeit wesentlich weniger Lösemittel als solche, die allein durch Lösemittelverdunstung trocknen. Sie sind jedoch schwieriger zu verarbeiten und kommen daher mehr in der industriellen Beschichtungstechnik zur Anwendung. Zweikomponenten-Beschichtungsstoffe weisen eine hohe Säure-, Wasser-, Fett- und Ölbeständigkeit sowie eine hohe Oberflächenhärte auf.

Die einzelnen Schichten eines Beschichtungssystems werden technologisch in sehr vielfältiger Weise aufgebracht. Die wichtigsten Verfahren sind neben dem klassischen Anstreichen und Aufwalzen eine Reihe von *Spritz- und Tauchverfahren*. Sowohl beim Spritzen als auch beim Tauchen existiert eine elektrostatisch arbeitende Verfahrensvariante, bei der die Farbteilchen in einem elektrischen Gleichspannungsfeld elektrostatisch aufgeladen und von dem entgegengesetzt geladenen Werkstück angezogen werden.

Ein in der industriellen Serienfertigung zunehmend eingesetztes Verfahren ist die *Pulverbeschichtung*, bei der Kunststoffpulver, z. B. PE, PVC, Acrylate, durch Aufschleudern o. Ä. auf die Metalloberfläche aufgebracht und dort eingeschmolzen wird.

Obwohl Zinküberzüge eine gute Korrosionsschutzwirkung aufweisen, ist es in einer Reihe von Anwendungsfällen (z. B. Bleche für Fassadenbekleidungen und Dacheindeckungen) vorteilhaft, werksseitig eine zusätzliche organische Schutzbeschichtung aufzubringen. Die Beschichtung erfolgt nach einer intensiven Reinigung der Zinkoberflächen durch Spritzen oder Aufwalzen von Folien (Duplex-Verfahren). Als Beschichtungsstoffe kommen u. a. modifizierte Alkydharze, Polyvinylchlorid (nur als Folie), Acrylharze, Polyurethan und Epoxidharze zum Einsatz.

**Metallische Überzüge (siehe auch Abschn. 7.2.5.5, Tabelle 7.14)**

Zur Herstellung metallischer Überzüge als Korrosionsschutz für Stahl stehen verschiedene Verfahren zur Verfügung:

**a) Schmelztauchen**

Aufgeschmolzene metallische Überzüge, insbesondere mit Zink (Feuerverzinkung), sind wirkungsvoller als Beschichtungen und in Verbindung mit Deckbeschichtungen von besonders hoher Lebensdauer (keine Unterrostung). Bevorzugt Verwendung finden sie bei feingliedrigen Bauteilen (Stahlleichtbau, Gittermasten, Leitplanken usw.)

Darüber hinaus kommt zur Anwendung das Verzinken durch kontinuierliches Tauchen in Zinkbäder unmittelbar nach dem Walzvorgang (Bandverzinken) oder durch diskontinuierliches Tauchen von Einzelteilen (Stückverzinken). Die Herstellkosten einer Feuerverzinkung sind zumeist nicht höher als die Kosten von Beschichtungssystemen. Im Hinblick auf die längerfristigen Kosten wirken sich Langlebigkeit und Wartungsfreiheit der feuerverzinkten Oberflächen günstig auf die Wirtschaftlichkeit aus. Das „Duplex-System", d. h. die Kombination aus einer Feuerverzinkung und einer Flüssig- oder Pulverbeschichtung, wird bei extrem hoher Korrosionsbelastung eingesetzt und dort, wo Farbgebung eine besondere Rolle spielt. Die Schutzdauer von Duplex-Systemen ist i. d. R. deutlich länger als die Summe der jeweiligen Einzelschutzdauern der beiden Systeme (Synergieeffekt). Der Verlängerungsfaktor liegt je nach System zwischen 1,2 und 2,5.

### b) Thermisches Spritzen nach DIN EN 657

Beim thermischen Spritzen wird ein Beschichtungsmaterial (metallische oder nichtmetallisch-anorganische Spritzzusatzwerkstoffe) in einer Gasflamme, in einem elektrischen Lichtbogen oder im Plasma aufgeschmolzen, von einem Gas- oder Luftstrahl zerstäubt und auf die Oberfläche des zu beschichtenden Grundmaterials (Substrats) geschleudert. Als Grundmaterialien kommen neben Metallen u. a. auch Keramiken und Kunststoffe in Frage. Durch das Einpressen der Spritzpartikel in die Oberflächenunebenheiten des Grundmaterials entsteht beim Abkühlen eine mechanische Verklammerung. Teilbereiche können auch miteinander verschweißen, sodass neben den mechanischen Haftkräften auch molekulare Bindekräfte entstehen. Die Oberfläche des Substrats wird dabei im Allgemeinen nicht angeschmolzen und nur gering thermisch belastet.

Die Spritzschichten zeichnen sich durch eine homogene Mikrostruktur, geringe Porosität, gute Verbindung mit dem Grundmaterial, hohe Verschleißfestigkeit und Korrosionsschutzwirkung aus. Durch thermisches Spritzen können beliebig große Werkstücke ortsungebunden und zum Teil auch erst nach der Montage einzelner Baugruppen beschichtet werden.

Die gängigsten Spritzverfahren sind Lichtbogenspritzen, Plasmaspritzen und konventionelles Flammspritzen. Neuere Verfahren sind das Hochgeschwindigkeits-Flammspritzen (HVOF = High Velocity Oxygen Fuel) und das Kaltgasspritzen.

### c) Plattieren

Korrosionsbeständige und verschleißfeste Metallauflagen werden fest mit einem meist preiswerten Grundmaterial verbunden. Plattierte Werkstoffe sind Verbundwerkstoffe und verfügen über die Eigenschaften des aufplattierten Metalls, insbesondere wenn beidseitig plattiert wird.

Zu den häufig in der Praxis angewendeten Plattierungsverfahren zählen:

*Walzplattieren.* Ein korrosionsbeständiges Plattierungsblech wird unter Druck und Wärme auf das Grundmaterial aufgewalzt. Es entsteht eine unlösbare Verbindung durch Diffusion und Pressschweißung.

*Sprengplattieren.* Mit diesem Verfahren können bereits fertig geformte oder montierte Werkstücke nachträglich plattiert werden. Das Plattierungsblech wird der Werkstückform angepasst und mit einer Sprengfolie beschichtet. Nach der Zündung der Sprengfolie prallt das Plattierungsblech mit hoher Geschwindigkeit und hohem Druck auf das Werkstück auf und verbindet sich unlösbar mit diesem.

Weitere Plattierungsverfahren: Schrumpfplattieren, Schweißplattieren, mechanisches Plattieren.

### d) Galvanisieren

Unter Galvanisieren versteht man alle Verfahren zum elektrochemischen Abscheiden von Metallen auf metallische oder metallisierte Werkstücke unter Verwendung eines Elektrolyten. Elektrolyte (Galvanikbad) sind meist wässrige alkalische oder saure Salzlösungen des beschichtenden Metalls, also z. B. Kupfersulfat als Elektrolyt beim Verkupfern.

> Beispiel (Abb. 7.28): Das Werkstück, als Kathode geschaltet, sowie ein Gegenpol (z. B. Kupfer) als Anode sind an eine Gleichspannungsquelle angeschlossen und werden in eine Metallsalzlösung (z. B. Kupfersulfat $CuSO_4$) gegeben. Unter dem Einfluss des elektrischen Feldes trennen sich die Salzmoleküle in Ionen

($CuSo_4 \longrightarrow Cu_{2+} + SO_4^{2-}$). Die positiven Metallionen wandern zur negativen Kathode (Werkstück). Nachdem sie sich dort niedergeschlagen haben, werden die Ionen durch Aufnahme der aus der Stromquelle stammenden Elektronen neutralisiert. Auf dem Werkstück baut sich nun eine Schicht aus Metallatomen (Cu-Schicht) auf; das Metall der Anode wandert somit als Beschichtung an das kathodische Werkstück. Die negativen Säureionen ($SO_4^{2-}$) wandern zur positiven Anode, geben dort Elektronen ab und bilden mit dem Metall der Anode (Cu) eine neue Metallsalzlösung ($CuSo_4$).

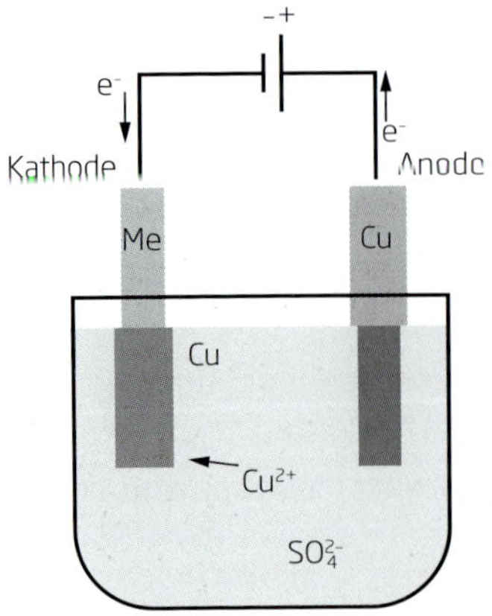


**Abb. 7.28:** Schematische Darstellung des Galvanisierens

Übliche Schichtdicken beim Galvanisieren liegen zwischen 5 und 25 µm. Werden Schichten deutlich über 100 µm erzeugt, spricht man von *Dickgalvanisieren*, z. B. beim Hartverchromen, Dickvernickeln und Galvanoformen.

Das galvanische Beschichten wird im Wesentlichen eingesetzt, um insbesondere Baustähle vor Korrosion zu schützen. Die Schutzwirkung der metallischen Beschichtung richtet sich nach dessen Stellung in der elektrochemischen Spannungsreihe gegenüber der des Grundmetalls. Im Falle einer Beschädigung der Beschichtung kann Korrosion einsetzen, wobei das unedlere Metall angegriffen und zersetzt wird. Daher werden in der Praxis häufig Werkstücke aus Stahl zum Beispiel mit einer Kupferschicht und zusätzlich mit einer Nickelschicht überzogen. Tritt Korrosion auf, dann wird zuerst die unedlere Nickelschicht zersetzt, während das Werkstück selbst weiterhin durch die Kupferschicht geschützt ist.

### e) Diffusions- und Umschmelzlegieren

Beim Diffusionslegieren wird die Randschicht eines Grundwerkstoffs mit einem bestimmten Legierungselement mittels Diffusion angereichert. Dieses Verfahren wird zur Chromanreicherung von Stahl (Inchromieren) und zur Zinkanreicherung von Stahl (Sherardisieren) verwendet.

Beim Randschichtumschmelzen (vergleichbar mit dem Schweißplattieren) wird die Randschicht eines Werkstoffs bis zu einer Tiefe von 10 mm mit einem Laser- oder Elektronenstrahl aufgeschmolzen. Dabei verschmilzt der Grundwerkstoff mit einem Zusatzwerkstoff, der vorher auf das Werkstück aufgebracht oder während des Prozesses zugegeben wird. In der Randschicht entsteht eine Legierung mit neuer Zusammensetzung. Bei Randschichten geringer Dicke bleibt durch das rasche Erstarren nicht genügend Zeit für Ausscheidungsvorgänge, sodass „übersättigte feste Lösungen" entstehen, die eine verbesserte Härte und Verschleißfestigkeit aufweisen. Umschmelzlegieren wird insbesondere bei Aluminium-Gusslegierungen eingesetzt.

#### f) PVD- und CVD-Verfahren

Beim PVD-Verfahren (PVD = Physical Vapor Deposition) wird das Beschichtungsmaterial in einem Vakuumgefäß verdampft und aus dem Dampfzustand auf dem Werkstoff abgeschieden. Die für das Verdampfen des Verdampfungsmaterials notwendige Temperatur kann u. a. durch direkte Heizung des Materials, durch induzierte Wirbelströme (Induktionsverdampfen), durch Elektronenbeschuss (Elektronenstrahlverdampfen) und durch Erhitzen mit einem Laserstrahl (Laserstrahlverdampfen) erreicht werden.

Zu den wichtigsten PVD-Verfahren gehören das Aufdampfen, das Kathodenzerstäuben (Sputtern) und das Ionenplattieren, das als eine Kombination der beiden erstgenannten Verfahren verstanden werden kann.

Beim CVD-Verfahren (CVD = Chemical Vapor Deposition) entsteht die Beschichtungssubstanz (Metall oder Metallverbindung) im Reaktionsgefäß erst an der Werkstoffoberfläche als Folge einer chemischen Reaktion.

### Nichtmetallische anorganische Überzüge

Diese Überzüge erhält man durch gelenkte Oberflächenreaktionen (oxidierende Behandlung) des Werkstoffs oder durch Einbrennen von anorganischen Suspensionen zum Emaille-Überzug. Die wichtigsten Verfahren sind:

- Thermisch erzeugte oxidische Überzüge

  In stark alkalischen und heißen Salzbädern (NaOH), die oxidierende (Nitrate, Nitrite) sowie speziell färbende Salze (Phosphate, Sulfide u. a.) enthalten, werden dunkelbraune bis schwarze Oxidüberzüge auf den Stahloberflächen erzeugt. Das Verfahren wird auch als „Brünieren" bezeichnet und bei Schrauben, Werkzeugen u. a. angewendet.

- Elektrochemisch erzeugte oxidische Überzüge

  Schützende Oxidschichten können auch auf elektrochemischem Weg erzeugt werden, indem das Metall in einem speziellen Elektrolyten anodisch polarisiert wird („Anodisieren"). Das Verfahren kommt überwiegend bei Aluminium und Al-Legierungen zur Anwendung („Eloxieren"). Im Vergleich zur natürlichen Oxidschicht (0,01 µm) bietet die mehrfach dickere künstliche Oxidschicht eine entsprechend höhere Schutzwirkung. Die Oxidschichten können eine Eigenfärbung aufweisen oder durch die Einlagerung fremder Farbstoffe eingefärbt sein.

- Emaille-Überzüge

  Beim Emaillieren von vorwiegend Stahl- und Gusseisenprodukten werden wässrige Suspensionen der Emaille-Komponenten (Schlicker) aufgebracht und bei hohen Temperaturen (800 bis 950 °C) zu einem amorph erstarrenden anorganischen Überzug aufgeschmolzen.

  In der Regel werden auch beim Emaillieren eine Grundemaille, die eine gute Haftung zur Unterlage herstellt, und eine Deckemaille, die die mechanischen, chemischen und thermischen Eigenschaften gewährleistet, aufgebracht. Emaille-Überzüge weisen eine sehr hohe Korrosionsbeständigkeit und Lebensdauer auf, sind aber stoß- und wärmeschockempfindlich.

Betondeckung
Korrosionsschutz

siehe altes Buch

## Literatur zu 7.1 Eisenwerkstoffe


[1] Stahlfibel. Hrsg. Stahlinstitut VDEh, Verlag Stahleisen, Düsseldorf, 2007

[2] Taschenbuch der Stahl-Eisen-Werkstoffblätter (SEW). Hrsg. Verein Deutscher Eisenhüttenleute, 10. Aufl., Verlag Stahleisen, Düsseldorf, 2006

[3] Stahlschlüssel-Taschenbuch. 23. Aufl., Verlag Stahlschlüssel Wegst, Marbach, 2012

[4] *Schröter, F.*: Stähle für den Stahlbau. In: Stahlbau-Kalender 2007, Verlag Ernst & Sohn, Berlin, 2007

[5] Merkblätter des Stahl-Informations-Zentrums (www.stahl-info.de), Düsseldorf

[6] *Bergmann, W.*: Werkstofftechnik 1. 7. Aufl., Hanser Fachbuchverlag, München, 2013

[7] *Bergmann, W.*: Werkstofftechnik 2. 4. Aufl., Carl Hanser Verlag, München, 2009

[8] *Seidel, W.; Hahn, F.*: Werkstofftechnik. 9. Aufl., Hanser Fachbuchverlag, München, 2012

[9] *Gümpel, P.*: Rostfreie Stähle. 4. Aufl., Expert-Verlag, 2007

[10] *Liedtke, D. u. a.*: Wärmebehandlung von Eisenwerkstoffen I. 8. Aufl., Expert-Verlag, 2010

[11] *Scholz, W.; Hiese, W.*: Baustoffkenntnis. 17. Aufl., Werner Verlag, Neuwied, 2011

[12] *Merkel, M.; Thomas, K.-H.*: Taschenbuch der Werkstoffe. 7. Aufl., Fachbuchverlag Leipzig im Carl Hanser Verlag, München, 2008

[13] DIN-Taschenbücher 401 bis 405. Stahl und Eisen. Beuth-Verlag, Berlin, 2009

[14] DIN-Taschenbücher 19 (2011) und 56 (2013). Materialprüfnormen für metallische Werkstoffe 1 und 2. Beuth-Verlag, Berlin

[15] DIN-Taschenbuch 218. Werkstofftechnologie 1; Wärmebehandlungstechnik. Beuth-Verlag, Berlin, 2007

[16] DIN-Taschenbücher 286/1 (2012), 286/2 (2011), 286/3 (2012), 286/4 (2013). Korrosionsschutz durch Beschichtungen und Überzüge. Beuth-Verlag, Berlin

[17] DIN-Taschenbuch 219. Korrosion und Korrosionsschutz. Beuth-Verlag, Berlin, 2009

[18] DIN EN 10052 Begriffe der Wärmebehandlung von Eisenwerkstoffen; Ausgabe 1994-01

[19] DIN EN 10025-2 Warmgewalzte Erzeugnisse aus Baustählen; Teil 2; Ausgabe 2005-04


# 7.2 Nichteisenmetalle (NE-Metalle)

Die überragende technische Bedeutung der Eisenwerkstoffe hat dazu geführt, alle übrigen technischen Metalle unter dem Begriff "Nichteisenmetalle" zusammenzufassen. NE-Metalle bilden z. T. mit eigenen Legierungen wichtige Werkstoffe des Bauwesens, andere haben ihre Bedeutung durch ihre Legierbarkeit zu Stahl erhalten.

NE-Metalle lassen sich nach Dichte, Schmelzpunkt, Häufigkeit des Vorkommens und der hauptsächlichen Verwendung einteilen.

Einteilung nach Dichte und Schmelzpunkt:

Leichtmetalle mit Dichte ≤ 4,5 kg/dm³ (Auswahl)

Niedrigschmelzend: Aluminium (Al), Magnesium (Mg)

Hochschmelzend: Titan (Ti), Beryllium (Be)

Eisen hat 7,85 kg/dm³

Schwermetalle mit Dichte > 4,5 kg/dm³ (Auswahl)

Niedrigschmelzend: Zink (Zn), Zinn (Sn), Blei (Pb)

Hochschmelzend: Kupfer (Cu), Nickel (Ni), Cobalt (Co)

Höchstschmelzend: Wolfram (W), Molybdän (Mo), Niob (Nb)

Kupfer bildet mit einer Reihe von Metallen Legierungen mit z. T. überlieferten Bezeichnungen:

Messing (Cu-Ni, Cu-Zn); Bronze (Cu-Sn, Cu-Al); Neusilber (Cu-Ni-Zn); Rotguss (Cu-Sn-Zn(-Pb))

Legierungen auf der Basis von Al, Cu, Mg und Ni werden in Knet- und Gusslegierungen unterteilt. Knetlegierungen müssen sich im kalten und warmen Zustand gut umformen lassen, während Gusslegierungen für Gussteile verwendet werden, die nicht weiter verformt werden müssen, aber spanend bearbeitet werden können.

**Werkstoff- und Zustandsbezeichnungen nach Euronormen (Beispiel: Aluminiumwerkstoffe)**

Für Aluminium und Aluminium-Knetlegierungen sieht DIN EN 573 im Teil 1 ein numerisches Bezeichnungssystem (Werkstoffnummern) und im Teil 2 ein Bezeichnungssystem mit chemischen Symbolen (Kurznamen) vor. Beide Systeme gelten für Halbzeuge, z. B. Bleche, Stangen, Rohre, Drähte und für Schmiedeteile. Werkstoffzustände werden nach DIN EN 515 beschrieben.

Aluminiumgussstücke erhalten Werkstoffnummern und Kurznamen entsprechend DIN EN 1780-1 und -2.

Werkstoffnummern für Aluminium und Aluminium-Knetlegierungen nach DIN EN 573-1 (Bezeichnungsbeispiel):

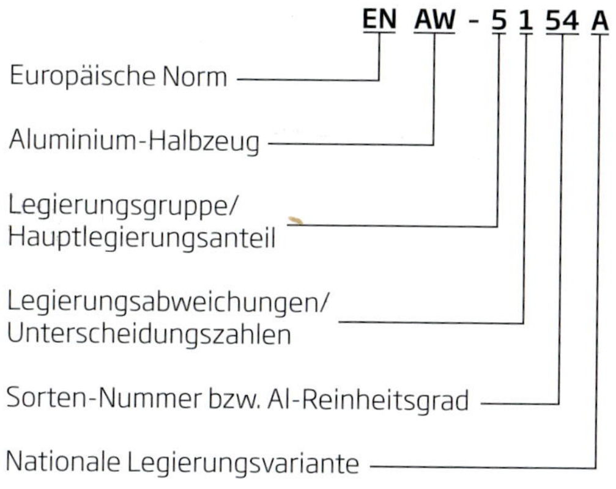


| Legierungsgruppe | |
|---|---|
| 1 | Rein-Al |
| 2 | AlCu |
| 3 | AlMn |
| 4 | AlSi |
| 5 | AlMg |
| 6 | AlMgSi |
| 7 | AlZn |
| 8 | sonstige |

| Legierungsabweichung | |
|---|---|
| 0 | Originallegierung |
| 1…9 | Legierungen, die von der Originallegierung abweichen |

| Sorten-Nummer |
|---|
| Innerhalb einer Legierungsgruppe, z. B. AlCu, AlMgSi, AlMn oder AlMg, wird jeder Sorte eine eigene Nummer zugewiesen. |

| Nationale Legierungsvariante |
|---|
| Die Originallegierung wurde durch ein anderes Land registriert. Die Nationale Variante weicht in der Zusammensetzung geringfügig von der Originallegierung ab. |

Kurznamen für Aluminium und Aluminium-Knetlegierungen nach DIN EN 573-2 mit Werkstoffzuständen nach DIN EN 515 (Bezeichnungsbeispiel):

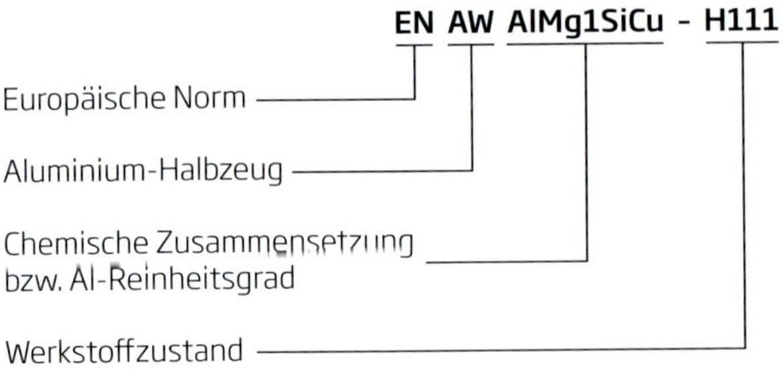


Die Zahlen, die dem Symbol Al nachgesetzt sind, geben den Gehalt an Aluminium (z. B. EN AW -Al 99,7) oder den Nenngehalt des betreffenden Elements an (z. B. EN AW AlMg3). Der Werkstoffzustand wird hinter der Legierungsbezeichnung (getrennt durch einen Bindestrich) angegeben.

Der Werkstoffzustand von Halbzeug ergibt sich aus unterschiedlichen Herstellungsverfahren und Nachbehandlungsmaßnahmen. Seine Bezeichnung besteht aus einem Großbuchstaben (Basiszustand) und nachfolgenden Ziffern (Varianten des Basiszustands).

Beispiele für den Werkstoffzustand:

| Zustand | Kurzzeichen | Bedeutung des Kurzzeichens |
|---|---|---|
| Herstell-zustand | F | Halbzeuge werden ohne Festlegung mechanischer Grenzwerte hergestellt. |
| Weich-geglüht | O | Weichglühen kann durch Warmumformung ersetzt werden |
| | O1 | lösungsgeglüht, langsame Abkühlung auf Raumtemperatur |
| | O2 | thermomechanisch umgeformt, höchste Umformbarkeit |
| Kaltver-festigt | H12 bis H18 | kaltverfestigt mit folgenden Härtegraden:<br>H12: ¼-hart H14: ½-hart H16: ¾-hart H18: 4/4-hart |
| | H111 | geglüht mit nachfolgender geringer Kaltverformung |
| | H112 | geringe Kaltverfestigung |
| Wärme-behandelt | T1 | lösungsgeglüht, entspannt und kalt ausgelagert, nicht nachgerichtet |
| | T2 | abgeschreckt wie T1, kalt umgeformt und kalt ausgelagert |
| | T3 | lösungsgeglüht, kalt umgeformt und kalt ausgelagert |
| | T3510 (z.B.) | lösungsgeglüht, entspannt und kalt ausgelagert |
| | T4 | lösungsgeglüht, kalt ausgelagert |
| | T6 | lösungsgeglüht, warm ausgelagert |
| | T6510 (z.B.) | lösungsgeglüht, entspannt und warm ausgelagert, nicht nachgerichtet |
| | T8 | lösungsgeglüht, kalt umgeformt, warm ausgelagert |
| | T9 | lösungsgeglüht, warm ausgelagert, kalt umgeformt |

## 7.2.1 Aluminium

Al (3-wertig); Dichte 2,7 kg/dm³ (Legierungen bis 2,85 kg/dm³); Schmelzpunkt 660 °C;
Wärmeausdehnungskoeffizient (je nach Legierung) $\alpha_T$ = 23 bis 24 · $10^{-6}$ $K^{-1}$; E-Modul = 70 000 N/mm²

### Normen

| | |
|---|---|
| DIN 17611 | Anodisch oxidierte Erzeugnisse aus Aluminium und Aluminium-Knetlegierungen – Technische Lieferbedingungen; Ausgabe 2011-11 |
| DIN EN 515 | Aluminium und Aluminiumlegierungen – Halbzeug – Bezeichnung der Werkstoffzustände; Ausgabe 1993-12 |
| DIN EN 573 | Aluminium und Aluminiumlegierungen – Chemische Zusammensetzung und Form von Halbzeug<br>Teil 1: Numerisches Bezeichnungssystem; Ausgabe 2005-02<br>Teil 2: Bezeichnungssystem mit chemischen Symbolen; Ausgabe 1994-12<br>Teil 3: Chemische Zusammensetzung und Erzeugnisformen; Ausgabe 2013-03 (*Norm-Entwurf*)<br>Teil 5: Bezeichnung von genormten Kneterzeugnissen; Ausgabe 2007-11 |
| DIN EN 576 | Aluminium und Aluminiumlegierungen – Unlegiertes Aluminium in Masseln – Spezifikationen; Ausgabe 2004-01 |
| DIN EN 1676 | Aluminium und Aluminiumlegierungen – Legiertes Aluminium in Masseln – Spezifikationen; Ausgabe 2010-06 |
| DIN EN 1706 | Aluminium und Aluminiumlegierungen – Gussstücke – Chemische Zusammensetzung und mechanische Eigenschaften; Ausgabe 2010-06 |
| DIN EN 1780 | Aluminium und Aluminiumlegierungen – Bezeichnung von legiertem Aluminium in Masseln, Vorlegierungen und Gussstücken<br>Teil 1: Numerisches Bezeichnungssystem; Ausgabe 2003-01<br>Teil 2: Bezeichnungssystem mit chemischen Symbolen; Ausgabe 2003-01 |
| DIN EN 1999-1-1 | Eurocode 9: Bemessung und Konstruktion von Aluminiumtragwerken – Teil 1-1: Allgemeine Bemessungsregeln; Ausgabe 2010-05<br>Änderung A2; Ausgabe 2013-02 (*Norm-Entwurf*) |
| DIN EN 1999-1-1/NA | Nationaler Anhang – National festgelegte Parameter – Eurocode 9: Bemessung und Konstruktion von Aluminiumtragwerken – Teil 1-1: Allgemeine Bemessungsregeln; Ausgabe 2013-05<br>Änderung A1; Ausgabe 2013-08 (*Norm-Entwurf*) |

#### 7.2.1.1 Gewinnung und Verarbeitung

Aluminium ist nach Sauerstoff und Silicium das dritthäufigste Element und damit mit etwa 7,3 M.-% das weitverbreitetste Metall. In der Natur kommt Aluminium stets chemisch gebunden vor, meist als Ton. Das wichtigste Aluminiumerz ist Bauxit mit einem Tonerde-Gehalt von etwa 60 % und Anteilen von $Fe_2O_3$, $SiO_2$ und $H_2O$.

Der heute übliche Verhüttungsprozess gliedert sich in eine Aufbereitung des Bauxits zu $Al_2O_3$ und in eine anschließende Reduktion des gewonnen Aluminiumoxids im Elektrolyseofen. In der ersten Stufe wird gemahlener Bauxit mit Natronlauge $Na(OH)_2$ zu Aluminiumhydroxid

$Al(OH)_3$ aufgeschlossen (Bayer-Verfahren), das anschließend durch Brennen im Drehrohrofen oder nach dem Wirbelschichtverfahren vollständig zu $Al_2O_3$ entwässert wird.

In der zweiten Stufe wird das reine Aluminium durch Schmelzflusselektrolyse nach dem Kryolith-Tonerde-Verfahren (Hall-Héroult-Prozess) gewonnen. Dazu löst man das Aluminiumoxid in einer Kryolithschmelze (Kryolith Na3AlF6) bei etwa 950 °C. Bei der Elektrolyse entsteht an der den Boden der Wanne bildenden Kathode Aluminium mit hohem Reinheitsgrad (99,5 bis 99,8 %). An der Anode bildet sich Sauerstoff, der mit dem Graphit (Kohlenstoff) der Anode zu $CO_2$ und CO reagiert. Dadurch brennen die Graphitstäbe, die ständig tiefer in die Schmelze hinein geschoben werden, langsam ab und müssen von Zeit zu Zeit ersetzt werden (Abb. 7.29)

Der Energieaufwand bei der Herstellung von Aluminium ist beträchtlich. Etwa 40 % der Gestehungskosten sind Stromkosten.

Anhaltswerte: 4-5 t Bauxit → 2 t $Al_2O_3$ $\xrightarrow{\text{Elektrolyse}}$ 1 t Aluminium

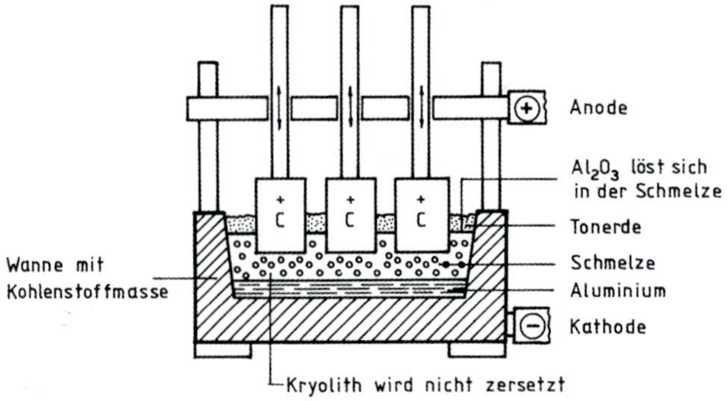


**Abb. 7.29:** Wannenofen zur Schmelzfluss-Elektrolyse des Aluminiums

**Primäraluminium** (Hüttenaluminium) aus der Schmelzflusselektrolyse wird zu Masseln oder Formaten vergossen, aus denen in der Weiterverarbeitung Halbzeuge aus Al-Knetwerkstoffen sowie Gussstücke aus Al-Gusswerkstoffen hergestellt werden. **Sekundäraluminium** wird in Aluminium-Umschmelzwerken aus Neuschrott (Fabrikationsabfälle aluminiumverarbeitender Betriebe) oder aus Altschrott (Schrotte aus dem Handel) hergestellt. Bei der Erzeugung von Sekundäraluminium sind nur etwa 10 % der für die Primäraluminiumerzeugung erforderlichen Energie aufzuwenden.

### 7.2.1.2 Aluminium-Knetwerkstoffe und Aluminium-Gusswerkstoffe

Aluminium hat eine besonders gute Korrosionsbeständigkeit, aber nur eine geringe Zugfestigkeit. Diese lässt sich zwar durch Kaltverformung (z. B. Walzen, Ziehen) steigern, eine wesentliche Beeinflussung ist aber erst durch die Zugabe von Legierungselementen (v. a. Mn, Mg, Si, Cu und Zn) möglich.

Man unterscheidet *unlegiertes Aluminium (Reinaluminium), Aluminium-Knetlegierungen und Aluminium-Gusslegierungen*. Al-Knet- und Al-Gusslegierungen werden weiter in *nicht aushärtbare* und *aushärtbare* Zusammensetzungen unterteilt.

Die Zugfestigkeit nicht aushärtbarer Legierungen (z. B. AlMn, AlMg, AlMgMn) lässt sich durch Kaltverformung auf bis zu 300 $N/mm^2$ steigern.

Durch eine besondere, als „Aushärtung" bezeichnete Wärmebehandlung kann die Zugfestigkeit aushärtbarer Legierungen (z. B. AlMgSi, AlCuMg, AlZnMg, AlZnMgCu) auf über 500 $N/mm^2$ erhöht werden.

Das *Aushärten* erfolgt in drei Arbeitsstufen:

- **Lösungsglühen** bei etwa 500 °C: Gleichmäßige Anreicherung der Raumgitter mit Legierungsbestandteilen (Mischkristallbildung).
- **Abschrecken** durch Abkühlung mit Wasser oder Luft: Verhinderung des Ausscheidens der Fremdatome aus den im kalten Zustand übersättigten Mischkristallen (Zwangszustand).
- **Auslagerung** je nach Legierung: Bei mehrtägiger Auslagerung (bei Raumtemperatur) oder mehrstündiger Warmauslagerung (bei etwa 150 °C) wird durch nachträgliches Ausscheiden (Diffundieren) eines Teils der Fremdatome eine weitere Güteverbesserung erreicht.

Beim Schweißen oder Glühen oberhalb der Warmauslagerungstemperatur geht der Härtungseffekt zurück. Bei kaltverfestigten Werkstoffen tritt ebenfalls ein entsprechender Rückgang ein.

### a) Unlegiertes Aluminium (Reinaluminium) (DIN EN 576)

Unlegiertes Aluminium (Serie 1000 nach DIN EN 573-1) wird durch Umformen von Barren zu Halbzeug (Bleche, Bänder, Folien) verarbeitet. „Reinaluminium" mit > 99 % Al ist sehr gut kalt umformbar, schweiß- und hartlötbar, korrosionsbeständig, für dekorative Zwecke anodisch oxidierbar und wegen guter elektrischer Leitfähigkeit (37 $m/\Omega \cdot mm^2$) im Elektroanlagen- und Elektromotorenbau einsetzbar. Vorwiegend angewendet wird Halbzeug aus EN AW-Al 99,5 (EN AW-1050A), das hauptsächlich im Apparate- und Behälterbau sowie für Schilder, Verpackungen und Zierleisten Verwendung findet.

### b) Aluminium-Knetlegierungen (DIN EN 573)

Die technisch wichtigsten Al-Knetlegierungen sind in den Legierungsgruppen AlMg, AlCuMg, AlSiMg bzw. AlMgSi, AlFeMn bzw. AlFeSi und AlZnMgCu enthalten.

*Legierungsgruppe AlMg (Serie 5000 nach DIN EN 573-1)*: Legierungen, wie EN AW-Al99,9Mg0,5 und EN AW-AlMg3, zeichnen sich durch eine gute Schweißbarkeit und Korrosionsbeständigkeit gegenüber Meerwasser und atmosphärischer Einwirkung aus. Eine Erhöhung der Festigkeitswerte gegenüber dem weichgeglühten Zustand ist nur durch Kaltverfestigung möglich. AlMg-Legierungen sind dekorativ anodisch oxidierbar (ELOXAL). Im Bauwesen werden sie in Form von Halbzeugen (Bleche, Bänder, Profile) u. a. für Bedachungen, Fassadenbekleidungen, Fenster und tragende Bauelemente eingesetzt.

*Legierungsgruppe AlCuMg (Serie 2000 nach DIN EN 573-1)*: Legierungen dieser Gruppe, wie EN AW-AlCu4Mg1, werden technisch nur kalt ausgehärtet hergestellt und als Halbzeuge und Schmiedestücke vor allem im Fahrzeug- und Maschinenbau eingesetzt. Bei Verwendung im Bauwesen ist eine Korrosionsschutzbeschichtung erforderlich.

*Legierungsgruppe AlMgSi bzw. AlSiMg (Serie 6000 nach DIN EN 573-1)*: Legierungen der Gruppe AlMgSi, wie EN AW-AlMg0,7Si, sind kalt- und warmaushärtbar. Sie sind gut schweißbar, gut eloxierbar, korrosionsbeständig gegen Meerwasser und im warmausgehärteten Zustand sehr gut spanend bearbeitbar. Anwendung im Bauwesen für Walz- und Strangpressprofile, wie Fenster- und Türprofile. Weitere Einsatzgebiete sind der Ingenieur-, Berg-, Fahrzeug- und Schiffbau sowie die Nahrungsmittel- und Textilindustrie und die Elektrotechnik.

*Legierungsgruppe AlZnMgCu (Serie 7000 nach DIN EN 573-1):* Legierungen dieser Gruppe, wie EN AW-AlZn6Mg2Cu, sind wärmaushärtbar und korrosionsbeständiger als AlCuMg-Legierungen. Eine nachträgliche Wärmebehandlung (Aushärten) nach dem Schweißen ist nicht erforderlich, da sich die Festigkeitsverluste in der Schweißzone durch Kaltaushärten (≥ 1 Monat) selbsttätig aufheben. Legierungen dieser Gruppe werden in Form von Stangen, Rohren und Schmiedestücken im Berg-, Flugzeug- und Maschinenbau verwendet.

### Aluminium-Gusslegierungen (DIN EN 1706 und DIN EN 1676)

Aluminium-Gusslegierungen haben günstige gießtechnische Eigenschaften. Sie sind nicht kalt oder warm verformbar, können jedoch spanend bearbeitet werden. Gießverfahren: Sandguss (S), Kokillenguss (K), Druckguss (D) und Feinguss (L).

*Al-Mg-Gusslegierungen* weisen aufgrund ihres i. Allg. hohen Mg-Anteils (bis 10 %) eine sehr gute Korrosionsbeständigkeit auf. Da sie zudem polierbar und dekorativ eloxierbar sind, werden sie vorzugsweise für witterungsbeständige Beschläge im Bauwesen und Fahrzeugbau verwendet. *Al-Si-Gusslegierungen* werden wegen ihrer sehr guten gießtechnischen Eigenschaften vor allem zur Herstellung von dünnwandigen, verwickelten und komplizierten Gussstücken (z. B. Zylinderblöcke und -köpfe, Pumpengehäuse, Flügelräder) eingesetzt.

## 7.2.1.3 Eigenschaften

Die wichtigsten Kennwerte des Reinaluminiums, die näherungsweise auch für Aluminiumlegierungen gelten, sind in Tabelle 7.8 im Vergleich zu den Werten für Stahl angegeben.

**Tabelle 7.8:** Kennwerte von Aluminium im Vergleich zu Stahl

| Kennwerte | Dimension | Aluminium | Stahl |
|---|---|---|---|
| Elastizitätsmodul $E$ | ($N/mm^2$) | 70 000 | 210 000 |
| Schubmodul $G$ | ($N/mm^2$) | 27 000 | 85 000 |
| Querdehnungszahl $\mu$ | (–) | 0,34 | 0,28 |
| Wärmeausdehnungszahl $\alpha_T$ | (1/K) | $24 \cdot 10^{-6}$ | $10 \cdot 10^{-6}$ |
| Dichte (bis 20 °C) $\rho$ | ($kg/dm^3$) | 2,70 | 7,85 |

Die bautechnisch wichtigsten Eigenschaften von Aluminiumlegierungen im Vergleich zu Baustahl sind:

- ihre geringe Dichte: etwa ein Drittel von Stahl;
- ihre guten Festigkeitseigenschaften: bestimmte Legierungen erreichen eine Zugfestigkeit von 500 $N/mm^2$;

- die gute Korrosionsbeständigkeit: die natürliche Oxidhaut, die künstlich noch verstärkt werden kann, schützt gegen Einflüsse der Witterung und zahlreicher chemischer Stoffe;
- die Möglichkeit der leichten Formgebung der Einzelteile: eine hochentwickelte Fertigungstechnik, z. B. Strangpressverfahren und moderne Gießverfahren, wie Kokillen- und Druckguss, ermöglichen eine weitgehende Annäherung des Halbfabrikats an die Endform.

Dagegen ist gegenüber Stahl vorrangig zu beachten:

- der niedrige Elastizitätsmodul (große Verformungen),
- die Veränderung der Festigkeit bei zunehmender Temperatur (Brandverhalten),
- der höhere Einheitspreis.

Im Gegensatz zu unbehandeltem Stahl tritt bei Aluminium keine scharf definierte, durch plötzliche plastische Verformung gekennzeichnete Streckgrenze auf, sondern der Übergang von elastischer zu plastischer Verformung erfolgt allmählich. Als technische Streckgrenze wird daher – ähnlich kaltverformtem Stahl – die 0,2-%-Dehngrenze definiert (Abb. 7.30).

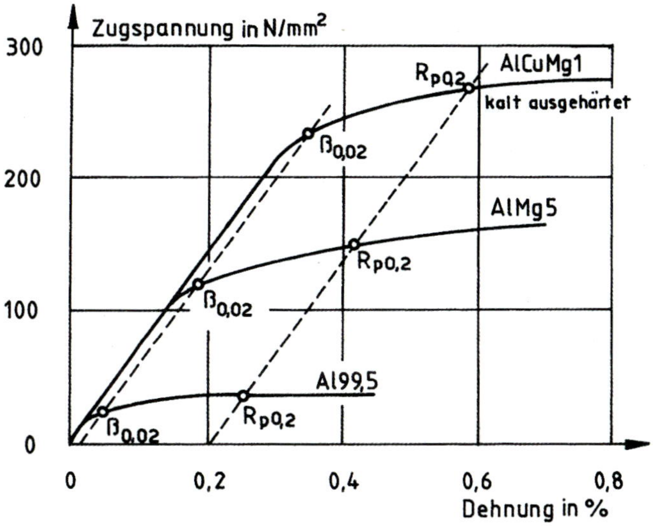


**Abb. 7.30:** Spannungs-Dehnungs-Linien verschiedener Al-Werkstoffe

Für die mechanischen Eigenschaften von einigen ausgewählten Aluminiumwerkstoffen gelten die in der Tabelle 7.9 genannten Richtwerte.

**Tabelle 7.9:** Mechanische Eigenschaften von Aluminium-Werkstoffen (Auswahl)

| | Kurzbezeichnung nach DIN EN 573-2 | Zugfestigkeit $R_m$ in N/mm² | Streckgrenze $R_{p0,2}$ in N/mm² | Bruchdehnung $A_5$ in (%) |
|---|---|---|---|---|
| **Reinaluminium** | Al99,7 | 60 bis 130 | 20 bis 110 | 5 bis 27 |
| **Nicht aushärtbare Al-Legierungen** | AlMg1 | 100 bis 155 | 40 bis 135 | 4 bis 22 |
| | AlMg4,5Mn0,7 | 255 bis 275 | 110 bis 155 | 4 bis 17 |

| | Kurzbezeichnung nach DIN EN 573-2 | Zugfestigkeit $R_m$ in N/mm² | Streckgrenze $R_{p0,2}$ in N/mm² | Bruchdehnung $A_5$ in (%) |
|---|---|---|---|---|
| Aushärtbare Al-Legierungen | AlMg0,7Si | 120 bis 215 | 60 bis 160 | 10 bis 15 |
| | AlMg1SiCu | 195 bis 315 | 100 bis 255 | 6 bis 18 |
| | AlCu6Mn | 400 bis 425 | 270 bis 345 | 5 bis 8 |
| | AlZn5,5MgCu | 420 bis 530 | 355 bis 460 | 5 bis 8 |
| Al-Guss-legierungen | AC-AlMg5 | 160 bis 180 | 90 bis 100 | 3 bis 4 |
| | AC-AlSi7Mg | 220 bis 260 | 180 bis 220 | 1 bis 2 |

### 7.2.1.4 Verarbeitungsweisen

In DIN EN 1999-1-1 sind die Mindestzugfestigkeiten und -streckgrenzen sowie die zulässigen Spannungen der für Konstruktionsteile (Bleche, Rohre, Profile) zugelassenen Legierungen angegeben.

Der im Vergleich zu Stahl geringere Elastizitätsmodul der Aluminiumlegierungen erfordert bei Biegeträgern steifere Konstruktionen. Die wirtschaftlichere Gestaltung der Strangpressprofile ermöglicht jedoch eine feingliedrigere Bauweise.

Die Gewichtsersparnis gegenüber Stahlkonstruktionen beträgt etwa 50 %. Leichterer Transport und Montage ermöglichen zudem eine weitgehende Vorfertigung. Ferner bedingt die Korrosionsfestigkeit des Aluminiums eine Verringerung der Unterhaltungskosten.

#### Verbindungsmittel

Die bei Verbindung von Aluminium mit edleren Metallen unter Feuchtigkeitseinwirkung entstehende Elementbildung (Kontaktkorrosion) erfordert entsprechende Isolierungsmaßnahmen, z. B. bei Berühren mit Stahlteilen durch Spezialfolien, Lack- oder Bitumenbeschichtungen.

Niet- und Schraubverbindungen erfolgen grundsätzlich durch kaltschlagbare (gestauchte) Niete, die die Kräfte durch Lochleibungsdruck übertragen, bzw. durch Schrauben gleichen Materials sowie auch durch nichtrostende oder oberflächengeschützte (verchromte) Stahlschrauben.

Beim Schweißen und Hartlöten Verwendung von Flussmitteln zur Lösung der sich beim Aluminium sofort bildenden Oxidhaut oder Lichtbogenschweißung unter Edelgasschutz (Argon) bzw. Widerstandsschweißung (Punkt- oder Stumpfschweißung) ohne Flussmittel.

Bei Schweißarbeiten an ausgehärteten und kaltverfestigten Al-Legierungen ist der Festigkeitsabfall in der Wärmeeinflusszone neben der Schweißnaht zu beachten.

Weitere Verbindungsmöglichkeiten durch Kleben mittels Zweikomponenten-Kunstharzklebern (nur für Schubbeanspruchung, d. h. in Richtung der Klebeflächen wirkende Kräfte). Klebeverbindungen sind gegen Wärme nur begrenzt widerstandsfähig! Ferner Falzen bei Dachdeckungen sowie Steck- und Klemmverbindungen bei Strangpressprofilen.

#### Gestaltung der Oberfläche des Aluminiums

Je nach Verwendungszweck durch Sandstrahlen (Gussstücke), Abbeizen durch chemische Behandlung, Schleifen, Polieren oder großflächige Bemusterung durch rotierende Drahtbürsten.

#### 7.2.1.5 Korrosionsverhalten

Die Witterungsbeständigkeit des Aluminiums wird durch die sich bei Verletzung der Oberfläche sofort neu bildende dünne, aber dichte, festhaftende Oxidschicht $Al_2O_3$ (≈ 0,01 µm) gewährleistet.

Verstärkung der Oxidationsschicht durch anodische Oxidation („Eloxalbehandlung": **El**ektrolytische **Ox**idation des **A**luminiums entsprechend DIN 17611).

Die Oxidation erfolgt durch Sauerstoffabscheidung an der Anode eines Säurebades unter Erhaltung des metallischen Glanzes infolge Durchsichtigkeit der sehr abriebfesten 10 bis 25 µm dicken Oxidationsschicht (Bei Außenfassaden i. Allg. keine Reinigung und Pflege erforderlich.)

Für dekorative Zwecke Eigenfärbung der Oxidierung (je nach Verfahren und Legierung: grau, gelb, braun, bronze, schwarz) oder Einfärbung mit verschiedenen Farbstoffen, die in die kristallinen Poren eindringen, mit anschließender Nachverdichtung in siedendem Wasser (Volumenvergrößerung der Oxidationsschicht).

Verformung und Bearbeitung der Bauteile **vor** der anodischen Behandlung!

Beschichtungen von Aluminiumbauteilen in Fällen besonders hoher Beanspruchung nach Vorbehandlung mit dünnflüssigem Wash-Primer nach Spezialgrundierung (VOB, DIN 18364).

Auch wetterfestes Emaillieren von Aluminium (kein Abplatzen bei Verformung) mit unbegrenzten Einfärbmöglichkeiten (preisgleich mit Eloxieren).

Empfindlichkeit des Aluminiums gegen Säuren und Basen (u. a. Kalkwasser) beachten. Keine Verwendung laugenhaltiger Abwaschmittel!

Berührung mit Mörtel und Beton erfordert bituminöse Isolierung: Schutz der Sichtflächen für die Zeit des Einbaus gegen Mörtelspritzer durch Auftrag eines „Abziehlacks". Mit Gips ist Aluminium verträglich.

Berührung mit Holz (Säurebildung, unverträgliche Holzschutzmittel) erfordern Dachbahnenunterlagen.

Bei Metalldachdeckungen grundsätzlich Belüftung der Dachhaut zur Vermeidung schädlicher Schwitzwasserbildung: Elementbildung des Kondenswassers an der Unterseite des Metalls durch $CO_2$- und $SO_2$-Aufnahme. Beeinträchtigung der Wärmeisolierung durch Tropfwasser.

#### 7.2.1.6 Anwendung im Bauwesen

Einen Überblick über die Anwendungsmöglichkeiten von Aluminium gibt Tabelle 7.10.

**Tabelle 7.10:** Eigenschaften und Anwendungen von Aluminium und Al-Legierungen

| Kurzname | Besondere Eigenschaften | Anwendung |
|---|---|---|
| **1. Reinaluminium** (DIN EN 576) | | |
| Al99,5 ... Al99,8 | gut verformbar, witterungsbeständig, schweißgeeignet | Bedachungen, Wandbekleidungen, Rinnen, Rohre, Fensterbänke, Dichtungsbänder, Blitzableiter |

| Kurzname | Besondere Eigenschaften | Anwendung |
|---|---|---|
| **2. Nicht aushärtbare Al-Legierungen** (DIN EN 573) | | |
| AlMn<br>AlMn1Mg1 | gut verformbar und witterungsbeständig, schweißgeeignet | Bedachungen, Fassadenbekleidungen |
| AlMg1<br>AlMg2Mn0,8<br>AlMg3<br>AlMg4,5Mn | mit steigendem Mg-Gehalt höhere Festigkeit, weniger verformbar, bessere Schweißeignung und Witterungsbeständigkeit | Fassadenbekleidungen, Fenster, Türen, Behälter, tragende Bauteile |
| **3. Aushärtbare Al-Legierungen** (DIN EN 573) | | |
| AlMgSi0,5<br>AlMgSi1<br>AlZn4,5Mg1 | gut witterungsbeständig, gut schweißgeeignet | normale und höhere Beanspruchung, Fenster, Türen, Ingenieurbau |
| **4. Al-Gusslegierungen** (DIN EN 1706) | | |
| AlSi12<br>AlSi10Mg | sehr gut gießbar, ausgezeichnete Schweißbarkeit | Baubeschläge, Fassadenelemente, Kunstguss |
| AlMg3<br>AlMg5 | sehr gut polierbar, beständig gegen Meerwasser | |

## 7.2.2 Magnesium

Mg (2-wertig); Dichte 1,74 kg/dm³; Schmelzpunkt 650 °C;
Wärmeausdehnungskoeffizient $\alpha_T = 24{,}5 \cdot 10^{-6}\,K^{-1}$; E-Modul = 44 300 N/mm²

### Normen

| | |
|---|---|
| DIN 1729-1 | Magnesiumlegierungen - Knetlegierungen; Ausgabe 1982-08 |
| DIN 9711 | Strangpressprofile aus Magnesium;<br>Teil 1: Technische Lieferbedingungen; Ausgabe 1963-02<br>Teil 2: Gestaltung; Ausgabe 1963-02<br>Teil 3: Zulässige Abweichung; Ausgabe 1963-02 |
| DIN 9715 | Halbzeug aus Magnesium-Knetlegierungen - Eigenschaften; Ausgabe 1982-08 |
| DIN EN 1753 | Magnesium und Magnesiumlegierungen - Blockmetalle und Gussstücke aus Magnesiumlegierungen; Ausgabe 1997-08 |
| DIN EN 1754 | Magnesium und Magnesiumlegierungen - Anoden, Blockmetalle und Gussstücke aus Magnesium und Magnesiumlegierungen - Bezeichnungssystem; Ausgabe 1997-08 |
| DIN EN 12421 | Magnesium und Magnesiumlegierungen - Reinmagnesium; Ausgabe 1998-06 |
| DIN EN 12438 | Magnesium und Magnesiumlegierungen - Magnesiumlegierungen für Gussanoden; Ausgabe 1998-06 |

#### 7.2.2.1 Gewinnung und Aufbereitung

Magnesium wird heute aus einer Mischung primärer Rohstoffe (Mineralien) und sekundärer Rohstoffe (Recyclingmaterial) gewonnen. Wichtige Mineralien sind Dolomit $CaMg(CO_3)_2$, Magnesit $MgCO_3$, Olivin $(Mg,Fe)_2$ $[SiO_4]$ u. a.

Die Gewinnung von Magnesium erfolgt durch Schmelzflusselektrolyse von geschmolzenem Magnesiumchlorid oder durch thermische Reduktion von Magnesiumoxid (Pidgeon-Prozess).

#### 7.2.2.2 Anwendung von Magnesium und Magnesiumlegierungen

Wegen seiner geringen Festigkeit und Härte wird Magnesium in reiner Form in der Technik kaum angewendet. Verwendung findet Magnesium im Wesentlichen in der Metallurgie, wo es u. a. als vielseitiges Reduktionsmittel zur Gewinnung von Nickel, Chrom und Kupfer sowie als Zuschlagstoff für den Kugelgraphitguss dient. Von größerer Bedeutung ist Mg als Basismetall für Mg-Legierungen und als Komponente in Al-Legierungen.

Im Bauwesen werden Mg-Knetlegierungen (DIN 1729-1) und Mg-Gusslegierungen (DIN EN 1753) eingesetzt.

Etwa 90 % aller Mg-Bauteile sind Gussteile. Die Legierungen Mg-Al, Mg-Mn, Mg-Si und Mg-Zn haben gegenüber der Legierung Mg-Al-Zn an Bedeutung verloren. Mg-Legierungen mit Mg, dazu 5 bis 10 % Al, 0,3 bis 3,5 % Zn und 0,15 bis 0,5 % Mn werden sehr häufig als Gusswerkstoffe (Sand-, Kokillen- und Druckguss) verwendet. Die Mg-Legierungen G-MgAl8Zn1, G-MgAl9Zn1 und G-MgAl9Zn2 werden zur Fertigung schlag- und wechselbeanspruchter Gussstücke eingesetzt. G-MgAl6Zn3 ist zum kathodischen Korrosionsschutz erdverlegter Stahlrohre sowie für gas- und flüssigkeitsdichte Gussstücke geeignet. Mg-Legierungen zeichnen sich wegen ihres niedrigen E-Moduls durch gute Dämpfungseigenschaften aus.

Mg-Knetlegierungen werden als Stangen, Rohre, Strangpressprofile und Gesenkschmiedestücke für unterschiedliche Verwendungszwecke geliefert. Beispielsweise weist die Sorte MgAl3Zn eine 0,2-%-Dehngrenze $R_{p0,2}$ = 155 N/mm², eine Zugfestigkeit $R_m$ = 240 N/mm² und eine Bruchdehnung $A$ = 10 % auf und wird für Bauteile mittlerer mechanischer Beanspruchung im Fahrzeug- und Maschinenbau eingesetzt.

#### 7.2.2.3 Eigenschaften

Das feste, silberweiß glänzende Metall Magnesium ähnelt in seinem Verhalten Aluminium, ist aber mit einer Dichte von 1,74 kg/dm³ etwa ein Drittel leichter und weniger fest und hart. Magnesiumlegierungen lassen sich wärmebehandeln, sind schmied- und schweißbar und spanabhebend zu bearbeiten.

An der Atmosphäre überzieht sich Magnesium mit einer weißfarbenen Oxidschicht, die im Vergleich zu Aluminium jedoch porös ist. Im Wasser überzieht sich Magnesium mit einer schwer löslichen Hydroxidschicht, welche bei höheren Temperaturen aber unbeständig ist. Gegen Fluorwasserstoff und Laugen ist Magnesium nicht oder nur wenig empfindlich. Anorganische Säuren, besonders $HNO_3$, greifen dagegen Mg stark an. Seewasser und Schwitzwasser wirken korrosiv, daher werden die Oberflächen von Mg-Bauteilen oft gebeizt oder mit Lack überzogen.

Späne von Mg und Mg-Legierungen sind leicht entzündlich und verbrennen mit großer Wärmeentwicklung. Ein Ersticken der Brände mit Wasser ist unzulässig, da $H_2O$-Wasserdampf durch Mg reduziert wird und der frei werdende Wasserstoff mit der Luft ein explosionsfähiges Gemisch (Knallgas) bildet.

## 7.2.3 Kupfer

Cu (1- und 2-wertig); Dichte 8,9 kg/dm³; Schmelztemperatur 1083 °C;
Wärmeausdehnungskoeffizient $\alpha_T = 17 \cdot 10^{-6}\ K^{-1}$; E-Modul = 120 000 N/mm²

### Normen

| | |
|---|---|
| DIN EN 1057 | Kupfer und Kupferlegierungen – Nahtlose Rundrohre aus Kupfer für Wasser- und Gasleitungen für Sanitärinstallationen und Heizungsanlagen; Ausgabe 2010-06 |
| DIN EN 1172 | Kupfer und Kupferlegierungen – Bleche und Bänder für das Bauwesen; Ausgabe 2012-02 |
| DIN EN 1173 | Kupfer und Kupferlegierungen – Zustandsbezeichnungen; Ausgabe 2008-08 |
| DIN EN 1412 | Kupfer und Kupferlegierungen – Europäisches Werkstoffnummernsystem; Ausgabe 1995-12 |
| DIN EN 1652 | Kupfer und Kupferlegierungen – Platten, Bleche, Bänder, Streifen und Ronden zur allgemeinen Verwendung; Ausgabe 1998-03 |
| DIN EN 1655 | Kupfer und Kupferlegierungen – Konformitätserklärungen; Ausgabe 1997-06 |
| DIN EN 1976 | Kupfer und Kupferlegierungen – Gegossene Rohformen aus Kupfer; Ausgabe 2013-01 |
| DIN EN 1977 | Kupfer und Kupferlegierungen – Vordraht aus Kupfer; Ausgabe 2013-04 |
| DIN EN 1978 | Kupfer und Kupferlegierungen – Kupfer-Kathoden; Ausgabe 1998-05 |
| DIN EN 1981 | Kupfer und Kupferlegierungen – Vorlegierungen; Ausgabe 2003-05 |
| DIN EN 1982 | Kupfer und Kupferlegierungen – Blockmetalle und Gussstücke; Ausgabe 2008-08 |
| DIN EN 12163 | Kupfer und Kupferlegierungen – Stangen zur allgemeinen Verwendung; Ausgabe 2011-08 |
| DIN EN 12164 | Kupfer und Kupferlegierungen – Stangen für spanende Bearbeitung; Ausgabe 2011-08 |
| DIN EN 12165 | Kupfer und Kupferlegierungen – Vormaterial für Schmiedestücke; Ausgabe 2011-08 |
| DIN EN 12166 | Kupfer und Kupferlegierungen – Drähte zur allgemeinen Verwendung; Ausgabe 2011-08 |
| DIN EN 12167 | Kupfer und Kupferlegierungen – Profile und Rechteckstangen zur allgemeinen Verwendung; Ausgabe 2011-08 |
| DIN EN 12168 | Kupfer und Kupferlegierungen – Hohlstangen für spanende Bearbeitung; Ausgabe 2011-08 |
| DIN EN 12420 | Kupfer und Kupferlegierungen – Schmiedestücke; Ausgabe 1999-03 |
| DIN EN 12449 | Kupfer und Kupferlegierungen – Nahtlose Rundrohre zur allgemeinen Verwendung; Ausgabe 2012-07 |
| DIN EN 12861 | Kupfer und Kupferlegierungen – Schrotte; Ausgabe 1999-10 |
| DIN CEN T/S 13388 | Kupfer und Kupferlegierungen – Übersicht über Zusammensetzungen und Produkte; Ausgabe 2013-05 |

### 7.2.3.1 Gewinnung und Verarbeitung

Die beiden wichtigsten Kupfererze sind Kupferkies $CuFeS_2$ und Kupferglanz $Cu_2S$ mit einem Cu-Gehalt von meist weniger als 1 %.

Vor der Verhüttung werden die Erze durch Feinmahlung und Flotation zu Erzkonzentraten aufbereitet, deren Cu-Gehalt zwischen 25 und 35 % liegt. Die Verhüttung erfolgt überwiegend durch schmelzmetallurgische Gewinnungsverfahren. Die Kupferkonzentrate, in denen Cu in Verbindung mit S meist als $CuFeS_2$ vorliegt, werden in Erzflammöfen oder Elektroöfen unter Zusatz von Koks geröstet und unter Verschlacken der Gangart und des beim Rösten gebildeten Eisenoxids zu *Kupferstein* (Cu-Gehalt etwa 70 %) aufgeschmolzen. Als Produkte des Schmelzens ergeben sich eine sulfidische Schmelzphase „Kupferstein", die im Wesentlichen aus Cu- und Fe-Sulfid besteht, und eine oxidische Schmelzphase „Schlacke", in der die Gangart und Fe-Oxid gelöst sind.

Nach Abtrennung der Schlacke wird der Kupferstein anschließend im schmelzflüssigen Zustand in einen Blaskonverter gegossen, in dem die Schmelze durch eingeblasenen Sauerstoff oxidiert wird. Der Oxidationsprozess besteht aus zwei Reaktionsschritten. Im ersten Schritt wird Fe vollständig oxidiert und mithilfe von $SiO_2$ verschlackt (Schlackenblasen), im zweiten Schritt wird das noch verbliebene $Cu_2S$ zu *Rohkupfer* mit einem Cu-Gehalt von etwa 98 % verblasen (Garblasen).

Das Rohkupfer wird anschließend einer überwiegend elektrolytischen Raffination unterzogen. Dabei bildet das unreine Kupfer die Anode, von dort wandert es als Ion durch den Elektrolyten zur Kathode und wird dort als *Elektrolytkupfer* mit einem Reinheitsgrad von etwa 99,9 % abgeschieden. Als Nebenprodukt fallen im „Elektrolytschlamm" wertvolle Begleitelemente, darunter Silber und Gold, an, die gesondert aufbereitete werden. Die elektrolytisch gewonnenen Cu-Katoden verwendet man entweder zur Herstellung von Cu-Legierungen oder sie werden in einem Schachtofen eingeschmolzen und zu Bändern, Strängen oder Barren vergossen. Dieses *E-Kupfer* hat einen Reinheitsgrad > 99,99 % Cu und wird durch Walzen, Pressen oder Ziehen zu Blechen, Stangen, Profilen oder Drähten weiterverarbeitet.

### 7.2.3.2 Kupfer und Kupferlegierungen

#### Kupfer

Die Bezeichnung „Kupfer" umfasst üblicherweise folgende Kupfersorten:

- Reinkupfer (Kathodenkupfer),
- sauerstoffhaltiges Kupfer (enthält Sauerstoff in Form von Kupfer(I)-Oxid),
- nicht desoxidiertes, sauerstofffreies Kupfer (sauerstoff- und desoxidationsmittelfrei),
- mit Phosphor desoxidiertes, sauerstofffreies Kupfer (mit niedrigem oder hohem Restphosphorgehalt).

Bei den Kupfersorten und -werkstoffen ist zu unterscheiden, ob diese

- in Form von Kathoden oder Gussformaten von Hütten-, Raffinier- und Umschmelzwerken,
- in Form von Halbzeug von Halbzeugwerken,
- als Gussstücke von Gießereien

geliefert werden.

Die Kupfersorten für gegossene Rohformen und Kathoden sind in DIN EN 1976 und DIN EN 1978 und jene für Blockmetalle und Gussstücke in DIN EN 1982 genormt. Dabei wird u. a. zwischen sauerstoffhaltigen und sauerstofffreien Kupfersorten unterschieden.

Die *sauerstoffhaltigen* Sorten CU-ETP (früher E-Cu58 und E-Cu57) enthalten bis zu 0,04 % Sauerstoff. Aufgrund der hohen elektrischen Leitfähigkeit von 58 bzw. 57 m/Ωmm² werden diese Sorten vor allem in der Elektrotechnik zur Herstellung von Kabeln, Leitungen, Drähten verwendet. Sauerstoffhaltiges Kupfer ist beim Schweißen und Hartlöten mit offener Flamme durch Wasserstoffversprödung gefährdet. Die *sauerstofffreien* Sorten Cu-OF, Cu-HCP und Cu-DHP (früher OF-Cu, SE-Cu und SF-Cu) sind dagegen wasserstoffbeständig. Sie werden wegen ihrer hohen elektrischen Leitfähigkeit und guter Schweiß- und Hartlöteignung in der Elektrotechnik und im Apparatebau eingesetzt. Cu-DHP ist besonders gut schweiß- und hartlötgeeignet und damit die wichtigste Kupfersorte für das Bauwesen.

Bei den in DIN EN 1976 beschriebenen gegossenen Rohformen handelt es sich um Blockmetalle, Drahtbarren, Walzplatten und Rundblöcke. Blockmetalle werden zur Herstellung von Kupfer-Knetlegierungen oder Kupfer-Gusslegierungen verwendet. Aus den übrigen Rohformen entstehen Kupfer-Knetprodukte.

### Kupferlegierungen

Kupfer bildet mit einer Reihe von Metallen technisch wichtige Zwei-, Drei- und Mehrstoffsysteme.

- Zweistoffsysteme: Cu-Ni und Cu-Zn (Messing). Unter Verwendung des Namens der zweiten Komponente werden die folgenden Systeme als Bronze bezeichnet: Cu-Al, Cu-Ag, Cu-Be, Cu-Mn, Cu-Si und Cu-Sn („klassische" Bronze).
- Drei- und Mehrstoffsysteme: Cu-Sn-Zn-(Pb) (Rotguss), Cu-Ni-Zn (Neusilber), Cu-Al (-Fe, Mn, Ni) (Mehrstoffbronze).

DIN EN 1982 legt die Zusammensetzung und mechanischen Eigenschaften von Legierungen in Form von 35 Blockmetallen und 43 Gusswerkstoffen fest. Es wird zwischen *Kupfer-Knetlegierungen* und *Kupfer-Gusslegierungen* unterschieden.

**Cu-Zn-Legierungen (Messing)** werden in der Technik sowohl als Knet- als auch als Gusslegierung am häufigsten verwendet. Sie enthalten bis zu 45 % Zink und bis zu 3 % Blei (zur Verbesserung der spanenden Bearbeitbarkeit von Gussmessing). Messing ist gut umformbar, korrosionsbeständig und, im Fall von Gussmessing, gut gießbar. Verwendung von Cu-Zn-Legierungen in der Elektrotechnik, in der Schmuck- und Musikinstrumentenindustrie sowie im Apparatebau. Gusslegierungen werden insbesondere zur Herstellung von Armaturen, Gehäusen und Beschlagteilen eingesetzt.

Die auch als **Sondermessing** bezeichneten Legierungen sind Mehrstofflegierungen auf Cu-Zn-Basis mit Zusätzen von Al, Fe, Mn, Ni, Si und Sn. Sie zeichnen sich durch besondere Eigenschaften (hohe Festigkeit, Verschleißfestigkeit und Korrosionsbeständigkeit) aus. Verwendung für Armaturen, Rohre für Wärmeaustauscher und Kondensatoren, seewasserbeständige Maschinenbauteile und für Bauteile mit sehr hoher statischer Belastung.

**Cu-Sn-Legierungen (Zinnbronze)** weisen gegenüber Cu-Zn-Legierungen höhere Festigkeit, Verschleiß- und Korrosionsbeständigkeit aus. Sie werden bei Zinngehalten bis etwa 8 % als gut verformbare Knetlegierung verwendet. Cu-Sn-Knetlegierungen zeichnen sich durch hohe

Korrosions- und Verschleißfestigkeit und gute Federungs- und Festigkeitseigenschaften aus. Sie finden u. a. in der Elektrotechnik (z. B. stromführende Federn) und im Maschinenbau (z. B. Gleitlagerbuchsen) Anwendung.

Mit höheren Sn-Gehalten bis etwa 20 % steigt die Verschleißfestigkeit, aber auch die Sprödigkeit an. Die Formgebung erfolgt dann überwiegend durch Gießen. In derartigen Cu-Sn-Gusslegierungen kann ein Teil des Zinns durch Zink ersetzt werden, wodurch sich die Gießbarkeit unter geringer Einbuße an Verschleißbeständigkeit verbessert. Diese Gussbronze wird als *Rotguss* bezeichnet. Guss-Zinnbronzen lassen sich im Sandgussverfahren (GS), Kokillengussverfahren (GK) und Schleuderguss (GZ) vergießen. Sie werden für Armaturen, Leit- und Laufräder, Pumpen- und Turbinengehäuse sowie für schnell laufende Schnecken- und Zahnräder verwendet.

### 7.2.3.3 Eigenschaften

Mit einer Dichte von 8,90 kg/dm³ zählt Kupfer zu den Schwermetallen. Sein Schmelzpunkt beträgt 1083 °C. Die besondere Eigenschaft des reinen Kupfers ist die hohe Leitfähigkeit für Wärme (bis 395 W/mK bei 20 °C) und Elektrizität (bis 60 m/Ωmm² bei 20 °C). Der Wärmeausdehnungskoeffizient ist mit $17 \cdot 10^{-6}$/K größer als der von Eisen. Der Elastizitätsmodul beträgt etwa 100 000 N/mm², der Schubmodul 40 000 N/mm².

Die Zugfestigkeit von reinem Kupfer beträgt mindestens 200 N/mm², die Bruchdehnung liegt über 40 %. Durch Kaltumformung kann die Zugfestigkeit auf über 400 N/mm² und die Brinell-Härte von 50 auf über 100 gesteigert werden; dabei nimmt aber die Bruchdehnung stark ab.

Insbesondere die mechanischen Eigenschaften von Kupferlegierungen weichen z. T. erheblich von denen des reinen Kupfers ab. Der Einfluss der Legierungselemente auf wichtige mechanische Eigenschaften wird am Beispiel einer Kupfer-Zink-Legierung (Messing) verdeutlicht (Abb.7.31).

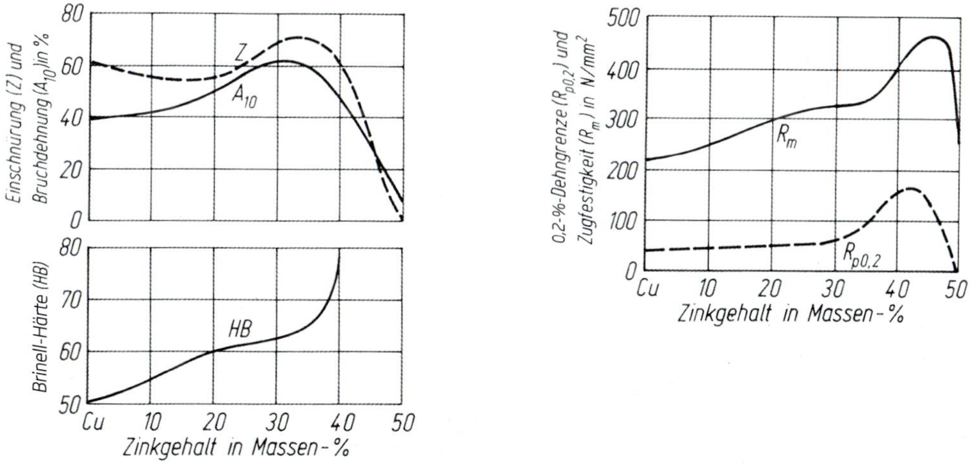


**Abb. 7.31:** Festigkeitseigenschaften von Kupfer-Zink-Legierungen bei 20 °C im weichgeglühten Zustand in Abhängigkeit vom Zinkgehalt

In der Atmosphäre bildet sich eine relativ festhaftende und dichte hellgrüne Deckschicht (*Patina*), die aus basischem Cu-Carbonat und/oder Cu-Hydroxidsulfat besteht (s. auch Abschn. 7.2.3.4 „Korrosionsverhalten"). Mit Ethansäure (Essigsäure) bildet sich Cu(II)-Hydroxidacetat (*Grünspan*). Kupfer löst sich nur in oxidierenden Säuren. Ammoniak ($NH_3$) greift Cu unter Bildung leicht löslicher Komplexsalze an.

Spanlos lässt sich Kupfer sowohl kalt als auch warm gut umformen. Bei der spanenden Bearbeitung muss die große Zähigkeit des Kupfers beachtet werden. Kupfer lässt sich gut weich- und hartlöten. Gebräuchliche Weichlote sind Zinnlote. Als Hartlote für Cu und Cu-Legierungen werden Silber- und Messinglote verwendet. Sauerstoffhaltiges Kupfer ist bei Temperaturen > 500 °C gegen reduzierende Gase wie $H_2$ (Schweißen mit $H_2$-Schutzgas) und CO empfindlich.

$$Cu_2O + H_2 \quad \rightarrow \quad 2Cu + H_2O$$

Der bei der Reduktion von $Cu_2O$ entstehende Wasserdampf $H_2O$ verbleibt im Kupfer und führt zu Versprödung und Rissen („Wasserstoffkrankheit").

### 7.2.3.4 Korrosionsverhalten

Bei normalen Witterungseinflüssen bildet sich zunächst dunkelbraunes Cu(I)-Oxid $Cu_2O$, das weitere Korrosion verhindert. Die Patina bildet sich je nach klimatischen Verhältnissen erst nach mehreren Jahren (See- und Industrieluft 4 bis 8 Jahre, Stadtluft 8 bis 12 Jahre, Gebirgsluft etwa 30 Jahre).

Die Patina kann entsprechend der atmosphärischen Zusammensetzung aus basischem Kupfersulfat ($CuSO_4 \cdot 3Cu(OH)_2$, in Meeresnähe aus basischem Kupferchlorid oder in Land- und Gebirgsluft aus basischem Kupferkarbonat bestehen. Eine künstliche Beschleunigung der Patinabildung war bisher nur wenig erfolgreich.

Kupfer ist gegen Gips, Kalk, Zement und aggressive Wässer beständig, als Legierung auch gegen Meerwasser.

Das positive Spannungspotential von Kupfer gegen die Normal-Wasserstoffelektrode H führt in Verbindung mit unedlen Metallen (Aluminium, Zink, Eisen) bei Feuchtigkeit infolge galvanischer Elementbildung zu deren Zersetzung (ausgenommen Blei, da rasch oxidierend):

Bei unvermeidbarem Kontakt metallischer Bedachungselemente ist eine Isolierung mit Bitumenbahnen, Bitumenanstrich, Kunststofffolie o. Ä. erforderlich.

Bei Installationen werden Kupferleitungen stets *nach* Warmwasserbereitern aus Stahl oder *nach* verzinkten Stahlrohren angeordnet („Kupfer nach Stahl"). Beim Übergang von Fe zu Cu sind Zwischenstücke aus Legierungen, z. B. Rotguss oder elektrisch nicht leitende Werkstoffe einzubauen.

### 7.2.3.5 Anwendung im Bauwesen

Für Dach- und Wandbekleidungen und für Rohrleitungen (in der Gas- und Wasserinstallation, in der Heizungs- und Klimatechnik sowie im Anlagenbau) wird bevorzugt die Kupfersorte **Cu-DHP** (früher SF-Cu) mit der Werkstoffnummer CW024A (früher 2.0090) gewählt. Die Sorte Cu-DHP ist ein desoxidiertes Kupfer (≥ 99,9 % Cu und 0,015 bis 0,04 % P), das ein ausgezeichnetes Formänderungsvermögen (Umformbarkeit), sehr gute Schweiß- und Härtlötbarkeit sowie Wasserstoffbeständigkeit aufweist. Anforderungen an die elektrische Leitfähigkeit werden nicht gestellt.

In Tabelle 7.11 sind Festigkeitswerte (bei Raumtemperatur) von *Bändern und Blechen* nach DIN EN 1652 aus CU-DHP zusammengestellt.

**Bänder und Bleche** aus Kupfer nach DIN EN 1172 werden für Bedachungen, Dachentwässerungen und Wandbekleidungen verwendet. Blechdicken für Bedachungen zwischen 0,5 und 1 mm, Bleche 1000 x 2000 mm oder Bänder gerollt, 600 mm breit. Dicken von Kupferriffelband für Abdichtungen betragen zwischen 0,1 und 0,2 mm, Rollenbreite bis 1000 mm (Verlegung in bituminöser Klebemasse).

Bezeichnungsbeispiel für ein Kupferblech:

**Blech DIN EN 1172 - Cu-DHP (oder CW024A) - R240 - 0,6 x 1000 x 2000**

**Kupferrohre** aus Cu-Legierungen nach DIN EN 1057. Lieferung der durch Strangpressen und Nachziehen nahtlos hergestellten Rohre „Hart" in 5 m langen Stangen R 290 mit 10 bis 54 mm Außendurchmesser und „Weich" in 50 m langen Ringen R 220 mit 8 bis 18 mm Außendurchmesser. Die Rohre werden blank und isoliert („Wicurohre") geliefert.

Bezeichnungsbeispiel: **Rohr DIN EN 1057 - Cu-DHP (oder CW024A) - 20 x 2**

**Tabelle 7.11:** Festigkeitswerte von Bändern und Blechen (nach [12]) aus Cu-DHP

| Zustand[1)] | Dicke Nennmaß in mm | Zugfestigkeit $R_m$ in N/mm² | | 0,2-%-Dehngrenze $R_{p\,0,2}$ in N/mm² | | Bruchdehnung für Dicken | | Härte HV | |
|---|---|---|---|---|---|---|---|---|---|
| | | min. | max. | min. | max. | ≤ 2,5 mm $A_{50mm}$ in % min. | > 2,5 mm $A$ in % min. | min. | max. |
| R200 | > 5 | 200 | 250 | - | 100 | - | 42 | - | - |
| H040 | > 5 | - | - | - | - | - | - | 40 | 65 |
| R220 | 0,2 bis 5 | 220 | 260 | - | 140 | 33 | 42 | - | - |
| H040 | 0,2 bis 5 | - | - | - | - | - | - | 40 | 65 |
| R240 | 0,2 bis 15 | 240 | 300 | 180 | - | 8 | 15 | - | - |
| H065 | 0,2 bis 15 | - | - | - | - | - | - | 65 | 95 |
| R290 | 0,2 bis 15 | 290 | 360 | 250 | - | 4 | 6 | - | - |
| H090 | 0,2 bis 15 | - | - | - | - | - | - | 90 | 110 |
| R360 | 0,2 bis 2 | 360 | - | 320 | - | 2 | - | - | - |
| H110 | 0,2 bis 2 | - | - | - | - | - | - | 110 | - |

1) Zustandsbezeichnungen nach DIN EN 1173
(Beispiele: R200 = Mindestzugfestigkeit $R_m$ = 200 N/mm² ; H090 = Mindest-Vickershärte 90)

## 7.2.4 Nickel

Ni (2- u. 4-wertig); Dichte 8,9 kg/dm³; Schmelzpunkt 1455 °C;
Wärmeausdehnungskoeffizient $\alpha_T = 13{,}3 \cdot 10^{-6} \cdot K^{-1}$; E-Modul = 189 000 bis 206 000 N/mm²

### Normen

| | |
|---|---|
| DIN 1701 | Hüttennickel; Ausgabe 1980-05 |
| DIN 1702 | Nickelanoden; Ausgabe 1967-01 |
| DIN 17740 | Nickel in Halbzeug; Zusammensetzung; Ausgabe 2002-09 |
| DIN 17741 | Niedriglegierte Nickel-Knetlegierungen; Zusammensetzung; Ausgabe 2002-09 |

### 7.2.4.1 Gewinnung und Verarbeitung

Der überwiegende Teil des Nickels wird aus nickel- und kupferhaltigen Eisenerzen, wie Nickelmagnetkies, gewonnen. Weitere wichtige Nickelerze sind Rotnickelkies (Nickelarsenid), Weißnickelkies (Cobalt-Nickel-Arsenid) und Gelbnickelkies (Nickelsulfid).

Bei der Verhüttung wird das Erz zunächst mechanisch aufbereitet und angereichert. Durch Vorrösten wandelt sich ein Teil des Eisensulfids in Eisenoxid um. Anschließend werden Silikate und Koks zugeführt, um das Eisenoxid als Eisensilikat zu verschlacken. Gleichzeitig bildet sich ein Kupfer-Nickel-Rohstein, der von der spezifisch leichteren Eisensilikatschlacke getrennt werden kann. Das restliche Eisensulfid wird in einem Konverter durch Einblasen von Sauerstoff zu Eisenoxid oxidiert und danach verschlackt. Es entsteht ein Nickel-Kupfer-Feinstein, der zu etwa 80 % aus Kupfer und Nickel und zu etwa 20 % aus Schwefel besteht.

Durch Verschmelzen des Ni-Cu-Feinsteins mit Natriumsulfid lässt sich Nickel vom Kupfer abtrennen. Es bilden sich zwei einfach zu trennende Phasen aus flüssigem Kupfer-Natrium-Doppelsulfid und Nickelsulfid. Nach der Abtrennung wird Nickelsulfid zu Nickeloxid geröstet und danach mit Koks zu unreinem Rohnickel reduziert. Die Reinigung des Rohnickels erfolgt durch elektrolytische Raffination, wobei Nickel mit einem Reinheitsgrad von 99,5 % entsteht. Durch Raffination nach der Carbonylmethode lässt sich Reinstnickel mit einem Reinheitsgrad von 99,95 % herstellen.

### 7.2.4.2 Eigenschaften

Nickel ist wie Eisen und Cobalt ferromagnetisch. Es ist hart, schmiedbar, duktil und lässt sich ausgezeichnet polieren. Nickel ist spanlos sehr gut umformbar. Wegen der dabei auftretenden Kaltverfestigung ist Zwischenglühen bei meist 600 bis 780 °C erforderlich. Die Rekristallisationsschwelle liegt bei 400 °C. Die Warmumformung durch Pressen, Schmieden und Walzen erfolgt bei etwa 1100 °C. Nickel lässt sich schmelz- und pressschweißen und ist gut weich- und hartlötbar.

Nickel ist bei Raumtemperatur an der Luft, gegen Wasser, Seewasser, alkalische Lösungen, konzentrierte Salpetersäure (Passivierung analog zu rostfreiem Stahl) und verdünnte organische Säuren gut beständig. Bei Temperaturen > 500 °C wird Nickel in zunehmendem

Maße oxidiert, schwefelhaltige Gase (Heizgase) führen unter Bildung von Nickelsulfid (NiS) zur Rot- oder auch Kaltbrüchigkeit.

Nickel ist der häufigste Auslöser für Kontaktallergien. Daher werden Metalle und Legierungen, die mit der Haut in Kontakt kommen, zunehmend seltener vernickelt.

#### 7.2.4.3 Verwendung von Nickel und Nickellegierungen

Nickel wird als Metall in nur geringen Mengen benötigt. Der überwiegende Teil (etwa 55 %) des in der Technik verbrauchten Nickels dient als Legierungselement für Stahl, hauptsächlich für austenitische CrNi-Stähle. Nur etwa 25 % werden zur Herstellung von Ni-Legierungen verwendet. Für die Anwendung von Ni-Legierungen sind vor allem ihre Korrosions- und Oxidationsbeständigkeit, auch in Verbindung mit hoher Warmfestigkeit, ausschlaggebend.

Nickel wird in Form von Anodenplatten in der Galvanotechnik, für Ni-Cd-Akkumulatoren und für Bauteile von Elektronenröhren in der Hochvakuumtechnik eingesetzt. In feinverteilter Form wird reines Nickelmetall bei der Hydrierung ungesättigter Fettsäuren verwendet. Nickel dient als galvanisch aufgebrachtes Überzugsmetall dem Korrosionsschutz von metallischen Gegenständen („Vernickeln").

Folgende Ni-Legierungen haben größere technische Bedeutung erlangt:

- Niedrig legierte Ni-Knetlegierungen nach DIN 17741 mit 0,2 bis 0,6 % Fe, 0,4 bis 5,5 % Mn und 1,0 bis 2,0 % Al finden sich u. a. in Thermoelementen und elektroakustischen Bauteilen.
- NiCr-Legierungen nach DIN 17742 werden wegen hoher Hitzebeständigkeit und hohen spezifischen Widerstands für Widerstände, Heizleiter und Ofenbauteile eingesetzt.
- NiCu-Legierungen nach DIN 17743 und NiMoCr-Legierungen nach DIN 17744 werden überwiegend für korrosionsbeständige Bauteile verwendet.
- Verschiedene Sorten aus der Gruppe der NiFe-Legierungen nach DIN 17745 kommen für weichmagnetische Werkstoffe und als Einschmelzlegierungen zum Einsatz.

Nickellegierungen sind auch unter folgenden Bezeichnungen/Markennamen bekannt:

- Edelstahl rostfrei V2A enthält 8 % Ni und 18 % Cr; Edelstahl rostfrei V4A (Markennamen Cromargan oder Nirosta) enthält 11 % Ni, 18 % Cr und 2 % Mo.
- Neusilber, eine CuNiZn-Legierung mit 10 bis 26 % Ni-Anteil, ist besonders korrosionsbeständig und wird überwiegend für elektrotechnische Geräte verwendet.
- Konstantan, eine Legierung aus 55 % Cu, 44 % Ni und 1 % Mn, zeigt über einen großen Temperaturbereich einen annähernd konstanten spezifischen elektrischen Widerstand.
- Monel-Metall ist eine der bekanntesten Legierungen mit etwa 67 % Nickel, 32 % Cu und 1 % Mn. Sie ist warmfest bis 500 °C und beständig gegen Säuren, Laugen, Salzlösungen sowie überhitzten Dampf. Einsatz vorwiegend im chemischen Apparatebau, für Dampfturbinenschaufeln und zur Gusseisenschweißung.
- Raney-Nickel, eine NiAl-Legierung, ist ein wichtiger Katalysator für die Hydrierung organischer Verbindungen.

## 7.2.5 Zink

Zn (2-wertig); Dichte 7,1 kg/dm³; Schmelzpunkt 419,5 °C; Wärmeausdehnungskoeffizient je nach Walzrichtung oder Legierung zwischen $\alpha_T = 22{,}0 \cdot 10^{-6}\ K^{-1}$ und $29{,}8 \cdot 10^{-6}\ K^{-1}$; E-Modul = 100 000 N/mm²

### Normen

| | |
|---|---|
| DIN 18339 | VOB; Teil C (ATV); Klempnerarbeiten; Ausgabe 2012-09 |
| DIN EN 988 | Zink und Zinklegierungen - Anforderungen an gewalzte Flacherzeugnisse für das Bauwesen; Ausgabe 1996-08 |
| DIN EN 1179 | Zink und Zinklegierungen - Primärzink; Ausgabe 2003-09 |
| DIN EN 1774 | Zink und Zinklegierungen - Gusslegierungen - In Blockform und in flüssiger Form; Ausgabe 1997-11 |
| DIN EN 12844 | Zink und Zinklegierungen - Gussstücke - Spezifikationen; Ausgabe 1999-01 |
| DIN EN 13283 | Zink und Zinklegierungen - Sekundärzink; Ausgabe 2003-01 |
| DIN EN ISO 1461 | Durch Feuerverzinken auf Stahl aufgebrachte Zinküberzüge (Stückverzinken) - Anforderungen und Prüfungen; Ausgabe 2009-10 |
| DIN EN ISO 12944 | Beschichtungsstoffe - Korrosionsschutz von Stahlbauten durch Beschichtungssysteme;<br>Teil 2: Einteilung der Umgebungsbedingungen; Ausgabe 1998-07 |

### 7.2.5.1 Gewinnung und Aufbereitung

Raffiniertes Zink wird heute aus einer Mischung primärer Rohstoffe (Zinkerz) und sekundärer Rohstoffe (Recyclingmaterial) gewonnen. Primäre Rohstoffe sind überwiegend Zinksulfid-Erze (Zinkblende = Zinksulfid ZnS), aber auch Zinkkarbonat ($ZnCO_3$ = Zinkspat). Rohstoff für Sekundärzink ist Zinkschrott aus verschiedensten Quellen, z. B. Bauindustrie (Dächer, Fassaden; Entwässerungssysteme), Automobilindustrie, Schiffbau, Haushaltsgeräte.

Zur Gewinnung von Zink aus Erzen müssen diese zunächst durch Rösten bzw. Brennen zu Oxiden umgewandelt werden:

$$2\,ZnS + 3\,O_2 \rightarrow 2\,ZnO + 2\,SO_2 \qquad \text{bzw.} \qquad ZnCO_3 \rightarrow ZnO + CO_2$$

Zur Gewinnung von Zink aus Zinkoxid stehen das pyrometallurgische (trockenes Verfahren) und das hydrometallurgische (nasses) Zinkgewinnungsverfahren zur Verfügung. Beim trockenen Verfahren wird das Zinkoxid mit fein gemahlener Kohle vermengt und in einem Gebläseschachtofen (Imperial-Smelting-Ofen) auf über 1000 °C erhitzt. Das dabei entstehende Kohlenstoffmonoxid reduziert dann das Zinkoxid zu metallischem Zink nach folgender Gleichung:

$$ZnO + CO \rightarrow Zn + CO_2$$

Da die Temperaturen im Ofen oberhalb des Siedepunktes von Zink liegen, entweicht Zink zunächst als Dampf, aus dem das Metall auskondensiert wird. Durch fraktionierte Destillation können die im Rohzink enthaltenen Verunreinigungen, insbesondere Blei, Eisen und Cadmium, weitestgehend entfernt werden. Das so gebildete Feinzink hat einen Reinheitsgrad von 99,99 %.

Beim heute überwiegend angewendeten nassen Verfahren wird das Zinkoxid in verdünnter Schwefelsäure gelöst und anschließend unter Verwendung von Bleianoden und Aluminiumkathoden elektrolytisch abgeschieden. Das reine Elektrolysezink hat einen Reinheitsgrad von 99,99 %. Über 90 % der weltweit erzeugten Zinkmenge wird heute hydrometallurgisch gewonnen.

### 7.2.5.2 Zink und Zinklegierungen

#### Zink

Zink nach DIN EN 1179 wird in Hüttenzink und Feinzink unterschieden. Als Hüttenzink bezeichnet man die durch Reduktion, Destillation oder auch Elektrolyse hergestellten Sorten mit ≤ 99,5 % Zinkanteil, wie Z4 (99,5 % Zn) und Z5 (98,5 % Zn). Als Feinzink werden die Sorten mit ≥ 99,9 % Zinkanteil bezeichnet, wie Z1 (99,995 % Zn), Z2 (99,99 % Zn) und Z3 (99,95 % Zn).

Zink wird u. a. als Komponente in Cu-Legierungen (Messing, Rotguss, Neusilber), als Basismetall für Knet- und Gusslegierungen, für Opferanoden, für Ätzbleche und -platten, zur Herstellung von Zinkfarben (Zinkweiß ZnO) und für den Korrosionsschutz von Stahl eingesetzt.

#### Zinklegierungen

Die für das Bauwesen wichtige Knetlegierung **Titanzink** nach DIN EN 988 wird auf der Basis der Zinksorte Z1 (99,995 % Zn) hergestellt und enthält 0,06 bis 0,2 % Ti, 0,08 bis 1,0 % Cu und maximal 0,015 % Al.

**Feinzink-Gusslegierungen** nach DIN EN 1774 werden in 8 Sorten eingeteilt. Hauptlegierungselemente sind Al (bis zu 28 %) und Cu (bis zu 3,3 %), dazu geringe Mengen an Mg, Fe, Ni und Si. Die Gusslegierungen sind nach DIN EN 12844 durch Werkstoffkurzzeichen, Werkstoffnummern und Kurzbezeichnungen gekennzeichnet. Zum Beispiel erhält die sehr häufig für Armaturen, Beschläge und Büromaschinenteile verwendete Gusslegierung ZnAl4Cu1 die Werkstoffnummer ZP0410, wobei Z für Zinklegierung, P für Gussstück, 04 für 4 % Al, 1 für 1 % Cu und 0 für den Gehalt des nächst höheren Legierungselements < 1 % steht. Die entsprechende Kurzbezeichnung lautet ZP5.

**Kupfer-Zink-Legierungen** (Messing) siehe Abschn. 7.2.3.2.

### 7.2.5.3 Eigenschaften

Die Gefügestruktur von Zink bewirkt, dass sein Formänderungsvermögen eingeschränkt ist und die Eigenschaften eine starke Richtungsabhängigkeit aufweisen. So ist Zink bei Temperaturen um 20 °C spröde; erst ab etwa 100 °C lässt es sich walzen und ziehen.

Der hohe Wärmeausdehnungskoeffizient von $\alpha_T = 22 \cdot 10^{-6}$ bis $29 \cdot 10^{-6}$ /K (im Vergleich Stahl: $\alpha_T = 12 \cdot 10^{-6}$/K) bedingt Konstruktionsformen, die temperaturabhängige Bewegungen zulassen (Falzungen).

Zinklegierungen zeigen im Unterschied zu gegossenem Feinzink eine höhere Dehnbarkeit und Festigkeit. So weisen Feinzink-Gusslegierungen Zugfestigkeiten zwischen 250 und 350 N/mm² und Bruchdehnungen zwischen 3 und 8 % auf. Für Titanzink liegen die Mindestanforderungen an die 0,2-%-Dehngrenze bei 100 N/mm², an die Zugfestigkeit bei 150 N/mm² und an die Bruchdehnung bei 35 %. Titanzink weist zudem eine verbesserte Dauerstandfestigkeit und eine geringere Wärmedehnung ($\alpha_T = 22 \cdot 10^{-6}$/K) auf.

### 7.2.5.4 Korrosionsverhalten

Zink bildet bei Bewitterung eine fest anhaftende und „selbstheilende" Schutzschicht vorwiegend aus Zinkoxid ZnO und Zinkkarbonat $ZnCO_3 \cdot Zn(OH)_2$. Zinkblech, vorwiegend aus Titanzink, wie auch die in unterschiedlichen Verfahren auf Stahl aufgebrachten Zinkschichten zeigen dabei ein gleichartiges Verhalten.

DIN EN ISO 1461 fordert Mindestdicken der Zinküberzüge in Anhängigkeit von der Materialdicke. Für Stahlteile liegen die Werte zwischen 45 und 85 µm, für Gussteile zwischen 70 und 80 µm. In der Praxis werden jedoch Zinküberzüge erzeugt, deren Schichtdicken oberhalb der Mindestanforderungen der Norm liegen. Somit ist die tatsächliche Schutzdauer eines Zinküberzugs i. d. R. deutlich länger als die indirekt nach Norm geforderte.

Neben der Schichtdicke hat die Korrosionsgeschwindigkeit von Zink Einfluss auf die Schutzdauer. Tabelle 7.12 gibt eine Übersicht über die Korrosivitätskategorien nach DIN EN ISO 12944 und ihre Auswirkungen auf die durchschnittliche Zinkkorrosion. Die Landfläche Deutschlands ist zu mehr als 95 % den Kategorien C2 und C3 zuzuordnen, d. h., es kann von einer durchschnittlichen Zinkkorrosion von etwa 1 µm pro Jahr ausgegangen werden. Damit beträgt die Schutzdauer eines Zinküberzugs unter normalen Bedingungen mehr als 40 Jahre (Abb. 7.32).

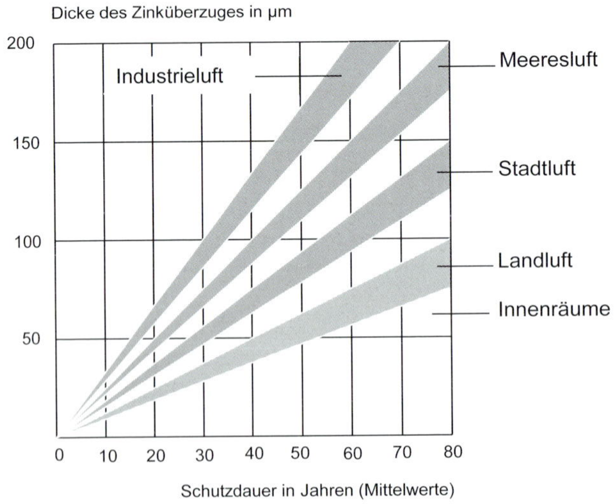


**Abb. 7.32:** Schutzdauer von Zinküberzügen (nach [7])

**Tabelle 7.12:** Korrosionsbelastung und Korrosivitätsraten von Zinküberzügen durch verschiedene Atmosphärentypen (DIN EN ISO 12944) (nach [7 ])

| Korrosivitätskategorie | Typische Umgebung innen | Typische Umgebung außen | Korrosionsbelastung | Durchschnittliche Zinkkorrosion |
|---|---|---|---|---|
| C 1 | geheizte Gebäude mit neutralen Atmosphären, z. B. Büros, Läden, Schulen, Hotels | | unbedeutend | < 0,1 μm/a |
| C 2 | ungeheizte Gebäude, in denen Kondensation auftreten kann, z. B. Lager, Sporthallen | Atmosphäre mit geringer Verunreinigung; meist ländliche Bereiche | gering | 0,1 bis 0,7 μm/a |
| C 3 | Produktionsräume mit hoher Feuchte und etwas Luftverunreinigung, z. B. Anlagen zur Lebensmittelherstellung, Wäschereien, Brauereien, Molkereien | Stadt- und Industrieatmosphäre, mäßige Verunreinigungen durch Schwefeldioxid; Küstenbereiche mit geringer Salzbelastung | mäßig | 0,7 bis 2,1 μm/a |
| C 4 | Chemieanlagen, Schwimmbäder, Bootsschuppen über Meerwasser | industrielle Bereiche und Küstenbereiche mit mäßiger Salzbelastung | stark | 2,1 bis 4,2 μm/a |
| C 5-I | Gebäude oder Bereiche mit nahezu ständiger Kondensation und mit starker Verunreinigung | industrielle Bereiche mit hoher Feuchte und aggressiver Atmosphäre | sehr stark (Industrie) | 4,2 bis 8,4 μm/a |
| C 5-M | Gebäude oder Bereiche mit nahezu ständiger Kondensation und mit starken Verunreinigungen | Küsten- und Offshore-Bereiche mit hoher Salzbelastung | sehr stark (Meer) | > 4,2 bis 8,4 μm/a |

Zink ist beständig gegen schwache Säuren und Alkalien. Eine mangelnde Hinterlüftung oder Kondenswasserbildung führt zu Zinkabbau, da sich infolge fehlendem $CO_2$ nur lösliches $(ZnOH)_2$ ausbilden kann.

Zink wird in heißem Wasser (> 60 °C) stark korrodiert. Ursache ist die bei dieser Temperatur eintretende Potentialumkehr zwischen Zink und Eisen: Zink wird edler als Eisen.

Bei Kontakt von Zink-Bauteilen mit Kupfer oder ungeschütztem (nicht verzinktem) Stahl können bei Gegenwart von Feuchtigkeit durch elektrochemische Reaktionen Schäden entstehen (Kontaktkorrosion). *Kupfer* sollte daher z. B. bei Dachdeckungen oder in Wasserleitungen stets *nach Zink* eingebaut werden, damit weder Kupferspäne noch Kupferionen an die Zinkoberfläche gelangen können. Unbedenklich ist der Zusammenbau von Zink mit Aluminium, Blei, nichtrostendem Stahl und feuerverzinktem Stahl.

Eine hohe Luftfeuchtigkeit (> 70 % r. F.) zusammen mit einem hohen Gehalt an Luftverunreinigungen (besonders $SO_2$) fördern die Zinkkorrosion und bedingen zusätzliche Schutzmaßnahmen (z. B. Beschichtung mit Chlorkautschuk). Dies gilt auch für Fälle, bei denen Zink-Bauteile mit Niederschlagwasser von regelwidrig ungeschützten bituminösen Dachflächen in Berührung kommen.

### 7.2.5.5 Anwendung im Bauwesen

#### a) Zinkblech

Herstellung heute nur noch aus Titanzink in Bändern bis 1000 mm Breite, aus denen schmalere Bänder in den bauüblichen Abmessungen sowie Tafeln von 2000 x 1000 und 3000 x 1000 mm zugeschnitten werden.

Bevorzugte Zinkblechdicken: 0,60 - 0,65 - 0,70 - 0,80 - 1,00 mm

Zinkblech lässt sich gut verarbeiten und unabhängig von der Walzrichtung allen Bauformen anpassen. Verwendet wird es für Dachrinnen, Fallrohre, Abdeckungen, Einfassungen, Dachdeckungen, Außenwandbekleidungen u. a. m.

#### b) Feinzinkdruckguss

Feinzink-Gusslegierungen im Druckgussverfahren werden verarbeitet zu:

- Zubehörteilen für Automobil-, Maschinen- und Apparatebau,
- Beschlägen,
- Teilen für Sanitärindustrie, Feingeräte- und Elektrotechnik.

#### c) Verzinkungen (s. auch Abschn. 7.1.8.3)

Angewendet werden: Feuerverzinkungen (Schmelztauchverfahren) von Eisenteilen durch Tauchen in flüssiges Zink nach Vorbehandlung (Beizen) der Oberfläche („Eisblumenbildung" bei langsamer Abkühlung); auch Verzinken von endlos in heißem Zustand durch ein Zinkbad laufende Stahlbreitbänder („Sendzimirverfahren") sowie seltener Verzinkung im elektrolytischen (galvanischen) Verfahren. Ferner Verzinkung im Spritzverfahren (Spritzverzinkung) sowie Wälzen erhitzter Kleineisenteile in Zinkstaub (Sherardisieren). Die Tabelle 7.13 enthält die in DIN EN ISO 14713-1 genannten Korrosionsschutzverfahren von Eisen- und Stahlkonstruktionen mit Zinküberzügen und gibt deren Schutzdauer in verschiedenen Korrosivitätskategorien an.

**Tabelle 7.13:** Schutzdauer für unterschiedliche Zinküberzüge in unterschiedlichen Korrosivitätskategorien nach DIN EN ISO 14713-1 (Auswahl)

| Verfahren | Mindestdicke des Überzugs µm | Ausgewählte Korrosivitätskategorien Kürzeste/längste Schutzdauer in Jahren Schutzdauerklasse (VL, L, M, H, VH)[1] C3 | | C4 | | C5 | |
|---|---|---|---|---|---|---|---|
| Feuerverzinken (Stückverzinken) DIN EN ISO 1461 | 85 | 40/>100 | VH | 20/40 | VH | 10/20 | H |
| | 140 | 67/>100 | VH | 33/67 | VH | 17/33 | VH |
| Feuerverzinken (Bandverzinken) DIN EN 10346 | 20 | 10/29 | H | 5/10 | M | 2/5 | L |
| | 42 | 20/60 | VH | 10/20 | H | 5/10 | M |
| Feuerverzinken von Rohren DIN EN 10240 | 55 | 26/79 | VH | 13/26 | H | 7/13 | H |
| Sherardisieren DIN EN 13811 | 15 | 7/21 | H | 4/7 | M | 2/4 | L |
| | 30 | 14/43 | VH | 7/14 | H | 4/7 | M |
| Galvanische Verzinkung von Blechen DIN EN ISO 2081 | 5 | 2/7 | L | 1/2 | VL | 1/1 | VL |
| | 25 | 12/36 | H | 6/12 | M | 3/6 | M |
| Mechanisches Plattieren DIN EN ISO 12683 | 8 | 4/11 | M | 2/4 | L | 1/2 | VL |
| | 25 | 12/36 | H | 6/12 | M | 3/6 | L |

[1] Schutzdauerklassen:

| | |
|---|---|
| sehr hoch (VH) | ≥ 20 Jahre |
| hoch (H) | 10 bis < 20 Jahre |
| mittel (M) | 5 bis < 10 Jahre |
| niedrig (L) | 2 bis < 5 Jahre |
| sehr niedrig (VL) | 0 bis < 2 Jahre |

## 7.2.6 Blei

Pb (2- und 4-wertig); Dichte 11,3 kg/dm³; Schmelzpunkt 327,4 °C;
Wärmeausdehnungskoeffizient $\alpha_T = 29 \cdot 10^{-6}\ K^{-1}$; E-Modul = 16 000 bis 20 000 N/mm²

### Normen:

| | |
|---|---|
| DIN 17640-1 | Bleilegierungen für allgemeine Verwendung; Ausgabe 2004-02 |
| DIN 59610 | Blei und Bleilegierungen – Gewalzte Bleche aus Blei zur allgemeinen Anwendung; Ausgabe 2004-02 |
| DIN EN 12548 | Blei und Bleilegierungen – Bleilegierungen in Blöcken für Kabelmäntel und Muffen; Ausgabe 1999-11 |
| DIN EN 12588 | Blei und Bleilegierungen – Gewalzte Bleche aus Blei für das Bauwesen; Ausgabe 2007-03 |

| | |
|---|---|
| DIN EN 12659 | Blei und Bleilegierungen - Blei; Ausgabe 1999-11 |
| DIN 1707-100 | Weichlote - Chemische Zusammensetzung und Lieferformen; Ausgabe 2011-09 |
| DIN EN ISO 9453 | Weichlote - Chemische Zusammensetzung und Lieferformen; Ausgabe 2006-12 |

#### 7.2.6.1 Gewinnung und Verarbeitung

Metallisches Blei wird vorwiegend aus dem Erz **Bleiglanz PbS** (Bleimineral Galenit) gewonnen, welches meist in Verbindung mit den Sulfiden anderer Metalle (z. B. Zinkglanz ZnS) vorkommt. Das durch Zerkleinerung, Klassierung und Flotation auf bis zu 60 % aufbereitete Bleierz wird in drei verschiedenen Verfahren in metallisches Blei überführt. Dabei werden die Verfahren der Röstreduktion und der Röstreaktion zunehmend durch Direktschmelzverfahren ersetzt. Bedeutende Mengen von Blei werden heute auch durch Recycling alter Bleiprodukte gewonnen.

Die *Röstreduktion* erfolgt in zwei Schritten, dem Rösten und der Reduktion. Durch Rösten reagiert das zerkleinerte Bleisulfid mit Luftsauerstoff in einer exothermen Reaktion zu Schwefeldioxid (verwendet für die Schwefelsäureherstellung) und Bleioxid. Anschließend wird das Bleioxid mithilfe von Koks zu metallischem Blei reduziert. Das Verfahren der *Röstreaktion* wendet man bei stark mit PbS angereicherten Erzen an. Dabei wird ein Bleisulfid/Bleioxid-Gemisch ohne Zugabe eines weiteren Reduktionsmittels zu Blei und Schwefeldioxid umgesetzt. Bei den modernen Direktschmelzverfahren finden das Rösten und die Reduktion parallel in einem Reaktionsgefäß statt.

Das entstehende Werkblei enthält 2 bis 5 % Verunreinigungen (u. a. Cu, Ag, Au, Sn, Sb), die durch verschiedene Verfahren der pyrometallischen Raffination oder durch elektrolytische Raffination aus dem Werkblei entfernt werden. Das raffinierte Blei wird als Weichblei bzw. Hüttenblei (99,90 bis 99,97 % Reinheit) und Feinblei (99,985 bis 99,990 Reinheit) bezeichnet.

#### 7.2.6.2 Eigenschaften

Blei ist weich und in kaltem Zustand verformbar. Es ist gut gießbar, schweiß- und lötbar und lässt sich durch Walzen und Pressen spanlos gut verformen. Wegen der geringen Zugfestigkeit (10 bis 20 N/mm²) ist Pb durch Ziehen nicht umformbar. Durch seine hohe Dichte (11,3 kg/dm³) absorbiert Blei Schallwellen (Sandwichbauweise) und dient dem Strahlenschutz. Die mechanische Beanspruchbarkeit ist durch die begrenzte Zeitstandfestigkeit eingeschränkt (Kriechen von Bleiabdeckungen).

Pb ist an der Luft gegenüber Salzsäure HCl und Schwefelsäure $H_2SO_4$ sehr beständig, in Salpetersäure $HNO_3$, lufthaltiger Ethansäure (Essigsäure) und in heißen Laugen aber löslich.

Blei und viele seiner Verbindungen (z. B. Bleitetraethyl) sind sehr giftig und können zu chronischen Vergiftungen (z. B. Nervenlähmung und Hirnschädigungen) führen.

#### 7.2.6.3 Korrosionsverhalten

Blei ist an der Luft durch die sich sofort bildende Oxidschicht und die sich anschließende wasserlösliche Bleikarbonatbildung ($PbCO_3$) unbegrenzt haltbar.

Gegen freien Kalk $Ca(OH)_2$ ist Blei empfindlich (Lochfraß): Schutzmaßnahmen bei Wasser- und Abwasserrohren durch Beschichtung mit Teerpech oder Umwickeln mit Asphaltpapier (das Einbinden von Bleidichtungsblechen in Mörtel ist wegen kurzfristiger Karbonatisierung des Kalkes unbedenklich).

Gips ist mit Blei verträglich: Bildung von unlöslichem Bleisulfat $PbSO_4$ (Eingipsen von Bleirohren und Kabeln).

Blei wird in Verbindung mit anderen Metallen infolge seiner dicken Oxidschicht elektrolytisch nicht zersetzt.

Da sich Blei in weichem (mineralarmen) Wasser zu gesundheitsgefährdendem $Pb(OH)_2$ umwandelt, ist die Korrosionsfestigkeit von Trinkwasserleitungen von der Härte des Wassers abhängig. Damit sich eine Schutzschicht aus wasserunlöslichem $PbCO_3$ ausbilden kann, muss das Wasser mindestens eine Härte von 8 °d aufweisen. Bei Wasser mit weniger als 8 °d sowie auch bei aggressiven, z. B. kohlesäurehaltigen Wässern wird die Schutzschichtbildung verhindert. In diesem Fall ist die Verwendung von „Mantelrohren" (in Bleirohr eingepresstes Zinnrohr mit 0,5 oder 1mm Wanddicke) oder von innen verzinntem Bleirohr erforderlich (die Rohre sind von außen durch „Ziehstreifen" kenntlich gemacht).

### 7.2.6.4 Verwendung von Blei und Bleilegierungen

Blei wird für Dichtungen, Behälterauskleidungen ($H_2SO_4$-Herstellung) und, wegen seiner Absorptionsfähigkeit von Röntgen- und $\gamma$-Strahlung, in der Röntgen- und Kerntechnik verwendet. Darüber hinaus dient Blei zur Herstellung von Farbpigmenten (z. B. Bleiweiß $2\,PbCO_3 \cdot Pb(OH)_2$ und Bleimennige $Pb_3O_4$) und als Basismetall und Komponente für Lagermetalle, Weichlote, Kabelhartblei, Anodenhartblei, Rohrblei u. a.

In DIN EN 12659 werden vier **Reinbleisorten (R)** mit den Werkstoffnummern PB990R (99,990 % Pb), PB985R (99,985 % Pb), PB970R (99,970 % Pb) und PB940R (99,940 % Pb) genannt.

Als Legierungselemente in Pb-Legierungen werden vor allem Antimon (Sb), Kupfer (Cu) und Zinn (Sn) eingesetzt. DIN 17640-1 unterscheidet

- Legierungen für Halbzeug: Pb99,985Cu (0,04 bis 0,05 % Cu)<br>Pb99,94Cu (0,03 bis 0,05 % Cu)<br>PbSb0,5 (0,3 bis 0,7 % Sb)
- Legierungen für Gussstücke (Gussblei GB), z.B.:<br>GB-PbSb2, GB-PbSn2, GB-PbSb15Sn5

**Blei-Zinn-Legierungen** (mit geringen Zusätzen von Antimon) werden hauptsächlich als Lotwerkstoffe zum Weichlöten von Stahl, Cu und Cu-Legierungen, Pb sowie Zn und Zn-Legierungen (mit $< 1\%$ Al) verwendet.

Hinweis: Die EG-Richtlinie 2002/95/EG RoHS verbannt Blei seit Juli 2006 weitgehend aus der Löttechnik.

**Blei-Antimon-Legierungen**, auch als *Hartblei* bezeichnet, sind aushärtbar. Die Aushärtung erfolgt nach Abschrecken von etwa 240 °C bei Raumtemperatur im Zeitraum von mehreren Wochen. Die Pb-Sb-Legierungen PbSb1, PbSb2 und PbSb4 werden beispielsweise für Rohrleitungen und Auskleidungen in der chemischen Industrie genutzt. Für Anoden galvanischer Verchromungsbäder und zum Formguss für Armaturen wird meist PbSb10 verwendet.

**Blei-Zinn-Antimon-Legierungen** werden hauptsächlich als *Lagermetalle*, auch *Weißmetalle* oder *Lagerweißmetalle* genannt, für Schienenfahrzeuge und im allgemeinen Maschinenbau für statische Lagerdrücke ≤ 25 MPa verwendet. Die Lagermetalle enthalten bis zu 20 % Sb sowie ggf. geringe Mengen Cd (0,3 bis 1,0 %) und Cu (i. Allg. 0,5 bis 1,2 %, in Sonderfällen bis 7 %) zur Härtesteigerung. Die Gleitlagerwerkstoffe müssen neben hoher statischer und dynamischer Belastbarkeit vor allem gute Laufeigenschaften (Einlauf-, Dauerlauf- und Notlauf) aufweisen.

Im Bauwesen werden Blei und Bleilegierungen in vielen Erzeugnisvarianten für unterschiedliche Anwendungsbereiche hergestellt, z. B.

- **Walzblei** (gewalztes Bleiblech) nach DIN EN 12588 für Dachdeckungen, Fassaden und zur Abdichtung von Dachdurchführungen. Des Weiteren Verwendung für die Ausführung wasserdichter Sperrschichten sowie für den Strahlen- und Schallschutz. Die Standarddicken liegen zwischen 1,25 und 3 mm. Bitumenkaschierte und meist glasfaserverstärkte Bleifolien mit Dicken von 0,1 bis 0,3 mm werden zur Feuchtigkeitsisolierung und als Dampfsperre eingesetzt. Für Isolierungen im Hoch- und Tiefbau dienen auch 1 mm dicke Bleibleche, die mit Bitumenbahnen unterlegt und abgedeckt werden.
- **Bleiwolle und Riffelblei** als Dichtungsmaterial bei Stemmmuffenverbindung in Gas-, Wasser- und Abwasserleitungen anstelle von Gießblei (Gussschwund).
- **Abflussrohre und -bogen** aus Blei mit 30 bis 125 mm Innendurchmesser und 2,0 bis 2,5 mm Wandungsdicken für Entwässerungsanlagen.
- **Druckrohre** aus Weich- und Hartblei für Installationen nach DIN 1988-1 „Technische Regeln für Trinkwasser-Installationen (TRWI)“. Siehe auch Abschnitt „Korrosionsverhalten“.

## Literatur zu 7.2 Nichteisenmetalle


[1] *Kammer, C. u. a.*: Aluminium-Taschenbuch. Band 1: Grundlagen und Werkstoffe. 16. Aufl., Beuth-Verlag, Berlin, 2009

[2] *Hesse, W.*: Aluminium-Werkstoff-Datenblätter. 6. Aufl., Beuth-Verlag, Berlin, 2011

[3] *Hesse, W.*: Aluminium-Schlüssel. 10. Aufl., Beuth-Verlag, Berlin, 2012

[4] DIN-Taschenbücher Aluminium: 450/1 (2009), 450/2 (2009), 450/3 (2012), 450/4 (2012), Beuth-Verlag, Berlin

[5] DKI-Informationsdrucke. Hrsg. Deutsches Kupferinstitut e. V., Düsseldorf

[6] DIN-Taschenbücher Kupfer: 456/1, 456/2, 456/3 (alle 2012), Beuth-Verlag, Berlin

[7] Merkblätter des Stahl-Informations-Zentrums. Düsseldorf (www.stahl-info.de)

[8] Titanzink im Bauwesen. Hrsg. Zinkberatung Ingenieurdienste GmbH, Düsseldorf, 10. Aufl., 2002

[9] Arbeitsblätter der Beratung Feuerverzinken e. V., Düsseldorf

[10] Arbeitsblätter der Bleiberatung e. V., Düsseldorf

[11] *Seidel, W.; Hahn, F.*: Werkstofftechnik. 9. Aufl., Hanser Fachbuchverlag, München, 2012

[12] DIN EN 1652 Kupfer und Kupferlegierungen – Platten, Bänder, Bleche, Streifen und Ronden zur allgemeinen Verwendung; Ausgabe 1998-03

# 8 Holz und Holzwerkstoffe

*Peter Lieblang*

## 8.1 Der Rohstoff Holz

Als Holz bezeichnet man den durch Bildung und Einlagerung von Lignin verfestigten – verholzten – Teil mehrjähriger höherer Pflanzen. Holz wird im Wesentlichen ab dem zweiten Lebensjahr der Bäume durch sogenanntes sekundäres Dickenwachstum gebildet. Dabei gliedert eine dünne Haut teilungsfähiger Zellen, das Kambium, zur Innenseite Holz (sekundäres Xylem) und zur Außenseite Bast (sekundäres Phloem) ab. Grundlage hierfür ist der pflanzliche Stoffwechsel, bei dem durch Photosynthese aus atmosphärischem Kohlendioxid und Wasser mithilfe von Sonnenlicht organische Polymere und Sauerstoff gebildet werden. Der Wachstumsprozess verläuft in gemäßigten Breiten zyklisch und beginnt im April oder Mai, um im August, spätestens im September wieder auszusetzen.

Der ganz überwiegende Teil des auf der Erde vorhandenen Holzvorrats sind Waldbäume. Zwar tragen auch Bäume und Büsche in Parks und Gärten, an Alleen oder im Bereich landwirtschaftlicher Flächen zu den globalen Holzvorräten bei, für die Nutzung als Bauholz sind diese Vorräte jedoch irrelevant. Wälder bedecken etwa 30 Prozent der globalen Landfläche – das entspricht knapp 4 Mrd. Hektar [1] (vgl. Tabelle 8.1). Die Waldfläche Deutschlands ist regional sehr unterschiedlich verteilt und beträgt insgesamt etwa 11,1 Mio. Hektar. Das entspricht etwa 31 % der Landesfläche. Die Holzvorräte in deutschen Wäldern belaufen sich auf ca. 320 bis 330 $m^3$/ha [2, 3], und nehmen bei einem Stammholzeinschlag von ca. 48 Mio. $m^3$ in 2009 weiterhin leicht zu. Damit nimmt Deutschland bei den Holzvorräten innerhalb der EU eine Spitzenposition ein und hat seit 2002 rein rechnerisch bei Rohholz einen Selbstversorgungsgrad erreicht, der ca. 3 bis 5 % über dem Bedarf liegt. Das darf nicht darüber hinwegtäuschen, dass in nennenswertem Maße Holzhandel über die Ländergrenzen hinweg stattfindet, und zwar nicht nur bei exotischen Hölzern. So wurden beispielsweise im Jahr 2009 etwa 6,2 Mio. $m^3$ Nadelschnittholz exportiert und zugleich 3,4 Mio. $m^3$ Nadelschnittholz, vorwiegend aus Nord- und Osteuropa nach Deutschland importiert.

**Tabelle 8.1:** Bestand und Entwicklung der globalen Waldflächen aus [1]

| Region | Waldfläche [1000 ha] | Anteil an der Landfläche [%] | Waldfläche pro Einwohner [ha/Ew] | Jährliche Änderung im Zeitraum 2000 bis 2005 [%] |
|---|---|---|---|---|
| Welt | 3 952 025 | 30,3 | 0,599 | −0,18 |
| West- und Zentralasien | 43 588 | 4,0 | 0,117 | 0,03 |
| Nordamerika | 677 464 | 32,7 | 1,537 | −0,01 |

| Region | Waldfläche [1000 ha] | Anteil an der Landfläche [%] | Waldfläche pro Einwohner [ha/Ew] | Jährliche Änderung im Zeitraum 2000 bis 2005 [%] |
|---|---|---|---|---|
| Latein-amerika und Karibik | 859 925 | 47,3 | 1,87 | −0,51 |
| Europa | 1 001 394 | 44,3 | 1,369 | 0,07 |
| Asien und Pazifik | 734 243 | 25,8 | 0,201 | 0,09 |
| Afrika | 635 412 | 21,4 | 0,673 | −0,62 |

# 8.2 Bau der Hölzer

Die Holzanatomie untersucht und beschreibt den Bau der Hölzer. Sie liefert eine wichtige Grundlage für das Verständnis der physikalischen und technischen Eigenschaften des Holzes. Zudem lassen sich die Holzarten am einfachsten anhand anatomischer Merkmale unterscheiden. Das während der Vegetationsperiode durch Zellteilung gebildete Holz des Stammes besteht aus konzentrisch übereinander gestülpten Schichten, sodass der Baumstamm näherungsweise ein Rotationsellipsoid - bestehend aus Stammanlauf (Neiloid), Mittelschaft (Paraboloid) und Wipfelstück (Kegel) - darstellt [6]. Die Stammgeometrie zeichnet sich durch drei anatomische Hauptachsen - Längs-, Quer- und Umfangsrichtung - aus, mit deren Hilfe sich drei orthogonale Schnittebenen festlegen lassen. Die Ansichtsflächen dieser drei Schnittebenen zeigen ein charakteristisches Bild, das auch die Nomenklatur beeinflusst hat (vgl. auch Abb. 8.1).

Der sogenannte Hirnschnitt oder Querschnitt verläuft senkrecht zur Stammachse und wird mit den Buchstaben Q bzw. L (für „longitudinal") gekennzeichnet. Der Radialschnitt oder Spiegelschnitt verläuft durch die Stamm- bzw. Rotationsachse (Markröhre) und wird kurz mit dem Buchstaben R bezeichnet. Der Tangentialschnitt oder Fladernschnitt verläuft parallel zur Stammachse in Richtung des Stammumfangs, Kurzbezeichnung T.

Im Folgenden soll ein kurzer Überblick über die Anatomie des Holzes gegeben werden. Deren charakteristische Merkmale lassen sich nicht in einem einzigen Maßstab darstellen, sodass zwischen Makro-, Mikro- und Ultrastruktur differenziert werden muss.

## 8.2.1 Makroskopischer Bau des Holzes

Der makroskopische Aufbau von Holz lässt sich mit bloßem Auge erkennen. Im Zentrum des Stammes befindet sich die Markröhre. Sie besteht aus Grundgewebe und dient der Saftleitung des jungen Sprosses. Bereits im zweiten Jahr wird die Markröhre von Holzzellen überwachsen und stirbt je nach Baumart spätestens im Alter von zehn Jahren ab. Durch den zyklischen Verlauf des Dickenwachstums entsteht zu Beginn der Vegetationsperiode dünnwandiges, weitlumiges Frühholz und zum Ende hin dickwandiges, englumiges Spätholz. Durch den schroffen Übergang von Spät- zu Frühholz werden die näherungsweise konzentrisch um die Markröhre verlaufenden Jahresringe mit bloßem Auge sichtbar und ergeben das typische Bild eines Holzquerschnitts. Ihre Breite wird von zahlreichen Faktoren beeinflusst und ist in allen drei anatomischen Hauptrichtungen veränderlich. Schon aufgrund der unregelmäßigen Stammform ist offensichtlich, dass die Jahresringbreite in vertikaler und in Umfangsrichtung variiert. Aber auch in radialer Richtung unterscheidet sich die Dicke der Jahresringe. Als Ursachen sind die Witterungs- und Standortbedingungen (Wasser- und Nährstoffangebot, Wind, Temperaturen), das Verhältnis von Längen- zu Dickenwachstum, zufällige Schädigungen des lebenden Baumes (Fraßschäden, Brandereignisse etc.), aber auch gezielte forstliche Maßnahmen (Ästung, Durchforstung) zu nennen. Obwohl zwischen der Jahresringbreite und den Eigenschaften des Holzes komplexe Wechselwirkungen bestehen, gilt als einfache Erfahrungsregel, dass unter gleichen Bedingungen gewachsenes Holz umso bessere Eigenschaften aufweist, je enger die Jahresringe sind. Die Dendrochronologie macht sich zunutze, dass sich die klimatischen Bedingungen am Standort eines Baumes in den Jahresringbreiten widerspiegeln, die Jahresringe gewissermaßen zum Chronisten des Klimas werden. Bei bekanntem Alter und Standort eines Baumes ist durch Vergleich einer statistisch bereinigten Folge von Jahresringbreiten die Altersbestimmung anderer Hölzer möglich.

Feinstes noch mit bloßem Auge zu erkennendes Strukturmerkmal sind die – nur bei Laubhölzern auftretenden – Gefäßzellen (Tracheen). Diese feinen Leitungsbahnen haben je nach Holzart in Tangentialrichtung eine Weite bis zu 0,35 mm [4].

Die äußere Hülle des Stammes wird von der aus Bast und Borke bestehenden Rinde gebildet.

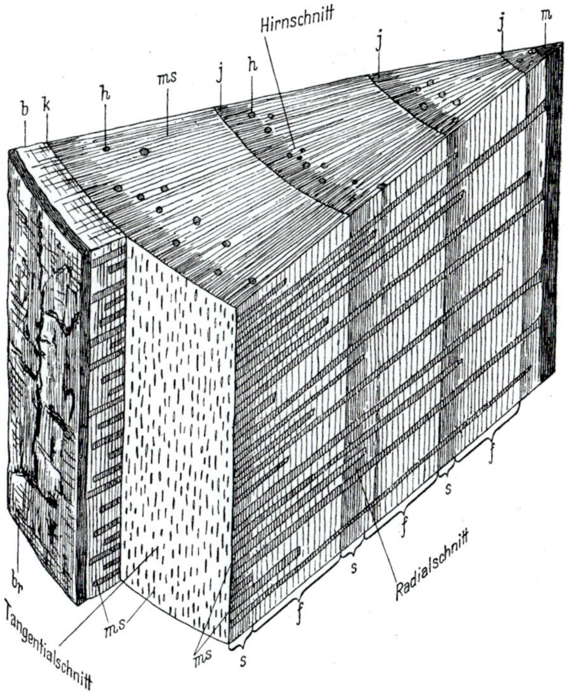


**Abb. 8.1:** Vierjähriger Kiefernstamm nach Strasburger aus [5]

Darüber hinaus kann mit zunehmendem Alter des Baumes eine Verkernung einsetzen, bei dem die inneren Bereiche des verholzten Querschnitts absterben. Die Kernbildung ist mit einer Einlagerung von Harz, Fetten und weiteren Kernstoffen sowie dem Verschließen der Tüpfel verbunden. Wird durch die eingelagerten Stoffe eine Verfärbung des Kernholzes hervorgerufen, spricht man von einem Farbkern (Abb. 8.2). Die nicht verkernten Bereiche eines Querschnitts bezeichnet man als Splintholz. Nach der Art der Kernholzbildung können Bäume in vier Kategorien eingeteilt werden:

- Bäume mit regelmäßiger Farbkernbildung, bei denen das Splintholz feuchter als das Kernholz ist. Beispiele sind Lärche, Kiefer, Douglasie, Eiche, Ulme (Rüster), Nussbaum und Kirschbaum.
- Bäume mit unregelmäßiger Kernbildung, bei denen nur unter bestimmten Voraussetzungen sogenannte Falschkerne gebildet werden. Anders als die regelmäßigen Kerne sind Falschkerne durch unregelmäßige Querschnittsformen gekennzeichnet. Beispiele sind der Rotkern bei Buche oder der Braunkern bei Esche.
- Bäume mit hellem Kern (früher auch als Reifholzbäume bezeichnet) weisen einen Kern auf, der zwar wasserärmer als das Splintholz, aber nicht verfärbt ist. Beispiele sind Fichte, Tanne, Rotbuche, Linde und Birnbaum.
- Bei sogenannten Splintholzbäumen sind die Verkernungsmerkmale nur mikroskopisch zu erkennen (kein Feuchteunterschied zwischen Kern- und Splintholz). Beispiele sind Birke, Erle, Zitterpappel, Spitzahorn und Buche.

Weitere Unterschiede zwischen Kern- und Splintholz lassen sich auf Makroebene nicht feststellen. Dagegen lassen sich Unregelmäßigkeiten im Bau der Hölzer leicht erkennen. Dazu zählen beispielsweise Harzkanäle oder Harzgallen.

**Abb. 8.2:** Farbkernbildung bei Lärchenholz (Foto: Peter Lieblang)

## 8.2.2 Mikroskopischer Bau des Holzes

Den Bau des Holzes auf Zellebene bezeichnet man auch als Mikrostruktur. Alle Zellen des Holzes bestehen aus der Zellwand, die einen Hohlraum - das Lumen - umschließt. Auf der Mikroebene stellt Holz also einen porösen Festkörper dar. Die Porigkeit $p = V_p / V_{ges}$ kann bei stark porösen Hölzern Werte von über 90 % annehmen, während dichte Hölzer weniger als 10 % Poren bezogen auf das Gesamtvolumen aufweisen. Es lassen sich verschiedene Zelltypen unterscheiden, nämlich tracheale, parenchymatische und sklerenchymatische Zellen. Nadelhölzer als erdgeschichtlich ältere Gattung weisen einen weniger differenzierten Bau als Laubhölzer auf.

### 8.2.2.1 Tracheiden

Tracheiden sind der Hauptbestandteil von Nadelhölzern. Die Angaben zu ihrem Anteil am Gesamtvolumen reichen von mindestens 90 % bei [6, S. 131] über 90 bis 94 % bei [4, S. 79] bis zu 87 bis 96 Vol.-% (i. M. 93 Vol.-%) bei [7, Bd. 1, Zahlentafel 3]. Diese relativ engen, geschlossenen Einzellen dienen sowohl der Saftleitung als auch der Festigkeitsbildung. Tracheiden haben einen rechteckigen bis hexagonalen Querschnitt und verlaufen - abgesehen von den radial orientierten Holzstrahltracheiden - in Longitudinalrichtung. Ihre Länge in Longitudinalrichtung beträgt etwa das Einhundertfache der Ausdehnung in Radial- bzw. Tangentialrichtung. Darüber hinaus sind die Abmessungen in Radialrichtung aufgrund des periodisch verlaufenden Dickenwachstums veränderlich, während die Ausdehnung in Umfangsrichtung nahezu konstant ist. Das bedingt mit zunehmendem Stammdurchmesser auch eine regelmäßige Neuanlage von radialen Zellreihen (vgl. Abb. 8.3).

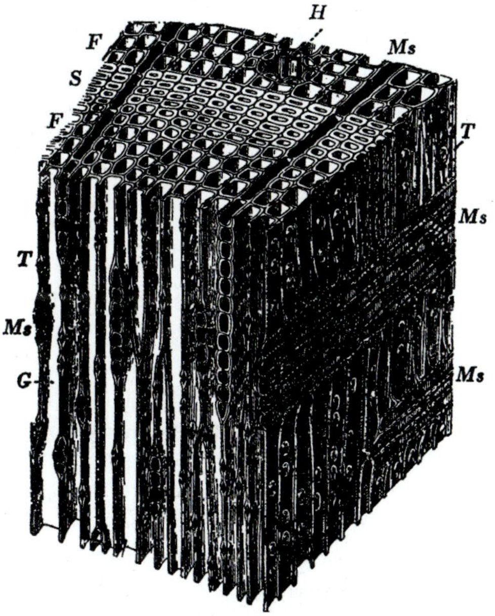


**Abb. 8.3:** Aufbau der Zellenstruktur von Nadelholz
Ms Markstrahlen
F Frühholzzellen
S Spätholzzellen
G Gefäßzellen (Tracheiden)
H Harzgänge
T Holztüpfel

Unter dem Mikroskop zeigt sich, dass im Frühjahr vor allem dünnwandige und weitlumige Tracheiden gebildet werden, um die Saftleitung zu gewährleisten. Zum Ende der Vegetationsperiode werden dagegen dickwandige und englumige Tracheiden gebildet, die vor allem Aufgaben der Festigkeitsbildung erfüllen. Die makroskopisch als Jahresringe sichtbaren Strukturen entpuppen sich unter dem Mikroskop als gleichartige Zellen unterschiedlicher Geometrie. Zudem fällt auf, dass die im Querschnitt vier- bis sechseckigen Zellen in radialen Reihen vom Mark zum Kambium angeordnet sind und die Zellwände in radialer Richtung annähernd geradlinig verlaufen. Lediglich durch die systematische Neuanlage von Zellreihen treten Störungen auf. Diese Neuanlage wird erforderlich, wenn der Stammdurchmesser infolge des sekundären Dickenwachstums zunimmt und sich das Kambium ebenfalls weiten muss. Dagegen sind in tangentialer Richtung gegeneinander versetzte Zellwände zu erkennen. Die Größe dieser Versetzungen ist im Bereich des Frühholzes erheblich größer als im Bereich des Spätholzes. Diese geometrische Besonderheit ist deswegen bedeutsam, weil sie die unterschiedlichen (elastischen, thermischen und hygrischen) Eigenschaften des Holzes in Radial- und Tangentialrichtung erklärt.

#### 8.2.2.2 Tüpfel

Als Tüpfel werden ventilähnliche Strukturen bezeichnet, durch die Zellen untereinander verbunden sind. Tüpfel ermöglichen den Gas- und Flüssigkeitsaustausch in Querrichtung zwischen den Zellen, können aber durch eine Art Membran verschlossen werden. *Wagenführ* [4] weist darauf hin, dass die Tüpfel bei Nadelhölzern den Vorgang der Kernbildung ermöglichen.

#### 8.2.2.3 Parenchymzellen

Parenchymzellen bilden das Speichergewebe des Holzes. Sie dienen der Leitung von Nähr- und Wuchsstoffen sowie der Speicherung von Reservestoffen. Die Richtung der Zellen verläuft ganz überwiegend longitudinal, allerdings kommen auch Parenchymzellen vor, die in radialer Richtung verlaufen (Radialparenchym). Es handelt sich dabei in der Regel um schmale Bänder. Man spricht dann von Markstrahlen oder – weil nicht alle dieser Strahlen bis zur Markröhre reichen – einfach von Holzstrahlen. Diese lassen sich unter dem Mikroskop gut erkennen. Weitere Einzelheiten finden sich bei *Wagenführ* [4].

#### 8.2.2.4 Gefäße (Tracheen)

Der im Vergleich zu Nadelhölzern differenziertere Bau der Laubhölzer umfasst weitere Zellarten. Für die Saftleitung sind besondere Gefäße (Tracheen) zuständig, die aus einzelnen an ihren Enden in unterschiedlicher Weise perforierten Gliedern gebildet werden. Die aneinandergereihten Gefäßglieder bilden je nach Holzart Kanäle mit einer Länge von bis zu mehreren Metern. Tracheen sind mit bloßem Auge erkennbar. Sie können wie die Jahresringe in Form konzentrischer Kreise angeordnet (vgl. Abb. 8.4), aber auch über den Querschnitt zerstreut sein. In Abhängigkeit vom Grad der Ordnung spricht man auch von ringporigen, zerstreutporigen oder halbringporigen Hölzern.

#### 8.2.2.5 Libriformfasern (Sklerenchymfasern)

Libriformfasern sind besonders dickwandige Holzzellen (Festigungsgewebe), die nur wenige Tüpfel enthalten. Sie kommen nur in Laubhölzern vor und bilden mit 50 bis 60 % Anteil an deren Holzmasse [4, S. 110] den Hauptbestandteil. Sie bestimmen durch die Wanddicke der Zellen vor allem Rohdichte und Festigkeit der Hölzer.

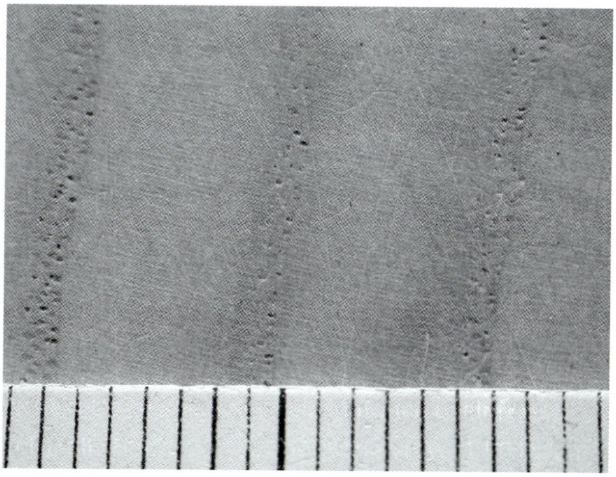

**Abb. 8.4:** Ringförmige Anordnung von Tracheen am Beispiel von Ulmenholz (Strichteilung mit 1 mm Abstand, Gefäße teilweise nach Oberflächenbehandlung verstopft) (Foto: Peter Lieblang)

#### 8.2.2.6 Feinbau der Zellwand (Ultrastruktur)

Am Beispiel der Zellwand von Tracheiden soll die *Ultrastruktur* dargestellt werden. Breite Akzeptanz hat ein Modell gefunden, das die Zellwand in drei Schichten gliedert (siehe Abb. 8.5). In der üblicherweise verwendeten Terminologie, die auf *Bailey* und *Kerr* [8] zurückgeht, werden diese Schichten als Mittellamelle (M), Primärwand (P) und Sekundärwand (S) bezeichnet. Die *Mittellamelle* stellt eine Verbundschicht zwischen den Wänden benachbarter Zellen dar. Die *Primärwand* ist die ursprüngliche, vom Kambium gebildete, meristematische (teilungsfähige) Zellwand. Sie wird daher auch als Kambialwand bezeichnet. Häufig werden Mittellamelle und Primärwand zur Verbundmittellamelle (Compound Middle Lamella) zusammengefasst. Bei der *Sekundärwand* handelt es sich um eine an der Innenseite der Primärwand abgelagerte Verdickungsschicht. Ebenfalls von *Bailey* und *Kerr* stammt der Vorschlag eines dreilagigen Aufbaus der Sekundärwand. Die einzelnen Lagen werden mit S1, S2 und S3 bezeichnet. Andere Forscher differenzieren innerhalb der S1- und S3-Schicht weiter und stellen Übergangsbereiche zwischen S1 und S2 sowie zwischen S3 und S2 fest. Die Dicken der einzelnen Schichten sind stark unterschiedlich, jedoch weist die S2-Schicht eine deutlich höhere Schichtdicke als CML, S1- und S3-Schicht auf. Als kleinste Einheit wird i. A. das Zellulosemolekül mit Kantenlängen von 0,79/0,835/1,03 Nanometer angesehen [7, Bd. 1, Bild 125], dessen Abmessungen in der Größenordnung eines $\alpha$-Eisenmoleküls (Kantenlänge von 0,29 Nanometer) liegen. Hinsichtlich der übergeordneten Strukturen finden sich in der Literatur voneinander abweichende Angaben und Bezeichnungsweisen. Einen Überblick gibt z. B. *Harada* [9]. Im kristallinen Zustand bilden die Fadenmoleküle der Zellulose Micellen. Zu den Abmessungen der Micellen existieren keine einheitlichen Angaben. Als Mikrofibrillen werden Verbindungen mehrerer (zwei bis vier) Micellen bzw. Elementarfibrillen bezeichnet, jedoch werden diese beiden Begriffe auch synonym verwendet. Schließlich bilden mehrere Mikrofibrillen eine Fibrille, die unter dem Elektronenmikroskop als faserartige, abgegrenzte Einheit sichtbar ist. Die Fibrillen verlaufen in der Primärwand regellos (Streuungstextur), in der

Sekundärwand dagegen in Lamellen parallel zueinander (Paralleltextur). Man unterscheidet zwischen parallel zur Zellachse liegenden Lamellen (Fasertextur) und schraubenförmig um die Zellachse verlaufenden Lamellen (Schraubentextur) wie in Abbildung 8.5 dargestellt. Die Neigung der Fibrillen bezogen auf die Faserachse variiert zwischen den einzelnen Zellwandschichten ebenso wie ihr Volumenanteil. Prinzipiell kann der Aufbau anhand eines einfachen Modells von *Bailey* und *Kerr* [8], das die S2-Schicht als eine Art Sandwich-Element auffasst, beschrieben werden. Es geht davon aus, dass die S2-Schicht erheblich dicker als die S1- bzw. die S3-Schicht ist (10:1) und die S2-Mikrofibrillen annähernd parallel zur Faserachse verlaufen, während sie in der S2- bzw. S3-Schicht etwa senkrecht zur Faserachse orientiert sind. Offenbar bestehen keine großen Unterschiede zwischen der Mikrofibrillenneigung verschiedener Holzarten. Bemerkenswert ist dagegen die Tatsache, dass *Mark* [10] starke Unterschiede in der Mikrofibrillenneigung zwischen der Radial- und der Tangentialwand feststellt, während sich in anderen Quellen kein Hinweis hierauf findet.

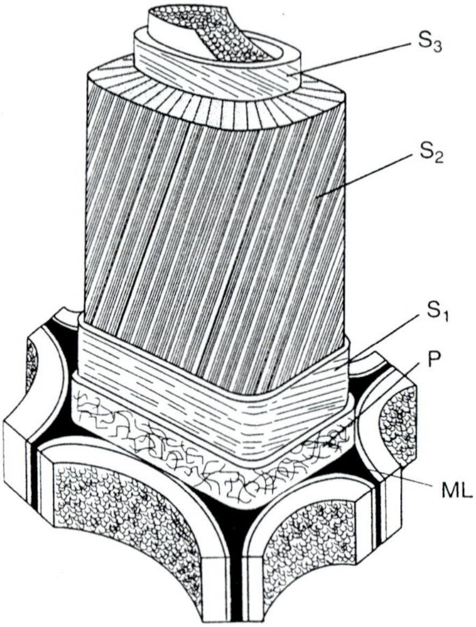


**Abb. 8.5:** Feinbau der Zellwand nach [11]

## 8.3 Chemische Zusammensetzung der Hölzer

Die chemische Zusammensetzung von Holz variiert auch bei verschiedenen Holzarten kaum. Holz besteht aus den chemischen Elementen Kohlenstoff (ca. 50 %), Sauerstoff (ca. 44 %), Wasserstoff (ca. 6 %) und mineralischen Bestandteilen bzw. Aschen (ca. 0,6 %) [6, S. 173]. Im Holz verbinden sich diese Elemente im Wesentlichen zu Polymeren (90 bis 97 %), und zwar in Form von Zellulose, Hemizellulose und Lignin. Die restlichen 3 bis 10 % sind organische und anorganische Begleitstoffe [12]. Bei der Zellulose handelt es sich um lineare, lange Ketten, die in Form von Bündeln (Fibrillen) die Gerüstsubstanz der Zellwand bilden. Zellulose bildet mit bis zu 50 M.-% den Hauptbestandteil der Hölzer. Der durchschnittliche Polymerisationsgrad beträgt nach [12] etwa 100 und damit gut das Vierfache desjenigen der Hemizellulose, die als weitgehend amorpher Bestandteil 20 bis 35 % der Holzsubstanz ausmacht. Schließlich bildet das ebenfalls amorphe Lignin eine Art Kittsubstanz, die den Verbund der faserartigen Moleküle untereinander gewährleistet und so für die Stabilität der Zellwand sorgt. Die im Holz enthaltenen Begleitstoffe sind für die Verwendung im Bauwesen bedeutungslos.

## 8.4 Physikalische Eigenschaften der Hölzer

### 8.4.1 Mechanische Eigenschaften

Die mechanischen Eigenschaften von Holz umfassen (Roh-)Dichte, elastische Eigenschaften und die Festigkeit. Sie werden in erheblichem Maße durch die Holzanatomie beeinflusst.

Die Dichte der Zellwandsubstanz beträgt für alle Holzarten gleichermaßen etwa 1,50 kg/dm³ (*Kollmann* [7, Zahlentafel 67] nennt Ergebnisse verschiedener Autoren, die in Abhängigkeit von Zusammensetzung und Prüfverfahren zwischen 1,46 kg/dm³ und 1,56 kg/dm³ als Wert für die Dichte nennen, *Trendelenburg* [6, S. 225] zitiert vier Autoren, die Werte zwischen 1,46 kg/dm³ und 1,56 kg/dm³ ermittelt haben). Die Zellwand kann damit trotz ihres geschichteten Aufbaus als homogen angesehen werden, und die Masse des Holzes lässt sich als Produkt aus (hohlraumfreiem) Volumen und Dichte der Zellwandsubstanz ermitteln. Das Verhältnis von Holzrohdichte und Dichte der Zellwandsubstanz kann damit auch Aufschluss über geometrische Eigenschaften der Zellstruktur liefern [13]. Allerdings unterscheidet sich selbst die an kleinen, fehlerfreien Probekörpern bestimmte Rohdichte von Vollholz in Abhängigkeit von der Holzart und den Standortbedingungen ganz erheblich. Sie kann Werte zwischen etwa 0,1 kg/m³ bei *Balsa* und bis zu 1,4 kg/m³ bei *Pockholz* und *Letternholz* [7, S. 331] annehmen. Die Ursache hierfür liegt letztlich in der Zellgeometrie (Mikrostruktur) des Holzes. Aufgrund wechselnder Anteile von Früh- und Spätholz, Porenvolumen und Zellwanddicke ist Holz ein inhomogener, poröser Werkstoff. Diese Inhomogenität führt nicht nur dazu, dass die Rohdichte zwischen verschiedenen Holzarten variiert, sondern sie bewirkt auch Streuungen der Rohdichte von 30 % und mehr innerhalb ein und derselben Holzart. Dabei erhöht sich die Rohdichte mit zunehmendem Spätholzanteil und engeren Jahresringen. Weil auch die sonstigen mechanischen Eigenschaften des Holzes von der Zellgeometrie bestimmt werden, ist die Rohdichte ein wichtiges Indiz für Steifigkeit, Festigkeit sowie Quell- und Schwindeigenschaften des Holzes. Prinzipiell verbessern sich die bautechnisch interessierenden Eigenschaften von Holz bei höherer Rohdichte. Darüber hinaus variiert die Rohdichte des Holzes mit der Feuchte, weil sich bei einer Änderung der Holzfeuchte sowohl Masse als auch Abmessungen der Probe verändern. Dennoch wird die Rohdichte von Holz normalerweise durch Wägung und Bestimmung des Volumens mithilfe von Längenmessung nach DIN 52182 durchgeführt. Masse und Volumen werden immer bei identischer Holzfeuchte bestimmt. Als Bezugsfeuchte wählt man vielfach die Ausgleichsfeuchte nach Lagerung im „Normalklima" – 20 °C/65 % r. F. – und bezeichnet das Ergebnis als Normalrohdichte $\rho_N = m_N / V_N$. Ebenso ist die Angabe der Rohdichte für eine auf ganze Prozent gerundete Holzfeuchte möglich. Zur Kennzeichnung wird in diesem Fall die bei der Rohdichtebestimmung ermittelte Holzfeuchte als Fußzeiger angegeben – z. B.

für eine Feuchte von 12 % als $\rho_{12} = m_{12}/V_{12}$. Keineswegs trivial ist die genaue Bestimmung der Darr-Rohdichte $\rho_0 = m_0/V_0$ (Dichte im absolut trockenen Zustand), weil ofentrockenes Holz begierig Feuchtigkeit aus der Luft aufnimmt. Zur präzisen Bestimmung der Trockenrohdichte ist es daher erforderlich, die Proben vor der Wägung im Exsikkator mit Trockenmittel ($CaCl_2$ oder Silicagel) abkühlen zu lassen. Andere Verfahren zur Bestimmung der Rohdichte von Holz sind die Tauchwägung (wobei für ein genaues Ergebnis das Verdrängungsverfahren mithilfe von Quecksilber durchzuführen ist, sodass die Poren ungesättigt bleiben), optische Verfahren unter Verwendung von Holzmikroschnitten oder Röntgenverfahren.

Die Beschreibung der elastischen Eigenschaften von Holz ist wegen seiner anatomischen bzw. geometrischen Eigenschaften anspruchsvoller als bei isotropen Materialien. Die Holzstruktur aus mehr oder weniger konzentrisch angeordneten Jahresringen mit Früh- und Spätholzschichten sowie mehrschichtigen Zellwänden, die aus Cellulosefasern unterschiedlicher Orientierung und Lignin als Kittsubstanz bestehen, bewirkt eine starke Richtungsabhängigkeit der elastischen Eigenschaften. Man spricht von anisotropem Materialverhalten. Die Grundlage zur Beschreibung des elastischen Verhaltens von Holz wurde von *Carrington* [14] und *Hörig* [15] geschaffen. Sie wendeten das Neumannsche Prinzip, das von geometrisch-strukturellen auf physikalische (hier: elastische) Eigenschaften schließt, auf den Werkstoff Holz an. Ursprünglich fand das Neumannsche Prinzip Anwendung bei der Untersuchung kristalliner Stoffe. Aufgrund des regelmäßigen, näherungsweise periodischen Aufbaus übertrug *Hörig* diese Methode auf Holz und interpretierte es als kristallinen Stoff. Zur Beschreibung verwendete er das in Abbildung 8.6 dargestellte Koordinatensystem. Bei hinreichend kleinen Probekörpern mit vernachlässigbarer Krümmung der Jahresringe lassen sich zwei Symmetrieebenen (x-z und y-z) erkennen, sodass Holz dieselben Symmetrieeigenschaften wie ein rhombisch orthotropes Kristallgitter aufweist. *Carrington* geht zwar von drei Symmetrieebenen aus, weil er den Aufbau der Jahresringe in Radialrichtung unter Vernachlässigung der Krümmung als symmetrisch voraussetzt; für die Beschreibung des Materialverhaltens ist das jedoch ohne Belang, weil in beiden Fällen neun Materialkonstanten zur vollständigen Beschreibung ausreichen. Der Zusammenhang zwischen Spannungen und Verzerrungen lässt sich für das Material Holz dann mithilfe von insgesamt neun Materialkonstanten – hier Elastizitätszahlen – in Matrixschreibweise angeben.

$$\begin{bmatrix} \varepsilon_{xx} \\ \varepsilon_{yy} \\ \varepsilon_{zz} \\ 2\varepsilon_{xy} \\ 2\varepsilon_{yz} \\ 2\varepsilon_{zx} \end{bmatrix} = \begin{bmatrix} s_{11} & s_{12} & s_{13} & 0 & 0 & 0 \\ s_{21} & s_{22} & s_{23} & 0 & 0 & 0 \\ s_{31} & s_{32} & s_{33} & 0 & 0 & 0 \\ 0 & 0 & 0 & s_{44} & 0 & 0 \\ 0 & 0 & 0 & 0 & s_{55} & 0 \\ 0 & 0 & 0 & 0 & 0 & s_{66} \end{bmatrix} \begin{bmatrix} \sigma_{xx} \\ \sigma_{yy} \\ \sigma_{zz} \\ \sigma_{xy} \\ \sigma_{yz} \\ \sigma_{zx} \end{bmatrix}$$

Seit Veröffentlichung der genannten grundlegenden Arbeiten haben zahlreiche Forscher die Werte der Elastizitätszahlen experimentell ermittelt. Eine Zusammenstellung von experimentell ermittelten Elastizitätszahlen verschiedener Hölzer ist in Tabelle 8.2 zu sehen.

**Tabelle 8.2:** Elastizitätszahlen nach Angaben verschiedener Autoren in [mm²/N] (tabellarische Zusammenstellung aus [13])

| Quelle | Holzart | $s_{11}$ | $s_{22}$ | $s_{33}$ | $s_{12}$ | $s_{23}$ | $s_{31}$ | $s_{44}$ | $s_{55}$ | $s_{66}$ |
|---|---|---|---|---|---|---|---|---|---|---|
| [14,29] | Fichte | 155,0 | 5,87 | 121,0 | −3,3 | −2,2 | −51,7 | 115,0 | 157,0 | 2790,0 |
| [69] | Fichte | 209,0 | 10,00 | 177,0 | | | | 142,0 | 143,0 | 3040,0 |
| [27] | Fichte | 204,0 | 7,27 | 110,0 | −3,9 | −3,3 | −61,5 | 196,0 | 136,0 | 3070,0 |
| [75] | Fichte | 250,0 | 6,16 | 143,0 | −3,3 | −2,7 | −62,1 | 129,0 | 159,0 | 2703,0 |
| [10] in [43] | Fichte | 196,0 | 8,46 | 109,0 | −4,0 | −3,2 | −48,0 | 136,0 | 131,0 | 2520,0 |
| [42] | Fichte | 228,0 | 8,80 | 90,0 | | | | 145,0 | 134,0 | 2930,0 |
| [88] | Fichte | 170,0 | 7,87 | 77,1 | −4,4<br>−5,6 | −3,6<br>−5,0 | −39,1<br>−42,0 | | | |
| [57] | Fichte | 247,0 | 8,40 | 127,0 | −5,2<br>−8,7 | −7,0<br>−3,7 | −80,0<br>−79,8 | 138,0 | 166,0 | 2468,0 |
| [77] | Douglasie | 109,0 | 5,99 | 75,5 | −2,6<br>−2,2 | −2,6<br>−2,1 | −43,1<br>−47,3 | 108,0 | 83,0 | 1235,0 |
| [77] | Kiefer | 172,0 | 6,02 | 89,0 | −2,5<br>−3,1 | −2,5<br>−3,4 | −53,0<br>−60,4 | 145,0 | 85,00 | 1493,0 |
| [77] | Bergahorn | 112,0 | 9,80 | 64,5 | −4,3<br>−4,9 | −4,5<br>−6,0 | −45,1<br>−52,5 | 89,0 | 81,00 | 333,0 |
| [77] | Birke | 159,0 | 6,00 | 89,0 | −2,8<br>−2,6 | −2,9<br>−3,0 | −61,2<br>−69,0 | 108,0 | 83,00 | 526,0 |
| [77] | Rotbuche | 86,0 | 7,14 | 43,8 | −3,8<br>−3,6 | −3,2<br>−3,2 | −31,0<br>−32,8 | 93,0 | 61,00 | 213,0 |
| [77] | Eiche | 101,5 | 17,18 | 45,7 | −8,7<br>−8,6 | −5,7<br>−5,5 | −30,5<br>−29,7 | 128,0 | 76,00 | 250,0 |
| [77] | Esche | 122,0 | 6,21 | 65,0 | −3,7<br>−3,2 | −2,9<br>−3,3 | −44,5<br>−46,1 | 110,0 | 73,00 | 357,0 |

Verwendet man anstelle der sogenannten Elastizitätszahlen von Holz die bei der Formulierung des Hookeschen Gesetzes üblichen Materialkonstanten *E*, *G* und $\nu$ lautet die Materialgleichung

$$\begin{bmatrix} \varepsilon_{xx} \\ \varepsilon_{yy} \\ \varepsilon_{zz} \\ 2\varepsilon_{xy} \\ 2\varepsilon_{yz} \\ 2\varepsilon_{zx} \end{bmatrix} = \begin{bmatrix} \frac{1}{E_{xx}} & -\frac{\nu_{xy}}{E_{xx}} & -\frac{\nu_{xz}}{E_{xx}} & 0 & 0 & 0 \\ -\frac{\nu_{yx}}{E_{yy}} & \frac{1}{E_{yy}} & -\frac{\nu_{yz}}{E_{yy}} & 0 & 0 & 0 \\ -\frac{\nu_{zx}}{E_{zz}} & -\frac{\nu_{zy}}{E_{zz}} & \frac{1}{E_{zz}} & 0 & 0 & 0 \\ 0 & 0 & 0 & \frac{1}{G_{xy}} & 0 & 0 \\ 0 & 0 & 0 & 0 & \frac{1}{G_{yz}} & 0 \\ 0 & 0 & 0 & 0 & 0 & \frac{1}{G_{zx}} \end{bmatrix} \begin{bmatrix} \sigma_{xx} \\ \sigma_{yy} \\ \sigma_{zz} \\ \sigma_{xy} \\ \sigma_{yz} \\ \sigma_{zx} \end{bmatrix}$$

Für die Praxis ist diese Beschreibung des Materialverhaltens zu aufwendig. Man begnügt sich daher mit der Angabe von drei Materialparametern – E-Moduln parallel und senkrecht zur Faserrichtung sowie Schubmodul – und vernachlässigt den dabei entstehenden Fehler im Fall mehrachsiger Spannungszustände. Dagegen wird der Einfluss der Rohdichte auf die Materialkonstanten durch entsprechende Klasseneinteilung des Holzes anhand von Sortiermerkmalen berücksichtigt.

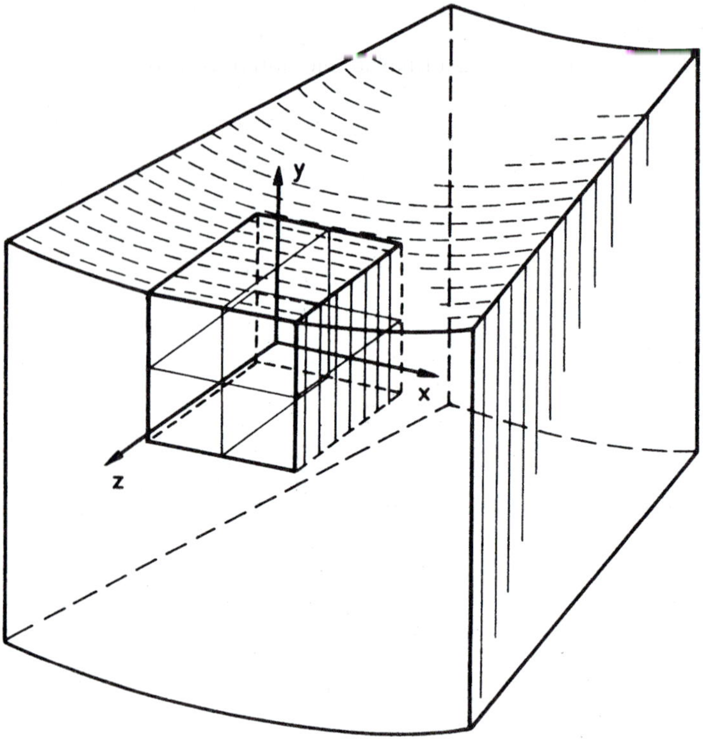


**Abb. 8.6:** Koordinatensystem nach *Hörig* [15]

Ebenso wie die elastischen Eigenschaften ist auch die Festigkeit von Holz richtungsabhängig. Weil Festigkeit als Betrag der mechanischen Spannung bei Materialversagen definiert ist, muss für die Angabe der Holzfestigkeit zunächst ein Versagenskriterium definiert werden. So erklärt sich auch die Angabe unterschiedlicher Festigkeitswerte, obwohl Holzart, Orientierung der Probe und Spannungsrichtung identisch sind. Insbesondere bei Druckbeanspruchung quer zur Faserrichtung (radial oder tangential) kann als Festigkeitskriterium entweder das Erreichen einer Elastizitätsgrenze oder die Größe irreversibler Verformungen, die nach Entlastung sichtbar bleiben, definiert werden. Wie bei den elastischen Eigenschaften ist auch die Festigkeit von Holz in Faserrichtung erheblich höher als quer zur Faser. Darüber hinaus fällt auf, dass die Zugfestigkeit größer als die Druckfestigkeit ist. Einschränkend muss darauf hingewiesen werden, dass diese Aussagen streng genommen nur für fehlerfreies Holz gelten. Sobald Risse, z. B. durch Schwinden oder Wuchsfehler vorhanden sind, kann sich die (auf den

Nennquerschnitt bezogene) Zugfestigkeit ganz erheblich reduzieren. Dagegen wirken sich Äste nur in geringem Maße auf die Holzfestigkeit aus, weil die Fasern normalerweise um die Asteinschlüsse herumlaufen, also nur umgelenkt und nicht unterbrochen werden.

## 8.4.2 Hygrisch-thermische Eigenschaften

Die Holzfeuchte $u$ ist ein Parameter, der sowohl die mechanischen Eigenschaften als auch die Dauerhaftigkeit des Holzes maßgeblich beeinflusst. Sie ist definiert als Quotient aus der in einer Holzprobe enthaltenen Wassermasse, die durch Ofentrocknung bei 103 °C (±2 °C) bestimmt wird, und der Masse dieser Holzprobe im darrtrockenen Zustand ($u = (m - m_d)/m_d$) und wird üblicherweise auf 0,1 % genau angegeben. Einzelheiten sind in DIN EN 13183 Teil 1 geregelt. Frisch geschlagenes Holz kann eine Feuchte von deutlich mehr als 100 % aufweisen, weil die in den Zellen gespeicherte Wassermasse die Trockenmasse des Holzes übersteigen kann. Hinweise zu Maximalwerten der Holzfeuchte gibt *Kollmann* [7, S. 392 f). Traditionell bezeichnet man Holz mit einer Holzfeuchte von

- $u \leq 20$ % als trocken,
- 20 % < $u \leq 30$ % als halbtrocken,
- 30 % < $u$ als frisch[1].

Bei Lagerung an der Luft trocknet Holz aus. Diejenige Feuchte, bei der Holz weder Feuchte an die umgebende Luft abgibt, noch Feuchte aus der Umgebungsluft aufnimmt, bezeichnet man als Ausgleichsfeuchte. Sie ist von den klimatischen Umgebungsbedingungen (Temperatur, relative Luftfeuchte) abhängig und am Beispiel von Fichtenholz in Abbildung 8.7 als Kurvenschar in einem Diagramm dargestellt. In der Praxis kann das Diagramm mit hinreichender Genauigkeit auch für andere Holzarten verwendet werden. Der Übersichtlichkeit halber werden die klimatischen Umgebungsbedingungen in Klassen eingeteilt, die – je nach Regelwerk – unterschiedlich bezeichnet werden. Hinweise, wie die – nicht eindeutige – Zuordnung von Nutzungs- zu Gebrauchsklassen vorzunehmen ist, finden sich in DIN EN 335:2013-06. DIN EN 636:2012-12 nennt als Umgebungsbedingungen drei Bereiche (Trocken-, Feucht- und Außenbereich), die den Nutzungsklassen 1 bis 3 entsprechen. Allen Einteilungen ist gemeinsam, dass sie Wertebereiche für die Umgebungsbedingungen einerseits und typische Ausgleichsfeuchten des Holzes andererseits einander zuordnen.

*Nutzungsklasse 1:* Umgebungstemperaturen von 20 °C und relative Luftfeuchten von bis zu 65 %. Dazu zählen allseitig geschlossene und beheizte Bauwerke. Unter diesen Bedingungen stellt sich in Holzbaustoffen eine Ausgleichsfeuchte zwischen 5 und 15 % ein. Im Regelfall bleibt die Ausgleichsfeuchte von Nadelhölzern bei diesen Umgebungsbedingungen unter 12 %.

*Nutzungsklasse 2:* Umgebungstemperaturen von 20 °C und relative Luftfeuchten von bis zu 85 %. Dazu zählen z. B. überdachte, seitlich offene Bauwerke. Unter diesen Bedingungen stellt sich in Holzbaustoffen eine Ausgleichsfeuchte zwischen 10 und 20 % ein.

1 Bei Querschnittflächen über 200 cm² gelten 35 % Feuchte als Kriterium zur Unterscheidung zwischen halbtrockenem und frischem Holz.

*Nutzungsklasse 3:* Umgebungsbedingungen mit relativer Luftfeuchte von mehr als 85 %. Darunter fallen alle Konstruktionen, die der Witterung ausgesetzt sind. Unter solchen Bedingungen stellt sich in Holzbaustoffen eine Ausgleichsfeuchte zwischen 12 und 24 % ein.

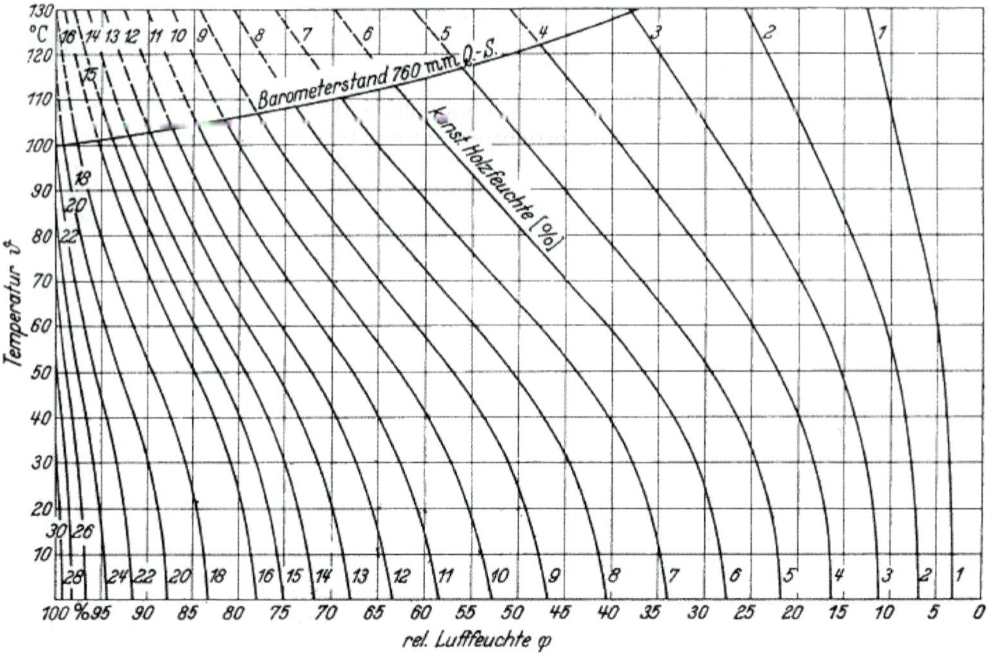


**Abb. 8.7:** Ausgleichsfeuchte nach *Loughborough* und *Keylwerth* aus [5, Bild 75]

Die Vorgänge bei der Feuchteänderung von Holz sind komplex. Prinzipiell sind sie denen bei der Feuchteänderung mineralischer Baustoffe vergleichbar, weil auch Holz eine sehr große innere Oberfläche aufweist. Die Befeuchtung erfolgt durch Sorption, d. h., es findet eine Anlagerung von Wassermolekülen auf der Oberfläche der Poren statt. Dabei sind mehrere Phänomene zu unterscheiden. Zunächst erfolgt durch Absättigung der OH-Gruppen von Cellulose-Molekülen eine Anlagerung von Wassermolekülen an die Zellwandoberflächen. Dieser Vorgang wird auch als Chemosorption bezeichnet. Weiterhin werden durch Oberflächenkräfte einzelne Wassermoleküle adsorbiert. Schließlich bildet sich infolge von Kapillarkondensation ein Wasserfilm auf der inneren Oberfläche. Tatsächlich sind diese Vorgänge nicht scharf voneinander zu trennen, sondern finden mehr oder weniger gleichzeitig statt. Starken Einfluss auf die Sorption übt die relative Luftfeuchte aus. Bei höheren Luftfeuchten erfolgt Sorption in stärkerem Maße als bei trockener Luft. Diejenige Holzfeuchte, die sich (theoretisch) bei einer relativen Luftfeuchte von 100 % einstellt, wird als Fasersättigungspunkt bezeichnet. Praktisch kann der Fasersättigungspunkt nur durch Extrapolation bestimmt werden, da wegen der Erniedrigung des Dampfdrucks über Flüssigkeiten in den feinen Kapillaren bereits ab relativen Luftfeuchten von ca. 98 % Kondensation in den Zellhohlräumen auftritt. Nach

*Kollmann* [7, S. 389 ff.] sind Holzfeuchten oberhalb des Fasersättigungspunktes ausschließlich durch Befeuchten mit flüssigem Wasser (Kapillarleitung, Drucktränkung) zu erreichen.

Es ist offensichtlich, dass alle diese Feuchtetransportmechanismen auch den Transport von Wasser durch Holzquerschnitte beeinflussen. Im Bauwesen ist vor allem die Wasserdampfdiffusion von Bedeutung. Für die Wasserdampf-Diffusionswiderstandszahl $\mu$ werden in DIN 4108-4 Werte von 20/50 für Rohdichten von 500 kg/m³ bzw. 50/200 für Rohdichten von 570 kg/m³ angegeben. Diese Werte erlauben einen Nachweis der Diffusionsvorgänge durch Holzschichten mithilfe des Glaser-Verfahrens. Tatsächlich ist die Wasserdampfdiffusion in Holz in hohem Maße richtungs- und feuchteabhängig, in geringerem Maße wird sie auch von der Temperatur beeinflusst. In Faserrichtung ist der Diffusionswiderstand erheblich geringer als quer zur Faserrichtung. Darüber hinaus treten ab einer bestimmten Holzfeuchte Kapillarleitungseffekte zur Diffusion hinzu.

Die Holzfeuchte übt maßgeblichen Einfluss auf viele Eigenschaften des Holzes aus. Dies sind z. B. Festigkeit, Formbeständigkeit, Wärmeleitfähigkeit und Dauerhaftigkeit. Mit Blick auf die Festigkeit muss noch zwischen Zug-, Druck- und Biegefestigkeit unterschieden werden. Die Zugfestigkeit weist bei einer Holzfeuchte von ca. 10 % einen Maximalwert auf. Bei höheren Feuchtegehalten nimmt sie mit etwa 3 % je 1 % Feuchteänderung ab. *Kollmann* [7] deutet den Anstieg der Festigkeit zwischen absolut trockenem Zustand und etwa 10 % Holzfeuchte so, dass bei der Chemosorption Eigenspannungen zwischen den einzelnen Fadenmolekülen der Zellulose abgebaut werden. Die Druckfestigkeit nimmt dagegen über den gesamten Feuchtebereich mit zunehmender Feuchte ab, und zwar um ca. 4 bis 6 % je 1 % Feuchteänderung. Ursache ist hier die Quellung der Micellen infolge Wasseranlagerung (Adsorption), wodurch die Verschieblichkeit der Micellen gegeneinander erhöht wird. Schließlich verringert sich die Biegefestigkeit um ca. 3 bis 4 % je 1 % Feuchtezunahme. Dies leuchtet sofort ein, weil bei Biegebeanspruchung für Teile des Querschnitts die Zug-, für andere die Druckfestigkeit maßgebend wird.

Bei einer Änderung der Holzfeuchte quillt bzw. schwindet Holz. Ursache hierfür ist die Einlagerung von Wassermolekülen in die Zellwände der Holzfasern. Schwind- und Quellmaße sind bei Holz richtungsabhängig. Die bei den elastischen Eigenschaften beschriebene Anisotropie des Holzes zeigt sich somit auch bei den hygrisch-thermischen Eigenschaften. In Faserrichtung beträgt das Schwind- bzw. Quellmaß etwa 0,01 % je 1 % Holzfeuchteänderung. Dagegen betragen die Schwind und Quellmaße in Radial- bzw. Tangentialrichtung ca. 0,16 % bzw. 0,32 %. Aufgrund dieses Verhältnisses kommt es bei der Austrocknung von Holz zu den typischen Schwindrissen in Radialrichtung. Die technischen Regelwerke unterscheiden jedoch lediglich Schwindmaße in Faserrichtung und quer zur Faserrichtung.

Schließlich verringert sich die Dauerhaftigkeit von Holz mit zunehmender Feuchte, weil Wasser eine essentielle Voraussetzung für das Auftreten pflanzlicher und tierischer Holzschädlinge ist.

Die Wärmeleitfähigkeit von Holz ist deutlich geringer als die der meisten mineralischen Baustoffe. DIN 4108-4 nennt als Rechenwert für bauphysikalische Nachweise 0,13 W/(m K) für eine Rohdichte von 500 kg/m³ und 0,18 W/(m K) für eine Rohdichte von 700 kg/m³. Sie nimmt mit steigender Holzfeuchte höhere Werte an. Dabei muss zwischen dem durch Sorptionsvorgänge bestimmten hygroskopischen Bereich und dem Bereich der Kapillarfeuchtigkeit unterschieden werden. Im hygroskopischen Bereich schließt *Kollmann* [7, S. 511] aus Versuchsergebnissen, dass sich bei Holzfeuchten zwischen 5 % und ca. 35 % die Wärmeleitfähigkeit um etwa 1,25 % je Prozent Feuchtezunahme erhöht. Während diese Zunahme der Wärmeleitfähigkeit mit steigender Feuchte für alle Holzarten vergleichbare Werte aufweist, unterscheiden sich die Werte der Wärmeleitfähigkeit verschiedener Holzarten nicht unerheblich. *Kollmann* [7, Bild 389] verweist auf Angaben von *Rowley* et. al., die bei einer Feuchte von 15 % zwischen 0,12 W/(mK) für Amerikanische Birke (Betula lutea) und 0,08 W/(m K) für Amerikanische Hemlocktanne (Western Hemlock, Tsuga heterophylla) liegen. Im Bereich der Kapillarfeuchtigkeit (oberhalb von ca. 30 % Holzfeuchte) steigt der Wert der Wärmeleitfähigkeit deutlich an und liegt z. B. für Kiefer zwischen etwa 0,2 und 0,4 W/(m K).

## 8.5 Vollholz

Als Vollholz bezeichnet man Rundhölzer (gefällte, entastete und entwipfelte Bäume), Bauschnitthölzer (Produkte, die durch Zersägen bzw. Zerspanen in Längsrichtung erhalten werden und die Anforderungen an die Maßgenauigkeit erfüllen) und Furniere (gesägte, gemesserte oder geschälte dünne Platten) aus Nadel- oder Laubholz. Furniere werden für konstruktive Zwecke praktisch nur in Form von Holzwerkstoffen verwendet.

Vollholzprodukte werden in Sägewerken aus Baumstämmen hergestellt. Als Bauholz wird in erster Linie Schnittholz verwendet; Rundholz wird nur selten, z. B. bei der Holzmastenbauart, eingesetzt. Für die Schnittholzproduktion werden die Stämme abgelängt, entrindet und in Gatter- oder Bandsägen profiliert. Seltener findet man auch Zerspaneranlagen und Kreissägen. Die Sägetypen unterscheiden sich vor allem im Hinblick auf Energiebedarf und Schnittholzausbeute. Die Eigenschaften der Schnittholzprodukte sind im Wesentlichen unabhängig vom Sägetyp, allerdings erlauben z. B. Bandsägen nach jedem Schnittvorgang eine erneute Kontrolle. Bauschnitthölzer werden nach ihren Abmessungen in Kanthölzer, Bohlen, Bretter und Latten unterschieden (vgl. Tabelle 8.3).

**Tabelle 8.3:** Schnittholz-Einteilung nach [36]

| Schnittholzart | Dicke ($d$) bzw. Höhe ($h$) | Breite ($b$) |
|---|---|---|
| Latte | $d \leq 40$ mm | $b < 80$ mm |
| Brett | $d \leq 40$ mm | $b \leq 80$ mm |
| Bohle | $d > 40$ mm | $b > 3 \cdot d$ |
| Kantholz | $b \leq h \leq 3\,d$ | $b > 40$ mm |

Mit Blick auf die Schnittholzprodukte unterscheidet man verschiedene Einschnittarten. Die Einschnittart hat erhebliche Bedeutung für die geometrischen Eigenschaften des Schnittholzes, insbesondere die Orientierung der Jahresringe und damit auch das Quell- und Schwindverhalten der Hölzer. Verlaufen die Schnittholzkanten in Tangential- und Radialrichtung, erhöht sich die Formtreue der Schnitthölzer bei Feuchteänderungen. Bei mehrstieligen Kantholzschnitten und beim Scharfschnitt (Bretter und Bohlen) sind die Jahresringe mit zunehmendem Abstand vom Mark immer stärker gegen die Schnittkanten geneigt, sodass eine Feuchteänderung mit immer stärker ausgeprägter Gestaltänderung des Querschnitts einhergeht (vgl. Abb. 8.9).

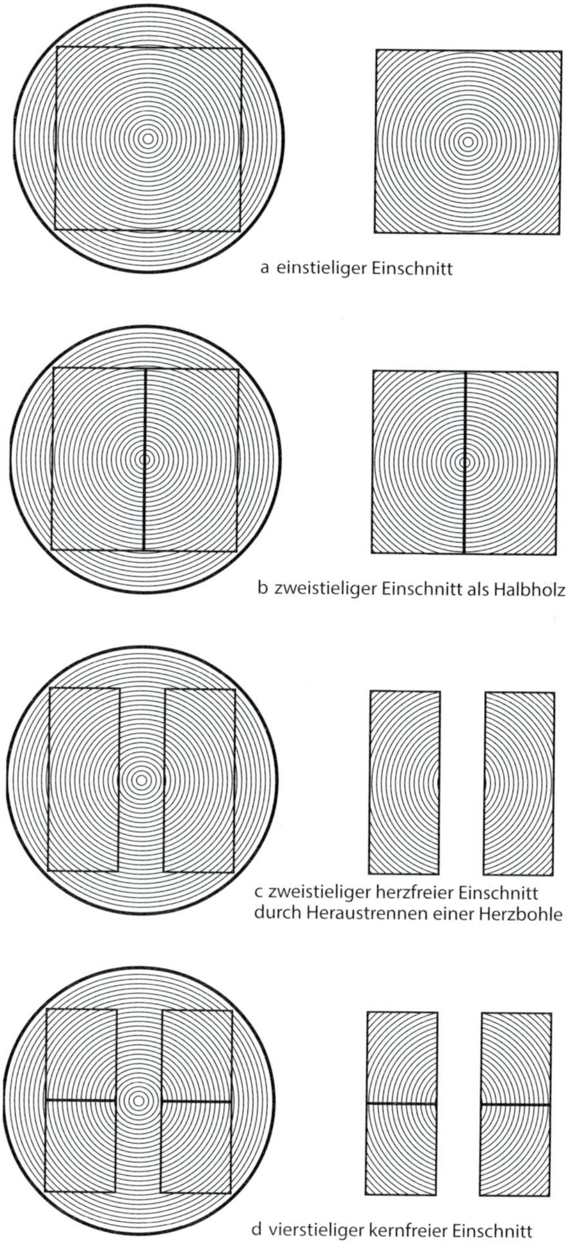


**Abb. 8.8:** Einschnittarten (Kanthölzer) ([21, Abb. 5])

Der Einschnitt erfolgt bei halbtrockenem oder frischem Holz mit Übermaß, sodass sich die auf eine Holzfeuchte von 20 % (Messbezugsfeuchte) bezogenen Sollmaße nach der Trocknung einstellen. Im Normalfall ist davon auszugehen, dass die Änderung der Abmessungen quer zur Faserrichtung – d. h. der Dicke und Breite eines Bauholzstückes – bei Holzfeuchten $u \leq 30$ % 0,25 % (Nadelholz und Pappel) bzw. 0,35 % (Laubholz) je 1,0 % Feuchteänderung beträgt.

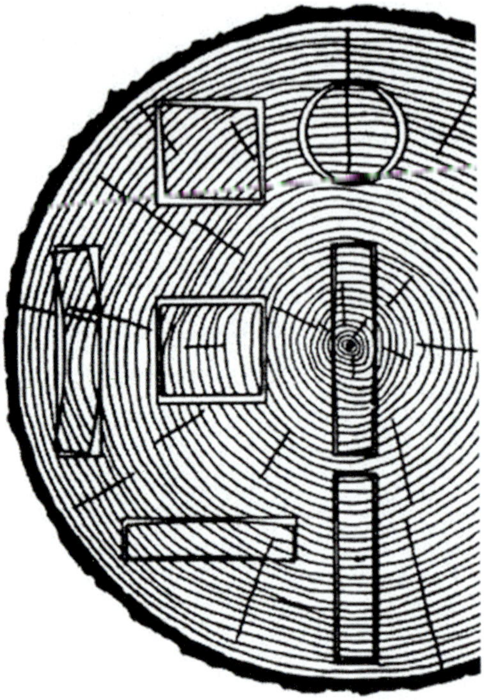

**Abb. 8.9:** Hygrisch bedingte Gestaltänderungen bei Holzquerschnitten ([7, Bild 315, nach US. Forest Products Laboratory])

**Tabelle 8.4:** Zulässige Querschnittsabweichungen von Bauholzquerschnitten nach [34]

| Querschnittsdicke bzw. -breite | Maßtoleranzklasse (EN 336) | |
|---|---|---|
| | 1 | 2 |
| $x \leq 100$ mm | −1 bis +3 | −1 bis +1 |
| 100 mm < $x \leq 300$ mm | −2 bis +4 | −1,5 bis +1,5 |
| 300 mm < $x$ | −3 bis +5 | -2 bis +2 |

Soll Bauschnittholz für tragende Zwecke verwendet werden, kommt den elastischen Eigenschaften und der Festigkeit des Holzes besondere Bedeutung zu. DIN EN 338 legt Festigkeitsklassen für Nadel- und Laubhölzer sowie zugehörige charakteristische Werte für die mechanischen Eigenschaften von Bauholz fest, die Grundlage für das Bemessungsverfahren in DIN EN 1995-1-1 sind (vgl. Tabelle 8.5). Um die Klasseneinteilung der Hölzer vornehmen zu können, muss zunächst eine Sortierung erfolgen, bei der in erster Linie ermittelt wird, in welchem Maße das Holzgefüge festigkeitsmindernde Merkmale aufweist. Eine Reduzierung der Festigkeit tritt z. B. auf, wenn Holzfasern, die aufgrund von Ästen oder Drehwuchs unregelmäßig verlaufen, an den Querschnittskanten angeschnitten werden oder wenn Schwindrisse vorhanden sind. Die visuelle Sortierung von Bauschnittholz nach der Tragfähigkeit erfolgt anhand der in DIN 4074-1 (für Nadelholz) bzw. DIN 4074-5 (für Laubholz) genannten sichtbaren Merkmale. Um die Sortiermerkmale quantitativ erfassen zu können, enthält die Norm Sortierkriterien (aus dem Sortiermerkmal abgeleitete Mess- bzw. Rechengrößen), die mithilfe von Grenzwerten eine Einstufung von Schnittholz in die Sortierklassen. Weitere Hinweise zur Sortierung von Holz nach der Tragfähigkeit finden sich in [16].

**Tabelle 8.5:** Sortiermerkmale und -klassen nach [36] [37]

| Sortiermerkmale | Sortierklasse | | |
|---|---|---|---|
| | S 7, S7K | S 10, S10K | S 13, S13K |
| 1. Äste | bis 3/5 | bis 2/5 | bis 1/5 |
| 2. Faserneigung | bis 16 % | bis 12 % | bis 7 % |
| 3. Markröhre | zulässig | zulässig | nicht zulässig |
| 4. Jahresringbreite | | | |
| im Allgemeinen | bis 6 mm | bis 6 mm | bis 4 mm |
| bei Douglasie | bis 8 mm | bis 8 mm | bis 6 mm |
| 5. Risse | | | |
| Schwindrisse | bis 3/5 | bis 1/2 | bis 2/5 |
| Blitzrisse/Ringschäle | nicht zulässig | nicht zulässig | nicht zulässig |
| 6. Baumkante | bis 1/3 | bis 1/3 | bis 1/4 |
| 7. Krümmung | | | |
| Längskrümmung | bis 12 mm | bis 8 mm | bis 8 mm |
| Verdrehung | 2 mm / 25 mm Breite | 1 mm / 25 mm Breite | 1 mm / 25 mm Breite |
| 8. Verfärbungen, Fäule | | | |
| Bläue | zulässig | zulässig | zulässig |
| nagelfeste braune und rote Streifen | bis 3/5 | bis 2/5 | bis 1/5 |
| Braunfäule Weißfäule | nicht zulässig | nicht zulässig | nicht zulässig |
| 9. Druckholz | bis 3/5 | bis 2/5 | bis 1/5 |
| 10. Insektenfraß durch Frischholzinsekten | Fraßgänge bis 2 mm Durchmesser: zulässig | | |
| 11. sonstige Merkmale | sind in Anlehnung an die übrigen Sortiermerkmale sinngemäß zu berücksichtigen | | |

Die Sortierung wird durch geschulte Fachkräfte beim Hersteller vorgenommen und liefert im Ergebnis Bauschnittholz mit definierten Eigenschaften; insbesondere wird dem Verwender eine Festigkeitsklasse angegeben. Lediglich bei Holz, das im frischen Zustand sortiert worden ist, müssen Querschnitts-Sollmaße, Risse und Krümmungen, also diejenigen Merkmale, die sich mit der Feuchte verändern, nach der Trocknung – dann im Regelfall vom Verwender – geprüft werden. Die Kriterien für die visuelle Sortierung sind in Deutschland mithilfe umfangreicher Untersuchungen an etwa 3000 Kanthölzern in ausgeführten Holzbauten so festgelegt worden, dass 95 % der vor Einführung der ersten DIN 1052 (im Jahr 1933) eingebauten Kanthölzer und Balken die Grenzwerte der damaligen (mittleren) Güteklasse II (entspricht der heutigen Sortierklasse S 10) einhalten [16]. Zugleich waren für diese etwa 3000 Kanthölzer die im Querschnitt vorhandenen Spannungen bekannt und offensichtlich unkritisch. Auf diese Weise war es möglich, anhand visuell zu prüfender Merkmale zuverlässig auf die Festigkeit von (Kant-) Hölzern schließen zu können (visuelle Sortierung nach der Festigkeit). In anderen Ländern existieren ebenfalls Normen für die visuelle Sortierung von Bauholz nach der Festigkeit, die sich bewährt haben. DIN EN 1912 erweitert die Zuordnung von Holzarten, Herkunftsgebieten und Sortierklassen zu Festigkeitsklassen gegenüber den bisherigen Normen DIN 4074/DIN 1052. Damit wird einerseits der freie Warenverkehr im Bereich der Hölzer für tragende Bauteile erleichtert, andererseits vergrößert sich das Sortiment an Hölzern, auf die der Planer bzw. Verwender innerhalb einer Festigkeitsklasse zurückgreifen kann.

**Tabelle 8.6:** Festigkeitsklassen und charakteristische Werte von Bauschnittholz nach [35]

| | | Nadelholz | | | | | | | | | | | | Laubholz | | | | | | | |
|---|---|---|---|---|---|---|---|---|---|---|---|---|---|---|---|---|---|---|---|---|---|
| | | C14 | C16 | C18 | C20 | C22 | C24 | C27 | C30 | C35 | C40 | C45 | C50 | D18 | D24 | D30 | D35 | D40 | D50 | D60 | D70 |
| Festigkeitseigenschaften (in N/mm²) | | | | | | | | | | | | | | | | | | | | | |
| Biegung | $f_{m,k}$ | 14 | 16 | 18 | 20 | 22 | 24 | 27 | 30 | 35 | 40 | 45 | 50 | 18 | 24 | 30 | 35 | 40 | 50 | 60 | 70 |
| Zug in Faserrichtung | $f_{t,0,k}$ | 8 | 10 | 11 | 12 | 13 | 14 | 16 | 18 | 21 | 24 | 27 | 30 | 11 | 14 | 18 | 21 | 24 | 30 | 36 | 42 |
| Zug rechtwinklig zur Faserrichtung | $f_{t,90,k}$ | 0,4 | 0,4 | 0,4 | 0,4 | 0,4 | 0,4 | 0,4 | 0,4 | 0,4 | 0,4 | 0,4 | 0,4 | 0,6 | 0,6 | 0,6 | 0,6 | 0,6 | 0,6 | 0,6 | 0,6 |
| Druck in Faserrichtung | $f_{c,0,k}$ | 16 | 17 | 18 | 19 | 20 | 21 | 22 | 23 | 25 | 26 | 27 | 29 | 18 | 21 | 23 | 25 | 26 | 29 | 32 | 34 |
| Druck rechtwinklig zur Faserrichtung | $f_{c,90,k}$ | 2,0 | 2,2 | 2,2 | 2,3 | 2,4 | 2,5 | 2,6 | 2,7 | 2,8 | 2,9 | 3,1 | 3,2 | 7,5 | 7,8 | 8,0 | 8,1 | 8,3 | 9,3 | 10,5 | 13,5 |
| Schub | $f_{v,k}$ | 3,0 | 3,2 | 3,4 | 3,6 | 3,8 | 4,0 | 4,0 | 4,0 | 4,0 | 4,0 | 4,0 | 4,0 | 3,4 | 4,0 | 4,0 | 4,0 | 4,0 | 4,0 | 4,5 | 5,0 |
| Steifigkeitseigenschaften (in kN/mm²) | | | | | | | | | | | | | | | | | | | | | |
| Mittelwert des Elastizitätsmoduls in Faserrichtung | $E_{0,mean}$ | 7 | 8 | 9 | 9,5 | 10 | 11 | 11,5 | 12 | 13 | 14 | 15 | 16 | 9,5 | 10 | 11 | 12 | 13 | 14 | 17 | 20 |
| 5-%-Quantil des Elastizitätsmoduls in Faserrichtung | $E_{0,05}$ | 4,7 | 5,4 | 6,0 | 6,4 | 6,7 | 7,4 | 7,7 | 8,0 | 8,7 | 9,4 | 10,0 | 10,7 | 8 | 8,5 | 9,2 | 10,1 | 10,9 | 11,8 | 14,3 | 16,8 |
| Mittelwert des Elastizitätsmoduls rechtwinklig zur Faserrichtung | $E_{90,mean}$ | 0,23 | 0,27 | 0,30 | 0,32 | 0,33 | 0,37 | 0,38 | 0,40 | 0,43 | 0,47 | 0,50 | 0,53 | 0,63 | 0,67 | 0,73 | 0,80 | 0,86 | 0,93 | 1,13 | 1,33 |
| Mittelwert des Schubmoduls | $G_{mean}$ | 0,44 | 0,5 | 0,56 | 0,59 | 0,63 | 0,69 | 0,72 | 0,75 | 0,81 | 0,88 | 0,94 | 1,00 | 0,59 | 0,62 | 0,69 | 0,75 | 0,81 | 0,88 | 1,06 | 1,25 |
| Rohdichte (in kg/m³) | | | | | | | | | | | | | | | | | | | | | |
| Rohdichte | $\rho_k$ | 290 | 310 | 320 | 330 | 340 | 350 | 370 | 380 | 400 | 420 | 440 | 460 | 475 | 485 | 530 | 540 | 550 | 620 | 700 | 900 |
| Mittelwert der Rohdichte | $\rho_{mean}$ | 350 | 370 | 380 | 390 | 410 | 420 | 450 | 460 | 480 | 500 | 520 | 550 | 570 | 580 | 640 | 650 | 660 | 750 | 840 | 1080 |

Anmerkung 1: Die oben angegebenen Werte für die Zug-, Druck- und Schubfestigkeit, das 5-%-Quantil des Elastizitätsmoduls, der Mittelwert des Elastizitätsmoduls rechtwinklig zur Faserrichtung und der Mittelwert des Schubmoduls wurden mit den in Anhang A angegebenen Gleichungen berechnet.

Anmerkung 2: Die tabellierten Eigenschaften gelten für Holz mit einem bei 20 °C und 65 % relativer Luftfeuchte üblichen Feuchtegehalt.

Anmerkung 3: Es kann sein, dass Bauholz der Klasse C45 und C50 nicht immer zur Verfügung steht.

Anmerkung 4: Die charakteristischen Werte für die Schubfestigkeit werden entsprechend EN 408 für Holz ohne Risse angegeben. Die Auswirkung von Rissen sollte in Bemessungsnormen behandelt werden.

**Tabelle 8.7:** Zuordnung von Schnittholz zu Festigkeitsklassen nach [38]

| Festigkeitsklasse | Land, das die Sortiervorschrift veröffentlicht | Sortierklasse | Holzart (Handelsname) | Herkunft |
|---|---|---|---|---|
| C35 | D, A | S13, S13K | Douglasie | D, A |
| C30 | D, A, CZ | | Fichte | MNO-Europa |
| | | | Lärche | |
| C27 | D | LS13 | Pappel | D, A |
| C24 | D, A | S10, S10K | Douglasie | D, A |
| | D, A, CZ | | Fichte | MNO-Europa |
| | | | Kiefer | |
| | | | Tanne | |
| | | | Lärche | |
| C22 | D | LS10 und höher | Pappel | D |
| C18 | D, A, CZ | S7, S7K | Fichte | MNO-Europa |
| | | | Kiefer | |
| C16 | D, A | | Douglasie | D, A |
| | D, A, CZ | | Tanne | MNO-Europa |
| | | | Lärche | |
| D40 | D | LS13 | Buche | D |
| | | LS10 und höher | Esche | |
| D35 | D | | Buche | |
| D30 | D | LS10 | Eiche | |
| | | LS10 und höher | Ahorn | |

In der jüngeren Vergangenheit ist zur visuellen Sortierung nach der Festigkeit die maschinelle Festigkeitssortierung hinzugekommen. Dabei wird eine für die zu sortierende Holzmenge in Bezug auf Wuchsgebiet, Einschnittverfahren, Sägewerk usw. repräsentative Stichprobe von mindestens 40 Probestücken des Schnittholzes von Sortiermaschinen anhand seiner Biegefestigkeit, seines Biege-E-Moduls und seiner Rohdichte zerstörungsfrei geprüft. Mit den an dieser Stichprobe ermittelten Prüfergebnissen kann die betreffende Holzmenge unmittelbar einer Festigkeitsklasse nach DIN EN 338 zugeordnet werden. Die maschinelle Sortierung ist jedoch nicht der Regelfall.

Damit festigkeitssortiertes Bauholz zu einem Bauprodukt im Sinne der Landesbauordnungen wird, muss die Konformität (Übereinstimmung) mit den in der Bauregelliste aufgeführten geltenden technischen Regeln nachgewiesen werden. Bei Schnittholz gilt DIN EN 14081 als technische Regel, deren Einhaltung durch die Konformitätserklärung des Herstellers nachgewiesen wird. Zugleich wird das Bauprodukt mit der CE-Kennzeichnung, die auch Angaben zu den Produkteigenschaften enthält, versehen. Diese Kennzeichnung kann entweder auf jedem einzelnen Holzstück oder auf der Verpackungseinheit angebracht werden. Eine Kennzeichnung der Verpackungseinheit ist nur zulässig, wenn diese ungeteilt bleibt, also nicht etwa von einem Zwischenhändler einzeln an Endkunden veräußert wird. Die Kennzeichnung auf der Verpackungseinheit wird typischerweise im Fall der klassische Bauholz- bzw. Stückliste Anwendung finden. Die Abbildungen 8.10 und 8.11 zeigen beispielhaft die am Produkt angebrachte Kennzeichnung und die im Begleitdokument enthaltenen Angaben für unbehandeltes visuell sortiertes Bauholz. Bei der Bestellung von Bauholz sind diese Angaben an der Hersteller zu übermitteln.

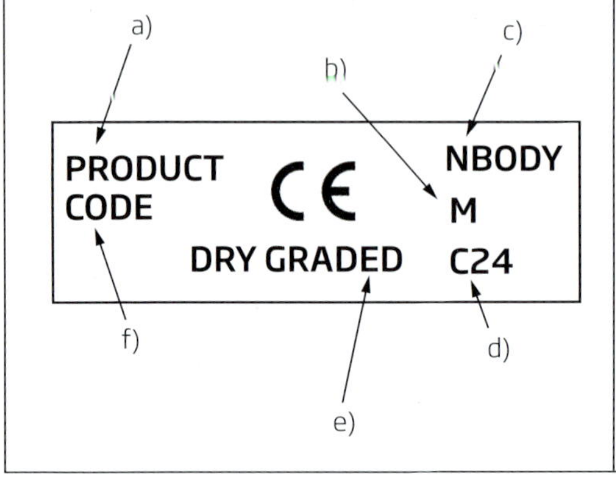


- a) Herstellung
- b) Buchstabe „M"
- c) Kennnummer der notifizierten Stelle
- d) Festigkeitsklasse oder Sortierklasse und Sortiernorm
- e) Sofern zutreffend
- f) Codenummer zur Identifizierung der Dokumentation

**Abb. 8.10:** Beispiel für eine Produktkennzeichnung durch Stempelaufdruck nach [39]

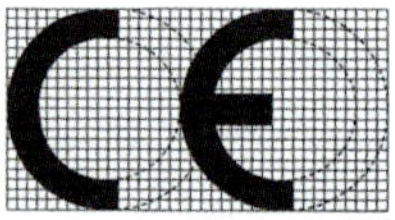

01234

*CE-Konformitätskennzeichnung, bestehend aus dem CE-Zeichen nach der Richtlinie 93/68/EWG*

*Identifikationsnummer der für die Zertifizierung der werkseigenen Produktionskontrolle zuständigen Stelle*

**AnyCo Ltd, PO Box 21, B-1050** — *Herstellerkennung*

**06** — *Die letzten beiden Ziffern des Jahres, in dem die Kennzeichnung angebracht wurde*

**01234-BPR-00234** — *Nummer des Zertifikats über die werkseigene Produktionskontrolle*

**EN 14081-1** — *Nummer der Europäischen Norm*

Bauholz für tragende Zwecke — *Beschreibung des Produkts*

*und*

*Angaben über Eigenschaften, für die gesetzliche Bestimmungen gelten*

| | |
|---|---|
| C24 (ST II) | Trocken sortiert |
| Kurzzeichen für Holzart | WPCA |
| Sortiernorm | EN 338 + NF B 52 001 |
| Brandverhalten | D-s2, d0 (Tabelle C.1) |
| Dauerhaftigkeitsklasse | 4 |

**Abb. 8.11:** Beispiel für eine Produktkennzeichnung durch Begleitschein nach [39]

**Vorzugsquerschnitte für Bauschnittholz**

Für die genannten Holzsortimente sind im Folgenden Vorzugsquerschnitte angegeben:

| cm/cm | DIN 4074 Bauholz | Konstruktionsvollholz | | Duo-/Trio-Balken | Brettschicht-Holz |
|---|---|---|---|---|---|
| | | KVH® | MH® | | |
| **6/6** | x | | | | |
| **6/8** | x | | | | |
| **6/10** | x | x | x | | |
| **6/12** | x | x | x | | x |
| **6/14** | x | x | x | | |
| **6/16** | x | x | x | | x |
| **6/18** | x | x | x | | |
| **6/20** | x | x | x | | |
| **6/24** | x | x | x | | |
| **10/10** | x | x | x | x | x |
| **10/12** | x | | | | x |
| **10/14** | x | | | | |
| **10/16** | x | x | x | x | x |
| **10/18** | x | x | x | x | |
| **10/20** | x | x | x | x | x |
| **10/22** | x | | | | |
| **10/24** | x | x | x | x | |
| **14/14** | | x | | x | x |
| **14/16** | | | | | x |
| **14/20** | | | | x | x |
| **14/24** | | x | | x | x |
| **14/28** | | | | | x |
| **14/32** | | | | | x |
| **14/36** | | | | | x |
| **18/18** | | | | | |
| **18/20** | | | | | x |
| **18/28** | | | | | |
| **18/32** | | | | | x |
| **18/36** | | | | | x |

| cm/cm | DIN 4074 Bauholz | Konstruktionsvollholz | | Duo-/Trio-Balken | Brettschicht-Holz |
|---|---|---|---|---|---|
| | | KVH® | MH® | | |
| **8/8** | x | | | | |
| **8/10** | x | | | | |
| **8/12** | x | x | x | | x |
| **8/14** | x | x | x | | |
| **8/16** | x | x | x | x | x |
| **8/18** | x | x | x | x | |
| **8/20** | x | x | x | x | x |
| **8/24** | x | x | x | | x |
| **12/12** | x | x | x | x | x |
| **12/14** | x | | | | |
| **12/16** | x | x | x | x | x |
| **12/18** | x | | | | |
| **12/20** | x | x | x | x | x |
| **12/24** | x | x | x | x | x |
| **12/28** | | | | | x |
| **12/32** | | | | | x |
| **16/16** | | | | x | x |
| **16/20** | | | | x | x |
| **16/24** | | | | x | x |
| **16/28** | | | | | x |
| **16/32** | | | | | x |
| **16/36** | | | | | x |
| **16/40** | | | | | x |
| **20/20** | | | | | x |
| **20/24** | | | | | x |
| **20/28** | | | | | x |
| **20/32** | | | | | x |
| **20/36** | | | | | x |
| **20/40** | | | | | x |

**Kennzeichnung von Holzprodukten**

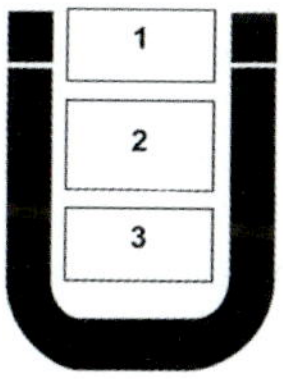


**Muster einer Verordnung über das Übereinstimmungszeichen (Übereinstimmungszeichen - Verordnung – ÜZVO )**

1. Name des Herstellers
2. Grundlagen des Übereinstimmungsnachweises
   a) die Kurzbezeichnung der maßgebenden technischen Regel und der für den Verwendungszweck wesentlichen Merkmale des Bauprodukts,
   b) die Bezeichnung für eine allgemeine bauaufsichtliche Zulassung als „Z" und deren Nummer,
   c) die Bezeichnung für ein allgemeines bauaufsichtliches Prüfzeugnis als „P" , die Bezeichnung der Prüfstelle und die Nummer des Prüfzeugnisses oder
   d) die Bezeichnung „Zustimmung im Einzelfall" und die Behörde.
3. Bildzeichen oder Bezeichnung der Zertifizierungsstelle, sofern deren Einschaltung gefordert ist.

Weitere Informationen siehe BDZ-Merkblatt ⓘ „Übereinstimmungszeichen"

**Wichtige Normen und Vertragsbedingungen**

DIN 4074: 2003-06
DIN 1052: 1988-04 und 2004
DIN 68365: 1957-11
DIN EN 336: 2003-09
DIN EN 390: 1995-03
ATV DIN 18334: 2002-12

**Seite 4 / 4**

ⓘ Dieses BDZ-Merkblatt besitzt als digitale Ausführung Links in der BDZ Infoline auf die Vereinbarungen: Bauschnittholz, Konstruktionsvollholz, DUO-TRIO-Balken (Zulassung) und Brettschichtholz und auf die BDZ-Merkblätter: DIN 4074, Argumente für trockenes Bauholz und Ü-Kennzeichnung.



**Abb. 8.12:** Vorzugsquerschnitte (Quelle: Bund Deutscher Zimmermeister) Die abgebildete Ü-Kennzeichnung wird mit Aufnahme der europäisch harmonisierten Produktnorm in die Bauregelliste B durch die CE-Kennzeichnung abgelöst.

Wird Vollholz für nicht tragende Zwecke eingesetzt, genügt eine Sortierung nach dem Aussehen. Hierfür werden vielfach noch die sogenannten Tegernseer Gebräuche angewendet. Auch in DIN 68365 sind Kriterien für die Sortierung von Nadelschnittholz für Zimmererarbeiten nach dem Aussehen enthalten. Bei der Sortierung nach dem Aussehen spielen vor allem Jahresringbreiten, Einschnittart (herzfreier bzw. herzgetrennt) und Oberflächentextur (sägerau oder Hobelware) eine Rolle.

Kanthölzer, Bretter und Bohlen werden als Lagerware vorgehalten, wobei die in der Abbildung 8.12 enthaltenen Kantholzquerschnitte bevorzugt verwendet werden sollten, weil sie den Rundholzquerschnitt besonders effizient ausnutzen (Vorzugsquerschnitte).

Die Länge von gewachsenem Vollholz ist durch die Baumhöhe begrenzt. Betriebe mit entsprechendem Nachweis der Eignung zum Kleben von tragenden Holzbauteilen können mithilfe von Keilzinkenverbindungen (siehe Abb. 8.13) beliebig lange Vollhölzer herstellen, das allerdings nur in den Nutzungsklassen 1 und 2 (Nutzungsklassen siehe Abschnitt Hygrisch-thermische Eigenschaften) verwendet werden darf. Dafür sind die Holzarten Fichte, Tanne, Kiefer, Lärche, Douglasie, Southern Pine, Western Hemlock und Yellow Cedar geeignet. Keilzinkenverbindungen haben vor allem bei der Herstellung von Endloslamellen für die Produktion von Brettschichtholz bzw. Balkenschichtholz große Bedeutung. Keilgezinktes Holz wird nicht mit der CE-Kennzeichnung, sondern noch mit dem (national geregelten) Ü-Zeichen versehen.

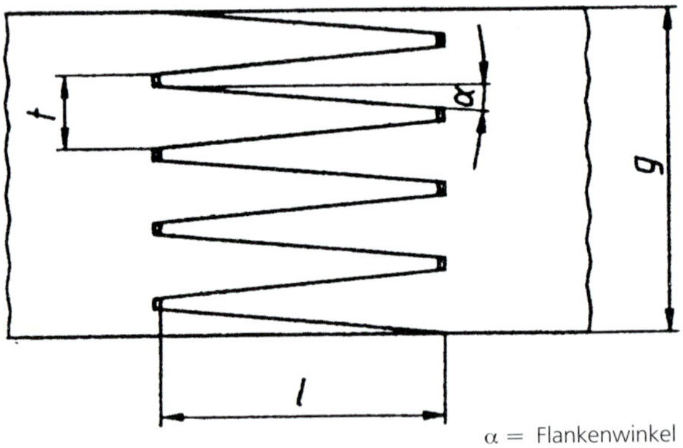


α = Flankenwinkel
t = Zinkenteilung
l = Zinkenlänge
g = Gesamtbreite

**Abb. 8.13:** Keilzinkenverbindung ([21, Abb. 6])

Schnittholz mit besonderen Qualitätsmerkmalen wird unter den Handelsnamen Konstruktionsvollholz (KVH) oder MH-Massivholz vertrieben. Es zeichnet sich durch gezielte Wahl des Einschnitts und technische Trocknung aus, ist also besonders formtreu.

# 8.6 Holzwerkstoffe

Die Eigenschaften des Naturprodukts Vollholz - Wuchsfehler, Rissbildung, ausgeprägte Anisotropie, Quellen und Schwinden etc. - sind für den Einsatz als Baustoff vielfach hinderlich. Daher ist man bestrebt, diese Unregelmäßigkeiten durch Weiterverarbeitung bzw. Veredelung von Holz zu Holzwerkstoffen zu verringern. Hierbei werden durch Verklebung von Strukturelementen Produkte auf Holzbasis hergestellt, deren Eigenschaften in erheblich geringerem Maße als diejenigen von Vollholz streuen. Dazu können Schnitthölzer, Furniere, Späne oder Fasern verwendet werden.

## 8.6.1 Klebstoffe bzw. Bindemittel für die Herstellung von Holzwerkstoffen

Als Klebstoffe für die Herstellung von Holzwerkstoffen werden hauptsächlich Formaldehyd-Kondensationsharze (Phenolharze und Aminoplastharze nach DIN EN 301) verwendet. Diese Klebstoffe müssen während der gesamten Nutzungsdauer den Zusammenhalt der Strukturelemente gewährleisten, sodass Tragfähigkeit und Formbeständigkeit der Holzwerkstoffe sichergestellt sind. Zu diesem Zweck werden nach DIN EN 302 die Zugscherfestigkeit, die Beständigkeit der Klebefugen gegen Delaminierung, die Faserschädigung und die Druckscherfestigkeit nach Schwindbeanspruchung geprüft. Mit Blick auf den Einfluss von Feuchteeinwirkung auf die Dauerhaftigkeit von Verklebungen ordnet DIN EN 301 Klebstofftypen und Nutzungsklassen einander zu (vgl. Tabelle 8.8). Einzelheiten zu den Eigenschaften dieser Klebstoffe und zur Aushärtungsreaktion finden sich z. B. in [17].

**Tabelle 8.8:** Klebstofftypen zum Einsatz unter verschiedenen Klimabedingungen nach [41]

| Klebstofftyp | Temperatur | Klima entsprechend | Beispiele | Entsprechend EN 1995-1-1 Nutzungsklassen |
|---|---|---|---|---|
| I | > 50 °C | nicht festgelegt | längerer Einfluss von hohen Temperaturen | 1, 2, 3 |
| II | ≤ 50 °C | > 85 % relative Luftfeuchte bei 20 °C | uneingeschränkte Bewitterung | 1, 2, 3 |
| III | ≤ 50 °C | ≤ 85 % relative Luftfeuchte bei 20 °C | beheizte und durchlüftete Gebäude; Schutz gegen Außenbelüftung<br>kurzzeitige Bewitterung | 1, 2 |

Anmerkung: 85 % relative Luftfeuchte und 20 °C ergeben eine Holzfeuchte von ca. 20 % in Nadelhölzern und den meisten Laubhölzern und eine etwas geringere Feuchte in Holzwerkstoffen.

Darüber hinaus spielen auch mineralische Bindemittel (Zement, Gips) bei der Herstellung von Holzwerkstoffen auf Span- oder Faserbasis eine Rolle. Verglichen mit organischen Klebstoffen werden sie in wesentlich größerer Menge zugegeben und beeinflussen das Materialverhalten der damit hergestellten Holzwerkstoffe erheblich. Zudem lassen sich unter Verwendung mineralischer Bindemittel hergestellte Holzwerkstoffe bei entsprechender Zusammensetzung in die Baustoffklasse A2 (nicht brennbar) einordnen.

## 8.6.2 Holzwerkstoffe auf Vollholzbasis

### 8.6.2.1 Balkenschichtholz (Duo- und Triobalken)

Balkenschichtholz wird durch Verleimung von zwei (Duobalken) oder drei (Triobalken) Lamellen (Bretter, Bohlen oder Kanthölzer) gleichen Querschnitts hergestellt, die mindestens der Sortierklasse S 10 entsprechen. Wenn Lamellen unterschiedlicher Sortierklassen verwendet werden, richtet sich die Sortierklasse des Balkens nach der schwächsten Lamelle. Bei einer Dicke der Einzellamelle von mehr als 100 mm muss das Holz kerngetrennt sein. Anhand der Orientierung der Klebefuge werden zwei Balkentypen unterschieden. Erfolgt die Verklebung in der L-T-Ebene, dürfen die Lamellen maximal 28 cm breit und maximal 8 cm hoch sein. Erfolgt die – nur bei Triobalken zulässige – Verklebung in der R-T-Ebene, dürfen die Lamellen maximal 10 cm breit und 12 cm hoch sein. Zur Gewährleistung der Tragfähigkeit müssen die Hölzer in der verklebten Fuge dauerhaft miteinander verbunden werden. Auch eine Feuchteänderung darf den Verbund nicht beeinträchtigen. Daher müssen die Ausgangsquerschnitte vor Verleimung auf eine Holzfeuchte von maximal 15 % getrocknet und die zu verleimenden Flächen anschließend gehobelt werden. Die einzelnen Lamellen müssen mindestens den Anforderungen der Sortierklasse S 10 bzw. C 24M entsprechen. Duo- und Triobalken dürfen in den Nutzungsklassen 1 und 2 verwendet werden. Einzelheiten sind in einer bauaufsichtlichen Zulassung [Z 9.1-440, aktuell gültig bis 29.01.2014] enthalten, die auch die Verwendbarkeit von Balkenschichtholz regelt.

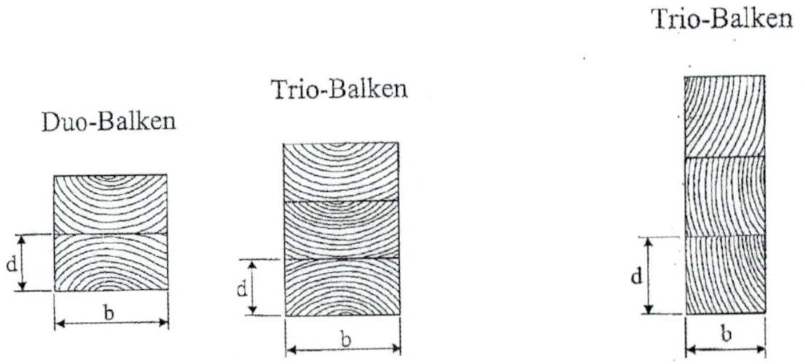


Querschnittsmaße der Einzelhölzer:

| | | | |
|---|---|---|---|
| Dicke | d | ≤ | 8 cm |
| Breite | b | ≤ | 28 cm |

Querschnittsmaße der Einzelhölzer:

| | | | |
|---|---|---|---|
| Dicke | d | ≤ | 12 cm |
| Breite | b | ≤ | 10 cm |

**Abb. 8.14:** Balkenschichtholz ([allgemeine bauaufsichtliche Zulassung Z-9.1-440, Anlage 1 und Anlage 2])

a) **Duo-Balken**

| Breite b in [cm] (senkrecht zur Klebefuge) | Höhe h in [cm] (parallel zur Klebefuge) 10 | 12 | 14 | 16 | 18 | 20 | 22 | 24 |
|---|---|---|---|---|---|---|---|---|
| 8 | - | - | • | • | • | • | • | • |
| 10 | • | | - | • | • | • | • | • |
| 12 | - | • | - | • | • | • | • | • |
| 14 | - | - | • | - | - | • | x | x |
| 16 | • | • | - | • | - | x | x | x |

• Vorzugsquerschnitt x = unzulässig

b) **Trio-Balken**

| Breite b in [cm] (senkrecht zur Klebefuge) | Höhe h in [cm] (parallel zur Klebefuge) 10 | 12 | 14 | 16 | 18 | 20 | 22 | 24 |
|---|---|---|---|---|---|---|---|---|
| 18 | - | - | - | - | • | • | • | - |
| 20 | - | - | - | • | - | • | - | x |
| 24 | - | • | • | • | • | x | x | x |

• Vorzugsquerschnitt x = unzulässig

**Abb. 8.15:** a) Vorzugsquerschnitte Duobalken, b) Vorzugsquerschnitte Triobalken ([21, Seite 20])

### 8.6.2.2 Brettschichtholz (BSH, GL) nach DIN EN 14080:2013

Brettschichtholz besteht aus mindestens drei faserparallel verleimten Lamellen und hat einen rechteckigen Querschnitt. Für die Herstellung werden Bretter aus Nadelholz (in der Regel Fichte, Tanne, Kiefer oder Douglasie) technisch auf eine Holzfeuchte von etwa 12 % (Bezugsholzfeuchte nach DIN EN 14080) getrocknet, visuell oder maschinell nach der Festigkeit sortiert und nach Heraustrennen größerer Fehlstellen mithilfe von Keilzinkenverbindungen zu Endloslamellen verbunden. Diese werden abgelängt, frühestens 24 h vor dem Verkleben gehobelt, auf der Breitseite mit Klebstoff versehen und unter Druck in einem geraden oder gekrümmten Pressbett zu einem Querschnitt verklebt. Damit die Dauerhaftigkeit der Verklebung nicht durch Verformungen infolge von Feuchteänderungen beeinträchtigt wird, ist einerseits der Feuchtegehalt auf 8 bis 15 % bei unbehandeltem bzw. 11 bis 18 % bei behandeltem Holz und der Feuchteunterschied zwischen den Lamellen auf 4 % begrenzt. Andererseits darf die maximale Lamellendicke bei Nadelholz nicht mehr als 45 mm in den Nutzungsklassen 1 und 2 bzw. 35 mm in Nutzungsklasse 3 betragen. Werden in besonderen Fällen Lamellen aus Laubholz verwendet, gelten maximale Dicken von 40 mm in den Nutzungsklassen 1 und 2 bzw. 35 mm in Nutzungsklasse 3. Um die Gefahr einer Verwölbung der Lamellen bei Feuchteänderungen zu reduzieren, können diese mit Nuten versehen werden, die bis zu 4 mm breit sein dürfen und bis zu einem Drittel der Lamellenhöhe einnehmen. Sie müssen im mittleren Bereich der Lamellenbreite liegen und in benachbarten Lamellen um mindestens eine Lamellendicke gegeneinander versetzt sein. Werden ausschließlich Lamellen gleicher Festigkeit verwendet, handelt es sich um homogenes Brettschichtholz. Durch Verwendung von Lamellen unterschiedlicher Festigkeit kann auch kombiniertes Brettschichtholz hergestellt werden (vgl. Abb. 8.16 und Tabelle 8.9), dessen Randlamellen eine höhere Festigkeit aufweisen. Im Anschluss an das Verkleben werden die BSH-Querschnitte gehobelt und gefast. Abbildung 8.17 gibt die lieferbaren BSH-Lagerquerschnitte (Längen 12 - 20 m) an. Als Sonderanfertigung sind auch Höhen bis zu 200 cm (einzelne Hersteller bis 300 cm) und Längen bis zu 30 m (einzelne Hersteller bis zu 60 m) erhältlich. Auch die Herstellung gekrümmter Träger ist möglich, wobei deren Krümmungsradius in der Regel das 200-Fache der Lamellendicke beträgt.

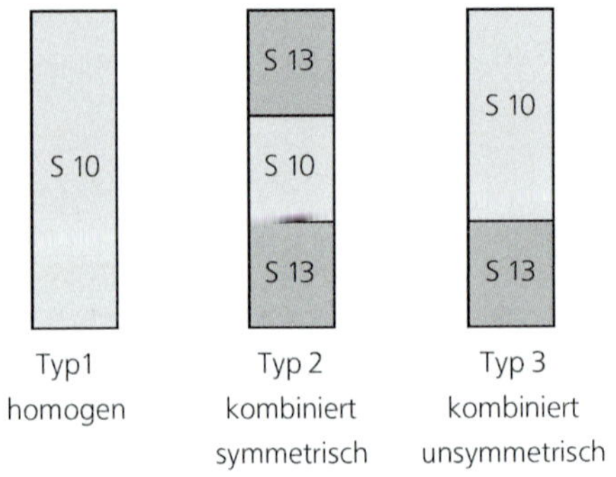


**Abb. 8.16:** Querschnittsaufbau von homogenem und kombiniertem Brettschichtholz ([21, Seite 24])

| Höhe \ Breite | 60 | 80 | 100 | 120 | 140 | 160 | 180 |
|---|---|---|---|---|---|---|---|
| 100 | | • | | | | | |
| 120 | • | • | • | • | | | |
| 140 | | | | | • | | |
| 160 | • | • | • | • | • | • | |
| 200 | | • | • | • | • | • | • |
| 240 | | | | • | • | • | |
| 280 | | | | • | • | • | |
| 320 | | | | • | • | • | • |
| 360 | | | | | • | • | • |
| 400 | | | | | | • | • |

**Abb. 8.17:** Vorzugsquerschnitte von Brettschichtholz ([21, Seite 25])

**Tabelle 8.9:** Charakteristische Werte der Festigkeits- und Steifigkeitseigenschaften für Brettschichtholz in N/mm² und der Rohdichte in kg/m³ (Tabellen a) und b) nach [43])

a) homogenes Brettschichtholz

| Festigkeitsklasse des Brettschichtholzes | | GL 24h | GL 28h | GL 32h | GL 36h |
|---|---|---|---|---|---|
| Biegefestigkeit | $f_{m,g,k}$ | 24 | 28 | 32 | 36 |
| Zugfestigkeit | $f_{t,0,g,k}$ | 16,5 | 19,5 | 22,5 | 26 |
| | $f_{t,90,g,k}$ | 0,4 | 0,45 | 0,5 | 0,6 |
| Druckfestigkeit | $f_{c,0,g,k}$ | 24 | 26,5 | 29 | 31 |
| | $f_{c,90,g,k}$ | 2,7 | 3,0 | 3,3 | 3,6 |

| Festigkeitsklasse des Brettschichtholzes | | GL 24h | GL 28h | GL 32h | GL 36h |
|---|---|---|---|---|---|
| Schubfestigkeit | $f_{v,g,k}$ | 2,7 | 3,2 | 3,8 | 4,3 |
| Elastizitätsmodul | $E_{0,g,mean}$ | 11 600 | 12 600 | 13 700 | 14 700 |
| | $E_{0,g,05}$ | 9 400 | 10 200 | 11 100 | 11 900 |
| | $E_{90,g,mean}$ | 390 | 420 | 460 | 490 |
| Schubmodul | $G_{g,mean}$ | 720 | 780 | 850 | 910 |
| Rohdichte | $\rho_{g,k}$ | 380 | 410 | 430 | 450 |

b) kombiniertes Brettschichtholz

| Festigkeitsklasse des Brettschichtholzes | | GL 24c | GL 28c | GL 32c | GL 36c |
|---|---|---|---|---|---|
| Biegefestigkeit | $f_{m,g,k}$ | 24 | 28 | 32 | 36 |
| Zugfestigkeit | $f_{t,0,g,k}$ | 14 | 16,5 | 19,5 | 22,5 |
| | $f_{t,90,g,k}$ | 0,35 | 0,4 | 0,45 | 0,5 |
| Druckfestigkeit | $f_{c,0,g,k}$ | 21 | 24 | 26,5 | 29 |
| | $f_{c,90,g,k}$ | 2,4 | 2,7 | 3,0 | 3,3 |
| Schubfestigkeit | $f_{v,g,k}$ | 2,2 | 2,7 | 3,2 | 3,8 |
| Elastizitätsmodul | $E_{0,g,mean}$ | 11 600 | 12 600 | 13 700 | 14 700 |
| | $E_{0,g,05}$ | 9 400 | 10 200 | 11 100 | 11 900 |
| | $E_{90,g,mean}$ | 320 | 390 | 420 | 460 |
| Schubmodul | $G_{g,mean}$ | 590 | 720 | 780 | 850 |
| Rohdichte | $\rho_{g,k}$ | 350 | 380 | 410 | 430 |

## 8.6.3 Holzwerkstoffe nach DIN EN 13986

### 8.6.3.1 Holzwerkstoffe auf Basis von Furnier

Furniere sind dünne ($d$ = 0,3 bis 6 mm) Blätter aus Holz. Sie wurden schon von den Ägyptern für dekorative Zwecke verwendet. Zu Zeiten der Römer war darüber hinaus bekannt, dass dünne Furniere auch zur Absperrung, d. h. zur Verringerung von Formänderungen von Vollholz dienen können, wenn die Faserrichtung der Furniere quer zu derjenigen des Vollholzes angeordnet wird. Schließlich kommt im Mittelalter der dritte wesentliche Vorteil von Furnieren – die effiziente Nutzung des Rohstoffs Holz – zum Tragen. Holzwerkstoffe aus Furnier werden etwa seit Mitte des 19. Jahrhunderts hergestellt. Zunächst wurde das sogenannte Sperrholz – Furnier- und Tischlerplatten – für Verpackungen und in der Möbelherstellung eingesetzt. Darüber hinaus gab es Anwendungen im Innenausbau von Gebäuden und Schiffen. Aufgrund der vorteilhaften Eigenschaften, insbesondere Rohdichte und Festigkeit, gewann Sperrholz auch im Flugzeugbau an Bedeutung. An dieser Entwicklung hatte auch die stetige Verbesserung der Anlagen und Maschinen für die Furnierherstellung große Bedeutung. Einzelheiten hierzu finden sich z. B. in [18].

Furniere können durch Sägen, Schälen oder Messern hergestellt werden. Einzelheiten zu Verfahren der Furnierherstellung finden sich z. B. in [18]. Für die Herstellung von Furnierwerkstoffen werden praktisch ausschließlich Schälfurniere verwendet. Diese werden aus abgelängten Stämmen hergestellt, die zunächst gedämpft bzw. gekocht werden (vgl. Abb. 8.18). Durch das Dämpfen werden die Hölzer einerseits erweicht, sodass sich der Energiebedarf für den Schälvorgang verringert, andererseits lassen sich die Schälfurniere plastisch verformen. Dadurch können die zunächst gekrümmten Furniere unmittelbar nach dem Schälen flachgelegt werden, ohne dass es zu einer Rissbildung kommt. Nachteil des Dämpfens ist die im Normalfall eintretende Verfärbung der Hölzer, die sie für dekorative Zwecke unbrauchbar macht. Unabhängig von der weiteren Verarbeitung werden die Furniere auf Holzfeuchten von ca. 8 bis 12 % getrocknet, sortiert und mit Klebstoff versehen. Es folgt das Zusammenlegen – entweder faserparallel oder kreuzweise – und die Formgebung durch Pressen (kalt oder heiß, chargenweise oder kontinuierlich).

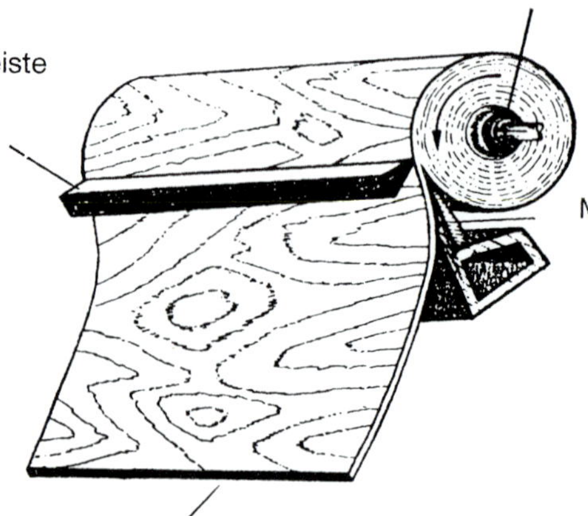


**Abb. 8.18:** Herstellung von Schälfurnier

Dabei werden die Furnierlagen so miteinander verklebt, dass sich die Faserrichtung der einzelnen Lagen – meistens rechtwinklig – kreuzt. Sperrholz ist symmetrisch zur Mittellage aufgebaut, sodass die Faserrichtung der beiden Deckfurniere identisch ist. Durch den Herstellungsprozess bedingt, handelt es sich normalerweise um rechteckige Platten. Die Länge von Sperrholz wird in Faserrichtung der Deckfurniere, die Breite quer dazu und die Dicke senkrecht zur Plattenebene gemessen. Bei einer Faserorientierung der Deckfurniere parallel zur langen Plattenseite spricht man von Längsfaser-Sperrholz, ansonsten von Querfaser-Sperrholz. Plattenwerkstoffe aus Sperrholz zeigen in Plattenebene eine erheblich geringere Anisotropie als Vollholz. Das betrifft praktisch alle Eigenschaften, also z. B. Formtreue bei Feuchte- und/

oder Temperaturänderungen, Elastizität und Festigkeit. Nach dem Aufbau werden mehrere Arten von Sperrholz unterschieden [DIN EN 313]. Furniersperrholz besteht ausschließlich aus Furnierlagen, deren Oberflächen in Plattenebene untereinander verklebt sind. Mittellagensperrholz besteht aus Deckfurnierlagen mit dazwischen liegender Mittellage. Besteht diese aus Vollholz, spricht man von Stab- oder Stäbchensperrholz. Während die 7 mm bis 30 mm breiten Stäbe einer Mittellage nicht unbedingt miteinander verklebt sind, müssen die bis zu 7 mm dicken, hochkant angeordneten Stäbchen der Mittellage, die aus Blöcken miteinander verklebter Schälfurniere gesägt werden, überwiegend miteinander verklebt sein. Verbundsperrholz zeichnet sich durch eine Mittellage aus, die weder aus Vollholz noch aus Furnier besteht. Stattdessen können z. B. Schäume oder Wabenstrukturen zum Einsatz kommen. Die Oberflächen von Verbundsperrholz bestehen auf beiden Seiten der Mittellage aus zwei gekreuzten Lagen. Trotz Verringerung der Anisotropie gegenüber Vollholz muss bei der Anwendung von Sperrholz die Richtungsabhängigkeit der Biegefestigkeit beachtet werden. In Richtung der Deckfurniere ist bei Sperrholz immer mindestens eine Furnierlage mehr als in Querrichtung vorhanden. Bei gleicher Dicke der einzelnen Lagen ist daher ein geringfügiger Unterschied der elastischen Eigenschaften und der Festigkeiten in zwei Hauptrichtungen vorhanden, der durch zweischichtigen Aufbau einzelner Lagen verringert werden kann. Dagegen wird die Biegezugfestigkeit von Stab- und Stäbchensperrholz im Wesentlichen durch die Eigenschaften der Mittellage bestimmt, ist also senkrecht zur Richtung der Deckfurniere am größten.

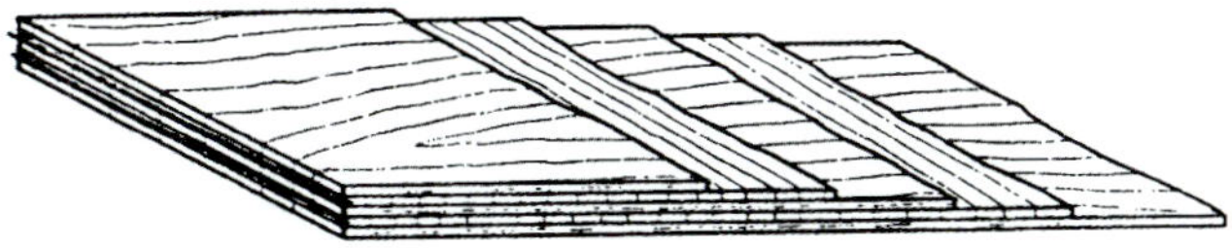

**Abb. 8.19:** Furniersperrholz

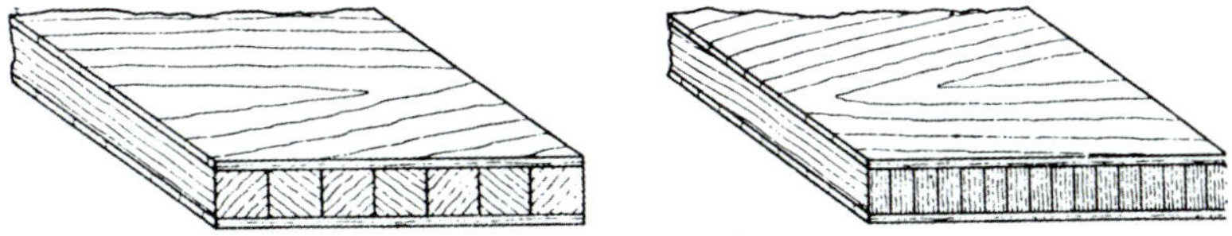

**Abb. 8.20:** Stab- und Stäbchensperrholz

Eine Besonderheit ist das sogenannte Sternholz, bei dem die Faserrichtung der einzelnen Furnierlagen jeweils um 15° verdreht wird, sodass bei insgesamt 13 Lagen die Deckfurniere faserparallel orientiert sind.

Sperrholz muss, sofern es nur Aussteifungszwecken dient, aus mindestens drei Lagen bestehen. Für alle anderen Zwecke sind fünf Lagen und eine Mindestdicke von 6 mm erforderlich. Sperrholzplatten werden nach DIN EN 636 in Klassen eingeteilt, und zwar einerseits in technische Klassen („trocken", „feucht" und „außen"), andererseits anhand der Biegeeigenschaften in Biege-Festigkeitsklassen und Biege-Steifigkeitsklassen sowie anhand der Rohdichte in Klassen der Schubeigenschaften. Die technischen Klassen von Sperrholz sind den Nutzungsklassen nach DIN EN 1995-1-1 zugeordnet. Aus den Biege-Festigkeitsklassen und Biege-Steifigkeitsklassen und anhand der Rohdichteklasse lassen sich die charakteristischen Werte für die Bemessung bestimmen (vgl. Tabellen 8.10 bis 8.12), wenn diese nicht als Ergebnis einer Prüfung nach DIN EN 310 im Rahmen der CE-Kennzeichnung angegeben wird.

**Tabelle 8.10:** Charakteristische Klassenwerte für die Festigkeit nach [48]

| Klasse [1)] | Mindestfestigkeit (N/mm² oder MPa) | | |
|---|---|---|---|
| | Faserrichtung der Decklage [1)] | | |
| | 0 und 90 | 0 | 90 |
| | Biegung | Zug und Druck | |
| | $f_{m,05}$ | $f_{t\text{-}c,05}$ | |
| F3 | 3 | 1,2 | 1,5 |
| F5 | 5 | 2 | 2,5 |
| F10 | 10 | 4 | 5 |
| F15 | 15 | 6 | 7,5 |
| F20 | 20 | 8 | 10 |
| F25 | 25 | 10 | 12,5 |
| F30 | 30 | 12 | 15 |
| F40 | 40 | 16 | 20 |
| F50 | 50 | 20 | 25 |
| F60 | 60 | 24 | 30 |
| F70 | 70 | 28 | 35 |
| F80 | 80 | 32 | 40 |

1) Die Klasse ist sowohl in Faserrichtung (0) als auch senkrecht zur Faserrichtung (90) anzugeben. Die F-Klassen für Festigkeit sind in EN 636:2012 festgelegt.

**Tabelle 8.11:** Charakteristische Klassenwerte für den E-Modul nach [48]

| Klasse [1)] | Mindestfestigkeit (N/mm² oder MPa) | | |
|---|---|---|---|
| | Faserrichtung der Decklage [1)] | | |
| | 0 und 90 | 0 | 90 |
| | Biegung | Zug und Druck | |
| | $E_{m,50}$ | $E_{t\text{-}c,50}$ | |
| E5 | 500 | 250 | 400 |
| E10 | 1000 | 500 | 800 |
| E15 | 1500 | 750 | 1200 |
| E20 | 2000 | 1000 | 1600 |
| E25 | 2500 | 1250 | 2000 |

| Klasse [1] | Mindestfestigkeit (N/mm² oder MPa) | | |
|---|---|---|---|
| | Faserrichtung der Decklage [1] | | |
| | 0 und 90 | 0 | 90 |
| | Biegung | Zug und Druck | |
| | $E_{m,50}$ | $E_{t\text{-}c,50}$ | |
| E30 | 3000 | 1500 | 2400 |
| E40 | 4000 | 2000 | 3200 |
| E50 | 5000 | 2500 | 4000 |
| E60 | 6000 | 3000 | 4800 |
| E70 | 7000 | 3500 | 5600 |
| E80 | 8000 | 4000 | 6400 |
| E90 | 9000 | 4500 | 7200 |
| E100 | 10 000 | 5000 | 8000 |
| E120 | 12 000 | 6000 | 9600 |
| E140 | 14 000 | 7000 | 11 200 |

[1] Die Klasse ist sowohl in Faserrichtung (0) als auch senkrecht zur Faserrichtung (90) anzugeben.
Die E-Klassen für den Elastizitätsmodul sind in EN 636 definiert.
Als 5-%-Quantilwerte für Steifigkeit ist das x-Fache der oben angegebenen Mittelwerte zu verwenden:
$x$ = 0,67 für Platten, die Holzarten mit einer mittleren Rohdichte enthalten, die kleiner ist als 640 kg/m³;
$x$ = 0,84 für Platten, die vollständig aus Laubholz hergestellt sind mit einer mittleren Rohdichte von mindestens 640 kg/m³.
Anmerkung: Faktoren abgeleitet von EN 338:2010, Anhang A.

**Tabelle 8.12:** Charakteristische Klassenwerte für die Schubeigenschaften nach [48]

| $\rho_{w,mean}$ | $G_v$ | $f_v$ | $G_r$ | $f_r$ |
|---|---|---|---|---|
| kg/m³ | N/mm² | | | |
| 350 | 220 | 1,8 | 7,3 | 0,4 |
| 400 | 270 | 2,7 | 11 | 0,5 |
| 450 | 310 | 3,5 | 16 | 0,6 |
| 500 | 360 | 4,3 | 22 | 0,7 |
| 550 | 400 | 5,0 | 32 | 0,8 |
| 600 | 440 | 5,7 | 44 | 0,9 |
| 650 | 480 | 6,3 | 60 | 1,0 |
| 700 | 520 | 6,9 | 82 | 1,1 |
| 750 | 550 | 7,5 | 110 | 1,2 |

Furnierschichtholz nach DIN EN 14279 wird durch Verklebung von mindestens fünf Furnieren (maximale Dicke: 6 mm) mit ausschließlich oder überwiegend faserparalleler Ausrichtung der Furniere als Endlosband hergestellt. Die Richtungsabhängigkeit der elastischen und der Festigkeitseigenschaften von Furnierschichtholz ist daher stärker ausgeprägt als bei Furniersperrholz. Mit abnehmender Zahl der Furnierlagen quer zur Faserrichtung der Deckfurniere nimmt die Anisotropie zu und entspricht bei ausschließlich faserparalleler Ausrichtung der Furniere derjenigen von Schnittholz. Dennoch weist Furnierschichtholz im Vergleich zu Vollholz einige vorteilhafte Eigenschaften auf. Anders als bei Vollholz ist die Richtung der anatomischen Hauptachsen aller Furnierlagen unveränderlich und verläuft immer parallel zu den Querschnittskanten. Wuchsfehler des Holzes – Äste, Risse, Harzgallen usw. – können bei der Furnierherstellung herausgetrennt werden, sodass Furnierschichtholz mit ausschließlich faserparallelen Furnierlagen dieselben Eigenschaften aufweist, wie nach der Festigkeit sortiertes Schnittholz der Sortierklasse S 13. Furnierschichtholz wird als Plattenware mit Längen bis zu 23 m und Breiten bis zu 2,50 m hergestellt, aus der stab-, platten- oder scheibenförmige Bauteile zugeschnitten werden können. Furnierschichtholz kann als Balken, Platte oder als Scheibe beansprucht werden. Normalspannungen senkrecht zur Faserrichtung der Furniere können nicht aufgenommen werden, sodass zweiachsig gespannte Platten nur aus Furnierschichtholz mit einigen Querfurnierlagen hergestellt werden können.

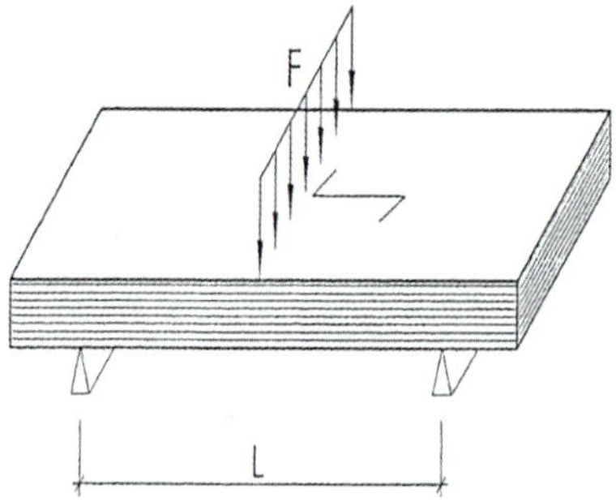


**Abb. 8.21:** LVL, Plattenbeanspruchung ([Allgemeine bauaufsichtliche Zulassung Z-9.1-100, Anlage 5])

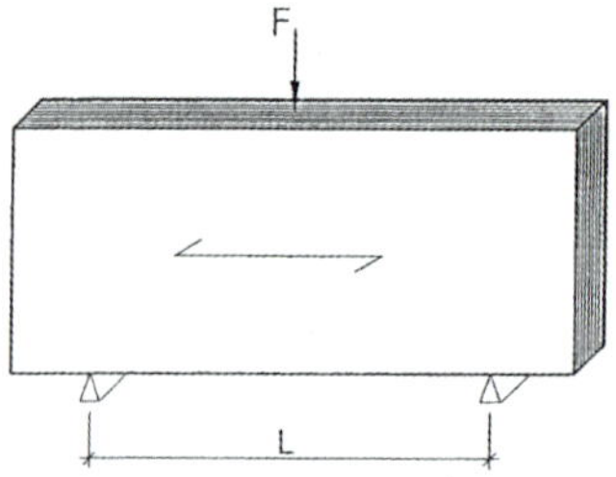


**Abb. 8.22:** LVL, Scheibenbeanspruchung ([Allgemeine bauaufsichtliche Zulassung Z-9.1-100, Anlage 5])

Die Verwendung von Furnierschichtholz für tragende Zwecke ist in der Bauregelliste B, Teil 1 (aktuell: Ausgabe 2013/1) geregelt. Zusätzlich muss DIN 20000-1 beachtet werden und eine bauaufsichtliche Zulassung vorliegen. Derzeit liegen beim Deutschen Institut für Bautechnik drei gültige bauaufsichtliche Zulassungen für Furnierschichtholz vor.

„Kerto"-Furnierschichtholz ist mit Zulassungsbescheid Z-9.1-100 vom 6.6.2011, gültig: bis 1.6.2016, allgemein bauaufsichtlich zugelassen. Es wird aus 3,0 mm (±0,2 mm) dicken, miteinander verklebten, getrockneten Furnieren aus Fichte bzw. Kiefer als Plattenware mit einer Breite bis zu 2,5 m und einer Länge bis zu 23 m hergestellt. „Kerto-S" besteht ausschließlich aus Längsfurnier und hat eine Materialstärke von 21 bis 75 mm. „Kerto-Q" wird in Dicken

Dicken zwischen 21 und 69 mm hergestellt und besteht vorwiegend aus Längsfurnier und einigen Querfurnierlagen. Es darf für tragende stabförmige Bauteile und Flächentragwerke verwendet werden. Furnierschichtholz „Kerto-T und Kerto-L" ist mit Zulassungsbescheid Z-9.1-291 vom 1.6.2010, gültig: bis 31.05.2015, allgemein bauaufsichtlich zugelassen. Der Herstellungsprozess entspricht demjenigen von „Kerto-S" und „Kerto-Q", allerdings sind die Werte der Rohdichte und die Festigkeiten geringer. „Kerto-T" wird im Wesentlichen als Alternative zu Schnittholz der Sortierklasse S 13 für stabförmige Bauteile verwendet. Kennwerte für Kerto-Furnierschichtholz sind in Tabelle 8.13 und 8.14 angegeben. Weitere Einzelheiten finden sich in den bauaufsichtlichen Zulassungen [Z-9.1-100, Z-9.1-291].

**Tabelle 8.13:** Charakteristische Werte für Furnierschichtholz Kerto-S und Kerto-Q ([Allgemeine bauaufsichtliche Zulassung Z-9.1-100 vom 6.6.2011])

| Art der Beanspruchung | | Furnierschichtholz „Kerto-S" | Furnierschichtholz „Kerto-Q" | |
|---|---|---|---|---|
| Nenndicke (mm) | | $21 \le B \le 75$ | $21 \le B \le 24$ | $27 \le B \le 69$ |
| Festigkeitskennwerte (N/mm²) | | | | |
| Plattenbeanspruchung | | | | |
| Biegung \|\| zur Faser [1] | $f_{m,0,k}$ | 50 | 32 | 36 |
| Biegung ⊥ zur Faser [1] | $f_{m,90,k}$ | - | 9 [2] | 9 |
| Druck | $f_{c,90,k}$ | 2 | 2 | |
| Schub | $f_{v,k}$ | 2,3 | 1,5 | |
| Scheibenbeanspruchung | | | | |
| Biegung [1] | $f_{m,k}$ | 48 | 32 | 36 |
| Zug \|\| zur Faser | $f_{t,0,k}$ | 38 | 20 | 27 |
| Zug ⊥ zur Faser | $f_{t,90,k}$ | 0,8 | 6 | |
| Druck \|\| zur Faser | $f_{c,0,k}$ | 38 | 20 | 27 |
| Druck ⊥ zur Faser | $f_{c,90,k}$ | 6 | 9 | |
| Schub | $f_{v,k}$ | 4,4 | 4,8 | |
| Ausklinkung | $k_n$ | 6 | 16 | |
| Steifigkeitskennwerte (N/mm²) | | | | |
| Elastizitätsmodul | $E_{0,mean}$ | 13 800 | 10 000 | 10 500 |
| Elastizitätsmodul | $E_{0,05}$ | 11 600 | 8500 | |
| Elastizitätsmodul | $E_{90,mean}$ | 300 | 1000 [2] | 2500 |
| Schubmodul | $G_{mean}$ | 500 | 500 | |

[1] Werte gelten für $H \le 300$ mm. Für $H > 300$ mm ist der charakteristische Festigkeitswert mit dem Beiwert $k_H = \left(\frac{300}{H}\right)^{0,12}$ zu multiplizieren. *H* ist die für die Biegebeanspruchung maßgebende Höhe des Gesamtquerschnitts in mm.

[2] Für $B = 21$ mm und den Furnieraufbau I-III-I darf $f_{m,90,k} = 16$ N/mm² bzw. $E_{90,mean} = 2\,500$ N/mm² angenommen werden.

**Tabelle 8.14:** Charakteristische Werte für Furnierschichtholz Kerto-T und Kerto-L ([Allgemeine bauaufsichtliche Zulassung Z-9.1-291 vom 1.6.2010])

| Art der Beanspruchung | | Furnierschichtholz „Kerto-T" | Furnierschichtholz „Kerto-L" | |
|---|---|---|---|---|
| Nenndicke (mm) | | $39 \leq B \leq 75$ | $21 \leq B \leq 24$ | $27 \leq B \leq 69$ |
| Festigkeitskennwerte (N/mm²) | | | | |
| Plattenbeanspruchung | | | | |
| Biegung ǀǀ zur Faser | $f_{m,0,k}$ | 30 [1)] | 22,5 [1)] | 25 [1)] |
| Druck | $f_{c,90,k}$ | 2,2 | 2 | |
| Schub | $f_{v,k}$ | 2 | 1,3 | |
| Scheibenbeanspruchung | | | | |
| Biegung | $f_{m,k}$ | 30 [1)] | 19 [1)] | 20,5 [1)] |
| Zug ǀǀ zur Faser | $f_{t,0,k}$ | 18 | 16 | 17 |
| Zug ⊥ zur Faser | $f_{t,90,k}$ | 0,4 | 5,5 | 4 |
| Druck ǀǀ zur Faser | $f_{c,0,k}$ | 23 | 18 | 19 |
| Druck ⊥ zur Faser | $f_{c,90,k}$ | 2,7 | 8 | 8 |
| Schub | $f_{v,k}$ | 2 | 3,5 | |
| Ausklinkung | $k_n$ | 6 | 16 | |
| Steifigkeitskennwerte (N/mm²) | | | | |
| Elastizitätsmodul | $E_{0,mean}$ | 10 000 | 7000 | 7500 |
| Elastizitätsmodul | $E_{0,05}$ | 8800 | 6000 | 6500 |
| Elastizitätsmodul | $E_{90,mean}$ | 400 | 3500 | 2800 |
| Schubmodul | $G_{mean}$ | 750 | 650 | |
| Rohdichtekennwerte (kg/m³) | | | | |
| Rohdichte | $\rho$ | 410 | 410 | |

1) Werte gelten für $H \leq 300$ mm. Für $H > 300$ mm ist der charakteristische Festigkeitswert mit dem Beiwert $k_H = \left(\frac{300}{H}\right)^{0,15}$ zu multiplizieren. $H$ ist die für die Biegebeanspruchung maßgebende Höhe des Gesamtquerschnitts in mm.

Furnierschichtholz „Ultralam" ist mit Zulassungsbescheid Z-9.1-811 vom 25.5.2010, gültig: bis 24.5.2015, bauaufsichtlich zugelassen. Es wird aus Schälfurnieren mit einer Dicke von 3,0 mm (±0,2 mm) hergestellt und ist zur Ausbildung stabförmiger oder flächiger Bauteile geeignet. Bei den Varianten „Ultralam R" (aus Kiefer) und, „Ultralam $R^S$" (aus Fichte mit Beimischung von Kiefer) sind die Furniere alle parallel zur Bauteillängsachse. "Ultralam X" (aus Fichte und/oder Kiefer) besteht im Wesentlichen aus Furnieren mit Faserrichtung parallel zur Bauteillängsachse und einigen Furnieren in Querrichtung. „Ultralam" wird in Längen bis zu 20,5 m, Breiten bis zu 1,25 m und in Nenndicken zwischen 19 mm und 75 mm hergestellt. Bemessungswerte für Ultralam-Furnierschichtholz sind in Tabelle 8.15 angegeben. Weitere Einzelheiten finden sich in der bauaufsichtlichen Zulassung [Z-9.1-811].

**Tabelle 8.15:** Charakteristische Werte für Furnierschichtholz Ultralam ([Allgemeine bauaufsichtliche Zulassung Z-9.1-811 vom 25.5.2010])

| Art der Beanspruchung | | Furnierschichtholz Ultralam R | Furnierschichtholz Ultralam R$^S$ | Furnierschichtholz Ultralam X | |
|---|---|---|---|---|---|
| Nenndicke (mm) | | $19 \leq B \leq 75$ | $19 \leq B \leq 75$ | $19 \leq B \leq 21$ | $24 \leq B \leq 75$ |
| Festigkeitskennwerte (N/mm²) | | | | | |
| Plattenbeanspruchung | | | | | |
| Biegung ǀǀ zur Faser | $f_{m,0,k}$ | 45 1) | 52 1) | 34 | 38 |
| Biegung ⊥ zur Faser) | $f_{m,90,k}$ | - | - | 9 | 12 |
| Druck | $f_{c,90,k}$ | 3,8 | 3,8 | 4,2 | 4,2 |
| Schub | $f_{v,k}$ | 3,2 | 3,2 | 2,7 | 2,7 |
| Scheibenbeanspruchung | | | | | |
| Biegung | $f_{m,k}$ | 44 1) | 55 1) | 30 | 38 |
| Zug ǀǀ zur Faser | $f_{t,0,k}$ | 37 | 42 | 18 | 24 |
| Zug ⊥ zur Faser | $f_{t,90,k}$ | 0,9 | 0,9 | 6,2 | 5 |
| Druck ǀǀ zur Faser | $f_{c,0,k}$ | 48 | 56 | 26 | 34 |
| Druck ⊥ zur Faser | $f_{c,90,k}$ | 7,5 | 8,6 | 8 | 8 |
| Schub | $f_{v,k}$ | 4,6 | 5,2 | 4,6 | 4,6 |
| Steifigkeitskennwerte (N/mm²) | | | | | |
| Elastizitätsmodul | $E_{0,mean}$ | 14 000 | 15 600 | 10 000 | 11 000 |
| Elastizitätsmodul | $E_{0,05}$ | 12 500 | 14 000 | 9200 | 10 000 |
| Elastizitätsmodul | $E_{90,mean}$ | - | - | 2300 | 3000 |
| Schubmodul | $G_{mean}$ | 500 | 500 | 550 | 550 |
| Rohdichtekennwerte (kg/m³) | | | | | |
| Rohdichte | $\rho$ | 495 | 545 | 480 | 480 |

1) Werte gelten für $H \leq 300$ mm. Für $H > 300$ mm ist der charakteristische Festigkeitswert mit dem Beiwert $k_H = \left(\frac{300}{H}\right)^{0,15}$ zu multiplizieren. $H$ ist die für die Biegebeanspruchung maßgebende Höhe des Gesamtquerschnitts in mm.

### 8.6.3.2 Holzwerkstoffe auf Basis von Spänen und Fasern

Die Technologie zur Fertigung von Holzspanwerkstoffen geht auf Arbeiten in den Jahren 1935/36 zurück und wurde 1941 erstmalig im großtechnischen Maßstab realisiert. Zur Herstellung von Holzwerkstoffen auf Spanbasis werden Holz und verholzte Pflanzen zerkleinert und mithilfe synthetischer Klebstoffe oder anorganischer Bindemittel zu Platten verarbeitet. Prinzipiell eignen sich neben Waldholz auch Rest- und Recyclinghölzer für die Herstellung von Holzwerkstoffen auf Spanbasis. In der Praxis bestimmen Anforderungen an die Eigenschaften bzw. Qualität der Späne sowie die Rohstoffpreise darüber, welche Hölzer eingesetzt werden. Die Späne werden in Zerspaneranlagen gewonnen, an die sich Mühlen zur Nachzerkleinerung anschließen. Je nach Rohstoff – Stammholz, Schwarten, Spreißel, Restholz etc. – werden unterschiedliche Zerspaner- und Mühlentypen eingesetzt. Während für die Zerspanung eine hohe Holzfeuchte vorteilhaft ist, weil sie den Energiebedarf für die Zerkleinerung senkt, müssen die Späne anschließend für die Weiterverarbeitung zu Plattenware unter Klebstoff- bzw. Bindemittelzugabe getrocknet werden. Mithilfe von Sichtern und Sieben erfolgt eine Größensortierung der Späne. Anschließend wird in Mischern Klebstoff auf die Oberfläche der Späne aufgetragen. Zur Herstellung der Platten werden die mit Klebstoff versehenen Späne gestreut, sodass sich ein Endlosband bildet. Die zunächst noch locker gelagerten Späne werden anschließend bei erhöhter Temperatur auf die planmäßige Dicke gepresst. Nach Abkühlung und Konditionierung erfolgt das Besäumen und Schleifen der Platten. Die Entwicklung der Werkstoffe auf Spanbasis ist z. B. in [19] dargestellt.

Oriented Strand Board (OSB) zeichnet sich durch Verwendung von mindestens 50 mm langen, schlanken Spänen, sogenannten *strands* aus. Als Rohstoff wird nach [17] in erster Linie hochwertiges Waldholz verwendet. Man unterscheidet nach DIN EN 300 vier Klassen von OSB-Platten:

- OSB/1: Platten für allgemeine, nicht tragende Zwecke und für Inneneinrichtungen zur Verwendung im Trockenbereich;
- OSB/2: Platten für tragende Zwecke zur Verwendung im Trockenbereich;
- OSB/3: Platten für tragende Zwecke zur Verwendung im Feuchtbereich;
- OSB/4: hochbelastbare Platten für tragende Zwecke zur Verwendung im Feuchtbereich.

OSB-Platten sind in Dicken bis zu 40 mm erhältlich. Anforderungen an die mechanischen und hygrischen Eigenschaften von OSB-Platten sind in Tabelle 8.16 dargestellt.

**Tabelle 8.16:** Eigenschaften von OSB-Platten nach [51]

a) OSB/1

| Plattentyp (Technische Klasse) OSB/1 | Prüfverfahren | Einheit | Anforderung | | |
|---|---|---|---|---|---|
| | | | Dickenbereich (mm, Nennmaß) | | |
| Eigenschaft | | | 6 bis 10 | > 10 bis < 18 | 18 bis 25 |
| Biegefestigkeit – Hauptachse | EN 310 | N/mm² | 20 | 18 | 16 |
| Biegefestigkeit – Nebenachse | EN 310 | N/mm² | 10 | 9 | 8 |
| Biege-Elastizitätsmodul – Hauptachse | EN 310 | N/mm² | 2500 | 2500 | 2500 |
| Biege Elastizitätsmodul – Nebenachse | EN 310 | N/mm² | 1200 | 1200 | 1200 |
| Querzugfestigkeit | EN 319 | N/mm² | 0,30 | 0,28 | 0,26 |
| Dickenquellung – 24 Wassereinlagerung | EN 317 | % | 25 | 25 | 25 |

b) OSB/2

| Plattentyp (Technische Klasse) OSB/2 / Eigenschaft | Prüfverfahren | Einheit | Anforderung | | | | |
|---|---|---|---|---|---|---|---|
| | | | Dickenbereich (mm, Nennmaß) | | | | |
| | | | 6 bis 10 | > 10 bis < 18 | 18 bis 25 | > 25 bis 32 | > 32 bis 40 |
| Biegefestigkeit - Hauptachse | EN 310 | $N/mm^2$ | 22 | 20 | 18 | 16 | 14 |
| Biegefestigkeit - Nebenachse | EN 310 | $N/mm^2$ | 11 | 10 | 9 | 8 | 7 |
| Biege-Elastizitätsmodul - Hauptachse | EN 310 | $N/mm^2$ | 3500 | 3500 | 3500 | 3500 | 3500 |
| Biege Elastizitätsmodul - Nebenachse | EN 310 | $N/mm^2$ | 1400 | 1400 | 1400 | 1400 | 1400 |
| Querzugfestigkeit | EN 319 | $N/mm^2$ | 0,34 | 0,32 | 0,30 | 0,29 | 0,26 |
| Dickenquellung - 24 Wassereinlagerung | EN 317 | % | 20 | 20 | 20 | 20 | 20 |

c) OSB/3

| Plattentyp (Technische Klasse) OSB/3 / Eigenschaft | Prüfverfahren | Einheit | Anforderung | | | | |
|---|---|---|---|---|---|---|---|
| | | | Dickenbereich (mm, Nennmaß) | | | | |
| | | | 6 bis 10 | > 10 bis < 18 | 18 bis 25 | > 25 bis 32 | > 32 bis 40 |
| Biegefestigkeit - Hauptachse | EN 310 | $N/mm^2$ | 22 | 20 | 18 | 16 | 14 |
| Biegefestigkeit - Nebenachse | EN 310 | $N/mm^2$ | 11 | 10 | 9 | 8 | 7 |
| Biege-Elastizitätsmodul - Hauptachse | EN 310 | $N/mm^2$ | 3500 | 3500 | 3500 | 3500 | 3500 |
| Biege Elastizitätsmodul - Nebenachse | EN 310 | $N/mm^2$ | 1400 | 1400 | 1400 | 1400 | 1400 |
| Querzugfestigkeit | EN 319 | $N/mm^2$ | 0,34 | 0,32 | 0,30 | 0,29 | 0,26 |
| Dickenquellung - 24 Wassereinlagerung | EN 317 | % | 15 | 15 | 15 | 15 | 15 |

d) OSB/4

| Plattentyp (Technische Klasse) OSB/4<br><br>Eigenschaft | Prüfverfahren | Einheit | Anforderung | | | | |
|---|---|---|---|---|---|---|---|
| | | | Dickenbereich (mm, Nennmaß) | | | | |
| | | | 6 bis 10 | > 10 bis < 18 | 18 bis 25 | > 25 bis 32 | > 32 bis 40 |
| Biegefestigkeit - Hauptachse | EN 310 | N/mm² | 30 | 28 | 26 | 24 | 22 |
| Biegefestigkeit Nebenachse | EN 310 | N/mm² | 16 | 15 | 14 | 13 | 12 |
| Biege-Elastizitätsmodul - Hauptachse | EN 310 | N/mm² | 4800 | 4800 | 4800 | 4800 | 4800 |
| Biege Elastizitätsmodul - Nebenachse | EN 310 | N/mm² | 1900 | 1900 | 1900 | 1900 | 1900 |
| Querzugfestigkeit | EN 319 | N/mm² | 0,50 | 0,45 | 0,40 | 0,35 | 0,30 |
| Dickenquellung - 24 Wassereinlagerung | EN 317 | % | 12 | 12 | 12 | 12 | 12 |

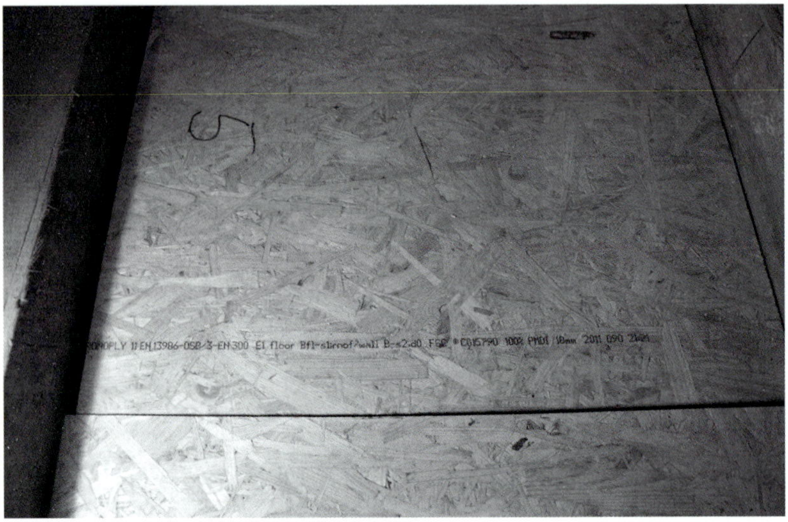

**Abb. 8.23:** Struktur und Kennzeichnung von OSB-Platten (Foto: Peter Lieblang)

Spanplatten/Flachpressplatten werden aus kleineren Spänen als OSB-Platten unter Verwendung verschiedener Klebstoffe bzw. Bindemittel (synthetische Klebstoffe, Gips, Zement) hergestellt. Als Rohstoff kommt auch Rest- bzw. Recyclingholz zum Einsatz. Man unterscheidet nach DIN EN 312 sieben Klassen von Spanplatten:

P 1: Platten für allgemeine Zwecke zur Verwendung im Trockenbereich

P 2: Platten für Inneneinrichtungen (einschließlich Möbel) zur Verwendung im Trockenbereich

P 3: Platten für nicht tragende Zwecke zur Verwendung im Feuchtbereich (NKL 2)

P 4: Platten für tragende Zwecke zur Verwendung im Trockenbereich

P 5: Platten für tragende Zwecke zur Verwendung im Feuchtbereich (NKL 2)

P 6: Hoch belastbare Platten für tragende Zwecke zur Verwendung im Trockenbereich

P 7: Hoch belastbare Platten für tragende Zwecke zur Verwendung im Feuchtbereich (NKL 2)

Zementgebundene Spanplatten sind in DIN EN 634 geregelt. Anforderungen an die mechanischen und hygrischen Eigenschaften von Spanplatten sind in Tabelle 8.17 dargestellt.

**Tabelle 8.17:** Eigenschaften von Spanplatten nach [52] [53]

| Klasse | Dicke | Eigenschaft | | |
|---|---|---|---|---|
| | | Biegezugfestigkeit | E-Modul | Querzugfestigkeit |
| P1 | bis 6 | 11,5 | | 0,31 |
| | >6 bis 13 | 10,5 | | 0,28 |
| | >13 bis 20 | 10,0 | | 0,24 |
| | >20 bis 25 | 10,0 | | 0,20 |
| | >25 bis 32 | 8,5 | | 0,17 |
| | >32 bis 40 | 7,0 | | 0,14 |
| | >40 | 5,5 | | 0,14 |
| P2 | <4 | 13,0 | 1800 | 0,45 |
| | >4 bis 6 | 12,0 | 1950 | 0,45 |
| | >6 bis 13 | 11,0 | 1800 | 0,40 |
| | >13 bis 20 | 11,0 | 1600 | 0,35 |
| | >20 bis 25 | 10,5 | 1500 | 0,30 |
| | >25 bis 32 | 9,5 | 1350 | 0,25 |
| | >32 bis 40 | 8,5 | 1200 | 0,20 |
| | >40 | 7,0 | 1050 | 0,20 |
| P3 | <4 | 13,0 | 1800 | 0,50 |
| | 4 bis 6 | 14,0 | 1950 | 0,50 |
| | >6 bis 13 | 15,0 | 2050 | 0,45 |
| | >13 bis 20 | 14,0 | 1950 | 0,40 |
| | >20 bis 25 | 12,0 | 1850 | 0,40 |
| | >25 bis 32 | 11,0 | 1700 | 0,35 |
| | >32 bis 40 | 9,0 | 1550 | 0,30 |
| | >40 | 7,5 | 1350 | 0,25 |

| Klasse | Dicke | Eigenschaft | | |
|---|---|---|---|---|
| | | Biegezugfestigkeit | E-Modul | Querzugfestigkeit |
| P4 | <3 | 14,0 | 1800 | 0,50 |
| | 3 bis 4 | 15,0 | 1950 | 0,45 |
| | >4 bis 6 | 16,0 | 2200 | 0,45 |
| | >6 bis 10 | 16,0 | 2300 | 0,40 |
| | >10 bis 13 | 16,0 | 2300 | 0,40 |
| | >13 bis 20 | 15,0 | 2300 | 0,35 |
| | >20 bis 25 | 13,0 | 2050 | 0,30 |
| | >25 bis 32 | 11,0 | 1850 | 0,25 |
| | >32 bis 40 | 9,0 | 1500 | 0,20 |
| | >40 | 7,0 | 1200 | 0,20 |
| P5 | <3 | 16,0 | 2000 | 0,50 |
| | 3 bis 4 | 18,0 | 2400 | 0,50 |
| | >4 bis 6 | 19,0 | 2450 | 0,50 |
| | >6 bis 10 | 18,0 | 2550 | 0,45 |
| | >10 bis 13 | 18,0 | 2550 | 0,45 |
| | >13 bis 20 | 16,0 | 2400 | 0,45 |
| | >20 bis 25 | 14,0 | 2150 | 0,40 |
| | >25 bis 32 | 12,0 | 1900 | 0,35 |
| | >32 bis 40 | 10,0 | 1700 | 0,30 |
| | >40 | 9,0 | 1550 | 0,25 |
| P6 | 3 bis 4 | 18,0 | 2800 | 0,65 |
| | >4 bis 6 | 20,0 | 2900 | 0,65 |
| | >6 bis 10 | 20,0 | 3150 | 0,60 |
| | >10 bis 13 | 20,0 | 3150 | 0,60 |
| | >13 bis 20 | 18,0 | 3000 | 0,50 |
| | >20 bis 25 | 16,0 | 2550 | 0,40 |
| | >25 bis 32 | 15,0 | 2400 | 0,35 |
| | >32 bis 40 | 14,0 | 2200 | 0,30 |
| | >40 | 12,0 | 2050 | 0,25 |

| Klasse | Dicke | Eigenschaft | | |
|---|---|---|---|---|
| | | Biegezugfestigkeit | E-Modul | Querzugfestigkeit |
| P7 | 3 bis 4 | 20,0 | 3000 | 0,75 |
| | >4 bis 6 | 21,0 | 3100 | 0,75 |
| | >6 bis 10 | 22,0 | 3350 | 0,75 |
| | >10 bis 13 | 22,0 | 3350 | 0,75 |
| | >13 bis 20 | 20,0 | 3100 | 0,70 |
| | >20 bis 25 | 18,5 | 2900 | 0,65 |
| | >25 bis 32 | 17,0 | 2800 | 0,60 |
| | >32 bis 40 | 16,0 | 2600 | 0,55 |
| | >40 | 15,0 | 2400 | 0,50 |
| Zementgeb. (alle Dicken) | Klasse 1 | 9,0 | 4500 | 0,50 |
| | Klasse 2 | | 4000 | |

### 8.6.3.3 Holzfaserplatten

Für die Herstellung von Holzfaserplatten wird – zumeist durch Dämpfen oder Kochen – das Lignin des Holzes weitgehend entfernt. Für die Anwendung im Baubereich werden die so gewonnenen Lignozellulosefasern – zumeist unter Bindemittelzugabe – zu Platten mit mindestens 1,5 mm Dicke verarbeitet. Dies kann entweder im Nass- oder im Trockenverfahren geschehen. Im Nassverfahren wird die wasserreiche Rohstoffmischung auf Siebe oder Vliese gegeben und durch Pressen oder Vakuumieren getrocknet. Auf diese Weise entstehen harte Faserplatten mit einer glatten und einer – durch das Sieb oder Vlies – strukturierten Oberfläche. Harte Holzfaserplatten haben eine Rohdichte von $\geq 900$ kg/m³. Im Trockenverfahren werden die Fasern unter Bindemittelzugabe verfilzt und zu mittelharten Holzfaserplatten (MDF – Medium Density Fiberboard) gepresst, deren Rohdichte zwischen 400 und 900 kg/m³ liegt. Schließlich können die Fasern auch ohne größere Verdichtung und Bindemittelzugabe zu porösen bzw. Weichfaserplatten mit einer Rohdichte zwischen 230 und 400 kg/m³ verarbeitet werden. Holzfaserplatten zeichnen sich durch einen homogenen – nicht geschichteten – Aufbau aus. Die Klassifizierung und Bezeichnung von Holzfaserplatten sind in DIN EN 316 geregelt.

**Tabelle 8.18:** Kurzzeichen verschiedener Holzfaserplattentypen nach [55]

| Faserplattentyp | Kurzzeichen |
|---|---|
| harte Platten | HB |
| mittelharte Platten geringer Dichte | MBL |
| mittelharte Platten hoher Dichte | MBH |
| poröse Platten | SB |
| Platten nach dem Trockenverfahren | MDF |

Holzwolle-Leichtbauplatten sind ein Dämmstoff, der unter Verwendung eines anorganischen Bindemittels (Zement, Gips oder Magnesiabinder) aus Holzwolle - das sind lange Holzspäne mit parallelen Kanten und einem Längen-Breiten-Verhältnis von ≥ 20:1 - hergestellt wird. Anforderungen an Holzwolle-Leichtbauplatten sind in DIN EN 13168 enthalten und betreffen vor allem die Wärmeleitfähigkeit und die Abmessungen (siehe auch Kapitel Dämmstoffe).

## 8.7 Holzschädlinge

Als organischer Baustoff kann Holz durch Schädlinge zerstört werden. Dabei werden die Holzinhaltsstoffe - i. W. Zellulose und Lignin - durch den Stoffwechsel dieser Organismen abgebaut. Diese Zersetzung führt schließlich zur Zerstörung des Holzgefüges, mit der eine erhebliche Reduzierung der Festigkeit verbunden ist. Abbildung 8.24 zeigt eine Holzprobe mit Würfelbruch, bei der die Rissbildung infolge Zelluloseabbau deutlich zu erkennen ist.

Grundsätzlich lassen sich Holzschädlinge in pflanzliche und tierische Schädlinge einteilen. Die Holz zersetzenden Bakterien spielen nur eine untergeordnete Rolle. Pflanzliche Schädlinge sind im Wesentlichen Pilze (Schwämme). Darüber hinaus treten Schmarotzerpflanzen (z. B. Mistel) an Bäumen auf, die das lebende Holz schädigen. Auch diese Schäden können für die Verwendung als Bauholz bedeutsam sein und werden beispielsweise bei der visuellen Sortierung von Schnittholz erfasst. Zu den tierischen Schädlingen zählen Insekten bzw. deren Larven. In Wasserbauwerken können auch Holz zerstörende Muschel- und Krebstiere vorkommen.

**Abb. 8.24:** Würfelbruch nach Abbau der Zellulose durch holzzerstörende Organismen (Foto: Peter Lieblang)

### 8.7.1 Pflanzliche Holzschädlinge

Pilze weisen einen relativ einfachen Bau auf. Ihr Vegetationskörper besteht aus einem Geflecht von mikroskopisch feinen Zellfäden, den sogenannten Hyphen. Die auch mit bloßem Auge zu erkennende Gesamtheit dieser Hyphen wird als Myzel bezeichnet und ist für den Stoffwechsel der Pilze zuständig. In aller Regel ist der größte Teil des Myzels im Nährboden - das kann z. B. Holz sein - verborgen. Man spricht dann von einem Substratmyzel. Manche Pilze bilden jedoch auch ein deutlich erkennbares Oberflächenmyzel aus, das bei watteartiger Gestalt als Luftmyzel und bei Ausbildung fester Stränge mit mehreren Millimetern Durchmesser als Strangmyzel bezeichnet wird. Ein Strangmyzel kann durchaus beachtliche Entfernungen überwachsen und auch Hindernisse wie Mauerwerk durchdringen. Der sichtbare Teil eines Pilzes ist jedoch normalerweise der Fruchtkörper - vgl. z. B. den Fruchtkörper von Waldpilzen - der Sporen bildendes Gewebe enthält und der Vermehrung dient. Die Entwicklung von Pilzen vollzieht sich in drei Stufen. Bei Vorhandensein geeigneter Lebensbedingungen kann eine Spore keimen und eine erste sog. Keimhyphe bilden. Durch Verzweigung dieser Keimhyphe bilden sich nun weitere Hyphen, die mit der Zeit zu einem Myzel verwachsen. Ab einer gewissen Myzelgröße, wenn der Pilz seine Fruchtreife erreicht, kommt es zur Ausbildung von Fruchtkörpern, in denen die Sporen gebildet werden, aus denen die nächste Pilzgeneration heranwächst.

Ein Pilzbefall wird normalerweise erkannt, wenn sich ein größeres Myzel und/oder ein Fruchtkörper gebildet haben (Abb. 8.25). Der Befall befindet sich dann schon in einem fortgeschrittenen Stadium. Insbesondere ist der eigentliche Pilz, vor allem ein Substratmyzel, wesentlich größer als der Fruchtkörper, dessen Bekämpfung bzw. Beseitigung allein keine wirksame Maßnahme für die Bekämpfung eines Pilzbefalls darstellt.

**Abb. 8.25:** Pilzbefall in fortgeschrittenem Stadium aufgrund undichter Leitungen (Foto: Peter Lieblang)

Schätzungen zufolge entfallen 50 % bis 60 % aller Schwammbefälle in Gebäuden auf Keimung von Sporen, von denen der Echte Hausschwamm nach Angaben in [22] bis zu 360 000/($cm^2$h) aus seiner Fruchtschicht entlässt (das entspricht 86 Mrd. Sporen am Tag). Der Rest entsteht durch vegetative Vermehrung vorhandener Pilze. Hierbei ist zu beachten, dass Sporen auch durch befallene Hölzer oder über die Bewohner von Häusern (z. B. an deren Schuhwerk) eingeschleppt werden können. Damit es tatsächlich zu Pilzwachstum kommt, müssen mehrere Voraussetzungen erfüllt sein.

Das Nährsubstrat muss für den Stoffwechsel des Pilzes geeignet sein (enzymatischer Abbau der Nähr- bzw. Inhaltsstoffe). Holzzerstörende Pilze befallen daher leichter Splinthölzer (vgl. Abschnitt 8.2.1 Makroskopischer Bau des Holzes), weil diese keine das Pilzwachstum hemmenden Verkernungsstoffe (Harze etc.) enthalten. Kernhölzer mit erhöhtem Widerstand gegen Pilzbefall sind z. B. Eiche, Robinie und tropische Importhölzer. Zu beachten ist, dass auch sonstige zellulosehaltige Stoffe - Papier, Pappe, Textilien - Nährstoffe für Holz zerstörende Pilze bereitstellen können. Dies spielt vor allem eine Rolle, wenn solche Pilze in Bereichen auftreten, die frei von Holz sind.

Die Holzfeuchte spielt eine entscheidende Rolle für einen Befall mit Pilzen. Holzfeuchten zwischen 35 % und 60 % begünstigen das Pilzwachstum. Bei Feuchten unterhalb von etwa 20 % stellen Pilze ihr Wachstum ein. Der echte Hausschwamm ist allerdings in der Lage, auch Holz mit geringerer Feuchte zu befallen, wenn er über ein ausgeprägtes Strangmyzel Wasser aus weiter entfernten Bereichen herantransportiert. Dieses Phänomen wurde auch experimentell nachgewiesen [22, S. 52]. Auch können zahlreiche Pilzarten längere Trockenperioden (auch mehrere Jahre) in einer Art Trockenstarre überstehen und bei erneuter Wasserzufuhr wieder aufleben. Übersteigt die Holzfeuchte eine obere Grenze, die je nach Pilzart variiert, stellt der Pilz sein Wachstum ein bzw. stirbt ab. Auch der Temperaturbereich für das Pilzwachstum ist begrenzt. Im Allgemeinen liegt die erforderliche Temperatur zwischen +3 °C und +38 °C, optimale Bedingungen herrschen - abhängig von der Pilzart - zwischen +20 °C und +35 °C (vgl. Tabelle 8.19). Durch Erhöhung der Temperatur auf Werte von mehr als 60 °C können Pilze abgetötet werden. Dazu müssen die erhöhten Temperaturen aber für mehrere Stunden aufrechterhalten werden, insbesondere wenn die relative Feuchte gleichzeitig verringert wird. Tiefe Temperaturen dagegen werden von Pilzen relativ gut ertragen, lediglich der echte Hausschwamm ist gegen Kälte empfindlich. Pilze weisen einen aeroben Stoffwechsel auf und benötigen für ihr Wachstum Sauerstoff. Sie können aber anaerobe Perioden überdauern. Das Substratmyzel Holz zerstörender Pilze benötigt daher einen Mindestanteil an Luftporen im Holz, der von [22, S. 37] mit 10 % bis 20 % angegeben wird. Dass wassergesättigtes Holz nicht von Pilzen angegriffen wird, macht man sich z. B. bei der Nasslagerung von Holz zunutze (vgl. Abbildung 8.26). Dasselbe Phänomen sorgt auch dafür, dass Holzbauteile im Wasser unterhalb der Wasserlinie dauerhaft, in der Wasserwechselzone jedoch anfällig für Schädlingsbefall sind. Auch Licht ist für das Pilzwachstum essentiell. Günstig ist ein diffuses Licht, während zu starke Sonneneinstrahlung aufgrund der damit verbundenen Austrocknung das Pilzwachstum hemmt.

**Abb. 8.26:** Nasslagerung von Holz als Schutz gegen Holzschädlinge (Foto: Peter Lieblang)

### 8.7.1.1 Echter Hausschwamm

Der Echte Hausschwamm tritt vor allem in Altbauten und dort insbesondere in den Keller- und Dachgeschossen auf. Für den Befall von Holz benötigt er von allen Holz zerstörenden Pilzen die geringste Feuchtigkeit im Holz, allerdings stirbt er bei vollständiger Austrocknung relativ schnell ab. Das Schadensbild ist durch Braunfäule (Destruktionsfäule) gekennzeichnet. Es zeichnet sich dadurch aus, dass die Cellulose abgebaut wird und das Lignin mit seiner charakteristischen Färbung zurückbleibt. Bei anschließender Trocknung ist ein starkes Schwinden zu beobachten, das zum typischen Bruchbild (vgl. Abb. 8.24) führt. Im fortgeschrittenen Stadium lässt sich ein Befall mit Echtem Hausschwamm leicht durch die Fruchtkörperbildung mit reichlicher Bildung braun gefärbter Sporen erkennen. Zudem weist der Echte Hausschwamm ausgeprägte Myzelstränge auf, die mit typischem Knacken brechen. Unter günstigen Bedingungen kann das Wachstum des Pilzes ca. 6 bis 8 mm/d erreichen, was 20 cm im Monat bzw. ca. 2,5 m im Jahr entspricht. Mit Blick auf die Bekämpfung stellt *Kollmann* [5, S. 75] fest: „Macht sich in einem Gebäude Schwamm bemerkbar, ist unverzüglich und energisch durchzugreifen." Maßnahmen zur Bekämpfung sind in DIN 68800-4:2012-02 enthalten.

### 8.7.1.2 Weitere Holz zerstörende Pilze

Weitere Holz zerstörende Pilze sind der Braune Kellerschwamm, der Weiße Porenschwamm und die Blättlinge. Der braune Kellerschwamm tritt nicht nur in Alt-, sondern auch in Neubauten auf, wo er der nach Angaben in [22] der häufigste Holzzerstörer ist. Er findet sich übrigens nicht nur – wie der Name suggeriert – im Keller, sondern überall dort, wo ausreichend Feuchte vorhanden ist. Das Schadenbild ist auch hier die Braunfäule mit dem bei anschließender Austrocknung verbundenen Würfelbruch (Abb. 8.24). Der Weiße Porenschwamm findet sich bei ausreichendem Feuchteangebot in Alt- und Neubauten. Dabei befällt der Weiße Kellerschwamm praktisch ausschließlich Nadelholz. Auch dieser Pilz ruft Braunfäule und Würfelbruch hervor. Auffällig ist sein rein weißes Myzel, das sich eisblumenartig ausbreitet und auch bei Austrocknung nicht bricht. Bei den Blättlingen handelt es sich um typische Lagerfäulepilze, die im Wesentlichen an Außenbauteilen vorkommen. Blättlinge finden sich auch häufig auf Totholz im Wald. Charakteristisch für den Befall mit Blättlingen ist die Keimung in Rissen des Holzes und ein anschließendes Wachstum des Substratmyzels, das ohne Veränderung der Holzoberfläche stattfindet. Im weiteren Verlauf kommt es zu einer Innenfäule mit einer Vermorschung des Holzes bei weitgehend intakten Außenschichten.

Bläuepilze sind im Gegensatz zu den vorher genannten Pilzen nicht Holz zerstörend, weil sie weder die Cellulose noch das Lignin abbauen. Da die Tragfähigkeit des Holzes nicht beeinträchtigt wird, handelt es sich um einen optischen Mangel, der auch in den visuellen Sortierkriterien der DIN 4074 Berücksichtigung gefunden hat. Auch Schimmelpilze zerstören das Holz nicht, weil sie lediglich angeschnittene Zellwände befallen. Aus diesem Grund beschränkt sich ihr Wachstum auf oberflächennahe Schichten. Sie benötigen dazu ausreichend hohe Feuchtigkeit (oberhalb des Fasersättigungspunktes), die nur bei Tauwasserbildung erreicht werden kann. Sollte ein Befall vorhanden sein, sterben die Schimmelpilze bei Austrocknung ab und lassen sich relativ einfach durch mechanische Bearbeitung entfernen. Bemerkenswert ist die Tatsache, dass einige Schimmelpilze gegen pilzwidrig wirkende Holzschutzmittel resistent sind.

**Tabelle 8.19:** Wachstumsbedingungen für Holz zerstörende Pilze aus [22, Tabelle 3.2]

| Pilzart | Optimaler Feuchtegehalt des Holzes in % | Temperaturanspruch in °C | Temperaturoptimum in °C |
|---|---|---|---|
| Echter Hausschwamm | ~30 | 3 bis 26 | 18 bis 22 |
| Brauner Kellerschwamm | 50 bis 60 | 3 bis 35 | 22 bis 24 |
| Weißer Porenschwamm | 30 bis 50 | 3 bis 36 | 27 |
| Tannenblättling | - | 5 bis 36 | 29,5 |
| Zaunblättling | 50 bis 60 | 5 bis 44 | 35 |
| Schuppiger Sägeblättling | 30 bis 40 | 8 bis 38 | 27 bis 29 |
| Muschelkrempling | 50 bis 70 | 5 bis 29 | 23 bis 26 |

## 8.7.2 Holz zerstörende Insekten

Schätzungsweise 80 % aller bekannten Tierarten entfallen auf Insekten. Dazu zählen auch Käfer, die unter den Holz zerstörenden Insekten die mit Abstand wichtigste Insektenordnung darstellen. Für die Schädigungsprozesse spielen die Entwicklungsstadien der Käfer eine wichtige Rolle. Man unterscheidet die vier Entwicklungsstadien Ei - Larve - Puppe - Vollinsekt. Besondere Bedeutung hat das Larvenstadium, in dem sich die aus den Eiern geschlüpften Larven weiterentwickeln. Dieses kann durchaus mehrere Jahre andauern, wobei sich die Larven von feinen Holzpartikeln ernähren. Dabei durchziehen die Larven das Holz mit Fraßgängen, die - häufig dicht unter der Holzoberfläche - in der sogenannten Puppenwiege enden (vgl. Abb. 8.27). Dort verpuppt sich die Larve und muss nach der sogenannten Metamorphose nur noch eine dünne Holzschicht durchdringen, um den Holzquerschnitt durch ein Ausflugloch zu verlassen. In europäischen Breiten sind für im Bereich von Bauwerken im Wesentlichen Käfer - und davon nur diejenigen, die Trockenholz befallen (Trockenholzinsekten) - als Holz zerstörende Insekten von Bedeutung.

**Abb. 8.27:** Durch Insektenfraß zerstörtes Holz (Foto: Peter Lieblang)

Der Hausbockkäfer (auch Hausbock, Holzbock oder Großer Holzwurm) ist ein häufig anzutreffender Schädling. *Grosser* [22, Seite 97] berichtet unter Berufung auf verschiedene Untersuchungen, dass in den 1950er Jahren mehr als ein Drittel von über 45 000 untersuchten Häusern in der damaligen Bundesrepublik Schäden durch Hausbockkäfer-Befall aufwies. Befallen werden vor allem Dachstühle aus Nadelholz (Fichte, Lärche, Douglasie, teilweise auch Tanne), wobei die Befallswahrscheinlichkeit nach [22] für 10 bis 30 Jahre altes Holz am größten ist und ab einem Alter des Holzes von 50 Jahren deutlich abnimmt. Charakteristisch sind das Fraßbild, das sich durch mit Bohrmehl gefüllte Fraßgänge auszeichnet, die bis dicht unter die Holzoberfläche reichen und die ovalen Ausfluglöcher mit Querschnitten von ca. 6 x 3 bis 7 x 4 $mm^2$.

Der Gewöhnliche Nagekäfer (auch: Anobien, Kleiner Holzwurm, Klopfkäfer) befällt Nadelholz und Laubholz gleichermaßen. Er ist der bekannteste und nach dem Ausmaß der Schäden wirtschaftlich bedeutendste Holzschädling. Bevorzugt tritt er in Hölzern auf, die an feuchten und kühlen Stellen verbaut sind, z. B. Keller und feuchte Erdgeschosse, Kirchen und Museen mit mäßiger Temperatur und erhöhter relativer Luftfeuchte. Charakteristisch für Anobien-Befall ist, dass sich die Fraßgänge der Larven hauptsächlich im Frühholz befinden und die Spätholzschichten als Lamellen stehenbleiben. Die Durchmesser der Ausfluglöcher liegen zwischen 1 und 2 mm.

Splintholzkäfer sind infolge von Holzimporten nach Deutschland eingeschleppt worden und hier heimisch geworden. Sie befallen ausschließlich Laubhölzer. Damit stellt dieser Schädling weniger eine Gefahr für tragende Bauteile dar – für die vorwiegend Nadelholz verwendet wird – sondern vielmehr für Hölzer die im Innenausbau z. B. als Parkett, Türen, Fenster, Scheuerleisten etc. verwendet werden.

Neben den o. g. Insekten gibt es eine Reihe sog. Frischholzinsekten, die das Holz lebender bzw. frisch gefällter Bäume befallen. Dazu zählen Holzwespen, Borkenkäfer und Werftkäfer. Für Bauhölzer sind diese Schädlinge nicht von Bedeutung. Als sonstige Holzschädlinge sind neben weiteren Insekten (Ameisen, Termiten, weitere Käferarten) vor allem in Seewasser heimische Muschel- und Krebstiere zu nennen. Diese befallen in Wasserbauwerken verwendetes Holz.

## 8.8 Dauerhaftigkeit von Holz/Holzschutz

Das Ziel des Holzschutzes besteht darin, eine Zerstörung des Holzes durch pflanzliche oder tierische Schädlinge zu verhindern. Um dieses Ziel zu erreichen, muss Holzschutz verhindern, dass die Schädlinge Lebensbedingungen vorfinden, in denen sie sich entwickeln können. Dafür kommen prinzipiell vier Strategien in Frage:

1. Verwendung von Hölzern mit hoher natürlicher Dauerhaftigkeit. Der Holzschutz wird in diesem Fall durch die Eigenschaften des Holzes selbst – z. B. pH-Wert, Anteil an Verkernungsstoffen und Harzen, Porenanteil – gewährleistet.
2. Konstruktive Durchbildung der Bauteile in einer Weise, die niedrige Holzfeuchten gewährleistet und eine Kontrolle gefährdeter Bauteile erlaubt.
3. Behandlung gefährdeter Holzbauteile mit chemischen (biozid wirkenden) Holzschutzmitteln.

4. Bekämpfung von Holzschädlingen an bzw. in befallenen Bauteilen mit chemischen Holzschutzmitteln oder durch thermische Behandlung.

Im Rahmen des vorbeugenden Holzschutzes sind Holzbauteile zunächst einer Gebrauchsklasse zuzuordnen. Diese Zuordnung findet im Wesentlichen auf Grundlage der zu erwartenden Holzfeuchte während der planmäßigen Nutzung statt. DIN 68800-1:2011-10 unterscheidet dazu insgesamt fünf Gebrauchsklassen (GK), wobei die Gebrauchsklasse 3 in zwei Unterklassen geteilt ist (vgl. Tabelle 8.20).

**Tabelle 8.20:** Gebrauchsklassen (GK) nach [57]

| GK | Holzfeuchte/ Exposition [1) 2)] | Allgemeine Gebrauchsbedingungen | Gefährdung durch | | | | Auswaschbeanspruchung |
|---|---|---|---|---|---|---|---|
| | | | Insekten | Pilze [3)] | Moderfäule | Holzschädlinge im Meerwasser | |
| 0 | trocken (ständig ≤ 20 %) mittlere relative Luftfeuchte bis 85 % [4)] | Holz oder Holzprodukt unter Dach, nicht der Bewitterung und keiner Befeuchtung ausgesetzt, die Gefahr von Bauschäden durch Insekten kann ausgeschlossen werden | nein | nein | nein | nein | nein |
| 1 | trocken (ständig ≤ 20 %) mittlere relative Luftfeuchte bis 85 % [4)] | Holz oder Holzprodukt unter Dach, nicht der Bewitterung und keiner Befeuchtung ausgesetzt | ja | nein | nein | nein | nein |
| 2 | gelegentlich feucht (> 20 %) mittlere relative Luftfeuchte bis 85 % [4)] oder zeitweise Befeuchtung durch Kondensation | Holz oder Holzprodukt unter Dach, nicht der Bewitterung ausgesetzt, eine hohe Umgebungsfeuchte kann zu gelegentlicher, aber nicht dauernder Befeuchtung führen | ja | ja | nein | nein | nein |

| GK | | Holzfeuchte/ Exposition [1) 2)] | Allgemeine Gebrauchsbedingungen | Gefährdung durch | | | | Auswaschbeanspruchung |
|---|---|---|---|---|---|---|---|---|
| | | | | Insekten | Pilze [3)] | Moderfäule | Holzschädlinge im Meerwasser | |
| 3 | 3.1 | gelegentlich feucht (> 20 %)<br>Anreicherung von Wasser im Holz, auch räumlich begrenzt, nicht zu erwarten | Holz oder Holzprodukt nicht unter Dach, mit Bewitterung, aber ohne ständigen Erd- und Wasserkontakt, Anreicherung von Wasser im Holz, auch räumlich begrenzt, ist aufgrund von rascher Rücktrocknung nicht zu erwarten | ja | ja | nein | nein | ja |
| | 3.2 | häufig feucht (> 20 %)<br>Anreicherung von Wasser im Holz, auch räumlich begrenzt, zu erwarten | Holz oder Holzprodukt nicht unter Dach, mit Bewitterung, aber ohne ständigen Erd- und Wasserkontakt, Anreicherung von Wasser im Holz, auch räumlich begrenzt, zu erwarten [5)] | ja | ja | nein | nein | ja |
| 4 | | vorwiegend bis ständig feucht (> 20 %) | Holz oder Holzprodukt in Kontakt mit Erde oder Süßwasser und so bei mäßiger bis starker [6)] Beanspruchung vorwiegend bis ständig einer Befeuchtung ausgesetzt | ja | ja | ja | nein | ja |

| GK | Holzfeuchte/ Exposition [1) 2)] | Allgemeine Gebrauchsbedingungen | Gefährdung durch | | | | Auswaschbeanspruchung |
|---|---|---|---|---|---|---|---|
| | | | Insekten | Pilze [3)] | Moderfäule | Holzschädlinge im Meerwasser | |
| 5 | ständig feucht (> 20 %) | Holz oder Holzprodukt, ständig Meerwasser ausgesetzt | ja | ja | ja | ja | ja |

1) Die Begriffe „gelegentlich", „häufig", „vorwiegend" und „ständig" zeigen eine zunehmende Beanspruchung an, ohne dass hierfür wegen der sehr unterschiedlichen Einflussgrößen genaue Zahlenangaben möglich sind.

2) Der Wert von 20 % enthält eine Sicherheitsmarge.

3) Holz zerstörende Basisdiomyzeten sowie Holz verfärbende Pilze.

4) Maßgebend für die Zuordnung von Holzbauteilen zu einer Gebrauchsklasse ist die jeweilige Holzfeuchte.

5) Bauteile, bei denen über mehrere Monate Ablagerungen von Schmutz, Erde, Laub u. Ä. zu erwarten sind sowie Bauteile mit besonderer Beanspruchung, z. B. durch Spritzwasser, sind in GK 4 einzustufen.

6) „Mäßige" bzw. „starke" Beanspruchung bezieht sich auf das Gefährdungspotenzial für einen Pilzbefall (Feuchteverhältnisse, Bodenbeschaffenheit) sowie die Intensität einer Auswaschbeanspruchung.

Die Gewährleistung der Dauerhaftigkeit allein durch Verwendung geeigneter Hölzer ist auf die Gebrauchsklassen bis einschließlich 3.1 beschränkt. In diesen Fällen kommen von den heimischen Hölzern nur Eiche und das Farbkernholz von Douglasie und Lärche infrage. Das Farbkernholz der Kiefer kann bis einschließlich Gebrauchsklasse 2 eingesetzt werden. Eine auszugsweise Übersicht der Dauerhaftigkeitseigenschaften findet sich in Tabelle 8.21.

**Tabelle 8.21:** Natürliche Dauerhaftigkeit und Tränkbarkeit einiger Hölzer nach [61]

| Holzart | Natürliche Dauerhaftigkeit | | | Tränkbarkeit | |
|---|---|---|---|---|---|
| | Pilze | Hausbock | Anobium | Kernholz | Splintholz |
| Douglasie | wenig bis mäßig dauerhaft | anfällig (auch Kernholz) | anfällig (auch Kernholz) | sehr schwer | mäßig bis schwer |
| Fichte | wenig dauerhaft | anfällig (auch Kernholz) | anfällig (auch Kernholz) | schwer bis sehr schwer | schwer (variabel) |
| Kiefer | wenig bis mäßig dauerhaft | anfällig (auch Kernholz) | anfällig (auch Kernholz) | schwer bis sehr schwer | gut |
| Lärche | wenig bis mäßig dauerhaft | anfällig (auch Kernholz) | anfällig (auch Kernholz) | sehr schwer | mäßig (variabel) |
| Tanne | wenig dauerhaft | anfällig (auch Kernholz) | anfällig (auch Kernholz) | mäßig bis schwer | mäßig (variabel) |
| Pappel | nicht dauerhaft | --- | anfällig | schwer (variabel) | gut (variabel) |
| Ahorn | nicht dauerhaft | --- | anfällig (auch Kernholz) | gut | gut |

| Holzart | Natürliche Dauerhaftigkeit | | | Tränkbarkeit | |
|---|---|---|---|---|---|
| | Pilze | Hausbock | Anobium | Kernholz | Splintholz |
| Buche | nicht dauerhaft | --- | anfällig (auch Kernholz) | gut | gut |
| Eiche | dauerhaft | --- | anfällig | sehr schwer | gut |
| Esche | nicht dauerhaft | --- | anfällig | mäßig | mäßig |

Der konstruktive Holzschutz ist in DIN 68800-2:2012-02 geregelt. Dort finden sich Hinweise, wie die Holzfeuchte durch konstruktive Maßnahmen (Hinterlüftung von Bauteilen, Abdeckung bewitterter (Hirn-)Holzflächen, Schlagregenschutz etc.) möglichst gering gehalten werden kann. Konstruktive Holzschutzmaßnahmen können auch dazu dienen, Holzbauteile in niedrigere Gebrauchsklassen einzustufen, sodass die natürliche Dauerhaftigkeit des Holzes ausreichend ist. Da es sich beim konstruktiven Holzschutz nicht in erster Linie um ein baustoffliches Thema handelt, wird die Norm und einschlägige Literatur [23] verwiesen.

Reichen die natürliche Dauerhaftigkeit des Holzes und der konstruktive Holzschutz nicht aus, um die Dauerhaftigkeit des Holzes zu gewährleisten, ist der Einsatz vorbeugend wirkender chemischer Holzschutzmittel angezeigt. Die Wirkung chemischer Holzschutzmittel wird durch Prüfprädikate angegeben (vgl. Tabelle 8.22). Zudem müssen Holzschutzmittel für tragende Bauteile über einen bauaufsichtlichen Verwendbarkeitsnachweis verfügen. Eine Liste der Holzschutzmittel mit allgemeiner bauaufsichtlicher Zulassung wird beim Deutschen Institut für Bautechnik (DIBt) geführt [27]. Für die Wirksamkeit dieser Mittel ist es entscheidend, dass sie auf den zu erwartenden Angriff – der durch Einordnung in eine Gebrauchsklasse gekennzeichnet ist – abgestimmt sind. Tabelle 8.23 ordnet die Angriffsart bzw. Gebrauchsklasse und die durch Prüfprädikat nachgewiesene Wirkung Holzschutzmitteln einander zu.

**Tabelle 8.22:** Prüfprädikate (Kurzzeichen) zur Charakterisierung wichtiger Schutzmitteleigenschaften

| Prüfprädikat | Anwendungsbereich |
|---|---|
| Iv | gegen Insekten vorbeugend wirkend |
| P | vorbeugend gegen Pilze wirksam (Fäulnisschutz) |
| W | auch für Holz, das der Witterung ausgesetzt ist, aber ohne Erdkontakt bzw. ständigen Kontakt mit Süßwasser |
| E | geeignet auch für Holz, das extremer Beanspruchung ausgesetzt ist, Erdkontakt und ständigen Kontakt mit Süßwasser hat |
| M | Mittel zur Bekämpfung von Schwamm im Mauerwerk (Schwammsperrmittel) |
| Ib | gegen Insekten bekämpfend wirkend |
| B | gegen Verblauung an verarbeitetem Holz wirksam |

**Tabelle 8.23:** Zuordnung von Gebrauchsklassen und Prüfprädikaten nach [59]

| Gebrauchsklasse (GK) | Anforderungen an das Holzschutzmittel | Kurzzeichen |
|---|---|---|
| 0 | keine Holzschutzmittel erforderlich | |
| 1 | insektenvorbeugend | Iv |

| Gebrauchsklasse (GK) | Anforderungen an das Holzschutzmittel | Kurzzeichen |
|---|---|---|
| 2 [1)] [2)] | insektenvorbeugend<br>pilzwidrig | Iv,<br>P |
| 3.1 [2)]<br>3.2 [2)] | insektenvorbeugend<br>pilzwidrig<br>witterungsbeständig | Iv,<br>P,<br>W |
| 4 | insektenvorbeugend<br>pilzwidrig<br>witterungsbeständig<br>moderfäulewidrig | Iv,<br>P,<br>W,<br>E |
| 5 | wie für GK 4; zusätzlich Wirksamkeit gegen Holzschädlinge im Meerwasser | |

[1)] Bei Holzbauteilen, für die keine Gefährdung durch Insektenbefall vorliegt, kann auf eine insektenvorbeugende Wirkung verzichtet werden.

[2)] Bei Gefährdung durch Bläuepilze an verbautem Holz in den Gebrauchsklassen 2 und 3 kann eine bläuewidrige Wirksamkeit (Kurzzeichen B) zweckmäßig sein; hierfür ist eine besondere Vereinbarung erforderlich.

Darüber hinaus ist auch das Einbringverfahren von Bedeutung, da es die Einbringmenge und -tiefe beeinflusst, wovon die Dauer der Wirksamkeit abhängt. Manuelle Streichverfahren mit Pinsel und Rolle bringen lediglich einen Schutzfilm auf die Holzoberfläche auf, der beispielsweise gegen Pilze wirksam ist. Andere Oberflächenverfahren wie Kurztauchen, Fluten, Sprühtunnel und Spritzen führen – je nach Tränkbarkeit des Holzes (vgl. Tabelle 8.21) – zu Eindringtiefen von einigen Millimetern. Aus Gründen des Arbeits- und Umweltschutzes ist das Aufspritzen oder -sprühen von Holzschutzmitteln außerhalb von stationären Anlagen allerdings nicht zulässig. Mit drucklosen Tränkverfahren – z. B. Tauchen oder Trogtränkung – kann eine Eindringtiefe bis zu einigen Zentimetern erzielt werden. Dabei erfordert das Tauchen (Dauer bis zu mehreren Stunden) trockene oder halbtrockene Hölzer, damit die flüssigen Holzschutzmittel in das Holz eindringen können. Die Trogtränkung kann sich auch über mehrere Tage erstrecken und führt bei Verwendung wässriger Holzschutzmittel auch bei Holzfeuchten von bis zu 50 % zum Erfolg. Dabei soll das Splintholz vollständig getränkt werden. Für weitergehende Eindringtiefen sind Druckverfahren wie die Kesseldrucktränkung (vgl. Ab. 8.28) oder Vakuumtränkung erforderlich, bei denen die Zellen praktisch vollständig mit Holzschutzmittel gefüllt werden können.

Wichtig ist auch, dass nach der vorbeugenden Behandlung mit Holzschutzmitteln keine maschinelle Bearbeitung der Querschnitte – z. B. durch Hobeln – mehr vorgenommen wird, damit die Eindringtiefe nicht verringert wird. Aus demselben Grund ist auch eine weitere Trocknung von Holzbauteilen nach der Behandlung mit Holzschutzmitteln zu vermeiden, denn an den Flanken der dabei auftretenden Schwindrisse kann die ungeschützte Holzoberfläche von Schädlingen befallen werden.

Abb. 8.28: Kesseldruckimprägnierung (Foto: Carl Scholl GmbH)

## Literatur


[1] Food and Agriculture Organization of the United Nations, State of the World's Forests 2009

[2] Waldbericht der Bundesregierung 2009, BT-DS 16/13350, Deutscher Bundestag

[3] Allgemeine Forstzeitschrift AFZ - Der Wald, 64 (2009), S. 1076 - 1078

[4] *Wagenführ, Rudi:* Anatomie des Holzes. VEB Fachbuchverlag, 3. Auflage 1984

[5] *Kollmann, Franz:* Technologie des Holzes und der Holzwerkstoffe. Springer Verlag, 1. Auflage 1936

[6] *Trendelenburg, R; Mayer-Wegelin, H.:* Das Holz als Rohstoff, Carl Hanser Verlag, 2. Auflage 1955

[7] *Kollmann, Franz:* Technologie des Holzes und der Holzwerkstoffe. Springer Verlag, 2. Auflage 1951

[8] *Bailey, I.; Kerr, T.:* The visible structure of the secondary wall and its significance in physical and chemical investigations of tracheary cells and fibers. J. Arnold Arboretum, 16 (1935): S. 273 - 300

[9] *Harada, H.:* Cellular Ultrastructure of woody plants. Syracuse University Press, 1965

[10] *Mark, R. E.:* Cell wall mechanics of tracheids. Yale University press, 1967

[11] *Sell, J; Zimmermann, T.:* Radial fibril agglomerations of the $S_2$ on transverse fracture surfaces of tension-loaded spruce and white fir. Holz als Roh- und Werkstoff, 51 (1993), S. 384

[12] *Blazej, Anton:* Chemie des Holzes. VEB Fachbuchverlag, Leipzig, 1979

[13] *Lieblang, Peter:* Beitrag zur Beschreibung des elastischen Verhaltens von Holz mit Methoden der Mikromechanik. Dissertation TH Aachen, 2000

[14] *Carrington, H.:* Young's modulus and Poisson's ratio for spruce. Philosophical Magazine, 43 (1922), S. 871 - 878

[15] *Hörig, H.:* Zur Elastizität des Fichtenholzes. Zeitschrift für technische Physik, 12 (1931), S. 369 - 379

[16] *Glos, P.; Richter, C.:* Sortierhilfen und Erläuterungen zur Anwendung der DIN 4074 in der Praxis. Bericht Nr. 02502 TU München, Wissenschaftszentrum Weihenstephan, Physikalische Holztechnologie, 2002

[17] *Dunky, M.; Niemz, P.:* Holzwerkstoffe und Leime. Springer Verlag, 2002

[18] *Kollmann, Franz (Hg.):* Furniere, Lagenhölzer und Tischlerplatten. Springer Verlag, 1962

[19] *Kollmann, Franz (Hg.):* Holzspanwerkstoffe. Springer Verlag, 1966

[20] *Nultsch, A.; Grahle, W.:* Mikroskopisch-Botanisches Praktikum. Thieme, 1988

[21] Arbeitsgemeinschaft Holz e. V. (Hg.): Holzbau Handbuch, Reihe 4 - Baustoffe, Teil 2 - Vollholz, Folge 3 - konstruktive Vollholzprodukte. 2000

[22] *Grosser, Dietger:* Pflanzliche und tierische Bau- und Werkholzschädlinge. 1987

[23] *Rug, W.; Mönck, W.:* Holzbau, Bemessung und Konstruktion. 2008

[24] *Lißner, K.; Rug, W.:* Holzbausanierung. 2000

[25] *Erler, Klaus:* Holz im Außenbereich. 2002

[26] *Müller, Johann (Hg.):* Holzschutz im Hochbau. 2005

[27] http://www.dibt.de/de/zv/nat_n/zv_referat_i5/sva_58.htm (letzter Aufruf: September 2013)


## Normen


[28] DIN 52182 Prüfung von Holz - Bestimmung der Rohdichte; Ausgabe 1976-09

[29] DIN EN 13183 Feuchtegehalt eines Stückes Schnittholz; Teil 1 - Bestimmung durch Darrverfahren; Ausgabe 2002-07

[30] DIN EN 1995-1-1 Bemessung und Konstruktion von Holzbauten; Teil 1-1: Allgemeines - Allgemeine Regeln und Regeln für den Hochbau; Ausgabe 2010-12 Eurocode 5

[31] DIN EN 335 Dauerhaftigkeit von Holz und Holzprodukten - Gebrauchsklassen: Definitionen, Anwendung bei Vollholz und Holzprodukten; Ausgabe 2013-06

[32] DIN EN 636 Sperrholz - Anforderungen; Ausgabe 2012-12

[33] DIN 4108 Wärmeschutz und Energie-Einsparung in Gebäuden; Teil 4: Wärme- und feuchteschutztechnische Bemessungswerte; Ausgabe 2013-02

[34] DIN EN 336 Bauholz für tragende Zwecke - Maße, zulässige Abweichungen; Ausgabe 2003-09

[35] DIN EN 338 Bauholz für tragende Zwecke - Festigkeitsklassen; Ausgabe 2010-02

[36] DIN 4074 Sortierung von Holz nach der Tragfähigkeit; Teil 1: Nadelschnittholz; Ausgabe 2012-06

[37] DIN 4074 Sortierung von Holz nach der Tragfähigkeit; Teil 5: Laubschnittholz; Ausgabe 2008-12

[38] DIN EN 1912 Bauholz für tragende Zwecke - Festigkeitsklassen - Zuordnung von visuellen Sortierklassen und Holzarten; Ausgabe 2013-10

[39] DIN EN 14081 Holzbauwerke - Nach Festigkeit sortiertes Bauholz für tragende Zwecke mit rechteckigem Querschnitt; Teil 1: Allgemeine Anforderungen; Ausgabe 2011-05

[40] DIN 68365 Schnittholz für Zimmererarbeiten - Sortierung nach dem Aussehen - Nadelholz; Ausgabe 2008-12

[41] DIN EN 301 Klebstoffe für tragende Holzbauteile - Phenoplaste und Aminoplaste - Klassifizierung und Leistungsanforderungen; Ausgabe 2006-09

[42] DIN EN 302 Klebstoffe für tragende Holzbauteile – Prüfverfahren; Teile 1 bis 7; Ausgabe 2013-06

[43] DIN EN 14080 Holzbauwerke – Brettschichtholz und Balkenschichtholz – Anforderungen; Ausgabe 2013-09

[44] DIN EN 13986 Holzwerkstoffe zur Verwendung im Bauwesen – Eigenschaften, Bewertung der Konformität und Kennzeichnung; Ausgabe 2005-03

[45] DIN EN 313 Sperrholz – Klassifizierung und Terminologie; Teil 1: Klassifizierung; Ausgabe 1996-05

[46] DIN EN 313 Sperrholz – Klassifizierung und Terminologie; Teil 2: Terminologie; Ausgabe 1999-11

[47] DIN EN 310 Holzwerkstoffe; Bestimmung des Biege-Elastizitätsmoduls und der Biegefestigkeit; Ausgabe 1993-08

[48] DIN EN 12369 Holzwerkstoffe – Charakteristische Werte für die Berechnung und Bemessung von Holzbauwerken; Teil 2: Sperrholz; Ausgabe 2011-09

[49] DIN EN 14279 Furnierschichtholz (LVL) – Definitionen, Klassifizierung und Spezifikationen; Ausgabe 2009-07

[50] DIN 20000 Anwendung von Bauprodukten in Bauwerken; Teil 1: Holzwerkstoffe; Ausgabe 2013-08

[51] DIN EN 300 Platten aus langen, flachen, ausgerichteten Spänen (OSB) – Definitionen, Klassifizierung und Anforderungen; Ausgabe 2006-09

[52] DIN EN 312 Spanplatten – Anforderungen; Ausgabe 2010-12

[53] DIN EN 634 Zementgebundene Spanplatten – Anforderungen; Teil 1: Allgemeine Anforderungen; Ausgabe 1995-04

[54] DIN EN 634 Zementgebundene Spanplatten – Anforderungen; Teil 2: Anforderungen an Portlandzement (PZ) gebundene Spanplatten zur Verwendung im Trocken-, Feucht- und Außenbereich; Ausgabe 2007-05

[55] DIN EN 316 Holzfaserplatten – Definition, Klassifizierung und Kurzzeichen; Ausgabe 2009-07

[56] DIN EN 13168 Wärmedämmstoffe für Gebäude – Werkmäßig hergestellte Produkte aus Holzwolle (WW) – Spezifikation; Ausgabe 2013-03

[57] DIN 68800 Holzschutz; Teil 1: Allgemeines; Ausgabe 2011-10

[58] DIN 68800 Holzschutz; Teil 2: Vorbeugende bauliche Maßnahmen im Hochbau; Ausgabe 2012-02

[59] DIN 68800 Holzschutz; Teil 3: Vorbeugende Schutz von Holz mit Holzschutzmitteln; Ausgabe 2012-02

[60] DIN 68800 Holzschutz; Teil 4: Bekämpfungs- und Sanierungsmaßnahmen gegen Holz zerstörende Pilze und Insekten; Ausgabe 2012-02

[61] DIN EN 350 Dauerhaftigkeit von Holz und Holzprodukten – Natürliche Dauerhaftigkeit von Vollholz; Teil 2: Leitfaden für die natürliche Dauerhaftigkeit und Tränkbarkeit von ausgewählten Holzarten von besonderer Bedeutung in Europa; Ausgabe 1994-10

# 9 Bitumen und bitumenhaltige Baustoffe

*Norbert Mertens*

## 9.1 Vorbemerkungen

Das deutsche Vorschriften- und Regelwerk für Straßenbaustoffe und verwandte Materialien wurde in den vergangenen Jahren an die europäischen Normen angeglichen. Besonders im Bereich der Bitumen- und Asphalttechnologie fanden umfangreiche Änderungen statt. Fachbegriffe, Prüfverfahren und Bezeichnungen von Materialien wurden harmonisiert. Teilweise wurden Prüfmethoden in ihrer Durchführung oder Auswertung abgewandelt oder durch gänzlich andere Methoden ersetzt. Selbst innerhalb der nationalen Normen gab es Angleichungen zur Betontechnologie und den Regeln zu Gesteinskörnungen, die nun als Grundlage ebenfalls für die Asphaltgemische gelten.

Auch im Vertragswesen und den zugehörigen Vereinbarungen wurden Änderungen vorgenommen. Sie betreffen beispielsweise die Auftrennung der **„Zusätzlich Technischen Vertragsbedingungen ... (ZTV ...)"**. Dieser Teil beinhaltet nun ausschließlich die Vertragsinhalte, die für den Einbauenden bzw. Ausführenden von Interesse sind bzw. in dessen Zuständigkeit fallen, z. B. die profilgerechte Lage und der Verdichtungsgrad. Die **„Technischen Lieferbedingungen ... (TL ...)"** haben jetzt die Details für den Planenden und Entwerfenden zum Inhalt. Hierzu gehören u. a. die Asphaltzusammensetzung und die Anforderungen an das Mischgut.

Auch die **„Richtlinien für die Standardisierung des Oberbaus von Verkehrsflächen (RStO 12)"** wurden Ende Dezember 2012 erneuert und durch den Bundesminister für Verkehr eingeführt. Im vollständig überarbeiteten Regelwerk für Regelquerschnitte des Straßenoberbaus sind zudem Begriffe geändert und/oder durch neue Bezeichnungen ersetzt worden. Eine der wichtigsten Anpassungen stellt die Umbenennung der *Bauklassen* in *Belastungsklassen* dar (z. B. wurde aus der *Bauklasse I* jetzt die *Belastungsklasse Bk32*, benannt nach den äquivalenten 10-t-Achsübergängen in Millionen; >10-32).

Zudem wurde das vorgenannte Regelwerk mit den **„Richtlinien für die rechnerische Dimensionierung des Oberbaus von Verkehrsflächen mit Asphaltdeckschicht (RDO Asphalt 09)"** aus dem Jahre 2009 eng vernetzt bzw. um deren Berechnungsverfahren ergänzt.

Ob die vorgenommenen Harmonisierungen auch in der praktischen Anwendung ihre Berechtigung haben und problemlos umsetzbar sind, wird die Zeit zeigen.

Das vorliegende Kapitel kann dem Lernenden und dem in der Baupraxis Tätigen nur den zum Zeitpunkt der Drucklegung vorliegenden Stand der Regelwerke und Normen nahe bringen. Daher sind im Folgenden jeweils nur die aktuell gültigen Normen bzw. Ausgaben aufgeführt.

## 9.2 Begriffe und Herkommen

Die Definition der Begriffe und Benennungen für Bitumen und bitumenhaltige Stoffe sind in DIN EN 12597, Ausgabe 2012-05, neu festgelegt worden.

### 9.2.1 Oberbegriffe

#### Bitumen

Produkt der Aufbereitung (Destillation) von hierfür geeignetem Erdöl (Rohöl). Sie werden nach Herstellungsverfahren und nach Anwendungsgebieten unterteilt.

Die Bezeichnung oder Benennung stammt aus dem lateinischen *pix tumens*, was in seiner Bedeutung verschieden interpretiert wird. Einige Quellen geben die Bedeutung „*wallendes, schäumendes Pech*" an. Andere sprechen von einer Übersetzung im Sinne von „*aus der Erde tretendes Harz*". Da die Fachwelt aber auch den Begriff Pech mit Teer gleichsetzt, tendiert man allgemein zu letzterer Bedeutung.

#### Asphalte

Gemische aus Bitumen und Gesteinskörnungen (Mineralstoffen). Diese werden vorwiegend technisch hergestellt, treten aber auch als natürliche Vorkommen auf (Naturasphalt). Anwendung bereits vor 5000 Jahren als Baustoff.

Auch hier lässt sich der Begriff ableiten – aus dem griechischen „*asphallo*", was mit „*Zuverlässigkeit*", „*Beständigkeit*" oder auch „*Sicherheit*" übersetzt wird. Aber auch Ableitungen aus dem Wort „*standfest*" sind in der Literatur zu finden („*asphaltos*" im Sinne von „*unzerstörbar*").

### 9.2.2 Bitumenbenennungen (teils nicht genormt)

#### Weichbitumen

Kommt bei der Herstellung von weichen Asphalten zum Einsatz. Seine Zähigkeit (Viskosität) wird bei 60 °C ermittelt.

#### Straßenbau-Bitumen

Bindemittel, das für die Herstellung von standfesten Asphalten herangezogen wird, die als Verkehrsflächen dienen sollen.

#### modifiziertes Bitumen

Ein Bitumen, das bei der Herstellung durch Zugabe von einem oder mehreren chemischen Zusätzen verändert, modifiziert wurde.

### Polymerbitumen

Eine Form des modifizierten Bitumens. Hier werden ein oder mehrere organische Polymere zur Veränderung der Eigenschaften des Bitumens herangezogen. Das Endprodukt Polymerbitumen ist besonders elastisch. Es kann auch eine hohe Klebefähigkeit an Mineralstoffen (Affinität) aufweisen. Diese Umstände werden bei der Herstellung von Bitumenbahnen, stark beanspruchten Verkehrsflächen und hohlraumreichen Asphaltbelägen genutzt.

### Spezialbitumen

Ein Bitumen, das durch besondere Herstellungsverfahren spezielle Eigenschaften aufweist, aber dennoch die Anforderungen der Regelwerke für den Straßenbau und für industrielle Anwendungen erfüllt.

### Industriebitumen

Hierunter versteht man ein Bitumen, das für andere Zwecke als zum Bau oder Unterhalt von Verkehrsflächen dient.

### Oxidationsbitumen

Hier handelt es sich um ein Bindemittel, dessen rheologische Eigenschaften vorwiegend durch eine Reaktion mit Luftsauerstoff und Beaufschlagung mit höheren Temperaturen gesteuert verändert wurde. Das so veränderte Bindemittel ist hart, aber elastisch und eignet sich in besonderer Weise zur Herstellung von Bitumenbahnen für den Flachdachbau.

### Hartbitumen

Eine andere Bezeichnung lautete bisher „Hochvakuumbitumen". Nach der Destillation des Bitumens unter Atmosphärendruck wird das Bitumen einem Hochvakuum ausgesetzt, bei dem dann die restlichen, leichtflüchtigen Öle entzogen werden. Auf diese Weise wird das Bindemittel hart, aber spröde. Zur Anwendung gelangt das so produzierte Bitumen im industriellen Bereich, aber zunehmend auch bei der Herstellung von Gussasphalten, die sich besonders bei hohen Punktbelastungen als formstabil erweisen.

### Fluxbitumen

Bitumen, das durch Zugabe von erdölstämmigen Ölen in seiner Zähigkeit reduziert wurde. Dieses Bindemittel ist im Gegensatz zu den bisher aufgeführten warm einbaubar.

### Bitumenemulsionen

Ein Bindemittel, das kalt verarbeitbar ist. Es besteht aus Bitumen, Wasser und einem Emulgator, der eine Vermischung der beiden so verschiedenen Flüssigkeiten miteinander ermöglicht.

### 9.2.3 Allgemeine Eigenschaften

Bitumen ist nach seiner chemischen Zusammensetzung ein Kohlenwasserstoffgemisch mit temperaturabhängigem (thermoplastischem) Verhalten.

Im Bitumen sind auch Heteroverbindungen mit Schwefel, Stickstoff, Sauerstoff und Metallen enthalten. Es ist wasserunlöslich und für wassersperrende Abdichtungen geeignet. Durch seine geringe chemische Reaktionsfähigkeit zeigt es eine gute Beständigkeit gegen anorganische Säuren sowie gegen Alkalien und salzhaltige Lösungen (aggressive Wässer). Bitumen ist biologisch unschädlich (Anwendung bei Einrichtungen der Trinkwasserversorgung). Mit zunehmender Abkühlung des Bitumens erfolgt ein Übergang vom plastischen zum elastischen Verhalten.

Bitumen ist in Erdölfraktionen (z. B. Benzin) und in einer Reihe anderer organischer Mittel (z. B. Schwefelkohlenstoff, Chloroform, Trichlorethylen) löslich. Es hat eine Rohdichte zwischen 1,01 und 1,07 g/cm³, je nach Bitumenart bzw. -sorte.

## 9.3 Bitumen

### 9.3.1 Gewinnung

#### Technische Gewinnung

Die technische Gewinnung des Bitumens wird in Erdölraffinerien durch fraktionierte Destillation bitumenhaltiger Erdöle (Mineralöle) vorgenommen. Mit zunehmender Temperatur erfolgt ein stufenweises Abdestillieren von Leichtölen (Benzin), Mittel- und Schwerölen (Diesel-, Heiz- und Schmieröle) bis zu etwa 350 °C.

Das verbleibende Bitumen stellt stofflich eine *kolloidale Mischung* aus öligen Maltenen niederen Atomgewichtes und hochmolekularen festeren Mizellen dar, die aus Asphaltenen und Harzen bestehen. Das Oxidationsvermögen des Bitumens an der Luft ist äußerst gering.

Die Bitumenausbeute richtet sich nach dem Herkommen des Erdöls.

Die Entstehung der in porösen Sedimentgesteinen angereicherten Erdöle wie auch der Erdgase wird auf Umwandlungen der Fett- und Eiweißstoffe niedriger Organismen in sauerstofffreien Gewässern mit Fäulnisbakterien zurückgeführt.

#### Natürliche Vorkommen des Bitumens im „Naturasphalt“

Natürliche Vorkommen existieren als Verdunstungsreste von Erdölen in Sedimentgesteinen. Vorkommen in Deutschland z. B. in Holzen (Niedersachsen) im Untertagebau mit etwa 3 bis 9 % Bitumengehalt und Kalksteinmehlen (wird z. Zt. in Eschershausen verarbeitet); ferner in Mittelamerika auf der Insel Trinidad in einem Asphaltsee vulkanisch aufsteigend mit über 50 % Bitumengehalt und vulkanischer Asche („Trinidad-Epuré“ = Gereinigte Rohmasse) und Selenizza (Albanien) mit ca. 85 % Bitumengehalt.

## 9.3.2 Anwendungsformen des Bitumens im Bauwesen

Nach Aufbereitung und Verwendungseigenschaften werden unterschieden:

- Bitumen
- bitumenhaltige Bindemittel
- Bitumenbahnen
- Asphalte

### 9.3.2.1 Bitumen („Heißbitumen")

#### Destillationsbitumen

Vorwiegend unter Vakuumanwendung. Verarbeitung im dünnflüssigen Zustand bei 120 bis 200 °C.

**Straßenbaubitumen** (nach DIN EN 12597, Ausgabe 2012-05)

Je nach Schwerölentzug bei der Destillation gewonnenes weiches bis mittelhartes Bitumen verschiedener Sorten (Härtestufen).

Härtestufen H
20/30 - 30/45 - 35/50 - 40/60 - 50/70 - 70/100 - 100/150 - 160/220
← härter weicher →

Zur Sortenbezeichnung wird die *Eindringtiefe* (Nadelpenetration) herangezogen. Die Norm hat in der europäischen Fassung die Grenzwerte der Eindringtiefen (kleinster und maximaler Wert) für die Namensgebung eingeführt.

Bei der Prüfung der Nadeleindringtiefe wird eine Stahlnadel für 5 s mit 100 g belastet. Die Bitumenprobe hat hierbei eine Temperatur von 25 °C. Gemessen wird die Eindringtiefe in die Bitumenoberfläche in $^1/_{10}$ mm.

Beispiel: 70/100 bedeutet 70 bis 100 $^1/_{10}$ mm Eindringtiefe

Zur Verwendung kommen im Straßenbau in Deutschland hauptsächlich die mittleren bis härteren Sorten (70/100 bis 30/45) für gewalzte oder gegossene Asphaltbeläge.

#### Bitumen besonderer Aufbereitung

- **Hartbitumen** (ehem. Hochvakuumbitumen) nach DIN EN 13305, Ausgabe 2009-07

  Bei der Destillation unter Vakuum durch Entziehen hochsiedender Öle (Zylinderöl) hergestellt. Harte bis springharte Beschaffenheit, Oberfläche klebfrei. Verwendung in Fußböden, Lacken (auch als Bitumenlacke bezeichnet), geblasenen Bitumen, Dachbelägen und Mastix.

  H 80/90; H 85/95; H 90/100; H 100/110; H 155/165

  Die Hartbitumen werden mithilfe der Grenzwerte des *Erweichungspunktes Ring-und-Kugel* (in °C) unterteilt (z. B. H 85/95 = 85 bis 95 °C).

  Anmerkung: Die Benennungen sind immer ein Vielfaches von fünf.

- **Oxidationsbitumen** (früher auch als „geblasenes Bitumen" bezeichnet) nach DIN EN 13304, Ausgabe 2009-07

  Durch Einblasen von Luft in geschmolzenes Destillationsbitumen wird infolge innerer Umwandlung (Oxidation) eine besonders wärme- und kälteunempfindliche Bitumensorte mit größerer Plastizitätsspanne und elastischeren Eigenschaften hergestellt. *Verwendung* bei Dachbelägen, für Abdichtungen, Klebstoffe sowie Temperatur- und Schallisolierungen.

  85/25; 85/40; 95/25; 95/35; 100/40; 105/35; 110/30; 115/15

  Die Sortenbezeichnung erfolgt durch eine Kombination aus dem Erweichungspunkt Ring-und-Kugel (in °C) und der Nadelpenetration (in $^1/_{10}$ mm) bei 25 °C. Es ist kein Kennbuchstabe vorangestellt (z. B. 85/25 = Erweichungspunkt zwischen 80 und 90 °C und eine Nadelpenetration zwischen 20 und 30 $^1/_{10}$ mm).

  Anmerkung: Die Benennungen sind immer ein Vielfaches von fünf.

- **Fällungsbitumen**

  Durch selektive Fällung mit Löse- und/oder Fällungsmittel aus Destillationsrückständen oder hochsiedenden Destillaten von Erdöl gewonnen.

- **Industriebitumen**

  Hier wird vorzugsweise Oxidationsbitumen in definierten Sorten für die Industrie außerhalb des Straßenbaus genutzt. Siehe dazu die vorstehenden Erläuterungen.

### 9.3.2.2 Bitumenhaltige Bindemittel

#### Straßenbaubitumen

Straßenbaubitumen mit einer Penetration von 250 bis 900 $^1/_{10}$ mm (bisher z. T. Fluxbitumen oder Verschnittbitumen) und der Sortenbenennung „*Weiche Bitumen*" bestehen aus Normenbitumen, dessen Zähigkeit (Viskosität) durch langsam verdunstende Verschnittmittel („Fluxöle") herabgesetzt ist, um die Verarbeitung bei niedrigen Temperaturen zu erleichtern. Als Verschnittmittel werden Erdöldestillate verwendet.

Sie eignen sich für den Warmeinbau bei kühleren Außentemperaturen. *Anwendung* nur bei hohlraumreichen Straßenbauweisen, die eine Verdunstung der Verschnittmittel und eine Nachverdunstung zulassen. Erwärmung bis 90 °C. Vorsichtsmaßnahmen beim Öffnen von Behältern und beim Mischen (kein offenes Feuer!) vorsehen.

Diese Bindemittelart wird in Deutschland selten im Straßenbau angewandt.

In DIN EN 12591, Tabellen 2A und 2B, sind die *Straßenbaubitumen mit einer Penetration von 250 bis 900 $^1/_{10}$ mm* aufgeführt. Ihre Eindringtiefe wird aber bei 15 °C ermittelt, um die Bestimmung in einem passenden Gefäß mit dem bisherigen Prüfgerät durchführen zu können. Die Nadelpenetration beträgt 70 $^1/_{10}$ mm bis 360 $^1/_{10}$ mm.

In den Tabellen 3A und 3B der gleichen DIN EN sind die „*Weichen Bitumen*" aufgeführt, deren Bezeichnungen auf die kinematische Viskosität zurückzuführen sind, die bei 60 °C bestimmt wird. Eine Sorte mit der Benennung V3000 hat als Anforderung eine kinematische Viskosität zwischen 2000 und 4000 $mm^2 \cdot s^{-1}$.

## Kaltbitumen

DIN 1995 Teil 4, Ausgabe 2005-08; hier liegt noch keine Euronorm in Deutsch vor

Herstellung wie Fluxbitumen, jedoch mit leichtflüchtigen Lösungsmitteln (Benzin und ähnliche Destillate). Durch Haftmittelzusatz ist auch eine Verwendung bei feuchtem Gestein möglich. Kaltverarbeitung. Bei kühlerer Temperatur kommt es zunehmend zur Verdickung (untere Verarbeitungsgrenze +5 °C).

Verwendung für Ausbesserungszwecke, für Schlämmen mit Füllmassen sowie für Anstriche („Bitumenlack") und für Voranstriche geringerer Konzentration.

Sortenbezeichnung: **Kaltbitumen** DIN 1995-KB.

*Vorsichtsmaßnahmen:* Rauchverbot beim Hantieren mit Behältern. In geschlossenen Räumen Beeinträchtigung der Atmung infolge Sauerstoffverdrängung durch Lösungsmitteldämpfe. Behälter bei Sonnenbestrahlung wegen Überdruckes vorsichtig öffnen!

## Bitumenemulsionen – Allgemeines

Die Herstellung erfolgt durch *Dispergierung* von erwärmtem Destillationsbitumen in heißem Wasser mittels Rührwerk oder Kolloidmühle unter gleichzeitiger Stabilisierung der in der „wässrigen Phase" freischwebenden Bitumenkügelchen (1 bis 5 µm) mit einem *Emulgator*. Die Oberfläche der Bitumenteilchen überzieht sich hierbei mit einer seifenartigen bzw. eiweißhaltigen alkalischen oder auch mit einer sauren trennenden Substanz. Der Bitumengehalt der Emulsionen liegt bei 55 bis 70 M.-%.

Bei Berührung mit der Gesteinsoberfläche erfolgt das *Brechen* (Zerfall) der Emulsion, d. h. das Ineinanderfließen des Bitumens unter Abscheiden des dann verdunstenden oder versickernden Wassers. Der Vorgang beruht auf einer Adsorption bei den anionischen Emulsionen bzw. Zerstörung des elektrischen Gleichgewichtes der Bitumenkügelchen (Ladungsaustausch) bei den kationischen Emulsionstypen.

Die Anwendung der Emulsionen ist auch auf feuchter Unterlage möglich. Die Verarbeitung ist geruchsfrei und nicht feuergefährlich. Lösungsmittelhaltige Bitumenemulsionen zum Verkleben von Asphaltschichten werden *Haftkleber* genannt. Die Lagerfähigkeit der Emulsion soll mindestens 8 Wochen betragen.

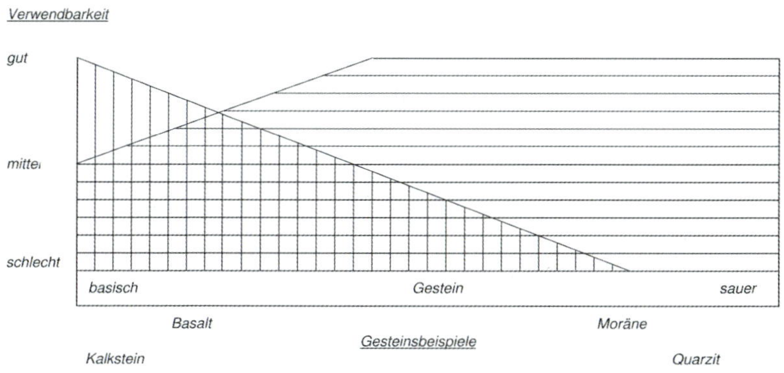


**Abb. 9.1:** Verwendbarkeit anionischer und kationischer Emulsionen

- **Anionische (alkalische) Emulsionen**

  Emulsionen dieser Art werden als „anionisch" bezeichnet, da durch den alkalischen Emulgator die Oberfläche der Bitumenteilchen eine negative Ladung erhält (die in einem Gleichstromkreis zur positiven Anode wandern würde). Eine optimale Haftung erfolgt nur bei „basischem Gestein" (Kalkstein.)[1)]

  Es kommt zu unterschiedlichem Brechungsverhalten je nach Stabilisierungsvermögen der verwendeten Emulgatortypen.

  [1)] s. a. *Velske, Mentlein, Eymann:* Straßenbautechnik; Werner Verlag, Düsseldorf

- **Kationische Emulsionen**

  Bei Verwendung von quarzitischem (saurem) Gestein, das negative Oberflächenladung besitzt, haben die negativ geladenen Bitumenteilchen anionischer Emulsionen nur eine begrenzte Haftfähigkeit, da die beim Brechen zunächst zwischenliegende Wasserschicht trennend wirkt.

  Kationische Emulsionen mit positiver Oberflächenladung der Bitumenkügelchen haben dagegen bei Berührung mit quarzhaltigem Gestein negativer Ladung infolge elektrischen Ladungsausgleichs eine unmittelbare Haftung unter Verdrängung der beim Brechen zwischenliegenden Wasserschicht (regenfeste Verarbeitung.) Die kationischen Emulsionen sind demzufolge stets unstabil.

  *Anforderungen* an die kationischen Bitumenemulsionen zur Verwendung im Straßenbau sind in den „Technischen Lieferbedingungen für Bitumenemulsionen", Ausgabe 2007, (TL BE-StB 07) enthalten. Hier wird die nationale Umsetzung der DIN EN 13808 „Bitumen und bitumenhaltige Bindemittel – Rahmenwerk für die Spezifizierung von kationischen Bitumenemulsionen", Ausgabe 2013-07, vorgenommen.

  In der TL BE-StB 07 sind die Bitumenemulsionen nach Anwendungsgebieten sortiert. Für jede Gruppe gibt es eigene Anforderungstabellen und Kurzbezeichnungen.

  So gibt es Bitumenemulsionen

  - für die Herstellung des Schichtenverbundes,
  - für die Herstellung von dünnen Asphaltdeckschichten in Heißbauweise auf Versiegelung (DSH-V),
  - für das Verfahren Anspritzen und Abstreuen,
  - zur Herstellung von Oberflächenbehandlungen,
  - zur Herstellung von Dünnen Asphaltdeckschichten in Kaltbauweise (DSK),
  - zur Herstellung von bitumenemulsionsgebundenem Mischgut,
  - zur Nachbehandlung von hydraulisch gebundenen Schichten.

  Die europäischen Bezeichnungen für die verschiedenen Emulsionen lösen nun auch die bisherigen Kurzbezeichnungen ab. Wie auch bei der Benennung der Asphalte wurde die europäische Bezeichnung durch eine nationale Ergänzung erweitert.

  Tabelle 9.1 zeigt Beispiele für Anwendungsgebiete von Bitumenemulsionen und deren neue Bezeichnungen den alten Bezeichnungen gegenübergestellt.

**Tabelle 9.1:** Anwendungsgebiete von Bitumenemulsionen nach TL BE-StB 07 einschließlich alter und neuer Bezeichnung

| Anwendungsbereich | neue Bezeichnung | alte Bezeichnung |
|---|---|---|
| Herstellung des Schichtenverbundes | C60B1-S | U 60 K |
| Herstellung von Dünnen Asphaltdeckschichten in Heißbauweise auf Versiegelung | C67BP5-DSH-V | PmOB U 70 K, Art C2 |
| Verfahren Anspritzen und Abstreuen | C60B4-REP | U 70 K |
| Herstellung von Oberflächenbehandlungen | C67B4-OB | U 70 K |
| Herstellung von Dünnen Asphaltdeckschichten in Kaltbauweise | C65BP1-DSK | PmBE-DSK |
| Herstellung von bitumenemulsionsgebundenem Mischgut | C60B1-BEM | Bitumenemulsion für KRC-Gemische |
| Nachbehandlung hydraulisch gebundener Schichten | C60B1-N | U 60 K |

In den **alten Bezeichnungen** lauteten die Bedeutungen wie folgt:

- **Beispiel: U 60 K**
  U (unstabil)
  60 (Nennbitumengehalt in M.-%)
  K (Ladungsart kationisch)
- **Beispiel: PmOB U 70 K, Art C2**
  Pm (Polymerbitumen)
  OB (Oberflächenbehandlung)
  Art C2 (plastomermodifiziertes Bitumen)
- **Beispiel: PmBE-DSK**
  Pm (Polymerbitumen)
  BE (Bitumenemulsion)
  DSK (Dünne Asphaltdeckschicht in Kaltbauweise)

Bei den **neuen Bezeichnungen** setzen sich die Bedeutungen wie folgt zusammen:

- **Beispiel: C60B1-S**
  C (kationische Bitumenemulsion)
  60 (Nennbitumengehalt in M.-%)
  B1 (Straßenbaubitumen, Klasse des Brechwertes)
  nationale Ergänzung:
  S (für die Herstellung des Schichtenverbundes)
- **Beispiel: C60B4-REP**
  C (kationische Bitumenemulsion)
  60 (Nennbitumengehalt in M.-%)
  B4 (Straßenbaubitumen, Klasse des Brechwertes)
  nationale Ergänzung:
  REP (für das Anspritzen und Abstreuen)

– **Beispiel: C60B1-BEM**
C (kationische Bitumenemulsion)
60 (Nennbitumengehalt in M.-%)
B1 (Straßenbaubitumen, Klasse des Brechwertes)
nationale Ergänzung:
BEM (bitumenemulsionsgebundenes Mischgut)

Die *Klasse des Brechwertes* wird nach DIN EN 13075-1 bestimmt. Hierbei gibt man 100 g einer Bitumenemulsion in eine zylindrische Metalldose (Ø 90 mm, h 95 mm, Vol. ca. 500 ml); unter Rühren wird ein Referenzfüller langsam und stetig zugegeben, während das Prüfgut mit einem Rührwerk mit (260 ±60) $min^{-1}$ durchmischt wird. Die Mischung verdickt sich durch die Zugabe des Füllers. Die Emulsion gilt als „gebrochen", wenn sich die Mischung von der Metalldose löst. Damit ist der Versuch beendet. Der Brechwert ist eine dimensionslose Zahl und ergibt sich aus der Masse des Referenzfüllers in g, multipliziert mit 100 und dividiert durch die Menge der Emulsion in g.

### Polymermodifiziertes Bitumen (PmB)

Durch Kunststoffzusätze (Thermoplaste, Elastomere) wird eine Erhöhung des *Erweichungspunktes* und Erniedrigung des *Brechpunktes* erreicht. Dies findet Anwendung bei hochwertigen Asphaltdecken und Dichtungsbahnen.

Die DIN EN 14023 „Bitumen und bitumenhaltige Bindemittel – Rahmenwerk für die Spezifikation von polymermodifizierten Bitumen", Ausgabe 2013-04, legt die Anforderungen und Benennungen des Bindemittels fest. Die Anforderungen und Bezeichnungen für die Anwendung im Straßenbau sind in den „Technischen Lieferbedingungen für Straßenbaubitumen und gebrauchsfertige Polymermodifizierte Bitumen" (TL Bitumen-StB 07) enthalten. Zu beachten ist hierbei, dass dieses Regelwerk durch „Allgemeine Rundschreiben des Bundesministers für Verkehr", Nr. 11/2012, inhaltlich ergänzt bzw. geändert wurde, aber dennoch die Ausgabebenennung 2007 beibehielt.

Hiernach werden die Polymerbitumenarten

- elastomermodifizierte Bitumen (PmB A),
- plastomermodifizierte Bitumen (PmB C)

eingesetzt.

Auch bei dieser Bindemittelart wurden die Bezeichnungen europäisch angepasst.

Sortenbeispiele:

| neue Bezeichnung | alte Bezeichnung |
|---|---|
| 25/55-55 C | PmB 45 C |
| 45/80-50 A | PmB 65 A |

In der neuen Bezeichnung sind jetzt zwei Eigenschaften enthalten sowie die Angabe der PmB-Art.

25/55-55 C 25/55 gibt die Grenzwerte (von/bis) der Nadelpenetration in 0,1 mm bei 25 °C an. 55 ist der Mindest-Erweichungspunkt Ring-und-Kugel in °C.

Die Prüfverfahren sind im folgenden Abschnitt erläutert.

## 9.3.3 Prüfverfahren für bitumenhaltige Bindemittel

Die Anforderungen für Bitumen und bitumenhaltige Bindemittel für den Straßenbau sind in DIN EN 12591 enthalten. Darüber hinaus hat die Norm die unterschiedlichen Klimabedingungen, Verkehrsbeanspruchungen und die gängigen Prüfverfahren der verschiedenen Nationen berücksichtigt.

Die bitumenverarbeitende Industrie in Deutschland hat eine freiwillige Einengung der Eigenschaften von einigen Straßenbaubitumensorten vorgenommen. In den Eigenschaften Erweichungspunkt Ring-und-Kugel bzw. Penetration wurden die geforderten bzw. einzuhaltenden Grenzwerte enger gefasst. Diese Tabellen sind nicht Gegenstand der Norm.

Bei den Prüfungen bitumenhaltiger Bindemittel wurden teilweise bei den zu verwendenden Geräten leichte Änderungen vorgenommen. Vereinzelt ergaben sich Modifizierungen von Versuchsdurchführungen.

Die *Probenahme* ist in DIN EN 58 geregelt. Es werden unterschieden: Probenahme aus fest installierten Entnahmevorrichtungen (z. B. Ventile) und Probenahme durch Tauchverfahren (z. B. Stechheber oder Tauchbombe).

Die wesentlichen Prüfungen sind nachfolgend beschrieben.

### 9.3.3.1 Nadelpenetration

DIN EN 1426, Ausgabe 2007-06, Kurzbez. PEN

Festlegung der *Bitumenhärte* zur Sortenbezeichnung mittels Penetrometer: Eindringen einer mit 100 g belasteten genormten Nadel in die Oberfläche des in ein Blechgefäß eingeschmolzenen Bitumens bei +25 °C für den Zeitraum von 5 s (Abb. 9.2).

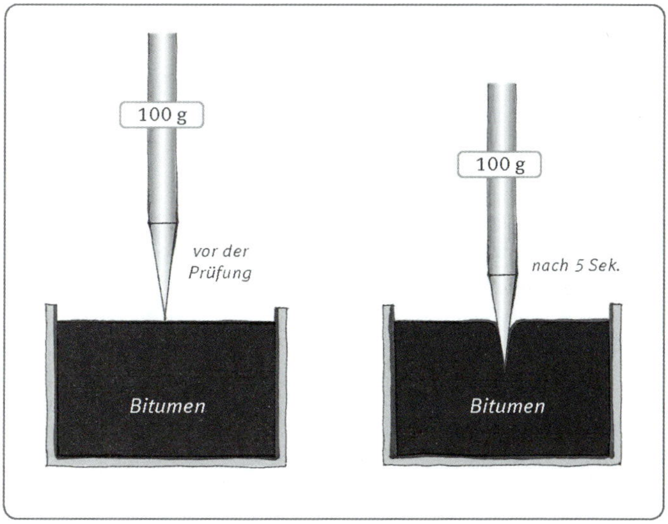


**Abb. 9.2:** Bestimmung der Eindringtiefe (Nadelpenetration)

### 9.3.3.2 Erweichungspunkt Ring-und-Kugel

DIN EN 1427, Ausgabe 2007-06, Kurzbez. EP RuK

Ziel ist die Ermittlung der Temperatur, bei der eine definierte plastische Verformung erreicht wird (thermoplastisches Verhalten).

Das in einen Metallring eingeschmolzene Bitumen wird mit einer zentrisch aufgelegten Stahlkugel von ~ 10 mm Ø belastet, bei gleichmäßig steigender Erwärmung (5 °C/min) in Wasser (Abb. 9.3 und 9.4). Die festgestellte Temperatur beim Durchhängen der Kugel bis zur Bodenplatte entspricht dem *Erweichungspunkt* (EP).

Beispiele:
gemäß DIN EN 12591 „Anforderungen an Straßenbaubitumen" (Vergleich von Penetration und Erweichung):
Sorte 70/100 mit einer Penetration von 70 - 100 $^{1}/_{10}$ mm und einem Erweichungspunkt zwischen 43 und 51 °C
Sorte 20/30 mit einer Penetration von 20 - 30 $^{1}/_{10}$ mm und einem Erweichungspunkt zwischen 55 und 63 °C.

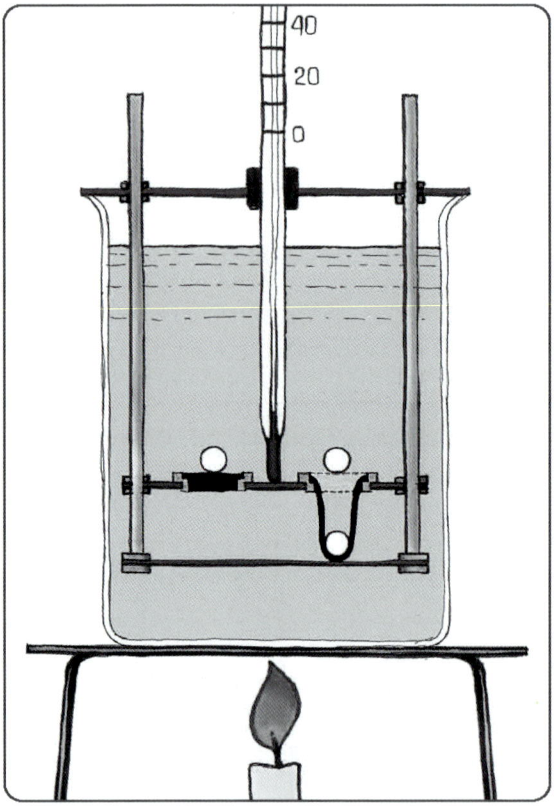


**Abb. 9.3:** Ring-und-Kugel-Prüfgerät

Anmerkung: Für die Euronorm-Fassung wurde das Prüfgestell im Becherglas an den Probenhalterungen für die Stufenringe mit den Bitumen (Abb. 9.3) zur dünnen Drahthalterung abgeändert. Die Form der Ringe hat sich leicht geändert.

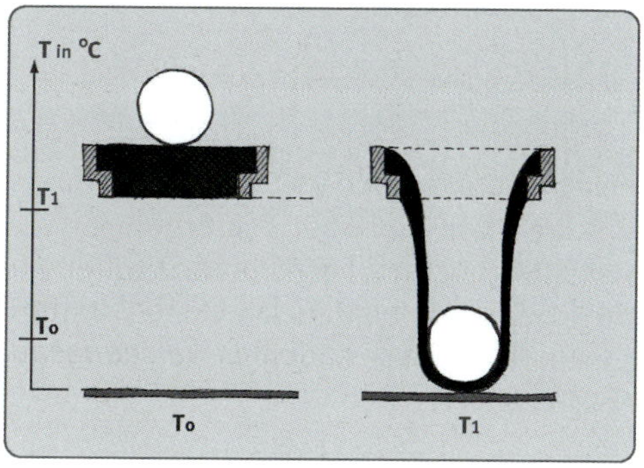


**Abb. 9.4:** Feststellung des Erweichungspunktes;
links: Probe zum Versuchsbeginn,
rechts: bei diesem Zustand wird die Temperatur erfasst

### 9.3.3.3 Brechpunkt nach Fraaß

DIN EN 12593, Ausgabe 2007-06, Kurzbez. BP Fr

Prüfung des Verhaltens von Bitumen bei tiefen Temperaturen (untere Verformungsgrenze):

Genormte, mittels einer Kurbelvorrichtung mechanisch durchgeführte Biegung und Streckung eines dünn mit Bitumen überzogenen Metallblättchens in geschlossenem wärmeisolierten Gefäß bei gleichmäßig abnehmender Temperatur (1 °C je min).

Die festgestellte Temperatur bei Rissbildung entspricht dem *Brechpunkt nach Fraaß* (Abb. 9.5).

Beispiele: 70/100 mit ≤ -10 °C BP Fr     30/45 mit ≤ -5 °C BP Fr

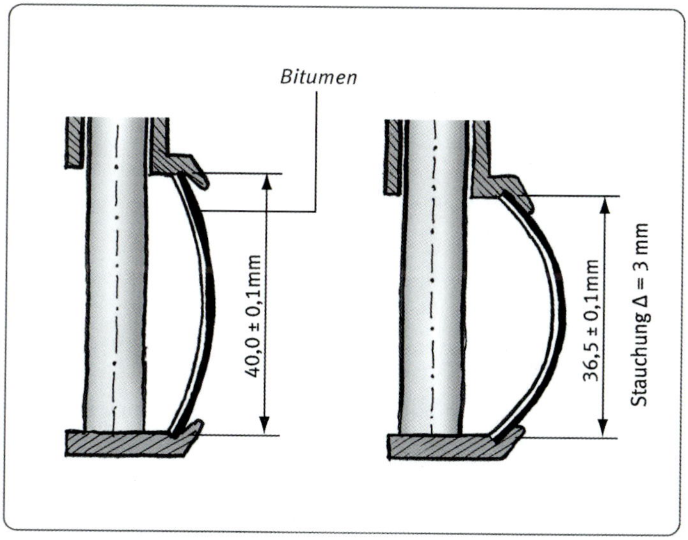


**Abb. 9.5:** Ermittlung des Brechpunktes nach Fraaß;
links: das leicht gebogene bitumenbeschichtete Metallblättchen,
rechts: nach Durchbiegung um 3,5 mm; wenn der Riss in diesem Zustand auftritt, wird die Temperatur erfasst

### 9.3.3.4 Duktilität

DIN 52 013, Ausgabe 2007-06 bzw. DIN EN 13589, Ausgabe 2008-06 und Berichtigung Oktober 2008

Das Prüfverfahren dient der Erfassung des *Fadenziehvermögens* (Streckbarkeit).

Beim Standardversuch wird ein Prüfkörper auseinandergezogen, der einen kleinsten Prüfquerschnitt von 1 cm² hat. Die Prüfung findet unter Wasser bei 25 °C, 13 °C oder 7 °C statt. Die Prüftemperatur ist von der Härte der zu prüfenden Bitumenart bzw. deren Anforderungen abhängig. Die Vorschubgeschwindigkeit beträgt 5 cm/min. Gemessen wird die ausgezogene Fadenlänge in cm nach dem Reißen (Abb. 9.6).

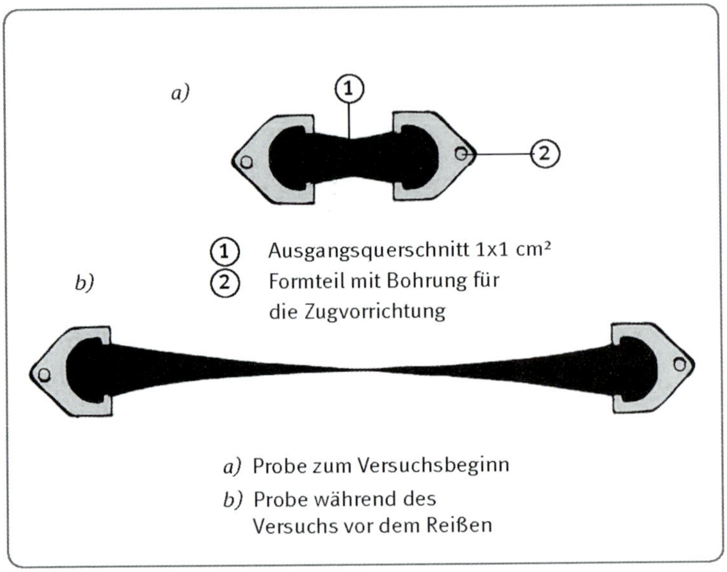


**Abb. 9.6:** Erfassung des Fadenziehvermögens;
oben: eine Probe zum Versuchsbeginn;
unten: während des Versuchs vor dem Reißen

Mithilfe einer Kraftaufnahme lässt sich bei der Prüfung von *Polymerbitumen* anhand des aufgezeichneten Kraft-Weg-Diagramms eine Gütebestimmung vornehmen.

Die aktuelle DIN EN 12591 mit den Anforderungen an die Straßenbaubitumen enthält diese Eigenschaft nicht mehr. In den „Technischen Lieferbedingungen für Straßenbaubitumen und gebrauchsfertige Polymermodifizierte Bitumen" (TL Bitumen-StB 07) finden sich Anforderungen an die sogenannte *elastische Rückstellung*, ermittelt bei 25 °C. Sie wird nach DIN EN 13398, Ausgabe 2010-10, bestimmt. Hierbei wird ein Bitumenfaden bei 20 cm Länge in der Mitte gekappt. Nach 30 min misst man die lichte Weite zwischen den rückgefederten Fadenenden, in Prozent bezogen auf die Ausgangslänge vor dem Kappen (Abb. 9.7). Als Anforderungswert ist ≥ 50 % für elastomermodifizierte Bitumen (PmB A) gängig.

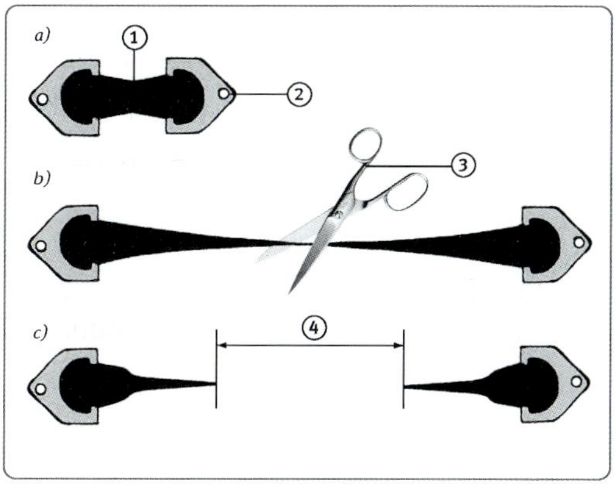


**Abb. 9.7:** Ermittlung der elastischen Rückstellung

1 Ausgangsquerschnitt 1 $cm^2$
2 Gießeinrichtungsteil (Formstück) mit Bohrung für die Zugvorrichtung
3 Trennstelle
4 lichte Weite zwischen den Fadenenden nach der elastischen Rückstellung

a) Anfangsprobengestalt
b) nach dem Ausziehen auf 20 cm
c) nach der elastischen Rückstellung

#### 9.3.3.5 Weitere Prüfverfahren

| | |
|---|---|
| DIN EN 12592 | Bestimmung der Löslichkeit |
| DIN EN 12595 | Bestimmung der kinematischen Viskosität |
| DIN EN 12596 | Bestimmung der dynamischen Viskosität |
| DIN EN 12606-1 | Bestimmung des Paraffingehaltes; Teil 1: Destillationsverfahren |
| DIN EN 12607-1 | Bestimmung der Beständigkeit gegen Verhärtung unter Einfluss von Wärme und Luft; Teil 1: RTFOT-Verfahren (**R**olling **T**hin **F**ilm **O**ven **T**est) |

## 9.4 Anwendung bitumenhaltiger Stoffe im Straßenbau und in verwandten Gebieten

### 9.4.1 Straßenbau

#### 9.4.1.1 Vorschriften und Richtlinien

| | |
|---|---|
| VOB Teil C, DIN 18317 | Allgemeine Technische Vertragsbedingungen für Bauleistungen (ATV); Verkehrswegebauarbeiten - Oberbauschichten aus Asphalt, Ausgabe 2012-09 |

Richtlinien, Merkblätter und Schriftenreihen der Forschungsgesellschaft für das Straßenwesen e. V.; die wichtigsten sind durch Rundschreiben des Bundesministers für Verkehr eingeführt, z. B.:

| | |
|---|---|
| ZTV Asphalt-StB 07: | Zusätzliche Technische Vertragsbedingungen und Richtlinien für den Bau von Verkehrsflächenbefestigungen aus Asphalt |
| TL Asphalt-StB 07: | Technische Lieferbedingungen für Asphaltmischgut für den Bau von Verkehrsflächenbefestigungen |
| ZTV-LW 99/01, E 07: | Zusätzliche Technische Vertragsbedingungen und Richtlinien für die Befestigung ländlicher Wege |

ZTV A-StB 97/06: Zusätzlich Technische Vertragsbedingungen und Richtlinien für Aufgrabungen in Verkehrsflächen

RStO 12: Richtlinien für die Standardisierung des Oberbaues von Verkehrsflächen

TL Gestein-StB 04/07: Technische Lieferbedingungen für Gesteinskörnungen im Straßenbau

### 9.4.1.2 Begriffsbestimmungen

Beim Straßenbau werden begrifflich unterschieden (gem. Richtlinien des Bundesministers für Verkehr):

**Oberbau:** Decke = Deckschicht + Binderschicht

Anforderungen:
Deckschicht: Ebenheit, Griffigkeit, Verschleißfestigkeit, Dichte
Binderschicht: Verformungsstabilität

Tragschicht, einschließlich Frostschutzschicht

Anforderungen:
Verteilung der Verkehrskräfte, Frostsicherheit

**Unterbau:** z. B. künstlich hergestellter Dammkörper

**Untergrund:** natürlich anstehender Boden

Die Bemessung der *Fahrbahnbefestigung* erfolgt nach Belastungsklassen (Tabelle 9.2).

Fahrbahnen und sonstige Verkehrsflächen, mit Ausnahme der Rad- und Gehwege, werden entsprechend ihrer Beanspruchung der äquivalenten 10-t-Achsübergänge in Mio. (B) in Belastungsklassen unterteilt bzw. diesen zugeordnet.

**Tabelle 9.2:** Nach Beanspruchung oder Straßentypen zugeordnete Belastungsklassen sowie der Mindestdicke in cm für den frostsicheren Oberbau

| Belastungsklasse | Beanspruchung (B) äquival. 10-t-Achsübergänge in Mio. | Straßentyp | Frostsicherer Oberbau [cm] F 2 | F 3 |
|---|---|---|---|---|
| Bk100 | > 32 | anbaufreie Straße, Industriestraße, Gewerbestraße | 55 | 65 |
| Bk32 | > 10 - 32 | anbaufreie Straße, Industriestraße, Gewerbestraße | 55 | 65 |
| Bk10 | > 3,2 - 10 | anbaufreie Straße, Verbindungsstraße, Industriestraße, Gewerbestraße, Hauptgeschäftsstraße, örtl. Geschäftsstraße, örtl. Einfahrtsstraße | 55 | 65 |
| Bk3,2 | > 1,8 - 3,2 | Verbindungsstraße, Industriestraße, Gewerbestraße, Hauptgeschäftsstraße, örtl. Geschäftsstraße, örtl. Einfahrtsstraße, dörfl. Hauptstraße, Quartierstraße, Sammelstraße | 50 | 60 |

| Belastungsklasse | Beanspruchung (B) äquival. 10-t-Achsübergänge in Mio. | Straßentyp | Frostsicherer Oberbau [cm] | |
|---|---|---|---|---|
| | | | F 2 | F 3 |
| Bk1,8 | > 1,0 - 1,8 | Gewerbestraße, Hauptgeschäftsstraße, örtl. Geschäftsstraße, dörfl. Hauptstraße, Quartierstraße, Sammelstraße | 50 | 60 |
| Bk1,0 | > 0,3 - 1,0 | dörfl. Hauptstraße, Quartierstraße, Sammelstraße, Wohnstraße | 50 | 60 |
| Bk0,3 | ≤ 0,3 | Wohnstraße, Wohnweg | 40 | 50 |

Für Kreisverkehrsflächen ist die gegenüber dem höchstbelasteten Fahrstreifen nächsthöhere Belastungsklasse vorzusehen.

Die Mindestdicke des frostsicheren Oberbaues kann mithilfe der Tabelle 7 der RStO 12 – Mehr- oder Minderdicken infolge örtlicher Verhältnisse – den lokalen Gegebenheiten angepasst werden.

### 9.4.1.3 Bitumenhaltiges Mischgut

Es handelt sich um ein technisch hergestelltes Gemisch aus bitumen- und/oder bitumenhaltigen Bindemitteln und natürlichen Gesteinskörnungen. Es lassen sich auch gebrochene Materialien (rezyklierte Baustoffe, zertrümmerte industrielle Abfallprodukte o. Ä.) bei entsprechender Eignung für die Verwendung im Straßenbau einsetzen.

Das Mischgut besteht zu etwa 82 bis 97 M.-% aus Mineralstoffen und dem Rest aus Bindemitteln. Das Gesteinskörnungsgemisch wiederum besteht aus *Füller* (Feinanteile ≤ 0,063 mm), Natursanden (rundkörniger Sand) und/oder Brechsanden, Kiesen und/oder Splitten, Schlacken u. Ä.

Die Bindung der Gesteinskörnungen erfolgt in Deutschland im Wesentlichen durch Bitumen.

Die Trag-, Binder- und Deckschichten sind nach dem *Betonprinzip* (korngestufte Gesteinskörnungen) aufgebaut. Sorte und Menge des Bindemittels richten sich nach Verkehrsbeanspruchung, Kornaufbau usw. Sie können durch Eignungsprüfung ermittelt werden.

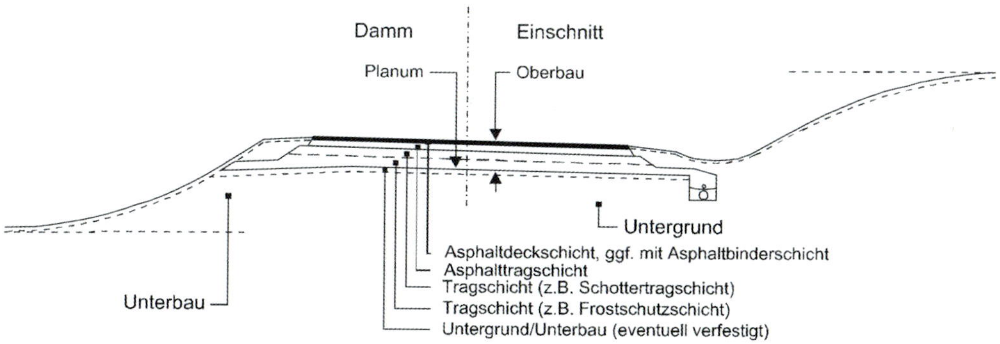


**Abb. 9.8:** Asphaltbauweise (aus ZTV Asphalt-StB 07)

a Dicke ~ 4 cm

b Dicke ~ 4 - 8 cm
(bei 8 wird zweilagig
eingebaut)

c Dicke ~ 5 - 18 cm
(> 6 cm empfiehlt es
sich mindestens
zweilagig einzubauen)

**Abb. 9.9:** Bohrkern eines Asphaltoberbaues
a = Deckschicht } Decke
b = Binderschicht } Decke
c = Tragschicht

Je nach Bindemittelsorte und Einbauverfahren wird das Mischgut hauptsächlich im *Heißeinbau*, seltener im Warmeinbau oder im Kalteinbau eingebracht. Die Einbautemperaturen beim Heißeinbau sind hauptsächlich abhängig von der Bindemittelhärte, der Verdichtungswilligkeit des Mischgutes, Schichtdicke und Außentemperatur sowie den zum Einsatz kommenden Verdichtungsgeräten. Zur Erreichung der Einbautemperaturen und zur Sicherung der Haftung der Bindemittel werden die Mineralstoffe erhitzt und getrocknet. Beim *Warmeinbau* liegen allgemein die Temperaturen über 30 °C, beim *Kalteinbau* sind Tagestemperaturen über 5 °C erforderlich.

| **Straßenbaubitumensorte:** | | **50/70** | **70/100** |
|---|---|---|---|
| vor dem Einbau: | kühles Wetter | 190 °C | 180 °C |
| | warmes Wetter | 160 °C | 150 °C |
| bei Walzbeginn: | | ≥ 180 °C | ≥ 170 °C |
| bei Walzende: | | 120 °C | 100 °C |

Bei Ausschreibungen werden die erforderlichen Dicken der Einbauschichten in cm, seltener das Gewicht des Einbaumaterials in kg/m² angegeben.

Durch die Einführung der europäischen Normen für Gesteinskörnungen wurden die *Siebsätze* angepasst. Man spricht hierbei von einem Grund- und einem Ergänzungssiebsatz.

Außerdem wurde anstelle des 0,09-mm-Siebs jetzt das 0,063-mm-Sieb für die Abtrennung des Füllerbereiches eingeführt. Ebenso wurde das 5,0-mm-Sieb gegen das 5,6-mm-Sieb ausgetauscht. Dies ermöglichte eine einheitliche Regelung der Anforderungen an die *Granulometrie* der Gesteinskörnungen für die Verwendung im Beton und im Asphalt.

Der „Grundsiebsatz + Ergänzungssiebsatz 1" nach TL Gestein-StB 04/07 zur *Festlegung von Korngruppen und Lieferkörnungen* besteht aus den Sieben:

1 / 2 / 4 / 5,6 / 8 / 11,2 / 16 / 22,4 / 31,5 / 45 / 56 / 63 [mm]

Für die Bezeichnung der Lieferkörnung werden i. d. R. gerundete Siebgrößen verwendet (z. B. 5/8 statt 5,6/8).

Lieferkörnungen entsprechend TL Gestein-StB 04/07 sind z. B.:

| | | | | | | |
|---|---|---|---|---|---|---|
| Gesteinsmehl [1] | 0/0,063 mm | | | | | |
| Brechsand-Splitt-Gemisch | 0/5 mm | | | | | |
| Edelbrechsand | 0/2 mm | | | | | |
| Splitt | 5 bis 32 mm | 5/11 | 11/22 | 22/32 | | |
| Edelsplitt | 2 bis 22 mm | 2/5 | 5/8 | 8/11 | 11/16 | 16/22 |
| Schotter | 32 bis 56 mm | 32/45 | 45/56 | | | |

[1] Gesteinsmehl dient insbesondere als „Füller" (≤ 0,063 mm) der Stabilisierung des bitumenhaltigen Bindemittels.

Der „Grundsiebsatz + Ergänzungssiebsatz 2" nach DIN EN 13043 zur *Festlegung von Korngruppen und Lieferkörnungen* besteht aus den Sieben:

1 / 2 / 4 / 6,3 / 8 / 10 / 12,5 / 14 / 16 / 20 / 31,5 / 40 / 63 [mm]

Als Gesteinskörnungen werden gebrochene und ungebrochene Natursteine verwendet. Außerdem kommen industriell hergestellte Gesteinskörnungen zum Einsatz. Dies sind in Deutschland zum Beispiel Hochofenstückschlacke (HOS), Stahlwerksschlacke (SWS) und Hausmüllverbrennungsasche (HMVA) sowie Gesteinskörnungen zur Aufhellung.

Die Anforderungen sind nach TL Gestein-StB 04/07 „Technische Lieferbedingungen für Gesteinskörnungen im Straßenbau" geregelt. Ergänzend hierzu gelten Regelungen der DIN EN 13043 „Gesteinskörnungen für Asphalte und Oberflächenbehandlungen für Straßen, Flugplätze und andere Verkehrsflächen".

Für die Erstellung einer *Sieblinie* für Asphalte gemäß TL Asphalt-StB 07 besteht der Siebsatz aus folgenden Siebgrößen:

0,063 / 0,125 / (0,71) / 2 / 5,6 / 8 / 11,2 / 16 / 22,4 / 31,5 [mm]

Das *Zwischensieb* im Feinkornbereich 0,25 mm wurde ersatzlos entfernt. Die Siebnennöffnungsweite 0,71 mm wurde im Diagramm belassen. Im Siebsatz selbst wird dieses Sieb nicht aufgeführt. Aus praktischen Erwägungen heraus wird aber häufig dieses Sieb in der Siebanalyse weiter benutzt, da schon das Zwischensieb 0,25 mm entfallen ist. Durch die Verwendung des 0,71-mm-Siebes kann eine genauere Darstellung eines Siebergebnisses erzielt werden.

#### 9.4.1.4 Bauelemente bitumenhaltiger Bauweisen

Im Zuge der EU-Harmonisierung wurden die Asphalte in ihren Kurzbenennungen angepasst. Tabelle 9.3 listet die *Asphaltbenennungen*, die Kurzzeichen und die Ableitung auf.

**Tabelle 9.3:** Asphaltbenennungen und ihre Kurzzeichen nach EU-Harmonisierung

| Asphaltbenennung | Kurzzeichen | Ableitung |
|---|---|---|
| Asphaltbeton | AC | Asphalt Concrete |
| Splittmastixasphalt | SMA | Stone Mastic Asphalt |
| Gussasphalt | MA | Mastic Asphalt |
| Offenporiger Asphalt | PA | Porous Asphalt |

Da im Sinne der europäischen Regelwerke, der Normen und Richtlinien die Asphalte der Trag-, Binder- und Deckschichten nach dem *Betonprinzip* zusammengesetzt sind, würden diese international immer als „AC“ benannt werden. Um für die praktische Verwendung im Planungs- und Ausführungsbereich die Kurzzeichen der Asphalte „lesbarer“ zu machen, wurden für Deutschland gemäß der TL Asphalt-StB 07 den Asphaltbenennungen als nationale Ergänzung für die Untergliederung der Asphaltmischgutart Kennbuchstaben hinzugefügt (Tabelle 9.4).

**Tabelle 9.4:** Nationale Ergänzung der Kurzzeichen für Asphaltmischgutarten gemäß TL Asphalt-StB 07

| Asphaltbenennung | Kurzzeichen |
|---|---|
| Asphalttragschichtmischgut | T |
| Asphaltbinder | B |
| Asphaltbeton für Asphaltdeckschichten | D |
| Asphalttragdeckschichten [1)] | TD |

[1)] Asphalttragdeckschichten erfüllen als einlagige Konstruktion die Funktion einer Asphalttragschicht **und** der Asphaltdeckschicht.

Die gleiche Vorgehensweise wurde für die Verkehrsbeanspruchung angewandt (Tabelle 9.5).

**Tabelle 9.5:** Nationale Ergänzung der Kurzzeichen für die Verkehrsbeanspruchung gemäß TL Asphalt-StB 07

| Beanspruchungshöhe | Kurzzeichen |
|---|---|
| leichte | L |
| normale | N |
| besondere | S |

So ergeben sich jetzt folgende beispielhafte Benennungen von Asphaltbetonen:

- AC 32 T S
  Asphaltbeton für Asphalttragschichten, Größtkorn 32 mm, bei besonderer Beanspruchung
- AC 11 D N
  Asphaltbeton für Asphaltdeckschichten, Größtkorn 11 mm, bei normaler Beanspruchung

## Deckschichten

### Asphaltbeton im Heißeinbau AC (von Asphalt Concrete) (TL Asphalt-StB 07)

Dicke im Allgemeinen 4 cm.

*Hinweis:* Die Tafel 1 der RStO 2012 „Bauweisen mit Asphaltdecke für Fahrbahnen auf F2- und F3-Untergrund/Unterbau“ gibt teilweise nur noch die Gesamtdicke der Asphaltdecke an und unterscheidet dort nicht mehr zwischen Asphaltdeckschicht und Asphaltbinderschicht (s. Abschnitt 9.4.1.3).

Korngestuftes Mineralstoffgemisch aus Splitten, Sand und Gesteinsmehl nach Sieblinie und abgestimmtem Bindemittelgehalt. Einbau unter Verdichtung durch Walzen („Walzasphalt“).

Abb. 9.10: Einbau von Asphaltbeton mit Straßenfertiger

Die Herstellung des Mischgutes geschieht, ähnlich wie bei Transportbeton, hauptsächlich über ein dichtes Netz von stationären Aufbereitungsanlagen mit Kapazitäten bis zu 300 t/h Mischgut. Vorverdichtung beim Einbau mit Vibrations- und Stampfbohlen. Als Einbauhilfen dienen automatische Nivelliereinrichtungen (Führung hinsichtlich Einbauhöhe). Verdichtung durch statische Walzen, Vibrationswalzen und Gummiradwalzen.

### Asphaltbeton AC 11 D S (TL Asphalt-StB 07)

Orientiert an der Beanspruchung gibt die TL Asphalt-StB 07 Grenzwerte für die Zusammensetzung an: Splittgehalt 50 bis 60 M.-%, Mindestbindemittelgehalt $B_{min}$ 6,0 M.-%, Hohlraumgehalt zwischen 2,5 und 4,5 Vol.-%.

Gute Rauigkeit der Oberfläche, günstige Wasserverdrängung des Wasserfilms unter Kfz-Reifen.

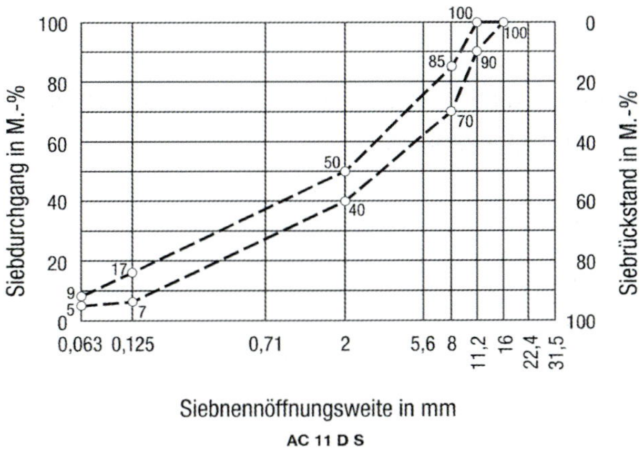


Abb. 9.11: Asphaltbeton AC 11 D S; Sieblinienbegrenzungsband aus der TL Asphalt-StB 07

### Gussasphalt MA (von Mastic Asphalt) (TL Asphalt-StB 07)

Gussasphaltdeckschichten bestehen aus einem annähernd hohlraumfreien, abgestuften feinkörnigen Gemisch aus Splitten, Sanden, Füller und Straßenbaubitumen (meist 30/45) mit geringem Bindemittelüberschuss im eingebauten Zustand.

Je nach Beanspruchung wird Gussasphalt mit 35 bis 55 M.-% Splittgehalt verwendet. Der Mindestbindemittelgehalt variiert zwischen 6,8 und 7,5 M.-% in Abhängigkeit von Beanspruchungsart und zum Größtkorndurchmesser. Zur inneren Stabilisierung beträgt der Gehalt an Füller (Gesteinsmehl) zwischen 20 bis max. 32 M.-%.

Durch den Zusatz eines *Naturasphaltes* (z. B. Trinidad-Epuré) wird ein hoher Widerstand gegen Punktbelastungen erreicht. Die Dicke der einzelnen Gussasphaltschichten beträgt i. d. R. je nach Korngröße bzw. nach Funktion der Schicht 2 bis 4 cm.

Der *Einbau* erfolgt lagenweise durch Verteilen des Gussasphaltes bei Straßendecken mit maschinellen Einbaugeräten oder bei kleineren Flächen im Handverstrich. Verlegung nur auf standfester Unterlage (z. B. Binderschichten, Beton).

Aufrauen der Oberfläche durch Eindrücken von Feinsplitt mittels Gummiradwalze oder Glattmantelwalze (Gewalzter Gussasphalt). Eine *Aufhellung* von Fahrbahndecken geschieht durch Verwendung hellfarbiger Stoffe (z. B. Luxovit) oder synthetischer Schmelze (z. B. Synopal). Häufig wird die Aufhellung durch eine *Moräne* (= Gletscher-Geschiebematerial, kiesartig, aber gebrochen und schaftkantig mit Korngrößen 2/5 oder 5/8 mm) erreicht.

*Anwendung* bei Autobahnen, Bundes- und Stadtstraßen. Wegen der Löslichkeit des Bitumens durch Öle und Benzin gilt eine beschränkte Anwendung bei stärkerer Einwirkung, z. B. bei Tankstellen oder Kfz-Betrieben.

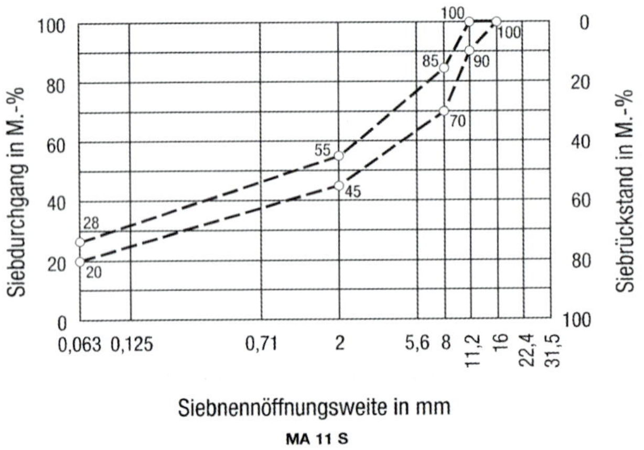


**Abb. 9.12:** Gussasphalt MA 11 S; Sieblinienbegrenzungsband aus der TL Asphalt-StB 07

Für Gussasphaltbeläge *ohne Fahrzeugverkehr* gelten die VOB, DIN 18354, Ausgabe 2012-09 „Gussasphaltarbeiten", das AGI-Arbeitsblatt 12-3 „Industrieböden; Industrieestriche; Ergänzungen zu DIN 18560; Gussasphaltestrich" der Arbeitsgemeinschaft Industriebau AGI sowie die Normenteile der DIN 18560 „Estriche im Bauwesen" und Abschnitte der DIN EN 13813 „Estrichmörtel, Estrichmassen und Estriche; Eigenschaften und Anforderungen".

Es können hier auch *Zusatzmittel* zur Absenkung der Einbautemperatur eingesetzt werden. Diese basieren i. d. R. auf „Wachsverbindungen".

*Anwendung* bei Bürgersteigen, Höfen, Lagerhallen, Terrassen, Dächern sowie als Unterlage für Linoleum, Parkett, Gummi- und Kunststoffböden. Ferner als schwimmender Estrich in 20 bis 30 mm Dicke. Bei säurefesten Belägen Verwendung von quarzitischen Zuschlägen statt Kalkstein.

### Splittmastixasphalt SMA (von Stone Mastic Asphalt) (TL Asphalt-StB 07)

Diese Mischgutart wird aus Gesteinskörnungen mit Ausfallkörnung und Straßenbaubitumen hergestellt. Je nach SMA-Typ ist eine Körnungsgröße kaum bis nicht vorhanden.

Der Splittmastixasphalt wird mit stabilisierenden Zusätzen (Bindemittelträger) hergestellt (z. B. Zellulosefasern). Der Gehalt dieser Bindemittelträger liegt je nach Zusammensetzung der Gesteinskörnung zwischen 0,3 und 1,5 M.-%. SMA eignet sich für relativ dünne Deckschichten von 1,5 bis 5,0 cm Dicke und weist eine hohe Stand- und Verschleißfestigkeit und eine ausgeprägte Rautiefe auf. Eine fehlende Anfangsgriffigkeit kann durch Aufstreuen und Einwalzen von Brechsand hergestellt werden.

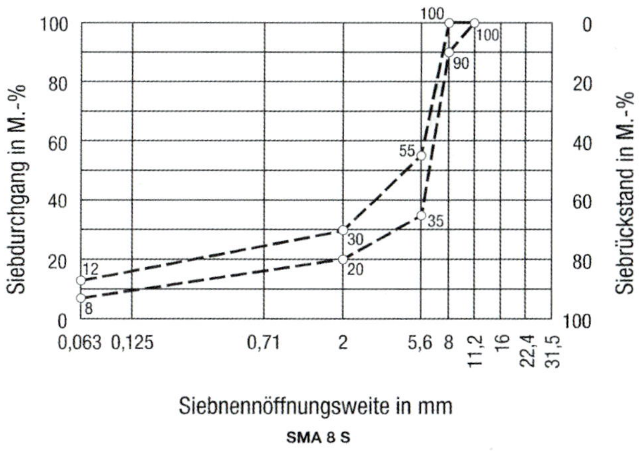


**Abb. 9.13:** Splittmastixasphalt SMA 8 S; Sieblinienbegrenzungsband aus der TL Asphalt-StB 07

### Offenporiger Asphalt PA (von Porous Asphalt) (TL Asphalt-StB 07)

Hohlraumreich zusammengesetztes Mischgut für Deckschichten mit Dränagevermögen. Der Hohlraumgehalt liegt zwischen 24 und 28 Vol.-%, der Gehalt an Gesteinskörnung > 2 mm bei etwa 90 M.-%. Das Größtkorn beträgt 8, 11 oder 16 mm. Als Bindemittel wird polymermodifiziertes Bitumen der Sorte 40/100-65 eingesetzt. Der Mindestbindemittelgehalt liegt zwischen 5,5 und 6,5 M.-%. Auch hier werden Bindemittelträger eingesetzt. Der Mindestanteil hiervon beträgt 0,3 M.-%.

Weitere Asphaltdecken sind mit speziellen Eigenschaften oder als Sonderbeläge bzw. Sonderbauweisen in Anlehnung an das bestehende Regelwerk möglich:

### Lärmmindernde Fahrbahndecken

Bei einer Rautiefe von 0,5 bis 0,8 mm weisen lärmmindernde Fahrbahndecken die geringsten Rollgeräusche auf. Die Absorption der Geräusche erfolgt durch die Hohlräume in der Deckschicht. Dieser Asphalttyp ist ähnlich zusammengesetzt wie ein offenporiger Asphalt.

### Eishemmende Deckschicht

Durch Einmischen von 5 bis 6 M.-% chemischer *Auftaumittel* (vorwiegend imprägniertes Kalziumchlorid) in herkömmlichem Asphaltbeton soll eine frühzeitige Glatteisbildung verzögert werden. Eine Handelsbezeichnung lautet Verglimit, ein schweizerisches Patent. Der Hohlraumgehalt der fertigen Deckschicht soll 3 bis 4 Vol.-% betragen.

### Aufgehellte Deckschicht

Zur Verbesserung der Verkehrssicherheit mittels höherer Reflexion des Lichtes der Straßenbeleuchtung und der Kraftfahrzeuge werden vor allem auf Stadtstraßen künstliche *Aufhellungsgesteine* (z. B. Luxovite, Anorthosit) der Gesteinskörnung beigegeben. Auch Synopal ist möglich. Häufig werden aber Moränesplitt 2/5 und/oder Moränesplitt 5/8 eingesetzt.

### Farbige Deckschicht

Eine dauerhafte Einfärbung von Asphalt wurde in der Vergangenheit durch den Einsatz von farbigen Splitten wie rotem Porphyr oder rotem Liparit in Verbindung mit ca. 4 M.-% „Eisenoxyd rot" erreicht. Es wurden auch eingefärbte bitumenhaltige Bindemittel eingesetzt. Gegenwärtig kommen eingefärbte thermoplastische Harzbinder zum Einsatz.

### „Lagerfähiges Mischgut"

Mit speziellen Bitumenemulsionen oder Kaltbitumen lässt sich Kaltmischgut herstellen, das monatelang im Haufen lagerfähig ist und auch bei ungünstiger Witterung eingebaut werden kann. Es wird vorwiegend für Ausbesserungsarbeiten eingesetzt, wobei die Schichtdicke nicht mehr als 3 cm betragen darf, damit das Bindemittel aushärten kann.

### Halbstarrer Belag

Ein halbstarrer Belag besteht aus einer Asphalttragschicht, deren Hohlräume von etwa 20 Vol.-% mit einem Zement-Kunststoff-Mörtel verfüllt sind. Er weist eine hohe Standfestigkeit und ein günstiges Verschleißverhalten auf, wird jedoch wegen der hohen Kosten nur selten ausgeführt.

## Binderschichten AC (von Asphalt-Concrete) (TL Asphalt-StB 07)

Die Dicke je nach Belastungsklasse und Korngröße liegt zwischen 3 und 10 cm.

Binderschichten dienen als Übergang zwischen Tragschicht und Deckschicht. Wie Asphaltbeton werden sie nach Sieblinie aufgebaut (Abb. 9.14), jedoch in hohlraumreicherer Zusammensetzung mit größerem Splittanteil und geringerem Sand-, Füller- und Bindemittelanteil (Mindestbindemittelanteil zwischen 4,2 und 4,6 M.-%).

Dichte Binder ähneln dem Asphaltbeton der Deckschicht.

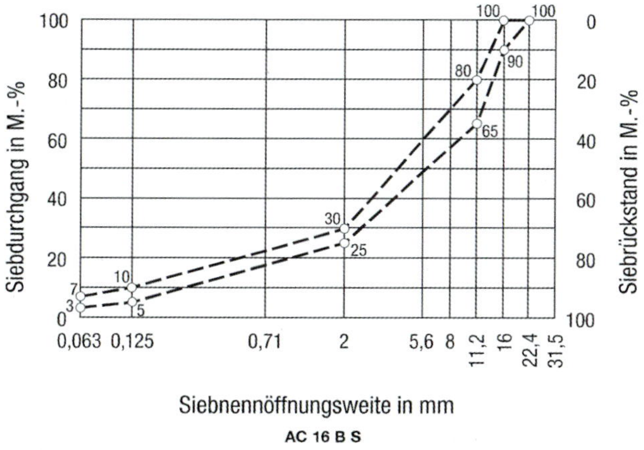


Abb. 9.14: Asphaltbinder AC 16 B S; Sieblinienbegrenzungsband aus der TL Asphalt-StB 07

## Asphalttragschichten AC (von Asphalt-Concrete) (TL Asphalt-StB 07)

Die Asphalttragschichten bestehen aus kornabgestuften Gesteinskörnungsgemischen mit Straßenbaubitumen. Der Hohlraumgehalt dieses Asphaltes liegt zwischen 4 und 10 Vol.-% je nach Mischgutart. Der Mindestbitumengehalt variiert zwischen 3,8 und 4,2 M.-% in Abhängigkeit von der Mischgutart.

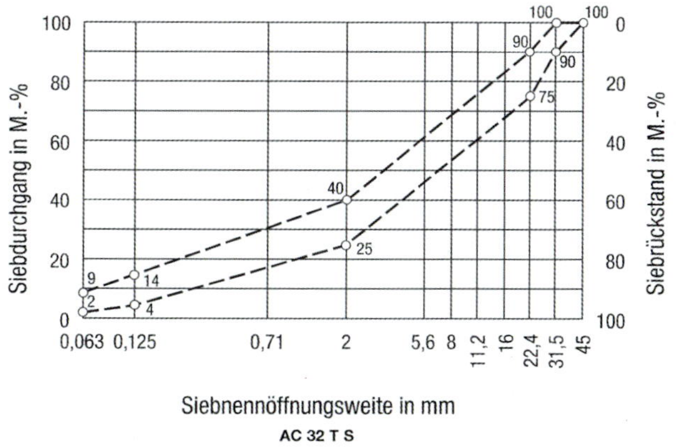


Abb. 9.15: Asphalttragschicht AC 32 T S; Sieblinienbegrenzungsband aus der TL Asphalt-StB 07

Das Regelwerk „Zusätzliche Technische Vertragsbedingungen und Richtlinien für die Befestigung ländlicher Wege" (ZTV LW 99/01 – mit den Änderungen und Ergänzungen 2011) hat die Veränderungen der europäischen Normen weitestgehend übernommen. Einzige Ausnahme ist bis zum Zeitpunkt der Drucklegung dieses Fachbuches die zuvor erwähnte Änderung betreffend der Asphaltmischgutarten und deren Zusammensetzung aus der TL Asphalt-StB 07. Es wird jedoch in der Ergänzung von 2011 darauf hingewiesen, die bisher geänderten bzw. angepassten Regelwerke in Verbindung mit der ZTV LW 99/01, Ausgabe 2007, bis zu deren Neuerscheinung zu nutzen.

### Oberflächenschutzschichten

Man unterscheidet zwischen Oberflächenbehandlung und bitumenhaltigen Schlämmen.

Das Aufbringen bitumenhaltiger Überzüge geschieht zum Schutz der Fahrbahnoberfläche gegen Einwirkung von Witterung und Verkehr. (Keine selbstständige Deckenbauweise!) Es wird zwischen Erstbehandlung und Nachbehandlung der Decken unterschieden.

Unter *Oberflächenbehandlung* versteht man die Auffrischung und Aufrauung abgängiger bitumenhaltiger Beläge nach vorangegangener Profilverbesserung. Sie bewirkt eine griffigere Oberfläche, geringere Glatteisgefahr sowie Minderung der Blendgefahr bei Regen (Aufhellung der Decke bei Verwendung hellen Splitts.)

*Verfahrensweise:* Aufspritzen bitumenhaltiger Bindemittel (Weichbitumen, polymermodifizierte Bitumen, Bitumenemulsionen) mit anschließendem Abdecken und Einwalzen einer Rohsplittlage (2/5 bis 8/11 mm) oder Feinkies. Die Gesteinskörnung muss bis zu 2/3 in der bitumenhaltigen Masse („bis zur Schulterhöhe") eingebettet liegen (Abb. 9.16). Bei starkem und schnellem Verkehr Verwendung leicht vorbitumierten Splittes („Verlackter Splitt") vorsehen.

*Bitumenhaltige Schlämmen* sind kaltverarbeitbare, oberflächenabdichtende Gemische aus feinkörnigen Gesteinskörnungen, Bitumen und Wasser, die je nach Erfordernis dünnflüssig oder breiartig verarbeitet werden. Anwendung in dünnem Auftrag zur Abdichtung (Versiegelung) z. B. neuerstellter hohlraumreicher Beläge.

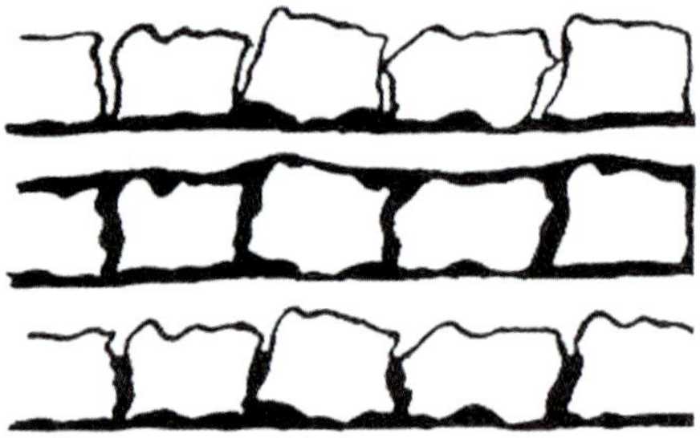

a) zu wenig Bindemittel (Splittablösung)

b) zu viel Bindemittel (Schwitzen)

c) richtige Bindemittelmenge (gegenseitiges Verkitten der Körner)

**Abb. 9.16:** Oberflächenbehandlung

*Verfahrensweise:* Die Schlämmen sind auf Bitumenbasis am Ort herstellbar (auch kationische Schlämmen) oder es werden fabrikmäßig hergestellte Schlämmenkonzentrate pastenartiger Konsistenz mit Wasser verdünnt verwendet. Auch die Anwendung farbiger Schlämmen ist möglich. Verteilung der Schlämmen mit Besen oder Gummischwabbern, auch maschinell.

Eine Schlämmenschutzschicht kann ebenso als zweiter Arbeitsgang einer Oberflächenbehandlung erfolgen. Ferner Verwendung zum Oberflächenschutz von Asphaltdecken gegen Einwirkung von Treibstoffen und Ölen (Werkstätten, Tankstellen).

### Asphalttragdeckschichten AC (von Asphalt-Concrete) (TL Asphalt-StB 07)

Asphalttragdeckschichten stellen eine Kombination aus Asphalttragschichten und Asphaltdeckschichten dar. Sie wurden für den ländlichen Wegebau entwickelt zur Verringerung der Gesamtdicke der Asphaltbefestigung auf 5 bis 10 cm und zur einfacheren Einbauweise einer

Schicht anstelle von zwei kritischen Schichten (5 cm Asphalttragschicht und 2 cm Asphaltdeckschicht) zur Kostenersparnis. Mit einer Gesteinskörnung bis 16 mm und einem Mindestbindemittelgehalt von 5,4 M.-% eines Straßenbaubitumens der Härte 160/220, 70/100 oder 50/70 soll der Hohlraumgehalt zwischen 1 und 3 Vol.-% betragen.

## 9.4.2 Anwendung bitumenhaltiger Stoffe im Wasserbau

Grundsätzlich gleiche Bauweisen wie im Straßenbau unter Berücksichtigung der sich im Wasserbau vorwiegend auf Dichtigkeit und auf plastisches Verhalten erstreckenden Anforderungen: Flussufer-, Deich- und Küstenbefestigungen, Auskleiden von Kanälen, Wasserbecken, Talsperren.

*Bindemittel:* Straßenbaubitumen.

### Einbauweisen

#### Asphaltverguss

Die Festlegung und Fugenverfüllung der auf Böschungen und Untergrund aufgebrachten Setz- und Schüttlagen erfolgt durch Eingießen von Asphaltmastix oder ähnlichen heiß vergießbaren Massen mit anschließendem Eindrücken von Splittkorn zur Verspannung (vgl. Asphalttränkmakadam und Mastixeingussdecken).

Heißvergießbare Massen können infolge ihres hohen Wärmegehaltes und ihrer geringen Wärmeleitfähigkeit auch unter Wasser durch Fallrohre eingebaut werden.

#### Asphaltbetondichtungen

*Außenhautdichtungen:* Fugenloser maschineller Heißeinbau eines hohlraumarm zusammengesetzten Asphaltbetons auf Böschungen mit durch Seilwinden betriebenen Fertigern und Walzen (Abb. 9.17 und 9.18). Der Bindemittelgehalt liegt etwas höher als im Straßenbau. Der Einbau erfolgt meist zweilagig mit versetzten Arbeitsnähten. Auch Einbau einer Schotterschicht als Dränage zwischen einer oberen und unteren Asphaltbeton-Dichtungslage.

**Abb. 9.17:** Einbau einer Asphaltbetondichtung an einem Talsperrendamm

Abb. 9.18: Verdichten einer Asphaltbetondichtung an einem Talsperrendamm

*Kerndichtung bei Talsperrendämmen:* Senkrechte bis zur Dammkrone durchgehende, etwa 50 cm dicke Asphaltbetondichtung.

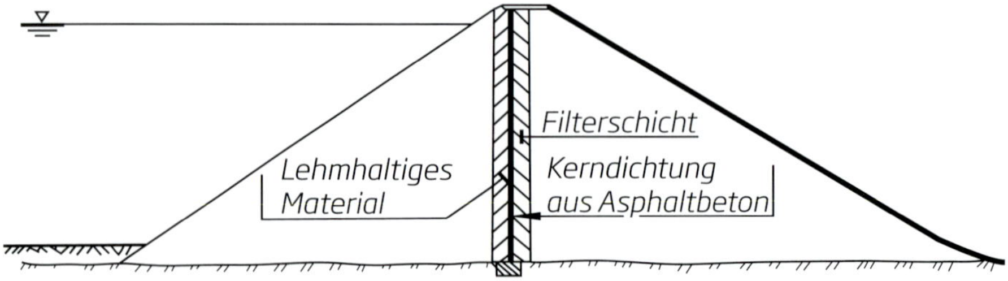


Abb. 9.19: Querschnitt durch Talsperre mit Asphaltbeton-Kerndichtung

## Asphaltmatten

Vorgefertigte, bis einige Zentimeter dicke, mit Glasfaser-, Kunststofffaser- oder Jutegewebe bewehrte Asphaltmatten zur Verlegung auf Böschungen und auf der Sohle von Gewässern.

## Bitumenmembranen

Sie werden meist aus reinem Bitumen, häufig *Oxidationsbitumen* (geblasenes Bitumen), mit Glasvlies-Zwischenlagen und Dicken von 6 bis 10 mm hergestellt. Als preiswerte Dichtungen müssen sie jedoch durch Auflagen aus Erdreich oder Kies gegen Beschädigungen geschützt werden.

## Gussasphalt

Gussasphalt ist (fiktiv) hohlraumfrei. Er ist eine bewährte, aber auch teure Bauweise. Seine Bedeutung im Abdichtungswesen wurde durch die normative Änderung der DIN 18195 bestätigt. Dort ist der Gussasphalt als Abdichtungsstoff aufgenommen worden.

### 9.4.3 Asphalteinbau in Steilkurven

Eine besondere Herausforderung an die Einbautechnik stellen der Einbau und das Verdichten von Asphaltmassen in *Steilkurven* dar (Abb. 9.20). Diese nicht alltägliche Technik kommt auf Teststrecken der Fahrzeughersteller oder bei Rennstrecken zum Einsatz.

**Abb. 9.20:** Walzenverdichtung in einer Steilkurve

### 9.4.4 Asphaltplattenbeläge

Asphaltplatten bestehen aus pulverförmig gemahlenem und erhitztem Naturasphalt oder aus Naturstein mit Bindemitteln. Sie sind auch mit eingefärbter Oberflächenschicht (dunkelrot, grün, grau) mit Metalloxiden erhältlich. Das Verdichten der Platten erfolgt durch Pressen (*Hochdruck-Asphaltplatten*). Die Plattengrößen betragen ca. 30 *x* 30 cm. Die Verlegung erfolgt in Zementmörtel oder in Asphaltmastix.

Die Plattenbeläge finden im Freien, in feuchten Räumen und in Werkstätten Verwendung als z. B. ölfeste Hochdruck-Asphaltplatten. Sie sollen gegen Einwirkung von Mineralöl widerstandsfähig sein. Platten für säurefeste Beläge enthalten keine säurelöslichen Gesteine, z. B. Kalkstein.

### 9.4.5 Wiederverwendung von Asphalt

Energiemangel und ökologische Gesichtspunkte machen die Wiederverwendung des Mischguts beschädigter Straßen notwendig (Recycling). Wirtschaftliche und technische Begründungen ergänzen sich und führen zu unterschiedlichen Wiederverwendungsansätzen. Es werden vorwiegend Baustellenverfahren oder Mischanlagenverfahren eingesetzt.

*Baustellenverfahren:* Es handelt sich um eine Art „mixed in place" wie bei einer Bodenverbesserung. Es erfolgt ein sofortiger Wiedereinbau gefrästen Materials mit oder ohne Zugabe neuen Materials (Repave, Remix). Das Verfahren kommt überwiegend bei Decken zum Einsatz.

Repave = Aufheizen und Auflockern der alten Deckschicht, Aufbringen einer neuen Deckschicht und Verdichtung gemeinsam mit der erwärmten alten Deckschicht.

Remix = Aufnehmen der alten Deckschicht, mit neuem Asphaltmischgut, Splitt oder Bitumen vermischen, wieder einbauen.

*Mischanlagenverfahren:* Es erfolgt eine Zugabe von Altasphalt im aufbereiteten Zustand in die Trockentrommel oder in den Mischer. Das Verfahren kommt überwiegend bei Tragschichten zum Einsatz.

## 9.4.6 Prüfung bitumenhaltiger Massen

Straßenbeläge und ähnliche Massen wurden in eine europäisch harmonisierte Norm überführt und sind nun in der Normenreihe DIN EN 12697 enthalten. Zum Zeitpunkt der Drucklegung dieses Buches bestand diese Norm aus fast fünfzig Teilen mit dem Haupttitel „Asphalt - Prüfverfahren für Heißasphalt".

Die Strukturierung dieser Normenreihe sieht so aus, dass die einzelnen Nationen die in ihrem Land gängigen Prüfverfahren wiederfinden und diese - z. T. leicht abgewandelt - weiterhin anwenden können. Darüber hinaus wurden Prüfmethoden hinzugefügt, die bisher über Merkblätter geregelt waren. Als nationales Umsetzungsdokument der Normenreihe DIN EN 12697 dienen die „Technischen Prüfvorschriften für Asphalt" (TP Asphalt-StB). Weitere Prüfverfahren werden in der nächsten Zeit hinzugefügt.

In naher Zukunft werden die „traditionellen Prüfverfahren" der Asphaltprüftechnik durch sogenannte *Performance-Tests* ersetzt bzw. erweitert. Diese Prüfanordnungen simulieren genauer die wirklichen Beanspruchungen der einzubauenden Asphaltmassen und dienen der besseren Einschätzung der Langlebigkeit von Asphaltflächen.

Ein Beispiel hierfür ist die Bestimmung der *proportionalen Spurrinnentiefe*. Sie wird (soll) an Asphaltbinderschichten und Splittmastixasphalten bestimmt werden. Für die dabei ermittelten Ergebnisse in Prozent gibt die TL Asphalt-StB 07 bisher keine Anforderungen in den zugehörigen Tabellen an. Lediglich der Hinweis „ist anzugeben" ist bei dieser Materialeigenschaft eingetragen.

Ähnlich verhält es sich bei der Bestimmung der *dynamischen Eindringtiefe* an Gussasphalten.

Die *Prüfung der Massen* erfolgt auf Dichte, Hohlraumgehalt und Haftvermögen des Bindemittels an der Gesteinskörnung sowie durch folgende Versuche zur Feststellung des Stabilitätsverhaltens, des Bindemittelgehaltes und der Zusammensetzung der Gesteinskörnung:

- **Marshall-Prüfung** (DIN EN 12697-34, Ausgabe 2012-07)

  Das Verfahren dient der Bestimmung des mechanischen Verhaltens von Walzasphalten (Abb. 9.21). Hierzu werden zylindrische Prüfkörper (Durchmesser ~ 10 cm, Höhe 63,5 mm) unter beidseitiger Verdichtung mit je 50 Schlägen eines Fallhammers (ähnlich dem

Proctorgerät) bei einer Verdichtungstemperatur, die abhängig von der verwendeten Bindemittelart und -sorte ist (Bezugstemperatur 140 °C bei Straßenbaubitumen 50/70), hergestellt. Das Herstellen des Mischguts im Labor erfolgt nach DIN EN 12697-35, Ausgabe 2007-11. Die Herstellung der Probekörper aus Mischgut erfolgt nach DIN EN 12697-30, Ausgabe 2012-06.

Nach einer Lagerung der Prüfkörper in Wasser bei 60 °C für mindestens 40 min (jedoch nicht länger als 60 min) erfolgt die Prüfung in der Marshalldruckprüfmaschine mit gleichmäßig steigender, auf die Rundflächen des Prüfkörpers wirkender Last über die Höchstkraft hinaus. Die Vorschubgeschwindigkeit beträgt 50 mm/min. Es wird ein *Kraft-Weg-Diagramm* aufgezeichnet, in dem auf der Abszisse der Verformungsweg in mm und auf der Ordinate die Kraft in kN aufgetragen sind (Abb. 9.22). Die Prüfung muss innerhalb von 40 s abgeschlossen sein.

Die ermittelte Höchstlast entspricht nur dann der tatsächlichen *Stabilität* (S), wenn der Probekörper die angestrebte Prüfkörperhöhe von 63,5 mm aufweist. Weicht die Höhe hiervon ab, wird die Höchstlast in Abhängigkeit von der Prüfkörperhöhe (Korrekturfaktor) verbessert. Das Ergebnis ist die *korrigierte Stabilität* (S'). Sie wird in kN angegeben.

Das Verformungsverhalten von Asphaltschichten wird durch den *Fließwert* im mm beschrieben. Wie in Abb. 9.22 zu erkennen ist, wird der Nullpunkt für die Bestimmung des Fließwertes (F) aus dem Diagramm heraus durch das Anlegen einer Tangente korrigiert. Die Differenz zwischen dem „neuen Nullpunkt" und der Ablesung im Moment der Höchstlast ergibt den Fließwert in mm. Zusätzlich werden der tangentiale Fließwert ($F_t$) und der Gesamtfließwert ($F_T$) aus dem Diagramm ermittelt. Als zusätzliches Beurteilungskriterium lässt sich der *Marshall-Quotient* in kN/mm, aus den Stabilitäts- und den Fließwertergebnissen, errechnen.

Die Auswertung von Versuchsreihen zur Ermittlung der optimalen Zusammensetzung einer Mischung erfolgt durch graphische Auswertung der festgestellten Werte für die Asphaltrohdichte, der Asphaltraumdichte, dem Hohlraumgehalt, der Stabilität und dem Fließwert in Abhängigkeit vom Bindemittelgehalt.

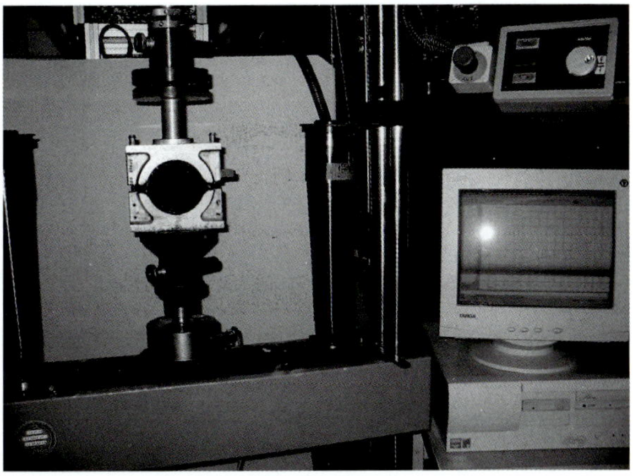

**Abb. 9.21:** Universalprüfmaschine als Marshallpresse; links der abgedrückte Marshallzylinder, rechts das aufgezeichnete Diagramm (s. Abb. 9.22)

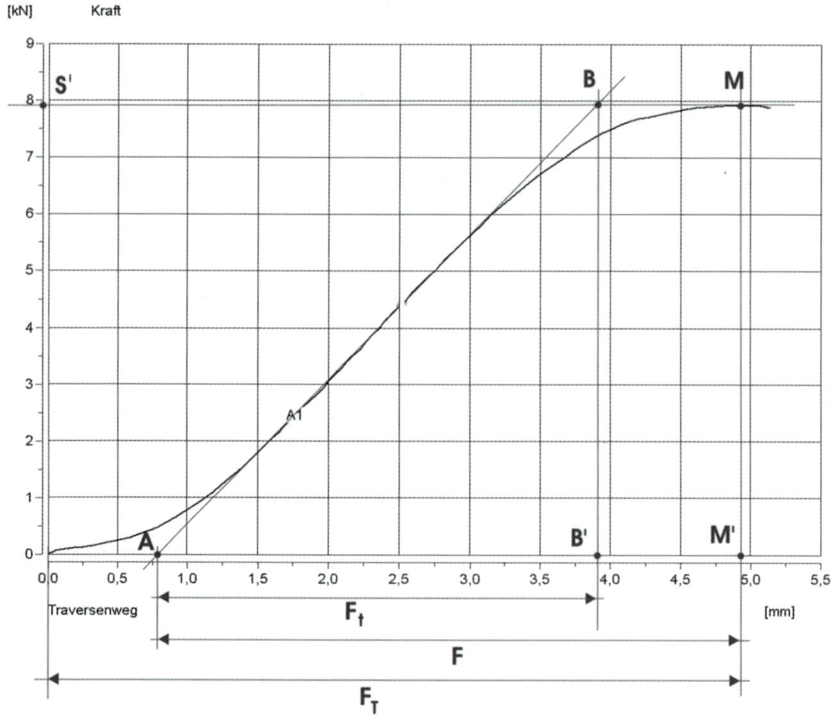


**Abb. 9.22:** Marshall-Diagramm nach der Prüfung;
auf der Abszisse ist die Verformung (Fließwert F) in mm im Moment der Höchstlast als Differenz zum korrigierten Nullwert abzugreifen (siehe Linien);
im Diagramm ist die Stabilität in kN auf der Ordinate ohne evtl. Korrektur ablesbar

- **Eindringversuch an Würfeln (Gussasphalt)** (DIN EN 12697-20, Ausgabe 2012-06)

  Bei Gussasphalt erfolgt die Messung der Eindringtiefe eines ebenen Stahlstempels an Probekörpern in Würfelform, die eine Kantenlänge von ca. 7 cm haben, mit einer Stempellast von 525 N.

  Straßenbaubeläge werden mit einer Stempelfläche von 5 cm² bei einer Temperatur von 40 °C und einer ½ h Belastungsdauer geprüft (zulässige Eindringtiefe je nach Einsatzgebiet des Gussasphaltes, im Straßenbau bis 4 mm). Bei Gussasphalt im Hochbau beträgt die Stempelfläche 1 cm² bei 22 °C mit 5 h Belastungsdauer und/oder 40 °C mit 2 h Belastungszeitraum (zulässige Eindringtiefe je nach Einsatzgebiet des Gussasphaltes).

- **Bestimmungen des Bindemittelgehaltes** (DIN EN 12697-1, Ausgabe 2012-09)

  Hierunter wird das Extrahieren des Bindemittels aus den Asphaltgemischen mithilfe von Lösungsmitteln (Toluol, Trichlorethylen u. a.) verstanden.

  Für die Bestimmung des Gehalts an löslichem Bindemittel stellt die Norm unterschiedliche Verfahren zur Auswahl. *Heißextraktoren* (Soxhlet-Verfahren), *Kaltextraktion* (ohne Temperierung) und/oder *Zentrifugen* können eingesetzt werden. Zur Ermittlung des Gesamtbindemittelgehaltes stand bisher eine empirische Näherungsformel zur Verfügung.

Diese ist nicht mehr Gegenstand der Norm. Es wird empfohlen, den Anteil an unlöslichen Bindemittelanteilen experimentell nach DIN EN 12592 zu bestimmen.

Das herausgelöste Bindemittel kann im Anschluss an die Bindemittelgehaltsbestimmung durch Destillieren im Rotationsverdampfer vom Lösemittel befreit werden. Dann lassen sich die Bindemitteleigenschaften (Erweichungspunkt usw.) bestimmen. Als Alternative für die Bestimmung des Bindemittelgehaltes kann der Normteil DIN EN 12697-39 „Bestimmung des Bindemittelgehaltes mittels Thermoanalyse" herangezogen werden.

- **Korngrößenverteilung der Gesteinskörnung** (DIN 12697-2, Ausgabe 2011-11)

  Die getrockneten Rückstände des Extraktionsversuches werden mit Sieben auf ihre Korngrößenverteilung geprüft.

  Die Begriffsbestimmungen und die Arbeitsweisen sind für die Prüfung der Gesteinskörnungen bei der Verwendung im Beton oder im Asphalt vereinheitlicht worden. Es wird hier im Wesentlichen auf die DIN EN 933-1 verwiesen.

- **Rohdichte** (DIN EN 12697-5, Ausgabe 2010-04)

  Für die Bestimmung der Asphaltrohdichte werden in dieser Prüfnorm ein volumetrisches, ein Auftriebs- und ein mathematisches Verfahren zur Auswahl gestellt.

- **Raumdichte** (DIN EN 12697-6, Ausgabe 2010-10 bzw. DIN EN 12697-7, Ausgabe 2002-12)

  Auch hier stehen wieder verschiedene Methoden zur Bestimmung der Raumdichte zur Wahl: das klassische *Tauchwägeverfahren* (nur für dichte Asphalte) und das *Ausmessverfahren*. Hinweise, die zur Findung des „richtigen" Verfahrens zur Messung dienen, sind in den Anhängen anschaulich ergänzt. Im Teil 7 der Normenreihe wird die Bestimmung der Raumdichte mithilfe von Gamma-Strahlen separat behandelt.

- **Bestimmung der volumetrischen Charakteristiken von Asphaltproben** (DIN EN 12697-8, Ausgabe 2003-06)

  In diesem Normteil sind jetzt die volumetrischen Betrachtungen der Asphaltgemische untergebracht. Hierzu gehören die Berechnung des Hohlraumgehaltes sowie die Bestimmung des prozentualen Anteils des mit Bindemittel gefüllten Hohlraums eines Gesteinskörnungsgemisches.

Diese stichpunktartige Auflistung könnte durch die Vielzahl der einzelnen Normteile weitergeführt werden. Deshalb sei der interessierte Leser auf die Normen (Beuth-Verlag, Berlin) oder die „Technischen Prüfvorschriften für Asphalt" (TP Asphalt-StB) verwiesen, die von der „Forschungsgesellschaft für Straßen- und Verkehrswesen", Köln, herausgegeben werden.

Eine größere Bedeutung für das Gesamtregelwerk im Straßenbau werden bei Walzasphalten der *Spurbildungstest*, die *Bestimmung der Beständigkeit gegen Ermüdung* und der *Druckschwellversuch* erlangen.

Auch beim Gussasphalt zeichnen sich erweiterte Anforderungen ab. So ist zwar in der TL Asphalt-StB 07 (noch) keine Anforderung zur *dynamischen Stempeleindringtiefe* vorhanden, jedoch ist diese zu prüfen und anzugeben. Gleiches gilt für Binderschichten (z. B. AC 22 B S), bei denen die *proportionale Spurrinnentiefe* in % anzugeben ist.

Die nächsten Jahre werden zeigen, ob der Prüfkatalog mit den Anforderungen an die Asphalte angepasst bzw. erweitert werden muss, oder ob schon im Vorfeld bei Erstprüfungen der Asphalte zusätzliche Eigenschaften zu überprüfen sind.

## 9.5 Bitumenhaltige Stoffe im Bautenschutz

*Bautenschutz* umfasst Maßnahmen gegen die Korrosion von Bauwerken, hervorgerufen durch Niederschläge, Bodenfeuchtigkeit, Grundwasser und Chemikalien. Die *Hauptanwendungsgebiete* sind Dachdeckungen, Dachabdichtungen und Bauwerksabdichtungen. Je nach Erfordernis werden Bitumen in heißflüssigem, gelöstem oder emulgiertem Zustand verwendet.

Bitumen ist bei normalen Temperaturen geruchlos und weder pflanzen- noch gesundheitsschädlich. Langzeitversuche ergaben keine Löslichkeit von Bestandteilen aus dem Bitumen. Daher wird z. B. für Trinkwasserbehälter das Bitumen als Abdichtungsmittel eingesetzt.

Beim Erhitzen des Bitumens entsteht ein nicht unangenehmer (süßlicher) Geruch. Chemische Untersuchungen mit Reagenzstoffen s. *Karsten, Rudolf:* Bauchemie, VDE Verlag.

Die folgenden Normen der Reihe DIN 18195-1 bis DIN 18195-10 wurden in den vergangenen Jahren überarbeitet und teilweise ergänzt neu herausgegeben. Die Normenreihe ist weiterhin in Bewegung.

Ergänzt wird diese Normenreihe durch das „DIN 18195 Beiblatt 1", derzeit mit Ausgabe 2011-03. Hierin sind zum Thema „Bauwerksabdichtungen" Beispiele für die Anordnung der Abdichtung – so auch der Titel des Beiblatts – enthalten. Die Palette der Anwendungsbeispiele in Bild- und Skizzenform reicht von klassischen Boden-Wandanschlüssen über Sockel-Türanschlüsse bis hin zu Abschlüssen am Dachrand. Ebenso werden verschiedene Typen von Bewegungsfugen in ihrer Konstruktion behandelt.

| | |
|---|---|
| DIN 18195 | Bauwerksabdichtungen;<br>Teil 1: Grundsätze, Definitionen, Zuordnung der Abdichtungsarten: Ausgabe 2011-12<br>Teil 2: Stoffe; Ausgabe 2009-04<br>Teil 3: Anforderungen an den Untergrund und Verarbeitung der Stoffe; Ausgabe 2011-12<br>Teil 4: Abdichtungen gegen Bodenfeuchte; Ausgabe 2011-12 ..."<br>Teil 5: Abdichtungen gegen nichtdrückendes Wasser ...; Ausgabe 2011-12<br>Teil 6: Abdichtungen gegen von außen drückendes Wasser ...; Ausgabe 2011-12<br>Teil 7: Abdichtungen gegen innen drückendes Wasser ...; Ausgabe 2009-07<br>Teil 8: Abdichtungen über Bewegungsfugen; Ausgabe 2011-12<br>Teil 9: Durchdringungen, Übergänge, An- und Abschlüsse; 2010-05<br>Teil 10: Schutzschichten und Schutzmaßnahmen; Ausgabe 2011-12 |
| VOB Teil C DIN 18336 | Abdichtungsarbeiten; Ausgabe 2012-09 |
| VOB Teil C DIN 18338 | Dachdeckungs- und Dachabdichtungsarbeiten; Ausgabe 2012-09 |

„Richtlinien für die Ausführung von Flachdächern", herausgegeben vom Zentralverband des Dachdeckerhandwerks (Flachdachrichtlinien)

„Technische Regeln für die Planung und Ausführung von Bauwerksabdichtungen", herausgegeben vom Hauptverband der Deutschen Bauindustrie e. V.

Einige der Normen, die Anforderungen an Bitumenbahnarten beinhalten, wurden in ihrer bisherigen Inhaltsform beibehalten und gelten (noch) gemeinsam mit Teilen der neuen DIN EN 13707 – Abdichtungsbahnen; Bitumenbahnen mit Trägereinlage für Dachabdichtungen; Definitionen und Eigenschaften; Ausgabe 2009-10. Inzwischen liegt aber ein weiterer Normentwurf mit Ausgabe 2012-05 vor.

## 9.5.1 Bitumenbahnen

### 9.5.1.1 Bahnen für Dachdichtung

Nach den Flachdachrichtlinien werden unterschieden:

- flache und geneigte Dächer,
- nicht genutzte und genutzte Flächen (z. B. Terrassen, Balkone, Gründächer),
- belüftete und nicht belüftete Dächer.

Bei den Einwirkungen auf die Dachfläche sind zu beachten:

- Feuchtigkeitseinwirkungen (Niederschlag, Baufeuchte, Nutzungsfeuchte),
- Temperatur (mit und ohne Schutzschichten),
- mechanische Einwirkungen (Art der Unterlage, Baustellenbetrieb, aus der Unterkonstruktion, besondere Auflasten, Windlasten),
- fotochemische Einflüsse, thermische Wechselbeanspruchungen, UV-Strahlung.

Dachbahnen für die Dachabdichtung müssen mehrlagig aufgebracht werden. Bei der Verwendung von Dachdichtungsbahnen sind mindestens 2 Lagen erforderlich. Bei Spezialbahnen auch 1 Lage (Herstellerrichtlinien beachten!) möglich.

In den vergangenen Jahren wurden die neugeschaffenen europäischen Normen zum Gesamtthema Dachbahnen sukzessive in nationale Normen überführt. Nachdem eine Übergangsfrist verstrichen ist, sind die altbekannten Stoffnormen größtenteils außer Kraft gesetzt. Als Beispiel sei hier die DIN 52130 für Bitumen-Dachdichtungsbahnen genannt.

Wie auch in anderen Baustoffgebieten gibt es jetzt ebenso im Falle der Dichtungsbahnen ein nationales Anwendungsdokument, das die entstandene Lücke zwischen dem europäischen Regelwerk und den Stoff- bzw. Konstruktionsnormen für länderspezifische Anforderungen an die Baumaterialien und deren Ausführungen schließen soll. Die Rede ist von der DIN V 20000-201 bis -203. Daher wird in den folgenden Auflistungen auf die Angabe von Stoffnormen verzichtet. Die aufgeführten Kurzzeichen bzw. Abkürzungen für die unterschiedlichen Bahnarten wurden bis zur Klärung der Materialnormen für diese Buchausgabe belassen.

- **Dachbahnen**

  *Dachbahnen mit Rohfilzeinlagen:* für Dachabdichtungen nicht geeignet.

  *Bitumendachbahnen*
  Bezeichnung nach dem Nennflächengewicht der Rohfilzpappe:
  0,500 kg/m² = 500
  0,333 kg/m² = 333 („500er oder 333er Pappe")
  z. B. Bitumendachbahn mit Rohfilzpappe: R 500 bzw. mineralfaserhaltige Rohfilzpappe M 500.

  *Dachbahnen mit Glasvlieseinlage*[1]*:* bei Dachabdichtungen nur als zusätzliche Lagen zu verwenden.

[1] Glasvlies und Glasgewebe s. Abschn. 6.6.

*Glasvlies-Bitumendachbahnen (V13)*
Bezeichnung nach dem Gewicht an löslichen Stoffen:
V 13 = mind. 1300 g/m²
Gewicht des Glasvlieses: 60 g/m²
Feststellung des Gewichtes der Einlagen durch Extraktion, d. h. durch Herauslösen der bitumenhaltigen Stoffe.

- **Dachdichtungsbahnen**

  Im Unterschied zu Dachbahnen mit beiderseitig verstärkten Deckschichten. Der Gehalt an löslichen Tränk- und Deckmassen muss mindestens 1600 g/m² betragen. Die Trägereinlagen sind aus Jutegewebe, Glasgewebe oder Polyestervlies.

  Bitumen-Dachdichtungsbahnen mit Jutegewebeeinlagen: J 300 DD
  Bitumen-Dachdichtungsbahnen mit Glasgewebeeinlagen: G 200 DD
  Bitumen-Dachdichtungsbahnen mit Polyestervlies als Einlage: PV 200 DD
  (Bezeichnung nach Flächengewicht der Einlage)

- **Bitumen-Schweißbahnen**

  4 oder 5 mm dick, mit Einlagen aus Glasgewebe (Gewicht der Einlage 200 g/m²), Jutegewebe (300 g/m²) oder Glasvlies (60 g/m²) sowie Polyesterfaservlies.

  Bitumen-Schweißbahnen werden im Flammschmelz-Klebeverfahren durch Erhitzen der Oberfläche, z. B. mit Propangasbrennern, vollflächig mit 10 cm Stoßüberdeckung verschweißt (s. Abb. 9.26).[1]

  Bezeichnung z. B. V60 S4 (Bitumen-Schweißbahn mit 60 g Glasvlieseinlage, Dicke 4 mm).

- **Polymerbitumen-Dachdichtungsbahnen**

  Diese Bahnen werden unter Verwendung von polymermodifiziertem Bitumen (Polymerbitumen) hergestellt und besandet oder beschiefert geliefert.

  Kurzzeichen PYE bei Modifizierung mit thermoplastischen Elastomeren
  Kurzzeichen PYP bei Modifizierung mit thermoplastischen Kunststoffen
  Bezeichnung: z. B. Dachdichtungsbahn PYE-PV200 DD
  Gehalt an Tränk- und Deckschicht: mind. 2100 g/m²

- **Polymerbitumen-Schweißbahnen**

  Talkumierte oder beschieferte Schweißbahnen unter Verwendung von Polymerbitumen als Tränk- und Deckmassen, Trägereinlagen Jutegewebe J 300, Textilglasgewebe G 200 oder Polyestervlies PV 200, Stärke im Mittel 4 oder 5 mm.

  Bezeichnung z. B. Schweißbahn PYE-G 200 S 4

- **Herstellung der Dachbahnen**

  Tränken der Einlagen mit Destillationsbitumen bei Bitumenbahnen. Anschließend beiderseitiger Auftrag einer Deckschicht aus geblasenem Bitumen (hohe Plastizitätsspanne); meist Zusatz von Gesteinsmehl zur Erhöhung der Widerstandsfestigkeit bei Wärme.

  Abstreuen der Deckschicht zur Verhinderung des Zusammenklebens der Bahnen bei Rollen mit Talkum sowie zum Schutz gegen Beschädigungen oder zur farbigen Belebung der Oberfläche mit Feinsand, Schiefer oder sonstigen farbigen Mineralien.

  Rollenbreite ~ 1 m, Rollenlänge 5 bis 10 m (stehende Lagerung der Rollen).

1 S. „abc der Bitumenbahnen – Technische Regeln" (Bezug durch vdd Industrieverband Bitumen-, Dach- und Abdichtungsbahnen e. V., Frankfurt a. M.)

- **Durchführung der Deckung bzw. Dichtung**

Voraussetzung bei der Verlegung: Trockenheit der Unterkonstruktion und Temperaturen nicht unter +5 °C. Zum Druckausgleich des Wasserdampfes, d. h. zur Vermeidung von Blasenbildung, ist bei nicht belüfteten Dächern (Warmdächern) die Verwendung von *Dampfdruckausgleichsschichten* erforderlich: einseitig grobbestreute Dachbahnen, Lochglasvlies-Dachbahnen (Abb. 9.23), Wellenentlüftungspappen oder ähnliche Spezialbahnen.

**Abb. 9.23:** Punktförmiges Verkleben einer Dampfdruckausgleichsschicht mit unterseitig bekiester Lochglasvlies-Dachbahn

Verlegung auf Massiv- und Holzdächern stets mehrlagig. Bei Holzdächern Nagelung der unteren Lage, bei Massivdächern Klebung. (Zur Sicherung der Haftung auf Betonuntergrund ist ein kaltflüssiger Voranstrich mit Bitumenlösung erforderlich).

Ganzflächiges Verkleben der Dachbahnlagen mit heißflüssiger Klebemasse bei ≥ 10 cm Nahtüberdeckung; im Streichverfahren bei vollflächigem Vorstreichen der Unterlage, besser jedoch im *Gieß- und Einrollverfahren* (Abb. 9.25).

Moderne *Kaltselbstklebebahnen* erlauben eine vollflächige Verklebung im kalten Zustand, da auf der Bahnenunterseite die Klebemasse bereits werksmäßig aufgebracht worden ist.

Behandlung freiliegender Bahnen zur Vermeidung von Versprödungen mit bitumenhaltigen Anstrichen (bei Bitumen- und Sonderdachbahnen in größeren Abständen Auffrischung mit Anstrichen auf Lösungsbasis).

Abdeckungen mit ≥ 5 cm Kies (Kiesschüttdach) erfordern einen heißflüssigen Deckaufstrich mit pflanzenwuchsabweisenden Mitteln (15 bis 20 Jahre keine Pflege erforderlich).

Als Dichtung gegen aufsteigende Bodenfeuchtigkeit im Mauerwerk werden dünne Bahnen zweilagig verwendet (kein Aufkleben bzw. Verkleben der Bahnen).

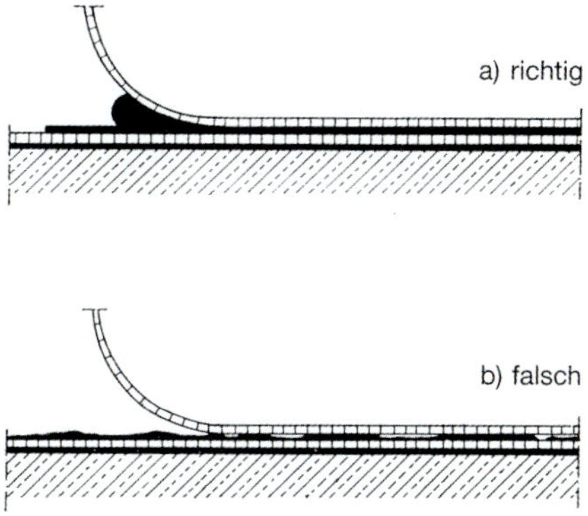


**Abb. 9.24:** Luftblasenfreies Verkleben zweier Bahnen

Abb. 9.25: Verlegen einer Bitumenbahn im Gieß- oder Einrollverfahren

Abb. 9.26: Verlegen einer Bitumenbahn im Schweißverfahren (Flammschmelz-Klebeverfahren)

- **Brandverhalten von bitumenhaltigen Dachabdichtungen**

  Genormte Dachbahnen und Dachdichtungsbahnen gelten ohne besonderen Nachweis als widerstandsfähig gegen Flugfeuer und strahlende Wärme, wenn sie normgerecht gemäß VOB, DIN 18338 (Dachdeckungs- und Dachabdichtungsarbeiten) auf Holzschalung oder anderen mindestens gleichwertigen Unterlagen aus Baustoffen der Klasse B2 ohne Dämmschichten verlegt werden.

- **Bitumen-Schindeln für Dachdeckungen**

  DIN EN 544 (Ausgabe 2006-03 **und** Neufassung 2011-09) Bitumenschindeln

  Einlagen aus Glasfasergewebe, Glasfaservlies, Polyesterfaservlies, Polyester- und Glasfaservlies und andere Materialien; Tränkmasse aus oxidiertem Bitumen, elastomermodifiziertem Bitumen, plastomermodifiziertem Bitumen und Spezialbitumen; Oberfläche mit Schieferplättchen, Keramikgranulat, Kupferfolie oder anderen Materialien, sowie unterschiedlich behandelte Unterseiten.

### 9.5.1.2 Bahnen für Bauwerksabdichtung

Für Abdichtungen gegen Bodenfeuchtigkeit, nicht drückendes und drückendes Wasser gemäß DIN 18195 Teil 4 bis 6.

- **Nackte Bitumenbahnen**

  Mit Bitumen (nach DIN EN 12591) oder Naturasphalt getränkte Rohfilzpappe ohne Deckschicht. Die nackten Pappen selbst haben keine feuchtigkeitssperrende Wirkung, sondern dienen lediglich als Träger der Dichtungsaufstriche aus Bitumen. Abschließend ist ein Deckaufstrich erforderlich.

  Für *wasserdruckhaltende Dichtungen* kommen 500er Bahnen im mehrfachen Wechsel Bahnen/Heißaufstrich zum Abdichten von Bauteilen im Grundwasserbereich zum Einsatz. Verstärkung der Abdichtung evtl. durch Einbetten einer Lage von geriffeltem Kupfer- oder Aluminiumband (0,1 bzw. 0,2 mm) zwischen den Aufstrichen (*Wannenausbildung*).

  Das Auftragen der Klebemassen erfolgt im Streichverfahren mittels Bürste oder im Gieß- und Einrollverfahren, bei dem fortlaufend heißflüssige Klebemasse zwischen Untergrund und abrollende Bahn gegossen wird, sodass beim Andrücken der Rolle die Klebemassen luftblasenfrei wulstartig vorwärts gedrängt werden.

  Schutz der Abdichtungen gegen Abrutschen und Beschädigungen durch äußeres Abkleiden mit dünner Betonschicht oder mit halbsteinstarkem Mauerwerk (Anpressdruck durch anliegende Verfüllung des Erdreiches).

- **Bitumendachbahn R 500**

  Beidseitig besandete Bahn mit Rohfilzpappe, die 500 g/m$^2$ Bitumengehalt aufweist.

  Verklebung mit Heißbitumen oder Aufnageln.

  Verwendung für untergeordnete Dachflächen.

- **Dachbahn V 13**

  Feinbesandete Bitumenbahn mit Glasvlies 60 g/m$^2$ als Einlage (Bahndicke ca. 1,5 mm). Der Gehalt an löslichen Bestandteilen (Bindemittelgehalt) liegt bei 1300 g/m$^2$.

- **Dichtungsbahnen**

  Feinbesandete Dichtungsbahnen mit beiderseitig stärkerer Deckschicht (Bahndicke je nach Einlage 3,5 bis 2,5 mm) aus Bitumen.

  Einlage aus 500er Rohfilzpappe (R), 300er Jutegewebe (J), 200er Glasgewebe (G), 0,1-mm-Kupferband (geriffelt) bzw. 0,2-mm-Aluminiumband (glatt oder geprägt) oder Kunststoff-(Polyethylenterephthalat)-Folie (PETB) mit mind. 0,03 mm Dicke.

  Bezeichnung der Dichtungsbahnen z. B. R 500.

- **Dachdichtungsbahnen**

  Besandete oder beschieferte Bitumen-Dachdichtungsbahnen mit Trägerlagen aus Jutegewebe, Glasgewebe oder Polyestervlies.

- **Bitumenschweißbahnen**

  Talkumierte oder beschieferte Bitumenbahnen, die durch Anschmelzen der Deckschicht (Schweißen) verarbeitet werden; mit Trägerlagen aus Jutegewebe, Glasgewebe, Glasvlies oder Polyestervlies.

- **Polymerbitumen-Dachdichtungsbahnen**

  Sie werden unter Verwendung von polymermodifiziertem Bitumen (Polymerbitumen) hergestellt und besandet oder beschiefert geliefert.

## 9.5.2 Stoffe und Massen zur Abdichtung von Bauwerken

### 9.5.2.1 Deckaufstrichmittel gegen Feuchtigkeit

Die außenseitige Abdichtung der Bauwerke erfolgt bei nichtdrückendem Wasser (Bodenfeuchtigkeit) gemäß DIN 18195 mit bitumenhaltigen Deckaufstrichmitteln.

**Im Heißauftrag:** Bitumen nach DIN EN 12591 oder Blasbitumen

**Im Kaltauftrag:** Bitumenlösung oder Bitumenemulsion

Zur Stabilisierung der Deckaufstriche erfolgen auch eine Beimischung von Füllern (Steinmehl, faserartigen Stellmitteln) sowie eine Kombination mit Kunstharzen.

Zur Schließung möglicher Fehlstellen sind mindestens zwei heiß- oder drei kaltflüssige Deckanstriche erforderlich. Bei Dichtungsaufstrichen stets kalten Voranstrich (Haftanstrich) mit verdünnter Lösung oder Emulsion gleicher Grundstoffbasis vorsehen.

### 9.5.2.2 Spachtelmassen aus Bitumen

Anwendung bei erforderlicher höherer Widerstandsfähigkeit gegen mechanische Beanspruchung. Zweilagiger Auftrag mit mindestens 8 mm Dicke nach Voranstrich.

*Untergrund der Abdichtungsflächen*: Putzflächen abgerieben, aber nicht geglättet; Betonflächen entgratet, Mauerwerk bündig gefugt; Voranstrich kaltflüssig.

**Im Heißauftrag:** Fabrikfertiges Gemisch von Sand und Füller mit 16 bis 22 M.-% Bitumengehalt (Asphaltmastix).

**Im Kaltauftrag:** Fabrikfertige Spachtelmassen plastischer Konsistenz auf Lösungs- oder Emulsionsbasis mit Füllergehalt aus Mineralstoffen und Fasern (z. B. Steinfasern).

#### 9.5.2.3 Korrosionsschutzanstriche bei Stahlbauten

Die Richtlinien sind in DIN EN ISO 12944-1, Ausgabe 1998-07, „Korrosionsschutz von Stahlbauten durch Beschichtungssysteme" enthalten. Die Anstriche werden mit Bitumenlösungen (Bitumenlack) vorgenommen, verbunden mit einem Grundanstrich, bei Stahlkonstruktionen, Spundbohlen, Schleusen, Wehranlagen. Zur Unterscheidung des mehrfachen Anstrichauftrags erfolgt eine Zugabe von verschiedenfarbig getönten Pigmenten (Eisenoxide, Aluminiumbronze).

Gas- und Wasserleitungsrohre werden durch werkseitiges Tauchen und Wälzen geschützt. Ein zusätzlicher Außenschutz erfolgt durch Glasfasergewebe, das in *Bitumenwickelmasse* eingebettet wird (geblasenes Bitumen), und mit einem abschließenden Kalkanstrich gegen Sonneneinwirkung.

### 9.5.3 Vergussmassen

Anforderungen und Ausführungsrichtlinien bzw. -hinweise zu den Vergussmassen sind – abhängig von der Bauwerksart und der Beanspruchung – u. a. enthalten bzw. geregelt in:

- Zusätzlich Technische Lieferbedingungen für Fugenfüllstoffe in Verkehrsflächen (TL Fug-StB 01 (mit Ergänzungen 2007));
- Zusätzlich Technische Vertragsbedingungen und Richtlinien für Fugen in Verkehrsflächen (ZTV Fug-StB 01);
- Zusätzlich Technische Vertragsbedingungen und Richtlinien für die Herstellung von Brückenbelägen auf Stahl (ZTV-BEL-ST 1992/95 (mit Ergänzungen 2010));
- Merkblatt für die Ausführung von Verkehrsflächen in Gleisbereichen von Straßenbahnen, Ausgabe 2006.

Die heiß zu verarbeitenden Fugenvergussmassen bestehen aus Bitumen und bis zu 50 % aus Füllstoffen. Kaltvoranstriche sind erforderlich! Verwendung als Pflaster- bzw. Schienenvergussmasse oder als Vergussmasse für Fugen in Betonkonstruktionen.

### 9.5.4 Sonstige Anwendungsgebiete bitumenhaltiger Stoffe

- **Klebemassen:** Für Dachbahnen und Dichtungsträger aus Bitumen, auch Kaltkleber für Dächer.
- **Fußbodenbeläge:** Mit mittelhartem Bitumen getränkte und auf der Oberfläche mit Ölfarbenmustern bedruckte Rohfilzpappen: Balatum und Stragula (Firmenbezeichnungen).

- **Bitumenwellpappen** für Belüftungs- und Drainagezwecke (DIN EN 534). Weitere Anwendungsgebiete in der Elektroindustrie für Isolierzwecke.

## 9.5.5 Prüfung der bitumenhaltigen Bahnen

Die anzuwendenden Prüfverfahren waren bisher in einer Norm (DIN 52123 „Prüfung von Bitumen- und Polymerbitumenbahnen") festgelegt und geregelt. Die Teile dieser Norm wurden durch europäisch angepasste Ausgaben ersetzt. Sie gilt aber in manchen Abschnitten zusammen mit einer europäischen Entsprechung oder wird noch immer für einzelne Prüfverfahren herangezogen.

Im Folgenden sind einige Prüfverfahren und die derzeitigen Normen aufgeführt.

In der DIN EN 13707 „Abdichtungsbahnen; Bitumenbahnen mit Trägereinlage für Dachabdichtungen, Definitionen und Eigenschaften", Ausgabe 2009-10 (es liegt bereits ein erneuter Entwurf von 2012-05 vor), sind diverse Bitumenbahnarten definiert und deren Eigenschaften aufgeführt. Für die Prüfung der Eigenschaften sind hier Verweise auf die Prüfnormen enthalten. Sie gilt somit gemeinsam mit dem bereits genannten Regelwerk und den nachfolgenden Normen.

| | |
|---|---|
| DIN EN 1107-1 bzw. DIN EN 1107-2 | Bestimmung der Maßhaltigkeit |
| DIN EN 1108 | Bestimmung der Formstabilität bei zyklischer Temperaturänderung |
| DIN EN 1109 | Bestimmung des Kaltbiegeverhaltens |
| DIN EN 1110 | Bestimmung der Wärmestandfestigkeit |
| DIN EN 1297 | Bitumen-, Kunststoff- und Elastomerbahnen für Dachabdichtungen; Verfahren zur künstlichen Alterung bei kombinierter Dauerbeanspruchung durch UV-Strahlung, erhöhte Temperatur und Wasser |
| DIN EN 1849-1 bzw. DIN EN 1849-2 | Bestimmung der Dicke und flächenbezogenen Masse |
| DIN EN 1850-1 bzw. DIN EN 1850-2 | Bestimmung sichtbarer Mängel |
| DIN EN 1928 | Bestimmung der Wasserdichtheit |
| DIN EN 12039 | Bestimmung der Bestreuungshaftung |

Die Bestimmung der *Höchstzugkraft* und der Dehnung bei Höchstzugkraft erfolgt an Prüfstreifen, die ca. 30 cm Länge und 5 cm Breite aufweisen. Sie werden zu je drei Stück aus der Längsrichtung (= Verlege- oder Ausrollrichtung der Bitumenbahn), Querrichtung und ggf. aus der Diagonale einer Bitumenbahn ausgeschnitten.

In besonderen Fällen kann auch eine sogenannte *Wurzelfestigkeit* geprüft werden. Bei dieser Prüfung werden bestimmte, stark wurzeltreibende Samen in einem transparenten Kunststoffgehäuse mit Boden in die einzusetzenden Bitumenbahn eingebaut. Nach vier Wochen wird die Unterseite der Bitumenbahn visuell überprüft, ob sich Wurzeldurchwuchs zeigt und damit die Bahn die Funktion einer Abdichtung nicht mehr erfüllt.

## Fachschriften / Literaturverzeichnis

### Geschichtliches

*Zirkler, E.*: Asphalt - Ein Werkstoff durch Jahrtausende. Giesel-Verlag, Isernhagen, 2001

*Zirkler, E.*: Straßengeschichte - Mobilität durch Jahrtausende. Giesel-Verlag, Isernhagen, 2003

### Normen (Auswahl; sortiert nach Erfordernis)

| | |
|---|---|
| DIN EN 12597 | Bitumen und bitumenhaltige Bindemittel; Terminologie; Ausgabe 2012-05 |
| DIN EN 12591 | Anforderungen an Straßenbaubitumen; Ausgabe 2009-08 |
| DIN EN 1426 | Bestimmung der Nadelpenetration; Ausgabe 2007-06 |
| DIN EN 1427 | Bestimmung des Erweichungspunktes, Ring-und-Kugel-Verfahren; Ausgabe 2007-06 |
| DIN EN 12593 | Bestimmung des Brechpunktes nach Fraaß; Ausgabe 2007-06 |
| DIN EN 12697 | Asphalt - Prüfverfahren für Heißasphalt; Teil 1 bis Teil 49 |

### Regelwerke / ZTV ...

RStO 12 - Richtlinien für die Standardisierung des Oberbaues von Verkehrsflächen, Ausgabe 2012; Forschungsgesellschaft für Straßen- und Verkehrswesen (FGSV), Köln

TL Gestein-StB 04 - Technische Lieferbedingungen für Gesteinskörnungen im Straßenbau, Ausgabe 2004/Fassung 2007 und Ergänzung von April 2010; Forschungsgesellschaft für Straßen- und Verkehrswesen (FGSV), Köln

TL Asphalt-StB 07 - Technische Lieferbedingungen für Asphaltmischgut für den Bau von Verkehrsflächenbefestigungen; Ausgabe 2007 und Ergänzung von Mai 2013, Forschungsgesellschaft für Straßen- und Verkehrswesen (FGSV), Köln

> *Anmerkung: Ergänzend hierzu wurde wegen der Einführung der „Europäischen Bauprodukten-Verordnung (EU-BauPVO)" eine Sonderpublikation zur CE-Kennzeichnung vom selben Herausgeber veröffentlicht. Enthalten sind „Beispiele für eine Leistungserklärung nach Anhang III der EU-BauPVO ... für die Lieferung von Asphaltmischgut nach den TL Asphalt-StB", so auch der Titel des Werkes.*

ZTV Asphalt-StB 07 - Zusätzliche Technische Vertragsbedingungen und Richtlinien für den Bau von Verkehrsflächenbefestigungen aus Asphalt, Ausgabe 2007 und den Ergänzungen Juni 2013; Forschungsgesellschaft für Straßen- und Verkehrswesen (FGSV), Köln

VOB - Verdingungsordnung für Bauleistungen. Beuth-Verlag, Berlin

### Fachbücher; sonstige ergänzende Literatur

*Richter, D.; Heindel, M.*: Straßenbau und Tiefbau. B. G. Teubner Verlag, Stuttgart, 9. Auflage 2004

*Holl, Alfred*: Bitumen-Emulsionen in Straßenerhalt und Straßenbau. Herausgegeben durch den Fachverband für Bitumenemulsionen und Straßenerhaltungsbauweisen e. V., Hamburg, 2004

*Knoll, E.*: Der Elsner - Handbuch für Straßen- und Verkehrswesen 2013. Otto Elsner Verlagsgesellschaft, Dieburg

*Velske, S; Mentlein, H.; Eymann, P.*: Straßenbautechnik. Werner Verlag, Düsseldorf, 7. Auflage 2013

*Wiehler, H.-G.; Wellner, F. u. a.*: Straßenbau - Konstruktion und Ausführung. Huss-Medien GmbH, Verlag Bauwesen, Berlin, 5. Auflage 2005

Deutsches Dachdeckerhandwerk - Regeln für Abdichtungen - Flachdachrichtlinie. Herausgegeben durch den Zentralverband des Deutschen Dachdeckerhandwerks - Fachverband Dach-, Wand- und Abdichtungstechnik e. V., Verlagsgesellschaft Rudolf Müller, Köln, 2012

*Birkner, Christian u. a.*: Technische Regeln für die Planung und Ausführung von Abdichtungen mit Polymerbitumen- und Bitumenbahnen. Herausgegeben durch den vdd Industrieverband Bitumen-, Dach- und Dichtungsbahnen e. V., Frankfurt, 5. Auflage Juli 2012

## Bildnachweis

Abb. 9.2 bis 9.7
S. Koch, A. Dominik, G. Sedelies
Bilder zur Vorlesung und Laborübung Baustofflehre für Architekten,
FH Köln, Köln, 2010

Abb. 9.8
ZTV Asphalt-StB 07

Abb. 9.10
D. Meyer, Baustoffprüfer

Abb. 9.11 bis 9.15
TL Asphalt-StB 07

Abb. 9.17 und 9.18
Der Aggerverband – Fachbereich Talsperren, Gummersbach

Abb. 9.20
STRABAG International GmbH, Pressearchiv,
freigegeben durch Volkswagen AG, Deutschland

Abb. 9.25 und 9.26
entnommen aus „abc der Bitumenbahnen – Technische Regeln",
mit freundlicher Genehmigung des vdd Industrieverband Bitumen-, Dach- und Abdichtungsbahnen e. V., Frankfurt

# 10 Kunststoffe

*Dietmar Klausen*

E-Modul sehr gering 3000 - 4000 $N/mm^2$

## 10.1 Definitionen und Grundbegriffe

Kunststoffe sind makromolekulare (organische) Stoffe, die synthetisch oder durch Umwandlung von Naturstoffen erzeugt werden und unter bestimmten Bedingungen plastisch formbar sind (oder plastisch geformt wurden).

Makromolekulare (= hochmolekulare oder hochpolymere) Substanzen bestehen aus außerordentlich großen Molekülen, die sich aus sehr vielen gleichen oder ähnlichen „Bausteinen" zusammensetzen. Organische Stoffe sind Kohlenstoffverbindungen.

Die Herstellung der Kunststoffe erfolgt

- vollsynthetisch durch Verknüpfung kleiner Moleküle (= Monomere) zu Makromolekülen (= Polymere). Die Rohstoffbasis für die vollsynthetischen Werkstoffe sind Erdöl, Erdgas, Kohle, Kalk, Wasser u. a.
- durch Abwandlung makromolekularer Naturstoffe. Die Rohstoffe für die abgewandelten Naturprodukte sind Zellulose, Eiweiß, Naturkautschuk und Naturharze.

Die Gewinnung hochmolekularer synthetischer Werkstoffe aus niedermolekularen Ausgangsstoffen (Monomere) erfolgt durch Polyreaktionen, wie *Polymerisation*, *Polykondensation* oder *Polyaddition*.

**Polymerisation** ist die schrittweise Verknüpfung vieler kleiner Moleküle (Grundmoleküle der Monomeren) zu einem größeren Molekül. Die dabei entstehenden Polymerisate haben die gleiche elementaranalytische Zusammensetzung wie die Monomere.

**Polykondensation** ist die stufenweise Verknüpfung vieler kleiner Moleküle zweier organischer Verbindungen zu Makromolekülen unter Abspaltung niedermolekularer Nebenprodukte, z. B. Wasser. Moleküle mit zwei Verknüpfungsstellen bilden kettenförmige, solche mit drei Verknüpfungsstellen räumlich vernetzte Polykondensate.

**Polyaddition** ist die Verknüpfung gleicher oder verschiedenartiger Moleküle **ohne** Abspaltung von Nebenprodukten. Dabei können sowohl kettenförmige als auch vernetzte Polyaddukte gebildet werden. Polyaddition wird auch als kondensierende Polymerisation bezeichnet. Polyaddukte sind Epoxidharze und Polyurethane.

Die **Struktur der Kunststoffe** wird durch die zwischen den Atomen und Makromolekülen wirkenden Bindungskräfte bestimmt. Die primären Bindungskräfte (Atom- oder Hauptvalenzbindungen) verursachen die Bindung der Atome innerhalb eines Moleküls. Die sekundären Bindungskräfte (Nebenvalenzen, Van-der-Waalsche Kräfte u. a.) sind für die Struktur der Kunststoffe maßgebend. Die Stärke der Sekundärbindungen ist abhängig von der Größe und

Gestalt der Makromoleküle sowie ihrer Ordnung untereinander. Weitere Abhängigkeiten ergeben sich aus äußeren Einflüssen, z. B. Temperatur, und durch die Einwirkung von Fremdatomen.

Die **Größe** der Makromoleküle wird durch das *Molekulargewicht* oder den *Polymerisationsgrad* angegeben. Der Polymerisationsgrad ist die Anzahl der zu einem Makromolekül vereinigten Grundmoleküle (Monomere). Das Molekulargewicht ist die Summe der Atomgewichte der in einem Molekül enthaltenen Atome. Da Kunststoffe immer aus einem Gemisch verschieden großer Makromoleküle bestehen, werden im Allgemeinen nur ein mittlerer Polymerisationsgrad und ein mittleres Molekulargewicht angegeben.

Nach ihrer **Gestalt** werden die Makromoleküle in *lineare (Faden- oder Kettenmoleküle), verzweigte* und *räumlich vernetzte Kettenmoleküle* eingeteilt (Abb. 10.1).

| Eigenschaften | Thermoplaste | Elastomere | Duroplaste |
|---|---|---|---|
| Mechanische Eigenschaft/ Festigkeit | weich, aber auch halbhart und hart möglich | elastisch, gummiartig | halbhart, hart, spröde |
| Chemischer Aufbau | lineare Ketten mit und ohne Seitenketten | weitmaschige intermolekulare Verknüpfungen | engmaschige intermolekulare Verknüpfungen |
| Struktur/Vernetzung der Makromoleküle | keine chemische Vernetzung | leichte chemische Vernetzung (Bindungsbrücken) | starke chemische Vernetzung |
| | <br>Bei Erwärmung können sich die Moleküle gegeneinander bewegen. Daraus resultiert die thermische Verformbarkeit. | 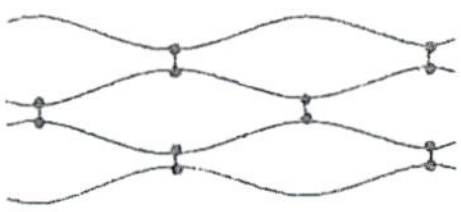<br>Durch äußeren Kraftaufwand wird das Molekülnetz elastisch gedehnt. | <br>Die starke Vernetzung führt zu einem starren Gefüge, welches weitgehend unabhängig von Temperatur- und äußerer Krafteinwirkung ist. |

**Abb. 10.1:** Struktur von Thermoplasten, Elastomeren und Duroplasten

Nach der **Ordnung** der Makromoleküle untereinander werden *amorphe (regellose), orientierte* und *partiell-kristalline (teilweise geordnete)Strukturen* unterschieden.

Bei makromolekularen Stoffen wird die Stärke der Sekundärbindung durch die Größe der Moleküle begünstigt, durch ihre mangelhafte Ordnung aber beeinträchtigt. Außerdem ergeben die schwankende Molekülgröße und der wechselnde Ordnungsgrad Sekundärbindungen unterschiedlicher Stärke. Daher treten die verschiedenen makromolekularen Stoffe bei normaler Temperatur in vielen Übergangsformen zwischen dem festen und flüssigen Zustand auf.

## 10.2 Einteilung der Kunststoffe

Legt man eine einfache plastische Formgebung unter Anwendung von Wärme und/oder Druck als das wesentliche Kriterium zugrunde, dann lassen sich die Kunststoffe in *unvernetzt* und *vernetzt* (Abb. 10.1) unterteilen. Bei unvernetzten Kunststoffen ist eine plastische Formgebung durch Erwärmung mehrmals möglich. Vernetzte Kunststoffe sind dagegen nach einmaligem Durchlaufen ihres plastischen Zustands bei der Formgebung „ausgehärtet" und erweichen bei erneutem Erwärmen nicht wieder.

Die in der Praxis vorwiegend verwendete Klassifizierung unterscheidet nach dem *thermisch-mechanischen Verhalten* zwischen

- Thermoplasten oder Plastomeren, die auch bei wiederholter Erwärmung plastisch verformbar sind,
- Duroplasten oder Duromeren, die nur einmal, während der Urformung plastisch formbar sind,
- Elasten oder Elastomeren, die gummi-elastische Eigenschaften aufweisen.

### 10.2.1 Thermoplaste

Thermoplaste sind bei Raumtemperatur spröde oder zähelastische Kunststoffe, die sich ohne chemische Veränderung wiederholt in einen zäh- oder weichelastischen bis plastischen Zustand erwärmen lassen und schließlich schmelzen können. Ursache für dieses Verhalten sind die langen, linearen Kettenmoleküle, die bei Raumtemperatur aufgrund starker Sekundärbindungen untereinander festgehalten werden. Durch Temperaturerhöhung werden die Bindekräfte teilweise und schließlich ganz überwunden. Die Kettenmoleküle gleiten dann unter Zug- oder Druckbeanspruchung voneinander ab; der Kunststoff wird zäh- oder weichelastisch und schließlich plastisch fließend.

Thermoplaste mit amorpher Struktur, bei denen die Kettenmoleküle ungeordnet watteartig verfilzt vorliegen, befinden sich bei Raumtemperatur im glasartigen Zustand. Amorphe Thermoplaste sind – sofern sie nicht eingefärbt sind und keine Füllstoffe enthalten – glasklar, transparent und meist spröde („Organische Gläser").

Unter bestimmten Voraussetzungen können sich Kettenmoleküle partiell zu extrem regelmäßigen kristallinen Strukturen zusammenlagern. Eine vollständige Ausrichtung der langen fadenförmigen Moleküle und ihre auch bei höheren Temperaturen geringe Beweglichkeit lassen jedoch einen vollständigen Kristallisationsprozess nicht zu. Es entstehen daher kristalline Strukturen neben nicht-kristallinen amorphen Bereichen; man spricht von einem teilkristallinen Zustand, der durch Härte, Zähigkeit und Wärmeformbeständigkeit gekennzeichnet ist. Bei teilkristallinen Thermoplasten wird das Licht an den kristallinen Bereichen abgelenkt, sodass der Kunststoff lichtundurchlässig (opak) erscheint.

Temperaturen zwischen 200 und 300 °C führen bei allen Thermoplasten zur Auflösung des hochmolekularen Aufbaus. Umgekehrt erfolgt bei Abkühlung wieder eine Versteifung des Materials. Der Vorgang ist somit umkehrbar (reversibel).

Die thermisch bedingte Veränderlichkeit des mechanischen Verhaltens der Thermoplaste lässt eine gute Verarbeitbarkeit im Warmzustand mittels Verformen und Schweißen zu, begrenzt aber deren Anwendbarkeit teilweise schon bei 80 °C, bei höher entwickelten Thermoplasten etwa bei 140 °C. Bei Raumtemperatur sind Thermoplaste spanend bearbeitbar.

Thermoplastische Kunststoffe können auch durch den Zusatz nichtflüchtiger Gleitmittel („Weichmacher") dauerelastisch eingestellt werden, sodass sie – bedingt durch das reibungslose Aneinandergleiten der Kettenmoleküle – im Verhalten den gummiartigen Kunststoffen (Elastomeren) ähneln.

Die meisten der heute verwendeten Kunststoffe fallen unter die Gruppe der Thermoplaste: Polyethylen, Polypropylen, Polystyrol, Polyester. Für einfache Konsumwaren, Verpackungen u. Ä. werden sie ebenso häufig eingesetzt wie für technische Teile in der Automobil- und Elektroindustrie oder im Bauwesen.

Mischungen aus zwei oder mehr Thermoplasten zur Modifizierung bestimmter vorhandener Eigenschaften werden als „Poly- oder Polymerblends" bezeichnet. Viele dieser Mischungen stellt man vor allem aus Kostengründen her, um die Lücke zwischen dem begrenzten Eigenschaftsbild der preiswerten Standard-Kunststoffe und den teuren Technischen Kunststoffen zu schließen. Es wird geschätzt, dass rund 10 % aller handelsüblichen Thermoplaste in Wirklichkeit Polymerblends sind, bei den Elastomeren beträgt ihr Anteil etwa 75 %.

### 10.2.2 Duroplaste

Duroplaste bestehen im ausgehärteten Zustand aus engmaschig stark vernetzten Makromolekülen. Aus den niedermolekularen Ausgangsstoffen (Monomere) werden vor der Härtung zunächst unvernetzte bzw. nur wenig vernetzte, noch plastisch verformbare Vorprodukte hergestellt, die – als Harze bezeichnet – für die eigentliche Vernetzung zum Duroplast dienen. Die räumliche Vernetzung („Härtung") erfolgt im Allgemeinen erst bei der Formgebung unter Zugabe von Reaktionsmitteln (Härter, Beschleuniger) und/oder unter Einwirkung von Wärme oder energiereicher Strahlung (UV-, IR-Strahlung).

Eine sehr starke Erwärmung von Duroplasten führt nicht zu einer plastischen Verformbarkeit, sondern zu deren Zersetzung. Ausgehärtete Duroplaste sind bei Raumtemperatur meist sehr hart und spröde und im weitergehenden Fertigungsprozess nur noch mechanisch bearbeitbar oder verklebbar. Duroplaste sind temperaturstandfest, nicht plastisch verformbar, nicht schmelz- und schweißbar, nicht löslich und nur gering quellbar.

### 10.2.3 Elastomere

Elastomere sind Polymere mit weich-elastischen („gummielastischen") Eigenschaften bei Gebrauchstemperatur. Durch Dehnung und Stauchung können Elastomere ihre Form kurzzeitig verändern, bei Entlastung nehmen sie schnell wieder ihre ursprüngliche Form an. Ursache für dieses Verhalten sind weitmaschige dreidimensionale chemische und physikalische Vernetzungen zwischen benachbarten Kettenmolekülen, die auch bei erhöhter Beweglichkeit nicht mehr aneinander abgleiten können.

Man unterscheidet permanent vernetzte Elastomere/Gummi und reversibel vernetzte Elastomere (Thermoplastische Elastomere TPE).

Als *permanent vernetzt* werden irreversibel chemisch vernetzte Elastomere bezeichnet, die ihre Gummielastizität etwa bis zur Zersetzungstemperatur behalten. Sie sind weder schmelzbar noch löslich, sie können aber unter der Einwirkung von Lösemittel aufquellen, d. h., die Lösemittelmoleküle lagern sich zwischen den Kettenmolekülen ein. Weitmaschig permanent vernetzte Elastomere werden als Gummi bezeichnet; vor ihrer Vernetzung heißen sie Kautschuk. Zur Herstellung permanent vernetzter Elastomere vermischt man ungesättigte Kautschuke (R-Kautschuke) oder überwiegend bzw. vollständig gesättigte Kautschuke (z .B. M-Kautschuke) mit Vernetzungsmitteln sowie anderen Zusätzen. Dann werden sie bei oder nach der Formung in der Wärme, bei Raumtemperatur oder in der Kälte chemisch vernetzt („vulkanisiert").

Bei den *reversibel vernetzten* Elastomeren sind die Makromoleküle untereinander physikalisch vernetzt. Ihre Vernetzung löst sich bei erhöhter Temperatur unter Umwandlung in reine Thermoplaste, die bei weiterer Temperaturerhöhung in den plastischen Zustand übergehen. Die Thermoplastischen Elastomere (TPE oder auch Elastoplaste) zeigen damit das Gebrauchsverhalten von Elastomeren und das Verarbeitungsverhalten von Thermoplasten. Nach ihrer Zusammensetzung unterscheidet man zwei Gruppen, die jeweils durch einen zweiphasigen Aufbau gekennzeichnet sind: Polymerblends, die aus einer harten thermoplastischen Polymermatrix bestehen, in der unvernetzte oder vernetzte Elastomerpartikel als „Weichteile" eingelagert sind und Blockcopolymere, die harte („Hartsegmente") und weich-elastische Blöcke („Weichsegmente") enthalten. Reversibel vernetzte Elastomere sind schmelz- und quellbar, löslich sowie schweißbar.

## 10.3 Thermoplaste

Die aus unvernetzten Polymerketten aufgebauten Thermoplaste sind preiswert herstellbar und einfach zu verarbeiten. Wegen ihres breit einstellbaren mechanischen Eigenschaftsprofils (von glasartig über hartzäh bis viskoelastisch) gehören sie zu den wichtigsten synthetischen Werkstoffen. Abb. 10.2 zeigt eine Einteilung der wichtigsten Thermoplaste nach unterschiedlichen Kriterien.

**Standardkunststoffe** („Massenkunststoffe") sind die am häufigsten verwendeten thermoplastischen Kunststoffe:

- Polyethylen (PE)
- Polypropylen (PP)
- Polystyrol (PS)
- Polyvinylchlorid (PVC)

Der Anteil dieser Kunststoffe an der weltweiten Produktion von Kunststoffen beträgt etwa 75 % (Quelle: Plastics Europe Deutschland e. V.).

**Technische Thermoplaste** („Ingenieur- oder Konstruktionskunststoffe") haben gegenüber Standardkunststoffen bessere mechanische, thermische und meist auch elektrische Eigenschaften:

- Polyamide (PA) *(Stickstoff-Thermoplast)*
- Polyethylenterephthalat (PET) *(Ester-Thermoplast)*
- Polybutylenterephthalat (PBT) *(Ester-Thermoplast)*
- Polycarbonat (PC) *(Ester-Thermoplast)*
- Polymethylmethacrylat (PMMA) *(Ester-Thermoplast)*
- Styrol-Acrylnitril-Copolymerisat (SAN) *(Polystyrol-Thermoplast)*
- Acrylnitril-Butadien-Styrol-Polymerisat (ABS) *(Polystyrol-Thermoplast)*
- Acrylnitril-Styrol-Acrylat-Polymerisat (ASA) *(Polystyrol-Thermoplast)*
- Polyoxymethylen oder Polyacetal (POM) *(Acetal-Thermoplast)*
- Polyphenylenether (PPE) *(Ether-Thermoplast)*

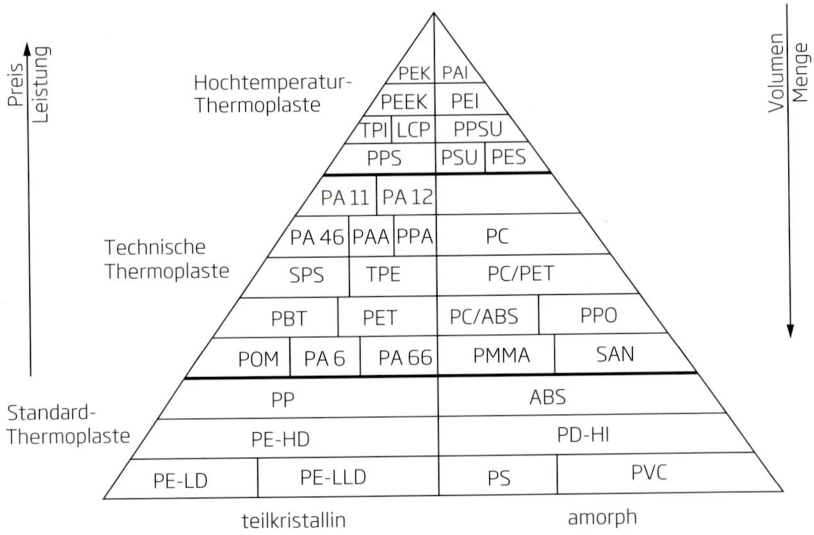


**Abb. 10.2:** Einteilung der Thermoplaste nach Preis/Leistung und Volumen/Menge (nach Victrex Europa, aus [1])

**Hochleistungsthermoplaste** sind technische Kunststoffe mit besonders herausragenden Eigenschaften, besonders hinsichtlich der thermischen Einsatzgrenzen:

- Polytetrafluorethylen (PTFE)
- Polyarylsulfon (PSU)
- Polyethersulfon (PES)
- Polyphenylensulfon (PPSU)

- Polyphenylensulfid (PPS)
- Polyaryletherketon (PAEK)
- Polyimide (PI)
- Flüssigkristalline Polymere (LCP = **L**iquid **C**rystalline **P**olymers)

## 10.3.1 Standardkunststoffe („Massenkunststoffe")

### 10.3.1.1 Polyethylen (PE)

Polyethylen ist ein teilkristalliner unpolarer Thermoplast und gehört zur Gruppe der Polyolefine. Aufgrund der unterschiedlichen Dichte unterscheidet man vier Haupttypen:

- PE-LD (low density = niedrige Dichte: 0,92 bis 0,93 g/cm³)
- PE-MD (medium density = mittlere Dichte: 0,93 bis 0,94 g/cm³)
- PE-HD (high density = hohe Dichte: 0,94 bis 0,97 g/cm³)
- PE-LLD (linear low density = linear niedrige Dichte: 0,90 bis 0,93 g/cm³)

Die einzelnen PE-Typen enthalten unterschiedlich große Anteile sowohl an kristallinen als auch an amorphen Bereichen. Der kristalline Anteil liegt zwischen 35 % bei PE-LD/PE-LLD und 80 % bei PE-HD.

Verzweigungsgrad der Kettenmoleküle, Kristallinität, Dichte und Schmelzpunkt von PE sind voneinander abhängig. Es bestehen folgende Beziehungen:

- Der kristalline Anteil ist umso höher, je geringer der Verzweigungsgrad ist.
- Je niedriger der kristalline Anteil ist, umso niedriger sind Dichte und Schmelzpunkt.

#### Eigenschaften

Festigkeit, Härte und Steifigkeit von PE sind geringer als bei den meisten anderen Thermoplasten, allerdings weist PE hohe Dehnbarkeit und Schlagzähigkeit (auch in der Kälte) sowie gutes Gleitreibverhalten auf. Der Neigung zum Kriechen und dem damit verbundenen schlechten Zeitstandverhalten (1000-h-Zeitstandfestigkeit) kann durch die Zugabe von Kurzglasfasern entgegengewirkt werden (Kurzbezeichnung: PE-GF).

Der Dauer-Einsatztemperaturbereich von PE-LD liegt zwischen −45 °C und 60 °C, der von PE-HD reicht bis etwa 95 °C.

Bei Temperaturen unterhalb der Kristallitschmelztemperatur ist reines, ungefülltes und ungefärbtes PE wegen der teilkristallinen Struktur und der damit verbundenen diffusen Lichtstreuung milchig-trüb bis undurchsichtig (opak), oberhalb dieser Temperatur wird PE infolge der zunehmenden Auflösung der kristallinen Struktur glasklar durchsichtig.

Die Alterungsneigung (Versprödung) durch UV-Strahlung und Wärmeeinwirkung in Anwesenheit von Sauerstoff erfordert vielfach den Zusatz von UV-Stabilisatoren (z. B. Ruß) und Antioxidantien (z. B. Phenole, Amine).

Alle PE-Typen haben gute elektrische Isoliereigenschaften. Die starke Neigung zu elektrostatischer Aufladung, hervorgerufen durch den hohen spezifischen Durchgangswiderstand und den großen Oberflächenwiderstand, wird durch Einarbeiten oder nachträgliches Auftragen von Antistatika (z. B. Aminderivate) wesentlich gemindert.

Der beträchtlichen Anfälligkeit gegen Spannungsrisskorrosion begegnet man bei einigen PE-Typen durch Zusatz von Polyisobutylen (PIB). Spannungsrisskorrosion wird durch polare Flüssigkeiten (Alkohole, organische Säuren, Ester, Amine) und wässrige Lösungen oberflächenaktiver Stoffe (Seife, Netzmittel) bei gleichzeitiger Einwirkung mechanischer Spannungen verursacht.

Die gute chemische Beständigkeit von PE wird vor allem durch den Kristallanteil bestimmt. PE ist beständig gegen Säuren, Basen, polare organische Flüssigkeiten sowie Öle und Fette. Insbesondere PE-Typen mit niedriger Dichte sind dagegen unbeständig gegenüber Kohlenwasserstoffen, hochkonzentrierten anorganischen Säuren und starken Oxidationsmitteln.

### Verarbeitung

PE-Formmassen lassen sich durch Spritzgießen, Extrudieren, Blasverfahren sowie durch Vakuumumformung sehr gut verarbeiten. Halbzeuge und Formmassen sind mit den üblichen mechanischen Verfahren zu bearbeiten. Haltbare Klebeverbindungen zwischen PE-Teilen lassen sich nur nach chemischer oder physikalischer Oberflächenbehandlung herstellen. Als Klebstoffe sind z. B. Epoxidharze geeignet, wobei PE-LD-Typen wegen der geringeren Kristallinität besser klebbar sind als PE-HD-Typen. Wegen der erreichbaren höheren Festigkeitswerte und des geringeren Vorbehandlungsaufwands ist das Schweißen von PE weitaus verbreiteter.

### Verwendung

Mit einem Anteil von etwa 30 % an der Gesamtproduktionsmenge ist Polyethylen der wichtigste Massenkunststoff.

PE wird in Form von Granulat, Pulver, Platten, Rohren, Stäben, Blöcken und Folien geliefert. PE-LD wird vor allem zur Herstellung von Folien verwendet. PE-HD setzt man in großem Umfang für Haushaltswaren, Behälter, Trinkwasserdruckrohre sowie Rohre und Formstücke für die Abwasserentsorgung ein.

### Modifizierte Ethylen-Polymerisate

Durch Variation des Verzweigungsgrades und des Molekulargewichts lassen sich PE-Sorten mit den für den jeweiligen Anwendungszweck gewünschten Verarbeitungs- und Festigkeitseigenschaften herstellen. Die Abwandlung der Eigenschaften kann außerdem durch Copolymerisation (z. B. Ethylen mit Vinylacetat = EVAC), durch Mischen mit anderen Polymeren (Polymerblends, z. B. PE-LD mit PE-MD) und durch nachträgliche chemische Umwandlung (Vernetzen, z. B. PE-X oder Chlorieren, z. B. PE-C) erfolgen.

Handelsnamen (Beispiele):

PE-LD (Granulat): Escorene (Exxon); Lupolen (LyondellBasell)

PE-LLD (Granulat): Borstar (Borealis); Flexomer (DOW); Luflexen (LyondellBasell)

PE-HD (Granulat): Eltex (INEOS); Hostalen (LyondellBasell); Marlex (CP Chemie); Vestolen (SABIC)

### 10.3.1.2 Polypropylen (PP)

Polypropylen ist ein teilkristalliner Thermoplast mit meist isotaktischer bzw. syndiotaktischer Anordnung der $CH_3$-Gruppen, die durch eine stereospezifische Polymerisation mithilfe bestimmter Katalysatoren erreicht wird.

Der gleichmäßige Aufbau von *isotaktischem Polypropylen (PP-I)* ist die Ursache für den hohen Kristallisationsgrad (60 bis 70 % kristalliner Anteil) und damit für die im Vergleich zu PE-HD höhere Oberflächenhärte, Festigkeit, Steifigkeit und Langzeit-Beanspruchbarkeit sowie höhere Schmelz- und Gebrauchstemperaturbereiche. Dagegen sind die Dichte mit etwa 0,91 g/cm³ wegen der zahlreichen $CH_3$-Seitengruppen sowie die Wärmedehnung etwas niedriger als die von PE-LD. PP weist eine geringe Kaltzähigkeit auf (Glasübergangstemperatur = 0 °C) und ist damit schlagempfindlicher als PE. Polypropylen kann bis maximal 100 °C, mit GF-Verstärkung bis 110 °C eingesetzt werden.

PP neigt zu statischer Aufladung, die jedoch durch die Verwendung antistatisch hergestellter Typen wesentlich vermindert werden kann. Die Wasseraufnahme von PP ist praktisch null. Die elektrischen Isoliereigenschaften sowie die Chemikalien- und Lösungsmittelfestigkeit sind mit denen von PE vergleichbar, allerdings ist PP etwas empfindlicher gegen starke Säuren und Oxidationsmittel und unbeständig gegen Benzin und Benzol. PP ist wie PE brennbar und nicht witterungsbeständig, was den Einsatz entsprechender Additive erfordert. Im Gegensatz zu PE ist PP jedoch nicht spannungsrissempfindlich. Polypropylen ist lichtempfindlich und nur bei entsprechender Stabilisierung UV-beständig. PP ist gedeckt einfärbbar und zeigt einen ausgeprägten Oberflächenglanz.

#### Verarbeitung

Polypropylen ist mit einem Anteil von etwa 20 % an der Produktion nach Polyethylen der zweitwichtigste Massenkunststoff. Mehr als ein Drittel der synthetischen Fasern wird auf der Basis PP hergestellt. Polypropylen lässt sich in Abhängigkeit von den Schmelzindizes der verschiedenen Typen im Spritzguss-, Strangguss- und Extrusionsblasverfahren sowie durch Pressen urformen und durch Thermoformen und Kaltumformen weiterverarbeiten. Die spanende Formgebung ist wie bei PE möglich. Wegen des unpolaren Charakters ist PP – wie auch PE – nicht HF-schweißbar. Aus gleichem Grund sind Klebeverbindungen wenig zweckmäßig, da die Haftfestigkeit sehr gering ist.

Durch Kalandrieren werden Folien mit einer Dicke zwischen 20 und 100 µm als Gießfolien und als biaxial gereckte, orientierte Folien gefertigt.

#### Verwendung

Ein erheblicher Teil der Anwendungen von PP-I betrifft den Einsatz als Chemiefaser. Weitere Einsatzgebiete für Polypropylen sind die Verpackungsindustrie (flexible und starre Lebensmittelverpackungen u. a.), der Maschinen- und Fahrzeugbau (Stoßfänger, Spoiler, Waschmaschinentrommeln, Autoheizkanäle u. a.), die Elektrotechnik (Draht und Kabelummantelungen, Trafogehäuse, Kondensatorfolien u. a.) und das Bauwesen (Rohrleitungen/Fittings, Armaturen, Beläge für Sportplätze u. a.).

PP-Folien werden wegen ihrer sehr guten elektrischen Isoliereigenschaften in der Hochspannungs- und Nachrichtentechnik sowie in der Elektrogeräteindustrie eingesetzt.

Das weniger kristalline *syndiotaktische* Polypropylen (PP-S) ist von hoher Transparenz, ausgezeichnet hitzebeständig, sehr schlagzäh, aber weniger steif als das vorher beschriebene isotaktische Polypropylen (PP-I). Es findet Anwendung für Folien, Spinnvliese und spezielle Spritzgussteile.

Das überwiegend amorphe *ataktische* Polypropylen (PP-R) ist bei Raumtemperatur klebrig-weich bis weichgummiartig. Es wird vornehmlich als Vergussmasse in der Elektroindustrie sowie als Dichtungsmasse im Apparatebau eingesetzt. Weiterhin wird PP-R für beschichtete Verpackungspapiere, Baudichtungs- und Dachbahnen und als Zusatzstoff für Bitumen, Kautschuk und Schmelzklebstoffe verwendet.

#### Modifizierte Propylen-Polymerisate

- glasfaserverstärkte Typen (PP-GF) mit bis zu 40 % Glasfaseranteil
- geschäumte Typen (PP-E) mit Dichten bis hinunter zu 10 kg/m³
- Copolymere mit Ethylen vernetzt (EPM) oder mit Ethylen, Dicyclopentadien oder Hexadien vernetzt (EPDM): Alterungs- und ozonfeste Synthesekautschuke
- (PP+EPDM)-Blends, zählen zu den thermoplastischen Elastomeren

Handelsnamen (Beispiele):

Granulat: Adflex (LyondellBasell); Inspire (DOW); Vestolen P (SABIC); Vestoplast (Evonik)

Folien/Bahnen: Cefor (DOW); Delta (Dörken); Pentaprop (Klöckner-Pentaplast)

Fasern/Vliese: Xavan (DuPont)

Schaumstoff: PP-E: Neopolen P (BASF SE)

### 10.3.1.3 Polystyrol (PS)

Schaumkunststoff

Die beiden Ausgangsstoffe Ethylen und Benzol werden zunächst zu Ethylbenzol umgesetzt, welches anschließend katalytisch zu Styrol (Vinylbenzol) dehydriert wird. Die Umwandlung von Styrol zu amorphem ataktischem Polystyrol erfolgt meist durch radikalische Polymerisation.

#### Eigenschaften

Die Dichte der „Standard-Polymere" PS, zu denen auch die Copolymere mit $\alpha$- bzw. p-Methylstyrol (SMS) zählen, beträgt etwa 1,05 g/cm³, kann aber bei geschäumtem Polystyrol PS-E deutlich unterschritten werden. PS hat eine hohe Steifigkeit und Sprödigkeit sowie eine mittlere Härte und Festigkeit, die wenig temperatur- und zeitabhängig ist. Nachteilig sind die hohe Kerb- und Schlagempfindlichkeit und die ausgeprägte Neigung zur Spannungsrissbildung. Die geringe Wärmefestigkeit führt dazu, dass PS bis maximal 80 °C eingesetzt werden kann; bei höheren Temperaturen verliert PS schnell seine Formstabilität. Polystyrol ist brennbar und weist eine geringe Licht- und Wetterbeständigkeit auf. Diesen ungünstigen Eigenschaften kann durch die Zugabe von Additiven begegnet werden.

Polystyrol PS ist glasklar transparent, es hat eine glänzende und harte Oberfläche, ist gedeckt einfärbbar und geruchs- und geschmacksneutral. PS ist chemisch beständig gegenüber verdünnten Säuren und Laugen, nicht oder nur wenig beständig jedoch gegenüber Benzin, Benzol, Aceton, etherischen Ölen und chlorierten Kohlenwasserstoffen.

**Verarbeitung**

Aufgrund der sehr guten Fließeigenschaften der Schmelze eignet sich Polystyrol vorzüglich zur Spritzgussverarbeitung, aber auch für Extrusionsverfahren. PS-Spritzgussteile sind maßhaltig, sie schrumpfen nicht nach, da PS nicht kristallisiert. Allerdings können sich die Makromoleküle beim Spritzvorgang, besonders in der Umgebung der Angussstellen, in Fließrichtung orientieren, was zu einem Abfall der mechanischen Festigkeit quer zur Fließrichtung führen kann. Dem lässt sich durch eine höhere Werkzeugtemperatur begegnen.

Wegen der Sprödigkeit sollen PS-Teile nicht spanend bearbeitet werden. Schlagfeste Typen (PS-HI = high impact), die durch Modifikation mit Kautschuk entwickelt wurden, sind dagegen gut zu bearbeiten. Schweißverbindungen werden wegen der guten Klebbarkeit nur in Sonderfällen durch Ultraschallschweißung hergestellt.

Bei der Herstellung von geschäumtem Polystyrol (PS-E) wird das mit einem Treibmittel versetzte Polystyrolgranulat unter Wärmezufuhr zu Perlen aufgebläht (Vorschäumen). Nach Kühlung und Zwischenlagerung werden die Perlen in Formen gefüllt und durch eine zweite Heißdampfbehandlung weiter aufgebläht (Ausschäumen) und miteinander verschweißt. Dabei entstehen Blöcke, aus denen Platten geschnitten werden.

**Verwendung**

Polystyrole werden vor allem in Form von Spritzgussartikeln für Haushaltsgegenstände, Gebrauchsgegenstände verschiedenster Art, Spulenkörper in der HF-Technik, Folien für Kabel- und Kondensatorisolationen und für die Fernsehtechnik hergestellt. Polystyrolschaum („Styropor") wird in großem Umfang für die Schall- und Wärmedämmung in Gebäuden sowie für Verpackungen verwendet. Die problemlose Spritzgießbarkeit und/oder seine sehr guten dielektrischen Eigenschaften (HF-Isolierungen) und nicht zuletzt der günstige Preis machen Polystyrol zu einem Standard-Thermoplast mit einem etwa 10 %igen Anteil an der Gesamtproduktionsmenge.

Handelsnamen (Beispiele):

Granulat: Aim (DOW); Porene (Pongs&Zahn); Styron (AMST); Vestyron (BP); PS-HI: Styrosun (Styrolution)

Folien/Bahnen: Benelit (Benecke-Kaliko); Procite (DOW); Velkor (Alkor)

Platten/Blöcke: Styrodur (BASF SE); Senosan (Senoplast Klepsch) PS-HI: Carborite (Lubrizol)

Schaumstoff: Styrodur (BASF SE); PS-E: Peripor (BASF SE)

**Modifizierte Styrolpolymere SAN, ABS und ASA** (s. Abschn. 10.3.2.6)

#### 10.3.1.4 Polyvinylchlorid (PVC)

Vinylchlorid (VC), ein farbloses Gas, wird in der flüssigen Phase unter Druck und Zugabe von meist Peroxiden als Initiatoren zu Polyvinylchlorid polymerisiert. PVC gewinnt man vorwiegend nach den Verfahren der Suspensionspolymerisation (S-PVC), der Emulsionspolymerisation (E-PVC) und der Massepolymerisation (M-PVC).

Das durch weiterführende Verfahren getrocknete und gereinigte Pulver (Korngröße zwischen 0,1 und 200 µm) wird anschließend unter Zugabe von unterschiedlichen Additiven, z. B.

Stabilisatoren, zu *Hart-PVC* (PVC U = unplasticized) und unter Zugabe von 20 bis 50 M.-% Weichmachern zu *Weich-PVC* (PVC-P = plasticized) verschmolzen.

**Verarbeitung**

Die Verarbeitung des PVC-Pulvers erfolgt in drei Schritten, die auch ineinander übergehen können:

- Herstellen der Mischung (Compoundieren): PVC-Pulver wird mit Stabilisatoren, Gleitmittel und Farbmitteln intensiv vermischt. Bei der Herstellung von PVC-P wird zusätzlich 20 bis 50 M.-% Weichmacher zugesetzt.
- Vorplastifizierung oder Vorgelierung: Die Mischung wird bei etwa 180 °C in eine homogene plastische Masse überführt. Die Weich-PVC-Masse geht dabei in ein „Gel" über.
- Verarbeitung: PVC-U und PVC-P werden in großem Umfang durch Extrudieren, Kalandrieren, Spritzgießen, Hohlkörperblasen und Schäumen verarbeitet.

**Eigenschaften**

**Hart-PVC (PVC-U)** weist eine hohe mechanische Festigkeit, Härte und Steifigkeit auf, ist aber in der Kälte schlagempfindlich. Die Ozon- und Witterungsbeständigkeit ist gut, die Beständigkeit gegen den Angriff chemischer Substanzen (Säuren, Basen, aliphatische Kohlenwasserstoffe, Öle, Fette und Alkohole) ist sehr hoch. Unbeständigkeit liegt vor gegen oleumhaltige Schwefelsäure und flüssige Halogene.

PVC-U ist wegen des hohen Chloranteils schwer entflammbar, flammwidrig und selbstlöschend, d. h., es lässt sich entzünden, brennt jedoch nach Entfernen der Zündquelle nicht weiter. Der hohe Chloranteil kommt einer Brandschutzausrüstung gleich, da chlorierte und bromierte Kohlenwasserstoffe schwer entflammbar sind und ihre Abbauprodukte den Fortgang des Brandes behindern. Somit muss PVC-U, im Gegensatz zu PVC-P mit hohem Weichmacheranteil, in der Regel kein Flammschutzmittel zugesetzt werden.

**Weich-PVC (PVC-P)** zeigt vom Weichmachergehalt und von der Temperatur abhängige mechanische Eigenschaften. Die einstellbare Flexibilität und Dehnbarkeit haben meist geringere Festigkeiten zur Folge. Die Chemikalienbeständigkeit ist von der Art und Menge des Weichmachers abhängig. PVC-P ist chemisch weniger beständig, weniger lösungsmittelfest und leichter entflammbar als PVC-U und wegen des hohen Weichmachergehalts nicht selbstlöschend. Wässrige Lösungen und organische Lösungsmittel lösen meist Weichmacher heraus, was zur Versprödung und Härtezunahme führt. Ein spezieller Nachteil ist die sogenannte „Weichmacherwanderung" in Materialien, z. B. Thermoplaste, Gummi und Lacke, die mit PVC-P in Berührung kommen. Diese Stoffe können dann klebrig werden.

Bei der Verbrennung von chlorhaltigen Verbindungen entstehen neben gesundheitsschädlichen Dioxinen und Furanen auch hochkorrosive Salzsäuredämpfe, die insbesondere die Bewehrung von Stahlbetonbauteilen angreifen können.

Das Gas Vinylchlorid ist als krebserzeugend, giftig und hochentzündlich eingestuft (R12, R45). In den Herstellbetrieben von PVC sind daher umfangreiche Arbeitsschutzmaßnahmen erforderlich.

### Verwendung

Aufgrund der nahezu beliebig einstellbaren mechanischen Eigenschaften eröffnet sich eine Vielzahl von Anwendungsmöglichkeiten für PVC-Polymerisate:

PVC-U wird wegen der guten Korrosionsbeständigkeit in der chemischen Industrie und im Apparatebau in Form von Behältern, Rohrleitungen für Säuren und Laugen, Armaturen, Fittings, Druckrohren, Auskleidungen, Beschichtungen u. a. eingesetzt. In der Elektrotechnik wird PVC-U für Kabelkanäle, Isolierrohre und weiteres Installationsmaterial verwendet. Umfangreiche Anwendung finden Folien in der Verpackungsindustrie und in der Foto- und Medizintechnik. Wichtige Anwendungsbereiche im Bauwesen: Rohre und Formstücke für die Trinkwasserversorgung, Abwasserableitung und Drainage, Fensterprofile, Dachrinnen, Rollläden, Lüftungsschächte, Fassadenelemente, Lichtkuppeln, Wellplatten u. a. m. Die spanlose Umformung (Biegen, Ziehen, Tiefziehen) von Halbzeugen oder Formteilen wird vor allem im Temperaturbereich von 130 bis 140 °C vorgenommen. Bei der spanenden Bearbeitung ist für ausreichende Kühlung zu sorgen.

PVC-P wird in großem Umfang für Spritzgussteile (Dichtungen, Puffer, Griffe für Werkzeuge und Zweiradfahrzeuge) und zur Herstellung von Leitungs- und Kabelisolationen (Kabelmantelmassen) in der Elektrotechnik verwendet. Des Weiteren findet es Anwendung als Halbzeug für Schläuche, Profile, Tafeln und faserverstärkte Bahnen. Im Bauwesen wird PVC-P u. a. für Dichtungen, Dachbahnen, Profile, Platten, Schläuche, Folien und als Trägermaterial von Bodenbelägen eingesetzt.

Die spanlose oder spanende Umformung von Halbzeugen oder Formteilen aus PVC-P ist naturgemäß nicht üblich. PVC-P lässt sich u. a. mittels Warmgas-, Wärmekontakt-, Hochfrequenz- und Extrusionsschweißverfahren sehr gut schweißen.

PVC-P-Pasten sind fließfähige pastöse Dispersionen („Plastisole"), die als hochviskose Streichpasten für Gewebebeschichtungen, niedrigviskose Tauch- und Gießpasten für dünnwandige Formkörper, Hohl- und Vollkörper und Beschichtungen von Drahtwaren sowie als Spritzpasten für den Korrosionsschutz von Metallen verwendet werden.

PVC-Schaumstoffe entstehen durch den Zusatz von Treibmittel zu PVC-U und PVC-P.

### Modifizierte Vinylchlorid-Polymerisate

PVC ist einer der wichtigsten thermoplastischen Massenkunststoffe und steht mit einem Anteil von etwa 15 % an dritter Stelle der Kunststoffproduktion. Dies auch deshalb, weil der Anwendungsbereich durch die Entwicklung spezieller PVC-Typen beträchtlich erweitert wurde.

Dazu einige Beispiele:

- **PVC-HI** entsteht durch Mischung von PVC mit anderen Polymerisaten (z. B. chloriertem Polyethylen oder Butadien-Ethylen-Copolymerisat) oder Pfropfcopolymerisation von Vinylchlorid an ein elastisches Polymer wie EVAC. PVC-HI ist hochschlagzäh (HI = high impact) und verfügt über die beste Kaltschlagzähigkeit aller PVC-Typen (Dauereinsatztemperatur zwischen −40 und +60 °C). Verwendung u. a. für Fensterprofile, Rollläden, Dachrinnen, Fassadenverkleidungen, Koffer.

- **PVCA** (Polyvinylchloridacetat) und **PVAC** (Polyvinylacetat) entstehen durch Copolymerisation von Vinylchlorid und Vinylacetat. Dieses als innere Weichmachung bezeichnete Verfahren erweitert die Verarbeitungsmöglichkeiten des PVC. Die spanlose Formgebung bzw. Verarbeitung geschieht durch Tiefziehen, Pressen, Walzen, Kalandrieren und Kaschieren. PVCA ist für die Herstellung von Hartplatten, PVAC für tiefziehfähige Folien und Platten geeignet. Beide Typen werden auch als Ausgangsstoffe für Lack- und Druckfarben, für Streich- und Tauchlacke, zur Beschichtung von Papier und Pappe, als Korrosionsschutzmittel und als Bindemittel für Spezialkleber verwendet.
- **PVC-C** (nachchloriertes PVC) erhält man durch nachträgliche Erhöhung des Chlor-Anteils von etwa 56 auf 62 bis 72 M.-%. PVC-C weist mit etwa 90 °C eine um 25 °C höhere Dauertemperaturbeständigkeit als normales PVC auf. Die Nachchlorierung führt weiterhin zu einer hohen chemischen Widerstandsfähigkeit und zu einem verbesserten Brandverhalten. Verwendung für Rohre für Warmwasserleitungen und Fußbodenheizungen, für Lagerungs- und Transportsysteme für heiße flüssige Chemikalien, für Verpackungen für heiße Lebensmittel u. a. m.

Handelsnamen (Beispiele)

Granulat: Lacovyl (Arkema); Solvin (Solvay); Vestolit (Vestolit); Vinnolit (Vinnolit); PVC-C: Temprite (Lubrizol)

Folien/Bahnen: Alkorfol (Alkor); Sicoreg (INEOS); Trocal (HT Troplast)

Harz: Vinnol (Wacker); PVAC: Vinnapas (Wacker)

## 10.3.2 Technische Thermoplaste (Ingenieur- oder Konstruktionskunststoffe)

### 10.3.2.1 Polyamide (PA)

Polyamide sind Thermoplaste, deren Amidgruppen (= Kondensationsprodukte einer Carbonsäure und eines Amins) durch aliphatische Kohlenwasserstoffe miteinander verknüpft sind. Polyamide werden nach zwei verschiedenen Syntheseverfahren hergestellt:

- Polykondensation von $\omega$-Aminocarbonsäuren oder Polyaddition (bzw. Polymerisation) ihrer Lactame (z. B. $\varepsilon$-Caprolactam) zum Typ PA 6
- Polykondensation von Diaminen (z. B. Hexamethylendiamin) mit Dicarbonsäuren (z. B. Adipinsäure) zum Typ PA 66

Polyamide, insbesondere die beiden Typen PA 6 und PA 66 zählen zu den wichtigsten technischen Thermoplasten. Die Kennzeichnung der Polyamide erfolgt allgemein durch den Buchstaben PA und darauf folgende Zahlen, die die Anzahl der Kohlenstoffatome im Kettenverband angeben. So steht z. B. PA 6 für das Polymer aus $\varepsilon$-Caprolactam bzw. $\omega$-Aminocarbonsäure und PA 66 für das Polymer aus Hexamethylendiamin und Adipinsäure, wobei die erste Ziffer die Anzahl der Kohlenstoffatome im Diamin und die zweite Ziffer die Anzahl der Kohlenstoffatome in der Dicarbonsäure bezeichnet. Wichtige PA-Typen sind in DIN EN ISO 1043-1 genormt.

Durch chemische Modifizierung (Polymerisation zu *Copolyamiden* aus Lactamen, Diaminen und Dicarbonsäuren (z. B. PA 6/66)) und physikalische Modifizierung (*Polymerblends* von PA mit anderen Polyamiden oder Thermoplasten) können bestimmte Eigenschaften der Standard-Polyamide PA 6 und PA 66 wesentlich verbessert und auf bestimmte Anwendungsbereiche eingestellt werden. Günstigere Eigenschaften im Vergleich zu den aliphatischen Polyamiden haben zudem *teilaromatische Polyamide*, die für höhere Einsatztemperaturen und Verpackungsmittel Anwendung finden.

**Eigenschaften (beziehen sich im Wesentlichen auf PA 6 und PA 66)**

Die teilkristallinen aliphatischen Polyamide sind zähharte Stoffe mit hoher Schlagzähigkeit, hoher Abrieb- und Verschleißfestigkeit und guten Gleiteigenschaften. Sie können dynamisch hoch beansprucht werden und zeigen auch bei Langzeitbeanspruchung kaum Ermüdungserscheinungen. Die gute Festigkeit nimmt aber bei langer Betriebsdauer ab. Die mittlere Steifigkeit kann durch den Zusatz von Glasfasern verbessert werden. PA ohne verstärkende Zusätze weisen eine mittlere bis große Wärmedehnung auf. Grundsätzlich hängen die Eigenschaften der Polyamide unter anderem von deren kristallinem Gefüge und insbesondere von deren *Wassergehalt* ab.

Im Vergleich zu anderen Thermoplasten reagieren Polyamide relativ stark auf den Feuchtegehalt der Umgebung mit reversibler Wasseraufnahme oder -abgabe. Je öfter die Amidengruppe auftritt, desto größer sind die zwischenmolekularen Bindungskräfte und desto mehr Wasser kann vom PA aufgenommen werden (je nach Typ zwischen 0,7 und 3,8 M.-% unter normalklimatischen Bedingungen). Dies kann zu Volumenänderungen führen und die Maßhaltigkeit beeinträchtigen. Daher werden Formteile und Halbzeuge (außer Folien) auf einen Wassergehalt „konditioniert", der sich unter normalklimatischen Bedingungen (20 °C, 65 % r. F.) einstellt. Im wasserfreien, d. h. spritzfrischen Zustand zeigen PA 6 und PA 66 zwar bessere dielektrische Eigenschaften, besitzen aber nicht die angestrebte hohe Schlagzähigkeit und Verschleißfestigkeit. Auch aus diesem Grund wird eine Konditionierung durch Wasserlagerung oder in feuchter Atmosphäre durchgeführt.

PA sind nur bedingt licht- und witterungsbeständig. Die Versprödung dünnwandiger Teile und Folien durch UV-Strahlung kann aber durch Stabilisierung, z. B. mit Ruß, entgegengewirkt werden. Polyamide sind beständig gegen Alkohole, Benzin, aromatische und aliphatische Kohlenwasserstoffe, Mineralöle, Fette, Ether, Ester, Ketone, Meerwasser u. a. m. Unbeständig sind die PA gegen verdünnte und konzentrierte Mineralsäuren, Methansäure (Ameisensäure), Phenole, Kresole, Glycole und Benzylalkohol.

**Verarbeitung**

Bei der Verarbeitung von Polyamiden im *Spritzgussverfahren* müssen thermisch und mechanisch höher beanspruchte Teile üblicherweise einer thermischen Nachbehandlung (Tempern) unterzogen werden, um innere Spannungen abzubauen. Die damit verbundene Nachkristallisation führt zu einem zusätzlichen Schrumpfen, gleichzeitig jedoch zu einer Erhöhung der Härte und des E-Moduls.

Die *Extrusion* erfolgt mit hochviskosen Einstellungen bei 230 bis 275 °C. Hohlkörper lassen sich durch Extrusionsblasen herstellen.

Durch *Reaktionsformgießen* (= Polymerisation von Caprolactam direkt in der Form) lassen sich Formteile im Standguss- oder Schleudergussverfahren herstellen.

Die Verarbeitung von PA zu *Folien* kann in Schmelzgieß-, Gieß-, Spritz- und Blasverfahren erfolgen.

Polyamide werden durch Schmelz-, Lösungs- oder Trockenspinnen zu *Fasern* versponnen.

**Verwendung**

Polyamide haben ein breites Anwendungsgebiet als Konstruktionswerkstoffe im Fahrzeug-, Maschinen- und Apparatebau sowie als synthetische Fasern gefunden. Beispiele: Zahnräder, Kupplungsteile, Wälzlagerkäfige, Lagerbuchsen, Gleitlager, Kolbenringe für Kompressoren u. v. m.

Weitere Verwendung in der Elektrotechnik für Draht- und Kabelummantelungen, Spulenkörper, Klemmleisten. Im Innenausbau Verwendung zur Herstellung von Dübeln, Mischbatterien, Türbeschlägen u. a. m. sowie zur Fertigung von unzerbrechlichen Haushaltsgegenständen.

Mischpolyamide werden in gelöster Form als Elektroisolierlacke und zur Herstellung haftfester Überzüge auf Metallen, Glas, Holz, Pappe verwendet. Spezielle niedermolekulare Polyamide kommen in Verbindung mit Epoxidharzen als Reaktionsharze und -kleber zum Einsatz. Höhermolekulare Kondensate dienen als Überzugs- und Kleblacke.

Der überwiegende Teil der Polyamidproduktion wird als einfärbbare Synthesefasern für Textilien verwendet. Beispiele sind: Regenbekleidung, Nylonstrümpfe und -hemden, Sportbekleidung. Daneben Verwendung für Seile, Borsten, Tennissaiten, chirurgische Fäden u. a. m.

Handelsnamen (Beispiele):

PA6 (Granulat): Akulon (DSM); Capron (BASF SE); Durethan B (Lanxess); Gelon (SABIC); Minlon (DuPont)

PA66 (Granulat): Durethan A (Lanxess); Maranyl (DuPont); Pentamid A (Pentac); Ultramid A (BASF SE)

### 10.3.2.2 Polyethylenterephthalat (PET)

Polyethylenterephthalat (PET) ist ein durch Polykondensation hergestellter thermoplastischer Kunststoff aus der Familie der gesättigten Polyester. PET erstarrt in der Regel teilkristallin. Es kristallisiert jedoch nur sehr langsam und kann daher im amorph-transparenten oder kristallin-opaken Zustand vorliegen.

*Teilkristallines Polyethylenterephthalat (PET-C)* weist hohe Steifigkeit, Härte, Dauerfestigkeit und Verschleißbeständigkeit, aber nur niedrige Schlagzähigkeit auf. Eine niedrige Wärmedehnung und eine geringe Wasserlöslichkeit haben eine hohe Maßhaltigkeit zur Folge. PET-C ist beständig gegen verdünnte Säuren, aliphatische und aromatische Kohlenwasserstoffe, Öle, Fette, Ester und Alkohole. Es ist unbeständig gegenüber heißem Wasser, Alkalien, Halogen-Kohlenwasserstoffen und Ketonen. Teilkristallines PET-C ist durchscheinend weiß.

Die Verarbeitung von PET-C erfolgt hauptsächlich durch Spritzgießen. PET-C hat ein schlechtes Fließverhalten, ist daher schwerer zu verarbeiten und wurde infolgedessen teilweise durch das nahe verwandte Polybutylenterephthalat (PBT) verdrängt. Verwendung findet PET-C in Form von synthetischen Textilfasern oder als maßhaltige technische Funktionsteile mit guten

Gleiteigenschaften und geringem Abrieb (Rollen, Lager, Zahnräder, Gleitelemente u. a.) im Maschinenbau, der Elektrotechnik und in Haushaltsartikeln.

*Amorphes Polyethylenterephthalat (PET-A)* weist im Vergleich zu PET-C etwas geringere Steifigkeit und Härte, aber eine höhere Schlagzähigkeit auf. PET-A ist bei Objekten bis zu 5 mm Wanddicke glasklar und beständig gegen perchlorierte Kohlenwasserstoffe. Ansonsten entsprechen die chemischen Eigenschaften denen von PET-C.

PET-A wird bevorzugt zur Herstellung von blasgeformten Hohlkörpern (Getränkeflaschen, Dosen) unterschiedlicher Wanddicke und zur Fertigung von Folien verwendet. In diesen Bereichen verdrängt PET-A zunehmend Hart-PVC und andere glasklare Thermoplaste. Die heute in Dicken von 1 bis 800 µm herstellbaren Folien werden u. a. für aromadichte Lebensmittelverpackungen sowie als Lichtschutzfolien, Elektroisolierfolien, Trägerfolien für photografische Schichten und Magnetbänder eingesetzt.

Handelsnamen (Beispiele):

Granulat: Arnite (DSM); Petra (BASF SE); Rynite (DuPont); Valox (SABIC)

Folien/Bahnen: Aform (Klöckner-Pentapülast); Hostaphan (Mitsubishi)

Halbzeug: Sustadur (Röchling); Teratron ( Polytron); Tecadur (Ensinger)

Fasern/Vliese: Orel (DuPont); Trevira (Invista)

Anmerkung: PET gehört mit einem Anteil von derzeit etwa 6 % an der Gesamtmenge der produzierten Kunststoffe zu den wichtigsten Thermoplasten. Als Faserwerkstoff (Trevira, Diolen u. a.) ist PET (alte Bezeichnung: PETP) bereits seit längerem im Gebrauch, als Werkstoff erst in jüngerer Zeit. PET hat einen eigenen Recycling-Code, der die Wiederverwendung von PET-Verpackungen erleichtern soll.

### 10.3.2.3 Polybutylenterephthalat (PBT)

Polybutylenterephthalat PBT ist ein zur Familie der Polyester gehörender technischer Thermoplast mit ähnlichen Eigenschaften wie Polyethylenterephthalat PET. PBT weist eine sehr hohe Maßbeständigkeit, hohe Steifigkeit, geringe Kriechverformungsneigung sowie eine gute Verschleiß- und Abriebfestigkeit auf. Die Festigkeit ist im Vergleich zu PET etwas geringer, die Schlagzähigkeit bei tiefen Temperaturen und die elektrischen Isoliereigenschaften sind dagegen geringfügig besser. Die chemische Beständigkeit ist mit der von PET vergleichbar, allerdings ist PBT im Gegensatz zu PET nicht beständig gegenüber aromatischen Kohlenwasserstoffen.

PBT ist aufgrund des günstigeren Abkühl- und Prozessverhaltens für das Spritzgießen besser geeignet als PET und hat vor allem aus diesem Grund als Werkstoff eine vergleichsweise höhere Bedeutung erlangt. PBT lässt sich extrudieren, thermoformen, schweißen und kleben. Festigkeit und Steifigkeit lassen sich durch den Zusatz von Glas-Kurzfasern steigern.

Wie PET kann man auch PBT chemisch (Copolyester) und physikalisch (Polymerblends, z. B. PBT+PMMA-Blends oder PBT+PC-Blends) modifizieren.

Die Anwendungsbereiche von PBT sind denen von PET-C vergleichbar.

Handelsnamen (Beispiele):

Granulat: Arnite (DSM); Celanex (Ticona); Crastin (DuPont); Ultradur (BASF SE)

Halbzeug: Sustadur (Röchling); Tecadur (Ensinger)

### 10.3.2.4 Polycarbonat (PC)

Polycarbonate sind thermoplastische Polyester der Kohlensäure mit vorwiegend aromatischen Diolen (zweiwertigen Alkoholen). Die Herstellung kann durch Polykondensation von Phosgen (einem Derivat der Kohlensäure) mit Diolen oder durch Umesterung mit Kohlensäurediestern statt des gefährlichen Phosgens erfolgen. Die wichtigsten Polycarbonate werden durch Umsetzung von Bisphenol A als Diolkomponente und Phosgen hergestellt.

Polycarbonate sind in der Regel amorph und weisen – trotz des linearen Molekülbaus – einen Kristallitanteil von unter 5 % auf. Sie zeichnen sich durch hohe Wärmeformbeständigkeit, Festigkeit, Härte und Steifigkeit sowie ungewöhnlich hohe Zähigkeit aus. Dem stehen nur mäßige Werte für Verschleißwiderstand und Schwingfestigkeit gegenüber. PC sind zufriedenstellend beständig gegenüber Witterungseinflüssen, müssen aber gegen intensive UV-Strahlung wirksam stabilisiert werden. PC ist beständig gegen Wasser (< 60 °C), schwache Mineralsäuren, Benzin und Mineralöle, bedingt beständig gegen Alkohole, starke und oxidierende Mineralsäuren und unbeständig gegenüber Basen, konzentrierten Säuren, aromatischen und halogenierten Kohlenwasserstoffen, Estern und Ketonen. PC besitzt einen hohen Oberflächenglanz, ist transparent und farblos, kann aber in allen Farben eingefärbt werden. PC ist schweiß- und klebbar und spanend bearbeitbar.

Polycarbonat kann sowohl chemisch (PC-Cokondensate) als auch physikalisch (Polymerblends) modifiziert werden. Polymerblends aus Polycarbonat mit ABS, PET oder PBT gewinnen insbesondere im Kraftfahrzeugbereich zunehmend an Bedeutung.

Polycarbonate lassen sich mit allen für Thermoplaste üblichen Verfahren verarbeiten. Beim wichtigsten Verfahren, dem Spritzgießen, wird wegen der hohen Viskosität der Schmelze ein hoher Spritzdruck benötigt. Die Verarbeitungstemperaturen liegen zwischen 280 und 320 °C, beim Extrudieren zwischen 240 und 280 °C. Vor der Verarbeitung muss allerdings die Restfeuchte durch Trocknung bei 120 °C auf unter 0,01 % gebracht werden. Festigkeit und Steifigkeit lassen sich durch Glas-Kurzfasern weiter erhöhen.

#### Anwendung

Da Polycarbonat nur wenig Wasser aufnimmt und einen im Vergleich zu anderen Thermoplasten niedrigen thermischen Ausdehnungskoeffizienten aufweist, ist es vor allem zur Herstellung maßstabiler, transparenter Teile geeignet, die bis zu tiefen Temperaturen bruchsicher sind. Insofern haben extrudierte Platten als Verglasungen (Wintergärten und Gewächshäuser), Überdachungen, Schallschutzwände u. a. im Bauwesen große Bedeutung. Ein weiteres wichtiges Anwendungsgebiet sind derzeit optische Datenspeicher, wie CD und DVD. Weiterhin findet PC bei der Fertigung optischer Gläser (Brillengläser, optische Linsen) sowie bei der Herstellung von Gehäusen und Formteilen für den Fahrzeugbau, die Medizintechnik (Einmalprodukte), die Elektrotechnik und die Elektronik Verwendung.

Handelsnamen (Beispiele):

Granulat: Apec, Makrolon und Bayblend (Bayer MS); Calibre (Styron); Teculon (Tekuma)

Folien/Bahnen: Lexan (SABIC); Makrofol (Bayer MS); Sustanat (Röchling)

Platten/Blöcke: Tecanat (Ensinger); Gepax (SABIC)

#### 10.3.2.5 Polymethylmethacrylat (PMMA)

Polymethylmethacrylat (PMMA) ist ein amorpher, harter und steifer thermoplastischer Kunststoff, der wegen seiner glasähnlichen Transparenz umgangssprachlich „Acrylglas" oder „Plexiglas" genannt wird. PMMA wird technisch durch eine Kettenpolymerisation des Monomeren Methacrylsäuremethylester hergestellt. Die Polymerisation ist wegen der geforderten optischen Eigenschaften sehr zeitaufwendig.

Als besondere Eigenschaften sind die hohe Lichtdurchlässigkeit (etwa 92 %) und die sehr gute Lichtbeständigkeit zu nennen. PMMA ist witterungs- und alterungsbeständig, hat keine Eigenfarbe, ist glasklar mit hoher Brillanz und lichtdurchlässig oder lichtundurchlässig einfärbbar. PMMA wird zwischen 120 und 180 °C gummielastisch formbar, Formmassen sind oberhalb 180 °C zähflüssig (thermoplastisch formbar). Härte und Steifigkeit sind hoch, die Schlagfestigkeit aufgrund der spröden Struktur jedoch gering; hohe Kratzfestigkeit und Polierfähigkeit der Oberflächen sind gegeben.

PMMA ist beständig gegen Wasser, verdünnte Säuren und Laugen, Salzlösungen und aliphatische Kohlenwasserstoffe, Fette, Öle und unpolare Lösungsmittel. Unbeständigkeit bzw. Löslichkeit bis Quellbarkeit liegen gegen chlorierte Kohlenwasserstoffe, konzentrierte Säuren und Laugen, polare Lösungsmittel, Alkohol, Benzol und Aceton vor. PMMA ist spannungsrissgefährdet.

PMMA lässt sich vielseitig modifizieren. Werden zum Beispiel erhöhte Anforderungen an die Bruchsicherheit, Schlagzähigkeit, Spannungsrissbeständigkeit und Lösungsmittelbeständigkeit gestellt, so können das Copolymerisat **AMMA** (Acrylnitril-Methylmethacrylat) oder das besonders schlagzähe **PMMA-HI** eingesetzt werden.

Bei thermoplastischem PMMA ist die Urformung durch Extrudieren, Spritzgießen, Gießen und Thermoformen üblich. PMMA lässt sich mit allen Verfahren der spanenden Formgebung bearbeiten. Die spanlose Formgebung (Biegen, Ziehen, Prägen etc.) von Tafeln und Platten ist bei Temperaturen zwischen 100 und 150 °C möglich. Wegen der Klebbarkeit, z. B. mit Lösungsmittelklebern wie Aceton, ist das Schweißen im Wesentlichen bedeutungslos.

**Verwendung**

Wegen der sehr guten optischen Eigenschaften wird PMMA vor allem für Verglasungen im Automobilbau (Blinker- und Rückleuchtengläser, Dachfenster) und im Flugzeugbau (Scheiben, Hauben, Scheinwerferabdeckungen) verwendet. PMMA wird auch in der Elektroindustrie/Elektronik (Schaltteile, Leuchtabdeckungen, Flachbildschirme, Plattenelemente in der Photovoltaik), in der Optik (Linsen, Lupen, Lichtleitfasern), beim Bau von Gewächshäusern, bei Textilbeschichtungen, im Modell- und Prototypenbau, in der Zahnmedizin (Prothesen, Provisorien) und für Haushaltsgegenstände eingesetzt.

Im Bauwesen wird PMMA für elastische Verglasungen, Lichtkuppeln und -decken, Sanitärbauteile, Abdichtungen und Beschichtungen, durchsichtige Rohrleitungen für beispielsweise Milch (PMMA ist geruchs- und geschmacksneutral sowie physiologisch unbedenklich), Schutzverglasungen, Verkehrs- und Reklameschilder u. a. m. verwendet.

Handelsnamen (Beispiele):

- Granulat: Acrylite (Evonik); Lucite (DuPont); Plexiglas (Evonik)
- Folien/Bahnen: Tegoplan (Evonik); Senotop (Senoplast Klepsch)
- Halbzeug/Blöcke: Astralon (Röchling); Corian (DuPont); Perspex (Lucite); Plexicor (Evonik)
- Fasern/Vliese: Dralon (Dralon)

PMMA
↳ Acrylglas
↳ Plexiglas

### 10.3.2.6 Modifizierte Styrolpolymere

Neben den reinen Standard-Polystyrolen PS werden modifizierte Styrolpolymere durch Copolymerisation und Mischen mit anderen Polymeren (Blends) hergestellt. Diese Produkte zeichnen sich gegenüber dem reinen Polystyrol im Wesentlichen durch eine verbesserte Chemikalien- und Wärmeformbeständigkeit und eine hohe Schlagzähigkeit aus. Von den in die Gruppe der „Technischen Kunststoffe" einzuordnenden Polymerisaten sind zu nennen:

- **Styrol-Acrylnitril-Copolymerisat (SAN)** mit etwa 30 % Acrylnitril-Anteil zeichnet sich durch Witterungsbeständigkeit, höhere Beständigkeit gegen unpolare, organische Lösungsmittel sowie gegen Spannungsrissbildung aus, außerdem durch höhere Steifigkeit und Härte, aber auch durch höhere Zähigkeit. SAN findet Anwendung für transparente, kratz- und bruchfeste Haushaltsartikel, Teile für die Elektroindustrie und den Fahrzeug- und Maschinenbau. Glasfaserverstärktes SAN-GF wird aufgrund hoher Steifigkeit und geringer Schwindung u. a. in der Elektrotechnik verwendet.

  Handelsnamen (Beispiele) Granulat: Luran (Styrolution); Tekusan (Tekuma); Tyril (Styron)

- **Acrylnitril-Butadien-Styrol-Polymerisate (ABS)** stellen in erster Linie zweiphasige Mischungen von PS bzw. PS-Copolymeren mit Elastomeren dar. Als hartes Gerüst (Matrix) kommt neben PS auch das vorteilhaftere SAN in Frage, als Elastomerkomponente i. d. R. Polybutadien (BR). Damit kann die Schlagzähigkeit – auch bei tiefen Temperaturen – auf das Fünf- bis Zehnfache der des reinen Polystyrols gesteigert werden. Die Chemikalienbeständigkeit ist der von SAN vergleichbar. ABS ist aber nur bedingt witterungsbeständig. Daher wird bei einigen Typen Butadien-Kautschuk durch EPDM-Kautschuk ersetzt und man erhält die AES-Formmassen als weitere schlagzähe Modifikation von Acrylnitril-Styrol. Weitere Möglichkeiten zur Verbesserung der Witterungsbeständigkeit sind das Beschichten, Lackieren und Galvanisieren der Oberflächen.

  ABS wird für alle technischen Teile verwendet, die hoher mechanischer Beanspruchung ausgesetzt sind: Apparategehäuse für die Elektro- und Fernmeldetechnik, Umkleidungen, Abdeckungen, Gehäuse für Haushaltsgeräte, Rohre und Fittings, Karosserieteile usw.

  Handelsnamen (Beispiele):

  Granulat: Cycolac (SABIC); Magnum (Styron); Novodur (Styrolution)

  Folien/Bahnen: Bayfol (Bayer MS)

  Platten/Blöcke: Metzoplast (Metzeler); Senosan (Senoplast Klepsch)

  ABS ist mit vielen anderen thermoplastischen Polymeren gut verträglich. Daher wird es vielfach als Bestandteil von Polymerblends eingesetzt: ABS+PC, ABS+PVC, ABS+PA u. a.

- **Acrylnitril-Styrol-Acrylat-Polymerisat (ASA)** ist ein Polymerisat von Styrol/Acrylnitril mit einem Acrylester-Elastomer (Acrylatkautschuk) anstelle der bei ABS eingesetzten Butadienkautschukkomponente. Da die elastifizierende Komponente butadienfrei ist, weist ASA eine gute Alterungs- und Witterungsbeständigkeit auf. Daher sind ASA-Produkte insbesondere für die Außenanwendung geeignet: Fassadenverkleidungen, Verkehrsschilder, Boote, Verkaufsautomaten usw.

  Handelsnamen (Beispiele) Granulat: Centrex (Diamond Polymers); Geloy (SABIC); Luran S (Styrolution)

#### 10.3.2.7 Polyoxymethylen oder Polyacetal (POM)

Polyoxymethylen (POM) entsteht durch Polymerisation von hochreinem, wasserfreien Formaldehyd bei tiefen Temperaturen unter der katalytischen Wirkung von Aminen.

POM ist ein teilkristalliner, weitgehend linearer technischer Thermoplast mit hoher Dimensionsstabilität, guten mechanischen Eigenschaften in einem weiten Temperaturbereich und einem sehr guten Gleit- und Verschleißverhalten. POM ist gegen Treibstoffe, Mineralöle, Alkohole, wässrige Basen und Säuren, organische Lösungsmittel gut beständig. Angriff erfolgt durch anorganische Säuren und oxidierende Medien. Daher muss POM durch die Zugabe von UV-Stabilisatoren (z. B. Einfärben mit Ruß) vor Witterungseinflüssen geschützt werden.

POM lässt sich durch Spritzgießen, Extrudieren und Strangpressen und Schweißen (außer HF-Schweißen) gut verarbeiten. Nach mechanischer oder chemischer Oberflächenbehandlung lässt sich POM mit Epoxidharz kleben.

POM wird vor allem für verschleißanfällige Produkte des Maschinen- und Gerätebaus eingesetzt: Zahnräder, Lager, Laufrollen, Gleit- und Führungselemente, Schrauben, Muttern, Ventilkörper, Lüfterräder, Pumpenteile u. a. m. Im Spritzgussverfahren werden außerdem Gehäuse und Zubehörteile für Büromaschinen, Elektrogeräte und Spulenkörper gefertigt. Rohre, Stangen, Profile und Platten werden im Extrusionsverfahren hergestellt.

Durch chemische Modifikation (Copolymerisate) und physikalische Modifikation (Blends) lassen sich die Eigenschaften von POM (z. B. Heißwasserbeständigkeit, Schlagzähigkeit, Gleiteigenschaften) gezielt verbessern. Der Anwendungsbereich kann durch Verstärkung mit Glasfasern im Hinblick auf höhere Festigkeit und Steifigkeit erweitert werden.

Handelsnamen (Beispiele):

Granulat: Celcon (Celanese); Delrin (DuPont); Hostaform (Celanese); Ultraform (BASF SE)

Halbzeug: Centroguard (Centroplast); Sustarin (Röchling); Tecaform (Ensinger)

Platten/Blöcke: Murytal (Murtfeld); Semitron (Quadrant)

## 10.3.3 Hochleistungsthermoplaste

Aus der in der Einführung genannten Gruppe der Hochleistungsthermoplaste werden Polytetrafluorethylen (PTFE) und Polyimide (PI) herausgegriffen und näher besprochen.

#### 10.3.3.1 Polytetrafluorethylen (PTFE)

PTFE ist ein unverzweigtes, linear aufgebautes, hoch teilkristallines Polymer aus Fluor und Kohlenstoff. PTFE gehört zur Gruppe der Polyhalogenolefine und wird den Thermoelasten zugeordnet. Von thermoelastischem Verhalten wird dann gesprochen, wenn ein Thermoplast bei Erwärmung gummiartig weich wird und nicht, wie üblich, in einen plastisch formbaren bis schmelzflüssigen Zustand übergeht. Umgangssprachlich wird PTFE oft mit dem Handelsnamen Teflon (DuPont) bezeichnet.

Die Polymerisation von Tetrafluorethylen (TFE) erfolgt unter hohem Druck in wässriger Phase mit Peroxiden als Initiatoren. Die hohe Reaktionswärme muss durch intensives Rühren und Kühlen schnell abgeführt werden, um ein explosionsartiges Zersetzen des Reaktionsgemischs zu verhindern.

Kennzeichnende Eigenschaften von PTFE sind der große Temperaturanwendungsbereich, das antiadhäsive Verhalten und die hohe Witterungs- und Chemikalienbeständigkeit. Der Dauereinsatzbereich liegt zwischen −200 und +250 °C; zwischen −90 und +250 °C bleiben die mechanischen Eigenschaften nahezu konstant. Bei Temperaturen über 400 °C tritt Zersetzung unter Bildung hochtoxischer Pyrolyseprodukte wie Fluorphosgen ($COF_2$) ein. Es gibt nahezu keine Materialien, die an der Oberfläche von PTFE haften bleiben. PTFE wird von Flüssigkeiten nicht benetzt. Aufgrund des sehr niedrigen Reibungskoeffizienten ($\mu \leq 0{,}01$) sind vorzügliche Gleiteigenschaften gegeben.

Die elektrischen Isoliereigenschaften sind auch bei hoher Luftfeuchtigkeit ausgezeichnet, ebenso die Kriechstromfestigkeit. Die sehr feste C-F-Bindung verursacht eine ungewöhnlich hohe thermische und chemische Widerstandsfähigkeit. Somit ist PTFE äußerst beständig gegen alle Basen, Alkohole, Betone, Benzine usw. und wird nur von sehr starken Reduktionsmitteln, wie Lösungen von Alkalimetallen (z. B. Natrium) in flüssigem Ammoniak, oder von sehr starken Oxidationsmitteln, wie elementares Fluor, bei höheren Temperaturen angegriffen. PTFE ist nahezu unbrennbar, wetter- und lichtbeständig, physiologisch unbedenklich und zeigt keinerlei Wasseraufnahme. Allerdings weist PTFE nur eine geringe Festigkeit, Härte und Steifigkeit auf und neigt zum Kriechen.

Ein wesentlicher Nachteil ist, dass eine bei Thermoplasten übliche thermoplastische Verarbeitung nicht möglich ist. Das pulverförmige oder in Dispersion vorliegende PTFE wird durch Pressen und anschließendes Sintern zu Halbzeugen und Formteilen verarbeitet. Beschichtungen auf Metalloberflächen lassen sich durch Sintern herstellen; die Beschichtung verringert die Reibung, bietet aber wegen ihrer Porosität keinen Korrosionsschutz. Zur Herstellung von glasfaserverstärktem PTFE wird Glasgewebe mit einer Dispersion getränkt und gepresst. Folien werden durch Schälen von Blockmaterial hergestellt.

### Verwendung

Fluorhaltige Polymere werden hauptsächlich dort eingesetzt, wo besondere Eigenschaften gefordert werden, wie

- Chemikalienbeständigkeit: Dichtungen, Ventilteile, Schläuche, Rohre , Ummantelungen, Folien, Auskleidungen im Chemieanlagenbau,
- Unbenetzbarkeit: Beschichtungen (Antihaft-Beschichtungen in Pfannen und Töpfen oder in der Textilindustrie), Beläge, Transportbänder für klebrige und heiße Güter, Walzen, Formen,
- geringer Reibungskoeffizient: Schmierungsfreie Gleitlager im Brückenbau, Trockenschmiermittel („Sprüh-Teflon"), Dichtungsbänder für Gewinde,
- höchste elektrische Isoliereigenschaften: Kabelisolierungen, elektrische Isolatoren, Hochfrequenzleiterplatten.

Bei der Fertigung von witterungs- und UV-beständigen Membranen wird Glasfasergewebe mit PTFE beschichtet (Zelte); mittlerweile sind auch komplett aus PTFE hergestellte Gewebe erhältlich.

**Expandiertes PTFE (ePTFE)** ist eine speziell verarbeitete Form des Polytetrafluorethylens. In hauchdünnen Schichten finden gereckte ePTFE-Folien als sogenanntes Gore-Tex-Laminat in „atmungsaktiver", wasser- und winddichter Bekleidung Verwendung. Auch im Bereich der Medizintechnik (Stents, Bypässe) und in der Luft- und Raumfahrtindustrie (Dichtungsmaterial) wird ePFTE eingesetzt.

Die vielfältigen und relativ einfachen Möglichkeiten der **PTFE-Compoundierung** (Zusatzstoffe sind z. B. Graphit, Glimmer, Glas- und Kohlefasern, Molybdändisulfid) ermöglichen spezielle Mischungen mit speziellen Eigenschaften.

**Thermoplastisch verarbeitbare Fluor-Kunststoffe** (siehe dazu [1]) lassen sich im Gegensatz zu PTFE durch die üblichen Formgebungsverfahren für Thermoplaste verarbeiten und speziellen Anwendungsbereichen anpassen. Dies sind

- Copolymerisate von Tetrafluorethylen mit anderen fluorierten oder fluorfreien Monomeren, z. B. FEP, PFA, THV, ETFE,
- Homopolymerisate von weniger stark fluorierten (PVDF und PVF) oder fluorchlorierten (PCTFE) Monomeren,
- Copolymerisate dieser zweiten Gruppe, z. B. ECTFE.

Handelsnamen für PTFE (Beispiele):

Granulat: Algoflon (Solvay); Polyflon (Daikin); Teflon (DuPont)

Pulver: Polymist (Solvay); Zonyl (DuPont)

Platten/Blöcke: Semitron (Quadrant PC); Murflor (Murtfeld)

Halbzeug: Rulon (Saint-Gobain PP); Fluorosint (Quadrant PC)

#### 10.3.3.2 Polyimide (PI)

Polyimide (PI) zählen zu den hochtemperaturfesten Kunststoffen. Sie werden durch Polykondensation oder Polyaddition hergestellt. Wichtigstes Strukturmerkmal ist die Imidgruppe. Polyimide, die weitere Strukturelemente wie Esthergruppen oder Amidgruppen enthalten, bilden eigene Stoffgruppen wie **Polyetherimide (PEI)** oder **Polyamidimide (PAI)**. Durch Polykondensation erzeugte Polyimide können sowohl duroplastische als auch thermoplastische Eigenschaften aufweisen. Polyaddukte sind dagegen nur duroplastisch.

Als besondere Eigenschaften weisen Polyimide eine hohe Festigkeit im Temperaturbereich zwischen −240 und +400 °C sowie eine sehr hohe Dimensionsstabilität bei hohen Temperaturen auf. Polyimide sind beständig u. a. gegen organische Lösungsmittel, verdünnte Säuren und Laugen. Sie sind unbeständig gegen starke Säuren und Laugen sowie Oxidationsmittel. Polyimide (PI) weisen gute Gleiteigenschaften und eine hohe Abriebfestigkeit auf. Die Gleiteigenschaften können durch den Zusatz von Graphit, Molybdendisulfid $MoS_2$ oder Polytetrafluorethylen (PTFE) verbessert werden. Glas-, C- und A-Fasern erhöhen die Festigkeit. Polyimide verfügen über eine ausgezeichnete Beständigkeit gegen energiereiche Strahlung (Gamma- und Röntgenstrahlen).

Wegen ihrer Hitzebeständigkeit, geringen Ausgasung, Strahlungsbeständigkeit und guten Isoliereigenschaften werden Polyimide in der Elektrotechnik in Form von bernsteinfarbenen, halbtransparenten Polyimid-Isolierfolien eingesetzt. Polyimide (PI) werden bevorzugt für besonders dünne, aber stabile Lackisolierungen von elektrischen Leitungen verwendet. Polyimidfolien finden Anwendung in der Umkehrosmose als selektiv permeable Membran, etwa bei der Dialyse oder bei der Meerwasserentsalzung. An Filtergeweben aus Polyimidfasern können feine Stäube aus den Abgasen von Kohlekraftwerken oder Zementfabriken abgeschieden werden.

Fertigpressteile oder Halbzeug aus Polyimid lassen sich spanend mit Hartmetallwerkzeugen bearbeiten. Aufgrund ihrer hohen Festigkeit auch bei hohen Temperaturen und guter thermischer Langzeitbeständigkeit werden sie zur Fertigung u. a. von Kolbenringen, Lagerbuchsen, Dichtungen, Rollen sowie Gleit- und Führungsschienen angewandt.

Handelsnamen (Beispiele):

Granulat: Avimid (DuPont)

Pulver: P84 (Evonik)

Folien/Bahnen: Kapton (DuPont); Norton (Saint-Gobain PP)

Halbzeug: Sintimid (Ensinger); Vespel (DuPont)

## 10.4 Duroplaste (Duromere)

Duroplaste bestehen aus dreidimensional eng vernetzten Makromolekülen. Derart dichte Netzwerke entstehen durch *Polykondensation* und *Polyaddition*. Duroplaste sind glasartig hart und spröde, nicht schmelzbar und nicht löslich. Sie können daher nicht plastisch verformt und nicht geschweißt werden.

Ausgangsstoffe für Duroplaste sind entweder feste, vorgeformte *Formmassen* aus Harzen mit Zusatzstoffen (Füllstoffen, Farben, Gleitmitteln, Stabilisatoren) oder flüssige, meist zähflüssige *Reaktionsharze*. Die räumliche Vernetzung der Makromoleküle erfolgt bei den Formmassen unter Druck und Hitze (thermische Aushärtung = Warmaushärtung). Die Aushärtung ist irreversibel, d. h. nicht umkehrbar. Die Reaktionsharze können drucklos bei Raumtemperatur aushärten. Dazu muss ihnen ein säurehaltiger Katalysator („Härter") zugegeben werden (chemische Aushärtung = Kaltaushärtung). Die Vernetzung kann durch Zumischung eines Beschleunigers und/oder durch Erwärmung verkürzt werden.

Zur Verbesserung der mechanischen Eigenschaften (Verminderung der Sprödigkeit, Erhöhung der Festigkeit und des E-Moduls) werden Duroplasten Füll- und Verstärkungsstoffe (Kreide, Glimmer, Sand, Holzmehl, Textil- und Glasfasern) zugegeben. Ihr Anteil liegt zwischen 40 und 80 %.

Zu den durch Polykondensation entstehenden Duroplasten zählen

- Phenol-Formaldehyd-Harze (PF) = Phenoplast,
- Harnstoff-Formaldehyd-Harze (UF) = Aminoplast,
- Melamin-Formaldehyd-Harze (MF) = Aminoplast,
- Ungesättigte Polyesterharze (UP).

Zu den durch Polyaddition entstehenden Duroplasten zählen

- Epoxidharze (EP),
- Polyurethane (PUR).

## 10.4.1 Phenol-Formaldehyd-Kondensationsharze (PF)

Phenolharze erhält man durch Polykondensation von Phenol und Formaldehyd. Je nach dem Molverhältnis zwischen Phenol und Formaldehyd und der Art des verwendeten Katalysators (saurer oder basischer Katalysator) ergeben sich – als sogenannte Vorkondensate – *indirekt härtbare* (nicht selbsthärtbare) Harze (Novolake) oder *direkt härtbare* (selbsthärtende) Harze (Resole).

*Novolake* entstehen in saurer Lösung. Sie weisen einen sehr hohen Vernetzungsgrad auf, sind aber noch schmelzbar. Durch den nachträglichen Zusatz von Formaldehydspendern, wie Hexamethylentetramin, härten Novolake bei Temperaturen höher als 120 °C zu unschmelzbaren, duroplastischen Massen aus.

Die alkalisch kondensierten *Resole* sind schmelzbar und in verschiedenen Lösungsmitteln löslich. Sie reagieren ohne weitere Zusätze bereits bei Raumtemperatur langsam (bei höheren Temperaturen schneller) zur unlösbaren und unschmelzbaren Endstufe Resit.

Die Vorkondensate werden fest, pulverförmig oder zähflüssig in den Handel gebracht, mit oder ohne Füllstoffe verarbeitet und dann ausgehärtet. Die Härtung erfolgt während oder nach der Formgebung. Es tritt dabei eine Vernetzung der Moleküle durch eine weiter fortschreitende Kondensation ein.

### Verarbeitung

Zur Verbesserung der physikalischen Eigenschaften bei gleichzeitiger Senkung des Harzeinsatzes werden die Phenolharze meist mit Füll- bzw. Verstärkungsstoffen („Harzträger") versehen. Die Füllstoffe dienen der Erhöhung der mechanischen Festigkeit der Formteile, der Aufnahme des Kondensationswassers beim Pressvorgang und zur Verbilligung. Übliche Füllstoffe sind Holzmehl, Graphit, Gesteinsmehl, Glimmermehl, Cellulosefasern, Celluloseschnitzel, Textilfasern, Zellstoffschnitzel, Glasfasergewebe, Papierbahnen. Die gefüllten Phenolharze (Pressmassen) werden im Wesentlichen durch Form-, Spritz- und Schichtpressen verarbeitet, in denen die Pressmassen unter Druck und hoher Temperatur zu duroplastischen Formteilen aushärten. Bei geringen Mengen an Füllstoffen sind auch Spritzgussverfahren möglich. Phenolharzimprägnierte Bahnen aus Papier oder Gewebe lassen sich unter hohem Druck zu Schichtpressstoffen (Faserverbundwerkstoffen) verarbeiten. Die Verwendung von Phenolharzen ohne Füllstoff als Gießwerkstoff wird nur in speziellen Fällen angewendet.

Phenoplaste sind spanlos nicht verformbar. Die spanende Bearbeitung von Fertigteilen aus Formmassen beschränkt sich auf das Entgraten.

### Eigenschaften

Die physikalischen, chemischen und technologischen Eigenschaften der Phenolharze sind in hohem Maße von der Art und Menge der verwendeten Füllstoffe („Harzträger") abhängig.

Die Zugfestigkeit ist je nach Harzträger niedrig (15 $N/mm^2$ bei Gesteinsmehl) bis hoch (120 $N/mm^2$ bei Papierbahnen); Steifigkeit und Härte sind vergleichsweise sehr hoch. Die Kerbschlagzähigkeit ist niedrig, jedoch mit Gewebeverstärkung gut. Glasfaserverstärkte Phenoplaste sind bis etwa 300 °C wärmebeständig und schwer entflammbar. Phenolharze sind nicht in hellen Farbtönen herstellbar und daher meist schwarz oder in dunklen Tönen eingefärbt.

Die Phenolharze sind beständig u. a. gegen Benzin, Alkohole, Fette, Öle, Ester, Ketone und schwache Säuren. Bedingt beständig oder unbeständig sind sie gegen starke und oxidierende Säuren sowie gegen Laugen. Je nach Füllstoff ist die Wasseraufnahme gering bis hoch. Sie sind nicht geruchs- und geschmacksfrei und daher für Lebensmittelverpackungen nicht geeignet.

**Verwendung**

*Formteile* aus PF-Harzen werden in der Elektroindustrie (Schalter, Stecker, Spulenkörper, Gehäuse, Isolatoren, Kollektoren u. a.), im Maschinen- und Automobilbau (Handräder, Drehknöpfe, Lenkräder, Heizungsarmaturen u. a.) und für Haushaltsgegenstände verwendet. *Schichtpressstoffe* werden zu Leiterplatten, Schalttafeln, Isolationen, Lagerschalen, Spulenscheiben u. a. m. verarbeitet. Phenolharze werden auch als *Bindemittel* für Hartfaser- und Spanplatten, Trenn- und Schleifscheiben, Kupplungs- und Bremsbeläge, Filterpapiere, Mineralfaserdämmstoffe u. a. m. eingesetzt und kommen bei der Herstellung von *Lacken* (Einbrennlacke), Klebstoffen, Leimen und Schaumstoffen zur Anwendung.

Handelsnamen (Beispiele):

Granulat: Bakelite (Momentive PM); Resinol (Raschig); Vyncolit (Sumimoto Bakelite)

Harze: Cascophen (Momentive PM)

Vorprodukte, flüssig: Cellobond (Momentive PM); Norsophen (Norold); Koresin (BASF SE)

Verbunde/Prepregs: Korex (DuPont); Airpregs (Isovolta); Fibrodux (Hexcel)

## 10.4.2 Aminoplaste (Formaldehyd-Kondensationsharze)

Aminoplaste ist der Oberbegriff für duroplastische Kunststoffe, die durch Polykondensation von Aminen oder Amiden, wie Harnstoff und Melamin, mit Formaldehyd gewonnen werden. Aus der Umsetzung von Formaldehyd mit den Aminen bzw. Amiden entstehen unter Wasserabspaltung (Kondensation) noch unvernetzte flüssige *Vorkondensate*. Diese werden im sprühtrockenen Zustand oder in Form der wässrigen Lösung mit Füll- bzw. Verstärkungsstoffen, Härtungskatalysatoren und ggf. weiteren Zusätzen vermischt, getrocknet und zerkleinert. Die so aufbereiteten Formmassen lassen sich unter Druck und bei Temperaturen zwischen 140 und 160 °C durch Kondensationspolymerisation zu unlöslichen und unschmelzbaren Formteilen oder Halbzeug verarbeiten.

Die Bezeichnung Aminoplast wird sowohl für das noch auszuhärtende Vorprodukt als auch für das durchgehärtete Endprodukt verwendet.

### 10.4.2.1 Harnstoff-Formaldehyd-Kondensationsharze (UF)

Harnstoff-Formaldehyd-Kondensationsharze (UF) entsprechen in ihren Eigenschaften weitgehend denen der Phenolharze (PF). Mit Ausnahme der Schaumstoffe werden UF-Harze nur mit Füllstoffen, wie Holz- und Gesteinsmehl, kurzfasrige Cellulose (Typ 131), Textilfasern oder Glasfasern, zu Harzformteilen (Harzgehalt etwa 60 %) verarbeitet. Die Teile neigen wegen erheblicher Nachschwindung zur Rissbildung, der durch die Zugabe von Cellulosefasern begegnet werden kann. Vorteilhaft gegenüber PF sind die Farblosigkeit und Transparenz, zudem treten keine Verfärbungen durch Licht- und Wärmeeinwirkung auf. Daher werden UF-Harze meist zu hellfarbenen oder weißen Massen verarbeitet, die aber hitze- und feuchtigkeitsempfindlich sind. Unbeständigkeit besteht gegen starke Säuren und Laugen sowie gegen kochendes Wasser, bedingte Beständigkeit besteht gegen schwache Säuren. UF-Harze sind in der Regel schwer entzündbar (abhängig vom Füllmaterial und anderen Additiven).

Zur Formgebung (Verarbeitung) stehen zur Verfügung: Pressen, Spritzpressen (mit HF-Vorwärmung), Spritzgießen, Schichtpressen, Kleben.

UF-Formmassen werden vor allem in der Elektrotechnik (weiße Installationsteile, Apparategehäuse) und für Gebrauchsgegenstände verwendet. Daneben werden Schaumstoffe aus UF-Harzen u. a. zur Schall- und Wärmedämmung und zum Kaltausschäumen von Rohrleitungsschlitzen (Ortschaum) eingesetzt. Spezielle Anwendungsfälle für UF-Harze sind Gießharze, Lacke, wasserfeste Leime, Textilhilfsmittel und nassfeste Papiere.

Handelsnamen (Beispiele):

Granulat: Carbaicar (Ercros); Scarab (BIP Oldenburg)

Harze/Lösungen: Plastopal (BASF SE); Urecoll (BASF SE)

Schichtpressstoffe: Resopal (Resopal)

#### 10.4.2.2 Melamin-Formaldehyd-Kondensationsharze (MF)

Melamin-Formaldehyd-Kondensationsharze (MF) sind etwas teurer, weisen aber im Vergleich zu UF-Harzen die etwas günstigeren mechanischen, thermischen, elektrischen und chemischen Eigenschaften auf. MF-Harze sind hart, spröde, sehr kratzfest und haben eine hohe Oberflächenhärte. Sie sind biegefest, relativ schlagzäh und kochfest. Ihre Temperaturbeständigkeit sowie die Chemikalien- und Hydrolysebeständigkeit sind hoch, insbesondere ist die Beständigkeit gegen Heißwasser sowie verdünnte Säuren und Basen im Vergleich zu UF-Harzen etwas besser.

MF-Harze werden durch Spritzgießen, Pressen und Strangpressen verarbeitet. MF-Formmassen sind wie UF-Formmassen nur wenige Monate lagerfähig. Ausgehärtete Produkte neigen infolge Nachschwinden zur Rissbildung.

Die wichtigste Anwendung von reinen MF-Harzen sind farblose Leimharze. Sie werden als Bindemittel für Spanplatten, nassfestes Papier, Holzleime, Deckfurniere und Dekorationsplatten für Wand- und Möbelbeläge verwendet. Auch knitterfeste und wasserabweisende Textilien sind mit MF-Harzen ausgerüstet. MF-Harzformstoffe werden für elektrische Isolierteile, Schalter, Steckdosen, Stecker, Haushaltsartikel (Küchengeräte, Bestecke, Geschirre) u. a. m. eingesetzt. MF-Schaumstoffe dienen der Wärme- und Schallisolierung.

Handelsnamen (Beispiele):

Granulat: Melopas (Raschig); *MFA*: Hyflon (Solvay); *MPF*: Bakelite (Momentive PM)

Harze/Lösungen: Kauramin (BASF SE); Urecoll (BASF SE); *MUF*: Kaurit (BASF SE)

Platten/Blöcke: Hornit (Hornitex)

Formmassen: Ampal (Raschig)

### 10.4.3 Ungesättigte Polyesterharze (UP)

Die ungesättigten linearen Polyester werden durch Kondensationscopolymerisation von ungesättigten Dicarbonsäuren (Maleinsäure) mit zweiwertigen Alkoholen hergestellt. In einer polymerisierbaren Vinylverbindung (meist Styrol) gelöst, fallen sie als mehr oder weniger hochviskose, stabilisierte Flüssigharze (Gießharze) an. Technische Gebrauchseigenschaften erhalten die ungesättigten Polyesterharze durch Vernetzen (Härten) mit polymerisierbaren Lösungsmitteln (z. B. Styrol) unter Verwendung bestimmter Katalysatoren (Peroxide) und Beschleuniger (z. B. Metallsalze bzw. -seifen). Die Härtung der ungesättigten Polyesterharze kann durch Erwärmen auf 60 bis 100 °C (Warmhärtung) oder bei 10 bis 30 °C Anfangstemperatur (Kalthärtung) erfolgen. Bei der Kaltaushärtung ist die Zugabe von Beschleunigern (z. B. Metallseifen, tertiäre aromatische Amine) erforderlich. Üblich ist die Verwendung unterschiedlicher Härter/Beschleuniger-Systeme. Warm- und Kaltaushärtung verlaufen exotherm, d. h. unter beachtlicher Wärmeentwicklung.

Vor dem Aushärten sind die UP-Harze mit und ohne Füllstoffe durch Gießen und Pressen formbar. Die mit den Reaktionsmitteln und gegebenenfalls Füll- und Verstärkungsstoffen versehenen, verarbeitungsfertigen Mischungen werden als *Reaktionsharzmassen* bezeichnet (Kurzbezeichnung nach ISO: MC = Moulding Compound = Formmasse). Formmassen werden durch Form-, Spritz- und Schichtpressen sowie Spritzgießen zu Formteilen und Halbzeug verarbeitet. Weitere Verarbeitungsverfahren: Laminieren, Wickeln, Schleudern, Kleben.

#### Eigenschaften

Die physikalischen und chemischen Eigenschaften von UP-Harzen sind sehr stark von der Formulierung des Polyesters, vom Vernetzungsgrad und vor allem von der Art und Menge des Verstärkungsstoffes sowie schließlich auch vom Verarbeitungsverfahren abhängig. Die vernetzten, unverstärkten UP-Harze sind transparent und je nach Formulierung und Vernetzungsgrad steif und spröde oder zäh und elastisch. Durch die Einarbeitung von Verstärkungsstoffen, wie Fasern (z. B. Aramid-, Kohlenstoff- oder Glasfasern), Rovings oder Gewebematten, erreichen sie eine hohe Steifigkeit, Schlagzähigkeit und je nach chemischem Aufbau eine gute Elastizität. Die Festigkeit und Kerbschlagzähigkeit unverstärkter Gießharze und UP-Harzformstoffe sind mäßig bis gut, die von Laminaten hoch bis sehr hoch.

UP-Produkte zeigen gute elektrische Isolationseigenschaften, geringe dielektrische Verluste und eine gute Kriechstromfestigkeit. UP-Harze weisen einen breiten Anwendungstemperaturbereich auf, da sie in der Kälte nicht verspröden und eine gute Wärmeformbeständigkeit (bis etwa 160 °C) auch unter Belastung besitzen. UP-Harze verfügen bei geschlossener Oberfläche über eine gute Witterungsbeständigkeit, neigen aber zum Vergilben. Sie sind beständig u. a. gegen Wasser, verdünnte Säuren, wässrige Salzlösungen, Treibstoffe; sie sind unbeständig gegen konzentrierte Säuren, aromatische und halogenierte Kohlenwasserstoffe, Ester und Ketone.

#### Verwendung

Gießharze mit und ohne Füllstoffe (DIN 16946 „Reaktionsharzformstoffe und Gießharzformstoffe"), wie Quarzmehl oder Kaolin, werden zum Ausgießen von Ankern für Kleinmotoren und zum Einbetten elektrischer und elektronischer Bauteile verwendet. Ein wichtiges Einsatzgebiet ist weiterhin das Bauwesen: als Reaktionsharzbeton, Kunststein, Estrichmassen, Betonbeschichtungen. UP-Klebeharze dienen Reparaturzwecken von Polyester-Bauteilen und zum Kleben metallischer und nichtmetallischer Bauteile.

UP-Formmassen (DIN EN ISO 14530 „Ungesättigte Polyesterformmassen") werden in der Elektrotechnik (Spulenkörper, Klemm- und Lötleisten, Stecker-, Schalter- und Relaisteile, Gerätegehäuse u. a.) und im Maschinen- und Fahrzeugbau (Kotflügel, Stoßstangen, Kühlergrill u. a.) sowie für Haushaltsgeräte verwendet.

Mattenförmige, vorgefertigte Prepregs (Kurzform für „preimpregnated fibres" = „vorimprägnierte Fasern", DIN EN 14598 „Verstärkte härtbare Formmassen") und textilglasverstärkte Halbzeuge werden eingesetzt im

- Bauwesen als Bedachungen, Balkonverkleidungen, Windschutzwände, Lichtkuppeln und -platten, Betonschalungen, Welldachplatten, Schwimmbecken, Rotorblätter u. a. m.
- Fahrzeugbau als Karosserien, Motorhauben, Aufbauteile von Schienen- und Straßenfahrzeugen, Bootskörper, Container
- Behälter- und Rohrleitungsbau als Abwasserrohre, Heizöltanks, Silos, Transport- und Lagerbehälter

Handelsnamen (Beispiele):

Granulat: Bakelite UP (Momentive PM); Polyite (Reichhold)

Harze: Palatal (DSM); Daron (DSM)

Formmassen: Supraplast (Raschig); Ralupol (Raschig)

Halbzeug/Blöcke: Plexit (Evonik); Durastone (Röchling)

Prepregs/Matten: Fibrelam (Hexel); Carbon SMC (Menzolit)

### 10.4.4 Epoxidharze (EP)

Betonsanierung/-schutz

Die technisch wichtigsten Epoxidgrundharze entstehen durch Additions- und Kondensationsreaktion von Epichlorhydrin mit Bisphenol A. Die (unvernetzten) Epoxidharze sind normalerweise flüssig bis viskos. Aus den unvernetzten Epoxidharzen entsteht durch Zugabe eines Härters der feste, vernetzte duroplastische Epoxidharz-Formstoff.

Als Härter werden organische Di- und Polycarbonsäureanhydride, reaktionsfähige Di- und Polyamine oder katalytisch wirkende basische und saure Substanzen verwendet. Die Härtung der Epoxidharzmasse (Epoxidharz-Härter-Gemisch) wird entsprechend der verarbeitungs- und anwendungstechnischen Forderungen (z. B. Gießeigenschaften, Formstoffeigenschaften, Wärmebeständigkeit) bei Raumtemperatur (Kalthärtung) oder bei Temperaturen oberhalb 100 °C (Warmhärtung) durchgeführt.

Als Verarbeitungsdauer oder *Topfzeit* wird der Zeitraum zwischen Vermischen von Harz und Härter und dem Vorliegen einer zur Verarbeitung gerade noch möglichen Viskosität bezeichnet. Die Topfzeit hängt von der Verarbeitungstemperatur, der Einstellung des Harzes und der Ansatzgröße ab. Übliche Topfzeiten liegen bei einigen Minuten bis hin zu mehreren Stunden.

Zur Verbesserung der Gießbarkeit der Grundharze werden häufig niedrigviskose reaktive oder nichtreaktive Verdünnungsmittel zugesetzt. Durch die niedrige Viskosität der Harzmischungen wird zudem eine bessere Penetration in poröse Werkstoffe (Tränkung von Gewebe, Beschichtung von Beton) erreicht und die Verarbeitbarkeit im RTM-Verfahren (RTM = Resin Transfer Moulding) verbessert. Derart modifizierte Harze erlauben zudem eine höhere Beladung mit Füllstoffen, woraus bei der Härtung ein geringeres Schrumpfen resultiert.

Die Modifizierung mit Zuschlag- oder Füllstoffen (z. B. Quarzsand, keramische Pulver, Aluminium- oder Eisenpulver, Glasfasern) ist üblich, um beispielsweise den teuren Harzanteil zu verringern, die maximale Dauergebrauchstemperatur zu steigern, die Abriebbeständigkeit der Oberfläche zu verbessern und um das Brandverhalten positiv zu beeinflussen. Die Füllstoffzugabe kann zudem zur Verbesserung der Verarbeitungseigenschaften und zur Herstellung bestimmter Anwendungseigenschaften (z. B. Spachtelmassen, Klebharze) führen.

Epoxidharze lassen sich als Kleb-, Gieß- und Laminierharze sowie als Formmassen durch Form-, Schicht- und Spritzpressen und Spritzgießen verarbeiten.

### Eigenschaften

Die physikalisch/mechanischen Eigenschaften variieren je nach dem chemischen Aufbau der EP-Harze, der Art und Menge des verwendeten Härters, der damit erreichten Vernetzungsdichte, dem unterschiedlichen Gehalt an Verdünnungsmitteln und Füllstoffen und den Härtungsbedingungen in weiten Grenzen. Insbesondere bestehen Unterschiede zwischen den Eigenschaften von Formstoffen aus reinen, unverstärkten Gießharzen, aus meist mit Füllstoffen modifizierten Formmassen und aus Laminaten. Die Festigkeit der EP-Formstoffe aus EP-Formmassen ist niedrig bis mittel, die der unverstärkten Gießharze mittel bis hoch und die der Laminate sehr hoch.

EP-Formteile weisen wegen der geringen Schwindneigung beim Aushärten eine sehr gute Maßhaltigkeit auf. Die elektrischen Isoliereigenschaften sind gut. Gute Kriechstromfestigkeiten weisen insbesondere modifizierte Epoxidharze (Cycloaliphatische EP) auf. Die Dauergebrauchstemperaturen liegen bei nicht modifizierten EP-Formstoffen zwischen 120 und 140 °C, bei modifizierten EP-Formstoffen deutlich darunter.

Die chemischen Eigenschaften sind ebenfalls von den oben genannten Einflussgrößen abhängig. Im Allgemeinen sind EP-Harze bei Raumtemperatur beständig gegen Wasser, verdünnte Säuren und Basen, Benzin, Mineralöle, aliphatische Kohlenwasserstoffe u. a. Unbeständigkeit besteht gegen heißes Wasser, konzentrierte Säuren und Basen, aromatische und Halogen-Kohlenwasserstoffe, Alkohole, Ester und Ketone (Aceton). Epoxidharze weisen eine gute UV- und Witterungsbeständigkeit auf. Die Brennbarkeit hängt stark von der chemischen Zusammensetzung des Epoxidharzes ab; Zuschlagstoffe wie Aluminiumhydroxid können das Brandverhalten positiv beeinflussen. Sie haften außerordentlich gut auf nahezu allen metallischen und nichtmetallischen Werkstoffen (außer thermoplastischen Kunststoffen). Warm gehärtete Epoxidharze haben deutlich bessere mechanische, thermische, chemische und elektrische Eigenschaften als kalt gehärtete.

### Verwendung

Epoxidharze werden wegen ihrer guten Haftfestigkeit an Stoffen als Kleb-, Gieß- und Laminierharze sowie als Beschichtungsmassen genutzt.

- **Klebharze** werden als hochwertige Klebstoffe im Metall-Leichtbau, im Flugzeug-, Fahrzeug-, Schiff-, Apparate- und Werkzeugbau sowie in der Elektrotechnik eingesetzt.
- **Gießharze** (ungefüllt und gefüllt) verwendet man wegen ihrer dielektrischen Eigenschaften in der Hochspannungstechnik u. a. für die Herstellung von Strom- und Spannungswandlern, Kondensatoren und Spulen. In der Schwachstrom- und Hochfrequenztechnik sowie in der Elektronik werden Bauelemente, Baugruppen usw. mit Gießharzen stabil und korrosionssicher vergossen. Im Bauwesen dienen Gießharze zur Herstellung von Reaktionsklebemörtel für Betonfertigteile und für die Bauwerkssanierung. Einsatz auch als Bindemittel für Polymerbeton und Polymerestriche. Gießharze eignen sich u. a. auch zur Herstellung von Kopier- und Arbeitsmodellen, von Werkzeugen oder Werkzeugteilen für die spanlose Bearbeitung, von Gehäusen in der chemischen Industrie.
- **Lackharze und Beschichtungsmassen** eignen sich wegen ihrer sehr guten chemischen und mechanischen Eigenschaften für den Korrosionsschutz von Metall- und Betonoberflächen, z. B.:
  - Dichtschichtlacke für den schweren Korrosionsschutz im Schiffsbau,
  - Innenschutzlackierungen von Verpackungsmitteln („Goldlacke"),
  - Innensanierung von Rohren (Trinkwasserleitungen, Fußbodenheizungen),
  - „Pulverlacke" zum elektrostatischen Beschichten von Metallteilen.
- **Laminierharze** dienen zur Herstellung glasfaserverstärkter Schichtpressstoffe für großflächige Bauteile, Negativformen, Leiterplatten und gedruckte Schaltungen. Sie sind das Matrixmaterial für die Herstellung von Faserverbundbauteilen, u. a. für Luft- und Raumfahrt, für den Motorsport und für den Yachtbau. In der chemischen Industrie kommen Laminate als hochfeste Rohrleitungen, Apparate und Behälter zum Einsatz. Ein wichtiges Einsatzgebiet ist der Sport- und Freizeitbereich (Skier, Tennisschläger, Fahrräder u. a.).
- **Formmassen** werden in der Elektrotechnik zum Ummanteln von elektronischen Bauteilen, für Schalterteile, Steckverbindungen u. a. verwendet. Formmassen dienen auch der Fertigung von technischen Präzisionsteilen, Pumpen u. a.

Handelsnamen (Beispiele):

Granulat: Bakelite EP (Momentive PM)

Harze: Araldite (Huntsmann); Epikote (Momentive PM); Tegocoll (Evonik)

Formmassen: Epoxidur (Raschig)

Blöcke/Platten: Durostone (Röchling); Wacosit (Krempel)

Prepregs/Matten: Duramid (Isola); Verdur (Krempel)

Fasern/Vliese: Duraver (Isola)

### 10.4.5 Polyurethane (PUR)

besonders vielseitig

Polyurethane entstehen durch die Polyadditionsreaktion von Isocyanaten mit zweiwertigen Alkoholen, den Polyolen. Die aus einer oder mehreren Komponenten bestehenden verarbeitungsfertigen Mischungen werden als Polyurethan-Systeme bezeichnet. Zur sogenannten PUR-Gruppe gehören PUR-Gießharze und PUR-Schaumstoffe.

#### 10.4.5.1 PUR-Gießharze

PUR-Gießharze können entsprechend dem gewählten System mit weit und eng vernetzter Struktur zu Formteilen verarbeitet werden. Gießharze mit weiter Vernetzung haben zäh-elastische bis kautschuk-elastische Eigenschaften. Eng vernetzte Gießharze werden je nach verwendeter Rezeptur mit weicher, mittelharter oder harter Einstellung hergestellt.

Die hochelastischen Gießharze („Elastomer-Gießharze" oder PUR-Kautschuke) finden aufgrund ihrer hohen Elastizität, Flexibilität und Beständigkeit vielfache Anwendung in nahezu allen Industriebereichen (Dichtungen, Formmaterial, Kabelvergussmassen, Dämpfungselemente u. a. m.). Mehr Informationen zu PUR-Kautschuken s. Abschn. 10.5.1.2. Harte Gießharze finden vor allem als PUR-Formstoffe in der Elektrotechnik Anwendung (Isolatoren, Schalterbau, Bauteile für Elektronik u. a. m.).

Polyurethan in Klebstoffen, Lacken, Beschichtungen und Vergussmassen:

- **PUR-Klebstoffe** gehören zur Gruppe der Reaktionsklebstoffe und sind als 1- oder 2-Komponenten-Systeme erhältlich. Beim 1-Komponenten-System reagiert und härtet der Isocyanat-Komplex mit der Luftfeuchtigkeit und/oder Wärme nach dem Öffnen des Gebindes. Beim 2-Komponenten-System reagiert und härtet der Klebstoff nach dem Mischen der beiden Komponenten. Je nach Art des Harzes und der Anzahl der Verknüpfungsstellen der Moleküle können PUR-Klebstoffe weich-elastisch bis sehr hart eingestellt werden.

  1K/2K-PUR-Klebstoffe lassen sich als Klebstoffe für fast alle Textil- und Elastomer-Bodenbeläge einsetzen. 1K-PUR-Klebstoffe werden zur Herstellung von Sandwichelementen und zur Verklebung von Verbundelementen aus porösen Materialien (PS-, PUR-, PVC-Hartschaum) verwendet. 2K-PUR-Klebstoffe eignen sich zur wasserfesten Verklebung von Holzwerkstoffen, Keramik, Metallen und Beton. Sie weisen auch auf nichtsaugenden Untergründen eine gute Haftung auf. In der Automobilindustrie werden sie u. a. zum Verkleben und Abdichten von Glasscheiben, Kunststoffanbauteilen, Dächern und Unterbodenverkleidungen eingesetzt.
- **PUR-Lacke** finden wegen ihrer guten Hafteigenschaften als Grundierungen und wegen ihrer hohen Beständigkeit gegen Lösemittel, Chemikalien, Wasserdampf und Abrieb als Deck- und Klarlacke vorzugsweise im Innenausbau Verwendung. „DD-Lacke" sind PUR-Lacke, die sich aus Desmophen als Stammlack und Desmodur als Härter zusammensetzen.
- **PUR-Beschichtungen** werden überall dort eingesetzt, wo die Beschichtungen hohen Beanspruchungen durch Hitze, Wasser und Chemikalien ausgesetzt sind. PUR-Beschichtungen können auf Metall- und NE-Metallflächen im Fahrzeug- und Schiffsbau, auf Fußböden, Dächern, Rampen, auf Holz, Kunststoffen und Beton aufgebracht werden.
- **PUR-Vergussmassen** werden in der Elektroindustrie/Elektronik zum Umgießen/Ummanteln von elektrischen und elektronischen Bauteilen eingesetzt. Elastomer aushärtende PUR-Gießharze dienen der Herstellung elastischer bis hartelastischer Teile, Formen und Werkzeuge. PUR-Kantenvergussmassen bieten Schutz vor Kratzern, Schlägen usw. Ein spezielles industrielles Verarbeitungsspektrum findet sich im Prototypen- und Musterbau sowie in der Gießereiindustrie. Das *Vakuumgießen* ist ein Verfahren zur schnellen

und kostengünstigen Duplizierung von Urmodellen. Diese Technik kommt vor allem für PUR-Teile und Baugruppen zum Einsatz.

- Das **RIM-Verfahren** (RIM = Reaction Injection Moulding) ist ein Urformverfahren zur Herstellung von Kunststoffformteilen. Dabei werden die Reaktionskomponenten in ein formgebendes Werkzeug gespritzt, in dem auch die Aushärtung stattfindet. Anwendungsbeispiele: Verkleidungen für Kraftfahrzeuge und Motorräder, Profildichtungen, Gehäuse für elektronische Geräte u. a. Die RIM-Technik kann auch dazu verwendet werden, PUR-Harze direkt zu verspritzen, z. B. zur Versiegelung von Flachdächern, Auffangwannen usw. oder zur Schall- und Wärmedämmung von Gebäuden und Fahrzeugen.

#### 10.4.5.2 PUR-Schaumstoffe

Die durch Polyaddition von Polyolen und Isocyanaten entstandenen Polyurethane (PUR) werden – im Gegensatz zu thermoplastischen Schaumstoffen (PS- oder PVC-Schaum) – durch gasbildende oder verdampfende Zusätze während der Mischung und Vernetzung der Reaktionspartner aufgeschäumt. Als Treibmittel wirkt z. B. Kohlendioxid $CO_2$, das durch die chemische Reaktion zwischen Wasser und Isocyanaten freigesetzt wird. Das schaumfähige Gemisch enthält eine definierte Wassermenge, welche die Menge des $CO_2$ bestimmt. Je mehr $CO_2$ aus dem schaumfähigen Gemisch entsteht, desto leichter wird der daraus gebildete Schaumstoff. Physikalische Treibverfahren beruhen dagegen auf der Zugabe leicht siedender organischer Flüssigkeiten, die durch die Reaktionswärme verdampfen und die Gasbildung bewirken. Als Treibmittel wurden Fluorchlorkohlenwasserstoffe (FCKW)/Fluorchloralkane (Frigene) und niedrig siedende halogenierte Kohlenwasserstoffe verwendet, deren Einsatz durch Verordnungen jedoch untersagt wurde. Mittlerweile werden insbesondere PUR-Schaumstoffe mit Hilfe halogenfreier Kohlenwasserstoffe und anderer niedrig siedender Flüssigkeiten geschäumt.

Die Verschäumung erfolgt überwiegend maschinell nach zwei Verfahren:

- One-shot-Verfahren (1-Stufen-Verfahren): Polyol und Isocyanat werden mit Treibmittel und evtl. Katalysatoren, Emulgatoren und Schaumstabilisatoren direkt vermischt.
- Prepolymerverfahren (2-Stufen-Verfahren): Ein Polyisocyanat-Prepolymer oder ein Polyol-Prepolymer als Zwischenprodukt wird in der 2. Stufe mit dem noch fehlenden Anteil an Polyol bzw. Polyisocyanat, Treibmittel und evtl. weiteren Zusätzen (z. B. Flammschutzmittel, UV-Absorber) vermischt.

Je nach dem gewählten Schäumsystem lassen sich Schaumstoffe mit Rohdichten zwischen 20 und 100 kg/m$^3$, mit offen- oder geschlossenzelliger Struktur, mit Wärmeleitzahlen von etwa 0,035 W/mK und unterschiedlichen mechanischen Eigenschaften hinsichtlich Zug- und Druckfestigkeit und Stoßelastizität herstellen.

Die Polyurethane sind beständig gegen schwache Säuren und Basen, Benzin, Mineralöle, Fette, Trichlorethylen u. a. Bedingt beständig sind PUR gegen heißes Wasser, Laugen, Alkohole und Ether. Unbeständigkeit liegt vor gegenüber konzentrierten Säuren und Basen sowie organischen Lösungsmitteln. PUR-Schaumstoffe sind gut witterungsbeständig und können schwer entflammbar ausgerüstet werden.

PUR-Schaumstoffe lassen sich in vier Arten einteilen: PUR-Weichschaum, PUR-Halbhartschaum, PUR-Hartschaum und PUR-Struktur/Integralschaum. Eine neue Technologie wird zur Herstellung von PUR-Sprühschaum angewendet.

### PUR-Weichschaum

Große Mengen PUR-Weichschaumstoffe werden kontinuierlich im Blockschaum-Verfahren frei aufgeschäumt und nachträglich zu Platten geschnitten. Das dominierende Isocyanat ist TDI, für Schaumstoffe mit höherer Rohdichte findet zunehmend auch MDI Verwendung. PUR-Weichschäume sind leicht und reversibel verformbar und wegen ihrer offen- und feinzelligen Struktur gut luftdurchlässig. Die Rohdichte liegt i. Allg. zwischen 20 und 40 kg/m$^3$.

PUR-Weichschaum wird für Polstermöbel, Matratzen, Sitzauflagen, Automobilsitze, Teppichrückenbeschichtungen, Verpackungen u. a. eingesetzt. Bedeutsam sind sie auch als Dichtungs- und Akustikmaterialien und als Schalldämmstoffe.

### PUR-Halbhartschaum

Halbharte PUR-Schaumstoffe werden fast ausschließlich als Formteile in Werkzeugen hergestellt. Sie sind offenzellig, bilden beim Schäumen keine Haut und haben ausgezeichnete Haftung zu vielen Deckschichtmaterialien. Kennzeichnend ist das hervorragende Dämpfungsverhalten bei Stoßbelastung und gegenüber Schall. Die Rohdichte liegt zwischen 60 und 250 kg/m$^3$, meist bei 100 kg/m$^3$.

Durch das gute Energieaufnahmevermögen sind halbharte PUR-Schäume vorzugsweise im Fahrzeugbau als Hinterschäumungen in Stoßfängern, Türenseitenverkleidungen, Armaturentafeln, Armlehnen, Airbag-Abdeckungen u. a. zu finden.

### PUR-Hartschaum

PUR-Hartschaumstoffe sind stark vernetzt und weisen daher eine hohe Festigkeit auf. Sie haben eine feine, geschlossenzellige, z. T. auch gemischtzellige Struktur. Sie sind druckfest, schmelzen auch bei höheren Temperaturen nicht, bleiben form- und dimensionsstabil, sind Wasser abweisend und gegenüber fast allen Bauchemikalien beständig. Ihr Dauereinsatzbereich liegt zwischen etwa −200 und +130 °C, kurzzeitig bis 200 °C. Die Rohdichte liegt zwischen 25 und 60 kg/m$^3$.

Wegen ihres optimalen Dämmvermögens sind sie sowohl als Dämmstoffe als auch als Konstruktionswerkstoffe in Kombination mit verschiedenen Deckschichten einsetzbar. Die vor der Aushärtung vorhandene Klebefähigkeit erlaubt es, PUR während des Schäumvorgangs mit Deckschichtmaterialien zu *Sandwichkonstruktionen* zu verbinden. Im Bauwesen werden sie – kaschiert mit Deckschichten aus Metallblechen, Kunststoff oder Bitumenpapier – als Dämmelemente oder als Sandwichelemente für die Leichtbauweise (Zwischenwände, Türen) verwendet.

PUR-Hartschaumstoffe werden in großem Umfang für Isolationszwecke (Wärme/Kälte- und Schallisolation) im Hochbau, Behälter- und Fahrzeugbau sowie zum Aus- und Umschäumen kältetechnischer Anlagenteile (Tanks, Fernwärmerohre, Pipelines) eingesetzt. Darüber hinaus sind Hartschaumstoffe zur Herstellung von sogenannten Korpusmöbeln, Gehäusen und als Füllschaum für Verpackungszwecke u. Ä. geeignet.

### PUR-Integralschaum

Integralschaumstoff-Formteile besitzen im Innern einen zelligen Kern, der von ungeschäumten, homogenen Randschichten umhüllt wird. PUR-Integralschäume lassen sich hart und halbhart bis weich einstellen.

Bei PUR-Integral-Hartschaumstoffen handelt es sich um engmaschig vernetzte, harte Schaumstoffe mit ungeschäumter homogener Randzone, die aufgrund dieser Struktur eine höhere Stabilität aufweisen und daher auch als „Strukturschaumstoffe" bezeichnet werden. Die mittlere Rohdichte einschließlich der Randzone liegt zwischen 500 und 1100 kg/m³. Verwendung i. Allg. für großflächige, leichte und doch steife Formteile, im Speziellen für Karosseriebauteile (Stoßfänger, Außenspiegel), Armaturenbretter, Gehäuse elektronischer Geräte, Fensterrahmen und -profile (mit eingeschäumten Metallarmierungen), Deckenkassetten, Holzbalkenimitationen, Betonschalungen u. a.

Halbharte bis weiche PUR-Integralschaumstoffe sind infolge weitmaschiger Vernetzung flexibel und gummielastisch. Sie weisen Rohdichten zwischen 150 und 800 kg/m³ auf und spielen im Hinblick auf ihre zähelastischen, einreißfesten und griffsympatischen Oberflächen, die mit Strukturierungen versehen werden können, eine besondere Rolle im Automobilbau. Ebenso können verschiedenartige Härtegrade von z. B. Matratzen durch Integralschäume in einem 1-Stufen-Verfahren hergestellt werden.

### PUR-Sprühschaum

PUR-Sprühschaum ist eine neue Technologie zur Herstellung von großen und komplexen Verbundteilen. Im Sprayverfahren wird das Polyurethan im Hoch- oder Niederdruckverfahren auf ein Bauteil oder in eine Form gesprüht. Der Auftrag kann mehrschichtig sein, wobei die Schichten sehr dünn bis dick, kompakt oder geschäumt sein können. Durch Glasfasern oder das Einlegen von Fasermatten und Lamellen- und Wabenstrukturen lassen sich die Schichten verstärken. Angewendet wird dieses Verfahren zur Herstellung großer Konstruktionsteile in kleinen Serien, z. B. Fertighauselemente und Haustüren.

Handelsnamen (Beispiele):

Granulat: Avalon (Huntsmann); Efweko (Evonik); Isoplast (Lubrizol)); Urepan (Bayer MS)

Vorprodukte (flüssig): Baydur (Bayer MS); Demodur (Bayer MS); Lupranol (BASF PU); Voranol (DOW)

Harze: Desmocoll (Bayer MS); Elastocoat (BASF SE)

Schaumstoffe: Betafoam (DOW); Elastoflex (BASF PU); Moltopren (Bayer MS); Pentaflex (Koepp)

## 10.5 Elastomere

Elastomere weisen bei Gebrauchstemperaturen gummielastische Eigenschaften auf, die erst bei Temperaturen weit unter 0 °C verloren gehen („Verglasung"). Elastomere bestehen aus räumlich weit vernetzten Makromolekülen. Bei niedrigen Temperaturen sind sie hart. Bei steigender Temperatur durchlaufen sie einen gummielastischen Bereich und zersetzen sich bei der Zersetzungstemperatur, ohne vorher flüssig zu werden. Sie sind nicht schmelzbar oder schweißbar, kaum löslich, aber quellbar.

Es wird zwischen permanent vernetzten Elastomeren (Natur- und Synthese-Gummi) und reversibel vernetzten Elastomeren (Thermoplastische Elastomere (TPE)) unterschieden.

## 10.5.1 Permanent vernetzte Elastomere/Natur- und Synthese-Gummi

Permanent oder irreversibel chemisch vernetzte Elastomere können sich bei mechanischer Belastung elastisch verformen, kehren aber nach der Entlastung wieder in ihre ursprüngliche, unbelastete Form zurück. Sie werden durch weitmaschige chemische Vernetzung („Vulkanisieren") aus dem Polymer *Kautschuk* hergestellt. Es wird zwischen Naturkautschuk und Synthesekautschuken unterschieden.

### 10.5.1.1 Naturkautschuk (NR)

Naturkautschuk (NR) wird aus Latex, dem Milchsaft tropischer Gummibaumarten und somit aus natürlichen Ressourcen gewonnen. Naturkautschuk ist sehr viskos und daher schwierig zu bearbeiten. Ein gutes Verarbeitungsverhalten wird durch Reduktion der Viskosität vor der Verarbeitung erreicht. Zur Vulkanisation von NR werden ausschließlich Schwefel oder schwefelhaltige Verbindungen eingesetzt.

*Vor* der Vulkanisation weist Kautschuk ein visko-elastisches Verhalten auf. *Nach* der Vulkanisation verhält sich Kautschuk – nun auch Gummi genannt – bei üblichen Gebrauchstemperaturen elastisch, bei hohen Temperaturen dagegen nach wie vor visko-elastisch. Unterhalb der Glasübergangstemperatur werden sowohl Kautschuk als auch Gummi hart und spröde.

Je nach der Art der Gewinnungs- und Aufbereitungsverfahren können die physikalischen Eigenschaften von Naturkautschuk variieren. Zudem werden die Eigenschaften durch Additive, wie Ruße, Weichmacher oder Verarbeitungshilfsmittel, wesentlich stärker beeinflusst als bei den übrigen Kunststoffen. Im Allgemeinen zeichnet sich Naturkautschuk NR durch eine hohe mechanische Festigkeit und eine extrem hohe Elastizität aus, die von keinem synthetischen Elastomer erreicht wird.

40 % des weltweit verarbeiteten Kautschuks ist Naturkautschuk NR, den Rest bilden verschiedene Synthesekautschuke. NR eignet sich besonders für Produkte, die eine hohe Elastizität und eine gute Beständigkeit bei dynamischer Dauerbeanspruchung aufweisen. Daher gehen etwa 65 bis 70 % des Kautschuks in die Reifenproduktion. Auch für die Fertigung von technischen Artikeln (Dichtungsprofile, Motoraufhängungen usw.) und medizinischen Artikeln (Einmalhandschuhe, Katheder usw.) wird NR eingesetzt.

Naturkautschuk kann als alleiniges Polymer oder in Mischungen mit Synthesekautschuken verwendet werden. Nachteilig ist die Unbeständigkeit gegen UV-Strahlung und Öle/Fette.

### 10.5.1.2 Synthesekautschuke (SR = Synthetic Rubber)

Synthesekautschuke sind künstlich hergestellte Werkstoffe mit naturkautschukartigen Eigenschaften. Die meisten werden durch Polymerisation oder Polykondensation ungesättigter Monomere gewonnen. Durch Mischpolymerisation verschiedener Monomere kann eine Vielzahl von Synthesekautschukarten mit unterschiedlichen Eigenschaften hergestellt werden.

In der Weiterverarbeitung der Kautschuke durch Vulkanisation zum permanent vernetzten Elastomer bestehen keine wesentlichen Unterschiede zwischen NR und SR. Aufgrund des sehr unterschiedlichen Gehalts an Füllstoffen und des stark variierenden Vernetzungsgrades können sich die mechanischen und chemischen Eigenschaften von Kautschuk-Produkten sehr voneinander unterscheiden.

Besonders wichtige Synthesekautschuke werden aus Butadien, Butadien und Styrol, Butadien und Acrylnitril und Isopren hergestellt. Durch Polyaddition entstandener Synthesekautschuk findet sich vor allem unter den Polyurethanen. Im Folgenden werden die wichtigsten Synthesekautschukarten einschließlich ihrer wesentlichen Eigenschaften und der Anwendungsbereich genannt:

- **Styrol-Butadien-Kautschuk** (**SBR** = Styrene Butadiene Rubber) ist der bis heute meistverwendete Synthesekautschuk. Gegen Witterungseinflüsse beständiger als Naturkautschuk NR, aber unbeständiger als z. B. Chloropren-Kautschuk (CR). Gute Quellbeständigkeit in anorganischen und organischen Säuren und Basen sowie in Alkohol und Wasser, aber stark quellend in Aliphaten, Aromaten und chlorierten Kohlenwasserstoffen, insbesondere in Mineralölen, Schmierfetten und Benzin. Hohe Verschleißfestigkeit.

  Verwendung für Laufflächen und Karkassen von Reifen, Transportbänder, Dichtungen. Im Bauwesen: Dach- und Dichtungsbahnen, Bodenbeläge, Dichtstoffe, Beschichtungsstoffe, Profile, Elastomerlager, Rohrverbindungen.

  Handelsnamen (Beispiele):

  Buna (Lanxess); Duradene (Firestone); Solflex (Goodyear); Ucar (DOW)

- **Polybutadien-Kautschuk (BR)** findet wegen ungünstiger Verarbeitungseigenschaften keine Verwendung als alleiniges Vulkanisat. Erreicht versetzt mit NR oder SBR hohe Elastizität und gute Abriebfestigkeit. Einsetzbar im Temperaturbereich zwischen −80 und +90 °C.

  Verwendung für Reifen (Blend mit NR oder SBR), Fördergurte, Motorlager, Trinkwasserdichtungen.

  Handelsnamen (Beispiele): Diene (Firestone); Europrene (Polimeri); Ubepol (Ube)

- **Acrylnitril-Butadien-Kautschuk (NBR)** zeigt eine hohe Öl- und Kraftstoffbeständigkeit, ein günstiges Alterungsverhalten und eine hohe Abriebfestigkeit. Stark quellend jedoch in aromatischen Kohlenwasserstoffen, z. B. Benzol. Der thermische Anwendungsbereich liegt zwischen −30 und +110 °C, kurzzeitig bis 130 °C.

  Verwendung für Dichtelemente für Hydraulik und Pneumatik, Öl- und Kraftstoffschläuche, O-Ringe, Gummihandschuhe und -fäden, Membranen.

  Handelsnamen (Beispiele): Armasound (Armacell); Chemigum (Eliokem); Perbunan (Lanxess)

- **Isobuten-Isopren-Kautschuk (IIR)**, auch „Butylkautschuk" genannt, zeichnet sich durch eine sehr gute Witterungs- und Ozonbeständigkeit, ein hohes elektrisches Isolationsvermögen, eine sehr geringe Gasdurchlässigkeit sowie ein auch bei sehr tiefen Temperaturen elastisches Verhalten aus. Allgemein weist IIR gute Dämpfungseigenschaften und eine gute Beständigkeit gegen Säuren und Basen auf. Gegen Öle und Fette nicht beständig.

  Verwendung u. a. für Luftschläuche, Dampfschläuche, Membranen, Heizbälge, Dichtungen, gummierte Gewebe und Kabelisolierungen.

  Handelsnamen (Beispiel): Terostat (Henkel)

- **Chloropren-Kautschuk (CR)** ist neben NBR und IIR der mengenmäßig bedeutendste Spezialkautschuk. Im deutschen Sprachraum unter dem Markennamen Neoprene bekannt. Die Vulkanisation von CR erfolgt nicht wie bei den anderen Dien-Kautschuken mit Schwefel, sondern mit Metalloxiden. CR-Typen mit hoher Kristallisationstendenz werden aufgrund der guten Beständigkeit für die Herstellung von Kontaktklebstoffen verwendet (Handelsname: z. B. Dispercoll C). Vulkanisate zeichnen sich durch gute Witterungs- und Ozonbeständigkeit, mittlere Öl- und Wärmebeständigkeit sowie Flammwidrigkeit aus.

  Verwendung für Keilriemen, Förderbänder, Dichtungen und Schläuche in der Automobilindustrie, für Kabelummantelungen und Schläuche in der Elektroindustrie, für extrudierte Dichtungsprofile, Dichtungsfolien und Gleitlager im Bauwesen sowie Sportbekleidung und beschichtete Stoffe in der Textilindustrie. In wässriger Dispersion Verwendung als Klebstoff.

  Anwendung des geschäumten Vulkanisats (Neoprene) als druckbeständiger Schaumstoff mit hervorragenden thermischen Isolationseigenschaften in Tauchanzügen.

  Handelsnamen (Beispiele): Baypren (Lanxess); Dryton (DOW); Neoprene (DuPont)

- **Polysulfid-Kautschuk (SR)** ist ein Synthesekautschuk, der mit Bleioxid, Manganoxid oder organischen Hydroperoxiden vulkanisiert ein gummiartiges Produkt ergibt. Gute Witterungsstabilität, hohe Resistenz gegen Treibstoffe und viele andere Chemikalien, geringe Gasdurchlässigkeit (insbesondere für Edelgase).

  Einkomponentig: plastisch verarbeitbar, mit Luftfeuchtigkeit reagierend, zulässige Gesamtverformung bis 25 %.

  Zweikomponentig: plastisch verarbeitbar oder fließfähig, Grundmasse mit Härter reagierend, zulässige Gesamtverformung 25 %.

  Verwendung als Polysulfidkleb- und Dichtstoff, z. B. bei der Herstellung von Isolierglaseinheiten (Hauptanwendung), als Fugendichtstoff für den Hoch- und Tiefbau, für chemikalienfeste Beschichtungen, Tankstellenabdichtungen u. a. m.

  Handelsname:

  Thiokol (gebräuchliches Synonym für Polysulfid und/oder daraus hergestellte Dichtstoffe)

- **Polyurethan-Kautschuk (PUR)** wird im Polyadditionsverfahren aus Polyolen und Diisocyanaten nach der Gießmethode hergestellt. PUR-Kautschuk weist in seinem Aufbau zwei unterschiedliche Bereiche auf: die Weichsegmente und die Hartsegmente, wobei die Weichsegmente durch die Polyole und die Hartsegmente durch Diisocyanat gebildet werden. Das Klassifizierungssystem nach DIN ISO 1629 unterscheidet zwischen den Poly*ester*-Weichsegmenten (AU) und den Poly*ether*-Weichsegmenten (EU).

  PUR-Kautschuk ist ein gummielastischer Kunststoff mit sehr unterschiedlichen physikalischen und mechanischen Eigenschaften. Er kommt als Schaumstoff, zelliger Weich-Kunststoff und als Massiv-Kunststoff zum Einsatz. PUR-Kautschuke besitzen eine sehr hohe mechanische Festigkeit, sehr gute Verschleißfestigkeit und Flexibilität, einen guten Weiterreißwiderstand und gute Witterungsbeständigkeit. Aufgrund der Hydrolyseempfindlichkeit ist die Wärmebeständigkeit gering, die Mineralöl- und Ozonbeständigkeit dagegen sehr hoch. Polyesther-Urethan-Kautschuke AU benötigen Hydrolyseschutzmittel, Polyether-Urethan-Kautschuke EU wegen der Lichtinstabilität UV-Stabilisatoren.

Im Vergleich zu den EU-Typen haben die AU-Typen die größere wirtschaftliche Bedeutung. Sie werden zur Herstellung von Dichtungen, Dämpfungselementen, Membranen, Zahnrädern, Rollen u. a. m. verwendet. Im Bauwesen kommen sie als Brückenwiderlager, Beläge für Sport- und Spielflächen sowie als Schalmetten für Sichtbeton zur Anwendung. Herstellung auch zu elastischen Schaumstoffen (Moltopren)und in härterer Einstellung zu Wärmedämmplatten für Verbundbauelemente.

Handelsnamen (Beispiele): (siehe auch Abschn. 10.4.5)

Adiprene (Chemtura); Desmoflex (PTS); Urepan (Bayer MS); Vulkollan (Bayer MS)

- **Silikon-Kautschuk (Q, MQ, MVQ)** wird durch Polykondensation von Dimethyldichlorsilan hergestellt. Durch den Einbau von Methyl-, Vinyl-, Phenyl- oder Fluoralkylgruppen erhalten die verschiedenen Silikon-Kautschuk-Typen bestimmte Eigenschaften. Silikon-Kautschuke werden als plastische Massen, in gießfähiger, streichfähiger oder auch knetbarer Form geliefert. Je nach Art der Vernetzung (Vulkanisation) bei der Verarbeitung wird zwischen heißvulkanisierendem Festkautschuk, heißvulkanisierendem Flüssigkautschuk und kaltvulkanisierenden Ein- und Zweikomponentensystemen unterschieden.

  Silikon-Kautschuke weisen eine hohe thermische Beständigkeit, gute Kälteflexibilität, gute dielektrische Eigenschaften und sehr gute Ozon-, Alterungs- und Witterungsbeständigkeit auf. Die Gasdurchlässigkeit ist bei Raumtemperatur höher als bei anderen Kautschukarten. Durch Zugabe von Füllstoffen können die mechanischen Eigenschaften verbessert werden. Silikon-Kautschuke sind geruchs- und geschmacksneutral sowie physiologisch und toxisch unbedenklich. Daher werden sie bevorzugt in der Lebensmittelindustrie und Medizintechnik eingesetzt. Die Beständigkeit gegen synthetische und pflanzliche Öle, Glykole Wasser bis +100 °C, gewisse Lösungsmittel ist gut. Unbeständig gegen Mineralöle, Lösungsmittel, Säuren, Basen und Heißdampf.

  Verwendung zur Herstellung von Form- und Spritzteilen, Dichtungen, Profilen, Schläuchen, Kabeln und Walzbelägen. Lufthärtende Einkomponentensysteme werden u. a. als Fugendichtmassen und als Klebemassen verwendet.

  Handelsnamen (Beispiele):

  Silastic (DOW); Silopren (Momentive PM); Silpuran (Wacker)

## 10.5.2 Reversibel vernetzte Elastomere/Thermoplastische Elastomere (TPE)

Thermoplastische Elastomere (TPE) sind Kunststoffe, die sich thermoplastisch verarbeiten lassen und gummiähnliche Gebrauchseigenschaften aufweisen, obwohl keine chemischen Vernetzungen wie bei Elastomeren bestehen. Während bei den klassischen Elastomeren die Vernetzungen nur durch thermische Zerstörung der Struktur gelöst werden können, haben thermoplastische Elastomere in Teilbereichen physikalische Vernetzungspunkte (Nebenvalenzkräfte oder Kristallite), die sich bei Wärme auflösen, ohne dass sich die Makromoleküle zersetzen. Nach ihrer Struktur und in ihrem Verhalten stehen die thermoplastischen Elastomere somit zwischen Thermoplasten und Elastomeren.

Nach ihrem inneren Aufbau unterscheidet man Elastomerlegierungen (Polyblends) und Block-Copolymere (aus [1]):

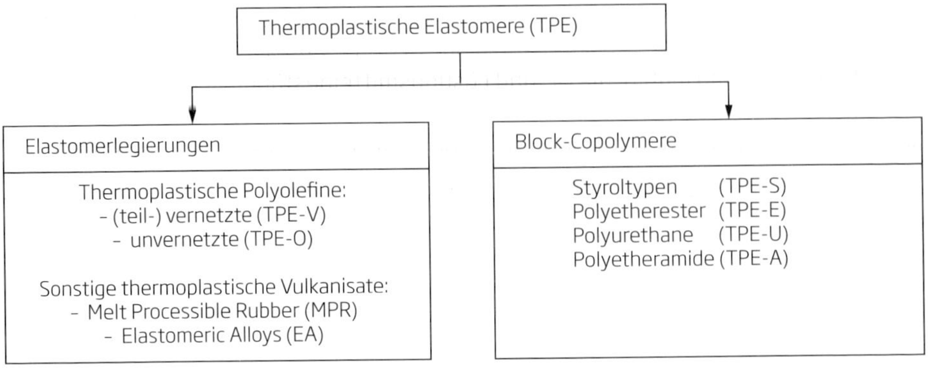


Elastomerlegierungen bestehen aus einer harten thermoplastischen Polymermatrix, in der Elastomerpartikel als weiche Teilchen eingelagert sind. Block-Copolymere sind Molekülketten mit harten Blöcken („Hartsegmente") und weich-elastischen Blöcken („Weichsegmente").

Zu den Elastomerlegierungen zählen:

- Teil- oder vollvernetzte thermoplastische Elastomere auf Olefinbasis **TPE-V (TPV)** und unvernetzte thermoplastische Elastomere auf Olefinbasis **TPE-O (TPO).** Es handelt sich vorwiegend um Mischungen von EPDM- oder EPM-Kautschuken (Weichsegmente), fein verteilt in einer Matrix aus Polypropylen PP (Hartsegment). Die mechanischen Eigenschaften sind im Vergleich zu den übrigen TPE lediglich als gut zu bezeichnen, die Ölbeständigkeit ist eingeschränkt. Dagegen sind die Hydrolyse- und Witterungsbeständigkeit sehr gut.
- Verwendung im Bauwesen für Fensterdichtungen, Rohrdichtringe, Muffen, Membranen, u.a.; in der Automobilindustrie für Dichtungen, Achsmanschetten, Stoßfänger, Spoiler u. a.

Zu den Block-Copolymeren zählen:

- Thermoplastische Polyamid-Elastomere **TPE-A (TPA)** weisen Segmente aus hartem Polyamid und weichen Polyolen auf. Die mechanischen Eigenschaften sind sehr gut, die Witterungsbeständigkeit ist gut, die Beständigkeit gegen Öle und Kraftstoff ist mäßig und die Feuchte- bzw. Wasseraufnahme erheblich. Die Tieftemperaturflexibilität reicht bis −40 °C.

  Verwendung allgemein für Teile mit hoher Temperaturbelastung, in der Automobilindustrie für Schläuche, Profile, Dichtungen u. a., ferner für Armaturen, Zahnräder, Pumpenteile u. a.
- Thermoplastische Polyester-Elastomere **TPE-E (TPC)** weisen Segmente aus hartem Polyester und weichem Polyether auf. Die mechanischen Eigenschaften (Festigkeit,

Steifigkeit, Schlagzähigkeit) sind sehr gut, die Beständigkeit gegen Öle und Kraftstoffe sowie die Witterungsbeständigkeit (bei Zusatz von Antioxidantien) sind gut, die Hydrolysebeständigkeit ist mäßig.

Verwendung für Feder- und andere Kraftübertragungselemente, vibrations- und geräuschdämpfende Elemente, Hydraulik- und Ölschläuche, Folien, Membranen, Stoßdämpfer u. a.

- Thermoplastische Elastomere auf Styrolbasis **TPE-S (TPS)** sind meist Dreiblock-Copolymerisate (SBS, SEBS, SEPS) mit den Styrolblöcken als Hartsegmente, die in die weiche Kautschukphase eingebettet sind. Die mechanischen Eigenschaften (Festigkeit, Härte, Wechselfestigkeit) sind mäßig, die Öl- und Lösungsmittelbeständigkeit eingeschränkt. Die Ozon- und Witterungsbeständigkeit sind dagegen sehr gut, ebenso die Hydrolysebeständigkeit (Beständigkeit gegen wässrige saure oder alkalische Flüssigkeiten). Preisgünstig.

  Verwendung im Bauwesen (Dehnungsfugen, Tür- und Fensterdichtungen, Schalldämmteile u. a.), in der Automobilindustrie (Abdeckungen, Dichtungen u. a.), in der Elektroindustrie (Schalterabdeckungen, Kabelummantelungen, Dichtungen u. a.). Ferner Verwendung in den Bereichen Sportartikel, Werkzeuge, Kosmetik.

- Thermoplastische Polyurethan-Elastomere **TPE-U (TPU)** sind Blockpolymere, die im Wesentlichen aus drei Komponenten bestehen: Polyolen (langkettigen Diolen), Diisocyanaten und kurzkettigen Diolen. Durch Reaktion von Polyol mit Diisocyanat bildet sich der weiche Anteil (Weichsegment). Aus der Verbindung von Diisocyanat mit kurzkettigem Diol entsteht der harte Anteil (Hartsegment). Ganz wesentlich beeinflussen die eingesetzten Polyole bestimmte Eigenschaften des TPU.

  Die mechanischen Eigenschaften, wie Festigkeit, Weiterreißwiderstand, dynamische Belastbarkeit und Verschleißwiderstand, sind ausgezeichnet. Die elektrischen Isoliereigenschaften sind mäßig, ebenso die Hydrolysebeständigkeit. Die Witterungsbeständigkeit ist (bei aliphatischen Typen) gut. Die Mikrobenbeständigkeit kann durch spezielle Additive erreicht werden.

  Thermoplastische PUR-Elastomere sind zum Spritzgießen und Extrudieren geeignet. Sie werden im Maschinen- und Fahrzeugbau sowie in der Elektro- und Feinwerktechnik für die Herstellung von Gleitelementen, Kugelgelenkteilen, Dichtungen, Rollen, Rohren, Profilen, Walzenbelägen, Zahnriemen u. a. verwendet. Weitere Anwendung zur Herstellung von Ski- und Sportschuhen, Sportbekleidung, faltbaren Kajaks und Produkten für die Medizinaltechnik.

  Polyurethan (PUR) siehe auch Abschn. 10.4.5

  Handelsnamen (Beispiele, nur Granulat):

  TPE: Dytron (Exxon); Provahn (Actega); Rovel (DOW); Thekaflex (Pongs&Zahn)

  TPE-V: Santoprene (Exxon); Respond (LyondellBasell); ETPV (DuPont)

  TPE-O: Dexflex (LyondellBasell); Engage (DOW); Lucofin (Lucolit)

  TPE-A: Pebax (Arkema)

  TPE-E: Arnitel (DSM); Ecoflex (BASF SE); Riteflex (Celanese)

  TPE-S: Badaflex (Bada); Mediprene (VTP)

  TPE-U: Cellasto (BASF PU); Hylene (DuPont); Rimplast (Evonik), Texin (Bayer MS)

## 10.6 Modifizierung von Kunststoffen

Die Modifikation ist eine gebräuchliche Methode zur Beeinflussung der Eigenschaften von Kunststoffen und deren Verarbeitbarkeit. Polymer-Rohstoffe lassen sich sowohl chemisch (Stichworte: Copolymerisation, „innere Weichmachung") als auch physikalisch (Stichworte: Polymerblends, Polymergemische) modifizieren und den jeweiligen Erfordernissen anpassen.

Zumeist erreicht man die gewünschten Eigenschaften aber erst durch eine Modifikation mit Zusatzstoffen (Additive). Die Verfahren zur Einarbeitung der Zusatzstoffe werden unter dem Begriff „Compoundieren" zusammengefasst. Die Zusatzstoffe lassen sich dabei in *Verarbeitungsadditive* zur Verbesserung der Verarbeitbarkeit und in *Gebrauchsadditive* zur Verbesserung der Gebrauchseigenschaften unterscheiden. Im Folgenden werden einige wichtige Additive genannt.

**Stabilisatoren** reduzieren den schädigenden Einfluss von Sauerstoff, Ozon, UV-Strahlung und Wärme auf die mechanischen Eigenschaften und das Aussehen. *Antioxidantien* verhindern die Verfärbung, *Lichtschutzmittel* („UV-Absorber") schützen vor Schädigungen durch UV-Strahlung, *Wärmestabilisatoren* verhindern die thermische Zersetzung der molekularen Struktur bei Überschreiten einer für den jeweiligen Kunststoff charakteristischen Temperatur. Unerlässlich sind Wärmestabilisatoren für Polyvinylchlorid (PVC), das sonst, unter Bildung von Chlorwasserstoff und u. U. gesundheitsgefährdender Zerfallsprodukte, seine mechanische Stabilität verlieren würde. Als Stabilisatoren kommen sowohl organische als auch anorganische Verbindungen zum Einsatz.

**Weichmacher** verringern die Wechselwirkungskräfte zwischen den Makromolekülen und setzen dadurch die Erweichungstemperatur und somit die Sprödigkeit und Härte der Kunststoffe herab. Die im Vergleich zu den Polymer-Makromolekülen sehr kleinen Weichmachermoleküle schieben sich zwischen die Kettenmoleküle und lagern sich an sekundäre Bindungen an, wodurch die Struktur des Kunststoffs aufgelockerter und beweglicher wird.

Vorrangig, insbesondere bei PVC und Elastomeren, werden Ester der Phthalsäure eingesetzt, z. B. Diezhylhexylphthalat DEHP (synonym: Dioctylphthalat DOC). Diese haben sich jedoch als umwelt- und gesundheitsgefährdend herausgestellt, weshalb die europäische Kunststoffindustrie weitgehend auf Phthalate vor allem in Kinderspielzeugen verzichtet.

*Extender* (Sekundäre Weichmacher) sind relativ preiswerte, schwerflüchtige Flüssigkeiten (epoxidierte Öle, hochsiedende Mineralöle und Paraffine), die in Kombination mit den eigentlichen Weichmachern zur Verbilligung und leichteren Verarbeitbarkeit der Formmassen eingesetzt werden.

**Füllstoffe** haben im Allgemeinen die Aufgabe, den Kunststoff zu strecken und somit zur Verbilligung beizutragen („Inaktive Füllstoffe") oder zur Verbesserung der mechanischen Eigenschaften, wie Festigkeit und Steifigkeit, beizutragen (verstärkende oder „Aktive Füllstoffe"). Wichtige Füllstoffe sind unter anderem: Kreide, Talkum, Graphit, Ruße, Schiefermehl, Holzmehl. Ruße stellen aufgrund des hohen Bedarfs in der Kautschuk verarbeitenden Industrie die mengenmäßig bedeutendste Gruppe dar. Der Einsatz sehr großer Anteile unbrennbarer Füllstoffe kann auch das Brandverhalten der Kunststoffe beeinflussen.

**Verstärkungsstoffe** werden zur Verbesserung der mechanischen Eigenschaften, wie Festigkeit und Steifigkeit, eingesetzt. Es handelt sich um anorganische oder organische Zusatzstoffe, die die Kunststoffmatrix verstärken. Die mechanischen Eigenschaften werden vor allem durch den Volumenanteil des Verstärkungsstoffes, dessen Form (Formfaktor, Länge/Durchmesser-Verhältnis) und durch die Wechselwirkung an der Grenzfläche zur Matrix beeinflusst.

Bei den *faserförmigen* Verstärkungsstoffen bestehen die Fasern meist aus Glas, Kohlenstoff und Aramid. Die Fasern werden vereinzelt als Kurz- und Langfasern, gebündelt in Strängen oder in Form von Matten, Geweben, Gewirken und Vliesen in die Matrix eingearbeitet. Bei den *teilchenförmigen* Verstärkungsstoffen werden Talkum, Glimmer, Graphit und Aluminiumhydroxid verwendet.

Die Einarbeitung von faserförmigen Verstärkungsstoffen führt – bewirkt durch die Ausrichtung der Fasern in Fließrichtung – zu anisotropen Stoffeigenschaften. Dagegen weisen die mit teilchenförmigen Stoffen verstärkten Kunststoffe eher isotrope, also richtungsunabhängige Eigenschaften auf.

**Farbmittel** sind entweder lösliche organische *Farbstoffe* oder meist anorganische unlösliche *Pigmente*. Farbstoffe spielen insbesondere bei der Farbgebung von transparenten Kunststoffen und bei der Einfärbung von Textilien eine wichtige Rolle, sind aber in der Regel wenig temperaturstabil. Der überwiegende Teil der Kunststoffe wird mit Pigmenten gefärbt, da diese lichtechter und meist auch preiswerter sind.

Die gebräuchlichsten Weißpigmente sind Titan- und Zinkoxide. Schwarzpigmente sind Ruß und Eisenoxid. Als Buntpigmente werden Oxide/Sulfide von Eisen, Mangan, Chrom, Blei, Zink, Molybdän und Cadmium in geringer Konzentration verwendet.

**Flammschutzmittel** sind Zuschlagstoffe, die durch physikalische und/oder chemische Wirkungsweise die Entflammbarkeit und Abbrandgeschwindigkeit herabsetzen, die Brennbarkeit der Kunststoffe selbst aber nicht aufheben. Die physikalisch wirkenden Flammschutzmittel schirmen den Kunststoff durch die Ausbildung einer Schutzschicht gegen den Zutritt von Sauerstoff und Wärme ab oder wirken durch endotherme Prozesse abkühlend, beispielsweise durch das Verdampfen von gebundenem Wasser. Darüber hinaus kann durch den Zusatz unbrennbarer Füllstoffe ein Verdünnungseffekt erzielt werden, der die Verbrennung verzögert oder unterbindet. Die chemisch wirkenden Flammschutzmittel wirken entweder in der Gasphase oder in der Festphase. In der Gasphase unterbinden die bei der Pyrolyse des Kunststoffs entstehenden Gase die Radikalkettenreaktion und stören somit die chemischen Reaktionen der Verbrennung. In der Festphase wird eine Schutzschicht aus verkohltem Stoff aufgebaut, die den Zutritt von Sauerstoff und Wärme verhindert.

Die in Kunststoffen eingesetzten chemisch wirkenden Flammschutzmittel können in vier Gruppen eingeteilt werden:

- anorganische Verbindungen, wie Zinkbromate, Aluminiumoxidhydrate, Ammoniumphosphate und Antimonoxid (i. d. R. mit halogenierten Kohlenwasserstoffen)
- halogenierte organische Verbindungen, wie Chlorparaffine, Bromverbindungen, z. B. Hexabrombenzol

- organische Phosphorverbindungen
- halogenierte organische Phosphorverbindungen

  Hinweis: Im Brandfall können umweltbelastende oder toxische Verbindungen aus Flammschutzmitteln gebildet werden.

**Antistatika** verhindern die unerwünschten Auswirkungen elektrostatischer Aufladungen. Kunststoffe neigen wegen ihres hohen Isoliervermögens bzw. wegen der aufgrund der Hydrophobie fehlenden Feuchtigkeit an der Oberfläche zu elektrostatischer Aufladung, wodurch Staub- und Schmutzpartikel angezogen werden. Kunststoffe sind daher antistatisch auszurüsten. Dazu werden Antistatika entweder direkt in den zu schützenden Kunststoff eingearbeitet oder durch Tauchen oder Sprühen auf die Kunststoffoberfläche aufgetragen.

**Treibmittel** werden bei der Herstellung von Schaumkunststoffen zugesetzt. Die Bildung der zelligen, porigen Struktur ist auf die Freisetzung von Gas durch das Treibmittel zurückzuführen. Chemische Treibmittel sind organische Verbindungen, die bei höherer Temperatur meist Stickstoff abspalten, z. B. Azo-Verbindungen oder Sulfo-Hydrazide. Physikalische Treibmittel sind niedrig siedende Flüssigkeiten wie Halogenalkane (Frigen) oder Kohlenwasserstoffe (Pentan, Petroläther). Diese werden den Polymer-Rohstoffen zugesetzt und verdampfen bei den üblichen hohen Verarbeitungstemperaturen unter Gasbildung.

Sonstige Additive sind **Gleitmittel** (z. B. höhermolekulare Wachse), die zur Verbesserung der Verarbeitbarkeit zugesetzt werden sowie **Trennmittel** (z. B. Siliconöle), die das Ankleben des Formteils an den Formwänden und das Aufeinanderkleben fertiger Formteile verhindern.

# 10.7 Spezielle Eigenschaften von Kunststoffen

## 10.7.1 Mechanische Eigenschaften

Die mechanischen Eigenschaften der Kunststoffe werden von der Molekularstruktur, der Temperatur sowie von der Art, Höhe und Dauer der Belastung beeinflusst. Es gelten folgende allgemeine Gesetzmäßigkeiten:

- Die mechanische Festigkeit eines Kunststoffs steigt mit der Stärke der sekundären Bindungskräfte (Nebenvalenzen) zwischen den Molekülen an.
- Mit ansteigender Temperatur nimmt die mechanische Festigkeit ab, die Verformbarkeit steigt an. Mit abnehmender Temperatur werden Kunststoffe fester, härter und spröder.
- Bei lang andauernder Belastung unterliegen Kunststoffe mehr oder weniger einer zeitabhängigen Verformung (Kriechen).

Die mechanischen Eigenschaften können u. a. durch folgende Maßnahmen gezielt verändert werden:

- Nacherhärtung durch Wärmezufuhr zur Erhöhung des Vernetzungsgrades

- Festigkeitssteigerung und Versteifung durch Streckung von amorphen und teilkristallinen Thermoplasten bei der Formgebung
- Steigerung der Verformbarkeit (Bruchdehnung) durch die Zugabe von Weichmachern
- Steigerung der Härte, Abriebfestigkeit und Wärmebeständigkeit und Reduzierung der Verformbarkeit (Kriechen) durch Zugabe von pulverförmigen Füllstoffen (z. B. Gesteinsmehl)
- Festigkeitssteigerung durch Zusatz von Fasern (z. B. Glasfasern)

#### 10.7.1.1 Festigkeit und Verformung bei Kurzzeitbeanspruchung

Die für Kunststoffprodukte des Bauwesens wesentlichen mechanischen Kennwerte werden aus *Kurzzeit-Zugversuchen* (DIN EN ISO 527-1) ermittelt. Die aus diesen Versuchen gewonnenen Festigkeits- und Verformungskennwerte müssen dabei stets im Zusammenhang mit den Prüfbedingungen, insbesondere der Belastungs- bzw. Verformungsgeschwindigkeit, und der Prüftemperatur gesehen werden.

Aus den in den Zugversuchen ermittelten Spannungs-Dehnungs-Kurven werden charakteristische Kennwerte wie Zugfestigkeit, Streckgrenze, Bruchdehnung und Bruchspannung bestimmt. Aufgrund des visko-elastischen Verhaltens der Kunststoffe ist der Elastizitätsmodul nicht konstant. Definitionsgemäß wird er daher im Bereich zwischen 0,05 und 0,25 % Dehnung ermittelt.

Die Abb.10.3 zeigt Spannungs-Dehnungs-Kurven von Kunststoffen mit unterschiedlicher Mikrostruktur.

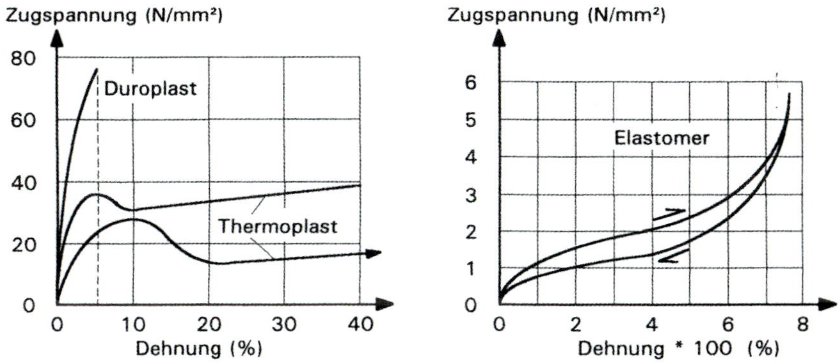


**Abb. 10.3:** Spannungs-Dehnungs-Kurven von Kunststoffen mit unterschiedlicher Mikrostruktur

Der Einfluss der Temperatur und der Beanspruchungsgeschwindigkeit auf das Prüfergebnis von beispielsweise Thermoplasten lässt sich in etwa wie folgt angeben: Tiefe Temperaturen führen zu einer ansteigenden Festigkeit mit Versprödung, hohe Temperaturen zu einer abfallenden Festigkeit mit Verweichung (Abb. 10.4). Hohe Belastungs- bzw. Verformungsgeschwindigkeiten wirken sich wie eine tiefe Prüftemperatur aus und umgekehrt.

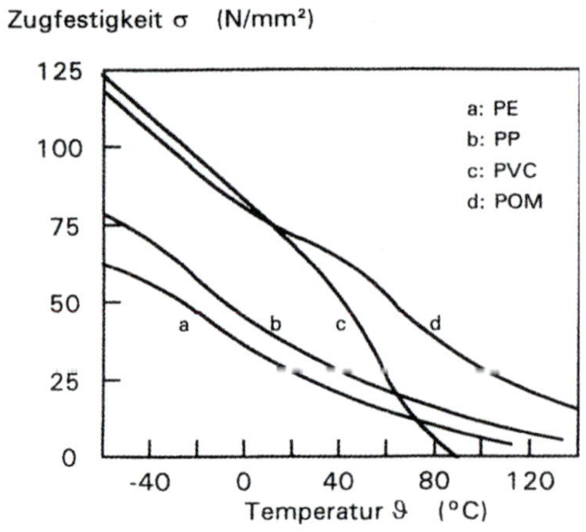


**Abb. 10.4:** Kurzzeitfestigkeit einiger Thermoplaste in Abhängigkeit von der Temperatur

*Schlag- und Kerbschlagbiegeversuche* (DIN EN ISO 179 (Charpy)) geben Aufschluss über die Zähigkeit bzw. Sprödbruchneigung von Kunststoffen. Die in den Produktdatenblättern genannten Prüfergebnisse sind dabei von den gewählten Prüfverfahren und von der Probekörpergeometrie abhängig und daher nur bedingt vergleichbar.

### 10.7.1.2 Zeitstandverhalten

Unter einer konstanten Dauerbelastung nehmen die Verformungen der Kunststoffe mit steigender Belastungsdauer zu. Für die praktische Anwendung der Kunststoffe ist daher deren Zeitstandverhalten von Bedeutung. Das Zeitstandverhalten wird in sogenannten *Kriechversuchen* (meist Zugversuche) ermittelt, in denen die Dehnung einer Kunststoffprobe bei konstanter Belastung und definierter Prüftemperatur über einen längeren Zeitraum gemessen und in Zeitdehnlinien aufgetragen wird.

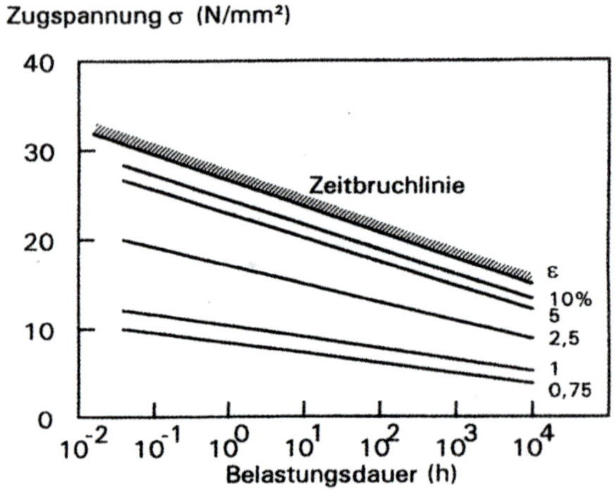


**Abb. 10.5:** Dehnungsgrenzlinien und Zeitbruchlinie von Polypropylen (PP) bei 20 °C

Zur Darstellung der Zeitabhängigkeit des mechanischen Verhaltens können aus den Zeitdehnlinien Dehnungsgrenzlinien ermittelt werden, welche die Spannung angeben, bei der nach einer bestimmten Zeit eine bestimmte Dehnung erreicht wird (Abb. 10.5). Die Zeitbruchlinie (= Linie der Zeitstandfestigkeit) gibt die Spannung an, bei der nach einer bestimmten Zeit der Bruch der Probe eintritt. Aus der Zeitbruchlinie lässt sich die zulässige Spannung für eine planerisch vorgesehene Lebensdauer oder die Lebensdauer eines Bauelements bei einer bestimmten Belastung ermitteln (Abb. 10.6).

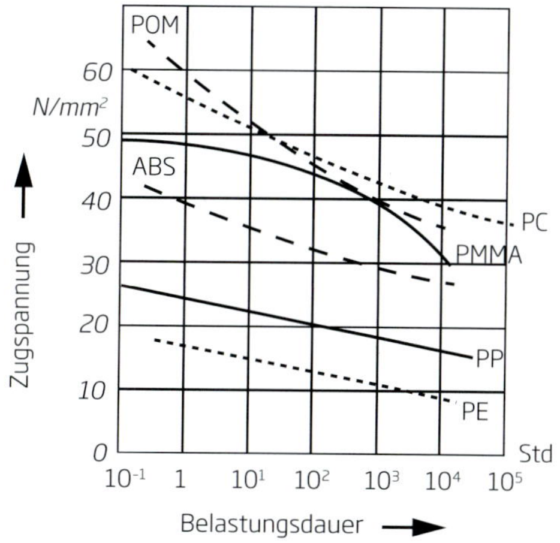


**Abb. 10.6:** Zeitbruchlinien einiger Thermoplaste (aus [7])

Darüber hinaus kann aus den Zeitdehnlinien der für die Bemessung ständig belasteter Kunststoffbauteile wichtige Kriechmodul (Langzeit-Elastizitätsmodul) bestimmt werden, der spannungsabhängig ist und mit der Zeit abnimmt.

#### 10.7.1.3 Einfluss der Temperatur auf das mechanische Verhalten

Wie bei allen Werkstoffen nimmt die Verformbarkeit auch bei Kunststoffen mit steigender Temperatur zu, während die Festigkeit abfällt. Auch die Dauerbelastbarkeit wird mit steigender Temperatur geringer. Wie in Abb. 10.7 gezeigt, ist der Einfluss der Temperatur auf die Zeitstandfestigkeit bei den einzelnen Kunststoffen sehr unterschiedlich: PC hat z. B. eine höhere Dauerfestigkeit bei höheren Temperaturen als PE.

Bei der Abkühlung aus der Schmelze durchlaufen Kunststoffe verschiedene Zustandsbereiche, in denen sie ein unterschiedliches mechanisches Verhalten aufweisen.

Je nach Vernetzungsgrad und Kristallinität kann das Verhalten von Kunststoffen bei verschiedenen Temperaturen im Wesentlichen in folgende Bereiche eingeteilt werden:

- fester Zustand („Glaszustand"),
- weich- oder kautschukelastischer Zustand bei amorphen Thermoplasten und Elastomeren bzw. zähelastischer Zustand bei teilkristallinen Thermoplasten,
- flüssiger Zustand.

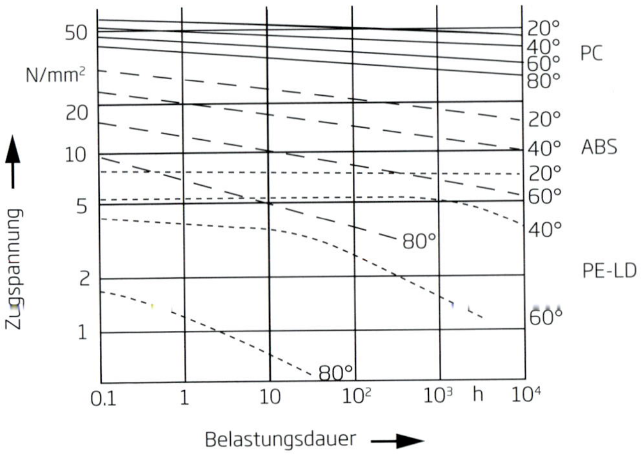


**Abb. 10.7:** Zeitbruchlinien von PE-LD, ABS und PC bei verschiedenen Temperaturen (aus [7])

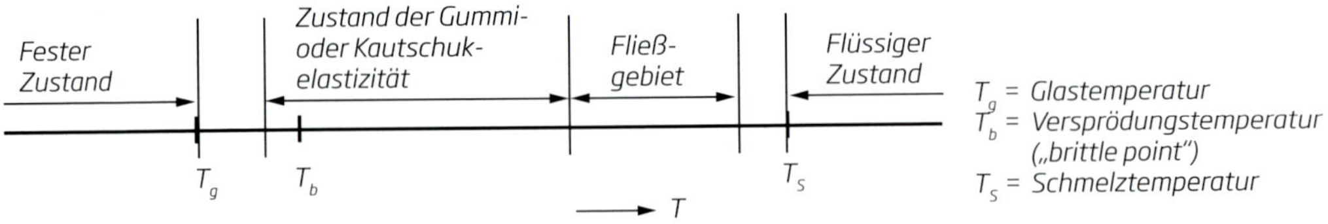


**Abb. 10.8:** Übergang vom festen zum flüssigen Zustand bei linearen und schwach vernetzten Polymeren

Die schematische Darstellung in Abb. 10.8 zeigt den Übergang vom festen in den flüssigen Zustand bei linearen und schwach vernetzten Hochpolymeren: Unterhalb einer werkstoffspezifischen Temperatur $T_g$ (Glastemperatur) weist der Kunststoff einen glasartigen, harten und spröden Zustand auf, der als „Glaszustand" charakterisiert werden kann. Beim Erwärmen aus dem Glaszustand bis zum flüssigen Zustand durchlaufen Hochpolymere mit amorpher und schwach vernetzter Molekularstruktur Zwischenzustände. Wird beim Erwärmen die Temperatur $T_g$ überschritten, so wird bei der Versprödungstemperatur $T_b$ zunächst die Temperatur erreicht, bei der der Kunststoff gerade noch bricht. Daran schließt sich das Haupterweichungsgebiet an, in dem Thermoplaste und Elastomere ein weich- bzw. kautschukelastisches Verhalten aufweisen. Teilkristalline Hochpolymere gehen beim Erwärmen über $T_g$ in hornartigen Zustand über. Bei einer Temperaturerhöhung bis in den Fließbereich stellt sich ein visko-elastisches oder plastisch-viskoses Verhalten ein. Oberhalb des Fließbereichs erfolgt der Übergang in den flüssigen Zustand mit anschließender Zersetzung.

Bei amorphen Thermoplasten und bei Elastomeren beobachtet man im Erweichungsbereich, bei kristallinen Thermoplasten hauptsächlich im Kristallitschmelzbereich eine sprunghafte Änderung der mechanischen Eigenschaften.

Die Abb. 10.9 zeigt die charakteristischen Zustandsdiagramme für teilkristalline Thermoplaste, Elastomere und Duroplaste.

**Teilkristalline Thermoplaste**

$T_g$ = Glasübergangstemperaturbereich
$T_k$ = Schmelztemperaturbereich
$T_z$ = Zersetzungstemperaturbereich

| | |
|---|---|
| $T < T_g$: | glasartig, hart |
| $T_g < T < T_k$: | Gebrauchsbereich |
| $T_k < T < T_z$: | flüssig |
| $T > T_z$: | irreversible Zerstörung |

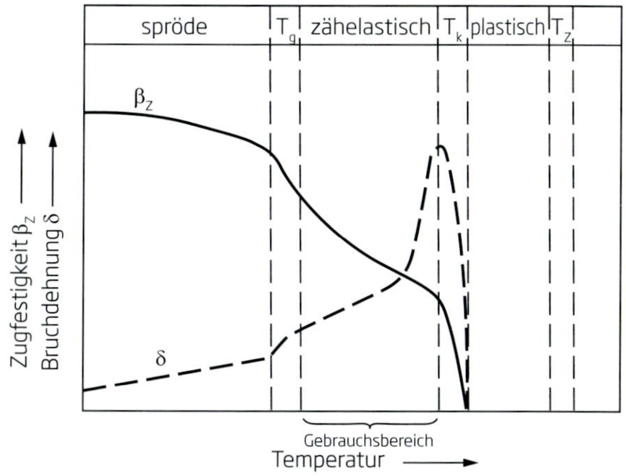


**Elastomere**

$T > T_g$: gummielastisch

Dehnungen von mehreren 100 % sind möglich (weitmaschiges Netz)

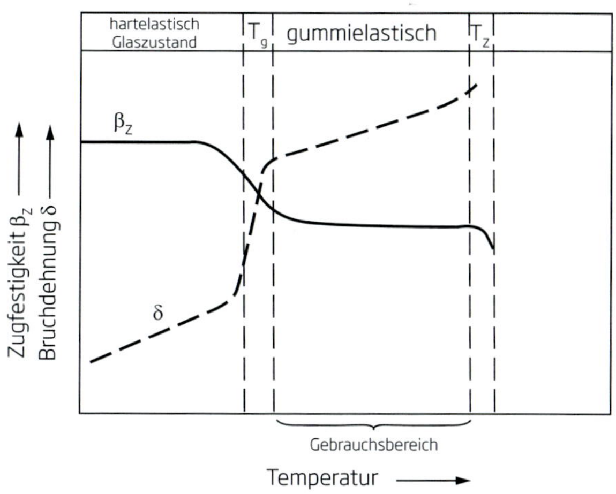


**Duroplaste**

Bis zur Zersetzungstemperatur $T_z$ fest, hart und beständig (enges Netz)

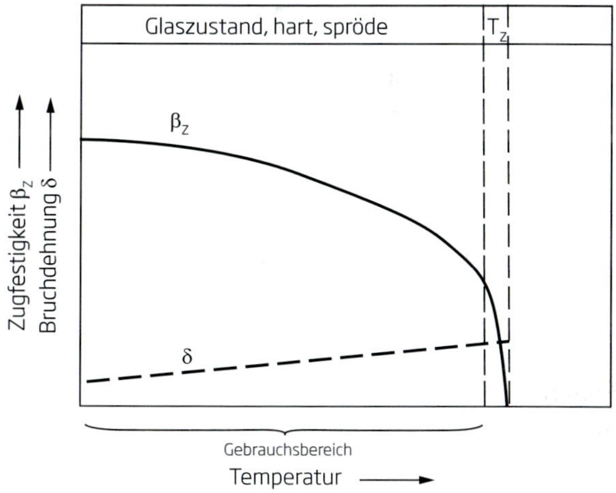


**Abb. 10.9:** Mechanisch thermisches Verhalten von teilkristallinen Thermoplasten, Elastomeren und Duroplasten (aus [7])

## 10.7.2 Thermische Eigenschaften

### 10.7.2.1 Spezifische Wärmekapazität (Stoffwärme)

Die spezifische Wärmekapazität $c_p$ ist eine von der Beschaffenheit des Stoffes abhängige Größe. Sie entspricht der Wärmemenge (in J), die nötig ist, um 1 kg eines Stoffes um 1 Kelvin zu erwärmen. Einheit: $c_p$ = J/kg·K.

Die spezifische Wärmekapazität ändert sich im Gebrauchstemperaturbereich der Kunststoffe nur gering und liegt im Mittel bei etwa $c_p$ = 1500 J/kg·K ($c_p$-Werte in Tab. 10.1). Dies gilt für amorphe Thermoplaste (PVC, PS, PC) und ausgehärtete Duroplaste. Teilkristalline Thermoplaste (PE-LD, PE-HD) zeigen jedoch beim erstmaligen Aufheizen eine starke Änderung der spezifischen Wärmekapazität, die auf den Wärmebedarf beim Aufschmelzen der Kristallite zurückzuführen ist (Abb. 10.10).

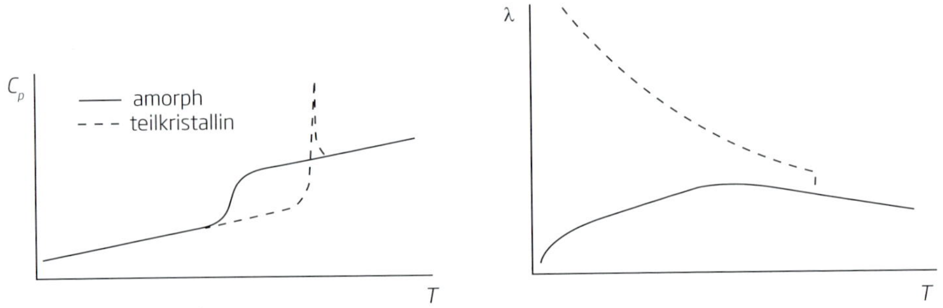


**Abb. 10.10:** Qualitative Verläufe von $c_p$ und $\lambda$ in Abhängigkeit von der Temperatur

### 10.7.2.2 Wärmeleitfähigkeit

Die Wärmeleitfähigkeit $\lambda$ gibt die Wärmemenge $Q_L$ an, die stündlich durch 1 m² einer 1 m dicken Schicht eines Stoffes hindurchgeleitet wird, wenn der Temperaturunterschied zwischen den beiden Oberflächen 1 Kelvin beträgt. Die Wärmeleitfähigkeit wird i. Allg. von der Dichte, Struktur und Feuchte eines Stoffes bestimmt. Bei Kunststoffen beeinflussen spezielle Abhängigkeiten (z. B. Verstreckgrad, Molmasse, Verzweigungsgrad, Druck, Füllstoffe) die Wärmeleitfähigkeit. Einheit $\lambda$ = W/m·K.

Die Wärmeleitfähigkeit von Kunststoffen ist aufgrund der eingeschränkten thermischen Beweglichkeit ihrer Molekülketten im Vergleich zu beispielsweise Metallen gering. Die Wärmeleitzahlen von dichten Kunststoffen liegen im Bereich von 0,1 bis 0,4 W/m·K (zum Vergleich Stahl 50 W/m·K); Füllstoffe und Verstärkungsfasern erhöhen die Wärmeleitzahl. Hartschaum-Dämmstoffe besitzen mit 0,01 bis 0,045 W/m·K besonders niedrige $\lambda$-Werte. In Tabelle 10.1 sind $\lambda$-Werte für einige Kunststoffe angegeben.

### 10.7.2.3 Wärmeausdehnung

Die thermische Längenausdehnung wird mithilfe des werkstoffabhängigen Wärmeausdehnungskoeffizienten (Wärmedehnzahl) $\alpha_T$ (1/K) ermittelt.

Kunststoffe dehnen sich bei Erwärmung deutlich stärker aus als andere Materialien, da sich die Gebrauchstemperatur von Kunststoffen nicht weit unterhalb der Schmelztemperatur befindet. Durch Füllstoffe und Fasern kann die Wärmedehnzahl erwartungsgemäß abgesenkt werden. In Tabelle 10.1 sind $\alpha_T$-Werte für einige Kunststoffe angegeben.

**Tabelle 10.1:** Thermische Kennwerte ausgewählter Kunststoffe

| Kunststoff | Dichte $\rho$ (kg/dm³) | Wärmedehnzahl $\alpha_T$ ($10^{-6}$/K) | Wärmeleitfähigkeit $\lambda$ (W/m·K) | Spezifische Wärmekapazität $c_p$ (J/kg·K) |
|---|---|---|---|---|
| PE-LD | 0,91 - 0,93 | 230 - 250 | 0,32 - 0,40 | 2100 - 2500 |
| PE-HD | 0,94 - 0,96 | 120 - 200 | 0,38 - 0,51 | 2100 - 2700 |
| PP | 0,90 - 0,91 | 110 - 170 | 0,17 - 0,22 | 2000 |
| PVC-U | 1,38 - 1,55 | 70 - 80 | 0,14 - 0,17 | 850 - 900 |
| PS | 1,05 | 60 - 80 | 0,18 | 1300 |
| PA 6 | 1,13 | 60 - 100 | 0,29 | 1700 |
| PMMA | 1,17 - 1,20 | 70 - 90 | 0,18 | 1450 |
| PET | 1,37 | 40 - 60 | 0,24 | 1050 |
| PBT | 1,31 | 60 | 0,21 | 1300 |
| PC | 1,20 | 60 - 70 | 0,21 | 1200 |
| POM | 1,41 - 1,42 | 90 - 110 | 0,25 - 0,30 | 1450 |
| PTFE | 2,15 - 2,20 | 120 - 250 | 0,25 | 1000 |
| PI | 1,43 | 50 - 60 | 0,29 - 0,35 | 1100 |
| PUR | 1,05 | 10 - 20 | 0,58 | 1750 |
| TPU | 1,20 | 110 - 210 | 1,7 | 500 |
| PF | 1,4 | 10 - 50 | 0,35 | 1300 |
| MF | 1,5 | 50 - 60 | 0,50 | 1200 |
| UP | 2,0 | 20 - 40 | 0,70 | 1200 |
| EP | 1,9 | 11 - 35 | 0,88 | 1000 |

### 10.7.2.4 Wärmeformbeständigkeit

Die Wärmeformbeständigkeit ist ein Maß für die thermische Belastbarkeit von Kunststoffen. Die Kennwerte zur Wärmeformbeständigkeit sind jedoch keine allgemeingültigen Stoffeigenschaften, wie z. B. die thermische Leitfähigkeit. Sie dienen im Wesentlichen Vergleichszwecken.

Es ist davon auszugehen, dass die Formbeständigkeit unmittelbar mit der bei höherer Temperatur einsetzenden Molekularbewegung verbunden ist. Im Wesentlichen begrenzen zwei

Übergangsbereiche die Wärmeformbeständigkeit und damit die praktische Anwendbarkeit von Kunststoffen:

- bei amorphen Kunststoffen der Glasübergang mit der charakteristischen Glasübergangstemperatur $T_g$
- bei teilkristallinen Kunststoffen der Kristallitschmelzbereich mit der Schmelztemperatur $T_k$

Zur Bestimmung der Wärmeformbeständigkeit stehen zwei genormte Prüfmethoden zur Verfügung:

- Vicat-Erweichungstemperatur VST (VST = Vicat Softening Temperature) nach E DIN EN ISO 306
- Wärmeformbeständigkeitstemperatur HDT (HDT = Heat Distortion Temperature) nach DIN EN ISO 75

In beiden Verfahren wird ein definiert belasteter Probekörper mit einer konstanten Aufheizgeschwindigkeit erwärmt. Wird z. B. bei der Biegung des Probekörpers eine Randfaserdehnung von 0,2 % erreicht, so ist die zugehörige Temperatur die Wärmeformbeständigkeitstemperatur HDT.

### 10.7.2.5 Gebrauchstemperatur

Die mechanischen Eigenschaften von Kunststoffen sind stark temperaturabhängig. Amorphe Thermoplaste können beispielsweise ohne ein merkliches Nachlassen der mechanischen Eigenschaften bis unmittelbar vor ihrer Glasübergangstemperatur $T_g$ eingesetzt werden. Teilkristalline Thermoplaste weisen unterhalb $T_g$ ein hohes Festigkeitsniveau auf. Oberhalb $T_g$ fällt dagegen die Festigkeit stark ab, während die Verformungen ansteigen. In Tabelle 10.2 sind HDT-Werte sowie maximale Gebrauchstemperaturen für einige ausgewählte Thermoplaste zusammengestellt.

**Tabelle 10.2:** HDT-Werte und Gebrauchstemperaturen ausgewählter Thermoplaste (aus [2])

| Thermoplaste | Wärmeformbeständigkeit HDT/A 1,8 Mpa | Maximale Gebrauchstemperatur | |
|---|---|---|---|
| | | kurzzeitig | dauernd |
| | °C | °C | °C |
| PE-LD | ca. 35 | 80-90 | 60-75 |
| PE-HD | ca. 50 | 90-120 | 70-80 |
| PP | 55-70 | 140 | 100 |
| PP (30 % Glasfaser) | 120 | 155 | 100 |
| PVC-U | 65-75 | 75-90 | 65-70 |
| PS | 65-85 | 75-90 | 60-80 |
| PA 6 (30 % Glasfaser) | 190-215 | 140-180 | 80-110 |
| PMMA | 75-105 | 85-100 | 65-90 |
| PET | 80 | 200 | 100-120 |

| Thermoplaste | Wärmeformbeständigkeit HDT/A 1,8 Mpa °C | Maximale Gebrauchstemperatur kurzzeitig °C | dauernd °C |
|---|---|---|---|
| PBT | 65 | 165 | 100 |
| PC | 125-135 | 115-150 | 115-130 |
| POM-H | 100-115 | 150 | 110 |
| PTFE | 50-60 | 300 | 260 |
| PI | 280-360 | 400 | 260 |

Die Gebrauchstemperatur der meisten Elastomere liegt zwischen 100 und 150 °C; Naturkautschuk erreicht dagegen nur 70 bis 80 °C. Die Dauergebrauchstemperatur unverstärkter Duroplaste liegt zwischen 150 und 200 °C, glasfaserverstärkt nahe 300 °C.

## 10.7.3 Elektrische Eigenschaften

Das elektrische Verhalten von Kunststoffen lässt sich aus ihren elektrischen, dielektrischen und elektrostatischen Eigenschaften ableiten.

Zu den elektrischen und dielektrischen Eigenschaften gehören das elektrische Isolationsverhalten, das elektrische Festigkeitsverhalten und das dielektrische Verhalten. Sie sind vom verwendeten Kunststoff, der Teilegestaltung, der Temperatur und der Frequenz abhängig.

### 10.7.3.1 Elektrische/Dielektrische Eigenschaften

Die elektrische Isolationsfähigkeit eines Kunststoffs wird durch den *spezifischen Durchgangswiderstand* (in Ωcm) gekennzeichnet. Für die verschiedenen Kunststoffe werden Werte zwischen $10^{10}$ und $10^{18}$ Ωcm angegeben. Der Durchgangswiderstand kann durch Zusatz von z. B. Ruß, Metallpulver und Kohlenstofffasern bis auf etwa $10^{2}$ Ωcm vermindert werden.

Der *Oberflächenwiderstand* kennzeichnet das Isoliervermögen der Isolierstoffoberfläche. Die versuchsmäßig ermittelten Werte sind sehr stark von der Luftfeuchtigkeit und von Verunreinigungen der Oberfläche abhängig. Ein hoher Oberflächenwiderstand führt bei geringer Luftfeuchtigkeit in der Regel zu elektrostatischen Aufladungen und damit zur Verschmutzung (Verstaubung) von Kunststoff-Oberflächen. Die elektrostatische Aufladung kann z. B. durch antistatische Ausrüstung der Kunststoffoberflächen vermindert werden, wobei spezifische Widerstände von unter $10^{9}$ angestrebt werden.

Das elektrische Festigkeitsverhalten wird durch die *Kriechstromfestigkeit* und die *Durchschlagfestigkeit* beschrieben.

Durch abgelagerte Verunreinigungen erhöht sich bei elektrischen Isolierstoffen die elektrische Leitfähigkeit. Treten nun Potenzialdifferenzen bzw. elektrische Spannungen auf, so entsteht auf der Isolatoroberfläche ein als Kriechstrom bezeichneter Stromfluss, wodurch sich durch thermische Zersetzung elektrisch leitende (verkohlte) Verbindungsstrecken, die sogenannten Kriechspuren, bilden. Unter dem Begriff *Kriechstromfestigkeit* wird der Widerstand eines Isolierwerkstoffs gegen die Bildung von Kriechspuren verstanden.

Erreicht eine angelegte Spannung einen bestimmten werkstoffabhängigen kritischen Wert (kritische Feldstärke), so kann ein elektrischer Durchschlag eintreten. Zur Kennzeichnung des Isolationsvermögens von Kunststoffen wird daher die *Durchschlagfestigkeit (in kV/cm)* angegeben, die keine spezifische Werkstoffeigenschaft ist, sondern von der Schichtdicke, Temperatur, Zeit, Frequenz und Spannung abhängt.

Dielektrika sind alle elektrisch schwach- oder nichtleitenden, nichtmetallischen Substanzen, deren Ladungsträger im Allg. nicht frei beweglich sind. Isolatoren, wie der Isolierwerkstoff zwischen Kondensatorplatten, Koaxialkabeln, Hochfrequenzkabeln, werden als *Dielektrikum* bezeichnet. Die Kapazität eines Kondensators, d. h. dessen Eigenschaft elektrische Energie zu speichern, hängt im Wesentlichen vom verwendeten Dielektrikum und dessen *Permittivitätszahl* oder Dielektrizitätszahl ab. Je höher die Permittivitätszahl ist, umso mehr Energie kann in dem elektrischen Feld zwischen den Platten des Kondensators gespeichert werden. Die *relative Permittivität* $\varepsilon_r$ (veraltete Bezeichnung: relative Dielektrizitätskonstante) gibt an, um wie viel sich die Kapazität eines Kondensators erhöht, wenn anstelle von Luft ($\varepsilon_r = 1$) eine Kunststoff- bzw. Polymerschicht ($\varepsilon_r$ = 2 bis 8) als Dielektrikum zwischen die Kondensatorplatten angeordnet wird.

In einem elektrischen Wechselfeld kann es zu Verlusten durch Erwärmung des Dielektrikums (Isolationswerkstoffs) kommen. Der Verlust an elektrischer Energie wird durch den dielektrischen *Verlustfaktor tan* $\delta$ gekennzeichnet. Im Allgemeinen sollte tan $\delta$ möglichst klein sein. Die Hochfrequenzschweißbarkeit von Folien einiger Kunststoffe beruht dagegen auf einem relativ großen tan $\delta$ (z. B. bei PVC-P).

#### 10.7.3.2 Elektrostatische Eigenschaften

Durch die Zugabe von Füllstoffen kann die Leitfähigkeit von Kunststoffoberflächen entsprechend dem gewünschten Einsatzzweck variiert werden. Um Kunststoffe antistatisch auszurüsten und somit elektrostatische Aufladungen zu vermeiden, werden dem Kunststoff-Granulat leitfähige Stoffe (z. B. Ruß, Metall- oder Carbonfasern, niedrig schmelzende Metalle) oder hygroskopische, niedermolekulare Füllstoffe zugemischt. Letztere entziehen der Umgebungsluft Feuchtigkeit und bilden so an der Oberfläche des Kunststoffs eine elektrisch leitfähige Schicht.

Die elektrostatischen Eigenschaften von Kunststoffen werden nach E DIN EN 61340-5-1 klassifiziert: gering aufladbar (antistatisch), leitfähig, ableitend, abschirmend und isolierend.

### 10.7.4 Verhalten gegen Lösungsmittel und Chemikalien

im Vergleich zu anderen Werkstoffe gut

#### 10.7.4.1 Quell- und Löseverhalten

Das Quell- und Löseverhalten von Polymeren gegenüber *Lösungsmitteln* ist abhängig von den Eigenschaften des Lösungsmittels, von der Struktur der Makromoleküle, der Kristallinität teilkristalliner Kunststoffe, der Temperatur und der Zeit sowie von der Art der verwendeten Füllstoffe.

Unvollständiges Lösen von Polymeren durch geringe Aufnahme von Lösungsmitteln kann zu Dimensionsänderungen und zum Verlust von Zugfestigkeit infolge *Quellen* führen. Stehen starke Lösungsmittel in ausreichender Menge zur Verfügung, kann das Polymer unter Verlust seiner äußeren Form in eine mehr oder weniger niedrigviskose Flüssigkeit übergehen; das Polymer geht in *Lösung*.

Während das Lösen bei Kunststoffen mit amorpher Struktur möglich ist, tritt das Quellen bei solchen mit teilkristalliner Struktur oder verzweigten Molekülen und bei mit Füllstoffen versehenen Duroplasten auf. Unpolare Thermoplaste, wie PE und PP, sind gegen unpolare Lösungsmittel (Treibstoffe) wenig beständig, gegen polare Lösungsmittel dagegen besser beständig. Andererseits kann z. B. PE durch einen hohen Kristallisationsgrad gegen unpolare Lösungsmittel beständig gemacht werden. PVC und Polyesterharze sind dagegen gegen polare Lösungsmittel unbeständig.

Die Löslichkeit von Kunststoffen ist in vielen Fällen erwünscht, z. B. bei der Herstellung von Klebstoffen und Lacken, bei der Faser- und Folienherstellung und beim Quellschweißen. In anderen Fällen ist sie jedoch unerwünscht, z. B. bei Kunststoffen für Transportbehälter und Lagertanks, Verpackungen und Korrosionsschutz.

Der Widerstand von Kunststoffen gegen Lösungsmittel kann sich im Laufe der Zeit durch zwei gleichzeitig verlaufende Prozesse erhöhen: Zum einen durch die Erhöhung des Molekülzusammenhalts und der Kristallinität durch Auswandern von Lösungsmittelresten („Verhornung") und zum anderen durch Vernetzung der Kettenmoleküle infolge von Reaktionen, die durch Licht und Luftsauerstoff ausgelöst werden. Die Folge der Vernetzung ist jedoch eine Versprödung des Kunststoffs.

#### 10.7.4.2 Chemikalienbeständigkeit

Zu den besonderen Eigenschaften der Kunststoffe zählt ihre gute Beständigkeit gegen den Angriff von Chemikalien. Im Allgemeinen gilt:

- Die klassischen technischen Kunststoffe sind relativ beständig gegen schwache Säuren und Basen sowie wässrige Salzlösungen. Sie werden durch stark oxidierend wirkende Substanzen chemisch jedoch angegriffen, die durch Abbau und Oxidation eine Verfärbung, Versprödung oder Zerstörung bewirken können. Polymere mit Ester-, Amid- oder ähnlichen Gruppen werden in Wasser oder wässrigen Medien, besonders bei höheren Temperaturen, durch Hydrolyse abgebaut.
- Treibstoffe, Fette und organische Lösungsmittel sind, mit Ausnahme der Fluorkunststoffe, den Kunststoffen verwandt. Da beide Partner – Polymer und Lösemittel – gleiche Nebenvalenzkräfte besitzen, kann dies zu Quellung und Löslichkeit führen.

In Tabelle 10.3 wird die Chemikalienbeständigkeit einiger ausgewählter Kunststoffe gegenüber Substanzgruppen nach den Kategorien „beständig" (+), „bedingt beständig" (o) und „unbeständig" (-) bewertet.

- Chemisch beständig: Der Kunststoff behält seine charakteristischen mechanischen (z. B. Festigkeit), physikalischen (z. B. Farbe) und chemischen (z. B. Zusammensetzung) Eigenschaften auf Dauer unverändert bei.
- Bedingt chemisch beständig: Der Kunststoff behält seine charakteristischen Eigenschaften für eine begrenzte, für den Einsatzzweck ausreichende Zeitspanne bei.

- Chemisch unbeständig: Der Kunststoff verliert seine charakteristischen Eigenschaften innerhalb sehr kurzer Zeit bzw. schneller, als es der Einsatzzweck erlaubt (Deformation, Verfärbung, Risse, Auflösung). Der Kunststoff ist für eine ständige Einwirkung der Chemikalie nicht geeignet.

Da Diffusionsvorgänge temperaturabhängig sind, gelten die Angaben zur chemischen Beständigkeit nach Tabelle 10.3 nur für die angegebene Temperatur (Raumtemperatur 20 °C). Höhere Temperaturen führen in der Regel zu einer Abnahme der chemischen Beständigkeit.

**Tabelle 10.3:** Chemikalienbeständigkeit von ausgewählten Kunststoffen gegenüber Substanzgruppen bei Raumtemperatur 20 °C

| | PS | PP | PE-LD | PE-HD | PVC | PA | PC | POM | PMMA | PTFE | MF | PUR |
|---|---|---|---|---|---|---|---|---|---|---|---|---|
| Alkohole, aliphatische | + | + | + | + | + | + | + | + | – | + | + | o |
| Ether | – | o | o | o | – | + | – | + | – | + | – | o |
| Aldehyde | – | + | o | + | – | | o | o | o | + | + | |
| Ester | – | o | o | o | – | + | – | – | o | + | + | + |
| Kohlenwasserstoffe, aliphatisch | – | + | o | + | + | + | o | + | + | + | + | |
| Kohlenwasserstoffe, aromatisch | – | o | o | + | – | + | – | + | – | + | + | |
| Kohlenwasserstoffe, halogeniert | – | o | o | o | – | o | – | + | – | + | + | |
| Ketone | – | o | o | o | – | – | – | + | – | + | + | o |
| Laugen, stark | | + | | | | – | – | | | + | | – |
| Laugen, schwach | + | + | + | + | + | + | – | + | + | + | – | + |
| Säuren, stark | o | + | + | + | + | – | – | – | – | + | – | – |
| Säuren, schwach | o | + | + | + | + | – | o | – | – | + | o | + |
| Oxidierende Säuren | – | – | – | – | – | – | – | – | – | + | – | |
| Benzin | + | – | o | o | + | + | – | + | – | + | + | + |
| Öle | + | + | + | + | + | + | + | + | + | + | + | + |

+ beständig　　o bedingt beständig　　- unbeständig

Der Grad der Veränderung der Eigenschaften durch die Einwirkung eines chemisch aktiven Mediums auf einen Kunststoff ist in jedem Fall von der Temperatur und der Einwirkungsdauer abhängig. Polymere sind beispielsweise gegenüber Sauerstoff umso empfindlicher, je höher die Temperatur ist. Im Gegensatz zur Korrosion von Metallen gibt es bei Kunststoffen nur selten einen chemisch bedingten Materialabtrag.

Gewisse Polymere lassen sich mit anderen Polymeren gut mischen, sodass nach der Plastifizierung ein Polymerblend mit einem Verhalten gegenüber chemischen Substanzen entsteht, das sehr stark von den Eigenschaften der Einzelkomponenten abweichen kann.

#### 10.7.4.3 Permeation

Der Stofftransport von Gasen, Dämpfen und Flüssigkeiten durch eine Schicht aus einem polymeren Werkstoff (Membran) wird als *Permeation* (= Durchwanderung) bezeichnet. Der Transportvorgang gliedert sich in drei Teilprozesse:

- *Sorption* an der Grenzfläche: Gase, Dämpfe oder verflüssigte Chemikalien, d. h. die Permeaten, werden an der Oberfläche des Festkörpers angelagert (Adsorption) und im oberflächennahen Bereich aufgenommen (Absorption).
- *Diffusion* (durch den Festkörper): Das Permeat durchdringt den Feststoff durch molekulare Zwischenräume oder Poren.
- *Desorption*: Die permeierenden Stoffe entweichen als Gas auf der anderen Seite des Festkörpers.

Die Permeation ist umso stärker, je höher die Temperatur, je größer die Affinität der Fremdmoleküle zu denen des Kunststoffs und je lockerer das Molekülgefüge ist. Bei amorphen Kunststoffen ist sie relativ hoch und nimmt mit dem Grad der Kristallisation und der Vernetzung ab.

Die Wechselwirkung von Polymerwerkstoffen mit gasförmigen oder flüssigen Substanzen ist in vielen Anwendungsbereichen von großer Bedeutung: In der Verpackungsindustrie ist die Dichtheit von Folien und Flaschen bedeutsam, in der Automobilindustrie muss die langjährige Dichtheit von Kraftstofftanks gewährleistet sein und beim leitungsgebundenen Transport von Gasen ist die Dichtheit der Kunststoffrohrleitungen ein entscheidendes Kriterium.

#### 10.7.4.4 Wasseraufnahme

Bedingt durch die polare Struktur der Wassermoleküle ist die Fähigkeit der Wasseraufnahme (Luftfeuchtigkeit, Wasserlagerung) von der Polarität der Polymere abhängig. Unpolare Polymere nehmen praktisch keine Feuchtigkeit auf, polare Polymere dagegen etwas mehr. Insbesondere Polyamide zeigen ein hohes Wasseraufnahmevermögen. Die Wasseraufnahme wird begünstigt, wenn Makromoleküle, Weichmacher und Farb- oder Füllstoffe hydrophile Gruppen enthalten.

Die Auswirkungen einer erhöhten Wasseraufnahme sind neben dem Quellen (Maßänderungen) und der Extraktion wasserlöslicher Bestandteile auch die Änderung der elektrischen Eigenschaften (Herabsetzung des elektrischen Widerstands) sowie die Änderung der mechanischen Eigenschaften (Erhöhung der Schlagzähigkeit). Die Polyamide PA 6 und PA 66 nehmen etwa 2,5 bis 3 M.-% Wasser auf, wodurch sich die Zähigkeit und Dehnbarkeit erhöhen, Streckgrenze, Härte, Steifigkeit und elektrisches Isolationsvermögen jedoch abnehmen.

#### 10.7.4.5 Spannungsrissbildung und Spannungsrisskorrosion

Kunststoffe können sich in Medien, gegenüber denen sie sich im spannungsfreien Zustand als chemisch beständig erweisen, unter mechanischen Einwirkungen gegenüber den gleichen chemischen Einwirkungen als unbrauchbar erweisen. Die Verringerung der Zeitstandfestigkeit von Kunststoffen unter Zugspannung ist Folge der *Spannungsrissbildung*. Finden gleichzeitig noch chemische Reaktionen statt, so spricht man von *Spannungsrisskorrosion*.

Ursache der Rissbildung ist das Eindringen von Fremdmolekülen in die Grenzschicht des Kunststoffs, wodurch die Wechselwirkungskräfte zwischen den Makromolekülen so weit herabgesetzt werden können, dass bei Einwirkung äußerer Kräfte oder innerer Materialspannungen der Molekülzusammenhalt nach kurzer oder längerer Zeit stellenweise verloren geht. Auch von außen nicht mechanisch beanspruchte Kunststoff-Formteile können Spannungen und damit der Möglichkeit einer Spannungsrisskorrosion ausgesetzt sein. Diese Spannungen entstehen beim Erstarren der Schmelze insbesondere in Spritzgussteilen und werden als innere Spannungen quasi „eingefroren".

Insbesondere amorphe Thermoplaste, wie Polystyrol (PS), Polycarbonat (PC) und Polymethylmethacrylat (PMMA), sind für Spannungsrisskorrosion stark anfällig. Durch den Kontakt mit Dichtungen und/oder anderen Teilen, welche z. B. Weichmacher enthalten, kann es bei Belastung weit unterhalb der Bruchlast zu Haarrissen (Crazes) kommen, von denen bei höherer Belastung dann auch ein Bruch ausgehen kann.

### 10.7.5 Brandverhalten

Kohlenstoff ist wesentlicher Bestandteil aller organischen Stoffe und damit – mit Ausnahme einiger Silikone – auch der Kunststoffe. Das heißt, alle organischen Kunststoffe sind grundsätzlich brennbar oder können das Brandgeschehen beeinflussen. Entflammbarkeit und Brandverhalten sind jedoch stark von der Art des Kunststoffs und dessen Zumischungen abhängig.

Die Entzündbarkeit des Kunststoffs und die Brandentwicklung in der Anfangsphase sind die entscheidenden Parameter für die Brandentstehung und den Brandverlauf. Darüber hinaus sind die pro Massen- oder Volumeneinheit abgegebene Wärmeenergie und Verbrennungswärme eine wesentliche Größe. Niedrige Entzündungstemperaturen erleichtern die Möglichkeit der Zündung. Hohe Verbrennungswärmen (Heizwerte) begünstigen einen schnellen Brandverlauf, indem die Wärme des Brandes die noch nicht vom Brand betroffenen Bereiche aufheizt und Zersetzungsprozesse, d. h. Pyrolyseprozesse, in Gang setzt. Durch starke Hitzeeinwirkungen werden dabei erhebliche Mengen an brennbaren Gasen gebildet, die einen oft explosionsartigen Feuerübersprung auf alle brennbaren Stoffe bewirken können.

Die Kombination von leichter Entflammbarkeit, hoher Verbrennungswärme und einer oft speziellen Formgebung führen i. Allg. zu einem gegenüber anderen Stoffen wesentlich schnelleren und intensiveren Brandverlauf. Folgende Kunststoffeigenschaften können das Schadensausmaß im Brandfall nachteilig beeinflussen:

- niedrige Erweichungs- und Schmelztemperaturen,
- Schmelzen, Abtropfen, Abfließen, Lachenbildung,

- brennendes Abtropfen,
- niedrige Entflammungstemperatur, d. h. leichte Brennbarkeit,
- hohe Verbrennungswärme,
- starke Rußbildung,
- Bildung korrosiver oder toxischer Gase.

In Tabelle 10.4 sind die physikalisch-chemischen Eigenschaften einiger häufig verwendeter Kunststoffe (ohne Zuschlagstoffe) angegeben.

Formgebung und die Menge der am Brand beteiligten Stoffe haben einen erheblichen Einfluss auf das Brandgeschehen. Die Zersetzungsgase (Pyrolysegase) sind der eigentliche Brennstoff, der in Verbindung mit dem Luftsauerstoff brennt. Durch besondere Formgebung können unverbrannte Pyrolysegase von ihrem Entstehungsort an andere Stellen ziehen und dort brennen. Dies ist beispielsweise bei doppelwandigen Kunststofferzeugnissen aus Thermoplasten der Fall.

Thermoplaste und Elastomere sind relativ leicht in Brand zu setzen und verlieren im Brandfall sehr rasch ihre Formstabilität. Duroplaste sind dagegen schwer zu entflammen. Reine Kunststoffbrände sind selten. Meist dienen leicht brennbare Materialien, wie Papier, Kartonagen und Holz, im Brandfall als sogenanntes Stützfeuer, in dem auch schwer entflammbare Kunststoffe, wie PVC und PTFE, brennen und durch weiträumige Korrosion zur Vergrößerung des Schadens beitragen können. Als Beispiel sei Hart-PVC genannt, das wegen seines hohen Chlorgehalts (ca. 57 M.-%) schwer entflammbar ist, jedoch unter Wärmeeinwirkung schon bei etwa 150 °C Chlorwasserstoffgas (Salzsäuregas) abspaltet und unter Beteiligung (Stützfeuer) leichter brennbarer Stoffe brennt.

Die Prüfung des Brandverhaltens von Kunststoffen erfolgt nach definierten Prüfverfahren. Je nach Anwendungsbereich existiert eine große Anzahl nationaler und internationaler Prüfnormen.

**Tabelle 10.4:** Physikalisch-chemische Eigenschaften verschiedener Kunststoffe (ohne Zuschlagstoffe) (nach [11])

| Kunststoff (Kurzzeichen) | Dichte g/cm³ | Erweichungstemperaturbereiche (nach Vicat) °C | Zersetzungstemperatur °C | Entflammungstemperatur[1)] °C | Entzündungstemperatur[2)] °C | Verbrennungswärme[3)] MJ/kg |
|---|---|---|---|---|---|---|
| ABS | 1,02-1,07 | 90-121 | - | 390 | 480 | 36,0 |
| PA 6 | 1,13 | 200 | 300-350 | 420 | 450 | 32,0 |
| PA 66 | 1,14 | 250 | 320-400 | 490 | 530 | 32,0 |
| PAN | 1,15-1,17 | 78-81 | 250-300 | 480 | 560 | n.b. |
| PC | 1,20 | 150-155 | 350-400 | 520 | keine Entz. | 31,0 |
| PE | 0,92-0,96 | 60-70 | 340-440 | 340 | 350 | 46,5 |
| PETP | 1,34 | 80 | 285-305 | 440 | 480 | 21,5 |

| Kunststoff (Kurzzeichen) | Dichte g/cm³ | Erweichungstemperaturbereiche (nach Vicat) °C | Zersetzungstemperatur °C | Entflammungstemperatur[1] °C | Entzündungstemperatur[2] °C | Verbrennungswärme[3] MJ/kg |
|---|---|---|---|---|---|---|
| PMMA | 1,18 | 84-108 | 170-300 | 300 | 450 | 26,0 |
| POM | 1,42 | 170 | 220 | 350-400 | ca. 400 | 17,0 |
| PP | 0,91 | 85-90 | 330-410 | 350-370 | 390-410 | 46,0 |
| PS | 1,05 | 88 | 300-400 | 340-350 | 490 | 42,0 |
| PTFE | 2,20 | 110 | 500-550 | 560 | 580 | 4,5 |
| PU-Hartschaum | 1,20 | 180 | 220 | 310 | 415 | n. b. |
| PVC | 1,40 | 70-80 | 200-300 | 390 | 455 | 20,0 |

n. b. nicht bestimmbar

[1] Entflammungstemperatur: Niedrigste Temperatur eines Materials, bei der unter festgelegten Prüfbedingungen die sich bildenden brennbaren Gase mit einer Zündquelle entflammt werden können.

[2] Entzündungstemperatur: Niedrigste Temperatur eines Materials, bei der unter festgelegten Prüfbedingungen eine anhaltende Verbrennung eingeleitet werden kann.

[3] Verbrennungswärme: Wärmemenge, die bei der Verbrennung eines Materials unter bestimmten Prüfbedingungen frei wird.

Das Brandverhalten von Baustoffen und Bauteilen wird derzeit nach DIN 4102-1 geprüft. Kunststoffe als Baustoffe werden danach der Klasse B1 (schwer entflammbar) und B2 (normal entflammbar), vereinzelt auch der Klasse B3 (leicht entflammbar) zugeordnet.

Unabhängig von der Brandklasse sind bei der Verwendung von Kunststoffen im Bauwesen auch *Brandnebenerscheinungen* zu berücksichtigen. Dazu zählen insbesondere:

- Dichte der Rauchentwicklung (Sichtminderung bei Rettungs- und Löscharbeiten),
- Erweichen (Abminderung der Festigkeit),
- Abtropfen/Abfallen von geschmolzenen Kunststoffteilen (zusätzliche Flammausbreitung),
- Toxizität entstehender Schwel- und Brandgase.

Hinweis:
Im Unterschied zur nationalen Klassifizierung der Baustoffe nach DIN 4102-1 beinhaltet die europäische Klassifizierungsnorm DIN EN 13501 ein deutlich größeres Spektrum an Klassen und Kombinationen. So werden neben dem Brandverhalten erstmals auch Brandnebenerscheinungen wie Rauchentwicklung und brennendes Abtropfen/Abfallen berücksichtigt und in Klassen eingeteilt.

In einer standardisierten Prüfung, die im Wesentlichen auf das Kunststoff-Rohmaterial zugeschnitten ist, wird der Sauerstoffindex (LOI) mit dem Limiting-Oxygen-Index-Test nach ASTM 2863 ermittelt. Der LOI-Index gibt den Mindestanteil (in Vol.-%) an Sauerstoff in einem Stickstoff-Sauerstoff-Gemisch an, der notwendig ist, um den Brand gerade nicht verlöschen zu lassen. Er stellt damit einen Anhaltswert für die Brandgefahr dar, die von einem Kunststoff ausgeht.

Die Prüfung des Brandverhaltens nach UL 94 (UL = Underwriter Laboratories) erlaubt eine brandschutztechnische Bewertung von Kunststoffe in den Einsatzbereichen Elektrotechnik,

Verkehrswesen, Bauwesen usw. Kriterien der Prüfungen, die mit verschiedenen Prüfaufbauten durchgeführt werden, sind Abbrennzeit und Abbrennverhalten; die Klassifizierung erfolgt dementsprechend in die Brandklassen V0, V1, V2, 5V, 5VA und 5VB.

**Zuschlagstoffe**

Die Verwendung von bestimmten Thermoplasten in Anwendungsbereichen mit erhöhter Brandgefahr wird erst durch die Herabsetzung der Entflammbarkeit und der Abbrandgeschwindigkeit durch den Zusatz von Flammschutzmitteln möglich. Flammschutzmittel wirken auf physikalische und/oder chemische Weise, heben aber die Brennbarkeit der Kunststoffe nicht auf.

Bei der physikalischen Wirkungsweise stehen die Kühlung durch endotherme Prozesse, die Ausbildung einer Schutzschicht zur Abschirmung gegen Sauerstoff und Wärme sowie Verdünnung durch phlegmatisierende Füllstoffe im Vordergrund. Die chemischen Flammschutzmittel wirken entweder in der festen Phase oder in der Gasphase. Dort wird durch direkte chemische Einwirkung von Molekülbruchstücken der Flammschutzmittel (sogenannte Radikale) der Verbrennungsvorgang gehemmt. Eine herausragende Stellung bei den chemisch wirkenden Flammschutzmitteln nehmen die Halogene Brom und Chlor, oft in Verbindung mit Schwermetallverbindungen, ein.

## 10.7.6 Alterungsbeständigkeit und biologische Resistenz

### 10.7.6.1 Alterungsbeständigkeit

Nach DIN 50035 wird die Gesamtheit aller im Laufe der Zeit in einem Werkstoff irreversibel ablaufenden chemischen und physikalischen Vorgänge als Alterung bezeichnet, wobei zwischen inneren und äußeren Alterungsursachen unterschieden wird. Als innere Alterungsursachen gelten thermodynamisch instabile Zustände des Kunststoffs, z. B. Eigenspannungen, unvollständige Kristallisation. Als äußere Alterungsursachen werden chemische und physikalische Einwirkungen der Umgebung auf die Kunststoffe bezeichnet, z. B. Temperaturwechsel, Feuchtigkeit und UV-Strahlung. Bei der *Bewitterung* von Kunststoffbauteilen im Außenbereich wirken innere und äußere Alterungsursachen meistens zusammen.

Weiterhin wird zwischen chemischen und physikalischen Alterungsvorgängen unterschieden, die meist gemeinsam ablaufen. Eine physikalische Alterung verändert die Morphologie der Kunststoffe, z. B. durch Nachkristallisation, Abbau von Eigenspannungen und Weichmacherverlust, ohne Beeinflussung der chemischen Struktur der Molekülketten. Eine chemische Alterung bewirkt dagegen Änderungen der chemischen Struktur, z. B. Oxidation, die Spaltung der Polymermoleküle unter der Bildung niedermolekularer Abbauprodukte oder Vernetzungsprozesse.

Das Ausmaß der Alterung und deren Auswirkung auf die mechanischen, rheologischen, elektrischen und optischen Eigenschaften hängen von der Art der Kunststoffe ab. So erweisen sich Polymere aus der Gruppe der Polyolefine (PE, PP) als besonders anfällig gegen die kurzwellige UV-Strahlung des Sonnenlichts und PVC zusätzlich gegen Wärmeeinwirkung. Es kommt zu einem Aufspalten der chemischen Bindungen und in deren Folge zu Versprödung und

Festigkeitsverlusten sowie Vergilbung. Es existieren jedoch verschiedene Möglichkeiten, die Eigenschaften von Kunststoffen im Hinblick auf eine verbesserte Alterungsbeständigkeit zu beeinflussen. Ein verbreitet angewandtes Verfahren ist beispielsweise der Zusatz von UV-absorbierenden Lichtstabilisatoren, die dem licht-induzierten Abbau entgegenwirken können.

#### 10.7.6.2 Biologische Resistenz

Unter dem Begriff „Biologische Resistenz" wird die Beständigkeit polymerer Stoffe gegen den Abbau durch biologische Mikroorganismen wie Bakterien, Algen oder Pilze verstanden.

Vergleichbar der Schädigung von Polymeren durch chemischen Angriff sind bei gewissen Anwendungen auch Schädigungen durch mikrobielle Korrosion zu berücksichtigen, die nicht nur das Aussehen der Oberfläche von Kunststoff-Formteilen nachteilig verändern, sondern auch zur Verminderung der mechanischen Festigkeit führen können. Im Allgemeinen sind Kunststoffe gegen Pilze und Bakterien resistent, sofern sie nicht fetthaltige Weichmacher oder organische Füllstoffe enthalten, die als Nährboden für die genannten Mikroorganismen dienen können.

Als Sonderfall seien in diesem Zusammenhang die biologisch abbaubaren Kunststoffe genannt, bei denen die mikrobielle Korrosion eine gewünschte Eigenschaft darstellt.

## 10.8 Verarbeitung von Kunststoffen

Unter dem Begriff Verarbeitung versteht man die Fertigung von Formteilen, Halbzeugen, Fasern oder Folien aus Kunststoffen, die als Granulat, Pulver, Pasten, Folien oder Platten von der chemischen Industrie geliefert werden. Nach DIN 8580 werden die Fertigungsverfahren in die sechs Hauptgruppen Urformen, Umformen, Trennen, Fügen, Beschichten und Veredeln eingeteilt. Diesen Hauptgruppen ist jeweils eine Vielzahl unterschiedlicher Ver- und Bearbeitungsverfahren zugeordnet (Abb. 10.11). Die Anwendbarkeit dieser Verfahren richtet sich vorrangig danach, ob es sich um Thermoplaste, Duroplaste oder Elastomere handelt. Neben den im Folgenden behandelten üblichen Verarbeitungsverfahren gibt es noch spezielle Verfahren, die z. B. für Faserverbundwerkstoffe gelten oder die zur Modellherstellung durch Rapid Prototyping dienen.

### 10.8.1 Urformen

Unter Urformen versteht man die Formgebung von Formteilen und Halbzeugen aus pulverförmigen, granulatförmigen, flüssigen bis pastösen oder besonders aufbereiteten Vorprodukten, z. B. vorimprägnierte Fasermatten (Prepregs).

Die verschiedenen Urformverfahren sind die wichtigste Art der Formgebung für *Thermoplaste*. Dabei handelt es sich um reversible Formgebungsprozesse, bei denen die Formmasse aufgeschmolzen, geformt und anschließend im festen Zustand abgekühlt wird. Eine Nachbearbeitung kann in der Regel entfallen.

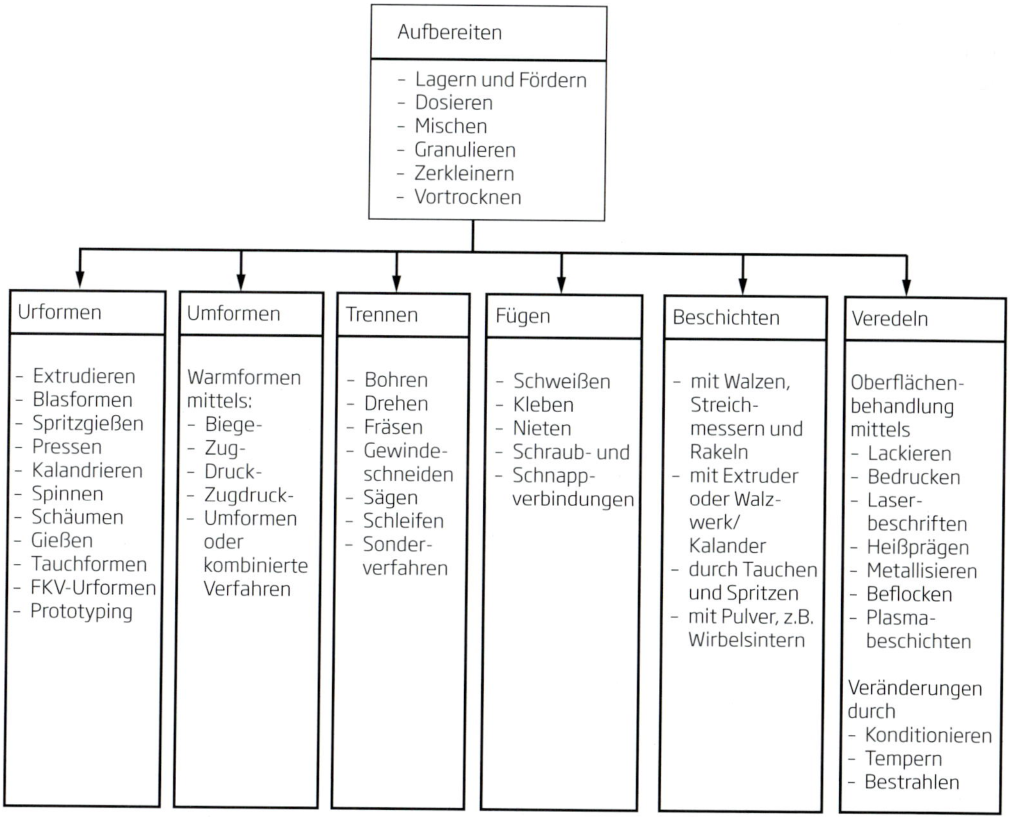


**Abb. 10.11:** Einteilung der Fertigungsverfahren in der Kunststofftechnik (aus [1])

Beim Urformen von *Duroplasten* handelt es sich um irreversible Formgebungsprozesse bei gleichzeitiger chemischer Reaktion, z. B. Vernetzen in der Wärme. Der duroplastische Zustand ist also erst nach der Formgebung erreicht. Daher sind duroplastische Produkte nicht schweiß- und umformbar.

Die gummiartigen *Elastomere* werden nach den Verfahren der Kautschukverarbeitung (Pressvulkanisation, Spritzgießen oder Tauchen) verarbeitet. *Thermoplastische Elastomere (TPE)* können wie Thermoplaste urgeformt werden.

### 10.8.1.1 Urformen von Thermoplasten

#### Extrudieren (Strangpressen)

Beim Extrudieren gelangt der Kunststoff durch einen Einfülltrichter in einen Zylinder, wird dort aufgeschmolzen, homogenisiert und verdichtet, um dann mittels einer Schnecke durch eine Düse gepresst zu werden. Das Profil des auf diese Weise kontinuierlich erzeugten Stranges entspricht den Konturen der Düse. Durch Breitschlitzdüsen werden bis zu 2 m breite Bahnen, durch Ringdüsen Profile, Rohre und Schläuche erzeugt. Schläuche können durch Aufblasen in dünnwandige Schlauchfolien umgewandelt werden. Diese sogenannten „Blasfolien" werden zu Beuteln, Tragetaschen o. Ä. konfektioniert oder seitlich aufgeschnitten als Flachfolien verwendet.

Weitere Extrusionsverfahren:

- In *Drahtummantelungsanlagen* wird Draht zentrisch durch einen Spritzkopf gezogen und mit Kunststoff (meist PE, PP oder PVC) ummantelt.
- Durch *Coextrusion* lassen sich Extrudate aus mehreren Kunststoffschichten (Verbundfolien, Verbundhohlkörper) in einem Arbeitsgang herstellen.
- Das zweistufige *Extrusionsblasformen* wird zur Herstellung von zum Teil großvolumigen Hohlkörpern (Heizöltanks) ohne Kern verwendet. Blasformen bildet die Schnittstelle zwischen Extrudieren und Spritzgießen.

### Spritzgießen

Das Spritzgießen ist das wichtigste Fertigungsverfahren für Formteile aus Thermoplasten, aber auch aus Duroplasten und Elastomeren. Im Gegensatz zum kontinuierlich ablaufenden Extrudieren fertigen die Schneckenspritzgießmaschinen die Formteile diskontinuierlich in Zyklen, wobei ein Zyklus aus Füllen, Plastifizieren des Granulats, Einspritzen, Verdichten/Abkühlen und Entformen besteht (Abb. 10.12). Auch technisch anspruchsvollere Formteile können durch dieses Verfahren sehr schnell (Zykluszeiten unter einer Sekunde) und in hohen Stückzahlen produziert werden; nachteilig sind die hohen Werkzeugkosten für kleine Serien.

Sonderverfahren des Spritzgießens sind (Auswahl):

- Zwei- und Mehrkomponentenspritzgießen zur Kombination von harten und weichen oder unterschiedlich eingefärbten Kunststoffen.
- Schmelzkern-Spritzgießen dient zum Herstellen von Formteilen mit Hohlräumen oder Hinterschneidungen, die mit Werkzeugen mit entformbarem Kern nicht möglich wären.
- Gasinnendruck-Spritzgießen (GIT) ermöglicht die Schaffung von Hohlräumen durch Injektion eines Gases in den plastischen Kunststoff.
- Pulver-Spritzgießen (PIM = Powder Injection Molding) verarbeitet ein mit einem Binder versehenes Metall- oder Keramikpulver. In diesem die Sinter- und Spritzgießtechnik kombinierenden Verfahren übernimmt der Kunststoff lediglich die Funktion eines Binders, um eine spritzfähige Masse zu erhalten.

### Blasformen

Im Gegensatz zum kontinuierlichen Folienblasformen (vgl. Extrudieren) ist die Herstellung von Hohlkörpern ein diskontinuierlicher Zweistufenprozess, entweder über das Extrusionsblasformen oder das Spritzstreckblasformen. Beim Extrusionsblasformen (vgl. Extrudieren) wird ein extrudierter Schlauch in das Blasformwerkzeug eingelegt und durch Druckluft aufgeblasen. Er legt sich innen an die Form an und hält diese beim Erkalten. Beim Spritzstreckblasformen werden Vorformlinge aus teilkristallinen Polymeren, z. B. PET, vor dem Aufblasen mechanisch in Längsrichtung gestreckt, um insbesondere die mechanischen Eigenschaften des Produkts zu verbessern.

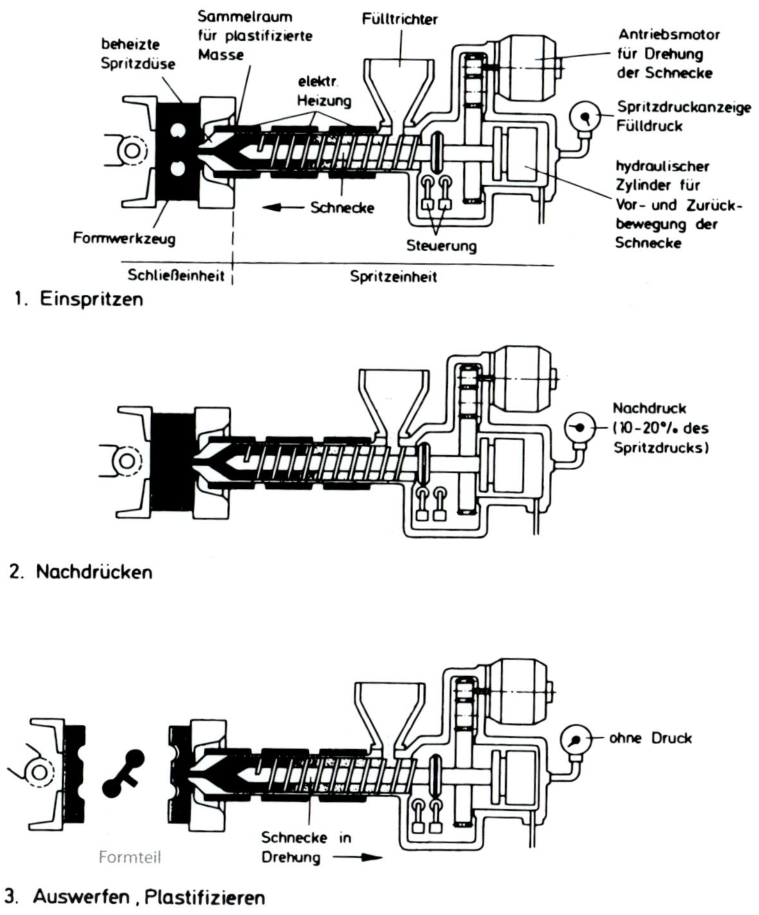


**Abb. 10.12:** Verfahrensablauf beim Spritzgießen (aus [7])

## Kalandrieren

Beim Kalandrieren werden Kunststoffmischungen auf Kalandern (Mehrfach-Walzwerken) zu Folien, Platten und Bodenbelägen verarbeitet. Diese Technik eignet sich auch zum Beschichten von Geweben sowie zum Kaschieren und Doublieren.

Die Walzen können verschieden angeordnet sein (z. B. Vierwalzen-**F**-Kalander oder Vierwalzen-**I**-Kalander) und sind bezüglich Heizung, Antrieb und Lagerung einzeln regulierbar. Dem Kalander können Prägewalzen oder Druckmaschinen unmittelbar nachgeschaltet sein (Abb. 10.13).

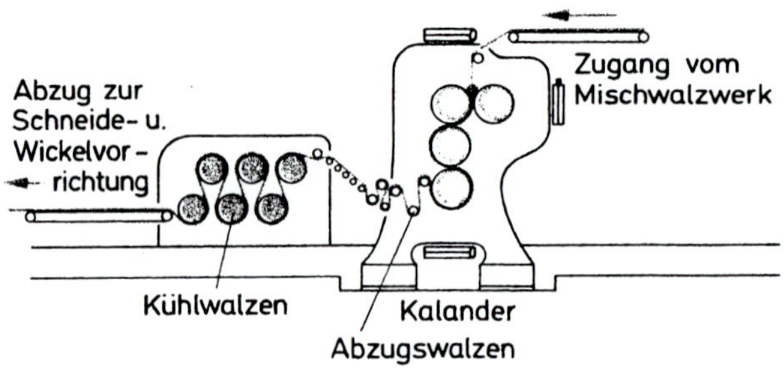


**Abb. 10.13:** Schematische Darstellung einer Kalandrieranlage (aus [7])

### Rotationsformen (Rotationsgießen)

Das Rotationsformen ist ein spezielles Fertigungsverfahren, um große und nahtlose Hohlkörper aus thermoplastischen Kunststoffen, wie PVC-Paste oder PE-Pulver, herzustellen. Das in einem heiz- und kühlbaren Hohlwerkzeug aufschmelzende (PE) oder gelierende (PVC) Pulver verteilt sich durch die Drehbewegungen des Werkzeugs gleichmäßig an der Innenwand und wird dann in den formstabilen, weitgehend spannungsfreien Zustand abgekühlt. Durch die Beschaffenheit des Rotationswerkzeugs lassen sich verschiedene Wanddicken auch innerhalb einer einzigen Form realisieren.

Eine Variante des Rotationsformens ist das *Schleudergießen*, das insbesondere bei der Fertigung von Rohren mit großem Durchmesser angewendet wird.

### Pressen

Flächenförmige Formteile werden durch Pressen von harzgetränkten flächigem Gewebe oder Matten aus Glas-, Kohlenstoff- oder Aramidfasern (Prepregs) hergestellt.

## 10.8.1.2 Urformen von Duroplasten

Duroplastische Formteile werden aus härtbaren Formmassen (SMC, BMC, DMC) durch Formpressen, Spritzpressen, Spritzgießen oder Schichtpressen hergestellt.

Beim **Formpressen** wird die reaktionsfähige Formmasse in ein geöffnetes, beheiztes, aus Stempel (Patrize) und Gesenk (Matrize) bestehendes Werkzeug eingebracht. Die Härtungsreaktion erfolgt nach Schließen des Werkzeugs unter Einwirkung von Wärme und Druck in einer bestimmten Zeit. Die Formteile werden nach der Härtungsreaktion heiß ausgeformt und sind formstabil. Unterschiede im Härtungsvorgang bestehen zwischen Kondensationsharzen PF, UF, MF und Reaktionsharzen UP und EP, die ohne Abspaltung von Nebenprodukten härten.

Für die aus UP-Harzmassen, Verstärkungsfasern und Füll- und Hilfsstoffen bestehenden Formmassen sind Kurzbezeichnungen nach ISO gebräuchlich. SMC (Sheet Moulding Compound) sind mit härtbaren Formmassen vorimprägnierte Glasfasermatten oder -gewebe, die meist im Form- und Schichtpressverfahren verarbeitet werden. BMC (Bulk Moulding Compound) und DMC (Dough Moulding Compound) sind feuchte bis teigige Formmassen mit Kurz- bzw.

Langfasern als Verstärkungsstoffe, die durch Form- und Spritzpressen sowie durch Spritzgießen verarbeitet werden.

Beim **Spritzpressen** (Transfermoulding) wird die vorplastifizierte, fließfähige Formmasse in ein beheiztes, geschlossenes Werkzeug eingespritzt, wo die endgültige Aushärtung stattfindet.

Das **Spritzgießen** von duroplastischen Formmassen zu Formteilen ist sowohl maschinen- als auch verfahrenstechnisch von der Reaktionsfähigkeit bzw. vom Fließ-Härtungsverhalten der hier verwendeten Formmassen geprägt. Teigige Formmassen (BMC, DMC) aus harzgetränkten Glasfaserprodukten können durch Spritzgießen zu Formteilen verarbeitet werden, wobei spezielle Stopfvorrichtungen zum Einzug in die Schnecke notwendig sind. Im Gegensatz zum Spritzgießen von Thermoplasten werden die duroplastischen Formmassen im Spritzzylinder bei niedrigen Temperaturen, unterhalb der Härtungstemperatur, vorplastifiziert und dann in das beheizte Werkzeug (Temperatur oberhalb der Härtungstemperatur) eingespritzt, wo die Aushärtung zum Formstoff erfolgt.

Durch **Schichtpressen** in Etagenpressen lassen sich kunstharzimprägnierte oder beschichtete Bahnen aus Gewebe, Papier oder Matten zu Schichtpressstoffen verarbeiten, die vor allem als Bau- und Isolierstoffe Verwendung finden. Neben Platten lassen sich auch Wickelkörper, z. B. Rohre, aus kunstharzimprägnierten Bahnen herstellen.

#### 10.8.1.3 Schäumen

Schaumkunststoffe können offenzellig, geschlossenzellig oder gemischtzellig aus thermoplastischen Massen (z. B. PVC, PS), aus duroplastischen Massen (z.B. PF, UF) und elastoplastischen Massen (z. B. PUR) durch Zugabe von Blähmitteln (z. B. chemisch freiwerdendes $CO_2$, verdampfende Lösungsmittel) oder durch Einbringen von Luft oder Stickstoff hergestellt werden. Die Zellendurchmesser liegen zwischen 0,5 mm (mikrozellig) und über 2 mm (grobzellig). Geschlossenzellige Schaumstoffe eignen sich am besten zur Schalldämmung, offenzellige Schaumstoffe ermöglichen eine gute Wärmedämmung.

Schäume können hart, halbhart, weich, elastisch und weichelastisch hergestellt werden. Hartschaumstoffe aus Thermoplasten basieren auf PVC, PS, UF und PF, Weichschaumstoffe auf Weich-PVC und PE. Aus PUR lassen sich sowohl Hart- als auch Weichschaumstoffe herstellen. Integral-Schäume (auf Basis PUR) weisen eine ungleichmäßige Verteilung der Zellenstruktur über den Querschnitt auf (zelliger Kern, dichte Randzone).

Qualitätsmerkmale für alle synthetischen Schaumstoffe sind das *Raumgewicht RG* (oder Dichte) und die *Stauchhärte*. Das Raumgewicht „leichter" Schaumstoffe liegt zwischen 10 und 200 $kg/m^3$, das „schwerer" Schaumstoffe zwischen 200 und 1000 $kg/m^3$.

Geeignete Kunststoffe werden in Formen zu Formteilen („Strukturschäume") aufgeschäumt, kontinuierlich als Blockschaum hergestellt oder mittels RIM-Verfahren (RIM = Reaction Injection Moulding) bzw. Reaktionsschaumgießen RSG oder Reaktionsspritzgießen zu Integral-Schaumstoffteilen verarbeitet.

**Polystyrol-Schaum (PS)** ist ein durch Polymerisation von Styrol unter Zugabe eines Treibmittels (meist Pentan) hergestellter Hartschaum (z. B. Styropor), der in zwei verschiedenen Hartschaumtypen vorliegt:

- Der expandierte Polystyrol-Hartschaum (EPS) wird mit Wasserdampf geschäumt.
- Der geschlossenzellige extrudierte Polystyrol-Hartschaum (XPS) wird in einem kontinuierlichen Extrusionsprozess hergestellt. Dabei wird Polystyrol-Granulat in einem Extruder aufgeschmolzen und unter Zugabe eines Treibmittels über eine Breitschlitzdüse kontinuierlich ausgetragen.

**Polyurethan-Schaum (PUR/PIR)** entsteht durch Polyaddition von Isocyanaten mit Polyether- bzw. Polyesterpolyolen, der unter Freisetzen von Wärme zu unterschiedlichen Schaumstoffen reagieren kann. Dabei wird zwischen linearem und vernetztem PUR-Schaum unterschieden. PIR-Schaum weist einen im Vergleich zu PUR-Schaum höheren Isocyanatanteil auf.

- PUR-Hartschaum wird aus Isocyanaten und Polyesterpolyolen mit Zusätzen zu geschlossenzelligem PUR-Hartschaum aufgeschäumt.

  Er kommt als Dämmstoff im Bauwesen, in der Kältetechnik, im Möbelbau usw. zum Einsatz.
- PUR-Weichschaum besteht aus Isocyanaten und Polyetherpolyolen und wird durch Zugabe von Treibmittel, Katalysatoren und Stabilisatoren zu unterschiedlichen offenzelligen Schaumstoffen vernetzt. Dabei wird zwischen *Standard-Etherschaum* (mit hoher Stauchhärte), *HR-Schaum* (HR = High Resilience = hochelastisch) und *CMHR-Schaum* (CMHR = Combustion Modified High Resilience) unterschieden.

  PUR-Weichschaumstoffe werden u. a. in der Polstermöbelindustrie verwendet und ersetzen dort klassische Materialien, z. B. Latex.

## 10.8.2 Umformen

Nur thermoplastische Kunststoffe können umgeformt werden. In der Praxis ist Warmumformen (Thermoformen) das wichtigste Verfahren. Zum Warmumformen wird Halbzeug aus amorphen Thermoplasten bis oberhalb der Erweichungstemperatur, teilkristalline Thermoplaste bis in den Kristallitschmelzbereich erwärmt und in den thermoelastischen (gummielastischen) Zustand überführt. In diesem Zustand lässt sich Halbzeug mit geringer Kraft verformen. Nach Abkühlung („Einfrieren") unter anhaltender Einwirkung der Verformungskraft bleibt die neue Form stabil erhalten. Bei erneuter Erwärmung nimmt das Material wieder seine ursprüngliche Form an (Rückstellbestreben).

Wichtige Umformverfahren sind

- Biegen und Abkanten von Tafeln, auch Rundbiegen von Rohren
- Biegen und Aufweiten (Muffenherstellung) von Rohren
- Streckformen von Folien und Tafeln. Die Folien- und Tafelzuschnitte sind in einem Spannrahmen fest eingespannt. Die Verformung erfolgt zweiachsig durch Zugspannung. Da der Werkstoff nicht nachfließen kann, erfolgt die Verformung aus der Wanddicke heraus, d. h., die Wanddicke nimmt mit dem Grad der Verstreckung ab. Die Abb. 10.14 a) und 10.14 b) zeigen Beispiele für das Streckziehen mit Druckluft. In Abb. 10.14 a) wird eine in einen Spannrahmen fixierte und erwärmte Tafel durch Blasen in den freien Raum verformt. In Abb. 10.14 b) wird die erwärmte Tafel durch Druckluft in eine Negativform gepresst und aufgeblasen.

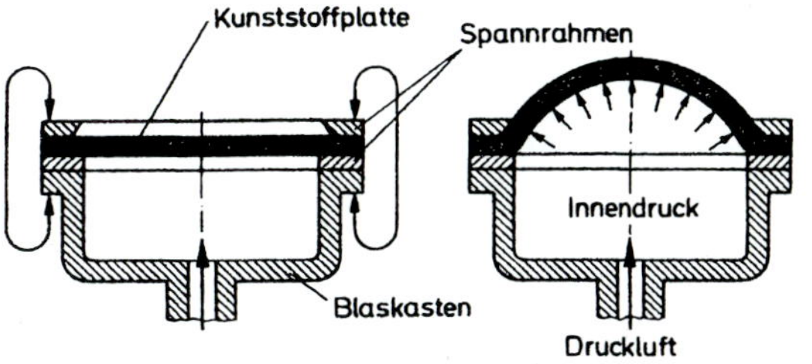


**Abb. 10.14a:** Streckziehen mit Druckluft (Blasen in den freien Raum (aus [7]))

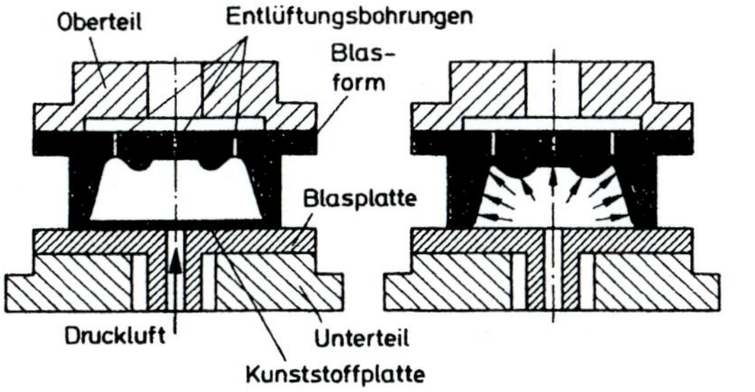


**Abb. 10.14b:** Streckziehen mit Druckluft (Blasen in eine Negativform (aus [7]))

Es sind unterschiedliche Verfahren mit pneumatischer und/oder mechanischer Vorstreckung im Gebrauch. Die Wahl des geeigneten Verfahrens richtet sich nach der erforderlichen Umformkraft (mechanisch, Druckluft oder Vakuum), nach dem umzuformenden Thermoplast, nach der Gestalt des Formteils und nach der notwendigen Wanddickenverteilung.

## 10.8.3 Spanende Bearbeitung

Alle gängigen spangebenden Verfahren können auch für Kunststoffe angewandt werden, sofern die vom Kunststoff vorgegebenen Bedingungen bezüglich Werkzeuggeometrie und Maschinenauslegung (Drehzahl, Schnittgeschwindigkeit, Geometrie der Schneidwerkzeuge, Vorschub usw.) berücksichtigt werden. So sind insbesondere Wärmeleitung, Wärmedehnung, Erweichung, Rückfederungseffekte und Aufschmelzvorgänge zu beachten.

Die spanende Bearbeitung wird vor allem angewandt

- zur Nacharbeit bei Spritzguss- und Pressteilen sowie umgeformten Teilen,
- bei der handwerklichen Verarbeitung zur Herstellung von Einzelstücken (Prototypen),
- zur Vorbereitung von Schweißnähten im Apparatebau,
- zum Zerschneiden von Halbzeug.

*Verfahren*: Schneiden, Sägen, Trennen, Abgraten, Feilen, Hobeln, Bohren, Gewindeschneiden, Fräsen, Drehen, Schleifen, Polieren

### 10.8.4 Fügen

Fügeverfahren dienen dem Verbinden von Formteilen und Halbzeugen. Diese Verbindungen sind lösbar und nicht lösbar. Thermoplastische Formteile können durch Kleben, Schweißen, Schrauben, Nieten oder Schnappen gefügt werden, duroplastische Formteile nur durch Kleben oder Schrauben.

#### Kleben

Thermoplaste, Duroplaste und Elastomere lassen sich mit geeigneten Klebstoffen untereinander und mit anderen Werkstoffen verkleben. Grundsätzliche Voraussetzung ist, dass die zu verklebenden Kunststoffe polare Eigenschaften haben. Unpolare Kunststoffe (PE, PTFE, POM) können wegen ihres Antihafteffekts nur nach aufwendigen Oberflächenvorbehandlungen dauerhaft verklebt werden.

Die Klebewirkung beruht auf

- Kohäsionskräften, d. h. einem hohen inneren Zusammenhalt sowohl innerhalb der zu fügenden Teile als auch im Innern des Klebstoffs,
- Adhäsionskräften, d. h. einer guten Haftung zwischen Klebstoff und den zu verklebenden Teilen.

Es wird zwischen *physikalisch* abbindenden Klebstoffen und *chemisch* härtenden Klebstoffen (Reaktionsklebstoffe) sowie Klebstoffen ohne Verfestigungsmechanismus (Haftklebstoffe) unterschieden.

Bei den *physikalisch abbindenden Klebstoffen* ist die Polymerform bereits vor dem Kleben vorhanden. Für Klebstoffe eignen sich nur Polymere, die sich entweder in Lösungsmitteln verflüssigen, in Wasser dispergieren oder schmelzen lassen. Ihre Festigkeit erreichen die physikalisch abbindenden Klebstoffe durch das Entweichen der Löse- oder Dispergiermittel (Kontaktklebstoffe, Dispersionsklebstoffe, lösemittelhaltige Nassklebstoffe) oder durch Abkühlung nach vorausgegangener Erhitzung (Schmelzklebstoffe).

Bei den *chemisch härtenden Klebstoffen* werden die einzelnen chemischen Bausteine für den Klebstoff im vorgegebenen Verhältnis in die Klebefuge eingebracht. Die Verfestigung wird durch chemische Reaktion der Bausteine miteinander erreicht. Nach der Art der chemischen Reaktion unterscheidet man zwischen Polymerisationsklebstoffen (z. B. Methylmethacrylat-Klebstoffe, Cyanacrylat-Klebstoffe („Sekundenkleber"), UP-Harze), Polykondensationsklebstoffen (z. B. Polyimidklebstoffe, Polysulfidklebstoffe, Phenol-Formaldehydklebstoffe) und Polyadditionsklebstoffen (z. B. Epoxidharz-Klebstoffe, Polyurethan-Klebstoffe, Silikone). Diese Klebstoffe sind als Ein- und Zwei- oder Mehrkomponenten-Systeme im Handel erhältlich.

Eine Sonderstellung nehmen die *Haftklebstoffe* ein, die nach dem Auftragen auf ein Trägermaterial hochviskos und dauerklebrig bleiben und dann durch Druck auf ein Substrat aufgebracht werden können und dort haften bleiben (Sprühklebstoff, Haftkitt, Transferklebstoff u. a.).

## Schweißen

Das Schweißen von Kunststoffen als werkstoffgerechtes Fügeverfahren setzt eine Fähigkeit zur Schmelzbildung voraus. Daher kommen für dieses Verfahren nur Thermoplaste in Frage. Duroplaste und Elastomere sind nicht schmelzbar und daher auch nicht verschweißbar. Beim Schweißen sollten nur artgleiche Kunststoffe oder Kunststoffe mit gleichem Erweichungsbereich miteinander verbunden werden. Der Verfahrensablauf stellt sich grundsätzlich wie folgt dar: Vorbereitung (Reinigung) der Fügeflächen, Aufschmelzen der Fügeteile und Zusatzstoffe, Zusammenpressen der Fügeflächen, Abkühlen unter Druck. Je nach Schweißverfahren ist eine Nahtvorbereitung notwendig bzw. eine spezielle Fügeflächengestalt am Formteil vorzusehen.

Je nach Art der Wärmezufuhr werden die folgenden wichtigen Schweißverfahren unterschieden:

- Warmgasschweißen W
- Heizelementschweißen H
- Strahlungsschweißen, Lichtstrahlschweißen, Laserstrahlschweißen
- Reibungsschweißen FR, Vibrationsreibschweißen, Rotationsreibschweißen; Hochfrequenzschweißen HF, Ultraschallschweißen US

**Warmgasschweißen W:** Die zu verbindenden Teile bilden eine Schweißfuge (einseitig: V-Naht; zweiseitig: X-Naht) in die i. Allg. mehrere Schweißdrähte eingeschmolzen werden. Die Erwärmung erfolgt mittels Handgerät durch elektrisch beheizten Luftstrom. Für oxidationsempfindliche Kunststoffe (PP) wird Stickstoff als Heißgas verwendet.

**Heizelementschweißen H:** Die zu verbindenden Teile werden an den heißen Flächen eines Induktionsheizelements auf Schweißtemperatur gebracht und nach Entfernen des Heizelements zusammengedrückt. Verfahren: Heizelementstumpfschweißen HS, Heizkeilschweißen HH (für Folien), Wärmekontaktschweißen HK u. a.

**Strahlungsschweißen:** Die Wärmezufuhr erfolgt durch Licht- oder Laserstrahlen, wobei das Lichtstrahlschweißen nur geringe, das Laserstrahlschweißen dagegen große Bedeutung hat. Beim Laserstrahlschweißen ist ein Fügeteil für das Laserlicht weitgehend durchlässig, während das zweite Fügeteil das Licht absorbiert und schmilzt. Durch Wärmeleitung schmilzt auch das transparente Fügeteil. Beide Teile werden anschließend unter Druck gefügt.

**Reibungsschweißen FR:** Die zum Verschweißen notwendige Reibungswärme kann durch *äußere* und *innere* Reibung erzeugt werden.

Verfahren, die auf *äußerer* Reibung basieren:

**Rotationsreibschweißen:** Verschweißen der unter Druck gegenläufig rotierenden und sich dadurch erwärmenden Fügeteile.

**Vibrationsreibschweißen:** Verschweißen der durch Vibration der Fügeteile zueinander erzeugten Wärme.

Verfahren, die auf *innerer* Reibung basieren:

**Hochfrequenzschweißen HF:** Kunststoffe mit einem dielektrischen Verlustfaktor > 0,01 (bei 1 MHz), wie PVC, PA, CA, werden unter der Elektrode im Hochfrequenzfeld auf Schweißtemperatur erhitzt (Ursache: Molekularreibung infolge des sehr hohen Frequenzwechsels) und zusammengepresst.

**Ultraschallschweißen US:** Ultraschallschwingungen (20 bis 75 kHz) werden von einer „Sonotode" auf das Schweißgut übertragen. Dieses erwärmt sich durch die Schwingungsenergie und verschweißt unter Druck.

## 10.8.5 Beschichten

Die Beschichtung von Kunststoffoberflächen kann durch die Anwendung der Sprühtechnik, i. Allg. als Pulverlackierung bezeichnet, oder durch Tauchen erfolgen. Aus der Vielzahl der gebräuchlichen Verfahren seien genannt:

**Elektrostatisches Pulverspritzen (EPS):** Mittels Spritzpistolen oder automatischen Durchlaufspritzanlagen wird Kunststoffpulver elektrisch aufgeladen und auf die Werkstücke aufgesprüht. Die gleichmäßig mit Pulver überzogenen Teile werden anschließend im Ofen erhitzt. Dabei verschmelzen die Pulverpartikel und bilden beim Abkühlen eine homogene Schicht mit Schichtdicken zwischen 50 und 300 µm. Das EPS-Verfahren wird hauptsächlich zur Erzeugung von abrieb- und stoßfesten Schichten sowie chemisch widerstandsfähiger Oberflächen verwendet.

**Flammspritzen:** Das Kunststoff-Spritzgut wird der Spritzpistole zugeführt, durch die Pistolenflamme aufgeschmolzen, mittels Druckluft zerstäubt und auf das vorgewärmte Werkstück aufgebracht. Die Pulverpartikel verschmelzen zu einer homogenen Schicht mit Schichtdicken zwischen 0,3 bis 1,2 mm. Mit diesem Verfahren werden häufig säurefeste Auskleidungen von Behältern, Wannen, Gehäusen u. a. m. hergestellt.

**Wirbelsintern** (gehört zu den Tauchschmelzverfahren): Das vorgewärmte Werkstück wird im Wirbelsintergerät in aufgewirbeltes Kunststoffpulver „getaucht". Je nach Vorwärmung des Teils (200 bis 500 °C), Tauchzeit und Materialwanddicke schmilzt auf dem Werkstück eine verschieden dicke Schmelzschicht auf. Durch nochmaliges Erhitzen im Wärmeschrank oder Flammpolieren mit einer oxidierenden Flamme kann die Oberfläche des Werkstücks geglättet werden. Durch Wirbelsintern lassen sich auch kompliziert gestaltete Produkte vollständig und wirtschaftlich beschichten. Das Verfahren eignet sich für thermoplastische und härtbare Polymere.

**Gummieren:** Eine elastische Schicht aus Natur- oder Synthesegummi wird durch Aufstreichen, Aufspritzen, Tauchen u. Ä. auf das Trägermaterial aufgebracht und nach dem Trocknen der Gummischicht in heißer Luft mit Schwefel-Zusatz vulkanisiert. Je nach Mischung und Schichtdicke kann die Vulkanisation 0,5 bis 24 Stunden in Anspruch nehmen. Gummiert wird dort, wo Korrosionsschutz, Schutz vor aggressiven Chemikalien, Abriebfestigkeit und Dehnbarkeit von Oberflächen gefordert werden.

## 10.8.6 Veredeln

Die Oberflächen und Oberflächenstrukturen von Kunststoffen lassen sich durch eine Reihe von Verfahren gezielt verändern. Alle Verfahren erfordern eine sorgfältige Vorbehandlung/Reinigung der Oberflächen, um ggf. Haftprobleme wie etwa beim Kleben zu vermeiden.

**Lackieren:** Die Oberflächenspannung des Lacksystems und die der Kunststoffoberfläche müssen aufeinander abgestimmt sein, damit eine optimale Benetzbarkeit gegeben ist und die Möglichkeit für polare Bindungen besteht. Eine ebenso wichtige Einflussgröße ist die Rauheit der Oberfläche, da eine mechanische Verankerung die Adhäsion erheblich verbessert. Das Diffusionsvermögen ist wesentlich für die Adhäsion bei amorphen Kunststoffen, insbesondere bei lösemittelhaltigen Lacken. Das Anlösen der Kunststoffoberfläche durch aggressive Lösemittel ist zu vermeiden, da dies die mechanischen Eigenschaften des Kunststoffs beeinträchtigt (Spannungsrissbildung). Ideal sind wasserlösliche Lacke oder Lacke mit milden Lösemitteln. Nicht zuletzt sind das mechanische und das thermische Verhalten von Lackschicht und Werkstück aufeinander abzustimmen.

**Bedrucken**: Prinzipiell handelt es sich beim Bedrucken um ein teilweises Lackieren, d. h., Anforderungen, Vorbehandlung und Lacksysteme entsprechen sich weitgehend. Als Druckverfahren werden hauptsächlich Hochdruck, indirekter Hochdruck (Trocken-Offset-Verfahren) und Siebdruck angewendet. Beim Tampondruck übernimmt ein gummielastischer Druckstempel (Tampon) zunächst das Druckbild von der Druckform (Metallklischee) und überträgt es dann auf die Formteiloberfläche.

Das Einlegen fertiger Druckerzeugnisse (Papiere, Gewebe, Vliese) in die Deckschicht von beispielsweise GFK-Flächen ist ebenso möglich wie das Einlegen von Dekorfolien in die Formwerkzeuge beim Pressen und Spritzgießen. Blasprodukte und Folien können mit vorbedruckten Folien beschichtet werden.

**Heißprägen:** Heißprägeverfahren wie das Laserbeschriften zeichnen sich durch den Wegfall von Lösemittel oder Nachtrocknung aus. Beim Heißprägen handelt es sich um eine Kombination von Oberflächenauftrag und Oberflächenverformung. Beheizbare Stempel oder Walzen drücken eine Prägefolie (Mehrschichtfolie mit Trenn- und Farbschichten) mit hohem Druck in die Formteiloberfläche. Dabei löst sich die Prägeschicht von der Folie und gleichzeitig wird (bei Thermoplasten) die Oberfläche angeschmolzen. Die Prägeschicht kann beliebig eingefärbt oder metallisiert sein. Als Prägeverfahren werden Positiv-, Relief- und Konterprägung eingesetzt.

**Metallisieren:** Unter Metallisierung von Kunststoffen versteht man die Beschichtung eines Werkstoffs aus Kunststoff mit einer Metallschicht. Praktische Bedeutung haben die Vakuumbedampfung und das Kunststoffgalvanisieren erlangt.

**Vakuumverdampfung:** Im Hochvakuum werden Metalle (meist Reinaluminium) durch Erhitzen verdampft. Der Dampf kondensiert auf der Kunststoffoberfläche und bildet eine 0,1 bis 1 µm dicke metallische Schicht. Dieses Verfahren erfordert in der Regel aufwendige Vor- und Nachbehandlungsmaßnahmen.

**Galvanisieren:** Im Gegensatz zum Galvanisieren von Metallen steht beim Kunststoffgalvanisieren zunächst keine elektrisch leitfähige Oberfläche zur Verfügung. Die erforderliche Leitfähigkeit wird durch das Aufbringen einer leitenden Schicht mittels chemischer Vernickelung im Nickelbad stromlos erreicht. Die Metallschichten sollen sich dabei in der mit oxidativen Metallsalzlösungen vorgebeizten Kunststoffoberfläche „mechanisch verankern". Das nachfolgende Galvanisieren erfolgt durch Abscheiden der eigentlichen Metallschicht in Galvanisierbädern.

Industriell ist die Galvanisierung von ABS-Kunststoffen und ABS-PC-Blends am weitesten verbreitet. Galvanisch aufgebrachte Metallschichten haben mit bis zu 30 µm wesentlich größere Schichtdicken als aufgedampfte Metallschichten und sind daher widerstandfähiger gegen mechanischen Abrieb. Galvanisierte Kunststoffe haben vor allem in der Automobilindustrie die Metalle als Grundmaterial nahezu vollständig verdrängt (z. B. Zierleisten, Kühlergrills, Radkappen und Türgriffe).

### 10.8.7 Nachbehandlung

Die verschiedenen Verfahren der Nachbehandlung dienen vor allem der Beeinflussung der Eigenschaften von Kunststoff-Formteilen.

**Tempern:** Durch Lagerung der Formteile bei erhöhter Temperatur in bestimmten Temperflüssigkeiten (Öle) lassen sich herstellungsbedingte innere Spannungen im Formteil abbauen.

**Nachhärten:** Nachhärten bei erhöhten Temperaturen wird bei duroplastischen Formteilen angewandt, um eine nicht vollständig abgelaufene Härtung abzuschließen.

**Konditionieren:** Unter Konditionieren ist der zeitlich beschleunigte Vorgang zur Einstellung des Feuchtegehalts von stark wasseraufnehmenden Kunststoffen, vor allem PA, zu verstehen.

**Nachkristallisation:** Hat der Kristallisationsprozess bei der Formgebung nicht vollständig stattgefunden, kann der kristalline Anteil bei teilkristallinen Thermoplasten erhöht werden. Eine Nachkristallisation ist in der Regel mit Maßänderungen (Nachschwinden) verbunden.

## 10.9 Anwendung der Kunststoffe im Bauwesen

### 10.9.1 Bautenschutz

#### 10.9.1.1 Feuchtigkeitsschutz

##### Dichtungsbahnen

##### Normen

| | |
|---|---|
| DIN EN 13956 | Abdichtungsbahnen – Kunststoff- und Elastomerbahnen für Dachabdichtungen – Definitionen und Eigenschaften; Ausgabe 2013-03 |
| DIN EN 13967 | Abdichtungsbahnen – Kunststoff- und Elastomerbahnen für die Bauwerksabdichtung gegen Bodenfeuchte und Wasser; Ausgabe 2012-07 |
| E DIN EN 13707 | Abdichtungsbahnen – Bitumenbahnen mit Trägereinlage für Dachabdichtungen – Definitionen und Eigenschaften; Ausgabe 2012-05; *Norm-Entwurf* |
| DIN EN 13969 | Abdichtungsbahnen – Bitumenbahnen für die Bauwerksabdichtung gegen Bodenfeuchte und Wasser – Definitionen und Eigenschaften; Ausgabe 2007-03 |

Flächige, wasser- und dampfsperrende Dichtungsbahnen werden zur Dachabdichtung, Bauwerksabdichtung und zur Abdichtung von beispielsweise Deponien, Dämmen, Tunneln, Baugruben, Schwimmbädern und Behältern eingesetzt. Dem Markt stehen heute mehr als 80 verschiedene Kunststoffdichtungsbahnen zur Verfügung, die je nach den jeweiligen Anforderungen und Anwendungsbereichen bitumenverträglich, dämmstoffneutral, diffusionsoffen, temperaturbeständig, hoch chemisch beständig oder säurefest hergestellt werden und Dicken von mindestens 1 mm aufweisen.

Zum Einsatz kommen beispielsweise:

- **PVC-Dichtungsbahnen**, die aus PVC-P (Polyvinylchlorid, weich) und Füllstoffen bestehen und ohne oder mit Trägermaterialien (Glas- oder Polyestervliese) hergestellt werden. Hauptanwendungsbereich sind Flachdachdichtungssysteme, bei denen die Dichtungsbahnen weitgehend gegen chemischen und thermischen Angriff geschützt sind. Weitere Anwendungsbereiche sind Grundwasserabdichtungen, Feuchtigkeitsabdichtungen unter Terrain und Dampfsperren. Dichtungsbahnen aus PVC-P bv sind bitumenverträglich, Dichtungsbahnen aus PVC-P nb sind nicht bitumenverträglich.
- **Polyolefin-Dichtungsbahnen**, die aus flexiblen Polyolefinen FPO-A (zur Gruppe der Polyolefine PO gehören u. a. Polyethylen PE, Polypropylen PP und Polybutylen PB) und Füllstoffen/Pigmenten bestehen und ohne oder mit Trägermaterialien (Glas- oder Polyestervlies) hergestellt werden. Die Anwendungsbereiche decken sich mit denen der PVC-Dichtungsbahnen. Polyolefin-Dichtungsbahnen gehören zu der neuesten Generation der Kunststoff-Abdichtungssysteme. Flexible Polyolefine enthalten keine Weichmacher; die weichen Eigenschaften werden bei FPO-A durch die Legierung des Polymers herbeigeführt (A = Alloy= Legierung).
- **Polymerbitumen-Dichtungsbahnen** bestehen aus einem mit Polymerbitumen getränkten Trägermaterial (Glas- oder Polyestervliese, Glasgewebe), das beidseitig mit einer zusätzlichen Polymerbitumendeckschicht versehen ist und meist eine mineralische Bestreuung enthält (Talk, Sand). Polymerbitumen unterscheidet sich von anderen Bitumenarten durch den Gehalt an 5 bis12 % SBS-Kautschuk (Elastomerbitumen PYE) oder ataktischem Polypropylen (Plastomerbitumen PYP). Polymerbitumen-Dichtungsbahnen werden hauptsächlich in Dachabdichtungssystemen eingesetzt.

Grundanforderungen an die Dichtungsbahnen sind im Wesentlichen: hohe Zugfestigkeit, hohe Zähigkeit, geringe Steifigkeit, Wasserundurchlässigkeit, Witterungsbeständigkeit, Alterungsbeständigkeit, Beständigkeit gegen viele Chemikalien und ggf. Verrottungs- und Wurzelfestigkeit. Je nach Einsatzbereich können zudem bitumenverträgliche, dämmstoffneutrale, diffusionsfähige, hoch chemisch beständige oder säurefeste Dichtungsbahnen erforderlich werden.

Eine lose Verlegung der Dichtungsbahnen auf einem Flachdach ist möglich, wenn durch Kiesschüttung, Belag oder Begrünung eine Auflast vorhanden ist. Bahnen ohne Auflast müssen auf dem Untergrund verschweißt, verklebt oder mechanisch befestigt werden. Üblich ist die Verklebung mit Heißbitumenklebemassen oder Lösemittel-Spezialklebstoffen. An den Stößen erfolgt die Verbindung der Bahnen durch Heiß- oder Quellschweißung oder durch Verkleben mit Dichtungsbändern oder Spezialklebstoffen.

### Beschichtungen/Flüssigabdichtungen

Die zehnteilige DIN 18195 - Bauwerksabdichtungen - ist die wichtigste Planungs- und Ausführungsnorm für die Abdichtung von Bauwerken und Bauteilen gegen Feuchtigkeit und drückendes Wasser. Die Norm wurde allerdings nur für Neubaumaßnahmen konzipiert. Nach der Norm dürfen neben bahnenförmigen Abdichtungen auch folgende flüssig zu verarbeitende Abdichtungsstoffe verwendet werden:

- Kunststoffmodifizierte Bitumendickbeschichtungen (KMB)
- Mineralische Dichtungsschlämme (MDS)
- Abdichtungen aus rissüberbrückenden mineralischen Dichtungsschlämmen oder Reaktionsharzen im Verbund mit Fliesen- und Plattenbelägen
- Flüssigkunststoffe für Bauwerksabdichtungen aus PMMA, PUR, UP

Die häufig angewendete **Bitumendickbeschichtung** setzt sich aus in der Regel mehreren Schichten aus kunststoffmodifizierten Bitumenemulsionen (KMB), wie Polymerbitumen und Elastomerbitumen, zusammen. Polymerbitumen (PmB) mit Thermoplasten, z. B. PE, PP oder PVC, findet vor allem Verwendung in Asphaltdeckschichten. Bei Elastomerbitumen ermöglicht der Zusatz von Elastomeren, z. B. PUR, die Aufnahme nachträglich auftretender Risse im Untergrund. Daher wird diese Beschichtung vorwiegend im Kellerbereich und auch bei Dach- und Dichtungsbahnen angewandt.

Bitumendickbeschichtungen kommen in verschiedenen Verarbeitungsformen zum Einsatz: als 1- und 2-Komponenten-Bitumen-Kunststoff-Emulsion, als 1-Komponenten-Dickschichtmasse auf der Basis der Bitumen-Kunststoff-Emulsion oder als 2-Komponenten-Dickschichtmasse aus kunststoffmodifizierten Bitumenemulsionen und Reaktionskomponenten. Je nach Materialkonsistenz erfolgt die Verarbeitung im Roll-, Streich-, Spritz- oder Spachtelverfahren, bei ein- oder mehrfachem Auftragen. Je nach Lastfall betragen die Trockenschichtdicken mindestens 1 bis 4 mm.

Zur Innenabdichtung von Behältern, Wannen, Tanks u. Ä. können glasfaserverstärkte ungesättigte Polyesterharze (UP-GF) im Laminier- oder Faserspritzverfahren aufgetragen werden. Beschichtungen aus PUR-modifizierten EP-Harzsystemen nutzen gleichzeitig die hohe Festigkeit des Epoxidharzes und die zähelastischen Eigenschaften der Polyurethane.

Flüssigabdichtungen für Dachabdichtungen müssen den Anforderungen und Planungsgrundsätzen nach DIN 18531 entsprechen. Zum Einsatz kommen flexible UP-, PUR- und PMMA-Harze. Nach den „Flachdachrichtlinien" des Zentralverbandes des Deutschen Dachdeckerhandwerks sind Flüssigabdichtungen mindestens zweischichtig mit Armierung in einer Dicke von mindestens 2 mm auszuführen.

Weitere Angaben zu „Beschichtungen" in Kapitel 11.

### Fugendichtungs- und Abdeckprofile

Es ist zwischen Fugenprofilen und Fugenbändern zu unterscheiden:

*Fugenprofile* dienen dem Abdecken und dem wind- und staubdichten Abschluss von Fugen. Sie werden als Klemm- und Einputzprofile aus PVC-P oder aus synthetischem Kautschuk hergestellt.

*Fugenbänder* nach DIN 7865 und DIN 18542 setzt man zur Abdichtung von Dehnungs- und Arbeitsfugen im Betonbau ein. Sie werden bereits beim Betonieren eingelegt und müssen den Bewegungen im Fugenbereich ohne Beeinträchtigung der Dichtigkeit auf Dauer elastisch folgen. Zum Einsatz kommen unterschiedlich profilierte Fugenbänder aus PVC-P und elastomere Fugenbänder (SBR, EPDM, CR).

#### 10.9.1.2 Schall- und Wärmeschutz

Kunststoffe für die Schall- und Wärmedämmung werden in Kapitel 12 „Dämmstoffe für Gebäude" behandelt.

### 10.9.2 Technischer Ausbau

#### 10.9.2.1 Fassadenbekleidungen und Wandbauelemente

Zur Fassadenbekleidung und -ausfachung können extrudierte **Well- und Stegplatten** sowie ebene **Kompaktplatten,** hauptsächlich aus Acrylglas (PMMA), Polycarbonat (PC), Polyvinylchlorid hart (PVC-U), Polyethylenterephthalat (PET-A) und glasfaserverstärktem, ungesättigtem Polyesterharz (UP-GF), verwendet werden. Als Bekleidungselemente kommen auch räumlich geformte Elemente (Kassetten- und Polyfaltelemente) sowie Schindeln und Verbundplatten (Sandwichelemente) zur Anwendung.

*Acrylglas (PMMA)* ist einer der meist eingesetzten transparenten Thermoplaste in Fassadenkonstruktionen. Platten, Well- und Stegplatten werden in Standard-Dicken zwischen 2 und 25 mm hergestellt. Im Vergleich zu Glas weist Acrylglas einen höheren Stoß- und Bruchwiderstand auf. Es ist jedoch weniger kratzfest und weist eine geringere Witterungsbeständigkeit auf. Zudem ist Acrylglas leicht entzündlich (Baustoffklasse B2 nach DIN 4102) und daher in feuerbeständigen Konstruktionen nicht zulässig.

*Polycarbonat (PC)* ist schlagzäh, kältebeständig, hochtransparent und weist eine relativ hohe Wärmeformbeständigkeit und geringe Wasseraufnahme auf. PC ist in vielen Einfärbungen von transluzent bis opak erhältlich. *Polyvinylchlorid hart (PVC-U)* wird insbesondere in Fensterprofilen und Profilen für Fassadenbekleidungen, transparenten Fassadentafeln und Folien verwendet. *Polyethylenterephthalat (PET-A)* wird durch Extrudieren in Platten hergestellt. Aufgrund seiner Schlagzähigkeit, Chemikalienbeständigkeit und Brandeigenschaften (Baustoffklasse B1) eignet sich der Kunststoff für hoch beanspruchte Außenbauteile.

Die Oberflächen lassen sich durch Bedrucken, Lackieren oder Metallbedampfen veredeln und mit Beschichtungen, z. B. UV-Beschichtungen, ausrüsten. Da die meisten Kunststoffe einen hohen Wärmeausdehnungskoeffizienten aufweisen, sollte bei ihrer Verwendung im Außenbereich besonders auf eine zwängungsfreie Konstruktion in der Fassade geachtet werden.

Die oben genannten Bauelemente finden weiterhin in Überdachungen aller Art, Balkonbrüstungen, Trennwänden, Lichtwänden, Gewächshäusern, Wartehallen und in Dächern (s. Abschn. 10.9.2.2) Verwendung.

#### 10.9.2.2 Dachelemente

**Lichtkuppeln** sind mit rundem, quadratischem oder rechteckigem Grundriss erhältlich. Sie werden meist zweischalig ausgeführt und direkt in die Dachhaut eingeklebt oder mit einem

Aufsatzkranz eingebaut. Sie werden heute meist mit PMMA oder UP-GF gefertigt, wobei Lichtkuppeln aus PMMA (Acrylglas) das beste Langzeitverhalten hinsichtlich Transparenz und Oberflächenqualität aufweisen.

**Lichtbänder** und transparente Bedachungen (Wintergärten, Carportdächer, Gewächshäuser u. a.) lassen sich vor allem aus Well-, Trapez- und Steglichtplatten sowie Kompaktplatten fertigen:

- Einschalige Well- und Trapezplatten aus schlagzähem PMMA, PC, UP-GF und PVC-U kommen als Lichtbänder in Wellzement-, Wellblech- und Bitumenwelldächern bzw. in Trapezblechdächern zum Einsatz.
- Kompaktplatten und doppelschalige Stegplatten werden meist aus PMMA, PC und PVC-U gefertigt. Die Hohlkammerstruktur der Stegplatten bietet eine hohe Steifigkeit und eine gute Wärmedämmung. Sie sind bruch- und hagelschlagfest und können mit einer Oberflächenvergütung eine langjährige UV- und Witterungsbeständigkeit erreichen.
- Lichtpaneele aus PC und PVC-U sind als Nut- und Federsystem leicht zu verlegen und z. B. für Sporthallenverglasungen und Sheddächer einsetzbar.

Erzeugnisse für die Dachentwässerung und Dachentlüftung werden meist aus PVC-U gefertigt: Dachrinnen, Regenfallrohre, Dachgullis, Dachentlüfter u. a.

### 10.9.2.3 Fenster und Türen

**Kunststoff-Fensterprofile** werden heute fast ausschließlich aus weichmacherfreiem PVC-U gefertigt. Spiegelschweißmaschinen verschweißen die extrudierten Profile zu Fensterrahmen. Die überwiegend eingesetzten Mehrkammerprofile können bei größeren Fensterflügelabmessungen (ab etwa 1,0 m Seitenlänge) durch Einziehen von Metallprofilen verstärkt werden.

Anmerkung: Neben dem umfangreichen nationalen Regelwerk (z. B. DIN EN 12608: „Profile aus weichmacherfreiem Polyvinylchlorid (PVC-U) zur Herstellung von Fenstern und Türen – Klassifizierung, Anforderungen und Prüfverfahren“; Ausgabe 2003-09) sind vor allem die Technische Regel RAL-GZ 716/1 für Kunststoff-Fenster und die ZTV zur Ausschreibung von Kunststoff-Fenstern aus PVC-U/weiß und aus hartem PUR-Integralschaumstoff, herausgegeben vom Verband der Fenster- und Fassadenhersteller e. V., Frankfurt, zu beachten.

Fensterzubehör: *Rollläden* mit Mehrkammerhohlprofilen werden aus schlagzäh modifiziertem PVC-U, *Rollladenkästen* aus PUR-Hartschaum oder UP-Harz-Leichtbeton, und *Außenfensterbänke* meist aus PVC-U-Hohlkammerprofilen hergestellt.

Sonnenschutz: Lamellen für *Jalousien* bestehen meist aus schlagzähem PVC-U, *Markisen* aus PVC-weich beschichtetem PE-Faser-Gewebe.

**Vollkunststoff-Türen** sind in der Regel Rahmentüren aus extrudierten Hohlkammerprofilen aus PVC-U, die durch Leichtmetall oder Stahl verstärkt werden. Die Rahmenbauweise erlaubt Füllungen aus Glas, mit Sprossen und Zierleisten, oder aus Kunststoffprofilen. Bei Kunststofftüren mit glatten Oberflächen kommen Hartkunststofffolien, Weichkunststofffolien und Schichtpressstoffplatten zum Einsatz. Für Feuchträume sind Vollkunststoff-Türen mit einer Oberfläche aus Schichtstoffen besonders gut geeignet.

Im Industriebau bestehen Tore aus Kunststoff (z. B. Vertikal-Sektionaltore) meist aus einer Stahlkonstruktion mit Beplankungen bzw. Füllungen aus Kunststoffen. Je nach Einsatzbereich kommen hierbei Platten aus PVC-U, PVC-Integralschaum, GFK u. a. zum Einsatz. Transparente Schwing- bzw. Durchfahrtore bestehen aus dicken Folien aus PVC-P.

## 10.9.3 Installation, Gebäudetechnik und Gebäudeschutz

### 10.9.3.1 Versorgungsrohrleitungen

**Rohre für die Trinkwasserversorgung** werden wie die dazugehörigen Formstücke hauptsächlich aus PVC-U und PE-HD hergestellt:

- Rohre aus PVC-U nach DIN 8062: Nenndurchmesser DN = 10 bis 450 mm, Nenn-Innendrücke PN = 10 und 16 bar, glatte Rohrenden (G), Klebmuffe (K) oder Steckmuffe (S). Verbindung der PVC-U-Rohre durch Steckmuffen- und Flanschverbindungen.

  PVC-U-Rohre für die Trinkwasserversorgung werden heute meist durch Kleben oder Quellschweißen verbunden.
- Rohre aus PE-HD nach DIN 8074: DN 15 bis 30 mm, PN =10 bar, glatte Rohrenden (G) oder Flanschanschlüsse (F), Rohrverbindungen mit Klemmverbindern aus Metall.

  PE-HD-Rohre für die Trinkwasserversorgung werden meist durch thermisches Schweißen (Heizelementschweißen) oder durch Elektroschweißmuffen verbunden.

**Rohre für die Heißwasserversorgung** werden aus unterschiedlichen, im Wesentlichen aber heißwasserbeständigen Kunststoffen hergestellt. Dazu zählen Polypropylen (PP), Polybuten (PB), chloriertes Polyvinylchlorid (PVC-C) und vor allem vernetztes Polyethylen (PE-X).

**Rohre für die Gasversorgung** sind für einen Gas-Innendruck unter 10 bar ausgelegt. Sie bestehen überwiegend aus PE-HD und werden thermisch geschweißt oder durch Elektroschweißmuffen verbunden. Rohre aus PVC-U oder PVC-HI werden thermisch verschweißt oder durch Quellschweißen oder auch Kleben verbunden.

### 10.9.3.2 Entsorgungsrohrleitungen (innerhalb der Gebäudestruktur)

Für Kunststoff-Rohrleitungssysteme zum Ableiten von Abwasser (niedriger und hoher Temperatur) innerhalb der Gebäudestruktur gilt zukünftig die europäische Normung. Nach der derzeit gültigen Normung wird zwischen Rohren, die für Abwassertemperaturen bis 60 °C geeignet sind und solchen, die heißwasserbeständig bis 100 °C sind, unterschieden. Insofern dürfen PVC-U-Rohre nur noch für „kaltgehende Leitungen“ (z. B. Balkonentwässerungen, innen liegende Regenfallrohre, Anschlussleitungen für Decken- und Bodeneinläufe u. a.) verwendet werden.

Zu den heißwasserbeständigen Abwasserleitungen zählen Rohre aus PE-HD, PP, PVC-C sowie die Styrol-Copolymerisate ABS und ASA, die in nationalen Regelwerken genormt sind: PE-HD nach DIN 19535, PP nach DIN 19560, PVC-C nach DIN 19538 sowie ABS und ASA nach DIN 19561. Die Rohre werden ausschließlich durch Steckmuffen miteinander verbunden.

Zur Geräuschminderung im Bereich der häuslichen Abwasserentsorgung werden zunehmend Mehrschichtverbundrohre eingesetzt.

### 10.9.3.3 Fußboden-Heizungsrohre

Fußbodenheizungen mit Kunststoffrohren werden im Nassmontageverfahren oder im Trockenbauverfahren hergestellt. Beim ersten Verfahren werden die Rohre direkt in den Nass-Estrich eingebettet, beim zweiten Verfahren in Schlitze der Wärmedämmplatten eingelegt. Als Werkstoffe für Fußboden-Heizrohre eignen sich vernetztes Polyethylen (PE-X), Polypropylen-Copolymerisat (PP-C) und Polybuthylen (PB) eingesetzt. Diese Kunststoffe zeichnen sich insbesondere durch lange Nutzungsdauer und ausgezeichnete Langzeiteigenschaften aus.

Auch im Bereich der Fußbodenheizungssysteme kommen zunehmend Mehrschichtrohre zum Einsatz, z. B. PE-X-Rohre 16 x 2 mm mit innen liegender EVOH-Schicht (EVHO = Ethylenvinylalkohol) als Sauerstoffbarriere für maximalen Betriebsdruck von 6 bar und maximaler Betriebstemperatur von 95 °C.

### 10.9.3.4 Kanalrohre

Die Güteanforderungen an Kunststoff-Rohrleitungssysteme (Rohre und Formstücke) für erdverlegte, drucklose Abwasserkanäle und -leitungen aus PVC-U sind in DIN 19534-3 und DIN EN 1401-1 aufgeführt. Die Nennweiten der Kanalrohre betragen 100 bis 500 mm, die Baulängen 1000, 3000 und 5000 mm. Die Verbindung erfolgt mit Steckmuffen und werksseitig vormontierten Lippendichtringen. Die Kennfarbe ist orangebraun (RAL 8023), die Steifigkeitsklassen (z. B. SN 8 = Nennringsteifigkeit ≥ 8 kN/m²) sind festgelegt. Das Anwendungskennzeichen UD gibt an, dass die Kanalrohre sowohl außerhalb als auch innerhalb der Gebäudestruktur verwendet werden können. PVC-U-Rohre werden u. a. auch für die Grundstücksentwässerung und zur Fertigung von Grundleitungen, Kanalanschlussleitungen und Regenwasserleitungen eingesetzt.

Entwässerungskanalrohre aus UP-GF oder Kunstharzbeton mit Durchmessern bis zu 4000 mm finden wegen ihrer hohen Chemikalienbeständigkeit überwiegend in der chemischen Industrie Verwendung.

### 10.9.3.5 Dränrohre und Sickerwasserrohre

Dränrohre nach DIN 1187 gibt es fast ausschließlich aus PVC-U. Sie werden in Ringbunden von bis zu 250 m Länge und mit Nennweiten von 50 bis 250 mm geliefert. Die flexiblen, gewellten Rohre sind mit rundum laufenden Schlitzen von 1,2 mm Breite versehen und werden auch mit Filtervliesummantelung hergestellt. Dränrohre dienen dem Bauwerksschutz, lassen sich aber auch zur Entwässerung großer Flächen einsetzen.

Sickerwasserrohre, meist aus PVC-U, haben einen etwa kreisförmigen Querschnitt; die Oberseite ist geschlitzt, die Unterseite ist als Rinne ausgebildet. Nennweiten: 80 bis 250 mm, Lieferlängen 5000 mm. Sickerwasserrohre werden – meist in Filterkies eingebettet – zur Ableitung von Oberflächenwasser aus dem Erdreich und Deponiesickerwässern eingesetzt.

## 10.9.4 Innenausbau

### 10.9.4.1 Bau- und Möbelplatten

#### Dekorative Hochdruck-Schichtpressstoffplatten HPL

(HPL = High Pressure Laminate nach DIN EN 438)

Die Kernschichten der Schichtpressstoffplatte bestehen aus phenolharzgetränkten Spezialpapieren, die je nach gewünschter Dicke in 5 bis 30 Lagen übereinander geschichtet werden. Auf die Kernlage wird ein- oder beidseitig eine mit Melaminharz getränkte Deck- oder Dekorschicht aufgebracht. Die Platten werden unter Hitze und Druck gehärtet und sind in vielen Farben und Designs sowie wahlweise hochglänzend und matt erhältlich. Die glatte Oberfläche ist kratzfest, leicht zu reinigen und genügt höchsten Hygieneanforderungen. HPL sind daher beispielsweise für Küchenmöbel und Ladentheken sowie als Wandbekleidungen im Innenausbau geeignet. Kompaktplatten und HPL-Mehrschicht-Verbundplatten lassen sich auch als Wandplatten im Außenbereich einsetzen.

Handelsnamen (Beispiele):

Resopal (Resopal), Dekocore (Dekodur), Duropal (Pfleiderer)

#### PVC-Integralschaumplatten

PVC-Integralschaumplatten bestehen aus einem zelligen Kern und einer massiven Deckschicht, hergestellt in einem Arbeitsgang und aus demselben Kunststoff (PVC-U). Die Platten weisen eine seidenglänzende, feste, geschlossene und glatte Oberfläche auf. Sie sind wegen ihrer UV- und Witterungsbeständigkeit sowie guten schall- und wärmedämmenden Eigenschaften für einen vielfältigen Einsatz im Innen- und Außenbereich geeignet: Wandverkleidungen, Trennwandelemente, Verkleidungen, Tür- und Fensterelemente. Eignung auch für den Siebdruck und zur Folienkaschierung.

Handelsnamen (Beispiele):

Vekaplan (Veka), Kömacel (Kömmerling), Coplast (Simona)

#### Melaminharzbeschichtete (dekorative) Spanplatten (DIN EN 14322)

Zur Herstellung wird eine Spanplatte zunächst auf beiden Seiten mit einer Melaminharzkernschicht belegt, dann wird die Melaminharzdekorschicht aufgetragen und diese abschließend mit einer Overlayschicht bedeckt. Die Schichten werden in einer Presse bei etwa 150 °C unter Druck miteinander verpresst. Es ergeben sich glatte oder strukturierte Oberflächen in unterschiedlichen Farben und Strukturen (z. B. Holz- oder Metalldekor). Melaminharzbeschichtete Spanplatten (MFB = Melamin Faced Board) verfügen über eine hohe Biegefestigkeit, sind hart, porenfrei und weitgehend abriebfest. Sie sind beständig gegen kochendes Wasser, Säuren und Laugen sowie geschmacks- und geruchsneutral.

Anwendungsbereiche sind der Küchen-, Labor- und Ladenbau. Der Aufbau der Melaminharzbeschichtung (Mehrfachlagen) und die Art der Trägerplatten (neben Spanplatten auch MDF-Faserplatten und Verbundplatten) lassen sich unterschiedlichen Anforderungen anpassen.

#### 10.9.4.2 Fußbodenbeläge

##### PVC-Bodenbeläge als Bahnen oder Platten

- Homogene (einschichtige) PVC-Beläge ohne Trägerschicht bestehen in ihrer gesamten Dicke aus dem gleichen Material. Sie werden in einem Arbeitsgang geprägt und in Bahnen oder Platten ausgewalzt oder als großformatige Platten gepresst. Dicke zwischen 1 und 3 mm. Homogene Mehrschichtbeläge lassen sich auch durch Verschweißen mehrerer dünn ausgewalzter PVC-Folien aus gleichartigen Materialien herstellen.
- Heterogene (mehrschichtige) PVC-Beläge ohne Trägerschicht bestehen aus mindestens zwei Schichten: einer strapazierfähigen Oberschicht (Laufschicht) und einer mit Füllstoffen angereicherten Unterschicht.
- Verbundbeläge bestehen aus einer PVC-Oberschicht, die heiß und in flüssigem Zustand auf eine Trägerschicht aus Gewebe oder Filz aufgestrichen wird. Herstellung als Bahnen oder Platten mit 2 bis 4 mm Gesamtdicke (PVC-Oberschicht 1 mm dick).

  PVC-Beläge ohne Trägerschicht werden auch mit einer Unterschicht aus PVC-Schaumstoff gefertigt.

  CV-Beläge (CV = Cushioned Vinyls) bestehen aus einem Kern aus Glasvlies, der in PVC eingebettet ist. Über dieser Trägerschicht wird ein eingefärbter Schaumstoff mit einer transparenten Nutzschicht aufgebracht. Diese Beläge können die Trittschalldämmung wesentlich verbessern.

**Textile Bodenbeläge** (Teppichböden) bestehen aus Nutzschichten aus Synthesefasern (z. B. PA, PP, PAN, PETP) mit Geweben, Vliesen und Gittern als Trägermaterial. Textile Bodenbeläge werden in Endlosbahnen gefertigt. Sie werden lose verlegt, verspannt oder auf dem Untergrund verklebt.

### 10.9.5 Kunststoffe im Erd-, Verkehrsweg- und Wasserbau

#### 10.9.5.1 Geotextilien

##### Normen

| | |
|---|---|
| E DIN EN 13249 | Geotextilien und geotextilverwandte Produkte – Geforderte Eigenschaften für die Anwendung beim Bau von Straßen und sonstigen Verkehrsflächen (mit Ausnahme von Eisenbahnbau und Asphaltoberbau); Ausgabe 2011-05 (*Norm-Entwurf*) |
| E DIN EN 13250 bis E DIN EN 13257 | Geotextilien und geotextilverwandte Produkte (weitere Anwendungsbereiche); Ausgaben 2011-05 (*Norm-Entwürfe*) |
| DIN EN 15381 | Geotextilien und geotextilverwandte Produkte – Eigenschaften, die für die Anwendung beim Bau von Fahrbahndecken und Asphaltdeckschichten erforderlich sind; Ausgabe 2008-11 |
| E DIN EN 15382 | Geosynthetische Dichtungsbahnen – Eigenschaften, die für die Anwendung in Verkehrsbauten erforderlich sind; Ausgabe 2012-12 (*Norm-Entwurf*) |

Geotextilien sind flächenhafte und wasserdurchlässige Textilien, die im Erd-, Wasser- und Verkehrswegebau eingesetzt werden. Die zur Herstellung von Geotextilien verwendeten Fasern oder Fäden bestehen überwiegend aus synthetischen Polymeren, z. B. Polyamid, Polyester oder Polyethylen. Hinsichtlich ihres strukturellen Aufbaus sind folgende Arten von Geotextilien zu unterscheiden:

- **Gewebe** sind Flächengebilde, die aus sich rechtwinklig kreuzenden Fäden oder Garnen (Kette und Schuss) bestehen. Gewebe werden aufgrund guter mechanischer Eigenschaften hauptsächlich als Bewehrung, aber auch als Filter eingesetzt.
- **Vliesstoffe** sind flächenhafte flexible Textilien, die aus einer Vielzahl aufeinander gehäufter, meist endloser Fasern bestehen. Je nach Verfestigungsverfahren (vernadeln, verkleben, verschmelzen) weisen die Textilien unterschiedliche Verformungseigenschaften auf. Vliesstoffe werden vorwiegend zum Trennen und Filtern eingesetzt.
- **Verbundstoffe** sind mehrschichtige Geotextilien aus flächenhaft verbundenen Geweben, Vliesstoffen und anderen Materialien. Zu den Verbundstoffen zählen insbesondere mit Gewebe verstärkte Vliesstoffe, Doppelgewebe und Verbundvliesstoffe mit mineralischen Füllungen.

Geotextilien eignen sich für folgende Einsatzbereiche:

- **Filtern:** Als Filter halten Geotextilien Bodenbestandteile oder andere Partikel zurück, während gleichzeitig eine möglichst druckverlustarme Wasserableitung senkrecht zur Filterebene gewährleistet ist. Die Dicke des geotextilen Filters, d. h. die Filterweglänge, übt dabei einen erheblichen Einfluss auf die langfristige hydraulische Filterwirksamkeit aus. Hauptanwendungsgebiete für geotextile Filter sind der Wasserbau und die Filterschichten von Dränsystemen.
- **Dränen:** Unter diesem Begriff ist die flächige Fassung von Wasser und anderen Flüssigkeiten und deren Ableitung in der Ebene des Dränsystems zu verstehen. Dränsysteme werden als Einzelsysteme oder als Verbundelemente angeboten. Verbundelemente bestehen aus mindestens einer Sickerschicht, die das Wasser aufnimmt und weiterleitet sowie einer Filterschicht, die die Sickerschicht vor Verschlämmung durch feinteilige Bodenbestandteile schützt. Einsatzgebiete für Dränsysteme sind Flächendränungen im Zusammenwirken mit Abdichtungen, z. B. in Deponien und beim Tunnelbau.
- **Trennen:** Als Trennschichten verhindern Geotextilien die Vermischung benachbarter Bodenarten oder Füllmaterialien mit unterschiedlichem Kornaufbau. Zur Anwendung kommen Vliesstoffe, Gewebe und Verbundstoffe. Bei der Auswahl stehen die mechanische Beanspruchbarkeit und die Alterungsbeständigkeit im Vordergrund. Einsatzgebiete für Geotextilien als Trennschicht sind hauptsächlich der Straßen- und Wegebau, Wasserbau, Deponiebau und Gleisbau.
- **Schützen:** Kunststoffdichtungsbahnen und beschichtete Bauteile werden durch Schutzschichten aus Vliesstoffen und Verbundstoffen vor mechanischen Beschädigungen geschützt. Für die Schutzfunktion sind neben der Schichtdicke und der Flächenmasse des Geotextils die Durchschlag- und Durchdrückfestigkeit von Bedeutung. Schutzschichten werden z. B. im Deponie-, Tunnel- und Rohrleitungsbau eingesetzt.

- **Bewehren:** Geotextilien, aber auch Geokunststoffe wie etwa Geogitter werden unter oder zwischen Bodenschichten eingebaut, um insbesondere Zugkräfte aufzunehmen. Bewehrungslagen werden beispielsweise zur Stabilisierung von Erddämmen auf wenig tragfähigem Untergrund oder für Stützkonstruktionen nach dem Prinzip „Bewehrte Erde" eingesetzt.
- **Verpacken:** Baustoffe, meist Erdstoffe, werden in sack- oder schlauchförmigen Geotextilien verpackt. Neben der Verpackungsfunktion übernehmen sie anwendungsbezogen auch Funktionen wie Schützen, Filtern, Trennen und Bewehren.
- **Erosionsschutz:** Erosionsschutzmatten aus Verbundstoffen mit dreidimensionaler Struktur oder anderen Geokunststoffen verhindern den Abtransport von Bodenteilchen durch Wasser und Wind. Zudem begünstigen sie den Aufbau von Vegetationsschichten, da sie Wasser absorbieren, Temperaturschwankungen ausgleichen und vor Austrocknung schützen.

Geotextilien finden vorwiegend Anwendung im Deponiebau, Wasserbau, Verkehrswegebau (insbesondere Asphaltstraßenbau), Damm- und Böschungsbau, Tunnelbau, Kulturwasserbau und Küstenschutz.

#### 10.9.5.2 Dichtungsbahnen für Bauwerksabdichtungen

Siehe Abschnitt 10.9.1.1.

### 10.9.6 Konstruktiver Ingenieurbau

#### 10.9.6.1 Faserverbund-Kunststoffe für tragende Konstruktionen

Während Kunststoffe für nicht tragende Anwendungen wie beispielsweise Rohrleitungen, Fensterprofile, Dichtungsbahnen und Wärmedämmung dominieren, spielen glas- oder kohlefaserverstärkte Kunststoffe für tragende Konstruktionen im Bauwesen nur eine untergeordnete Rolle. Dennoch eröffnen sich mit dem Fassaden- und Brückenbau zwei Bereiche, in denen faserverstärkte Kunststoffe erfolgreich eingesetzt werden können. Im Fassadenbau zählen die großen Vorteile der freien Formbarkeit, Witterungsbeständigkeit und langjähriger Einsatzdauer. Im Brückenbau lassen sich aufgrund der spezifischen Festigkeits- und Verformungseigenschaften faserverstärkter Kunststoffe größere Spannweiten realisieren. Hinzu kommen ein hoher Widerstand gegen chemische Angriffe, z. B. durch Tausalze, und ein damit verbundener geringerer Wartungsbedarf im Vergleich zu Stahl und Beton.

Für Bauteile aus Faserverbund-Kunststoffen kommen drei Fertigungsverfahren zur Anwendung:

- Handlaminierverfahren: In Harz getränkte Matten, Gewebe u. Ä. werden auf eine Matrize aufgelegt und verdichtet. Nach dem Aushärten wird das Formteil, z. B. ein Fassadenelement, von der Matrize abgehoben.
- Faserspritzverfahren: Ein Gemisch aus Harz und Faserabschnitten wird auf eine Matrize aufgespritzt und verdichtet. Auf diese Weise lassen sich Formteile für Kuppeln und Schalen, z. B. für Hallen- und Tribünendächer, herstellen.

- Wickelverfahren: Durch kontinuierliches Aufwickeln harzgetränkter Faserstränge oder Gewebebänder auf einen Kern lassen sich Rohre mit Durchmessern bis zu 3500 mm herstellen.

Weitere Einsatzmöglichkeiten von Kunststoffen und faserverstärkten Kunststoffen im konstruktiven Ingenieurbau:

- Verklebung von Brückensegmenten mit EP als Kleber für Beton/Beton, Metall/Metall und Beton/Metall
- Verstärkungen durch aufgeklebte Kunststoff-Laminate bei Brückensanierungen
- GFK- und CFK-Anwendung im Off-Shore-Windenergieanlagenbau (Rotorblätter)
- Substitution von Stahlseilen durch CFK-Seile im Brückenbau
- Leichte Flächentragwerke (z. B. transparente Dachhaut aus Plexiglas im Münchner Olympiastadion)
- Transparente Überdachungen mit Platten aus PC (Makrolon, Lexan)
- Tragwerke mit Membranen aus Kunststofffolien oder -geweben

Am Beispiel eines CFK-Biegeträgers im Brückenbau seien Vor- und Nachteile gegenüber Stahlträgern genannt. Vorteilhaft wirkt sich aus:

- Gewichtsersparnis: Resultiert ein Teil der Trägerbelastung aus einem Eigengewicht, so lassen sich die Betriebslasten um den Gewichtsvorteil erhöhen.
- Längere Nutzungsdauer und reduzierter Wartungsaufwand aufgrund hervorragender Korrosionsbeständigkeit.
- Erhöhte Dauerschwingfestigkeit.
- Geringerer Aufwand bei Transport und Montage.

Nachteilig wirkt sich aus:

- Der Werkstoff ist vergleichsweise teuer.
- Spezielle Fertigungsverfahren, z. B. für hohe Biegeträger größerer Spannweite, wurden bisher nicht entwickelt.
- Es liegen keine Langzeiterfahrungen mit großen und hoch belasteten Biegeträgern vor.

#### 10.9.6.2 Bauwerks-Auflager

Es wird zwischen Elastomer-Verformungslagern und Gleitlagern unterschieden.

**Elastomer-Verformungslager** können unbewehrt, mit Stahlblechen bewehrt und als Topflager ausgeführt werden. Die bewehrten Verformungslager, auch Kissen genannt, bestehen aus abwechselnden Schichten aus synthetischem Chloroprenkautschuk (CR) und Bewehrungsblechen. Beide Materialien werden in einem Vulkanisationsprozess miteinander verbunden, wodurch der Kautschuk schub- und druckfest auf den Bewehrungsblechen haftet. Bei einem *Topflager* ermöglicht ein in einem Stahltopf eingeschlossenes CR-Elastomerkissen Kippbewegungen des Topfdeckels um jede beliebige Horizontalachse.

**Gleitlagerelemente** werden aus Polytetrafluorethylen (PTFE) hergestellt. Der Einsatz von PTFE-Gleitelementen in Kombination mit einer Gegenlauffläche aus poliertem Edelstahlgleitblech ermöglicht die Herstellung von Gleit- und Führungslagern mit besonders geringen Haft- und Gleitreibungsbeiwerten ($\mu < 0{,}1$). Bei Verwendung eines zusätzlichen Gleitmittels, z. B. Silikonfett, kann der Reibungsbeiwert auf bis zu $\mu = 0{,}03$ abgesenkt werden.

## 10.9.7 Beton und Mörtel

Kunststoffe werden als Bindemittel oder Zusätze in Beton, Mörtel und Putz eingesetzt, um bestimmte Eigenschaften, z. B. Zug- und Haftfestigkeit sowie Chemikalien- und Frostbeständigkeit, nachhaltig zu verbessern. Dem stehen einige Nachteile gegenüber, z. B. die erhöhte Sorgfalt bei der Herstellung und Verarbeitung von Beton, Mörtel und Putzen sowie insbesondere die gegenüber hydraulischen Bindemitteln höheren Kosten der Reaktionsharze. Der Einsatz von Kunststoffen als Bindemittel oder als Zusätze führt zur Unterscheidung in:

- kunstharzgebundene Mörtel und Betone PC (polymer concrete),
- kunststoffmodifizierte Mörtel und Betone PCC (polymer cement concrete),
- kunstharzimprägnierte Mörtel und Betone PIC (polymer impregnated concrete).

### 10.9.7.1 Kunstharzgebundene Mörtel und Betone PC (polymer concrete)

Kunstharzgebundener Beton oder **Reaktionsharzbeton** (Polymerbeton PC) besteht aus einem Gemisch trockener Gesteinskörnungen mit einem dünnflüssigen Reaktionsharz als ausschließlich wirkendem Bindemittel. Dessen Anteil liegt zwischen 5 bis 15 M.-%. Als Bindemittel werden vor allem Duromere wie Epoxidharze (EP), ungesättigte Polyester (UP) und Polyurethane (PUR), aber auch Thermoplaste wie Polymethylmethacrylat (PMMA) eingesetzt. Die Aushärtung erfolgt nach Zugabe von Reaktionsmitteln (Härter, Initiatoren) durch Polymerisation, Polyaddition oder Polykondensation. Die Topfzeiten, d. h. die Zeiten zwischen dem Anmischen und dem Ende der Verarbeitbarkeit, hängen von der Einstellung, Ansatzmenge und Temperatur ab und können wenige Minuten bis mehrere Stunden betragen. Durch Veränderung von Art und Menge der Gesteinskörnungen (Kies, feuergetrockneter Quarzsand, Füller) sowie der Reaktionsharze lassen sich die Eigenschaften des PC weitgehend verändern.

Polymerbeton PC zeichnet sich insbesondere durch schnelles Erhärten, hohe Früh- und Endfestigkeiten, geringe Wasseraufnahme, hohe Witterungs- und Chemikalienbeständigkeit sowie hohe Schlagzähigkeit und Verschleißfestigkeit aus. Der Einsatz von PC für die Herstellung tragender Bauteile im Hoch- und Ingenieurbau wird durch die geltenden Brandschutzvorschriften und die hohen Kosten stark eingeschränkt.

**Reaktionsharzmörtel** unterscheidet sich von Kunstharzbeton nur durch einen in der Regel höheren Bindemittelgehalt und die Begrenzung des Korndurchmessers der Gesteinskörnung auf höchstens 4 mm. Die Mörtel bestehen meist aus einer vorgemischten Pulverkomponente, die bereits Füllstoffe, Pigmente, Quarzsande sowie Härtungskomponenten enthält, und einem dünnflüssigen Reaktionsharz. Beide Komponenten werden auf der Baustelle zu einem gut fließfähigen Mörtel vermischt. Die besonderen Eigenschaften von Reaktionsharzmörteln sind eine schnelle Aushärtung auch bei sehr tiefen Temperaturen, eine dauerhafte Haftung auf den meisten Untergründen und eine hohe Frostbeständigkeit.

Reaktionsharzmörtel werden insbesondere für die Reparatur und Sanierung von Betonflächen (Fahrbahn- und Fassadenschäden, Bordsteinsanierung u. a.) eingesetzt. Ein weiterer Anwendungsbereich sind Betonfertigteile, z. B. Fassadenplatten, Kellerfenster, Fensterbänke, dünnwandige Schleudergussrohre und Ablaufrinnen.

(siehe auch: DIN EN 15564: Betonfertigteile – Kunstharzbeton – Anforderungen und Prüfverfahren; Ausgabe 2009-05)

**Reaktionsharzbeschichtungen** sind Überzüge aus Reaktionsharzen (30 bis 50 M.-%), die i. Allg. mit Füllstoffen gefüllt und mit Pigmenten eingefärbt sind. Beschichtungen werden in der Regel 0,5 bis 2 mm dick ausgeführt (*BEB-Arbeitsblatt KH-3*). Einsatzbereiche: Industrieböden, Wasserbauten, Kläranlagen u.a. Beschichtungen zählen nach *„ZTV-ING, Teil 3 Massivbau, Abschn. 4 Schutz und Instandsetzung von Betonbauteilen, Stand 2010-04"* zu den Oberflächenschutzsystemen (OS 2 bis OS 11) zum Schutz von Betonoberflächen. Die Oberflächenschutzschicht bezeichnet hier eine Überdeckung der Oberfläche eines Baustoffs, deren Haftung adhäsiv und/oder durch Füllen oberflächennahen Porenvolumens mechanisch bewirkt wird.

**Reaktionsharzestriche** sind Estriche aus Reaktionsharzmörteln, die i. Allg. aus lösungsmittelfreien Reaktionsharzen (10 bis 40 M.-%), Pigmenten, Füllstoffen und mineralischen oder synthetischen Zuschlägen bestehen. Sie werden aus plastischem bis selbstnivellierend fließendem Mörtel in einer Schicht als Verbundmörtel hergestellt. Ihre Mindestdicke beträgt 6 mm; üblich sind Estrichdicken von 8 bis 15 mm (*BEB-Arbeitsblatt KH-5*). Reaktionsharzestriche weisen einen hohen Widerstand gegen mechanische Beanspruchungen auf und schützen den Untergrund gegen chemische Angriffe, sofern sie mit flüssigkeitsdichtem Gefüge hergestellt werden. Haupteinsatzgebiet sind daher höchstbelastete Industrieböden.

Hinweis: Der Bundesverband Estriche und Beläge e. V. (BEB) hat in seinen BEB-Arbeitsblättern die Art von Verschleißschichten nach Anwendungsgebieten wie folgt definiert:

- Imprägnierung = KH-1
- Versiegelung 0,1 - 0,3 mm = KH-2
- Beschichtung 0,3 - 2,0 mm = KH-3
- Belag 2,0 - 6,0 mm = KH-4
- Estrich ab 6,0 mm = KH-5

### 10.9.7.2 Kunststoffmodifizierte Mörtel und Betone PCC (polymer cement concrete)

Durch die Modifikation von Zementmörtel bzw. -beton mit Kunststoffen können bestimmte Mörtel- bzw. Betoneigenschaften, wie Haftzugfestigkeit, Biegezugfestigkeit oder Dauerhaftigkeit, gezielt verbessert werden. Als Kunststoffe kommen thermoplastische Kunststoffdispersionen sowie wasseremulgierbare, vorpolymerisierte Duromere (Epoxidharzemulsionen) in Betracht, die dem Anmachwasser zugegeben werden. In zunehmendem Maße werden auch redispergierbare Kunststoffpulver eingesetzt, die werkmäßig zusammengesetzten Trockenmörteln beigegeben werden.

Die Polymergehalte betragen maximal 30 M.-%, in der Praxis meist jedoch nur zwischen 5 und 10 M.-% bezogen auf den Zementgehalt. Ein Polymergehalt unter 5 M.-% reicht nicht aus, um ein homogenes Gefüge mit gemeinschaftlicher Bindemittelwirkung von Kunststoff und Zementstein zu erzeugen. Ab einem Polymergehalt von etwa 20 M.-% bezogen auf den Zementgehalt erfolgt eine weitgehende „Umhüllung" der Zementkörner mit einem Kunststofffilm, der die Hydratation stark verlangsamt oder sogar verhindert. Die technisch anzustrebenden Polymergehalte liegen daher bei etwa 10 bis 15 M.-% bezogen auf den Zementgehalt.

Die verflüssigende Wirkung der polymeren Zusätze erlaubt eine deutliche Wassereinsparung bei der Herstellung kunststoffmodifizierten Zementmörtels gegenüber einem reinen Zementmörtel gleicher Konsistenz, was sich positiv auf insbesondere die Dauerhaftigkeit des Mörtels bzw. Betons auswirkt. Die mechanischen Eigenschaften der verwendeten Kunststoffe haben nur einen geringen Einfluss auf die Eigenschaften des kunststoffmodifizierten Festmörtels. Von Bedeutung sind dagegen die geometrisch-mechanische Einbindung in die Zementsteinmatrix und die adhäsive Anbindung an die Gesteinskörner.

Eine Sonderform der kunststoffmodifizierten Betone PCC stellen wegen ihrer speziellen Verarbeitungs- und Festbetoneigenschaften die *Epoxidharzmodifizierten Betone ECC* (epoxy cement concrete) dar. Bei ihnen werden die in Wasser emulgierten Flüssigharze und Härter dem Frischbeton zugegeben. Die Polyaddition zum filmbildenden Festharz findet dann parallel zur Zementerhärtung statt.

Kunststoffmodifizierte Mörtel und Betone werden als Betonersatzbaustoffe bei der Instandsetzung geschädigter Betonbauteile oder bei der Herstellung von Ausgleichsschichten in Betonersatzsystemen eingesetzt. Bei größeren Instandsetzungsflächen werden meist *Kunststoffmodifizierte Spritzmörtel SPCC* (sprayable polymer cement concrete) verwendet.

#### 10.9.7.3 Kunstharzimprägnierte Mörtel und Betone PIC (polymer impregnated concrete)

In oberflächennahen Bereichen poröser und saugfähiger Betone kann durch Imprägnierung oder Tränkung mit porenfüllenden niedrigviskosen, gut eindringfähigen Reaktionsharzen oder Kunstharzlösungen nachgebessert werden. Die damit verbundene Verfestigung der Oberfläche verbessert deren Abriebfestigkeit (z. B. von Industriefußböden) und erhöht den Widerstand gegen chemische Beanspruchung.

### Literatur


[1] *Kaiser, W.*: Kunststoffchemie für Ingenieure. 3. Aufl., Hanser Verlag, München, 2012

[2] *Abts, G.*: Kunststoffwissen für Einsteiger. Hanser Verlag, München, 2010

[3] *Menges, G.; Haberstroh, E. u. a.*: Menges Werkstoffkunde Kunststoffe. 6. Aufl., Hanser Verlag, München, 2011

[4] *Schwarz, O.; Ebeling, F.-W.; Furth, B.*: Kunststoffverarbeitung. 11. Aufl., Vogel Business Media, 2009

[5] *Domininghaus, H.*: Kunststoffe. 8. Aufl., VDI-Buch, Springer Verlag, 2012

[6] *Baur, E. u. a.*: Saechtling Kunststoff-Taschenbuch. 30. Aufl., Carl Hanser Verlag, München, 2007

[7] *Biederbick, K.*: Kunststoffe – kurz und bündig. 4. Aufl., Vogel-Verlag, Würzburg, 1977

[8] *Franck, A. u. a.*: Kunststoff-Kompendium. 7. Aufl., Vogel Business Media, Würzburg, 2011

[9] *Merkel, M.; Thomas, K-H.*: Taschenbuch der Werkstoffe. 7. Aufl., Fachbuchverlag Leipzig im Carl Hanser Verlag, München, 2008

[10] *Gieler, R. P.; Dimmig-Osburg, A.*: Kunststoffe für den Bautenschutz und die Betoninstandsetzung. Birkhäuser-Verlag, 2006

[11] Kunststoffe; Eigenschaften, Brandverhalten, Brandgefahren. Druckschrift VdS 2516 (2000-12), Verlag VdS Schadenverhütung GmbH, Köln

# 11 Beschichtungen

*Dietmar Klausen*

## Normen

| | |
|---|---|
| DIN 5043 | Radioaktive Leuchtpigmente und Leuchtfarben;<br>Teil 1: Messbedingungen für die Leuchtdichte und Bezeichnung der Pigmente; Ausgabe 1973-12<br>Teil 2: Messbedingungen für die Leuchtdichte und Bezeichnung der Leuchtfarben; Ausgabe 1978-11 |
| DIN 18363 | VOB; Teil C (ATV) - Maler- und Lackierarbeiten - Beschichtungen; Ausgabe 2012-09 |
| DIN 55901 | Trockenstoffe für Beschichtungsstoffe - Bestimmung des Metallgehalts von Mehrmetall-Trockenstoffen; Ausgabe 2002-04 |
| DIN 55943 | Farbmittel - Begriffe; Ausgabe 2001-10 |
| DIN 55944 | Farbmittel - Einteilung nach koloristischen und chemischen Gesichtspunkten; Ausgabe 2011-12 |
| DIN 55945 | Beschichtungsstoffe und Beschichtungen - Ergänzende Begriffe zu DIN EN ISO 4618; Ausgabe 2007-03 |
| DIN 55950 | Bindemittel für Beschichtungsstoffe - Kurzzeichen; Ausgabe 2001-08 |
| DIN 55968 | Pigmente - Industriell hergestellte Pigmentruße (Flammruß, Furnaceruß, Gasruß) - Anforderungen und Prüfverfahren; Ausgabe 2013-08 |
| DIN 67510 | Langnachleuchtende Pigmente und Produkte;<br>Teil 1: Messung und Kennzeichnung beim Hersteller; Ausgabe 2009-11<br>Teil 2: Messung von langnachleuchtenden Produkten am Ort der Anwendung; Ausgabe 2002-10<br>Teil 3: Bodennahes langnachleuchtendes Sicherheitsleitsystem; Ausgabe 2011-04<br>Teil 4: Produkte für langnachleuchtende Sicherheitsleitsysteme - Markierungen und Kennzeichnungen; Ausgabe 2008-02 |
| DIN EN ISO 150 | Rohleinöl, Lackleinöl und Leinölfirnis für Beschichtungsstoffe - Anforderungen und Prüfung (ISO 150:2006); Ausgabe 2007-05 |
| DIN EN ISO 3549 | Zinkstaub-Pigmente für Beschichtungsstoffe - Anforderungen und Prüfverfahren; Ausgabe 2002-12 |
| E DIN EN ISO 4618 | Beschichtungsstoffe - Begriffe; Ausgabe 2013-01 *(Norm-Entwurf)* |

## 11.1 Begriffe

Eine **Beschichtung** (früher „Anstrich") im Sinne von VOB ATV DIN 18363 ist ein mit verschiedenen Auftragstechniken (z. B. Streichen, Spritzen, Tauchen; siehe Abschnitt 11.4) gleichmäßig verteilter, ein- oder mehrschichtiger Auftrag von Beschichtungsstoffen auf einem tragfähigen Untergrund. Beschichtungen dienen im Wesentlichen dem Schutz von Bauteilen und Baustoffen und damit der Sachwerterhaltung („Schutzanstriche", insbesondere „Korrosionsschutzanstriche"). Beschichtungen werden aber auch zur Farbgebung („Farbanstriche") und künstlerischen Gestaltung, zur Absperrung oder Abdichtung gegen Feuchtigkeit, zur Markierung und Kennzeichnung u. a. genutzt. Beschichtungsuntergründe sind mineralische Untergründe (Beton, Putz, Estrich u. a.) sowie Holz und Holzwerkstoffe und Metalle.

Nach E DIN EN ISO 4618 und DIN 55945 bestehen **Beschichtungsstoffe** (früher „Anstrichstoffe") aus Bindemitteln, Farbmitteln, Füllstoffen, Lösemitteln und Hilfsstoffen (Additive). *Bindemittel* verbinden die farbgebenden Pigmentteilchen untereinander und mit dem Untergrund. *Farbmittel* ist der Sammelbegriff für alle farbgebenden Stoffe (Farbstoffe und Pigmente). *Füllstoffe* („Verschnittmittel") werden den Bindemitteln zur Füllung bzw. Streckung oder zur Unterstützung der Wirkung eines Farbpigments zugesetzt. *Lösemittel* lösen andere Stoffe ohne chemische Veränderung auf. Sie dienen der Verbesserung der Verarbeitbarkeit der Beschichtungsstoffe. Zu den *Hilfsstoffen* zählen: Emulgatoren, Hautverhinderer, Topfkonservierer, UV-Absorber und Verlaufmittel. Ausgehärtete und getrocknete Beschichtungsstoffe werden, unabhängig von ihrer Schichtdicke, als *Beschichtung* oder *Beschichtungssystem* bezeichnet. Die früher gebräuchliche Bezeichnung „Anstrich" wird in VOB ATV DIN 18363 nicht mehr verwendet.

Grundsätzlich sind zu unterscheiden:

- Imprägnierungen,
- Versiegelungen,
- deckende Beschichtungen.

**Imprägnierungen** werden mit nichtfilmbildenden Stoffen ausgeführt, die möglichst tief in den Porenraum saugfähiger Untergründe eindringen und eine schützende Wirkung (Holzschutzmittel) oder eine wasserabweisende Wirkung (Hydrophobierung von mineralischen Untergründen) ausüben.

**Versiegelungen** erreichen Schichtdicken zwischen 20 und 100 µm und stellen eine zwischen Imprägnierungen und Beschichtungen liegende Oberflächenschutzmaßnahme dar. Sie bilden einen geschlossenen, gas- und flüssigkeitsdichten Oberflächenfilm und dichten damit den Porenraum des Untergrunds vollständig ab. Versiegelungen werden insbesondere nach der Parkett-, Holzpflaster- und Estrichverlegung aufgetragen.

**Deckende Beschichtungen** bestehen nach VOB ATV DIN 18363 zumindest aus einer Grundbeschichtung und einer Schlussbeschichtung. Häufig wird eine Zwischenbeschichtung, bei metallischen Untergründen meist eine zweite Zwischenbeschichtung, erforderlich. Das Beschichtungssystem wird entweder als Erstbeschichtung, Überholungsbeschichtung oder als Erneuerungsbeschichtung aufgetragen.

Zu den **besonderen Beschichtungsverfahren** gehören das Belegen mit Blattmetallen, das Bronzieren, die Herstellung von Metalleffektlackierungen, Fahrbahnmarkierungen und Brandschutzbeschichtungen zum Flammschutz von Holz, Holzwerkstoffen und Metallen.

# 11.2 Beschichtungsstoffe

## 11.2.1 Farbmittel

Nach DIN 55944 werden die Farbmittel nach koloristischen und chemischen Gesichtspunkten in anorganische und organische Farbmittel unterteilt. Eine weitere Unterteilung erfolgt in anorganische und organische **Farbstoffe** und in anorganische und organische **Pigmente**. Nach den Verwendungseigenschaften wird zwischen löslichen Farbstoffen und den im trockenen Zustand pulverförmigen unlöslichen Pigmenten („Körperfarben" oder „Farbkörper") unterschieden.

Die Kennzeichnung und physikalische Messung der **Farbe (Farbwahrnehmung)** erfolgt nach den „DIN-Farbkarten" (DIN 6164) durch folgende Bestimmungsgrößen:

1. Farbton (T): Buntheit in 24 Farbfolgen: gelb-rot-violett-blau-grün
2. Sättigungsstufe (S): Grad der Buntheit, je nach Intensivwirkung der Farben in bis zu 7 Stufen
3. Dunkelstufe (D): Maß der Helligkeit, je nach Grautönung der Farben in bis zu 8 Stufen

Bezeichnungsbeispiel einer Farbe („Farbzeichen"):

T : S : D = 7 : 3 : 5 DIN 6164 entspricht einer rötlichen Farbe

Das „RAL-Farbtonregister" RAL 840 HR enthält etwa 160 in Wirtschaft und Verkehr für bestimmte Zwecke gleichbleibend verwendete Farbmuster mit vierstelliger Zahlenkennzeichnung (z. B. Rot: RAL 3000 mit Kontrastfarbe Weiß für Verbote – unmittelbare Gefahr, Halt, Verkehrszeichen, Durchgangsverbot usw.).

*Sicherheitsfarben* dienen der Sicherheitskennzeichnung und *Kennfarben* (DIN 5381 und E DIN 2403) werden zur Kennzeichnung von Maschinen, Behältern, Schildern u. a. sowie zur Kennzeichnung von Rohrleitungen nach dem Durchflussstoff verwendet.

### 11.2.1.1 Farbstoffe

Farbstoffe sind in Löse- oder Bindemitteln lösliche natürliche Stoffe (Tier- und Pflanzenfarbstoffe) oder synthetische Stoffe (z. B. Teerfarbstoffe). Sie sind nicht filtrierbar, haben keine oder nur geringe deckende Wirkung und lassen den Untergrund durchscheinen (Lasurfarbstoffe). Verwendung meist zum Einfärben von Textilien und Holz (Holzbeizen) sowie als Druckfarben. Im Bauwesen von geringer Bedeutung.

### 11.2.1.2 Pigmente

Pigmente sind in Lösemitteln und Bindemitteln des Beschichtungsstoffes unlösliche, filtrierbare Farbmittel. Pigmente können organischer und anorganischer Herkunft sein; sie werden zusätzlich in natürliche und synthetische Pigmente unterteilt. Sie besitzen eine deckende

Wirkung und werden durch Bindemittel untereinander und mit dem Untergrund verbunden. Für Beschichtungen im Bauwesen werden im Allgemeinen ausschließlich Pigmente verwendet.

Für die Auswahl von Pigmenten können verschiedene Eigenschaften maßgebend sein, die durch meist genormte Prüfungen nachgewiesen werden: Deckvermögen, Lichtechtheit, Beständigkeit gegen Witterungseinflüsse, Verträglichkeit mit mineralischen Bindemitteln (Kalk- und Zementechtheit) und anderen Beschichtungskomponenten. Weitere Anforderungen können hinsichtlich Teilchengröße und -form, Aufhellvermögen der weißen Pigmente, Dichte, Lichtbrechungsvermögen, Ergiebigkeit, Ölechtheit u. a. bestehen.

### Organische Pigmente

Organische Pigmente werden aus tierischen oder pflanzlichen Farbstoffen (z. B. Sepiabraun vom Tintenfisch oder Indigoblau vom Indigobaum) oder aus synthetischen Farbstoffen (z. B. Teerfarbstoffen) hergestellt. Dabei werden Farbstoffe durch chemische Verfahren zu unlöslichen Pigmenten umgewandelt, z. B. durch Einfärben eines nichtfarbigen mineralischen Untergrunds („Substrat“) mit anschließender chemischer Stabilisierung des löslichen Farbstoffs („Verlackung“).

Im Bauwesen werden die natürlichen organischen Pigmente zunehmend durch die anorganischen synthetischen Pigmente verdrängt.

### Anorganische Pigmente (Mineralfarben)

***Natürliche Pigmente*** *(Erdpigmente oder „Erdfarben“)*

Erdpigmente sind durch Mahlen, Schlämmen oder Glühen aufbereitete Erden, die durch die natürliche Auswitterung besonders farbechte Eigenschaften besitzen.

*Weißpigmente*

Kreide (Schlämmkreide), Kalk (Weißkalk), Zement (Weißzement), Kaolin

*Buntpigmente*

Ocker (eisenhaltiger Ton), Umbra (braunfarbiger manganhaltiger Ton), Schieferschwarz (Tonschiefer), Grünerde (verwitterte Hornblende)

### Synthetische Pigmente (Mineralpigmente)

Der überwiegende Teil der aus Mineralien gewonnenen Pigmente sind Metallverbindungen oder reine Metalle.

*Weißpigmente*

Titanweiß (Titandioxid und Verschnittmittel), Zinkweiß (Zinkoxid), Lithopone (Zinksulfid und Schwerspat, nur für Innenbeschichtungen), Bleiweiß (für Innenbeschichtungen wegen Giftigkeit nicht zugelassen)

*Rostschutzpigmente (für Grundbeschichtungen)*

Bleimennige ($Pb_3O_4$), Bleicyanamid ($PbCN_2$), Bleistaub, Calciumplumbat, Zinkchromat, Zinkstaub, Zinkphosphat

*Buntpigmente (Beispiele)*

| | |
|---|---|
| Gelbpigmente: | Chromgelb, Zinkgelb, Cadmiumgelb, Eisenoxidgelb |
| Braunpigmente: | Eisenoxidbraun, Manganbraun |
| Rotpigmente: | Eisenoxidrot, Cadmiumrot, Zinnoberrot (Quecksilberverbindung) |
| Grünpigmente: | Chromgrün, Chromoxidgrün, Zinkgrün |
| Blaupigmente: | Kobaltblau, Berliner Blau (Eisencyanid), Ultramarinblau |
| Violettpigmente: | Manganviolett, Kobaltviolett, Ultramarinviolett |

*Schwarzpigmente (Kohlenstoffpigmente)*

Eisenoxidschwarz, Graphit, Spezialruß (Acetylen-, Flamm- oder Gasruß)

*Effektpigmente (Metalleffektpigmente)*

Effektpigmente werden aus pulverisierten Metallen oder Metallverbindungen hergestellt, die mit Firnis oder Lack angesetzt werden („Bronzepulver"): Goldbronze (Messingpulver), Aluminiumbronze (Al-Pulver), Kupferbronze (Cu-Pulver)

*Leuchtpigmente*

*Phosphorisierende Pigmente* bestehen aus Zink- oder Erdalkalisulfiden. Im Dunkeln nach vorheriger Bestrahlung langnachleuchtend (DIN 67510) oder bei Zusatz geringer Mengen radioaktiver Stoffe selbstleuchtend (DIN 5043-1).

Anwendung: Nachleuchtende Pigmente für Hinweisschilder, Stufen, Schalter; selbstleuchtende Pigmente für Zifferblätter.

*Fluoreszierende Pigmente* sind meist metallische (Zinkcadmiumsulfide) oder organische Verbindungen. Reflexion auffallenden Lichts durch Umwandlung kurzwelliger Tageslichtstrahlen oder künstlich erzeugter UV-Strahlen in sichtbare längere Lichtwellen größerer Leuchtkraft. Anwendung: „Tagesleuchtfarben" für Plakate und Verkehrsschilder; bei UV-Bestrahlung für Reklame- und Bühnenbeleuchtung sowie als Innenbeschichtung der kurze Lichtwellen aussendenden Leuchtstoffröhren.

### 11.2.1.3 Bindemittel

Bindemittel sind neben den Pigmenten und Füllstoffen der nichtflüchtige Anteil eines Beschichtungsstoffes. Sie verbinden die Pigmentteilchen miteinander und sorgen für die Haftung auf dem Beschichtungsuntergrund. Als Bindemittel finden sowohl anorganische als auch organische Stoffe Anwendung, z. B. Kalk, Zement, Leime, Öllacke, Natur- und Kunstharze. Feste oder zähflüssige Bindemittel werden durch Zugabe von Lösemitteln in einen leichter verarbeitbaren flüssigen Zustand überführt (Lösungen) oder dispergiert (Dispersionen).

Bindemittel lassen sich nach ihrem stofflichen Aufbau bzw. nach der Art der Filmbildung wie folgt unterteilen:

- Bindemittel auf Leimbasis, z. B. Celluloseleime
- anorganische Bindemittel, z. B. Kalk, Zement, Wasserglas
- oxidativ trocknende Bindemittel, z. B. Leinöl, Phthalatharz
- physikalisch trocknende Bindemittel, z. B. Polyvinylchlorid, Chlorkautschuk
- chemisch vernetzende Bindemittel, z. B. Polyurethan, Epoxidharz

Aus der Sicht der Baupraxis können unterschieden werden:

- wasserverdünnbare Bindemittel, z. B. Kalk, Zement, Wasserglas, Dispersionen, Leim, Kasein;
- lösemittelverdünnbare Bindemittel, z. B. Lacke, Leinöl-Firnis, Natur- und Kunstharze, Bitumen.

Im Einzelnen werden die Bindemittel im Abschnitt 11.3.4 „Beschichtungsstoffe (Beschichtungssysteme)" behandelt.

# 11.3 Beschichtungen

Eine Beschichtung besteht im Regelfall aus einer Grundbeschichtung und einer Deckbeschichtung. Zwischen beiden wird häufig eine Zwischenbeschichtung erforderlich sein.

**Grundbeschichtungen („Grundierungen")** können sich aus ein oder zwei Schichten mit unterschiedlichem stofflichen Aufbau zusammensetzen. Sie stellen die Verbindung zwischen dem Untergrund und weiteren Beschichtungen dar („Anstrichfundament").

In Abhängigkeit von Art und Zustand des zu beschichtenden Untergrunds sind Vorbehandlungsmaßnahmen (s. Abschn. 11.3.1) erforderlich. So sind z. B. mineralische Untergründe, wie Putze der Mörtelgruppen PI bis PIII, und Betonflächen zu fluatieren und nachzuwaschen, wenn die Oberfläche zu stark saugt, Ausblühungen und Pilzbefall zu beseitigen sind und das Durchschlagen von abgetrockneten Wasserflecken zu verhindern ist. Holz und Holzwerkstoffe sind vor dem Einbau grundsätzlich allseitig mit einer Grundbeschichtung zu versehen. Metallische Untergründe sind zu entfetten, ggf. zu schleifen und von Rost und Oxidschichten zu reinigen.

**Deckbeschichtungen** werden je nach Deckvermögen der Beschichtungsstoffe in ein oder zwei Schichten aufgetragen. Sie dienen dem Schutz der darunterliegenden Beschichtungen und geben dem Beschichtungssystem die erforderlichen Oberflächeneigenschaften. Die außen liegende Deckschicht wird als Schlussbeschichtung, die darunterliegende Deckschicht als Zwischenbeschichtung bezeichnet.

Mehrere dünne Beschichtungen („Anstriche") sind hinsichtlich der Austrocknung und Gleichmäßigkeit (kein Ablaufen der Farben) günstiger als eine dicke Beschichtung. Zur Einsparung von Arbeitsgängen finden aber auch nicht ablaufende und gut durchtrocknende „Dickschicht-Beschichtungen" Anwendung in der Praxis.

## 11.3.1 Stoffe zur Untergrundvorbehandlung

Dauerhaft wirksame Beschichtungen setzen in der Regel eine Untergrundvorbehandlung voraus. Dazu sind folgende Stoffe einzusetzen:

**Absperrmittel** sollen die Einwirkung von Stoffen aus dem Untergrund auf die Beschichtung (z. B. Durchschlagen von Rost- und Wasserflecken) und umgekehrt oder zwischen einzelnen Schichten der Beschichtung verhindern. Zudem dienen sie der Oberflächenverfestigung und -dichtung von stark oder ungleichmäßig saugenden mineralischen Untergründen.

Je nach Anwendungsbereich und Anforderung sind Absperrmittel auf der Basis von Kieselfluorwasserstoffsäure, Aluminiumsalzen (z. B. Alaun), Kunststoffdispersionen und Bindemittellösungen (z. B. Polymerisatharze) vorzusehen.

**Anlaugmittel**, z. B. verdünntes Ammoniumhydroxid (Salmiakgeist), verbessern die Haftfähigkeit für Überholungsbeschichtungen auf noch vorhandenen, tragfähigen Beschichtungen.

**Abbeizmittel** werden zur Entfernung alter Lack- und Dispersionsfarbanstriche eingesetzt. Verwendung finden beispielsweise Natriumhydroxid (Ätznatron), Natriumcarbonat (Soda), Abbeizfluide.

Alkalische Abbeizmittel: Wirkung durch Verseifen („Ablaugen") ölhaltiger Beschichtungen. Lösende Abbeizmittel: Gehalt an verschiedenartigen Lösemitteln bewirkt Erweichen der Bindemittel.

**Entfettungs- und Reinigungsmittel** dienen der Entfettung und Reinigung von Beschichtungsuntergründen. Zum Entfetten sind neben heißem Wasser saure oder alkalische oder lösende Stoffe zu verwenden, z. B. Gemische aus Alkalien, Phosphaten und Netzmitteln oder Lösemitteln. Zum Reinigen eignen sich saure oder alkalische Fassaden-, Stein- oder Metallreiniger.

**Imprägniermittel** sind nichtfilmbildende Stoffe zum Tränken saugfähiger Untergründe. Für Holz und Holzwerkstoffe kommen Holzschutzmittel nach DIN 68800-3 „Holzschutz – Vorbeugender Schutz von Holz mit Holzschutzmitteln" in Betracht. Silane, Siloxane, Siliconharze in Lösemitteln werden zur Hydrophobierung mineralischer Untergründe eingesetzt; Kieselsäure-Imprägniermittel für Beton, Ziegel- und Kalksandsteinmauerwerk.

### 11.3.2 Grundbeschichtungsstoffe

Zum Grundieren von mineralischen und metallischen Untergründen sowie Untergründen aus Holz und Holzwerkstoffen werden Grundbeschichtungsstoffe eingesetzt. Bei mineralischen Untergründen können die Grundbeschichtungsstoffe gleichzeitig zur Vergleichmäßigung der Saugfähigkeit des Untergrunds oder als *Haftbrücken* dienen; bei metallischen Untergründen wirken sie als *Korrosionsschutz-Grundbeschichtung* (z. B. Bleimennige, Zinkphosphate, Eisenoxide). Bei Holz und Holzwerkstoffen übernehmen sie gleichzeitig die Funktion eines *Holzschutzmittels* im Sinne von DIN 68800-3.

### 11.3.3 Spachtelmassen

Spachtelmassen (Ausgleichsmassen) sind hydraulisch erhärtende oder organisch gebundene Stoffe, die zum Glätten und Ausgleichen des Untergrunds sowie zum Füllen von Rissen, Löchern und sonstigen Beschädigungen verwendet werden.

Für *mineralische Untergründe* werden Spachtelmassen aus Zement, Gips, Celluloseleim, Kunststoffdispersionen und Kunstharz (Lackspachtel) verwendet. Für *Holz und Holzwerkstoffe* sind Kunstharzspachtelmassen (Lackspachtel) und Holzspachtel (Holzkitt) gebräuchlich. Grundierte oder beschichtete *metallische Untergründe* sind mit Kunstharzspachtelmassen auf der Basis von Alkydharz/Epoxidharz oder Polyurethan zu glätten. Für entfettete und korrosionsfreie metallische Untergründe sind Polyester-Spachtelmassen (UP-Spachtel) zu verwenden.

## 11.3.4 Beschichtungsstoffe (Beschichtungssysteme)

In der Tabelle 11.1 sind die *wasserverdünnbaren* Beschichtungsstoffe (Beschichtungssysteme) nach VOB ATV DIN 18363 Abschnitt 2.4 zusammengestellt. Die Tabelle 11.2 enthält die *lösemittelhaltigen* Beschichtungsstoffe (Beschichtungssysteme) nach Abschnitt 2.5.

**Tabelle 11.1:** Wasserverdünnbare Beschichtungsstoffe (Beschichtungssysteme) nach [8]

| Mineralische Untergründe | Holz und Holzwerkstoffe | Metallische Untergründe |
|---|---|---|
| Kalkfarbe | Kunststoffdispersion | Kunststoffdispersionsfarbe |
| Kalk-Weißzementfarbe | Kunststoffdispersions-Lasurfarbe | |
| Silikatfarbe | Acryl-Lasurfarbe (Dickschichtlasur) | |
| Dispersions-Silikatfarbe | Farbloser Dispersionslack | |
| Leimfarbe | | |
| Kunststoffdispersion | | |
| Kunststoffdispersionsfarbe (Dispersionsfarbe) | | |
| Mehrfarbeneffektfarbe | | |
| Siliconharzemulsionsfarbe | | |
| Dispersionslackfarbe | | |
| Kunstharzputz | | |

### 11.3.4.1 Wasserverdünnbare Beschichtungsstoffe (Beschichtungssysteme)

Für **mineralische Untergründe** sind zu verwenden:

*Kalkfarben*

Kalkfarben werden aus mit Wasser verdünntem gelöschten Kalk nach DIN EN 459 meist mit bis zu 10 M.-% Buntpigmentanteil hergestellt. Zusätze von bis zu 2 M.-% Methylcelluloseleim verbessern die Streichfähigkeit. Zusätze von Weißzement oder Kunststoffdispersionen erhöhen die Beständigkeit. Die Erhärtung beruht auf der Carbonatisierung des Kalks durch $CO_2$-Aufnahme aus der Luft.

Anwendung innen in trockenen und feuchten Räumen, außen nur bei reiner Atmosphäre („saure" Industrieatmosphäre führt zur Zersetzung). Kalkfarben sind *nicht* auf gipshaltigen Untergründen zu verwenden!

*Kalk-Weißzementfarben*

Die Farben bestehen aus Weißzement nach DIN EN 197-1 und Kalk nach DIN EN 459 und ggf. zementbeständigen Buntpigmenten (Zementfarben). Erhärtung durch Hydratation sowohl an der Luft als auch unter Wasser.

Anwendung innen und außen, beständiger in Industrieatmosphäre als Kalkfarben. Wegen guter Wasserfestigkeit als Unterwasserbeschichtung und für Beschichtungen in Feuchträumen geeignet. *Nicht* auf gipshaltige Untergründe auftragen!

*Silikatfarben (Wasserglas- oder Mineralfarben)*

Die wässrige Auflösung einer Kaliumsilikatschmelze (Kaliwasserglas $K_2SiO_3$) wird unter der Bezeichnung Fixativ geliefert und mit getrennt eingetragenen alkalibeständigen Pigmenten (z. B. Metalloxidpigmente) ohne Wasserzugabe angesetzt. Durch $CO_2$-Aufnahme aus der Luft „verkieselt" der Silikatanteil zu praktisch wasserunlöslicher Kieselsäure $SiO_2$, die sich aber nur bedingt verfestigt. Werden Silikatfarben dagegen z. B. auf einem Kalkputz aufgetragen, dann setzt sich das Kaliumsilicat mit dem reaktionsfähigen Kalk des Putzes zu praktisch wasserunlöslichem Calciumsilicat um, das die Beschichtung verfestigt.

Silikatfarben werden für wetterfeste, wasserdampfdurchlässige und fungizid wirkende Innen- und Außenbeschichtungen von Putz-, Beton- und Steinoberflächen verwendet. Sie sind *nicht* auf gipshaltigen Untergründen (Gipsputz) zu verwenden! Bei der Verarbeitung von Silikatfarben muss die starke Alkalität beachtet werden (Verätzungsgefahr).

*Dispersions-Silikatfarben* enthalten bis zu 5 M.-% Kunstharzdispersionen, die die Verarbeitung erleichtern, aber die wasserabweisenden und dampfdiffusionsoffenen Eigenschaften verschlechtern. Als Beschichtung gipshaltiger Untergründe nur mit besonderer Grundbeschichtung geeignet. Mit Quarzsand gefüllte Dispersions-Silikatfarben werden häufig zu Strukturbeschichtungen verwendet.

*Leimfarben*

Leimfarben bestehen aus einer Leimlösung als Bindemittel, Pigmenten und ggf. Füllstoffen (z. B. Faserstoffen). Als Leim werden Celluloseleime (z. B. Methylcellulose, Celluloseglykolat), pflanzliche Leime (Stärkeleime), tierische Leime (unbedeutend) und Kaseinleime verwendet. Die Erhärtung beruht auf der Trocknung und damit der Verfestigung des Leims. Leimfarben sind wisch- aber nicht wasserfest und daher nur in Innenräumen anzuwenden.

Die Erhärtung von Kaseinleimfarben beruht auf der Verdunstung des Wassers, zum Teil aber auch auf einer Umsetzung mit reaktionsfähigem Kalk des Untergrunds zu Kalk-Kasein. Kaseinleimfarben sind nur bedingt witterungsbeständig und daher in Innenräumen einzusetzen.

*Kunststoffdispersionsfarben (Dispersionsfarben)*

Dispersionsfarben (früher „Binderfarben") enthalten als Bindemittel in Wasser dispergierte Polymerisatharze (z. B. Polyacrylate, Polyvinylacetate, Polyvinylpropionate, Styrolacrylate), mit oder ohne Weichmacheranteil, Pigmente und Füllstoffe.

Die Erhärtung der Dispersionsbeschichtung wird zunächst durch Wasserentzug (z. T. im Untergrund abgesaugt, z. T. verdunstet) sowie Verdunstung von Anteilen leicht flüchtiger Lösemittel eingeleitet. Die dispergierten Teilchen fließen zusammen, verlieren ihre Beweglichkeit und „Verschweißen" unter dem Einfluss der Oberflächenspannung. Nach der Erhärtung, die meist mit einer Nachpolymerisation des Kunststoffs verbunden ist, bildet sich eine geschlossene wasserundurchlässige, aber wasserdampfdurchlässige Beschichtung mit positiven Eigenschaften, wie Alterungs-, Wasch-, Scheuer-, Wetter- und UV-Beständigkeit.

Die Dispersionsfarben werden in dünnflüssiger, pastöser oder gefüllter Form hergestellt, sind mit Wasser verdünnbar und eignen sich für jede Art von Beschichtung mit glatter oder strukturierter Oberfläche. Kunststoffdispersionsfarben für Innenflächen müssen wasch- oder scheuerbeständig sein; für Außenbeschichtungen sind nur wetterbeständige Dispersionsfarben zu verwenden; für das Überbrücken von Haarrissen sind plastoelastische

Dispersionsfarben einzusetzen. Quarzgefüllte Dickschicht-Dispersionsfarben können auch als „Kunstharzgebundener Putz" verspachtelt werden.

### Weitere Beschichtungsstoffe

**Für mineralische Untergründe:**

- *Kunststoffdispersionen* für farblose Beschichtungen auf Innenflächen.
- *Mehrfarbeneffektfarben* auf Dispersionsbasis durch Verwendung von Farbpartikeln, die nicht zusammenfließen (Sprenkeleffekt).
- *Siliconharzemulsionsfarben* aus Siliconharzemulsionen mit Kunststoffdispersionen, Pigmenten, Füll- und Hilfsstoffen sind wasserabweisend (hydrophob).
- *Dispersionslackfarben* aus Kunststoffdispersionen mit wassermischbaren Lösemitteln, Pigmenten und Füllstoffen für Beschichtungen mit dem Aussehen von Lackierungen.
- *Kunstharzputze* nach DIN 18558 „Kunstharzputze – Begriffe, Anforderungen, Ausführung".

**Für Holz und Holzwerkstoffe:**

- *Kunststoffdispersionen.*
- *Kunststoffdispersions-Lasurfarben* mit Lasurpigmenten zur lasierenden Behandlung von Innenflächen.
- *Acryl-Lasurfarben (Dickschichtlasur)* aus fein dispergierter Kunststoffdispersion mit Lasurpigmenten, UV-Absorbern und anderen Zusätzen. Acryl-Lasurfarbe ist wasserverdünnbar, wetterbeständig, wasserabweisend.
- *Farblose Dispersionslacke* aus Kunststoffdispersionen für lackähnliche Beschichtungen.

**Für Metalle:**

- *Kunststoffdispersionsfarben* auf Zink und verzinktem Blech (z. B. für Regenfallrohre, Dachrinnen).

### 11.3.4.2 Lösemittelhaltige Beschichtungsstoffe (Beschichtungssysteme)

*Lacke und Lackfarben*[1]

Lacke sind entweder in Lösemitteln gelöste Filmbildner (Natur- oder Kunstharze) oder sie bestehen aus mehreren Komponenten flüssiger, lösemittelfreier Kunstharze, die miteinander filmbildend reagieren (Reaktions- oder Mehrkomponentenlacke).

1 **Ölfarben,** die früher zum Schutz von Stahl vor Korrosion und zum Schutz von Holz vor Fäulnis verwendet wurden, haben heute keine Bedeutung mehr.

Ölfarben bestehen aus einem pflanzlichen Öl als Bindemittel, Pigmenten, Füllstoffen und ggf. Streichhilfen. Als Öl wird vorwiegend das dünnflüssige Leinöl verwendet, das an der Luft oxidiert und in das zähfeste Linoxyn umgesetzt wird. Um die Trocknungsgeschwindigkeit zu erhöhen, wird Leinöl-Standöl (Herstellung aus Leinöl durch Erhitzen auf etwa 300 °C, Polymerisation) oder Leinöl-Firnis (Herstellung aus Leinöl durch Zusatz von Trocknungsbeschleunigern (Sikkative, z. B. Kobalt-, Mangan- und Bleisalze)) verwendet. Streichfertige Ölfarben lassen sich gut in Testbenzin („Terpentinersatz") oder Terpentinöl verdünnen. Beschichtungsuntergründe sollten relativ trocken sein und meist mit Grundbeschichtungen vorbehandelt werden. Auf frischem Kalkputz besteht die Gefahr der Verseifung der Ölfarbe.

Bei den physikalisch trocknenden, lösemittelhaltigen Lacken beruht die Erhärtung auf der Verdunstung des Lösemittels an der Luft oder in der Hitze (Einbrennlacke). Reaktions- oder Mehrkomponentenlacke erhärten durch chemische Vernetzung.

Pigmentierte Lacke werden als *Lackfarben*, unpigmentierte Lacke als *Klarlacke*, lösemittelfreie Lacke als *Pulverlacke* bezeichnet. *Transparentlacke* sind durch Farbstoffe oder geringe Mengen lasierender Pigmente eingefärbte Lacke.

**Tabelle 11.2:** Lösemittelhaltige Beschichtungsstoffe (Beschichtungssysteme) nach [8]

| Mineralische Untergründe | Holz und Holzwerkstoffe | Metallische Untergründe |
|---|---|---|
| Polymerisatharzlacke | Alkydharzlacke | Polymerisatharzlacke |
| Epoxidharzlacke (EP-Lacke) | Nitrocelluloselacke | Polyurethanlacke (PUR-Lacke) |
| Polyurethanlacke (PUR-Lacke) | Säurehärtende Reaktionslacke (SH-Lacke) | Epoxidharzlacke (EP-Lacke) |
| Acryllasuren Alkydharzlackfarben | Polyurethanlacke (PUR-Lacke) | Nitrokombinationslacke |
| Polymerisatharzlackfarben | Imprägnier-Lasuren (Dünnschichtlasuren) | Acrylharzlacke |
| Kunstharzputze | Lacklasuren (Dickschichtlasuren) | Alkydharzlackfarben |
| Chlorkautschuklackfarben (RUC-Lackfarben) | Alkydharzlackfarben | Heizkörperlackfarben |
| Cyclokautschuklackfarben (RUI-Lackfarben) | Polyurethanlackfarben (PUR-Lackfarben) | Polymerisatharzlackfarben |
| Polyurethanlackfarben (PUR-Lackfarben) | Mehrfarbeneffektlackfarben | Polymerisatharzdickschicht-Beschichtungsstoffe |
| Epoxidharzlackfarben (EP-Lackfarben) | Nitrocelluloselackfarben | Chlorkautschuklackfarben (RUC-Lackfarben) |
| Teerpech-Kombinationslackfarben | | Cyclokautschuklackfarben (RUI-Lackfarben) |
| Mehrfarbeneffektlackfarben | | Siliconharzlackfarben |
| | | Polyurethanlackfarben (PUR-Lackfarben) |
| | | Epoxidharzlackfarben (EP-Lackfarben) |
| | | Mehrfarbeneffektlackfarben |
| | | Bitumenlackfarben |
| | | Teerpech-Kombinationslackfarben |
| | | Bronzelackfarben (Bronzen) |

*Öllacke (Öllackfarben)*

Öllacke sind eine Mischung aus trocknenden Ölen (z. B. Leinöl-Standöl), die durch Verkochen mit natürlichen oder synthetischen Harzen eingedickt wurden. Als natürliche Harze werden z. B. Dammarharz, Kolophonium und Kopal, als Kunstharze meist Alkydharze und als

Lösemittel meist Terpentin oder Testbenzin verwendet. Pigmentierte Öllacke werden als Öllackfarben bezeichnet.

Die Erhärtung erfolgt physikalisch durch Verdunstung des Lösemittels und oxidativ durch Sauerstoffaufnahme der Ölanteile. Die Trocknungszeiten sind im Vergleich zu den Kunstharzlacken länger. Öllacke mit höherem Ölanteil („fette Lacke") werden für Außenbeschichtungen, „magere Lacke" für Innenbeschichtungen eingesetzt. Im Vergleich zu Alkydharzlacken und Acrylharzlacken besitzen Öllacke heute eine geringere baupraktische Bedeutung.

*Alkydharzlacke (Alkydharzlackfarben)*

Alkydharze („Alkyd" = **Alk**ohol + Ac**yd** (Säure)) sind Polyesterharze, die durch Veresterung organischer Dicarbonsäuren (z. B. Phthalsäure) mit mehrwertigen Alkoholen (z. B. Glycerin) entstehen und unter Zusatz von natürlichen Fettsäuren oder deren Ölen (z. B. Leinöl) modifiziert werden. *Lufttrocknende* Alkydharze enthalten etwa 50 bis 70 % trocknende Öle und erhärten durch Oxidation und Polymerisation. *Ofentrocknende* Alkydharze enthalten lediglich etwa 20 bis 50 % trocknende oder nichttrocknende Öle und dienen als Einbrennlacke für Metalllackierungen. Alkydharzlacke können einen Lösemittelanteil bis zu 50 % enthalten. Die Hersteller sind bestrebt, diesen im Hinblick auf die Gesundheit problematisch hohen Gehalt auf 20 bis 25 % zu senken (High-Solid-Lacke).

Im Bauwesen sind die Alkydharzlacke die *am meisten verwendeten Lacke* und die Bindemittelbasis streich- und spritzfertiger, hochkratzfester, wetterbeständiger und schnelltrocknender (8 bis 10 Stunden) Lacke. Mit Füllstoffen sind sie auch als harte Spachtelmassen und in Kombination mit Firnis oder Standöl als Grundiermittel einsetzbar.

Anwendung als Korrosionsschutzbeschichtung vorwiegend auf Stahl. Pigmentierte Alkydharzlackfarben werden für die Beschichtung von Holz (Innen- und Außenanwendung) und zur Beschichtung *nicht mehr alkalisch reagierender* mineralischer Untergründe eingesetzt. In Verbindung mit Harnstoff-Formaldehyd-Harzen oder Melamin-Formaldehyd-Harzen können „Säurehärtende Lacke" hergestellt werden, die als Parkettversiegelung und als Einbrennlacke in der Automobilindustrie Verwendung finden.

*Acrylharzlacke (Acrylharzlackfarben)*

Acrylharze sind Ester der Acrylsäure mit Alkoholen (z. B. Methanol). Sie werden als Bindemittel in Dispersionslackfarben und in Acrylharzlackfarben verwendet. Acrylharze lassen sich gut in Wasser verteilen, dadurch kann der Lösemittelanteil (Testbenzin, Propylenglykol) teilweise durch Wasser ersetzt werden. Die Erhärtung beruht auf Verdunstung des Lösemittels an der Luft oder in der Hitze oder, bei Dispersionen, auf dem Wasserentzug.

Acrylharzlacke besitzen eine gute Chemikalien-, UV- und Wetterbeständigkeit. Anwendungsbereiche sind Fassaden- und Putzbeschichtungen sowie Schlussbeschichtungen auf Sicht- und Waschbeton (Acrylharzlack farblos oder farbengleich als „Betonlasur"). Verwendung auch als Zusatz zu hydraulischen Bindemitteln, in Kunstharzputzen, Spachtelmassen und Klebemörteln. Ofenhärtende Acrylharzlacke werden auch als Einbrennlacke auf Metallen eingesetzt.

*Nitrocelluloselacke (Nitrocelluloselackfarben)*

Nitrocelluloselacke bestehen aus in Lösemitteln (z. B. Butylacetat) gelöster Nitrocellulose, Weichmachern (z. B. Phthalsäure), Pigmenten und ggf. weiteren Kunstharzen (z. B. Alkydharzen). Nitrocelluloselacke trocknen aufgrund des hohen Lösemittelanteils (bis 70 %) sehr schnell. Die Verdunstung des Lösemittels kann zu gesundheitlichen Beeinträchtigungen führen, sofern keine Schutzmaßnahmen getroffen wurden. Einsatzbereiche in der Möbelindustrie als überwiegend im Spritzverfahren aufgebrachte Holzlacke.

*Nitrokombinationslacke* aus Nitrocellulose und Alkydharzen werden farblos oder pigmentiert für die Beschichtung von Metallen (Korrosionsschutzlacke) und Holz verwendet.

*Zaponlack* ist ein Nitrocelluloselack mit Ether als Lösemittel, der nach dem Auftrag innerhalb von Sekunden trocknet. Er wird als Korrosionsschutz blanker Metalle (Überzüge) verwendet, um ein Anlaufen der Oberflächen zu verhindern.

*Chlorkautschuklacke (Chlorkautschuklackfarben, RUC-Farben)*

Chlorkautschuklacke sind Beschichtungsstoffe auf der Basis von chloriertem, meist synthetischem Kautschuk, kombiniert mit Weichmachern, und/oder Ölen, Alkydharzen und chlorierten Kohlenwasserstoffen als Lösemittel. Chlorkautschuklacke weisen einen guten Widerstand gegen atmosphärischen Angriff auf, sind gegen Wasser, Säuren, Laugen, Benzin und aggressive Gase beständig und besitzen sperrende Eigenschaften. Sie werden für mechanisch und chemisch beanspruchte Innenbeschichtungen, Beschichtungen von Metallen und sperrende Deckbeschichtungen (Unterwasseranstriche) auf Beton, Putz und Mauerwerk eingesetzt.

*Cyclokautschuklackfarben (RUI-Farben)*

Cyclokautschuklackfarben bestehen aus in Lösemitteln gelöstem cyclisiertem Naturkautschuk mit Pigmenten. Sie sind beständig gegen Säuren und Laugen, weniger wetterbeständig als Chlorkautschuklacke und nicht beständig gegen Lösemittel (z. B. Benzin, Aceton, Benzol), Öle und Fette (z. B. Schwer- und Maschinenöl). Einsatzbereiche sind Behälterauskleidungen, Beschichtungen von Stahl- und Zinkflächen bei Schwitzwassereinwirkung und Beschichtungen in Innenräumen als Schutz gegen Säuren und Laugen.

*Polyurethanlacke (PUR-Lacke) und Polyurethanlackfarben*

Polyurethane (PUR) werden durch Polyaddition von Polyalkoholen oder Polyethern mit Isocyanaten hergestellt. Polyurethanlacke gehören zu den *Reaktionsharzlacken,* die als Einkomponentenlack (1K-System) oder Zweikomponentenlack (2K-System) Verwendung finden. Besonders bekannt sind die Desmodur-Desmophen-Lacke (Handelsname: „DD-Lacke").

Die Zweikomponentenlacke werden in zwei Gebinden geliefert, deren Inhalt erst unmittelbar vor der Anwendung vermischt wird. Das Gemisch ist innerhalb einer vorgegebenen „Topfzeit" zu verarbeiten. Das erste Gebinde, i. Allg. als „Harz" bezeichnet, enthält die Polyhydroxidkomponente, ggf. mit Pigmenten, Streichhilfen, Füllstoffen und sonstigen Additiven. Das zweite Gebinde, i. Allg. als „Härter" bezeichnet, enthält die Isocyanatkomponente.

Einkomponentenlacke härten mit Luftfeuchtigkeit als der zweiten Komponente aus.

PUR-Lacke und PUR-Lackfarben sind besonders hart, abriebfest und beständig gegen Wasser, Öle, Fette und Chemikalien. Sie werden u. a. zur Versiegelung von Parkett, Beschichtung von Stahlbehältern, Imprägnierung von Betonflächen sowie in hochbeanspruchten Estrichen (Industriefußböden), in Spachtelmassen und in Reparaturmörteln verwendet.

*Epoxidharzlacke (EP-Lacke) und Epoxidharzlackfarben*

Epoxidharze sind in der Regel Zweikomponentensysteme. Niedermolekulare Epoxidverbindungen (Komponente I) werden durch Kondensation von Epichlorhydrin mit Bisphenolen hergestellt. Die Epoxidgruppe reagiert leicht mit Substanzen, die aktive Wasserstoffatome besitzen. Bei den bei Raumtemperatur aushärtenden Kalthärtesystemen werden Amine oder Polyamide (Komponente II) als Härter verwendet. Für die heißhärtenden Systeme (Härtetemperatur 160 bis 200 °C) werden u. a. Carbonsäuren und -anhydride als härtende Komponente II eingesetzt.

EP-Lacke und EP-Lackfarben besitzen eine sehr hohe Haftfestigkeit (z. T. auch auf feuchten Untergründen), hohe Abrieb-, Kratz- und Schlagfestigkeit, gute Beständigkeit gegen Wasser, Laugen, Benzin, Öle, Fette und, in Abhängigkeit von dem Harz-Härter-System, eine hohe Beständigkeit gegen Säuren, Aromate, Ester, Chlorwasserstoffe u. a.

Anwendungsbeispiele: Grundierungsmittel für mineralische Untergründe, Haftbrücken zwischen altem und neuem Beton, Imprägnierungen von Beton, Dickbeschichtungen auf Beton (z. B. Brücken, Gehwege, Kläranlagen), Teer-Epoxidharz-Kombinationen, meist dickschichtig und z. T. mit Glasgewebeeinlagen, für Beschichtungen im Tief- und Wasserbau.

## Weitere Lacke und Lackfarben

*Polymerisatharzlacke (Polymerisatharzlackfarben)* sind Lacke auf der Basis von gelösten Polymerisationskunststoffen (z. B. Polyvinylchloridlacke, Polyvinylacetatlacke, Polyacrylatlacke und Polymethylmethacrylatlacke). Die Verdünnung erfolgt durch organische Lösemittel. Die Erhärtung beruht auf der Verdunstung des Lösemittels in Verbindung mit einer Nachpolymerisation des Kunststoffs.

In der Regel gute Untergrundhaftung, wetterbeständig, alkaliresistent, sehr rasch trocknend, ausreichend wasserdampfdurchlässig, nur gering wasserdurchlässig. Enthalten keine Emulgatoren oder sonstige hydrophile (wasseraufnehmende) Bestandteile, die zu Schwinden und Quellen der Beschichtung führen können. Anwendung überwiegend zur Beschichtung von Fassaden (Putz, Beton, Kalksandstein), aber auch als Spachtel- und Beschichtungsmassen (z. B. Estriche) einsetzbar.

*Siliconharzlackfarben* werden aus Siliconharzen mit Metallpulver als Pigment und Hilfsstoffen hergestellt und für hochhitzebeständige (bis 400 °C) Beschichtungen auf Metall verwendet.

*Mehrfarbeneffektlackfarben* aus pastösen Lackfarben mit farblosen wässrigen Harzlösungen werden zur Beschichtung von mineralischen und metallischen Untergründen sowie von Holz und Holzwerkstoffen eingesetzt.

*Heizkörperlackfarben* aus hitzebeständigen Alkydharzkombinationen mit hitzebeständigen Pigmenten und Hilfsstoffen werden zur Grundbeschichtung von Raumheizkörpern nach DIN 55900-1 und zur Deckbeschichtung nach DIN 55900-2 verwendet.

*Säurehärtende Reaktionsharzlacke (SH-Lacke)* als Einkomponentenlacke auf der Basis von Alkydharz-Melaminharz-Kombinationen oder als Zweikomponentenlacke auf der Basis von Alkydharz-Harnstoff-Kombinationen werden mit schwachen oder starken Säuren als Härter verarbeitet. Verwendung für Holzlackierungen (Parkettversiegelung) oder als Einbrennlacke in der Automobilindustrie. Aufgrund der Wetterbeständigkeit auch als Fassadenbeschichtung einsetzbar.

*Bitumenlackfarben* auf der Basis von Naturasphalt und Standölen, gelöst in Lösemitteln mit Schuppen-Pigmenten zum Beschichten von zinkstaubbeschichtetem Stahl, Zinkblech und verzinktem Stahl. Bitumenlackfarben auf der Basis von Erdöldestillation, gelöst in Lösemitteln, phenolfrei, mit Pigmenten, z. B. zum Beschichten von Behältern für Trinkwasser.

*Teerpech-Kombinationslackfarben* auf der Basis von Steinkohlen-Teerpech-Epoxidharz sind witterungs-, säure-, alkali-, seewasser-, benzin- und ölbeständig, hart, elastisch und gut haftend. Geeignet zur Beschichtung von mineralischen (Beton) und metallischen Untergründen.

## 11.3.5 Hilfsstoffe für Beschichtungen

### Verdünnungsmittel

Verdünnungsmittel dienen der Verbesserung der Verstreichbarkeit von Beschichtungen und sollen nach dem Beschichtungsauftrag wieder verdunsten. Je nach Bindemittelart werden verwendet:

- Wasser für wässrige Bindemittel (Kalk, Silikat, Leime, Dispersionen)
- Terpentin, Nitro- oder Universalverdünner für ölige Bindemittel (Leinöl-Firnis, Öllacke, Alkydharzlacke)
- Speziallöse- bzw. Verdünnungsmittel für ölfreie Lacke (auf Lackart abgestimmt; Lieferung durch Herstellerfirmen)

### Abbeizmittel

s. Abschn. 11.3.1

### Spachtelmassen

s. Abschn. 11.3.3

### Armierungsstoffe

Armierungsstoffe werden zur Armierung von Beschichtungen und zur Überbrückung von Putzrissen eingesetzt. Man verwendet meist Armierungsgewebe oder Armierungsvliese aus Glasfasern oder Kunstfasern, die in Armierungsklebern aus Kunststoffdispersionen, ggf. mit Zuschlagstoffen (Einbettungsmassen), eingebettet werden. Zur Überdeckung feiner Haarrisse werden auch kunstfaserhaltige Dispersionsfarbpasten („Streichvliese") eingesetzt.

### Fungizidlösungen (Pilzwidrige Beschichtungen)

Zusätze pilzwidriger (fungizider) Stoffe in Leim-, Dispersions-, Öl- und Lackfarben sollen Schimmelpilze auf feuchten Beschichtungen und Algenbefall beseitigen. Als Pilzgifte werden chlorierte Phenole oder Kresole, Kupfersalze, Zinnsalze, Quecksilbersalze und organische Natriumsalze eingesetzt. Die Giftigkeit dieser Stoffe ist zu beachten! Kalk- und Silikatfarben mit alkalischer Reaktion wirken allein fungizid.

Holzschutzmittel, die durch Streichen, Spritzen und Tauchen aufgebracht werden, sind keine Beschichtungsstoffe, sondern Imprägniermittel, die in den Untergrund eindringen (s. Abschn. 8.8).

## 11.4 Auftragstechniken für Beschichtungen

Die wichtigsten heute eingesetzten Auftragstechniken (Applikationsverfahren) lassen sich vier Verfahrensgruppen zuordnen:

- manuelles Beschichten,
- Spritzbeschichten,
- industrielles Beschichten,
- Pulverbeschichten.

Die Anforderungen an die Oberflächenqualität der Beschichtung sowie Anforderungen an z. B. Beschichtungsgeschwindigkeit, Lösemittelemission und Materialnutzungsgrad werden von den einzelnen Verfahren in unterschiedlichem Maße erfüllt.

### 11.4.1 Manuelles Beschichten

**Streichen/Rollen** sind in der handwerklichen Verarbeitung noch immer die vorherrschenden Auftragstechniken. Sie ermöglichen Materialnutzungsgrade von bis zu 100 %. Der Materialdurchsatz (Materialverbrauch pro Zeit und Person) ist in der Regel gering, wenn nicht mit großen Werkzeugen wie Flächenstreicher, Deckenbürsten oder Farbrollern mit pumpengeförderter Farbzufuhr gearbeitet wird. Durch Streichen oder Rollen können höherviskose Lacke und Farben verarbeitet werden als durch Spritzen oder Tauchen.

**Sprühen** wird meist mit der Spraydose ausgeführt. Anwendung vorzugsweise für Reparaturen an Beschichtungen; für großflächige Applikationen zu teuer.

### 11.4.2 Spritzbeschichten

**Hochdruck-Druckluftspritzen** ist ein konventionelles Spritzverfahren, bei dem überwiegend niedrigviskose Lacke und Lackfarben mit sehr hohem Luftdruck von etwa 2 bis 8 bar zerstäubt werden. Die Spritzgeräte sind relativ einfach und preiswert, die benötigte Luft erzeugt ein Kompressor. Gespritzt wird stationär in Spritzkabinen (Abb. 11.1) oder vor Ort mit mobilen Geräten für Applikation und Absaugung des Spritznebels („Overspray"). Der Materialnutzungsgrad ist mit etwa 20 bis 50 % sehr gering, die Lackiergeschwindigkeit ist niedrig, das Spritzbild allerdings sehr gut.

Beim **Niederdruck-Druckluftspritzen HVLP** („High Volume Low Pressure")wird das Spritzgut mit niedrigem Luftdruck von etwa 0,5 bis 0,7 bar und hohem Luftvolumen zerstäubt. Der niedrige Spritzdruck erlaubt keine feine Zerstäubung, daher wird das Verfahren hauptsächlich zum Spritzen von stark verdünnten (hohe Lösemittelemissionen!) Lacken oder Dispersionsfarben verwendet. Vorteilhaft sind die geringe Spritznebelbildung und die hohe Materialübertragungsrate von bis zu 80 %. Das **LVLP** („Low Volume Low Pressure")-Verfahren ist eine Weiterentwicklung des HVLP-Verfahrens mit deutlich reduziertem Luftverbrauch und geringerer Spritznebelbildung.

Beim **Airless-Spritzverfahren** (Lackauftrag ohne Druckluftzerstäubung) erfolgt die Zerstäubung mit hohem hydraulischem Druck bis 250 bar. Vorteilhaft gegenüber der Zerstäubung mit Druckluft sind der geringere Lackverbrauch, eine hohe Arbeitsgeschwindigkeit und ein hoher Materialnutzungsgrad. Nachteilig wirkt sich aus, dass die Auftragsmenge während des Spritzens nicht reguliert werden kann und es beim Lackieren von Flächen bei Überlappungen zu Streifenbildung kommen kann.

Das **Air-Mix-Spritzverfahren** (auch Spray-Mix- oder Airless-Combi-Verfahren) kombiniert die Vorteile der Airless-Spritztechnik mit denen des konventionellen Druckluftspritzens. Das Spritzgut wird mit mäßigem hydraulischem Druck vorzerstäubt. Die Feinzerstäubung wird durch die zusätzliche Zufuhr von geregelter Druckluft erreicht. Die Auftragmenge lässt sich durch Veränderung des Spritzdrucks regeln. Die Spritznebelbildung ist gering. Das Verfahren eignet sich für feinste Lackierarbeiten mit hoher Flächenleistung.

Beim **Heizspritzverfahren** wird das Spritzgut durch den Einsatz eines Durchlauferhitzers auf die gewünschte Spritztemperatur erwärmt, wodurch die Viskosität des Spritzguts sinkt. Lösemittel zur Veränderung der Viskosität sind daher nicht erforderlich. Vorteilhaft sind kürzere Trocknungszeiten, hohe Schichtdicken und eine sehr gute Oberflächenqualität.

Das **Elektrostatische Spritzen (ESTA)** kommt ohne mechanische Zerstäubung aus. Im Spritzsystem (in der Regel in der Spritzpistole) elektrostatisch aufgeladene Lackteilchen wandern vom Spritzsystem auf das geerdete Werkstück. Das Verfahren zeichnet sich vor allem durch einen hohen Materialnutzungsgrad (60 bis 90 %) und minimalen Overspray aus.

### 11.4.3 Industrielles Beschichten

In der industriellen Anwendung wird eine Vielzahl von Auftragstechniken angewendet, um Serienprodukte unterschiedlicher Stückzahl zu beschichten. Der Materialnutzungsgrad ist bei den im Folgenden beschriebenen Verfahren in der Regel sehr gut, die Lackiergeschwindigkeiten sind hoch und die Lösemittelemissionen gering.

**Konventionelles Tauchen** (Dip Coating): Das zu beschichtende Werkstück wird in ein lackgefülltes Becken getaucht. Nach Durchlaufen einer Abtropf- und Abdunstzone wird der

Lack anschließend in einem Brennofen eingebrannt. Dies ist ein vorteilhaftes Verfahren zur Beschichtung von Bandware aus Metallen oder Kunststoffen.

**Elektrotauchen (ETL):** Das Verfahren eignet sich zum Beschichten von elektrisch leitenden Substraten. Der Tauchlack koaguliert unter der Einwirkung von Gleichstrom am Werkstück. Das Verfahren ist mit einem Materialnutzungsgrad von etwa 98 % sehr wirtschaftlich und gewährt einen hohen Korrosionsschutz. Die Hauptanwendungsgebiete liegen in der Automobilindustrie (Abb. 11.2).

**Fluten:** Die zu beschichtenden Werkstücke werden hängend in einer geschlossenen Kammer mit Lack übergossen. Das äußerst wirtschaftliche Verfahren (Materialnutzungsgrad 85 bis 95 %) wird z. B. bei der Beschichtung von Heizkörpern angewendet.

**Walzen (Coil-Coating):** Beim Walzen wird das Substrat mittels Auftragrollen beschichtet. Diese Technik ist vor allem bei der Lackierung von Bandblechen (Coils) gebräuchlich. Der Materialnutzungsgrad beträgt 95 bis 98 %; die Beschichtungsgeschwindigkeit ist sehr hoch.

**Gießen (Lackvorhang):** Die zu beschichtenden flachen Teile werden auf einem Förderband unter einem „Lackvorhang" hindurchgeführt. Der Vorhang entsteht durch das Ausgießen des Lackes aus einem schmalen Spalt. Der Materialnutzungsgrad liegt zwischen 90 und 98 %.

**Zentrifugieren/Trommeln:** Dieses Verfahren ist zur Beschichtung kleiner Massenteile geeignet. In einer geschlossenen Trommel wird Lack auf die Teile entleert; anschließend wird die Trommel in Rotation versetzt, um den überschüssigen Lack abzuschleudern.

## 11.4.4 Pulverbeschichten

Dieses Verfahren ist dem elektrostatischen Spritzen mit flüssigem Lack vergleichbar, nur dass der Lack in Pulverform auf das Werkstück aufgesprüht wird. Damit das Pulver elektrostatisch appliziert werden kann und dann am metallischen Werkstück haften bleibt ist eine Aufladung des Pulvers erforderlich. Das Verfahren ist nicht nur sehr wirtschaftlich, da der Beschichtungsstoff fast vollständig verwertet wird, sondern auch sehr umweltfreundlich, da auf Lösemittel vollständig verzichtet werden kann.

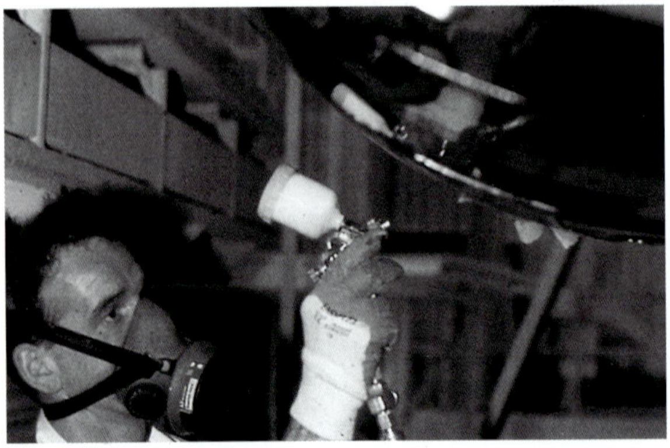

**Abb. 11.1:** Manuelle Lackierung durch Spritzen (aus [7])

**Abb. 11.2:** Elektro-Tauchlackierung einer Pkw-Rohkarosserie (aus [7])

## 11.5 Schäden an Beschichtungen

Als wesentliche Ursachen einer Schädigung bzw. Zerstörung einer Beschichtung kommen in Betracht:

**Ablösen** (Abblättern, Abplatzen, Abschälen) der Beschichtung kann auf einer ungenügenden Haftung der Beschichtung auf dem Untergrund infolge mangelhafter Vorbehandlung beruhen. Auch die Hinterwanderung der Beschichtung durch Feuchtigkeit kann in Verbindung mit dem Quell- und Schwindverhalten des Emulgatoranteils in Kunststoff-Dispersionsbeschichtungen zu Ablösungen führen. Frosteinwirkung verstärkt die Ablösung.

**Durchschlagen** ist bei Untergründen möglich, die Bitumen, Teer, lösliche Farbstoffe, Rauch-, Nikotin-, Rost- und Wasserflecken enthalten.

**Abkreiden** ist entweder auf eine zu geringe Bindemittelmenge im Beschichtungsstoff oder eine zu starke Saugfähigkeit des Untergrunds zurückzuführen. Tritt das Abkreiden erst nach 2 bis 3 Jahren nach Aufbringen der Beschichtung auf, liegt meist eine unzureichende Witterungs- oder UV-Beständigkeit der Beschichtung vor.

**Rissebildung** in Beschichtungen kann auf Einwirkungen des Untergrunds beruhen. Die Risse können aber leicht von den netzförmigen Rissen unterschieden werden, die z. B. bei Ölfarbenbeschichtungen meist durch einen zu hohen Ölanteil verursacht werden: Bei zweischichtiger Ausführung treten Risse in einer ölärmeren und damit weniger elastischen Deckbeschichtung auf, die auf einer ölreicheren Grundbeschichtung aufgetragen wurde. Bei bituminösen Beschichtungen, insbesondere bei Teerbeschichtungen, können Risse als Folge des Schwindens der Beschichtung durch Verdunsten des Ölanteils auftreten.

**Schimmelbildung** mit auffallender Schwarzfärbung („Stockflecken") tritt meist an der Innenseite von Außenwänden oder im Bereich sogenannter Kältebrücken auf. Ursache ist eine wiederholte Kondenswasserbildung auf der Beschichtung, die das Pilzwachstum fördert. Besonders anfällig sind Beschichtungen mit Leimfarbe, wenn der fungizide Zusatz durch wiederholte Feuchtigkeitseinwirkung allmählich ausgewaschen wurde. Auch an emulgatorhaltigen Kunststoff-Dispersionsfarbbeschichtungen tritt Schimmelbildung durch häufigen „Schwitzwasserniederschlag" auf.

**Algenansatz** an Fassadenbeschichtungen tritt bei grobporigen Beschichtungen auf, die eine Ablagerung von Staub und Feuchtigkeit zulassen und damit einen Nährboden für Algen bilden. Auch emulgatorhaltige Beschichtungen bieten trotz relativ feinporigen Films einen Nährboden. Beschichtungen mit Polyurethanlacken bieten erhöhte Sicherheit gegen Algenbefall.

## Literatur

[1] *Brock, T.; Groteklaes, M.; Mischke, P.*: Lehrbuch der Lacktechnologie. 4. Aufl., Vincentz-Network, Hannover, 2012

[2] *Goldschmidt, A.; Streitberger, H.-J.*: BASF-Handbuch Lackiertechnik. Vincentz-Netzwork, Hannover, 2002

[3] *Bach, F. W. u. a.*: Moderne Beschichtungsverfahren. 2. Aufl., Wiley-VCH Verlag, Weinheim, 2005

[4] *Rusam, H.*: Anstriche und Beschichtungen im Bauwesen: Eigenschaften – Untergründe – Anwendung. 2. Aufl., Fraunhofer IRB Verlag, München, 2011

[5] *Kittel, H.; Streitberger, H.-J.*: Lehrbuch der Lacke und Beschichtungen. Band 6: Anwendung von Lacken und sonstigen Beschichtungsstoffen, 2. Aufl., Hirzel-Verlag, Stuttgart, 2008

[6] BFS-Merkblätter des Bundesausschusses Farbe und Sachwertschutz im Hauptverband Farbe, Gestaltung, Bautenschutz; Frankfurt/M.

[7] Industrielacke und Design, Hrsg.: Deutsches Lackinstitut GmbH, Frankfurt/M., Nachdruck 2004

[8] DIN 18363 VOB; Teil C (ATV) – Maler- und Lackierarbeiten – Beschichtungen; Ausgabe 2012-09

# 12 Dämmstoffe für Gebäude

*Dietmar Klausen*

## Normen/Regelwerke

| | |
|---|---|
| DIN 4102-1 | Brandverhalten von Baustoffen und Bauteilen; Teil 1: Baustoffe – Begriffe, Anforderungen und Prüfungen; Ausgabe 1998-05 |
| DIN 4102-2 | Brandverhalten von Baustoffen und Bauteilen; Teil 2: Bauteile – Begriffe, Anforderungen und Prüfungen; Ausgabe 1977-09 |
| E DIN 4102-4 | Brandverhalten von Baustoffen und Bauteilen; Teil 4: Zusammenstellung und Anwendungen klassifizierter Baustoffe, Bauteile und Sonderbauteile; Ausgabe 2012-09 *(Norm-Entwurf)* |
| DIN 4108-2 | Wärmeschutz und Energie-Einsparung in Gebäuden; Teil 2: Mindestanforderungen an den Wärmeschutz; Ausgabe 2013-02 |
| DIN 4108-4 | Wärmeschutz und Energie-Einsparung in Gebäuden; Teil 4: Wärme- und feuchteschutztechnische Bemessungswerte; Ausgabe 2013-02 |
| DIN 4108-10 | Wärmeschutz und Energie-Einsparung in Gebäuden; Teil 10: Anwendungsbezogene Anforderungen an Wärmedämmstoffe – Werkmäßig hergestellte Wärmedämmstoffe; Ausgabe 2008-06 |
| E DIN 4109-1 | Schallschutz im Hochbau; Teil 1: Anforderungen an die Schalldämmung; Ausgabe 2013-06 *(Norm-Entwurf)* |
| DIN EN ISO 9229 | Wärmedämmung – Begriffe; Ausgabe 2007-11 |
| DIN EN 12354-1 | Bauakustik – Berechnung der akustischen Eigenschaften von Gebäuden aus den Bauteileigenschaften; Teil 1: Luftschalldämmung zwischen Räumen; Ausgabe 2000-12 |
| DIN EN 12354-2 | Bauakustik – Berechnung der akustischen Eigenschaften von Gebäuden aus den Bauteileigenschaften; Teil 2: Trittschalldämmung zwischen Räumen; Ausgabe 2000-09 |
| DIN EN 13162 | Wärmedämmstoffe für Gebäude – Werkmäßig hergestellte Produkte aus Mineralwolle (MW) – Spezifikation; Ausgabe 2013-03 |
| DIN EN 13163 | Wärmedämmstoffe für Gebäude – Werkmäßig hergestellte Produkte aus expandiertem Polystyrol (EPS) – Spezifikation; Ausgabe 2013-03 |
| DIN EN 13164 | Wärmedämmstoffe für Gebäude – Werkmäßig hergestellte Produkte aus extrudiertem Polystyrolschaum (XPS) – Spezifikation; Ausgabe 2013-03 |
| DIN EN 13165 | Wärmedämmstoffe für Gebäude – Werkmäßig hergestellte Produkte aus Polyurethan-Hartschaum (PU) – Spezifikation; Ausgabe 2013-03 |
| DIN EN 13166 | Wärmedämmstoffe für Gebäude – Werkmäßig hergestellte Produkte aus Phenolharzschaum (PF) – Spezifikation; Ausgabe 2013-03 |
| DIN EN 13167 | Wärmedämmstoffe für Gebäude – Werkmäßig hergestellte Produkte aus Schaumglas (CG) – Spezifikation; Ausgabe 2013-03 |
| DIN EN 13168 | Wärmedämmstoffe für Gebäude – Werkmäßig hergestellte Produkte aus Holzwolle (WW) – Spezifikation; Ausgabe 2013-03 |

| | |
|---|---|
| DIN EN 13169 | Wärmedämmstoffe für Gebäude - Werkmäßig hergestellte Produkte aus Blähperlit (EPB) - Spezifikation; Ausgabe 2013-03 |
| DIN EN 13170 | Wärmedämmstoffe für Gebäude - Werkmäßig hergestellte Produkte aus expandiertem Kork (ICB) - Spezifikation; Ausgabe 2013-03 |
| DIN EN 13171 | Wärmedämmstoffe für Gebäude - Werkmäßig hergestellte Produkte aus Holzfasern (WF) - Spezifikation; Ausgabe 2013-03 |
| DIN EN 13172 | Wärmedämmstoffe - Konformitätsbewertung; Ausgabe 2012-04 |
| DIN EN 13499 | Wärmedämmstoffe für Gebäude - Außenseitige Wärmedämm-Verbundsysteme (WDVS) aus expandiertem Polystyrol - Spezifikation; Ausgabe 2003-12 |
| DIN EN 13500 | Wärmedämmstoffe für Gebäude - Außenseitige Wärmedämm-Verbundsysteme (WDVS) aus Mineralwolle - Spezifikation; Ausgabe 2003-12 |
| DIN EN 13501-1 | Klassifizierung von Bauprodukten und Bauteilen zu ihrem Brandverhalten;<br>Teil 1: Klassifizierung mit den Ergebnissen aus den Prüfungen zum Brandverhalten von Bauprodukten; Ausgabe 2010-01 |
| DIN EN 13501-2 | Klassifizierung von Bauprodukten und Bauteilen zu ihrem Brandverhalten;<br>Teil 2: Klassifizierung mit den Ergebnissen aus den Feuerwiderstandsprüfungen, mit Ausnahme von Lüftungsanlagen; Ausgabe 2010-02 |
| DIN EN 14063-1 | Wärmedämmstoffe für Gebäude - An der Verwendungsstelle hergestellte Wärmedämmung aus Blähton-Leichtzuschlagstoffen (LWA);<br>Teil 1: Spezifikation für die Schüttdämmstoffe vor dem Einbau; Ausgabe 2004-11 |
| E DIN EN 14063-2 | Wärmedämmstoffe für Gebäude - An der Verwendungsstelle hergestellte Wärmedämmung aus Blähton-Leichtzuschlagstoffen;<br>Teil 2: Spezifikation für die eingebauten Produkte; Ausgabe 2012-12 *(Norm-Entwurf)* |
| DIN EN 14064-1 | Wärmedämmstoffe für Gebäude - An der Verwendungsstelle hergestellte Wärmedämmung aus Mineralwolle (MW);<br>Teil 1: Spezifikation für Schüttdämmstoffe vor dem Einbau; Ausgabe 2010-06 |
| DIN EN 14064-2 | Wärmedämmstoffe für Gebäude - An der Verwendungsstelle hergestellte Wärmedämmung aus Mineralwolle (MW);<br>Teil 2: Spezifikation für die eingebauten Produkte; Ausgabe 2010-06 |
| DIN EN 14315-1 | Wärmedämmstoffe für das Bauwesen - An der Verwendungsstelle hergestellte Wärmedämmung aus Polyurethan (PUR)- und Polyisocyanurat (PIR)-Spritzschaum;<br>Teil 1: Spezifikation für das Schaumsystem vor dem Einbau; Ausgabe 2013-04 |
| DIN EN 14315-2 | Wärmedämmstoffe für das Bauwesen - An der Verwendungsstelle hergestellte Wärmedämmung aus Polyurethan (PUR)- und Polyisocyanurat (PIR)-Spritzschaum;<br>Teil 2: Spezifikation für die eingebauten Produkte; Ausgabe 2013-04 |
| DIN EN 14316-1 | Wärmedämmstoffe für Gebäude - An der Verwendungsstelle hergestellte Wärmedämmung aus Produkten mit expandiertem Perlite (EP);<br>Teil 1: Spezifikation für gebundene und Schüttstoffe vor dem Einbau; Ausgabe 2004-11 |
| DIN EN 14316-2 | Wärmedämmstoffe für Gebäude - An der Verwendungsstelle hergestellte Wärmedämmung mit Produkten aus expandiertem Perlite (EP);<br>Teil 2: Spezifikation für die eingebauten Produkte; Ausgabe 2007-04 |
| DIN EN 14317-1 | Wärmedämmstoffe für Gebäude - An der Verwendungsstelle hergestellte Wärmedämmung mit Produkten aus expandiertem Vermiculite (EV);<br>Teil 1: Spezifikation für gebundene und Schüttdämmstoffe vor dem Einbau; Ausgabe 2004-11 |

| | |
|---|---|
| DIN EN 14317-2 | Wärmedämmstoffe für Gebäude – An der Verwendungsstelle hergestellte Wärmedämmung mit Produkten aus expandiertem Vermiculite (EV); Teil 2: Spezifikation für die eingebauten Produkte; Ausgabe 2007-04 |
| DIN EN 14318-1 | Wärmedämmstoffe für das Bauwesen – An der Verwendungsstelle hergestellte Wärmedämmung aus dispensiertem Polyurethan (PUR)- und Polyisocyanurat (PIR)-Hartschaum; Teil 1: Spezifikation für das Schaumsystem vor dem Einbau; Ausgabe 2013-04 |
| DIN EN 14318-2 | Wärmedämmstoffe für das Bauwesen – An der Verwendungsstelle hergestellte Wärmedämmung aus dispensiertem Polyurethan (PUR)- und Polyisocyanurat (PIR)-Hartschaum; Teil 2: Spezifikation für die eingebauten Produkte; Ausgabe 2013-04 |
| DIN EN 15101-1 | Wärmedämmstoffe für Gebäude – An der Verwendungsstelle hergestellter Wärmedämmstoff aus Zellulosefüllstoff (LFCI); Teil 1: Spezifikation für die Produkte vor dem Einbau; Ausgabe 2013-02 |
| DIN EN 15101-2 | Wärmedämmstoffe für Gebäude – An der Verwendungsstelle hergestellter Wärmedämmstoff aus Zellulosefüllstoff (LFCI); Teil 2: Spezifikation für die eingebauten Produkte; Ausgabe 2013-02 |
| DIN EN 29052-1 | Akustik – Bestimmung der dynamischen Steifigkeit; Teil 1: Materialien, die unter schwimmenden Estrichen in Wohngebäuden verwendet werden; Ausgabe 1992-08 |
| DIN EN ISO 10456 | Baustoffe und Bauprodukte – Wärme- und feuchtetechnische Eigenschaften – Tabellierte Bemessungswerte und Verfahren zur Bestimmung der wärmeschutztechnischen Nenn- und Bemessungswerte; Ausgabe 2010-05 |
| VDI 4100 | Schallschutz im Hochbau – Wohnungen – Beurteilung und Vorschläge für erhöhten Schallschutz; Ausgabe 2012-10 (Technische Regel) |

Dämmstoffe gewährleisten bei sachgerechter Verarbeitung den in der Normung geforderten *Wärmeschutz* und/oder *Schallschutz* der Baukonstruktion und stellen den Brandschutz von Bauteilen sicher. Die meisten Dämmstoffe eignen sich sowohl für den Wärmeschutz als auch für den Schallschutz, hier insbesondere für die Trittschalldämmung. Bei Wärmedämmstoffen, die den Wärmedurchgang durch die Außenhülle eines Bauwerks verringern sollen, sind eine niedrige Rohdichte und die damit verbundene niedrige Wärmeleitfähigkeit ausschlaggebend. Bei der Trittschalldämmung ist ein ausreichendes Federungsvermögen („Dynamische Steifigkeit") entscheidend. Dämmstoffe für den *Brandschutz* dienen vor allem dazu, den Wärmestrom von der Brandseite zu der dem Feuer zugewandten Bauteilseite zu reduzieren.

## 12.1 Dämmstoffe für den Wärmeschutz

Dämmstoffe für den Wärmeschutz lassen sich nach folgenden Kriterien unterteilen:

**Stoffliche Zusammensetzung**

- organische, synthetische Dämmstoffe, z. B. Polystyrol-Hartschaum (EPS)
- anorganische, synthetische Dämmstoffe, z. B. Mineralwolle (MW)

- organische, natürliche Dämmstoffe, z. B. Holzwolle (WW)
- anorganische, natürliche Dämmstoffe, z. B. Blähperlit (EPB)

**Verarbeitungs- bzw. Lieferform**

- Platten und Matten aus Faserdämmstoffen
- Platten aus Hartschäumen (EPS, XPS, PU) und mineralischen Stoffen (Schaumglas CG)
- Schüttungen aus Faserdämmstoffen und mineralischen Dämmstoffen
- Ortschäume aus Schaumkunststoffen
- Einblasprodukte aus Faserdämmstoffen

**Porenstruktur**

- geschlossenzellige Dämmstoffe
- offenzellige Dämmstoffe
- gemischtzellige Dämmstoffe

**Brandverhalten**

- nicht brennbare Dämmstoffe der Baustoffklassen A1 und A2 nach DIN 4102-1
- brennbare Dämmstoffe der Baustoffklassen B1 und B2 nach DIN 4102-1

## 12.1.1 Dämmstoffarten

### 12.1.1.1 Organische Dämmstoffe aus synthetischen Rohstoffen

#### Polystyrol-Hartschaum (EPS und XPS)

Polystyrol-Hartschaum entsteht durch Polymerisation von Styrol zu Polystyrol, dem ein Treibmittel (Pentan) und ggf. Additive zugesetzt werden. Nach der Herstellungsart wird zwischen expandiertem Polystyrol-Hartschaum (EPS) und extrudiertem Polystyrol-Hartschaum (XPS) unterschieden.

Bei der Herstellung von **expandiertem Polystyrol-Hartschaum (EPS)** wird perlenförmiges Polystyrolgranulat, in welches das Treibmittel Pentan einpolymerisiert ist, mithilfe von Wasserdampf bei Temperaturen über 90 °C vorgeschäumt. Dabei blähen sich die thermoplastischen Perlen um etwa das 20- bis 50-Fache ihres ursprünglichen Volumens zu Polystyrol-Schaumpartikeln auf, wobei das Treibmittel verdampft. Nach Kühlung und Zwischenlagerung werden die Schaumpartikel in Formen gefüllt, durch eine zweite Heißdampfbehandlung bei 110 bis 120 °C weiter aufgebläht (Aufschäumen) und miteinander verschweißt. Dabei entstehen Blöcke, aus denen Platten und Bahnen (Blockware) geschnitten werden. Bandware wird in der gewünschten Dicke auf einem Band hergestellt und erst anschließend auf die Plattenabmessungen zugeschnitten. Einzelplatten und Formteile werden in speziellen Formteilautomaten hergestellt, wodurch sie eine geschlossenzellige Oberfläche erhalten.

EPS-Hartschaum weist eine überwiegend geschlossenzellige Wabenstruktur auf mit einem Luftporenanteil von bis zu 98 Vol.-%, ist wenig elastisch, feuchtebeständig und unverrottbar. EPS-Dämmstoffe werden zur Wärme- und Trittschalldämmung und in Wärmedämm-Verbundsystemen (WDVS) als Dämmschicht unter Armierungsschicht und Schlussbeschichtung eingesetzt.

Der Marktanteil von EPS-Dämmstoffen liegt in Deutschland derzeit bei etwa 30 %.

**Extrudierter Polystyrol-Hartschaum (XPS)** wird auf Extrusionsanlagen als kontinuierlicher Schaumstoffstrang hergestellt. Im Extruder wird das Polystyrol-Granulat aufgeschmolzen und unter Zugabe von Treibmitteln – hauptsächlich Kohlendioxid $CO_2$ – und anderen Zusätzen über eine Breitschlitzdüse kontinuierlich ausgetragen. Nach Durchlaufen einer Kühlzone wird der Strang zu Platten geschnitten und die Randprofilierung vorgenommen. Der Schaumstoff weist eine homogene geschlossenzellige Struktur mit einer beidseits glatten Schäumhaut auf, die in besonderen Anwendungsfällen, etwa zur Verbesserung des Haftverbundes, entfernt werden muss.

Im Vergleich zu EPS weist XPS eine höhere Druckfestigkeit und Feuchtebeständigkeit auf. Daher sind XPS-Hartschaumplatten u. a. als Bodendämmung von Decken mit hoher Belastung und als Perimeterdämmung bei Feuchtebelastung erdberührter Bauteile besonders geeignet. XPS-Hartschaum ist als Dämmstoff für Umkehrdachkonstruktionen zugelassen. Zur Trittschalldämmung sind XPS-Hartschaumstoffe nicht geeignet.

Der Marktanteil von XPS-Dämmstoffen liegt in Deutschland derzeit bei etwa 5 %.

Anmerkung: Deutsche Hersteller haben HFKW (teilfluorierter Kohlenwasserstoff) als Treibmittel weitgehend durch Kohlendioxid $CO_2$ bzw. durch eine Verbindung von $CO_2$ mit 2-3 % Ethanol ersetzt.

EPS- und XPS-Schaumstoffen wird als Flammschutzmittel 2-3 % HBCD (Hexabromcyclododecan) zugesetzt.

### Polyurethan-Hartschaum (PU)

Polyurethan-Hartschaum entsteht durch Polyaddition von Polyol und Polyisocyanat unter Hinzufügung eines Treibmittels (meist Pentan, auch $CO_2$, selten HFKW) und eines Flammschutzmittels FSM (TCPP oder TCEP). Direkt nach dem Vermischen der Komponenten setzt eine chemische Reaktion ein, in deren Verlauf das Treibmittel verdampft. Dabei schäumt das Gemisch bis zum 30-Fachen seines ursprünglichen Volumens auf. Die Dämmwirkung wird durch den Einschluss von Luft bzw. Treibgasen in den aufgeschäumten Zellen erzeugt.

PU-Hartschaum-Dämmstoffe werden entweder als Blöcke nach dem *Blockschaumverfahren* oder als Platten im *Doppelbandverfahren* hergestellt. Beim Blockschaumverfahren wird das Reaktionsgemisch in eine Blockform eingefüllt oder auf ein kontinuierliches Blockband aufgebracht. Nach dem Aufschäumen und Ablagern werden die Blöcke zu Platten aufgeschnitten. Beim Doppelbandverfahren strömt das Reaktionsgemisch aus dem Mischkopf auf eine untere Deckschicht (Kaschierung) aus Mineral-, Glasvlies- oder Aluminiumfolie, schäumt auf und verklebt mit einer oberen Deckschicht in der gewünschten Dämmstoffdicke. Die Bandschaumplatten werden kontinuierlich gefertigt und sind in beliebiger Länge herstellbar. Ebenso lassen sich für selbsttragende Bauelemente profilierte Deckschichten aus Stahl- oder Aluminiumblechen (Metall-Sandwichelemente) verwenden.

Für PU-Dämmplatten und PU-Dämmsysteme gibt es im Bauwesen eine Vielzahl von Anwendungsmöglichkeiten: Dämmung auf, zwischen und unter den Sparren im Dachbereich, Dämmung von Geschossdecken und Industrieböden, innen- und außenseitige Dämmung von Außenwänden, Perimeterdämmung usw.

Der Marktanteil von PU-Dämmstoffen liegt in Deutschland derzeit bei etwa 5 %.

Anmerkung: Verstärkt zeigt sich ein Übergang von PU-Schaum zu sogenanntem PUR-modifiziertem PIR-(Polyisocyanurat)-Schaum mit hohem Isocyanat-Anteil. Bei gleich hoher Brandschutzwirkung lässt sich damit die Flammschutzmittelzugabe verringern.

### Phenolharz-Hartschaum (PF)

Phenol-Formaldehydharz-Hartschaum wird durch Kondensation von Phenolen (oder Phenol-Derivaten) mit Formaldehyd als Härter unter Zugabe eines Treibmittels mit oder ohne Zufuhr äußerer Wärme erzeugt. Phenolharzschaum ist ein überwiegend geschlossenzelliger, harter Schaumstoff mit guten Wärmedämmeigenschaften.

Die Herstellung von Dämmstoffplatten erfolgt vorzugsweise in kontinuierlichen Verfahren als Bandware, vereinzelt auch als Blöcke. In der Regel sind die Platten beidseitig mit Glasvlies oder Aluminiumfolie kaschiert.

Die Dämmstoffplatten werden im Dachbereich auf und unter Sparren sowie auf Flachdächern (Umkehrdach) eingebaut. Die Platten eignen sich als Innendämmung von Außenmauerwerk, als Dämmschicht unter Estrich und für Wärmedämm-Verbundsysteme (WDVS).

### Polyurethan-Ortschaum (PUR/PIR)

*Polyurethan(PUR)-Spritzschaum* (auch: „Dachspritzschaum") ist ein Polyurethan-Hartschaum, der im Spritz- oder Gießverfahren direkt an der Verwendungsstelle durch Mischen eines Reaktionsgemischs aus Polyolen und Isocyanaten hergestellt wird (Zweikomponenten-Schaum). Als Treibmittel kommen physikalische, d. h. HFKW-haltige Treibmittel oder Treibmittelgemische aus $CO_2$ und HFKW (teilfluorierte Kohlenwasserstoffe) zum Einsatz. Durch die Zugabe von Flammschutzmitteln (TCPP oder TCEP) lässt sich die geforderte Brandschutzeinstufung erreichen.

Beim *Spritzverfahren* wird ein stark aktiviertes Reaktionsgemisch unter Luft-, Gas- oder Flüssigkeitsdruck über Düsen eines Mischkopfs in fein verteilter Form auf eine Fläche aufgespritzt. Dort schäumt es sofort auf und erhärtet als Schaumkunststoff.

Beim *Gießverfahren* wird ein flüssiges Reaktionsgemisch über Schlauchleitungen aus einem Mischkopf in die für die Dämmung vorgesehenen Hohlräume eingegossen, wo es nach kurzer Zeit aufschäumt und als Schaumkunststoff erhärtet.

*Montageschäume* sind eine besondere Form der Spritzschäume und werden als Dosenschäume (ca. 80 % aerosolgetriebene Einkomponenten-Schäume) angeboten. Im Bereich der Montageschäume sind auch Isocyanurat-modifizierte PUR-Spritzschäume (PIR) erhältlich. Anstelle des klimaschädlichen HFKW kommen Gemische aus leichtentzündlichen Kohlenwasserstoffen (Propan, Butan, Dimethylether) als Treibmittel zum Einsatz. Der Verzicht auf das schwer brennbare HFKW als Treibmittel erfordert jedoch einen höheren Einsatz von Flammschutzmitteln zur Realisierung der Baustoffklasse B2.

PUR-Spritzschaum wird vorwiegend zur Sanierung von Flachdächern im Gebäudebestand, zur flächigen Dämmung von Bauteilen und Profilen sowie zur Hohlraumausschäumung eingesetzt. PUR/PIR-Montageschaum findet im Wesentlichen bei der Fugenabdichtung, bei Verfüllung und Wärmedämmung umlaufender Hohlräume und bei der Abdichtung von Rohrdurchführungen Verwendung.

### 12.1.1.2 Anorganische Dämmstoffe aus synthetischen Rohstoffen

#### Mineralwolle (MW)

Mineralwolle-Dämmstoffe werden aus Schmelzen von Glas, Natursteinen oder Schlacken hergestellt und als Glas-, Stein- oder Schlackenwolle bezeichnet. Mineralwolle-Dämmstoffe haben in Deutschland einen Marktanteil von über 50 %.

**Glaswolle** besteht überwiegend aus Quarzsand, Kalkstein und bis zu 70 % aus Altglas. Während der Herstellung werden Mineralöle zur Staubbindung und ggf. Silikonöle zur Hydrophobierung zugegeben. Die mineralischen Rohstoffe werden in Schmelzwannen bei etwa 1400 °C geschmolzen und anschließend zerfasert. Während der Zerfaserung kommt ein in Wasser gelöstes Bindemittel hinzu. Das Wasser verdampft dabei und die Fasern kühlen so rasch ab, dass sie glasig erstarren. Das Bindemittel wird anschließend bei etwa 250 °C ausgehärtet, wodurch die Glaswolle-Produkte ihre Stabilität erhalten. Danach werden sie auf Maß geschnitten, gegebenenfalls beschichtet oder kaschiert. Matten enthalten in der Regel Bindemittel, können aber auch ohne sie hergestellt werden (gesteppte Matten).

**Steinwolle** besteht aus verschiedenen Gesteinsarten, z. B. Basalt, Diabas oder Dolomit. Das Gestein wird bei Temperaturen um 1500 °C geschmolzen und unter Zusatz von Kunstharzen als Bindemittel und ggf. Mineralölen zur Hydrophobierung zerfasert. Die Fasern werden mit Wasser abgeschreckt und nach der Erstarrung als Wollvlies aufgesammelt. Danach härtet das Bindemittel bei etwa 230 °C aus. Die Verdichtung, der Bindemittelgehalt und die Orientierung der Fasern in der Wolle sind für die Dämmstoffeigenschaften ausschlaggebend.

Mineralwolle-Dämmstoffe werden als Matten (M) mit und ohne Trägermaterial (z. B. Drahtgeflecht, Wellpappe, Vlies) sowie als Filze (F) und Platten (P) mit und ohne Beschichtung (z. B. Aluminiumfolie, Kunststofffolie, Kraftpapier) aufgerollt und eben geliefert. Als vorgefertigte Schalen dienen sie der Ummantelung von Rohrleitungen, als Stopfwolle der Abdichtung von Hohlräumen. Mineralfaser-Dämmstoffplatten finden auch in Wärmedämm-Verbundsystemen (WDVS) Anwendung. Von einer Verwendung von Blaswolle im Einblasverfahren sollte wegen der dabei entstehenden hohen Faserbelastung abgesehen werden.

Zu beachten ist, dass Trägermaterial und Beschichtungen die Eigenschaften der Mineralwolle-Dämmstoffe, z. B. das Brandverhalten, wesentlich beeinflussen können.

Anmerkung: Künstlich hergestellte Mineralfaser-Dämmstoffe stehen im Verdacht, aufgrund bestimmter Fasergrößen Krebs erzeugend zu sein. Nach dem „Kanzerogenitätsindex (KI)", der die Schädlichkeit von Fasern definiert, sind Faserstäube mit einem KI ≤ 30 als „Krebs erzeugende Stoffe" einzuordnen, während für Faserstäube mit einem KI ≥ 40 keine Einstufung erfolgt.

#### Schaumglas (CG)

Schaumglas ist ein aus silikatischem Glas durch Zugabe von Treibmitteln werksmäßig aufgeschäumter, geschlossenzelliger Dämmstoff. Rohstoffe sind Quarzsand, Dolomit, Kalk und Recyclingglas (Autoscheiben und Fensterglas), das mit über 60 % bei Schaumglasplatten und bis zu 100 % bei Schaumglas-Schotter/Granulat den größten Anteil einnimmt. Die

Rohstoffe werden bei Temperaturen um 1250 °C zu Rohglas geschmolzen. Anschließend wird das erkaltete Glas zu Pulver zermahlen und nach Zugabe von Kohlenstoff bei 850 °C aufgeschäumt. Dabei entsteht eine geschlossene und gasundurchlässige Zellstruktur, deren Poren im Wesentlichen Kohlendioxid $CO_2$ (99 %) und als Nebenbestandteile geringe Mengen Schwefelwasserstoff $H_2S$ (leichter Geruch) und Stickstoff $N_2$ enthalten. Die Zellgase machen 95 Vol.-% des Dämmstoffs aus.

Die Herstellung von Schaumglas-Platten erfolgt in Formen. Nach dem kontrollierten Abkühlen im Streckofen und nach dem spannungsfreien Auskühlen werden die Blöcke auf Solldicke zugeschnitten.

Für die Herstellung von Schaumglas-Schotter/Granulat wird das Recyclingglas gemahlen und in Plattenformen bei 900 °C geschäumt und gebläht. Die vorgerillten Schaumglasplatten zerbrechen während des Auskühlens als Folge der in den Platten entstehenden Spannungen in gleichmäßige Stücke.

Aufgrund ihrer geschlossenen Zellstruktur, der Wasserdampfdichtigkeit sowie der hohen Druckfestigkeit werden Schaumglas-Dämmplatten und Schaumglas-Schotter/Granulat vorwiegend als Perimeterdämmung erdberührter Bauteile eingesetzt. Weitere Einsatzbereiche sind die Dämmung von Decken, Wänden und Fassaden.

**Blähglas**

Blähglas wird ausschließlich aus Recyclingglas gewonnen. Das gereinigte Altglas wird zu Glasmehl vermahlen, mit Wasser und Zusätzen (Binde- und Blähmittel) vermengt und granuliert. Durch das nachfolgende Erhitzen auf 800 bis 900 °C (Schäumen) bilden sich in den Glaspartikeln kleine geschlossene Poren. Nach dem Abkühlen wird das Granulat durch Siebung in einzelne Korngrößen zwischen 0,25 bis 16 mm getrennt. Blähglas kann auch zu Blöcken vergossen werden, die nach dem Erkalten granuliert und zu Schotter gebrochen werden.

Blähglas lässt sich als Leichtzuschlag in Trockenmörteln und bauchemischen Produkten, z. B. Putzen, Klebe- und Spachtelmassen, sowie zur Fertigung von zement- oder kunstharzgebundenen Platten, z. B. Putzträgerplatten und Wärmedämmplatten, verwenden. Ungebundene Dämmschüttungen aus kugelförmigem Blähglasgranulat sind leicht, ausreichend druckfest, wärmedämmend, nicht brennbar und insbesondere zur Verfüllung von Hohlräumen in Decken und Wandkonstruktionen geeignet.

**Calciumsilikat**

Calciumsilikatplatten werden aus Kalk (Calciumoxid) und Quarzsand (Siliciumdioxid) hergestellt. In einem ersten Produktionsschritt werden diese Rohstoffe in Wasser aufgeschlämmt und reagieren zu einer Vorstufe des Calciumsilikats. Nach der Formgebung wachsen die Calciumsilikatkristalle durch Autoklavieren unter hohem Druck und überhitztem Wasserdampf zu einer feinporigen offenen Struktur mit hoher kapillarer Saugfähigkeit. Bei der Herstellung der Calciumsilikatplatten werden Zellstofffasern zur Armierung, aber keine Treibmittel, organischen Additive oder Mineralfasern verwendet.

Calciumsilikatplatten setzt man vorwiegend als Dämmstoff für den Innenbereich ein, da sie aufgrund ihrer hohen Kapillarität Raumfeuchtigkeit aufnehmen, zwischenspeichern und wieder abgeben können. Die Alkalität der Calciumsilikatplatten verringert zusätzlich die Gefahr der Schimmelpilzbildung.

#### 12.1.1.3 Organische Dämmstoffe aus natürlichen Rohstoffen

**Holzwolle (WW)**

Vorwiegend Restholz wird mechanisch zu langfasriger Holzwolle gehobelt, mit mineralischen Bindemitteln aus Zement oder kaustisch gebranntem Magnesit vermischt, in Formen gepresst, nach dem Erhärten zugeschnitten und zu Holzwolle-Leichtbauplatten (HWL-Platten) und Mehrschicht-Leichtbauplatten (ML-Platten) weiterverarbeitet.

HWL-Platten nach DIN 1101 kommen vorwiegend als Putzträger im Innen- und Außenbereich zur Anwendung. Als unverputzte steife Platten mit elastischen Holzfasern zeigen sie gute schallabsorbierende Eigenschaften und werden daher auch als Akustikplatten verwendet.

ML-Platten nach DIN 1101 sind Leichtbauplatten mit einer Schicht aus Dämmstoffen (Mineralfaser oder Hartschaum) und einer einseitigen Schicht (Zweischichtplatten) oder beidseitigen Schicht (Dreischichtplatten) aus mineralisch gebundener Holzwolle. Es wird daher zwischen Mineralfaser-ML-Platten und Hartschaum-ML-Platten unterschieden. Die Eigenschaften sind denen von HWL-Platten vergleichbar, werden aber in hohem Maße von den jeweiligen Dämmstoffschichten beeinflusst. ML-Platten dienen dem Wärme-, Schall- und Brandschutz und finden daher vielfältige Anwendung im Mauerwerk-, Beton- und Holzbau.

**Holzfasern (WF)**

Rohstoff für Holzfaserdämmstoffe sind Weichholzfasern von Resthölzern (z. B. Holzabfälle, Wind- und Schneebruchholz). Die Resthölzer werden thermo-mechanisch zerfasert und mit Wasser zu einem Brei vermengt.

Zur Herstellung von losen *Einblasdämmstoffen* werden die Fasern anschließend getrocknet.

*Holzfaserdämmplatten* (früher: Poröse Holzfaserdämmplatten, Holzweichfaserplatten) bestehen zu mindestens 80 % aus Holzfasern und werden meist ohne chemische Bindemittel (die Bindung erfolgt durch das holzeigene Harz Lignin) im Nass- oder Trockenverfahren hergestellt.

Bei der Herstellung von Holzfaserdämmplatten im *Nassverfahren* formt eine Formmaschine die in bis zu 98 % Wasser aufgeschlämmten Fasern zu einem Faserkuchen. Nach dem mechanischen Auspressen des überschüssigen Wassers wird der Faserkuchen auf Länge geschnitten und in einem Trockenkanal zum Abbinden gebracht. Durch diese Aufschlussprozesse wird die Faseroberfläche so weit aktiviert, dass die holzeigenen Bindekräfte wirksam werden. Zur Aktivierung der Lignine und zur Verbesserung der Feuchtigkeit abweisenden Eigenschaft wird meist Aluminiumsulfat (etwa 1 %) zugesetzt. Die Zugabe von Hydrophobierungsmitteln (etwa 2 % Paraffinemulsion, Naturharzemulsion) verbessert die Feuchtebeständigkeit. Nach dem Trocknen bei 160 bis 220 °C werden die Platten konfektioniert, d. h. auf Format geschnitten, profiliert oder für größere Dämmplattendicken schichtverklebt. Im Nassverfahren sind Platten mit Dicken > 30 mm nur durch das streifenweise Verleimen (etwa 3 % Weißleim) mehrerer Schichten übereinander herstellbar.

Im *Trockenverfahren* werden die Fasern direkt nach dem Aufschlussprozess auf die für den Beleimungsprozess notwendige Restfeuchte getrocknet und anschließend mit einem Bindemittel (i. d. R. etwa 4 % PU-Harz) beleimt. Die beleimten Fasern werden ausgestreut, auf die gewünschte Plattendicke gepresst und durch ein Dampf-Luft-Gemisch ausgehärtet. Im

Trockenverfahren können einschichtige Plattendicken bis zu 24 mm mit gleichmäßiger Rohdichte gefertigt werden. Bei Dicken > 30 mm ist stets ein Bindemittel erforderlich.

Holzfaserplatten lassen sich u. a. zur Wärme- und Schalldämmung im Wand-, Decken- und Dachbereich, als Wärme- und Trittschalldämmung im Bodenbereich, als Putzträger sowie als Abdeckplatten für Ausgleichsschüttungen einsetzen.

### Zellulose

Zelluloseflocken werden aus mechanisch zerkleinertem Altpapier gewonnen. Die meist pneumatischen Zerfaserungsverfahren gewährleisten eine gute dreidimensionale Vernetzung der einzelnen Flocken untereinander und damit ein hohes Maß an Setzungssicherheit der Dämmung. Durch die Zugabe von bis zu 20 % Borsalz wird der Brand- und Fungizidschutz verbessert.

Die Verarbeitung der *Zelluloseflocken* erfolgt in der Regel maschinell im Einblasverfahren, bei dem die Flocken in die Hohlräume der zu dämmenden Bauteile bis zu einer Dicke von 40 cm eingeblasen werden. Bei dem in Ausnahmefällen angewendeten Sprühverfahren werden die Flocken angefeuchtet und bis zu einer Dämmschichtdicke von 20 cm auf den Untergrund aufgesprüht.

Zellulose-Dämmstoffe sind auch in Form von *Zellulosematten* erhältlich. Die Verarbeitung erfolgt als Klemmfilz zur Zwischensparrendämmung im Dachbereich oder als Dämmung von Wänden in Holzständerbauweise.

### Kork (ICB)

Die harzreiche Rinde (nicht Borke) der Korkeiche wird zu Korkschrot/Korkgranulat gemahlen. Das Naturkorkgranulat wird nichtexpandiert als Schüttstoff (Korndurchmesser 0,5 bis 12 mm) angeboten oder einer Aufbereitung zu expandiertem Korkgranulat zugeführt.

Zur Herstellung von Korkdämmplatten wird Korkgranulat ohne Zusätze unter Zufuhr von etwa 370 °C heißem Wasserdampf und unter 1 bar Druck in einem Autoklaven gebacken. Dabei expandiert das Korkgranulat auf das 2- bis 4-fache Volumen ohne Zerstörung der Zellstruktur. Das korkeigene Harz (Suberin) wird durch die hohen Temperaturen frei, wandert an die Außenseite der einzelnen Körner und verklebt sie zu großen Blöcken (Backkork, niedrig-rein-expandierter Kork). Nach dem Backen werden die Blöcke mit etwa 70 °C heißem Wasser besprüht, abgekühlt und in die gewünschten Plattenformate zugeschnitten. Aus den Schnittresten wird expandiertes Korkgranulat hergestellt.

Dämmstoffplatten aus expandiertem Kork (ICB) nach DIN EN 13170 werden ohne oder mit ein- oder beidseitiger Beschichtung aus Papier, Pappe oder Metallfolien angeboten. Im Dachbereich finden sie als Aufsparren- und Zwischensparrendämmung und im Deckenbereich als Wärme- und Trittschalldämmung Verwendung. Im Wandbereich können sie als Dämmung in Standerwänden, als Putzträger und in Wärmedämm-Verbundsystemen (WDVS) eingesetzt werden. Nichtgenormte Korkmatten auf Rollen und dünne Platten (5 bis 10 mm Dicke) werden zur Trittschalldämmung verwendet. Für lose Schüttungen setzt man expandiertes Korkgranulat (Korndurchmesser 2 bis 12 mm) ein.

Imprägnierter Kork, mit Heißbitumen oder Kunstharzen als Bindemittel zu Blöcken verarbeitet, findet im Dämmstoffbereich nach Herstellerangaben in Deutschland keine Anwendung mehr.

#### Weitere organische Dämmstoffe aus natürlichen Rohstoffen

- *Baumwolle* und *Schafwolle* wird zu Matten, Filzen, Vliesen und Einblasware verarbeitet und häufig mit Borsalz behandelt. Schafwollematten können bis zu 20 % Polyesterfasern oder andere Kunstfasern enthalten.
- *Flachs- und Hanffasern* werden zu kunstharzgebundenen und mit Borsalz behandelten Matten, Rollen und Platten sowie zu Stopfwolle verarbeitet.
- *Kokosfasern* sind in mit Borverbindungen behandelten Platten, Matten und Filzen – z. T. mit bituminösem Papier beschichtet – enthalten und für die Trittschalldämmung geeignet.
- *Schilfrohr* wird mit Draht zu 20 bis 50 mm dicken Platten gebunden. In weiter Bindung kommt Schilfrohr auch als Putzträger (Rohrmatten) zum Einsatz.
- *Stroh* wird zu Pressplatten mit oder ohne V100-Leim verarbeitet. Strohplatten weisen vergleichsweise schlechte Dämmeigenschaften auf.

### 12.1.1.4 Anorganische Dämmstoffe aus natürlichen Rohstoffen

#### Blähperlit (EFB)

Als Rohstoff wird Perlit, ein glasartiges vulkanisches Gestein, verwendet. Fein gemahlene Rohperlitkörner werden schockartig auf Temperaturen über 1000 °C erhitzt. Dabei erweicht das Gestein, die gebundene Feuchtigkeit (3 bis 6 % eingeschlossenes Wasser) verdampft und bläht das Rohperlit um das 10- bis 20-Fache seines ursprünglichen Volumens auf. Es entsteht ein offenporiges, weißes Granulat in den Korngrößen 0 bis 6 mm.

Blähperlit-Granulat kann durch Besprühen mit Silikonölen oder Kunstharzen/Naturharzen hydrophobiert und durch Ummanteln mit Bitumen oder Zement druckfester gemacht werden. Bei der Herstellung von Platten werden organische und/oder anorganische Fasern zusammen mit dem geblähten Perlit und Stärke als Bindemittel im Nassverfahren zu Dämmplatten geformt. Die Platten werden einschichtig oder mehrschichtig mit Wärmedämmung gefertigt.

Für Blähperlit-Dämmplatten (EPB) gilt DIN EN 13169, für Blähperlit-Schüttungen (EP) aus expandiertem Perlit als Dämmstoff gilt DIN EN 14316.

#### Blähton

Als Rohstoff wird kalkarmer Ton mit fein verteilten organischen Bestandteilen verwendet. Der Ton wird homogenisiert, granuliert und anschließend – zum Teil unter Zugabe von blähfördernden Stoffen – im Drehrohrofen auf über 1200 °C erhitzt. Dabei verbrennen die organischen Bestandteile. Die Tonkugeln blähen sich zu luftporenreichem Blähton mit unterschiedlichen Korngrößen und Festigkeiten auf.

Blähton wird als leichte Gesteinskörnung bei der Herstellung wärmedämmender und schallabsorbierender Leichtbetonbauteile eingesetzt. Schüttungen aus Blähton sind zur Wärmedämmungen ebenso geeignet wie zur Verfüllung von Hohlräumen in Decken und Wandkonstruktionen. Die wärmedämmende Eigenschaft von Blähton ist als eher mäßig einzustufen; die Wärmespeicherfähigkeit und die Schalldämmeigenschaften sind dagegen gut.

### Vermiculite

Rohvermiculite ist ein durch Verwitterung entstandenes Mineral (Glimmerschiefer) und besteht aus Schichten dünner, flacher Plättchen, zwischen denen Kristallwasser chemisch gebunden ist. Durch schockartiges Erhitzen des granulierten Materials auf Temperaturen zwischen 700 und 1000 °C verdampft das Kristallwasser und treibt die Schichten der Struktur auseinander. Das Volumen der Vermiculite-Teilchen vergrößert sich um das 15- bis 20-Fache des ursprünglichen Volumens.

Expandiertes Vermiculite (EV) ist als Granulat für Dämmschüttungen nach DIN EN 14317, aber auch in Form von Platten und Formteilen erhältlich. Vermiculite ist nicht brennbar (Baustoffklasse A1) und daher als leichte Gesteinskörnung für Isolier- und Brandschutzputze geeignet.

### Aerogele

Aerogele sind offenzellige, nanoporöse Festkörper, die aus Sol-Gel-Prozessen mit anschließender Trocknung gewonnen werden und hervorragende thermische Eigenschaften aufweisen. Die Bezeichnung „Aerogel" bezieht sich nicht auf eine bestimmte stoffliche Zusammensetzung, sondern auf eine bestimmte geometrische Anordnung, in welcher eine Substanz vorliegen kann.

Beim Aerogel, das in Dämmstoffprodukten eingesetzt wird, handelt es sich um amorphe Kieselsäure (Silica). Aerogel besteht aus transluzenten Partikeln in einem Größenbereich zwischen rund 1 bis 10 nm. Der Porendurchmesser liegt zwischen 2 und 50 nm, die Porosität zwischen 80 und 99,8 %. Aufgrund des geringen Feststoffgehalts und der sehr kleinen Poren hat Silica-Aerogel sehr gute Dämmeigenschaften. Die Wärmeleitfähigkeit von Silica-Aerogel als Schüttung liegt zwischen 0,018 und 0,021 W/mK und damit deutlich niedriger als die herkömmlicher Dämmstoffe.

Anwendung findet Silica-Aerogel in folgenden Produkten:

- Granulat als Einblasdämmstoff für besonders schmale Hohlschichten,
- Dämm-Matten mit Aerogel auf Polyester-Glasfaser als Trägermaterial,
- doppelschalige Verbundelemente aus glasfaserverstärkten Polyesterharzen, gefüllt mit Aerogel,
- Zusatz in dämmenden und isolierenden Beschichtungen metallischer Substrate.

Hochleistungsdämmstoffe mit Aerogel werden vor allem dort eingesetzt, wo aus Platzgründen nur geringe Dämmstärken möglich sind. Verbundelemente werden aufgrund ihrer Lichtdurchlässigkeit (Lichttransmission 80 % pro cm Aerogel) in Dächern, Fassaden und Industrieverglasungen verwendet.

## 12.1.2 Eigenschaften von Wärmedämmstoffen

Die Eigenschaften von Dämmstoffen sind abhängig von ihrer Struktur, den eingesetzten Rohstoffen und dem Herstellungsverfahren.

In den europäischen Dämmstoffnormen DIN EN 13162 bis DIN EN 13171 werden lediglich die Eigenschaften bestimmter Produkte geregelt. In welchen Fällen diese Produkte in Deutschland eingebaut werden dürfen, regelt vor allem die Anwendungsnorm DIN 4108-10, in der die Mindestanforderungen an die werkmäßig hergestellten Wärmedämmstoffe für die durch Kurzzeichen gekennzeichneten Anwendungsgebiete festgelegt werden. Nicht alle der in den o. g. europäischen Normen genannten Eigenschaften sind für die einzelnen Produkte von Bedeutung. Zu den wichtigsten Eigenschaften zählen:

- geometrische Eigenschaften (Länge, Breite, Dicke, Rechtwinkligkeit und Ebenheit),
- Festigkeitseigenschaften (Druckfestigkeit, Biegefestigkeit, Scherfestigkeit, Zugfestigkeit parallel und senkrecht zur Plattenebene, Druckspannung bei 10 % Stauchung, Verhalten unter Punktlast),
- Verformungseigenschaften (Verformung bei definierter Druck- und Temperaturbeanspruchung, Zusammendrückbarkeit, Kriechverhalten, Dimensionsstabilität im Normalklima sowie bei definierten Temperatur- und Feuchtebedingungen),
- Wasseraufnahme (Wasseraufnahme bei kurzzeitigem und langzeitigem Eintauchen, Wasseraufnahme durch Diffusion),
- wärmetechnische Eigenschaften (Wärmeleitfähigkeit, Wärmedurchlasswiderstand, Wasserdampfdiffusionswiderstand),
- akustische Eigenschaften (Schallabsorption, dynamische Steifigkeit, Strömungswiderstand),
- Brandverhalten.

Für die Auswahl eines geeigneten Wärmedämmstoffs sind vor allem die wärmetechnischen Anforderungen maßgebend. Die wichtigste Eigenschaft eines Dämmstoffs ist sein Dämmvermögen. Maßstab für die Dämmleistung ist die *Wärmeleitfähigkeit* bzw. der *Wärmedurchlasswiderstand*: je niedriger die Wärmeleitfähigkeit, je höher der Wärmedurchlasswiderstand, desto besser das Dämmvermögen.

Weitere wesentliche Kennwerte sind die *Wasserdampfdiffusionswiderstandszahl* und die *Rohdichte* des Wärmedämmstoffs (Tabelle 12.1).

Die Wärmeleitfähigkeit $\lambda$ wird durch einen stoffabhängigen Zahlenwert, die spezifische **Wärmeleitfähigkeit $\lambda$ (W/(mK)** beschrieben. Sie gibt an, welcher Wärmestrom in Watt (W) durch eine 1 m² große und 1 m dicke ebene Schicht eines Stoffes hindurchgeht, wenn die Temperaturdifferenz der Schichtoberflächen in Richtung des Wärmestroms 1 Kelvin (K) beträgt. Die Wärmeleitfähigkeit wird durch eine Reihe von Einflussfaktoren bestimmt. Bei expandiertem Polystyrol-Partikelschaum, Schaumglas, Kork und Produkten aus geblähtem Perlit beeinflussen vor allem die Wärmeleitfähigkeit des Rohstoffs und die Rohdichte die Wärmeleitfähigkeit. Bei Mineralwolleprodukten sind es im Wesentlichen die Faserfeinheit und die Faserorientierung. Bei den geschlossenzelligen Schaumkunststoffen XPS und PU wird die Wärmeleitfähigkeit insbesondere von der Art und Menge der eingesetzten Treibmittel bestimmt.

Man unterscheidet zwischen dem *Nennwert* der Wärmeleitfähigkeit $\lambda_D$ und dem *Bemessungswert* der Wärmeleitfähigkeit $\lambda$.

Die *Nennwerte* werden aus Messwerten ermittelt, die unter Referenzbedingungen für Temperatur und Feuchte gewonnen werden. Sie beschreiben Grenzwerte, die mindestens 90 % der Produktion mit einer Annahmewahrscheinlichkeit von 90 % repräsentieren. Die Nennwerte $\lambda_D$ dienen lediglich der Produktkennzeichnung (CE-Kennzeichnung).

Für wärmetechnische Berechnungen, z. B. gemäß Energieeinsparverordnung (EnEV), dürfen nur die *Bemessungswerte* der Wärmeleitfähigkeit $\lambda$ verwendet werden. Ausgehend von den Nennwerten können diese Bemessungswerte aus DIN 4108-4 entnommen werden. Darüber hinaus lassen sich Bemessungswerte auch nach bauaufsichtlichen Festlegungen (Allgemeine bauaufsichtliche Zulassungen) ermitteln. Nach DIN 4108-4 kann der Bemessungswert nach Kategorie I oder Kategorie II gewählt werden.

In der Kategorie I ist der Nennwert $\lambda_D$ wegen der zu erwartenden Materialstreuung mit einem 20 %igen Sicherheitszuschlag zu multiplizieren. Für den Bemessungswert gilt: $\lambda = 1{,}2 \cdot \lambda_D$.

Für Bemessungswerte nach Kategorie II bedarf es einer allgemeinen bauaufsichtlichen Zulassung, bei der alle Werte innerhalb eines Grenzwertkonzepts ($\lambda < \lambda_{grenz}$) durch eine Fremdüberwachung gesichert sind. Der Wert $\lambda_{grenz}$ ist im Rahmen der technischen Spezifikation des jeweiligen Dämmstoffs festzulegen. Basierend auf dem Grenzwert $\lambda_{grenz}$ ist ein 5 %iger Sicherheitszuschlag erforderlich. Für den Bemessungswert gilt: $\lambda = 1{,}05 \cdot \lambda_{grenz}$.

Es gibt keine Vorgabe, nach welcher Kategorie der Bemessungswert der Wärmeleitfähigkeit $\lambda$ zu ermitteln ist. Es ist jedoch zu beachten, dass zwei verschiedene Sicherheitszuschläge Anwendung finden. Liegt ein Übereinstimmungszertifikat auf Basis einer bauaufsichtlichen Zulassung nicht vor, so ist immer ein 20 %iger Zuschlag auf den Nennwert $\lambda_D$ anzusetzen.

Der **Wärmedurchlasswiderstand *R*** (bisher $1/\lambda$) beschreibt die Wärmedämmwirkung eines Bauteils und errechnet sich aus der Dicke der jeweiligen Bauteilschicht und ihrem Bemessungswert der Wärmeleitfähigkeit $\lambda$ zu $\boldsymbol{R = d/\lambda}$ **(m²K/W)**. Im Rahmen der CE-Kennzeichnung muss *R* angegeben werden.

Da Wasser eine höhere Wärmeleitfähigkeit ($\lambda = 0{,}58$ W/mk) als Dämmstoffe aufweist, hat die Aufnahme von Wasser durch einen Dämmstoff stets eine Erhöhung seiner Wärmeleitfähigkeit und damit eine Verschlechterung seines Dämmvermögens zur Folge. Die meisten werkmäßig hergestellten Dämmstoffe nehmen keine Feuchtigkeit aus der Luft auf. Daher trägt die übliche Baufeuchte auch nicht zur Erhöhung der Wärmeleitfähigkeit bei. Durch Einwirkung von außen, z. B. durch Schlagregen, drückendes Wasser oder Diffusion, kann sich der Feuchtegehalt von Dämmstoffen je nach Anwendung jedoch kurz- bzw. langfristig erhöhen.

Üblich ist im Bauwesen die Verwendung des **Wärmedurchgangskoeffizienten *U*** des Bauteils, der aus dem reziproken Wert des Wärmedurchlasswiderstandes gebildet wird: $\boldsymbol{U = 1/R}$ **(W/m²K).** Je kleiner der U-Wert ist, umso besser ist die Dämmwirkung des Bauteils.

Maßgeblich für die Berechnung des Diffusionsverhaltens von Bauteilen ist insbesondere die **Wasserdampfdiffusionswiderstandszahl $\boldsymbol{\mu}$** der Dämmstoffe. Der $\mu$-Wert ist eine dimensionslose Größe. Er gibt an, um wie viel der Wasserdampfdurchlasswiderstand eines Bauteils bzw. Baustoffs größer ist als der einer gleich dicken Luftschicht ($\mu_{Luft} = 1$). In DIN 4108-4 sind Richtwerte für den $\mu$-Wert von Dämmstoffen zusammengestellt. Bei den meisten Dämmstoffen wird ein unterer und ein oberer Wert angegeben, da z. B. fertigungstechnische Einflüsse (Rohdichteverteilung, Schäumrichtung u. a.) den $\mu$-Wert beeinflussen können. Für die feuchteschutztechnische Berechnung von Bauteilen ist jeweils der für den Anwendungsfall ungünstigere Wert einzusetzen.

**Tabelle 12.1:** Wesentliche Eigenschaften von Wärmedämmstoffen

| Wärmedämmstoff[1)] | Rohdichte-bereich $\rho$[2)] (kg/m³) | Bemessungswert der Wärmeleitfähigkeit $\lambda$ (W/mK) | | Wasserdampf-diffusionswider-standszahl $\mu$[5)] |
|---|---|---|---|---|
| | | Kategorie I[3)] | Kategorie II[4)] | |
| Mineralwolle (MW) | 20 - 200 | 0,036 - 0,060 | 0,030 - 0,050 | 1 |
| Expandiertes Polystyrol (EPS) | 15 - 30 | 0,036 - 0,060 | 0,030 - 0,050 | 20/100 |
| Extrudiertes Polystyrol (XPS) | 20 - 45 | 0,031 - 0,048 | 0,026 - 0,040 | 80/250 |

| Wärmedämmstoff[1)] | Rohdichte-bereich $\rho$[2)] (kg/m³) | Bemessungswert der Wärmeleitfähigkeit $\lambda$ (W/mK) | | Wasserdampf-diffusionswider-standszahl $\mu$[5)] |
|---|---|---|---|---|
| | | Kategorie I[3)] | Kategorie II[4)] | |
| Polyurethan-Hartschaum (PU) | 30 - 100 | 0,024 - 0,048 | 0,020 - 0,045 | 40/200 |
| Phenolharz-Hartschaum (PF) | 40 | 0,024 - 0,042 | 0,020 - 0,035 | 10/60 |
| Schaumglas (CG) | 90 - 220 | 0,046 - 0,066 | 0,038 - 0,055 | dampfdicht |
| Holzwolle-Leicht-bauplatten (WW) | 350 - 600 | 0,072 - 0,120 | 0,060 - 0,100 | 2/5 |
| Blähperlit (EFB) | 90 - 490 | 0,054 - 0,078 | 0,045 - 0,065 | 5 |
| Expandierter Kork (ICB) | 10 - 220 | 0,049 - 0,067 | 0,040 - 0,055 | 5/10 |
| Holzfaserdämmstoff (WF) | 30 - 230 | 0,043 - 0,072 | 0,032 - 0,060 | 5 |

1) Nach DIN EN 13162 bis 13171.

2) Werte marktabhängiger Produkte.

3) Die angegebenen Wärmeleitfähigkeiten $\lambda$ berechnen sich für europäisch genormte Dämmstoffe mit bestandener Erstprüfung aus den deklarierten Werten $\lambda_D$ zu $\lambda = 1{,}2 \cdot \lambda_D$ (außer ICB und WF, dort ist zusätzlich der Einfluss der Feuchte eingerechnet).

4) Die angegebenen Wärmeleitfähigkeiten $\lambda$ berechnen sich für Dämmstoffe mit allgemeiner bauaufsichtlicher Zulassung und nationaler Überwachung aus den Grenzwerten $\lambda_{grenz}$ zu $\lambda = 1{,}05 \cdot \lambda_{grenz}$.

5) Beim Nachweis des klimabedingten Feuchteschutzes ist jeweils der für die Baukonstruktion ungünstigere Wert einzusetzen. Anwendung der $\mu$-Werte und Berechnungsverfahren siehe DIN 4108-3.

## 12.1.3 Anwendungsbezogene Anforderungen an Wärmedämmstoffe

### 12.1.3.1 Werkmäßig hergestellte Produkte

Dämmstoffe im Bauwesen müssen entweder einer harmonisierten europäischen Produktnorm entsprechen oder allgemein bauaufsichtlich zugelassen sein. Für die wichtigsten *werkmäßig hergestellten Produkte*, die für die Wärmedämmung von Gebäuden benutzt werden, liegen die folgenden harmonisierten europäischen Produktnormen vor:

| | |
|---|---|
| DIN EN 13162 | Mineralwolle (MW) |
| DIN EN 13163 | Expandiertes Polystyrol (EPS) |
| DIN EN 13164 | Extrudierter Polystyrolschaum (XPS) |
| DIN EN 13165 | Polyurethan-Hartschaum (PU) |
| DIN EN 13166 | Phenol-Hartschaum (PF = **P**henol-**F**ormaldehydharz) |

| | |
|---|---|
| DIN EN 13167 | Schaumglas (CG = **C**ellular **G**las) |
| DIN EN 13168 | Holzwolle (WW = **W**ood **W**ool) |
| DIN EN 13169 | Blähperlit (EPB = **E**xpanded **P**erlite **B**oard) |
| DIN EN 13170 | Expandierter Kork (ICB = **I**nsolation **C**ork **B**oard) |
| DIN EN 13171 | Holzfasern (WF = **W**ood **F**ibre) |

Die Normen legen Anforderungen fest und beschreiben die Stoffeigenschaften. Des Weiteren enthalten sie die Prüfverfahren und die Festlegungen für die Konformitätsbewertung nach DIN EN 13172, die Kennzeichnung und Etikettierung.

Die deutsche Anwendungsnorm DIN 4108-10 ordnet den jeweiligen, durch Kurzzeichen und Piktogramme gekennzeichneten *Anwendungsgebieten* (Tabelle 12.2) lediglich die entsprechenden stoffspezifischen Mindestanforderungen zu.

Je nach Nutzungsart des Bauwerks und Einbausituation der Dämmstoffe können zusätzliche Anforderungen an bestimmte *Produkteigenschaften*, z. B. Druckbelastbarkeit, gestellt werden (Tabelle 12.3). Diese besonderen Anforderungen werden durch Untergruppen weiter differenziert und erhalten Kürzel in kleinen Buchstaben, z. B. hohe Druckbelastbarkeit (dh) oder sehr hohe Druckbelastbarkeit (ds).

Anmerkung: Mit der Einführung der europäischen Produktnormen haben die bisher geläufigen Typenkurzbezeichnungen WL, W, WD, WV und WS (z. B. WDH für Wärmedämmstoffe mit erhöhter Druckbelastbarkeit unter druckverteilenden Böden) ihre Gültigkeit verloren.

In Tabelle 12.4 werden die Anwendungsbereiche (Decke, Dach, Wand und Perimeter) für Wärmedämmstoffe nach DIN EN 13162 bis DIN EN 13171 zusammengestellt.

Tabelle 12.5 zeigt die Mindestanforderungen für die Anwendungsgebiete Dach, Decke und Wand am Beispiel der Produktgruppe Polystyrol-Extruderschaum (XPS).

**Tabelle 12.2:** Anwendungsgebiete von Wärmedämmungen nach [15]

| Anwendungsgebiet | Kurzzeichen | Piktogramm | Anwendungsbeispiele |
|---|---|---|---|
| Decke und Dach | **DAD** |   | Außendämmung von Dach und Decke, vor Bewitterung geschützt, Dämmung unter Deckungen |
| | **DAA** dh und ds |   | Außendämmung von Dach und Decke, vor Bewitterung geschützt, Dämmung unter Abdichtungen |
| | **DUK** |   | Außendämmung eines Umkehrdaches, der Bewitterung ausgesetzt |
| | **DZ** |   | Zwischensparrendämmung, zweischaliges Dach, nicht begehbare, aber zugängliche oberste Geschossdecke |
| | **DI** |   | Innendämmung der Decke (unterseitig) oder des Daches, Dämmung unter den Sparren/Tragkonstruktion, abgehängte Decke usw. |

| Anwendungsgebiet | Kurzzeichen | Piktogramm | Anwendungsbeispiele |
|---|---|---|---|
| **Decke und Dach** | **DEO** dh und ds |  | Innendämmung der Decke oder Bodenplatte (oberseitig) unter Estrich **ohne** Schallschutzanforderungen |
| | **DES** |  | Innendämmung der Decke oder Bodenplatte (oberseitig) unter Estrich **mit** Schallschutzanforderungen |
| **Wand** | **WAB** |  | Außendämmung der Wand hinter Bekleidung |
| | **WAA** |  | Außendämmung der Wand hinter Abdichtung |
| | **WAP** |  | Außendämmung der Wand unter Putz |
| | **WZ** |  | Dämmung von zweischaligen Wänden, Kerndämmung |
| | **WH** |  | Dämmung von Holzrahmen- und Holztafelbauweise |
| | **WI** |  | Innendämmung der Wand |
| | **WTH** |  | Dämmung zwischen Haustrennwänden mit Schallschutzanforderungen |
| | **WTR** |  | Dämmung von Raumtrennwänden |
| **Perimeter** | **PW** | 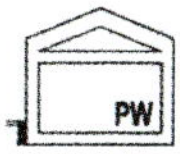 | Außenliegende Wärmedämmung von Wänden gegen Erdreich (außerhalb der Abdichtung) [1)] |
| | **PB** |  | Außenliegende Wärmedämmung unter der Bodenplatte gegen Erdreich (außerhalb der Abdichtung) [1)] |

[1)] Geregelt über allgemeine bausaufsichtliche Zulassung.

**Tabelle 12.3:** Differenzierung von bestimmten Produkteigenschaften nach [15]

| Produkteigenschaft | Kurzzeichen | Beschreibung | Beispiel |
|---|---|---|---|
| Druckbelastbarkeit | dk | keine Druckbelastung | Zwischensparren- oder Hohlraumdämmung |
| | dg | geringe Druckbelastung | Wohn- und Bürobereich unter Estrich |
| | dm | mittlere Druckbelastung | nicht genutztes Dach mit Abdichtung |
| | dh | hohe Druckbelastung | genutzte Dachflächen, Terrassen |
| | ds | sehr hohe Druckbelastung | Industrieböden, Parkdeck |
| | dx | extrem hohe Druckbelastung | hoch belastete Industrieböden, Parkdeck |
| Wasseraufnahme | wk | keine Anforderungen an die Wasseraufnahme | Innendämmung im Wohn- und Bürobereich |
| | wf | Wasseraufnahme durch flüssiges Wasser | Außendämmung von Außenwänden und Dächern |
| | wd | Wasseraufnahme durch flüssiges Wasser und/oder Diffusion | Perimeterdämmung, Umkehrdach |
| Zugfestigkeit | zk | keine Anforderungen an Zugfestigkeit | Zwischensparren- und Hohlraumdämmung |
| | zg | geringe Zugfestigkeit | Außendämmung der Wand hinter Bekleidung |
| | zh | hohe Zugfestigkeit | Außendämmung der Wand unter Putz, Dach mit verklebter Abdichtung |
| Schalltechnische Eigenschaften | sk | keine Anforderungen an schalltechnische Eigenschaften | alle Anwendungen ohne schalltechnische Anforderungen |
| | sh | Trittschalldämmung, erhöhte Zusammendrückbarkeit | Schwimmender Estrich, Haustrennwände |
| | sm | Trittschalldämmung, mittlere Zusammendrückbarkeit | |
| | sg | Trittschalldämmung, geringe Zusammendrückbarkeit | |
| Verformung | tk | keine Anforderungen an die Verformung | Innendämmung |
| | tf | Dimensionsstabilität unter Feuchte und Temperatur | Außendämmung der Wand unter Putz, Dach mit Abdichtung |
| | tl | Dimensionsstabilität unter Last und Temperatur | Dach mit Abdichtung |

**Tabelle 12.4:** Anwendungsbereiche für Wärmedämmstoffe nach [16] bis [17]

| Dämmstoff | Decke und Dach[1)] | | | | | | | Wand[1)] | | | | | | | | Perimeter[1)] | |
|---|---|---|---|---|---|---|---|---|---|---|---|---|---|---|---|---|---|
| | DAD | DAA | DUK | DZ | DI | DEO | DES | WAB | WAA | WAP | WZ | WH | WI | WTH | WTR | PW | PB |
| MW | + | + | - | + | + | + | + | + | - | + | + | + | + | + | + | - | - |
| EPS | + | + | - | + | + | + | + | + | + | + | + | + | + | - | - | + | + |
| XPS | + | + | + | - | + | + | - | + | + | + | + | - | - | - | - | + | + |
| PU | + | + | - | + | + | + | - | + | + | + | + | - | + | - | - | + | + |
| PF | + | + | - | + | + | + | - | + | + | + | + | - | + | - | - | - | - |
| CG | + | + | - | - | + | + | - | + | + | + | + | - | + | - | + | + | + |
| WW | - | - | - | + | + | + | - | + | - | + | - | + | + | - | - | - | - |
| EPB | + | + | - | + | + | + | + | + | - | + | + | + | + | + | - | - | - |
| ICB | + | + | - | + | + | + | - | + | - | + | + | + | + | - | + | - | - |
| WF | + | + | - | + | + | + | + | + | - | + | + | + | + | - | + | - | - |

[1)] Definition der Kurzzeichen nach DIN 4108-10: s. Tabelle 12.2

**Tabelle 12.5:** Mindestanforderungen an Polystyrol-Extruderschaum (XPS) nach [15] und [18] für die Anwendungsgebiete Dach, Decke und Wand (Auszug)

| Anwendungsgebiet | Kurzzeichen | | Bezeichnungsschlüssel | | | | | | | |
|---|---|---|---|---|---|---|---|---|---|---|
| | | | Grenzabmaße für die Dicke | Druckspannung oder Druckfestigkeit | Dimensionsstabilität bei definierten Temperaturen | Dimensionsstabilität bei definierten Temperatur- und Feuchtebedingungen | Verformung bei definierter Druck- und Temperaturbeanspruchung | Zugfestigkeit senkrecht zur Plattenebene | Kriechverhalten | Wasseraufnahme durch Diffusion |
| | | | $T_i$ | CS(10\Y) | DS(T+) | DS(TH) | DLT($i$)5 | $TR_i$ | $CC(i_1/i_2/y)\sigma_c$ | WD(V)$i$ |
| Dach, Decke | DAD | | T1 | CS(10\Y)200 | DS(T+) | DS(TH) | - | - | - | - |
| | DAA | dm | T1 | CS(10\Y)200 | - | - | DLT(2)5 | - | - | - |
| | | dh | T1 | CS(10\Y)300 | - | - | DLT(2)5 | - | - | - |
| | | ds | T1 | CS(10\Y)500 | - | - | DLT(2)5 | - | CC(2/1,5/50)150 | - |
| | | dx | T1 | CS(10\Y)700 | - | - | DLT(2)5 | - | CC(2/1,5/50)200 | - |
| | DUK | dh | T1 | CS(10\Y)300 | - | - | DLT(2)5 | - | - | WD(V)5 |
| | | ds | T1 | CS(10\Y)500 | - | - | DLT(2)5 | - | CC(2/1,5/50)150 | WD(V)5 |
| | | dx | T1 | CS(10\Y)700 | - | - | DLT(2)5 | - | CC(2/1,5/50)200 | WD(V)5 |
| | DZ | | keine genormte Anwendung | | | | | | | |
| | DI | | T1 | CS(10\Y)200 | - | - | - | - | - | - |
| | DEO | dm | T1 | CS(10\Y)200 | - | - | DLT(2)5 | - | - | - |
| | | dh | T1 | CS(10\Y)300 | - | - | DLT(2)5 | - | - | - |
| | | ds | T1 | CS(10\Y)500 | - | - | DLT(2)5 | - | CC(2/1,5/50)150 | - |
| | | dx | T1 | CS(10\Y)700 | - | - | DLT(2)5 | - | CC(2/1,5/50)200 | - |
| | DES | | keine genormte Anwendung | | | | | | | |

| Anwendungsgebiet | Kurzzeichen | Bezeichnungsschlüssel | | | | | | | |
|---|---|---|---|---|---|---|---|---|---|
| | | Grenzabmaße für die Dicke | Druckspannung oder Druckfestigkeit | Dimensionsstabilität bei definierten Temperaturen | Dimensionsstabilität bei definierten Temperatur- und Feuchtebedingungen | Verformung bei definierter Druck- und Temperaturbeanspruchung | Zugfestigkeit senkrecht zur Plattenebene | Kriechverhalten | Wasseraufnahme durch Diffusion |
| | | $T_i$ | CS(10\Y) | DS(T+) | DS(TH) | DLT(i)5 | $TR_i$ | $CC(i_1/i_2/y)\sigma_c$ | WD(V)i |
| Wand | WAB | T1 | CS(10\Y)100 | - | DS(TH) | - | - | - | - |
| | WAP | T1 | CS(10\Y)200 | - | DS(TH) | - | TR100 | - | - |
| | WZ | T1 | - | - | - | - | - | - | - |
| | WH | keine genormte Anwendung | | | | | | | |
| | WI | T1 | - | - | - | - | - | - | - |
| | WTH | keine genormte Anwendung | | | | | | | |
| | WTR | keine genormte Anwendung | | | | | | | |

### 12.1.3.2 An der Verwendungsstelle hergestellte Wärmedämmungen

Für Wärmedämmungen, die an der Verwendungsstelle hergestellt werden, kommen Schüttdämmstoffe, Einblasdämmstoffe und Stopfdämmstoffe zum Einsatz.

Bei den *Schüttdämmstoffen* sind neben der Wärmeleitfähigkeit und dem Wasserdampfdiffusionswiderstand vor allem die Korngröße und die Fließfähigkeit des Materials die wichtigsten Kriterien. Mit am häufigsten werden Schüttungen aus Blähperlit und Blähton ausgeführt.

Bei der Auswahl eines *Einblasdämmstoffs* ist die Dicke des zu verfüllenden Hohlraums von primärer Bedeutung. So genügen für Silica-Aerogele bereits zwei Zentimeter Hohlraumdicke, während Perlit erst ab fünf Zentimeter Hohlraumdicke sinnvoll eingesetzt werden kann. Ein weiteres Kriterium ist die Anzahl der benötigten Bohrlöcher, durch die der Dämmstoff in den Hohlraum eingeblasen wird. Bei Perliten reicht ein Bohrloch pro 10 bis 15 m² Fassadenfläche, bei Melaminharzschaum sind i. d. R. zwei bis drei Bohrlöcher je m² erforderlich.

*Stopfdämmstoffe* werden hauptsächlich als Ergänzung zu entsprechenden Platten- oder Mattendämmstoffen eingesetzt.

Für Wärmedämmungen, die an der Verwendungsstelle hergestellt werden, gelten folgende Normen:

| | |
|---|---|
| DIN EN 14063 | Blähton-Leichtzuschlagstoff (LWA) |
| DIN EN 14316 | Perlite, expandiert (EP) |
| DIN EN 14317 | Vermiculite, expandiert (EV) |
| DIN EN 14064 | Mineralwolle (MW) |
| DIN EN 15101 | Zellulose (LFCI) |
| DIN EN 14315 | PUR- und PIR-Spritzschaum |
| DIN EN 14318 | PUR- und PIR Hartschaum, dispensiert |

Die Normen bestehen aus zwei Teilen. Der erste, harmonisierte Teil, der die Grundlage für die CE-Kennzeichnung bildet, behandelt die Produkte, die auf den Markt gebracht werden (Spezifikation für die Produkte *vor dem Einbau*). Der zweite, nicht harmonisierte Teil behandelt die Spezifikationen für die *eingebauten* Produkte. Die Normen legen keine Anforderungsstufen für bestimmte Eigenschaften fest, die ein Produkt erreichen muss, um für einen bestimmten Anwendungszweck gebrauchstauglich zu sein.

**Deklaration des Einbauenden/Installateurs (Abschn. 6 aus DIN EN 14063 als Beispiel)**

Der Installateur muss dem Auftraggeber gegenüber erklären, dass die Arbeiten in Übereinstimmung mit den Anforderungen von Teil 2 dieser Norm und unter Verwendung eines wärmedämmenden Produkts nach Teil 1 dieser Norm durchgeführt wurden.

Der Installateur muss *mindestens* folgende Angaben machen:

- Produktnamen und Bezeichnungsschlüssel des eingebauten Wärmedämmstoffs;
- Bestätigung, dass der deklarierte Mittelwert der Wärmedämmung der eingebauten Dicke nicht geringer als der Bemessungswert ist;
- Nennwert des Wärmedurchlasswiderstands $R_D$ nach Abschn. 5.2 auf 0,05 $m^2K/W$ abgerundet;
- Gesamtmenge des verwendeten Dämmstoffs in $m^3$;
- Datum des Einbaus.

### 12.1.3.3 Wärmedämm-Verbundsysteme (WDVS)

Wärmedämm-Verbundsysteme stellen ein kombiniertes Klebe-, Montage- und Beschichtungssystem dar, das zur Wärmedämmung und zur Gestaltung von Außenflächen an Wänden dient. Ein Wärmedämm-Verbundsystem besteht im Allgemeinen aus drei Schichten (Abb. 12.1):

- Wärmedämmschicht mit Dämmstoffen üblicherweise aus expandiertem Polystyrol-Hartschaum (EPS) entsprechend DIN EN 13163 oder Mineralwolle (MW) entsprechend DIN EN 13162 in Plattenform. Zusätzliche Anforderungen werden in DIN EN 13499 für WDVS mit EPS-Dämmung und in DIN EN 13500 für WDVS mit MW-Dämmung festgelegt. Die Dämmschicht wird auf dem zu behandelnden Untergrund mit Klebemörtel, Dübeln oder Halteprofilen befestigt.
- Armierungsschicht (Unterputz), bestehend aus einer Armierungsmasse und einem Armierungsgewebe. Die Armierungsmasse ist auf der Basis einer Kunststoffdispersion ohne oder mit weiteren Zusätzen (z. B. Quarzsand) aufgebaut. Die Armierung besteht aus einem Glasfaser- oder Metallgewebe.
- Schlussbeschichtung (Oberputz) aus mineralischen, organischen und/oder anorganischen Stoffen zur Oberflächengestaltung und für den Wetterschutz. Zum Einsatz kommen Kunstharzputz oder Silicatputz auf Basis Wasserglas oder Dünnschichtauftrag von Putzmörtel auf Basis mineralischer Bindemittel mit Kunstharzvergütung sowie keramische Bekleidungen wie Riemchen oder Fliesen. Die aus Unter- und Oberputz bestehende Beschichtung sollte möglichst wasserabweisend (hydrophobiert) und dennoch wasserdampfdurchlässig (diffusionsoffen) sein.

Anstelle der armierten Beschichtung mit Schlussbeschichtung kann ein systemspezifisch ausgewähltes und armiertes Putzsystem nach DIN V 18550 verwendet werden. Hinweise für die Verarbeitung von Wärmedämm-Verbundsystemen sind in DIN 55699 enthalten.

**Abb. 12.1:** Beispiel für ein WDVS mit Mineralwolle-Dämmplatte und mineralischem Oberputz
Quelle: Saint-Gobain Weber;
Typ „weber.therm A100 WDVS"

### 12.1.3.4 Vakuum-Isolations-Paneele (VIP)

Der Wärmetransport in einem Dämmstoff setzt sich aus der Wärmeleitung durch den porösen Feststoff, die Wärmestrahlung durch den Feststoff und die Wärmeleitung über das Gas in den Poren des Feststoffs zusammen. Mit der Vakuumtechnik lassen sich diese drei Wärmeübertragungsmechanismen eindämmen. Die Wärmeleitung durch den Feststoff kann durch spezielle Materialien und durch Reduzierung des Feststoffanteils (hohe Porosität) verringert werden. Die Wärmestrahlung lässt sich durch einen Wärmestrahlung absorbierenden Zusatz herabsetzen. Die Wärmeleitung des Gases kann durch die Gasart und den Gasdruck in den Poren beeinflusst werden.

Das Kernmaterial von Vakuum-Isolations-Paneelen besteht meist aus einer pyrogenen Kieselsäure, weil sich damit die niedrigsten Wärmeleitfähigkeiten erzielen lassen. Zwischen den nanoporösen Partikeln bilden sich nur punktförmige Übergänge, wodurch die Wärmeleitung durch möglichen Festkörperkontakt weitgehend reduziert wird. Die Nanoporen minimieren zudem die Wärmeübertragung durch Konvektion. Spezielle Trübungsmittel reduzieren zusätzlich den Wärmetransport durch Absorption und Reflexion der Strahlung. Die Evakuierung des Kernmaterials unterbindet die Wärmeübertragung durch Konvektion vollständig; ein Wärmetransport findet nur noch über die Wärmeleitung des Kernmaterials und die Wärmestrahlung statt. Das Kernmaterial wird unter Vakuum in eine Hochbarrierefolie aus mehrfach metallisiertem Folienlaminat eingeschweißt. Meist ist die Hochbarrierefolie auf der Außenseite mit einem Schutzgewebe kaschiert.

Die Wärmeleitfähigkeit $\lambda$ der Vakuum-Dämmplatten überschreitet i. Allg. einen Wert von 0,007 W/mK nicht und ist damit um das 5 bis 10-Fache geringer als die herkömmlicher Dämmstoffe. Bei gleicher Dämmwirkung können daher die Schichtdicken und das Eigengewicht von VIPs erheblich reduziert werden.

Um das Vakuum in den Paneelen aufrechtzuerhalten, darf die Außenhülle nicht verletzt werden. Daher dürfen VIPs nicht wie herkömmliche Dämmstoffe beliebig zurechtgeschnitten oder durch Nageln oder Schrauben geschädigt werden. Die Befestigung erfolgt meist durch

Kleben oder spezielle Klemmen. Handhabung und Verarbeitung der Vakuum-Dämmplatten erfordern besondere Sorgfalt. Sie sollten möglichst fugenlos verlegt werden, um Wärme- bzw. Kältebrücken zu vermeiden. Die i. Allg. rechteckförmigen und zwischen 10 und 40 mm dicken Vakuum-Dämmplatten werden bevorzugt dort eingesetzt, wo wenig Platz zur Verfügung steht, z. B. bei Fußbodenaufbauten oder bei der Außendämmung auf Balkonen.

#### 12.1.3.5 Transparente Wärmedämmung (TWD)

Transparente Wärmedämmmaterialien verbinden gute Dämmeigenschaften mit gleichzeitig hoher Durchlässigkeit für Solarstrahlung. Während die Wärmeverluste über die konventionell mit undurchsichtigen (opaken) Materialien gedämmten Außenwände nur verringert werden, können transparente Dämmmaterialien diese Verluste nicht nur kompensieren, sondern durch die passive Nutzung der Solarenergie auch Wärmegewinne erzielen.

Das Funktionsprinzip einer TWD ist recht einfach (Abb. 12.2): Die Solarstrahlung gelangt durch die transparente Dämmschicht zu einer hinter der Dämmung an der Außenwand aufgebrachten Absorberschicht, an der die Umwandlung in Wärme erfolgt. Durch den im Vergleich zum Wandbaustoff hohen Transmissionswiderstand des TWD-Materials wird die Wärme in die Wand geleitet. Die Wand wirkt als thermischer Speicher, der die aufgenommene Wärme zeitverzögert an die Innenräume abgibt. Der Wärmestrom wird dabei nicht nur durch die Wärmedurchlasswiderstände, sondern zusätzlich vom Strahlungsangebot und der Temperaturdifferenz zwischen Absorber und Umgebung bzw. Innenraum bestimmt.

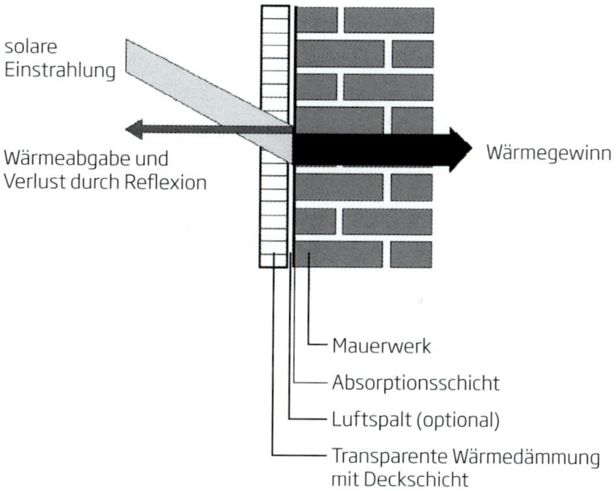


**Abb. 12.2:** Funktionsprinzip einer TWD (Massivwandsystem) Quelle: Bildarchiv des Fachverbandes TWD e. V.

Transparente Dämmmaterialien sollen sowohl über gute Wärmedämmeigenschaften als auch über eine hohe Transparenz im Spektralbereich der Solarstrahlung verfügen. Diese Anforderungen werden durch Hohlkammerstrukturen (Kapillaren und Waben) aus Kunststoff oder Glas am besten erfüllt. Wesentliche Auswahlkriterien sind dabei deren Temperatur- und UV-Beständigkeit. Mit TWD aus mikroporösem Silica-Aerogel lassen sich bei sehr geringen Schichtdicken hohe Wärmedurchlasswiderstände erreichen.

Das sogenannte *Massivwandsystem* ist das derzeit am häufigsten eingesetzte System. Der Absorber besteht in diesem Fall aus einem meist schwarzen Wandanstrich, der einen Absorptionsgrad von über 90 % aufweist. Absorber und Speicher sind bei passiven Heizsystemen in Form einer massiven Außenwand fester Bestandteil der Gebäudehülle und werden durch die TWD ergänzt. Um im Sommer unbehaglich hohe Raumtemperaturen zu vermeiden, ist in der Regel ein temporärer Sonnenschutz in Form von Verschattungseinrichtungen erforderlich.

Weitere Systeme, z. B. konvektive Systeme, Hybridsysteme oder auf speziellen Verglasungen basierende Direktgewinnungssysteme, sind mögliche Alternativen zu den Massivwandsystemen. Obwohl TWD-Systeme vor allem aus ökologischen Gründen durchaus sinnvoll sind, stehen die im Vergleich zu konventionellen Dämmungen wesentlich höheren Kosten derzeit einer verbreiteten Anwendung entgegen.

## 12.2 Dämmstoffe für den Schallschutz

In DIN 4109 „Schallschutz im Hochbau" wird zwischen Luftschall, Körperschall und Trittschall unterschieden.

### 12.2.1 Luftschalldämmung

Schall, der sich in der Luft ausbreitet, wird als Luftschall bezeichnet. Luftschall entsteht z. B. durch Musik, Sprache, Verkehr. Ein Teil der Luftschallwellen wird von festen Hindernissen reflektiert. Ein anderer Teil wird vom Bauteil aufgenommen und versetzt dieses in Schwingungen. Dadurch entsteht *Körperschall*, der sich in festen Stoffen ausbreitet, wobei die Schallenergie zum Teil verbraucht wird. Die Schwingungen des Bauteils (Wand, Decke) regen angrenzende Luftmoleküle ebenfalls zu Schwingungen an, wodurch der Luftschall in benachbarte Räume übertragen wird. Der Widerstand eines Bauteils gegen diese Übertragung wird als Luftschalldämmung bezeichnet. Ein Maß hierfür ist das *Schalldämm-Maß R*.

Bei den Maßnahmen für den Schallschutz ist zu unterscheiden, ob sich Schallquelle und Hörer in verschiedenen Räumen oder im selben Raum befinden. Als *Schalldämmung* bezeichnet man alle Maßnahmen, die zur Verminderung der Schallübertragung von einem Raum in den anderen dienen. Gleiches gilt für Außenbauteile, die eine Schallübertragung von außen nach innen verhindern sollen. *Schallabsorption* („Schallschluckung") ist dann von Bedeutung, wenn möglichst wenig Schall in den Raum zurückgeworfen (reflektiert) werden soll.

Die *Luftschalldämmung einschaliger Bauteile* hängt vor allem von der flächenbezogenen Masse des trennenden Bauteils ab, d. h., sie nimmt mit der Bauteildicke und der Rohdichte des verwendeten Baustoffs zu. Einen weiteren Einfluss übt die sogenannte Grenzfrequenz eines Bauteils aus. Sie ist die Frequenz, bei der die Wellenlänge des Luftschalls mit der Länge der freien Biegewelle des Bauteils übereinstimmt. Im Allgemeinen nimmt die Luftschalldämmung mit der Frequenz zu. Nur im Bereich der Grenzfrequenz verschlechtert sich die Luftschalldämmung. Ungünstig ist die Wirkung der Biegesteifigkeit einschaliger Bauteile, wenn die Grenzfrequenz im Bereich 200 bis 2000 Hz liegt. Dies ist z. B. bei plattenförmigen Bauteilen aus Mauerwerk, Leichtbeton, Gips und Glas mit flächenbezogenen Massen zwischen 20 und 100 kg/m² der Fall. Günstig wirkt sich die Biegesteifigkeit aus, wenn die Grenzfrequenz unter 200 Hz liegt. Dies gilt für plattenförmige Bauteile aus Beton, Leichtbeton oder Mauerwerk mit einer flächenbezogenen Masse von mindestens 150 kg/m². Diese Bauteile werden im schalltechnischen Sinn als „biegesteif" bezeichnet. „Biegeweiche" Bauteile mit einer Grenzfrequenz oberhalb 2000 Hz haben ihre wesentliche Bedeutung für die Konstruktion zweischaliger Bauteile.

Die *Luftschalldämmung zweischaliger Bauteile* hängt im Wesentlichen von der Masse und der Biegesteifigkeit der beiden Schalen sowie von der Eigenfrequenz des Schwingungssystems ab. Bei zweischaligen Wandaufbauten unterscheidet man drei Konstruktionen:

*Zweischalige Wände aus zwei biegesteifen schweren Schalen* (z. B. Haustrennwände) verhalten sich schalltechnisch wie zwei einschalige Wände. Die Durchgängigkeit der Haus-Trennfuge – von Oberkante Fundament bis zur Dachhaut – muss gegeben sein, um der Gefahr der Schallbrücken zu begegnen. Die flächenbezogene Masse einer Wand-Einzelschale soll mindesten 150 kg/m² betragen, während die Trennfuge mindestens 30 mm breit ausgebildet werden muss. Der Fugenhohlraum ist mit dicht gestoßenen und vollflächig verlegten mineralischen Dämmplatten auszufüllen. Bei der Ausführung von zweischaligen Wänden in Ortbetonbauweise werden spezielle Trennfugenplatten mit einseitiger Beschichtung und Stufenfalz verwendet.

*Zweischalige Wände mit zwei biegeweichen Schalen* (z. B. Montagewände aus Gipskartonplatten entspr. Abb. 12.3) finden als leichte, raumteilende Bauteile Anwendung. Die Konstruktionen bestehen aus einem tragenden Gerüst aus Einfach- oder Doppelständern (Metall oder Holz), einer ein- oder zweilagigen Beplankung aus Gipskarton-Bauplatten oder -Feuerschutzplatten und einer entsprechend dimensionierten Hohlraumfüllung aus Glas- oder Steinwolle-Dämmstoffen, die die sogenannte Hohlraumdämpfung übernehmen. Ausschlaggebend für den Schallschutz in zweilagigen Systemen ist die Hohlraum-Vollfüllung (Füllungsgrad > 80 %) zwischen den Beplankungen. Die Rohdichte des Dämmstoffs ist ohne Bedeutung, der nach DIN 4109 Beiblatt 1 geforderte längenbezogene Strömungswiderstand *r* sollte ≥ 5 kPa·s/m² sein. Durchgängige Hohlräume über oder unter leichten Trennwänden stellen Schwachstellen für die Schalldämmung dar. Durch den Einbau spezieller Schalldämmstreifen lässt sich die sogenannte Flankenübertragung von Schall minimieren.

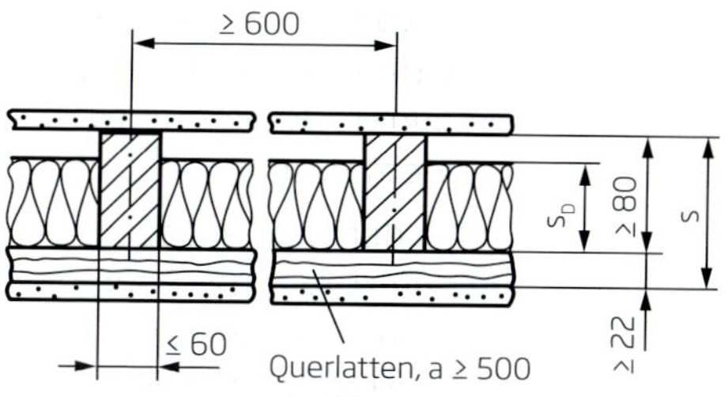


1-lagige Bekleidung aus 12,5 oder 15 mm dicken Gipskartonplatten;

Abstand der beiden Schalen s ≥100 mm;

Mineralfaser-Dämmplatte (Nenndicke $s_D$ ≥ 60 mm)

**Abb. 12.3:** Beispiel für eine zweischalige Wand aus zwei biegeweichen Schalen aus Gipskartonplatten (nach Beiblatt 1 DIN 4109)

*Zweischalige Wände mit biegesteifer schwerer Schale und biegeweicher Vorsatzschale.* Eine nicht ausreichend schallgedämmte Massivwand wird in ihrem schalltechnischen Verhalten verbessert. DIN 4109 gruppiert die biegeweichen Vorsatzschalen nach ihrem schalltechnischen Verhalten in zwei Gruppen: Vorsatzschalen ohne Unterkonstruktion und Vorsatzschalen mit direkt befestigter oder freistehender Unterkonstruktion.

Bei Vorsatzschalen ohne Unterkonstruktion werden biegeweiche Schale und Dämmstoff im Trockenverfahren durch Kleben an der Massivwand befestigt. Im Gegensatz zu den direkt befestigten Vorsatzschalen bilden sich keine Schallbrücken aus.

Bei Vorsatzschalen mit direkt befestigter Unterkonstruktion werden Holz- oder Metallständerprofile direkt an der Massivwand befestigt. Zur Beplankung dienen an der Ständerkonstruktion befestigte Gipskarton- bzw. Gipsfaser-Platten oder Spanplatten mit dahinter liegender Mineralwollefüllung als Hohlraumdämmung. Bei Dämmung gegen Außenluft oder unbeheizte Räume kann innenseitig eine Dampfbremse erforderlich sein. Sie besteht aus einer mindestens 0,2 mm dicken PE-Folie, die an den Ständern befestigt wird. Es können aber auch Gipskarton-Platten mit rückseitig aufkaschierter Dampfbremse aus Aluminiumfolie verwendet werden.

Bei Vorsatzschalen mit freistehender Unterkonstruktion hat das Holz- oder Metallständerwerk keine feste Verbindung zur Massivwand, sondern wird über Wandprofile an Boden, Decke und flankierenden Wänden befestigt. Die biegeweiche Beplankung wird mittels Schrauben an der Stützkonstruktion befestigt. In den Hohlraum kommt Dämmmaterial mit einem längenbezogenen Strömungswiderstand $r \geq 5$ kPa·s/m². Der Füllgrad sollte mindestens 60 % betragen. Diese Variante erzielt in der Regel eine höhere schalltechnische Verbesserung als die Variante mit direkt befestigter Unterkonstruktion.

## 12.2.2 Trittschalldämmung

Trittschall entsteht ursächlich durch Körperschall (Schritte, Klopfen), der seinerseits Wände und Decken zur Abstrahlung von Luftschall anregt. Eine wirksame Trittschalldämmung kann durch körperschalldämmende Maßnahmen („schwimmender Estrich") oder durch luftschalldämmende Maßnahmen (abgehängte Unterdecken) erreicht werden.

Das Trittschallverhalten von gebrauchsfertigen Bauteilen wird durch den bewerteten Norm-Trittschallpegel $L'_{n,w}$ in (dB) gekennzeichnet. Der bewertete Trittschallpegel $L'_{n,w}$ ist mit dem bewerteten Schalldämm-Maß $R_w$ vergleichbar. Der bewertete Trittschallpegel ist umso niedriger, je besser der Trittschallschutz ist. Der äquivalente bewertete Norm-Trittschallpegel $L_{n,w,eq,R}$ dient der Kennzeichnung des Trittschallverhaltens einer Massivdecke **ohne** Fußbodenkonstruktion (Deckenauflage) für die spätere Verwendung als gebrauchsfertige Decke **mit** Deckenauflage.

Aus der Differenz der Norm-Trittschallpegel einer Decke vor und nach einer Verbesserung durch eine Deckenauflage (z. B. schwimmender Estrich, weichfedernde Bodenbeläge) ergibt sich die Trittschallminderung $\Delta L$ in (dB). Das bewertete Trittschallverbesserungsmaß wird mit $\Delta L_{w,R}$ bezeichnet.

Zur zahlenmäßigen Kennzeichnung der Trittschalldämmung von Bauteilen in Gebäuden werden folgende Angaben nach DIN 4109 herangezogen:

- für Decken einschließlich der Schallübertragung durch flankierende Bauteile sowie gegebenenfalls der Nebenwege: Norm-Trittschallpegel $L'_{n,w}$
- für Massivdecken ohne Deckenauflage (Fußbodenbelag): äquivalenter bewerteter Norm-Trittschallpegel $L_{n,w,eq,R}$
- für Deckenauflagen (Fußbodenkonstruktionen) auf massiven Decken: Trittschallverbesserungsmaß $\Delta L_{w,R}$

Mindestanforderungen an die Luft- und Trittschalldämmung zum Schutz gegen Schallübertragung aus einem fremden Wohn- und Arbeitsbereich sind in DIN 4109, Tabelle 3 zusammengestellt. Nach der gängigen BGH-Rechtsprechung werden die Anforderungen der DIN 4109 zumindest im Wohnungsbau mit üblichen Qualitäts- und Komfortstandards als nicht mehr ausreichend angesehen. Im Wohnungsbau ist daher in der Regel ein höherer Trittschallschutz vorzusehen. Neben DIN 4109 werden in VDI 4100 folgende Schallschutzstufen (SSt) eingeführt:

- SSt I: Gehgeräusche gut wahrnehmbar und störend
- SSt II: Gehgeräusche zwar noch wahrnehmbar, aber in der Regel nicht störend
- SSt III: Gehgeräusche nicht störend

Empfehlungen für einen erhöhten Schallschutz werden in DIN 4109, Beiblatt 2 und VDI 4100 genannt (Tabelle 12.6).

**Tabelle 12.6:** Anforderungen an den bewerteten Norm-Trittschallpegel $L'n,w$ nach DIN 4109 und VDI 4100

| Bauteil | Anforderungen an erf. $L'_{n,w}$ in (dB) | | |
|---|---|---|---|
| Wohnungstrenndecken, Decken zwischen Aufenthaltsräumen und fremden Räumen | SSt I (DIN 4109) | SSt II | SSt III |
| | 53 | 46 | 39 |

Der Trittschallschutz von Massivdecken und Holzbalkendecken ist in der Regel unzureichend und muss durch Deckenauflagen (Estriche, Beläge) und bei Bedarf Unterdecken verbessert werden. Bei Neubauten oder bekannten Deckenarten können Rechenwerte für den äquivalenten bewerteten Norm-Trittschallpegel $L'_{n,w,eq,R}$ der DIN 4109 bzw. DIN EN 12354-2 entnommen werden. Diese sind abhängig von der flächenbezogenen Masse in (kg/m²) und vom Vorhandensein einer schalltechnisch wirksamen Unterdecke.

Die Verbesserung des Trittschallschutzes wird durch die dynamische Steifigkeit $s'$ in (MN/m³) der Dämmschicht sowie durch die Masse der Deckenauflage (z. B. Estrich) bestimmt und mit dem bewerteten Trittschallverbesserungsmaß $\Delta L_{w,R}$ als Rechenwert gekennzeichnet. Das erforderliche Trittschallverbesserungsmaß errechnet sich aus

$$\text{erf. } \Delta L_{w,R} = L_{n,w,eq,R} - \text{erf. } L'_{n,w} + 2\text{ dB}$$

Der Korrekturwert von 2 dB (Mittelwert) berücksichtigt die Schallübertragung über die flankierenden Bauteile.

Die Eignung von Trittschalldämmstoffen für den jeweiligen Anwendungsfall wird durch die Zusammendrückbarkeit, die zulässige Einzel- und Flächenlast und die dynamische Steifigkeit bestimmt. Die dynamische Steifigkeit $s'$ ist ein Kennwert für das Trittschalldämmvermögen des Dämmstoffs. Je geringer die dynamische Steifigkeit des Dämmstoffs ist, desto höher ist das Federungsvermögen der Dämmschicht. Die dynamische Steifigkeit s´ wird nach einem in DIN EN 29052-1 beschriebenen Verfahren ermittelt.

Bei der Auswahl der Trittschalldämmstoffe sind die dynamische Steifigkeit SDi und die Zusammendrückbarkeit CPi entscheidend. (Beispiel SD20 = Trittschalldämmstoff mit einer dynamischen Steifigkeit ≤ 20 MN/m³; Beispiel CP5 = Trittschalldämmstoff mit einer Zusammendrückbarkeit ≤ 5 mm)

Je geringer der Wert der dynamischen Steifigkeit einer Dämmschicht ist, desto höher ist die Trittschalldämmung eines schwimmenden Estrichs. Für Polystyrol- und Mineralfaser-Trittschalldämmstoffe sind in DIN 4109 Beiblatt 1 Rechenwerte für das Trittschallverbesserungsmaß $\Delta L_{w,R}$ von schwimmenden Estrichen auf Massivdecken in Abhängigkeit von der dynamischen Steifigkeit der Dämmschicht angegeben.

Nach DIN 18560-2 dürfen unter schwimmenden Estrichen bei Verkehrslasten ≥ 3 kN/m² (Flächenlast) bzw. 2 kN (Einzellast) nur Dämmstoffe mit einer Zusammendrückbarkeit ≤ 3 mm verwendet werden. Bei Heizestrichen und bei der Verlegung von Stein- oder keramischen Belägen darf die Zusammendrückbarkeit der Dämmschicht nicht mehr als 5 mm betragen, bei Gussasphalt sind 3 mm nicht zu überschreiten.

Als Trittschalldämmstoffe sind nach DIN 4108-10 Dämmstoffe aus Mineralwolle (MW), Polystyrol-Hartschaum (EPS), Blähperlit (EPB) und Holzfasern (WF) einsetzbar.

Die Kurzbezeichnung der Trittschalldämmstoffe lautet z. B. für Polystyrol-Dämmplatten:

**EPS 045 DES sm oder EPS T 045 DES sm**

Polystyrol-Trittschalldämmplatte (DES) der Wärmeleitfähigkeitsgruppe (WLG) 040 (Rechenwert der Wärmeleitfähigkeit $\lambda$ = 0,040 W/(m·K) mit mittlerer Zusammendrückbarkeit (sm)

## 12.3 Brandverhalten von Dämmstoffen

Das Brandverhalten von Dämmstoffen wird in Deutschland bis zur endgültigen europäischen Harmonisierung der Brandnormung nach DIN 4102 „Brandverhalten von Baustoffen und Bauteilen" beurteilt. Danach werden die Baustoffe entsprechend ihrem Brandverhalten in nicht brennbare Baustoffe (Baustoffklassen A1 und A2) und in brennbare Baustoffe (Baustoffklassen B1: schwer entflammbar, B2: normal entflammbar, B3: leicht entflammbar) eingestuft (Tabelle 12.7).

In Deutschland dürfen nur Dämmstoffe verwendet werden, die mindestens der Baustoffklasse B2 nach DIN 4102-1 oder der Euroklasse E nach DIN EN 13501-1 entsprechen. Dämmstoffe der Baustoffklasse B3 (leicht entflammbar) sind im Bauwesen nicht zulässig. Die Einstufung ausgewählter Dämmstoffe in die Baustoffklassen nach DIN 4102-1 (Tabelle 12.8) berücksichtigt lediglich das Brandverhalten der „reinen" Dämmstoffe, d. h. ohne Trägermaterialien (z. B. Drahtgeflecht, Wellpappe, Vlies) und ohne Beschichtungen (z. B. Aluminiumfolie, Papier, Farbbeschichtung).

**Tabelle 12.7:** Baustoffklassifizierung nach [19]

| Baustoff-klasse | Bauaufsichtliche Benennung | Nachweis[1)] | Beispiele für Baustoffe nach DIN 4102-1 und -4 |
|---|---|---|---|
| **A**<br>A1<br>A2 | **nicht brennbare Baustoffe** | DIN 4102-4<br>AbP<br>AbZ | Beton, Ziegelsteine, Gipsbauplatten mit geschlossener Oberfläche, Glas, Stahl, Mineralwolle |
| **B**<br>B1 | **brennbare Baustoffe**<br>schwer entflammbare Baustoffe | DIN 4102-4<br>AbP<br>AbZ | PS-Hartschäume, Holzwolle-Leichtbauplatten, Eichenparkett, Gussasphaltestriche, Gipsplatten mit gelochter/geschlitzter Oberfläche |
| B2 | normal entflammbare Baustoffe | DIN 4102-4<br>AbP | Holz, PU-Hartschäume, eine Vielzahl der Holzwerkstoffplatten und organische Faserdämmstoffe |
| B3 | leicht entflammbare Baustoffe | - | Im Bauwesen nicht zulässig |

1) AbP = Allgemeines bauaufsichtliches Prüfzeugnis
AbZ = Allgemeine bauaufsichtliche Zulassung

Anorganische Dämmstoffe aus synthetischen oder natürlichen nicht brennbaren Rohstoffen (Gestein, Glas usw.) entsprechen den Baustoffklassen A1 bzw. A2. Organische Dämmstoffe aus synthetischen oder natürlichen Rohstoffen sind von Natur aus brennbar und werden zumeist in die Baustoffklasse B2 eingestuft. Durch spezielle Behandlungsverfahren und den Einsatz von Flammschutzmitteln bei der Herstellung kann jedoch auch die Brandklasse B1 erreicht werden.

Während DIN 4102 sowohl die Prüfung als auch die Klassifizierung von Bauprodukten festlegt, wird in der europäischen Normung eine Trennung zwischen Prüfnormen und Klassifizierungsnormen vorgenommen. Wichtige Festlegungen für die erforderlichen Prüfungen werden darüber hinaus in den Produktnormen getroffen.

Die europäische Klassifizierungsnorm DIN EN 13501-1 „Klassifizierung von Bauprodukten und Bauarten zu ihrem Brandverhalten – Teil 1: Klassifizierung mit den Ergebnissen aus den Prüfungen zum Brandverhalten von Bauprodukten" teilt die Baustoffe in sieben Euroklassen ein: A1, A2, B, C, D, E, F. Das europäische Klassifizierungssystem regelt zusätzlich zum Brandverhalten mit den Hauptkriterien Entzündbarkeit, Flammenausbreitung und freiwerdende Wärme auch die sogenannten Brandnebenerscheinungen wie Rauchentwicklung und brennendes Abtropfen und Abfallen. Jeweils drei Klassen für die Rauchentwicklung („smoke" – Klassen s1, s2, s3) und das brennbare Abtropfen/Abfallen („droplets" – d0, d1, d2) eines Baustoffs sind festgelegt und müssen zusammen mit der Brennbarkeitsklasse angegeben werden (ausgenommen Klasse E).

**Tabelle 12.8:** Baustoffklassen von Wärmedämmstoffen nach [19]

| Dämmstoffart | Dämmstoffnorm | Baustoffklasse nach DIN 4102-1 |
|---|---|---|
| Mineralwolle MW | DIN EN 13162 | A1, A2, B1 |
| Expandiertes Polystyrol EPS | DIN EN 13163 | B1 |

| Dämmstoffart | Dämmstoffnorm | Baustoffklasse nach DIN 4102-1 |
|---|---|---|
| Extrudierter Polystyrolschaum XPS | DIN EN 13164 | B1 |
| Polyurethan Hartschaum PU | DIN EN 13165 | B1, B2 |
| Phenol-Hartschaum PF | DIN EN 13166 | B1, B2 |
| Schaumglas CG | DIN EN 13167 | A1 |
| Holzwolle WW | DIN EN 13168 | B1, B2 |
| Blähperlit EPB | DIN EN 13169 | A1 |
| Expandierter Kork ICB | DIN EN 13170 | B2 |
| Holzfasern WF | DIN EN 13171 | B2 |
| Calciumsilikat | | A1, A2 |
| Blähton | | A1 |
| Vermiculite | | A1 |
| Zellulose | | B1, B2 |

Das europäische Klassifizierungssystem baut auf vier verschiedenen Prüfverfahren und einem sogenannten „Referenzszenario" auf. Dadurch wurde eine Vergleichbarkeit in den EU-Mitgliedstaaten geschaffen, in denen derzeit noch mehr als 30 unterschiedliche Prüfverfahren existieren. Kern des neuen Systems ist der SBI-Test („Single Burning Item" - einzelner brennender Gegenstand), der den Brandschachttest nach DIN 4102-1 ersetzt. Dem SBI-Test müssen sich alle Baustoffe der Euroklassen A2 bis D unterziehen. Die Ergebnisse der Brandprüfungen hängen wesentlich von den Einbau- und Prüfbedingungen ab. Zur Zeit dürfen nur Baustoffe der Euroklasse A1 nach DIN EN 13501-1 uneingeschränkt verwendet werden. Baustoffe anderer Euroklassen benötigen eine allgemeine bauaufsichtliche Zulassung (nationale Ebene) oder eine europäische technische Zulassung (europäische Ebene).

Die mittlerweile vorliegende DIN EN 15715 „Wärmedämmstoffe - Einbau- und Befestigungsbedingungen für die Prüfung des Brandverhaltens - Werkmäßig hergestellte Wärmedämmstoffe" regelt die Brandverhaltensprüfung von Wärmedämmstoffen und ermöglicht deren eindeutige Zuordnung zu den Euroklassen nach DIN EN 13501-1.

Für das *Brandverhalten von Bauteilen* wurden ebenfalls europäische Klassen (Feuerwiderstandsklassen) geschaffen. Die Klassifizierung erfolgt nach DIN EN 13501-2 „Klassifizierung von Bauprodukten und Bauarten zu ihrem Brandverhalten - Teil 2: Klassifizierung mit den Ergebnissen aus den Feuerwiderstandsprüfungen, mit Ausnahme von Lüftungsanlagen".

## Literatur/ Informationsmaterial

[1] *Willems, W. u. a.*: Dämmstoffe im Bauwesen. In: Bauphysik-Kalender 2010, Verlag Ernst & Sohn, Berlin, 2010

[2] *Häupl, P. u. a.*: Lehrbuch der Bauphysik - Schall, Wärme, Feuchte, Licht, Brand, Klima. 7. Aufl., Vieweg + Teubner, Wiesbaden, 2012

[3] *Lohmeyer, G. C. O. u. a.*: Praktische Bauphysik. 8. Aufl., Vieweg+Teubner, Wiesbaden, 2013

[4] *Reyer, E.; Schild, K; Völkner, S.*: Kompendium der Dämmstoffe. 3. Aufl., IRB Verlag, Stuttgart, 2002

[5] *Pfundstein, M. u. a.*: Dämmstoffe – Grundlagen, Materialien, Anwendungen. Edition Detail, Institut für internationale Architektur-Dokumentation, München, 2007

[6] *Neroth, G.; Vollenschaar, D. (Hrsg.)*: Wendehorst Baustoffkunde. 27. Aufl., Vieweg + Teubner, Wiesbaden, 2011

[7] Fachverband Transparente Wärmedämmung e. V., Gundelfingen, www.fvtwd.de

[8] Industrieverband Hartschaum e. V., Heidelberg, www.ivh.de

[9] Gesamtverband Dämmstoffindustrie (GDI), Berlin, www.gdi-daemmstoffe.de

[10] FMI Fachverband Mineralwolleindustrie e. V., Berlin, www.fmi-mineralwolle.de

[11] IVPU Industrieverband Polyurethan-Hartschaum e. V., Stuttgart, www.ivpu.de

[12] WECOBIS-Organisation, Berlin, www.wecobis.de

[13] EnBauSa GmbH, Tübingen, www.enbausa.de

[14] Institut für Baustoffprüfung (IFB), Troisdorf, www.ibf-troisdorf.de

[15] DIN 4108-10 Wärmeschutz und Energie-Einsparung in Gebäuden; Teil 10: Anwendungsbezogene Anforderungen an Wärmedämmstoffe – Werkmäßig hergestellte Wärmedämmstoffe; Ausgabe 2008-06

[16] DIN EN 13162 Wärmedämmstoffe für Gebäude – Werkmäßig hergestellte Produkte aus Mineralwolle (MW) – Spezifikation; Ausgabe 2013-03

[17] DIN EN 13171 Wärmedämmstoffe für Gebäude – Werkmäßig hergestellte Produkte aus Holzfasern (WF) – Spezifikation; Ausgabe 2013-03

[18] DIN EN 13164 Wärmedämmstoffe für Gebäude – Werkmäßig hergestellte Produkte aus extrudiertem Polystyrolschaum (XPS) – Spezifikation; Ausgabe 2013-03

[19] DIN 4102-1 Brandverhalten von Baustoffen und Bauteilen; Teil 1: Baustoffe – Begriffe, Anforderungen und Prüfungen; Ausgabe 1998-05

# 13 Fugendichtstoffe

*Dietmar Klausen*

## Normen

| | |
|---|---|
| DIN 18195 | Bauwerksabdichtungen;<br>Teil 1: Grundsätze, Definitionen, Zuordnung der Abdichtungsarten; Ausgabe 2011-12<br>Teil 2: Stoffe; Ausgabe 2009-04<br>Teil 3: Anforderungen an den Untergrund und Verarbeitung der Stoffe; Ausgabe 2011-12<br>Teil 4: Abdichtungen gegen Bodenfeuchte (Kapillarwasser, Haftwasser) und nicht stauendes Sickerwasser an Bodenplatten und Wänden; Bemessung und Ausführung; Ausgabe 2011-12<br>Teil 5: Abdichtungen gegen nichtdrückendes Wasser auf Deckenflächen und in Nassräumen; Bemessung und Ausführung; Ausgabe 2011-12<br>Teil 6: Abdichtungen gegen von außen drückendes Wasser und aufstauendes Sickerwasser; Bemessung und Ausführung; Ausgabe 2011-12<br>Teil 7:Abdichtungen gegen von innen drückendes Wasser; Bemessung und Ausführung; Ausgabe 2009-07<br>Teil 8: Abdichtungen über Bewegungsfugen; Ausgabe 2011-12<br>Beiblatt 1: Beispiele für die Anordnung der Abdichtung; Ausgabe 2011-03 |
| E DIN 18540 | Abdichten von Außenwandfugen im Hochbau mit Fugendichtstoffen; Ausgabe 2013-06 *(Norm-Entwurf)* |
| DIN 18541 | Fugenbänder aus thermoplastischen Kunststoffen zur Abdichtung von Fugen in Ortbeton;<br>Teil 1: Begriffe, Formen, Maße, Kennzeichnung; Ausgabe 2006-09<br>Teil 2: Anforderungen an die Werkstoffe, Prüfung und Überwachung; Ausgabe 2006-09 |
| DIN 18545 | Abdichten von Verglasungen mit Dichtstoffen;<br>Teil 1: Anforderungen an Glasfalze; Ausgabe 1992-02<br>Teil 2: Dichtstoffe; Bezeichnungen, Anforderungen, Prüfung; Ausgabe 2008-12<br>Teil 3: Verglasungssysteme; Ausgabe 1992-02 |
| DIN 52460 | Fugen- und Glasabdichtungen; Begriffe; Ausgabe 2000-02 |
| DIN EN 15651 | Fugendichtstoffe für nicht tragende Anwendungen in Gebäuden und Fußgängerwegen;<br>Teil 1: Fugendichtstoffe für Fassadenelemente; Ausgabe 2012-12<br>Teil 2: Fugendichtstoffe für Verglasungen; Ausgabe 2012-12<br>Teil 3: Dichtstoffe für Fugen im Sanitärbereich; Ausgabe 2012-12<br>Teil 4: Fugendichtstoffe für Fußgängerwege; Ausgabe 2012-12<br>Teil 5: Konformitätsbewertung und Kennzeichnung; Ausgabe 2012-12 |
| DIN EN ISO 6927 | Bauwesen – Dichtstoffe – Begriffe; Ausgabe 2012-10 |
| DIN EN ISO 11600 | Hochbau-Fugendichtstoffe – Einteilung und Anforderungen von Dichtungsmassen; Ausgabe 2011-11 |

## 13.1 Einteilung der Fugendichtstoffe

Fugendichtstoffe werden in die abzudichtenden Fugen eingespachtelt, eingespritzt oder eingegossen. Fugendichtstoffe haben die Aufgabe, Fugen dauerhaft zu verschließen, um insbesondere das Eindringen von Feuchtigkeit wirksam zu verhindern. Sie sind jedoch nicht geeignet, Fugen bei hydrostatischen Druckbeanspruchungen dauerhaft abzudichten. In diesen Fällen sind vorgefertigte Abdichtungselemente, z. B. *Fugenbänder*, zu verwenden, die in die Fugenflanken eingebunden werden.

Es wird zwischen *Fugendichtstoffen* (auch *Fugendichtungsmassen* genannt) und *Fugenvergussmassen* unterschieden. Fugendichtstoffe werden im plastischen, Fugenvergussmassen in flüssigem Zustand in die vorgefertigten Fugenaussparungen eingebracht. Dort bleibt der plastische Zustand erhalten oder es erfolgt eine Verfestigung zu einem Fugenkörper. In beiden Fällen beruht die Dichtfunktion auf der Haftung an den Fugenflanken (Adhäsion).

Mit Fugendichtstoffen abgedichtete Bewegungsfugen[1] und mit Fugenvergussmassen verfüllte Scheinfugen[2] sind in der Regel keine dauerhaften Fugenkonstruktionen, wie z. B. die Abdichtung von Bewegungsfugen im Betonbau mit Fugenbändern oder die Abdichtung von Scheinfugen mit Dichtungsrohren. Eine Wartung in regelmäßigen Zeitabständen ist daher erforderlich („Wartungsfugen" nach DIN 52460).

Die Fugendichtstoffe werden nach dem mechanischen Verhalten, dem Abbindevorgang und der chemischen Rohstoffbasis unterschieden. Sie können ein plastisches (Rückstellvermögen < 10 %), ein elasto-plastisches bzw. plasto-elastisches oder ein elastisches Verhalten (Rückstellvermögen > 90 %) aufweisen. Während plastische Fugendichtstoffe bei mechanischen Beanspruchungen bleibend verformt werden, gehen elastische Fugendichtstoffe nach der Beanspruchung in ihre ursprüngliche Lage zurück. Elastoplastische Dichtstoffe mit überwiegend gummielastischen Eigenschaften und plastoelastische Dichtstoffe mit überwiegend plastischen Eigenschaften bilden Übergangsformen.

In DIN EN ISO 6927 werden folgende Arten von Dichtstoffen genannt, die im Bauwesen Verwendung finden:

- elastischer Dichtstoff (Bewertung des elastischen Verhaltens nach Rückstellvermögen)
- plastischer Dichtstoff (Bewertung des plastischen Verhaltens nach Rückstellvermögen)
- Einkomponentendichtstoff
- Mehrkomponentendichtstoff
- Dichtstoff auf Lösemittelbasis
- Dichtstoff auf Wasserbasis

1 **Bewegungsfugen** (einschließlich Dehn-, Setzungs- und Raumfugen) trennen eine Konstruktion. Damit werden gegenseitige Bewegungsmöglichkeiten geschaffen, die eine unerwünschte und unkontrollierte Rissbildung verhindern.

2 **Scheinfugen** werden an Stellen angeordnet, an denen beim Auftreten hoher Zugspannungen (z. B. infolge Hydratationswärme, Temperaturänderung, Schwinden) eine „Sollriss- bzw. Sollbruchstelle" erzeugt werden soll.

- Dichtstoff mit *niedrigem* Elastizitätsmodul (definiert als Dichtstoff mit einem Dehnspannungswert ≤ 0,4 N/mm² bei +23 °C und ≤ 0,6 N/mm² bei −20 °C)
- Dichtstoff mit *hohem* Elastizitätsmodul (definiert als Dichtstoff mit einem Dehnspannungswert > 0,4 N/mm² bei +23 °C und > 0,6 N/mm² bei −20 °C)
- selbst nivellierender Dichtstoff
- spritzbarer Dichtstoff

DIN EN ISO 11600 teilt die im Hochbau verwendeten Fugendichtstoffe in Typen und Klassen ein. Dichtstoff-Typen sind Fugendichtstoffe für Verglasungen G (**g**lass) und Baudichtstoffe F (**f**acade) für die Verwendung in allen sonstigen Baufugen außer Verglasungen. Abhängig vom Dichtstoff-Typ werden Dichtstoff-Klassen definiert, aus denen sich die jeweils zulässige Gesamtverformung (ZGV) ergibt.

**Fugendichtstoffe im Hochbau (nach [13])**

| | | | |
|---|---|---|---|
| Verglasungsdichtstoffe (G) | | Baudichtstoffe (F) | |
| Klasse 25 | Klasse 25 LM<br>Klasse 25 HM | Klasse 25 | Klasse 25 LM<br>Klasse 25 HM |
| Klasse 20 | Klasse 20 LM<br>Klasse 20 HM | Klasse 20 | Klasse 20 LM<br>Klasse 20 HM |
| | | Klasse 12,5 | Klasse 12,5 E<br>Klasse 12,5 P |
| | | Klasse 7,5 P | |

**Abb. 13.1:** Schematische Darstellung der Einteilung von Fugendichtstoffen für den Hochbau

Die zulässige Gesamtverformung (ZGV) beschreibt das Bewegungsvermögen eines Fugendichtstoffs (vor allem in Bezug auf Dehnung, Stauchung und Scherung) und gibt an, in welchem Prozentbereich der Verformung ein Fugendichtstoff seine Aufgabe dauerhaft erfüllen kann.

Beispiele: Wenn ein Fugendichtstoff in einer Bewegungsfuge ausgehend von der Nulllage um +12,5 % und um −12,5 % gedehnt wird, erfährt er eine Gesamtverformung von 25 % und muss für diese Verformung ausgelegt werden. Fugendichtstoffe, die von der Nulllage ausgehend um +25 % oder −25 % verformt werden, müssen ebenfalls für eine ZGV von 25 % ausgelegt werden, um diesen Beanspruchungen auf Dauer standzuhalten. Eine höhere Gesamtverformung würde den Fugendichtstoff überfordern.

Die Baudichtstoffe (F) nach DIN EN ISO 11600 werden entsprechend der jeweiligen ZGV (25 %, 20 %, 12,5 % und 7,5 %) in die Klassen 25, 20, 12,5 und 7,5 eingeteilt. Die elastischen Baudichtstoffe der Klassen 25 und 20 werden zusätzlich nach ihrem Modul mit LM (low modulus = niedermodulig) und HM (high modulus = hochmodulig) gekennzeichnet. Die Klasse 12,5 erhält zusätzlich die Kennzeichnung E (elastisch) bzw. P (plastisch). Bei den Produkten der Klasse 7,5 P handelt es sich um plastische Baudichtstoffe mit einer ZGV von 7,5 %.

Neben der ZGV sollte bei einem Fugendichtstoff immer auch die genaue Klassifizierung nach DIN EN ISO 11600 angegeben werden, d.h. ISO 11600-Typ-Klasse-Untergruppe. In der Untergruppe sind die in den Prüfungen verwendeten Trägermaterialien und die eingesetzten Primer unter Verwendung folgender Abkürzungen anzugeben: Mörtel (M1 oder M2), Glas (G), anodisiertes Aluminium (A), mit einem Primer versehen (p) oder nicht mit einem Primer versehen (up).

Beispiel:

Baufugendichtstoff mit einer ZGV von 25 %, hochmodulig (HM), der an einem mit Primer versehenen Mörtel vom Typ 1 (M1p) geprüft wurde:

**ISO 11600-F-25HM-M1p** oder

**SO 11600-F-25HM geprüft an mit Primer versehenem Mörtel M1**

Die Gesamtheit der verfügbaren Fugendichtstoffe lässt sich nach weiteren Kriterien einteilen. Ein Kriterium ist beispielsweise die Einteilung in Anwendungsbereiche nach DIN EN 15651:

- F Fugendichtstoffe für Fassadenelemente
- G Fugendichtstoffe für Verglasungen
- XS/S Fugendichtstoffe für Fugen im Sanitärbereich
- PW Fugendichtstoffe für Fußgängerwege
- EXT Fugendichtstoffe für Außenanwendung
- INT Fugendichtstoffe für Innenanwendung
- CC Fugendichtstoffe für kalte Klimazonen

Ein einzelner Fugendichtstoff kann nach seinen charakteristischen Eigenschaften beschrieben werden:

- Eigenschaften des unausgehärteten Dichtstoffs (z. B. Anzahl der Komponenten)
- Verarbeitungseigenschaften (z. B. Standfestigkeit)
- Eigenschaften des ausgehärteten Dichtstoffs (z. B. Bewegungsvermögen, Alterungsbeständigkeit, Haftung).

Für Abdichtungsarbeiten gelten u. a. folgende Regelwerke:

- Für das Abdichten von Außenwandfugen im Hochbau gelten E DIN 18540 und DIN EN ISO 6927. Für Bauwerke aus Beton sind zusätzlich die Merkblätter „Fugendichtungen im Hochbau" und „Fugenausbildung für ausgewählte Baukörper aus Beton" des Deutschen Beton- und Bautechnik-Vereins zu berücksichtigen.
- Für das Abdichten von Verglasungen mit Dichtstoffen gilt DIN 18545-1 bis 3.
- Die „Zusätzlichen Technischen Vertragsbedingungen und Richtlinien für Fugen in Verkehrsflächen" (ZTV Fug-StB 01, Herausgeber: FGSV) behandeln heiß und kalt verarbeitbare Fugenmassen, Fugenprofile und Fugenbänder und sind bei allen Fugen im Bereich des Beton- und Asphaltstraßenbaus anzuwenden.

## 13.2 Elastische Fugendichtstoffe

Elastische Fugendichtstoffe werden als Ein- und Zwei-Komponenten-Systeme angeboten. Ein-Komponenten-Systeme binden i. Allg. durch die Einwirkung von Luftfeuchtigkeit sowie Oxidation zum elastischen Endprodukt ab. Zwei-Komponenten-Systeme erhärten überwiegend durch chemische Vernetzung zu einem elastischen, weichgummiartigen Endprodukt. Je nach Zusammensetzung sind die Fugendichtstoffe weicher oder härter und haben unterschiedliche elastische und plastische Anteile. Die wesentlichen Rohstoffe zur Herstellung von elastischen Fugendichtstoffen sind Silikonkautschuk, Polysulfidkautschuk (SR), Polyurethan (PU) und Polyacrylat.

*Silikonkautschuk-Dichtstoffe*

Silikonkautschuk ist die gebräuchliche Bezeichnung für Silikone oder einkomponentige Polysiloxane, die mit der Luftfeuchtigkeit bei Anwesenheit von Vernetzern zu dauerelastischen Massen aushärten und danach ein kautschukelastisches Verhalten zeigen. Je nach Vernetzungscharakter unterscheidet man acetatvernetzende, aminvernetzende und neutralvernetzende Systeme.

Silikonkautschuk-Dichtstoffe können auch bei sehr tiefen Temperaturen verarbeitet und bei Gebrauchstemperaturen zwischen etwa −50 °C und +180 °C eingesetzt werden. Sie besitzen eine hohe Chemikalien- und Witterungsbeständigkeit und eine praktische Dehnfähigkeit bis zu 25 %. Insbesondere die acetatvernetzenden Systeme zeichnen sich durch eine besonders gute Haftung auf Glas, Keramik, Beton, Holz, PVC und Aluminium aus und werden daher bevorzugt im Metall- und Glasbau, in Küchen, auf Balkonen und auf Terrassen eingesetzt. Zur Verwendung in Feuchträumen (Sanitärbereich) und in Schwimmbädern und Trinkwasserbehältern werden fungizide (pilzwidrige) Wirkstoffe zugesetzt.

Silikonkautschuk-Dichtstoffe sollten nicht überstrichen oder überputzt werden.

*Polysulfidkautschuk-Dichtstoffe*

Im Bauwesen haben die Polysulfidkautschuk-Dichtstoffe (Handelsname: Thiokol) vor allem als dauerelastische Fugendichtstoffe große Bedeutung erlangt. Sie werden als Ein-Komponenten-Systeme (Glas- und Fensterbau) und als Zwei-Komponenten-Systeme (Hoch-, Tief-, Fertigteil- und Brückenbau) eingesetzt. Letztere werden unmittelbar vor der Anwendung gemischt und müssen innerhalb der vorgegebenen Topfzeit (1 bis 2 Stunden) verarbeitet werden.

Polysulfidkautschuk-Dichtstoffe besitzen eine gute Beständigkeit gegen die Einwirkung von Sauerstoff, UV-Strahlung und Feuchtigkeit und sind widerstandsfähig gegen mechanische Beanspruchungen. Die praktische Dehnfähigkeit liegt zwischen 20 und 25 %. Wegen guter Chemikalienbeständigkeit ist auch ein Einsatz in chemischen Betrieben, Laboratorien, Industriebelägen und im Reaktorbau möglich.

*Polyurethan-Dichtstoffe*

Polyurethan-Dichtstoffe sind als Ein-Komponenten-Systeme (Aushärtung durch Reaktion mit der Luftfeuchtigkeit) und als Zwei-Komponenten-Systeme (Aushärtung durch Polyadditions-Vernetzung der beiden reaktiven Komponenten) erhältlich.

Die elastischen Massen besitzen einen guten Abriebwiderstand, eine gute Elastizität auch bei tieferen Temperaturen und sind ölresistent. Die praktische Dehnfähigkeit liegt zwischen 10 und 20 %. Die Flankenhaftung ist bei gründlicher Vorbehandlung der Haftflächen ausreichend gut. Polyurethan-Dichtstoffe mit Teeranteilen besitzen dagegen eine gute Flankenhaftung, zudem hohe Druckwasserstabilität und gute Chemikalienbeständigkeit.

Einsatzgebiete sind Boden- und Wandfugen im Industrie- und Kläranlagenbereich, WHG-Fugen nach DAfStb-Richtlinie, Brücken und Parkhäuser.

## 13.3 Plasto-elastische Fugendichtstoffe

*Polyacrylat-Dichtstoffe*

Polyacrylat Dichtstoffe sind Ein-Komponenten-Systeme auf Lösemittel- oder Dispersionsbasis. Die Härtung erfolgt durch Verdunsten des Lösemittels. Die erhärteten Massen sind plastisch bis plasto-elastisch, witterungs- und alterungsbeständig. Da sie nur geringe Bewegungen aufnehmen können (praktische Dehnfähigkeit < 5 %) werden sie vorwiegend für Anschlussfugen im Innenbereich, für Innenfugen und zum Verfüllen von Putzrissen eingesetzt.

## 13.4 Plastische Fugendichtstoffe

Plastische Fugendichtstoffe werden auf der Basis von Butylkautschuk (IIR) und Polyisobutylen (PIB) als Ein-Komponenten-Systeme hergestellt. Daneben sind Bitumen-Kautschuk und Bitumen-Kombinations-Dichtstoffe erhältlich. Da plastische Fugendichtstoffe ein nur geringes Rückstellvermögen und eine geringe praktische Dehnfähigkeit (3 bis max. 5 %) besitzen, sollten sie nur dort eingesetzt werden, wo praktisch keine oder nur geringe Bewegungen zu erwarten sind, so z. B. zur Abdichtung von Anschlussfugen.

Plastische Fugendichtstoffe sind meist standfest, wetterbeständig, aber nur bedingt wasserbeständig. Nach einer Aushärtungsdauer von bis zu zwei Wochen sind sie für Gebrauchstemperaturen zwischen −20 und +70 °C geeignet.

Einsatzgebiete für Butylkautschuk (IIR) und Polyisobutylen (PIB): Anschlussfugen im Tür- und Fensterbereich mit geringen Bewegungen (Holz, Kunststoff, Metall, Beton), Verfüllen von Stößen und Übergängen von Beton, Holz, Metall, Glas und Keramik sowie Dachabdichtungen (z. B. bei Faserzementplatten).

Einsatzgebiete für Bitumen-Kautschuk und Bitumen-Kombinationen: Fundamente (Beton), Hafen- und Schleusenbauwerke (Beton, Metall), Kanal- und Stollenbauwerke (Beton, Metall, Keramik), Straßenbau (Beton) und Talsperren (Beton)

## 13.5 Fugenvergussmassen

Fugenvergussmassen sind auf der Basis von Bitumen, Kautschuk, Teer-Polyurethan, Zwei-Komponenten-Kunststoffen u. Ä. aufgebaut. Sie weisen meist ein plastisches Verformungsverhalten auf, können aber auch elastisch, elasto-plastisch oder plasto-elastisch eingestellt werden. Auf Bitumenbasis aufgebaute Ein-Komponenten-Systeme mit Zusätzen von Kunststoffen, Weichmachern und Gesteinsmehl weisen im üblichen Temperaturbereich eine praktische Dehnfähigkeit von etwa 5 % auf. Die auf Epoxidharzen basierenden Zwei-Komponenten-Systeme sind praktisch nicht dehnfähig. Kalt oder heiß verarbeitete Fugenvergussmassen sind trocken bis etwa 70 °C beständig, dazu wetter- und wasserbeständig. Einige Polyurethan-Teer-Kombinationen widerstehen zudem dem Angriff von Ölen, Fetten und Treibstoffen.

Einsatzgebiete: Fugen in Bodenplatten, Pflastern, Schienen- und Fahrbahnbelägen, bituminösen Belägen, Öl-Auffang-Konstruktionen u. a.

## 13.6 Fugenausbildung

Abdichtungen von **Außenwandfugen** im Hochbau sind nach E DIN 18540 auszuführen. Die Norm gilt für elastische Fugendichtstoffe mit 25 % zulässiger Gesamtverformung (ZGV) sowie für die Ausbildung von Außenwandfugen zwischen Bauteilen aus Ortbeton und/oder Betonfertigteilen mit geschlossenem Gefüge sowie aus unverputztem Mauerwerk und/oder Naturstein.

Die konstruktive Ausbildung der Außenwandfugen ist entsprechend Abb. 13.2 vorzunehmen. Danach müssen die Fugenflanken bis zu einer Tiefe $t_F = 2b_F$ parallel verlaufen, damit das Hinterfüllmaterial ausreichend Halt findet. Bei Betonbauteilen sind die Fugenränder mit $b_A \geq 10$ mm abzufasen, um Wasserumläufigkeit zu vermeiden. Fugenbreite und Tiefe des Fugendichtstoffs sind in Abhängigkeit von den Fugenabständen entsprechend Tabelle 13.1 zu wählen. Den Werten der Tabelle wurden eine Wärmedehnzahl für Beton von $11 \cdot 10^{-6}$/K, eine ZGV von 25 % sowie eine maximale Temperaturschwankung von 80 K (−20 °C bis +60 °C) als Bauteiltemperatur zu Grunde gelegt. Wird von diesen Annahmen abgewichen, z. B. bei höheren Bauteiltemperaturen an dunklen Wänden oder bei zu erwartenden, nutzungsbedingten Bauwerksbewegungen, ist die Fugenbreite gesondert zu berechnen.

**Legende**

| | |
|---|---|
| $b_F$ | Breite der Fuge |
| $t_A$ | Tiefe der Fase |
| $b_A$ | Breite der Fase |
| $t_F$ | Tiefe des Abdichtsystems |
| $b_H$ | Breite der Haftfläche |
| $t_D$ | Tiefe des Dichtstoffes |

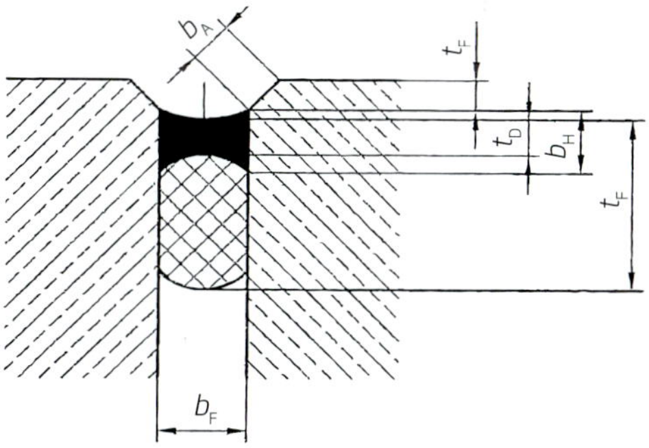


**Abb. 13.2:** Fugenausbildung nach [14]

**Tabelle 13.1:** Sollwerte für die Fugenausbildung nach [14]

| Fugenabstand in (m) | Fugenbreite $b_F$ in (mm) Nennmaß[1] | Mindestmaß[2] | Tiefe des Fugendichtstoffs $t_D$[3] in (mm) |
|---|---|---|---|
| bis 2 | 15 | 10 | 8 ±2 |
| über 2 bis 3,5 | 20 | 15 | 10 ±2 |
| über 3,5 bis 5 | 25 | 20 | 12 ±2 |
| über 5 bis 6,5 | 30 | 25 | 15 ±3 |
| über 6,5 bis 8 | 35[4] | 30 | 15 ±3 |

[1] Nennmaß für die Planung.
[2] Mindestmaß zum Zeitpunkt der Fugenabdichtung.
[3] Maße für den Endzustand; Volumenänderung des Fugendichtstoffs ist zu berücksichtigen.
[4] Bei größeren Fugenbreiten sind die Anweisungen des Dichtstoffherstellers zu beachten.

Abdichtungen von **Verglasungen** sind entsprechend der Falzhöhe zu bemessen (DIN 18545-1). Die verwendeten Fugendichtstoffe müssen entsprechend ihrer Zuordnung zu einer der Dichtstoffgruppen A bis E unter anderem Anforderungen an das Rückstellvermögen, an das Haft- und Dehnverhalten, an das Standvermögen und ggf. an die Verträglichkeit mit anderen Baustoffen erfüllen (DIN 18545-2).

## 13.7 Verarbeitung von Fugendichtstoffen im Hochbau

Eine einwandfreie Fugenabdichtung erfordert im Wesentlichen folgende Arbeitsschritte:

- *Reinigen der Fugen:* Der Haftgrund muss i. d. R. trocken sein; metallische Untergründe sind zu entrosten; Metalle und Glas sind ggf. mit Lösemitteln (z. B. Aceton) zu entfetten.
- *Hinterfüllen der Fugen:* Hinterfüllungen sollen die Fugentiefe begrenzen und die Haftung des Dichtstoffs auf dem Fugenboden verhindern. Als Hinterfüllmaterial werden meist Rundprofile aus geschlossenporigen Schaumstoffen (z. B. Polyäthylen) gleichmäßig tief in die Fuge eingedrückt (Abb. 13.2). Bei belasteten Konstruktionen, wie Gehwegen und Terrassen, müssen stützende Hinterfüllmaterialien (z. B. Hartschaum) verwendet werden.
- *Abkleben der Fugenränder:* Klebebänder, die nach dem Verfugen wieder entfernt werden, tragen zu einer Verbesserung des optischen Eindrucks einer Fuge bei.
- *Aufbringen des Voranstrichs:* Voranstriche (Primer) verbessern die Haftung des Fugendichtstoffs an den Fugenflanken (der Fugengrund ist nicht vorzustreichen). Es ist auf eine ausreichende Ablüftzeit des Voranstrichs zu achten. Ablösungen des Dichtstoffs an den Fugenflanken sind oft auf ungeeignete oder falsch angewendete Voranstriche zurückzuführen.

- *Mischen und Abfüllen der Fugendichtstoffe:* Bei Zwei-Komponenten-Systemen sind beide Stoffe innig und möglichst luftblasenfrei zu vermischen. In Kartuschen befindliche Dichtstoffe werden direkt in Handdruck- oder Druckluftpistolen eingesetzt und verarbeitet.
- *Einbringen des Fugendichtstoffs:* Beim zügigen Einspritzen bzw. Eindrücken des Dichtstoffs sind die vom Hersteller angegebenen Verarbeitungstemperaturen und Verarbeitungszeiten (Topfzeiten) unbedingt zu beachten. Zu hohe Bauteiltemperaturen oder nasse bzw. vereiste Fugenflanken beeinträchtigen die Haftung zwischen Dichtstoff und Fugenflanken.
- *Abglätten des Fugendichtstoffs:* Durch das Abglätten entsteht eine glatte Oberfläche, gleichzeitig wird der Kontakt zwischen Dichtstoff und Fugenflanken verbessert. Abglättmittel dürfen die Eigenschaften und das Aussehen des Fugendichtstoffs (Gefahr von Verfärbungen) nicht nachteilig beeinflussen.

## Literatur


[1] Praxishandbuch Dichtstoffe. 5. Aufl., Industrieverband Dichtstoffe e. V., Düsseldorf, 2004

[2] IVD Dichtstofflexikon, Industrieverband Dichtstoffe e. V., Düsseldorf, 2003

[3] *Cziesielski, E.; Bonk, M. (Hrsg.):* Lufsky Bauwerksabdichtung. 7. Aufl., Vieweg + Teubner, Wiesbaden, 2010

[4] *Pröbster, M.:* Baudichtstoffe. 2. Aufl., Vieweg + Teubner, Wiesbaden, 2011

[5] *Müller, B.; Rath, W.:* Formulierung von Kleb- und Dichtstoffen. 2. Aufl., Vincentz Network, 2009

[6] *Kittel, H.; Reul, H.:* Fugendichtstoffe. In: Lehrbuch der Lacke und Beschichtungen, Band 7, S. Hirzel-Verlag, Stuttgart, 2005

[7] *Hölzen, F.-J.; Weber, H.:* Abdichtung von Gebäuden. Fraunhofer IRB Verlag, Stuttgart, 2013

[8] IVD-Merkblatt Nr. 2, „Klassifizierung von Dichtstoffen", Industrieverband Dichtstoffe e. V., Düsseldorf, 2012

[9] IVD-Merkblatt Nr. 27. Abdichten von Anschluss- und Bewegungsfugen an der Fassade mit spritzbaren Dichtstoffen. Industrieverband Dichtstoffe e. V., Düsseldorf, 2013

[10] DBV-Merkblatt, „Fugenausbildung für ausgewählte Baukörper aus Beton", Deutscher Beton- und Bautechnik-Verein e. V., Berlin, 2001

[11] Zulassungsgrundsätze „Fugenabdichtungssysteme in LAU-Anlagen – Teil 1: Fugendichtstoffe und Fugenabdichtungssysteme in Anlagen aus Beton zum Lagern, Abfüllen, Umschlagen wassergefährdender Stoffe (LAU-Anlagen)", Deutsches Institut für Bautechnik, Berlin, 2006

[12] Forschungsgesellschaft für Straßen- und Verkehrswesen (FGSV), Köln:
„Zusätzliche Technische Vertragsbedingungen und Richtlinien für Fugen in Verkehrsflächen – ZTV Fug-StB 01", 2001
„Technische Lieferbedingungen für Fugenfüllstoffe in Verkehrsflächen – TL Fug-StB 01", 2001
„Technische Prüfvorschriften für Fugenfüllstoffe in Verkehrsflächen – TP Fug-StB 01", 2001

[13] DIN EN ISO 11600 Hochbau-Fugendichtstoffe – Einteilung und Anforderungen von Dichtungsmassen; Ausgabe 2011-11

[14] E DIN 18540 Abdichten von Außenwandfugen im Hochbau mit Fugendichtstoffen; Ausgabe 2013-06 *(Norm-Entwurf)*

# Stichwortverzeichnis

## Symbole



## A

## E

## F

## G

## H

## I



## J



## K

## L

## M

## N



## O



## P

## S

## U



## V